AF565050

Erwin Riedel, Christoph Janiak

Anorganische Chemie

De Gruyter Studium

Weitere empfehlenswerte Titel

Übungsbuch
Allgemeine und Anorganische Chemie
Erwin Riedel und Christoph Janiak, 2015
ISBN 978-3-11-035517-8, e-ISBN (PDF) 978-3-11-035518-5

Allgemeine und Anorganische Chemie
Erwin Riedel und Hans-Jürgen Meyer, 2019
ISBN 978-3-11-058394-6, e-ISBN (PDF) 978-3-11-58395-3

Riedel Moderne Anorganische Chemie
Christoph Janiak, Hans-Jürgen Meyer, Dietrich Gudat
und Philipp Kurz, 2018
ISBN 978-3-11-044160-4, e-ISBN (PDF) 978-3-11-044163-5

Anorganische Chemie
Prinzipien von Struktur und Reaktivität
James Huheey, Ellen Keiter und Richard Keiter, 2014
ISBN 978-3-11-030433-6, e-ISBN (PDF) 978-3-11-030795-5

Chemie der Nichtmetalle
Synthesen – Strukturen – Bindung – Verwendung
Ralf Steudel, 2014
ISBN 978-3-11-030439-8, e-ISBN (PDF) 978-3-11-030797-9

Massanalyse
Titrationen mit chemischen und physikalischen Indikationen
Begründet von: Gerhart Jander und Karl-Friedrich Jahr, 2017
ISBN 978-3-11-041578-0, e-ISBN (PDF) 978-3-11-041579-7

Erwin Riedel, Christoph Janiak

Anorganische Chemie

10. Auflage

DE GRUYTER

Autoren

Professor (em.) Dr. Erwin Riedel
Institut für Anorganische und Analytische Chemie
Technische Universität Berlin
Straße des 17. Juni 135
10632 Berlin

Prof. Dr. Christoph Janiak
Heinrich-Heine-Universität Düsseldorf
Institut für Anorganische
Chemie u. Strukturchemie
Universitätsstr. 1
40225 Düsseldorf
janiak@uni-duesseldorf.de

ISBN 978-3-11-069604-2
e-ISBN (PDF) 978-3-11-069444-4
e-ISBN (EPUB) 978-3-11-069458-1

Library of Congress Control Number: 2021947338

Bibliografische Information der Deutschen Nationalbibliothek
Die Deutsche Nationalbibliothek verzeichnet diese Publikation in der Deutschen Nationalbibliografie; detaillierte bibliografische Daten sind im Internet über http://dnb.dnb.de abrufbar.

Einbandabbildung: Gettyimages / HadelProductions
Satz: Meta Systems Publishing & Printservices GmbH, Wustermark
Druck und Bindung: CPI books GmbH, Leck

www.degruyter.com

Vorwort zur 10. Auflage

Wir freuen uns, dass das Lehrbuch zur „Anorganischen Chemie“ jetzt in der 10. Auflage vorliegt. Die 1. Auflage erschien 1987. Seitdem hat sich im Bereich der Lehrbücher mit der Entwicklung des Internets eine Revolution ereignet. Die Autoren sind aber nach wie vor überzeugt, dass eine zusammenfassende Präsentation eines Gebietes, hier der „Anorganischen und Allgemeinen Chemie“ für das Bachelor- und teilweise auch noch das Master-Studium der Chemie, einen didaktischen Wert hat. Ein Buch, ob gedruckt oder als e-Book, ist mehr als die Summe von Detailinformationen.

In der vorliegenden 10. Auflage sind der gewohnte inhaltliche Aufbau und die didaktische Struktur nur wenig verändert worden. Das Konzept des Hervorhebens von Abbildungen, Beispielen sowie wichtiger Begriffe und Sachverhalte in blauer Farbe wird in dieser Auflage weitergeführt.

Zahlreiche Daten zu Produktionsmengen sowie Sachverhalte wurden aktualisiert, besonders im Abschnitt Umweltprobleme (Abschn. 4.11) zum Ozonloch (Abschn. 4.11.1.1), Treibhauseffekt (4.11.1.2), Absenkung des pH-Wertes der Ozeane (S. 688 f.), zum „Wasser-Fußabdruck“ (S. 702), zur Kronenverlichtung im Wald (Abschn. 4.11.2.3).

Ergänzt wurden: Die Kovalenzradien der Hauptgruppenelemente (Abb. 2.49), die Neudefinition der Stoffmenge (S. 271), die exakten Festlegungen der Avogadro-Konstante und der universellen Gaskonstante seit 2019 (S. 271 und 276), der Begriff „Pufferkapazität“ (S. 362 f.), ein Abschnitt zu „Titrationen“ (in Abschn. 3.7.12), eine Erklärung dafür, dass die reduzierte Form eines Redoxpaares in der Spannungsreihe rechts steht (S. 385), ein Hinweis, dass die Begriffe Kathode/Anode bei Akkumulatoren besser nicht verwendet werden (in 3.8.11), die industrielle Fluorierung von Kunststoffoberflächen (S. 437), Anwendungen von Iod-Verbindungen (S. 439), die pH-abhängige Fluoridierung von Zahnschmelz (S. 445), Perchlorat und Iod-Aufnahme der Schilddrüse (S. 451), Bromat, BrO_3^- und Perbromat, BrO_4^- (S. 451), ein Hinweis zur Selbstentzündung von Öl und Fett in reinem Sauerstoff (S. 459), die Arsenbelastung von Trinkwasser (S. 497), weißer Phosphor aus Munition (S. 500 f.), Magnesiumnitrid Mg_3N_2 (S. 510), Trimethylsilylazid Me_3SiN_3 (S. 513), N_2O in Atmosphäre (S. 516), Nitrosyltetrafluoroborat $NO^+BF_4^-$ (S. 518), Peroxynitrit $^-$O–O–N=O (S. 522), Nitrat in pflanzlichen Nahrungsmitteln (S. 524), Nitritaufnahme (S. 526), NF_3-Anwendung und GWP (S. 528), Phosphate als Lebensmittelzusatzstoffe (S. 534), seltene Pb(IV) Mineralien (S. 554), Phosgen aus Triphosgen oder Diphosgen (S. 576), zyklische Methylsiloxane (S. 593).

Als neue Sachverhalte wurden eingefügt: Die relative Atommasse als Bereich für Elemente mit gut dokumentierten Abweichungen der Isotopenhäufigkeiten in nor-

https://doi.org/10.1515/9783110694444-201

malen irdischen Materialien (Tab. 1, Anhang), eine Erklärung zur höheren Leitfähigkeit von H_3O^+ gegenüber OH^- (S. 340); Sauerstoff-Verzehr-Kathoden bei der Chloralkali-Elektrolyse (S. 398); Redoxflussbatterien (S. 401 f.); Wasserstoff als Energieträger (Abschn. 4.2.7); das Vorkommen von elementarem Fluor in der Fluorit-Variante Stinkspat (in 4.4.2), perfluorierte Chemikalien, PFCs wie PFOS und PFOA (S. 445 f.), das Problem der HFKWs als Ersatz der FCKWs (S. 446), Singulett-Sauerstoff und photodynamische Therapie (S. 462); H_2S und Signalübertragung in Zellen (S. 477), Anwendung und GWP von SO_2F_2 (S. 496), Endlichkeit von Phosphatmineralien (S. 497), N_2-Atmosphäre für die Haltbarkeitsverlängerung (S. 498 f., S. 572), $P_{weiß}$ (s) als definierter Standardzustand für das Element Phosphor (S. 501), Phosphoren (S. 502), Beitrag des Haber-Bosch-Prozesses zum weltweiten Energieverbrauch (S. 510), Nitroxyl HNO (S. 518, 519), SiC für elektronische Bauelemente (S. 568), Kohlensäure Lebensdauer und Konformere (S. 574), Quecksilberfulminat $Hg(CNO)_2$ (S. 577), Mikrosilica, Silicastaub, pyrogenes Siliciumdioxid, pryogene Kieselsäure, Kieselalgen (Diatomeen) (alles S. 580), Stickstoffverbindungen des Siliciums (Abschn. 4.7.11).

Die Schreibweise für Graphit (statt Grafit) und Potential (statt Potenzial) setzt auf wissenschaftliche Kontinuität und die Nähe zu englischen Fachbegriffen. Die Trennung der Wörter wie E-lekt-ronen und Neut-ronen folgt der Vorgabe des Dudens.

Für aufmerksame Fehlerhinweise danken wir insbesondere Prof. Dr. Horst Briehl und Dr. Guido Kreiner sowie (in alphabetischer Reihenfolge) Prof. Dr. Hans-Dieter Barke, Philipp Bender, Thorben Blanke, Joline Büchter, Dr. Hans Dolhaine und Prof. Dr. Hans-Jürgen Meyer.

Auch für die 10. Auflage möchten wir alle Leser ermutigen, uns auf Fehler und sinnvolle Ergänzungen hinzuweisen. Diese direkten Rückmeldungen sind für uns wichtig und hilfreich.

Für die konstruktive und erfreuliche Zusammenarbeit danken wir auch den Mitarbeitern des Verlags.

Berlin und Düsseldorf, November 2021

Erwin Riedel
Christoph Janiak

Inhalt

1 Atombau

2 Die chemische Bindung

3 Die chemische Reaktion

4 Die Elemente der Hauptgruppen

5 Die Elemente der Nebengruppen

1 Atombau

1.1 Der atomare Aufbau der Materie

1.1.1 Der Elementbegriff

Die Frage nach dem Wesen und dem Aufbau der Materie beschäftigte bereits die griechischen Philosophen im 6. Jh. v. Chr. (Thales, Anaximander, Anaximenes, Heraklit). Sie vermuteten, dass die Materie aus unveränderlichen, einfachsten Grundstoffen, Elementen, bestehe. Empedokles (490–430 v. Chr.) nahm an, dass die materielle Welt aus den vier Elementen Erde, Wasser, Luft und Feuer zusammengesetzt sei. Für die Alchimisten des Mittelalters galten außerdem Schwefel, Quecksilber und Salz als Elemente. Allmählich führten die experimentellen Erfahrungen zu dem von Jungius (1642) und Boyle (1661) definierten naturwissenschaftlichen Elementbegriff.

Elemente sind Substanzen, die sich nicht in andere Stoffe zerlegen lassen (Abb. 1.1).

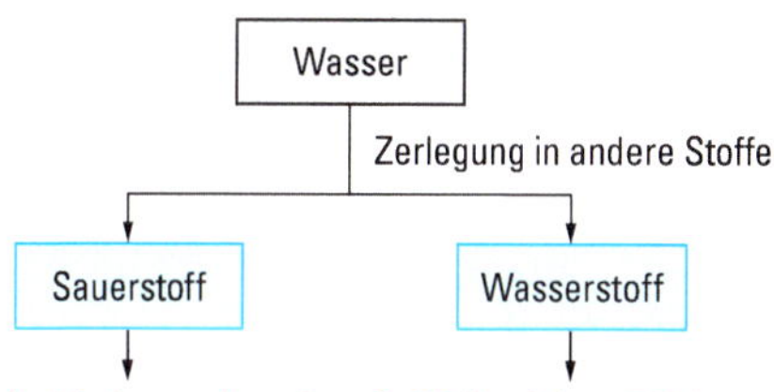

Abbildung 1.1 Wasser kann in Wasserstoff und Sauerstoff zerlegt werden. Diese beiden Stoffe besitzen völlig andere Eigenschaften als Wasser. Wasserstoff und Sauerstoff lassen sich nicht weiter in andere Stoffe zerlegen. Sie sind daher Grundstoffe, Elemente.

Die 1789 von Lavoisier veröffentlichte Elementtabelle enthielt 33 Elemente, von denen aber nur 21 Elemente im heutigen Sinne waren. Als Mendelejew 1869 das Periodensystem der Elemente aufstellte, waren ihm 63 Elemente bekannt. Heute kennen wir 118 Elemente (siehe dazu Legende der Abb. 1.39), 88 davon kommen in fassbarer Menge in der Natur vor.

Die Idee der Philosophen bestätigte sich also: Die vielen mannigfaltigen Stoffe sind aus relativ wenigen Grundstoffen aufgebaut.

Für die Elemente wurden von Berzelius (1813) Elementsymbole eingeführt.

https://doi.org/10.1515/9783110694444-001

Beispiele:

Element	Elementsymbol
Sauerstoff (Oxygenium)	O
Wasserstoff (Hydrogenium)	H
Schwefel (Sulfur)	S
Eisen (Ferrum)	Fe
Kohlenstoff (Carboneum)	C

Die Elemente und Elementsymbole sind in der Tab. 1 des Anhangs 2 enthalten.

1.1.2 Daltons Atomtheorie

Schon der griechische Philosoph Demokrit (ca. 460–370 v. Chr.) nahm an, dass die Materie aus Atomen, kleinen nicht weiter teilbaren Teilchen, aufgebaut sei. Demokrits Lehre übte einen großen Einfluss aus. So war z. B. auch der große Physiker Newton davon überzeugt, dass Atome die Grundbausteine aller Stoffe seien. Aber erst 1808 stellte Dalton eine Atomtheorie aufgrund exakter naturwissenschaftlicher Überlegungen auf. Daltons Atomtheorie verbindet den Element- und den Atombegriff wie folgt:

Chemische Elemente bestehen aus kleinsten, nicht weiter zerlegbaren Teilchen, den Atomen. Alle Atome eines Elements sind einander gleich, besitzen also gleiche Masse und gleiche Gestalt. Atome verschiedener Elemente haben unterschiedliche Eigenschaften. Jedes Element besteht also aus nur einer für das Element typischen Atomsorte (Abb. 1.2).

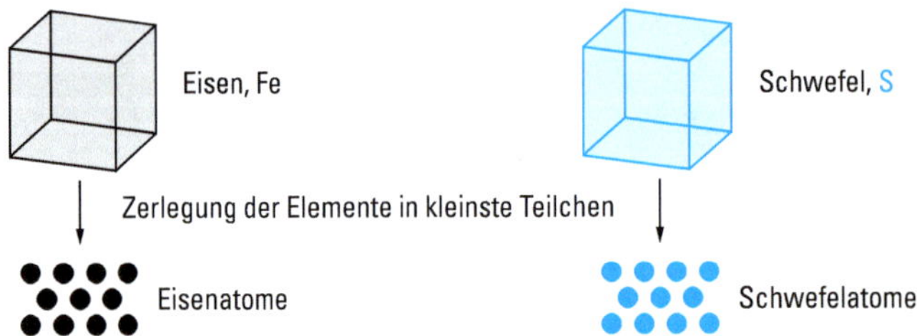

Abbildung 1.2 Eisen besteht aus untereinander gleichen Eisenatomen, Schwefel aus untereinander gleichen Schwefelatomen. Eisenatome und Schwefelatome haben verschiedene Eigenschaften, die in der Abbildung durch verschiedene Farben angedeutet sind. 1 cm^3 Materie enthält etwa 10^{23} Atome.

Chemische Verbindungen entstehen durch chemische Reaktion von Atomen verschiedener Elemente. Die Atome verbinden sich in einfachen Zahlenverhältnissen.

Chemische Reaktionen werden durch chemische Gleichungen beschrieben. Man benutzt dabei die Elementsymbole als Symbole für ein einzelnes Atom eines Elements. In Kap. 3 werden wir sehen, dass eine chemische Gleichung auch beschreibt, welche Stoffe in welchen Stoffmengenverhältnissen miteinander reagieren.

Beispiele:

Ein Kohlenstoffatom verbindet sich mit einem Sauerstoffatom zur Verbindung Kohlenstoffmonooxid:

$$C + O \longrightarrow CO$$

Ein Kohlenstoffatom verbindet sich mit zwei Sauerstoffatomen zur Verbindung Kohlenstoffdioxid:

$$C + 2O \longrightarrow CO_2$$

Bei jeder chemischen Reaktion erfolgt nur eine Umgruppierung der Atome, die Gesamtzahl der Atome jeder Atomsorte bleibt konstant. In einer chemischen Gleichung muss daher die Zahl der Atome jeder Sorte auf beiden Seiten der Gleichung gleich groß sein. CO und CO_2 sind die Summenformeln der chemischen Verbindungen Kohlenstoffmonooxid und Kohlenstoffdioxid. Aus den Summenformeln ist das Atomverhältnis C : O der Verbindungen ersichtlich, sie liefern aber keine Information über die Struktur der Verbindungen. Strukturformeln werden in Kap. 2 behandelt.

Die Atomtheorie erklärte schlagartig einige grundlegende Gesetze chemischer Reaktionen, die bis dahin unverständlich waren.

Gesetz der Erhaltung der Masse (Lavoisier 1785). Bei allen chemischen Vorgängen bleibt die Gesamtmasse der an der Reaktion beteiligten Stoffe konstant. Nach der Atomtheorie erfolgt bei chemischen Reaktionen nur eine Umgruppierung von Atomen, bei der keine Masse verloren gehen kann.

Stöchiometrische Gesetze

Gesetz der konstanten Proportionen (Proust 1799). Eine chemische Verbindung bildet sich immer aus konstanten Massenverhältnissen der Elemente.

Beispiel:

1 g Kohlenstoff verbindet sich immer mit 1,333 g Sauerstoff zu Kohlenstoffmonooxid, aber nicht mit davon abweichenden Mengen, z. B. 1,5 g oder 2,3 g Sauerstoff.

Gesetz der multiplen Proportionen (Dalton 1803). Bilden zwei Elemente mehrere Verbindungen miteinander, dann stehen die Massen desselben Elements zueinander im Verhältnis kleiner ganzer Zahlen.

Beispiel:

1 g Kohlenstoff reagiert mit $1 \cdot 1{,}333$ g Sauerstoff zu Kohlenstoffmonooxid
1 g Kohlenstoff reagiert mit $2 \cdot 1{,}333$ g $= 2{,}666$ g Sauerstoff zu Kohlenstoffdioxid

Die Massen von Kohlenstoff stehen im Verhältnis 1 : 1, die Massen von Sauerstoff im Verhältnis 1 : 2. Nach der Atomtheorie bildet sich Kohlenstoffmonooxid nach der Gleichung $C + O \longrightarrow CO$. Da alle Kohlenstoffatome untereinander und alle Sauerstoffatome untereinander die gleiche Masse haben, erklärt die Reaktionsgleichung das Gesetz der konstanten Proportionen. Kohlenstoffdioxid entsteht nach der Reaktionsgleichung $C + 2O \longrightarrow CO_2$. Aus den beiden Reaktionsgleichungen folgt für Sauerstoff das Atomverhältnis 1 : 2 und damit auch das Massenverhältnis 1 : 2.

1.2 Der Atomaufbau

1.2.1 Elementarteilchen, Atomkern, Atomhülle

Die Existenz von Atomen ist heute ein gesicherter Tatbestand. Zu Beginn des letzten Jahrhunderts erkannte man aber, dass Atome nicht die kleinsten Bausteine der Materie sind, sondern dass sie aus noch kleineren Teilchen, den sogenannten Elementarteilchen, aufgebaut sind. Erste Modelle über den Atomaufbau stammen von Rutherford (1911) und Bohr (1913).

Man nahm zunächst an: Elementarteilchen sind kleinste Bausteine der Materie, die nicht aus noch kleineren Einheiten zusammengesetzt sind. Sie sind aber ineinander umwandelbar, also keine Grundbausteine im Sinne unveränderlicher Teilchen. Man kennt gegenwärtig einige hundert Elementarteilchen. Für die Diskussion des Atombaus sind nur einige wenige von Bedeutung. Später erkannte man aber, dass noch einfachere Grundbausteine existieren. Protonen und Neutronen z. B. werden aus Quarks aufgebaut.

Die Atome bestehen aus drei Elementarteilchen: Elektronen, Protonen, Neutronen. Sie unterscheiden sich durch ihre Masse und ihre elektrische Ladung (Tabelle 1.1).

Tabelle 1.1 Eigenschaften von Elementarteilchen

Elementarteilchen	Elektron	Proton	Neutron
Symbol	e, e^-	p, p^+, H^+, ${}^1_1H^+$	n
Masse	$0{,}9109 \cdot 10^{-30}$ kg $5{,}4858 \cdot 10^{-4}$ u	$1{,}6726 \cdot 10^{-27}$ kg 1,007276 u	$1{,}6749 \cdot 10^{-27}$ kg 1,008665 u
	leicht	schwer, nahezu gleiche Masse	
Ladung	$-e$ negative Elementarladung	$+e$ positive Elementarladung	keine Ladung neutral

Das Neutron ist ein ungeladenes, elektrisch neutrales Teilchen. Das Proton trägt eine positive, das Elektron eine negative Elementarladung.

Die Elementarladung ist die bislang kleinste beobachtete elektrische Ladung für ein freies Teilchen. Sie beträgt

$$e = 1{,}602\,176\,634 \cdot 10^{-19}\ \mathrm{C}$$

e wird daher auch als elektrisches Elementarquantum bezeichnet. Seit 2019 ist es eine exakt definierte Naturkonstante. Alle auftretenden Ladungsmengen für ein freies Teilchen können immer nur ein ganzzahliges Vielfaches der Elementarladung sein.

Protonen und Neutronen sind schwere Teilchen. Sie besitzen annähernd die gleiche Masse. Das Elektron ist ein leichtes Teilchen, es besitzt ungefähr $\frac{1}{1836}$ der Protonen- bzw. Neutronenmasse.

Atommassen gibt man in atomaren Masseneinheiten an. Eine atomare Masseneinheit (u) ist definiert als $\frac{1}{12}$ der Masse eines Atoms des Kohlenstoffnuklids ^{12}C (zum Begriff des Nuklids vgl. Abschn. 1.2.2).

$$\text{Masse eines Atoms } {}^{12}_{6}\mathrm{C} = 12\ \mathrm{u}$$
$$1\ \mathrm{u} = 1{,}6605 \cdot 10^{-27}\ \mathrm{kg}$$

Die Größe der atomaren Masseneinheit ist so gewählt, dass die Masse eines Protons bzw. Neutrons ungefähr 1 u beträgt.

Atome sind annähernd kugelförmig mit einem Radius von der Größenordnung 10^{-10} m. Ein Kubikzentimeter (cm^3) Materie enthält daher ungefähr 10^{23} Atome. Man unterscheidet zwei Bereiche des Atoms, den Kern und die Hülle (Abb. 1.3).

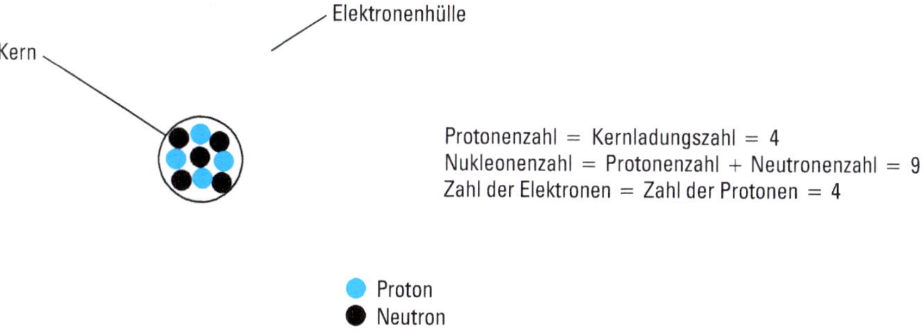

Abbildung 1.3 Schematische Darstellung eines Atoms. Die Neutronen und Protonen sind im Atomkern konzentriert. Der Atomkern hat einen Durchmesser von 10^{-14}–10^{-15} m. Er enthält praktisch die Gesamtmasse des Atoms. Bei richtigem Maßstab würde bei einem Kernradius von 10^{-3} m der Radius des Atoms 10 m betragen. Nahezu der Gesamtraum des Atoms steht für die Elektronen zur Verfügung. Wie die Elektronen in der Hülle verteilt sind, wird später behandelt.

Die Protonen und Neutronen sind im Zentrum des Atoms konzentriert. Sie bilden den positiv geladenen Atomkern. Protonen und Neutronen werden daher als Nukleonen (Kernteilchen) bezeichnet. Atomkerne sind nahezu kugelförmig, ihre Durchmesser sind von der Größenordnung 10^{-14}–10^{-15} m. Der im Vergleich zum Gesamtatom sehr kleine Atomkern enthält fast die gesamte Masse des Atoms.

Die Protonenzahl (Symbol Z) bestimmt die Größe der positiven Ladung des Kerns. Sie wird auch Kernladungszahl oder Ordnungszahl genannt.

Protonenzahl = Kernladungszahl = Ordnungszahl

Die Gesamtanzahl der Protonen und Neutronen bestimmt die Masse des Atoms. Sie wird Nukleonenzahl (Symbol A) genannt. Die ältere Bezeichnung Massenzahl soll nicht mehr verwendet werden.

Nukleonenzahl = Protonenzahl + Neutronenzahl

Die Elektronen sind als negativ geladene Elektronenhülle um den zentralen Kern angeordnet. Fast das gesamte Volumen des Atoms wird von der Hülle eingenommen. Die Struktur der Elektronenhülle ist ausschlaggebend für das chemische Verhalten der Atome. Sie wird eingehend im Abschn. 1.4 behandelt.

Atome sind elektrisch neutral, folglich gilt für jedes Atom

Protonenzahl = Elektronenzahl

Das Kernmodell wurde 1911 von Rutherford entwickelt. Er bestrahlte dünne Goldfolien mit α-Strahlen (zweifach positiv geladene Heliumkerne; vgl. Abschn. 1.3.1). Die meisten durchdrangen unbeeinflusst die Metallfolien, nur wenige wurden stark abgelenkt. Die Materieschicht konnte also nicht aus dichtgepackten massiven Atomen aufgebaut sein. Die mathematische Auswertung ergab, dass die Ablenkung durch kleine, im Vergleich zu ihrer Größe weit voneinander entfernte, positiv geladene Zentren bewirkt wird.

1.2.2 Chemische Elemente, Isotope, Atommassen

In der Dalton'schen Atomtheorie wurde postuliert, dass jedes chemische Element aus einer einzigen Atomsorte besteht. Mit der Erforschung des Atomaufbaus stellte sich jedoch heraus, dass es sehr viel mehr Atomsorten als Elemente gibt. Die meisten Elemente bestehen nämlich nicht aus identischen Atomen, sondern aus einem Gemisch von Atomen, die sich in der Zusammensetzung der Atomkerne unterscheiden.

Das Element Wasserstoff z. B. besteht aus drei Atomsorten (Abb. 1.4). Alle Wasserstoffatome besitzen ein Proton und ein Elektron, die Anzahl der Neutronen ist unterschiedlich, sie beträgt null, eins oder zwei.

Ein chemisches Element besteht aus Atomen mit gleicher Protonenzahl (Kernladungszahl), die Neutronenzahl kann unterschiedlich sein.

Die für jedes Element charakteristische Protonenzahl wird als Ordnungszahl (Z) bezeichnet. Für die Elemente bis $Z = 118$ ist die Folge der Protonenzahlen lückenlos (vgl. S. 64).

Atome mit gleicher Protonenzahl verhalten sich chemisch gleich, da sie die gleiche Elektronenzahl und auch die für das chemische Verhalten entscheidende gleiche

Abbildung 1.4 Atomarten des Wasserstoffs. Alle Wasserstoffatome besitzen ein Proton und ein Elektron. Die Neutronenzahl ist unterschiedlich, sie beträgt null, eins oder zwei. Die Atomarten eines Elementes heißen Isotope. Wasserstoff besteht aus drei Isotopen. Isotope haben die gleiche Elektronenhülle.

Struktur der Elektronenhülle besitzen. Die Kerne erfahren bei chemischen Reaktionen keine Veränderungen.

Eine durch Protonenzahl und Neutronenzahl charakterisierte Atomsorte bezeichnet man als Nuklid. Für die Nuklide und Elementarteilchen benutzt man die folgenden Schreibweisen:

$$^{\text{Nukleonenzahl}}_{\text{Protonenzahl}}\text{Elementsymbol} \quad \text{oder} \quad ^{\text{Nukleonenzahl}}\text{Elementsymbol}$$

Protonenzahl = Kernladungszahl
Neutronenzahl = Nukleonenzahl − Protonenzahl

Beispiele:

Nuklide des Elements Wasserstoff: $^{1}_{1}H, ^{2}_{1}H, ^{3}_{1}H$ oder $^{1}H, ^{2}H, ^{3}H$
Nuklide des Elements Kohlenstoff: $^{12}_{6}C, ^{13}_{6}C, ^{14}_{6}C$ oder $^{12}C, ^{13}C, ^{14}C$

Neutron: $^{1}_{0}n$ oder einfacher n
Proton: $^{1}_{1}H^{+}$ oder einfacher p^{+}, p
Elektron: $^{0}_{-1}e^{-}$ oder einfacher e^{-} (manchmal auch nur e)

Die natürlich vorkommenden Nuklide der ersten zehn Elemente sind in Tab. 1.2 aufgeführt.

Es gibt insgesamt 340 natürlich vorkommende Nuklide. Davon sind 270 stabil und 70 radioaktiv (vgl. Abschn. 1.3.1).

Nuklide mit gleicher Protonenzahl, aber verschiedener Neutronenzahl heißen Isotope.

Beispiele:

Isotope des Elements Wasserstoff: $^{1}_{1}H, ^{2}_{1}H, ^{3}_{1}H$
Isotope des Elements Stickstoff: $^{14}_{7}N, ^{15}_{7}N$

Tabelle 1.2 Natürlich vorkommende Nuklide der ersten zehn Elemente

Ordnungszahl = Kernladungszahl	Element	Nuklidsymbol	Protonen- bzw. Elektronenzahl	Neutronenzahl	Nukleonenzahl	Nuklidmasse in u	Atomzahlanteil (Isotopenhäufigkeit) in %	Mittlere Atommasse in u [a]
1	Wasserstoff	^{1}H	1	0	1	1,007825	99,985	1,008 [b]
	H	^{2}H	1	1	2	2,01410	0,015	
		^{3}H	1	2	3		Spuren	
2	Helium	^{3}He	2	1	3	3,01603	0,00013	4,00260
	He	^{4}He	2	2	4	4,00260	99,99987	
3	Lithium	^{6}Li	3	3	6	6,01512	7,42	6,94 [b]
	Li	^{7}Li	3	4	7	7,01600	92,58	
4	Beryllium Be	^{9}Be	4	5	9	9,01218	100,0	9,01218
5	Bor	^{10}B	5	5	10	10,01294	19,78	10,81 [b]
	B	^{11}B	5	6	11	11,00931	80,22	
6	Kohlen-	^{12}C	6	6	12	12	98,89	12,011
	stoff	^{13}C	6	7	13	13,00335	1,11	
	C	^{14}C	6	8	14		Spuren	
7	Stickstoff	^{14}N	7	7	14	14,00307	99,63	14,007 [b]
	N	^{15}N	7	8	15	15,00011	0,36	
8	Sauerstoff	^{16}O	8	8	16	15,99491	99,759	15,999 [b]
	O	^{17}O	8	9	17	16,99913	0,037	
		^{18}O	8	10	18	17,99916	0,204	
9	Fluor F	^{19}F	9	10	19	18,99840	100	18,99840
10	Neon	^{20}Ne	10	10	20	19,99244	90,92	20,1797
	Ne	^{21}Ne	10	11	21	20,99395	0,26	
		^{22}Ne	10	12	22	21,99138	8,82	

[a] Der Zahlenwert der mittleren Atommasse in u ist gleich der relativen Atommasse A_r.

[b] Gegeben ist hier die konventionelle Atommasse für Elemente mit ansonsten gut dokumentierten Abweichungen der Isotopenhäufigkeiten in normalen irdischen Materialien, bei denen die relative Atommasse mittlerweile als Bereich angegeben wird (siehe Anhang 2, Tab. 1).

Die meisten Elemente sind Mischelemente. Sie bestehen aus mehreren Isotopen, die in sehr unterschiedlicher Häufigkeit vorkommen (vgl. Tab. 1.2).

Eine Reihe von Elementen (z. B. Beryllium, Fluor, Natrium) sind Reinelemente. Sie bestehen in ihren natürlichen Vorkommen aus nur einer Nuklidsorte (vgl. Tab. 1.2).

Isobare nennt man Nuklide mit gleicher Nukleonenzahl, aber verschiedener Protonenzahl.

Beispiel:
$^{14}_{6}C$, $^{14}_{7}N$

Die Atommasse eines Elements erhält man aus den Atommassen der Isotope unter Berücksichtigung der natürlichen Isotopenhäufigkeit. Für die Elemente H, Li, B, C, N, O, Mg, Si, S, Cl, Br, Tl sind Abweichungen der Isotopenhäufigkeiten in normalen irdischen Materialien gut dokumentiert, so dass die relative Atommasse für diese Elemente mittlerweile als Bereich angegeben wird, der diese Variationen widerspiegelt. Für Wasserstoff ist der Bereich 1,00784 bis 1,00811, für Kohlenstoff 12,0096 bis 12,0116 (siehe Anhang 2, Tab. 1).

Die relative Atommasse A_r eines Elements X ist auf $\frac{1}{12}$ der Atommasse des Nuklids ^{12}C bezogen

$$A_r\,(X) = \frac{\text{mittlere Atommasse von X}}{\frac{1}{12}(\text{Nuklidmasse von }^{12}\text{C})}$$

Die Zahlenwerte von A_r sind identisch mit den Zahlenwerten für die Atommassen, gemessen in der atomaren Masseneinheit u. Die relativen Atommassen der Elemente sind in der Tab. 1 des Anhangs 2 angegeben.

Die Atommasse eines Elements ist nahezu ganzzahlig, wenn die Häufigkeit eines Isotops sehr überwiegt (vgl. Tab. 1.2). Für die Anzahl auftretender Isotope gibt es keine Gesetzmäßigkeit, jedoch wächst mit steigender Ordnungszahl die Anzahl der Isotope, und bei Elementen mit gerader Ordnungszahl treten mehr Isotope auf. Das Verhältnis Neutronenzahl : Protonenzahl wächst mit steigender Ordnungszahl von 1 auf etwa 1,5 an. Es ist ein immer größerer Neutronenüberschuss notwendig, damit die Nuklide stabil sind.

Kerne mit 2, 8, 20, 28, 50, 82, 126 Neutronen oder Protonen (magische Nukleonenzahlen) sind besonders stabil. Bei ihnen tritt eine erhöhte Anzahl stabiler Nuklide auf; den Rekord hält Zinn ($Z = 50$) mit zehn stabilen Isotopen. Stabile Endprodukte der radioaktiven Zerfallsreihen (vgl. Tab. 1.3) z. B. sind Nuklide mit den magischen Nukleonenzahlen 82 und 126. Die Nuklide $^{4}_{2}He$, $^{16}_{8}O$, $^{28}_{14}Si$ zeigen auffällig große kosmische Häufigkeiten (vgl. Abb. 1.12). Eine Erklärung liefert das Schalenmodell. Den magischen Zahlen entsprechen energetisch bevorzugte Nukleonenschalen. Daher ist bei diesen Nukliden auch die Neigung zur Neutronenaufnahme gering (kleiner Neutroneneinfangquerschnitt).

Eine Isotopentrennung gelingt unter Ausnützung der unterschiedlichen physikalischen Eigenschaften der Isotope, die durch ihre unterschiedlichen Isotopenmassen zustande kommen. (Zum Beispiel durch Diffusion, Thermodiffusion, Zentrifugieren).

Zum Isotopennachweis benutzt man das Massenspektrometer. Gasförmige Teilchen werden ionisiert und im elektrischen Feld beschleunigt. Durch Ablenkung in einem elektrischen und anschließend in einem magnetischen Feld erreicht man, dass nur Teilchen mit gleicher spezifischer Ladung (Quotient aus Ladung und Masse) an eine bestimmte Stelle gelangen und dort nachgewiesen werden können. Die Teilchen werden also nach ihrer Masse getrennt, man erhält ein Massenspektrum. Die Massenspektrometrie dient nicht nur zur Bestimmung der Anzahl, Häufigkeit und Atommasse (Genauigkeit bis 10^{-6} u) von Isotopen, sondern auch zur Ermittlung von Spurenverunreinigungen, zur Analyse von Verbindungsgemischen, zur Aufklärung von Molekülstrukturen und Reaktionsmechanismen. Die Isotopenanalyse ist auch geeignet für Altersbestimmungen (s. S. 19), zur Herkunftsbestimmung archäologischer Proben und neuerdings zur Lebensmittelüberwachung. Die Isotopenverhältnisse der Elemente in Lebensmitteln (Wasserstoff, Kohlenstoff, Sauerstoff, Stickstoff, Schwefel) hängen von ihrer geographischen, klimatischen, botanischen und (bio-)chemischen Entstehung ab. Deshalb schwankt die mittlere Atommasse für die Elemente H, Li, B, C, N, O, Mg, Si, S, Cl, Br, Tl in normalen irdischen Materialien und wird für diese Elemente mittlerweile als Bereich angegeben (s. oben und Anhang 2, Tab. 1). Daher kann die Isotopenanalyse zur Überprüfung der Herkunft und zum Nachweis von Fälschungen verwendet werden. Dazu bestimmt werden z. B. die Verhältnisse der Isotope $^{1}H/^{2}H$, $^{12}C/^{13}C$ und $^{16}O/^{18}O$.

1.2.3 Massendefekt, Äquivalenz von Masse und Energie

Ein $^{4}_{2}He$-Kern ist aus zwei Protonen und zwei Neutronen aufgebaut. Addiert man die Massen dieser Bausteine, erhält man als Summe 4,0319 u. Der $^{4}_{2}He$-Kern hat jedoch nur eine Masse von 4,0015 u, er ist also um 0,030 u leichter als die Summe seiner Bausteine. Dieser Massenverlust wird als Massendefekt bezeichnet. Massendefekt tritt bei allen Nukliden auf.

Die Masse eines Nuklids ist stets kleiner als die Summe der Massen seiner Bausteine.

Der Massendefekt kann durch das Einstein'sche Gesetz der Äquivalenz von Masse und Energie

$$E = mc^2$$

gedeutet werden. Es bedeuten E Energie, m Masse und c Lichtgeschwindigkeit im leeren Raum. c ist eine fundamentale Naturkonstante, ihr exakter Wert beträgt

$$c = 2{,}99\,792\,458 \cdot 10^{8}\ \mathrm{m\ s^{-1}}.$$

Das Gesetz besagt, dass Masse in Energie umwandelbar ist und umgekehrt. Einer atomaren Masseneinheit entspricht die Energie von $931 \cdot 10^{6}$ eV = 931 MeV.

$$1\ \mathrm{u} \mathrel{\hat{=}} 931\ \mathrm{MeV}.$$

Der Zusammenhalt der Nukleonen im Kern wird durch die sogenannten Kernkräfte bewirkt. Bei der Vereinigung von Neutronen und Protonen zu einem Kern wird Kernbindungsenergie frei. Der Energieabnahme des Kerns äquivalent ist eine Massenabnahme. Wollte man umgekehrt den Kern in seine Bestandteile zerlegen, dann müsste man eine dem Massendefekt äquivalente Energie zuführen (Abb. 1.5). Die

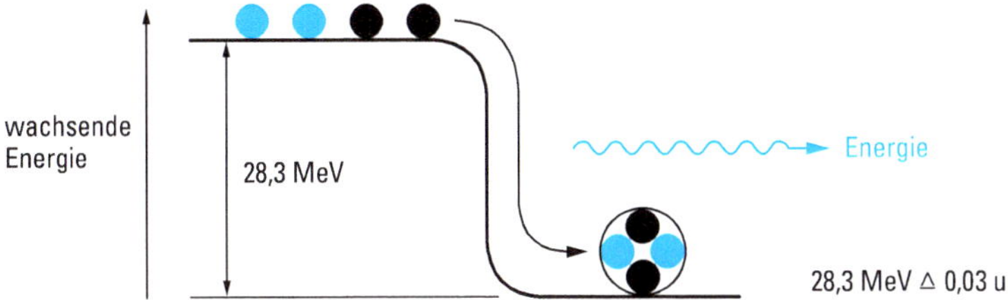

Abbildung 1.5 Zwei Protonen und zwei Neutronen gehen bei der Bildung eines He-Kerns in einen energieärmeren, stabileren Zustand über. Dabei wird die Kernbindungsenergie von 28,3 MeV frei. Gekoppelt mit der Energieabnahme des Kerns von 28,3 MeV ist eine Massenabnahme von 0,03 u.

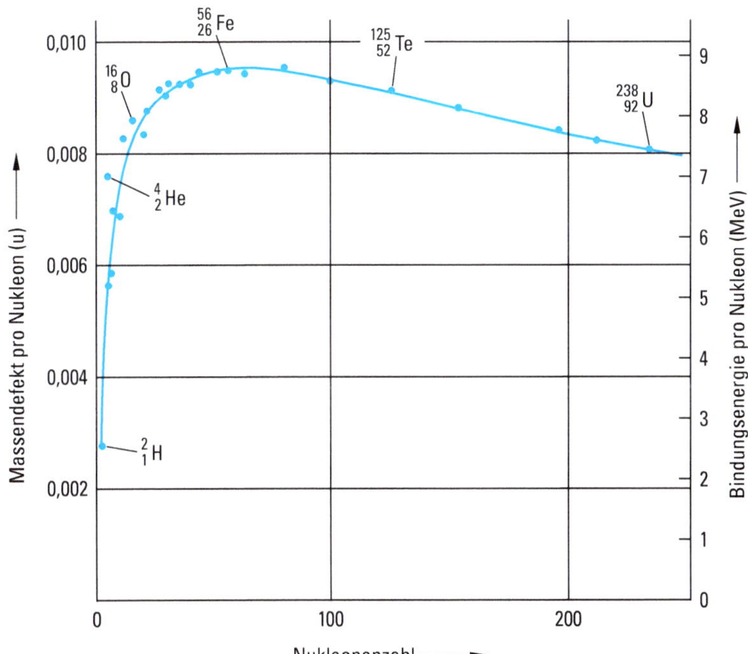

Abbildung 1.6 Die Kernbindungsenergie pro Nukleon für Kerne verschiedener Massen beträgt durchschnittlich 8 MeV, sie durchläuft bei den Nukleonenzahlen um 60 ein Maximum, Kerne dieser Nukleonenzahlen sind besonders stabile Kerne. Die unterschiedliche Stabilität der Kerne spielt bei der Gewinnung der Kernenergie (vgl. Abschn. 1.3.3) und bei der Entstehung der Elemente (vgl. Abschn. 1.3.4) eine wichtige Rolle. Der durchschnittliche Massenverlust der Nukleonen durch ihre Bindung im Kern beträgt 0,0085 u, die durchschnittliche Masse eines gebundenen Nukleons beträgt daher 1,000 u.

Kernbindungsenergie des He-Kerns beträgt 28,3 MeV, der äquivalente Massendefekt 0,03 u. Dividiert man die Gesamtbindungsenergie durch die Anzahl der Kernbausteine, so erhält man eine durchschnittliche Kernbindungsenergie pro Nukleon. Für $^{4}_{2}He$ beträgt sie 28,3 MeV/4 = 7,1 MeV.

Abb. 1.6 zeigt den Massendefekt und die Kernbindungsenergie pro Nukleon mit zunehmender Nukleonenzahl der Nuklide. Ein Maximum tritt bei den Elementen Fe, Co, Ni auf. Erhöht sind die Werte bei den leichten Nukliden ^{4}He, ^{12}C und ^{16}O. Durchschnittlich beträgt die Kernbindungsenergie pro Nukleon 8 MeV, der Massendefekt 0,0085 u. Freie Nukleonen haben im Mittel eine Masse von ca. 1,008 u, im Kern gebundene Nukleonen haben aufgrund des Massendefekts im Mittel eine Masse von 1,000 u, daher sind die Nuklidmassen annähernd ganzzahlig (vgl. Tab. 1.2).

1.3 Kernreaktionen

Bei chemischen Reaktionen finden Veränderungen in der Elektronenhülle statt, die Kerne bleiben unverändert. Da der Energieumsatz nur einige eV beträgt, gilt das Gesetz der Erhaltung der Masse, die Massenänderungen sind experimentell nicht erfassbar.

Bei Kernreaktionen ist die Veränderung des Atomkerns entscheidend, die Elektronenhülle spielt keine Rolle. Der Energieumsatz ist etwa 10^6 mal größer als bei chemischen Reaktionen. Als Folge davon treten messbare Massenänderungen auf, und es gilt das Masse-Energie-Äquivalenzprinzip.

Beispiel:

Bei der Bildung eines He-Kerns erfolgt eine Energieabgabe von 28,3 MeV, dies entspricht einer Massenabnahme von 0,03 u. Für 1 mol gebildete $^{4}_{2}He$-Kerne, das sind $6 \cdot 10^{23}$ Teilchen (vgl. Abschn. 3.1), beträgt die Massenabnahme 0,03 g. Ist bei einer chemischen Reaktion die Energieänderung 10 eV, dann erfolgt pro Mol nur eine Massenänderung von 10^{-8} g.

1.3.1 Radioaktivität

1896 entdeckte Becquerel, dass Uranverbindungen spontan Strahlen aussenden. Er nannte diese Erscheinung Radioaktivität. 1898 wurde von Pierre und Marie Curie in der Pechblende, einem Uranerz, das radioaktive Element Radium entdeckt und daraus isoliert. 1903 erkannten Rutherford und Soddy, dass die Radioaktivität auf einen Zerfall der Atomkerne zurückzuführen ist und die radioaktiven Strahlen Zerfallsprodukte der instabilen Atomkerne sind.

Instabile Nuklide wandeln sich durch Ausstoßung von Elementarteilchen oder kleinen Kernbruchstücken in andere Nuklide um. Diese spontane Kernumwandlung wird als radioaktiver Zerfall bezeichnet.

Kernumwandlung	Teilchen der Strahlung	Bezeichnung der Strahlung	Eigenschaften der Strahlungsteilchen		
			Ladung	Nukleonenzahl	Durchdringungsfähigkeit
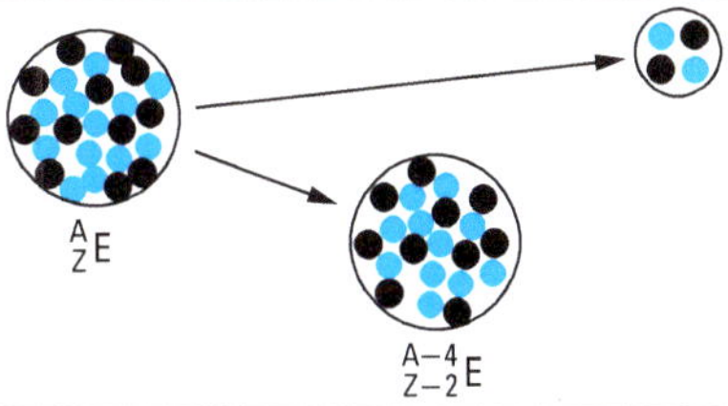 ${}^{A}_{Z}E$ → ${}^{A-4}_{Z-2}E$	He-Kerne	α-Strahlung	+2	4	gering
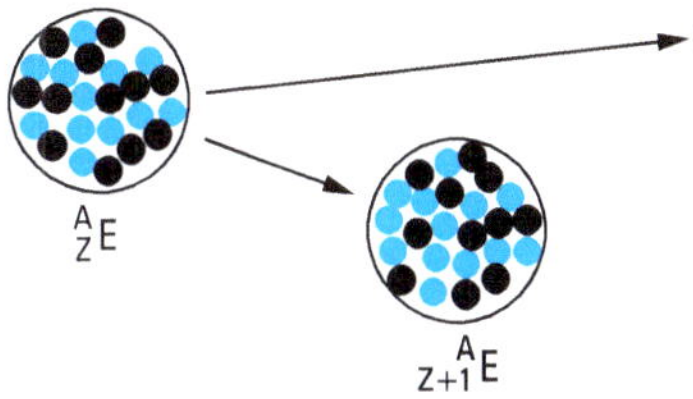 ${}^{A}_{Z}E$ → ${}_{Z+1}^{A}E$	⊖ Elektronen	β^--Strahlung	−1	0	mittel
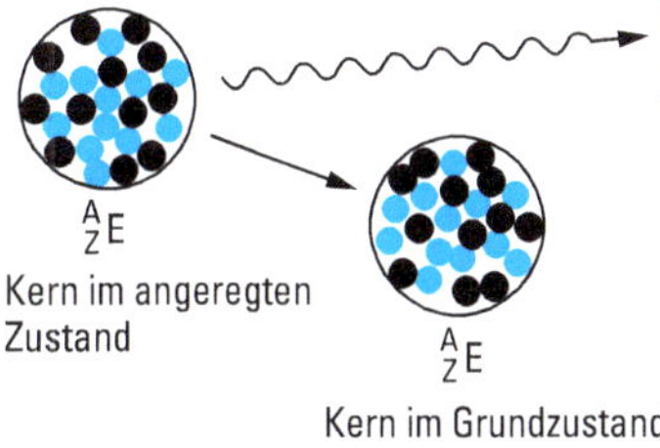 ${}^{A}_{Z}E$ Kern im angeregten Zustand → ${}^{A}_{Z}E$ Kern im Grundzustand	Photonen (elektromagnet. Wellen)	γ-Strahlung	0	0	groß

● Proton ● Neutron

Abbildung 1.7 Natürliche Radioaktivität. Schwere Kerne mit mehr als 83 Protonen sind instabil. Sie wandeln sich durch Aussendung von Strahlung in stabile Kerne um. Bei natürlichen radioaktiven Stoffen treten drei verschiedenartige Strahlungen auf. Vom Kern werden entweder α-Teilchen, Elektronen oder elektromagnetische Wellen ausgesandt. Die spontane Kernumwandlung wird als radioaktiver Zerfall bezeichnet.

Alle Elemente von Z = 1 bis Z = 82 (Pb) besitzen stabile Nuklide, bis auf die Elemente Tc (Z = 43) und Pm (Z = 61). Ausschließlich instabil sind schwere Kerne, die mehr als 83 Protonen enthalten. Das Element Bi mit Z = 83 ist zwar radioaktiv, aber das natürlich vorkommende Nuklid ^{209}Bi besitzt eine Halbwertszeit (s. S. 18) von $t_{1/2} = 1{,}9 \cdot 10^{19}$ Jahren und ist damit praktisch stabil. Bei den natürlichen radioaktiven Nukliden werden vom Atomkern drei Strahlungsarten emittiert (Abb. 1.7).

α-Strahlung. Sie besteht aus ${}^{4}_{2}He^{2+}$-Teilchen (Heliumkerne).

β^--Strahlung. Sie besteht aus Elektronen. (Bei künstlicher Radioaktivität gibt es auch β^+-Strahlung aus Positronen. s. Abschn. 1.3.2.)

γ-Strahlung. Dabei handelt es sich um eine energiereiche elektromagnetische Strahlung.

Reichweite und Durchdringungsfähigkeit der Strahlungen nehmen in der Reihenfolge α, β, γ stark zu.

Reichweite in Luft: α-Strahlung 3,5 cm, β-Strahlung 4 m. γ-Strahlung wird nur von Stoffen hoher Dichte absorbiert, z. B. von Blei der Dicke mehrerer cm.

Kernprozesse können mit Hilfe von Kernreaktionsgleichungen formuliert werden.

Beispiele:

α-Zerfall: ${}^{226}_{88}\mathrm{Ra} \longrightarrow {}^{222}_{86}\mathrm{Rn} + {}^{4}_{2}\mathrm{He}$

β-Zerfall: ${}^{40}_{19}\mathrm{K} \longrightarrow {}^{40}_{20}\mathrm{Ca} + {}^{0}_{-1}\mathrm{e}^{-}$

Die Summe der Nukleonenzahlen und die Summe der Kernladungen (Protonenzahl) müssen auf beiden Seiten einer Kernreaktionsgleichung gleich sein.

Die beim β-Zerfall emittierten Elektronen stammen nicht aus der Elektronenhülle, sondern aus dem Kern. Im Kern wird ein Neutron in ein Proton und ein Elektron umgewandelt, das Elektron wird aus dem Kern herausgeschleudert, das Proton verbleibt im Kern.

$${}^{1}_{0}\mathrm{n} \longrightarrow {}^{1}_{1}\mathrm{p}^{+} + {}^{0}_{-1}\mathrm{e}^{-}$$

Der radioaktive Zerfall ist mit einem Massendefekt verbunden. Die der Massenabnahme äquivalente Energie wird von den emittierten Teilchen als kinetische Energie aufgenommen. Beim α-Zerfall von ${}^{226}_{88}\mathrm{Ra}$ beträgt der Massendefekt 0,005 u, das α-Teilchen erhält die kinetische Energie von 4,78 MeV.

Im Gegensatz dazu haben bei einem β-Zerfall die emittierten Elektronen keine scharfe Energie, sondern kontinuierliche Energiewerte bis zu einer Grenzenergie, die dem Massendefekt entspricht. Da dies den Energieerhaltungssatz verletzt, postulierte Pauli 1930, dass beim β-Zerfall zusammen mit dem Elektron ein weiteres Teilchen entsteht, das keine Ladung und Ruhemasse besitzt, das Antineutrino $\bar{\nu}$ (Antiteilchen s. Abschn. 1.3.2).

$${}^{1}_{0}\mathrm{n} \longrightarrow {}^{1}_{1}\mathrm{p}^{+} + {}^{0}_{-1}\mathrm{e}^{-} + \bar{\nu}$$

Der Energieerhaltungssatz fordert, dass die Summe der Energien des Elektrons und des Antineutrinos konstant ist.

Kernreaktionen können in der Nebelkammer sichtbar gemacht werden. Sie enthält übersättigten Alkoholdampf oder Wasserdampf, und auf der Bahn eines Kernteilchens entsteht ein „Kondensstreifen“, da es durch Zusammenstöße mit Gasmolekülen Ionen erzeugt, die als Kondensationskeime wirken.

Radioaktive Verschiebungssätze

Die Beispiele zeigen, dass beim radioaktiven Zerfall Elementumwandlungen auftreten.

Beim α-Zerfall entstehen Elemente mit um zwei verringerter Protonenzahl (Kernladungszahl) Z und um vier verkleinerter Nukleonenzahl A.

$${}^{A}_{Z}\mathrm{E1} \longrightarrow {}^{A-4}_{Z-2}\mathrm{E2} + {}^{4}_{2}\mathrm{He}$$

Beim β-Zerfall entstehen Elemente mit einer um eins erhöhten Protonenzahl, die Nukleonenzahl ändert sich nicht.

$$^{A}_{Z}\mathrm{E1} \longrightarrow {}^{A}_{Z+1}\mathrm{E2} + {}^{0}_{-1}\mathrm{e}^{-}$$

(Bei einer Kernreaktionsgleichung muss die Summe der Nukleonenzahlen A und die Summe der Protonen- = Ladungszahlen Z jeweils auf beiden Seiten gleich sein.)

Der γ-Zerfall führt zu keiner Änderung der Protonenzahl und der Nukleonenzahl, also zu keiner Elementumwandlung, sondern nur zu einer Änderung des Energiezustandes des Atomkerns. Befindet sich ein Kern in einem angeregten, energiereichen Zustand, so kann er durch Abgabe eines γ-Quants (vgl. Gl. 1.22) einen energieärmeren Zustand erreichen.

Das bei einer radioaktiven Umwandlung entstehende Element ist meist ebenfalls radioaktiv und zerfällt weiter, so dass Zerfallsreihen entstehen. Am Ende einer Zerfallsreihe steht ein stabiles Nuklid. Die Glieder einer Zerfallsreihe besitzen aufgrund der Verschiebungssätze entweder die gleiche Nukleonenzahl (β-Zerfall) oder die Nukleonenzahlen unterscheiden sich um vier (α-Zerfall). Es sind daher vier verschiedene Zerfallreihen möglich, deren Glieder die Nukleonenzahlen $4n$, $4n + 1$, $4n + 2$ und $4n + 3$ besitzen (Tab. 1.3). Die in der Natur vorhandenen schweren, radioaktiven Nuklide sind Glieder einer der Zerfallsreihen.

Tabelle 1.3 Radioaktive Zerfallsreihen

Zerfallsreihe	Nukleonen-zahlen	Ausgangs-nuklid	Stabiles Endprodukt	Abgegebene α	Teilchen β
Thoriumreihe	$4n$	$^{232}_{90}\mathrm{Th}$	$^{208}_{82}\mathrm{Pb}$	6	4
Neptuniumreihe	$4n + 1$	$^{237}_{93}\mathrm{Np}$	$^{209}_{83}\mathrm{Bi}$	7	4
Uran-Radium-Reihe	$4n + 2$	$^{238}_{92}\mathrm{U}$	$^{206}_{82}\mathrm{Pb}$	8	6
Actinium-Uran-Reihe	$4n + 3$	$^{235}_{92}\mathrm{U}$	$^{207}_{82}\mathrm{Pb}$	7	4

Die Neptuniumreihe kommt in der Natur nicht vor (vgl. S. 20). Sie wurde erst nach der Darstellung von künstlichem Neptunium aufgefunden. Die einzelnen Glieder der Uran-Radium-Reihe zeigt Tab. 1.4.

Außer bei den schweren Elementen tritt natürliche Radioaktivität auch bei einigen leichten Elementen auf, z. B. bei den Nukliden $^{3}_{1}\mathrm{H}$, $^{14}_{6}\mathrm{C}$, $^{40}_{19}\mathrm{K}$, $^{87}_{37}\mathrm{Rb}$. Bei diesen Nukliden tritt nur β-Strahlung auf.

Aktivität, Energiedosis, Äquivalentdosis

Die Aktivität A einer radioaktiven Substanz ist definiert als Anzahl der Strahlungsemissionsakte durch Zeit. Ihre SI-Einheit ist das Becquerel (Bq). 1 Becquerel ist die Aktivität einer radioaktiven Substanzportion, in der im Mittel genau ein Strahlungsemissionsakt je Sekunde stattfindet.

$$1\,\mathrm{Bq} = 1\,\mathrm{s}^{-1}$$

Die früher übliche Einheit war das Curie (Ci; 1 g Radium hat die Aktivität 1 Ci).

$$1\,\mathrm{Ci} = 3{,}7 \cdot 10^{10}\,\mathrm{Bq} = 37\,\mathrm{GBq}$$

Die Energiedosis D ist die einem Körper durch ionisierende Strahlung zugeführte massenbezogene Energie. Die SI-Einheit ist das Gray (Gy).

$$1\,\mathrm{Gy} = 1\,\mathrm{J\,kg^{-1}}$$

Für die Strahlenwirkung muss die medizinisch-biologische Wirksamkeit (MBW) durch einen Bewertungsfaktor q berücksichtigt werden.

Strahlungsart	Bewertungsfaktor q
Röntgen-Strahlung, γ-Strahlung	1
β-Strahlung	1
Protonen	5
Neutronen unbekannter Energie	10
α-Strahlung, schwere Ionen	20

Durch Multiplikation der Energiedosis mit dem Bewertungsfaktor der Strahlung erhält man die Äquivalentdosis D_q mit der SI-Einheit Sievert (Sv): $D_q = q \cdot D$.

Die max. tolerierbare Strahlenbelastung beträgt für beruflich strahlenexponierte Personen 20 mSv/Jahr. Die Belastung durch natürliche Radioaktivität beträgt in Deutschland im Mittel 2,2 mSv/Jahr. Fast die gesamte zivilisatorische Strahlenbelastung von ca. 1,9 mSv/Jahr stammt aus medizinischer Anwendung. Die Einheiten Rad (rd) für die Energiedosis und Rem (rem) für die Äquivalentdosis sind nicht mehr zugelassen (vgl. Anhang 1).

Radioaktive Zerfallsgeschwindigkeit

Der radioaktive Zerfall kann nicht beeinflusst werden. Der Kernzerfall erfolgt völlig spontan und rein statistisch. Dies bedeutet, dass pro Zeiteinheit immer der gleiche Anteil der vorhandenen Kerne zerfällt. Die Anzahl der pro Zeiteinheit zerfallenen Kerne $-\frac{\mathrm{d}N}{\mathrm{d}t}$ ist also proportional der Gesamtanzahl radioaktiver Kerne N und einer für jede instabile Nuklidsorte typischen Zerfallskonstante λ

$$-\frac{\mathrm{d}N}{\mathrm{d}t} = \lambda N \qquad (1.1)$$

Durch Integration erhält man

$$\int_{N_0}^{N_t} \frac{\mathrm{d}N}{N} = -\int_0^t \lambda \mathrm{d}t \qquad (1.2)$$

$$\ln \frac{N_0}{N_t} = \lambda t \qquad (1.3)$$

$$N_t = N_0 \mathrm{e}^{-\lambda t} \qquad (1.4)$$

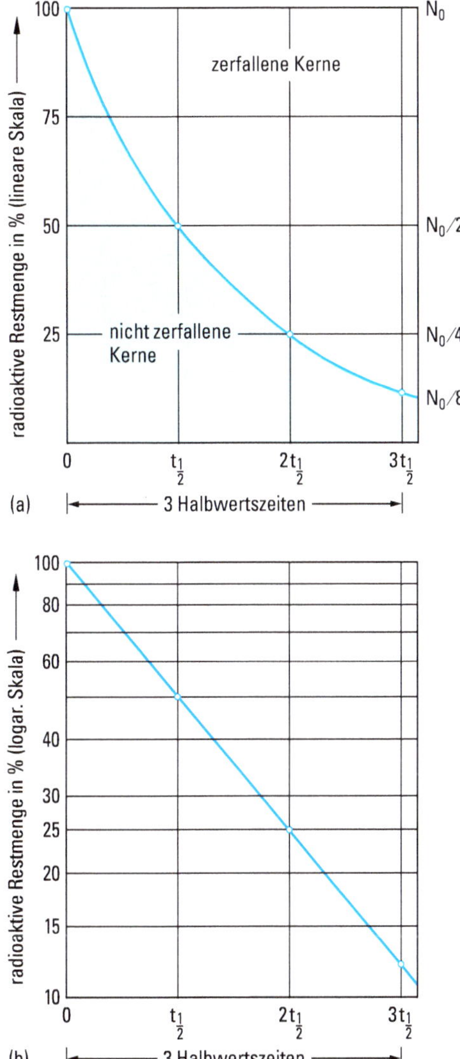

Abbildung 1.8 Graphische Wiedergabe des Zerfalls einer radioaktiven Substanz in a) linearer b) logarithmischer Darstellung. Der Zerfall erfolgt nach einer Exponentialfunktion (Gleichung 1.4). Radium hat eine Halbwertzeit von $t_{1/2} = 1\,600$ Jahre. Sind zur Zeit $t = 0$ 10^{22} Ra-Atome vorhanden, dann sind nach Ablauf der 1. Halbwertzeit $0{,}5 \cdot 10^{22}$ Ra-Atome zerfallen. Von den noch vorhandenen $0{,}5 \cdot 10^{22}$ Ra-Atomen zerfällt in der 2. Halbwertzeit wieder die Hälfte. Nach Ablauf von zwei Halbwertzeiten $2 \cdot t_{1/2} = 3\,200$ Jahre sind $0{,}25 \cdot 10^{22}$ Ra-Atome, also 25 %, noch nicht zerfallen.

N_0 ist die Anzahl der radioaktiven Kerne zur Zeit $t = 0$, N_t die Anzahl der noch nicht zerfallenen Kerne zur Zeit t. N_t nimmt mit der Zeit exponentiell ab (vgl. Abb. 1.8). Der radioaktive Zerfall ist ein Beispiel für eine Reaktion 1. Ordnung (s. Abschn. 3.6).

Als Maß für die Stabilität eines instabilen Nuklids wird die Halbwertszeit $t_{1/2}$ benutzt. Es ist die Zeit, während der die Hälfte eines radioaktiven Stoffes zerfallen ist (Abb. 1.8).

$$N_{t_{1/2}} = \frac{N_0}{2} \tag{1.5}$$

Die Kombination von Gl. (1.3) mit Gl. (1.5) ergibt

$$t_{1/2} = \frac{\ln 2}{\lambda} = \frac{0{,}693}{\lambda} \tag{1.6}$$

Die Halbwertszeit ist für jede instabile Nuklidsorte eine charakteristische Konstante.

Die Halbwertszeiten liegen zwischen 10^{-9} Sekunden und 10^{19} Jahren (s. z. B. Tab. 1.4).

Radioaktives Gleichgewicht

In einer Zerfallsreihe existiert zwischen einem Mutternuklid und seinem Tochternuklid ein radioaktives Gleichgewicht. Die Anzahl der pro Zeiteinheit zerfallenden Kerne des Mutternuklids 1

$$-\frac{\mathrm{d}N_1}{\mathrm{d}t} = \lambda_1 N_1$$

ist natürlich gleich der Anzahl der gebildeten Kerne des Tochternuklids 2. Für die Anzahl der pro Zeiteinheit zerfallenden Kerne des Tochternuklids 2 gilt

$$-\frac{\mathrm{d}N_2}{\mathrm{d}t} = \lambda_2 N_2$$

Zu Beginn des radioaktiven Zerfalls ist die Bildungsgeschwindigkeit der Kerne 2 größer als ihre Zerfallsgeschwindigkeit. Mit wachsender Anzahl der Kerne 2 nimmt ihre Zerfallsgeschwindigkeit zu. Schließlich wird ein Gleichgewichtszustand erreicht, für den gilt

Bildungsgeschwindigkeit der Kerne 2 = Zerfallsgeschwindigkeit der Kerne 2

$$-\frac{\mathrm{d}N_1}{\mathrm{d}t} = -\frac{\mathrm{d}N_2}{\mathrm{d}t}$$

$$\lambda_1 N_1 = \lambda_2 N_2$$

und bei Berücksichtigung von Gl. (1.6)

$$\frac{N_1}{N_2} = \frac{(t_{1/2})_1}{(t_{1/2})_2}$$

In einer Zerfallsreihe ist das Mengenverhältnis zweier Kernarten durch das Verhältnis ihrer Halbwertszeiten bestimmt.

Beispiel:

Uran-Radium-Zerfallsreihe (vgl. Tab. 1.4)

$$^{238}_{92}U \xrightarrow[t_{1/2} = 4{,}5 \cdot 10^9 \text{ Jahre}]{} {}^{234}_{90}Th \xrightarrow[t_{1/2} = 24{,}1 \text{ Tage}]{} {}^{234}_{91}Pa \xrightarrow[t_{1/2} = 1{,}17 \text{ min}]{} {}^{234}_{92}U$$

$$\xrightarrow[t_{1/2} = 2{,}47 \cdot 10^5 \text{ Jahre}]{} {}^{230}_{90}Th \longrightarrow$$

$$\frac{N(^{238}U)}{N(^{234}Th)} = \frac{365 \cdot 4{,}5 \cdot 10^9 \text{ Tage}}{24{,}1 \text{ Tage}} = 6{,}8 \cdot 10^{10}$$

$$\frac{N(^{238}U)}{N(^{234}U)} = \frac{4{,}5 \cdot 10^9 \text{ Jahre}}{2{,}47 \cdot 10^5 \text{ Jahre}} = 1{,}8 \cdot 10^4$$

Altersbestimmungen

Da die radioaktive Zerfallsgeschwindigkeit durch äußere Bedingungen wie Druck und Temperatur nicht beeinflussbar ist und auch davon unabhängig ist, in welcher chemischen Verbindung ein radioaktives Nuklid vorliegt, kann der radioaktive Zerfall als geologische Uhr verwendet werden. Es sollen zwei Anwendungen besprochen werden.

^{14}C-Methode (Libby 1947). In der oberen Atmosphäre wird durch kosmische Strahlung aufgrund der Reaktion (vgl. Abschn. 1.3.2)

$$^{14}_{7}N + {}^{1}_{0}n \longrightarrow {}^{14}_{6}C + {}^{1}_{1}p$$

in Spuren radioaktives ^{14}C erzeugt. ^{14}C ist ein β-Strahler mit der Halbwertszeit $t_{1/2} = 5\,730$ Jahre, es ist im Kohlenstoffdioxid der Atmosphäre chemisch gebunden. Im Lauf der Erdgeschichte hat sich ein konstantes Verhältnis von radioaktivem CO_2 zu inaktivem CO_2 eingestellt. Da bei der Assimilation die Pflanzen CO_2 aufnehmen, wird das in der Atmosphäre vorhandene Verhältnis von radioaktivem Kohlenstoff zu inaktivem Kohlenstoff auf Pflanzen und Tiere übertragen. Nach dem Absterben hört der Stoffwechsel auf, und der ^{14}C-Gehalt sinkt als Folge des radioaktiven Zerfalls. Misst man den ^{14}C-Gehalt, kann der Zeitpunkt des Absterbens bestimmt werden. Das Verhältnis $^{14}C : {}^{12}C$ in einem z. B. vor 5 730 Jahren gestorbenen Lebewesen ist gerade halb so groß wie bei einem lebenden Organismus. Radiokohlenstoff-Datierungen sind mit konventionellen Messungen bis zu Altern von 60 000 Jahren möglich. Durch Isotopenanreicherung konnte die Datierung bis auf 75 000 Jahre ausgedehnt werden. Die Methode ist also besonders für archäologische Probleme geeignet, muss für verlässliche Werte aber kalibriert werden.

Die Altersbestimmung von Tonscherben ist durch die Analyse eingelagerter Lipide möglich.

Tabelle 1.4 Uran-Radium-Zerfallsreihe

Nuklid	Halbwertszeit $t_{1/2}$	Nuklid	Halbwertszeit $t_{1/2}$	Nuklid	Halbwertszeit $t_{1/2}$
$^{238}_{92}U$	$4{,}51 \cdot 10^9$ Jahre	$^{226}_{88}Ra$	1600 Jahre	$^{214}_{84}Po$	$1{,}64 \cdot 10^{-4}$ Sekunden
$^{234}_{90}Th$	24,1 Tage	$^{222}_{86}Rn$	3,83 Tage	$^{210}_{82}Pb$	21 Jahre
$^{234}_{91}Pa$	1,17 Minuten	$^{218}_{84}Po$	3,05 Minuten	$^{210}_{83}Bi$	5,01 Tage
$^{234}_{92}U$	$2{,}47 \cdot 10^5$ Jahre	$^{214}_{82}Pb$	26,8 Minuten	$^{210}_{84}Po$	138,4 Tage
$^{230}_{90}Th$	$8{,}0 \cdot 10^4$ Jahre	$^{214}_{83}Bi$	19,7 Minuten	$^{206}_{82}Pb$	stabil

Alter von Mineralien. $^{238}_{92}U$ zerfällt in einer Zerfallsreihe in 14 Schritten zu stabilem $^{206}_{82}Pb$ (Tabelle 1.4). Dabei entstehen acht α-Teilchen. Die Halbwertszeit des ersten Schrittes ist mit $4{,}5 \cdot 10^9$ Jahren die größte der Zerfallsreihe und bestimmt die Geschwindigkeit des Gesamtzerfalls. Aus 1 g $^{238}_{92}U$ entstehen z. B. in $4{,}5 \cdot 10^9$ Jahren 0,5 g $^{238}_{92}U$, 0,4326 g $^{206}_{82}Pb$ und 0,0674 g Helium (aus α-Strahlung). Man kann daher aus den experimentell bestimmten Verhältnissen $^{206}_{82}Pb/^{238}_{92}U$ und $^{4}_{2}He/^{238}_{92}U$ das Alter von Uranmineralien berechnen.

Bei anderen Methoden werden die Verhältnisse $^{87}_{38}Sr/^{87}_{37}Rb$ bzw. $^{40}_{18}Ar/^{40}_{19}K$ ermittelt. Durch Messung von Nuklidverhältnissen wurden z. B. die folgenden Alter bestimmt: Steinmeteorite $4{,}6 \cdot 10^9$ Jahre; Granodiorit aus Kanada (ältestes Erdgestein) $4{,}0 \cdot 10^9$ Jahre; Mondproben $3{,}6-4{,}2 \cdot 10^9$ Jahre.

Wie bei $^{238}_{92}U$ betragen die Halbwertszeiten von $^{232}_{90}Th$ und $^{235}_{92}U$ 10^9-10^{10} Jahre, alle drei Zerfallsreihen (vgl. Tab. 1.3) sind daher in der Natur vorhanden. Im Gegensatz dazu ist die Neptuniumreihe bereits zerfallen, da die größte Halbwertszeit in der Reihe ($t_{1/2}$ von $^{237}_{93}Np$ beträgt $2 \cdot 10^6$ Jahre) sehr viel kleiner als das Erdalter ist.

1.3.2 Künstliche Nuklide

Beim natürlichen radioaktiven Zerfall erfolgen Elementumwandlungen durch spontane Kernreaktionen. Kernreaktionen können erzwungen werden, wenn man Kerne mit α-Teilchen, Protonen, Neutronen, Deuteronen ($^{2}_{1}H$-Kerne) u. a. beschießt.

Die erste künstliche Elementumwandlung gelang Rutherford 1919 durch Beschuss von Stickstoffkernen mit α-Teilchen.

$$^{14}_{7}N + ^{4}_{2}He \longrightarrow ^{17}_{8}O + ^{1}_{1}H$$

Dabei entsteht das stabile Sauerstoffisotop $^{17}_{8}O$. Eine andere gebräuchliche Schreibweise ist $^{14}_{7}N\,(\alpha, p)^{17}_{8}O$. Die Kernreaktion

$$^{9}_{4}Be + ^{4}_{2}He \longrightarrow ^{12}_{6}C + ^{1}_{0}n$$

führte 1932 zur Entdeckung des Neutrons durch Chadwick.

Die meisten durch erzwungene Kernreaktionen gebildeten Nuklide sind instabile radioaktive Nuklide und zerfallen wieder. Die künstliche Radioaktivität wurde 1934 von F. und I. Joliot-Curie beim Beschuss von Al-Kernen mit α-Teilchen entdeckt. Zunächst entsteht ein in der Natur nicht vorkommendes Phosphorisotop, das mit einer Halbwertszeit von 2,5 Minuten unter Aussendung von Positronen (β^+-Strahlung) zerfällt.

$$^{27}_{13}\mathrm{Al} + {}^{4}_{2}\mathrm{He} \longrightarrow {}^{30}_{15}\mathrm{P} + {}^{1}_{0}\mathrm{n};\quad {}^{30}_{15}\mathrm{P} \longrightarrow {}^{30}_{14}\mathrm{Si} + {}^{0}_{1}\mathrm{e}^{+}$$

Positronen (e^+) sind Elementarteilchen, die die gleiche Masse wie Elektronen besitzen, aber eine positive Elementarladung tragen.

Elektronen und Positronen sind Antiteilchen. Es gibt zu jedem Elementarteilchen ein Antiteilchen, z. B. Antiprotonen und Antineutronen. Treffen Teilchen und Antiteilchen zusammen, so vernichten sie sich unter Aussendung von Photonen (Zerstrahlung). Umgekehrt kann aus Photonen ein Teilchen-Antiteilchen-Paar entstehen (Paarbildung). Schon 1933 fanden Joliot und Curie, dass aus einem γ-Quant der Mindestenergie 1,02 MeV ein Elektron-Positron-Paar entsteht.

Durch Kernreaktionen sind eine Vielzahl künstlicher Nuklide hergestellt worden. Zusammen mit den 340 natürlichen Nukliden sind zur Zeit mehr als 4 000 Nuklide bekannt, davon ist die überwiegende Anzahl radioaktiv.

Die größte Ordnungszahl der natürlichen Elemente besitzt Uran ($Z = 92$). Mit Hilfe von Kernreaktionen ist es gelungen, die in der Natur nicht vorkommenden Elemente der Ordnungszahlen 93 – 118 (Transurane) herzustellen (vgl. Abschn. 1.3.3 und Anhang 2, Tab. 1). Technisch wichtig ist Plutonium. Die äußerst kurzlebigen Elemente mit $Z \geq 107$ wurden durch Reaktion schwerer Kerne hergestellt, z. B. Meitnerium mit $Z = 109$ nach

$$^{209}_{83}\mathrm{Bi}\,({}^{58}_{26}\mathrm{Fe}, \mathrm{n})\,{}^{266}_{109}\mathrm{Mt}$$

Künstliche radioaktive Isotope gibt es heute praktisch von allen Elementen. Sie haben u. a. große Bedeutung für diagnostische und therapeutische Zwecke in der Medizin. Zum Beispiel werden ^{131}I (Iod) zur Schilddrüsenfunktionsprüfung, ^{226}Ra (Radium) und ^{60}Co (Cobalt) zur Strahlentherapie verwendet. Als Indikatoren dienen sie z. B. zur Aufklärung von Reaktionsmechanismen und zur Untersuchung von Diffusionsvorgängen in Festkörpern. Eine wichtige spurenanalytische Methode ist die Neutronen-Aktivierungsanalyse (Empfindlichkeit 10^{-12} g/g). Das in Spuren vorhandene Element wird durch Neutronenbeschuss zu einem radioaktiven Isotop aktiviert. Die charakteristische Strahlung des Isotops ermöglicht die Identifizierung und quantitative Bestimmung des Elements.

1.3.3 Kernspaltung, Kernfusion

Eine völlig neue Reaktion des Kerns entdeckten 1938 Hahn und Straßmann beim Beschuss von Uran mit langsamen Neutronen:

$$^{235}_{92}U + ^{1}_{0}n \longrightarrow ^{236}_{92}U^* \longrightarrow X + Y + 1 \text{ bis } 3n + 200\,MeV$$

Durch Einfang eines Neutrons entsteht aus $^{235}_{92}U$ ein instabiler Zwischenkern (* bezeichnet einen angeregten Zustand), der unter Abgabe einer sehr großen Energie in zwei Kernbruchstücke X, Y und 1 bis 3 Neutronen zerfällt. Diese Reaktion bezeichnet man als Kernspaltung (Abb. 1.9). X und Y sind Kernbruchstücke mit Nukleonenzahlen von etwa 95 und 140. Eine mögliche Reaktion ist

$$^{236}_{92}U^* \longrightarrow ^{92}_{36}Kr + ^{142}_{56}Ba + 2^{1}_{0}n$$

Der große Energiegewinn bei der Kernspaltung entsteht dadurch, dass beim Zerfall des schweren Urankerns in zwei leichtere Kerne die Bindungsenergie um etwa 0,8 MeV pro Nukleon erhöht wird (vgl. Abb. 1.6). Für 230 Nukleonen kann daraus eine Bindungsenergie von etwa 190 MeV abgeschätzt werden, die bei der Kernspaltung frei wird.

Bei jeder Spaltung entstehen Neutronen, die neue Kernspaltungen auslösen können. Diese Reaktionsfolge bezeichnet man als Kettenreaktion. Man unterscheidet ungesteuerte und gesteuerte Kettenreaktionen. Bei der ungesteuerten Kettenreaktion führt im Mittel mehr als eines der bei einer Kernspaltung entstehenden 1 bis

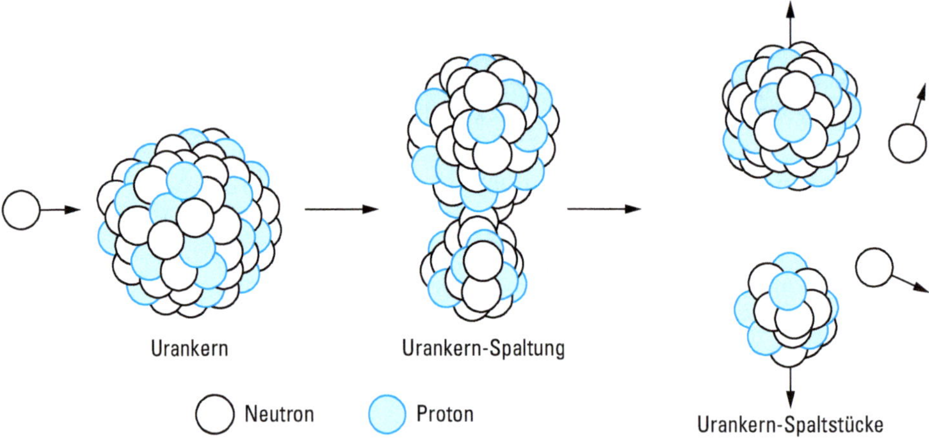

Abbildung 1.9 Kernspaltung. Beim Beschuss mit Neutronen spaltet der Urankern ^{235}U durch Einfang eines Neutrons in zwei Bruchstücke. Außerdem entstehen Neutronen, und der Energiebetrag von 200 MeV wird frei.

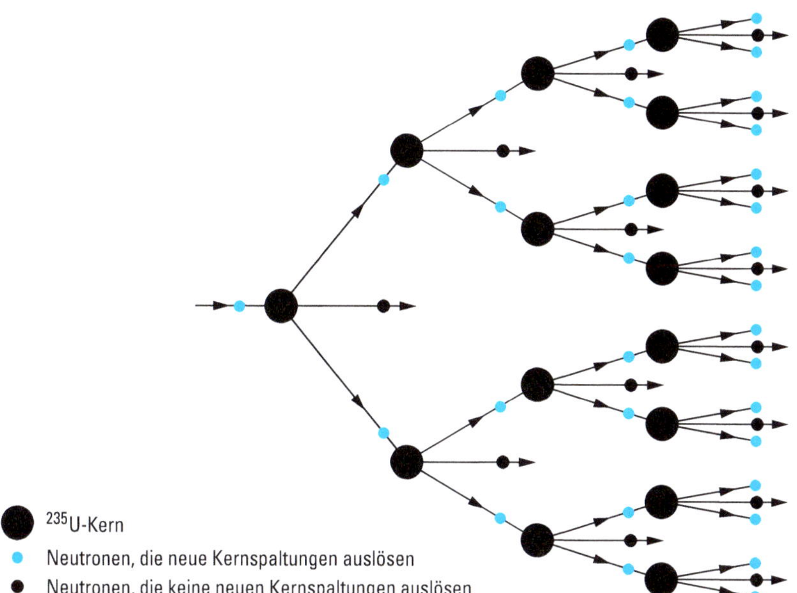

Abbildung 1.10 Schema der ungesteuerten Kettenreaktion. Bei jeder ^{235}U-Kernspaltung entstehen durchschnittlich drei Neutronen. Davon lösen im Mittel zwei Neutronen neue Kernspaltungen aus ($k = 2$). Die Zahl der Spaltungen wächst dadurch lawinenartig an.

3 Neutronen zu einer neuen Kernspaltung. Dadurch wächst die Zahl der Spaltungen lawinenartig an. Dies ist schematisch in der Abb. 1.10 dargestellt.

Man definiert als Multiplikationsfaktor k die durchschnittlich pro Spaltung erzeugte Zahl der Neutronen, durch die neue Kernspaltungen ausgelöst werden. Bei ungesteuerten Kettenreaktionen ist $k > 1$. Bei der in Abb. 1.10 dargestellten ungesteuerten Kettenreaktion beträgt $k = 2$.

Bei der gesteuerten Kettenreaktion muss $k = 1$ sein. Pro Spaltung ist also im Durchschnitt 1 Neutron vorhanden, das wieder eine Spaltung auslöst. Dadurch entsteht eine einfache Reaktionskette (vgl. Abb. 1.11). Wird $k < 1$, erlischt die Kettenreaktion. Um eine Kettenreaktion mit gewünschtem Multiplikationsfaktor zu erhalten, müssen folgende Faktoren berücksichtigt werden:

Konkurrenzreaktionen. Verwendet man natürliches Uran als Spaltstoff, so werden die bei der Spaltung entstehenden schnellen Neutronen bevorzugt durch das viel häufigere Isotop $^{238}_{92}\mathrm{U}$ in einer Konkurrenzreaktion abgefangen:

$$^{238}_{92}\mathrm{U} + {}^{1}_{0}\mathrm{n}_{\mathrm{schnell}} \longrightarrow {}^{239}_{92}\mathrm{U}$$

Damit die Kettenreaktion nicht erlischt, müssen die Neutronen an Bremssubstanzen (z. B. Graphit) durch elastische Stöße verlangsamt werden, erst dann reagieren sie bevorzugt mit ^{235}U.

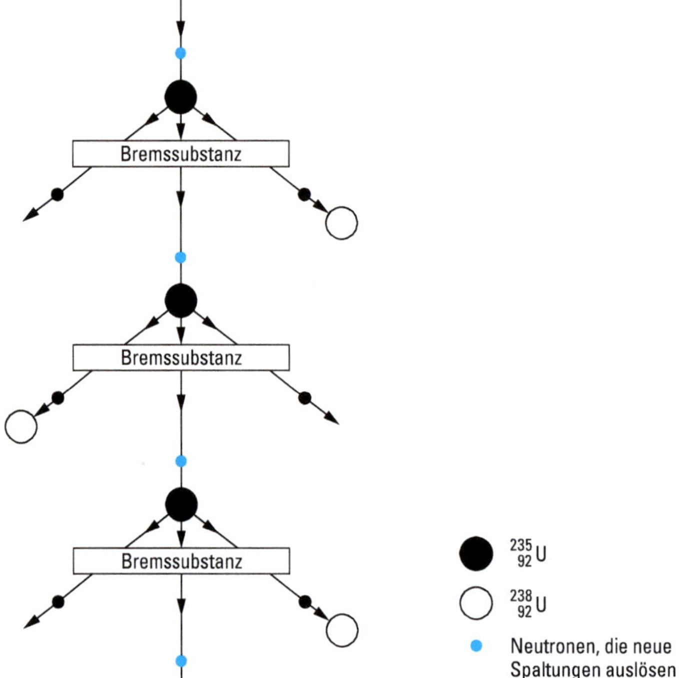

Abbildung 1.11 Schema der gesteuerten Kettenreaktion. Bei der Spaltung von ^{235}U entstehen drei Neutronen. Nur ein Neutron steht für neue Spaltungen zur Verfügung ($k = 1$). Es entsteht eine unverzweigte Reaktionskette. Ein Neutron tritt aus der Oberfläche des Spaltstoffes aus, ein weiteres wird von ^{238}U eingefangen.

Neutronenverlust. Ein Teil der Neutronen tritt aus der Oberfläche des Spaltstoffes aus und steht nicht mehr für Kernspaltungen zur Verfügung. Abhängig von der Art des Spaltstoffes, der Geometrie seiner Anordnung und seiner Umgebung wird erst bei einer Mindestmenge spaltbaren Materials (kritische Masse) $k > 1$.

Neutronenabsorber. Neutronen lassen sich durch Absorption an Cadmiumstäben oder Borstäben aus der Reaktion entfernen. Dadurch lässt sich die Kettenreaktion kontrollieren und verhindern, dass die gesteuerte Kettenreaktion in eine ungesteuerte Kettenreaktion übergeht.

Abb. 1.11 zeigt schematisch an einer gesteuerten Kettenreaktion, dass von drei Neutronen ein Neutron aus der Oberfläche austritt, ein weiteres durch Konkurrenzreaktion verbraucht wird, während das dritte die Kettenreaktion erhält.

Die gesteuerte Kettenreaktion wird in Atomreaktoren benutzt. Der erste Reaktor wurde bereits 1942 in Chicago in Betrieb genommen. Atomreaktoren dienen als Energiequellen und Stoffquellen. 1 kg ^{235}U liefert die gleiche Energie wie $2{,}5 \cdot 10^6$ kg

Steinkohle. Die bei der Spaltung frei werdenden Neutronen können zur Erzeugung radioaktiver Nuklide und neuer Elemente (z. B. Transurane) genutzt werden.

Von den natürlich vorkommenden Nukliden ist nur ^{235}U mit langsamen Neutronen spaltbar. Sein Anteil an natürlichem Uran beträgt 0,71 %. Als Kernbrennstoff wird natürliches Uran oder mit $^{235}_{92}$U angereichertes Uran verwendet. Mit langsamen (thermischen) Neutronen spaltbar sind außerdem das Uranisotop ^{233}U und das Plutoniumisotop ^{239}Pu. Diese Isotope können im Atomreaktor nach den folgenden Reaktionen hergestellt werden:

$$^{238}_{92}\mathrm{U} \xrightarrow{+\mathrm{n}} {}^{239}_{92}\mathrm{U} \xrightarrow{-\beta^-} {}^{239}_{93}\mathrm{Np} \xrightarrow{-\beta^-} {}^{239}_{94}\mathrm{Pu}$$

$$^{232}_{90}\mathrm{Th} \xrightarrow{+\mathrm{n}} {}^{233}_{90}\mathrm{Th} \xrightarrow{-\beta^-} {}^{233}_{91}\mathrm{Pa} \xrightarrow{-\beta^-} {}^{233}_{92}\mathrm{U}$$

In jedem mit natürlichem Uran arbeitenden Reaktor wird aus dem Isotop ^{238}U Plutonium, also spaltbares Material erzeugt. Ein Reaktor mit einer Leistung von 10^6 kW liefert täglich 1 kg Plutonium. In Atomreaktoren erfolgt also Konversion in spaltbares Material. Man bezeichnet als Konversionsgrad K das Verhältnis der Anzahl erzeugter spaltbarer Kerne zur Anzahl verbrauchter spaltbarer Kerne. Ist $K > 1$, wird mehr spaltbares Material erzeugt, als verbraucht wird. Man nennt solche Reaktoren Brutreaktoren. Das erste Kernkraftwerk wurde 1956 in England in Betrieb genommen. Januar 2021 waren weltweit 413 Kernkraftwerke in 31 Staaten mit einer Leistung von ca. 392 Gigawatt (GW) in Betrieb. Die auch genannte Zahl von ca. 442 Kernkraftwerken schließt 29 Reaktoren mit ein, die seit längerer Zeit, wenn auch nicht endgültig, abgeschaltet sind. Das mittlere Alter der Reaktoren beträgt 30,6 Jahre (Januar 2021). Es gibt ca. 50 laufende Neubauprojekte, davon 12 in China. Der weltweite Kenkraft-Anteil an der Stromproduktion liegt seit Jahren bei ca. 10 − 11 %, in der EU bei etwa 25 %.

In Deutschland wurde Mitte 2011 der Atomausstieg beschlossen. Im Dezember 2019 waren noch sechs Kernkraftwerke in Betrieb. Die drei jüngsten Reaktoren werden bis Ende 2022 abgeschaltet, die anderen 2021. Als Kernbrennstoff wird natürliches oder an ^{235}U angereichertes Uran verwendet, der Konversionsgrad beträgt ca. 0,8.

Bei einer ungesteuerten Kettenreaktion wird die Riesenenergie der Kernspaltungen explosionsartig frei. Die in Hiroshima 1945 eingesetzte Atombombe bestand aus $^{235}_{92}$U (50 kg, entsprechend einer Urankugel von 8,5 cm Radius), die zweite 1945 in Nagasaki abgeworfene A-Bombe bestand aus $^{239}_{94}$Pu.

Kernenergie kann nicht nur durch Spaltung schwerer Kerne, sondern auch durch Verschmelzung sehr leichter Kerne erzeugt werden, z. B. bei der Umsetzung von Deuteronen mit Tritonen zu He-Kernen:

$$^{2}_{1}\mathrm{H} + {}^{3}_{1}\mathrm{H} \longrightarrow {}^{4}_{2}\mathrm{He} + {}^{1}_{0}\mathrm{n}$$

Abb. 1.6 zeigt, dass sich bei dieser Reaktion die Kernbindungsenergie pro Nukleon erhöht und daher Energie abgegeben wird. Zur Kernverschmelzung sind hohe Teilchenenergien erforderlich, so dass Temperaturen von $10^7 - 10^8$ K benötigt werden. Man bezeichnet daher diese Reaktionen als thermonukleare Reaktionen.

Die Kernfusion ist technisch in der erstmalig 1952 erprobten Wasserstoffbombe realisiert. Als Fusionsbrennstoff verwendet man festes Lithiumdeuterid ^{6}LiD. Die zur thermonuklearen Reaktion notwendige Temperatur wird durch Zündung einer Atombombe erreicht. ^{6}Li liefert durch Reaktion mit Neutronen das erforderliche Tritium. Die Kernfusion verläuft nach folgendem Reaktionsschema:

$$^{6}_{3}\text{Li} + {}^{1}_{0}\text{n} \longrightarrow {}^{3}_{1}\text{H} + {}^{4}_{2}\text{He}$$
$$^{2}_{1}\text{H} + {}^{3}_{1}\text{H} \longrightarrow {}^{4}_{2}\text{He} + {}^{1}_{0}\text{n}$$
$$\text{Gesamtreaktion} \quad {}^{6}_{3}\text{LiD} \longrightarrow 2\,{}^{4}_{2}\text{He} + 22\,\text{MeV}$$

Die Sprengkraft der größten H-Bombe entsprach $(50-60) \cdot 10^6$ Tonnen Trinitrotoluol (TNT). Dies ist mehr als das tausendfache der in Hiroshima abgeworfenen A-Bombe, deren Sprengkraft $12{,}5 \cdot 10^3$ t TNT betrug.

Die kontrollierte Kernfusion zur Energieerzeugung ist technisch noch nicht möglich. Dazu müssen im Reaktor Temperaturen von 10^8 K erzeugt werden. Bisher konnten Fusionsreaktionen nur eine sehr kurze Zeit aufrechterhalten werden. Die Energiegewinnung durch Kernfusion hat gegenüber der durch Kernspaltung zwei wesentliche Vorteile. Im Gegensatz zu spaltbarem Material sind die Rohstoffe zur Kernfusion in beliebiger Menge vorhanden. Zudem entstehen bei der Kernfusion weniger langlebige α-Strahler, die sicher endgelagert werden müssen. Gegenwärtig existiert noch keine über einen langen Zeitraum sichere Endlagerung. (Im Jahr 2000 betrug allein in den USA die zwischengelagerte Menge radioaktiven Mülls aus ziviler Nutzung 42 000 t.) Kommerzielle Fusionskraftwerke wird es aber nicht vor Mitte des Jahrhunderts geben. Der Kernfusionsreaktor ITER (International Thermonuclear Experimental Reactor; hat aber auch die lateinische Bedeutung ‚der Weg') wird als internationales Forschungsprojekt in Frankreich gebaut und frühestens ab 2027 in Betrieb gehen. Kernfusion als Hilfe zur Klimastabilisierung (s. Abschn. 4.11) steht nicht rechtzeitig zur Verfügung.

1.3.4 Kosmische Elementhäufigkeit, Elemententstehung[1]

Da die Zusammensetzung der Materie im gesamten Kosmos ähnlich ist, ist es sinnvoll eine mittlere kosmische Häufigkeitsverteilung der Elemente anzugeben (Abb. 1.12). Etwa $^2/_3$ der Gesamtmasse des Milchstraßensystems besteht aus Wasserstoff (^{1}H), fast $^1/_3$ aus Helium (^{4}He), alle anderen Kernsorten tragen nur wenige Prozente bei. Schwerere Elemente als Eisen sind nur zu etwa einem Millionstel Prozent vorhanden. Elemente mit gerader Ordnungszahl sind häufiger als solche mit ungerader Ord-

[1] Ausführlicher in *Chem. Unserer Zeit* **2005**, *39*, 100: Jörn Müller, Harald Lesch: *Die Entstehung der chemischen Elemente.*

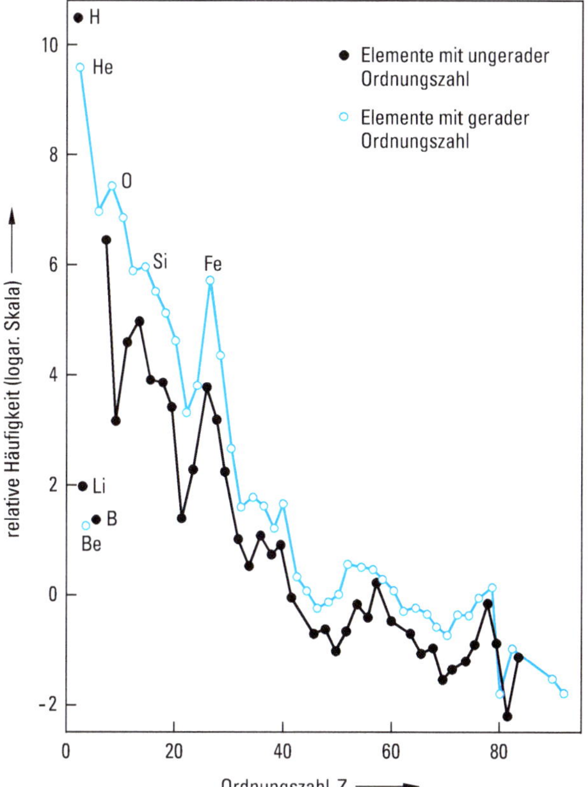

Abbildung 1.12 Kosmische Häufigkeitsverteilung der Elemente. Die Häufigkeiten der Elemente sind in Teilchenanzahlen bezogen auf den Wert 10^6 für Si angegeben.

nungszahl. Die Entstehung der Elemente ist mit der Geschichte unseres Universums zu verstehen. Unser Universum entstand in einem Urknall (Big Bang) vor 14 Milliarden Jahren. Nach 10^{-33} s bestand das Universum aus einem Gemisch aus Teilchen und Antiteilchen (Quarks, Elektronen, Neutrinos, Photonen) mit einer Temperatur von 10^{27} K. Nach 10^{-6} s und einer Temperatur von 10^{13} K entstanden daraus Neutronen und Protonen. In den nächsten 3 – 4 Minuten erfolgten bei einer Temperatur von ca. 10^9 K im gesamten Universum Fusionsreaktionen. Danach bestand das Universum aus Atomkernen mit 75 % Wasserstoff, 24 % Helium, 0,002 % Deuterium und 0,00000001 % Lithium. Erst als nach 400 000 Jahren die Temperatur auf etwa 3 000 K gefallen war, konnten die Atomkerne Elektronen einfangen und das Universum enthielt dann ein homogen verteiltes Gasgemisch aus Wasserstoff und Helium. In den folgenden 200 Millionen Jahren stagnierte die Entwicklung der Elemente. In dieser Zeit bildeten sich durch Gravitation massereiche Gasbälle aus Wasserstoff und Helium und nachdem der Druck auf 200 Milliarden bar und die Temperatur auf 45 Millionen K anstieg, fusionierte Wasserstoff zu Helium, es entstanden die

Ursterne. Sie hatten Massen von einigen hundert bis tausend Sonnenmassen, ihre Lebenszeit betrug nur einige Millionen Jahre. Sie erbrüteten die ersten schweren Elemente bis zum Element Eisen (^{56}Fe), die sie beim Ableben in Supernovaexplosionen in das umgebende Wolkengas schleuderten. Die nächste Sterngeneration enthielt nun bereits diese schwereren Elemente.

Heute ist die Mehrzahl der Sterne massearmer als die Sonne und ihre Lebensdauer beträgt Milliarden Jahre. Die Entstehung der meisten Elemente kann man mit den im Inneren der Sterne ablaufenden Fusionsprozessen erklären. Sie lassen sich für alle Sternpopulationen einheitlich beschreiben. Sterne unterschiedlicher Masse haben aber eine unterschiedliche Geschichte.

Die erste Phase der Fusionsprozesse ist das Wasserstoffbrennen. Bei etwa 15 Millionen K verschmelzen vier Protonen zu einem Heliumkern.

$$4\,{}^1_1H \longrightarrow {}^4_2He + 2\,{}^0_1e^+$$

Pro He-Kern wird dabei die Energie von 25 MeV frei. Diese Reaktion läuft in unserer Sonne ab, und sie liefert die von der Sonne laufend ausgestrahlte Energie. Pro Sekunde werden $7 \cdot 10^{14}$ g Wasserstoff verbrannt. Das Wasserstoffbrennen dauert bei den Sternen von der Größe unserer Sonne etwa 10 Milliarden Jahre. Nach dem Ausbrennen des Wasserstoffs erfolgt eine Kontraktion des Sternzentrums, Druck und Temperatur erhöhen sich, und es folgt die Phase des Heliumbrennens, die nur etwa 50 Millionen Jahre dauert. Aus drei α-Teilchen entsteht ^{12}C, und durch Einfangen von α-Teilchen entstehen ^{16}O und in geringer Menge ^{20}Ne, ^{24}Mg und ^{28}Si. Am Ende des Heliumbrennens bläht sich der Stern zu einem Roten Riesen auf mit einem Vielfachen des Sonnenradius und der Sonnenleuchtkraft. Die äußeren Gasschichten können nicht mehr durch Gravitation festgehalten werden und bis zu 60 % der Sternenmasse wird in den interstellaren Raum geschleudert, damit auch die durch Fusion entstandenen schweren Elemente. Das Ende des Sterns ist ein Weißer Zwerg, ein Materiehaufen aus Kohlenstoff und Sauerstoff.

In Sternen mit mehr als acht Sonnenmassen sind bis zum Heliumbrennen die Fusionsreaktionen nahezu gleich, aber sie laufen viel schneller ab. Druck und Temperatur erhöhen sich auf Werte, bei denen weitere Fusionsprozesse ablaufen. Bei einer Milliarde K beginnt das Neonbrennen (Fusionsprodukte ^{20}Ne, ^{24}Mg, ^{28}Si), bei zwei Milliarden K das Sauerstoffbrennen (Fusionsprodukte ^{24}Mg, ^{28}Si, ^{31}S, ^{31}P, ^{32}S), bei drei Milliarden K das Siliciumbrennen (Fusionsprodukte Ni, Fe). Nach dem Siliciumbrennen explodiert der Stern in einer gewaltigen Explosion, einer Supernova. Die gesamte Hülle wird vom Kern abgesprengt und mit den erbrüteten Elementen Millionen Lichtjahre weggeschleudert. Es entsteht eine Leuchtkraft, die für kurze Zeit die Leuchtkraft aller Sterne einer Galaxie übertrifft. Übrig bleibt ein nur wenige Kilometer großer, superdichter Neutronenstern.

Eisen ist das Element mit der größten Kernbindungsenergie pro Nukleon (vgl. Abschn. 1.2.3). Die auf Eisen folgenden Elemente können daher nicht durch thermonukleare Reaktionen gebildet werden, sondern sie entstehen durch Neutronenanlagerung und anschließenden β-Zerfall (n, β-Reaktion). Durch langsamen Neutroneneinfang (s-Prozess) entstehen schwerere Isotope, bis schließlich ein instabiles radioaktives Isotop gebildet wird. Durch Umwandlung eines Kernneutrons in ein Proton und Emission eines Elektrons (vgl. Abschn. 1.3.1) entsteht daraus das nächst höhere Element. Durch schrittweisen Aufbau entstehen Elemente bis Bismut. Dort stoppt der Prozess, da bei weiterer Anlagerung von Neutronen radioaktive Kerne entstehen, die α-Teilchen abspalten. Die schwereren Elemente wie Thorium und Uran entstehen durch schnelle Neutronenanlagerung (r-Prozess). Bei sehr hohen Neutronendichten, die bei Supernovaexplosionen auftreten, können sich in kurzer Zeit mehrere Neutronen anlagern, ohne dass dieser Prozess durch β-Zerfall unterbrochen wird. Es entstehen neutronenreiche Kerne und aus diesen durch sukzessiven β-Zerfall die schweren Elemente. Die Elemente unserer 4,46 Milliarden Jahre alten Erde sind also Produkte sehr alter Sternentwicklungen.

1.4 Die Struktur der Elektronenhülle

1.4.1 Bohr'sches Modell des Wasserstoffatoms

Für die chemischen Eigenschaften der Atome ist die Struktur der Elektronenhülle entscheidend.

Schon 1913 entwickelte Bohr für das einfachste Atom, das Wasserstoffatom, ein Atommodell. Er nahm an, dass sich in einem Wasserstoffatom das Elektron auf einer Kreisbahn um das Proton bewegt (Abb. 1.13).

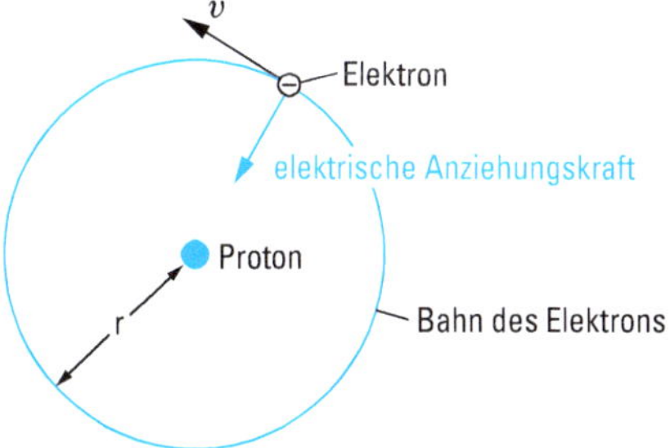

Abbildung 1.13 Bohr'sches Wasserstoffatom. Das Elektron bewegt sich auf einer Kreisbahn mit der Geschwindigkeit v um das Proton. Die elektrische Anziehungskraft zwischen Proton und Elektron (Zentripetalkraft) zwingt das Elektron auf die Kreisbahn. Für eine stabile Umlaufbahn muss die Zentripetalkraft gleich der Zentrifugalkraft des umlaufenden Elektrons sein.

Zwischen elektrisch geladenen Teilchen treten elektrostatische Kräfte auf. Elektrische Ladungen verschiedenen Vorzeichens ziehen sich an, solche gleichen Vorzeichens stoßen sich ab. Die Größe der elektrostatischen Kraft wird durch das Coulomb'sche Gesetz beschrieben. Es lautet

$$F = f \cdot \frac{Q_1 \cdot Q_2}{r^2} \tag{1.7}$$

Die auftretende Kraft ist dem Produkt der elektrischen Ladungen Q_1 und Q_2 direkt, dem Quadrat ihres Abstandes r umgekehrt proportional. Der Zahlenwert des Proportionalitätsfaktors f ist vom Einheitensystem abhängig. Er beträgt im SI für den leeren Raum

$$f = \frac{1}{4\pi\varepsilon_0}$$

$$\varepsilon_0 = 8{,}854 \cdot 10^{-12}\,\mathrm{A^2\,s^4\,kg^{-1}\,m^{-3}}$$

ε_0 ist die elektrische Feldkonstante (Dielektrizitätskonstante des Vakuums). Setzt man in Gl. (1.7) die elektrischen Ladungen in Coulomb (1 C = 1 As) und den Abstand in m ein, so erhält man die elektrostatische Kraft in Newton ($1\,\mathrm{N} = 1\,\mathrm{kg\,m\,s^{-2}}$).

Zwischen dem Elektron und dem Proton existiert also nach dem Coulomb'schen Gesetz die

$$\text{elektrische Anziehungskraft } F_{\mathrm{el}} = -\frac{e^2}{4\pi\varepsilon_0 r^2}$$

r bedeutet Radius der Kreisbahn. Bewegt sich das Elektron mit einer Bahngeschwindigkeit v um den Kern, besitzt es die

$$\text{Zentrifugalkraft } F_z = \frac{mv^2}{r}$$

wobei m die Masse des Elektrons bedeutet.

Für eine stabile Umlaufbahn muss die Bedingung gelten: Die Zentrifugalkraft des umlaufenden Elektrons ist entgegengesetzt gleich der Anziehungskraft zwischen dem Kern und dem Elektron, also $-F_{\mathrm{el}} = F_{\mathrm{z}}$

$$\frac{e^2}{4\pi\varepsilon_0 r^2} = \frac{mv^2}{r} \tag{1.8}$$

bzw.

$$\frac{e^2}{4\pi\varepsilon_0 r} = mv^2 \tag{1.9}$$

Wir wollen nun die Energie eines Elektrons berechnen, das sich auf einer Kreisbahn bewegt. Die Gesamtenergie des Elektrons ist die Summe von kinetischer Energie und potentieller Energie.

$$E = E_{\mathrm{kin}} + E_{\mathrm{pot}} \tag{1.10}$$

E_{kin} ist die Energie, die von der Bewegung des Elektrons stammt.

$$E_{kin} = \frac{mv^2}{2} \tag{1.11}$$

E_{pot} ist die Energie, die durch die elektrische Anziehung zustande kommt.

$$E_{pot} = \int_{\infty}^{r} \frac{e^2}{4\pi\varepsilon_0 r^2} \, dr = -\frac{e^2}{4\pi\varepsilon_0 r} \tag{1.12}$$

Die Gesamtenergie ist demnach

$$E = \frac{1}{2} mv^2 - \frac{e^2}{4\pi\varepsilon_0 r} \tag{1.13}$$

Ersetzt man mv^2 durch Gl. (1.9), so erhält man

$$E = \frac{1}{2} \frac{e^2}{4\pi\varepsilon_0 r} - \frac{e^2}{4\pi\varepsilon_0 r} = -\frac{e^2}{8\pi\varepsilon_0 r} \tag{1.14}$$

Nach Gl. (1.14) hängt die Energie des Elektrons nur vom Bahnradius r ab. Für ein Elektron sind alle Bahnen und alle Energiewerte von Null ($r = \infty$) bis Unendlich ($r = 0$) erlaubt.

Diese Vorstellung war zwar in Einklang mit der klassischen Mechanik, sie stand aber in Widerspruch zur klassischen Elektrodynamik. Nach deren Gesetzen sollte das umlaufende Elektron Energie in Form von Licht abstrahlen und aufgrund des ständigen Geschwindigkeitsverlustes auf einer Spiralbahn in den Kern stürzen. Die Erfahrung zeigt aber, dass dies nicht der Fall ist.

Bohr machte nun die Annahme, dass das Elektron nicht auf beliebigen Bahnen den Kern umkreisen kann, sondern dass es nur ganz bestimmte Kreisbahnen gibt, auf denen es sich strahlungsfrei bewegen kann. Die erlaubten Elektronenbahnen sind solche, bei denen der Bahndrehimpuls des Elektrons mvr ein ganzzahliges Vielfaches einer Grundeinheit des Drehimpulses ist. Diese Grundeinheit des Bahndrehimpulses ist $\frac{h}{2\pi}$.

h wird Planck-Konstante oder auch Planck'sches Wirkungsquantum genannt. Im internationalen Einheitensystem (SI) ist h eine exakte Naturkonstante, ihr Wert beträgt gerundet

$$h = 6{,}626 \cdot 10^{-34} \text{ kg m}^2 \text{ s}^{-1} (= \text{J s})$$

h ist eine fundamentale Naturkonstante, sie setzt eine untere Grenze für die Größe von physikalischen Eigenschaften wie den Drehimpuls oder, wie wir später noch sehen werden, die Energie elektromagnetischer Strahlung.

Die mathematische Form des Bohr'schen Postulats lautet:

$$mvr = n \frac{h}{2\pi} \tag{1.15}$$

n ist eine ganze Zahl (1, 2, 3, ..., ∞), sie wird Quantenzahl genannt.

Die Umformung von Gl. (1.15) ergibt

$$v = \frac{nh}{2\pi mr} \tag{1.16}$$

Setzt man Gl. (1.16) in Gl. (1.9) ein und löst nach r auf, so erhält man

$$r = \frac{h^2 \varepsilon_0}{\pi m e^2} \cdot n^2 \tag{1.17}$$

Wenn wir die Werte für die Konstanten h, m, e und ε_0 einsetzen, erhalten wir daraus

$$r = n^2 \cdot 0{,}53 \cdot 10^{-10}\ \text{m}$$

Das Elektron darf sich also nicht in beliebigen Abständen vom Kern aufhalten, sondern nur auf Elektronenbahnen mit den Abständen 53 pm, 4 · 53 pm, 9 · 53 pm usw. (Abb. 1.14).

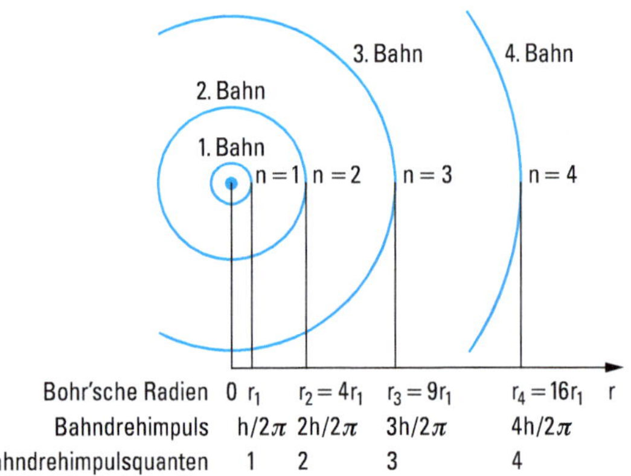

Abbildung 1.14 Bohr'sche Bahnen. Das Elektron kann das Proton nicht auf beliebigen Bahnen umkreisen, sondern nur auf Bahnen mit den Radien $r = n^2 \cdot 53$ pm. Auf diesen Bahnen beträgt der Bahndrehimpuls $nh/2\pi$. Es gibt für das Elektron nicht beliebige Bahndrehimpulse, sondern nur ganzzahlige Vielfache des Bahndrehimpulsquants $h/2\pi$.

Für die Geschwindigkeit der Elektronen erhält man durch Einsetzen von Gl. (1.17) in Gl. (1.16)

$$v = \frac{1}{n} \cdot \frac{e^2}{2h\varepsilon_0} \tag{1.18}$$

und unter Berücksichtigung der Konstanten

$$v = \frac{1}{n} \cdot 2{,}18 \cdot 10^6\ \text{m}\,\text{s}^{-1}$$

Auf der innersten Bahn ($n = 1$) beträgt die Elektronengeschwindigkeit $2 \cdot 10^6$ m s^{-1}.

Setzt man Gl. (1.17) in Gl. (1.14) ein, erhält man für die Energie des Elektrons

$$E = -\frac{me^4}{8\varepsilon_0^2 h^2} \cdot \frac{1}{n^2} \tag{1.19}$$

Das Elektron kann also nicht beliebige Energiewerte annehmen, sondern es gibt nur ganz bestimmte Energiezustände, die durch die Quantenzahl n festgelegt sind. Die möglichen Energiezustände des Wasserstoffatoms sind in Abb. 1.15 in einem Energieniveauschema anschaulich dargestellt.

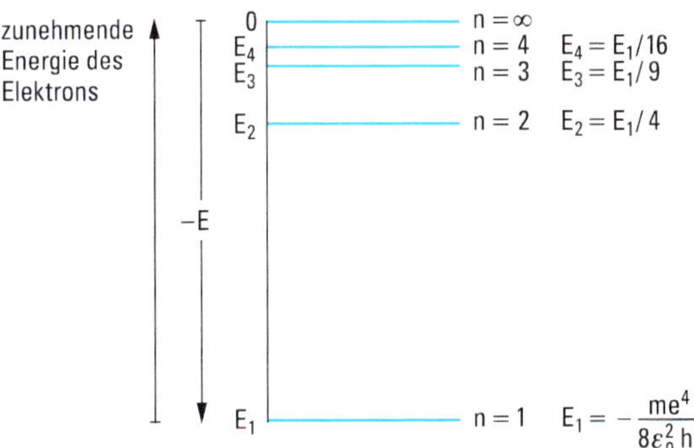

Abbildung 1.15 Energieniveaus im Wasserstoffatom. Das Elektron kann nicht beliebige Energiewerte annehmen, sondern nur die Werte $E = E_1/n^2$. E_1 ist die Energie des Elektrons auf der 1. Bohr'schen Bahn, E_2 die Energie auf der 2. Bahn usw. Dargestellt sind nur die Energieniveaus bis $n = 4$. Bei großen n-Werten entsteht eine sehr dichte Folge von Energieniveaus. Nimmt n den Wert Unendlich an, dann ist das Elektron so weit vom Kern entfernt, dass keine anziehenden Kräfte mehr wirksam sind (Nullpunkt der Energieskala). Nähert sich das Elektron dem Kern, wird auf Grund der Anziehungskräfte das System Elektron-Kern energieärmer. Das Vorzeichen der Energie muss daher negativ sein.

Die Quantelung des Bahndrehimpulses hat also zur Folge, dass für das Elektron im Wasserstoffatom nicht beliebige Bahnen, sondern nur ganz bestimmte Bahnen mit bestimmten dazugehörigen Energiewerten erlaubt sind.

1.4.2 Die Deutung des Spektrums der Wasserstoffatome mit der Bohr'schen Theorie

Wenn man Wasserstoffatome erhitzt, so senden sie elektromagnetische Wellen aus. Elektromagnetische Wellen breiten sich im leeren Raum mit der Geschwindigkeit $c = 2{,}998 \cdot 10^8$ m s^{-1} (Lichtgeschwindigkeit) aus. Abb. 1.16 zeigt das Profil einer elektromagnetischen Welle. Die Geschwindigkeit c erhält man durch Multiplikation

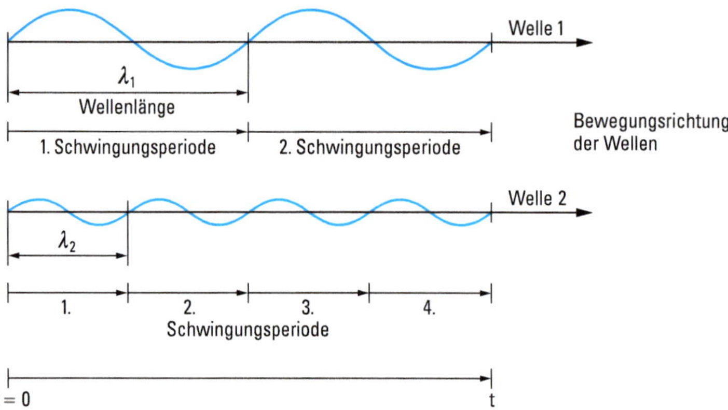

Abbildung 1.16 Profile elektromagnetischer Wellen. Elektromagnetische Wellen verschiedener Wellenlängen bewegen sich mit der gleichen Geschwindigkeit. Die Geschwindigkeit ist gleich dem Produkt aus Wellenlänge λ mal Frequenz ν (Anzahl der Schwingungsperioden durch Zeit). Für die dargestellten Wellen ist $\lambda_2 = \lambda_1/2$. Wegen der gleichen Geschwindigkeit gilt $\nu_2 = 2\,\nu_1$.

der Wellenlänge λ mit der Schwingungsfrequenz ν, der Anzahl der Schwingungsperioden pro Zeit.

$$c = \nu\lambda \tag{1.20}$$

Die reziproke Wellenlänge $\frac{1}{\lambda}$ wird Wellenzahl genannt. Sie wird meist in cm^{-1} angegeben.

Zu den elektromagnetischen Strahlen gehören Radiowellen, Mikrowellen, Licht, Röntgenstrahlen und γ-Strahlung. Sie unterscheiden sich in der Wellenlänge (vgl. Abb. 1.17).

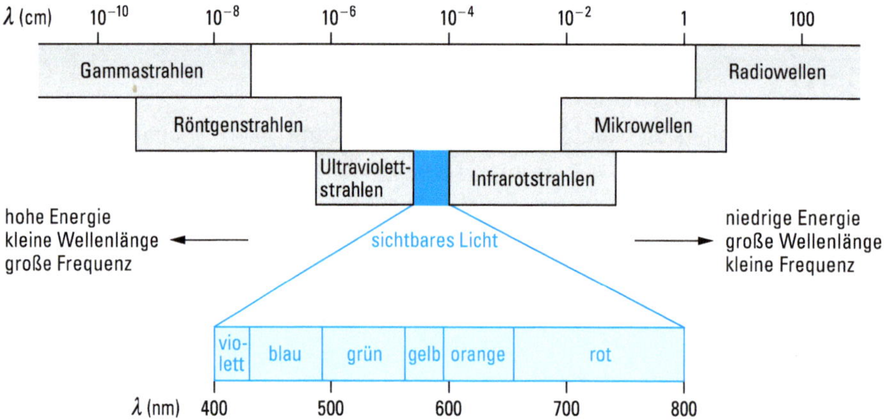

Abbildung 1.17 Spektrum elektromagnetischer Wellen. Sichtbare elektromagnetische Wellen (Licht) machen nur einen sehr kleinen Bereich des Gesamtspektrums aus.

Beim Durchgang durch ein Prisma wird Licht verschiedener Wellenlängen aufgelöst. Aus weißem Licht aller Wellenlängen des sichtbaren Bereichs entsteht z. B. ein kontinuierliches Band der Regenbogenfarben, ein kontinuierliches Spektrum. Erhält man bei der Auflösung nur einzelne Linien mit bestimmten Wellenlängen, bezeichnet man das Spektrum als Linienspektrum.

Elemente senden charakteristische Linienspektren aus. Man kann daher die Elemente durch Analyse ihres Spektrums identifizieren (Spektralanalyse). Abb. 1.18 zeigt das Linienspektrum der Wasserstoffatome. Schon lange vor der Bohr'schen Theorie war bekannt, dass sich die Spektrallinien des Wasserstoffspektrums durch die einfache Gleichung, die als Rydberg-Formel bekannt ist,

$$\frac{1}{\lambda} = R_{\mathrm{H}}\left(\frac{1}{n^2} - \frac{1}{m^2}\right) \tag{1.21}$$

beschreiben lassen. λ ist die Wellenlänge irgendeiner Linie, m und n sind ganze positive Zahlen, wobei m größer ist als n. R_{H} ist die Rydberg-Konstante (R_∞) für das Wasserstoffatom, benannt nach Johannes Rydberg, dem Entdecker der Beziehung in Gl. (1.21).

$$R_{\mathrm{H}} = \frac{1}{1+\dfrac{m_{\mathrm{e}}}{m_{\mathrm{p}}}} R_\infty \quad \text{mit} \quad R_{\mathrm{H}} = 109\,678\,\mathrm{cm}^{-1} \quad \text{und} \quad R_\infty = 109\,737\,\mathrm{cm}^{-1}$$

Mit der Bohr'schen Theorie des Wasserstoffatoms gelang eine theoretische Deutung des Wasserstoffspektrums.

Der stabilste Zustand eines Atoms ist der Zustand niedrigster Energie. Er wird Grundzustand genannt. Aus Gl. (1.19) und Abb. 1.15 folgt, dass das Elektron des Wasserstoffatoms sich dann im energieärmsten Zustand befindet, wenn die Quantenzahl $n = 1$ beträgt. Zustände mit den Quantenzahlen $n > 1$ sind weniger stabil als der Grundzustand, sie werden angeregte Zustände genannt. Das Elektron kann vom Grundzustand mit $n = 1$ auf ein Energieniveau mit $n > 1$ gelangen, wenn gerade der dazu erforderliche Energiebetrag zugeführt wird. Die Energie kann beispielsweise als Lichtenergie zugeführt werden. Umgekehrt wird beim Übergang eines Elektrons von einem angeregten Zustand ($n > 1$) auf den Grundzustand ($n = 1$) Energie in Form von Licht abgestrahlt.

Planck (1900) zeigte, dass ein System, das Strahlung abgibt, diese nicht in beliebigen Energiebeträgen abgeben kann, sondern nur als ganzzahliges Vielfaches von kleinsten Energiepaketen. Sie werden Photonen oder Lichtquanten genannt. Für Photonen gilt nach Planck-Einstein die Beziehung

$$E = h\nu \tag{1.22}$$

oder durch Kombination mit Gl. (1.20)

$$E = hc \cdot \frac{1}{\lambda} \tag{1.23}$$

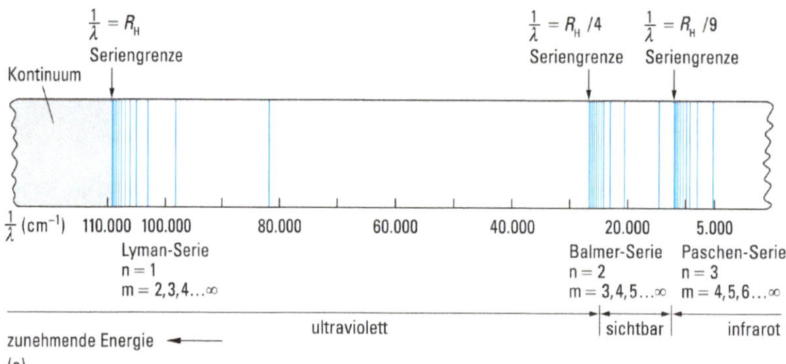

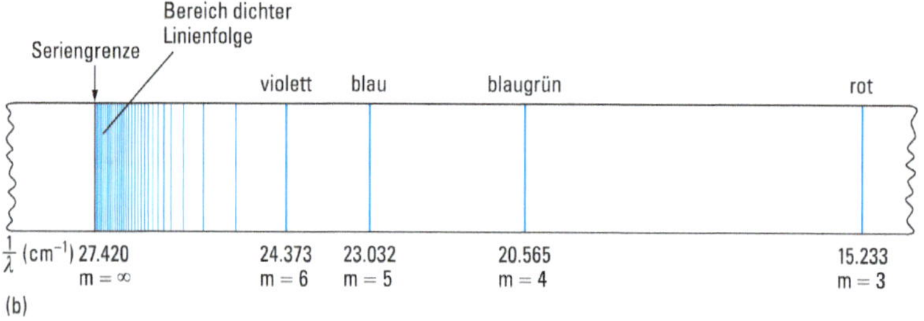

Abbildung 1.18 a) Das Linienspektrum von Wasserstoffatomen. Erhitzte Wasserstoffatome senden elektromagnetische Strahlen aus. Die emittierte Strahlung ist nicht kontinuierlich, es treten nur bestimmte Wellenlängen auf. Das Spektrum besteht daher aus Linien. Die Linien lassen sich zu Serien ordnen, in denen analoge Linienfolgen auftreten. Nach den Entdeckern werden sie als Lyman-, Balmer- und Paschen-Serie bezeichnet. Die Wellenzahlen $\frac{1}{\lambda}$ aller Linien gehorchen der Beziehung $\frac{1}{\lambda} = R_{\mathrm{H}}\left(\frac{1}{n^2} - \frac{1}{m^2}\right)$. Für die Linien einer bestimmten Serie hat n den gleichen Wert.
b) Balmer-Serie des Wasserstoffspektrums. Die Wellenzahlen der Balmer-Serie gehorchen der Beziehung $\frac{1}{\lambda} = R_{\mathrm{H}}\left(\frac{1}{4} - \frac{1}{m^2}\right)$ $(n = 2;\ m = 3,4...\infty)$. Für große m-Werte wird die Folge der Linien sehr dicht. Die Seriengrenze $(m = \infty)$ liegt bei $R_{\mathrm{H}}/4$.

Strahlung besitzt danach Teilchencharakter, und Licht einer bestimmten Wellenlänge kann immer nur als kleines Energiepaket, als Photon, aufgenommen oder abgegeben werden.

Beim Übergang eines Elektrons von einem höheren auf ein niedrigeres Energieniveau wird ein Photon einer bestimmten Wellenlänge ausgestrahlt. Dies zeigt schematisch Abb. 1.19. Das Spektrum von Wasserstoff entsteht also durch Elektronenübergänge von den höheren Energieniveaus auf die niedrigeren Energieniveaus des Wasserstoffatoms. Die möglichen Übergänge sind in Abb. 1.20 dargestellt.

Beim Übergang eines Elektrons von einem Energieniveau E_2 mit der Quantenzahl $n = n_2$ auf ein Energieniveau E_1 mit der Quantenzahl $n = n_1$ wird nach Gl. (1.19) die Energie

$$E_2 - E_1 = \left(-\frac{me^4}{8\varepsilon_0^2 n_2^2 h^2}\right) - \left(-\frac{me^4}{8\varepsilon_0^2 n_1^2 h^2}\right)$$

frei. Eine Umformung ergibt

$$E_2 - E_1 = \frac{me^4}{8\varepsilon_0^2 h^2}\left(\frac{1}{n_1^2} - \frac{1}{n_2^2}\right) \qquad (1.24)$$

Durch Kombination mit der Planck-Einstein-Gleichung (1.23) erhält man

$$\frac{1}{\lambda} = \frac{me^4}{8\varepsilon_0^2 h^3 c}\left(\frac{1}{n_1^2} - \frac{1}{n_2^2}\right) \qquad (n_2 > n_1) \qquad (1.25)$$

Gl. (1.25) entspricht der experimentell gefundenen Gl. (1.21), wenn man $n_1 = n$, $n_2 = m$ und $R_\infty = \frac{me^4}{8\varepsilon_0^2 h^3 c}$ setzt. Die aus den Naturkonstanten m, e, h, ε_0 und c berechnete Rydberg-Konstante R_∞ stimmt gut mit der experimentell bestimmten Rydberg-Konstante R_H des Wasserstoffatoms überein, wenn die Masse des Elektrons durch die reduzierte Masse von Proton und Elektron ersetzt wird. Mit der Bohr'schen Theorie lässt sich also für das Wasserstoffatom voraussagen, welche Spektrallinien auftreten dürfen und welche Wellenlängen diese Spektrallinien haben müssen. Dies ist eine Bestätigung dafür, dass die Energiezustände des Elektrons im Wasserstoffatom durch die Gl. (1.19) richtig beschrieben werden. Den Zusammenhang zwischen den Energieniveaus des H-Atoms und den Wellenzahlen des Wasserstoffspektrums zeigt anschaulich Abb. 1.21.

Das Bild eines Elektrons, das den Kern auf einer genau festgelegten Bahn umkreist – so wie der Mond die Erde umkreist – war leicht zu verstehen und die theoretische Deutung des Wasserstoffspektrums war ein großer Erfolg der Bohr'schen Theorie. Nach und nach wurde aber klar, dass die Bohr'sche Theorie nicht ausreichte. Es gelang z. B. nicht, die Spektren von Atomen mit mehreren Elektronen zu erklären. Erst in den 1920er Jahren schufen de Broglie, Heisenberg, Schrödinger u. a. die Grundlagen für das leistungsfähigere wellenmechanische Atommodell.

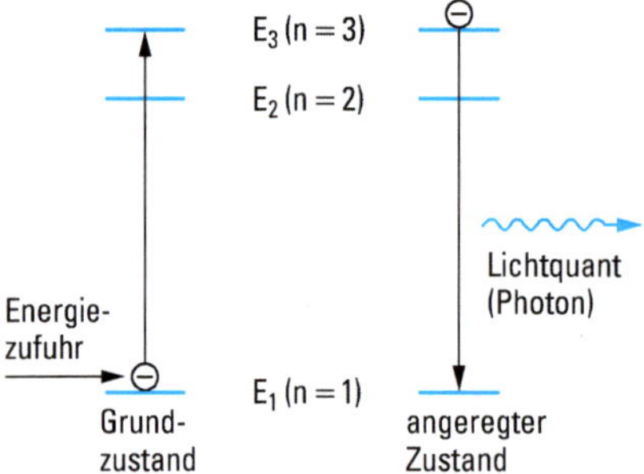

Abbildung 1.19 Im Grundzustand befindet sich das Wasserstoffelektron auf dem niedrigsten Energieniveau. Angeregte Zustände entstehen, wenn das Elektron durch Energiezufuhr auf höhere Energieniveaus gelangt. Um auf das Energieniveau E_3 gelangen zu können, muss genau der Energiebetrag $E_3 - E_1$ zugeführt werden. Springt das Elektron von einem angeregten Zustand in den Grundzustand zurück, verliert es Energie. Diese Energie wird als Lichtquant abgegeben. Für den Übergang von E_3 nach E_1 ist die Wellenlänge des Photons durch $E_3 - E_1 = h\frac{c}{\lambda}$ gegeben.

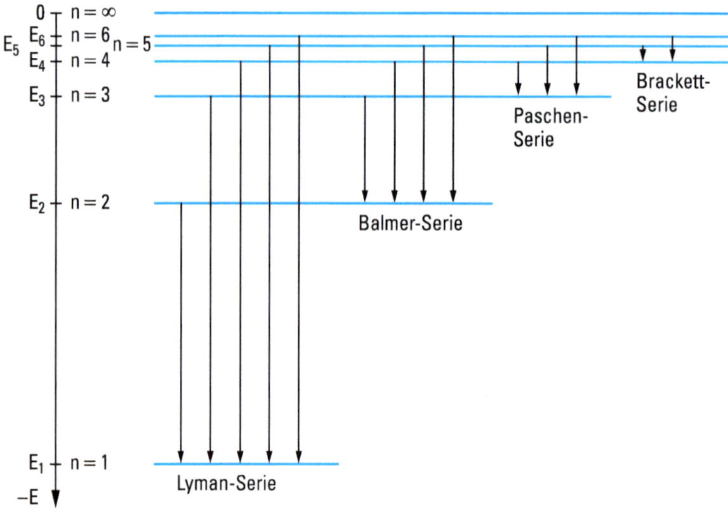

Abbildung 1.20 Beim Übergang des Wasserstoffelektrons von einem Niveau höherer Energie auf ein Niveau niedrigerer Energie wird ein Lichtquant ausgesandt, dessen Wellenlänge durch die Energieänderung des Elektrons bestimmt wird: $\Delta E = h\frac{c}{\lambda}$. In der Abb. sind alle möglichen Elektronenübergänge zwischen den Energieniveaus bis $n = 6$ dargestellt.

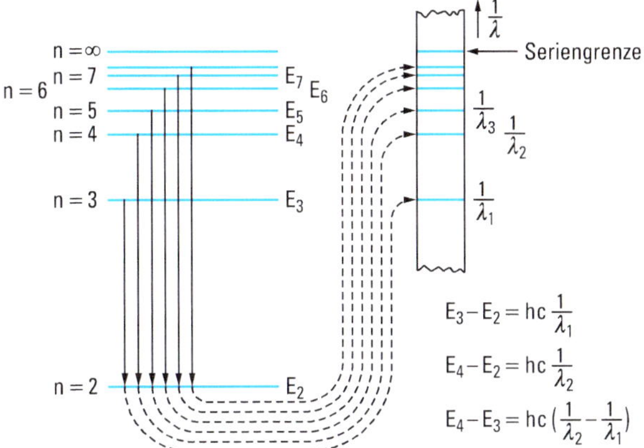

Abbildung 1.21 Zusammenhang zwischen den Energieniveaus des H-Atoms und den Wellenzahlen der Balmerserie. Die Balmerserie entsteht durch Elektronenübergänge von Energieniveaus mit $n = 3, 4, 5$ ... auf das Energieniveau mit $n = 2$. Die Linienfolge spiegelt exakt die Lage der Energieniveaus wider. Die Differenzen der Wellenzahlen sind proportional den Differenzen der Energieniveaus. Die dichte Linienfolge an der Seriengrenze entspricht der dichten Folge der Energieniveaus bei großen n-Werten.

1.4.3 Die Unbestimmtheitsbeziehung

Heisenberg stellt 1927 die Unbestimmtheitsbeziehung auf. Sie besagt, dass es unmöglich ist, den Impuls und den Aufenthaltsort eines Elektrons gleichzeitig zu bestimmen. Das Produkt aus der Unbestimmtheit des Ortes Δx und der Unbestimmtheit des Impulses $\Delta(m v)$ hat die Größenordnung der Planck-Konstante.

$$\Delta x \cdot \Delta (mv) \approx h$$

Wir wollen die Unbestimmtheitsbeziehung auf die Bewegung des Elektrons im Wasserstoffatom anwenden. Nach der Bohr'schen Theorie beträgt die Geschwindigkeit des Wasserstoffelektrons im Grundzustand $v = 2{,}18 \cdot 10^6$ m s^{-1} (vgl. Abschn. 1.4.1). Dieser Wert sei uns mit einer Genauigkeit von etwa 1 % bekannt. Die Unbestimmtheit der Geschwindigkeit Δv beträgt also 10^4 m s^{-1}. Für die Unbestimmtheit des Ortes gilt

$$\Delta x = \frac{h}{m \Delta v}$$

Durch Einsetzen der Zahlenwerte erhalten wir

$$\Delta x = \frac{6{,}6 \cdot 10^{-34}\ \text{kg}\,\text{m}^2\,\text{s}^{-1}}{9{,}1 \cdot 10^{-31}\ \text{kg} \cdot 10^4\ \text{m}\,\text{s}^{-1}}$$

$$\Delta x = 0{,}7 \cdot 10^{-7}\ \text{m}.$$

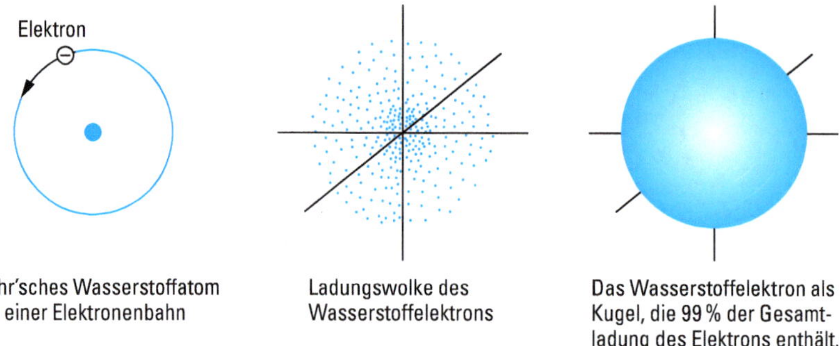

Abbildung 1.22 Verschiedene Darstellungen des Elektrons eines Wasserstoffatoms im Grundzustand.

Die Unbestimmtheit des Ortes beträgt 70 nm und ist damit mehr als tausendmal größer als der Radius der ersten Bohr'schen Kreisbahn, der nur 53 pm beträgt (vgl. Abschn. 1.4.1). Bei genau bekannter Geschwindigkeit ist der Aufenthaltsort des Elektrons im Atom vollkommen unbestimmt.

Bei makroskopischen Körpern ist die Masse so groß, dass Geschwindigkeit und Ort scharfe Werte haben (Grenzfall der klassischen Mechanik). Zum Beispiel erhält man für $m = 1$ g

$$\Delta x \cdot \Delta v = 6{,}6 \cdot 10^{-31}\ \mathrm{m^2\ s^{-1}}$$

Im Bohr'schen Atommodell stellt man sich das Elektron als Teilchen vor, das sich auf seiner Bahn von Punkt zu Punkt mit einer bestimmten Geschwindigkeit bewegt. Nach der Unbestimmtheitsrelation ist dieses Bild falsch. Zu einem bestimmten Zeitpunkt kann dem Elektron kein bestimmter Ort zugeordnet werden, es ist im gesamten Raum des Atoms anzutreffen. Daher müssen wir uns vorstellen, dass das Elektron an einem bestimmten Ort des Atoms nur mit einer gewissen Wahrscheinlichkeit anzutreffen ist. Dieser Beschreibung des Elektrons entspricht die Vorstellung einer über das Atom verteilten Elektronenwolke. Die Gestalt der Elektronenwolke gibt den Raum an, in dem sich das Elektron mit größter Wahrscheinlichkeit aufhält.

Abb. 1.22 zeigt die Elektronenwolke des Wasserstoffelektrons im Grundzustand. Sie ist kugelsymmetrisch. An Stellen mit großer Aufenthaltswahrscheinlichkeit des Elektrons hat die Ladungswolke eine größere Dichte, die anschaulich durch eine größere Punktdichte dargestellt wird. Die Ladungswolke hat nach außen keine scharfe Begrenzung. Die Grenzfläche in Abb. 1.22 ist willkürlich gewählt. Sie umschließt eine Kugel, die 99 % der Gesamtladung des Elektrons enthält. Man darf aber nicht vergessen, dass das Elektron sich mit einer gewissen Wahrscheinlichkeit auch außerhalb dieser Kugel aufhalten kann.

Die räumliche Ladungsverteilung kann rechnerisch ermittelt werden. Diese Rechnungen zeigen, dass die Elektronenwolken nicht immer kugelsymmetrisch sind, und wir werden im Abschn. 1.4.5 andere, kompliziertere Ladungsverteilungen kennenlernen.

1.4.4 Der Wellencharakter von Elektronen

Eine weitere für das Verständnis des Atombaus grundlegende Entdeckung gelang de Broglie (1924). Er postulierte, dass jedes bewegte Teilchen Welleneigenschaften besitzt. Zwischen der Wellenlänge λ und dem Impuls p des Teilchens besteht die Beziehung

$$\lambda = \frac{h}{p} = \frac{h}{mv} \tag{1.26}$$

Elektronen der Geschwindigkeit $v = 2 \cdot 10^6$ m s^{-1} zum Beispiel haben die Wellenlänge $\lambda = 0{,}333$ nm. Diese Wellenlänge liegt im Bereich der Röntgenstrahlen (vgl. Abb. 1.17). Die Welleneigenschaften von Elektronen konnten durch Beugungsexperimente an Kristallen nachgewiesen werden. Mit Elektronenstrahlen erhält man Beugungsbilder wie mit Röntgenstrahlen.

Elektronen können also je nach den experimentellen Bedingungen sowohl Welleneigenschaften zeigen als auch sich wie kleine Partikel verhalten. Welleneigenschaften und Partikeleigenschaften sind komplementäre Beschreibungen des Elektronenverhaltens.

Wie können wir uns nach diesem Bild ein Elektron im Atom vorstellen? Nach de Broglie muss es im Atom Elektronenwellen geben. Das Elektron befindet sich aber nur dann in einem stabilen Zustand, wenn die Elektronenwelle zeitlich unveränderlich ist.

Eine zeitlich unveränderliche Welle ist eine stehende Welle. Eine nicht stehende Elektronenwelle würde sich durch Interferenz zerstören, sie ist instabil (Abb. 1.23).

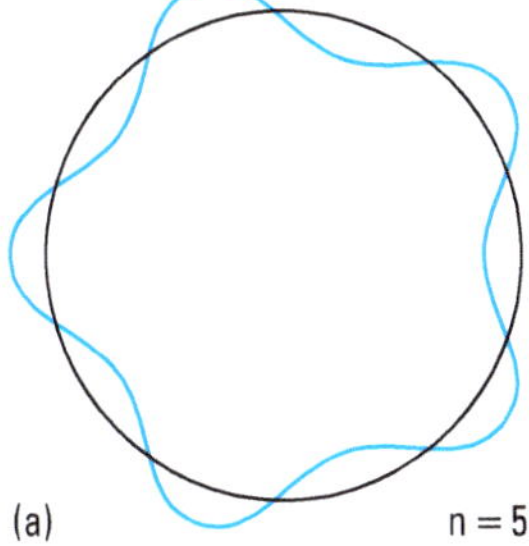

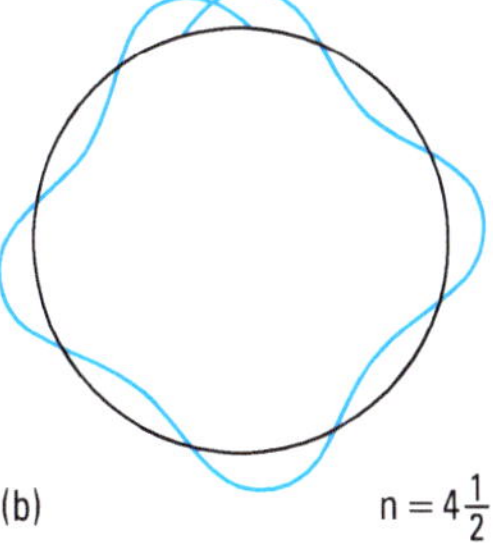

Abbildung 1.23 a) Eindimensionale stehende Elektronenwelle auf einer Bohr'schen Bahn. Die Bedingung für eine stehende Welle ist $n\lambda = 2r\pi$ ($n = 1{,}2{,}3$ ...).
b) Die Bedingung für eine stehende Welle ist nicht erfüllt.

Stehende Elektronenwellen können sich auf einer Bohr'schen Kreisbahn nur dann ausbilden, wenn der Umfang der Kreisbahn ein ganzzahliges Vielfaches der Wellenlänge ist (Abb. 1.23):

$$n\lambda = 2\pi r$$

Ersetzt man λ durch Gl. (1.26) und formt um, folgt

$$\frac{nh}{2\pi} = mvr$$

Man erhält also die von Bohr willkürlich postulierte Quantelung des Drehimpulses (vgl. Abschn. 1.4.1).

Wir sehen also, dass sowohl das Auftreten der Quantenzahl n als auch die Unbestimmtheit des Aufenthaltsortes eines Elektrons im Atom eine Folge der Welleneigenschaften von Elektronen sind.

1.4.5 Atomorbitale und Quantenzahlen des Wasserstoffatoms

Im vorangehenden Abschnitt sahen wir, dass die Entdeckung der Welleneigenschaften von Elektronen dazu zwang, die Vorstellung aufzugeben, dass Elektronen in Atomen sich als winzige starre Körper um den Kern bewegen. Wir sahen weiter, dass wir das Elektron als eine diffuse Wolke veränderlicher Ladungsdichte betrachten können. Die Position des Elektrons im Atom wird als Wahrscheinlichkeitsdichte oder Elektronendichte diskutiert. Dies bedeutet, dass an jedem Ort des Atoms das Elektron nur mit einer bestimmten Wahrscheinlichkeit anzutreffen ist. Im Bereich großer Ladungsdichten ist diese Wahrscheinlichkeit größer als dort, wo die Ladungsdichten klein sind.

Elektronenwolken sind dreidimensional schwingende Systeme, deren mögliche Schwingungszustände dreidimensionale stehende Wellen sind. Die Welleneigenschaften des Elektrons können mit einer von Schrödinger aufgestellten Wellengleichung, der Schrödinger-Gleichung, beschrieben werden. Sie ist für das Wasserstoffatom exakt lösbar, für andere Atome sind nur Näherungslösungen möglich. Durch Lösen der Schrödinger-Gleichung erhält man für das Wasserstoffelektron eine begrenzte Anzahl erlaubter Schwingungszustände, die dazu gehörenden räumlichen Ladungsverteilungen und Energien. Diese erlaubten Zustände sind durch drei Quantenzahlen festgelegt (vgl. Abschn. 1.4.6). Die Quantenzahlen ergeben sich bei der Lösung der Schrödinger-Gleichung und müssen nicht wie beim Bohr'schen Atommodell willkürlich postuliert werden. Eine vierte Quantenzahl ist erforderlich, um die speziellen Eigenschaften eines Elektrons zu berücksichtigen, die beobachtet werden, wenn es sich in einem Magnetfeld befindet.

Wir wollen nun die Ergebnisse des wellenmechanischen Modells des Wasserstoffatoms im Einzelnen diskutieren.

Die Hauptquantenzahl *n*

n kann die ganzzahligen Werte 1, 2, 3, 4 ... ∞ annehmen. Die Hauptquantenzahl *n* bestimmt die möglichen Energieniveaus des Elektrons im Wasserstoffatom. In Übereinstimmung mit der Bohr'schen Theorie (Gl. 1.19) gilt die Beziehung

$$E_n = -\frac{me^4}{8\varepsilon_0^2 h^2}\frac{1}{n^2}$$

Die durch die Hauptquantenzahl *n* festgelegten Energieniveaus werden Schalen genannt. Die Schalen werden mit den großen Buchstaben K, L, M, N, O usw. bezeichnet.

n	Schale	Energie	
1	K	E_1	Grundzustand
2	L	$\frac{1}{4}E_1$	angeregte Zustände
3	M	$\frac{1}{9}E_1$	
4	N	$\frac{1}{16}E_1$	
5	O	$\frac{1}{25}E_1$	

Befindet sich das Elektron auf der K-Schale ($n = 1$), dann ist das H-Atom im energieärmsten Zustand. Der energieärmste Zustand wird Grundzustand genannt, in diesem liegen H-Atome normalerweise vor. Die Energie des Grundzustands beträgt für das Wasserstoffatom $E_1 = -13{,}6$ eV. Zustände höherer Energie ($n > 1$) nennt man angeregte Zustände.

Je größer *n* wird, umso dichter aufeinander folgen die Energieniveaus (vgl. Abb. 1.15). Führt man dem Elektron so viel Energie zu, dass es nicht mehr in einen angeregten Quantenzustand gehoben wird, sondern das Atom verlässt, entsteht ein positives Ion und ein freies Elektron. Die Mindestenergie, die dazu erforderlich ist, nennt man Ionisierungsenergie. Die Ionisierungsenergie des Wasserstoffatoms beträgt 13,6 eV.

Die Nebenquantenzahl *l*

n und *l* sind durch die Beziehung $l \leqq n - 1$ verknüpft. *l* kann also die Werte 0, 1, 2, 3 ... $n - 1$ annehmen. Diese Quantenzustände werden als s-, p-, d-, f-Zustände bezeichnet. (Die Bezeichnungen stammen aus der Spektroskopie, und die Buchstaben s, p, d, f sind abgeleitet von sharp, principal, diffuse, fundamental.)

Schale	K	L	M	N
n	1	2	3	4
l	0	0 1	0 1 2	0 1 2 3
Bezeichnung	s	s p	s p d	s p d f

Die K-Schale besteht nur aus s-Zuständen, die L-Schale aus s- und p-Zuständen, die M-Schale aus s-, p-, d-, die N-Schale aus s-, p-, d- und f-Niveaus.

Die magnetische Quantenzahl m_l

m_l kann Werte von $-l$ bis $+l$ annehmen. Die Anzahl der m_l-Werte gibt also an, wie viele s-, p-, d-, f-Zustände existieren.

l	m_l	Anzahl der Zustände $2l+1$
0	0	ein s-Zustand
1	−1 0 +1	drei p-Zustände
2	−2 −1 0 +1 +2	fünf d-Zustände
3	−3 −2 −1 0 +1 +2 +3	sieben f-Zustände

Die Nebenquantenzahl, auch Bahndrehimpulsquantenzahl genannt, bestimmt die Größe des Bahndrehimpulses L. Er beträgt $L = \sqrt{l(l+1)}\,\frac{h}{2\pi}$. Bei Anlegen eines Magnetfeldes gibt es nicht beliebige, sondern nur $2l+1$ Orientierungen des Bahndrehimpulsvektors zum Magnetfeld. Die Komponenten des Bahndrehimpulsvektors in Feldrichtung können nur die Werte $\frac{h}{2\pi}\,m_l$ annehmen. Sie betragen also für s-Elektronen 0, für p-Elektronen $-\frac{h}{2\pi}$, 0, $+\frac{h}{2\pi}$. (Abb. 1.24). Im Magnetfeld wird dadurch z. B. die Entartung der p-Zustände aufgehoben. p-Zustände spalten im Magnetfeld symmetrisch in drei spektroskopisch nachweisbare Zustände unterschiedlicher Energie auf (Zeemann-Effekt). Daher wird m_l magnetische Quantenzahl genannt.

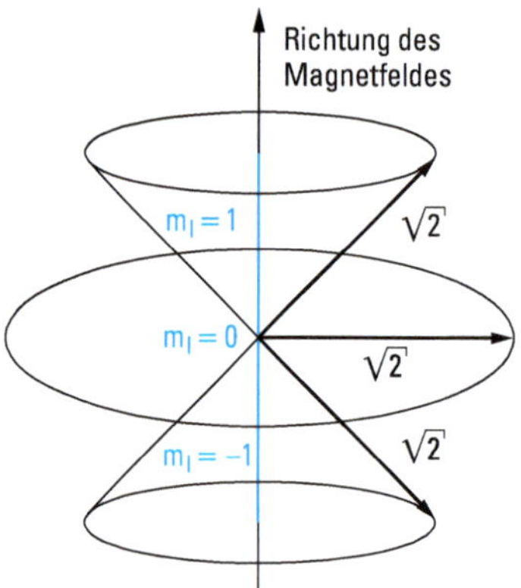

Abbildung 1.24 Für p-Elektronen beträgt der Bahndrehimpuls $L = \sqrt{2}\,\frac{h}{2\pi}$. Es gibt drei Orientierungen des Bahndrehimpulsvektors zum Magnetfeld, deren Projektionen in Feldrichtung zu den m_l-Werten −1, 0, +1 führen.

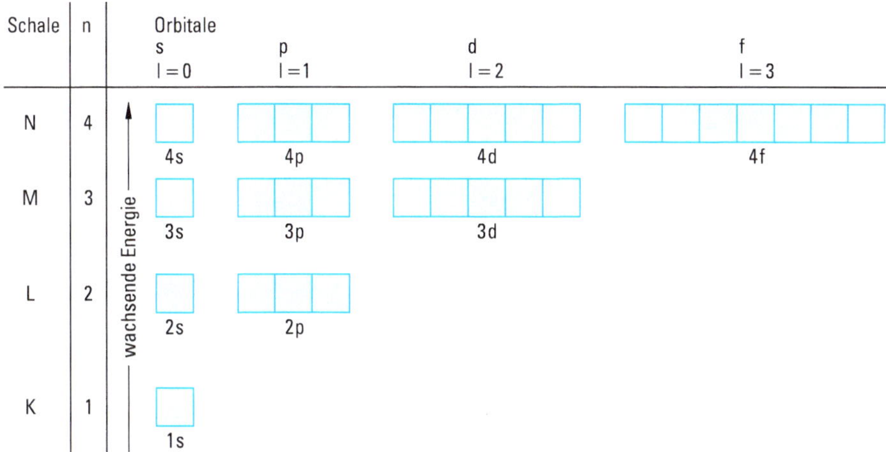

Abbildung 1.25 Die möglichen Atomorbitale des Wasserstoffatoms bis $n = 4$. Ein AO ist als Kästchen dargestellt. Die Bezeichnung des AOs ist darunter gesetzt. Alle Atomorbitale einer Schale haben dieselbe Energie, sie sind entartet. Die Lage der Energieniveaus der Schalen ist nur schematisch angedeutet. Maßstäblich richtig ist die Lage der Energieniveaus in der Abbildung 1.15 dargestellt.

Die durch die drei Quantenzahlen n, l und m_l charakterisierten Quantenzustände werden als Atomorbitale bezeichnet (abgekürzt AO). n, l, m_l werden daher Orbitalquantenzahlen genannt.

Abb. 1.25 zeigt für die ersten vier Schalen des Wasserstoffatoms die möglichen Atomorbitale und ihre energetische Lage. Ein Atomorbital ist als Kästchen dargestellt, die Bezeichnung des Orbitals darunter gesetzt.

Die Energie der Orbitale nimmt im Wasserstoffatom in der angegebenen Reihenfolge zu: 1s < 2s = 2p < 3s = 3p = 3d < 4s = 4p = 4d = 4f. Zustände mit gleicher Energie nennt man entartet. Zum Beispiel sind das 2s-Orbital und die drei 2p-Orbitale entartet, da die Energie der Orbitale im Wasserstoffatom nur von der Hauptquantenzahl n abhängt.

Die Atomorbitale unterscheiden sich hinsichtlich der Größe, Gestalt und räumlichen Orientierung ihrer Ladungswolken. Diese Eigenschaften sind mit den Orbitalquantenzahlen verknüpft.

Die Hauptquantenzahl n bestimmt die Größe des Orbitals.

Die Nebenquantenzahl l gibt Auskunft über die Gestalt eines Orbitals (vgl. aber S. 55).

Die magnetische Quantenzahl m_l beschreibt die Orientierung des Orbitals im Raum.

Die Orbitale können graphisch dargestellt werden, und wir werden diese Orbitalbilder bei der Diskussion der chemischen Bindung benutzen.

Die s-Orbitale haben eine kugelsymmetrische Ladungswolke. Bei den p-Orbitalen ist die Elektronenwolke zweiteilig hantelförmig, bei den d-Orbitalen rosettenförmig (Abb. 1.26). Mit wachsender Hauptquantenzahl nimmt die Größe des Orbitals zu (Abb. 1.27).

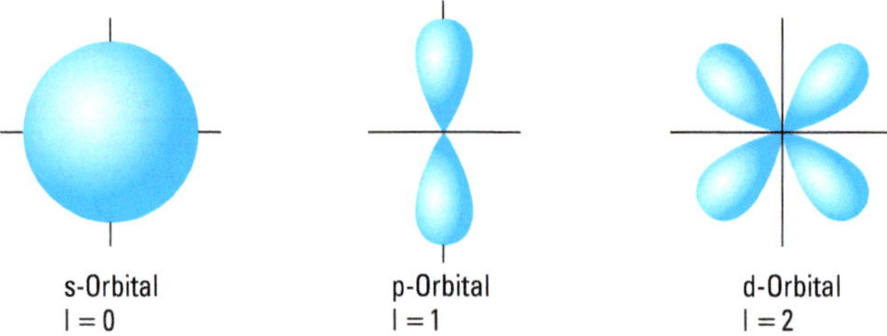

Abbildung 1.26 Die Nebenquantenzahl l bestimmt die Gestalt der Orbitale. s-Orbitale sind kugelsymmetrisch, p-Orbitale zweiteilig hantelförmig, d-Orbitale vierteilig rosettenförmig. Die graphische Darstellung des p- und des d-Orbitals ist vereinfacht. Die wirkliche Ausdehnung und Gestalt der Ladungswolke z. B. für ein 2p- und ein 3p-Orbital zeigt die Abb. 1.35.

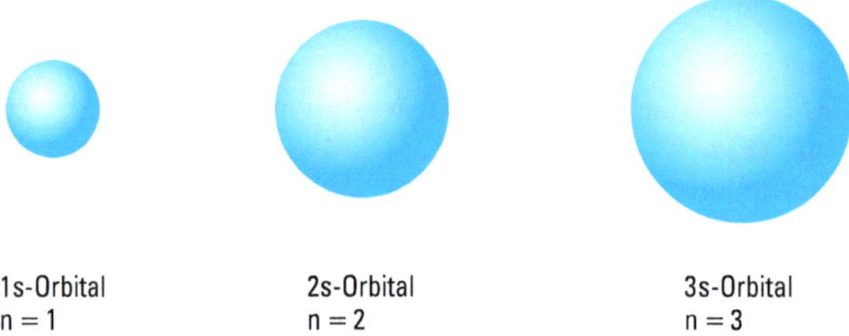

Abbildung 1.27 Die Hauptquantenzahl n bestimmt die Größe des Orbitals.

In der Abb. 1.28 sind die Gestalten und räumlichen Orientierungen der s-, p- und d-Orbitale dargestellt. Für die kugelsymmetrischen s-Orbitale gibt es nur eine räumliche Orientierung. Die drei hantelförmigen p-Orbitale liegen in Richtung der x-, y- und z-Achse des kartesischen Koordinatensystems. Sie werden demgemäß als p_x-, p_y- bzw. p_z-Orbital bezeichnet. Die räumliche Orientierung und die zugehörige Bezeichnung der d-Orbitale sind aus der Abb. 1.28 zu ersehen.

Auf Bilder von f-Orbitalen wird verzichtet, da sie bei den weiteren Diskussionen nicht benötigt werden.

Zur vollständigen Beschreibung der Eigenschaften eines Elektrons ist noch eine vierte Quantenzahl erforderlich.

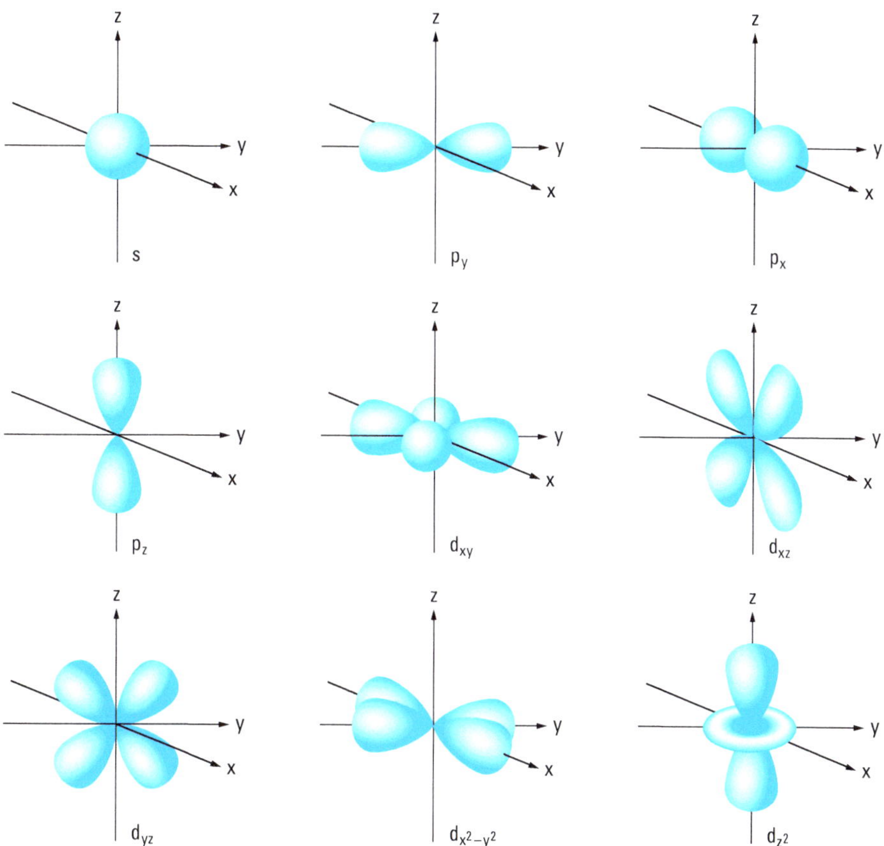

Abbildung 1.28 Gestalt und räumliche Orientierung der s, p- und d-Orbitale. s-Orbitale sind kugelsymmetrisch. Sie haben keine räumliche Vorzugsrichtung. p-Orbitale sind hantelförmig. Beim p_x-Orbital liegen die Hanteln in Richtung der x-Achse, die x-Achse ist die Richtung größter Elektronendichte. Entsprechend hat das p_y-Orbital eine maximale Elektronendichte in y-Richtung, das p_z-Orbital in z-Richtung. Die d-Orbitale sind rosettenförmig. In den Zeichnungen ist nicht die exakte Elektronendichteverteilung dargestellt. Bei 3p-Orbitalen z. B. hat die Elektronenwolke nicht nur eine größere Ausdehnung als bei 2p-Orbitalen, sondern auch eine etwas andere Form. Allen p-Orbitalen jedoch ist gemeinsam, dass ihre Form hantelförmig ist und dass die maximale Elektronendichte in Richtung der x-, y- und z-Achse liegt. Die in der Abbildung dargestellten p-Orbitale können daher zur qualitativen Beschreibung aller p-Orbitale benutzt werden. Entsprechendes gilt für die s- und d-Orbitale. (Genauer ist die Darstellung von Orbitalen in Abschn. 1.4.6 behandelt. Die Vorzeichen der Orbitallappen sind auf S. 55 in der Abb. 1.34 angegeben. Zur Ursache für die abweichende Gestalt des d_{z^2}-Orbitals siehe S. 54).

Die magnetische Spinquantenzahl m_s

Man muss den Elektronen eine Eigendrehung zuschreiben. Anschaulich kann man sich vorstellen, dass es zwei Möglichkeiten der Eigenrotation gibt, eine Linksdrehung oder eine Rechtsdrehung. Es gibt für das Elektron daher zwei Quantenzustände mit der magnetischen Spinquantenzahl $m_s = +\frac{1}{2}$ oder $m_s = -\frac{1}{2}$. Im Folgenden wird, wie in der Chemie üblich, m_s einfach Spinquantenzahl genannt, obwohl die eigentliche Spinquantenzahl s nur den Wert ½ annehmen kann.

Aufgrund der Eigendrehung haben Elektronen einen Eigendrehimpuls, einen Spin. Im Magnetfeld gibt es zwei Orientierungen des Vektors des Eigendrehimpulses. Die Komponente in Feldrichtung beträgt $+\frac{1}{2}\frac{h}{2\pi}$ oder $-\frac{1}{2}\frac{h}{2\pi}$. m_s kann die Werte $+\frac{1}{2}$ oder $-\frac{1}{2}$ annehmen. Im Magnetfeld spaltet daher z. B. ein s-Zustand symmetrisch in zwei energetisch unterschiedliche Zustände auf.

Aus den erlaubten Kombinationen der vier Quantenzahlen erhält man die Quantenzustände des Wasserstoffatoms. Jede Kombination der Orbitalquantenzahlen (n, l, m_l) definiert ein Atomorbital. Für jedes AO gibt es zwei Quantenzustände mit der Spinquantenzahl $+\frac{1}{2}$ oder $-\frac{1}{2}$. In Tab. 1.5 sind die Quantenzustände des H-Atoms bis $n = 4$ angegeben.

Tabelle 1.5 Quantenzustände des Wasserstoffatoms bis $n = 4$

Schale	n	l	Orbitaltyp	m_l	Anzahl der Orbitale	m_s	Anzahl der Quantenzustände	
K	1	0	1s	0	1	±1/2	2	2
L	2	0	2s	0	1	±1/2	2	8
		1	2p	−1 0 +1	3	±1/2	6	
M	3	0	3s	0	1	±1/2	2	18
		1	3p	−1 0 +1	3	±1/2	6	
		2	3d	−2 −1 0 +1 +2	5	±1/2	10	
N	4	0	4s	0	1	±1/2	2	32
		1	4p	−1 0 +1	3	±1/2	6	
		2	4d	−2 −1 0 +1 +2	5	±1/2	10	
		3	4f	−3 −2 −1 0 +1 +2 +3	7	±1/2	14	

Im Grundzustand besetzt das Elektron des Wasserstoffatoms einen 1s-Zustand, alle anderen Orbitale sind unbesetzt. Durch Energiezufuhr kann das Elektron Orbitale höherer Energien besetzen.

1.4.6 Die Wellenfunktion, Eigenfunktionen des Wasserstoffatoms

In diesem Abschnitt soll die Besprechung des wellenmechanischen Atommodells vertieft werden.

Da ein Elektron Welleneigenschaften besitzt, kann man die Elektronenzustände im Atom mit einer Wellenfunktion $\psi(x, y, z)$ beschreiben. ψ ist eine Funktion der Raumkoordinaten x, y, z und kann positive, negative oder imaginäre Werte annehmen. Die Wellenfunktion ψ selbst hat keine anschauliche Bedeutung. Eine anschauliche Bedeutung hat aber das Quadrat des Absolutwertes der Wellenfunktion $|\psi|^2$. Das Produkt $|\psi|^2 \mathrm{d}V$ ist ein Maß für die Wahrscheinlichkeit, das Elektron zu einem bestimmten Zeitpunkt im Volumenelement dV anzutreffen. Die Elektronendichteverteilung im Atom, die Ladungswolke, steht also in Beziehung zu $|\psi|^2$. Je größer $|\psi|^2$ ist, desto größer ist der Anteil des Elektrons im Volumenelement dV. An Stellen mit $|\psi|^2 = 0$ ist auch die Ladungsdichte null. Die Änderung von $|\psi|^2$ als Funktion der Raumkoordinaten beschreibt, wie die Ladungswolke im Atom verteilt ist.

In der von Schrödinger 1926 veröffentlichten und nach ihm benannten Schrödinger-Gleichung sind die Wellenfunktion ψ und die Elektronenenergie E miteinander verknüpft.

$$\frac{\partial^2 \psi}{\partial x^2} + \frac{\partial^2 \psi}{\partial y^2} + \frac{\partial^2 \psi}{\partial z^2} + \frac{8\pi^2 m}{h^2}(E - V)\psi = 0$$

Es bedeuten: V potentielle Energie des Elektrons, m Masse des Elektrons, h Planck-Konstante, E Elektronenenergie für eine bestimmte Wellenfunktion ψ. Diejenigen Wellenfunktionen, die Lösungen der Schrödinger-Gleichung sind, werden Eigenfunktionen genannt; die Energiewerte, die zu den Eigenfunktionen gehören, nennt man Eigenwerte. Die Eigenfunktionen beschreiben also die möglichen stationären Schwingungszustände im Wasserstoffatom.

Die Schrödinger-Gleichung kann für das Wasserstoffatom exakt gelöst werden, für Mehrelektronenatome sind nur Näherungslösungen möglich. Die Wasserstoffeigenfunktionen haben die allgemeine Form

$$\psi_{n,l,m_l} = \underset{\substack{\textit{Normierungs-}\\ \textit{konstante}}}{[N]} \cdot \underset{\substack{\textit{radiusabhängiger}\\ \textit{Anteil}}}{[R_{n,l}(r)]} \cdot \underset{\substack{\textit{winkelabhängiger}\\ \textit{Anteil}}}{[\chi_{l,m_l}(\vartheta, \varphi)]}$$

N ist eine Normierungskonstante. Ihr Wert ist durch die Bedingung $\int|\psi|^2 \mathrm{d}V = 1$ festgelegt. Dies bedeutet, dass die Wahrscheinlichkeit, das Elektron irgendwo im Raum anzutreffen, gleich 1 sein muss. Wellenfunktionen, für die diese Bedingung erfüllt ist, heißen normierte Funktionen. Bei normierten Funktionen gibt $|\psi|^2$ die absolute Wahrscheinlichkeit an, das Elektron an der Stelle x, y, z anzutreffen.

Die Wellenfunktion ψ wird im allgemeinen nicht als Funktion der kartesischen Koordinaten x, y, z angegeben, sondern als Funktion der Polarkoordinaten r, ϑ, φ. Die Polarkoordinaten eines beliebigen Punktes P erhält man aus den kartesischen Koordinaten durch eine Transformation nach folgenden Gleichungen, die sich aus der Abb. 1.29 ergeben.

$$x = r \sin\vartheta \cos\varphi \qquad y = r \sin\vartheta \sin\varphi \qquad z = r\cos\vartheta$$

$R_{n,l}(r)$ wird Radialfunktion genannt. Durch die Radialfunktion wird die Ausdehnung der Ladungswolke des Elektrons bestimmt (vgl. Abb. 1.31 und 1.32).

Die Winkelfunktion $\chi_{l,m_l}(\vartheta, \varphi)$ gibt den Faktor an, mit dem man die Radialfunktion R in der durch ϑ und φ gegebenen Richtung multiplizieren muss, um den Wert

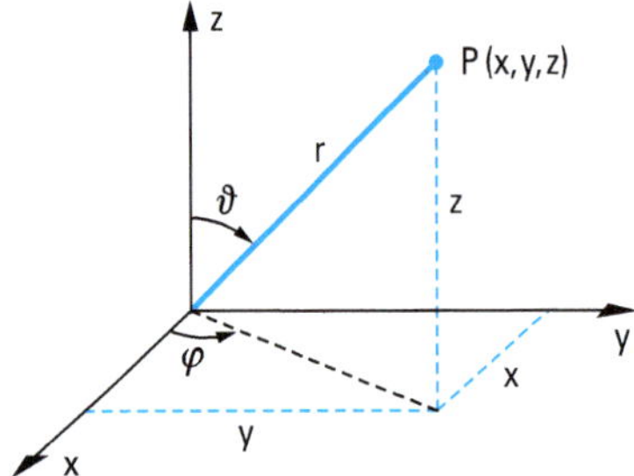

Abbildung 1.29 Zusammenhang zwischen den kartesischen Koordinaten x, y, z und den Polarkoordinaten r, φ, ϑ eines Punktes P.

von ψ zu erhalten. Dieser Faktor ist unabhängig von r. χ bestimmt also die Gestalt und räumliche Orientierung der Ladungswolke. Die Winkelfunktion χ wird auch Kugelflächenfunktion genannt, da χ die Änderung von ψ auf der Oberfläche einer Kugel vom Radius r angibt. Kugelflächenfunktionen sind in der Abb. 1.34 dargestellt.

Die Wasserstoffeigenfunktionen ψ_{n,l,m_l} werden Orbitale genannt. Die Orbitale sind mit den Quantenzahlen n, l, m_l verknüpft. ψ_{n,l,m_l} kann nur dann eine Eigenfunktion sein, wenn für die Quantenzahlen die folgenden Bedingungen gelten.

Hauptquantenzahl:	$n = 1, 2, 3, \ldots$
Nebenquantenzahl:	$l \leq n - 1$
Magnetische Quantenzahl:	$-l \leq m_l \leq +l$

Bei der Lösung der Schrödinger-Gleichung erhält man die zu den Eigenfunktionen gehörenden Eigenwerte der Energie

$$E_n = -\frac{1}{n^2}\frac{m e^4}{8\varepsilon_0^2 h^2}$$

Die Eigenwerte hängen nur von der Hauptquantenzahl n ab. Für jeden Eigenwert gibt es n^2 entartete Eigenfunktionen (vgl. Abschn. 1.4.5). Einige Wasserstoffeigenfunktionen sind in Tab. 1.6 angegeben.

s-Orbitale besitzen eine konstante Winkelfunktion, sie sind daher kugelsymmetrisch. Verschiedene Möglichkeiten der Darstellung des 1s-Orbitals sind in der Abb. 1.30 wiedergegeben.

Die Wellenfunktion und die radiale Dichte (vgl. Abb. 1.30d) des 2s- und des 3s-Orbitals sind in der Abb. 1.31 dargestellt. Beide Orbitale besitzen Knotenflächen, an denen die Wellenfunktion ihr Vorzeichen wechselt. Die Knotenflächen einer dreidimensionalen stehenden Welle entsprechen den Knotenpunkten einer eindimensionalen Welle. Die Anzahl der Knotenflächen eines Orbitals ist $n - 1$ (n = Hauptquantenzahl). Bei s-Orbitalen sind die Knotenflächen Kugeloberflächen.

p-Orbitale und d-Orbitale setzen sich aus einer Radialfunktion und einer winkelabhängigen Funktion zusammen. Die Radialfunktion hängt nur von den Quanten-

Tabelle 1.6 Einige reelle Eigenfunktionen des Wasserstoffatoms
(Die Winkelfunktionen sind in Polarkoordinaten und kartesischen Koordinaten angegeben.)

Quantenzahlen			Orbital	Eigenwert	Normierte Radialfunktion	Normierte Winkelfunktion	
n	l	m_l		E_n	$R_{n,l}(r)$	$\chi_{l,m_l}(\vartheta,\varphi)$	$\chi_{l,m_l}(\frac{x}{r},\frac{y}{r},\frac{z}{r})$
1	0	0	1s	E_1	$\frac{2}{\sqrt{a_0^3}} e^{-\frac{r}{a_0}}$	$\frac{1}{2\sqrt{\pi}}$	$\frac{1}{2\sqrt{\pi}}$
2	0	0	2s	$E_2 = \frac{E_1}{4}$	$\frac{1}{2\sqrt{2a_0^3}}\left(2-\frac{r}{a_0}\right)e^{-\frac{r}{2a_0}}$	$\frac{1}{2\sqrt{\pi}}$	$\frac{1}{2\sqrt{\pi}}$
2	1	± 1	$2p_x$	$E_2 = \frac{E_1}{4}$	$\frac{1}{2\sqrt{6a_0^3}}\frac{r}{a_0}e^{-\frac{r}{2a_0}}$	$\frac{\sqrt{3}}{2\sqrt{\pi}}\sin\vartheta\cos\varphi$	$\frac{\sqrt{3}}{2\sqrt{\pi}}\frac{x}{r}$
2	1	0	$2p_z$	$E_2 = \frac{E_1}{4}$	$\frac{1}{2\sqrt{6a_0^3}}\frac{r}{a_0}e^{-\frac{r}{2a_0}}$	$\frac{\sqrt{3}}{2\sqrt{\pi}}\cos\vartheta$	$\frac{\sqrt{3}}{2\sqrt{\pi}}\frac{z}{r}$
2	1	± 1	$2p_y$	$E_2 = \frac{E_1}{4}$	$\frac{1}{2\sqrt{6a_0^3}}\frac{r}{a_0}e^{-\frac{r}{2a_0}}$	$\frac{\sqrt{3}}{2\sqrt{\pi}}\sin\vartheta\sin\varphi$	$\frac{\sqrt{3}}{2\sqrt{\pi}}\frac{y}{r}$

a_0 ist der Bohr-Radius (vgl. Gl. 1.17). Er beträgt $a_0 = \dfrac{h^2 \varepsilon_0}{\pi m e^2}$.

Die Indizes der p-Orbitale x, y bzw. z entsprechen den Winkelfunktionen dieser Orbitale, angegeben in kartesischen Koordinaten. Ganz entsprechend ist z. B. beim d_{xy}-Orbital die Winkelfunktion proportional xy und beim $d_{x^2-y^2}$-Orbital proportional x^2-y^2 (vgl. Tab. 1.7).

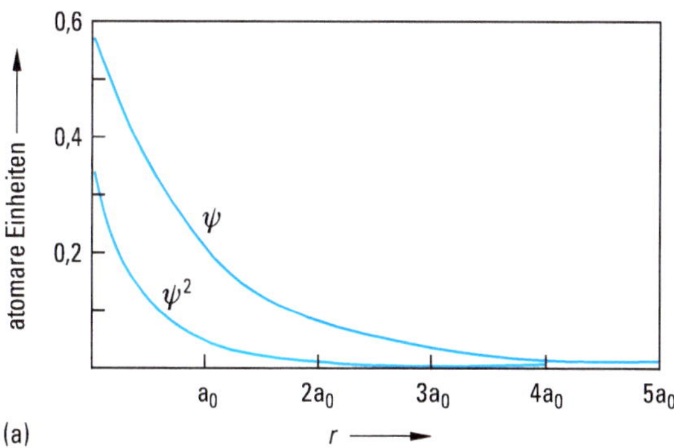

Abbildung 1.30 a) Darstellung $\psi(r)$ und $\psi^2(r)$ des 1s-Orbitals von Wasserstoff $\psi = \dfrac{1}{\sqrt{\pi a_0^3}} e^{-\frac{r}{a_0}}$.

Der Abstand r ist in Einheiten des Bohr'schen Radius a_0 angegeben ($a_0 = 53$ pm). ψ nimmt mit wachsendem Abstand exponentiell ab. Die Aufenthaltswahrscheinlichkeit ψ^2 erreicht auch bei sehr großen Abständen nicht null.

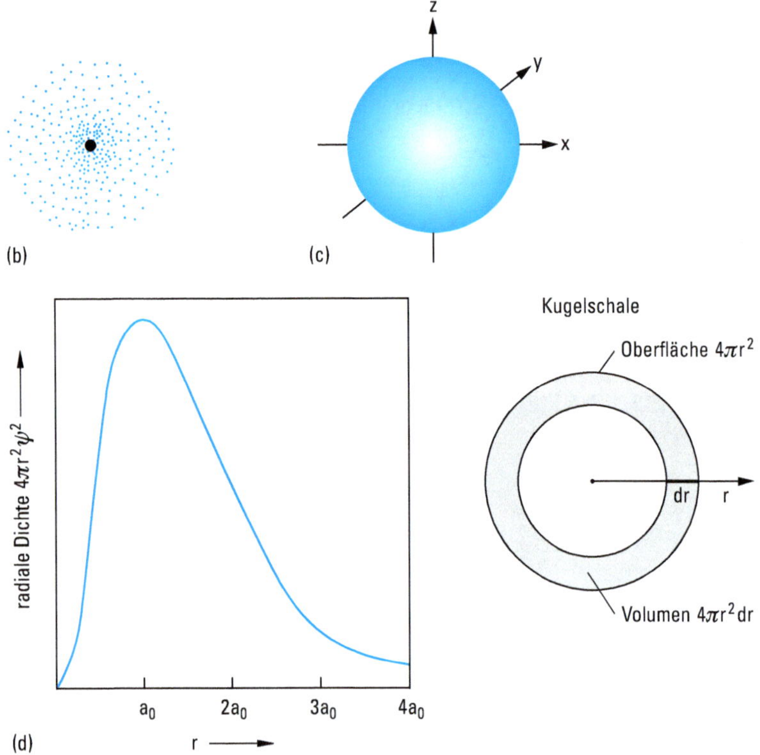

Abbildung 1.30 b) Schnitt durch den Atomkern. ψ^2 wird durch eine unterschiedliche Punktdichte dargestellt. Die Punktdichte vermittelt einen anschaulichen Eindruck von der Ladungsverteilung des Elektrons.
c) Das 1s-Orbital wird als Kugel dargestellt. Innerhalb der Kugel mit dem Radius $2{,}2 \cdot 10^{-10}$ m hält sich das Elektron mit 99 % Wahrscheinlichkeit auf.
d) Der Raum um den Kern kann in eine unendliche Zahl unendlich dünner Kugelschalen unterteilt werden. Das Volumen der Kugelschalen der Dicke dr beträgt $4\pi r^2$dr. Die Wahrscheinlichkeit, das Elektron in einer solchen Kugelschale anzutreffen, ist daher $\psi^2(r)4\pi r^2$dr. Man bezeichnet $4\pi r^2\psi^2$ als radiale Dichte. Da ψ^2 mit wachsendem r abnimmt, $4\pi r^2$ aber zunimmt, muss die radiale Dichte ein Maximum durchlaufen. Der Abstand des Elektronendichtemaximums des 1s-Orbitals von Wasserstoff ist identisch mit dem Bohr-Radius a_0.

zahlen n und l ab. Alle p-Orbitale und alle d-Orbitale gleicher Hauptquantenzahl besitzen dieselbe Radialfunktion. In Abb. 1.32 sind die Radialfunktion und die radiale Dichte für die 2p-, 3p- und 3d-Orbitale dargestellt. Die Nebenquantenzahl l gibt die Anzahl der Knotenflächen an, die durch den Atommittelpunkt gehen.

Die normierten Winkelfunktionen χ sind für die p-Orbitale in Tab. 1.6, für die d-Orbitale in Tab. 1.7 angegeben. Zur Darstellung der Kugelflächenfunktion (Winkelfunktion) χ eignen sich sogenannte Polardiagramme. Sie sind in Abb. 1.34 für die Sätze der p- und d-Orbitale dargestellt. Die Konstruktion des Polardiagramms des p_z-Orbitals zeigt Abb. 1.33. In jeder durch ϑ und φ gegebenen Richtung wird der

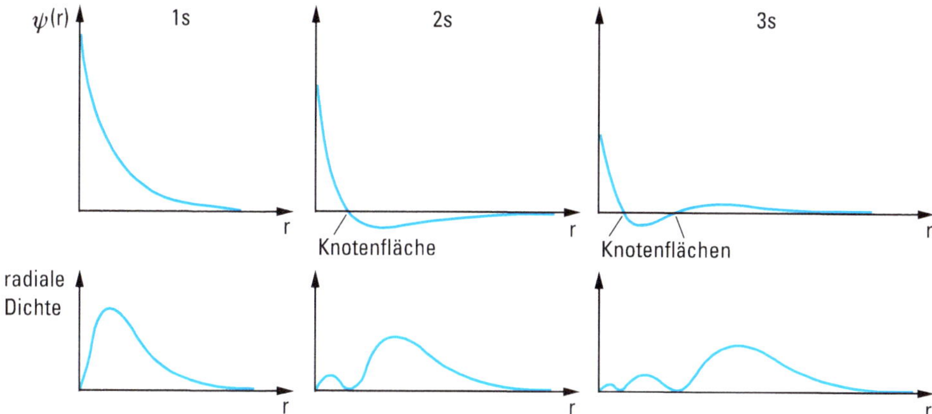

Abbildung 1.31 Schematische Darstellungen der Wellenfunktion $\psi(r)$ und der radialen Dichte von s-Orbitalen. Mit wachsender Hauptquantenzahl verschiebt sich das Maximum der Elektronendichte zu größeren r-Werten. Beim 2s-Orbital beträgt die Aufenthaltswahrscheinlichkeit außerhalb der Knotenfläche 94,6 %, beim 3s-Orbital beträgt die Wahrscheinlichkeit zwischen den Knotenflächen 9,5 % und außerhalb der äußeren Knotenfläche 89,0 %.

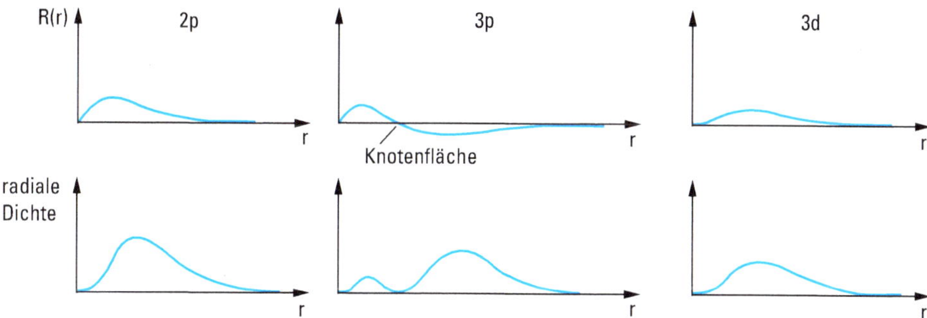

Abbildung 1.32 Schematische Darstellung der Radialfunktion $R(r)$ und der radialen Dichte für 2p-, 3p- und 3d-Orbitale. Im Gegensatz zu s-Orbitalen ist bei p- und d-Orbitalen bei $r = 0$ die Radialfunktion null. Die maximale Aufenthaltswahrscheinlichkeit ist für ein Elektron gleicher Hauptquantenzahl n mit größerem l Richtung Kern verschoben.

dazugehörige Wert der Funktion χ ausgehend vom Koordinatenursprung aufgetragen. χ hängt nicht von der Hauptquantenzahl n ab, daher sind die Polardiagramme für die p- und d-Orbitale aller Hauptquantenzahlen gültig.

Die Darstellungen von χ oder χ^2 werden manchmal fälschlich als Orbitale bezeichnet. Bei diesen Darstellungen werden zwar die Richtungen maximaler Elektronendichte richtig wiedergegeben, aber die wahre Elektronendichteverteilung der Orbitale erhält man nur bei Berücksichtigung der gesamten Wellenfunktion $\psi = R \cdot \chi$, und genaugenommen kommt nur der Darstellung von ψ die Bezeichnung Orbital

Tabelle 1.7 Normierte reelle Winkelfunktionen für die d-Orbitale des Wasserstoffatoms in Polarkoordinaten und kartesischen Koordinaten

Orbital	$\chi_{l,\,m_l}(\vartheta, \varphi)$	$\chi_{l,\,m_l}(\frac{x}{r}, \frac{y}{r}, \frac{z}{r})$
(d_{xy})	$\left(\frac{15}{4\pi}\right)^{1/2} \sin^2\vartheta \sin\varphi \cos\varphi$	$\left(\frac{15}{4\pi}\right)^{1/2} \frac{xy}{r^2}$
(d_{xz})	$\left(\frac{15}{4\pi}\right)^{1/2} \sin\vartheta \cos\vartheta \cos\varphi$	$\left(\frac{15}{4\pi}\right)^{1/2} \frac{xz}{r^2}$
(d_{yz})	$\left(\frac{15}{4\pi}\right)^{1/2} \sin\vartheta \cos\vartheta \sin\varphi$	$\left(\frac{15}{4\pi}\right)^{1/2} \frac{yz}{r^2}$
$(d_{x^2-y^2})$	$\left(\frac{15}{16\pi}\right)^{1/2} \sin^2\vartheta \cos 2\varphi$	$\left(\frac{15}{16\pi}\right)^{1/2} \frac{x^2-y^2}{r^2}$
(d_{z^2})	$\left(\frac{5}{16\pi}\right)^{1/2} (3\cos^2\vartheta - 1)$	$\left(\frac{5}{16\pi}\right)^{1/2} \frac{3z^2-r^2}{r^2}$

Aus den kartesischen Koordinaten ist die Bezeichnung der Orbitale abgeleitet.
Die Ladungswolken der d_{z^2}-Orbitale sind nicht wie die der anderen d-Orbitale rosettenförmig (vgl. Abb. 1.28). Dies liegt daran, dass das d_{z^2}-Orbital durch eine Linearkombination aus dem $d_{z^2-x^2}$-Orbital und dem $d_{y^2-z^2}$-Orbital als fünfte unabhängige d-Eigenfunktion erhalten wird. Nur die Linearkombination dieser beiden Orbitale ist orthogonal zu allen anderen d-Orbitalen. Orthogonal bedeutet, dass die Integration des Produkts zweier Wellenfunktionen über den ganzen Raum null ergeben muss.

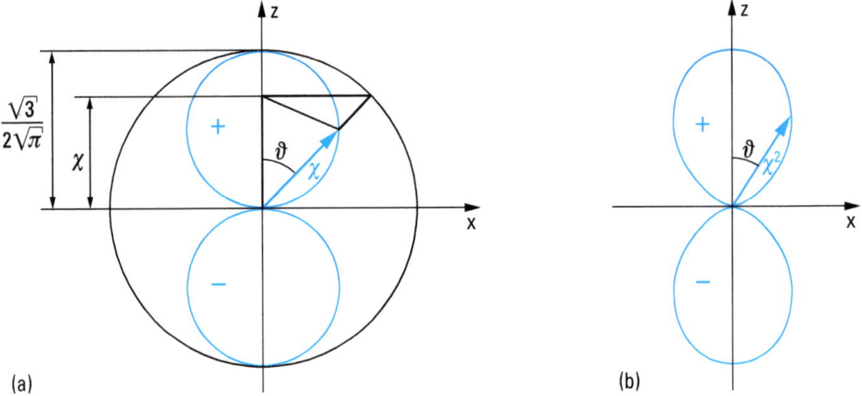

Abbildung 1.33 a) Konstruktion des Polardiagramms für die Winkelfunktion $\chi = \frac{\sqrt{3}}{2\sqrt{\pi}} \cos\vartheta$ des p_z-Orbitals. In der x- und y-Richtung hat χ den Wert null, da $\vartheta = 90°$ beträgt. In der z-Richtung ist $\vartheta = 0°$ und $\cos\vartheta = 1$ oder $\vartheta = 180°$ und $\cos\vartheta = -1$. Für die Winkelfunktion erhält man die maximalen Werte $\chi = \frac{\sqrt{3}}{2\sqrt{\pi}}$ bzw. $\chi = -\frac{\sqrt{3}}{2\sqrt{\pi}}$. Berechnet man χ für alle möglichen ϑ-Werte, erhält man zwei Kugeln. Bei der oberen Kugel hat χ ein positives, bei der unteren Kugel ein negatives Vorzeichen.
b) Darstellung des Quadrats der Winkelfunktion χ^2 für das p_z-Orbital.

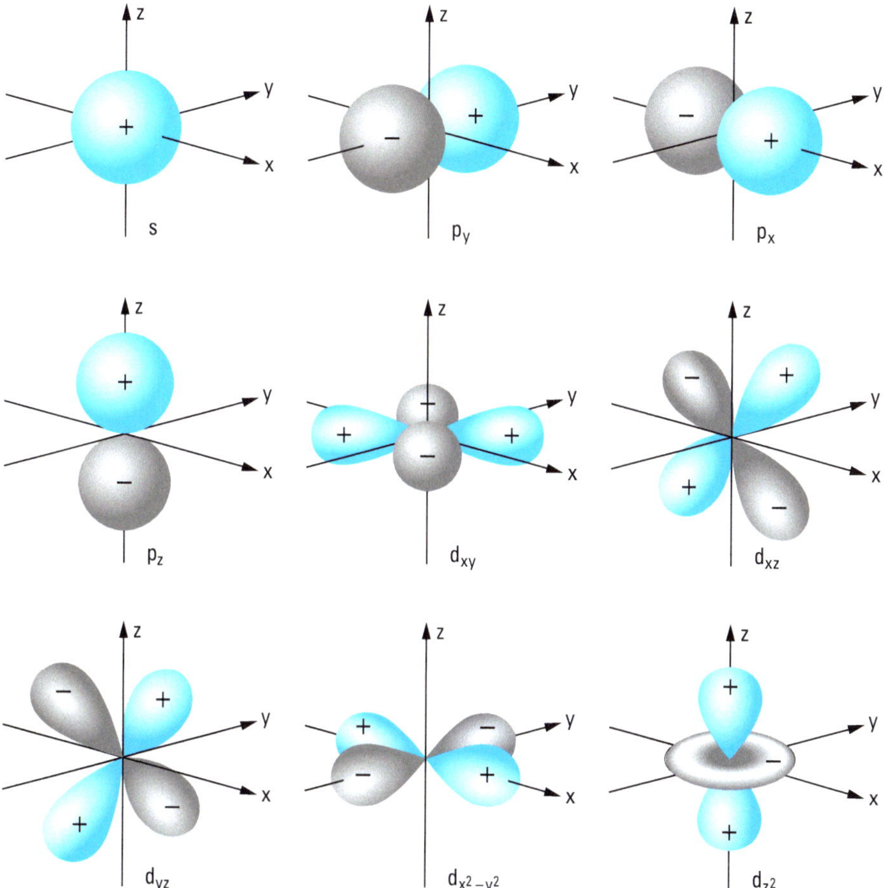

Abbildung 1.34 Polardiagramme der Winkelfunktion χ für die p- und d-Orbitale.

zu. Die Abb. 1.35 zeigt am Beispiel des $2p_z$- und des $3p_z$-Orbitals, dass sich diese beiden Orbitale sowohl hinsichtlich ihrer Ausdehnung als auch ihrer Gestalt unterscheiden. Hauptsächlich bestimmt zwar die Winkelfunktion die hantelförmige Gestalt und ist für die Ähnlichkeit aller p-Orbitale verantwortlich, aber die unterschiedlichen Radialfunktionen haben nicht nur eine unterschiedliche Ausdehnung des Orbitals zur Folge, sondern auch eine unterschiedliche „innere Gestalt". Für eine qualitative Diskussion von Bindungsproblemen ist dieser Unterschied aber unwichtig, und es können die Orbitalbilder benutzt werden, die in Abb. 1.28 wiedergegeben sind.

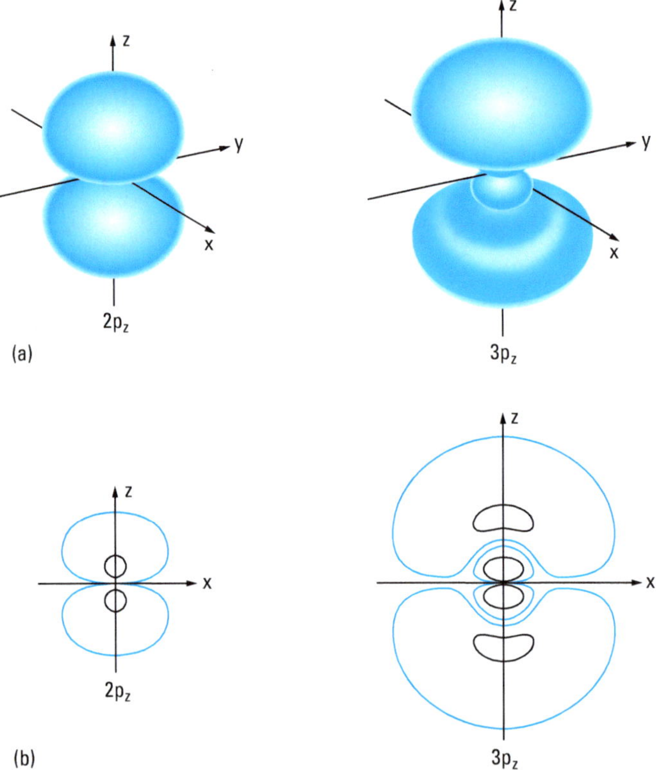

Abbildung 1.35 a) Räumliche Darstellungen des $2p_z$- und des $3p_z$-Orbitals. Die Grenzflächen der Orbitale sind Flächen mit gleichen ψ^2-Werten. Innerhalb der Begrenzung beträgt die Aufenthaltswahrscheinlichkeit des Elektrons 99 %.
b) Konturliniendiagramme des $2p_z$- und des $3p_z$-Orbitals. Die Konturlinien sind Schnitte durch Flächen gleicher Elektronendichte. Innerhalb dieser Flächen beträgt die Aufenthaltswahrscheinlichkeit des Elektrons 50 % (schwarze Linien) bzw. 99 % (blaue Linien).

1.4.7 Aufbau und Elektronenkonfiguration von Mehrelektronen-Atomen

In diesem Abschnitt soll der Aufbau der Elektronenhülle von Atomen mit mehreren Elektronen behandelt werden. Für Mehrelektronen-Atome kann die Schrödinger-Gleichung nicht exakt gelöst werden. Es gibt aber Näherungslösungen. Die Ergebnisse zeigen: Wie beim Wasserstoffatom sind die Elektronenhüllen von Mehrelektronen-Atomen aus Schalen aufgebaut. Die Schalen bestehen aus der gleichen Anzahl von Atomorbitalen des gleichen Typs wie die des Wasserstoffatoms. Die Atomorbitale von Mehrelektronen-Atomen gleichen zwar nicht völlig den Wasserstofforbitalen, aber die Gestalt der Orbitale ist wasserstoffähnlich und die Richtungen der maximalen Elektronendichten stimmen überein. So besitzen beispielsweise alle

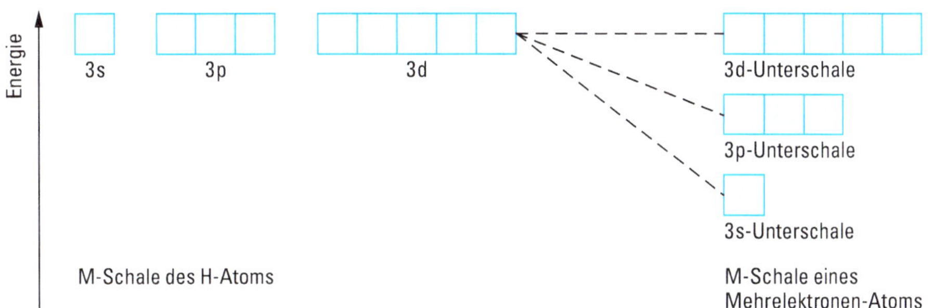

Abbildung 1.36 Aufhebung der Entartung in Mehrelektronen-Atomen. Die relative Lage der Energieniveaus der Unterschalen in Abhängigkeit von der Ordnungszahl zeigt Abb. 1.38.

Atome pro Schale – mit Ausnahme der K-Schale – drei hantelförmige p-Orbitale, die entlang der x-, y- und z-Achse liegen. Die Bilder der Wasserstofforbitale werden daher auch zur Beschreibung der Elektronenstruktur anderer Atome benutzt.

Ein grundsätzlicher Unterschied zwischen dem Wasserstoffatom und den Mehrelektronen-Atomen besteht darin, dass die Energie der Orbitale im Wasserstoffatom nur von der Hauptquantenzahl n abhängt, während sie bei Atomen mit mehreren Elektronen außer von der Hauptquantenzahl n auch von der Nebenquantenzahl l beeinflusst wird.

Im Wasserstoffatom befinden sich alle Orbitale einer Schale, also alle AO mit der gleichen Hauptquantenzahl n, auf dem gleichen Energieniveau, sie sind entartet (Abb. 1.25). In Atomen mit mehreren Elektronen besitzen nicht mehr alle Orbitale einer Schale dieselbe Energie. Energiegleich sind nur noch die Orbitale gleichen Typs, also alle p-Orbitale, d-Orbitale, f-Orbitale (Abb. 1.36).

Man bezeichnet daher die energetisch äquivalenten Sätze der s-, p-, d-, f-Orbitale als Unterschalen.

Für die Besetzung der wasserstoffähnlichen Atomorbitale mit Elektronen (Aufbauprinzip) sind die folgenden drei Prinzipien maßgebend.

Das Pauli-Prinzip. Ein Atom darf keine Elektronen enthalten, die in allen vier Quantenzahlen übereinstimmen. Dies bedeutet, dass jedes Orbital nur mit zwei Elektronen entgegengesetzten Spins besetzt werden kann.

Beispiel zum Pauli-Prinzip:

↑↓
1s

Nach dem Pauli-Prinzip kann das 1s-Orbital nur mit zwei Elektronen besetzt werden. Jedes Elektron ist durch einen Pfeil symbolisiert. Die Orbitalquantenzahlen sind für beide Elektronen identisch: $n = 1$, $l = 0$, $m_l = 0$. Die Elektronen unterscheiden sich aber in der Spinquantenzahl. Die Spinquantenzahlen $m_s = +\frac{1}{2}$ und $m_s = -\frac{1}{2}$ werden durch die entgegengesetzte Pfeilrichtung dargestellt.

Die Besetzung des 1s-Orbitals mit 3 Elektronen ist aufgrund des Pauli-Prinzips verboten. Die beiden Elektronen mit gleicher Pfeilrichtung stimmen in allen vier Quantenzahlen überein. Sie besitzen außer den gleichen Orbitalquantenzahlen $n = 1, l = 0, m_l = 0$ auch die gleiche Spinquantenzahl.

Die Anzahl der Elektronen, die unter Berücksichtigung des Pauli-Prinzips von den verschiedenen Schalen eines Atoms aufgenommen werden kann, ist in Tab. 1.8 angegeben. Sie stimmt mit der Anzahl der Quantenzustände des Wasserstoffatoms überein (Tab. 1.5).

Tabelle 1.8 Anzahl der Elektronen, die von den Unterschalen und Schalen eines Atoms aufgenommen werden können

Schale	n	Unterschale	Anzahl der Orbitale	Anzahl der Elektronen Unterschale	Schale ($2n^2$)
K	1	1s	1	2	2
L	2	2s	1	2	8
		2p	3	6	
M	3	3s	1	2	18
		3p	3	6	
		3d	5	10	
N	4	4s	1	2	32
		4p	3	6	
		4d	5	10	
		4f	7	14	

Die Hund'sche Regel. Im Rahmen des Kästchenmodells kann die sogenannte Hund'sche Regel wie folgt vereinfacht formuliert werden: Die Orbitale einer Unterschale werden so besetzt, dass die Anzahl der Elektronen mit gleicher Spinrichtung maximal wird.

Beispiel zur Hund'schen Regel:

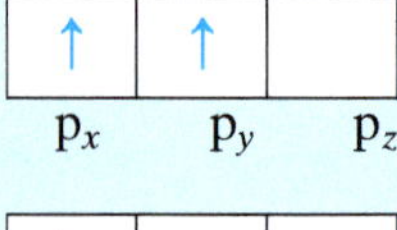

Die Besetzung entspricht der Hund'schen Regel. Die beiden Elektronen haben gleichen Spin. Sie müssen daher zwei verschiedene p-Orbitale besetzen.

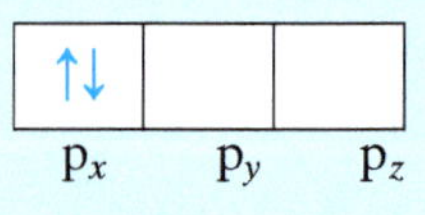

Ein p-Orbital ist mit zwei Elektronen besetzt, die entgegengesetzten Spin haben. Diese Besetzung stimmt nicht mit der Hund'schen Regel überein.

Eine physikalisch korrekte Formulierung der sogenannten Hund'schen Regeln wird auf S. 711 gegeben. Die Regeln erlauben den elektronischen Grundzustand, d. h. den Zustand geringster Energie für ein Atom mit mehreren Elektronen zu finden.

Im Grundzustand werden die wasserstoffähnlichen Orbitale der Atome in der Reihenfolge wachsender Energie mit Elektronen aufgefüllt.

Tab. 1.9 zeigt den Aufbau der Elektronenhülle im Grundzustand für die ersten 36 Elemente.

Die Verteilung der Elektronen auf die Orbitale nennt man Elektronenkonfiguration.

Aus Tab. 1.9 ist ersichtlich, dass mit wachsender Ordnungszahl Z nicht einfach eine Schale nach der anderen mit Elektronen aufgefüllt wird. Ab der M-Schale überlappen die Energieniveaus verschiedener Schalen. Beim Element Kalium ($Z = 19$) wird das 19. Elektron nicht in das 3d-Niveau der M-Schale, sondern in die 4s-Unterschale der nächsthöheren N-Schale eingebaut. Noch bevor die Auffüllung der M-Schale abgeschlossen ist, wird bereits mit der Besetzung der folgenden N-Schale begonnen.

Die Reihenfolge, in der mit wachsender Ordnungszahl die Unterschalen der Atome mit Elektronen aufgefüllt werden, kann man sich mit Hilfe des in der Abb. 1.37 dargestellten Schemas leicht ableiten. Die Unterschalen werden in der Reihenfolge 1s, 2s, 2p, 3s, 3p, 4s, 3d, 4p, 5s usw. besetzt.

Es gibt jedoch einige Unregelmäßigkeiten (vgl. Tab. 1.9 und Tab. 2, Anhang 2). Beispiele dafür sind die Elemente Chrom und Kupfer. Bei Cr ist die Konfiguration $3d^5 4s^1$ gegenüber der Konfiguration $3d^4 4s^2$ bevorzugt, bei Cu die Konfiguration $3d^{10}$ $4s^1$ gegenüber $3d^9 4s^2$. Eine halbgefüllte oder vollständig aufgefüllte d-Unterschale ist energetisch besonders günstig. Obwohl das 4f-Niveau vor dem 5d-Niveau besetzt werden sollte, besitzt das Element Lanthan kein 4f-Elektron, sondern ein 5d-Elektron. Erst bei den folgenden Elementen wird die 4f-Unterschale aufgefüllt. Aufgrund der sehr ähnlichen Energien der 5f- und der 6d-Unterschale ist auch beim Element Actinium und einigen Actinoiden die Besetzung unregelmäßig.

Die Elektronenkonfigurationen der Elemente sind in Tab. 2 des Anhangs 2 angegeben.

Das Schema der Abb. 1.37 gilt jedoch nur für das letzte eingebaute Elektron jedes Elements. Die Lage der Energien der Orbitale ist nicht unabhängig von der Ordnungszahl Z, sie ändert sich mit Z, wie in der Abb. 1.38 schematisch dargestellt ist. Nach Besetzung des 4s-Orbitals mit zwei Elektronen beim Element Calcium (Ordnungszahl 20) sinkt mit Besetzung der 3d-Orbitale deren Energie etwas unter die des 4s-Orbitals. Für die *Atome* der 3d-Elemente sind die Elektronenkonfigurationen in der Regel $3d^x 4s^2$. Bei einer Ionisierung werden als erstes die 4s-Elektronen entfernt. Obwohl die besetzten 3d-Orbitale energetisch unter dem 4s-Orbital liegen, bleibt die Besetzung des 4s-Orbitals aber bestehen. Für das Scandiumatom ist die Valenzelektronenkonfiguration $3d^1 4s^2$ und nicht $3d^3$. Die Ursache liegt in Elektronenwechselwirkungen und -abstoßungen, so dass die Gesamtenergie des Zustandes $3d^x 4s^2$ kleiner ist als die Gesamtenergie für die alternative Elektronenkonfiguration $3d^{x+1} 4s^1$ oder $3d^{x+2} 4s^0$. Der Grundzustand im Atom hat mit Ausnahme von Cr und Cu eine $4s^2$-Besetzung. Bei Cr ($3d^5$ $4s^1$) und Cu ($3d^{10}$ $4s^1$) wird durch den Elektronenübergang eine energetisch günstigere halb- und vollbesetzte d-Schale (d^5 und d^{10}) erreicht (s. oben).

Tabelle 1.9 Elektronenkonfigurationen der ersten 36 Elemente

Z	Element	K 1s	L 2s	L 2p	M 3s	M 3p	M 3d	N 4s	N 4p	Symbol	Periode
1	H	[↑]								$1s^1$	1
2	He	[↑↓]								$1s^2$	
3	Li	[↑↓]	[↑]							[He] $2s^1$	
4	Be	[↑↓]	[↑↓]							[He] $2s^2$	
5	B	[↑↓]	[↑↓]	[↑][ ][ ]						[He] $2s^2 2p^1$	
6	C	[↑↓]	[↑↓]	[↑][↑][ ]						[He] $2s^2 2p^2$	
7	N	[↑↓]	[↑↓]	[↑][↑][↑]						[He] $2s^2 2p^3$	2
8	O	[↑↓]	[↑↓]	[↑↓][↑][↑]						[He] $2s^2 2p^4$	
9	F	[↑↓]	[↑↓]	[↑↓][↑↓][↑]						[He] $2s^2 2p^5$	
10	Ne	[↑↓]	[↑↓]	[↑↓][↑↓][↑↓]						[He] $2s^2 2p^6$	
11	Na	Neonkonfiguration [Ne]			[↑]					[Ne] $3s^1$	
12	Mg				[↑↓]					[Ne] $3s^2$	
13	Al				[↑↓]	[↑][ ][ ]				[Ne] $3s^2 3p^1$	
14	Si				[↑↓]	[↑][↑][ ]				[Ne] $3s^2 3p^2$	3
15	P				[↑↓]	[↑][↑][↑]				[Ne] $3s^2 3p^3$	
16	S				[↑↓]	[↑↓][↑][↑]				[Ne] $3s^2 3p^4$	
17	Cl				[↑↓]	[↑↓][↑↓][↑]				[Ne] $3s^2 3p^5$	
18	Ar				[↑↓]	[↑↓][↑↓][↑↓]				[Ne] $3s^2 3p^6$	
19	K	Argonkonfiguration [Ar]					[ ][ ][ ][ ][ ]	[↑]		[Ar] $4s^1$	
20	Ca						[ ][ ][ ][ ][ ]	[↑↓]		[Ar] $4s^2$	
21	Sc						[↑][ ][ ][ ][ ]	[↑↓]		[Ar] $3d^1\ 4s^2$	
22	Ti						[↑][↑][ ][ ][ ]	[↑↓]		[Ar] $3d^2\ 4s^2$	
23	V						[↑][↑][↑][ ][ ]	[↑↓]		[Ar] $3d^3\ 4s^2$	
24	*Cr						[↑][↑][↑][↑][↑]	[↑]		[Ar] $3d^5\ 4s^1$	
25	Mn						[↑][↑][↑][↑][↑]	[↑↓]		[Ar] $3d^5\ 4s^2$	
26	Fe						[↑↓][↑][↑][↑][↑]	[↑↓]		[Ar] $3d^6\ 4s^2$	
27	Co						[↑↓][↑↓][↑][↑][↑]	[↑↓]		[Ar] $3d^7\ 4s^2$	4
28	Ni						[↑↓][↑↓][↑↓][↑][↑]	[↑↓]		[Ar] $3d^8\ 4s^2$	
29	*Cu						[↑↓][↑↓][↑↓][↑↓][↑↓]	[↑]		[Ar] $3d^{10} 4s^1$	
30	Zn						[↑↓][↑↓][↑↓][↑↓][↑↓]	[↑↓]		[Ar] $3d^{10} 4s^2$	
31	Ga						[↑↓][↑↓][↑↓][↑↓][↑↓]	[↑↓]	[↑][ ][ ]	[Ar] $3d^{10} 4s^2 4p^1$	
32	Ge						[↑↓][↑↓][↑↓][↑↓][↑↓]	[↑↓]	[↑][↑][ ]	[Ar] $3d^{10} 4s^2 4p^2$	
33	As						[↑↓][↑↓][↑↓][↑↓][↑↓]	[↑↓]	[↑][↑][↑]	[Ar] $3d^{10} 4s^2 4p^3$	
34	Se						[↑↓][↑↓][↑↓][↑↓][↑↓]	[↑↓]	[↑↓][↑][↑]	[Ar] $3d^{10} 4s^2 4p^4$	
35	Br						[↑↓][↑↓][↑↓][↑↓][↑↓]	[↑↓]	[↑↓][↑↓][↑]	[Ar] $3d^{10} 4s^2 4p^5$	
36	Kr						[↑↓][↑↓][↑↓][↑↓][↑↓]	[↑↓]	[↑↓][↑↓][↑↓]	[Ar] $3d^{10} 4s^2 4p^6$	

Ein Kästchen symbolisiert ein Orbital, ein Pfeil ein Elektron, die Pfeilrichtung die Spinrichtung des Elektrons. Zur Vereinfachung der Schreibweise werden für abgeschlossene Edelgaskonfigurationen wie $1s^2 2s^2 2p^6$ oder $1s^2 2s^2 2p^6 3s^2 3p^6$ die Symbole [Ne] bzw. [Ar] verwendet. Unregelmäßige Elektronenkonfigurationen sind mit einem Stern markiert.

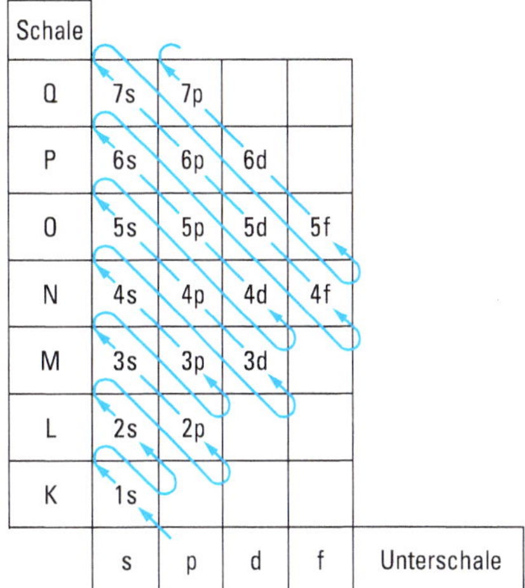

Abbildung 1.37 Schema zur Reihenfolge der Besetzung von Unterschalen.

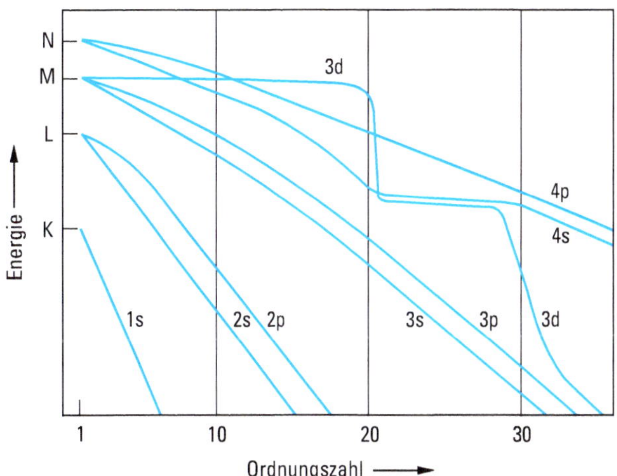

Abbildung 1.38 Änderung der Energie der Unterschalen mit wachsender Ordnungszahl.

1.4.8 Das Periodensystem der Elemente (PSE)

Bei der Auffüllung der Atomorbitale mit Elektronen kommt es zu periodischen Wiederholungen gleicher Elektronenanordnungen auf der jeweils äußersten Schale (vgl. Tab. 1.9 und Tab. 2 im Anhang 2). Elemente, deren Atome analoge Elektronenkonfigurationen besitzen, haben ähnliche Eigenschaften und können zu Gruppen zusammengefasst werden.

Beispiele:

Edelgase

He $1s^2$
Ne [He] $2s^2\,2p^6$
Ar [Ne] $3s^2\,3p^6$
Kr [Ar] $3d^{10}\,4s^2\,4p^6$
Xe [Kr] $4d^{10}\,5s^2\,5p^6$

Die Elemente Helium, Neon, Argon, Krypton und Xenon gehören zur Gruppe der Edelgase. Mit Ausnahme von Helium haben die Edelgasatome auf der äußersten Schale die Elektronenkonfiguration $s^2\,p^6$, d. h. alle s- und p-Orbitale sind vollständig besetzt. Solche abgeschlossenen Elektronenkonfigurationen sind energetisch besonders stabil (vgl. Abb. 1.40). Die Edelgase sind daher äußerst reaktionsträge Elemente.

Alkalimetalle

Li [He] $2s^1$
Na [Ne] $3s^1$
K [Ar] $4s^1$
Rb [Kr] $5s^1$
Cs [Xe] $6s^1$

Die Elemente Lithium, Natrium, Kalium, Rubidium und Caesium gehören zur Gruppe der Alkalimetalle. Die Alkalimetallatome haben auf der äußersten Schale die Elektronenkonfiguration s^1. Dieses Elektron kann leicht abgegeben werden. Dabei bilden sich einfach positiv geladene Ionen wie Na^+. Alkalimetalle sind sehr reaktionsfähige, weiche Leichtmetalle mit niedrigem Schmelzpunkt.

Halogene

F [He] $2s^2\,2p^5$
Cl [Ne] $3s^2\,3p^5$
Br [Ar] $3d^{10}\,4s^2\,4p^5$
I [Kr] $4d^{10}\,5s^2\,5p^5$

Die Elemente Fluor, Chlor, Brom und Iod gehören zur Gruppe der Halogene (Salzbildner) mit der gemeinsamen Konfiguration $s^2\,p^5$ auf der äußersten Schale. Die Halogene sind typische Nichtmetalle und sehr reaktionsfähige Elemente. Sie bilden mit Metallen Salze. Dabei nehmen sie ein Elektron auf, es entstehen einfach negativ geladene Ionen wie z. B. Cl^-.

Die periodische Wiederholung analoger Elektronenkonfigurationen führt zum periodischen Auftreten ähnlicher Elemente. Sie ist die Ursache der Systematik der Elemente, die als Periodensystem der Elemente (abgekürzt PSE) bezeichnet wird.

Die Versuche, eine Systematik der Elemente zu finden und die Anzahl möglicher Elemente theoretisch zu begründen, führten schon 1829 Döbereiner zur Aufstellung der Triaden. Triaden sind Dreiergruppen von Elementen mit ähnlichen Eigenschaften und gleicher Zunahme ihrer Atommassen (z. B. Cl, Br, I oder Ca, Sr, Ba). Obwohl nur etwa 60 Elemente bekannt waren und noch keine Kenntnisse über den Atomaufbau vorlagen, stellten bereits 1869 unabhängig voneinander Meyer und Mendelejew das Periodensystem der Elemente auf. Sie ordneten die Elemente nach steigender Atommasse und fanden aufgrund des Vergleichs der chemischen Eigenschaften, dass periodisch Elemente mit ähnlichen chemischen Eigenschaften auftreten. Durch Untereinanderstellen dieser Elemente erhielten sie das Periodensystem.

Eine jetzt gebräuchliche Form des Periodensystems zeigt Abb. 1.39. Aufgrund der Kenntnis des Atombaus wissen wir heute, dass die Reihenfolge der Elemente durch die Ordnungszahl Z (= Protonenzahl = Elektronenzahl) bestimmt wird. Die nach den Atommassen geordneten Elemente ergaben im Wesentlichen dieselbe Reihenfolge, in einigen Fällen (Ar, K; Co, Ni; Te, I) musste jedoch die Reihenfolge vertauscht werden.

Im Periodensystem untereinander stehende Elemente werden Gruppen genannt. In einer Gruppe stehen Elemente mit ähnlichen chemischen Eigenschaften.

Nach Empfehlung der IUPAC (International Union of Pure and Applied Chemistry) werden die Gruppen mit den Ziffern 1 (Alkalimetalle) bis 18 (Edelgase) bezeichnet.

Die Gruppen 1, 2 und 13 – 18 werden Hauptgruppen genannt. Die Atome der Elemente einer Hauptgruppe haben auf der äußersten Schale dieselbe Elektronenkonfiguration. Bei den Hauptgruppen ändert sich die Elektronenkonfiguration von s^1 auf s^2p^6. Die d- und f-Orbitale der Hauptgruppenelemente sind leer oder vollständig besetzt. Vorher war lange Zeit die verwendete Bezeichnung der Hauptgruppen Ia – VIIIa (vgl. Abb. 1.39).

Die für das chemische Verhalten verantwortlichen Elektronen der äußersten Schale bezeichnet man als Valenzelektronen, ihre Konfiguration als Valenzelektronenkonfiguration. Bei den Hauptgruppenelementen ändert sich die Zahl der Valenzelektronen von 1 bis 8. Die chemische Ähnlichkeit der Elemente einer Gruppe ist eine Folge ihrer identischen Valenzelektronenkonfiguration.

Einige Hauptgruppen haben Gruppennamen: 1 Alkalimetalle, 2 Erdalkalimetalle, 16 Chalkogene (Erzbildner), 17 Halogene (Salzbildner), 18 Edelgase.

Die Gruppen 3 – 12 werden Nebengruppen genannt. Bei ihnen erfolgt die Auffüllung der d-Unterschalen. Da die Nebengruppen auf der äußersten Schale ein besetztes s-Orbital besitzen, wird bei der Auffüllung der d-Unterschalen die zweitäußerste Schale aufgefüllt. Die Gruppen 3 – 12 (vgl. PSE) haben daher die Elektronenkonfiguration $(n{-}1)d^1 ns^2$ bis $(n{-}1)d^{10} ns^2$, wobei zu beachten ist, dass die s-Elektronen eine um eins höhere Hauptquantenzahl haben als die d-Elektronen. Die Besetzung der d-Orbitale erfolgt nicht ganz regelmäßig (s. oben und Tab. 2 im Anhang 2). Die Nebengruppenelemente werden auch als Übergangselemente bezeichnet und zwar, je nachdem welche d-Unterschale aufgefüllt wird, als 3d-, 4d- oder 5d-Übergangselemente. Eine früher verwendete Bezeichnung der Nebengruppen war Ib – VIIIb (vgl. Abb. 1.39). Bei dieser Bezeichnung kam zum Ausdruck, dass bei einigen Gruppen formale Analogien (z. B. maximale Oxidationszahl) zwischen den Hauptgruppenele-

	Hauptgruppen		Nebengruppen										Hauptgruppen					
	1	**2**	**3**	**4**	**5**	**6**	**7**	**8**	**9**	**10**	**11**	**12**	**13**	**14**	**15**	**16**	**17**	**18**
	Ia	IIa	IIIb	IVb	Vb	VIb	VIIb	VIIIb			Ib	IIb	IIIa	IVa	Va	VIa	VIIa	VIIIa
	s^1	s^2	d^1	d^2	d^3	d^4	d^5	d^6	d^7	d^8	d^9	d^{10}	p^1	p^2	p^3	p^4	p^5	p^6
1 1s	1 H																	2 He
2 2s 2p	3 Li	4 Be											5 B	6 C	7 N	8 O	9 F	10 Ne
3 3s 3p	11 Na	12 Mg											13 Al	14 Si	15 P	16 S	17 Cl	18 Ar
4 4s 3d 4p	19 K	20 Ca	21 Sc	22 Ti	23 V	24 *Cr	25 Mn	26 Fe	27 Co	28 Ni	29 *Cu	30 Zn	31 Ga	32 Ge	33 As	34 Se	35 Br	36 Kr
5 5s 4d 5p	37 Rb	38 Sr	39 Y	40 Zr	41 *Nb	42 *Mo	43 Tc	44 *Ru	45 *Rh	46 *Pd	47 *Ag	48 Cd	49 In	50 Sn	51 Sb	52 Te	53 I	54 Xe
6 6s4f5d6p	55 Cs	56 Ba	57–71	72 Hf	73 Ta	74 W	75 Re	76 Os	77 Ir	78 *Pt	79 *Au	80 Hg	81 Tl	82 Pb	83 Bi	84 Po	85 At	86 Rn
7 7s5f6d7p	87 Fr	88 Ra	89–103	104 Rf	105 Db	106 Sg	107 Bh	108 Hs	109 Mt	110 Ds	111 Rg	112 Cn	113 Nh	114 Fl	115 Mc	116 Lv	117 Ts	118 Og

Lanthanoide (4f-Elemente)	57 *La	58 Ce	59 Pr	60 Nd	61 Pm	62 Sm	63 Eu	64 *Gd	65 Tb	66 Dy	67 Ho	68 Er	69 Tm	70 Yb	71 Lu
Actinoide (5f-Elemente)	89 *Ac	90 *Th	91 *Pa	92 *U	93 *Np	94 Pu	95 Am	96 *Cm	97 Bk	98 Cf	99 Es	100 Fm	101 Md	102 No	103 Lr

Abbildung 1.39 Periodensystem der Elemente. Bei jeder Periode ist angegeben, welche Orbitale aufgefüllt werden. Bei jeder Gruppe ist die Bezeichnung für das jeweils letzte Elektron, das beim Aufbau der Elektronenschale hinzukommt, angegeben. Die Elektronenkonfiguration eines Elements kann sofort abgelesen werden. Elektronenkonfigurationen, die nicht mit der in Abb. 1.37 angegebenen Reihenfolge der Besetzung von Unterschalen übereinstimmen, sind mit einem Stern markiert. Nichtmetalle sind durch blaue Kästchen gekennzeichnet, Metalle durch weiße Kästchen. Hellblaue Kästchen kennzeichnen Elemente, deren Eigenschaften zwischen Metallen und Nichtmetallen liegen. Wasserstoff gehört nur hinsichtlich der Konfiguration s^1 zur Gruppe 1, den chemischen Eigenschaften nach gehört er keiner Gruppe an und hat eine Sonderstellung. Helium gehört zur Gruppe der Edelgase, da es als einziges s^2-Element eine abgeschlossene Schale besitzt.
Die Frage, ob die Gruppe 3 aus Sc, Y, Lu und Lr besteht (wird favorisiert) oder aus Sc, Y, La und Ac ist Gegenstand von Diskussionen und von der IUPAC noch nicht abschließend entschieden.

menten und den Nebengruppenelementen gleicher Gruppennummer vorhanden sind (z. B. IIa und IIb, siehe Abb. 1.39).

Bei den Nebengruppenelementen können außer den s-Elektronen auch die d-Elektronen als Valenzelektronen wirksam werden. Die Elemente der Gruppen 3 (zwei s-Elektronen und ein d-Elektron) und 4 (zwei s- und zwei d-Elektronen) besitzen daher die gleiche Zahl an Valenzelektronen wie die Elemente der Gruppen 13 bzw. 14. Bei den Gruppen 11 und 12 ist die d-Unterschale vollständig aufgefüllt. Sie haben wie die Elemente der Gruppen 1 und 2 ein s-Elektron bzw. zwei s-Elektronen auf der äußersten Schale und bilden daher wie diese einfach bzw. zweifach positiv geladene Ionen. Bei der Gruppe 11 (Cu, Ag, Au) sind allerdings durch Ionisation von d-Elektronen auch zweifach und dreifach positiv geladene Ionen häufig (s. Abschn. 5.7).

Die im PSE nebeneinander stehenden Elemente bilden die Perioden. Die Anzahl der Elemente der ersten sechs Perioden beträgt 2, 8, 8, 18, 18, 32. Sie ist ab der 3. Periode nicht identisch mit der maximalen Aufnahmefähigkeit der Schalen, die ja $2n^2$ beträgt.

Bei den Elementen der 1. Periode H und He wird das 1s-Orbital der K-Schale besetzt, bei den acht Elementen der 2. Periode Li, Be, B, C, N, O, F, Ne das 2s-Orbital und die 2p-Orbitale der L-Schale. Innerhalb einer Periode ändern sich die Eigenschaften, am Anfang und am Ende der Periode stehen daher Elemente mit ganz verschiedenen Eigenschaften. Lithium und Beryllium sind typische Metalle und bei Normaltemperatur Feststoffe. Sauerstoff und Fluor sind typische Nichtmetalle, die bei Normaltemperatur gasförmig sind. Neon ist ein Edelgas, das sich mit keinem chemischen Element verbindet. Bei den folgenden acht Elementen der 3. Periode, Na, Mg, Al, Si, P, S, Cl, Ar, werden das 3s-Orbital und die 3p-Orbitale der M-Schale besetzt. Nach dem Element Neon erfolgt eine sprunghafte Eigenschaftsänderung und eine periodische Wiederholung der Eigenschaften der 2. Periode. Die ersten Elemente der 3. Periode, Natrium, Magnesium und Aluminium, sind wieder typische Metalle, am Ende der Periode stehen die Nichtmetalle Schwefel, Chlor und das Edelgas Argon. Vor der Besetzung der 3d-Unterschale wird bei den Elementen Kalium und Calcium das 4s-Orbital der N-Schale besetzt, erst dann erfolgt bei den zehn Elementen Scandium bis Zink die Auffüllung der 3d-Niveaus. Nach der Auffüllung der 3d-Unterschale werden bei den Elementen Gallium bis Krypton die 4p-Orbitale besetzt. Die 3. Periode enthält daher nur acht Elemente, die 4. Periode 18 Elemente. Die 5. Periode enthält ebenfalls 18 Elemente, bei denen nacheinander die Unterschalen 5s, 4d und 5p besetzt werden. In der 6. Periode wird bei den Elementen Caesium und Barium das 6s-Orbital besetzt. Beim Element Lanthan wird zunächst ein Elektron in die 5d-Unterschale eingebaut. Lanthan und die auf Lanthan folgenden 14 Elemente werden als Lanthanoide bezeichnet. La hat die Elektronenkonfiguration $[Xe]\,5d^1\,6s^2$. Bei den auf das Lanthan folgenden 14 Elementen wird die 4f-Unterschale und damit die N-Schale vollständig besetzt. Erst dann werden die 5d- und die 6p-Unterschale weiter aufgefüllt. Die 6. Periode enthält daher 32 Elemente. Die Lanthanoide zeigen untereinander eine große chemische Ähnlichkeit, da sie sich nur im Aufbau der drittäußersten Schale unterscheiden. Die Auffüllung der 5f-Unterschale erfolgt bei den 14 Elementen, die auf das Element Actinium folgen. Die 15 Actinoide sind radioaktive, überwiegend künstlich hergestellte Elemente.

Links im Periodensystem stehen Metalle, rechts Nichtmetalle. Der metallische Charakter wächst innerhalb einer Hauptgruppe mit wachsender Ordnungszahl. Die typischsten Metalle stehen daher im PSE links unten (Rb, Cs, Ba), die typischsten

Nichtmetalle rechts oben (F, O, Cl). Alle Nebengruppenelemente, die Lanthanoide und Actinoide sind Metalle.

Im PSE wird die Vielzahl der Elemente übersichtlich geordnet. Man braucht die Eigenschaften der Elemente nicht einzeln zu erlernen, sondern kann viele wichtige Eigenschaften eines Elements aus seiner Stellung im Periodensystem ableiten. Wie genau dies möglich ist, zeigt die Voraussage der Eigenschaften des Elements Germanium durch Mendelejew. Sie wurde nach der Entdeckung dieses Elements durch Winkler glänzend bestätigt (Tab. 1.10).

Tabelle 1.10 Vergleich der vorausgesagten und beobachteten Eigenschaften von Germanium und einigen Germaniumverbindungen

Mendelejews Voraussage	Nach der Entdeckung des Elements durch Winkler (1886) beobachtete Eigenschaften
Atommasse ungefähr 72 Dunkelgraues Metall mit hohem Schmelzpunkt; Dichte 5,5 g/cm^3;	Atommasse 72,6 Weißlich graues Metall; Schmelzpunkt 958 °C; Dichte 5,36 g/cm^3;
spezifische Wärmekapazität 0,306 J/(K · g)	spezifische Wärmekapazität 0,318 J/(K · g)
Beim Erhitzen an der Luft entsteht XO_2	Beim Erhitzen an der Luft entsteht GeO_2
XO_2 ist schwerflüchtig; Dichte 4,7 g/cm^3	Schmelzpunkt von GeO_2 1100 °C; Dichte 4,7 g/cm^3
Das Chlorid XCl_4 ist eine leichtflüchtige Flüssigkeit (Siedepunkt wenig unter 100 °C); Dichte 1,9 g/cm^3	$GeCl_4$ ist flüssig (Siedepunkt 83 °C); Dichte 1,88 g/cm^3

Natürlich zeigt sich erst bei einer detaillierten Besprechung der Elemente in vollem Umfang, wie nützlich und unentbehrlich das PSE für das Verständnis der chemischen Eigenschaften der Elemente und ihrer Verbindungen ist. Wir werden dies in den Kap. 4 und 5 sehen.

1.4.9 Ionisierungsenergie, Elektronenaffinität, Röntgenspektren

Die meisten Eigenschaften der Elemente hängen von den äußeren Elektronen ab. Sie ändern sich daher mit zunehmender Ordnungszahl periodisch. Zwei wichtige Beispiele dafür sind die Ionisierungsenergie und die Elektronenaffinität.

Eigenschaften, die von den inneren Elektronen abhängen, ändern sich nicht periodisch mit der Ordnungszahl. Als Beispiel werden die Röntgenspektren besprochen.

Ionisierungsenergie. Die Ionisierungsenergie I eines Atoms ist die Mindestenergie, die benötigt wird, um ein Elektron vollständig aus dem Atom zu entfernen. Dabei entsteht aus dem Atom ein einfach positiv geladenes Ion.

$$\text{Atom} + \text{Ionisierungsenergie} \longrightarrow \text{einfach positiv geladenes Ion} + \text{Elektron}$$

$$X + I \longrightarrow X^+ + e^-$$

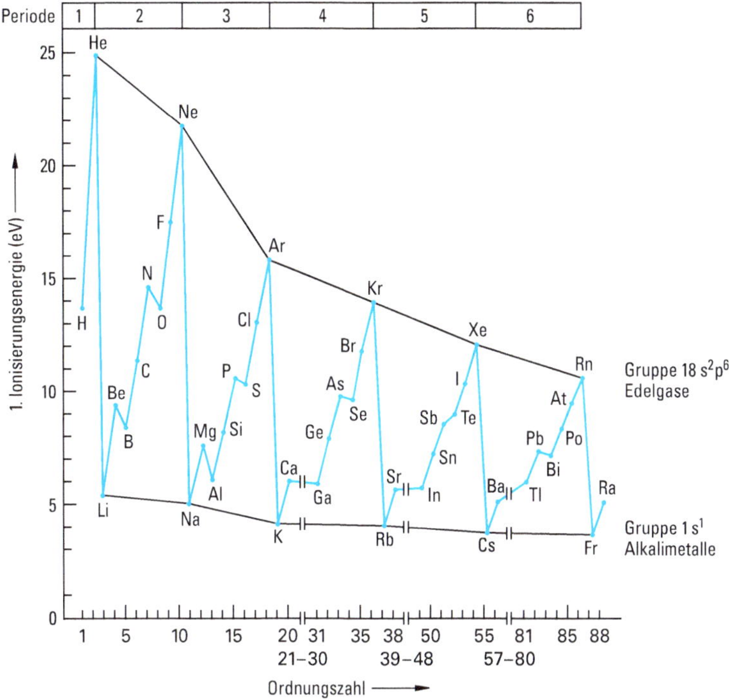

Abbildung 1.40 Ionisierungsenergie der Hauptgruppenelemente. Die Ionisierungsenergie spiegelt direkt den Aufbau der Elektronenhülle in Schalen und Unterschalen wider. Die Stabilität voll besetzter (s^2, $s^2\,p^6$) und halbbesetzter ($s^2\,p^3$) Unterschalen ist an den Ionisierungsenergien abzulesen. In jeder Periode sind bei den Edelgasen mit den Konfigurationen s^2 und $s^2\,p^6$ Maxima vorhanden. Bei Alkalimetallen mit der Konfiguration s^1, bei denen mit dem Aufbau einer neuen Schale begonnen wird, treten Minima auf.

Die Ionisierungsenergie ist ein Maß für die Festigkeit, mit der das Elektron im Atom gebunden ist.

In der Abb. 1.40 ist die Änderung der Ionisierungsenergie mit wachsender Ordnungszahl für die Hauptgruppenelemente dargestellt.

Innerhalb einer Periode nimmt I stark zu, da aufgrund der zunehmenden Kernladung die Elektronen einer Schale stärker gebunden werden. Bei den Edelgasen mit den abgeschlossenen Elektronenkonfigurationen s^2 und $s^2\,p^6$ hat I jeweils ein Maximum. Bei den auf die Edelgase folgenden Alkalimetallen sinkt I drastisch, da mit dem Aufbau einer neuen Schale begonnen wird. Die Alkalimetalle mit der Konfiguration s^1 weisen daher Minima auf.

Innerhalb einer Gruppe nimmt I mit zunehmender Ordnungszahl ab, da auf jeder neu hinzukommenden Schale die Elektronen schwächer gebunden sind.

Innerhalb einer Periode erfolgt der Anstieg von I unregelmäßig, da Atome mit gefüllten oder halb gefüllten Unterschalen eine erhöhte Stabilität besitzen.

Beispiele:

Berylliumatome haben eine höhere Ionisierungsenergie als Boratome.

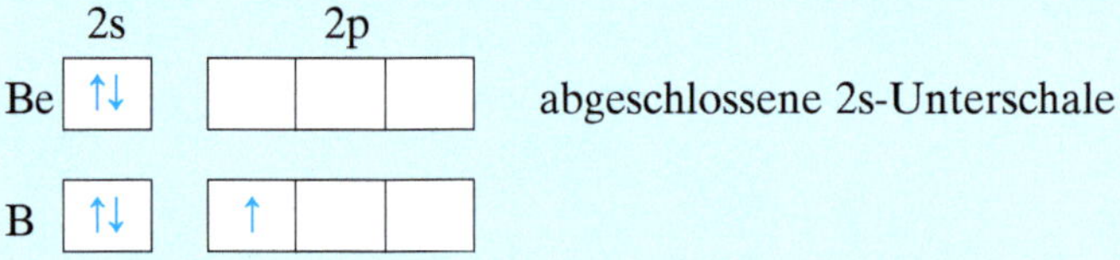

	2s	2p			
Be	↑↓				abgeschlossene 2s-Unterschale
B	↑↓	↑			

Stickstoffatome haben eine höhere Ionisierungsenergie als Sauerstoffatome.

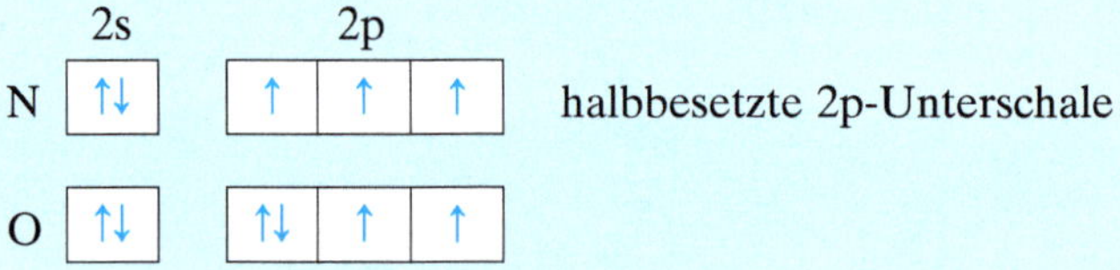

	2s	2p			
N	↑↓	↑	↑	↑	halbbesetzte 2p-Unterschale
O	↑↓	↑↓	↑	↑	

Die Ionisierungsenergien spiegeln die Strukturierung der Elektronenhülle in Schalen und Unterschalen und auch die erhöhte Stabilität halbbesetzter Unterschalen unmittelbar wider.

Bei Atomen mit mehreren Elektronen sind weitere Ionisierungen möglich. Man nennt die Energie, die erforderlich ist, das erste Elektron abzuspalten 1. Ionisierungsenergie I_1, die Energie, die aufgewendet werden muss, das zweite Elektron abzuspalten 2. Ionisierungsenergie I_2 usw. In Tab. 1.11 sind Werte der Ionisierungsenergien für die ersten 13 Elemente angegeben. Auch bei den positiven Ionen zeigt sich die außerordentlich große Stabilität von edelgasartigen Ionen mit den Konfigurationen $1s^2$ oder $2s^2 2p^6$. Na-Atome sind leicht zu Na^+-Ionen zu ionisieren ($Na \longrightarrow Na^+ + e^-$, $I_1 = 5{,}1$ eV). Bei der Entfernung des zweiten Elektrons aus der Elektronenhülle mit Neonkonfiguration ($Na^+ \longrightarrow Na^{2+} + e^-$, $I_2 = 47{,}3$ eV) steigt die Ionisierungsenergie sprunghaft an. Ganz entsprechend erfolgt bei Mg-Atomen ein sprunghafter Anstieg bei der 3. Ionisierungsenergie und bei Al-Atomen bei der 4. Ionisierungsenergie.

Elektronenaffinität. Die Elektronenaffinität E_{ea} eines Atoms ist die Energie, die frei wird (negative E_{ea}-Werte) oder benötigt wird (positive E_{ea}-Werte), wenn an ein Atom ein Elektron unter Bildung eines negativ geladenen Ions angelagert wird.

$$\text{Atom} + \text{Elektron} \longrightarrow \text{einfach negativ geladenes Ion} + \text{Elektronenaffinität}$$
$$Y + e^- \longrightarrow Y^- + E_{ea}$$

Da es schwierig ist, E_{ea}-Werte experimentell zu bestimmen, sind nicht von allen Atomen Werte bekannt, und ihre Zuverlässigkeit und Genauigkeit sind sehr unterschiedlich. In der Tab. 1.12 sind die bekannten Werte für die Hauptgruppenelemente zusammengestellt.

Tabelle 1.11 Ionisierungsenergien I der ersten 13 Elemente in eV

Z	Element	I_1	I_2	I_3	I_4	I_5	I_6	I_7	I_8	I_9	I_{10}
1	H	13,6									
2	He	24,5	54,4								
3	Li	5,4	75,6	122,4							
4	Be	9,3	18,2	153,9	217,7						
5	B	8,3	25,1	37,9	259,3	340,1					
6	C	11,3	24,4	47,9	64,5	392,0	489,8				
7	N	14,5	29,6	47,4	77,5	97,9	551,9	666,8			
8	O	13,6	35,1	54,9	77,4	113,9	138,1	739,1	871,1		
9	F	17,4	35,0	62,6	87,1	114,2	157,1	185,1	953,6	1100,0	
10	Ne	21,6	41,1	63,5	97,0	126,3	157,9	207,0	238,0	1190,0	1350,0
11	Na	5,1	47,3	71,6	98,9	138,4	172,1	208,4	264,1	299,9	1460,0
12	Mg	7,6	15,0	80,1	109,3	141,2	186,5	224,9	266,0	328,2	367,0
13	Al	6,0	18,8	28,4	120,0	153,8	190,4	241,4	284,5	331,6	399,2

Bei jedem Element erfolgt rechts von der Treppenkurve eine sprunghafte Erhöhung von I. Diese Ionisierungsenergien geben die Abspaltung eines Elektrons aus einer Edelgaskonfiguration an. (z. B. $Mg^{2+} \longrightarrow Mg^{3+} + e^-$). Blau gedruckte I-Werte sind Ionisierungsenergien des jeweils letzten Elektrons eines Atoms. Diese Werte zeigen keine Periodizität mehr, sie sind proportional $Z^2\, I_1(\mathrm{H})$ ($I_2(\mathrm{He}) = 4I_1(\mathrm{H})$; $I_{10}(\mathrm{Ne}) = 100I_1(\mathrm{H})$).

Auch in den E_{ea}-Werten kommt die Struktur der Elektronenhülle mit stabilen Konfigurationen zum Ausdruck. Die Werte der Tab. 1.12 zeigen, dass bei den Elementen der Gruppen 1, 14 und 17 Minima der E_{ea}-Werte auftreten. Die Elektronenanlagerung ist also dann begünstigt, wenn dadurch die Konfigurationen s^2 oder s^2p^3 (voll oder halb besetzte Unterschale) und s^2p^6 (Edelgaskonfiguration) entstehen. Die hohen Werte der Halogene zeigen die starke Tendenz zur Anlagerung des 8. Valenzelektrons und somit zur Ausbildung der stabilen Edelgaskonfiguration. Die positiven Elektronenaffinitäten der Erdalkalimetalle und der Edelgase zeigen das Widerstreben, die energetisch günstige s^2- und s^2p^6-Konfiguration um ein zusätzliches Elektron zu erweitern. Bei den Nichtmetallen haben die Elemente der 2. Achterperiode (Si, P, S, Cl) eine höhere (negative) Elektronenaffinität als die der 1. Achterperiode (C, N, O, F).

Röntgenspektren. Treffen Elektronen sehr hoher Energie (Kathodenstrahlen) auf eine Metallplatte, so erzeugen sie Röntgenstrahlen. Röntgenstrahlen sind elektromagnetische Wellen sehr kurzer Wellenlänge (10^{-12}–10^{-9} m) (Abb. 1.17). Wenn man die Röntgenstrahlung spektral zerlegt, erhält man ein Linienspektrum, das im Gegensatz zu den Spektren des sichtbaren Bereichs aus nur wenigen Linien besteht.

Tabelle 1.12 Elektronenaffinitäten E_{ea} einiger Elemente in eV

H −0,75							He >0
Li −0,62	Be +0,19	B −0,28	C −1,26	N +0,07	O −1,46 (+8,1)	F −3,40	Ne +0,30
Na −0,55	Mg +0,29	Al −0,44	Si −1,38	P −0,75	S −2,08 (+6,1)	Cl −3,62	Ar +0,36
K −0,50	Ca +1,93	Ga −0,3	Ge −1,2	As −0,81	Se −2,02	Br −3,26	Kr +0,40
Rb −0,49	Sr +1,51	In −0,3	Sn −1,2	Sb −1,07	Te −1,97	I −3,06	Xe +0,42
Cs −0,47	Ba +0,48	Tl −0,2	Pb −0,36	Bi −0,95			Rn +0,42

Negative Zahlenwerte bedeuten, dass bei der Reaktion $Y + e^- \rightarrow Y^-$ Energie abgegeben wird. Es muss jedoch darauf hingewiesen werden, dass die Vorzeichengebung nicht einheitlich erfolgt. Eingeklammerte Zahlenwerte sind die Elektronenaffinitäten der Reaktion $Y^- + e^- \rightarrow Y^{2-}$. Zur Anlagerung eines zweiten Elektrons ist immer Energie erforderlich.

Die Entstehung des Röntgenspektrums zeigt Abb. 1.41. Die energiereichen Kathodenstrahlen schleudern aus inneren Schalen der beschossenen Atome Elektronen heraus. In die entstandenen Lücken springen Elektronen aus weiter außen liegenden Schalen unter Abgabe von Photonen. Da die inneren Elektronen sehr fest gebunden sind, ist bei den Elektronenübergängen die frei werdende Energie groß, und nach der Planck'schen Beziehung $E = hc\frac{1}{\lambda}$ besitzt die emittierte Strahlung daher eine kleine Wellenlänge.

Moseley erkannte bereits 1913, dass die reziproke Wellenlänge der K_α-Röntgenlinie aller Elemente dem Quadrat der um eins verminderten Kernladungszahl Z proportional ist.

$$\frac{1}{\lambda} = \frac{3}{4} R_\infty (Z-1)^2$$

R_∞ ist die Rydberg-Konstante für den Grenzfall einer unendlich großen Atomkernmasse (vgl. Abschn. 1.4.2). Aus den Röntgenspektren der Elemente können daher ihre Ordnungszahlen bestimmt werden.

Wirkt auf ein Elektron eine positive Kernladung $Z \cdot e$, so erhält man bei der Ableitung der Energiezustände statt Gl. (1.19)

$$E = -\frac{Z^2 m e^4}{8 \varepsilon_0^2 h^2} \frac{1}{n^2}$$

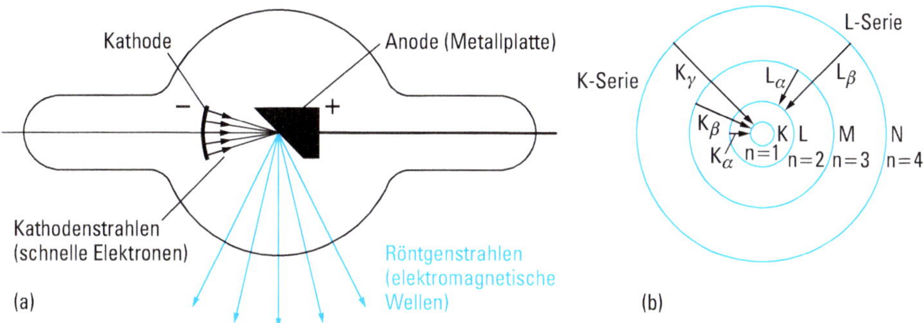

Abbildung 1.41 Entstehung von Röntgenstrahlen.
a) Wenn schnelle Elektronen (Kathodenstrahlen) auf eine Metallplatte treffen, so erzeugen sie Röntgenstrahlen. Die Röntgenstrahlung besteht aus Linien, deren Wellenlängen für das Metall, aus der die Anode besteht, charakteristisch sind.
b) Die Kathodenstrahlen schleudern aus den inneren Schalen der Metallanode Elektronen heraus. In die Lücken springen Elektronen der äußeren Schalen unter Abgabe von Photonen. Es entsteht eine Serie von Linien. Die intensivste Linie ist die K_α-Linie.

und statt Gl. (1.25)

$$\frac{1}{\lambda} = Z^2 R_\infty \left(\frac{1}{n_1^2} - \frac{1}{n_2^2}\right)$$

Für den Übergang eines Elektrons von der L-Schale auf die leere K-Schale folgt daraus

$$\frac{1}{\lambda} = \frac{3}{4} R_\infty Z^2$$

Wenn die K-Schale aber mit einem Elektron besetzt ist, ist nur die abgeschirmte Kernladung $(Z - 1)\,e$ wirksam, man erhält das Moseley-Gesetz.

Im Moseley-Gesetz kommt zum Ausdruck, dass sich im Gegensatz zu den äußeren Elektronen die Energie der inneren Elektronen nicht periodisch mit Z ändert. Die Ionisierungsenergien der Tab. 1.11 zeigen, dass die Energie des innersten Elektrons sich proportional mit Z^2 ändert.

2 Die chemische Bindung

Die Bindungskräfte, die zur Bildung chemischer Verbindungen führen, sind unterschiedlicher Natur. Es werden daher verschiedene Grenztypen der drei starken chemischen Bindungen unterschieden. Dies sind

- die Ionenbindung,
- die Atombindung,
- die metallische Bindung.

Wir werden aber sehen, dass zwischen diesen Idealtypen fließende Übergänge existieren.

Außerdem wird noch die schwächere Wasserstoff-Brückenbindung und die van-der-Waals-Wechselwirkung besprochen.

2.1 Die Ionenbindung

Für diesen Bindungstyp ist auch die Bezeichnung heteropolare Bindung üblich.

2.1.1 Allgemeines, Ionenkristalle

Ionenverbindungen entstehen durch Vereinigung von ausgeprägt metallischen Elementen mit ausgeprägt nichtmetallischen Elementen, also aus Elementen, die im PSE links stehen (Alkalimetalle, Erdalkalimetalle) mit Elementen, die im PSE rechts stehen (Halogene, Sauerstoff).

Als typisches Beispiel einer Ionenverbindung soll Natriumchlorid NaCl besprochen werden.

Bei der Reaktion von Natrium mit Chlor werden von den Na-Atomen, die die Elektronenkonfiguration $1s^2\ 2s^2\ 2p^6\ 3s^1$ besitzen, die 3s-Elektronen abgegeben. Dadurch entstehen die einfach positiv geladenen Ionen Na^+. Diese Ionen haben die Elektronenkonfiguration des Edelgases Neon $1s^2\ 2s^2\ 2p^6$. Man sagt, sie haben Neonkonfiguration. Die Cl-Atome nehmen die abgegebenen Elektronen unter Bildung der einfach negativ geladenen Ionen Cl^- auf. Aus einem Cl-Atom mit der Elektronenkonfiguration $1s^2\ 2s^2\ 2p^6\ 3s^2\ 3p^5$ entsteht durch Elektronenaufnahme ein Cl^--Ion mit der Argonkonfiguration $1s^2\ 2s^2\ 2p^6\ 3s^2\ 3p^6$. Stellt man die Elektronen der äußersten Schale als Punkte dar, lässt sich dieser Vorgang folgendermaßen formulieren:

$$Na^{\cdot} + \cdot\ddot{\underset{\cdot\cdot}{Cl}}: \rightarrow Na^+ + :\ddot{\underset{\cdot\cdot}{Cl}}:^-$$

https://doi.org/10.1515/9783110694444-002

Durch Elektronenübergang vom Metallatom zum Nichtmetallatom entstehen aus den neutralen Atomen elektrisch geladene Teilchen, Ionen. Die positiv geladenen Ionen bezeichnet man als Kationen, die negativ geladenen als Anionen.

Wegen der veränderten Elektronenkonfiguration zeigen die Ionen gegenüber den neutralen Atomen völlig veränderte Eigenschaften. Cl- und Na-Atome sind chemisch aggressive Teilchen. Die Ionen Na^+ und Cl^- sind harmlose, reaktionsträge Teilchen. Die chemische Reaktionsfähigkeit wird durch die Elektronenkonfiguration bestimmt. Teilchen mit der abgeschlossenen Elektronenkonfiguration der Edelgase sind chemisch reaktionsträge. Dies gilt nicht nur für die Edelgasatome selbst, sondern auch für Ionen mit Edelgaskonfiguration.

Kationen und Anionen ziehen sich aufgrund ihrer entgegengesetzten elektrischen Ladung an. Die Anziehungskraft wird durch das Coulomb'sche Gesetz (vgl. Abschn. 1.4.1) beschrieben. Es lautet für ein Ionenpaar

$$F = \frac{1}{4\pi\varepsilon_0} \cdot \frac{z_K e \, z_A e}{r^2} \tag{2.1}$$

Es bedeuten: z_K und z_A Ladungszahl des Kations bzw. Anions, e Elementarladung, ε_0 elektrische Feldkonstante, r Abstand der Ionen.

Die Anziehungskraft F ist proportional dem Produkt der Ionenladungen $z_K e$ und $z_A e$. Sie ist umgekehrt proportional dem Quadrat des Abstandes r der Ionen.

Die elektrostatische Anziehungskraft ist ungerichtet, das bedeutet, dass sie in allen Raumrichtungen wirksam ist. Daher umgeben sich die positiven Na^+-Ionen symmetrisch mit möglichst vielen negativen Cl^--Ionen und die negativen Cl^--Ionen mit positiven Na^+-Ionen (vgl. Abb. 2.1). Aus den Elementen Natrium und Chlor bildet

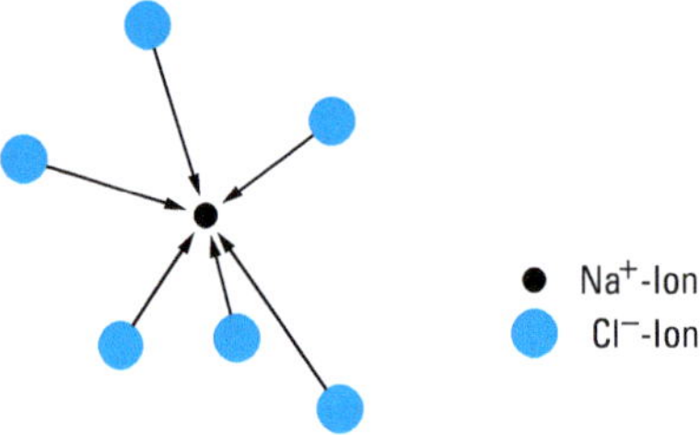

Abbildung 2.1 Da das elektrische Feld des Na^+-Ions in jeder Raumrichtung wirkt, ist zwischen dem positiven Na^+-Ion und allen Cl^--Ionen eine Anziehungskraft wirksam. An das Na^+-Ion lagern sich daher so viele negative Cl^--Ionen an wie gerade Platz haben.

sich daher nicht eine Verbindung, die aus Na^+Cl^--Ionenpaaren besteht, sondern es entsteht ein Ionenkristall, in dem die Ionen eine regelmäßige dreidimensionale Anordnung, eine Kristallstruktur bilden. Abb. 2.2 zeigt die Anordnung der Na^+- und Cl^--Ionen im NaCl-Kristall. Jedes Na^+-Ion ist von sechs Cl^--Ionen und jedes Cl^--Ion von sechs Na^+-Ionen in oktaedrischer Anordnung umgeben. Charakteristisch für verschiedene Kristallstruktur-Typen ist die Koordinationszahl KZ. Sie gibt die Anzahl der nächsten Nachbarn eines Ions oder Atoms an. Im NaCl-Kristall ha-

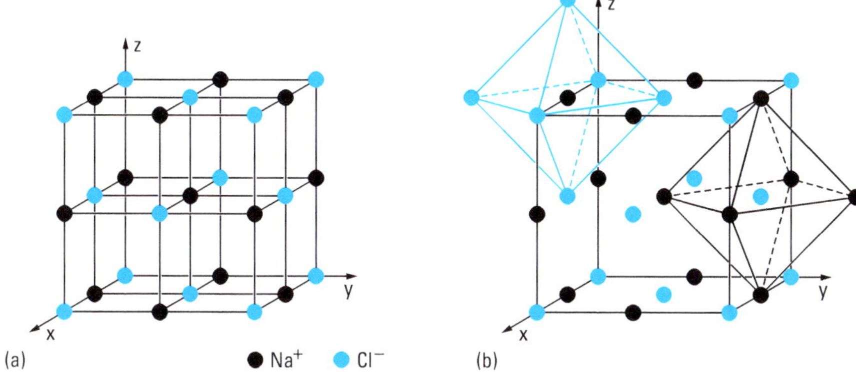

Abbildung 2.2 a) Kristallstruktur des NaCl-Ionenkristalls (Natriumchlorid-Typ). In den drei Raumrichtungen existiert die gleiche periodische Folge von Na^+- und Cl^--Ionen. Damit die Struktur des Gitters besser sichtbar wird, sind die Ionen nicht maßstabgetreu, sondern nur als kleine Kugeln dargestellt.
b) In der NaCl-Struktur hat jedes Na^+-Ion sechs Cl^--Ionen als Nachbarn, die ein Oktaeder bilden. Jedes Cl^--Ion ist von sechs Na^+-Ionen in oktaedrischer Anordnung umgeben. Für beide Ionensorten ist also die Koordinationszahl KZ = 6. Jedes Ion ist daher gleich stark an sechs Nachbarn gebunden.

ben beide Ionensorten die Koordinationszahl 6 und alle Nachbarn sind gleich weit entfernt.

Kationen und Anionen nähern sich einander im Ionenkristall nur bis zu einer bestimmten Entfernung. Zwischen den Ionen müssen daher auch Abstoßungskräfte existieren. Diese Abstoßungskräfte kommen durch die gegenseitige Abstoßung der Elektronenhüllen der Ionen zustande. Bei größerer Entfernung der Ionen wirken im Wesentlichen nur die Anziehungskräfte. Bei dichter Annäherung der Ionen beginnen Abstoßungskräfte wirksam zu werden, die mit weiterer Annäherung der Ionen wesentlich stärker werden als die Anziehungskräfte. Die Ionen nähern sich deshalb im Kristall bis zu einem Gleichgewichtsabstand, bei dem die Coulomb'schen Anziehungskräfte gerade gleich den Abstoßungskräften der Elektronenhüllen sind (vgl. Abb. 2.21). Die Ionen verhalten sich in einem Ionenkristall daher in erster Näherung wie starre Kugeln mit einem charakteristischen Radius (vgl. Abb. 2.3). Die Elektronenhüllen der Ionen durchdringen sich nicht, die Elektronendichte sinkt zwischen den Ionen fast auf Null (vgl. Abb. 2.4).

Ionenverbindungen bestehen also nicht aus einzelnen Molekülen, sondern sind aus Ionen aufgebaute Kristalle, in denen zwischen einem Ion und allen seinen entgegengesetzt geladenen Nachbarionen starke Bindungskräfte vorhanden sind. Ein Ionenkristall kann nur insgesamt als „Riesenmolekül" aufgefasst werden. Ionenverbindungen sind daher Festkörper mit hohen Schmelzpunkten (vgl. Tab. 2.8).

Da in Ionenkristallen die Ionen nur wenig beweglich sind, sind Ionenverbindungen meist schlechte Ionenleiter. Schmelzen von Ionenkristallen leiten dagegen den

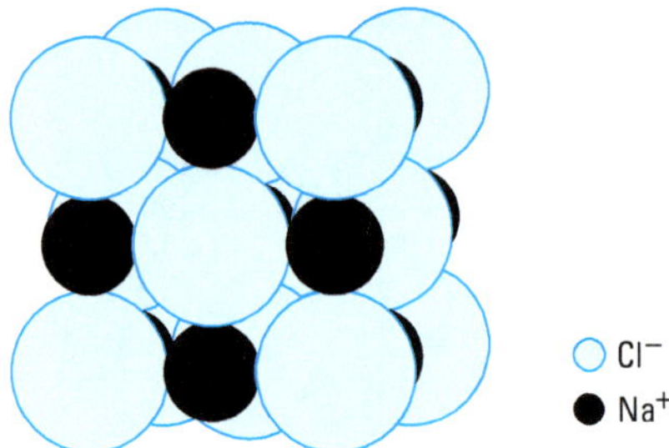

Abbildung 2.3 Darstellung des NaCl-Kristalls mit den Cl^-- und Na^+-Ionen als Kugeln, maßstäblich richtig. Die Na^+-Ionen haben einen Radius von 102 pm, die Cl^--Ionen von 181 pm.

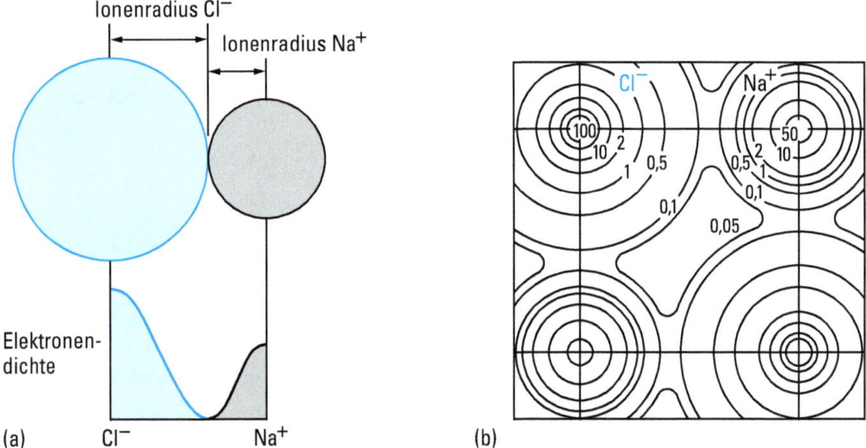

Abbildung 2.4 a) Schematischer Verlauf der Elektronendichte bei der Ionenbindung. Die Na^+- und Cl^--Ionen in der NaCl-Struktur berühren sich, die Elektronenhüllen durchdringen sich nicht. Die Elektronendichte sinkt daher an der Berührungsstelle der Ionen auf annähernd null. b) Röntgenographisch bestimmte Elektronendichten in einem NaCl-Kristall. Die Linien verbinden Stellen gleicher Elektronendichte (die Zahlen bedeuten Elektronen/10^{-30} m^3). Sie nimmt mit der Entfernung vom Atomkern rasch ab. Auf der Verbindungslinie zwischen Na^+- und Cl^--Ionen nimmt sie auf nahezu null ab. Integriert man die Elektronendichte in den dadurch abgegrenzten kugelförmigen Ionenvolumina, erhält man für Na^+ 10,05, für Cl^- 17,70 Elektronen. Dies beweist den Aufbau des Kristalls aus Ionen. Die fehlenden 0,25 Elektronen befinden sich in Zwischenräumen außerhalb der Kugeln.

elektrischen Strom, da auch in der Schmelze Ionen vorhanden sind, die gut beweglich sind. Wenn sich Ionenkristalle in polaren Lösemitteln wie Wasser lösen, bleiben die Ionen erhalten. Da die Ionen frei beweglich sind, leiten solche Lösungen den elektrischen Strom (vgl. Abschn. 3.7.2).

In Ionenkristallen haben die meisten Ionen, die von den Elementen der Hauptgruppen gebildet werden, Edelgaskonfiguration. Ausnahmen sind Sn^{2+} und Pb^{2+}. Für die edelgasartigen Ionen besteht zwischen der Ionenladungszahl und der Stellung im Periodensystem ein einfacher Zusammenhang, der in Tab. 2.1 dargestellt ist.

Tabelle 2.1 Ionen mit Edelgaskonfiguration

Hauptgruppe		Ionenladungszahl	Beispiele
I	Alkalimetalle	+1	Li^+, Na^+, K^+
II	Erdalkalimetalle	+2	Be^{2+}, Mg^{2+}, Ca^{2+}, Ba^{2+}
III	Erdmetalle	+3	Al^{3+}
VI	Chalkogene	−2	O^{2-}, S^{2-}
VII	Halogene	−1	F^-, Cl^-, Br^-, I^-

Die Bildung von Ionen mit Edelgaskonfiguration ist aufgrund der Ionisierungsenergien (vgl. Tab. 1.11) und Elektronenaffinitäten (vgl. Tab. 1.12) plausibel. Die Metallatome geben ihre Valenzelektronen relativ leicht ab, ein weiteres Elektron lässt sich aus Kationen mit Edelgaskonfiguration aber nur unter Aufbringung einer extrem hohen Ionisierungsenergie entfernen. Es gibt daher keine Ionenverbindungen mit Na^{2+}- oder Mg^{3+}-Ionen. Bei der Anlagerung eines Elektrons an ein Halogenatom wird Energie frei. Die Anlagerung von Elektronen an edelgasartige Anionen ist nur unter erheblichem Energieaufwand möglich, daher treten in Ionenverbindungen keine Cl^{2-}- oder O^{3-}-Ionen auf.

Es wird nun auch klar, warum Ionenverbindungen durch Reaktion von Metallen mit ausgeprägten Nichtmetallen entstehen. Der Elektronenübergang von einem Reaktionspartner zum anderen ist begünstigt, wenn der eine Partner eine kleine Ionisierungsenergie, der andere eine große Elektronenaffinität besitzt. Die Alkalimetallhalogenide sind dementsprechend auch die typischsten Ionenverbindungen.

2.1.2 Ionenradien

Man kann die Ionen in Ionenkristallen in erster Näherung als starre Kugeln betrachten. Ein bestimmtes Ion hat in verschiedenen Ionenverbindungen auch bei gleicher Koordinationszahl zwar nicht eine genau konstante Größe, aber die Größen stimmen doch so weit überein, dass man jeder Ionensorte einen individuellen Radius zuordnen kann. Die Ionenradien können aus den Abständen, die zwischen den Ionen in Kristallstrukturen auftreten, ermittelt werden. Man erhält zunächst, wie in Abb. 2.5 dargestellt ist, aus den Kationen-Anionen-Abständen für verschiedene Ionenkombinationen die Radiensummen von Kation und Anion $r_A + r_K$. Zur Ermittlung der Radien selbst muss der Radius wenigstens eines Ions unabhängig bestimmt werden. Pauling hat den Radius des O^{2-}-Ions theoretisch zu 140 pm berechnet. Die in Tab. 2.2 angegebenen Ionenradien basieren auf diesem Wert. Die Radien gelten für die Koordinationszahl 6. Ein weniger gebräuchlicher Radiensatz basiert auf einem O^{2-}-Radius

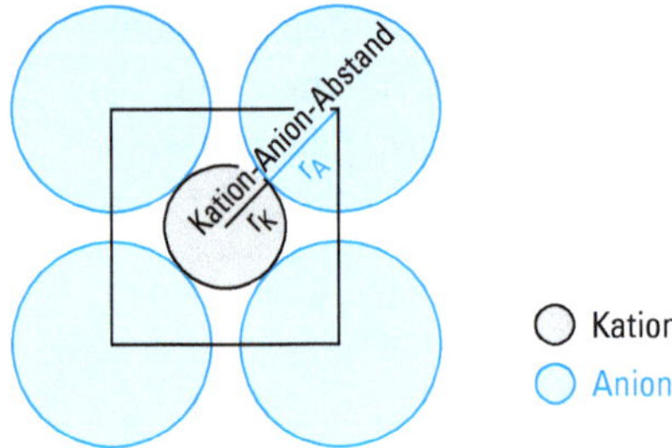

Abbildung 2.5 Das Kation ist oktaedrisch von Anionen umgeben. Dargestellt sind die vier Nachbarn in einer Ebene. Kation und Anionen berühren sich. Aus dem Abstand Kation-Anion im Gitter erhält man die Radiensumme von Kation und Anion $r_K + r_A$.

von 126 pm, der aus röntgenographisch bestimmten Elektronendichteverteilungen abgeleitet wurde. Es ist also schwierig, absolute Radien zu bestimmen.

Für andere Koordinationszahlen ändern sich die Ionenradien. Mit wachsender Zahl benachbarter Ionen vergrößern sich die Abstoßungskräfte zwischen den Elektronenhüllen der Ionen, der Gleichgewichtsabstand wächst. Aus den bei verschiedenen Koordinationszahlen experimentell bestimmten Ionenradien ergibt sich, dass die relativen Änderungen für die einzelnen Ionen individuelle Größen sind und sich nur in erster Näherung eine mittlere Änderung angeben lässt (vgl. Fußnote der Tab. 2.2). Dafür erhält man die folgende Abhängigkeit.

KZ	8	6	4
r	1,1	1,0	0,8

Bei den Koordinationszahlen 8, 6 und 4 verhalten sich die Radien für ein und dasselbe Ion annähernd wie 1,1 : 1 : 0,8. Das heißt also, dass das Bild von den starren Kugeln für isoliert betrachtete Ionen nicht gilt, sondern dass sich die Ionenradien aus dem Gleichgewichtsabstand in einem bestimmten Kristall ergeben. In verschiedenen Verbindungen verhält sich ein bestimmtes Ion nur dann wie eine starre Kugel mit annähernd konstantem Radius, wenn die Anzahl seiner nächsten Nachbarn, die Koordinationszahl, gleich ist.

Für die Ionenradien gelten folgende Regeln:

Kationen sind kleiner als Anionen. Ausnahmen sind die großen Kationen K^+, Rb^+, Cs^+, NH_4^+, Ba^{2+}. Sie sind größer als das kleinste Anion F^-.

In den Hauptgruppen des PSE nimmt der Ionenradius mit steigender Ordnungszahl zu:

$$Be^{2+} < Mg^{2+} < Ca^{2+} < Sr^{2+} < Ba^{2+}$$
$$F^- < Cl^- < Br^- < I^-$$

Der Grund dafür ist der Aufbau neuer Schalen.

Tabelle 2.2 Ionenradien in pm
(Ionenradien werden häufig auch in der Einheit Ångström angegeben;
1 Å = 10^{-10} m = 100 pm)

H^-	154	Be^{2+}	45	Al^{3+}	54	Si^{4+}	40
F^-	133	Mg^{2+}	72	Ga^{3+}	62	Sn^{4+}	69
Cl^-	181	Ca^{2+}	100	Tl^{3+}	89	Pb^{4+}	78
Br^-	196	Sr^{2+}	118	Bi^{3+}	103	Ti^{4+}	61
I^-	220	Ba^{2+}	135	Sc^{3+}	75	V^{4+}	58
O^{2-}	140	Sn^{2+}	93	Ti^{3+}	67	Mn^{4+}	53
S^{2-}	184	Pb^{2+}	119	V^{3+}	64	Zr^{4+}	72
N^{3-}	171	Ti^{2+}	86	Cr^{3+}	62	Pd^{4+}	62
Li^+	76	V^{2+}	79	Mn^{3+}	65	Hf^{4+}	71
Na^+	102	Cr^{2+}	80	Fe^{3+}	65	W^{4+}	66
K^+	138	Mn^{2+}	83	Co^{3+}	61	Pt^{4+}	63
Rb^+	152	Fe^{2+}	78	Ni^{3+}	60	Ce^{4+}	87
Cs^+	167	Co^{2+}	75	Rh^{3+}	67	U^{4+}	89
NH_4^+	143	Ni^{2+}	69	La^{3+}	103	V^{5+}	54
Tl^+	150	Cu^{2+}	73	Au^{3+}*	85	Nb^{5+}	64
Cu^+	77	Zn^{2+}	74	Ce^{3+}	101	Ta^{5+}	64
Ag^+	115	Pd^{2+}*	86	Gd^{3+}	94	Cr^{6+}	44
Au^+	137	Cd^{2+}	95	Lu^{3+}	86	Mo^{6+}	59
		Pt^{2+}*	80	V^{3+}	64	W^{6+}	60
		Hg^{2+}	102			U^{6+}	73

Die Radien gelten für die Koordinationszahl 6. Nur die mit * bezeichneten Radien sind für die quadratisch-planare Koordination angegeben.
Die Radien der Kationen sind empirische Radien, die aus Oxiden und Fluoriden ermittelt wurden. Sie entstammen dem Radiensatz von Shannon und Prewitt (Acta Crystallogr. 1976, A32, 751) Dort sind auch die Radien für andere Koordinationszahlen angegeben. Daraus wurde die oben angegebene mittlere Änderung der Radien mit der KZ ermittelt. Der Einfluss des Spinzustandes auf die Ionengröße wird im Abschn. 5.4.6 „Ligandenfeldtheorie" behandelt.

Bei Ionen mit gleicher Elektronenkonfiguration (isoelektronische Ionen) nimmt der Radius mit zunehmender Ordnungszahl ab:

$$O^{2-} > F^- > Na^+ > Mg^{2+} > Al^{3+}$$

Für die Änderung der Radien sind zwei Ursachen zu berücksichtigen. Mit wachsender Kernladung wird die Elektronenhülle stärker angezogen. Mit wachsender Ionenladung verringert sich der Gleichgewichtsabstand im Gitter, da die Anziehungskraft nach dem Coulomb'schen Gesetz mit steigender Ionenladung zunimmt. Die Radien nehmen daher bei den isoelektronischen positiven Ionen viel stärker ab als bei den isoelektronischen negativen Ionen.

Gibt es von einem Element mehrere positive Ionen, nimmt der Radius mit zunehmender Ladung ab:

$$Fe^{2+} > Fe^{3+} \qquad Pb^{2+} > Pb^{4+}$$

2.1.3 Wichtige ionische Strukturen, Radienquotientenregel

In Ionenkristallen treten die Koordinationszahlen 2, 3, 4, 6, 8 und 12 auf. Da zwischen den Ionen ungerichtete elektrostatische Kräfte wirken, bilden die Ionen jeweils Anordnungen höchster Symmetrie (vgl. dazu Abb. 2.6 und Abb. 2.7).

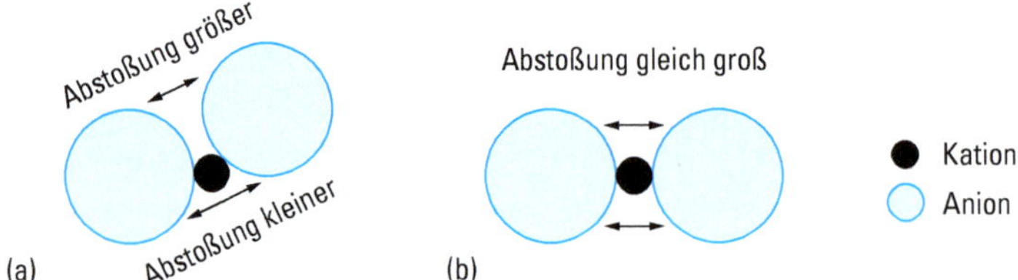

Abbildung 2.6 Die in a) dargestellte Anordnung der Ionen ist nicht stabil. Wegen der gegenseitigen Abstoßung der negativ geladenen Anionen geht a) in b) über. Die Anordnung a) ist nur bei gerichteter Bindung möglich. Entsprechend entstehen in Ionenkristallen auch bei anderen Koordinationszahlen Anordnungen höchster Symmetrie.

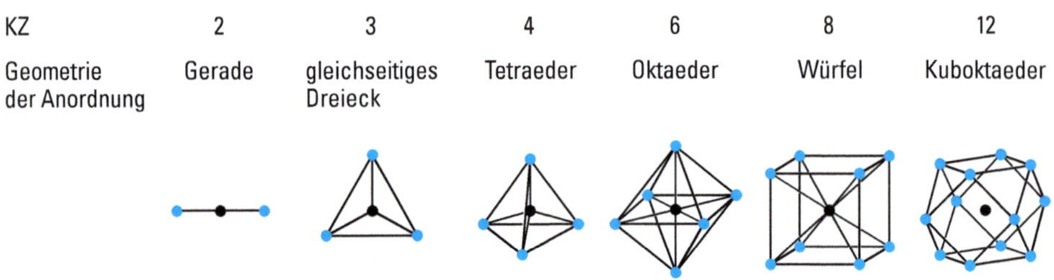

Abbildung 2.7 Koordinationszahlen und Geometrie der Anordnungen der Ionen in Ionenkristallen.

Zunächst sollen Strukturen besprochen werden, die bei Verbindungen der Zusammensetzungen AB und AB_2 auftreten. In den Abbildungen sind die Kristallstrukturen durch Elementarzellen dargestellt; diese genügen zur vollständigen Beschreibung der Kristallstruktur (Elementarzelle s. Abschn. 2.8.1.2).

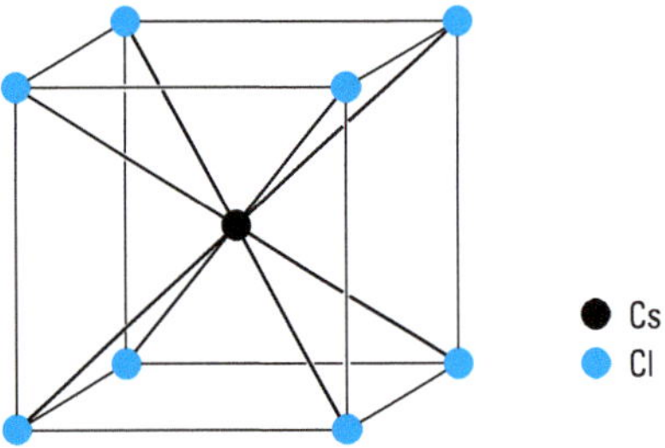

Abbildung 2.8 Caesiumchlorid-Typ (CsCl), KZ 8. Jedes Cs^+-Ion ist von acht Cl^--Ionen und jedes Cl^--Ion von acht Cs^+-Ionen in Form eines Würfels umgeben.

AB-Strukturen. Die wichtigsten AB-Strukturtypen sind die Caesiumchlorid-Struktur, die Natriumchlorid-Struktur und die Zinkblende-Struktur. Sie sind in den Abb. 2.8, 2.2 und 2.9 dargestellt. Da bei den AB-Strukturen die Anzahl der Anionen und Kationen gleich ist, haben beide Ionensorten jeweils dieselbe Koordinationszahl. Beispiele für Ionenkristalle, die in den genannten Strukturen auftreten, enthält die Tab. 2.4.

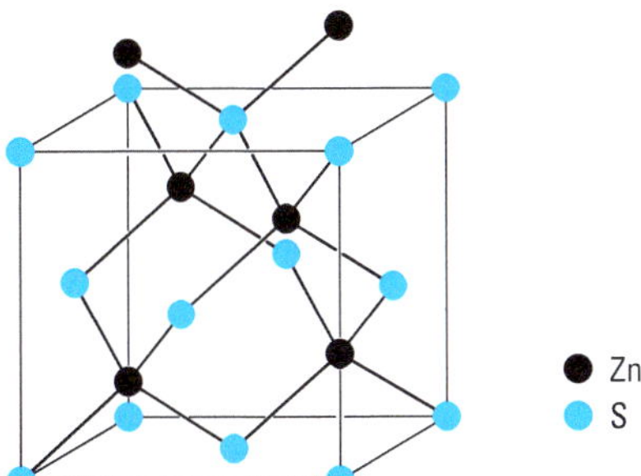

Abbildung 2.9 Zinkblende-Typ (ZnS), KZ 4. Die Zn-Atome sind von vier S-Atomen und die S-Atome von vier Zn-Atomen in Form eines Tetraeders umgeben.

AB_2-Strukturen. Die wichtigsten AB_2-Strukturtypen sind die Fluorit-Struktur, die Rutil-Struktur und die Cristobalit-Struktur. Sie sind in den Abb. 2.10, 2.11 und 2.12 dargestellt. In den AB_2-Strukturen ist das Verhältnis Anzahl der Anionen durch Anzahl der Kationen gleich zwei. Die Koordinationszahl der Anionen muss daher gerade halb so groß sein wie die der Kationen. Beispiele für die AB_2-Strukturen sind in Tab. 2.5 angegeben.

Die besprochenen Strukturen sind keineswegs auf Ionenkristalle beschränkt. Wie wir später noch sehen werden, kommen diese Strukturen auch bei vielen Verbindungen vor, in denen andere Bindungskräfte vorhanden sind.

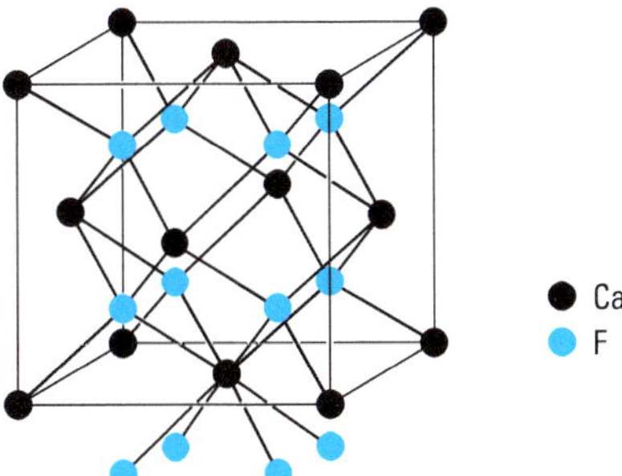

Abbildung 2.10 Fluorit-Typ (CaF_2), KZ 8:4. Die Ca^{2+}-Ionen sind würfelförmig von acht F^--Ionen umgeben, die F^--Ionen sind von vier Ca^{2+}-Ionen tetraedrisch koordiniert. Als Antifluorit-Typ bezeichnet man den A_2B-Strukturtyp, bei dem die negativen Ionen würfelförmig und die positiven Ionen tetraedrisch koordiniert sind. Beispiel Li_2O.

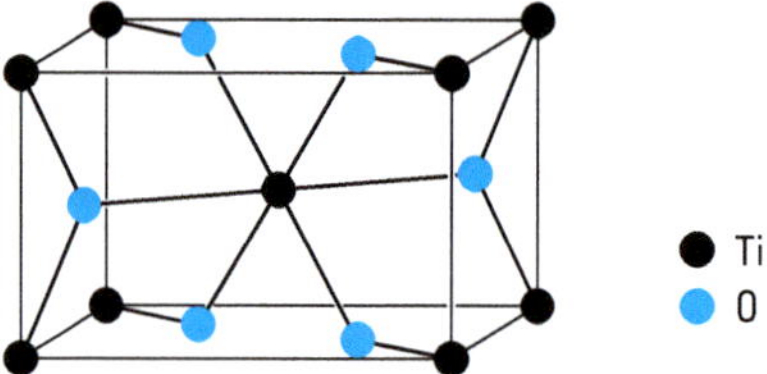

Abbildung 2.11 Rutil-Typ (TiO_2), KZ 6 : 3. Jedes Ti^{4+}-Ion ist von sechs O^{2-}-Ionen in Form eines etwas verzerrten Oktaeders umgeben, jedes O^{2-}-Ion von drei Ti^{4+}-Ionen in Form eines nahezu gleichseitigen Dreiecks.

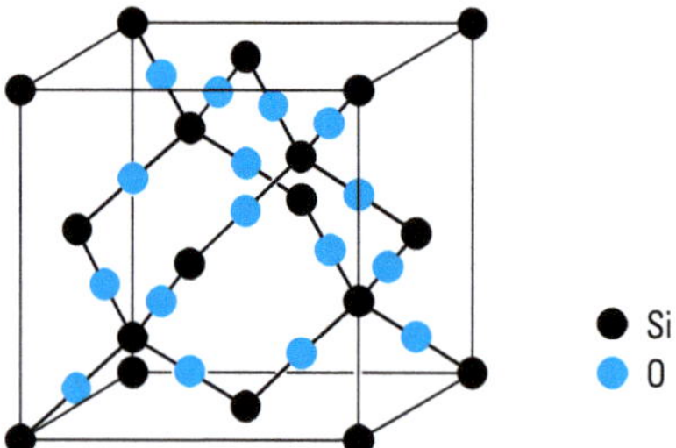

Abbildung 2.12 Cristobalit-Typ (SiO_2), KZ 4 : 2. Die Si-Atome sind tetraedrisch von vier Sauerstoffatomen umgeben, die Sauerstoffatome sind von zwei Si-Atomen linear koordiniert.

Wir wollen uns nun der Frage zuwenden, warum verschiedene AB- bzw. AB_2-Verbindungen in unterschiedlichen Strukturen vorkommen. Da die Coulomb'schen Anziehungskräfte in allen Raumrichtungen wirksam sind, werden sich um ein Ion im Gitter möglichst viele Ionen entgegengesetzter Ladung so dicht wie möglich anlagern. In der Regel sind die Kationen kleiner als die Anionen, daher sind die Koordinationsverhältnisse im Gitter meist durch die Koordinationszahl des Kations bestimmt (vgl. Abb. 2.13). Die Anzahl der Anionen, mit denen sich ein Kation umgeben kann, hängt vom Größenverhältnis der Ionen ab, nicht von ihrer Absolutgröße (vgl. Abb. 2.14). Die Koordinationszahl eines Kations hängt vom Radienquotienten r_{Kation}/r_{Anion} ab. Sind Kationen und Anionen gleich groß, können zwölf Anio-

Abbildung 2.13 Sind die Kationen kleiner als die Anionen, was meistens der Fall ist, werden die Koordinationsverhältnisse im Gitter durch die Koordinationszahl des Kations bestimmt. Bei den in der Zeichnung dargestellten Größenverhältnissen der Ionen ist die Koordinationszahl des Kations drei. An das Anion können sehr viel mehr Kationen angelagert werden, aber dann ließe sich kein symmetrisches Gitter aufbauen.

Abbildung 2.14 Die Koordinationszahl eines Kations hängt vom Größenverhältnis Kation/Anion ab, nicht von der Absolutgröße der Ionen. Ist der Radienquotient $r_K/r_A = 1$, lassen sich in einer Ebene gerade sechs Anionen um ein Kation packen.

nen um das Kation gepackt werden. Mit abnehmendem Verhältnis r_K/r_A wird die maximal mögliche Zahl der Anionen, die mit dem Kation in Berührung stehen, kleiner.

Mit Hilfe geometrischer Überlegungen lässt sich der Zusammenhang zwischen der Koordinationszahl und dem Radienquotienten berechnen. Am Beispiel der Caesiumchlorid-Struktur soll gezeigt werden, bei welchem Radienverhältnis der Übergang von der KZ 8 zur KZ 6 erfolgt. Ist das Verhältnis $r_K/r_A = 1$, berühren sich, wie Abb. 2.15a zeigt, Anionen und Kationen, aber nicht die Anionen untereinander. Sinkt r_K/r_A auf 0,732, haben sich die Anionen einander soweit genähert,

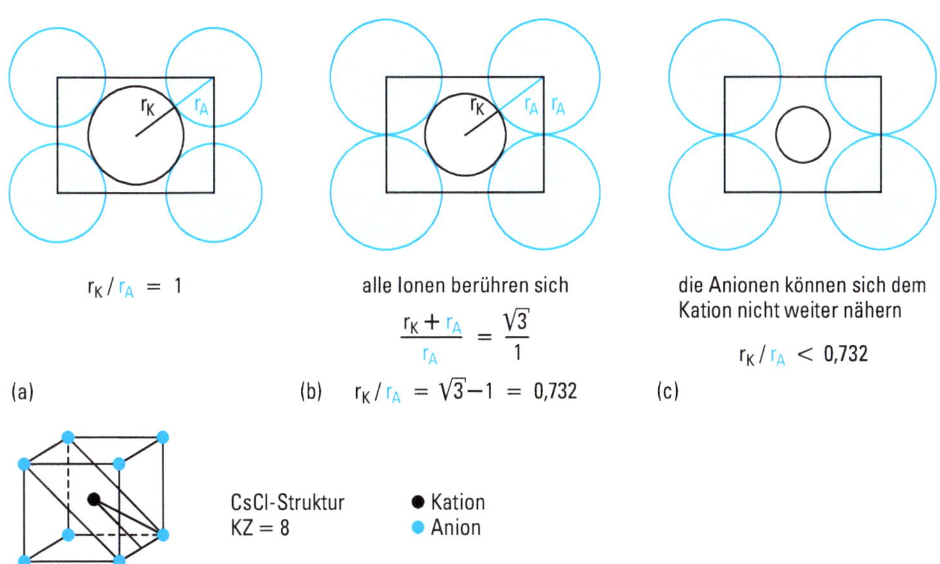

Abbildung 2.15 Stabilität der Caesiumchlorid-Struktur in Abhängigkeit vom Radienquotienten r_K/r_A.

dass sowohl Berührung der Anionen und Kationen als auch der Anionen untereinander erfolgt (Abb. 2.15b). Wird das Verhältnis $r_K/r_A < 0{,}732$, können sich nun, wie Abb. 2.15c zeigt, die Anionen den Kationen nicht mehr weiter nähern. Dies ist erst dann wieder möglich, wenn die Anionen von der würfelförmigen Anordnung mit der KZ 8 in die oktaedrische Koordination mit der KZ 6 übergehen.

Tabelle 2.3 Radienquotienten und Koordinationszahl

Koordinationszahl KZ	Koordinations-polyeder	Radienquotient r_K/r_A	Strukturtyp
4	Tetraeder	0,225 – 0,414	Zinkblende, Cristobalit
6	Oktaeder	0,414 – 0,732	Natriumchlorid, Rutil
8	Würfel	0,732 – 1	Caesiumchlorid, Fluorit

Tabelle 2.4 Radienquotienten r_K/r_A einiger AB-Ionenkristalle

Caesiumchlorid-Struktur		Natriumchlorid-Struktur				Zinkblende-Struktur	
$r_K/r_A > 0{,}73$		$r_K/r_A = (0{,}41 - 0{,}73)$				$r_K/r_A = (0{,}22 - 0{,}41)$	
CsCl	0,94	BaO	0,97	LiF	0,56	BeO[3]	0,25
CsBr	0,87	KF[2]	0,96	CaS	0,54	BeS	0,19
NH_4Cl[1]	0,83	CsF[2]	0,78	CoO	0,53		
TlCl	0,83	NaF	0,77	NaBr	0,52		
CsI	0,79	KCl	0,76	MgO	0,51		
NH_4Br[1]	0,77	CaO	0,71	NiO	0,49		
TlBr	0,77	KBr	0,71	NaI	0,47		
		KI	0,64	LiCl	0,41		
		NaH	0,66	MgS	0,39		
		SrS	0,61	LiBr	0,38		
		MnO	0,59	LiI	0,34		
		NaCl	0,56				
		VO	0,56				

[1] Die Hochtemperaturmodifikationen kristallisieren in der NaCl-Struktur.
[2] Da das Anion kleiner ist als das Kation, ist der Wert für r_A/r_K angegeben.
[3] BeO kristallisiert im Wurtzit-Typ, der dem Zinkblende-Typ eng verwandt ist. Die beiden Ionensorten sind ebenfalls tetraedrisch koordiniert (vgl. Abb. 2.58).

In Tab. 2.3 sind die Bereiche der Radienverhältnisse für die verschiedenen Koordinationszahlen angegeben. Beispiele zum Zusammenhang zwischen Strukturtyp und Radienverhältnis sind für AB-Verbindungen in Tab. 2.4 und für AB_2-Verbindungen in Tab. 2.5 zusammengestellt (siehe auch Abb. 2.22). In einigen Fällen treten Abweichungen auf. So kristallisieren z. B. einige Alkalimetallhalogenide in der Natriumchlorid-Struktur, obwohl der Radienquotient Caesiumchlorid-Struktur erwarten ließe. Die Abhängigkeit der Koordinationszahl vom Radienquotienten gilt also nicht streng. Die Ursachen werden im Abschn. 2.1.4 diskutiert.

Auf die Vielzahl weiterer Strukturen kann nur kurz eingegangen werden.

Tabelle 2.5 Radienquotienten r_K/r_A einiger AB_2-Ionenkristalle

Fluorit-Struktur		Rutil-Struktur				Cristobalit-Struktur	
$r_K/r_A > 0{,}73$		$r_K/r_A = (0{,}41-0{,}73)$				$r_K/r_A = (0{,}22-0{,}41)$	
BaF_2	1,02	MnF_2	0,62	$CaBr_2$	0,51	SiO_2	0,29
PbF_2	0,89	FeF_2	0,59	SnO_2	0,49	BeF_2	0,26
SrF_2	0,85	PbO_2	0,56	MgH_2	0,47		
$BaCl_2$	0,75	ZnF_2	0,56	WO_2	0,46		
CaF_2	0,75	CoF_2	0,56	TiO_2	0,44		
CdF_2	0,71	$CaCl_2$	0,55	VO_2	0,42		
UO_2	0,69	MgF_2	0,54	CrO_2	0,39		
$SrCl_2$	0,62	NiF_2	0,52	MnO_2	0,38		
				GeO_2	0,38		

Eine wichtige **AB_3-Struktur** ist die Aluminiumfluorid-Struktur. Sie ist in Abb. 2.16 dargestellt. Diese Struktur (bzw. eine leicht deformierte Variante) wird bei den Fluoriden AlF_3, ScF_3, FeF_3, CoF_3, RhF_3, PdF_3 sowie den Oxiden CrO_3, WO_3 und ReO_3 gefunden.

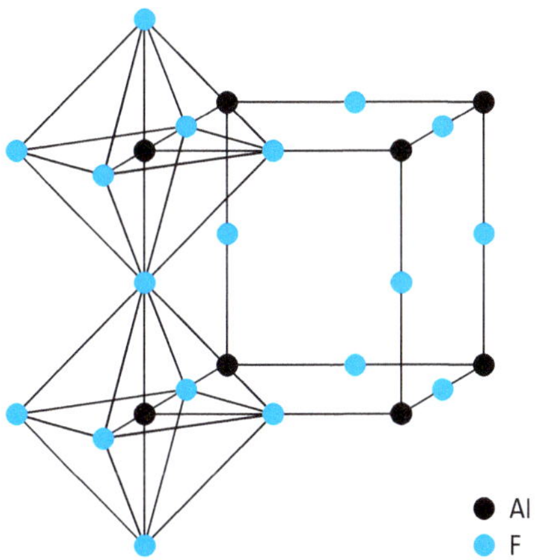

Abbildung 2.16 Idealisierter Aluminiumfluorid-Typ (AlF_3). Jedes Al^{3+}-Ion ist von sechs F^--Ionen oktaedrisch umgeben. Die AlF_6-Oktaeder sind über gemeinsame Ecken dreidimensional verknüpft. Die F^--Ionen sind linear von zwei Al^{3+}-Ionen koordiniert.

Die wichtigste **A_2B_3-Struktur** ist die Korund (α-Al_2O_3)-Struktur (Abb. 2.17). In ihr kristallisieren die Oxide Cr_2O_3, Ti_2O_3, V_2O_3, α-Fe_2O_3, α-Ga_2O_3 und Rh_2O_3.

Zwei häufig auftretende Strukturen sind die **Perowskit-Struktur** und die **Spinell-Struktur**. In beiden Strukturen treten Kationen in zwei verschiedenen Koordinationszahlen auf. Verbindungen mit Perowskit-Struktur (Abb. 2.18) haben die Zusammensetzung ABX_3. Typische Vertreter des Perowskit-Typs sind die Verbindungen

$$\overset{+1\,+2}{KMgF_3},\quad \overset{+1\,+2}{KNiF_3},\quad \overset{+1\,+5}{NaWO_3},\quad \overset{+2\,+4}{BaTiO_3},\quad \overset{+2\,+4}{CaSnO_3},\quad \overset{+3\,+3}{LaAlO_3}$$

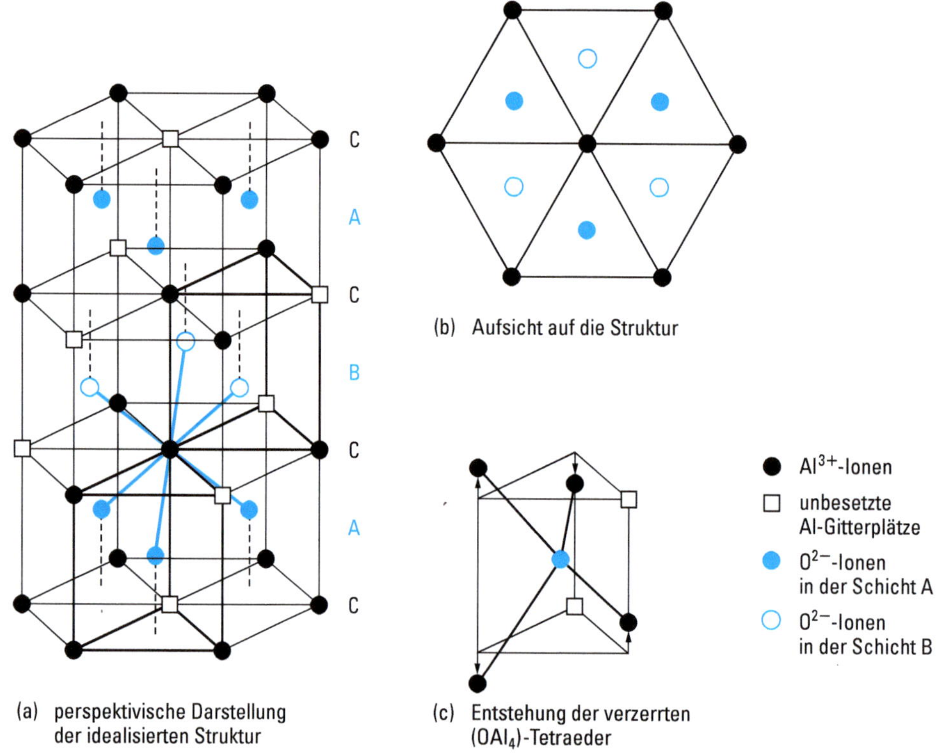

Abbildung 2.17 Korund-Typ (α-Al_2O_3) KZ 6 : 4
Die Sauerstoffionen bilden Schichten dichtester Packung, die in zwei Lagen übereinander gestapelt sind: ABAB ... (hexagonal-dichteste Kugelpackung; vgl. Abschn. 2.4.2). Zwischen je zwei Sauerstoffschichten befindet sich eine Aluminiumschicht C, in der jeder dritte Platz unbesetzt ist. Die Al^{3+}-Ionen einer Schicht bilden Sechsringe, deren Mittelpunkte unbesetzt sind. In den aufeinander folgenden Schichten sind für die Leerstellen □ die drei Lagemöglichkeiten realisiert. Die Al^{3+}-Ionen sind oktaedrisch von sechs O^{2-}-Ionen koordiniert. In der idealen Struktur hätten die O^{2-}-Ionen eine trigonal-prismatische Umgebung mit zwei unbesetzten Punktlagen. Durch die in c) dargestellte Verschiebung der Al^{3+}-Ionen wird die O^{2-}-Umgebung annähernd tetraedrisch. Die Al-Sechsringe sind dadurch gewellt.

Die Kationen können Ladungszahlen von +1 bis +5 haben, die Summe der Ladungen der A- und B-Ionen muss aber immer gleich der Summe der Ladungen der Anionen sein. Das kleinere der beiden Kationen hat die Koordinationszahl 6, das größere die Koordinationszahl 12. Ein Perowskit mit gemischtem Anionengitter ist $\overset{+2}{Ba}\overset{+3}{Sc}O_2F$.

Sind die A-Kationen nur wenig größer als die B-Kationen, dann tritt bei den Verbindungen ABX_3 die **Ilmenit-Struktur** auf, die mit der Korund-Struktur eng verwandt ist. Alle Kationen sind oktaedrisch koordiniert. Beispiele: $FeTiO_3$, $MgTiO_3$, $NiMnO_3$, $LiNbO_3$.

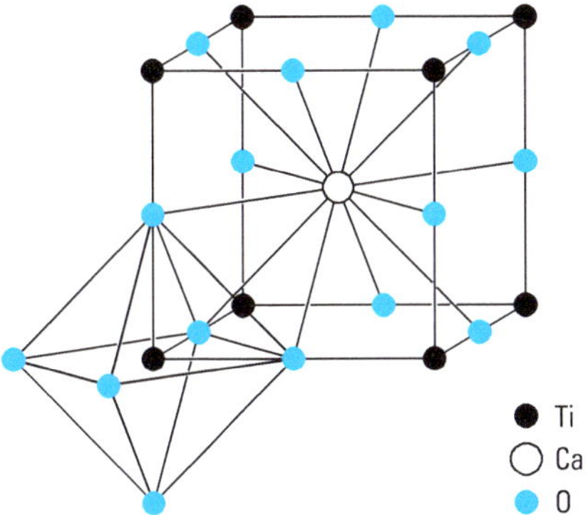

Abbildung 2.18 Perowskit-Typ ABX_3. Beispiel $CaTiO_3$. Die Ti^{4+}-Ionen sind von sechs O^{2-}-Ionen oktaedrisch koordiniert, die Ca^{2+}-Ionen von zwölf O^{2-}-Ionen in Form eines Kuboktaeders. Aus der Perowskit-Struktur entsteht die Aluminiumfluorid-Struktur (Abb. 2.16), wenn die Ca^{2+}-Plätze unbesetzt bleiben. Der Übergang zwischen beiden Strukturen ist in den Wolframbronzen realisiert (vgl. Abschn. 5.13.6.4).
In der idealen Struktur gilt für die Radien der Ionen die Beziehung $r_A + r_X = \sqrt{2}\,(r_B + r_X)$. Abweichungen davon werden durch den Toleranzfaktor t erfasst: $r_A + r_X = t\sqrt{2}\,(r_B + r_X)$. Er liegt meist zwischen 0,9 und 1,1. In den „verzerrten" Perowskiten ist die kubische Symmetrie (vgl. Abschn. 2.8.1.2) erniedrigt (tetragonal, orthorhombisch, rhomboedrisch).

Die Spinell-Struktur (Abb. 2.19) tritt bei Verbindungen der Zusammensetzung AB_2X_4 auf. In den Oxiden AB_2O_4 mit Spinell-Struktur müssen durch die Kationen acht negative Anionenladungen neutralisiert werden, was durch folgende drei Kom-

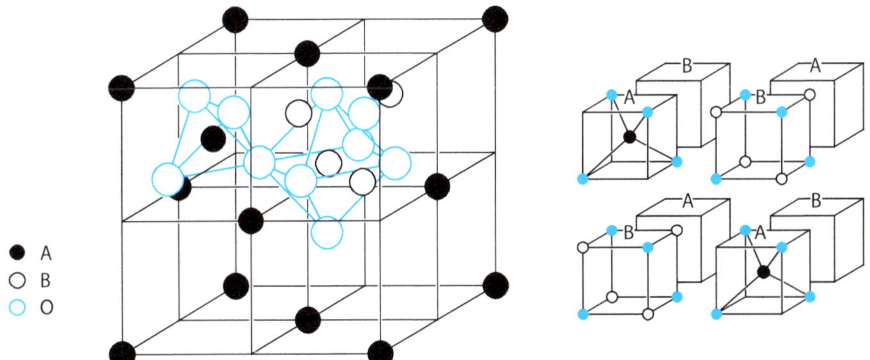

Abbildung 2.19 Spinell-Typ AB_2X_4. Beispiel $MgAl_2O_4$. Die Mg^{2+}-Ionen sind von vier O^{2-}-Ionen tetraedrisch, die Al^{3+}-Ionen von sechs O^{2-}-Ionen oktaedrisch koordiniert. Die Sauerstoffionen sind in der kubisch-dichtesten Kugelpackung angeordnet (vgl. Abschn. 2.4.2 und Abb. 2.115).
Es sei erwähnt, dass A und B nicht nur zur Bezeichnung der Ionensorten, sondern auch zur Bezeichnung der Plätze im Gitter verwendet werden. Man nennt häufig die tetraedrisch koordinierten Plätze A-Plätze und die oktaedrisch koordinierten Plätze B-Plätze.

binationen von Kationen erreicht wird: (A^{2+} + 2 B^{3+}), (A^{4+} + 2 B^{2+}) und (A^{6+} + 2 B^{+}). Man bezeichnet diese Verbindungen als (2,3)-, (4,2)- und (6,1)-Spinelle.

Am häufigsten sind (2,3)-Spinelle. $\frac{1}{3}$ der Kationen sind tetraedrisch, $\frac{2}{3}$ oktaedrisch koordiniert. Normale Spinelle haben die Ionenverteilung $A(BB)O_4$; die Ionen, die die Oktaederplätze besetzen, sind in Klammern gesetzt. Spinelle mit der Ionenverteilung $B(AB)O_4$ nennt man inverse Spinelle. Beispiele:

Normale Spinelle: $\overset{+2}{Zn}(\overset{+3}{Al_2})O_4$, $\overset{+2}{Mg}(\overset{+3}{Cr_2})O_4$, $\overset{+2}{Zn}(\overset{+3}{Fe_2})O_4$, $\overset{+2}{Mg}(\overset{+3}{V_2})O_4$, $\overset{+6}{W}(\overset{+1}{Na_2})O_4$

Inverse Spinelle: $\overset{+2}{Mg}(\overset{+2}{Mg}\overset{+4}{Ti})O_4$, $\overset{+3}{Fe}(\overset{+2}{Ni}\overset{+3}{Fe})O_4$, $\overset{+3}{Fe}(\overset{+2}{Fe}\overset{+3}{Fe})O_4$

Auch Spinelle, bei denen die Ionenverteilung zwischen diesen Grenztypen liegt, sind bekannt. Ob bei einer Verbindung AB_2O_4 die normale oder die inverse Struktur auftritt, hängt im Wesentlichen von den folgenden Faktoren ab: relative Größen der A- und B-Ionen, Ligandenfeldstabilisierungsenergien der Ionen (vgl. Abschn. 5.4.6), kovalente Bindungsanteile. Einige Ionen besetzen bevorzugt bestimmte Gitterplätze. Zu den Ionen, die bevorzugt die Tetraederplätze besetzen, gehören Zn^{2+}, Cd^{2+} und Fe^{3+}, die oktaedrische Koordination ist besonders bei Cr^{3+} und Ni^{2+} begünstigt.

Fe_2O_3 existiert außer in der im Korund-Typ kristallisierenden α-Modifikation in einer γ-Modifikation. γ-Fe_2O_3 besitzt eine fehlgeordnete Spinellstruktur, die sich vom Fe_3O_4 ableiten lässt. Man ersetzt die Fe^{2+}-Ionen der Oktaederplätze zu $\frac{2}{3}$ durch Fe^{3+}-Ionen, $\frac{1}{3}$ der Eisenplätze bleiben unbesetzt (unbesetzte Gitterplätze nennt man Leerstellen, Symbol □), dies führt zur Formel $Fe^{3+}(Fe^{3+}_{5/3}\square_{1/3})O_4$. Die analoge Struktur besitzt γ-Al_2O_3.

Beispiele für Spinelle mit Schwefel-, Selen-, Tellur- und Fluoranionen sind: $ZnAl_2S_4$, $FeCr_2S_4$, Co_3S_4, $CuTi_2S_4$, $CdCr_2S_4$, $CuCr_2S_4$, $CuCr_2Se_4$, $CuCr_2Te_4$, $NiLi_2F_4$.

Bei den bisher besprochenen Strukturen gibt es keine isolierten Baugruppen im Gitter. In vielen Ionenkristallen treten räumlich abgegrenzte Baugruppen auf, z. B. die Ionen

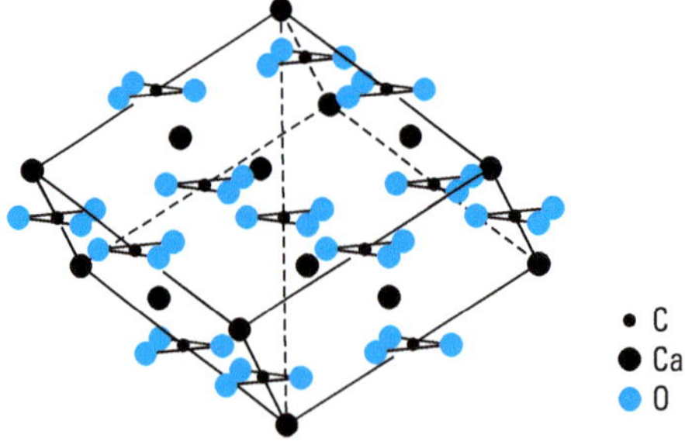

Abbildung 2.20 Calcit-Typ ($CaCO_3$). Die Calcit-Struktur lässt sich aus der Natriumchlorid-Struktur ableiten. Die Ca^{2+}-Ionen besetzen die Na^{+}-Positionen, die planaren CO_3^{2-}-Gruppen die Cl^{-}-Positionen. Die Raumdiagonale, die senkrecht zu den Ebenen der CO_3^{2-}-Ionen liegt, ist gestaucht, da in dieser Richtung die CO_3^{2-}-Gruppen weniger Platz benötigen.

CO_3^{2-}	Carbonat-Ion
NO_3^-	Nitrat-Ion
SO_4^{2-}	Sulfat-Ion
PO_4^{3-}	Phosphat-Ion

Innerhalb dieser Gruppen liegt keine Ionenbindung, sondern Atombindung vor. In der Abb. 2.20 ist als Beispiel eine der beiden Kristallstrukturen von $CaCO_3$, der Calcit-Typ, dargestellt. Obwohl $CaCO_3$ und $CaTiO_3$ die analogen Formeln besitzen, sind die Kristallstrukturen ganz verschieden.

2.1.4 Gitterenergie von Ionenkristallen[1]

Die Gitterenergie von Ionenkristallen ist die Energie, die frei wird, wenn sich Ionen aus unendlicher Entfernung einander nähern und zu einem Ionenkristall ordnen. Man kann die Gitterenergie von Ionenkristallen berechnen. Der einfachste Ansatz berücksichtigt nur die Coulomb'schen Wechselwirkungskräfte zwischen den Ionen und die Abstoßungskräfte zwischen den Elektronenhüllen.

Ein Ionenpaar, dessen Ladungen als Punktladungen $z_K e$ und $z_A e$ im Abstand r betrachtet werden, hat die elektrostatische potentielle Energie (Coulomb-Energie)

$$E_C = \frac{z_K z_A e^2}{4\pi \varepsilon_0 r} \tag{2.2}$$

(s. Gl. 1.12). Da z_A negativ ist, ist auch die Coulomb-Energie (bezogen auf unendliche Entfernung der Ionen) negativ (vgl. Abb. 2.21).

Befindet sich das Ion der Ladung $z_K e$ in einem Kristall, dann kann die Coulomb-Energie dieses Ions nur durch Berücksichtigung der Wechselwirkung mit allen benachbarten Ionen berechnet werden. Als Beispiel sei die NaCl-Struktur betrachtet (Abb. 2.2). Ein Na^+-Ion hat in der 1. Koordinationssphäre im Abstand r sechs Cl^--Nachbarn, es folgen zwölf Na^+ im Abstand $r\sqrt{2}$, acht Cl^- im Abstand $r\sqrt{3}$, sechs Na^+ im Abstand $r\sqrt{4}$, 24 Cl^- im Abstand $r\sqrt{5}$ usw. Die Coulomb-Energie eines Na^+-Ions im NaCl-Kristall beträgt also

$$E_C = \frac{z_K z_A e^2\, 6}{4\pi \varepsilon_0 r} + \frac{z_K z_K e^2\, 12}{4\pi \varepsilon_0 r\sqrt{2}} + \frac{z_K z_A e^2\, 8}{4\pi \varepsilon_0 r\sqrt{3}} + \frac{z_K z_K e^2\, 6}{4\pi \varepsilon_0 r\sqrt{4}} + \frac{z_K z_A e^2\, 24}{4\pi \varepsilon_0 r\sqrt{5}} \dots$$

Für die NaCl-Struktur ist $z_K = -z_A$, demnach $z_K z_A = -z_K^2$ und

$$E_C = -\frac{z_K^2 e^2}{4\pi \varepsilon_0 r}\left(6 - \frac{12}{\sqrt{2}} + \frac{8}{\sqrt{3}} - \frac{6}{\sqrt{4}} + \frac{24}{\sqrt{5}} - \dots\right)$$

[1] In diesem Abschnitt werden Kenntnisse über die Begriffe Stoffmenge und Reaktionsenthalpie vorausgesetzt. Sie werden in den Abschn. 3.1 und 3.4 behandelt.

Tabelle 2.6 Madelung-Konstanten A

Strukturtyp		A
Caesiumchlorid	A^+B^-	1,7627
Natriumchlorid	A^+B^-	1,7476
Wurtzit	A^+B^-	1,6413
Zinkblende	A^+B^-	1,6381
Fluorit	$A^{2+}B_2^-$	5,0388
Rutil	$A^{2+}B_2^-$	4,816
Cadmiumiodid	$A^{2+}B_2^-$	4,71
Korund	$A_2^{3+}B_3^{2-}$	25,0312

Mit den angegebenen Madelung-Konstanten und $z_K = 1$ erhält man aus Gl. (2.4) die Gitterenergie für 1 mol Formeleinheiten A^+B^-, $A^{2+}B_2^-$ bzw. $A_2^{3+}B_3^{2-}$. Für Ionenkristalle $A^{2+}B^{2-}$ und $A^{4+}B_2^{2-}$ mit doppelt so großen Ionenladungen ist $z_K = 2$ einzusetzen.

Der Klammerausdruck hängt nur vom Strukturtyp ab, sein Konvergenzwert wird Madelung-Konstante A genannt. A hat für die NaCl-Struktur den Wert 1,7476. Madelung-Konstanten für andere Strukturtypen sind in Tab. 2.6 angegeben.

Beachtet man die Wechselwirkungen aller Ionen, so erhält man für 1 mol NaCl die Coulomb-Energie

$$E_C = -\frac{z_K^2 e^2 A N_A}{4\pi \varepsilon_0 r} \tag{2.3}$$

$N_A = 6{,}022 \cdot 10^{23}\ \text{mol}^{-1}$ ist die Teilchenanzahl, die ein Mol eines jeden Stoffes enthält (Avogadro-Konstante).

Die Abstoßungsenergie kann nach Born mit der Beziehung

$$E_r = \frac{B}{r^n}$$

beschrieben werden. B und n sind Konstanten, die empirisch bestimmt werden müssen. n hängt vom Ionentyp ab, lässt sich aus der Kompressibilität von Salzen ableiten und hat meist Werte zwischen 6 und 10. Für die meisten Rechnungen können aber für Ionen gleicher Elektronenkonfiguration die in Tab. 2.7 angegebenen n-Werte verwendet werden. Bei Ionenkristallen, die aus Ionen mit unterschiedlichen Elektronen-

Tabelle 2.7 Werte des Exponenten n in der Born-Gleichung für verschiedene Elektronenkonfigurationen

Elektronenkonfiguration des Ions	n
[He]	5
[Ne]	7
[Ar], $[Cu^+]$	9
[Kr], $[Ag^+]$	10
[Xe], $[Au^+]$	11

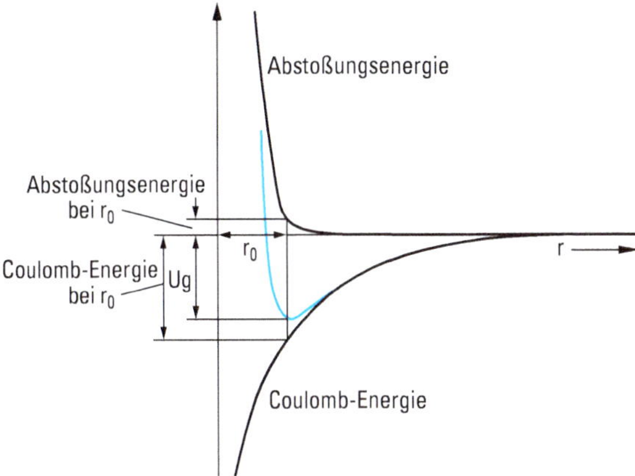

Abbildung 2.21 Energiebeträge bei der Bildung eines Ionenkristalls als Funktion des Ionenabstands. Schon bei großen Ionenabständen wird Coulomb-Energie frei. Sie wächst bei abnehmendem Abstand mit $\frac{1}{r}$. Die Abstoßungsenergie ist bei größeren Ionenabständen viel kleiner als die Coulomb-Energie, wächst aber mit abnehmendem Abstand rascher an. Die resultierende Gitterenergie (blau gezeichnete Kurve) durchläuft daher ein Minimum. Die Lage des Minimums bestimmt den Gleichgewichtsabstand der Ionen r_0 im Gitter. Bei r_0 hat die frei werdende Gitterenergie den größtmöglichen Wert, der Ionenkristall erreicht einen Zustand tiefster Energie.

konfigurationen aufgebaut sind, wird der Mittelwert verwendet. Ein großer n-Wert bedeutet, dass die Abstoßungskräfte mit wachsendem r sehr viel schneller abnehmen als die Coulomb-Anziehungskräfte, aber mit abnehmendem r schneller zunehmen (vgl. Abb. 2.21).

Für die Gitterenergie in Abhängigkeit von r erhält man also

$$U_g = -\frac{z_K^2 e^2 N_A A}{4\pi \varepsilon_0 r} + \frac{B}{r^n}$$

Beim Gleichgewichtsabstand $r = r_0$ muss U_g ein Minimum aufweisen (Abb. 2.21). Für das Minimum gilt

$$\left(\frac{dU_g}{dr}\right)_{r=r_0} = 0 = \frac{z_K^2 e^2 N_A A}{4\pi \varepsilon_0 r_0^2} - \frac{nB}{r_0^{n+1}}$$

Daraus erhält man für die Konstante B

$$B = \frac{z_K^2 e^2 N_A A}{n\, 4\pi \varepsilon_0} r_0^{n-1}$$

und für U_g bei $r = r_0$

$$U_g = -\frac{z_K^2 e^2 N_A A}{4\pi \varepsilon_0 r_0}(1 - \frac{1}{n}) \tag{2.4}$$

Im ersten Term ist die Coulomb-Energie enthalten, im zweiten Term die Abstoßungsenergie. Da n-Werte von 8 bis 10 häufig sind, ist die Gitterenergie im Wesentlichen durch den Beitrag der Coulomb-Energie bestimmt (Abb. 2.21). Eine Änderung von n hat nur einen geringen Einfluss auf den Wert von U_g. Den Einfluss von Ionengröße und Ionenladungszahl z auf die Gitterenergie zeigt Tab. 2.8. Die Gitterenergie von Ionenkristallen einer bestimmten Struktur nimmt mit abnehmender Ionengröße und zunehmender Ionenladung zu.

Tabelle 2.8 Zusammenhang zwischen Ionengröße, Gitterenergie[1)], Schmelzpunkt und Härte

Verbindung	Summe der Ionenradien in pm	Gitterenergie in kJ/mol	Schmelzpunkt in °C	Ritzhärte nach Mohs
NaF	235	− 913	992	3,2
NaCl	283	− 778	800	2−2,5
NaBr	297	− 737	747	2
NaI	318	− 695	662	−
KF	271	− 808	857	−
KCl	319	− 703	770	2,2
KBr	333	− 674	742	1,8
KI	354	− 636	682	1,3
MgO	212	−3920	2642	6
CaO	240	−3513	2570	4,5
SrO	253	−3283	2430	3,5
BaO	276	−3114	1925	3,3

1) Bisher wurden Energiegrößen wie z. B. die Ionisierungsenergie für einzelne Teilchen angegeben. Die Gitterenergie wird für 1 mol angegeben, das sind $6{,}022 \cdot 10^{23}$ Formeleinheiten (vgl. Abschn. 3.1).

Beispiel: Gitterenergie von NaCl

$A = 1{,}7476$

$z_K = 1$

$r_0 = 2{,}83 \cdot 10^{-10}$ m (Summe der Ionenradien von Na^+ und Cl^-)

$n = 8$ (Mittelwert aus den n-Werten der Ne- und Ar-Konfiguration)

Durch Einsetzen der Zahlenwerte und Konstanten in Gl. (2.4) erhält man

$$U_g = -\frac{1{,}602^2 \cdot 10^{-38} A^2 s^2 \cdot 1{,}7476 \cdot 6{,}022 \cdot 10^{23} \,\text{mol}^{-1}}{4\pi \cdot 8{,}854 \cdot 10^{-12} A^2 s^4 \text{kg}^{-1} \text{m}^{-3} \cdot 2{,}83 \cdot 10^{-10} \text{m}}\left(1 - \frac{1}{8}\right)$$

$$U_g = (-858 + 107)\,\text{kJ}\,\text{mol}^{-1} = -751\,\text{kJ}\,\text{mol}^{-1}$$

Die Gitterenergie beträgt $U_g = -751\ \text{kJ mol}^{-1}$. Sie enthält den Betrag der freiwerdenden Coulomb-Energie von $E_C = -858\ \text{kJ mol}^{-1}$ und den der aufzuwendenden Abstoßungsenergie von $E_r = +107\ \text{kJ mol}^{-1}$.

Für 1 mol einzelne NaCl-Ionenpaare erhält man aus Gl. (2.2) die Coulomb-Energie $E_C = -491\ \text{kJ mol}^{-1}$. Das Ionengitter ist also sehr viel stabiler.

Die Größe der Gitterenergie ist ein Ausdruck für die Stärke der Bindungen zwischen den Ionen im Kristall. Daher hängen einige physikalische Eigenschaften der Ionenverbindungen von der Größe der Gitterenergie ab. Vergleicht man Ionenkristalle gleicher Struktur, dann nehmen mit wachsender Gitterenergie Schmelzpunkt, Siedepunkt und Härte zu, der thermische Ausdehnungskoeffizient und die Kompressibilität ab. Daten für einige in der Natriumchlorid-Struktur kristallisierende Ionenverbindungen sind in Tab. 2.8 angegeben. Als weiteres Beispiel sei Al_2O_3 angeführt, das aufgrund seiner extrem hohen Gitterenergie von $13\,000\ \text{kJ mol}^{-1}$ sehr hart ist und daher als Schleifmittel verwendet wird.

Die Gitterenergie ist auch von Bedeutung für die Löslichkeit von Salzen. Bei der Auflösung eines Salzes muss die Gitterenergie durch einen Energie liefernden Prozess aufgebracht werden. Dieser Prozess ist bei der Lösung in Wasser die Hydratation der Ionen (vgl. Abschn. 3.7.1). Obwohl die Löslichkeit eines Salzes ein kompliziertes Problem ist und eine Voraussage über die Löslichkeit von Salzen schwierig ist, verstehen wir, dass Ionenverbindungen mit hohen Gitterenergien wie MgO und Al_2O_3 in Wasser unlöslich sind.

Die Berechnung der Gitterenergie kann noch verbessert werden, wenn außer der Coulomb-Energie und der Abstoßungsenergie weitere Energiebeträge, z. B. die van-der-Waals-Energie (vgl. S. 171) und die Nullpunktsenergie berücksichtigt werden (Tab. 2.9). Unter der Nullpunktsenergie versteht man die Schwingungsenergie der Ionen, die der Kristall auch bei 0 K aufweist. Sie vermindert den Gesamtbetrag der Gitterenergie nur wenig. Die van-der-Waals-Anziehung ist zwischen allen Teilchen wirksam. Sie kommt durch Wechselwirkung von Dipolmomenten zustande, die durch Polarisation der Elektronenhüllen induziert werden. Je größer die Ionen sind, umso stärker sind sie polarisierbar (vgl. S. 170) und umso größer wird die van-der-Waals-Anziehungskraft. Näher wird dieser Bindungstyp im Abschn. 2.3 behandelt. Außerdem gibt es auch für die Abstoßungsenergie genauere Berechnungen.

Tabelle 2.9 Komponenten der Gitterenergie (Zahlenwerte in kJ mol^{-1})

	NaF	NaCl	CsI	AgCl	TlCl
Coulomb-Energie	−1048	−861	−619	−875	−732
Abstoßungsenergie	+ 150	+104	+ 69	+146	+142
van-der-Waals-Energie	− 20	− 24	− 52	−121	−116
Nullpunktsenergie	+ 4	+ 3	+ 1	+ 4	+ 4

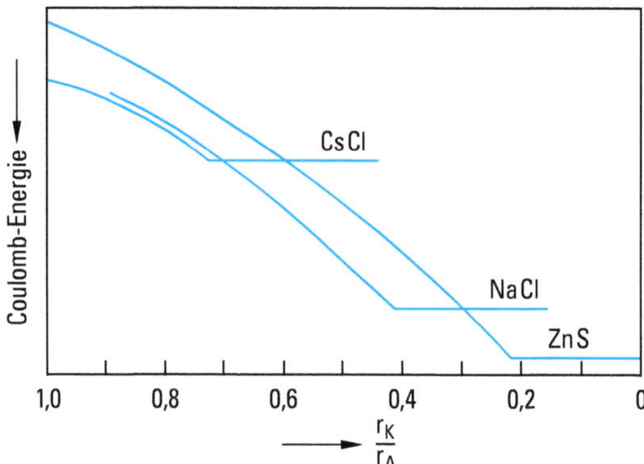

Abbildung 2.22 Die Coulomb-Energie von AB-Strukturen in Abhängigkeit vom Radienquotienten.
Bei $\frac{r_K}{r_A} = 1$ hat die CsCl-Struktur die größte negative Coulomb-Energie. Mit abnehmendem Radienquotienten wächst die Coulomb-Energie bis $\frac{r_K}{r_A} = 0{,}732$. Dieser Wert kann für KZ = 8 nicht unterschritten werden (vgl. Abb. 2.15), eine weitere Zunahme der Coulomb-Energie ist nur möglich, wenn ein Wechsel zu KZ = 6 erfolgt. Dies wiederholt sich für die NaCl-Struktur bei $\frac{r_K}{r_A} = 0{,}414$. Bei kleinen Radienquotienten ist die ZnS-Struktur mit KZ = 4 am stabilsten.

In der Radienquotientenregel kommt zum Ausdruck, dass eine Ionenverbindung in derjenigen Struktur kristallisiert, für die die Coulomb-Energie am größten ist (Abb. 2.22). Sie ist als Faustregel nützlich und führt, wie die Tab. 2.4 und 2.5 zeigen, zu richtigen Voraussagen, wenn die Radienquotienten nicht nahe bei Werten liegen, bei denen ein Strukturwechsel zu erwarten ist. Oft ist aber eine Voraussage allein auf Grund der Coulomb-Energie nicht möglich. Ein Beispiel ist das Auftreten der Caesiumchlorid-Struktur. Auf Grund der Madelung-Konstante kommt es beim Übergang von der NaCl-Struktur zur CsCl-Struktur nur zu einem sehr geringem Anstieg der Coulomb-Energie von ca. 1 %. Die Zunahme der Ionenradien beim Übergang von der KZ 6 zur KZ 8 führt zu einem wesentlich höheren Verlust an Coulomb-Energie.

Beispiel: Gitterenergie von BaO

$z_K = 2$
$n = 9$

$A(\text{NaCl}) = 1{,}7476$	$A(\text{CsCl}) = 1{,}7627$
$r^{\text{KZ}\,6}(\text{O}^{2-}) = 140\ \text{pm}$	$r^{\text{KZ}\,8}(\text{O}^{2-}) = 142\ \text{pm}$
$r^{\text{KZ}\,6}(\text{Ba}^{2+}) = 136\ \text{pm}$	$r^{\text{KZ}\,8}(\text{Ba}^{2+}) = 142\ \text{pm}$

$$\frac{r(\text{Ba}^{2+})}{r(\text{O}^{2-})} = 0{,}97$$

Damit erhält man aus der Gl. (2.4)

$$U_g(\text{NaCl}) = (-3518 + 391)\,\text{kJ mol}^{-1} = -3127\,\text{kJ mol}^{-1}$$
$$U_g(\text{CsCl}) = (-3449 + 383)\,\text{kJ mol}^{-1} = -3066\,\text{kJ mol}^{-1}$$

Entgegen dem Radienquotienten liefert die NaCl-Struktur mehr Gitterenergie, und tatsächlich kristallisiert BaO im NaCl-Typ.

Mit der elektrostatischen Theorie ist nicht zu verstehen, warum überhaupt Verbindungen in der CsCl-Struktur kristallisieren. Da die van-der-Waals-Energie mit wachsender Anzahl der Nachbarionen zunimmt, ist offenbar diese Energie für das Auftreten der CsCl-Struktur entscheidend, aber nur dann ausreichend, wenn die Polarisierbarkeit beider Ionen groß ist (vgl. S. 171 u. Tab. 2.9). Dies ist bei CsCl, CsBr, CsI, TlCl, TlBr und TlI der Fall, nicht aber z. B. bei CsF und KF (s. Tab. 2.4).

In ionischen Verbindungen mit CsCl-Struktur sind neben den ionischen Wechselwirkungen auch van-der-Waals-Wechselwirkungen strukturbestimmend.

2.1.5 Born-Haber-Kreisprozess

Bei der Bildung eines Ionenkristalls aus den Elementen unter Standardbedingungen (vgl. Abschn. 3.4) wird die Standardbildungsenthalpie ΔH°_B frei. Sie kann direkt gemessen werden. Der Ionenkristall kann aber auch in einigen hypothetischen Reaktionsschritten entstehen:

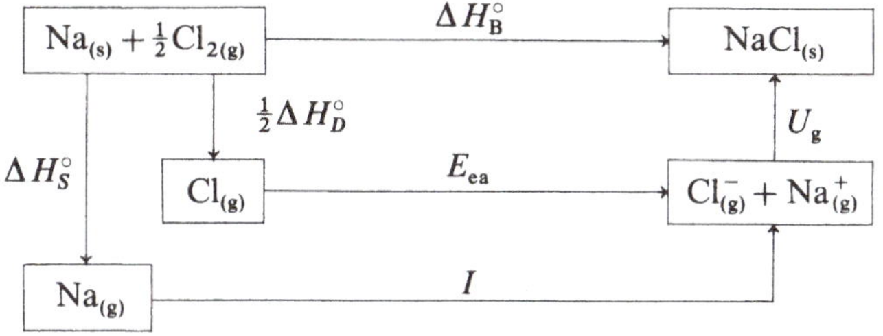

Reaktionsschritte	Erforderliche Energie
Sublimation von Natrium; Überführung des Metalls in ein Gas aus Na-Atomen: $Na_{(s)} \longrightarrow Na_{(g)}$	ΔH°_S Sublimationsenthalpie von Natrium
Dissoziation des Cl_2-Moleküls in Atome: $Cl_{2(g)} \longrightarrow 2Cl_{(g)}$	ΔH°_D Dissoziationsenthalpie von Chlor
Ionisierung der Natriumatome: $Na_{(g)} \longrightarrow Na^+_{(g)} + e^-$	I Ionisierungsenergie von Natrium
Anlagerung von Elektronen an die Cl-Atome: $Cl_{(g)} + e^- \longrightarrow Cl^-_{(g)}$	E_{ea} Elektronenaffinität von Chlor
Bildung des Ionenkristalls aus Na^+- und Cl^--Ionen: $Na^+_{(g)} + Cl^-_{(g)} \longrightarrow NaCl_{(s)}$	U_g Gitterenergie von NaCl

Nach dem Satz von Heß (vgl. Abschn. 3.4) ist die Energiedifferenz zwischen zwei Zuständen unabhängig vom Weg, auf dem man vom Anfangszustand zum Endzustand gelangt. Für die Standardbildungsenthalpie ΔH_B° gilt daher

$$\Delta H_B^\circ = \Delta H_S^\circ + \tfrac{1}{2}\Delta H_D^\circ + I + E_{ea} + U_g$$

Für NaCl sind die einzelnen Beiträge in kJ mol^{-1}

$$-411 = +108 + 121 + 496 - 349 + U_g$$

Mit dem Born-Haber-Kreisprozess erhält man für die Gitterenergie $U_g = -787$ kJ mol^{-1}.

Anwendung des Kreisprozesses

Indirekte Bestimmung von Gitterenergien (siehe oben).

Bei Alkalimetallhalogeniden ist die Differenz zwischen den berechneten und den aus dem Born-Haber-Kreisprozess bestimmten Gitterenergien nicht größer als etwa 5 %.

Bestimmung der Elektronenaffinitäten.

Stabilität hypothetischer Ionenverbindungen (Zahlenwerte in kJ mol^{-1}).

Beispiel: NeCl

$$\Delta H_B^\circ = \Delta H_S^\circ + \Delta H_D^\circ + I \quad + E_{ea} + U_g$$

$$\Delta H_B^\circ = 0 \quad + 121 \quad + 2084 - 349 + U_g = 1856 + U_g$$

ΔH_B° wird positiv, da die große Ionisierungsenergie der Ne-Atome durch die Gitterenergie nicht kompensiert werden kann. Ne^+Cl^- ist nicht stabil. Das gleiche Ergebnis erhält man auch für $NaCl_2$ und $MgCl_3$.

Beispiel: AlCl

Die Bildungsenthalpie von AlCl ist negativ

$$Al + \tfrac{1}{2}Cl_2 \longrightarrow AlCl \qquad \Delta H_B^\circ = -188 \text{ kJ mol}^{-1}$$

Bezogen auf die Elemente ist die ionogene Verbindung stabil, bezogen auf eine Disproportionierung (s. S. 389) aber instabil

$$3\,AlCl \longrightarrow 2\,Al + AlCl_3 \qquad \Delta H^\circ = -130 \text{ kJ mol}^{-1}$$

Bestimmung von Hydratationsenthalpien ΔH_H (vgl. Abschn. 3.7.1).

Hydratationsenthalpien von Salzen können bestimmt werden, wenn die Lösungsenthalpien ΔH_L und die Gitterenergien bekannt sind.

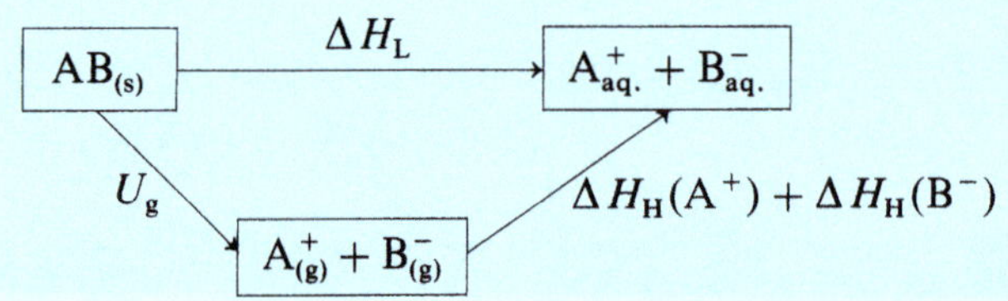

2.2 Die Atombindung

Für diesen Bindungstyp sind außerdem die Bezeichnungen kovalente Bindung, Elektronenpaarbindung und homopolare Bindung üblich.

2.2.1 Allgemeines, Lewis-Formeln

Die Atombindung tritt dann auf, wenn Nichtmetallatome miteinander eine chemische Bindung eingehen. Dabei können sich kleine Moleküle wie H_2, N_2, Cl_2, H_2O, NH_3, CO_2, SO_2 bilden. Die Stoffe, die aus diesen kleinen Molekülen bestehen, sind im Normzustand ($p_n = 1$ bar, $t_n = 0\,°C$) oft Gase oder Flüssigkeiten. Durch Atombindungen zwischen Nichtmetallatomen entstehen aber auch Ionen wie NO^+, CN^-, CO_3^{2-}, NO_3^-, SO_4^{2-} und harte, hochschmelzende, kristalline Festkörper wie bei der Kohlenstoffmodifikation Diamant.

Nach den schon 1916 von Lewis entwickelten Vorstellungen erfolgt bei einer Atombindung der Zusammenhalt zwischen zwei Atomen durch ein Elektronenpaar, das beiden Atomen gemeinsam angehört. Dies kommt in den Lewis-Formeln zum Ausdruck, in denen Elektronen durch Punkte, Elektronenpaare durch Striche dargestellt werden.

Beispiele für Lewis-Formeln:

$H\cdot + \cdot H \rightarrow H:H$
↗ bindendes Elektronenpaar

$:\ddot{\underset{\cdot\cdot}{Cl}}\cdot + \cdot\ddot{\underset{\cdot\cdot}{Cl}}: \rightarrow :\ddot{\underset{\cdot\cdot}{Cl}}:\ddot{\underset{\cdot\cdot}{Cl}}:$
↗ bindendes Elektronenpaar

$:\dot{\underset{\cdot}{N}}\cdot + \cdot\dot{\underset{\cdot}{N}}: \rightarrow :N\,\vdots\,\vdots\,N:$
↗ drei bindende Elektronenpaare

$2H\cdot + \cdot\ddot{O}: \rightarrow H:\ddot{\underset{\cdot\cdot}{O}}:H$

$3H\cdot + \cdot\dot{\underset{\cdot}{N}}: \rightarrow H:\ddot{\underset{\cdot\cdot}{N}}:H$
H

$2:\ddot{\underset{\cdot}{O}}\cdot + \cdot\dot{\underset{\cdot}{C}}\cdot \rightarrow \ddot{\underset{\cdot\cdot}{O}}::C::\ddot{\underset{\cdot\cdot}{O}}$

Die gemeinsamen, bindenden Elektronenpaare sind durch blaue Punkte symbolisiert. Nicht an der Bindung beteiligte Elektronenpaare werden als „einsame“ oder „nichtbindende“ Elektronenpaare bezeichnet. Sie sind durch schwarze Punkte dargestellt.

Einfacher ist die Schreibweise

$$|\overline{\underline{Cl}}-\overline{\underline{Cl}}|,\ |N\equiv N| \quad \text{bzw.} \quad \overline{\underline{O}}=C=\overline{\underline{O}}\,.$$

Ein Strich, auch Valenzstrich genannt, symbolisiert zwei Elektronen. **Wichtig:** Valenzstriche sind Symbole, die für freie Elektronenpaare, für „normale" 2-Zentren-2-Elektronen-Bindungen aber auch für Mehrzentrenbindungen stehen können.

Bei allen durch obige Formeln beschriebenen Molekülen entstehen die bindenden Elektronenpaare aus Elektronen, die sich auf der äußersten Schale der Atome befinden. Elektronen innerer Schalen sind an der Bindung nicht beteiligt. Bei den Lewis-Formeln brauchen daher nur die Elektronen der äußersten Schale berücksichtigt werden. Bei Übergangsmetallen können allerdings auch die d-Elektronen der zweitäußersten Schale an Bindungen beteiligt sein.

Während es bei der Ionenbindung durch Elektronenübergang vom Metallatom zum Nichtmetallatom zur Ausbildung stabiler Edelgaskonfigurationen kommt, erreichen in Molekülen mit Atombindungen die Atome durch gemeinsame bindende Elektronenpaare eine abgeschlossene stabile Edelgaskonfiguration.

Beispiele:

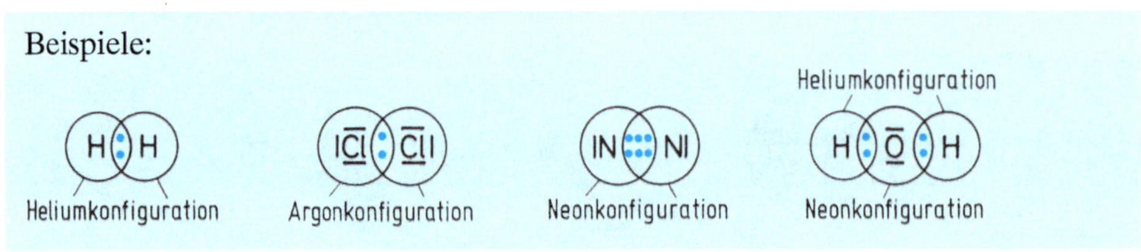

Die Anzahl der Atombindungen, die ein Element ausbilden kann, hängt von seiner Elektronenkonfiguration ab. Wasserstoffatome und Chloratome erreichen durch eine Elektronenpaarbindung die Helium- bzw. Argonkonfiguration. Sauerstoffatome müssen zwei, Stickstoffatome drei Bindungen ausbilden, um ein Elektronenoktett zu erreichen.

Lewis-Formeln sind gut geeignet, das Ergebnis der Valenzbindungstheorie (VB-Theorie) darzustellen, da bei der VB-Methode die Elektronenpaare an einem Atom (freie Elektronenpaare) oder zwischen zwei Atomen (bindende Elektronenpaare) lokalisiert sind.

2.2.2 Bindigkeit, angeregter Zustand

Mit dem Prinzip der Elektronenpaarbindung kann man verstehen, wie viele kovalente Bindungen ein bestimmtes Nichtmetallatom ausbilden kann. Betrachten wir einige Wasserstoffverbindungen von Elementen der 14. bis 18. Gruppe.

Gruppe	14	15	16	17	18
2. Periode	C	N	O	F	Ne
3. Periode	Si	P	S	Cl	Ar
Elektronenkonfiguration der Valenzschale	s [↑↓] p [↑][↑][ ]	s [↑↓] p [↑][↑][↑]	s [↑↓] p [↑↓][↑][↑]	s [↑↓] p [↑↓][↑↓][↑]	s [↑↓] p [↑↓][↑↓][↑↓]
Zahl möglicher Elektronenpaarbindungen	2	3	2	1	0
Experimentell nachgewiesene einfache Wasserstoffverbindungen	CH_4 SiH_4	NH_3 PH_3	H_2O H_2S	HF HCl	keine
Lewis-Formeln	H H:C:H H	H:N̄:H H	H:Ō:H	H:F̄|	–

Bei den Elementen der 15. – 18. Gruppe stimmt die Anzahl ungepaarter Elektronen mit der Anzahl der Bindungen zu Wasserstoffatomen überein. Kohlenstoff und Silicium bilden aber nicht, wie die Anzahl ungepaarter Elektronen erwarten lässt, die Moleküle CH_2 und SiH_2, sondern die Verbindungen CH_4 und SiH_4 mit vier kovalenten Bindungen. Dazu sind vier ungepaarte Elektronen erforderlich.

$$4\,H\cdot \;+\; \cdot\dot{\underset{\cdot}{C}}\cdot \;\longrightarrow\; \begin{matrix} & H & \\ H & :C: & H \\ & H & \end{matrix}$$

Eine Elektronenkonfiguration des C-Atoms mit vier ungepaarten Elektronen entsteht durch den Übergang eines Elektrons aus dem 2s-Orbital in das 2p-Orbital (Abb. 2.23). Man nennt diesen Vorgang Anregung oder „Promotion" eines Elektrons. Dazu ist beim C-Atom eine Energie von 406 kJ/mol aufzuwenden. Ein angeregter Zustand wird durch einen Stern am Elementsymbol dargestellt. Trotz der aufzuwendenden Promotionsenergie wird durch die beiden zusätzlichen Bindungen soviel Bindungsenergie (vgl. Tab. 2.15) geliefert, dass die Bildung von CH_4 energetisch begünstigt ist.

Die Anzahl der Atombindungen, die ein bestimmtes Atom ausbilden kann, wird seine Bindigkeit genannt. In Tab. 2.10 ist der Zusammenhang zwischen Elektronenkonfiguration und Bindigkeit für die Elemente der 2. Periode zusammengestellt.

Die Hauptgruppenelemente können nicht mehr als vier 2-Zentren-2-Elektronen-(2Z/2E-)Atombindungen ausbilden, da nur vier Orbitale für Bindungen zur Verfügung stehen und auf der äußersten Schale maximal acht Elektronen untergebracht werden können. Die Tendenz der Hauptgruppenelemente, eine stabile Außenschale

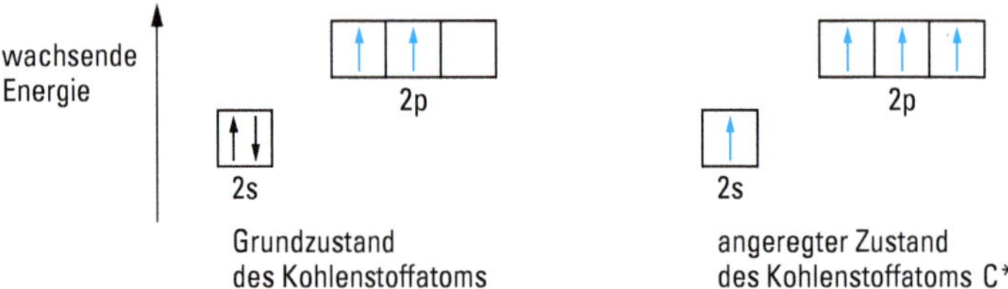

Abbildung 2.23 Valenzelektronenkonfiguration von Kohlenstoff im Grundzustand und im angeregten Zustand.

Tabelle 2.10 Elektronenkonfiguration und Bindigkeit der Elemente der 2. Periode

Atom oder Ion	Valenz-Elektronenkonfiguration L 2s	2p	Bindigkeit	Außenelektronen im Bindungszustand	Beispiel
Li	↑	☐☐☐	1	2	LiH
Be*	↑	↑☐☐	2	4	$BeCl_2$
B*	↑	↑↑☐	3	6	BF_3
B^-, C*, N^+	↑	↑↑↑	4	8	BF_4^-, CH_4, NH_4^+
N, O^+	↑↓	↑↑↑	3	8	NH_3, H_3O^+
O, N^-	↑↓	↑↓ ↑ ↑	2	8	H_2O, NH_2^-
O^-, F	↑↓	↑↓ ↑↓ ↑	1	8	OH^-, HF
O^{2-}, F^-, Ne	↑↓	↑↓ ↑↓ ↑↓	0	–	–

von acht Elektronen zu erreichen, wird Oktett-Regel genannt. Daraus ergibt sich z. B. sofort, dass für die Salpetersäure HNO_3 die Lewis-Formel

H—$\overline{\underline{O}}$—N=$\overline{\underline{O}}$
‖
|O|

falsch sein muss. Nur ein angeregtes Stickstoffatom könnte fünfbindig sein. Dazu müsste jedoch ein Elektron aus der L-Schale in die nächsthöhere M-Schale angeregt werden.

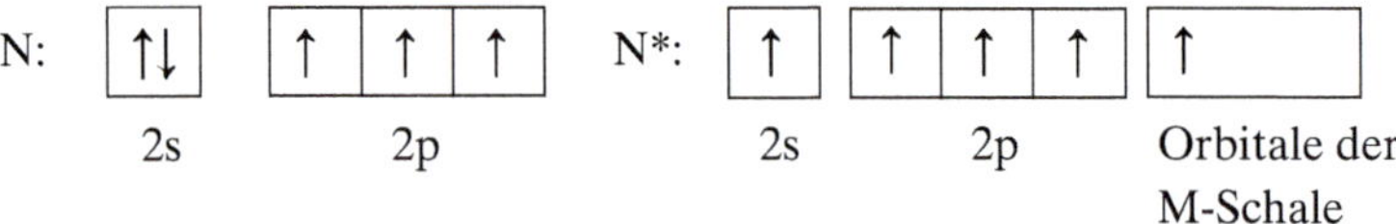

Wegen der großen Energiedifferenz zwischen den Orbitalen der L-Schale und der M-Schale wird keine chemische Verbindung mit einem angeregten N-Atom gebildet.

Auch bei den Elementen höherer Perioden werden nur s- und p-Orbitale zur Bindung benutzt, und die Oktettregel gilt ebenfalls. Innerhalb einer Gruppe haben entsprechende Verbindungen analoge Formeln: CCl_4, $SiCl_4$, $GeCl_4$, $SnCl_4$, $PbCl_4$; NH_3, PH_3, AsH_3, SbH_3, BiH_3; H_2O, H_2S, H_2Se, H_2Te; HF, HCl, HBr, HI.

Die Elemente der 3. Periode und höherer Perioden bilden jedoch viele Moleküle bei denen in der klassischen Lewis-Formel mehr als vier Valenzstriche (bindende und freie Elektronenpaare) um das Zentralatom geschrieben werden. **Formal** wird damit das Elektronenoktett des Zentralatoms überschritten. Diese Moleküle bezeichnet man auch als hypervalent oder hyperkoordiniert. Die Bindigkeit ist oft größer als vier und die Zentralatome haben hohe Oxidationsstufen (s. Abschn. 3.8.1). Die höchsten Oxidationsstufen werden aber nur mit sehr elektronegativen Bindungspartnern wie Fluor und Sauerstoff erreicht. Die Wasserstoffverbindungen PH_5 oder SH_6 existieren nicht.

Beispiele enthält Tab. 2.11.

Tabelle 2.11 Moleküle bei denen mit der klassischen Lewis-Formel formal das Elektronenoktett des Zentralatoms überschritten wird

Molekül	scheinbare Zahl der Valenzelektronen am Zentralatom	scheinbare Bindigkeit	klassische Lewis-Formel
$\overset{+4}{S}O_2$	10	4	
$\overset{+4}{S}F_4$	10	4	
$H_3\overset{+5}{P}O_4$	10	5	
$\overset{+6}{S}O_3$	12	6	
$\overset{+6}{S}F_6$	12	6	
$H_2\overset{+6}{S}O_4$	12	6	
$H\overset{+7}{Cl}O_4$	14	7	

Verbindungen mit formaler Oktettüberschreitung werden im Kap. 4 besprochen. An einigen Beispielen werden im Abschn. 2.2.12, unter Hyperkonjugation, nichtklassische π-Bindungen, die Bindungen mit der MO-Theorie erklärt.

2.2.3 Dative Bindung, formale Ladung

Die beiden Elektronen einer kovalenten Bindung müssen nicht notwendigerweise von verschiedenen Atomen stammen. Betrachten wir die Reaktion von Ammoniak NH_3 mit Bortrifluorid BF_3

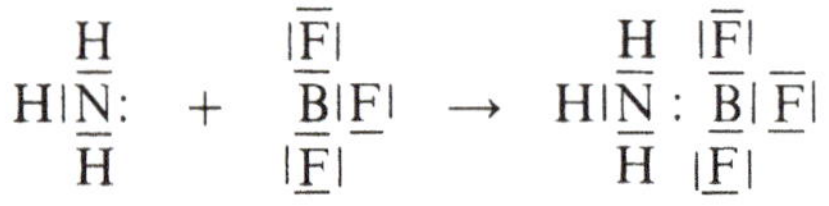

$$\mathrm{H_3N{:}} + \mathrm{BF_3} \rightarrow \mathrm{H_3N : BF_3}$$

Die bindenden Elektronen der Stickstoff-Bor-Bindung werden beide vom N-Atom geliefert. Man schreibt daher auch $H_3N \longrightarrow BF_3$.

Teilt man die bindenden Elektronen zwischen den an der Bindung beteiligten Atomen zu gleichen Teilen auf, dann gehören zu H ein, zu F sieben, zu N vier und zu B vier Elektronen. Verglichen mit den neutralen Atomen hat N ein Elektron weniger, B ein Elektron mehr. Dem Stickstoffatom wird daher die formale Ladung +1, dem Boratom die formale Ladung −1 zugeordnet.

$$\mathrm{H_3}\overset{\oplus}{\mathrm{N}} - \overset{\ominus}{\mathrm{B}}\mathrm{F_3}$$

Für die beschriebene Bindung werden die Bezeichnungen dative Bindung und koordinative Bindung benutzt. Es handelt sich weiterhin um eine kovalente Bindung. Allerdings gibt es einen Unterschied bei der Bindungsspaltung und Bindungsstärke zwischen einer „normalen" und einer dativen kovalenten Bindung. Die C—C-Bindung in Ethan, zu der jedes C-Atom ein Elektron beigesteuert hat, wird durch die Zufuhr der Bindungsdissoziationsenergie D homolytisch gespalten. Ethan zerfällt bei der Spaltung mit der niedrigsten möglichen Energie in zwei Methyl-Radikale.

$$\mathrm{H_3C{-}CH_3} \xrightarrow{D = 337\ \mathrm{kJ/mol}} \mathrm{H_3C\cdot} + \mathrm{\cdot CH_3}$$

Die dative B—N-Bindung im isoelektronischen (isosteren) Molekül Amminboran spaltet dagegen heterolytisch.

$$\mathrm{H_3N{-}BH_3} \xrightarrow{D = 176\ \mathrm{kJ/mol}} \mathrm{H_3N|} + \mathrm{BH_3}$$

Die Bindungsdissoziationsenergie D zeigt, dass die „normale" kovalente C—C-Bindung in Ethan mehr als doppelt so stark ist wie die dative B—N-Bindung in Amminboran.

Weitere Beispiele:

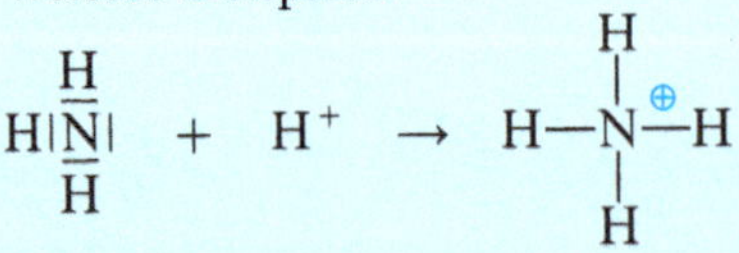

$$\mathrm{H_3N|} + \mathrm{H^+} \rightarrow \mathrm{H{-}\overset{\oplus}{N}H_2{-}H}$$

Durch Reaktion von NH_3 mit einem Proton H^+ (Wasserstoffatom ohne Elektron) entsteht das Ammoniumion NH_4^+. Das freie Elektronenpaar des N-Atoms bildet mit H^+ eine kovalente Bindung.

Kohlenstoffmonooxid $|\overset{\ominus}{C}\equiv\overset{\oplus}{O}|$

Salpetersäure $H-\overline{\underline{O}}-\overset{\oplus}{N}(=\overline{O}\rangle)-\overline{\underline{O}}|^{\ominus}$

Man muss zwischen der formalen Ladung und der tatsächlichen Ladung eines Atoms unterscheiden. Bei einer Bindung zwischen zwei verschiedenen Atomen gehört das bindende Elektronenpaar den beiden Atomen nicht zu genau gleichen Teilen an, wie bei der Zuordnung von Formalladungen vorausgesetzt wurde. So ist z. B. die tatsächliche Ladung des N-Atoms im NH_4^+-Ion viel kleiner als einer vollen Ladung entspricht, da die bindenden Elektronen vom N-Atom stärker angezogen werden als vom H-Atom (vgl. Abschn. 2.2.8). Die Festlegung einer formalen Ladung für ein Atom ist sinnvoll, da ein einfacher Zusammenhang zwischen der formalen Ladung eines Atoms und seiner Bindigkeit existiert (vgl. Tab. 2.10 und Tab. 2.11).

2.2.4 Das Valenzschalen-Elektronenpaar-Abstoßungs-Modell

Zur Deutung von Molekülgeometrien wurde von Gillespie und Nyholm das Modell der Valenzschalen-Elektronenpaar-Abstoßung entwickelt (VSEPR-Modell, nach Valence Shell Electron Pair Repulsion).

Wichtig: Das VSEPR-Konzept ist ein reines Strukturkonzept. Das VSEPR-Konzept beschreibt **nicht** die Bindungssituation um das Zentralatom, auch wenn es „bindende Elektronenpaare“ verwendet. In Bezug auf die Bindungsbeschreibung ist das VSEPR-Konzept sogar irreführend, da es suggeriert, dass jede Bindung eine 2-Zentren-2-Elektronen-Bindung ist. Das VSEPR-Konzept spiegelt lokalisierte 2-Zentren-2-Elektronen-Bindungen vor, wo tatsächlich Mehrzentrenbindungen vorliegen. Das VSEPR-Modell liefert aber schnell eine anschauliche Deutung der Molekülstrukturen. Da die Bindungsbeschreibung in einem Molekül nicht losgelöst von seiner Struktur geführt werden kann, haben wir das VSEPR-Konzept den Bindungsmodellen vorangestellt. Das VSEPR-Konzept beruht auf vier Regeln.

In Molekülen des Typs AB_n ordnen sich die Elektronenpaare in der Valenzschale des Zentralatoms so an, dass der Abstand möglichst groß wird.

Die Elektronenpaare verhalten sich so, als ob sie einander abstoßen. Dies hat zur Folge, dass sich die Elektronenpaare den kugelförmig um das Zentralatom gedachten Raum gleichmäßig aufteilen. Wenn jedes Elektronenpaar durch einen Punkt symbolisiert und auf der Oberfläche einer Kugel angeordnet wird, deren Mittelpunkt das

Zentralatom A darstellt, dann entstehen Anordnungen mit maximalen Abständen der Punkte. Für die Moleküle des Typs AB_n erhält man die in der Abb. 2.24 dargestellten geometrischen Strukturen. Beispiele dafür sind in Tab. 2.12 zu finden.

Mit dem VSEPR-Modell können auch solche Molekülstrukturen verstanden werden, bei denen im Molekül freie Elektronenpaare, unterschiedliche Substituenten oder Mehrfachbindungen vorhanden sind.

Tabelle 2.12 Molekülgeometrie nach dem VSEPR-Modell (X einfach gebundenes Atom)

Anzahl der Elektronenpaare	Geometrie der Elektronenpaare	Molekültyp	Molekülgestalt	Beispiele
2	linear	AB_2	linear	HgX_2, CdX_2, ZnX_2, $BeCl_2$
3	dreieckig	AB_3	dreieckig	BX_3, GaI_3
		AB_2E	V-förmig	$SnCl_2$
4	tetraedrisch	AB_4	tetraedrisch	BeX_4^{2-}, BX_4^-, CX_4, NX_4^+ SiX_4, GeX_4, AsX_4^+
		AB_3E	trigonal-pyramidal	NX_3, OH_3^+, PX_3, AsX_3, SbX_3, P_4O_6
		AB_2E_2	V-förmig	OX_2, SX_2, SeX_2, TeX_2
5	trigonal-bipyramidal	AB_5	trigonal-bipyramidal	PCl_5, PF_5, PCl_3F_2, $SbCl_5$
		AB_4E	tetraedrisch verzerrt	SF_4, SeF_4, SCl_4
		AB_3E_2	T-förmig	ClF_3, BrF_3
		AB_2E_3	linear	ICl_2^-, I_3^-, XeF_2
5	quadratisch-pyramidal	AB_5	quadratisch-pyramidal	SbF_5
6	oktaedrisch	AB_6	oktaedrisch	SF_6, SeF_6, TeF_6, PCl_6^- PF_6^-, SiF_6^{2-}, $Te(OH)_6$
		AB_5E	quadratisch-pyramidal	ClF_5, BrF_5, IF_5
		AB_4E_2	quadratisch-planar	ICl_4^-, I_2Cl_6, BrF_4^-, XeF_4
7	pentagonal-bipyramidal	AB_7	pentagonal-bipyramidal	IF_7, TeF_7^-

Die freien Elektronenpaare E in einem Molekül vom Typ AB_lE_m befinden sich im Gegensatz zu den bindenden Elektronenpaaren im Feld nur eines Atomkerns. Sie beanspruchen daher mehr Raum als die bindenden Elektronenpaare und verringern dadurch die Bindungswinkel.

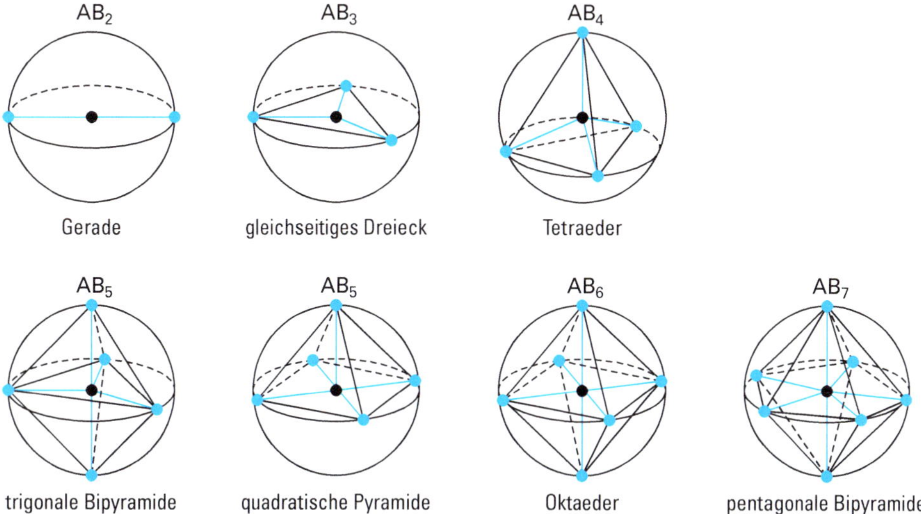

Abbildung 2.24 Anordnungen von Punkten (Elektronenpaare bzw. Liganden) auf einer Kugeloberfläche, bei denen die Punkte maximale Abstände besitzen. Bei fünf Liganden gibt es zwei Lösungen. Die meisten Moleküle AB_5 bevorzugen die trigonale Bipyramide. Die drei äquatorialen Positionen sind den beiden axialen Positionen nicht äquivalent.

Beispiele für die tetraedrischen Strukturen AB_4, AB_3E und AB_2E_2 sind CH_4, NH_3 und H_2O.

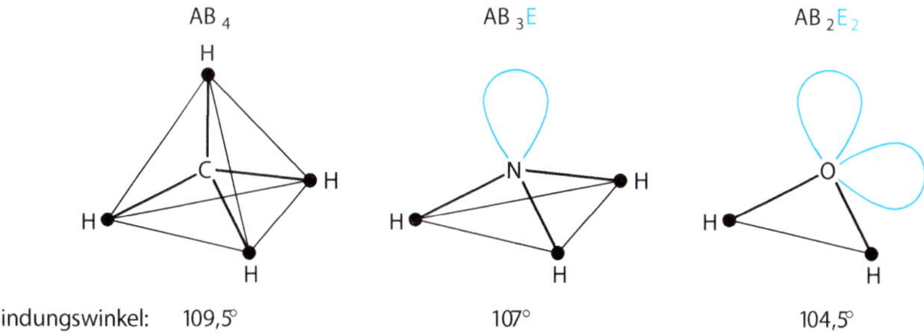

Gibt es für freie Elektronenpaare in einem Molekül mehrere mögliche Positionen, so werden solche Positionen eingenommen, bei denen die gegenseitige Abstoßung am kleinsten ist und die Wechselwirkung mit den bindenden Elektronenpaaren möglichst klein ist.

In den oktaedrischen Strukturen AB_4E_2 besetzen die beiden Elektronenpaare daher trans-Positionen, es liegt ein planares Molekül vor.

Beispiele für die oktaedrischen Strukturen AB_6, AB_5E und AB_4E_2 sind SF_6, BrF_5 und XeF_4.

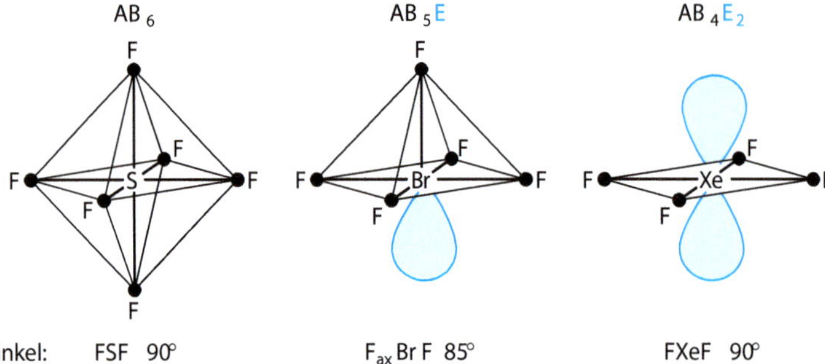

In trigonal-bipyramidalen Strukturen besetzen freie Elektronenpaare die äquatorialen Positionen. Ursache: Die Valenzwinkel in der äquatorialen Ebene betragen 120°, die Winkel zu den Pyramidenspitzen nur 90°. Der Abstand zu einem Nachbaratom in der Äquatorebene ist daher größer als zu einem Nachbaratom in der Pyramidenspitze.

Beispiele für die trigonal-bipyramidalen Strukturen AB_5, AB_4E, AB_3E_2, AB_2E_3 sind PF_5, SF_4, ClF_3 und XeF_2.

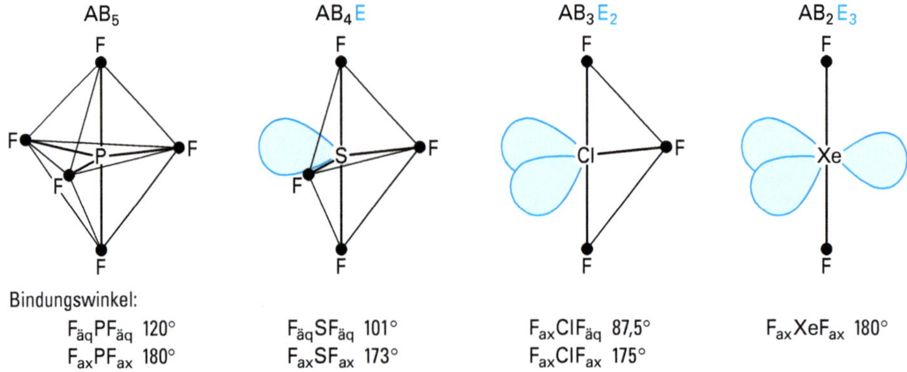

Der größere Raumbedarf der freien Elektronenpaare verringert die idealen Bindungswinkel 90°, 120°, 180° der trigonalen Bipyramide. In den trigonal-bipyramidalen Molekülen sind die äquatorialen Abstände um 5 bis 15 % kleiner als die axialen Abstände. In der Ebene sind die Atome also fester gebunden.

Ein Beispiel für die pentagonal-bipyramidale Struktur AB_7 ist IF_7.

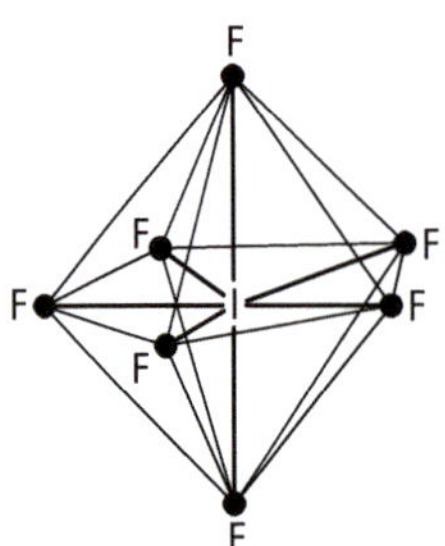

Elektronegative Substituenten ziehen bindende Elektronenpaare stärker an sich heran und vermindern damit deren Raumbedarf. Die Valenzwinkel nehmen daher mit wachsender Elektronegativität x der Substituenten ab (zu Elektronegativität s. Abschn. 2.2.10).

Beispiele:

PI_3	102°	AsI_3	101°
PBr_3	101°	$AsBr_3$	100°
PCl_3	100°	$AsCl_3$	98°
PF_3	98°	AsF_3	96°

$x_F > x_{Cl} > x_{Br} > x_I$

Bei gleichen Substituenten, aber abnehmender Elektronegativität x des Zentralatoms, nehmen die freien Elektronenpaare mehr Raum ein, die Valenzwinkel verringern sich.

Beispiele:

H_2O	104°	NF_3	102°
H_2S	92°	PF_3	98°
H_2Se	91°	AsF_3	96°
H_2Te	89°	SbF_3	88°

$x_O > x_S > x_{Se} > x_{Te}$ $x_N > x_P > x_{As} > x_{Sb}$

In der trigonalen Bipyramide besetzen die elektronegativeren Atome – da sie weniger Raum beanspruchen – die axialen Positionen.

Beispiele:

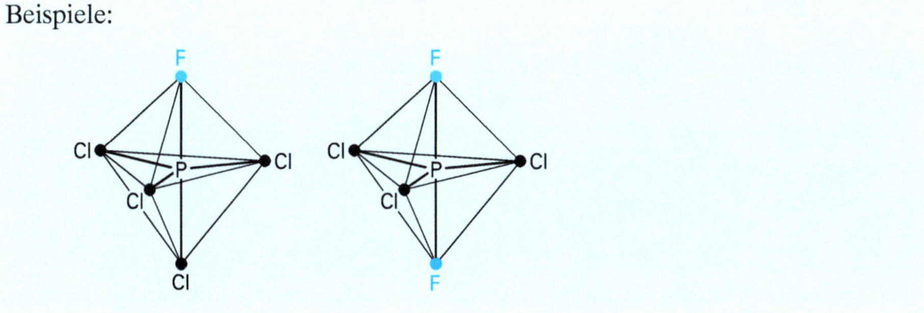

Mehrfachbindungen beanspruchen mehr Raum als Einfachbindungen und verringern die Bindungswinkel der Einfachbindungen.

Ist neben der Doppelbindung auch ein freies Elektronenpaar vorhanden, verstärkt sich die Abnahme des Bindungswinkels. Sind mehrere Doppelbindungen vorhanden, ist der Winkel zwischen diesen der größte des Moleküls.

Beispiele:

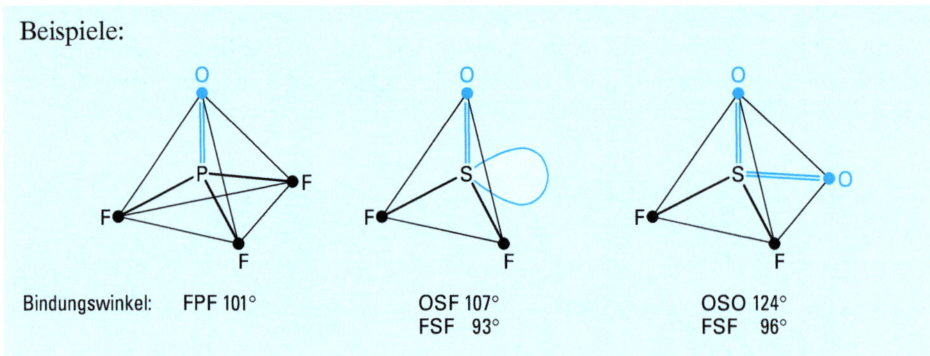

In trigonal-bipyramidalen Molekülen liegen wegen ihrer größeren Raumbeanspruchung die Doppelbindungen in der Äquatorebene.

Beispiele:

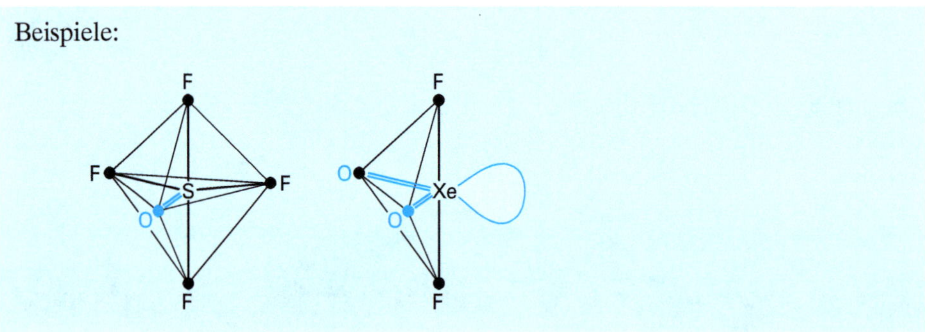

Das VSEPR-Modell setzt eine Äquivalenz der Elektronenpaare voraus. Es ignoriert die Unterschiedlichkeit der Energien und räumlichen Orientierungen der Atomorbitale. Mit wenigen an der Erfahrung orientierten Regeln liefert es aber eine anschauliche und leicht verständliche Systematik der Molekülstrukturen. Für Nebengruppenelemente ist es jedoch in der Regel nicht anwendbar.

2.2.5 Valenzbindungstheorie

Mit der Theorie von Lewis konnte formal das Auftreten bestimmter Moleküle erklärt werden. Sauerstoff und Wasserstoff können das Molekül H_2O bilden, aber beispielsweise nicht ein Molekül der Zusammensetzung H_4O. Wieso aber ein gemeinsames Elektronenpaar zur Energieabgabe und damit zur Bindung führt (vgl. Abb. 2.25), blieb unverständlich. Im Gegensatz zur Ionenbindung ist die Atombindung mit klassischen Gesetzen nicht zu erklären. Erst die Wellenmechanik führte zum Verständnis der Atombindung.

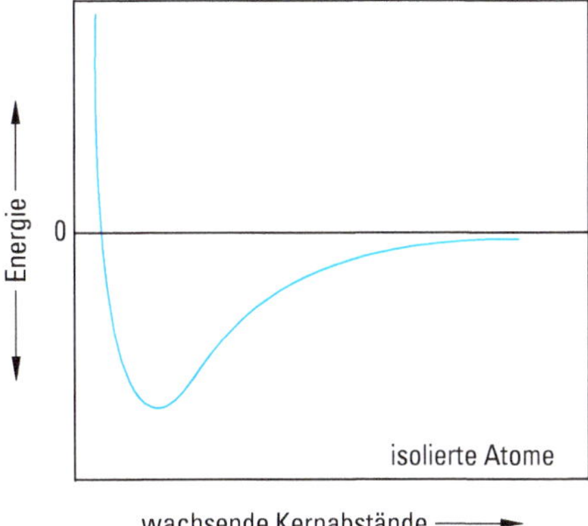

Abbildung 2.25 Energie von zwei Wasserstoffatomen als Funktion der Kernabstände. Bei Annäherung von zwei H-Atomen nimmt die Energie zunächst ab, die Anziehung überwiegt. Bei kleineren Abständen überwiegt die Abstoßung der Kerne, die Energie nimmt zu. Das Energieminimum beschreibt den stabilsten zwischenatomaren Abstand und den Energiegewinn, die Stabilität des Moleküls, bezogen auf zwei isolierte H-Atome.

Es gibt zwei Näherungsverfahren, die zwar von verschiedenen Ansätzen ausgehen, aber im Wesentlichen zu den gleichen Ergebnissen führen: die Valenzbindungstheorie (VB-Theorie) und die Molekülorbitaltheorie (MO-Theorie). VB- und MO-Theorie sind zwei Darstellungen der Wirklichkeit, die komplementär und nicht gegensätzlich sind.

Ähnlich wie man für einzelne Atome ein Energieniveauschema von Atomorbitalen aufstellt, stellt man in der MO-Theorie für das Molekül als Ganzes ein Energieniveauschema von Molekülorbitalen auf. Unter Berücksichtigung des Pauli-Prinzips und der Hund'schen Regel werden die Molekülorbitale mit den Elektronen des Moleküls besetzt (vgl. Abschn. 1.4.7).

In der VB-Theorie sind die Elektronenpaare zwischen zwei Atomen (als bindende Elektronenpaare) oder an einem Atom (als freie Elektronenpaare) lokalisiert. Eine eventuell notwendige Delokalisierung über mehrere Atome wird durch „mesomere Grenzstrukturen" beschrieben (Abschn. 2.2.8).

In diesem sowie den folgenden Abschn. 2.2.6–2.2.8 wird die Atombindung zunächst mit der VB-Methode behandelt. Sie ist etwas anschaulicher als die MO-Methode, insbesondere weil die Ergebnisse der VB-Methode oft gut durch Lewis-Formeln dargestellt werden können. Zunächst behandeln wir die Bindung im Wasserstoffmolekül.

Überlappung von Atomorbitalen zu σ-Bindungen

Betrachten wir die Bildung eines H_2-Moleküls aus den beiden Atomen H_A und H_B. Zu jedem Atom gehört ein bestimmtes Elektron, das Elektron 1 zu H_A, das Elektron 2 zu H_B. Die 1s-Wellenfunktionen bezeichnen wir mit $\psi_A(1)$ und $\psi_B(2)$. Bei großem Abstand der Atome findet keine Wechselwirkung statt, für das Gesamtsystem beträgt die Energie $E = E_A + E_B = 2\,E_H$ und als Lösung der Zweielektronen-Wellengleichung erhält man die Wellenfunktion $\psi = \psi_A(1)\;\psi_B(2)$. Bei Annäherung der Atome erfolgt eine Wechselwirkung. Zunächst wird angenommen, dass die Wellenfunktion $\psi = \psi_A(1)\;\psi_B(2)$ noch annähernd richtig ist. Die Wechselwirkung wird durch sechs Coulomb-Wechselwirkungsterme berücksichtigt, die die Wechselwirkung zwischen Kern A, Kern B, Elektron 1 und Elektron 2 erfassen. Für die Energie E als Funktion des Kernabstands r erhält man ein Energieminimum von -24 kJ mol^{-1} bei $r = 90$ pm (Kurve a der Abb. 2.26). Die experimentelle Bindungsenergie ist aber -458 kJ mol^{-1} und die beobachtete Bindungslänge 74 pm.

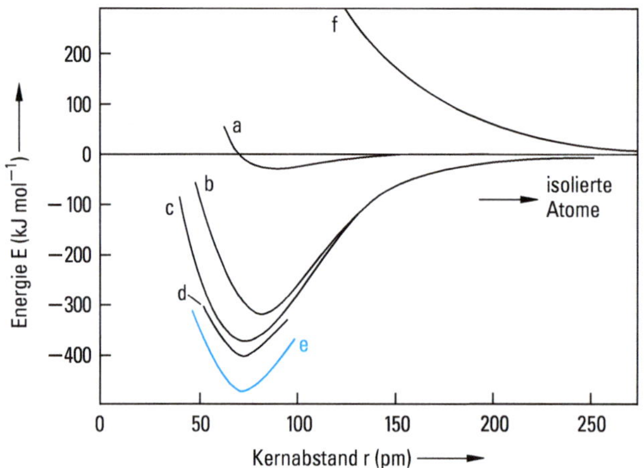

Abbildung 2.26 Bindungsenergie des Moleküls H_2 als Funktion des Kernabstands r. e beschreibt die experimentellen Werte, a basiert auf einer Wellenfunktion, die den Aufenthalt jedes Elektrons auf den Bereich eines Kerns beschränkt. Bei b ist das Elektronenpaar mit antiparallelem Spin über den ganzen Bereich des Moleküls delokalisiert. c berücksichtigt zusätzlich die Kontraktion der 1s-Funktion, d außerdem ionische Strukturanteile. Der instabile Zustand f resultiert aus einem Elektronenpaar mit parallelem Spin.

Einen entscheidenden Fortschritt gab es durch Heitler und London (1927). Nur bei großen Kernabständen ist es gerechtfertigt, jedes Elektron *einem* Kern zuzuordnen.

Im Molekül ist auf Grund der Heisenberg'schen Unbestimmtheitsbeziehung (vgl. Abschn. 1.4.3) der Aufenthaltsort eines Elektrons unbestimmt, die beiden Elektronen sind nicht unterscheidbar. Es muss daher die Wellenfunktion $\psi_A(2)\;\psi_B(1)$ ebenso richtig sein wie die Wellenfunktion $\psi_A(1)\;\psi_B(2)$. Sind beide Funktionen Lösungen der Schrödinger-Gleichung, dann sind es auch ihre Linearkombinationen ψ_+ und ψ_-

$$\psi_+ = \psi_A(1) \cdot \psi_B(2) + \psi_A(2) \cdot \psi_B(1) \tag{2.5}$$

$$\psi_- = \psi_A(1) \cdot \psi_B(2) - \psi_A(2) \cdot \psi_B(1) \tag{2.6}$$

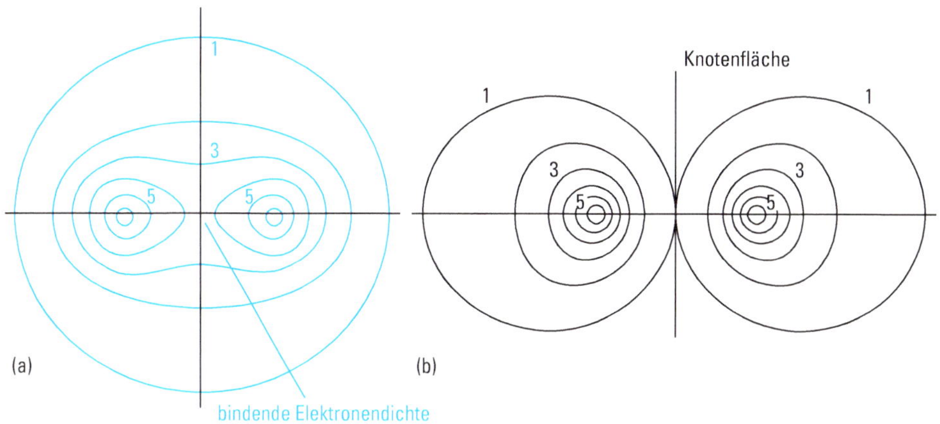

Abbildung 2.27 Elektronendichte im H_2-Molekül
a) Beim stabilen Zustand hat die Elektronendichte auf der Kernverbindungsachse hohe Werte. Diese Elektronendichte wirkt bindend, da die auf sie wirkende Anziehung beider Kerne die Kernabstoßung überkompensiert.
b) Beim instabilen Zustand existiert senkrecht zur Kernverbindungsachse eine Knotenfläche mit der Elektronendichte null, die Kernabstoßung überwiegt.

in denen die Ununterscheidbarkeit der beiden Elektronen 1 und 2 berücksichtigt ist. Zu den Wellenfunktionen (2.5) und (2.6) gehören die Kurven b und f der Abb. 2.26. Kurve b beschreibt einen stabilen Zustand des Moleküls mit einer Energieerniedrigung um 303 kJ mol^{-1} beim Abstand 87 pm. Dies ist bereits $\frac{2}{3}$ der experimentellen Bindungsenergie. Die Energieerniedrigung wird dadurch bewirkt, dass nun jedes Elektron eine größere Bewegungsfreiheit hat und in die Nähe beider Kerne gelangen kann. Sie wird gewöhnlich als Austauschenergie bezeichnet. Das Pauli-Prinzip fordert, dass zum stabilen Molekülzustand, den die Wellenfunktion (2.5) beschreibt, zwei Elektronen mit antiparallelem Spin gehören. Kurve f beschreibt dagegen einen instabilen Molekülzustand mit zwei Elektronen parallelen Spins.

Die mit den Wellenfunktionen (2.5) und (2.6) berechneten Elektronendichteverteilungen sind in der Abb. 2.27 dargestellt. Charakteristisch für die kovalente Bindung ist, dass auf der Kernverbindungsachse hohe Elektronendichten auftreten.

Bei kleinen Abständen der H-Atome ist zu erwarten, dass die Wellenfunktionen sich von denen ungestörter 1s-Orbitale unterscheiden. Verbesserungen erhält man bei Berücksichtigung der Kontraktion der 1s-Orbitale und ihrer Abweichung von der Kugelsymmetrie (Kurve c der Abb. 2.26; 85 % der Bindungsenergie bei einem Kernabstand von 75 pm). Es gibt eine – wenn auch geringe – Wahrscheinlichkeit dafür, dass sich beide Elektronen gleichzeitig bei einem Kern aufhalten. Dies kann mit den Strukturformeln $H_A^- \; H_B^+$ und $H_A^+ \; H_B^-$ symbolisiert werden. Bei Berücksichtigung dieser ionischen Strukturen erhält man eine weitere Verbesserung (Kurve d

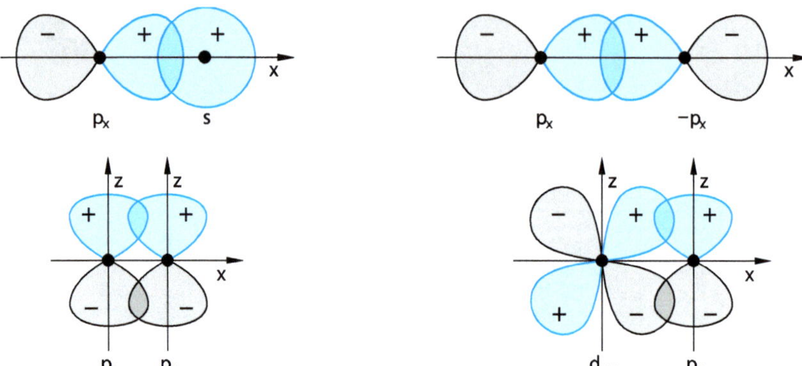

Positive Überlappung erfolgt, wenn Bereiche der Orbitale mit gleichen Vorzeichen der Wellenfunktion überlappen. Nur positive Überlappung führt zur Bindung.

Überlappung null. Die Bereiche positiver und negativer Überlappung kompensieren sich.

Negative Überlappung führt zur Abstoßung, da zwischen den Kernen Knotenflächen auftreten.

Abbildung 2.28 Überlappungen von Atomorbitalen unterschiedlicher Symmetrie.

der Abb. 2.26; 87 % der Bindungsenergie). Die experimentelle Bindungsenergie (Kurve e der Abb. 2.26; $-458\ \text{kJ mol}^{-1}$) konnte mit aufwendigen Verbesserungen der Wellenfunktionen berechnet werden.

Die Bildung des H_2-Moleküls lässt sich nach der VB-Theorie wie folgt beschreiben (vgl. Abb. 2.32). Bei der Annäherung zweier Wasserstoffatome kommt es zu einer Überlappung der 1s-Orbitale. Überlappung bedeutet, dass ein zu beiden Atomen gehörendes, gemeinsames Orbital entsteht, das aufgrund des Pauli-Prinzips mit nur einem Elektronenpaar besetzbar ist und dessen beide Elektronen entgegengesetzten

Spin haben müssen. Die beiden Elektronen gehören nun nicht mehr nur zu den Atomen, von denen sie stammen, sondern sie sind ununterscheidbar, können gegenseitig die Plätze wechseln und sich im gesamten Raum der überlappenden Orbitale aufhalten. Das Elektronenpaar gehört also, wie schon Lewis postulierte, beiden Atomen gleichzeitig an. Die Bildung eines gemeinsamen Elektronenpaares führt zu einer Konzentration der Elektronendichte im Gebiet zwischen den Kernen, während außerhalb dieses Gebiets die Ladungsdichte im Molekül geringer ist als die Summe der Ladungsdichten, die von den einzelnen, ungebundenen Atomen herrühren. Die Bindung kommt durch die Anziehung zwischen den positiv geladenen Kernen und der negativ geladenen Elektronenwolke zustande. Die Anziehung ist umso größer, je größer die Elektronendichte zwischen den Kernen ist. Je stärker zwei Atomorbitale überlappen, umso stärker ist die Elektronenpaarbindung.

Bindung erfolgt aber nur, wenn die Überlappung positiv ist. Damit eine positive Überlappung zustande kommt, müssen die überlappenden Atomorbitale eine geeignete Symmetrie besitzen. Beispiele für positive Überlappung, negative Überlappung und Überlappung Null sind in der Abb. 2.28 dargestellt.

Die Lewis-Formeln geben keine Auskunft über den räumlichen Bau von Molekülen. Für die Moleküle H_2O und NH_3 sind verschiedene räumliche Anordnungen der Atome denkbar. H_2O könnte ein lineares oder ein gewinkeltes Molekül sein. NH_3 könnte die Form einer Pyramide haben oder ein ebenes Molekül sein.

Über den räumlichen Aufbau der Moleküle erhält man Auskunft, wenn man feststellt, welche Atomorbitale bei der Ausbildung der Elektronenpaarbindungen überlappen. In den Abb. 2.29, 2.30 und 2.31 ist die Überlappung der Atomorbitale für die Moleküle HF, H_2O und NH_3 dargestellt.

H_2O sollte danach ein gewinkeltes Molekül mit einem H—O—H-Winkel von 90° sein. Experimente bestätigen, dass H_2O gewinkelt ist, der Winkel beträgt jedoch 104,5°. Beim Molekül H_2S wird ein H—S—H-Winkel von 92° gefunden. Für NH_3 ist eine Pyramidenform mit H—N—H-Winkeln von 90° zu erwarten. Die pyramidale Anordnung der Atome wird durch das Experiment bestätigt, die H—N—H-Winkel betragen allerdings 107°. Bei PH_3 werden H—P—H-Winkel von 93° gefunden.

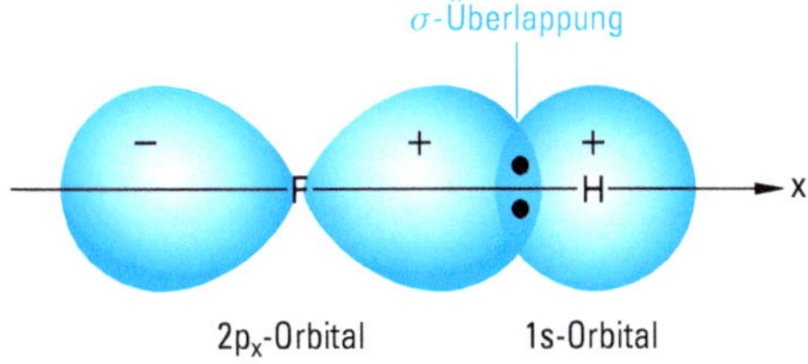

Abbildung 2.29 Überlappung des 1s-Orbitals von Wasserstoff mit einem 2p-Orbital von Fluor im Molekül HF. Das bindende Elektronenpaar gehört beiden Atomen gemeinsam. Jedes der beiden Elektronen kann sich sowohl im p- als auch im s-Orbital aufhalten. Durch die Überlappung kommt es zwischen den Atomen zu einer Erhöhung der Elektronendichte und zur Bindung der Atome aneinander.

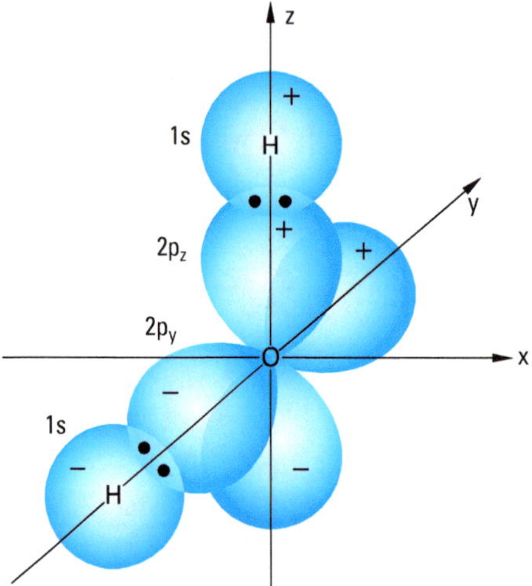

Abbildung 2.30 Modell des H_2O-Moleküls. Zwei 2p-Orbitale des Sauerstoffatoms überlappen mit den 1s-Orbitalen der beiden Wasserstoffatome. Da die beiden p-Orbitale senkrecht zueinander orientiert sind, ist das H_2O-Molekül gewinkelt. Die Atombindungen sind gerichtet.

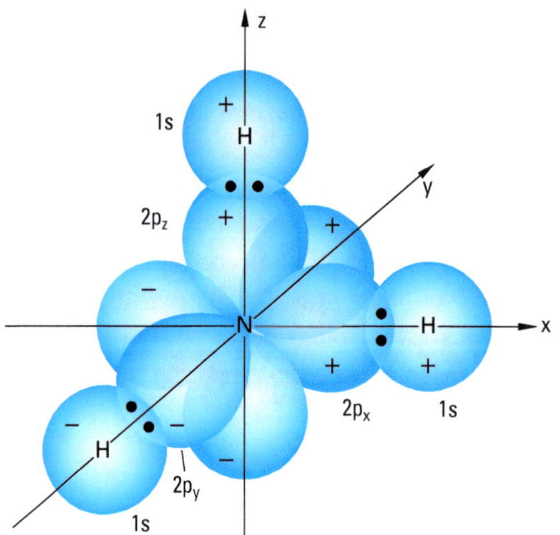

Abbildung 2.31 Modell des NH_3-Moleküls. Die drei 2p-Orbitale des Stickstoffatoms überlappen mit den 1s-Orbitalen der Wasserstoffatome. Im NH_3-Molekül bildet N daher die Spitze einer dreiseitigen Pyramide.

Atombindungen, die wie bei H_2 durch Überlappung von zwei s-Orbitalen oder wie bei HF durch Überlappung eines s- mit einem p-Orbital zustande kommen, nennt man σ-Bindungen. Die möglichen σ-Bindungen zwischen s- und p-Orbitalen sind in der Abb. 2.32 dargestellt.

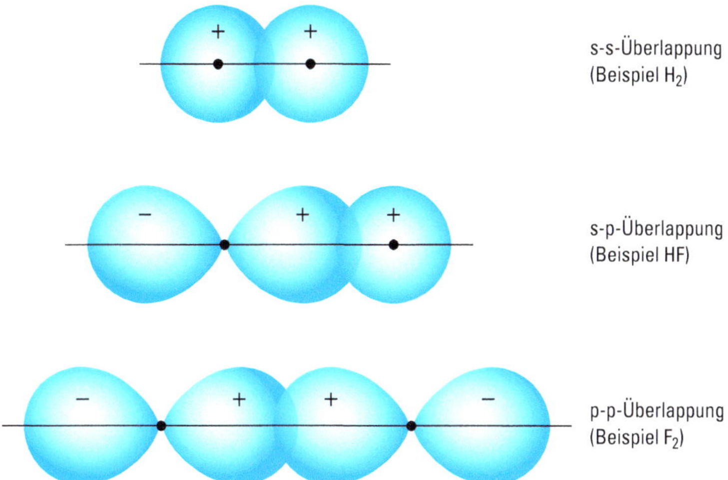

Abbildung 2.32 σ-Bindungen, die durch Überlappung von s- mit p-Orbitalen gebildet werden können. Bei σ-Bindungen liegen die Orbitale rotationssymmetrisch zur Verbindungsachse der Kerne.

2.2.6 Hybridisierung

Zur Erklärung des räumlichen Baus von Molekülen eignet sich das von Pauling entwickelte Konzept der Hybridisierung. Ein anderes Modell zur Deutung der Molekülgeometrie, das auf der Abstoßung der Elektronenpaare der Valenzschale basiert und das als Valence-Shell-Electron-Pair-Repulsion-Modell (VSEPR) bekannt ist, wurde im Abschn. 2.2.4 besprochen.

sp^3-Hybridorbitale. Im Methanmolekül, CH_4, werden von dem angeregten C-Atom vier σ-Bindungen gebildet. Da zur Bindung ein s-Orbital und drei p-Orbitale zur Verfügung stehen, sollte man erwarten, dass nicht alle C—H-Bindungen äquivalent sind und dass das Molekül einen räumlichen Aufbau besitzt, wie ihn Abb. 2.33a zeigt. Die experimentellen Befunde zeigen jedoch, dass CH_4 ein völlig symmetrisches, tetraedrisches Molekül mit vier äquivalenten C—H-Bindungen ist (Abb. 2.33b). Wir könnten daraus schließen, dass das C-Atom im Bindungszustand vier äquivalente Orbitale besitzt, die auf die vier Ecken eines regulären Tetraeders ausgerichtet sind.

In der VB-Theorie entstehen vier äquivalente Orbitale durch Kombination aus dem s- und den drei p-Orbitalen. Man nennt diesen Vorgang Hybridisierung, die dabei entstehenden Orbitale werden Hybridorbitale genannt (Abb. 2.34).

Die vier „gemischten“ Hybridorbitale des Kohlenstoffatoms besitzen $\frac{1}{4}$s- und $\frac{3}{4}$p-Charakter. Man bezeichnet sie als sp^3-Hybridorbitale, um ihre Zusammensetzung aus einem s- und drei p-Orbitalen anzudeuten. Jedes sp^3-Hybridorbital des C-Atoms ist mit einem ungepaarten Elektron besetzt. Durch Überlappung mit den 1s-Orbitalen des Wasserstoffs entstehen im CH_4-Molekül vier σ-Bindungen, die tetraedrisch ausgerichtet sind. Dies zeigt Abb. 2.35.

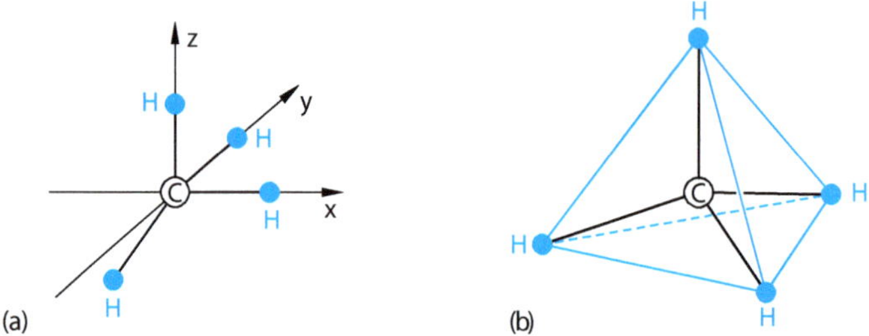

Abbildung 2.33 a) Geometrische Anordnung, die die Atome im Methanmolekül besitzen müssten, wenn das C-Atom die C—H-Bindungen mit den Orbitalen 2s, $2p_x$, $2p_y$, $2p_z$ ausbilden würde. Das an das 2s-Orbital gebundene H-Atom hat wegen der Abstoßung der Elektronenhüllen zu den anderen H-Atomen die gleiche Entfernung.
b) Experimentell gefundene Anordnung der Atome im CH_4-Molekül. Alle C—H-Bindungen und alle H—C—H-Winkel sind gleich. CH_4 ist ein symmetrisches, tetraedrisches Molekül.

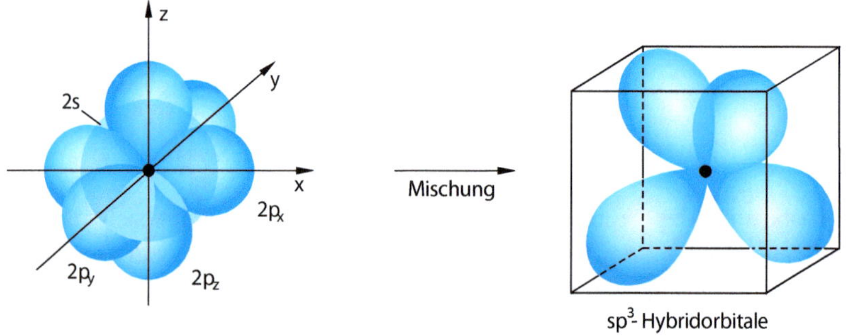

Abbildung 2.34 Bildung von sp^3-Hybridorbitalen. Durch Hybridisierung der s-, p_x-, p_y- und p_z-Orbitale entstehen vier äquivalente sp^3-Hybridorbitale, die auf die Ecken eines Tetraeders gerichtet sind. Die sp^3-Hybridorbitale sind aus zeichnerischen Gründen vereinfacht dargestellt.

In die Hybridisierung können auch Elektronenpaare einbezogen sein, die nicht an einer Bindung beteiligt sind. In den Molekülen NH_3 und H_2O sind die Bindungswinkel dem Tetraederwinkel von 109° viel näher als dem rechten Winkel. Diese Moleküle lassen sich daher besser beschreiben, wenn man annimmt, dass die Bindungen statt von p-Orbitalen (vgl. Abb. 2.30 und Abb. 2.31) von sp^3-Hybridorbitalen gebildet werden. Beim NH_3 ist ein nicht an der Bindung beteiligtes Elektronenpaar, beim H_2O sind zwei einsame Elektronenpaare in die Hybridisierung einbezogen. Dies ist in der Abb. 2.36 dargestellt.

In den Abbildungen dieses Abschnitts sind aus zeichnerischen Gründen die Hybridorbitale vereinfacht dargestellt. Die tatsächliche Elektronendichteverteilung eines sp^3-Hybridorbitals des C-Atoms zeigt das Konturliniendiagramm der Abb. 2.37.

sp-Hybridorbitale. Aus *einem* p-Orbital und *einem* s-Orbital entstehen *zwei* äquivalente sp-Hybridorbitale, die miteinander einen Winkel von 180° bilden (Abb. 2.38).

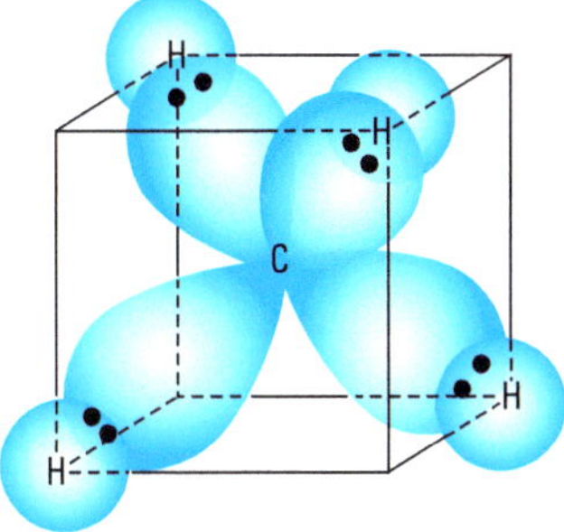

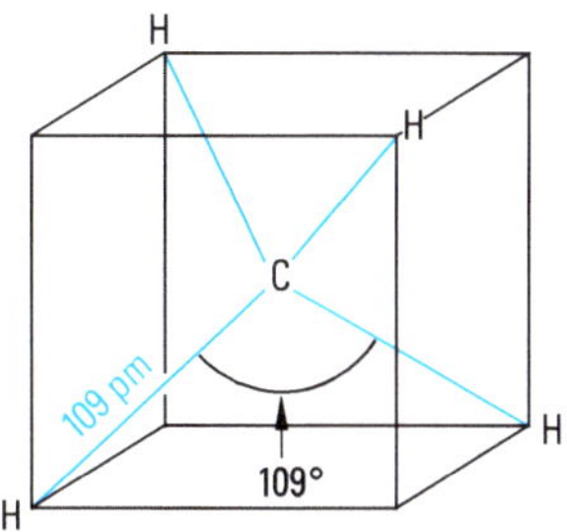

Abbildung 2.35 Bindung im CH_4-Molekül. Die vier tetraedrischen sp^3-Hybridorbitale des C-Atoms überlappen mit den 1s-Orbitalen der H-Atome. Alle C—H-Bindungsabstände und alle H—C—H-Bindungswinkel sind übereinstimmend mit dem Experiment gleich. Die Photoelektronenspektroskopie zeigt für CH_4 im Bereich der Valenzelektronen energetisch unterschiedliche Banden, die drei Orbitalen und einem Orbital zugeordnet werden können. Ein Unterschied der vier bindenden C—H-Orbitale kann mit der MO-Theorie erklärt werden (s. Abb. 2.74).

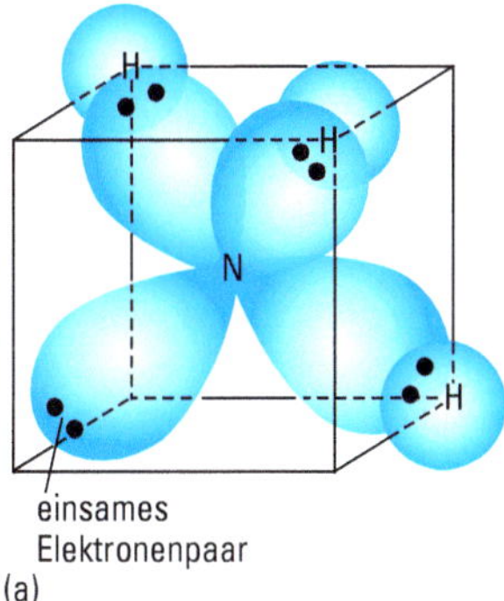

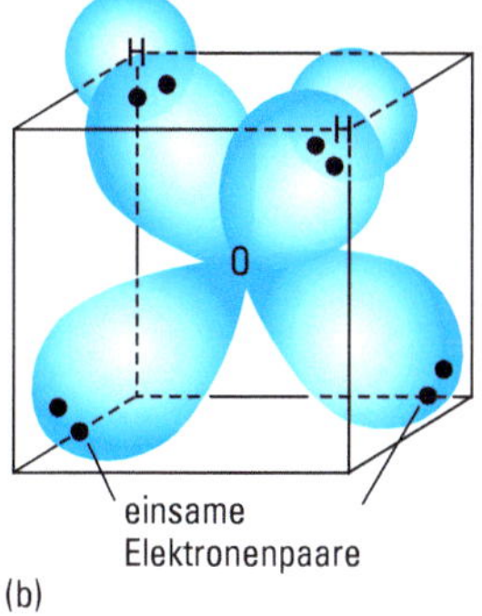

Abbildung 2.36 a) Modell des Moleküls NH_3. Drei der vier sp^3-Hybridorbitale des N-Atoms bilden σ-Bindungen mit den 1s-Orbitalen der H-Atome.
b) Modell des Moleküls H_2O. Zwei der vier sp^3-Hybridorbitale des O-Atoms bilden σ-Bindungen mit den 1s-Orbitalen der H-Atome.
σ-Bindungen mit Hybridorbitalen beschreiben diese Moleküle besser als σ-Bindungen mit p-Orbitalen (vgl. Abbildung 2.30 und 2.31). Die Photoelektronenspektroskopie zeigt einen energetischen Unterschied der beiden freien Elektronenpaare im H_2O-Molekül. Dieser Unterschied kann mit der MO-Theorie erklärt werden (s. Abb. 2.72 und 2.73).

sp-Hybridorbitale werden z. B. im Molekül $BeCl_2$ zur Bindung benutzt. $BeCl_2$ besteht im Gaszustand aus linearen Molekülen mit gleichen Be–Cl-Bindungen. Das angeregte Be-Atom hat die Konfiguration $1s^2\ 2s^1\ 2p^1$. Durch Hybridisierung des 2s- und eines 2p-Orbitals entstehen zwei sp-Hybridorbitale, die mit je einem Elektron besetzt sind. Be kann daher zwei gleiche σ-Bindungen in linearer Anordnung bilden (Abb. 2.39).

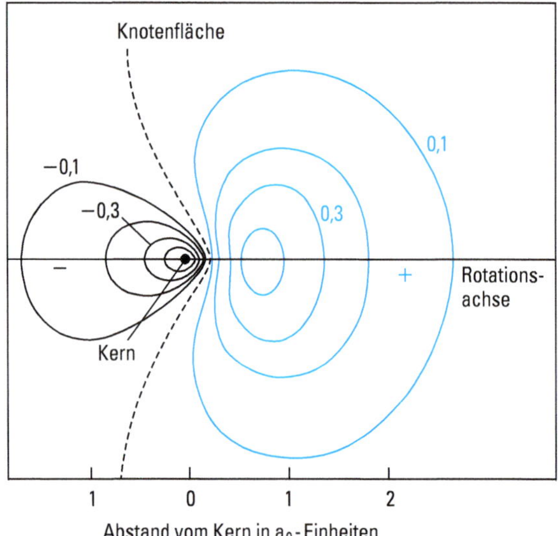

Abbildung 2.37 Konturliniendiagramm eines sp^3-Hybridorbitals des C-Atoms. Die Konturlinien sind Linien gleicher Elektronendichte. Die Knotenfläche geht nicht durch den Atomkern. Die Orbitallappen sind rotationssymmetrisch wie die p-Orbitale. Mit Bindungspartnern in Richtung der Rotationsachse können daher σ-Bindungen gebildet werden.

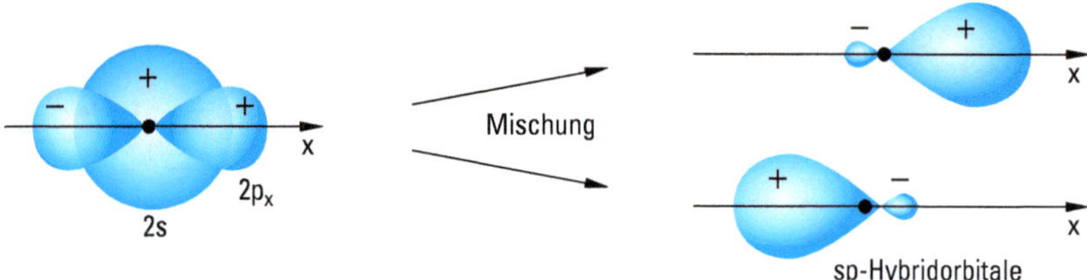

Abbildung 2.38 Schematische Darstellung der Bildung von sp-Hybridorbitalen. Aus einem 2s- und einem $2p_x$-Orbital entstehen zwei sp-Hybridorbitale. Die sp-Hybridorbitale bilden miteinander einen Winkel von 180°.

Die Bildung von Hybridorbitalen durch Mischen geeigneter Atomorbitale geschieht mathematisch durch Linearkombination von Atomorbitalen (Linearkombinationen der Atomorbitale sind ebenso Lösungen der Schrödinger-Gleichung wie die Atomorbitale selbst). Die beiden sp-Hybridorbitale erhält man also durch Linearkombination des 2s- und des $2p_x$-Orbitals

$$\psi_{sp(1)} = N\,(2s + 2p)$$

$$\psi_{sp(2)} = N\,(2s - 2p)$$

Der Normierungsfaktor ist $N = \dfrac{1}{\sqrt{2}}$

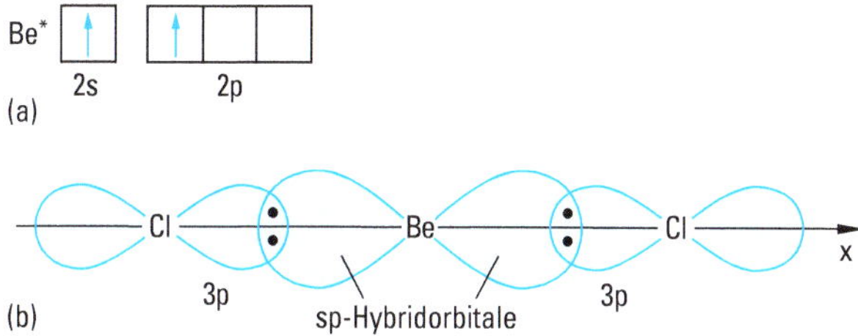

Abbildung 2.39 a) Elektronenkonfiguration des angeregten Be-Atoms.
b) Bildung von $BeCl_2$. Das 2s- und ein 2p-Orbital des Be-Atoms hybridisieren zu sp-Hybridorbitalen. Die beiden sp-Hybridorbitale von Be bilden mit den 3p-Orbitalen der Cl-Atome σ-Bindungen.

sp^2-Hybridorbitale. Hybridisieren ein s-Orbital und zwei p-Orbitale, entstehen drei äquivalente sp^2-Hybridorbitale (Abb. 2.40). Alle Moleküle, bei denen das Zentralatom zur Ausbildung von Bindungen sp^2-Hybridorbitale benutzt, haben trigonal ebene Gestalt. Ein Beispiel ist das Molekül BCl_3. Im angeregten Zustand hat Bor die Konfiguration $1s^2\ 2s^1\ 2p^2$. Durch Hybridisierung entstehen drei sp^2-Hybridorbitale, die mit je einem Elektron besetzt sind. Bor kann daher drei gleiche σ-Bindungen bilden, die in einer Ebene liegen und Winkel von 120° miteinander bilden (Abb. 2.41).

Die Beispiele $BeCl_2$, BF_3 und CH_4 zeigen, dass das VSEPR- und das Hybridisierungsmodell zum gleichen Ergebnis führen.

Weitere Beispiele für Hybridisierungen, bei denen s- und p-Orbitale beteiligt sind, enthält Tab. 2.13.

Sind an der Hybridisierung auch d-Orbitale beteiligt, gibt es eine Reihe weiterer Hybridisierungsmöglichkeiten. Hier sollen nur drei besprochen werden.

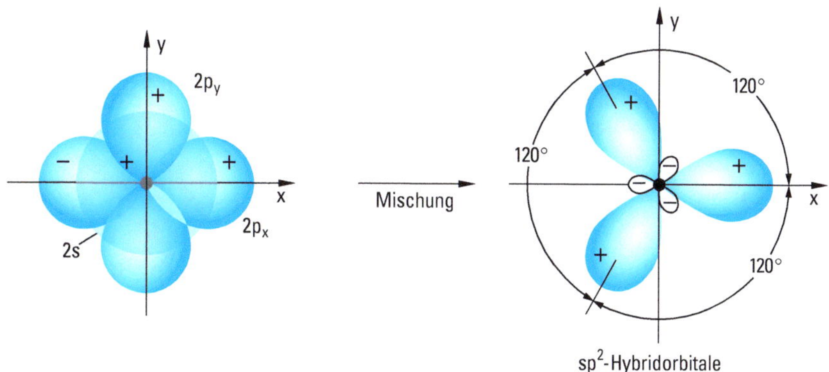

Abbildung 2.40 Schematische Darstellung der Bildung von sp^2-Hybridorbitalen. Aus den 2s-, $2p_x$- und $2p_y$-Orbitalen entstehen drei äquivalente sp^2-Hybridorbitale. Die Orbitale liegen in der xy-Ebene und bilden Winkel von 120° miteinander.

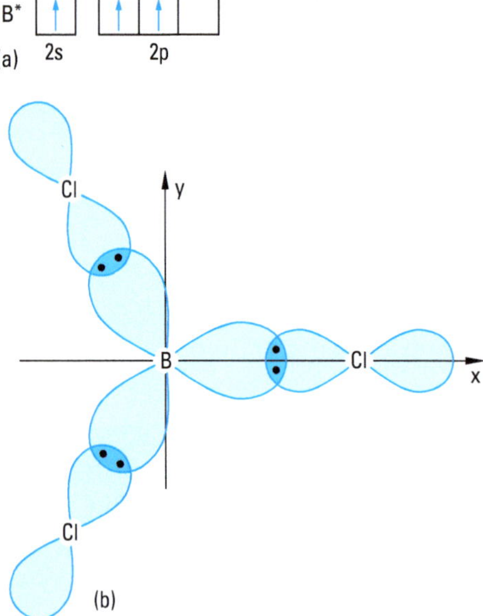

Abbildung 2.41 a) Elektronenkonfiguration der Valenzelektronen des angeregten B-Atoms. b) Schematische Darstellung der Bindungen im Molekül BCl_3. B bildet unter Benutzung von drei sp^2-Hybridorbitalen drei σ-Bindgungen mit den 3p-Orbitalen der Cl-Atome. Das Molekül ist eben. Die Cl–B–Cl-Bindungswinkel betragen 120°.

Tabelle 2.13 Häufig auftretende Hybridisierungen

Hybridorbitale Typ	Zahl	Orientierung	Beispiele
sp	2	linear	CO_2, HCN, C_2H_2, $HgCl_2$
sp^2	3	trigonal	SO_3, NO_3^-, CO_3^{2-}, NO_2^-
sp^3	4	tetraedrisch	NH_4^+, BF_4^-, SO_4^{2-}, ClO_4^-

d^2sp^3-Hybridorbitale. Die sechs Hybridorbitale sind auf die Ecken eines Oktaeders ausgerichtet. Sie entstehen durch Kombination der Orbitale s, p_x, p_y, p_z, $d_{x^2-y^2}$, d_{z^2} (Abb. 2.42).

dsp^3-Hybridorbitale. Die Kombination der Orbitale s, p_x, p_y, p_z, d_{z^2} führt zu fünf Hybridorbitalen, die auf die Ecken einer trigonalen Bipyramide gerichtet sind.

dsp^2-Hybridorbitale. Durch Kombination der Orbitale s, p_x, p_y, $d_{x^2-y^2}$ entstehen vier Hybridorbitale, die in einer Ebene liegen und auf die Ecken eines Quadrats gerichtet sind.

Beteiligung von d-Orbitalen an Bindungen. Lange Zeit nahm man an, dass bei Nichtmetallen der 3. Periode und höherer Perioden d-Orbitale an der Hybridisierung beteiligt sind und diese Hybridorbitale (z. B. d^2sp^3 oder dsp^3)-Bindungen bilden. Damit hat man früher die räumliche und elektronische Struktur von Verbindungen

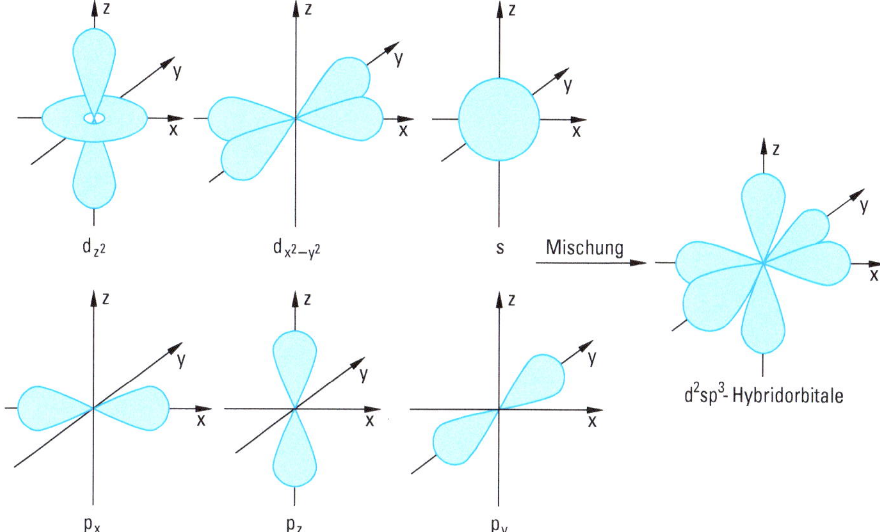

Abbildung 2.42 Schematische Darstellung der Bildung der sechs d^2sp^3-Hybridorbitale aus den Atomorbitalen d_{z^2}, $d_{x^2-y^2}$, s, p_x, p_y, p_z.

wie SF_6 und PF_5 erklärt, bei denen mit der klassischen Lewis-Formel formal das Elekronenoktett des Zentralatoms überschritten wird. Theoretische Rechnungen zeigen aber, dass die d-Orbitale der Hauptgruppenelemente nur unwesentlich an den Bindungen beteiligt sind.

Die Bindungen in hypervalenten Molekülen können sowohl mit der VB-Theorie als auch mit der MO-Theorie (ohne d-Orbitale) befriedigend beschrieben werden. Im letzten Teil des Abschn. 2.2.12 Molekülorbitale werden die Bindungsverhältnisse an einigen Beispielen erläutert.

In Komplexverbindungen von Übergangsmetallen aber sind die d-Orbitale der Zentralatome ganz entscheidend an den Bindungen beteiligt und für die Erklärung der Eigenschaften dieser Verbindungen erforderlich. Dies wird im Abschnitt 5.7.5 Ligandenfeldtheorie behandelt. Mit dem VB-Hybridmodell konnten z. B. die nichtoktaedrischen, C_{3v}-verzerrten trigonal-prismatischen Strukturen der d^0—$M(CH_3)_6$-Verbindungen (M = Mo, W) vorhergesagt und gedeutet werden (Abb. 2.43). Vernachlässigt man den Beitrag der Valenz-p-Orbitale, so haben die d^5s-Hybridorbitale am Metallatom bevorzugte Winkel von 63° und 117° mit der C_{3v}-Geometrie als energieniedrigster Koordination für WH_6 (vgl. Oktaederwinkel von 90° und 180°). In $W(CH_3)_6$ sind die gefundenen Winkel durch Ligandenabstoßung etwas aufgeweitet. Der Erfolg des VB-Modells hängt hier mit den kovalenten, reinen σ-Metall–Ligand-Bindungen zusammen.

Es soll noch einmal zusammenfassend auf die wesentlichen Merkmale der Hybridisierung hingewiesen werden.

Die Anzahl gebildeter Hybridorbitale ist gleich der Anzahl der Atomorbitale, die an der Hybridbildung beteiligt sind.

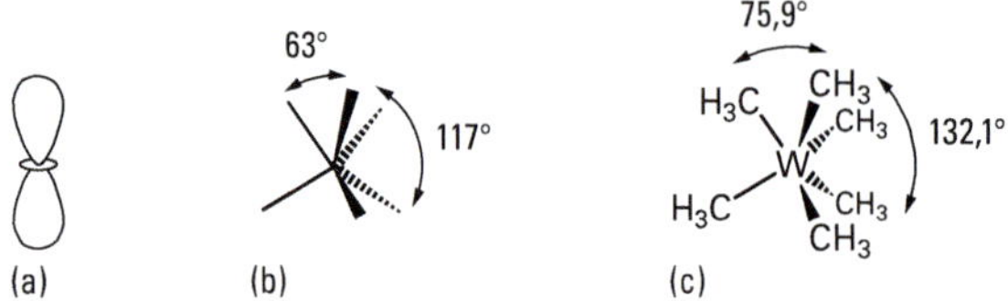

Abbildung 2.43 a) Gestalt eines d^5s-Hybridorbitals mit b) den Bindungswinkeln und der idealisierten Ausrichtung der sechs d^5s-Hybridorbitale zueinander in einer C_{3v}-symmetrischen trigonal-prismatischen Anordnung. c) Molekülstruktur mit Bindungswinkeln in $W(CH_3)_6$.

Abbildung 2.44 Das 1s-Orbital von H überlappt mit einem sp-Hybridorbital von F stärker als mit einem 2p-Orbital von F, da die Elektronenwolke des sp-Orbitals in Richtung des H-Atoms größer ist als die des p-Orbitals. Hybridisierung führt zu einem Gewinn an Bindungsenergie.

Es kombinieren nur solche Atomorbitale zu Hybridorbitalen, die ähnliche Energien haben, z. B. 2s-2p; 3s-3p; 4s-4p; 4s-3d.

Die Hybridbildung führt zu einer völlig neuen räumlichen Orientierung der Elektronenwolken.

Hybridorbitale besitzen größere Elektronenwolken als die nicht hybridisierten Orbitale. Eine Bindung mit Hybridorbitalen führt daher zu einer stärkeren Überlappung (Abb. 2.44) und damit zu einer stärkeren Bindung. Der Gewinn an zusätzlicher Bindungsenergie ist der eigentliche Grund für die Hybridisierung.

Der hybridisierte Zustand ist aber nicht ein an einem isolierten Atom tatsächlich herstellbarer und beobachtbarer Zustand wie z. B. der angeregte Zustand. Das Konzept der Hybridisierung hat nur für gebundene Atome eine Berechtigung. Bei der Verbindungsbildung treten im ungebundenen Atom weder der angeregte Zustand noch der hybridisierte Zustand als echte Zwischenprodukte auf. Es ist aber zweckmäßig, die Verbindungsbildung gedanklich in einzelne Schritte zu zerlegen und für die Atome einen hypothetischen Valenzzustand zu formulieren.

Ein Beispiel ist in der Abb. 2.45 dargestellt.

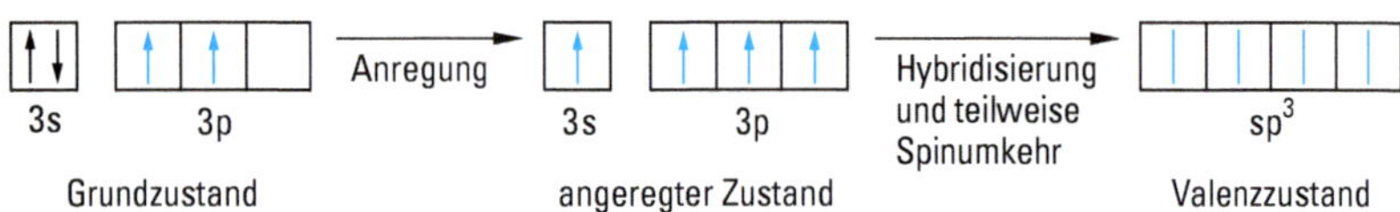

Abbildung 2.45 Entstehung des hypothetischen Valenzzustandes aus dem Grundzustand am Beispiel des Siliciumatoms. Im Valenzzustand sind die Spins der Valenzelektronen statistisch verteilt. Dies wird durch „Pfeile ohne Spitze“ symbolisiert.

2.2.7 π-Bindung

Im Molekül N_2 sind die beiden Stickstoffatome durch eine Dreifachbindung aneinander gebunden. Dadurch erreichen beide Stickstoffatome ein Elektronenoktett.

$$|N{\equiv}N|$$

Die drei Bindungen im N_2-Molekül sind nicht gleichartig. Dies geht aus der Lewis-Formel nicht hervor, wird aber sofort klar, wenn man die Überlappung der an der Bindung beteiligten Orbitale betrachtet. Jedem N-Atom stehen drei p-Elektronen für Bindungen zur Verfügung. In der Abb. 2.46 sind die p-Orbitale der beiden N-Atome und ihre gegenseitige Orientierung zueinander dargestellt. Durch Überlappung der p_x-Orbitale, die in Richtung der Molekülachse liegen, wird eine σ-Bindung gebildet. Wie auch die MO-Theorie zeigt (Abb. 2.66), ist jedoch anzunehmen, dass die σ-Bindung durch sp-Hybridorbitale gebildet wird, die zu einer stärkeren Überlappung füh-

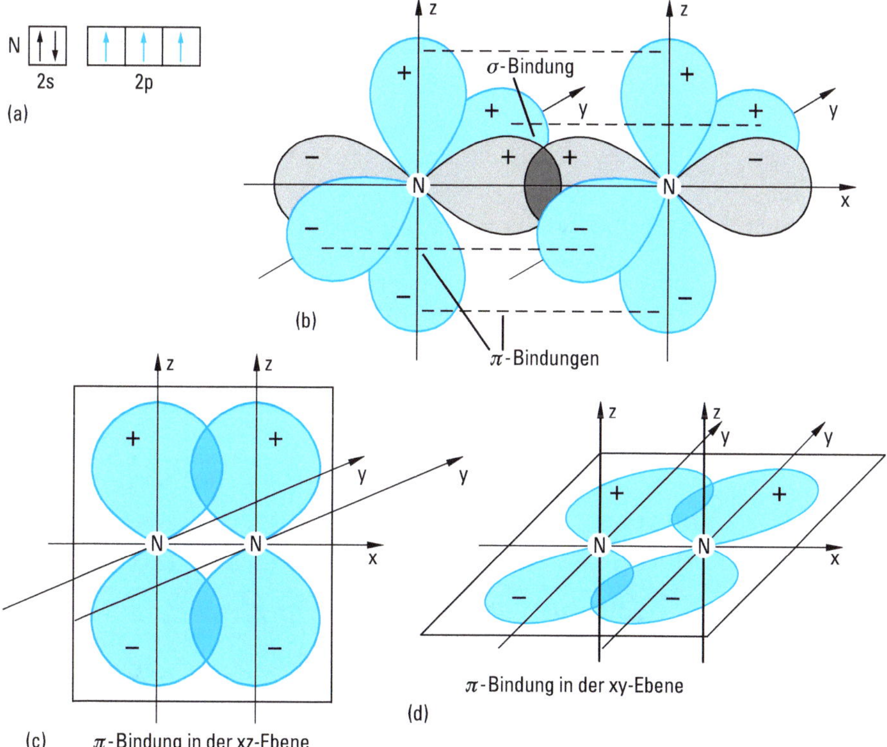

Abbildung 2.46 a) Valenzelektronenkonfiguration des Stickstoffatoms.
b) Die p_x-Orbitale der N-Atome bilden durch Überlappung eine σ-Bindung.
b), c), d) Durch Überlappung der beiden p_z-Orbitale und der beiden p_y-Orbitale werden zwei π-Bindungen gebildet (gestrichelte Linien in b), die senkrecht zueinander orientiert sind. p-Orbitale, die π-Bindungen bilden, liegen nicht rotationssymmetrisch zur Kernverbindungsachse.

ren. Bei den senkrecht zur Molekülachse stehenden p_y- und p_z-Orbitalen kommt es zu einer anderen Art der Überlappung, die als π-Bindung bezeichnet wird. Die Dreifachbindung im N_2-Molekül besteht aus einer σ-Bindung und zwei äquivalenten π-Bindungen. Die beiden π-Bindungen sind senkrecht zueinander orientiert.

Große Bedeutung haben π-Bindungen bei Kohlenstoffverbindungen. In den Abb. 2.47 und 2.48 sind die Bindungsverhältnisse für die Moleküle Ethylen (Ethen)

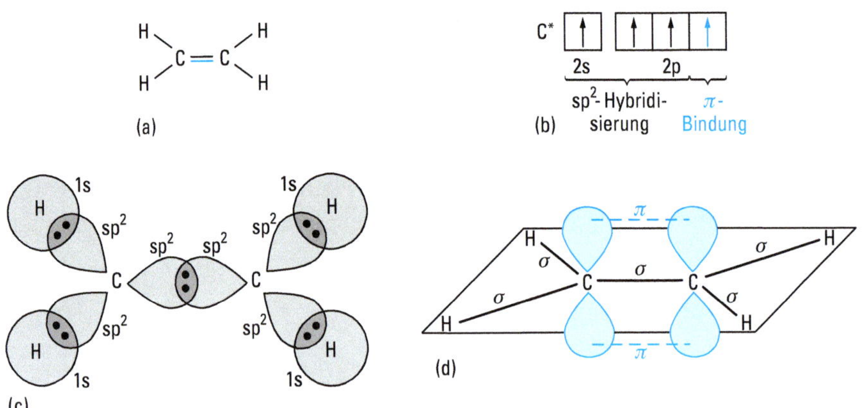

Abbildung 2.47 Bindung in Ethen, C_2H_4.
a) Lewis-Formel.
b) Valenzelektronenkonfiguration des angeregten C-Atoms. Drei Valenzelektronen bilden sp^2-Hybridorbitale.
c) Jedes C-Atom bildet mit seinen drei sp^2-Hybridorbitalen drei σ-Bindungen.
d) Die p-Orbitale, die senkrecht zur Molekülebene stehen, bilden eine π-Bindung.

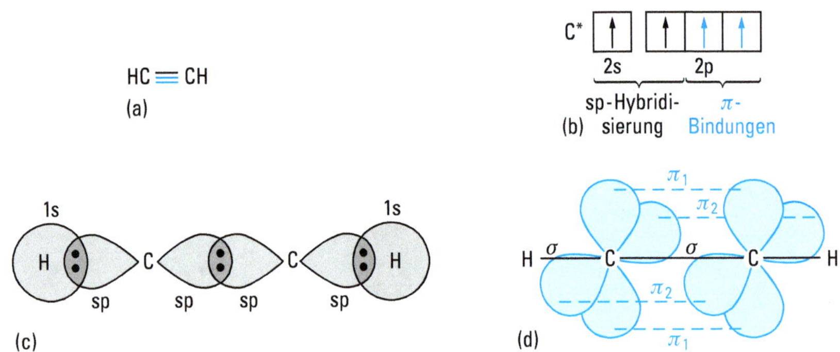

Abbildung 2.48 Bindung in Ethin, C_2H_2.
a) Lewis-Formel.
b) Valenzelektronenkonfiguration des angeregten C-Atoms. Zwei Valenzelektronen bilden sp-Hybridorbitale.
c) Jedes C-Atom kann mit seinen zwei sp-Hybridorbitalen zwei σ-Bindungen bilden.
d) Die senkrecht zur Molekülebene stehenden p-Orbitale überlappen unter Ausbildung von zwei π-Bindungen.

$H_2C{=}CH_2$ und Acetylen (Ethin) HC≡HC dargestellt. Für das Auftreten von π-Bindungen gilt:

Einfachbindungen sind σ-Bindungen. Doppelbindungen bestehen in der Regel aus einer σ-Bindung und einer π-Bindung, Dreifachbindungen aus einer σ-Bindung und zwei π-Bindungen. Eine Ausnahme liegt im Molekül C_2 vor, bei dem die Doppelbindung |C=C| hauptsächlich aus zwei π-Bindungen besteht (s. auch Abb. 2.66). π-Bindungen, die durch Überlappung von p-Orbitalen gebildet werden, treten bevorzugt zwischen den Atomen C, O und N auf, also bei Elementen der 2. Periode (Doppelbindungsregel).

Beispiele zur Doppelbindungsregel:

|N≡N| P_4 (tetraedrisch)

Stickstoff besteht aus N_2-Molekülen, in denen die N-Atome durch eine σ-Bindung und zwei π-Bindungen aneinander gebunden sind. Weißer Phosphor besteht aus P_4-Molekülen, in denen jedes P-Atom drei σ-Bindungen ausbildet.

O=O S_8-Ring

Sauerstoff besteht aus O_2-Molekülen. Die O-Atome sind durch eine σ- und eine π-Bindung aneinander gebunden (zur Beschreibung des Moleküls O_2 mit der MO-Theorie vgl. Abschn. 2.2.12). Im Schwefel sind ringförmige Moleküle vorhanden, in denen die S-Atome durch σ-Bindungen verknüpft sind.

O=C=O —Si—O—Si—O—Si— (Netzwerk)

Kohlenstoffdioxid besteht aus einzelnen CO_2-Molekülen. Das Kohlenstoffatom ist an die beiden Sauerstoffatome durch je eine σ- und eine π-Bindung gebunden. Im Gegensatz dazu besteht Siliciumdioxid nicht aus einzelnen SiO_2-Molekülen, sondern aus einer hochpolymeren Kristallstruktur, in dem die Atome durch Einfachbindungen verbunden sind.

Bei Atomen höherer Perioden ist die Neigung zu (p-p)π-Bindungen geringer, sie bilden häufig Einfachbindungen.

Bei den Atomen O und N sind Mehrfachbindungen energetisch begünstigt, weil die Bindungsenergien der Einfachbindungen O—O und N—N aufgrund der Abstoßung der freien Elektronenpaare (s. S. 129) anomal klein sind (vgl. Tab. 2.15).

Zunächst meinte man, dass die Hauptgruppenelemente höherer Perioden (> 2) mit sich selbst keine stabilen Verbindungen mit (p-p)π-Bindungen bilden. In den achtziger Jahren wurden jedoch viele Verbindungen synthetisiert, in denen diese Elemente an (p-p)π-Bindungen beteiligt sind. Die Fähigkeit, (p-p)π-Bindungen zu bilden, ist aber bei den Elementen der 2. Periode wesentlich größer als bei den Elementen höherer Perioden, man erhält dafür die Reihe $O > N \approx C \gg S > P > Si \approx Ge$. Die Werte für die atomaren π-Bindungsenergien in kJ/mol betragen:

O	C	N	S	P	Si
157	136	125	96	71	52

Daraus lassen sich für die Bindungen C=C, C=N, N=N und N=O pπ-Bindungsenergien von 250 − 280 kJ/mol abschätzen. Verglichen damit, betragen die pπ-Bindungsenergien für die Bindungen Si=Si 105 kJ/mol und für P=P 140 kJ/mol.

Verbindungen mit (p-p)π-Bindungen der schweren Hauptgruppenelemente untereinander können hauptsächlich durch zwei Kunstgriffe stabilisiert werden: thermodynamische Stabilisierung durch Mesomerie (Delokalisierung von π-Bindungen s. Abschn. 2.2.8), Beispiel a), sowie kinetische Stabilisierung durch raumerfüllende Liganden („einbetonierte" Doppelbindungen), Beispiel b) und c). Reicht die Stabilisierung nicht aus, dann oligomerisieren die Verbindungen zu ketten- oder ringförmigen Verbindungen mit σ-Bindungen.

Beispiele:

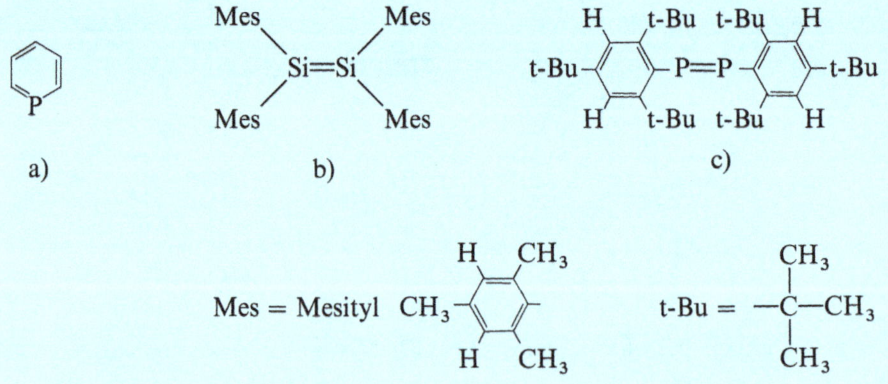

a) P (Phosphabenzol-Ring)

b) $Mes_2Si{=}SiMes_2$

c) (2,4,6-t-Bu-C$_6$H$_2$)–P=P–(C$_6$H$_2$-2,4,6-t-Bu)

Mes = Mesityl (2,4,6-$(CH_3)_3C_6H_2$–)   t-Bu = $-C(CH_3)_3$

Ursprünglich bedeutete die Doppelbindungsregel, dass nur Elemente der 2. Periode mit sich selbst (p-p)π-Bindungen bilden, in modifizierter Form, dass diese untereinander stabilere (p-p)π-Bindungen bilden als die Hauptgruppenelemente höherer Perioden.

Von den Elementen der dritten Periode und höherer Perioden können weiterhin Doppelbindungen (π-Bindungen) mit anderen Nichtmetallen, insbesondere Sauerstoff und Stickstoff, gebildet werden. Es sind häufig Mehrzentren-π-Bindungen oder nicht-klassische π-Bindungen. Beispiele sind SO_2, SO_3, H_3PO_4, H_2SO_4 und $HClO_4$. Die Bindungsverhältnisse in diesen Verbindungen, bei denen mit der klassischen Lewis-Formel formal das Elektronenoktett des Zentralatoms überschritten wird, werden in Abschn. 2.2.12 (MO-Theorie) und bei der Besprechung der Nichtmetalle behandelt (Kap. 4).

Als Bindungslänge einer kovalenten Bindung wird der Abstand zwischen den Kernen der aneinander gebundenen Atome bezeichnet. Die Bindungslänge einer Einfachbindung zwischen zwei Atomen A und B ist in verschiedenen Verbindungen nahezu konstant und hat eine für diese Bindung charakteristische Größe. So wird z. B. für die C—C-Bindung in verschiedenen Verbindungen eine Bindungslänge von 154 pm gefunden. Die Bindungslängen hängen natürlich von der Größe der Atome ab: F—F < Cl—Cl < Br—Br < I—I; H—F < H—Cl < H—Br. Die Bindungslängen nehmen mit der Anzahl der Bindungen ab. Doppelbindungen sind kürzer als Einfachbindungen, Dreifachbindungen kürzer als Doppelbindungen. In Tab. 2.14 sind einige Werte angegeben.

Tabelle 2.14 Bindungslängen einiger kovalenter Bindungen in pm

Bindung	Bindungslänge	Bindung	Bindungslänge
H—H	74	C—H	109
F—F	142	N—H	101
Cl—Cl	199	O—H	96
Br—Br	228	F—H	92
I—I	267	Cl—H	127
C—C	154	Br—H	141
C=C	134	I—H	161
C≡C	120	C—O	143
O=O	121	C=O	120
N≡N	110	C—N	147

Weitere kovalente Bindungslängen zwischen Hauptgruppenelementen lassen sich aus den Kovalenzradien in Abb. 2.49 abschätzen. Bei der Addition der Kovalenzradien $r_A + r_B$ für die Berechnung der Bindunglänge in AB_n ist aber zu bedenken, dass der sterische Anspruch großer Atome B um ein kleines Zentralatom A den Abstand A-B verlängert. Abweichungen für AH_n-Bindungen ergeben sich aus einer fehlenden, repulsiv wirkenden inneren Schale des H-Atoms, so dass experimentelle A—H Bindungen eher kürzer sind. Die Polarität einer A—B-Bindung führt ebenfalls zur experimentellen Bindungsverkürzung im Vergleich zu Abschätzung aus $r_A + r_B$. Kovalenzradien sind berechnete oder aus Strukturdaten abgeschätzte Werte und keine feste Größe oder intrinsische Eigenschaft eines Elements.

H 31(5)							He 28
Li 128(7)	Be 96(3)	B 84(3)	C sp^3 76(1) sp^2 73(2) sp 69(1)	N 71(1)	O 66(2)	F 57(3)	Ne 58
Na 166(9)	Mg 141(7)	Al 121(4)	Si 111(2)	P 107(3)	S 105(3)	Cl 102(4)	Ar 106(10)
K 203(12)	Ca 176(10)	Ga 122(3)	Ge 120(4)	As 119(4)	Se 120(4)	Br 120(3)	Kr 116(4)
Rb 220(9)	Sr 195(10)	In 142(5)	Sn 139(4)	Sb 139(5)	Te 138(4)	I 139(3)	Xe 140(9)
Cs 244(11)	Ba 215(11)	Tl 145(7)	Pb 146(5)	Bi 148(4)	Po 140(4)	At 150	Rn 150

Abbildung 2.49 Kovalenzradien (Atomradien) der Hauptgruppenelemente in pm (10^{-12} m) für Koordinationszahlen von 2–4 (in Klammern die geschätzte Standardabweichung). Für die Atomradien der Übergangsmetalle s. Abb. 2.95, für die Atomradien der Lanthanoide s. Abb. 5.49. Zahlenwerte aus B. Cordero et al., Dalton Trans. **2008**, 2832–2838.

Tabelle 2.15 Mittlere Bindungsenergien bei 298 K in kJ mol^{-1}

Einfachbindungen

	H	B	C	Si	N	P	O	S	F	Cl	Br	I
H	436											
B	372	310										
C	416	352	345									
Si	323	–	306	302								
N	391	(500)	305	335	159							
P	327	–	264	–	290	205						
O	463	(540)	358	444	181	407	144					
S	361	(400)	289	226	–	(285)	–	268				
F	570	646	489	595	278	496	214	368	159			
Cl	432	444	327	398	193	328	206	272	256	243		
Br	366	369	272	329	159	264	(239)	–	280	218	193	
I	298	269	214	234	–	184	(201)	–	–	211	179	151

Mehrfachbindungen

C=C	615	C=N	616	C=O	708	C=S	587	N=N	419
O=O	498	S=O	420	S=S	423				
C≡C	811	C≡N	892	C≡O	1077	N≡N	945		

Die Bindungsenergie/-enthalpie D°_{298} einer Bindung A—B ist hier als Reaktionsenthalpie D°_{298} (also bei 298 K) der Dissoziationsreaktion A—B(g) $\longrightarrow$ A(g) + B(g) definiert. Die Spezies A und B können Atome oder Molekülfragmente sein. Die Bindungsenergie entspricht damit der Dissoziationsenergie. Bei mehratomigen Molekülen sind auch bei gleichartigen Bindungen die Dissoziationsenergien der stufenweisen Dissoziationen verschieden. So beträgt für das H_2O-Molekül die Dissoziationsenergie für die erste O—H-Bindung 497 kJ/mol, für die zweite O—H-Bindung 429 kJ/mol. Die Bindungsenergie der O—H-Bindung ist dann der Mittelwert 463 kJ/mol.

Für die kovalenten Bindungen lassen sich charakteristische mittlere Bindungsenergien ermitteln (vgl. S. 295). Die Werte der Tab. 2.15 zeigen die folgenden Bereiche

Einfachbindung	140 – 595 kJ mol^{-1}
Doppelbindung	420 – 710 kJ mol^{-1}
Dreifachbindung	810 – 1 080 kJ mol^{-1}

Außer von der Bindungsordnung hängt die Bindungsenergie von der Bindungslänge und der Bindungspolarität ab. Die Reihe H–H, Cl—Cl, Br—Br, I—I ist ein Beispiel für die abnehmende Bindungsenergie mit zunehmender Bindungslänge. Die Zunahme der Bindungsenergie mit zunehmender Bindungspolarität wird im Abschn. 2.2.10 Elektronegativität genauer diskutiert.

Auffallend klein ist die Bindungsenergie von F—F. Trotz der kleineren Bindungslänge ist die Bindungsenergie von F—F kleiner als die der Homologen Cl—Cl, Br—Br und fast gleich der von I—I. Hauptursache ist die gegenseitige Abstoßung der freien Elektronenpaare, die wegen des kleinen Kernabstands wirksam wird. Aus demselben Grund sind auch die Bindungsenergien der Bindungen —O—O—, >N—N<, >N—O— und —O—F klein. Die Anomalie dieser Bindungsenergien ist eine wesentliche Ursache dafür, dass F_2 sehr reaktionsfähig ist und dass H_2O_2 und N_2H_4 thermodynamisch instabil sind.

Mit den Bindungsenergien kann die thermodynamische Stabilität von Verbindungen und die Stabilität alternativer Strukturen abgeschätzt werden.

Beispiel:
Bildung von Ozon O_3 aus Disauerstoff O_2

$3\,O_2 \longrightarrow 2\,O_3$

Man erkennt sofort, dass von den beiden möglichen Strukturen des Ozonmoleküls

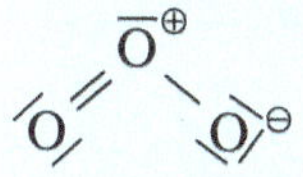

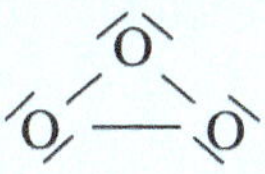

die ringförmige weniger stabil ist, da die Doppelbindung mehr Energie liefert als zwei Einfachbindungen. Für die Umwandlung von $3\,O_2$ in $2\,O_3$ muss Energie aufgewendet werden, da aus drei Doppelbindungen zwei Einfachbindungen und zwei Doppelbindungen entstehen. O_3 ist daher thermodynamisch instabil.

2.2.8 Mesomerie

Statt Mesomerie ist auch der Begriff Resonanz gebräuchlich. Eine Reihe von Molekülen und Ionen werden durch eine einzige Lewis-Formel unzureichend beschrieben. Dies soll am Beispiel des Ions CO_3^{2-} diskutiert werden.

Lewis-Formel von CO_3^{2-}:

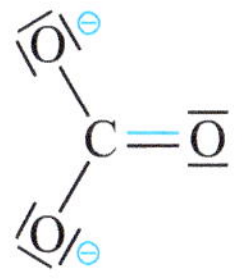

Ein s- und zwei p-Orbitale des angeregten C-Atoms hybridisieren zu drei sp^2-Hybridorbitalen. Durch Überlappung mit den p-Orbitalen der drei Sauerstoffatome entstehen drei σ-Bindungen. In Übereinstimmung damit ergeben die Experimente, dass CO_3^{2-} ein planares Ion mit O—C—O-Winkeln von 120° ist. Das dritte p-Elektron bildet mit einem Sauerstoffatom eine π-Bindung.

Die Experimente zeigen jedoch, dass alle C—O-Bindungen gleich sind, und dass alle O-Atome die gleiche negative Ladung besitzen. Zur Beschreibung des Ions reicht eine einzige Lewis-Formel nicht aus, man muss drei Lewis-Strukturen kombinieren, die man als mesomere Formen (Grenzstrukturen, Resonanzstrukturen) bezeichnet:

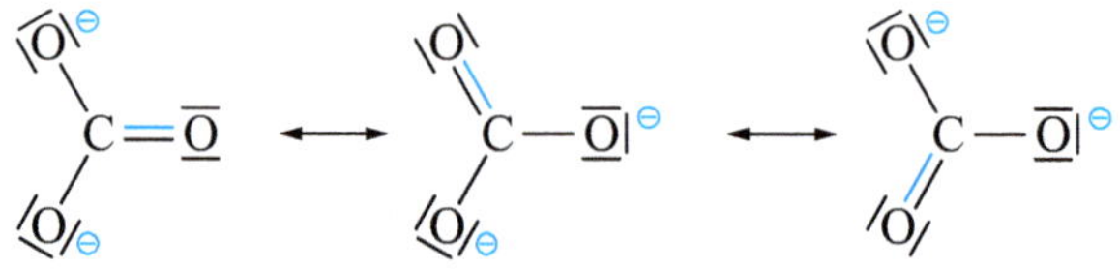

Das bedeutet nicht, dass das CO_3^{2-}-Ion ein Gemisch aus drei durch die Formeln wiedergegebenen Ionensorten ist. Real ist nur ein Zustand. Das Zeichen ↔ bedeutet, dass dieser eine wirkliche Zustand nicht durch eine der Formeln allein beschrieben werden kann, sondern einen Zwischenzustand darstellt, den man sich am besten durch die Überlagerung mehrerer Grenzstrukturen vorstellen kann.

Das heißt im Fall des CO_3^{2-}-Ions, dass die tatsächliche Elektronenverteilung zwischen den Elektronenverteilungen der Grenzformeln liegt. Sowohl die Doppelbindung als auch die negativen Ladungen sind über das ganze Ion verteilt, sie sind delokalisiert (Abb. 2.50b, c). Die Bindungslängen der C—O-Einfachbindung und der C=O-Doppelbindung betragen 143 pm bzw. 120 pm. Die Bindungslänge im CO_3^{2-}-Ion liegt mit 131 pm dazwischen.

Weitere Beispiele für Mesomerie:

Salpetersäure

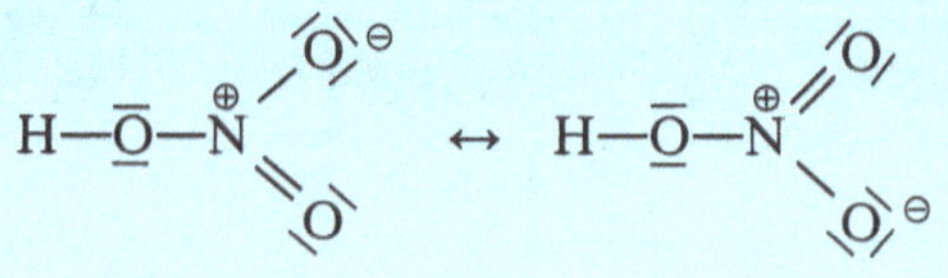

Kohlenstoffdioxid

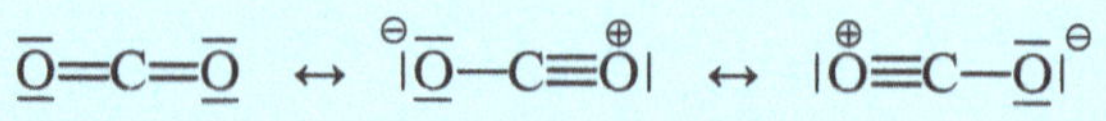

Benzol

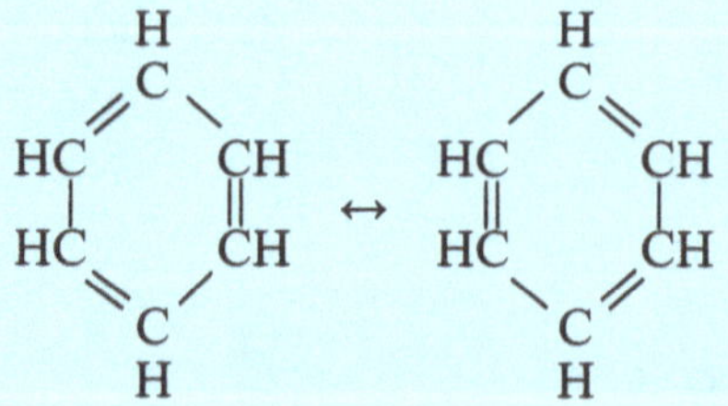

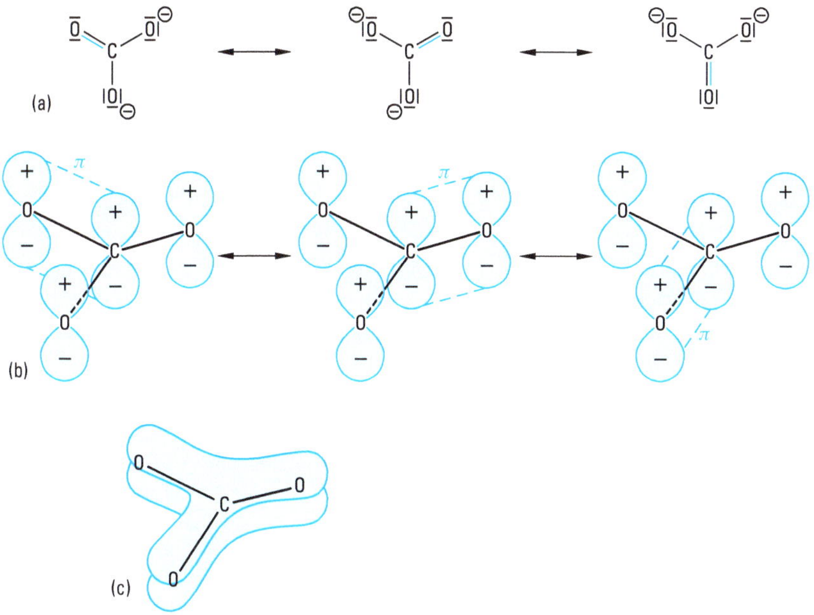

Abbildung 2.50 a) Grenzstrukturen des CO_3^{2-}-Ions.
b) Die Darstellung der zur π-Bindung geeigneten p-Orbitale zeigt, dass eine Überlappung des Kohlenstoff-p-Orbitals mit den p-Orbitalen aller drei Sauerstoffatome gleich wahrscheinlich ist.
c) Durch diese Überlappung entsteht ein über das gesamte Ion delokalisiertes π-Bindungssystem.

Allerdings gibt es viel mehr Resonanzstrukturen als bei den obigen Beispielen formuliert wurden. Zur Beschreibung einer Verbindung ermittelt man die Resonanzstrukturen mit den höchsten Gewichten, die also die reale Struktur am besten wiedergeben.

Die Resonanzstrukturen eines Moleküls dürfen sich nur in den Elektronenverteilungen unterscheiden, die Anordnung der Atomkerne muss dieselbe sein. Durch Mesomerie erfolgt eine Stabilisierung des Moleküls. Der Energieinhalt des tatsächlichen Moleküls ist kleiner als der jeder Grenzstruktur. Die Stabilisierungsenergie relativ zur energieärmsten Grenzstruktur wird Resonanzenergie genannt. Der Energiegewinn aufgrund der Delokalisierung von π-Elektronen – die Mesomerieenergie – ist bei Benzol besonders hoch, er beträgt 151 kJ mol^{-1} und erklärt die große Stabilität dieses aromatischen Systems.

Die Resonanzenergie ist umso größer, je ähnlicher die Energien der Grenzstrukturen sind. Die Resonanzenergie wird durch die Delokalisierung von Elektronen gewonnen, die dadurch in den Anziehungsbereich mehrerer Kerne gelangen können. Je energieähnlicher die Grenzstrukturen sind, umso stärker ist die Delokalisierung der Elektronen; sie ist vollständig zwischen energiegleichen Grenzstrukturen.

Die Beschreibung delokalisierter π-Bindungen mit Molekülorbitalen wird in Abschn. 2.2.12 behandelt.

2.2.9 Polare Atombindung, Dipole

Die Atombindung und die Ionenbindung sind Grenztypen der chemischen Bindung. In den meisten Verbindungen sind Übergänge zwischen diesen beiden Bindungsarten vorhanden.

Eine unpolare kovalente Bindung tritt in Molekülen mit gleichen Atomen auf, z. B. bei F_2 und H_2. Die Elektronenwolke des bindenden Elektronenpaares ist gleichmäßig zwischen den beiden Atomen verteilt, die Bindungselektronen gehören beiden Atomen zu gleichen Teilen.

Bei Molekülen mit verschiedenen Atomen, z. B. HF, werden die bindenden Elektronen von den beiden Atomen unterschiedlich stark angezogen. Das F-Atom zieht die Elektronenwolke des bindenden Elektronenpaares stärker an sich heran als das H-Atom. Die Elektronendichte am F-Atom ist daher größer als am H-Atom. Am F-Atom entsteht die negative Partialladung $\delta-$, am H-Atom die positive Partialladung $\delta+$.

$$\overset{\delta+}{\mathrm{H}} : \overset{\delta-}{\mathrm{F}}$$

Im Gegensatz zur formalen Ladung gibt die Partialladung δ eine tatsächlich auftretende Ladung an. Die Atombindung zwischen H und F enthält einen ionischen Anteil, sie ist eine polare Atombindung. Moleküle, in denen die Ladungsschwerpunkte der positiven Ladung und der negativen Ladung nicht zusammenfallen, stellen einen Dipol dar.

Beispiele:

Molekül	$\overset{\delta+}{\mathrm{H}}-\overset{\delta-}{\mathrm{F}}$	$\overset{\delta+}{\mathrm{H}}$ \ $\overset{\delta-}{\mathrm{O}}$ / $\overset{\delta+}{\mathrm{H}}$	$\overset{\delta+}{\mathrm{H}}$ \ $\overset{\delta+}{\mathrm{H}}-\overset{\delta-}{\mathrm{N}}$ / $\overset{\delta+}{\mathrm{H}}$
Dipol	+ −	+ −	+ −

Symmetrische Moleküle sind trotz polarer Bindungen keine Dipole, da die Ladungsschwerpunkte zusammenfallen.

Beispiele:

$\overset{\delta-}{\underline{\overline{\mathrm{O}}}}=\overset{\delta+}{\mathrm{C}}=\overset{\delta-}{\underline{\overline{\mathrm{O}}}}$ $\qquad$ BF_3: $\overset{\delta-}{\mathrm{F}}$ \ $\overset{\delta+}{\mathrm{B}}$ / $\overset{\delta-}{\mathrm{F}}$, B–$F^{\delta-}$

Beim Grenzfall der Ionenbindung, z. B. bei LiF, wird das Valenzelektron des Li-Atoms vollständig vom F-Atom an sich gezogen, es hält sich nur noch in einem Orbital des Fluoratoms auf. Dadurch entstehen die Ionen Li^+ und F^-.

Dipolmoleküle besitzen ein messbares Dipolmoment μ. Haben die positive Ladung $+xe$ und die negative Ladung $-xe$ einen Abstand d, so beträgt das Dipolmoment

$$\mu = xed$$

Die SI-Einheit des Dipolmoments ist C m. Bei Moleküldipolen benutzt man als Einheit meist das Debye (D): $1\,D = 3{,}336 \cdot 10^{-30}$ C m. Zwei Elementarladungen im Abstand von 10^{-10} m erzeugen ein Dipolmoment von 4,80 D. Das Dipolmoment ist ein Vektor, dessen Spitze zum positiven Ende des Dipols zeigt. Das Dipolmoment eines Moleküls ist die Vektorsumme der Momente der einzelnen Molekülteile. Für einige Moleküle sind die Dipolmomente in Tab. 2.16 angegeben.

Tabelle 2.16 Dipolmomente einiger Moleküle in D

Molekül	Dipolmoment	Molekül	Dipolmoment
HF	1,82	H_2O	1,85
HCl	1,08	H_2S	0,97
HBr	0,82	NH_3	1,47
HI	0,44	CO	0,11

Das permanente Dipolmoment einer polaren Bindung ist ziemlich kompliziert aus verschiedenen Anteilen zusammengesetzt. Die Übertragung der Ladung e vom Atom A zum Atom B in der polaren Verbindung $A^{\delta+}-B^{\delta-}$ führt beim Kernabstand d zu einem Dipolmoment $\mu = \delta ed$ (Abb. 2.51a). Bei Orbitalen verschiedener Größe erfolgt bei der Überlappung dieser Orbitale die Anhäufung der Ladungsdichte näher am Kern des kleineren Atoms. Es entsteht ein Dipolmoment, das zum Atom mit dem größeren Orbital hin gerichtet ist (Abb. 2.51b). Beim HF z. B. sind diese beiden Dipolmomentanteile einander entgegengerichtet. Nichtbindende Elektronenpaare führen zu Dipolmomenten, die auf die Bindungspartner hin gerichtet sind (Abb. 2.52).

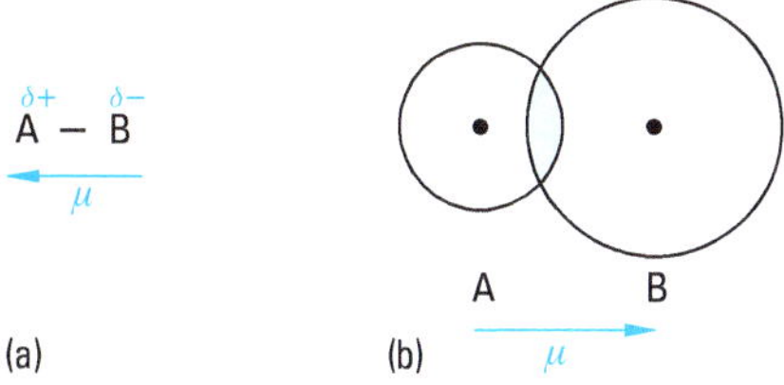

Abbildung 2.51 Dipolmomentanteile einer polaren Atombindung.
a) Wegen der größeren Elektronegativität des B-Atoms wird die Ladung δe auf das B-Atom übertragen. Im Molekül AB entsteht ein auf A (positives Ende) hin gerichtetes Dipolmoment.
b) B besitzt ein größeres Valenzorbital als A. Der Überlappungsbereich ist näher am Kern A. Die Asymmetrie der Ladungsverteilung führt zu einem auf B (positives Ende) hin gerichteten Dipolmoment.

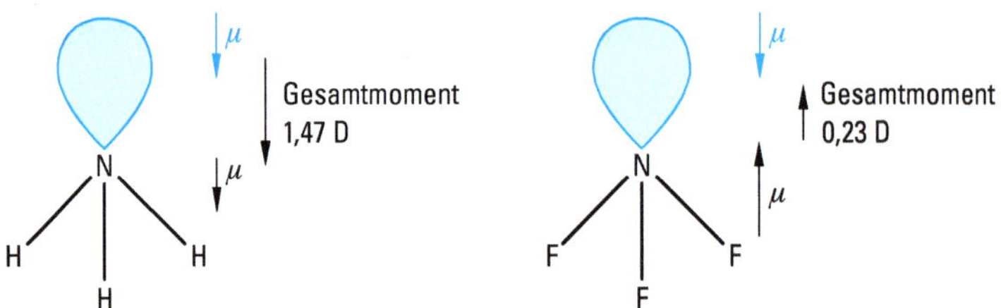

Abbildung 2.52 Dipolmomente von NH_3 und NF_3.
Das Dipolmoment des freien Elektronenpaars in einem sp^3-Hybridorbital des N-Atoms (↓) addiert sich zu den Bindungsdipolmomenten N—H (↓). Dadurch ergibt sich ein relativ großes Gesamtdipolmoment von 1,47 D. Im NF_3 kompensieren sich diese Momente teilweise, es entsteht ein kleines Gesamtdipolmoment von 0,23 D.

2.2.10 Die Elektronegativität

Ein Maß für die Fähigkeit eines Atoms, in einer Atombindung das bindende Elektronenpaar an sich zu ziehen, ist die Elektronegativität x.

Die erste Elektronegativitätsskala wurde von Pauling aus Bindungsenergien abgeleitet. Die polare Bindung eines Moleküls AB kann durch die Mesomerie einer kovalenten und einer ionischen Grenzstruktur beschrieben werden.

$$\text{A—B} \longleftrightarrow \text{A}^+ \, \text{B}^-$$

Die Dissoziationsenergie eines Moleküls AB mit einer polaren Atombindung ist größer als der Mittelwert der Dissoziationsenergien der Moleküle A_2 und B_2 mit unpolaren Bindungen

$$D^{\circ}_{298}\,(\text{AB}) = \tfrac{1}{2} D^{\circ}_{298}\,(\text{A}_2) + \tfrac{1}{2} D^{\circ}_{298}\,(\text{B}_2) + \varDelta$$

$\varDelta$ hängt von der Bindungspolarität ab. Je polarer eine Bindung ist, je größer also der Anteil der ionischen Grenzstruktur ist, umso größer ist $\varDelta$. In Tab. 2.17 sind als Beispiel die $\varDelta$-Werte der Wasserstoffhalogenide angegeben.

Tabelle 2.17 Dissoziationsenergien in kJ/mol und Ionenbindungsanteil von Wasserstoffhalogeniden

AB	$D^{\circ}_{298}\,(\text{AB})$	$\frac{1}{2} D^{\circ}_{298}\,(\text{A}_2)$	$\frac{1}{2} D^{\circ}_{298}\,(\text{B}_2)$	$\varDelta$	$\varDelta x$*	Ionenbindungsanteil in %
HF	570	218	79	270	1,9	43
HCl	432	218	121	92	0,9	17
HBr	366	218	96	53	0,7	13
HI	298	218	76	4	0,4	7

* berechnet aus x-Werten der Abb. 2.53.

Hauptgruppen

H
2,1
2,2

Li	Be	B	C	N	O	F	He
1,0	1,5	2,0	2,5	3,0	3,5	4,0	--
1,0	1,5	2,0	2,5	3,1	3,5	4,1	5,5
Na	Mg	Al	Si	P	S	Cl	Ne
0,9	1,2	1,5	1,8	2,1	2,5	3,0	--
1,0	1,2	1,5	1,7	2,1	2,4	2,8	4,84
K	Ca	Ga	Ge	As	Se	Br	Ar
0,8	1,0	1,6	1,8	2,0	2,4	2,8	--
0,9	1,0	1,8	2,0	2,2	2,5	2,7	3,2
Rb	Sr	In	Sn	Sb	Te	I	Xe
0,8	1,0	1,7	1,8	1,9	2,1	2,5	2,6
0,9	1,0	1,5	1,7	1,8	2,0	2,2	2,4
Cs	Ba	Tl	Pb	Bi	Po	At	Rn
0,7	0,9	1,8	1,9	1,9	2,0	2,2	--
0,9	1,0	1,4	1,6	1,7	1,76	1,96	2,06

Nebengruppen

Sc	Ti	V	Cr	Mn	Fe	Co	Ni	Cu	Zn
1,3	1,5	1,6	1,6	1,5	1,8	1,9	1,9	1,9	1,6
1,2	1,3	1,4	1,6	1,6	1,6	1,7	1,7	1,7	1,7
Y	Zr	Nb	Mo	Tc	Ru	Rh	Pd	Ag	Cd
1,2	1,4	1,6	1,8	1,9	2,2	2,2	2,2	1,9	1,9
1,1	1,2	1,2	1,3	1,4	1,4	1,4	1,3	1,4	1,5
	Hf	Ta	W	Re	Os	Ir	Pt	Au	Hg
	1,3	1,5	1,7	1,9	2,2	2,2	2,2	2,4	1,9
	1,2	1,3	1,4	1,5	1,5	1,5	1,4	1,4	1,4

Lanthanoide

La	Ce	Pr	Nd	Pm	Sm	Eu	Gd	Tb	Dy	Ho	Er	Tm	Yb	Lu
1,0	--	--	--	--	--	--	--	--	--	--	--	--	--	--
1,1	1,1	1,1	1,1	1,1	1,1	1,0	1,1	1,1	1,1	1,1	1,1	1,1	1,1	1,1

Abbildung 2.53 Elektronegativitäten der Elemente (Pauling-Werte schwarz; Allred-Rochow-Werte blau).

Pauling postulierte, dass Δ dem Quadrat der Elektronegativitätsdifferenz der Atome A und B proportional sei:

$$\Delta = 96{,}5\,(x_A - x_B)^2$$

Der Faktor 96,5 entsteht durch Umrechnung des Δ-Wertes von kJ/mol in eV. Der x-Wert von Fluor wird willkürlich zu $x_F = 4{,}0$ festgesetzt, aus den Δ-Werten erhält man dann die x-Werte aller anderen Elemente (Abb. 2.53).

Statt des arithmetischen Mittels wurde später das geometrische Mittel $\sqrt{D^{\circ}_{298}(A_2) \cdot D^{\circ}_{298}(B_2)}$ verwendet.

Eine allgemein benutzte Elektronegativitätsskala wurde von Allred und Rochow abgeleitet (Abb. 2.53). Die Elektronegativität wird der elektrostatischen Anziehungskraft F proportional gesetzt, die der Kern auf die Bindungselektronen ausübt. Darüber kann auch den Edelgasen eine Elektronegativität zugeordnet werden. Die inneren Elektronen schirmen einen Teil der Kernladung Ze ab, im Abstand r wirkt auf die Elektronen die verminderte Kernladung $Z_{\text{eff}}\,e$.

$$F = \frac{Z_{\text{eff}}\,e^2}{r^2}$$

$$x \sim F \sim \frac{Z_{\text{eff}}}{r^2}$$

r = Atomradius, Z_{eff} = effektive Kernladungszahl

Die beste Anpassung an die Pauling-Skala erhält man mit der Beziehung

$$x = 3590\,\frac{Z_{\text{eff}}}{r^2} + 0{,}744$$

r ist als Zahl für die Dimension pm einzusetzen.

Die Abschirmung ist für die Elektronen einer Valenzschale vom Orbitaltyp abhängig: ns < np < nd < nf. Tab. 2.18 listet die effektiven Kernladungen Z_{eff} für die Elemente der 2. Periode.

Tabelle 2.18 Effektive Kernladungen Z_{eff} (auf die Elektronen in den Orbitalen) für die Elemente der 2. Periode

	Li	Be	B	C	N	O	F	Ne
Z *	3	4	5	6	7	8	9	10
1s	2,69	3,68	4,68	5,67	6,66	7,66	8,65	9,64
2s	1,28	1,91	2,58	3,22	3,85	4,49	5,13	5,76
2p			2,42	3,14	3,83	4,45	5,10	5,76

* Z = Kernladungszahl

Eine andere Elektronegativitätsskala stammt von Mulliken. Er fand, dass die Elektronegativität eines Atoms der Differenz seiner Ionisierungsenergie und Elektronenaffinität proportional ist. Dies bedeutet anschaulich, dass die Tendenz eines gebundenen Atoms, die Bindungselektronen an sich zu ziehen, umso größer ist, je größer die Fähigkeit des Atoms ist, sein eigenes Elektron festzuhalten und ein zusätzliches Elektron aufzunehmen (Definition des Vorzeichens von E_{ea} siehe S. 68).

Die Mulliken-Elektronegativität folgt aus der Überlegung, dass zwei Teilchen A und B die gleiche Elektronegativität haben müssen, wenn die Energieänderungen der Reaktionen

$$A + B \longrightarrow A^+ + B^-$$
$$A + B \longrightarrow A^- + B^+$$

gleich sind. Es gilt daher

$$I(A) + E_{ea}(B) = I(B) + E_{ea}(A)$$
$$I(A) - E_{ea}(A) = I(B) - E_{ea}(B)$$
$$x(A) = x(B)$$

Die Elektronegativitäten nach Mulliken beziehen sich aber nicht auf den Grundzustand des Atoms, sondern auf seinen Valenzzustand (vgl. Abschn. 2.2.6). Mulliken-Elektronegativitäten sind Orbital-Elektronegativitäten. Man muss daher zu ihrer Berechnung die Ionisierungsenergie und Elektronenaffinität dieser Orbitale kennen. Als Beispiel seien die Elektronegativitäten für die Orbitale der verschiedenen Valenzzustände des C-Atoms angegeben.

Valenzzustand	Orbital	x	Valenzzustand	Orbital	x
$s^1\,p^3$	s	4,84	$(sp^2)^3\pi^1$	sp^2	2,75
	p	1,75		π	1,68
$(sp)^2\pi^2$	sp	3,29	$(sp^3)^4$	sp^3	2,48
	π	1,69			

Die Elektronegativität wächst mit zunehmendem s-Charakter der Hybridorbitale. Die Elektronegativität der σ-Orbitale ist größer als die der π-Orbitale. In einer Mehrfachbindung kann also die Polarität der σ-Bindung anders sein als die der π-Bindung. Als Folge der unterschiedlichen Orbital-Elektronegativität ist z. B. im Brommethan CH_3Br ein Dipolmoment mit negativem Ladungsschwerpunkt am Brom vorhanden, während im Bromethin $BrC{\equiv}CH$ ein Dipolmoment mit positivem Ladungsschwerpunkt am Brom auftritt. Brom mit der Elektronegativität 2,7 kann vom sp^3-hybridisierten Kohlenstoffatom Elektronen an sich ziehen, während das sp-hybridisierte Kohlenstoffatom die Bindungselektronen vom Brom an sich zieht.

Die beste Anpassung der Elektronegativitäten von Mulliken an die Pauling-Werte erhält man mit der Beziehung

$$x = 0{,}168\,(I - E_{ea}) - 0{,}207$$

I und E_{ea} der Valenzorbitale sind als Zahlen für die Dimension eV einzusetzen. Sie sind nicht identisch mit den experimentell bestimmten I- und E_{ea}-Werten des Grundzustands der Atome.

Eine Skala mit absoluten Elektronegativitäten (in eV) erhält man aus der Beziehung

$$x = \frac{I - E_{ea}}{2}$$

wenn man die Ionisierungsenergien und Elektronenaffinitäten des Grundzustands der Atome in eV einsetzt (vgl. Abschn. 3.7.14).

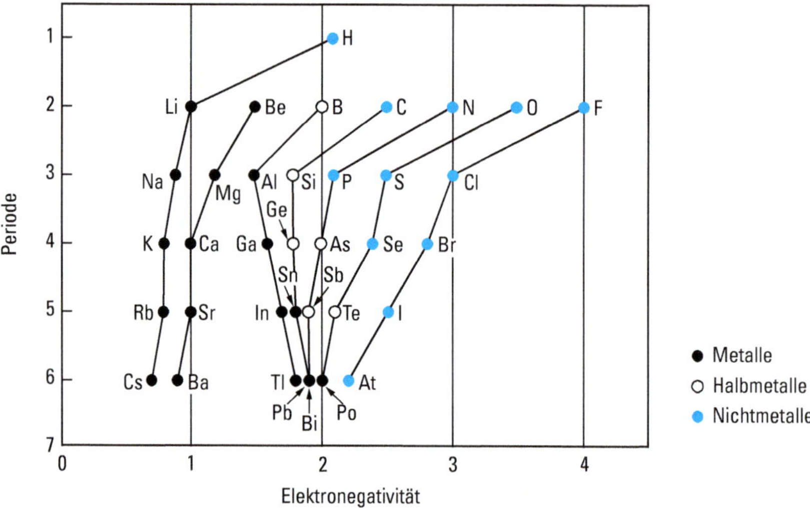

Abbildung 2.54 Elektronegativität der Hauptgruppenelemente nach Pauling. Mit steigender Ordnungszahl Z nimmt innerhalb der Perioden die Elektronegativität zu, innerhalb der Gruppen ab. Rechts oben im PSE stehen daher die Elemente mit ausgeprägtem Nichtmetallcharakter, links unten die typischen Metalle.

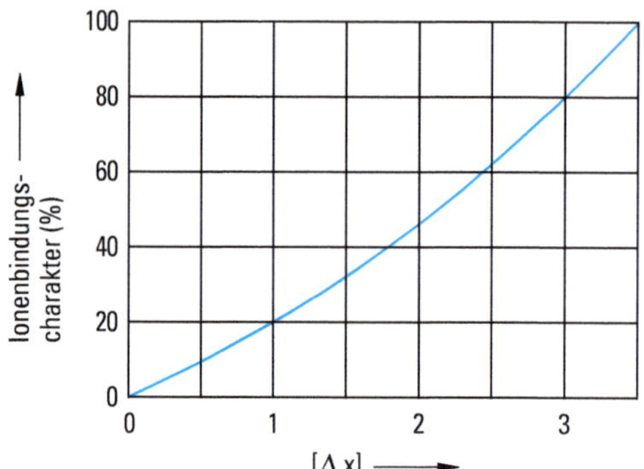

Abbildung 2.55 Beziehung zwischen dem prozentualen Ionenbindungscharakter und der Elektronegativitätsdifferenz. Die Kurve gehorcht der Beziehung:

$$\text{Ionenbindungscharakter (\%)} = 16|\Delta x| + 3{,}5|\Delta x|^2.$$

Im PSE nimmt die Elektronegativität mit wachsender Ordnungszahl in den Hauptgruppen ab, in den Perioden zu. Die elektronegativsten Elemente sind also die Nichtmetalle der rechten oberen Ecke des PSE. Das elektronegativste chemisch relevante Element ist Fluor. Die am wenigsten elektronegativen Elemente sind die Metalle der linken unteren Ecke des PSE (Abb. 2.53 und 2.54).

Aus der Differenz der Elektronegativitäten der Bindungspartner kann man die Polarität einer Bindung abschätzen (Abb. 2.55). Je größer Δx ist, um so ionischer ist die Bindung (vgl. Tab. 2.17). Wenig polar ist z. B. die C—H-Bindung. H—Cl hat einen Ionenbindungsanteil von etwa 20 %. Aber auch bei den als Ionenkristalle beschriebenen Verbindungen wie CsCl, NaCl, BeO und CaF_2 ist die Bindung nicht rein ionisch, sie haben nur Ionenbindungsanteile zwischen 50 % und 80 %. In erster Näherung lassen sie sich aber befriedigend so beschreiben, als wäre nur eine elektrostatische Wechselwirkung zwischen den Ionen vorhanden.

Für den Kristalltyp und die charakteristischen physikalischen Eigenschaften einer Verbindung ist jedoch nicht nur der Bindungscharakter maßgebend. Bei den Fluoriden der Elemente der 2. Periode erfolgt ein kontinuierlicher Übergang von einer Ionenbindung zu einer kovalenten Bindung.

Verbindung	LiF	BeF_2	BF_3	CF_4	NF_3	OF_2	F_2
Elektronegativitätsdifferenz	3,0	2,5	2,0	1,5	1,0	0,5	0
Kristalltyp	Ionenkristall		Molekülkristall				
Aggregatzustand bei Raumtemperatur	fest		gasförmig				

LiF und BeF_2 sind hochschmelzende Ionenkristalle. BF_3 ist bei Zimmertemperatur ein Gas und bildet im festen Zustand keinen Ionenkristall, sondern einen Molekülkristall, obwohl die Elektronegativitätsdifferenz ebenso groß ist wie bei NaCl. Ursache für die sprunghafte Änderung der physikalischen Eigenschaften ist nicht die Änderung des Bindungscharakters, sondern die Änderung der Koordinationsverhältnisse. Von Li^+ über Be^{2+} zu B^{3+} ändern sich die Koordinationszahlen von 6 über 4 auf 3. Eine Kristallstruktur aus Ionen kann daher nur noch für BeF_2 mit den Koordinationszahlen 4 : 2 aufgebaut werden. BF_3 mit den Koordinationszahlen 3 : 1 bildet einen Molekülkristall mit isolierten BF_3-Baugruppen.

2.2.11 Atomkristalle, Molekülkristalle

In einem Atomkristall sind die Gitterbausteine Atome, sie sind durch kovalente Bindungen dreidimensional verknüpft. Die Elemente der 4. Hauptgruppe, C, Si, Ge, Sn, kristallisieren in einer Kristallstruktur mit tetraedrischer Koordination der Atome. Nach der Kohlenstoffmodifikation Diamant wird dieser Strukturtyp als **Diamant-Struktur** bezeichnet (Abb. 2.56a). In der Diamant-Struktur ist jedes Atom durch vier σ-Bindungen an seine Nachbaratome gebunden. Die Bindungen kommen durch Überlappung tetraedrisch ausgerichteter sp^3-Hybridorbitale zustande (Abb. 2.56b). Die Koordinationszahl ist also durch die Zahl der Atombindungen festgelegt. Da die C—C-Bindungen sehr fest sind, ist Diamant eine hochschmelzende, sehr harte, elektrisch nichtleitende Substanz. Eng verwandt mit der Diamant-Struktur ist die **Zinkblende-Struktur** (Abb. 2.57).

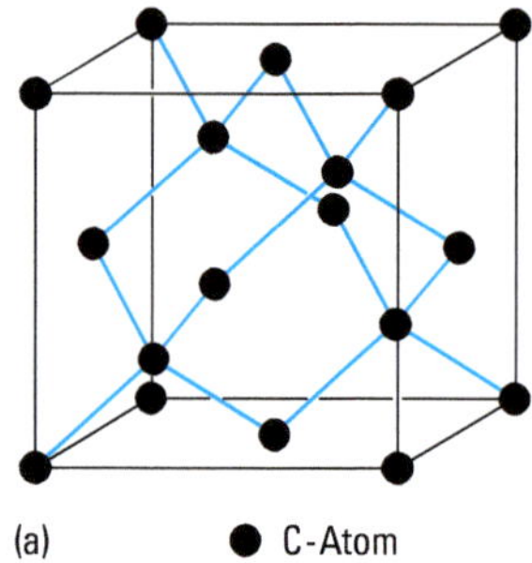

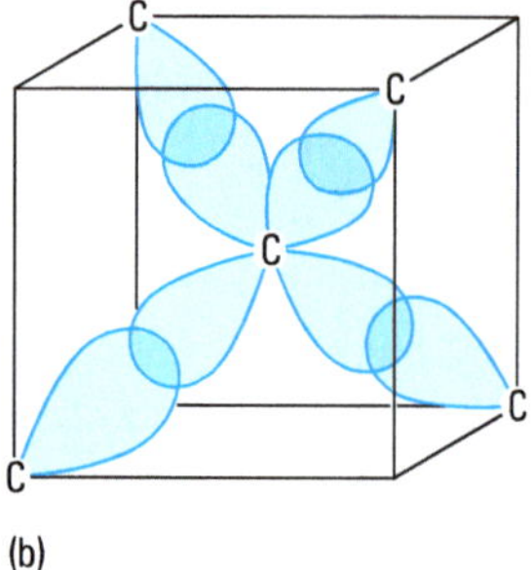

Abbildung 2.56 a) Diamant-Struktur. Jedes C-Atom ist von vier C-Atomen tetraedrisch umgeben.
b) Jedes C-Atom ist durch vier σ-Bindungen an Nachbaratome gebunden. Die C—C-Bindungen kommen durch Überlappung tetraedrisch ausgerichteter sp^3-Hybridorbitale zustande.

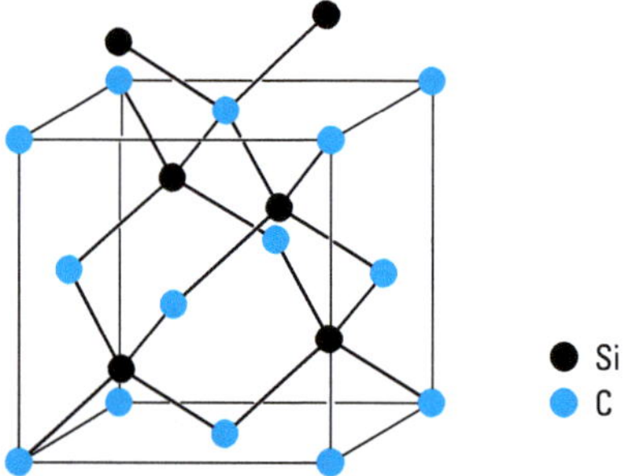

Abbildung 2.57 Zinkblende-Struktur von SiC. Jedes Si-Atom ist tetraedrisch von vier C-Atomen umgeben, ebenso jedes C-Atom von vier Si-Atomen. Die Bindungen entstehen im VB-Modell durch Überlappung von sp^3-Hybridorbitalen.

Im Strukturtyp der Zinkblende kristallisieren

SiC	BN	AlSb	BeS	ZnS	CuCl
	BP	GaP	BeSe	ZnSe	CuBr
	BAs	GaAs	BeTe	ZnTe	CuI
	AlP	GaSb			AgI
	AlAs				

In diesen Verbindungen ist die Summe der Valenzelektronen beider Atome acht. Jedes Atom ist wie im Diamant durch vier sp^3-Hybridorbitale (VB-Modell) an die Nachbaratome gebunden. Im zweidimensionalen Bild lassen sich die Bindungsverhältnisse folgendermaßen darstellen:

$$\begin{array}{ccccccc} & & | & & | & & \\ & — & P^{\oplus} & — & Al^{\ominus} & — & \\ | & & | & & | & & | \\ —P^{\oplus} & — & Al^{\ominus} & — & P^{\oplus} & — & Al^{\ominus}— \\ | & & | & & | & & | \\ & — & P^{\oplus} & — & Al^{\ominus} & — & \\ & & | & & | & & \end{array}$$

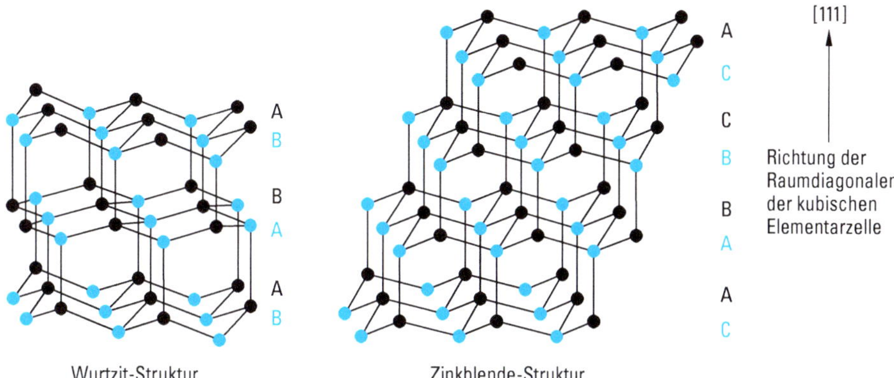

Abbildung 2.58 Vergleich zwischen der Zinkblende- und der Wurtzit-Struktur.
In der Wurtzit-Struktur ist – wie in der Zinkblende-Struktur – jede Atomsorte von der anderen tetraedrisch umgeben. In der Wurtzit-Struktur ist die Schichtenfolge jeder Atomsorte ABAB..., in der Zinkblende-Struktur ABCABC... In der Wurtzit-Struktur liegt eine hexagonale Packung, in der Zinkblende-Struktur eine kubische Packung vor (vgl. S. 176 f.). Viele Strukturbeziehungen haben ihre Ursache in diesen beiden Packungstypen.

Die gleichen Koordinationen wie die Zinkblende-Struktur besitzt die **Wurtzit-Struktur**. Beide unterscheiden sich nur in der Schichtenfolge (Abb. 2.58). In der Wurtzit-Struktur kristallisieren

SiC	AlN	BeO	ZnSe	AgI
	GaN	MgTe	ZnTe	
	InN	MnS	CdS	
		ZnO	CdSe	
		ZnS		

Bei Verbindungen mit kleinen und elektronegativen Anionen ist die Wurtzit-Struktur gegenüber der Zinkblende-Struktur bevorzugt. Die Ähnlichkeit beider Strukturen zeigt sich auch darin, dass einige Verbindungen in beiden Strukturen auftreten, z. B. SiC, ZnS, CdS und AgI.

Weit verbreitet ist die **Nickelarsenid-Struktur** (Abb. 2.59). Sie tritt bei AB-Verbindungen aus Übergangsmetallen mit den Nichtmetallen S, Se, P, den Halbmetallen Te, As, Sb und auch den Hauptgruppenmetallen Bi, Sn auf. In der Nickelarsenid-Struktur kristallisieren

Ti(S, Se, Te), V(S, Se, Te, P), Cr(S, Se, Te, Sb),
Mn(Te, As, Sb, Bi), Fe(S, Se, Te, Sb, Sn), Co(S, Se, Te, Sb)
Ni(S, Se, Te, As, Sb, Sn), Pd(Te, Sb, Sn), Pt(Sb, Bi, Sn)

Die Übergangsmetallatome A sind verzerrt oktaedrisch koordiniert. Neben den kovalenten Bindungen A—B zwischen den Metallatomen A und den Nichtmetallatomen B sind auch metallische Bindungen A—A zwischen den Metallatomen vorhanden.

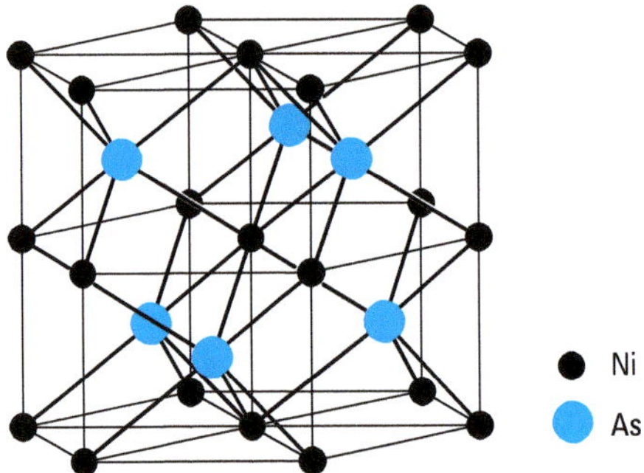

Abbildung 2.59 Die Nickelarsenid-Struktur. Die Ni-Atome haben sechs oktaedrisch angeordnete As-Nachbarn, die As-Atome sind von sechs Ni-Atomen in Form eines trigonalen Prismas umgeben. Die Ni-Atome haben außerdem längs der vertikalen Achsen zwei Ni-Nachbarn. Zusätzlich zu den kovalenten Bindungen treten daher auch Metall-Metall-Bindungsanteile auf.

Bleiben in der Nickelarsenid-Struktur Metallgitterplätze unbesetzt, entstehen nichtstöchiometrisch zusammengesetzte Verbindungen und es erfolgt ein Übergang zur Cadmiumiodid-Struktur (Abb. 2.61). Ein lückenloser Übergang wird im System CoTe—$CoTe_2$ gefunden.

Kovalente Bindungen sind gerichtet, ihre Wirkung beschränkt sich auf die Atome, die durch gemeinsame Elektronenpaare aneinander gebunden sind. In Molekülen sind daher die Atome bindungsmäßig abgesättigt. Zwischen den Molekülen können keine Atombindungen gebildet werden. Molekülkristalle sind aus Molekülen aufgebaut, zwischen denen nur schwache zwischenmolekulare Bindungskräfte existieren. Molekülkristalle haben daher niedrige Schmelzpunkte und sind meist weich. Molekülkristalle sind Nichtleiter. Die Natur der zwischenmolekularen Bindungskräfte, der van-der-Waals-Kräfte, wird in Abschn. 2.3 näher besprochen.

Abb. 2.60 zeigt als Beispiel den Molekülkristall von CO_2. Innerhalb der CO_2-Moleküle sind starke Atombindungen vorhanden, zwischen den CO_2-Molekülen nur schwache Anziehungskräfte. Festes CO_2 sublimiert daher schon bei −78 °C. Dabei

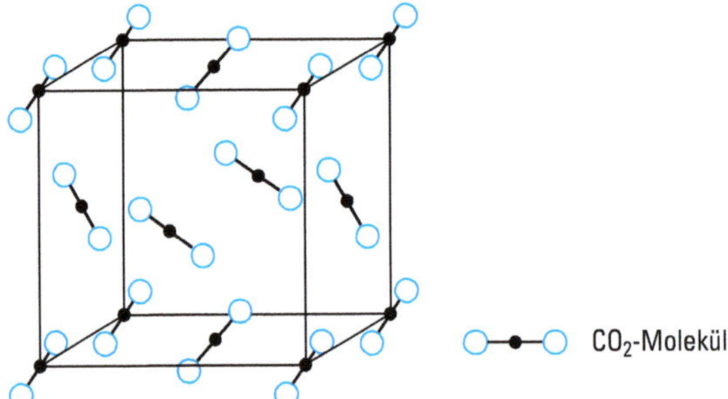

Abbildung 2.60 Molekülkristall von CO_2. Zwischen den CO_2-Molekülen sind nur schwache zwischenmolekulare Bindungskräfte vorhanden, während innerhalb der CO_2-Moleküle starke Atombindungen auftreten.

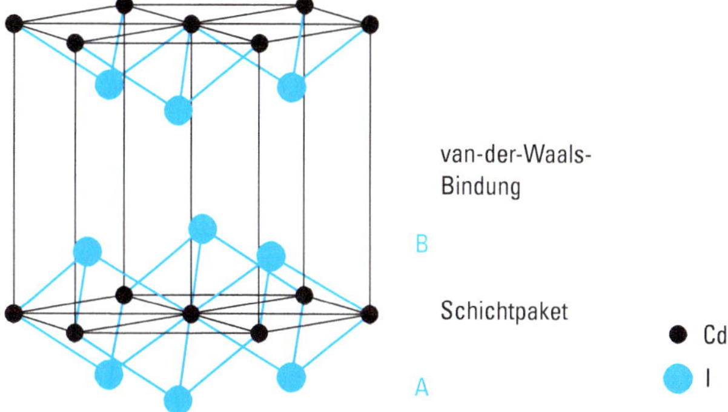

Abbildung 2.61 Die Cadmiumiodid-Struktur.
Die Struktur besteht aus übereinander gestapelten Schichtpaketen ...ICdI...ICdI... Innerhalb der Schichten existieren kovalente Bindungen mit Ionenbildungsanteilen. Die Cd-Atome sind oktaedrisch koordiniert. Die Schichtpakete werden nur durch schwache van-der-Waals-Kräfte aneinander gebunden. Die Anionenschichten treten in der Schichtenfolge ABAB... auf (hexagonal-dichtest gepackt; vgl. S. 176 f.). Die Cadmiumiodid-Struktur entsteht aus der Nickelarsenid-Struktur, wenn jede zweite Metallschicht unbesetzt bleibt.

verlassen CO_2-Moleküle die Oberfläche des Kristalls und bilden ein Gas aus CO_2-Molekülen.

Sind Atome durch kovalente Bindungen eindimensional verknüpft, entstehen Kettenstrukturen. Innerhalb der Ketten sind starke Atombindungen vorhanden, zwischen den Ketten schwache van-der-Waals-Kräfte. Sind Atome durch kovalente Bindungen zweidimensional verknüpft, entstehen Schichtstrukturen. Die Schichten sind durch schwache van-der-Waals-Kräfte aneinander gebunden. Beispiele sind die Elemente der 16. und 15. Gruppe (vgl. Abb. 4.14, Abb. 4.19 und Abb. 4.21).

Von den AB_2-Verbindungen kristallisieren überwiegend nur die Fluoride und die Oxide in Ionenstrukturen. Die meisten anderen Halogenide sowie viele Chalkogenide AB_2 kristallisieren in der **Cadmiumiodid-Struktur** bzw. in der **Cadmiumchlorid-Struktur**. Beide Strukturen sind Schichtstrukturen, die aus Schichtpaketen BAB...BAB... aufgebaut sind (Abb. 2.61). Innerhalb der Schichtpakete sind polare kovalente Bindungen vorhanden, zwischen den Schichtpaketen nur schwache van-der-Waals-Bindungen. Die Kristalle sind daher parallel zu den Schichten gut spaltbar.

In der Cadmiumiodid- und der Cadmiumchlorid-Struktur kristallisieren:

B	Cadmiumiodid-Struktur A	Cadmiumchlorid-Struktur A
Cl	–	Mg, Mn, Fe, Co, Ni, Zn, Cd
Br	Mg, Mn, Fe, Co	Ni, Zn, Cd
I	Mg, Ca, Tl, Pb, Ti, Mn, Fe, Co, Zn, Cd	Ni
S	Sn, Ti, Zr, Pt	–
Se	Ti, Zr	Ta
Te	Ti, Pt	–

Beide Strukturen unterscheiden sich in der Stapelung der Schichtpakete. In der Cadmiumiodid-Struktur liegen die Schichtpakete genau übereinander (Abb. 2.61). In der Cadmiumchlorid-Struktur sind sie gegeneinander verschoben und erst das 4. Schichtpaket liegt genau über dem ersten. Die Cadmiumchlorid-Struktur wird überwiegend bei den ionogeneren AB_2-Verbindungen, den Chloriden, gefunden.

2.2.12 Molekülorbitaltheorie

Die Valenzbindungstheorie geht von Elektronenpaaren aus, die zu zwei Atomen (bindende Elektronenpaare) oder zu einem Atom (freie Elektronenpaare) gehören.

Die Molekülorbitaltheorie (Mulliken und Hund 1928) geht von einem einheitlichen Elektronensystem des Moleküls aus. Die Elektronen halten sich nicht in Atomorbitalen auf, die zu bestimmten Kernen gehören, sondern in Molekülorbitalen, die sich über das ganze Molekül erstrecken und die sich im Feld mehrerer Kerne befinden.

Hält sich ein Elektron gerade in der Nähe *eines* Kernes auf, so wird es von den anderen Kernen wenig beeinflusst werden. Bei Vernachlässigung dieses Einflusses verhält sich das Elektron so, als ob es sich in einem Atomorbital des Kerns befände.

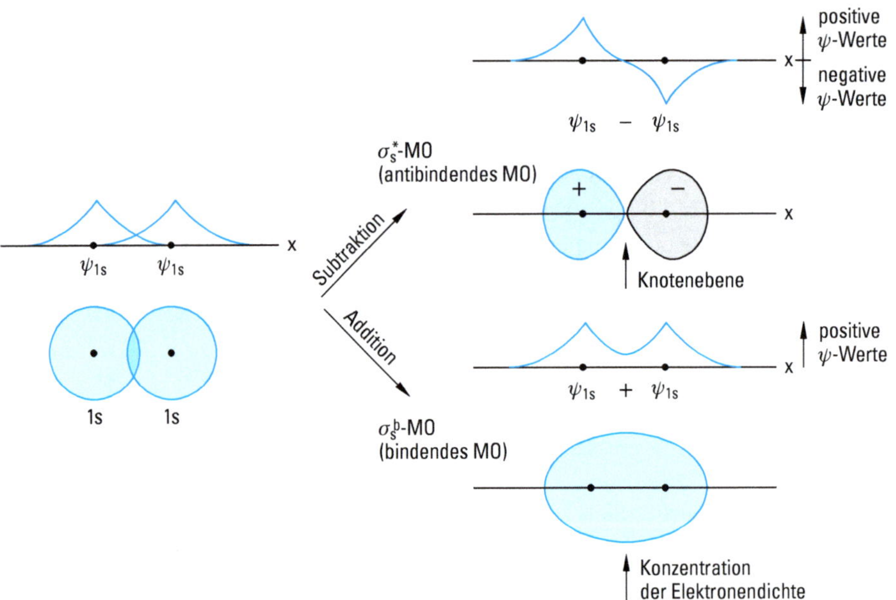

Abbildung 2.62 Linearkombination von 1s-Atomorbitalen zu Molekülorbitalen. Dargestellt ist sowohl der Verlauf der Wellenfunktion ψ als auch die räumliche Form der Elektronenwolken der Molekülorbitale. Beide MOs besitzen σ-Symmetrie, d. h. sie sind rotationssymmetrisch in Bezug auf die x-Achse.

Das Molekülorbital in der Nähe des Kerns ist näherungsweise gleich einem Atomorbital. In der Nähe des Kerns A z. B. ähnelt das Molekülorbital dem Atomorbital ψ_A. Entsprechend ähnelt das Molekülorbital in der Nähe des Kerns B dem Atomorbital ψ_B. Das Molekülorbital hat also sowohl charakteristische Eigenschaften von ψ_A als auch von ψ_B, es wird daher durch eine Linearkombination beider angenähert. Molekülorbitale sind in der einfachsten Näherung Linearkombinationen von Atomorbitalen. Man nennt diese Methode, Molekülorbitale aufzufinden, abgekürzt LCAO-Näherung (linear combination of atomic orbitals).

Die Ermittlung der Molekülorbitale für das Wasserstoffmolekül H_2 ist anschaulich in der Abb. 2.62 dargestellt. Die 1s-Orbitale der beiden H-Atome kann man auf zwei Arten miteinander kombinieren. Die erste Linearkombination ist eine Addition. Sie führt zu einem Molekülorbital, in dem die Elektronendichte zwischen den Kernen der Wasserstoffatome konzentriert ist. Dadurch kommt es zu einer starken Anziehung zwischen den Kernen und den Elektronen. Man nennt dieses Molekülorbital daher bindendes MO. Elektronen in diesem MO haben eine niedrigere Energie als in den 1s-Atomorbitalen (Abb. 2.63).

Die Subtraktion der 1s-Atomorbitale führt zu einem MO mit einer Knotenebene zwischen den Kernen. Die Elektronen halten sich bevorzugt außerhalb des Überlappungsbereiches auf, das Energieniveau des Molekülorbitals liegt über denen der 1s-Atomorbitale. Dieses MO nennt man daher antibindendes MO. Antibindende Molekülorbitale werden mit einem * bezeichnet.

Die Linearkombination der Wellenfunktion ψ_A des H-Atoms mit der Wellenfunktion ψ_B des H-Atoms ergibt die angenäherten Molekülfunktionen

$$\psi^b = N^b\,(\psi_A + \psi_B)$$
$$\psi^* = N^*\,(\psi_A - \psi_B)$$

mit den Normierungsfaktoren N^b und N^*.

Durch Einsetzen dieser Wellenfunktionen in die Schrödinger-Gleichung erhält man für die Energie der Molekülorbitale (bei Vernachlässigung des Überlappungsintegrals im Normierungsfaktor, was für eine qualitative Diskussion statthaft ist, da dies nur für die Normierungskonstante zu einem kleinen Fehler führt)

$$E^b = \alpha_A + \beta$$
$$E^* = \alpha_B - \beta$$

α_A wird Coulombintegral genannt, es ist die Energie, die erforderlich ist, ein Elektron aus dem Valenzorbital ψ_A des Atoms A, das sich im Feld beider Kerne und des anderen Elektrons befindet, zu entfernen. Daher wird es manchmal Valenzorbitalionisierungspotential genannt. Es ist nicht identisch mit der Energie des Elektrons im isolierten H_A-Atom. Da das Elektron im Valenzorbital ψ_A aber überwiegend vom Kern A und nur wenig vom Kern B beeinflusst wird, ist α_A von der Orbitalenergie des isolierten H_A-Atoms nicht sehr verschieden. Entsprechendes gilt für α_B.

β wird Resonanzintegral oder Austauschintegral genannt. Es ist die für die Stabilisierung oder Destabilisierung eines Molekülorbitals entscheidende Größe und ist

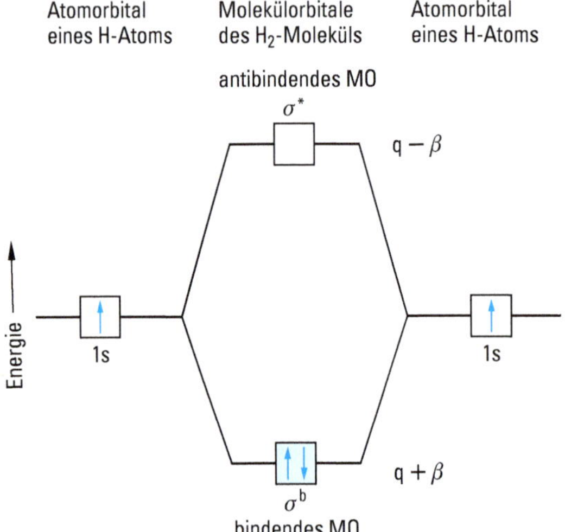

Abbildung 2.63 Energieniveaudiagramm des H_2-Moleküls. Durch Linearkombination der 1s-Orbitale der H-Atome entstehen ein bindendes und ein antibindendes MO. Im Grundzustand besetzen die beiden Elektronen des H_2-Moleküls das σ^b-MO. Dies entspricht einer σ-Bindung.

die Wechselwirkungsenergie zwischen den Wellenfunktionen ψ_A und ψ_B. β hat ein negatives Vorzeichen. Sind die Atome A und B identisch, ist $\alpha_A = \alpha_B$ und man erhält

$$E^b = \alpha + \beta$$
$$E^* = \alpha - \beta$$

Daraus resultiert das in der Abb. 2.63 dargestellte Energieniveaudiagramm des H_2-Moleküls.

Berücksichtigt man allerdings das Überlappungsintegral auch im Normierungsfaktor, dann ist beim H_2-Molekül die Aufspaltung in das bindende und das antibindende Molekülorbital nicht mehr symmetrisch. Das antibindende Molekülorbital σ^* wird stärker angehoben, als das bindende Molekülorbital σ^b abgesenkt wird.

Die Besetzung der Molekülorbitale mit den Elektronen des Moleküls erfolgt unter Berücksichtigung des Pauli-Prinzips und der Hund'schen Regel. Aufgrund des Pauli-Prinzips kann jedes MO nur mit zwei Elektronen antiparallelen Spins besetzt werden. Das H_2-Molekül besitzt zwei Elektronen. Sie besetzen das energieärmere bindende MO (Abb. 2.63). Die Elektronenkonfiguration ist $(\sigma^b)^2$. Es existiert also im H_2-Molekül ein bindendes Elektronenpaar mit antiparallelen Spins in einem Orbital mit σ-Symmetrie. Die Ergebnisse der MO-Theorie und der VB-Theorie sind äquivalent: Im H_2-Molekül existiert eine σ-Bindung, die durch ein gemeinsames, zum gesamten Molekül gehörendes Elektronenpaar zustande kommt (vgl. Abschn. 2.2.5). Mit beiden Theorien kann die Bindungsenergie richtig berechnet werden.

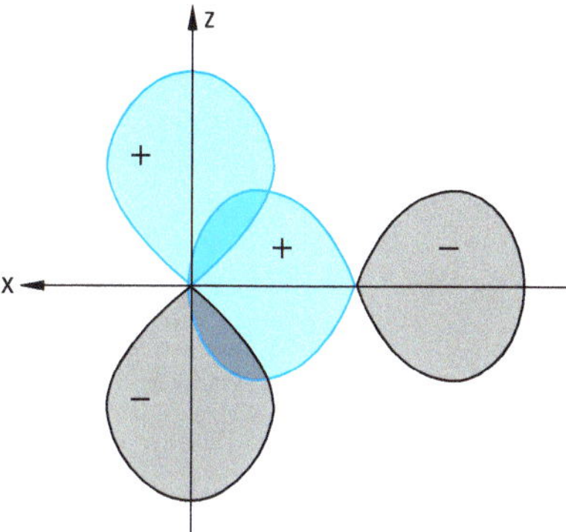

Abbildung 2.64 Die Kombination eines p_z- und eines p_x-Orbitals ergibt kein MO. Die Gesamtüberlappung ist null.

Das Energieniveaudiagramm der Abb. 2.63 erklärt, warum ein Molekül He_2 nicht existiert. Da sowohl das bindende als auch das antibindende Molekülorbital mit je zwei Elektronen besetzt sein müssten, resultiert keine Bindungsenergie. Bei den Molekülionen H_2^+ mit einem und He_2^+ mit drei Elektronen hingegen tritt eine Bindungsenergie auf, sie sind existent (vgl. Tab. 2.19).

Bei den Elementen der zweiten Periode müssen außer den s-Orbitalen auch die p-Orbitale berücksichtigt werden. Es lassen sich nicht beliebige Atomorbitale zu Molekülorbitalen kombinieren, sondern nur Atomorbitale vergleichbarer Energie und gleicher Symmetrie bezüglich der Kernverbindungsachse. Die Kombination eines p_x-Orbitals mit einem p_z-Orbital z. B. ergibt kein MO, die Gesamtüberlappung ist null, es tritt keine bindende Wirkung auf (Abb. 2.64). Weitere Beispiele zeigt Abb. 2.28. Die möglichen Linearkombinationen zweier p-Atomorbitale sind in der Abb. 2.65 dargestellt. Es entstehen zwei Gruppen von Molekülorbitalen, die sich in der Symmetrie ihrer Elektronenwolken unterscheiden.

Bei den aus p_x-Orbitalen gebildeten Molekülorbitalen ist die Symmetrie ebenso wie bei den aus s-Orbitalen gebildeten MOs rotationssymmetrisch in Bezug auf die Kernverbindungsachse des Moleküls. Als Kernverbindungsachse ist die x-Achse gewählt. Wegen der gleichen Symmetrie werden diese MOs gemeinsam als σ-Molekülorbitale bezeichnet. Die Linearkombination der p_y- und der p_z-Atomorbitale führt zu einem anderen MO-Typ. Die Ladungswolken sind nicht mehr rotationssymmetrisch zur x-Achse. Diese MOs werden π-Molekülorbitale genannt.

Bei allen Linearkombinationen führt die Addition zu den stabilen, bindenden Molekülorbitalen, bei denen die Elektronendichte zwischen den Kernen konzentriert ist. Die π_y- und π_z-Molekülorbitale haben Ladungswolken gleicher Gestalt, die nur um 90° gegeneinander verdreht sind. Bei der Bildung der bindenden π_y^b- und π_z^b-MOs erfolgt daher dieselbe Energieerniedrigung, bei der Bildung der antibindenden π_y^*- und π_z^*-MOs dieselbe Energieerhöhung.

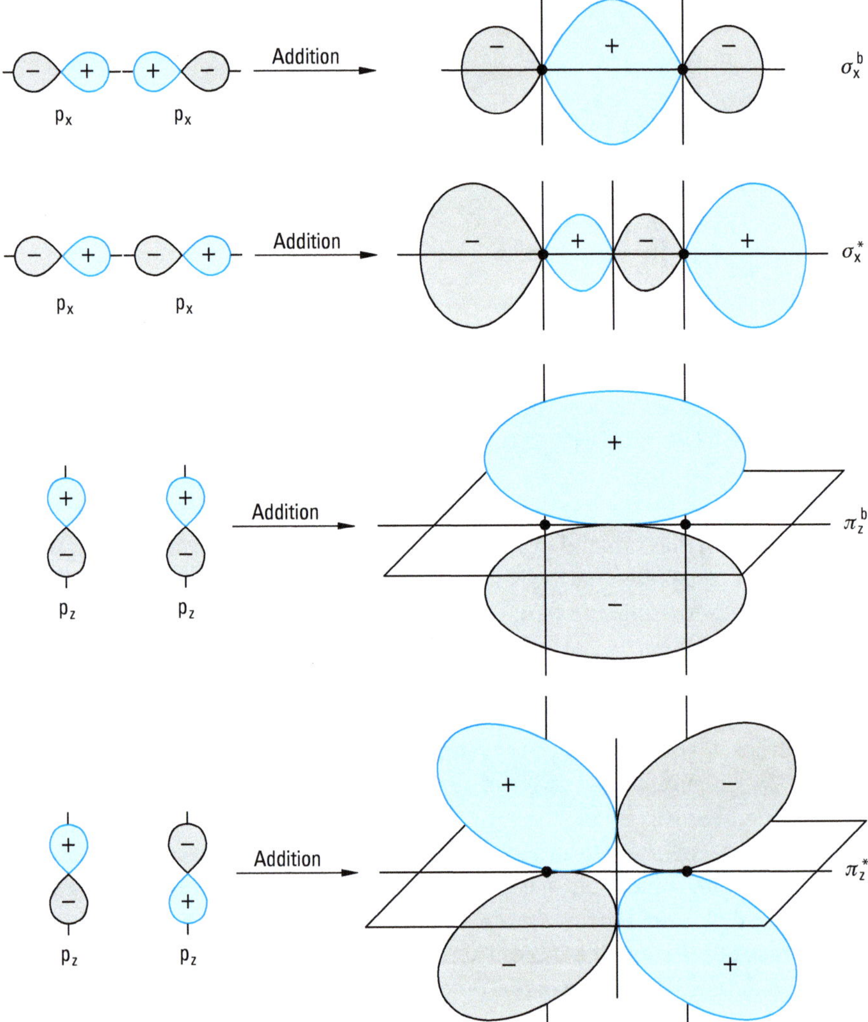

Abbildung 2.65 Bildung von Molekülorbitalen aus p-Atomorbitalen. Nur die σ-MOs sind rotationssymmetrisch zur Kernverbindungsachse. Die durch Linearkombination der p_z-Orbitale gebildeten π_z^b- und π_z^*-MOs sind den π_y^b- und π_y^*-MOs äquivalent und bilden mit diesen Winkel von 90°. Bei den bindenden MOs ist die Elektronendichte zwischen den Kernen erhöht, bei den antibindenden MOs sind zwischen den Kernen Knotenflächen vorhanden.

In den Abb. 2.66 und 2.67 sind die Energieniveaudiagramme für die Moleküle F_2 und O_2 dargestellt. Da beim Fluor und beim Sauerstoff die Energiedifferenz zwischen den 2s- und den 2p-Atomorbitalen groß ist, erfolgt keine Wechselwirkung zwischen den 2s- und $2p_x$-Orbitalen. Die 2s-Orbitale kombinieren daher nur miteinander zu den σ_s^b- und σ_s^*-MOs und die $2p_x$-Orbitale miteinander zu den σ_x^b- und σ_x^*-MOs. Bei gleichem Kernabstand und gleicher Orbitalenergie ist die Überlappung

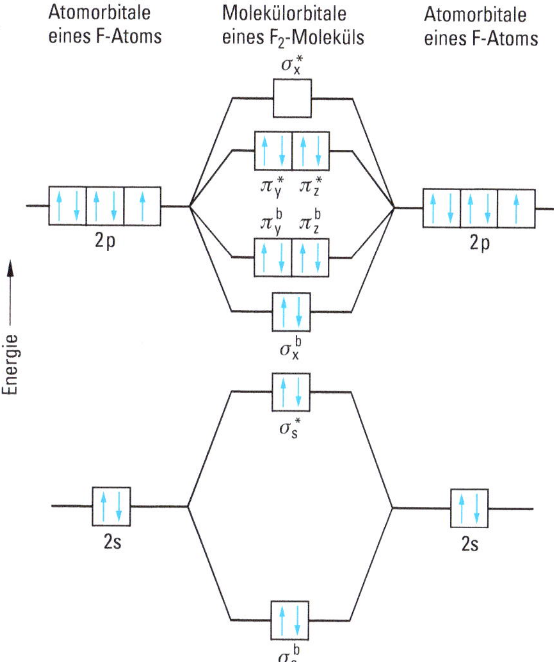

Abbildung 2.66 Energieniveaudiagramm für das F_2-Molekül. Ein Energiegewinn entsteht nur durch die Besetzung des σ_x^b-MOs, das aus den p_x-Orbitalen gebildet wird.

zweier σ-Orbitale stärker als die zweier π-Orbitale, das σ_x^b-MO ist daher stabiler als die entarteten $\pi_{y,z}^b$-MOs.

Die 14 Valenzelektronen des F_2-Moleküls besetzen die sieben energieärmsten Molekülorbitale. F_2 hat die Elektronenkonfiguration

$$(\sigma_s^b)^2\,(\sigma_s^*)^2\,(\sigma_x^b)^2\,(\pi_{y,z}^b)^4\,(\pi_{y,z}^*)^4$$

Die Bindungsenergie entsteht durch die Besetzung des σ_x^b-Molekülorbitals. In Übereinstimmung mit der Valenzbindungstheorie gibt es eine σ-Bindung.

Das O_2-Molekül hat die Elektronenkonfiguration

$$(\sigma_s^b)^2\,(\sigma_s^*)^2\,(\sigma_x^b)^2\,(\pi_{y,z}^b)^4\,(\pi_y^*)^1\,(\pi_z^*)^1$$

Die Bindungsenergie entsteht durch die Besetzung des σ_x^b- und eines π^b-Molekülorbitals. Die Elektronen im π_y^*- und im π_z^*-MO haben aufgrund der Hund'schen Regel den gleichen Spin. Substanzen mit ungepaarten Elektronen sind paramagnetisch. Die im Abschn. 2.2.7 verwendete Lewis-Formel $\overline{\underline{O}}{=}\overline{\underline{O}}$ beschreibt nicht das O_2-Molekül im paramagnetischen Grundzustand, sondern einen diamagnetischen angeregten Zustand (s. Abschn. 4.5.3.1). Disauerstoff, O_2 ist trotz seines Diradikal-Charakters ein relativ reaktionsträges, stabiles Molekül, was mit der starken π-Bindung im O_2-Molekül erklärt werden kann. Von der Gesamt-O=O-Bindungsenergie von 498 kJ/mol

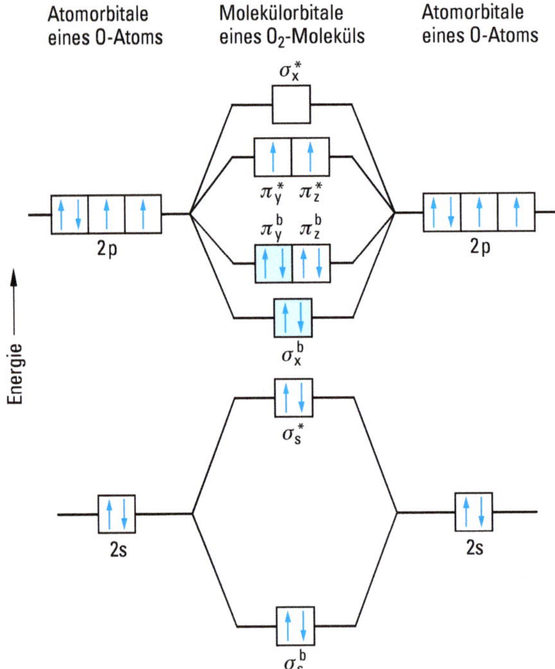

Abbildung 2.67 Energieniveaudiagramm für das O_2-Molekül. Bindungsenergie entsteht durch die Besetzung des σ_x^b- und eines π^b-Orbitals. Die beiden ungepaarten Elektronen im π_y^*- und π_z^*-MO sind für den Paramagnetismus des O_2-Moleküls verantwortlich.

entfallen auf die O—O-σ-Bindung nur 144 kJ/mol (s. Tab. 2.15), auf die π-Bindung dann 354 kJ/mol.

Bei kleinen Energiedifferenzen 2s − 2p tritt eine Wechselwirkung zwischen den 2s- und den 2p-Orbitalen auf. Die σ^b- und σ^*-MOs besitzen jetzt keinen reinen s- oder p-Charakter mehr. (Diese Orbitalwechselwirkung entspricht der Hybridisierung der VB-Theorie, hier zu sp-Hybridorbitalen. Der Begriff Hybridisierung sollte aber nur bei der VB-Theorie verwendet werden.) Orbitalmischung führt hauptsächlich zu einer Stabilisierung des σ_s^b-MOs und zu einer Destabilisierung des σ_x^b-MOs. Dadurch liegen jetzt die $\pi_{y,z}^b$-MOs energetisch niedriger als das σ_x^b-MO. Die Orbitalmischung ändert auch den Charakter der Orbitale: Das jetzt $\sigma_{s(x)}^b$-MO ist stark bindend und stellt einen guten Teil der σ-Bindung des N_2-Moleküls. Das jetzt $\sigma_{x(s)}^{b-nb}$-MO ist eher nichtbindend und steht zusammen mit dem σ_s^*-Orbital für die beiden freien Elektronenpaare in der Lewis-Formel |N≡N|. *Die Energiedifferenz 2s − 2p nimmt vom Neonatom zum Boratom von 25 eV auf 3 eV ab.* Für das N_2-Molekül erhält man daher das unter Berücksichtigung der 2s-2p-Wechselwirkung aufgestellte Energieniveaudiagramm der Abb. 2.68. Die Elektronenkonfiguration ist

$$(\sigma_{s(x)}^b)^2\,(\sigma_s^*)^2\,(\pi_{y,z}^b)^4\,(\sigma_{x(s)}^{b-nb})^2$$

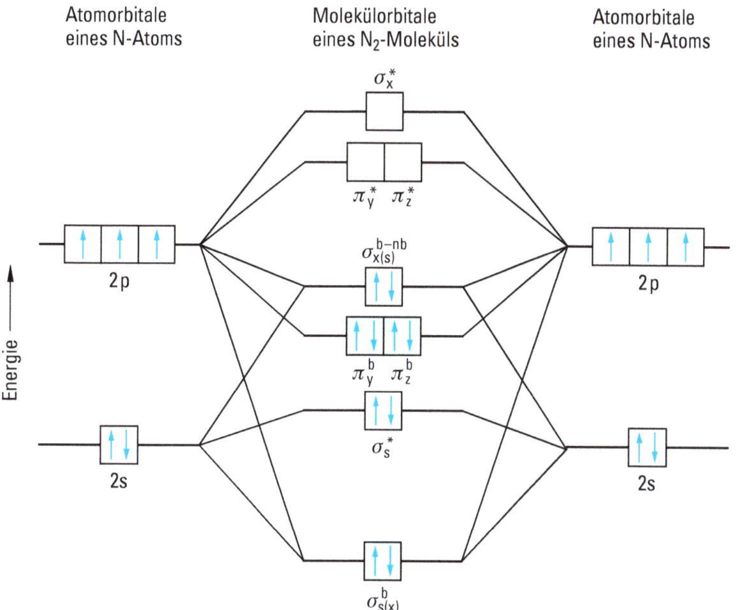

Abbildung 2.68 Energieniveauschema des N_2-Moleküls. Die Besetzung der MOs zeigt, dass im N_2-Molekül eine σ-Bindung und zwei π-Bindungen existieren. Auf Grund der Wechselwirkung zwischen den 2s- und den $2p_x$-Orbitalen liegt das jetzt $\sigma_{x(s)}^{b-nb}$-MO energetisch höher als das π_y^b- und das π_z^b-MO. Das σ_s^*-Orbital und das eher nichtbindende $\sigma_{x(s)}^{b-nb}$-MO sind die beiden freien Elektronenpaare in |N≡N|. Vgl. dazu auch das Photoelektronenspektrum von N_2 in Abb. 2.164.

Im N_2-Molekül gibt es in Übereinstimmung mit der VB-Theorie eine σ-Bindung und zwei π-Bindungen.

Das Energieniveauschema der Abb. 2.68 gilt auch für die Moleküle C_2 und B_2. C_2 existiert im Gaszustand, ist diamagnetisch und enthält eine schwache σ- und zwei π-Bindungen (vgl. Abschn. 2.2.7). Die Elektronenkonfiguration ist also

$$(\sigma_{s(x)}^b)^2\,(\sigma_s^*)^2\,(\pi_y^b)^2\,(\pi_z^b)^2$$

B_2 ist paramagnetisch und besitzt zwei ungepaarte Elektronen, entsprechend der Elektronenkonfiguration

$$(\sigma_{s(x)}^b)^2\,(\sigma_s^*)^2\,(\pi_y^b)^1\,(\pi_z^b)^1$$

Als Bindungsordnung wird für Moleküle mit Zweizentrenbindungen definiert:

$$\text{Bindungsordnung} = \frac{\begin{array}{c}\text{Anzahl der Elektronen}\\ \text{in bindenden MOs}\end{array} - \begin{array}{c}\text{Anzahl der Elektronen}\\ \text{in antibindenden MOs}\end{array}}{2}$$

Tabelle 2.19 Bindungseigenschaften einiger zweiatomiger Moleküle

Molekül oder Ion	Anzahl der Valenzelektronen	Bindungs-ordnung	Dissoziations-energie in kJ mol^{-1}	Kernabstand in pm
H_2^+	1	0,5	256	106
H_2	2	1	436	74
He_2^+	3	0,5	≈ 300	108
He_2	4	0	0	–
Li_2	2	1	110	267
Be_2	4	> 0*	10	245
B_2	6	> 1*	297	159
C_2	8	> 2*	610	131
N_2	10	3	945	110
O_2	12	2	498	121
F_2	14	1	159	142
Ne_2	16	0	0	–

* Durch Mischung der leeren p_x-Orbitale mit den gefüllten σ_s^*- und σ_s^b-Niveaus wird ersteres weniger antibindend und letzteres stärker bindend (vgl. Abb. 2.68). So kommt trotz Wechselwirkung von zwei gefüllten s^2-Unterschalen eine schwache σ-Bindung zustande.

In Tab. 2.19 sind die Bindungsordnung und einige Bindungseigenschaften für **homonukleare zweiatomige Moleküle** angegeben. Bei den Elementen jeder Periode nimmt mit wachsender Bindungsordnung die Bindungsenergie zu, der Kernabstand ab.

Bei **heteronuklearen zweiatomigen Molekülen AB** sind nicht nur die Symmetrien der Valenzorbitale der beiden Atome A und B zu berücksichtigen, sondern auch ihre relativen Energien. Näherungsweise kann man dazu die Ionisierungsenergien benutzen. Die genauen relativen Energien im MO-Energieniveaudiagramm erhält man aus den Valenzorbitalionisierungspotentialen (vgl. S. 145).

Ein einfaches Beispiel ist **HF**. Die 1. Ionisierungsenergie von H beträgt 13,6 eV, die von F 17,4 eV. Die 2p-Orbitale von F sind also stabiler als das 1s-Orbital von H. Die günstigste Energie für eine Wechselwirkung mit dem 1s-Orbital des H-Atoms besitzen die 2p-Orbitale des F-Atoms, die Wechselwirkung mit dem 2s-Orbital des F-Atoms bleibt aufgrund seiner niedrigen Energie von −46 eV unberücksichtigt. Aber nur das p_x-Orbital besitzt die für eine Linearkombination geeignete Symmetrie. Das p_y- und das p_z-Orbital sind π-Orbitale, deren Kombination mit dem 1s-Orbital die Gesamtüberlappung null ergibt (vgl. Abb. 2.28). Die Linearkombination des 1s-Orbitals mit dem F-2p_x-Orbital ergibt das bindende σ^b-MO und das antibindende σ^*-MO. Das Energieniveaudiagramm der Abb. 2.69 zeigt, dass das bindende MO energetisch näher am 2p-Orbital des F-Atoms, das antibindende MO näher am 1s-Orbital des H-Atoms liegt. Die beiden Bindungselektronen sind mehr beim Kern des F-Atoms lokalisiert als beim Kern des H-Atoms. Die kovalente Bindung ist nicht mehr symmetrisch, sondern es ist eine polare Atombindung mit der Ladungsverteilung $H^{\delta+} F^{\delta-}$ vorhanden. Der Ionenbindungscharakter beträgt 43 % (vgl. Tab. 2.17). Die Polarität der Bindung ist also von der Energiedifferenz der zu kombinierenden

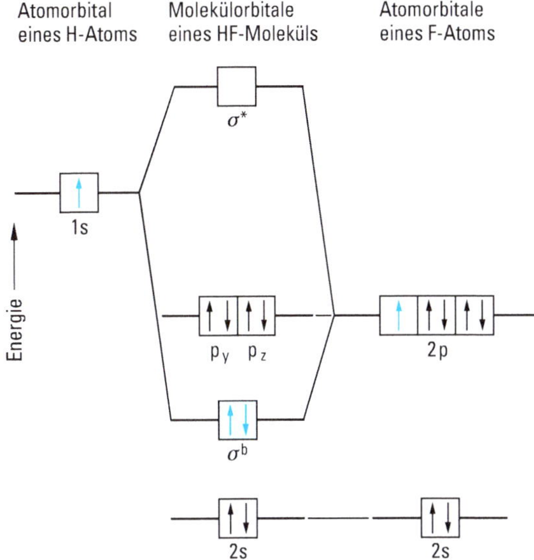

Abbildung 2.69 Energieniveaudiagramm des HF-Moleküls. Das aus dem H-1s-Orbital und dem F-2p_x-Orbital gebildete MO liegt in Energie und Ladungsverteilung näher an dem F-2p_x-Orbital, die Bindung ist polar. Die 2s-, π_y- und π_z-Elektronenpaare sind nichtbindend.

Orbitale abhängig. Wird sie kleiner, nimmt die Polarität ab und wir erhalten schließlich den Grenzfall der unpolaren Atombindung. Nimmt die Energiedifferenz weiter zu, erreicht man den Grenzfall der Ionenbindung, die beiden Bindungselektronen befinden sich in einem 2p_x-Orbital eines Fluoratoms. Dieser Grenzfall ist z. B. nahezu in KF erreicht.

Für den Fall eines zweiatomigen heteronuklearen Moleküls AB, wie CO, oder der Ionen NO^+ oder CN^- erhält man das in der Abb. 2.70 dargestellte Energieniveaudiagramm. Die Linearkombination der Atomorbitale führt zu Molekülorbitalen, bei denen die bindenden MOs mehr den Charakter der Orbitale der elektronegativen B-Atome besitzen, während die antibindenden MOs mehr den Orbitalen der elektropositiveren A-Atome ähneln (vgl. Abb. 2.71).

Beispiele:
Mit N_2 isoelektronisch sind CO, NO^+ und CN^- (s. Abb. 2.70 und Abb. 2.71). Sie haben die Elektronenkonfiguration

$(\sigma^b)^2\,(\sigma^{nb})^2\,(\pi^b_{y,z})^4\,(\sigma^{nb})^2$

also eine σ-Bindung und zwei π-Bindungen. CO besitzt die ungewöhnlich hohe Bindungsenergie von 1070 kJ mol^{-1}.
NO hat die Elektronenkonfiguration

$(\sigma^b)^2\,(\sigma^{nb})^2\,(\pi^b_{y,z})^4\,(\sigma^{nb})^2\,(\pi^*_{y,z})^1$

und demnach die Bindungsordnung 2,5.

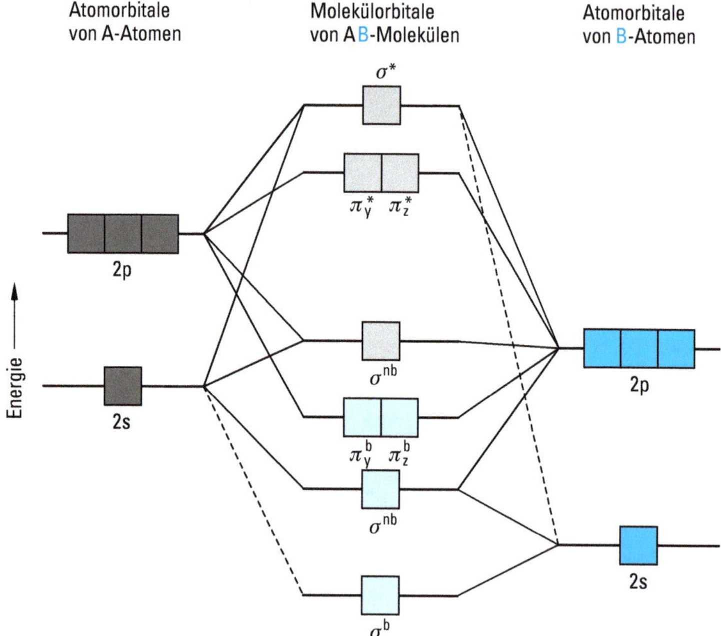

Abbildung 2.70 Energieniveaudiagramm eines AB-Moleküls, in dem B elektronegativer ist als A. Das Diagramm ähnelt dem in der Abb. 2.68 dargestellten Energieniveauschema des homonuklearen Moleküls N_2 und gilt für die dazu isoelektronischen Teilchen CO, NO^+ und CN^-. Der Vergleich zeigt die Wirkung der Elektronegativitätsdifferenz: die bindenden MOs sind den B-Atomorbitalen ähnlicher, die antibindenden MOs den A-Atomorbitalen (s. dazu Abb. 2.71).
In der Linearkombination

$$\psi^{b} = a\psi_{A} + b\psi_{B}$$
$$\psi^{*} = b\psi_{A} - a\psi_{B}$$

wird der unterschiedliche Anteil der Atomorbitale bei der Bildung der Molekülorbitale durch die Parameter a und b berücksichtigt. Wenn B elektronegativer als A ist, dann ist $b > a$. Für die Grenzfälle gilt: unpolare Bindung $a = b$; Ionenbindung $b = 1$, $a = 0$.

Im Abschn. 2.2.8 sahen wir, dass in der VB-Theorie zur Beschreibung delokalisierter π-Bindungen eine einzige Lewis-Formel nicht ausreicht, sondern mehrere mesomere Grenzstrukturen notwendig sind. Beispielsweise gibt es im CO_3^{2-}-Ion eine π-Bindung, die über das ganze Ion verteilt ist, und dementsprechend drei Grenzstrukturen besitzt:

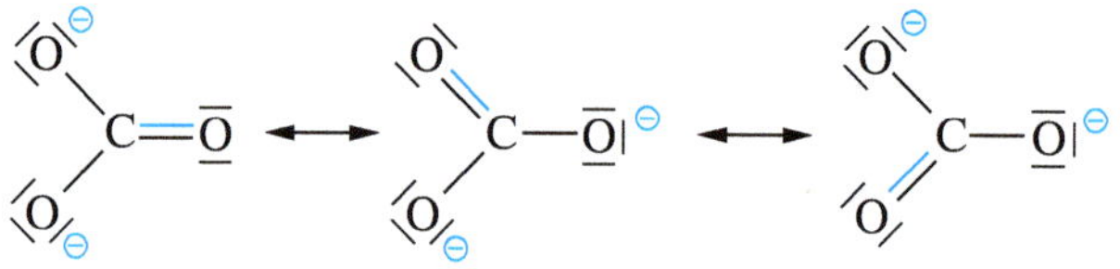

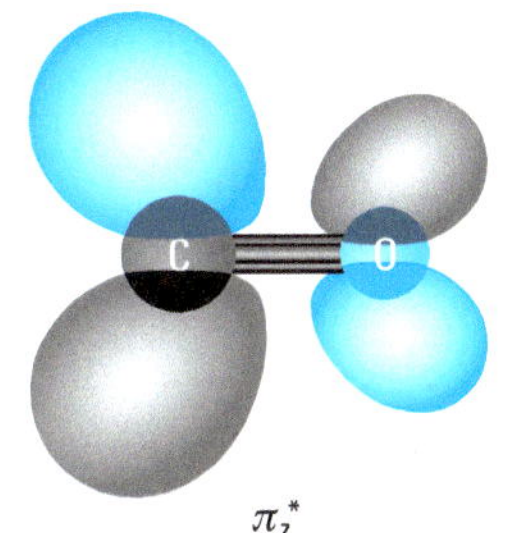

Das energetisch niedrigste nichtbesetzte Orbital, es ist im Falle einer Elektronenbesetzung π-antibindend, seine Lokalisierung am C-Atom erklärt zusammen mit dem darunterliegenden σ^{nb}-Orbital die C-Koordination des COs an Metallatome. Das zweite, dazu äquivalente π^*-Orbital liegt senkrecht zur Papierebene.

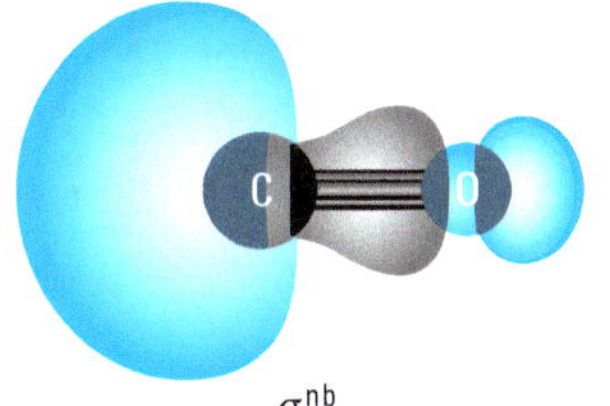

Das höchste besetzte Orbital (HOMO), es ist nur schwach bindend und das freie Elektronenpaar am C-Atom in der Lewis-Formel |C≡O|, es erklärt die CO-Koordination an Metallatome über das Kohlenstoffatom.

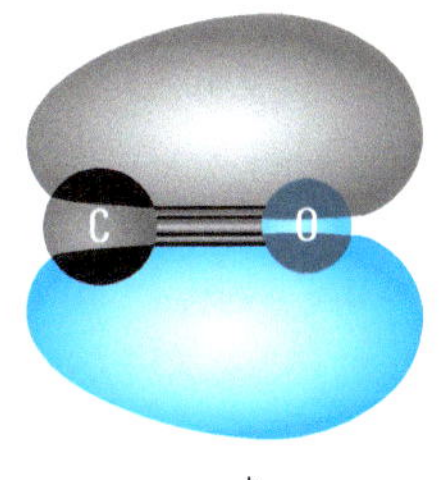

Das eine Orbital der einen starken π-Bindung im C≡O-Molekül, das zweite, dazu äquivalente π-Orbital liegt senkrecht zur Papierebene.

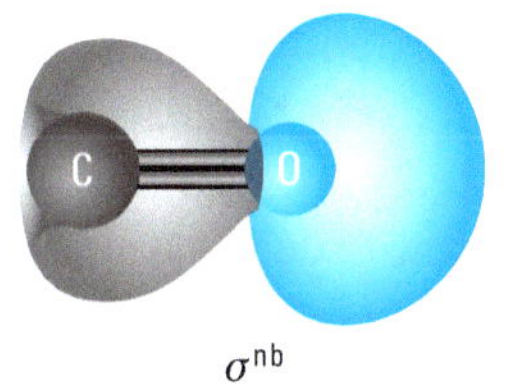

Dieses σ-Orbital ist nur schwach bindend und das freie Elektronenpaar am O-Atom in der Lewis-Formel |C≡O|, es liegt energetisch zu tief für eine O-Koordination an Metallatome.

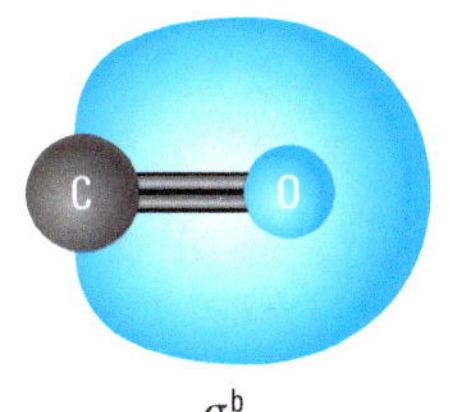

Orbital der σ-Bindung im C≡O-Molekül.

Abbildung 2.71 Molekülorbitale des Moleküls CO (vgl. dazu das Energieniveaudiagramm in Abb. 2.70). O ist das elektronegativere Atom. Die bindenden MOs ähneln mehr den Orbitalen der O-Atome, die antibindenden MOs denen der C-Atome.

Nach der Molekülorbitaltheorie befindet sich das delokalisierte Elektronenpaar, das alle vier Atome aneinander bindet (Mehrzentrenbindung), in einem mit zwei Elektronen gefüllten Molekülorbital, das sich über das ganze Ion erstreckt. In der Abb. 2.50b und c ist das vollständig bindende π-MO dieser 4-Orbital- und 4-Zentren-6-Elektronen-Wechselwirkung anschaulich dargestellt. Vier weitere Elektronen befinden sich in zwei nichtbindenden π-Orbitalen (entspricht je einem der drei freien Elektronenpaare an den O^--Atomen in der Lewis-Formel). Nur die vollständig antibindende p-Orbitalkombination bleibt unbesetzt.

Mehratomige Moleküle. Eine leicht verständliche, systematische Behandlung mehratomiger Moleküle mit der MO-Theorie findet man z. B. bei E. Riedel/C. Janiak, „Übungsbuch Allgemeine und Anorganische Chemie" oder R. Steudel, „Nichtmetalle", de Gruyter. Als einfache Beispiele sollen die Moleküle H_2O, CH_4, CO_2 und Benzol besprochen werden. Nur bei kleinen Molekülen liefert die MO-Theorie anschauliche Ergebnisse und nur in einfachen Fällen kann die Molekülgeometrie aus dem Energieniveaudiagramm erkannt werden.

H_2O-Molekül. Bei der Bildung der H_2O-Molekülorbitale sind die möglichen Kombinationen der 1s-Orbitale der H-Atome mit dem 2s-Orbital und den 2p-Orbitalen des O-Atoms zu berücksichtigen. Durch Kombination dieser sechs Atomorbitale müssen sechs Molekülorbitale gebildet werden. Die Addition des $2p_z$-O-Orbitals mit der Kombination $(1s_a - 1s_b)$ der H-Atome führt zu dem bindenden MO σ_z^b (Abb. 2.72 oben). Die Subtraktion von $2p_z$-O mit $(1s_a - 1s_b)$ ergibt entsprechend das antibindende MO σ_z^* (nicht gezeichnet). Das O-$2p_y$-Orbital überlappt nicht mit den 1s-Orbitalen der H-Atome. Es wäre für π-Bindungen geeignet, aber Wasserstoffatome haben keine p-Valenzorbitale, daher ist es ein nichtbindendes MO; wir bezeichnen es mit p_y. Wenn man die Kombination $(1s_a + 1s_b)$ der H-Atome verwendet, so kann diese sowohl mit dem $2p_x$- als auch mit dem 2s-Orbital des O-Atoms bindend oder antibindend überlappen (Abb. 2.72). Da $(1s_a + 1s_b)$ zur Kombination sowohl mit 2s als auch mit $2p_x$ geeignet ist, mischen sich die 2s- und 2p-Orbitale. Aus der Wechselwirkung der drei Orbitale $(1s_a + 1s_b)$, 2s und $2p_x$ erhalten wir drei Molekülorbitale: das bindende MO $\sigma_{s(x)}^b$, das MO $\sigma_{x(s)}^{b-nb}$, das nahezu nichtbindend ist und das antibindende MO σ^* (Abb. 2.72). Berücksichtigt man außerdem, dass die H-1s-Orbitale energetisch höher liegen als die O-Valenzorbitale, so erhält man das in der Abb. 2.73 dargestellte Energieniveaudiagramm. Im Grundzustand ist die Elektronenkonfiguration des H_2O-Moleküls

$$(\sigma_{s(x)}^b)^2\,(\sigma_z^b)^2\,(\sigma_{x(s)}^{b-nb})^2\,(p_y)^2$$

H_2O ist diamagnetisch und besitzt zwei σ-Bindungen. Da Sauerstoff elektronegativer als Wasserstoff ist, haben die bindenden Molekülorbitale überwiegend Sauerstoffcharakter. Die Bindungselektronen sind mehr am Kern des O-Atoms lokalisiert, die Bindungen sind polar.

CH_4-Molekül. Die MO-Darstellung dieses Moleküls verdeutlicht noch einmal den unterschiedlichen Ansatz zur VB-Methode: Delokalisierte versus lokalisierte Bindungen. Das CH_4-Molekül ist der Prototyp eines Moleküls mit sp^3-hybridisiertem

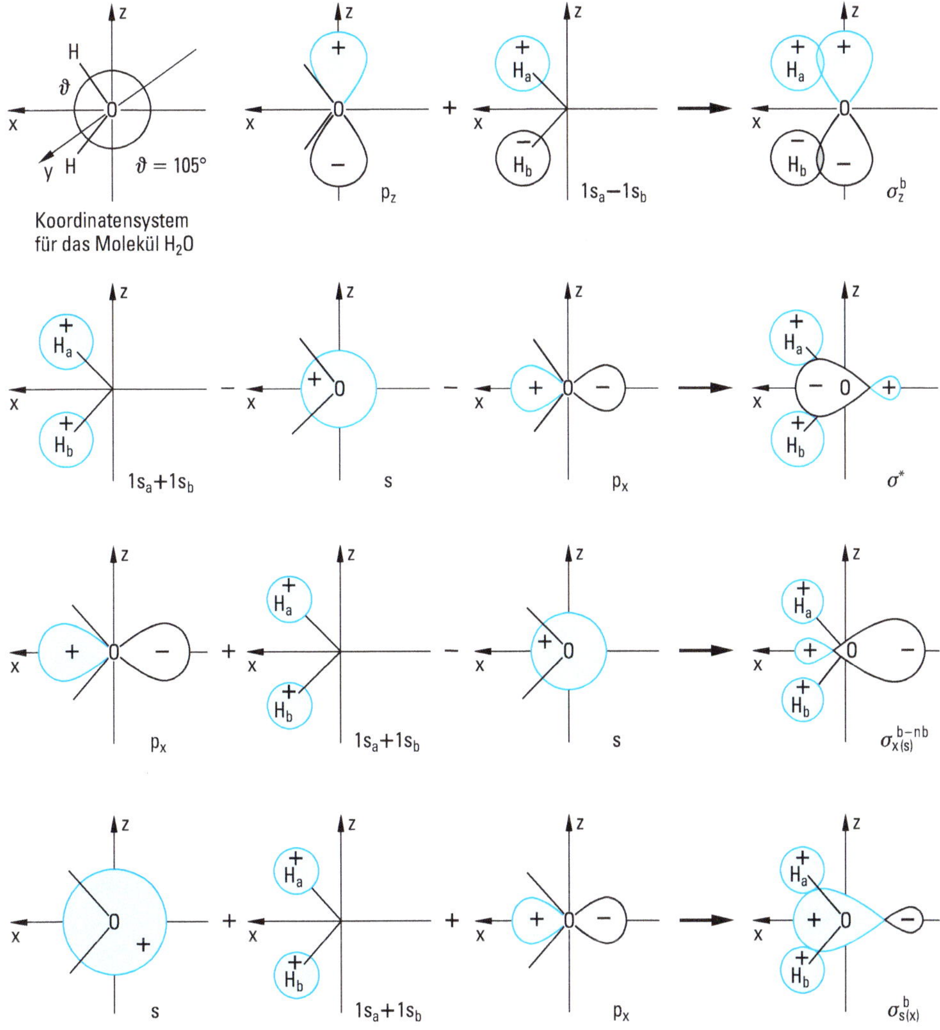

Abbildung 2.72 Linearkombinationen der 1s-Orbitale der H-Atome mit den $2p_z$-, $2p_x$- und 2s-Orbitalen des O-Atoms. Die unterschiedliche Größe der Orbitale bei der 3-Orbital-Wechselwirkung soll schematisch deren relativen Beitrag zum Molekülorbital andeuten. Nicht gezeichnet ist das p_y-Orbital am O-Atom was ohne Bindungspartner als freies Elektronenpaar senkrecht zur Molekülebene verbleibt.

C-Atom für die Stärke des VB-Hybrid-Modells zur Strukturdeutung des tetraedrisch koordinierten C-Atoms (s. Abschn. 2.2.6). Im MO-Modell gibt es in der Tetraedersymmetrie keine Mischung des s- und der p-Orbitale am C-Atom. Für CH_4 gibt es vier C—H-bindende MOs (σ^b), die aus dem C-s- und den drei C-p-Orbitalen mit den Atomorbitalen der H-Atome gebildet werden. Das MO mit dem C-s-Orbital (σ_s^b) liegt dabei energetisch tiefer als die drei energiegleichen bindenden Orbitale

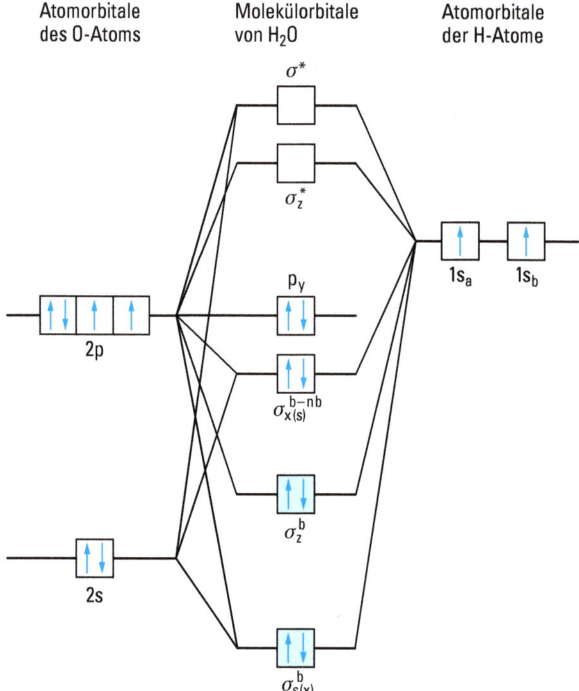

Abbildung 2.73 Energieniveaudiagramm des H_2O-Moleküls.
In Übereinstimmung mit der VB-Theorie gibt es im H_2O-Molekül zwei σ-Bindungen und zwei freie Elektronenpaare am O-Atom. Anders als im VB-Modell mit jeweils gleichen Hybridorbitalen sind die MOs der bindenden und auch die der freien Elektronenpaare aber jeweils energetisch unterschiedlich und aus anderen Orbitalen des O-Atoms zusammengesetzt. Aus Symmetriegründen kann das O-s-Orbital nur mit dem p_x-Orbital mischen, aber nicht mit dem p_z- oder dem p_y-Orbital (vgl. Abb. 2.72).

aus den C-p-Orbitalen (σ_p^b). Diese Orbitale werden von den acht Valenzelektronen der Bindungspartner besetzt. Es gibt also zwei energetisch und hinsichtlich der Orbitalzusammensetzung unterschiedliche bindende Orbitale, σ_s^b und drei σ_p^b. Jedes bindende Orbital ist eine über das ganze Molekül delokalisierte 5-Zentren-2-Elektronen-Bindung. Dazu kommen vier antibindende MOs (σ*), davon drei energiegleich, die leer bleiben (s. Abb. 2.74). Die Photoelektronenspektroskopie stützt die MO-Modelle für H_2O und CH_4, da im Spektrum die Zahl der Banden, die im Bereich der Valenzelektronen auftreten, der Zahl der unterschiedlichen Orbitalenergien entspricht.

Da jedes H-Orbital gleichzeitig mit allen drei p-Orbitalen überlappt, erklärt dies auch die Tetraedergestalt des CH_4-Moleküls.[1] Im MO-Modell ist also CH_4 nicht aus 2-Zentren-2-Elektronenbindungen aufgebaut, sondern aus Mehrzentrenbindungen.

[1] Siehe dazu Riedel/Janiak, Übungsbuch Allgemeine und Anorganische Chemie, deGruyter.

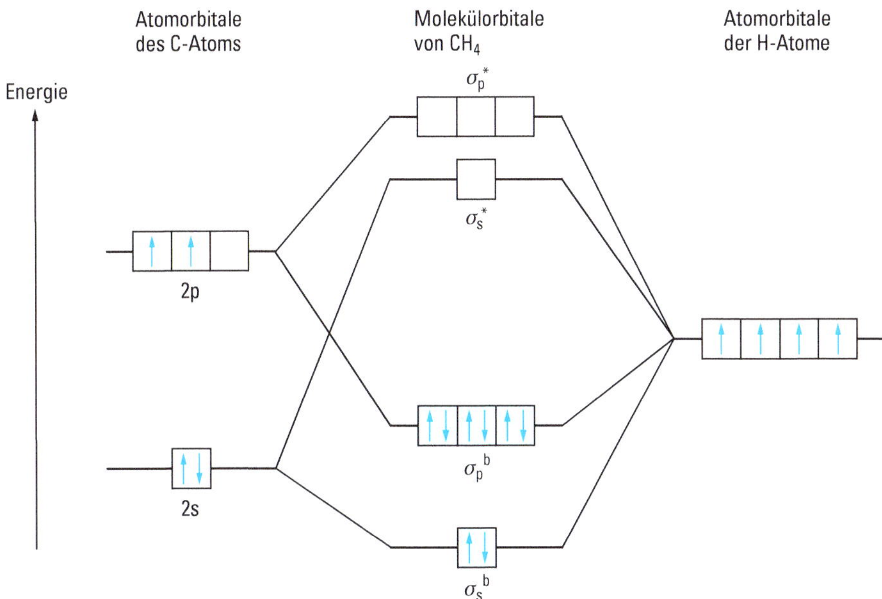

Abbildung 2.74 MO-Diagramm des CH_4-Moleküls.

CO_2-Molekül. Bei der Bildung der Molekülorbitale des CO_2-Moleküls müssen auch π-Molekülorbitale berücksichtigt werden. Die zur Bildung von σ-MOs geeignete Symmetrie besitzen das 2s- und das $2p_x$-Orbital des C-Atoms und die beiden p_x-Orbitale der O-Atome. Ihre Kombination führt zu zwei bindenden und zwei antibindenden σ-MOs (Abb. 2.75a). Die π-Molekülorbitale entstehen aus den $2p_z$- und den $2p_y$-Valenzorbitalen der drei Atome. Die Linearkombinationen der O-Atomorbitale ($2p_{za} + 2p_{zb}$) mit dem $2p_z$-Orbital des C-Atoms ergeben ein bindendes und ein antibindendes π_z-MO. Die Linearkombination der O-Atomorbitale ($2p_{za} - 2p_{zb}$) mit dem C-$2p_z$-Orbital führt zu keiner Überlappung. Es entsteht ein nichtbindendes MO (Abb. 2.75b). Die Kombinationen der p_y-Valenzorbitale führen zu drei äquivalenten, energiegleichen MOs. Das Energieniveaudiagramm der Abb. 2.76 zeigt, dass es im CO_2-Molekül zwei unterschiedliche σ-Bindungen und zwei äquivalente, über das gesamte Molekül delokalisierte π-Bindungen gibt. (Im VB-Modell gäbe es mit der sp-Hybridisierung am C-Atom zwei identische σ-Bindungen und zwei lokalisierte, senkrecht zueinander stehende C—O π-Bindungen.)

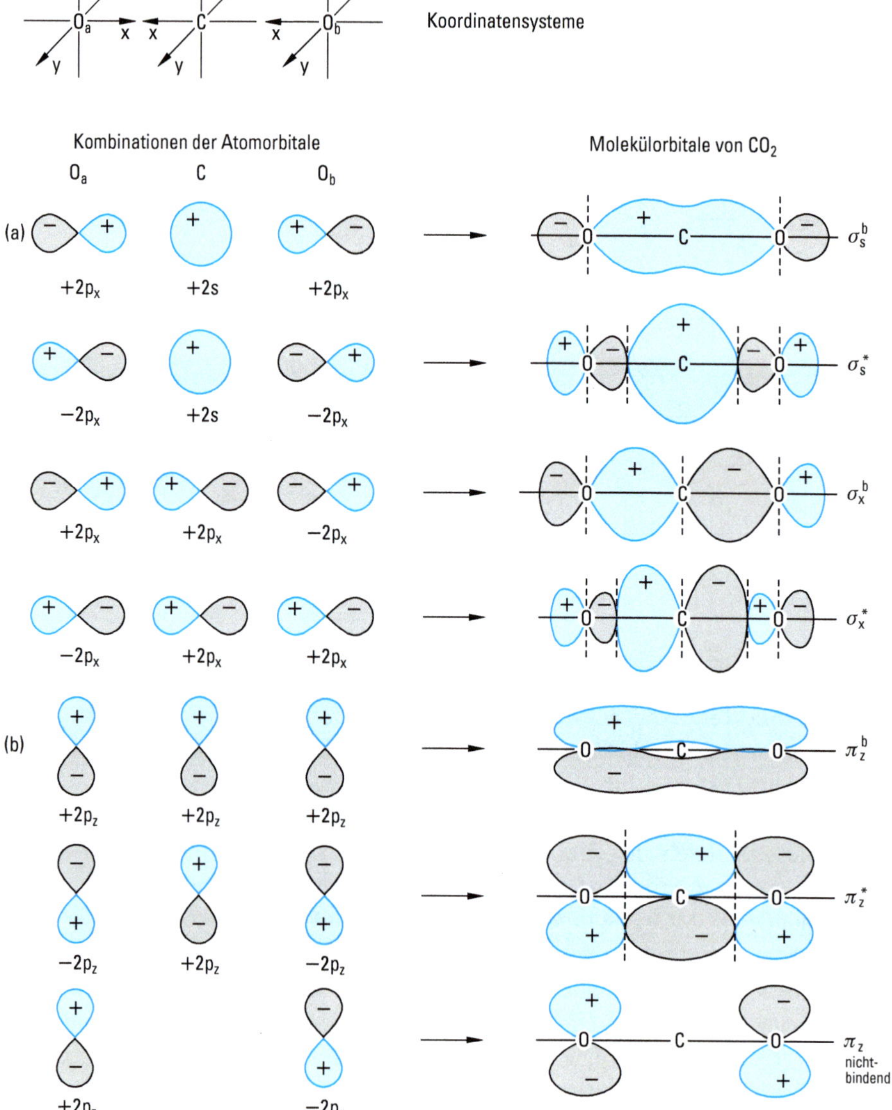

Abbildung 2.75 Bildung der CO_2-Molekülorbitale.
a) Die Linearkombinationen des 2s- und des $2p_x$-Orbitals des C-Atoms mit den $2p_x$-Orbitalen der O-Atome führen zu zwei bindenden und zu zwei antibindenden σ-Molekülorbitalen.
b) Die Linearkombinationen der $2p_z$-Orbitale der Sauerstoffatome $(2p_{za} + 2p_{zb})$ mit dem $2p_z$-Orbital des C-Atoms führen zu einem bindenden und zu einem antibindenden π-Molekülorbital. Die Linearkombination $(2p_{za} - 2p_{zb})$ der Sauerstoffatome ergibt ein nichtbindendes π-Molekülorbital, da mit dem $2p_z$-Orbital des C-Atoms keine Überlappung erfolgt (vgl. Abb. 2.28). Drei analoge energieäquivalente π-Molekülorbitale entstehen durch Kombination der $2p_y$-Valenzorbitale.

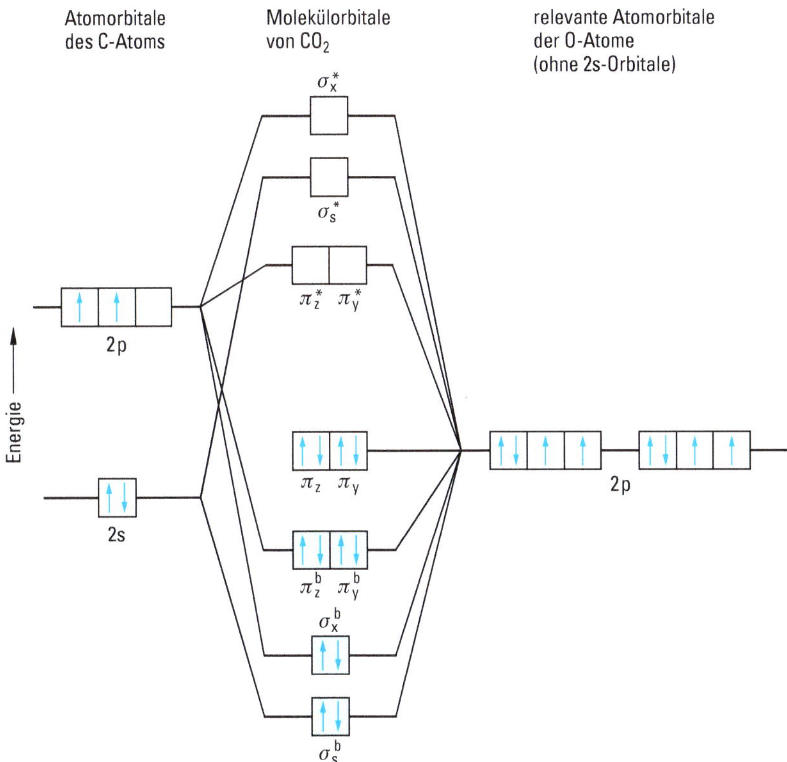

Abbildung 2.76 Energieniveaudiagramm des CO_2-Moleküls.
Im Molekül CO_2 gibt es zwei σ-Bindungen und zwei äquivalente, über das gesamte Molekül delokalisierte π-Bindungen. Die Elektronenwolken der beiden bindenden π-MOs sind senkrecht zueinander orientiert.

Benzolmolekül. Die sechs senkrecht zur Molekülebene stehenden p_z-Orbitale bilden sechs sich über das gesamte Benzolmolekül erstreckende π-Molekülorbitale (Abb. 2.77). Davon sind im Grundzustand die drei energieärmsten bindenden MOs mit je einem Elektronenpaar besetzt (Abb. 2.77c), die drei π-Bindungen sind vollständig delokalisiert. Anstelle der schon im Abschn. 2.2.8 formulierten beiden Lewis-Resonanzstrukturen

gibt es deshalb das Symbol

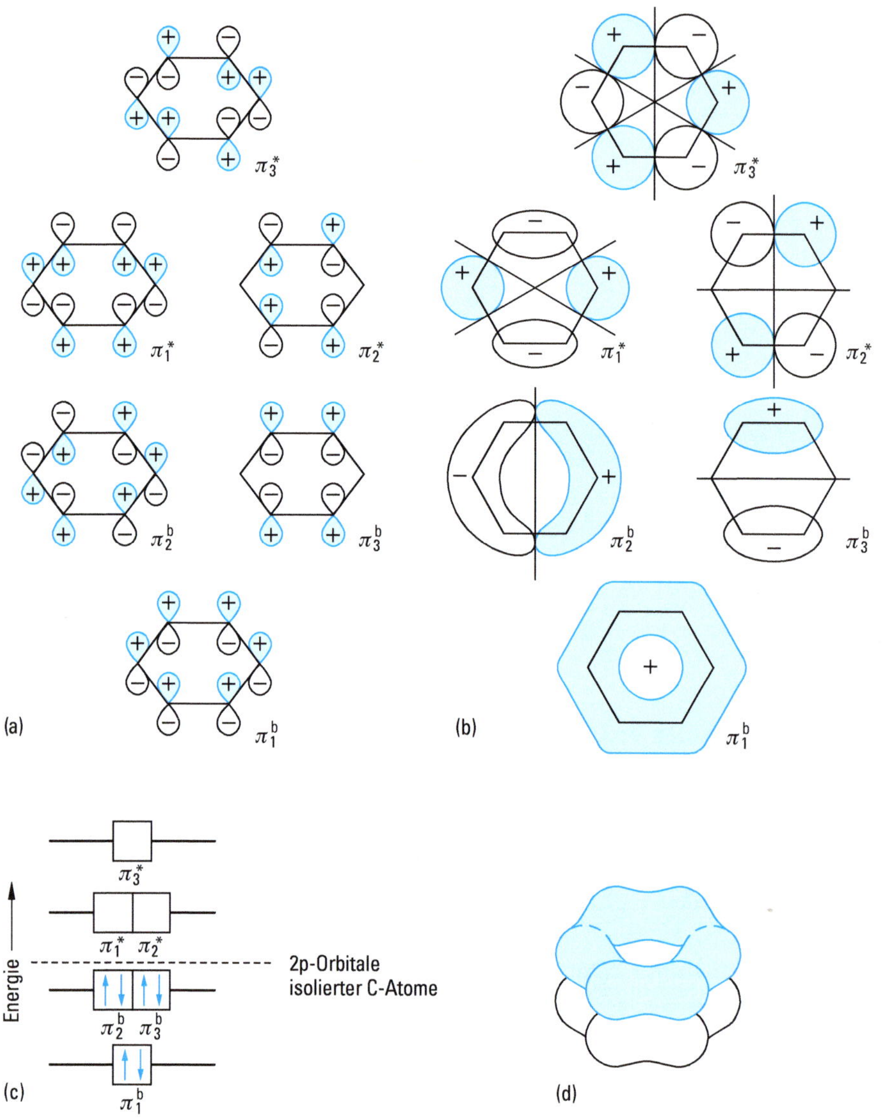

Abbildung 2.77 π-Molekülorbitale des Benzolmoleküls.
a) Zur Kombination geeignete π-Atomorbitale des Benzols.
b) Aufsicht auf die sechs π-Molekülorbitale des Benzols. Alle MOs haben eine Knotenebene in der Papierebene. Unterhalb dieser Knotenebene befinden sich dieselben Elektronenwolken, die Wellenfunktion hat das entgegengesetzte Vorzeichen.
c) Energieniveaudiagramm und Besetzung der π-MOs.
d) Räumliche Darstellung der beiden ringförmigen Ladungswolken des π_1^b-Molekülorbitals.

Diamant. In Festkörpern erstrecken sich die Molekülorbitale über den gesamten Kristall. Im Graphit bilden die senkrecht zu einer ebenen Schicht des Gitters stehenden p-Orbitale π-Molekülorbitale, die über die gesamte Schicht ausgedehnt sind (vgl. Abb. 4.31 und Abschn. 4.7.3.1). Im Diamantkristall (vgl. Abb. 2.56, Abschn. 2.2.11 und Abschn. 4.7.3.1) entstehen durch Linearkombination der s- und der p-Orbitale benachbarter C-Atome bindende und antibindende Molekülorbitale, die sich zu Bändern aufspalten. Die s- und p-Bänder können überlappen. Die bindenden Molekülorbitale bilden im Diamantkristall das Valenzband, die antibindenden das energetisch wesentlich höher liegende Leitungsband. Sind in einem Diamantkristall 10^{23} C-Atome vorhanden, die miteinander in Wechselwirkung treten, so erhält man aus den vier pro C-Atom vorhandenen Orbitalen $4 \cdot 10^{23}$ Molekülorbitale, die sich über den gesamten Kristall erstrecken. Davon bilden $2 \cdot 10^{23}$ eine dichte Folge bindender MOs (Valenzband), die anderen $2 \cdot 10^{23}$ ein Band, das aus antibindenden MOs besteht (Leitungsband). Die bindenden MOs des Valenzbandes sind vollständig besetzt und durch eine 5 eV breite Lücke (verbotene Zone) von den unbesetzten MOs des Leitungsbandes getrennt. Diamant ist daher ein Isolator.

In Eigenhalbleitern sind die bindenden und die antibindenden MOs nur durch eine schmale verbotene Zone getrennt, und einige Elektronen des Valenzbandes besitzen genügend thermische Energie, um die verbotene Zone zu überspringen und in das Leitungsband zu gelangen. In Metallkristallen bilden die Molekülorbitale ein einheitliches Band, das nur teilweise mit Elektronen besetzt ist (siehe Abschn. 2.4.4.2). In Stoffen mit nur zum Teil besetzten Bändern können sich die Elektronen durch den gesamten Kristall bewegen, sie sind daher Elektronenleiter. Das Energiebändermodell von Metallen, Isolatoren und Halbleitern wird im Abschn. 2.4.4.3 ausführlich behandelt.

Mehrzentren-σ-und-π-Bindungen, Hyperkonjugation, nicht-klassische π-Bindung. Die MO-Beschreibung von Verbindungen mit formaler Oktettüberschreitung soll an einigen Beispielen erläutert werden.

Schwefelhexafluorid, SF_6. Im Molekül SF_6 ist das Schwefelatom oktaedrisch von sechs Fluoratomen umgeben. Für die kovalenten Bindungen stehen die $2p_\sigma$-Orbitale der sechs F-Atome und die Orbitale 3s, $3p_x$, $3p_y$ und $3p_z$ des S-Atoms zur Verfügung. Das kugelförmige 3s-Orbital des S-Atoms bildet mit den sechs oktaedrisch angeordneten $2p_\sigma$-Orbitalen der F-Atome ein bindendes und ein antibindendes Molekülorbital (Abb. 2.78a). Die 3p-Orbitale des S-Atoms können mit je zwei Fluororbitalen überlappen, die auf der Achse des betreffenden Orbitals liegen (Abb. 2.78b). Es entstehen Sätze von dreifach entarteten bindenden und antibindenden Molekülorbitalen. Für weitere Linearkombinationen zur Bildung von bindenden und antibindenden σ-Molekülorbitalen stehen am Schwefel keine Orbitale mehr zur Verfügung. Die zwei fehlenden Molekülorbitale sind daher nichtbindend und entstehen aus den $2p_\sigma$-Orbitalen der F-Atome. Das Energieniveaudiagramm (Abb. 2.78c) zeigt, dass die zwölf Valenzelektronen die vier bindenden und die zwei nichtbindenden Molekülorbitale besetzen. Nur acht Elektronen sind bindend. Da jedoch Fluor viel elektronegativer ist als Schwefel sind die Bindungen stark polar. Die vier Bindungen

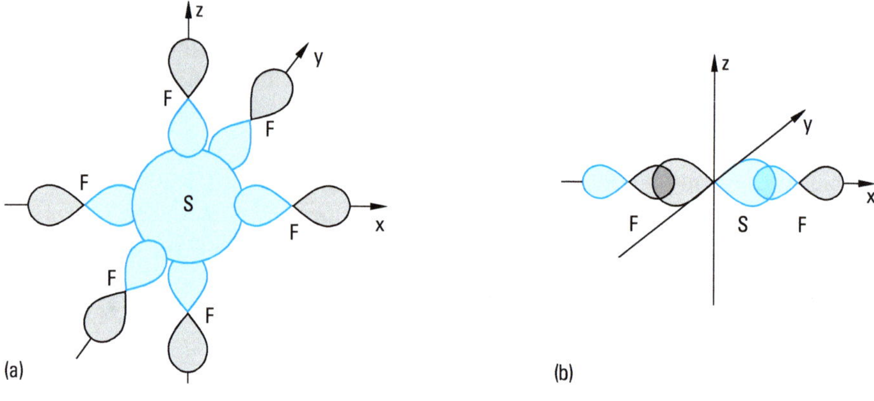

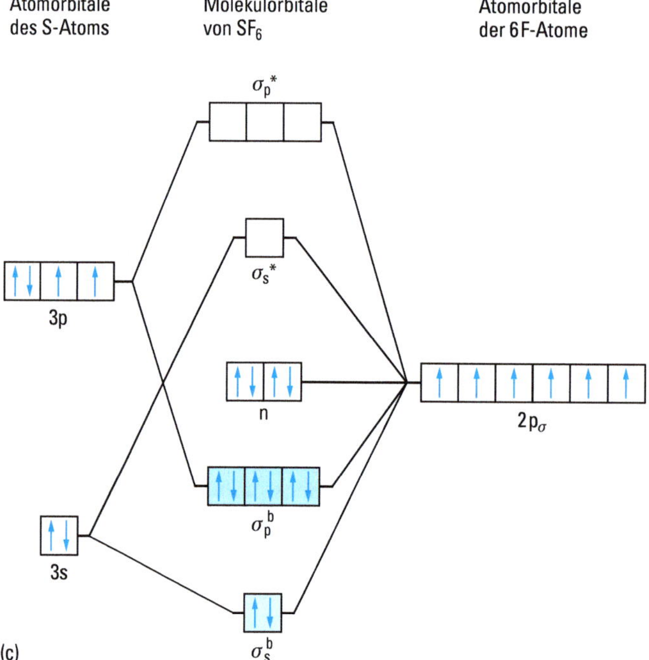

Abbildung 2.78 Bindungsverhältnisse im Molekül SF_6.
a) Bindende Linearkombination des 3s-Orbitals des S-Atoms mit den sechs $2p_\sigma$-Orbitalen der F-Atome.
b) Bindende Linearkombination des p_x-Orbitals des S-Atoms mit je zwei $2p_\sigma$-Orbitalen der F-Atome. Es entsteht ein dreifach entartetes Energieniveau.
c) Energieniveaudiagramm. Die vier Linearkombinationen ergeben vier bindende Energieniveaus.

in SF_6 sind im Wesentlichen stark polare Mehrzentren-σ-Bindungen (7-Zentren-2-Elektronen-Bindungen). Berechnungen ergeben nur geringe π-Bindungsanteile.

Im VB-Konzept lässt sich SF_6 mit Lewis-Formeln durch ionogene Grenzstrukturen beschreiben.

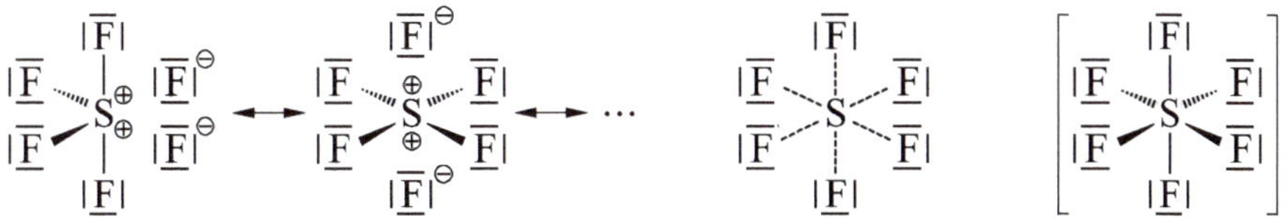

Die linken mesomeren Lewis-Formeln erfüllen mit der Einführung von Formalladungen die Oktettregel. Häufig wird auch die rechte, eingeklammerte Lewis-Formel geschrieben. Es liegen jedoch *keine sechs 2-Zentren-2-Elektronen-Bindungen* vor. Der Sachverhalt des MO-Modells wird durch die mesomeren Lewis-Formeln ebenfalls zum Ausdruck gebracht und könnte durch die mittlere Lewis-Formel mit ausschließlich gestrichelten S---F-Bindungen in einer Formel verdeutlicht werden.

Ein einfaches Beispiel für **Mehrzentren-π-Bindungen** ist das Molekül **Schwefeltrioxid SO_3**. Vier Valenzelektronen des Schwefelatoms bilden mit dem s- und zwei p-Orbitalen zusammen mit je einem σ-Orbital der O-Atome das σ-Bindungsgerüst. Es bestimmt die trigonal ebene Gestalt des Moleküls. Eine der σ-Bindungen ist eine dative S→O-Bindung.

Am Schwefelatom verbleibt noch ein p-Orbital senkrecht zur Molekülebene, was mit je einem ebensolchen p-Orbital an jedem O-Atom eine 4-Zentren-6-Elektronen-π-Bindung bildet. Es entstehen eine p-p-π-Bindung über die vier Zentren des Moleküls, also eine Mehrzentren-π-Bindung, und *zwei* besetzte nichtbindende π-Orbitale. Jede S—O-Bindung besitzt Doppelbindungscharakter. Man kann diese Mehrzentrenbindung mit drei Lewis-Resonanzstrukturen beschreiben. Die verdoppelnden Valenzstriche (—) bedeuten Mehrzentren-π-Bindungen, die schwächer sind als klassische π-Bindungen (z. B. beim Molekül N_2).

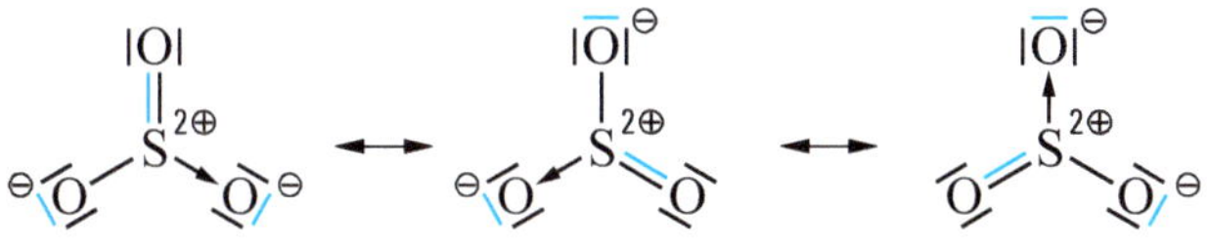

In der klassischen Lewis-Formel symbolisieren die drei Doppel-Bindungsstriche diese *eine* Mehrzentren-π-Bindung und *zwei* besetzte nichtbindende Orbitale.

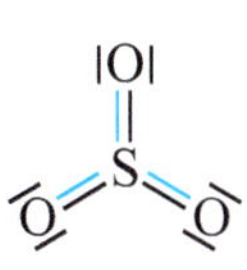

Die Bindungsverhältnisse sind in den MO-Diagrammen der Abb. 2.79 dargestellt.

Der Transfer von Ladungen der Liganden-π-Orbitale kann auch in antibindende Orbitale des Zentralatoms erfolgen. Man bezeichnet dies als Hyperkonjugation.

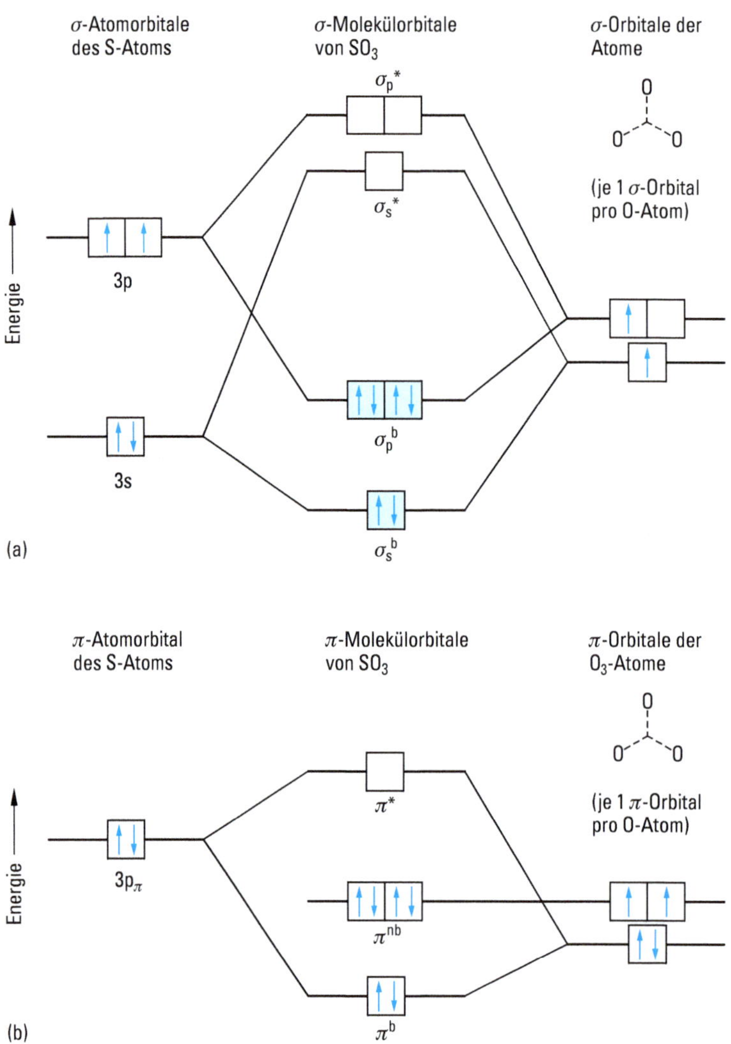

Abbildung 2.79 MO-Diagramm von SO_3.
a) σ-Teil, b) π-Teil. Die jeweils drei relevanten Orbitale des O_3-Fragments sind entsprechend ihrer Entartung (Symmetrie) differenziert. In den verwandten Abb. 2.78 und 2.80 wurde diese Differenzierung der Einfachheit halber nicht vorgenommen.

Hyperkonjugation ist die Überlappung eines gefüllten Orbitals mit einem leeren antibindenden Orbital und der damit verbundende Transfer von Elektronendichte.

Am Schwefelatom sind die unbesetzten Orbitale σ_p^* lokalisiert. Es kommt – begünstigt durch die positive Ladung am S-Atom – zu einem teilweisen Übergang von Ladungen der nichtbindenden p-Elektronen der Sauerstoffatome in der Molekülebene in diese leeren antibindenden Orbitale (Hyperkonjugation). Es entstehen zusätzliche schwächere nicht-klassische p-p-π-Bindungen über die vier Atome des Moleküls. Die starken und kurzen S^+—^-O-Bindungen sind sehr polar. Die Kürze von S=O-„Doppelbindungen" kann statt über die Mehrzentren-π-Bindungen allgemein aber auch gut über die polare S^+—^-O-Coulomb-Anziehung erklärt werden, wie sie in den obigen ionischen Lewis-Grenzstrukturen zum Ausdruck kommt.

Hyperkonjugation und nicht-klassische p-p-π-Bindungen werden am Beispiel des **Perchlorat-Ions ClO_4^-** ausführlicher erläutert. Bei diesem Ion wird aus dem 3s-Orbital und den 3p-Orbitalen am Cl-Atom ein σ-Gerüst gebildet, das die tetraedrische Gestalt des Ions erklärt. Zu den vier σ-Bindungen steuert das Chloratom sieben Elektronen bei und die Sauerstoffatome ein Elektron. Am Chloratom sind drei positive Formalladungen vorhanden, an den Sauerstoffatomen je eine negative Ladung.

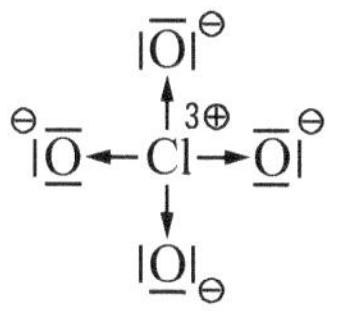

```
        |O|⊖
         ↑ 3⊕
⊖|O ← Cl → O|⊖
         ↓
        |O|⊖
```

Mit weiteren Bindungen, z. B. π-Bindungen wird nicht nur das Elektronenoktett am Cl-Atom überschritten, sondern es müssen auch Orbitale am Cl-Atom bereitgestellt werden. Diese Hypervalenz ist mit dem MO-Modell zu erklären und lässt sich mit dem MO-Diagramm von ClO_4^- anschaulich demonstrieren (Abb. 2.80).

Das 3s-Orbital und die drei 3p-Orbitale des Cl-Atoms bilden mit den σ-bindenden 2p-Orbitalen der O-Atome die beiden bindenden Linearkombinationen σ_s und σ_p und die entsprechenden antibindenden Linearkombinationen σ_s^* und σ_p^*. Die vier Elektronen von Cl^{3+} und die vier Elektronen der vier O^--Atome besetzen die vier bindenden Orbitale. Es gibt also vier σ-Bindungen. Das MO-Diagramm zeigt außerdem, dass es drei antibindende σ_p^*-Orbitale gibt, die auf Grund ihrer Symmetrie mit drei besetzten $2p_\pi$-Orbitalen der Sauerstoffatome durch Linearkombination drei bindende π-Orbitale ergeben. Durch Hyperkonjugation wird Ladung von den Sauerstoffatomen in die bindenden π-Orbitale übertragen und es entstehen drei delokalisierte schwache π-Bindungen.

Diese Bindungsverhältnisse können annähernd durch Lewis-Formeln mit Mehrfachbindungen beschrieben werden.

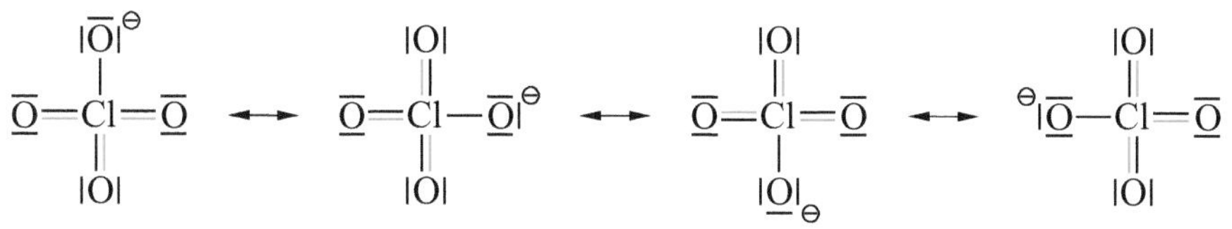

```
   |O|⊖             |O|               |O|               |O|
    |               ||                ||                ||
O=Cl=O   ←→   O=Cl–O|⊖   ←→   O=Cl=O   ←→   ⊖|O–Cl=O
    ||              ||                |                 ||
   |O|             |O|               |O|⊖              |O|
```

Mit der Mesomerie wird die Delokalisierung der π-Bindungen berücksichtigt. Die für die Bindungen verwendeten Valenzstriche geben aber (ohne zusätzliche Informationen) keine Auskunft über Art und Stärke der Mehrzentren-π-Bindungen. Bindungsabstände z. B. sind ein Maß für die Stärke einer π-Bindung (vgl. Tab. 2.14 und

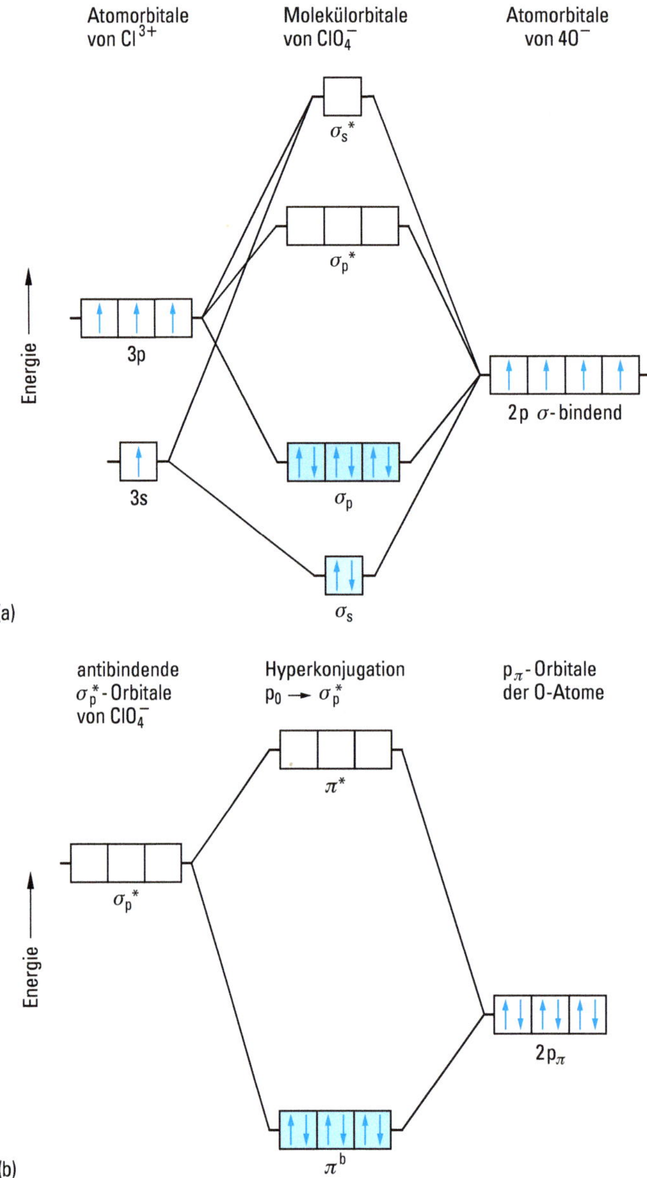

Abbildung 2.80 Schematisches MO-Diagramm von ClO_4^-.
a) Bildung von vier σ-Bindungen durch Linearkombination des 3s-Orbitals und der drei 3p-Orbitale des Chloratoms mit Orbitalen der Sauerstoffatome.
b) Hyperkonjugation durch Überlappung gefüllter p_π-Orbitale von Sauerstoffatomen mit den antibindenden σ_p^*-Orbitalen. Es entstehen drei delokalisierte nicht-klassische π-Bindungen.

Abschn. 2.2.7). Auch die Polarität der Element—O-Doppelbindung, die die Gesamtbindungsstärke und die Bindungsabstände beeinflusst, wird mit den Strukturformeln nicht erfasst. Wie im Ion ClO_4^- sind auch bei den isoelektronischen tetraedrischen Ionen SO_4^{2-} und PO_4^{3-} vier σ-Bindungen vorhanden, die durch schwächere nichtklassische π-Bindungen überlagert werden.

Im Kap. 4 werden für Moleküle und Ionen wie H_2SO_4, H_3PO_4, P_4O_{10}, SO_4^{2-}, PO_4^{3-} etc. Strukturformeln verwendet, die Mehrfachbindungen enthalten. Die Bindungsverhältnisse werden damit nur unvollkommen wiedergegeben, aber es ist die klassische Schreibweise.

Zusammenfassend können wir für Mehrzentren-π-Bindungen festhalten:

Bei Molekülen mit formaler Oktettüberschreitung und mit Doppelbindungen (siehe Abschn. 2.2.2) werden die von s- und p-Orbitalen gebildeten σ-Bindungen durch Mehrzentren-π-Bindungen verstärkt. Eine besondere Form von Mehrzentren-π-Bindungen entsteht durch Hyperkonjugation. Dabei kommt es zu einem Transfer von Ladung nichtbindender besetzter p-Orbitale der Ligandenatome in leere antibindende Orbitale des Zentralatoms. Die Mehrzentren-π-Bindungen sind schwächer als die in Abschn. 2.2.7 besprochenen klassischen π-Bindungen.

Für Mehrzentren-π-Bindungen gilt auch: Je ähnlicher die beteiligten Orbitale in ihrer Größe sind, umso stärker ist die π-Überlappung (vgl. Abb. 2.28). Innerhalb einer Periode nimmt mit wachsender Kernladung die Größe der Orbitale ab, und die Stärke der π-Bindung in den Sauerstoffverbindungen wächst daher in der Reihe Si, P, S, Cl. Si bildet polymere Strukturen, die durch Si—O—Si-Einheiten verknüpft sind. Auch bei P gibt es zahlreiche polymere Strukturen mit P—O—P-Verknüpfungen, daneben aber solche mit P=O π-Bindungen. Bei den Sauerstoffsäuren des Schwefels ist die π-Bindung bereits dominant, und es gibt nur wenig Strukturen mit S—O—S-Verknüpfungen, beim Chlor ist sie so stark, dass sich keine polymeren Anionen bilden. Innerhalb einer Gruppe nimmt mit wachsender Größe der Orbitale die Stärke der π-Bindung ab. Schwefel z. B. bildet stärkere π-Bindungen als die homologen Elemente Selen und Tellur.

2.3 van-der-Waals-Kräfte

Die Edelgase und viele Stoffe, die aus Molekülen aufgebaut sind, lassen sich erst bei tiefen Temperaturen verflüssigen und zur Kristallisation bringen (Tab. 2.20).

Zwischen den Molekülen und zwischen den Edelgasatomen existieren nur schwache ungerichtete Anziehungskräfte, die als van-der-Waals-Kräfte bezeichnet werden. Die van-der-Waals-Kräfte kommen durch Anziehung zwischen Dipolen (vgl. Abschn. 2.2.9) zustande, sie sind also elektrostatischer Natur. Die Reichweite ist sehr gering – sie ist praktisch auf die nächsten Nachbarn beschränkt –, denn da die Wechselwirkungsenergie proportional r^{-6} ist, nimmt sie mit wachsendem Abstand viel schneller ab als die Ionen-Ionen-Wechselwirkung. Man unterscheidet drei Komponenten der van-der-Waals-Kräfte.

Tabelle 2.20 Siedepunkt einiger flüchtiger Stoffe in °C

He	−269	F_2	−188	N_2	−196
Ne	−246	Cl_2	− 34	O_2	−183
Ar	−186	Br_2	+ 59	HCl	− 85
Kr	−153	I_2	+184	NH_3	− 33
Xe	−108				

Wechselwirkung permanenter Dipol – permanenter Dipol (Richteffekt). Bei der Anziehung von Dipolen mit einem permanenten Dipolmoment kommt es zu einer Ausrichtung der Dipole, die dadurch in einen energieärmeren Zustand übergehen. Der Richteffekt ist temperaturabhängig, da die Wärmebewegung der Ausrichtung der Dipole entgegenwirkt.

Wechselwirkung permanenter Dipol – induzierter Dipol (Induktionseffekt). Ein permanenter Dipol induziert in einem benachbarten Teilchen ein Dipolmoment, es kommt zu einer Anziehung. Besitzt das benachbarte Teilchen ein permanentes Dipolmoment, so überlagern sich Induktionseffekt und Richteffekt. Der Induktionseffekt ist temperaturunabhängig.

Wechselwirkung fluktuierender Dipol – induzierter Dipol (Dispersionseffekt). In allen Atomen und Molekülen entstehen durch Schwankungen in der Ladungsdichte der Elektronenhülle fluktuierende Dipole. Im Nachbaratom werden durch diese „momentan" vorhandenen Dipole gleichgerichtete Dipole induziert, so dass eine Anziehung entsteht (Abb. 2.81). Da mit zunehmender Größe der Atome bzw. Moleküle die Elektronen leichter verschiebbar sind, lassen sich leichter Dipole induzieren, die van-der-Waals-Anziehung nimmt zu. Die thermischen Daten z. B. der Edelgase ändern sich als Folge davon gesetzmäßig mit der Ordnungszahl (vgl. Tab. 2.20).

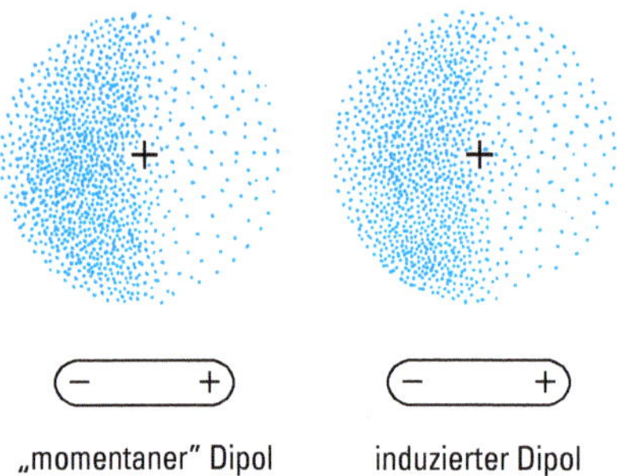

Abbildung 2.81 Anziehung „momentaner" Dipol – induzierter Dipol auf Grund statistischer Schwankungen der Ladungsdichte der Elektronenhüllen. Die Ladungsdichte ändert sich dauernd. Die Abbildung ist eine Momentaufnahme.

Für unterschiedliche Partikel beträgt die Wechselwirkungsenergie (nach dem Physiker Fritz London auch London-Energie genannt)

$$U = -\frac{3}{2}\frac{\alpha_1 \alpha_2}{r^6}\frac{I_1 \cdot I_2}{I_1 + I_2}$$

α_1 und α_2 sind die Polarisierbarkeiten der Teilchen, I_1 und I_2 die Ionisierungsenergien. Bei gleichen Partikeln beträgt die Energie

$$U = -\frac{3}{4}\frac{\alpha^2 I}{r^6}$$

Im elektrischen Feld werden die Elektronenhüllen relativ zu den Atomkernen verzerrt. Dadurch wird ein Dipolmoment μ induziert, das der elektrischen Feldstärke E proportional ist.

$$\mu = \alpha\, \varepsilon_0\, E$$

ε_0 ist die elektrische Feldkonstante. Die Polarisierbarkeit α (SI-Einheit m^3) ist also ein Maß für die Deformierbarkeit der Elektronenhüllen.

„Weiche" Atome mit großer Polarisierbarkeit sind die schweren Nichtmetallatome wie Xe, I, Br, Se. „Harte" Atome mit kleiner Polarisierbarkeit sind C, N, O, F und Ne.

Der Dispersionseffekt ist zwischen allen Atomen, Ionen und Molekülen wirksam. Er liefert auch zur Gitterenergie von Kristallen und zur Bindungsenergie kovalenter Bindungen einen Beitrag (vgl. Tab. 2.9). Verglichen mit der Gitterenergie von Ionenkristallen und Atomkristallen ist jedoch die Gitterenergie von Molekülkristallen klein (meistens kleiner als 25 kJ mol^{-1}). Bei Teilchen ohne Dipolmoment (Edelgase, SF_6, CH_4) ist der Dispersionseffekt die alleinige Ursache der van-der-Waals-Anziehung. Aber auch bei Molekülen mit Dipolmomenten $\mu < 1$ D (CO, HI, HBr) überwiegt der Dispersionseffekt bei weitem. Erst bei Molekülen mit größeren Dipolmomenten als 1 D wird der Richteffekt etwa gleich groß (NH_3: $\mu = 1{,}47$ D) oder größer (H_2O: $\mu = 1{,}85$ D) als der Dispersionseffekt. Der Induktionseffekt ist immer klein und meist vernachlässigbar. Beispiele zeigt Tab. 2.21.

Tabelle 2.21 van-der-Waals-Wechselwirkungsenergie in kJ mol^{-1}

			Aufteilung der Gitterenergie nach ihrem Ursprung				
Teilchen	Dipolmoment in D	Polarisierbarkeit in 10^{-30} m^3	Richteffekt	Induktionseffekt	Dispersionseffekt	Gitterenergie	Siedepunkt in K
Ar	0	1,6	0	0	8,49	8,49	87
CO	0,11	2,0	0,0004	0,008	8,74	8,74	82
HI	0,44	5,4	0,02	0,11	25,86	25,99	238
HBr	0,82	3,6	0,69	0,50	21,92	23,11	206
HCl	1,08	2,6	3,31	1,00	16,82	21,13	188
NH_3	1,47	2,2	13,31	1,54	14,74	29,59	240
H_2O	1,85	1,5	36,36	1,92	9,00	47,28	373

van-der-Waals-Radien. Aus dem Gleichgewichtsabstand in Molekülkristallen und kristallisierten Edelgasen kann man einen Satz von van-der-Waals-Radien ableiten (Abb. 2.82). Kleinere Abstände im Gitter als die Summe der van-der-Waals-Radien sind Anzeichen für kovalente Bindungskräfte. Beispiele sind die Bindungen zwischen den As-Schichten im Gitter des grauen Arsens (vgl. Abb. 4.21) und den Se-Ketten im grauen Selen (vgl. Abb. 4.14).

H 110							He 140
Li 181	Be 153	B 192	C 170	N 155	O 152	F 147	Ne 154
Na 227	Mg 173	Al 184	Si 210	P 180	S 180	Cl 175	Ar 188
K 275	Ca 231	Ga 187	Ge 211	As 185	Se 190	Br 183	Kr 202
Rb 303	Sr 249	In 193	Sn 217	Sb 206	Te 206	I 198	Xe 216
Cs 343	Ba 268	Tl 196	Pb 202	Bi 207	Po 197	At 202	Rn 220

Abbildung 2.82 van-der-Waals-Radien der Hauptgruppenlemente in pm (10^{-12} m). Zahlenwerte aus M. Mantina et al., J. Phys. Chem. A **2009**, 113, 5806–5812.

2.4 Der metallische Zustand

2.4.1 Eigenschaften von Metallen, Stellung im Periodensystem

Vier Fünftel aller Elemente sind Metalle. In den Hauptgruppen des Periodensystems stehen die Metalle links von den Elementen B, Si, Ge, Sb, At (Abb. 2.83). Die Abgrenzung zu den Nichtmetallen ist jedoch nicht scharf. Einige Elemente zeigen weniger typische metallische Eigenschaften und werden als Halbmetalle bezeichnet. Dazu

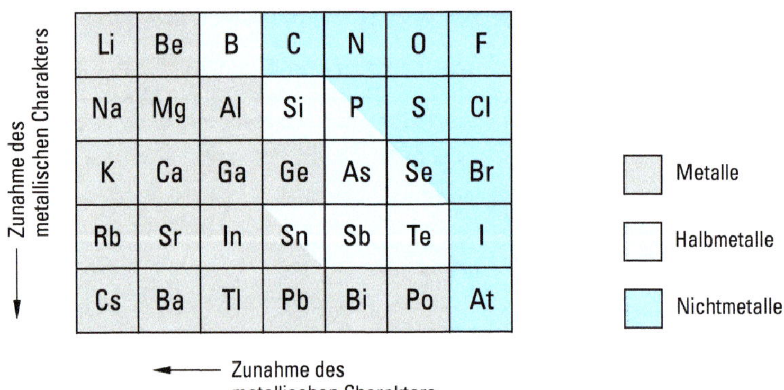

Abbildung 2.83 Einteilung der Hauptgruppenelemente in Metalle, Halbmetalle und Nichtmetalle.

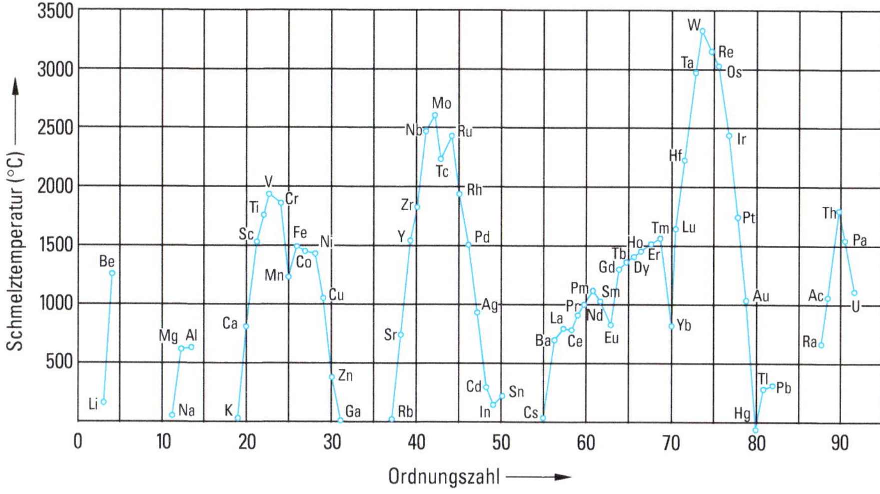

Abbildung 2.84 Schmelzpunkte der Metalle.

gehören B, Si, Ge, As, Sb, Se, Te. Außerdem gibt es Elemente, bei denen sich nur bestimmte Modifikationen einer dieser Gruppen zuordnen lassen. Graues Zinn kristallisiert in der Diamant-Struktur und ist ein Nichtmetall, es wandelt sich oberhalb +13 °C in das metallische weiße Zinn um. Weißer und roter Phosphor sind nichtmetallische Modifikationen, schwarzer Phosphor hat Halbmetalleigenschaften. Der metallische Charakter der Elemente wächst in den Hauptgruppen von oben nach unten und in den Perioden von rechts nach links. Alle Nebengruppenelemente, die Lanthanoide und die Actinoide sind Metalle.

Für die Metalle sind also Elektronenkonfigurationen der Atome mit nur wenigen Elektronen auf der äußersten Schale typisch. Die Ionisierungsenergie der Metallatome ist niedrig (< 10 eV), sie bilden daher leicht positive Ionen.

Die Nichtmetalle sind in ihren Eigenschaften sehr differenziert, Metalle sind untereinander viel ähnlicher. Mit Ausnahme von Quecksilber sind alle Metalle bei Zimmertemperatur fest. Die Schmelzpunkte sind sehr unterschiedlich. Sie reichen von −39 °C (Quecksilber) bis 3 410 °C (Wolfram), mit steigender Ordnungszahl ändern sie sich periodisch (Abb. 2.84). Die Schmelzpunktsmaxima treten bei den Elementen der 5. und 6. Gruppe (V, Mo, W) auf.

Die metallischen Eigenschaften bleiben im flüssigen Zustand erhalten – ein bekanntes Beispiel dafür ist Quecksilber – und gehen erst im Gaszustand verloren. Sie sind also an die Existenz größerer Atomverbände gebunden. Typische Eigenschaften von Metallen sind:

1. Metallischer Glanz der Oberfläche, Undurchsichtigkeit
2. Dehnbarkeit und plastische Verformbarkeit (Duktilität)
3. Gute elektrische ($> 10^6\ \Omega^{-1}\ \mathrm{m}^{-1}$) und thermische Leitfähigkeit (Abb. 2.85). Bei Metallen nimmt mit steigender Temperatur die Leitfähigkeit ab, bei Halbmetallen nimmt sie zu.

Li 11,8	Be 18													
Na 23	Mg 25											Al 40		
K 15,9	Ca 23	Sc 1,7	Ti 1,2	V 0,6	Cr 6,5	Mn 20	Fe 11,2	Co 16	Ni 16	Cu 65	Zn 18	Ga 2,2		
Rb 8,6	Sr 3,3	Y 1,4	Zr 2,4	Nb 4,4	Mo 23	Tc	Ru 8,5	Rh 22	Pd 10	Ag 66	Cd 15	In 12	Sn 10	Sb 2,8
Cs 5,6	Ba 17	La 1,7	Hf 3,4	Ta 7,2	W 20	Re 5,3	Os 11	Ir 20	Pt 10	Au 49	Hg 4,4	Tl 7,1	Pb 52	Bi 1

Abbildung 2.85 Elektrische Leitfähigkeit der Metalle bei 0 °C in $10^6\ \Omega^{-1}\ m^{-1}$.

Die metallischen Eigenschaften können mit den Kristallstrukturen der Metalle und den Bindungsverhältnissen in metallischen Substanzen erklärt werden.

In den chemischen Eigenschaften gibt es zwischen den Hauptgruppenmetallen und den Nebengruppenmetallen charakteristische Unterschiede. Bei den Hauptgruppenmetallen stehen für chemische Bindungen nur s- und p-Elektronen zur Verfügung, d-Elektronen sind entweder nicht oder nur in vollbesetzten Unterschalen vorhanden. Die Hauptgruppenmetalle treten daher überwiegend in einer einzigen Oxidationszahl auf, bei einigen kommen zwei Oxidationszahlen vor (Abb. 2.86). Die Ionen haben meist Edelgaskonfiguration. Sie sind farblos und diamagnetisch. Die Hauptgruppenmetalle sind fast alle unedle Metalle. Bei den Nebengruppenmetallen werden die d-Orbitale der zweitäußersten Schale aufgefüllt. Außer den s-Elektronen der äußersten Schale können auch die d-Elektronen als Valenzelektronen wirken.

s^1	s^2	s^2p^1	s^2p^2	s^2p^3
Li +1	Be +2			
Na +1	Mg +2	Al +3		
K +1	Ca +2	Ga +3		
Rb +1	Sr +2	In +1 +3	Sn +2 +4	
Cs +1	Ba +2	Tl +1 +3	Pb +2 +4	Bi +3 +5

Abbildung 2.86 Oxidationszahlen der Hauptgruppenmetalle.

Sc $3d^1 4s^2$	Ti $3d^2 4s^2$	V $3d^3 4s^2$	Cr $3d^5 4s^1$	Mn $3d^5 4s^2$	Fe $3d^6 4s^2$	Co $3d^7 4s^2$	Ni $3d^8 4s^2$	Cu $3d^{10} 4s^1$	Zn $3d^{10} 4s^2$
+3	+2 +3 +4	+2 +3 +4 +5	+2 +3 +6	+2 +3 +4 +7	+2 +3	+2 +3	+2	+1 +2	+2
Sc_2O_3	TiO Ti_2O_3 TiO_2	VO V_2O_3 VO_2 V_2O_5	$FeCr_2O_4$ K_2CrO_4	MnO $ZnMn_2O_4$ MnO_2 $KMnO_4$	FeO Fe_2O_3	CoO $ZnCo_2O_4$	NiO	Cu_2O CuO	ZnO

Abbildung 2.87 Wichtige Oxidationszahlen der 3d-Elemente. Als Beispiele sind einige Sauerstoffverbindungen aufgeführt.

Die Übergangsmetalle treten daher in vielen Oxidationszahlen auf. Die wichtigsten Oxidationszahlen der 3d-Elemente sind in der Abb. 2.87 angegeben. Die meisten Ionen der Übergangsmetalle haben teilweise besetzte d-Niveaus. Solche Ionen sind farbig und paramagnetisch und besitzen eine ausgeprägte Neigung zur Komplexbildung (vgl. Abschn. 5.4). Unter den Nebengruppenmetallen finden sich die typischen Edelmetalle.

2.4.2 Kristallstrukturen der Metalle

Es treten vorwiegend drei Strukturen auf. Ihr Zustandekommen ist zu verstehen, wenn man annimmt, dass die Metallatome starre Kugeln sind und dass zwischen ihnen ungerichtete Anziehungskräfte existieren, so dass sich die Kugeln möglichst dicht zusammenlagern. Es entstehen dichteste Packungen. Abb. 2.88a zeigt eine Schicht mit Kugeln in dichtester Packung. Die Atome sind in gleichseitigen Dreiecken bzw. Sechsecken angeordnet. Packt man auf eine solche Schicht weitere Kugeln, dann ist die Packung am dichtesten, wenn die weiteren Kugeln in Lücken liegen, die durch je drei Kugeln der darunter liegenden Schicht gebildet werden. Wird eine Kugelschicht dichtester Packung raumsparend auf eine darunter liegende Schicht gepackt, gibt es für die obere Schicht zwei mögliche Lagen (vgl. Abb. 2.88b).

Es treten daher unterschiedliche Schichtenfolgen auf. 1. Die Schichtenfolge ABAB. Die dritte Schicht liegt so auf der zweiten Schicht, dass die Kugeln genau über denen der ersten Schicht liegen (Abb. 2.88c und Abb. 2.89a). 2. Die Schichtenfolge ABCABC. Die Kugeln der dritten Schicht liegen in anderen Positionen als die der ersten Schicht. Erst die vierte Schicht liegt wieder genau über der ersten (vgl. Abb. 2.88d und Abb. 2.89b).

Bei der Schichtenfolge ABAB liegt eine hexagonal-dichteste Packung (hdp) vor. Abb. 2.90 zeigt die hexagonale Elementarzelle dieser Struktur. Bei der kubisch-dichtesten Packung (kdp) mit der Schichtenfolge ABCABC entsteht eine Struktur mit

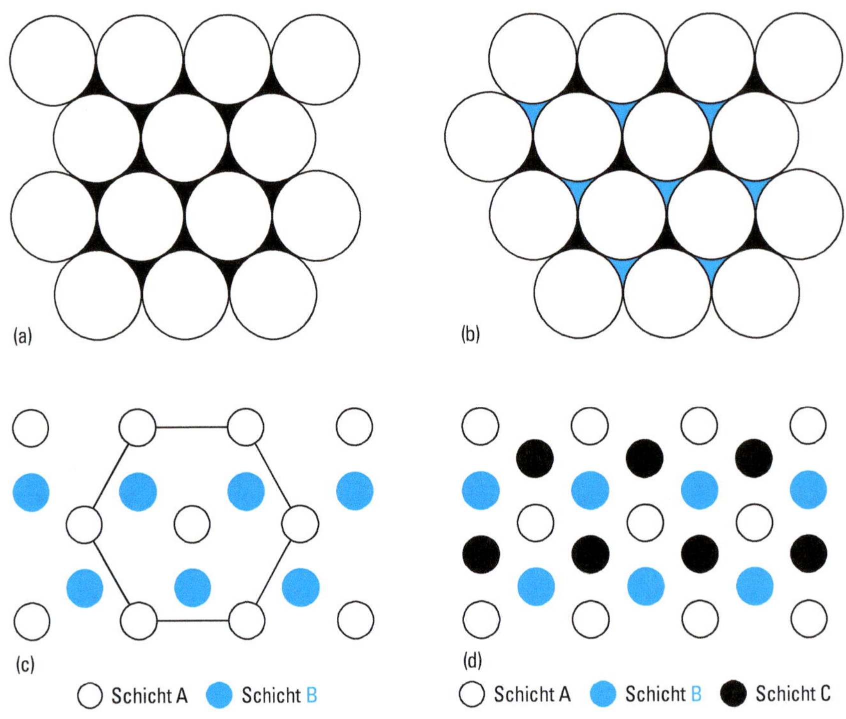

Abbildung 2.88 Dichteste Kugelpackungen.
a) Eine einzelne Schicht mit dichtest gepackten Kugeln.
b) Eine Schicht dichtester Packung besitzt zwei verschiedene Sorten von Lücken (▲ und ▼), in die eine zweite, darüber liegende Schicht dichtester Packung einrasten kann. Für diese Schicht gibt es daher zwei mögliche Positionen.
c) Hexagonal-dichteste Packung. Die Schichtenfolge ist ABAB... Die dritte Schicht liegt genau über der ersten Schicht.
d) Kubisch-dichteste (= kubisch-flächenzentrierte) Packung. Die Schichtenfolge ist ABCABC... Erst die vierte Schicht liegt genau über der ersten Schicht.

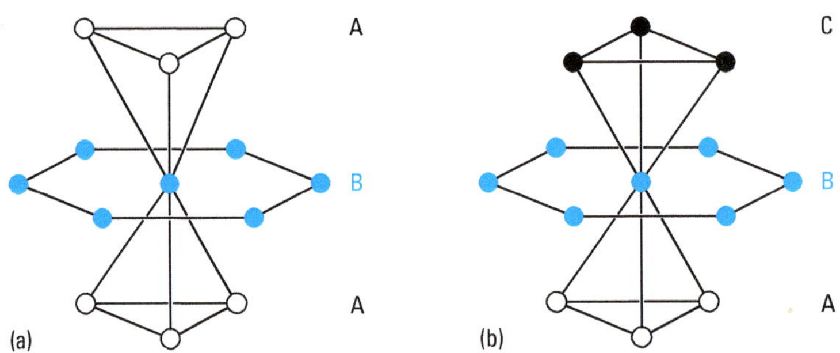

Abbildung 2.89 a) Hexagonal-dichteste Packung. Schichtenfolge ABAB...
b) Kubisch-dichteste (= kubisch-flächenzentrierte) Packung. Schichtenfolge ABCABC...

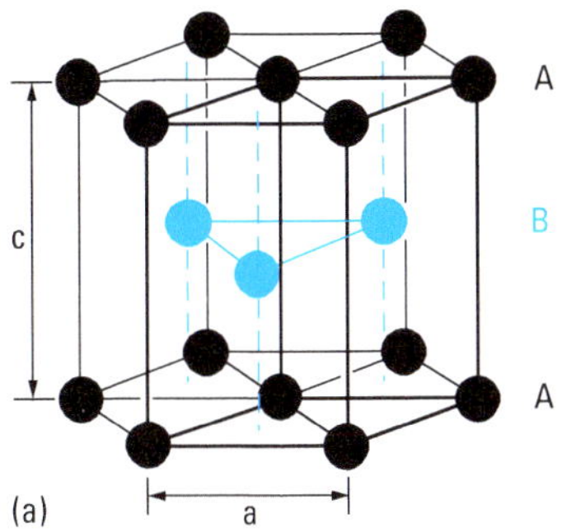

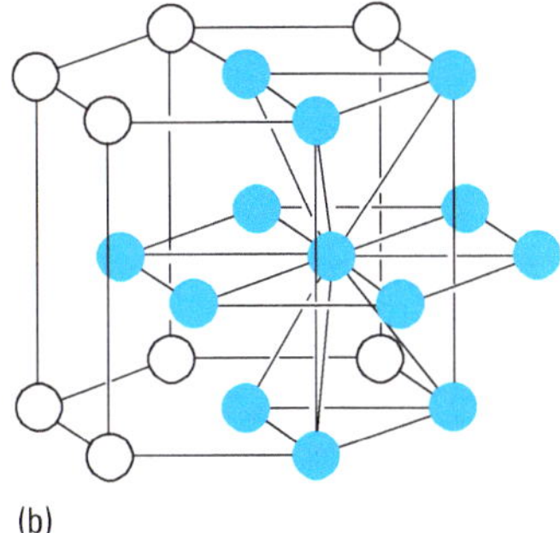

Abbildung 2.90 Hexagonal-dichteste Kugelpackung.
a) Atomlagen. Die dick gezeichneten Kanten umschließen die Elementarzelle. $c/a = 1{,}633$.
b) Koordinationszahl 12. Jedes Atom hat zwölf Nachbarn im gleichen Abstand.

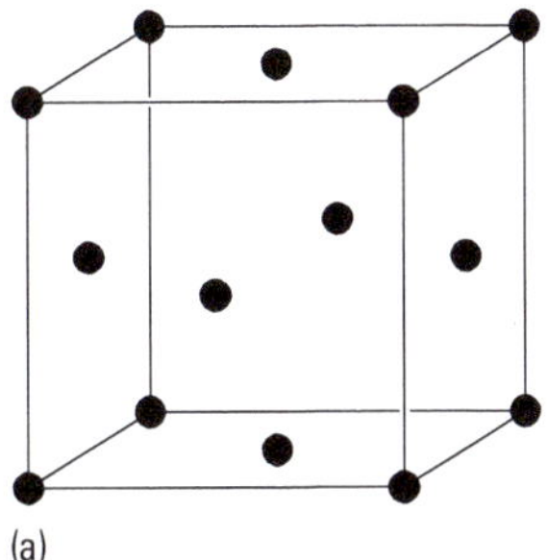

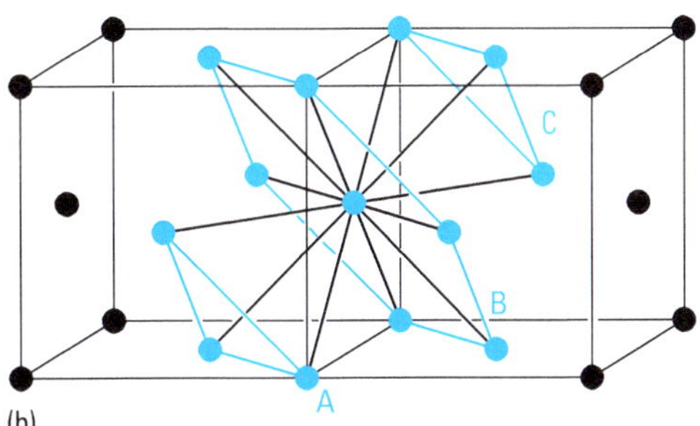

Abbildung 2.91 Kubisch-dichteste Packung (oder kubisch-flächenzentriertes Gitter).
a) Flächenzentrierte kubische Elementarzelle.
b) Die Schichten dichtester Packung liegen senkrecht zu den Raumdiagonalen der Elementarzelle. Jedes Atom hat zwölf Nachbarn im gleichen Abstand.

einer kubisch-flächenzentrierten Elementarzelle. Die kleinste Einheit dieser Struktur ist also ein Würfel, dessen Ecken und Flächenmitten mit Atomen besetzt sind. Jeweils senkrecht zu den vier Raumdiagonalen des Würfels liegen die dichtest gepackten Schichten mit der Folge ABCABC (Abb. 2.91).

Die dritte häufige Struktur ist die kubisch-raumzentrierte Struktur (krz = bcc für „body-centered cubic"). Die Elementarzelle ist ein Würfel, dessen Eckpunkte und dessen Zentrum mit Atomen besetzt sind. Die Koordinationszahl beträgt 8. Zusammen mit den übernächsten Nachbarn, die nur 15 % weiter entfernt sind, ist die Anzahl der Nachbaratome 14 (Abb. 2.92). Die kubisch-raumzentrierte Struktur ist etwas weniger dicht gepackt (Raumausfüllung 68 %) als die kubisch-dichteste und die hexagonal-dichteste Packung (Raumausfüllung 74 %).

80 % der metallischen Elemente kristallisieren in einer der drei Strukturen. Abb. 2.93 zeigt, wie sich die Strukturtypen über das Periodensystem verteilen.

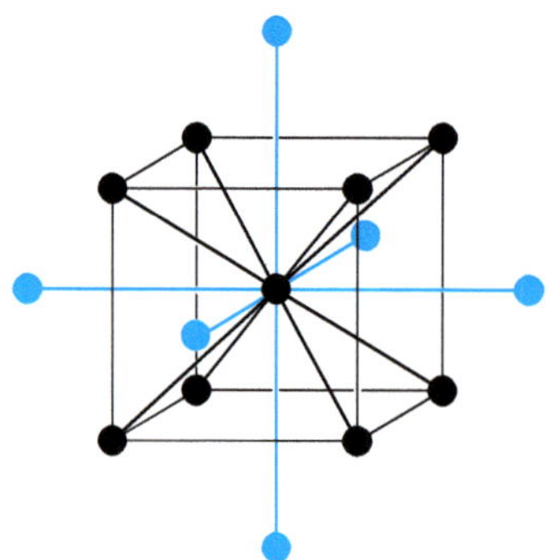

Abbildung 2.92 Elementarzelle der kubisch-raumzentrierten Struktur. Die blau gezeichneten Atome gehören zu Nachbarzellen. Jedes Atom hat acht nächste Nachbarn und sechs übernächste Nachbarn, die nur 15 % weiter entfernt sind.

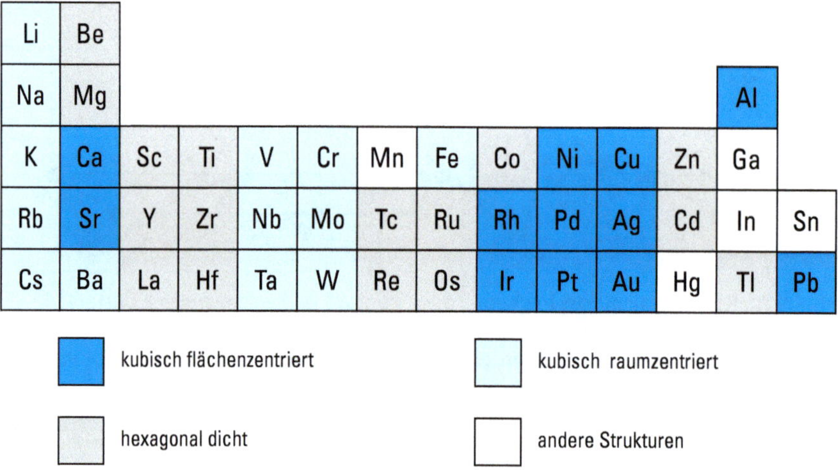

Abbildung 2.93 Kristallstrukturen der Metalle bei Normalbedingungen. Eine Reihe von Metallen kommt in mehreren Strukturen vor. Bei einer für das jeweilige Metall charakteristischen Temperatur findet eine Strukturumwandlung statt.

In der kubisch-raumzentrierten Struktur kristallisieren die Alkalimetalle und die Elemente der 5. und 6. Nebengruppe. In der kubisch-flächenzentrierten Struktur kristallisieren die wichtigen Gebrauchsmetalle γ-Fe, Al, Pb, Ni, Cu und die Edelmetalle.

Viele Metalle sind polymorph, sie kommen in mehreren Strukturen vor. Eisen z. B. kommt in drei Modifikationen vor.

$$\alpha\text{-Fe (krz)} \xrightleftharpoons{906\,°\text{C}} \gamma\text{-Fe (kdp)} \xrightleftharpoons{1401\,°\text{C}} \delta\text{-Fe (krz)} \xrightleftharpoons{1536\,°\text{C}} \text{Schmelze}$$

In der doppelt-hexagonalen Struktur (La-Typ) mit der Schichtenfolge ABACABAC... kristallisieren La, Pr, Nd und Pm. Der Wechsel der kubischen und hexagonalen Strukturelemente führt zur Verdoppelung der *c*-Achse.

Interessant ist das Auftreten von Stapelfehlern. Bei bestimmter Temperaturbehandlung tritt z. B. bei Co durchschnittlich nach zehn Schichten statt der hexagonalen eine kubische Schichtenfolge auf:

ABABAB ABC BCBCBC...
hexagonal hexagonal
kubisch

Bei den Nichtmetallen führen gerichtete Atombindungen zu kleinen Koordinationszahlen. In Ionenkristallen sind die Bindungskräfte ungerichtet; aufgrund der Radienverhältnisse Kation: Anion sind die häufigsten Koordinationszahlen 4, 6 und 8. Bei beiden Bindungsarten ist eine große Strukturmannigfaltigkeit vorhanden. Bei den Metallen führen die ungerichteten Bindungskräfte wegen der gleich großen Bausteine zu wenigen, geometrisch einfachen Strukturen mit großen Koordinationszahlen.

Dicht gepackte Strukturen besitzen daher auch die Edelgase (vgl. Abschn. 4.3.1), bei denen zwischen den kugelförmigen Atomen ungerichtete van-der-Waals-Kräfte vorhanden sind.

Das Modell starrer Kugeln trifft jedoch nur in erster Näherung zu. Das Auftreten mehrerer typischer Metallstrukturen deutet auf einen individuellen Einfluss der Atome hin. Bisher gelang es aber nicht generell, theoretisch abzuleiten, welcher der drei Strukturtypen bei einem Metall auftritt.

Die Berechnung der relativen Stabilität der drei Strukturtypen unter Berücksichtigung der Bandstruktur der Elektronen (vgl. S. 184) zeigt aber, dass die Bandenergie der dominierende Energiefaktor ist. Bei Übergangsmetallen mit zwei bis acht d-Elektronen stimmen beobachtete und berechnete Strukturänderungen überein (Abb. 2.94).

Bei den meisten Metallen mit hexagonal-dichtester Packung hat das c/a-Verhältnis nicht den idealen Wert 1,633. Beispiele sind: Be 1,58; Seltenerdmetalle 1,57; Zn 1,86; Cd 1,88. Bei Be und den Seltenerdmetallen sind demnach die Abstände zwischen den Atomen in den Schichten dichtester Packung größer als zwischen den Schichten. Bei Zn und Cd ist es umgekehrt. Diese Abweichungen von der idealen Struktur zeigen, dass gerichtete Bindungskräfte eine Rolle spielen.

Zu den Metallen, die in komplizierteren Metallstrukturen kristallisieren, gehören Ga, In, Sn, Hg und Mn.

Die plastische Verformbarkeit von Metallen (Ziehen, Walzen, Hämmern) beruht darauf, dass in ausgezeichneten Ebenen eine Gleitung möglich ist. Gleitebenen sind besonders Ebenen dichtester Packung, da innerhalb der Ebenen der Zusammenhalt stark ist. In der kubisch-flächenzentrierten Struktur existieren senkrecht zu den vier Raumdiagonalen der kubischen Elementarzelle vier Scharen dichtgepackter Ebenen, bei der hexagonal-dichtesten Packung existiert nur eine solche Ebenenschar. Meist

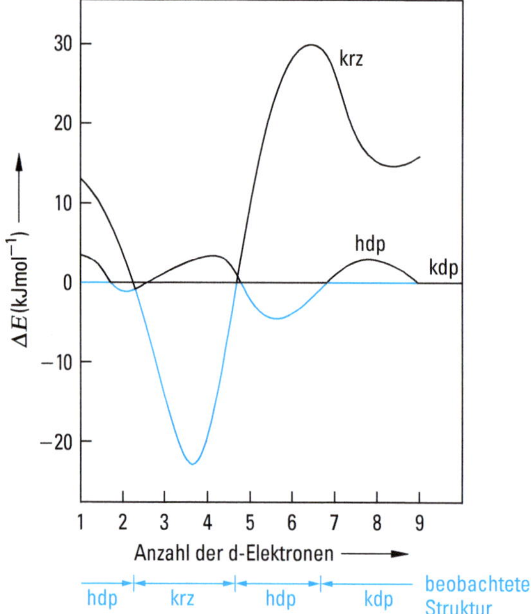

Abbildung 2.94 Relative Stabilität der Metall-Strukturtypen in Abhängigkeit von der Anzahl der d-Elektronen. Die Energie der kdp-Struktur wird null gesetzt und die Energien der anderen Strukturen sind relativ dazu angegeben. Für die Übergangsmetalle mit d^2- bis d^8-Konfiguration stimmen beobachteter und berechneter Strukturwechsel überein. Ausnahmen sind die 3d-Elemente Mn, Fe, Co.

besteht ein Metallstück aus vielen regellos angeordneten Kriställchen, es ist polykristallin. Die Ebenen dichtester Packung liegen in den Kristalliten regellos auf alle Raumrichtungen verteilt. Bei polykristallinen Metallen mit kubisch-dichtester Packung ist wegen der größeren Anzahl an Gleitebenen die Wahrscheinlichkeit, dass Gleitebenen der einzelnen Kristallite in eine günstige Lage zur Verformungskraft kommen, größer als bei polykristallinen Metallen mit hexagonal-dichtester Packung. Die Metalle mit kubisch-dichtester Packung (Cu, Ag, Au, Pt, Al, Pb, γ-Fe) sind daher relativ weiche, gut zu bearbeitende (duktile) Metalle, während Metalle mit hexagonal-dichtester Packung und besonders kubisch-raumzentrierte Metalle (Cr, V, W, Mo) eher spröde sind. Fe tritt in zwei Strukturen auf und ist in der γ-Form duktiler und leichter bearbeitbar als in der α-Form.

Im Metallgitter eingebaute Fremdatome erschweren die Gleitung und mindern die Duktilität. Legierungen enthalten Fremdatome und sind daher härter als das Wirtsmetall, oft sogar spröde oder brüchig.

Es soll noch erwähnt werden, dass wesentliche Träger der plastischen Verformung von Metallen die Fehlordnungen im Metallgitter (Stufenversetzungen und

Schraubenversetzungen) sind (vgl. Abschn. 2.7). Gleitebenen sind Ebenen mit hoher Versetzungsdichte.

2.4.3 Atomradien von Metallen

Der Atomradius eines Metalls wird als halber Abstand der im Metallgitter benachbarten Metallatome definiert. Aus den Strukturen mit dichtesten Packungen erhält man Metallradien für zwölffach koordinierte Metallatome, aus den kubisch-raumzentrierten Strukturen solche für achtfach koordinierte Metallatome. Aus Untersuchungen polymorpher Metalle und von Legierungssystemen lässt sich die folgende Abhängigkeit der Metallradien von der Koordinationszahl ermitteln:

Koordinationszahl	12	8	6	4
Metallradius	1,00	0,97	0,96	0,88

In der Abb. 2.95 sind Metallradien für die Koordinationszahl 12 angegeben. Die Atomradien der Metalle sind sehr viel größer als die Ionenradien (vgl. Tab. 2.2).

Li 157	Be 112													
Na 191	Mg 160											Al 143		
K 235	Ca 197	Sc 164	Ti 147	V 135	Cr 129	Mn 137	Fe 126	Co 125	Ni 125	Cu 128	Zn 137	Ga 153		
Rb 250	Sr 215	Y 182	Zr 160	Nb 147	Mo 140	Tc 135	Ru 134	Rh 134	Pd 137	Ag 144	Cd 152	In 167	Sn 158	
Cs 272	Ba 224	La 188	Hf 159	Ta 147	W 141	Re 137	Os 135	Ir 136	Pt 139	Au 144	Hg 155	Tl 171	Pb 175	Bi 182

Abbildung 2.95 Atomradien von Metallen für die Koordinationszahl 12 in pm. Für die Atomradien der Nichtmetalle und Hauptgruppenmetalle mit Koordinationszahlen von 2–4 s. Abb. 2.49, für die Atomradien der Lanthanoide s. Abb. 5.49.

Sie liegen im Bereich 110–270 pm. Mit steigender Ordnungszahl ändern sie sich periodisch. In jeder Periode haben die Alkalimetalle die größten Radien. In jeder Übergangsmetallreihe haben einige Elemente der zweiten Hälfte sehr ähnliche Radien (z. B. Fe, Co, Ni, Cu), da dort ein Minimum auftritt. Die Radien homologer 4d- und 5d-Elemente sind nahezu gleich (Mo, W; Nb, Ta; Pd, Pt; Ag, Au). Ursache dafür ist die so genannte Lanthanoid-Kontraktion. Bei den auf das Lanthan folgenden 14 Lanthanoiden werden die inneren 4f-Niveaus aufgefüllt. Dabei erfolgt eine stetige Abnahme des Atomradius, so dass die auf die Lanthanoide folgenden 5d-Elemente den annähernd gleichen Radius besitzen, wie die homologen 4d-Elemente.

2.4.4 Die metallische Bindung

2.4.4.1 Elektronengas

Bereits um 1900 wurde von Drude und Lorentz ein Modell der metallischen Bindung entwickelt, das auf klassischen Gesetzen beruht. Danach sind in Metallen die Gitterplätze durch positive Ionenrümpfe besetzt, die Valenzelektronen bewegen sich frei im Metallgitter. Im Gegensatz zu anderen Bindungsarten sind die Valenzelektronen also nicht an ein bestimmtes Atom gebunden, sondern delokalisiert, und ähnlich wie sich Gasatome im gesamten Gasraum frei bewegen können, können sich die Valenzelektronen der Metallatome im gesamten Metallgitter frei bewegen. Diese frei beweglichen Elektronen werden daher als Elektronengas bezeichnet.

In Aluminium z. B. nehmen die kugelförmigen Al^{3+}-Rümpfe nur etwa 18 % des Gesamtvolumens des Metalls ein, während das Elektronengas 82 % des Volumens beansprucht (Abb. 2.96).

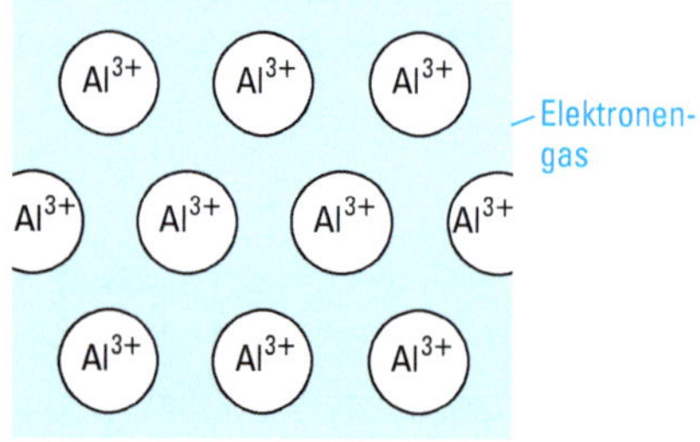

Abbildung 2.96 Schnitt durch einen Aluminiumkristall. Eine Schicht von Al^{3+}-Rümpfen in der Anordnung dichtester Packung ist in Elektronengas eingebettet. In Ionenkristallen und Atomkristallen sind die Valenzelektronen fest gebunden. In Metallen sind die Valenzelektronen nicht lokalisiert, sondern im Metallgitter frei beweglich.

Die Untersuchung der Elektronendichteverteilung bestätigte, dass zwischen den Atomen im Metallgitter eine endliche Elektronendichte vorhanden ist, die durch das Elektronengas zustande kommt (Abb. 2.97).

Mit diesem Modell kann man viele Eigenschaften der Metalle – zumindest qualitativ – befriedigend erklären.

Strukturelle und mechanische Eigenschaften: Der Zusammenhalt der Atome in Metallen kommt durch die Anziehungskräfte zwischen den positiven Atomrümpfen und dem Elektronengas zustande. Diese Bindungskräfte sind ungerichtet und sie erklären das bevorzugte Auftreten dicht gepackter Metallstrukturen.

Beim Gleiten der Gitterebenen bleiben die Bindungskräfte erhalten, Metalle sind daher plastisch verformbar (Abb. 2.98). Bei Ionenkristallen führt dagegen Gleitung zum Bruch, wenn bei der Verschiebung der Gitterebenen gleichartig geladene Ionen übereinander zu liegen kommen und Abstoßung auftritt. Ionenkristalle sind daher

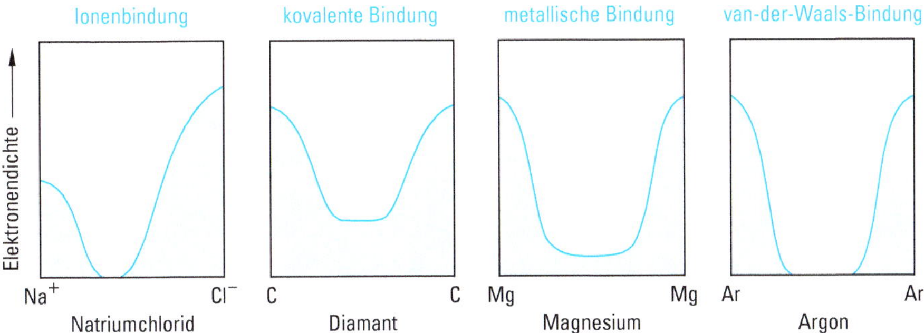

Abbildung 2.97 Schematischer Verlauf der Elektronendichte zwischen benachbarten Gitterbausteinen in Kristallstrukturen mit unterschiedlichen Bindungsarten.

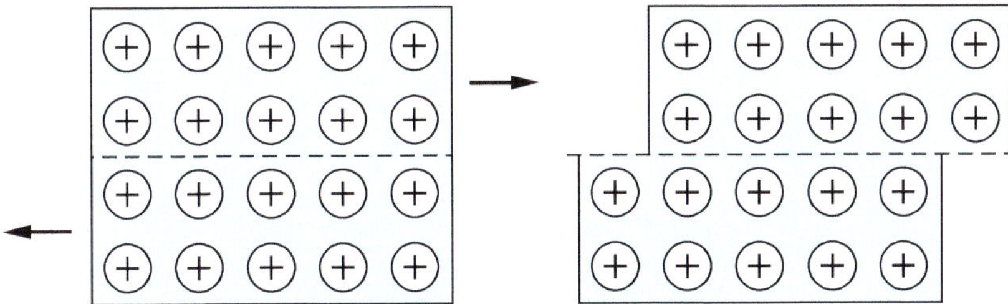

Abbildung 2.98 Bei der plastischen Verformung von Metallen führt die Verschiebung der Gitterebenen gegeneinander nicht zu Abstoßungskräften.

spröde und nicht plastisch verformbar (Abb. 2.99). Bei Atomkristallen werden durch mechanische Deformation Elektronenpaarbindungen zerstört, so dass ein Kristall in kleinere Bruchstücke zerfällt. Diamant und Silicium z. B. sind spröde.

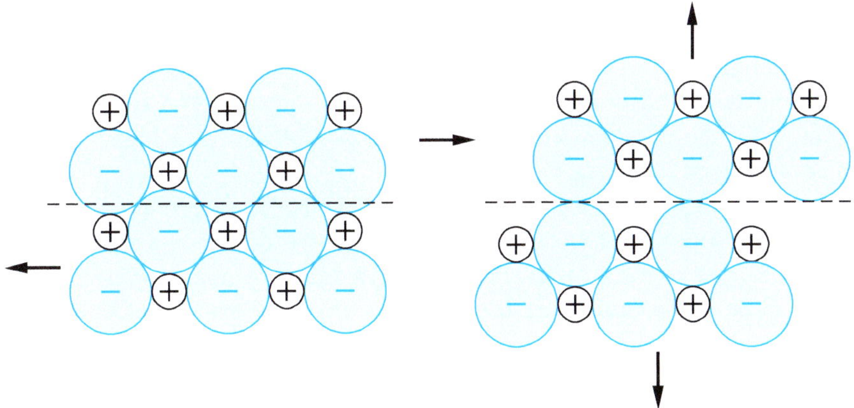

Abbildung 2.99 Die dargestellte Verschiebung der Schichten eines Ionenkristalls führt zu starken Abstoßungskräften.

Elektronische Eigenschaften: Die Existenz des Elektronengases erklärt die gute elektrische und thermische Leitfähigkeit der Metalle. Beim Anlegen einer Spannung wandern die Elektronen des Elektronengases im Kristall in Richtung der Anode. Mit steigender Temperatur sinkt die Leitfähigkeit, da, durch die mit wachsender Temperatur zunehmenden Schwingungen der positiven Atomrümpfe, eine wachsende Störung der freien Beweglichkeit der Elektronen erfolgt.

Da freie Elektronen Licht aller Wellenlängen absorbieren können, sind Metalle undurchsichtig. Das grau-weißliche Aussehen der Oberfläche der meisten Metalle kommt durch Reflexion von Licht aller Wellenlängen zustande.

Mit den klassischen Gesetzen ließ sich jedoch nicht das thermodynamische Verhalten von Metallen erklären. Im Gegensatz zu anderen einatomigen Gasen, beispielsweise den Edelgasen, die auf Grund der drei Translationsfreiheitsgrade die molare Wärmekapazität $\frac{3}{2}R$ besitzen, nimmt das Elektronengas bei einer Temperaturerhöhung nahezu keine Energie auf. Die Wärmekapazität des Elektronengases ist annähernd null. Man bezeichnet das Elektronengas als entartet.

Nach der Regel von Dulong-Petit beträgt die molare Wärmekapazität aller festen Stoffe, auch die metallischer Leiter, annähernd $3\,R$.

Erst mit Hilfe der Quantentheorie konnte die Entartung des Elektronengases erklärt werden (vgl. Abschn. 2.4.4.3).

2.4.4.2 Energiebändermodell

Stellen wir uns vor, dass ein Metallkristall aus vielen isolierten Metallatomen eines Metalldampfes gebildet wird. Sobald sich die Atome einander nähern, kommt es zu einer Wechselwirkung zwischen ihnen. Aufgrund dieser Wechselwirkung entsteht im Metallkristall aus den äquivalenten Atomorbitalen der einzelnen isolierten Atome, die ja die gleiche Energie besitzen, eine sehr dichte Folge von Energiezuständen. Man sagt, dass die Atomorbitale in einem Metall zu einem Energieband aufgespalten sind. Wird ein Metallkristall aus 10^{20} Atomen gebildet – 1 g Lithium enthält 10^{23} Atome –, dann entstehen aus 10^{20} äquivalenten Atomorbitalen der Atome des Metalldampfes 10^{20} Energieniveaus unterschiedlicher Energie (Abb. 2.100).

Man kann die Energiezustände eines Energiebandes als Molekülorbitale auffassen und das Zustandekommen des Energiebands mit der MO-Methode beschreiben. Bei der Wechselwirkung zweier Li-Atome entsteht durch Linearkombination der 2s-Orbitale – wie beim Wasserstoffmolekül (Abschn. 2.2.12) – ein bindendes und ein antibindendes MO. Die Linearkombination der 2s-Orbitale von drei Li-Atomen führt zu drei MOs (bindend, nichtbindend, antibindend). Treten vier Li-Atome in Wechselwirkung, so entstehen vier Vierzentren-MOs usw. Durch Linearkombination aller 2s-Orbitale der Li-Atome eines Kristalls entsteht eine dichte Folge von MOs, die sich über den gesamten Kristall erstrecken (Energieband). Die Anzahl der MOs

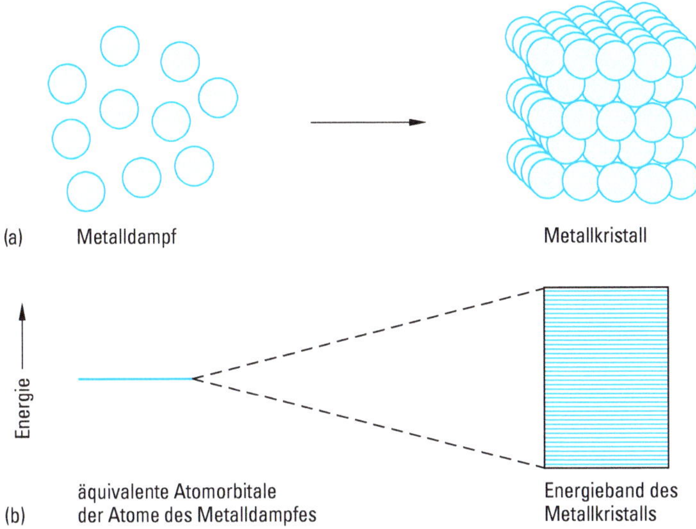

Abbildung 2.100 a) Aus isolierten Atomen eines Metalldampfes bildet sich ein Metallkristall. b) Aufspaltung von Atomorbitalen zu einem Energieband im Metallkristall. Aus 10^{20} äquivalenten Atomorbitalen von 10^{20} isolierten Atomen eines Metalldampfes entsteht im festen Metall ein Energieband mit 10^{20} Energiezuständen unterschiedlicher Energie (vgl. Bildung von Molekülorbitalen, Abschn. 2.2.12).

ist gleich der Anzahl der Atomorbitale, aus denen sie gebildet werden. Elektronen, die diese MOs besetzen, sind vollständig delokalisiert, ihre Aufenthaltswahrscheinlichkeit erstreckt sich über den ganzen Kristall (vgl. Abschn. 2.2.12).

Abb. 2.101 zeigt schematisch das Zustandekommen der Energiebänder von metallischem Lithium aus den Atomorbitalen der Li-Atome. Das aus den 1s-Atomorbitalen der Li-Atome gebildete Band ist von dem aus den 2s-Atomorbitalen gebildeten Energieband durch einen Energiebereich getrennt, in dem keine Energieniveaus liegen. Man nennt diesen Energiebereich verbotene Zone, da für die Metallelektronen Energien dieses Bereiches verboten sind. Die aus den 2s- und 2p-Atomorbitalen gebildeten Energiebänder sind so stark aufgespalten, dass die beiden Bänder überlappen, also nicht durch eine verbotene Zone voneinander getrennt sind.

Da die Energiebreite der Bänder in der Größenordnung von eV liegt, ist der Abstand der Energieniveaus innerhalb der Bänder von der Größenordnung 10^{-20} eV, also sehr klein. Wegen des geringen Abstands der Energieniveaus ändert sich in den Bändern die Energie quasikontinuierlich, aber man darf nicht vergessen, dass die Energiebänder aus einer begrenzten Zahl von Energiezuständen bestehen.

Für die Besetzung der Energieniveaus von Energiebändern mit Elektronen gilt genauso wie für die Besetzung der Orbitale einzelner Atome das Pauli-Prinzip (vgl. Abschn. 1.4.7). Jedes Energieniveau kann also nur mit zwei Elektronen entgegenge-

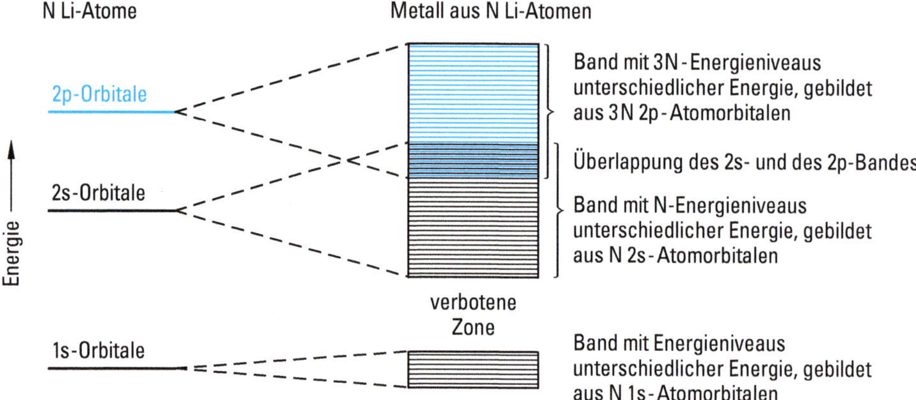

Abbildung 2.101 Schematische Darstellung des Zustandekommens der Energiebänder vom Lithium aus Atomorbitalen. Die Energiebreite stark aufgespaltener Bänder liegt in der Größenordnung von eV, der Abstand der Energieniveaus in den Bändern hat die Größenordnung 10^{-20} eV, wenn $N = 10^{20}$ beträgt.

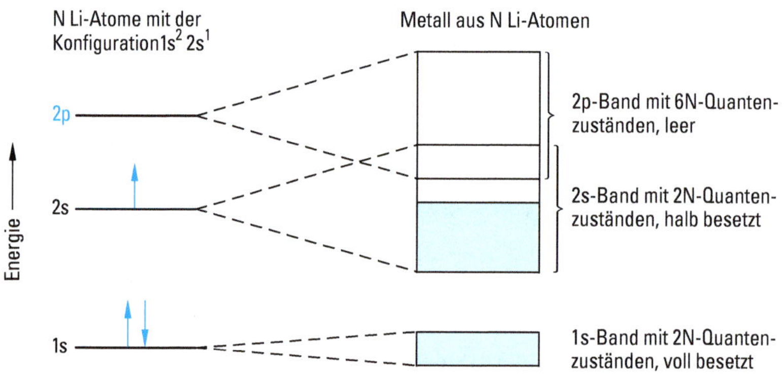

Abbildung 2.102 Besetzung der Energiebänder von Lithium. Für die Besetzung der Energieniveaus der Bänder gilt das Pauli-Prinzip. Jedes Energieniveau kann nur mit zwei Elektronen entgegengesetzten Spins besetzt werden.

setzten Spins besetzt werden. Für die Metalle Lithium und Beryllium ist die Besetzung der Energiebänder in den Abb. 2.102 und 2.103 dargestellt.

Die Breite einer verbotenen Zone hängt von der Energiedifferenz der Atomorbitale und der Stärke der Wechselwirkung der Atome im Kristallgitter ab. Je mehr sich die Atome im Kristallgitter einander nähern, umso stärker wird die Wechselwirkung der Elektronen, die Breite der Energiebänder wächst, und die Breite der verbotenen Zonen nimmt ab, bis schließlich die Bänder überlappen. Abb. 2.104 zeigt am Beispiel von Natrium und Magnesium die Aufspaltung der Atomorbitale in Abhängigkeit vom Atomabstand.

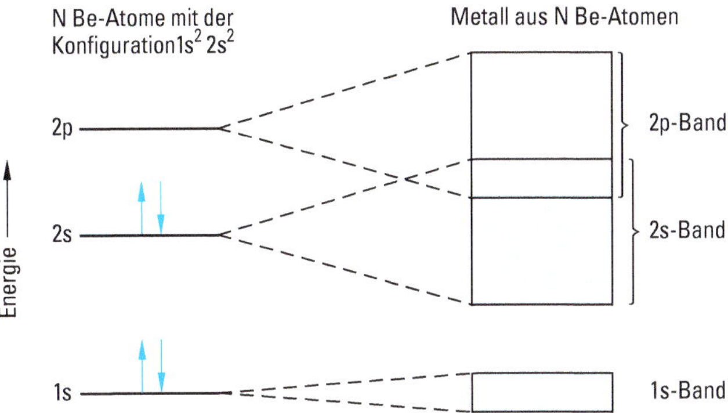

Abbildung 2.103 Besetzung der Energiebänder von Beryllium. Im Überlappungsbereich des 2s- und des 2p-Bandes werden Energieniveaus beider Bänder besetzt.

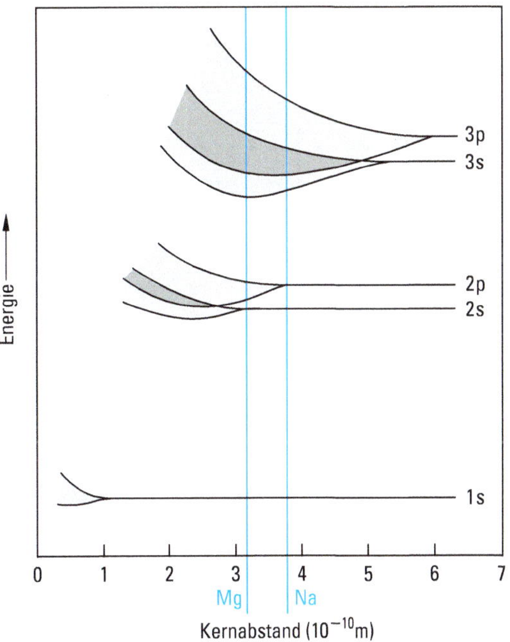

Abbildung 2.104 Aufspaltung der Atomorbitale in Abhängigkeit vom Atomabstand. Die 3p- und 3s-Orbitale der Na- und Mg-Atome sind in den Metallen zu breiten, sich überlappenden Energiebändern aufgespalten.

Innere, an die Atomkerne fest gebundene Elektronen zeigen im Festkörper nur eine schwache Wechselwirkung. Ihre Energiezustände sind praktisch ungestört und daher scharf. Die inneren Elektronen bleiben lokalisiert und sind an bestimmte Atomrümpfe gebunden.

Die Energieniveaus der äußeren Elektronen, der Valenzelektronen, spalten stark auf. Die Breite der Energiebänder liegt in der Größenordnung von eV. Ist ein solches Band nur teilweise mit Elektronen besetzt, dann können sich die Elektronen quasifrei durch den Kristall bewegen, sie sind nicht an bestimmte Atomrümpfe gebunden (Elektronengas). Beim Anlegen einer Spannung ist elektrische Leitung möglich.

2.4.4.3 Metalle, Isolatoren, Eigenhalbleiter

Mit dem Energiebändermodell lässt sich erklären, welche Festkörper metallische Leiter, Isolatoren oder Halbleiter sind. Bei den Metallen überlappt das von den Orbitalen der Valenzelektronen gebildete Valenzband immer mit dem nächsthöheren Band (Abb. 2.105a, b). Beim Anlegen einer Spannung ist eine Elektronenbewe-

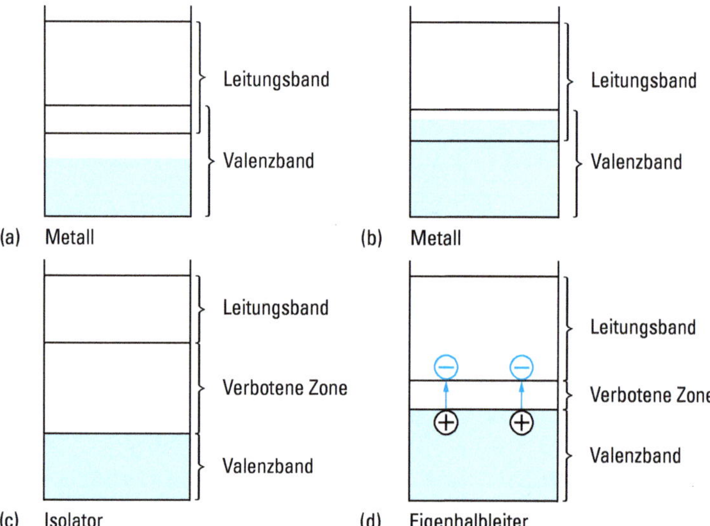

Abbildung 2.105 Schematische Energiebänderdiagramme. Es ist nur das oberste besetzte und das unterste leere Band dargestellt, da die anderen Bänder für die elektrischen Eigenschaften ohne Bedeutung sind.
a), b) Bei allen Metallen überlappt das Valenzband mit dem nächsthöheren Band. In der Abb. a) ist das Valenzband teilweise besetzt. Dies trifft für die Alkalimetalle zu, bei denen das Valenzband gerade halb besetzt ist (vgl. Abb. 2.102). In der Abbildung b) ist das Valenzband fast aufgefüllt und der untere Teil des Leitungsbandes besetzt. Dies ist bei den Erdalkalimetallen der Fall (vgl. Abb. 2.103).
c) Bei Isolatoren ist das voll besetzte Valenzband vom leeren Leitungsband durch eine breite verbotene Zone getrennt. Elektronen können nicht aus dem Valenzband in das Leitungsband gelangen.
d) Bei Eigenhalbleitern ist die verbotene Zone schmal. Durch thermische Anregung gelangen Elektronen aus dem Valenzband in das Leitungsband. Im Valenzband entstehen Defektelektronen. In beiden Bändern ist elektrische Leitung möglich.

gung möglich, da den Valenzelektronen zu ihrer Bewegung ausreichend viele unbesetzte Energiezustände zur Verfügung stehen. Solche Stoffe sind daher gute elektrische Leiter.

Bei den Alkalimetallen ist das Valenzband nur halb besetzt (Abb. 2.102). Auch ohne Überlappung mit dem darüber liegenden p-Band wäre eine elektrische Leitung möglich. Die Erdalkalimetalle (Abb. 2.103) wären ohne diese Überlappung keine Metalle, da dann das Valenzband vollständig aufgefüllt wäre.

Da in Metallen auch bei der Temperatur $T = 0\,\mathrm{K}$ die Elektronen wegen des Pauli-Prinzips Quantenzustände höherer Energie besetzen müssen, haben die Elektronen bei $T = 0\,\mathrm{K}$ einen Energieinhalt. Die obere Energiegrenze, bis zu der bei $T = 0\,\mathrm{K}$ die Energieniveaus besetzt sind, heißt Fermi-Energie E_F. Sie beträgt für Lithium 4,7 eV. Bei einer Temperaturerhöhung können nur solche Elektronen Energie aufnehmen, die dabei in unbesetzte Energieniveaus gelangen. Da dies nur wenige Elektronen sind, nämlich die, deren Energieniveaus dicht unterhalb der Fermi-Energie liegen, ändert sich die Energie des Elektronengases mit wachsender Temperatur nur wenig, es ist entartet. Ein einatomiges Gas, für das klassische Gesetze gelten, hat dagegen bei der Temperatur $T = 0\,\mathrm{K}$ die Energie null, und die Energie des Gases nimmt mit der Temperatur linear zu (Abb. 2.106).

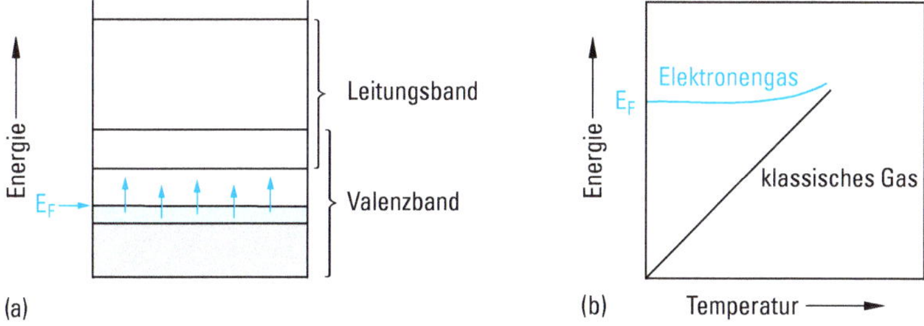

Abbildung 2.106 a) Bei $T = 0\,\mathrm{K}$ sind alle Energiezustände unterhalb E_F besetzt. Bei der Temperatur T können nur Elektronen des blau gekennzeichneten Bereichs thermische Energie aufnehmen und unbesetzte Energieniveaus oberhalb E_F besetzen. Mit steigender Temperatur wird dieser Bereich breiter.
b) Da nur ein kleiner Teil der Valenzelektronen thermische Energie aufnehmen kann, nimmt die Energie des Elektronengases bei Temperaturerhöhung nur wenig zu.

In einem Isolator ist das Leitungsband leer, es enthält keine Elektronen und ist vom darunter liegenden, mit Elektronen voll besetzten Valenzband durch eine breite verbotene Zone getrennt (Abb. 2.105c). In einem voll besetzten Band findet beim Anlegen einer Spannung keine Leitung statt, da für eine Elektronenbeweglichkeit freie Quantenzustände vorhanden sein müssen, in die die Elektronen bei der Zuführung elektrischer Energie gelangen können. Ist die verbotene Zone zwischen dem leeren Leitungsband und dem vollen Valenzband schmal, tritt Eigenhalbleitung auf (Abb. 2.105d). Durch Energiezufuhr (thermische oder optische Anregung) können

Tabelle 2.22 Breite der verbotenen Zone von Elementen der 14. Gruppe und einigen III-V-Verbindungen

Diamant-Struktur	Verbotene Zone in eV	Zinkblende-Struktur	Verbotene Zone in eV
Diamant	5,3		
Silicium	1,1	AlP	3,0
Germanium	0,72	GaAs	1,34
graues Zinn	0,08	InSb	0,18

nun Elektronen aus dem Valenzband in das Leitungsband gelangen. Im Leitungsband findet Elektronenleitung statt. Im Valenzband entstehen durch das Fehlen von Elektronen positiv geladene Stellen. Eine Elektronenbewegung im nahezu vollen Valenzband führt zur Wanderung der positiven Löcher in entgegengesetzter Richtung (Löcherleitung). Man beschreibt daher zweckmäßig die Leitung im Valenzband so, als ob positive Teilchen der Ladungsgröße eines Elektrons für die Leitung verantwortlich seien. Diese fiktiven Teilchen nennt man Defektelektronen. Mit steigender Temperatur nimmt die Anzahl der Ladungsträger stark zu. Dadurch erhöht sich die Leitfähigkeit viel stärker, als sie durch die mit steigender Temperatur wachsenden Gitterschwingungen vermindert wird. Im Gegensatz zu Metallen nimmt daher die Leitfähigkeit mit steigender Temperatur stark zu.

Ein Beispiel für einen Isolator ist der Diamant. Das vollständig gefüllte Valenzband ist durch eine 5 eV breite verbotene Zone vom leeren Leitungsband getrennt. In den ebenfalls in der Diamant-Struktur kristallisierenden homologen Elementen Si, Ge, Sn_{grau} wird die verbotene Zone schmaler, es entsteht Eigenhalbleitung.

Eigenhalbleiter sind auch die III-V-Verbindungen (vgl. Abschn. 2.2.11), die in der von der Diamant-Struktur ableitbaren Zinkblende-Struktur kristallisieren. Die Breite der verbotenen Zone ist in Tab. 2.22 angegeben. GaAs und InAs sind als schnelle Halbleiter technisch interessant. Sie besitzen eine sehr viel größere Elektronenbeweglichkeit als Silicium. GaN wird für Leuchtdioden verwendet (s. Abschn. 5.10.6).

Mit abnehmender Breite der verbotenen Zone nimmt die Energie ab, die erforderlich ist, Bindungen aufzubrechen und Elektronen aus den Orbitalen zu entfernen. Beim grauen, nichtmetallischen Zinn sind die Bindungen bereits so schwach, dass bei 13 °C Umwandlung in die metallische Modifikation erfolgt.

2.4.4.4 Dotierte Halbleiter (Störstellenhalbleiter)

In das Siliciumgitter lassen sich Fremdatome einbauen. Fremdatome von Elementen der 15. Gruppe, beispielsweise As-Atome, besitzen ein Valenzelektron mehr als die Si-Atome. Dieses überschüssige Elektron ist nur schwach am As-Rumpf gebunden und kann viel leichter in das Leitungsband gelangen als die fest gebundenen Valenzelektronen der Si-Atome. Solche Atome nennt man Donatoratome. Im Energie-

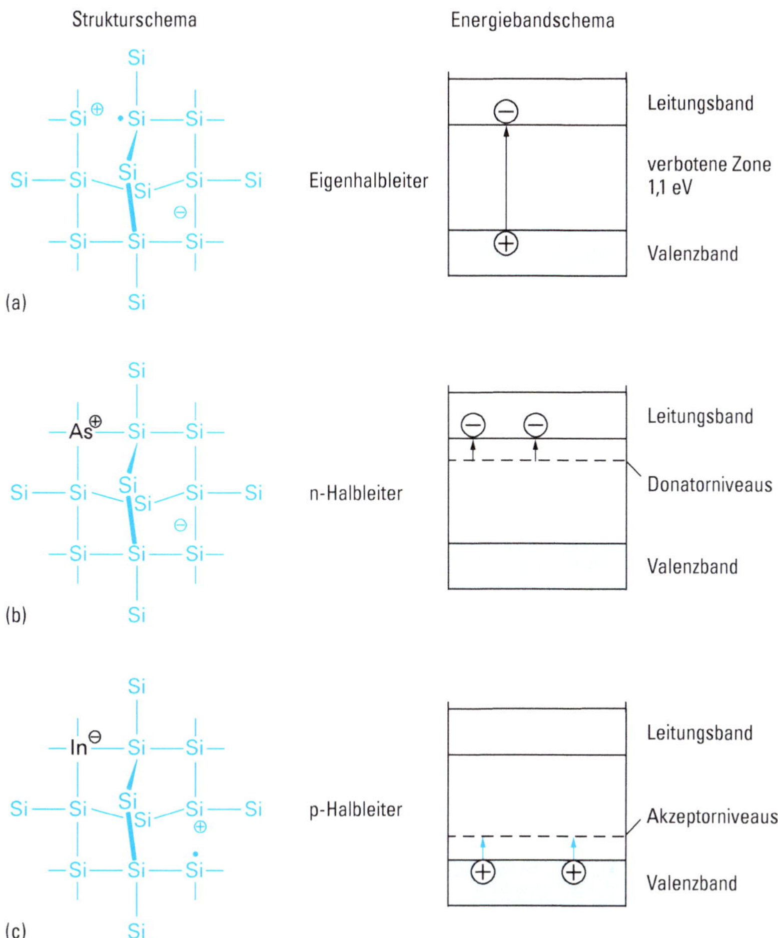

Abbildung 2.107 Valenzstrukturen und Energieniveaudiagramme dotierter Halbleiter.
a) Den bindenden Elektronenpaaren der Valenzstrukturen entsprechen im Energiebandschema die Elektronen im Valenzband. Der Übergang eines Elektrons aus dem Valenzband in das Leitungsband bedeutet, dass eine Si—Si-Bindung aufgebrochen wird.
b) Das an den Elektronenpaarbindungen nicht beteiligte As-Valenzelektron ist nur schwach an den As-Rumpf gebunden und kann leicht in das Gitter wandern. Dieser Dissoziation des As-Atoms entspricht im Bandschema der Übergang eines Elektrons von einem Donatorniveau in das Leitungsband. Die Donatorniveaus der As-Atome haben einen Abstand von 0,04 eV zum Leitungsband.
c) Ein Elektron einer Si—Si-Bindung kann unter geringem Energieaufwand an ein In-Atom angelagert werden. Dies bedeutet, dass ein Elektron des Valenzbandes ein Akzeptorniveau besetzt. Die Akzeptorniveaus von In liegen 0,1 eV über dem Valenzband.

bändermodell liegen daher die Energieniveaus der Donatoratome in der verbotenen Zone dicht unterhalb des Leitungsbandes. Schon durch Zufuhr kleiner Energiemengen werden Elektronen in das Leitungsband überführt. Es entsteht Elektronenleitung. Halbleiter dieses Typs nennt man n-Halbleiter (Abb. 2.107b).

In das Siliciumgitter eingebaute Fremdatome der 13. Gruppe, die ein Valenzelektron weniger haben als die Si-Atome, beispielsweise In-Atome, können nur drei Atombindungen bilden. Zur Ausbildung der vierten Atombindung kann das In Atom ein Elektron von einem benachbarten Si-Atom aufnehmen. Dadurch entsteht am Si-Atom eine Elektronenleerstelle, ein Defektelektron. Durch die Dotierung mit Akzeptoratomen entsteht Defektelektronenleitung. Im Energiebändermodell liegen die Energieniveaus der Akzeptoratome dicht oberhalb des Valenzbandes. Elektronen des Valenzbandes können durch geringe Energiezufuhr Akzeptorniveaus besetzen, im Valenzband entstehen Defektelektronen. Diese Halbleiter nennt man p-Halbleiter (Abb. 2.107c).

Wie bei den Eigenhalbleitern, nimmt auch bei den dotierten Halbleitern zunächst die Leitfähigkeit mit steigender Temperatur zu. Da nur in sehr geringen Konzentrationen dotiert wird, muss das zur Herstellung von Si- und Ge-Halbleitern verwendete Silicium bzw. Germanium extrem rein sein. Diamant wird durch Dotierung mit B-Atomen p-leitend. Die n-Dotierung gelingt noch nicht.

Die Konzentration der Störstellen beträgt meist 10^{21} bis 10^{26} m^{-3}, die der Gitteratome ist ca. 10^{28} m^{-3}. Die Herstellung von hochreinen Siliciumeinkristallen ist im Abschn. 4.7.3.2 beschrieben.

Bei vielen Halbleitern ist das Bändermodell nicht anwendbar. Die elektrische Leitfähigkeit entsteht durch „Hüpfen“ von Elektronen zwischen benachbarten Atomen. Diese als Hopping-Halbleiter bezeichneten Halbleiter werden im Abschn. 2.7.5.2 behandelt.

2.4.5 Metallcluster, Clustermetalle

Metallische Eigenschaften sind nur an größeren Atomverbänden zu beobachten. Wie viel Metallatome aber sind erforderlich, um metallische Eigenschaften zu erzeugen? Zwischenstufen auf dem Weg zum metallischen Zustand sind Metallcluster. Nackte Cluster, die nur aus Metallatomen bestehen, können jedoch nicht in einheitlicher Größe hergestellt werden. Dies gelingt nur bei Clustern, die mit einer Ligandenhülle umgeben sind. Die Anordnung der Metallatome ist meist die einer dichtesten Kugelpackung (vgl. Abschn. 2.4.2), Metallcluster sind Ausschnitte aus Metallstrukturen. Bei Clustern mit perfekter äußerer Geometrie (full-shell-Cluster) ist die Zahl der Atome 13, 55, 147, 309, 561 (magische Zahlen). Die magischen Zahlen erhält man aus der Beziehung $10n^2 + 2$ für die Anzahl der Atome in der n-ten Schale des Clusters (vgl. Abb. 2.108). Die Cluster werden durch eine möglichst lückenlose Ligandenhülle stabilisiert, die die reaktiven äußeren Metallatome abschirmt. Die Wahl der richtigen Liganden ist für die Stabilität entschei-

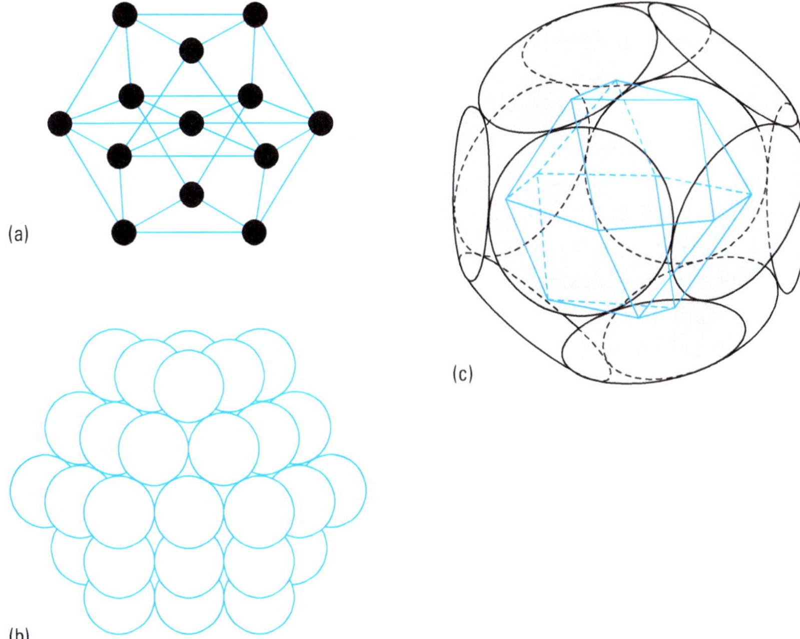

Abb. 2.108 a) Struktur eines einschaligen M_{13}-Clusters mit kubisch-dichtester Packung. Die zwölf äußeren Atome besetzen die Ecken eines Kuboktaeders.
b) Darstellung eines zweischaligen M_{55}-Clusters. Für die Schalen erhält man aus $10n^2 + 2$ (n = Schalenzahl) die Atomzahlen 1 (Kern) + 12 (1. Schale) + 42 (2. Schale) = 55. Die 42 Atome der äußeren Schale bilden ein Kuboktaeder. Die Atome der inneren Schale liegen in den Lücken der äußeren Schale. Der M_{55}-Cluster ist ein kleiner Ausschnitt aus einem Metall mit kubisch-dichtester Packung.
c) Schematische Darstellung des zweischaligen Clusters $Au_{55}[P(C_6H_5)_3]_{12}Cl_6$. Die Cluster werden durch eine möglichst lückenlose Ligandenhülle stabilisiert. Beim Au_{55}-Cluster ist dafür als Ligand Triphenylphosphan $P(C_6H_5)_3$ geeignet. Jede Kuboktaederecke ist von einem Liganden bedeckt, der als Kreis dargestellt ist, der Au_{55}-Cluster wird kugelartig abgeschirmt. Über den sechs quadratischen Kuboktaederflächen entstehen Lücken, die durch Anlagerung der sechs Cl-Liganden geschlossen werden. Von den 42 Atomen der Clusteroberfläche sind sechs an die Cl-Atome und zwölf an die $P(C_6H_5)_3$-Liganden gebunden, 24 sind nicht koordiniert.

dend. Lücken in der Ligandenhülle werden durch einzelne Atome, z. B. Cl, gefüllt (Abb. 2.108c). Beispiele für zweischalige Cluster: $Au_{55}[P(C_6H_5)_3]_{12}Cl_6$ (vgl. Abb. 2.108), $Rh_{55}[P(C_6H_5)_3]_{12}Cl_6$, $Ru_{55}[P(tert\text{-}C_4H_9)_3]_{12}Cl_{20}$, $Pt_{55}[As(tert\text{-}C_4H_9)_3]_{12}Cl_{20}$. Ein vierschaliger Cluster ist $Pt_{309}(phen)_{24}O_{30\pm10}$ (phen = Phenanthrolin), ein fünfschaliger Cluster $Pd_{561}(phen)_{36}O_n$ ($n \approx 200$). Der Kern des Pd_{561}-Clusters hat einen Durchmesser von etwa 2,4 nm, erreicht also noch nicht die Größe kolloidaler Teilchen (> 10 nm).

In den physikalischen Eigenschaften der Cluster ist der Übergang von Moleküleigenschaften zu metallischen Eigenschaften zu erkennen. Der Anteil zum metallischen Verhalten stammt hauptsächlich von den Atomen des Clusterkerns und nicht von den Atomen der ligandenfeldstabilisierten Clusteroberfläche. Die Delokalisierung der Elektronen beginnt bereits bei den M_{55}-Clustern. Der Au_{55}-Cluster enthält zwei frei bewegliche Elektronen und mit etwa 50 Metallatomen ist also die Grenze zum metallischen Zustand erreicht.

Die Pd-Cluster sind auf TiO_2- oder Zeolithträgern als heterogene Katalysatoren interessant (vgl. Abschn. 3.6.6).

Durch Abbau von M_{55}-Clustern (z. B. an Elektroden in Dichlormethanlösung) werden nackte M_{13}-Cluster freigesetzt, die zu Superclustern (Cluster von Clustern) reagieren können. Die M_{13}-Cluster formieren sich zu dichtesten Packungen und es entstehen z. B. die einschaligen Supercluster $(M_{13})_{13}$ und die zweischaligen Supercluster $(M_{13})_{55}$. $(Au_{13})_{55}$ hat die relative Masse 140 833. Kristalline Clustermetalle sind neue Metallmodifikationen, die aufbauenden Einheiten sind Cluster und nicht wie bei „normalen" Metallen einzelne Atome. Sie sind jedoch thermodynamisch instabil und zerfallen nach einigen Wochen. Gold-Clustermetalle wandeln sich bei 400 – 500 °C in normales metallisches Gold um.

2.4.6 Intermetallische Systeme

Ionenverbindungen und kovalente Verbindungen sind meist stöchiometrisch zusammengesetzt. Bei Verbindungen zwischen Metallen ist das Gesetz der konstanten Proportionen häufig nicht erfüllt, die Zusammensetzung kann innerhalb weiter Grenzen schwanken. Ein Beispiel dafür ist die Verbindung Cu_5Zn_8. Die verwendete Formel gibt nur eine idealisierte Zusammensetzung mit einfachen Zahlenverhältnissen an. Die Zusammensetzung kann jedoch innerhalb der Grenzen $Cu_{0,34}Zn_{0,66}$ – $Cu_{0,42}Zn_{0,58}$ liegen. Treten in intermetallischen Systemen stöchiometrisch zusammengesetzte intermetallische Verbindungen wie Na_2K oder $AuCu_3$ auf, so entsteht die Stöchiometrie nicht aufgrund der chemischen „Wertigkeit" der Bindungspartner, sondern meist aufgrund der geometrischen Anordnung der Bausteine im Gitter. Aus diesen Gründen wird oft der Begriff intermetallische Verbindung vermieden und stattdessen die Bezeichnung intermetallische Phase verwendet.

Metallische Mehrstoffsysteme werden Legierungen genannt. Homogene Legierungen bestehen aus einer Phase mit einer einheitlichen Kristallstruktur. Heterogene Legierungen bestehen aus einem Gefüge mehrerer Kristallarten, also aus mehreren metallischen Phasen.

Intermetallische Phasen sind bereits in den ersten Hochkulturen als Werkzeuge, Waffen und Zahlungsmittel wichtig gewesen. Auch heute sind sie in ihrer Verwendung als hochschmelzende, hochfeste Legierungen, Supraleiter, magnetische Verbindungen, metallische Gläser usw. von großer technischer Bedeutung.

Obwohl sie die umfangreichste Gruppe anorganischer Verbindungen sind, ist die Beziehung zwischen Struktur und chemischer Bindung vielfach unklar, denn die komplexen Bindungsverhältnisse können nicht mit den sonst gut funktionierenden Valenzregeln der Ionenbindung und der kovalenten Bindung beschrieben werden.

Die im Abschn. 2.4.6.2 angegebene Klassifikation erfasst nur einen Teil der großen Zahl und der strukturellen Vielfalt intermetallischer Phasen.

2.4.6.1 Schmelzdiagramme von Zweistoffsystemen

Schmelzdiagramme sind Zustandsdiagramme bei konstantem Druck, aus denen abgelesen werden kann, wie sich feste Stoffe untereinander verhalten. Hier sollen nur Grundtypen metallischer Zweistoffsysteme (binäre Systeme) behandelt werden.

Unbegrenzte Mischbarkeit im festen und flüssigen Zustand

Beispiele: Silber – Gold (Abb. 2.109) und Kupfer – Gold (Abb. 2.111).

Silber und Gold kristallisieren beide kubisch-flächenzentriert und bilden miteinander Mischkristalle. In den Mischkristallen sind die Gitterplätze des kubisch-flächenzentrierten Gitters sowohl mit Ag- als auch mit Au-Atomen besetzt (Abb. 2.110). Die Besetzung ist ungeordnet, statistisch. Da in den Mischkristallen jedes beliebige Ag/Au-Verhältnis auftreten kann, ist die Mischkristallreihe lückenlos (vgl. Abschn. 2.4.6.2). Mischkristalle werden auch feste Lösungen genannt.

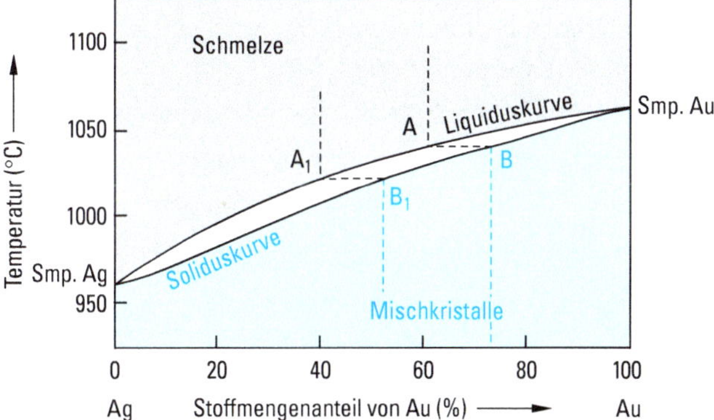

Abbildung 2.109 Schmelzdiagramm Silber – Gold. Silber und Gold bilden eine lückenlose Mischkristallreihe. Die Schnittpunkte einer Isotherme mit der Liquidus- und der Soliduskurve geben die Zusammensetzungen der Schmelze und des Mischkristalls an, die bei dieser Temperatur miteinander im Gleichgewicht stehen.

Im System Ag—Au existiert daher bei allen Zusammensetzungen nur eine feste Phase mit derselben Kristallstruktur. Aus einer Ag—Au-Schmelze kristallisiert beim Erreichen der Erstarrungstemperatur (Liquiduskurve) ein Mischkristall aus, der eine

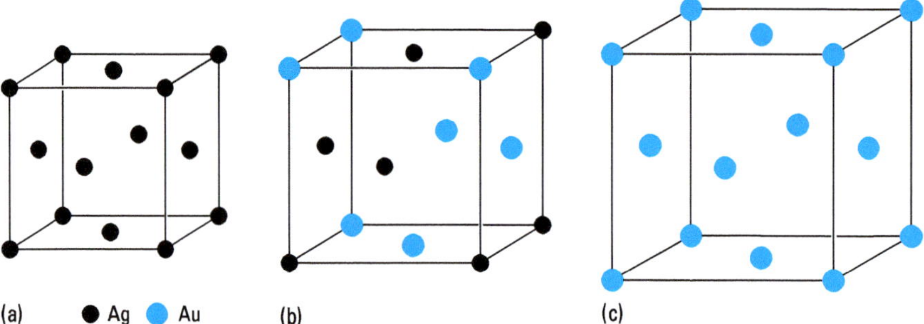

Abbildung 2.110 a) Elementarzelle des kubisch-flächenzentrierten Gitters von Silber. b) Elementarzelle eines Silber–Gold-Mischkristalls. Die Gitterplätze des kubisch-flächenzentrierten Gitters sind statistisch mit Gold- und Silberatomen besetzt.
c) Elementarzelle des kubisch-flächenzentrierten Gitters von Gold.

von der Schmelze unterschiedliche Zusammensetzung hat und in dem die schwerer schmelzbare Komponente Au angereichert ist. Die Zusammensetzung einer Schmelze und die Zusammensetzung des Mischkristalls, der mit dieser Schmelze im Gleichgewicht steht, wird durch die Schnittpunkte einer Isotherme mit der Liquiduskurve und der Soliduskurve angegeben (z. B. A—B, A_1—B_1). Infolge der Anreicherung von Au in der festen Phase verarmt die Schmelze an Au, dadurch sinkt die Erstarrungstemperatur, und es kristallisieren immer Au-ärmere Mischkristalle aus, bis im Falle einer raschen Abkühlung zum Schluss reines Ag auskristallisiert. Es bilden sich also inhomogen zusammengesetzte Mischkristalle, die durch Tempern (längeres Erwärmen auf höhere Temperatur) homogenisiert werden können.

Im System Cu—Au ist ebenfalls unbegrenzte Mischkristallbildung möglich. Es tritt jedoch ein Schmelzpunktsminimum auf (Abb. 2.111a).

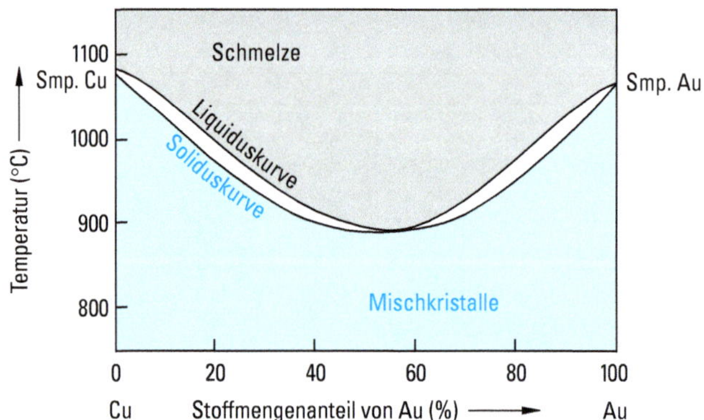

Abbildung 2.111a Schmelzdiagramm Kupfer–Gold. Kupfer und Gold bilden eine lückenlose Mischkristallreihe mit einem Schmelzpunktsminimum.

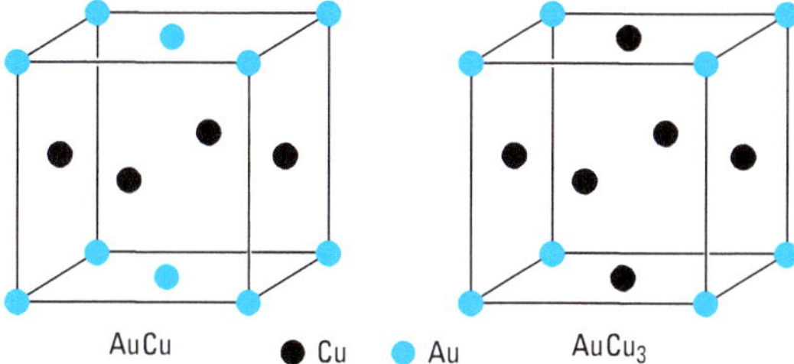

Abbildung 2.111b Überstrukturen im System Kupfer–Gold. Aus Mischkristallen der Zusammensetzungen AuCu und $AuCu_3$ mit ungeordneter Verteilung der Atome auf den Gitterplätzen entstehen beim langsamen Abkühlen geordnete Verteilungen.

Beim langsamen Abkühlen von Mischkristallen kann aus der ungeordneten Verteilung der Atome auf den Gitterplätzen eine geordnete Verteilung der Atome entstehen. Die geordneten Phasen werden Überstrukturen genannt.

Im System Cu—Au treten zwei Überstrukturen auf (Abb. 2.111b). Beim Stoffmengenverhältnis 1:3 von Gold und Kupfer bildet sich unterhalb 390 °C, beim Verhältnis 1:1 unterhalb 420 °C eine geordnete Struktur. Die Ordnung entsteht aufgrund der unterschiedlichen Metallradien von Cu (128 pm) und Au (144 pm) (Differenz 12 %). Beim schnellen Abkühlen (Abschrecken) ungeordneter Mischkristalle bleibt die statistische Verteilung erhalten (der Unordnungszustand wird eingefroren). Bei Zimmertemperatur ist die Beweglichkeit der Atome im Kristallgitter so gering, dass sich der Ordnungszustand nicht ausbilden kann.

Im System Ag—Au mit nahezu identischen Radien der Komponenten bilden sich keine Überstrukturen.

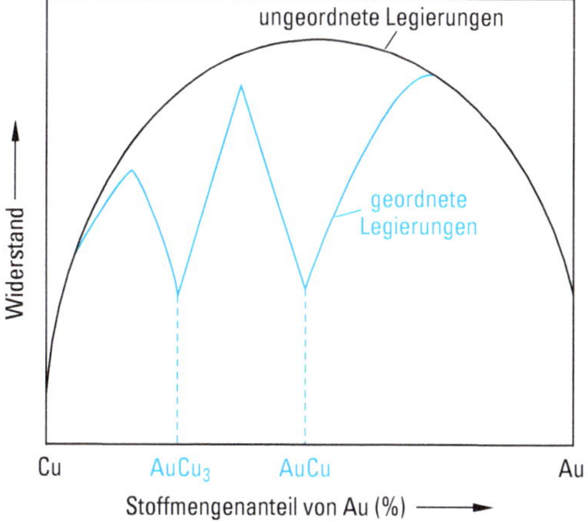

Abbildung 2.112 Elektrischer Widerstand im System Cu—Au. Legierungen haben einen höheren elektrischen Widerstand als die reinen Metalle. Die geordneten Legierungen leiten besser als die ungeordneten Legierungen.

Bei der Zusammensetzung 1:1 wird aber ein Nahordnungseffekt beobachtet. Abweichend von der statistischen Verteilung umgibt sich Au bevorzugt mit Ag und umgekehrt.

In Mischkristallen ist, verglichen mit den reinen Metallen, eine Abnahme der typischen Metalleigenschaften zu beobachten, z. B. eine Abnahme der elektrischen Leitfähigkeit und der plastischen Verformbarkeit (Abb. 2.112). Bei den Überstrukturen sind, verglichen mit den ungeordneten Mischkristallen, die metallischen Eigenschaften ausgeprägter. Die elektrische Leitfähigkeit ist höher (Abb. 2.112), Härte und Zugfestigkeit sind geringer. Die geordnete AuCu-Phase z. B. ist weich wie Cu, während der ungeordnete Mischkristall hart und spröde ist.

Mischbarkeit im flüssigen Zustand, Nichtmischbarkeit im festen Zustand

Beispiel: Bismut – Cadmium (Abb. 2.113)

Bismut und Cadmium sind im flüssigen Zustand in jedem Verhältnis mischbar, bilden aber miteinander keine Mischkristalle. Aus Schmelzen mit einem Stoffmengenanteil

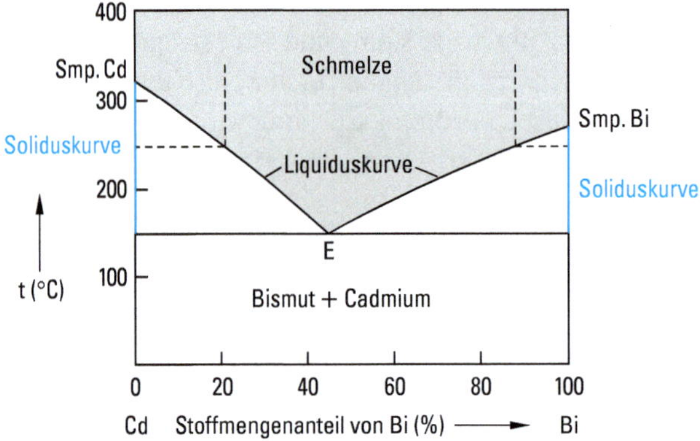

Abbildung 2.113 Schmelzdiagramm Bismut – Cadmium. Bi und Cd bilden keine Mischkristalle. Aus Schmelzen der Zusammensetzungen Cd—E kristallisiert Cd aus, aus Schmelzen des Bereichs Bi—E reines Bi.

0 – 45 % Bi scheidet sich am Erstarrungspunkt reines Cd aus. Kühlt man z. B. eine Schmelze der Zusammensetzung 20 % Bi und 80 % Cd ab, so kristallisiert bei 250 °C aus der Schmelze reines Cd aus. In der Schmelze reichert sich dadurch Bi an, und die Erstarrungstemperatur sinkt unter immer weiterer Anreicherung von Bi längs der Kurve Cd—E. Aus Schmelzen mit einem Stoffmengenanteil von 45 – 100 % Bi scheidet sich am Erstarrungspunkt reines Bi aus. Zum Beispiel kristallisiert aus einer Schmelze mit 90 % Bi und 10 % Cd bei etwa 250 °C Bi aus, die Schmelze reichert sich dadurch an Cd an, und die Erstarrungstemperatur sinkt längs der Kurve Bi—E. Am eutektischen Punkt E erstarrt die gesamte Schmelze zu einem Gemisch von Bi- und Cd-Kristallen, das 45 % Bi und 55 % Cd enthält (eutektisches Gemisch oder

Eutektikum). Die Temperatur von 144 °C, bei der das eutektische Gemisch auskristallisiert, ist die tiefste Erstarrungstemperatur des Systems. Wegen des dichten Gefüges ist das Eutektikum besonders gut bearbeitbar.

Unbegrenzte Mischbarkeit im flüssigen Zustand, begrenzte Mischbarkeit im festen Zustand

Beispiel: Kupfer – Silber (Abb. 2.114)

Häufiger als lückenlose Mischkristallreihen sind Systeme, bei denen zwei Metalle nur in einem begrenzten Bereich Mischkristalle bilden.

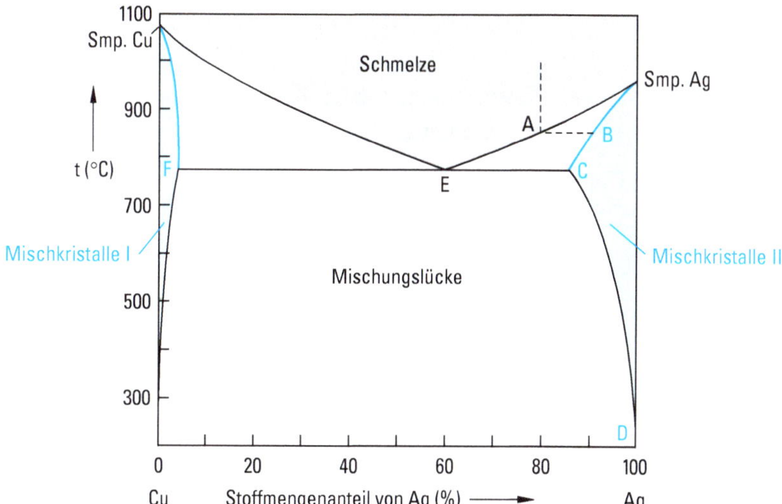

Abbildung 2.114 Schmelzdiagramm Kupfer – Silber. Silber und Kupfer sind im festen Zustand nur begrenzt ineinander löslich. Im Bereich der Mischungslücke existieren keine Mischkristalle. Zur Liquiduskurve Cu—E gehört die Soliduskurve Cu—F, zur Liquidskurve Ag—E die Soliduskurve Ag—C.

Im System Cu—Ag ist die Löslichkeit der Metalle ineinander bei der eutektischen Temperatur (779 °C) am größten. In Cu sind maximal 4,9 % Ag löslich, in Ag maximal 14,1 % Cu. Bei tieferen Temperaturen wird der Löslichkeitsbereich etwas enger. Bei 500 °C sind z. B. nur noch 3 % Cu in Ag löslich. Beim Abkühlen einer Schmelze der Zusammensetzung A kristallisieren zunächst die Ag-reicheren Mischkristalle der Zusammensetzung B aus. Die Schmelze reichert sich dadurch an Cu an. Mit Schmelzen des Bereichs A—E sind Mischkristalle der Zusammensetzungen B—C im Gleichgewicht. Aus Schmelzen der Zusammensetzungen Cu—E kristallisieren die damit im Gleichgewicht befindlichen Mischkristalle der Zusammensetzungen Cu—F aus. Bei der Zusammensetzung des Eutektikums E erstarrt die gesamte Schmelze. Dabei bildet sich ein Gemisch der Mischkristalle C (14,1 % Cu gelöst in Ag) und F

(4,9 % Ag gelöst in Cu). Mischkristalle der Zusammensetzungen 4,9 – 85,9 % Ag können also nicht erhalten werden. In diesem Bereich liegt eine Mischungslücke. Beim Abkühlen des eutektischen Gemisches tritt wegen der breiter werdenden Mischungslücke Entmischung auf. Dabei scheiden sich z. B. längs der Linie C – D aus den silberreichen Mischkristallen silberhaltige Cu-Kristalle aus. Durch Abschrecken kann die Entmischung vermieden werden, und der größere Löslichkeitsbereich bleibt metastabil erhalten.

Durch Tempern abgeschreckter Produkte auf geeignete Temperaturen unterhalb des Eutektikums erhält man vor der Ausscheidung der überschüssigen Komponente eine dauerhafte Erhöhung der Härte und Festigkeit. Diese Vergütung hat z. B. technische Bedeutung beim Duraluminium (3 – 6 % Cu in Al; abnehmende Löslichkeit mit fallender Temperatur analog C – D im System Cu—Ag). Nach der Ausscheidung geht die Härte verloren.

Mischbarkeit im flüssigen Zustand, keine Mischbarkeit im festen Zustand, aber Bildung einer neuen festen Phase

Beispiele: Magnesium – Germanium (Abb. 2.115) und Natrium – Kalium (Abb. 2.116)

In den bisher besprochenen Systemen traten entweder Gemische der Komponenten A und B oder Mischkristalle zwischen ihnen auf, also immer nur Kristalle mit dem

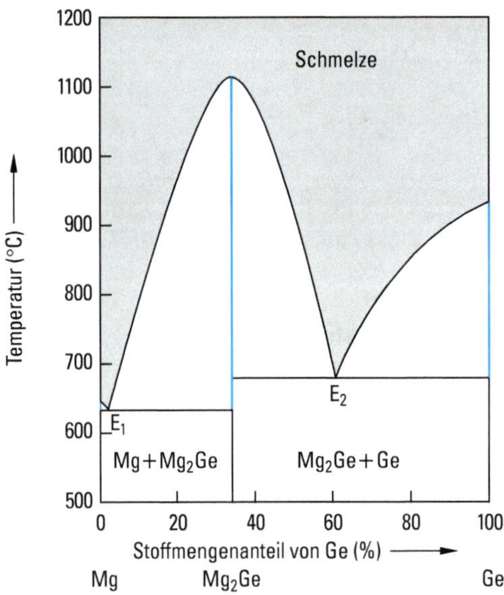

Abbildung 2.115 Schmelzdiagramm Magnesium – Germanium. Das System besitzt ein Schmelzpunktsmaximum, das durch die Existenz der intermetallischen Verbindung Mg_2Ge zustande kommt. Mg, Ge und Mg_2Ge bilden miteinander keine Mischkristalle.

Strukturtyp von A und B. Es gibt jedoch zahlreiche Systeme, bei denen A und B eine Phase mit einer neuen Kristallstruktur bildet. Dies ist im System Mg—Ge der Fall. Außer den Kristallindividuen von Mg und Ge existieren noch Kristalle der Phase Mg_2Ge.

Ge und Mg sind nicht ineinander löslich, bilden also keine Mischkristalle. Bei der Zusammensetzung Mg_2Ge tritt ein Schmelzpunktsmaximum auf. Dadurch entstehen zwei Eutektika. Im Bereich der Zusammensetzungen Mg—E_1 kristallisiert aus der Schmelze reines Mg aus, zwischen E_1 und E_2 Mg_2Ge und im Bereich E_2—Ge reines Ge. Am Eutektikum E_1 scheidet sich ein Kristallgemisch von Mg und Mg_2Ge aus, am Eutektikum E_2 ein Gemisch von Ge und Mg_2Ge. Mg kristallisiert in der hexagonal-dichtesten Packung, Ge in der Diamant-Struktur. Die intermetallische Phase Mg_2Ge kristallisiert in der Fluorit-Struktur (vgl. Zintl-Phasen).

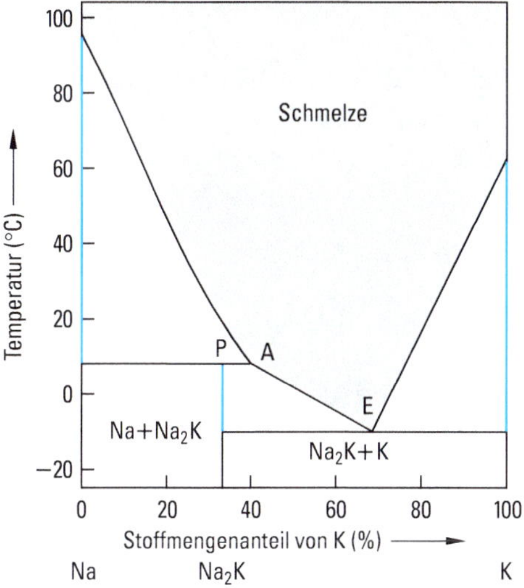

Abbildung 2.116 Schmelzdiagramm Natrium—Kalium. Na und K bilden die inkongruent schmelzende intermetallische Phase Na_2K.

Mg_2Ge kann unzersetzt geschmolzen werden (kongruentes Schmelzen). Intermetallische Phasen, die bei gleichzeitiger Zersetzung teilweise schmelzen, werden inkongruent schmelzende Phasen genannt. Ein Beispiel dafür ist die Phase Na_2K des Systems Na—K (Abb. 2.116). Na_2K ist nur unterhalb 6,9 °C beständig. Bei 6,9 °C zerfällt Na_2K in festes Na und eine Schmelze der Zusammensetzung A. Der Zersetzungspunkt wird Peritektikum genannt. Bei Zusammensetzungen zwischen Na und A scheidet sich aus der Schmelze festes Na aus, zwischen A und E entsteht beim Abkühlen Na_2K. Am eutektischen Punkt E kristallisiert ein Gemisch aus K und Na_2K aus.

Nichtmischbarkeit im festen und flüssigen Zustand

Beispiel: Eisen – Blei

Fe und Pb sind auch im geschmolzenen Zustand nicht mischbar. Fe mit der geringeren Dichte schwimmt auf der Pb-Schmelze. Kühlt man die Schmelze ab, dann kristallisiert bei Erreichen des Schmelzpunkts von Fe (1536 °C) zunächst das gesamte Eisen aus. Sobald der Schmelzpunkt von Blei (327 °C) erreicht ist, erstarrt auch Blei.

Die meisten binären Schmelzdiagramme sind komplizierter, und es treten Kombinationen der behandelten Grundtypen auf.

Das Zonenschmelzverfahren

Zur Reinstdarstellung vieler Substanzen, insbesondere von Halbleitern (Si, Ge, GaAs) wird das Zonenschmelzverfahren (Pfann 1952) benutzt. Man lässt durch das zu reinigende stabförmige Material eine schmale Schmelzzone wandern. Bei der Kristallisation reichern sich die Verunreinigungen in der Schmelze an und wandern mit der Schmelzzone durch die Substanz. Durch mehrfaches Schmelzen und Rekristallisieren erhält man z. B. Silicium mit weniger als 10^{-8} % Verunreinigungen. Neben der Reinigung ermöglicht das Zonenschmelzverfahren gleichzeitig die Gewinnung von Einkristallen.

2.4.6.2 Häufige intermetallische Phasen

Man kann die Metalle nach ihrer Stellung im Periodensystem in drei Gruppen einteilen.

Typische Metalle											Weniger typische Metalle			
T_1		T_2									B			
Li	Be													
Na	Mg											(Al)		
K	Ca	Sc	Ti	V	Cr	Mn	Fe	Co	Ni	Cu	Zn	Ga		
Rb	Sr	Y	Zr	Nb	Mo	Tc	Ru	Rh	Pd	Ag	Cd	In	Sn	
Cs	Ba	La	Hf	Ta	W	Re	Os	Ir	Pt	Au	Hg	Tl	Pb	Bi

Zur Gruppe T_1 gehören typische Metalle der Hauptgruppen, zur Gruppe T_2 typische Metalle der Nebengruppen, die Lanthanoide und die Actinoide. In der Gruppe B stehen weniger typische Metalle. Hg, Ga, In, Tl und Sn kristallisieren nicht in einer der charakteristischen Metallstrukturen. Bei Cd und Zn treten Abweichungen von der idealen hexagonal-dichten Packung auf (vgl. Abschn. 2.4.2). Al gehört eher zur T_1-Gruppe.

Diese Einteilung der Metalle ermöglicht eine Klassifikation intermetallischer Systeme, die in dem folgenden Schema zusammengefasst ist, mit der aber nur die wichtigsten intermetallischen Phasen erfasst sind.

Metall-gruppe	T_1	T_2	B
T_1	Mischkristalle Überstrukturen Laves-Phasen		Zintl-Phasen
T_2			Hume-Rothery-Phasen
B	–	–	Misch-kristalle

Mischkristalle, Überstrukturen

Lückenlose Mischkristallbildung zwischen zwei Metallen erfolgt nur, wenn die folgenden Bedingungen erfüllt sind:

1. Beide Metalle müssen im gleichen Strukturtyp kristallisieren (Isotypie).
2. Die Atomradien beider Metalle dürfen nicht zu verschieden sein. Die Differenz muss kleiner als etwa 15 % sein.
3. Die beiden Metalle dürfen nicht zu unterschiedliche Elektronegativitäten besitzen.

Beispiele für unbegrenzte Mischkristallbildung zwischen zwei Metallen sind in Tab. 2.23 angegeben.

In einer Mischkristallreihe ändern sich häufig die Gitterparameter (Abmessungen der Elementarzelle) linear mit der Zusammensetzung (Vegard'sche Regel) (Abb. 2.117).

Tabelle 2.23 Beispiele für unbegrenzte Mischkristallbildung zwischen zwei Metallen

System	Unterschied der Atomradien in %	Struktur	Metallgruppe
K—Rb	6	krz	T_1
K—Cs	13	krz	T_1
Rb—Cs	8	krz	T_1
Ca—Sr	9	kdp	T_1
Mg—Cd	5	hdp	T_1—B
Cu—Au	12	kdp	T_2
Ag—Au	< 1	kdp	T_2
Ag—Pd	5	kdp	T_2
Au—Pt	4	kdp	T_2
Ni—Pd	9	kdp	T_2
Ni—Pt	11	kdp	T_2
Pd—Pt	1	kdp	T_2
Cu—Ni	2	kdp	T_2
Cr—Mo	8	krz	T_2
Mo—W	1	krz	T_2

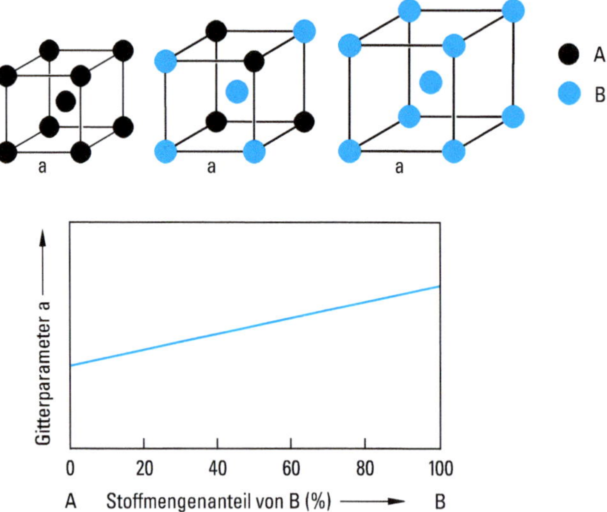

Abbildung 2.117 Vegard'sche Regel. In vielen Mischkristallreihen nimmt bei der Substitution von A-Atomen durch größere B-Atome der Gitterparameter linear mit dem Stoffmengenanteil von B zu. Im oberen Teil der Abbildung sind die Elementarzellen eines Mischkristallsystems mit kubisch-raumzentrierter Struktur für drei verschiedene Zusammensetzungen dargestellt.

Wenn diese Bedingungen nicht erfüllt sind, sind zwei Metalle entweder nur begrenzt mischbar oder sogar völlig unmischbar. Beispiele für begrenzte oder keine Mischkristallbildung zwischen zwei Metallen sind in Tab. 2.24 gegeben.

Tabelle 2.24 Beispiele für keine oder begrenzte Mischkristallbildung zwischen zwei Metallen

System	Struktur	Gruppe	Differenz der Radien in %	Mischkristallbildung
Na—K	krz	T_1	25	keine
Ca—Al	kdp	T_1	38	keine
Pb—Sn	kdp – X	B	10	begrenzt
Cr—Ni	krz – kdp	T_2	3	begrenzt
Ag—Al	kdp	T_2-T_1	1	begrenzt
Mg—Pb	hdp – kdp	T_1-B	9	begrenzt
Cu—Zn	kdp – hdp	T_2-B	7	begrenzt

X Keine der drei typischen Metallstrukturen.

Außerdem spielen individuelle Faktoren eine Rolle. Im System Ag—Pt tritt eine Mischungslücke auf, obwohl beide Metalle in der kubisch-flächenzentrierten Struktur kristallisieren und die Differenz der Atomradien nur 4 % beträgt. Ag und Pd mit der nahezu gleichen Radiendifferenz von 5 % sind dagegen unbegrenzt mischbar. Entsprechendes gilt für die Systeme Cu—Au und Cu—Ag. (Vgl. Abb. 2.111 und Abb. 2.114).

Aus ungeordneten Mischkristallen können Überstrukturen mit geordneten Atomanordnungen entstehen. Beispiele dafür sind die Überstrukturen AuCu, $AuCu_3$ (vgl. Abb. 2.111) und CuZn (vgl. Abb. 2.119).

Laves-Phasen

Laves-Phasen sind sehr häufig auftretende intermetallische Phasen der Zusammensetzung AB_2. Sie werden überwiegend von typischen Metallen der T-Gruppen gebildet, bei denen das Verhältnis der Atomradien r_A/r_B nur wenig vom Idealwert 1,22 abweicht (Tab. 2.25). Laves-Phasen werden also von Metallen gebildet, bei denen aufgrund der zu großen Radiendifferenzen keine Mischkristallbildung möglich ist. Ein typisches Beispiel dafür ist die Phase KNa_2.

Tabelle 2.25 Beispiele für Laves-Phasen

Phase	r_A/r_B	Phase	r_A/r_B
KNa_2	1,23	$NaAu_2$	1,33
$CaMg_2$	1,23	$MgNi_2$	1,28
$MgZn_2$	1,17	$CaAl_2$	1,38
$MgCu_2$	1,25	WFe_2	1,12
$AgBe_2$	1,29	$TiCo_2$	1,18
$TiFe_2$	1,17	VBe_2	1,20

Die Laves-Phasen treten in drei nahe verwandten Strukturen auf, in denen die gleichen Koordinationszahlen vorhanden sind. Abb. 2.118 zeigt die kubische Struktur des $MgCu_2$-Typs. Jedes Cu-Atom ist von sechs Cu- und sechs Mg-Atomen umgeben. Jedes Mg-Atom ist von vier Mg- und zwölf Cu-Atomen koordiniert. Daraus ergibt sich eine mittlere Koordinationszahl von $13\frac{1}{3}$, die Packungsdichte beträgt 71 %.

Laves-Phasen sind dicht gepackte Strukturen; sowohl stöchiometrische Zusammensetzungen (KNa_2) als auch Verbindungen mit Phasenbreite sind möglich ($MgCu_2$).

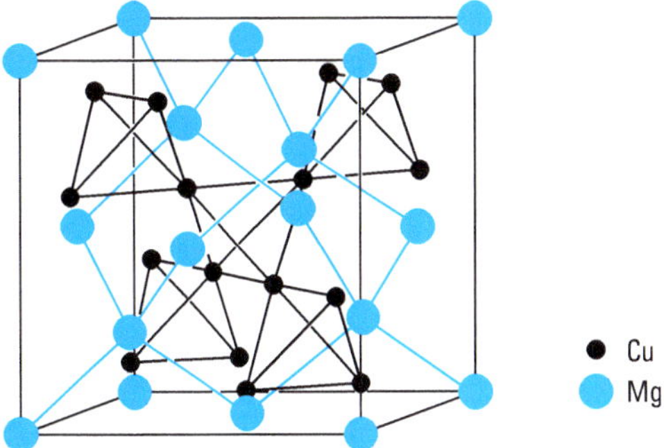

Abbildung 2.118 Kristallstruktur der kubischen Laves-Phase $MgCu_2$. Für diese AB_2-Struktur ist das Verhältnis $r_A/r_B = 1{,}25$.

deren Auftreten durch geometrische Faktoren bestimmt wird. Die Bindung ist wie in reinen Metallen echt metallisch ohne heteropolare oder homopolare Bindungstendenzen.

Hume-Rothery-Phasen

Hume-Rothery-Phasen treten bei intermetallischen Systemen auf, die von den Übergangsmetallen T_2 mit B-Metallen gebildet werden. Ein typisches Beispiel ist das System Cu—Zn (Messing). Bei Raumtemperatur treten im System Cu—Zn die folgenden Phasen auf (Abb. 2.119).

α-Phase: Im kubisch-flächenzentrierten Cu-Gitter können sich 38 % Zn (Stoffmengenanteil) lösen. Es bilden sich Substitutionsmischkristalle.

β-Phase: Stabil im Bereich 45 – 49 % Zn; die ungefähre Zusammensetzung ist CuZn. Unterhalb 470 °C hat CuZn die Caesiumchlorid-Struktur, darüber ein kubisch-innenzentriertes Gitter mit einer statistischen Verteilung der Cu- und Zn-Atome auf den Plätzen der Caesiumchlorid-Struktur.

γ-Phase: 58 – 66 % Zn; annähernde Zusammensetzung Cu_5Zn_8; komplizierte kubische Struktur.

ε-Phase: 78 – 86 % Zn; Zusammensetzung nahe bei $CuZn_3$; hexagonal-dichteste Packung.

η-Phase: Das Zn-Gitter kann nur 2 % Cu unter Mischkristallbildung aufnehmen; verzerrt hexagonal-dichteste Packung (vgl. Abschn. 2.4.2).

Während reines Cu weich und schmiegsam ist, zeigen die Messinglegierungen mit wachsendem Zn-Gehalt zunehmende Härte. Die γ- und die ε-Phase sind hart und spröde.

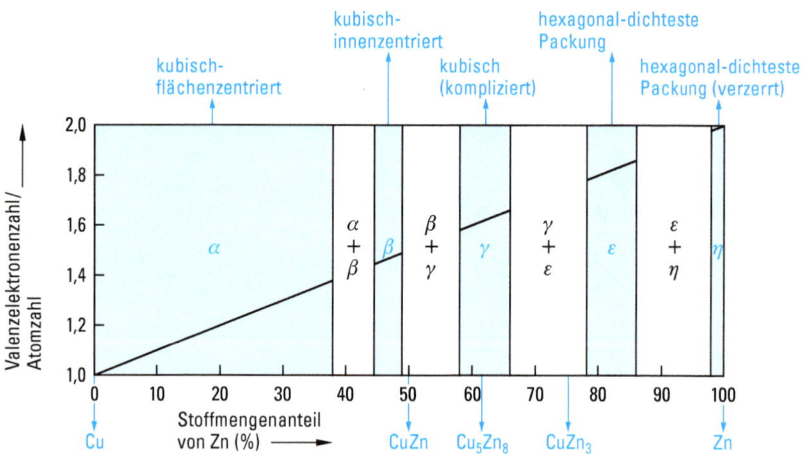

Abbildung 2.119 Phasenfolge im System Kupfer – Zink bei Raumtemperatur. Für die Bildung der Hume-Rothery-Phasen ist ein bestimmtes Verhältnis der Anzahl der Valenzelektronen zur Anzahl der Atome erforderlich.

Tabelle 2.26 Beispiele für Hume-Rothery-Phasen

Phase	Zusammen-setzung	Valenz-elektronenzahl	Atom-zahl	Valenzelektronenzahl: Atomzahl
β-Phase	CuZn, AgCd	1 + 2	2	
	$CoZn_3$	0 + 6	4	
	Cu_3Al	3 + 3	4	3 : 2 = 21 : 14 = 1,50
	FeAl	0 + 3	2	
	Cu_5Sn	5 + 4	6	
γ-Phase	Cu_5Zn_8, Ag_5Cd_8	5 + 16	13	
	Fe_5Zn_{21}	0 + 42	26	21 : 13 = 1,62
	Cu_9Al_4	9 + 12	13	
	$Cu_{31}Sn_8$	31 + 32	39	
ε-Phase	$CuZn_3$, $AgCd_3$	1 + 6	4	
	Ag_5Al_3	5 + 9	8	7 : 4 = 21 : 12 = 1,75
	Cu_3Sn	3 + 4	4	

Die Valenzelektronenzahl der Metalle der 8. und 9. Nebengruppe muss null gesetzt werden.

Technisch wichtige Messinglegierungen liegen im Bereich bis 41 % Zn. Zu hoch legiertes Cu versprödet.

Hume-Rothery-Phasen sind nicht stöchiometrisch zusammengesetzt, sondern haben eine relativ große Phasenbreite. Die angegebenen Formeln geben nur die idealisierten Zusammensetzungen der Phasen an, sie sind nicht wie bei heteropolaren und homopolaren Verbindungen durch Valenzregeln bestimmt. Bei anderen T_2-B-Systemen treten die analogen Phasen auf, aber die korrespondierenden β-, γ-, ε-Phasen haben ganz unterschiedliche Zusammensetzungen (Tab. 2.26). Die Stöchiometrie spielt also für das Auftreten der Hume-Rothery-Phasen keine Rolle. Die Zusammensetzung der Hume-Rothery-Phasen wird stark durch das Verhältnis der Anzahl der Valenzelektronen zur Gesamtzahl der Atome beeinflusst. In Tab. 2.26 sind diese Zahlenverhältnisse für einige Systeme angegeben.

Auch die Phasenbreite der α-Phase wird durch das Verhältnis der Valenzelektronenzahl zur Atomzahl bestimmt (Tab. 2.27).

Tabelle 2.27 Löslichkeit von Metallen mit unterschiedlicher Valenzelektronenzahl in Kupfer

System	Löslichkeit in % (Stoffmengenanteil)	Valenzelektronenzahl: Atomzahl	
Cu—Zn	38,4	1,38	
Cu—Al	20,4	1,41	
Cu—Ga	20,3	1,41	21 : 15 = 1,4
Cu—Ge	12,0	1,36	
Cu—Sn	9,3	1,28	

Ausschlaggebend für das Auftreten der Hume-Rothery-Phasen ist offenbar eine bestimmte Konzentration des Elektronengases. Wird diese Elektronenkonzentration überschritten, so ist die Struktur nicht mehr beständig und es bildet sich eine neue Phase.

Zintl-Phasen

Zwischen den stark elektropositiven Metallen der T_1-Gruppe und den weniger elektropositiven Metallen der B-Gruppe ist die Elektronegativitätsdifferenz bereits so groß, dass sich intermetallische Phasen mit heteropolarem Bindungscharakter bilden.

Zu der großen Zahl dieser Phasen gehören auch die Verbindungen mit den Halbmetallen der 14. und 15. Gruppe (Si, Ge, P, As, Sb).

Viele Verbindungen sind stöchiometrisch so zusammengesetzt, wie man es für Salze erwartet, deren Anionen eine Oktettkonfiguration aufweisen. Sie kristallisieren in Strukturen, die für Ionenkristalle typisch sind. In der Struktur ist jede Atomsorte isoliert und nur von der anderen Atomsorte umgeben.

Strukturtyp	Antifluorit	Na_3As	Li_3Bi
	Mg_2Si	Li_3P	Li_3Sb
	Mg_2Ge	Na_3Sb	Rb_3Bi
	Mg_2Sn	K_3Bi	Cs_3Sb
	Mg_2Pb		

Umfangreicher ist die Gruppe von nicht valenzmäßig zusammengesetzten Phasen, für die das Zintl-Klemm-Konzept gilt. Danach gibt das unedle Metall Elektronen an das edlere Metall ab und mit den dann vorhandenen Valenzelektronen werden Anionenteilgitter aufgebaut, deren Atomanordnung für ein Element typisch ist, das die gleiche Valenzelektronenkonfiguration hat. Das bekannteste Beispiel ist die NaTl-Struktur (Abb. 2.120). Die Struktur besteht aus zwei ineinander gestellten Na-

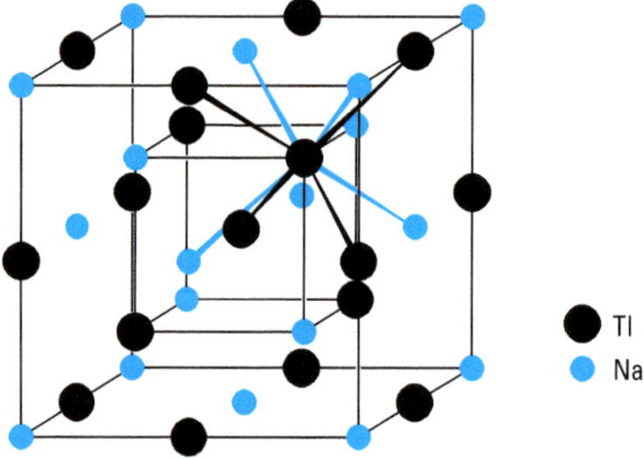

Abbildung 2.120 Elementarzelle von NaTl. Jedes Atom der Struktur ist von vier Tl- und vier Na-Atomen jeweils tetraedrisch umgeben. Die acht Nachbarn bilden zusammen einen Würfel.

Tabelle 2.28 Beispiele für heteropolare intermetallische Phasen, für die das Zintl-Klemm-Konzept gilt:
N ist die Anzahl der Valenzelektronen des elektronegativeren Atoms in der ionischen Grenzstruktur. 8 − N ist die Bindigkeit in den anionischen Teilgittern.

N	Verbindung M_xB_y	Formalladung von B	Bindigkeit von B	Bauprinzip der Anionen
4	NaTl	1−	4	Raumnetz aus tetraedrisch koordinierten B-Atomen (analog Diamant)
4	$CaIn_2$ $BaTl_2$	1−	4	Raumnetz aus verzerrt tetraedrisch koordinierten B-Atomen
5	NaPb	1−	3	isolierte B_4-Tetraeder (analog P_4)
	$CaSi_2$	1−	3	gewellte Schichten (analog As)
6	CaSn BaPb	2−	2	planare Zickzack-Ketten der B-Atome
	LiP NaSb	1−	2	geschraubte Ketten der B-Atome (analog Se, Te)
8	Mg_2Pb Li_3Bi Na_3As	4− 3− 3−	0 0 0	isolierte B-Atome

und Tl-Teilstrukturen mit Diamant-Struktur. Sowohl Na als auch Tl ist von vier Na und vier Tl jeweils tetraedrisch umgeben. Dem ionischen Bindungsanteil entspricht die Grenzstruktur Na^+Tl^-. Tl^- hat dieselbe Valenzelektronenkonfiguration wie C und kann wie dieses eine Diamant-artige Teilstruktur aufbauen, dessen Ladung durch die in den Lücken sitzenden Na^+-Ionen neutralisiert wird. Übereinstimmend mit einem ionischen Bindungsanteil liegt der Na-Radius zwischen dem Metallradius und dem Ionenradius. Im NaTl-Typ kristallisieren auch LiAl, LiGa, LiIn, LiCd und NaIn. (Bei 11 GPa erfolgt bei LiIn und LiCd eine Phasenumwandlung in die CsCl-Struktur.) Tab. 2.28 enthält weitere Beispiele, für die das Zintl-Klemm-Konzept gilt. Angegeben sind nur die Bauprinzipien der anionischen Teilstrukturen, die den Strukturtyp wesentlich bestimmen, nicht die Struktur selbst.

Bei den Phasen mit typischen Ionenstrukturen wie Mg_2Pb hat in der ionischen Grenzstruktur die anionische Komponente Edelgaskonfiguration, daher die Bindigkeit null, die Atome sind im Gitter isoliert.

Interessant sind Phasen, bei denen man für die B-Atome unterschiedliche formale Ladungen erhält. Dazu ein Beispiel: Bei der Phase Li_7Ge_2 erhält man für ein Ge-Atom die Bindigkeit 0 (Formalladung −4, edelgasanalog) und für das andere Ge-Atom die Bindigkeit 1 (Formalladung −3, halogenanalog). Das Li_7Ge_2-Gitter enthält tatsächlich Ge_2-Hanteln und isolierte Ge-Atome im Verhältnis 1 : 2.

Für viele heteropolare intermetallische Verbindungen ist das Zintl-Klemm-Konzept nicht anwendbar. Beispiele dafür sind: Phasen mit hohen Anteilen des elektronegativen Elements (K_8Ge_{46}, K_8Sn_{46}) oder des elektropositiven Elements ($Ca_{33}Ge$, $Li_{22}Pb_5$); Phasen, die im $AuCu_3$-Typ (vgl. Abb. 2.111) kristallisieren ($CaSn_3$, $CaPb_3$, $NaPb_3$, $CaTl_3$, $SrBi_3$); Phasen mit CsCl-Struktur (LiHg, LiTl, MgTl, CaCd).

Einlagerungsverbindungen

Die kleinen Nichtmetallatome H, B, C, N können in Metallgittern Zwischengitterplätze besetzen, wenn für die Atomradien die Bedingung $r_{Nichtmetall} : r_{Metall} \leq 0{,}59$ gilt. Die dabei entstehenden Phasen werden „Einlagerungsverbindungen" genannt. Diese Phasen behalten metallischen Charakter, man spricht daher von legierungsartigen Hydriden, Boriden, Carbiden und Nitriden. Sie werden von Metallen der 4. – 10. Nebengruppe, den Lanthanoiden und Actinoiden gebildet. Andere Metalle bilden diese Verbindungen auch bei passender Atomgröße und Elektronegativität nicht. In der elektrischen Leitfähigkeit und im Glanz ähneln die Einlagerungsverbindungen den Metallen. Die Phasenbreite ist meist groß. Unähnlich den Metallen und Legierungen entstehen spröde Substanzen mit sehr hoher Härte und sehr hohen Schmelzpunkten, die daher technisch interessant sind (Hartstoffe). Ein bekanntes Beispiel ist WC, Widia (hart wie Diamant), weitere Beispiele zeigt Tab. 2.29. Technisch von großer Bedeutung sind Hartmetalle. Es sind Sinterlegierungen aus Hartstoffen und Metallen, z. B. WC und Co, die bei relativ niedrigen Temperaturen gesintert werden können und in denen die Härte und die Zähigkeit der beiden Komponenten kombiniert sind.

Die Strukturen der Einlagerungsverbindungen leiten sich oft von kubisch-dichtest gepackten Metallstrukturen ab (vgl. Abb. 2.121). Die N- und C-Atome besetzen die größeren Oktaederlücken, die H-Atome auch die kleineren Tetraederlücken des Metallgitters. Die Lücken können auch teilweise besetzt sein. Es wird aber immer nur die eine Lückensorte besetzt. Tab. 2.30 zeigt Beispiele für einige stöchiometrische Phasen und die Strukturen, in denen sie auftreten. Bei anderen Einlagerungsstrukturen sind

Tabelle 2.29 Beispiele für Einlagerungsverbindungen

Carbide				Nitride	
	Schmelzpunkt in °C		Schmelzpunkt in °C		Schmelzpunkt in °C
TiC	2 940 – 3 070	β-Mo_2C	2 485 – 2 520	TiN	2 950
ZrC	3 420	WC	2 720 – 2 775	ZrN	2 985
HfC	3 820 – 3 930	ThC	2 650	HfN	3 390
VC	2 650 – 2 680	ThC_2	2 655	TaN	3 095
NbC	3 610	UC	2 560	Mo_2N	Zersetzung
TaC	3 825 – 3 985	UC_2	2 500	W_2N	Zersetzung

Die Mohs-Härte liegt meist bei 8 – 10. Die härteste Substanz mit der Härte 10 ist der Diamant.

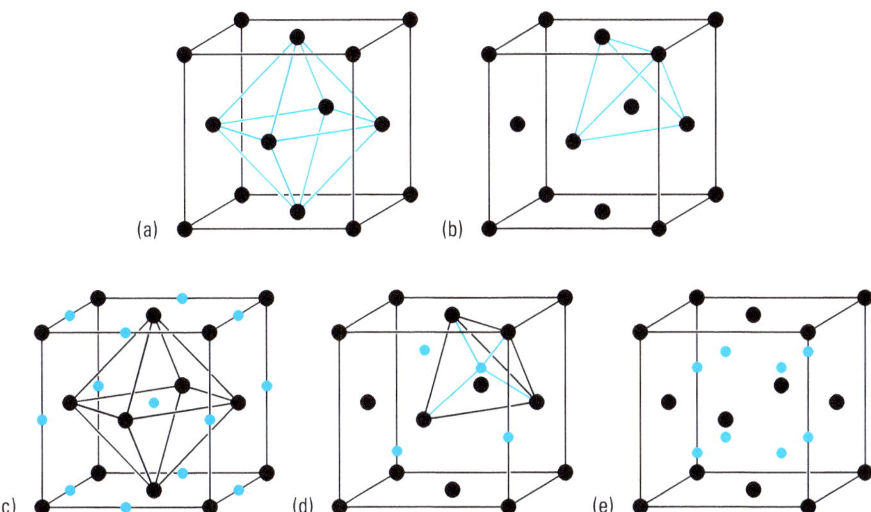

Abbildung 2.121 Kubisch-dichtest gepackte Metallatome bilden zwei Sorten von Hohlräumen. Metallatome, die ein Oktaeder bilden, umschließen eine oktaedrische Lücke (a). Pro Metallatom ist eine Oktaederlücke vorhanden. Metallatome, die ein Tetraeder bilden, umschließen eine tetraedrische Lücke (b). Pro Metallatom gibt es zwei Tetraederlücken. Bei der Natriumchlorid-Struktur sind alle Oktaederlücken der kubisch-dichtest gepackten Metallatome mit einer Atomsorte besetzt (c). Die Besetzung aller Tetraederlücken führt zur Fluorit-Struktur (e). Bei der geordneten Besetzung der Hälfte der Tetraederlücken entsteht die Zinkblende-Struktur (d).

die Metallatome hexagonal-dichtest gepackt oder kubisch-raumzentriert angeordnet. Weitere Strukturen entstehen durch Erniedrigung der kubischen Symmetrie als Folge von Gitterverzerrungen. Metallboride haben komplizierte Strukturen, sie werden im Abschn. 4.8.4.1 behandelt.

Die NaCl-Struktur entsteht auch dann häufig, wenn das Ausgangsmetall hexagonal-dicht oder kubisch-raumzentriert kristallisiert. Da die Einlagerung der Nichtmetallatome trotz der Vergrößerung des Metall-Metall-Abstandes eine Erhöhung der Härte

Tabelle 2.30 Beispiele für Einlagerungsverbindungen, bei denen die Metallatome eine kubisch-dichteste Packung besitzen

Nichtmetallatome besetzen	Anteil besetzter Lücken in %	Struktur	Beispiele
Oktaederlücken	100	Natrium-chlorid	TiC, ZrC, HfC, ThC, VC, NbC, TaC, UC, TiN, ZrN, HfN, ThN, VN, UN, CrN, PdH
	50		W_2N, Mo_2N
	25 (geordnet)		Mn_4N, Fe_4N
Tetraederlücken	100	Fluorit	CrH_2, TiH_2, VH_2, HfH_2, GdH_2

und des Schmelzpunktes bewirkt und außerdem eine strukturelle Änderung des Metallgitters zur Folge haben kann, müssen starke Bindungen zwischen den Metall- und den Nichtmetallatomen vorhanden sein.

2.5 Vergleich der Bindungsarten

Für die bisher behandelten Bindungsarten werden in der folgenden Tab. 2.31 die wichtigsten Merkmale zusammengefasst und verglichen.

Tabelle 2.31 Vergleich zwischen Ionenbindung, Atombindung, zwischenmolekularer Bindung und metallischer Bindung

	Ionenbindung	Atombindung	Zwischenmolekulare Bindung	Metallische Bindung
Teilchen, zwischen denen die Bindung wirksam ist	Ionen	Atome	→ Moleküle	Atome
Bindungskräfte	elektrostatische Kräfte zwischen Ionen, ungerichtet, stark	kovalente Bindungen durch gemeinsame Elektronenpaare, gerichtet, stark	van-der-Waals-Kräfte (Dipol-Dipol-Anziehung), ungerichtet, schwach	Bindung zwischen Atomrümpfen und delokalisierten Elektronen, ungerichtet, wechselnde Stärke
Entstehende Strukturen	Ionenkristalle, meist große KZ	Moleküle mit „abgesättigten" Valenzelektronen, Atomkristalle, kleine KZ	Molekülkristalle, komplizierte Strukturen, niedrigsymmetrisch	Metallkristalle, wenige Strukturen, sehr große KZ
Eigenschaften kristalliner Feststoffe	hoher Schmelzpunkt, hart, Ionenleitung in der Schmelze und in Lösung	hoher Schmelzpunkt, hart, Isolator oder Halbleiter	niedriger Schmelzpunkt, weich, Isolator	Unterschiedliche Schmelzpunkte, duktil, Elektronenleiter
Beispiele kristalliner Feststoffe	NaCl, BaO, CaF_2	Diamant, SiC, AlP	H_2, Cl_2, CO_2, CCl_4	Fe, Al, $MgZn_2$, $AuCu_3$, feste Lösungen

2.6 Die Wasserstoffbindung

Bei einer Reihe kovalenter Wasserstoffverbindungen elektronegativer Elemente erfolgt eine Bindung zwischen den Molekülen durch Wasserstoffbrücken.

Dieser spezielle Bindungstyp wird Wasserstoffbindung (Wasserstoffbrückenbindung) genannt.

$$\overset{\delta-}{X}-\overset{\delta+}{H}\cdots\cdots\overset{\delta-}{X}\diagdown\overset{\delta+}{Y}$$

Zwischen dem positiv geladenen H-Atom des Moleküls HX und dem freien Elektronenpaar eines X-Atoms im Nachbarmolekül kommt es zu einer elektrostatischen Anziehung. Die Anziehung ist umso stärker, je größer die Elektronegativität des X-Atoms und je kleiner das X-Atom ist. Dadurch wird die X—Y-Bindung polarer, das nichtbindende Orbital kleiner und damit seine Ladungsdichte erhöht. Geeignet für starke Wasserstoffbindungen sind daher die Atome F, O und N. Cl, S, P und C sind nur zu schwachen Wasserstoffbindungen befähigt.

Eigenschaften

Die Wasserstoffbrücken X—H···X sind linear angeordnet (in Ausnahmefällen schwach gewinkelt), da dann die Anziehung H···X am größten, die Abstoßung zwischen den X-Atomen am kleinsten ist. Der Valenzwinkel HXY liegt meist im Bereich 110 − 140°.

Die meisten Wasserstoffbrücken sind unsymmetrisch, es existieren ein langer und ein kurzer Bindungsabstand zu den Nachbaratomen. Eine symmetrische F—H—F-Brücke besitzt das HF_2^--Ion in KHF_2. In symmetrischen Brücken sind die Wasserstoffbindungen besonders stark.

Meistens ist das freie Elektronenpaar des X-Atoms nur zur Ausbildung einer Wasserstoffbrücke befähigt. Eine Ausnahme ist kristallines Ammoniak. Von jedem Elektronenpaar der N-Atome werden drei Wasserstoffbrücken ausgebildet.

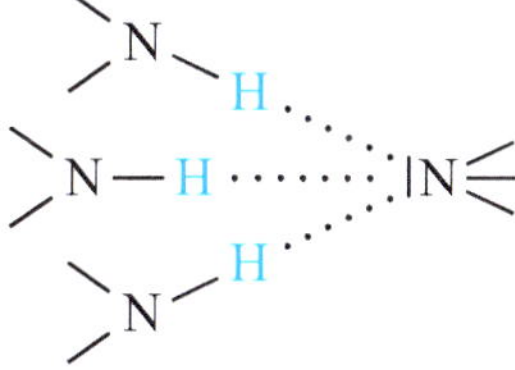

Wasserstoffbrücken entstehen natürlich auch zwischen Atomen unterschiedlicher elektronegativer Elemente (vgl. Tab. 2.32). Ein Beispiel ist HCN mit der Wasserstoffbrücke C—H···N.

Tabelle 2.32 Beispiele für Wasserstoffbrücken in anorganischen Verbindungen

O—H···O	**F—H···F**	**N—H···F**
$(H_2O)_n$	$(HF)_n$	NH_4HF_2
H_2SO_4	KHF_2	$(NH_4)_2SiF_6$
$B(OH)_3$	KH_2F_3	NH_4BF_4
KH_2PO_4	**N—H···N**	**N—H···O**
$NaHCO_3$	NH_3	NH_2OH
$CuSO_4 \cdot 5H_2O$	N_2H_4	**N—H···Cl**
$CaSO_4 \cdot 2H_2O$	**O—H···N**	NH_4Cl
H_2O_2	NH_2OH	**C—H···N**
	O—H···Cl	HCN
	$MnCl_2 \cdot 2\,H_2O$	

Die Bindungsenergien der Wasserstoffbindungen liegen im Bereich bis 40 kJ mol^{-1}. Höhere Bindungsenergien treten nur in Ausnahmefällen auf, wie z. B. bei der symmetrischen F—H—F-Brücke (113 kJ mol^{-1}). Hinsichtlich der Bindungsenergie liegt die Wasserstoffbindung also zwischen der van-der-Waals-Bindung und der kovalenten Bindung.

Beispiele für anorganische Verbindungen mit verschiedenen Wasserstoffbrücken zeigt Tab. 2.32.

Einfluss auf physikalische Eigenschaften und Strukturen

Wasserstoffbrücken beeinflussen die physikalischen Eigenschaften. Sie erhöhen Schmelztemperatur, Siedetemperatur, Verdampfungsenthalpie, Dipolmoment, elektrische Feldkonstante und Viskosität.

Der Einfluss der Wasserstoffbrücken auf die Siedepunkte und Verdampfungsenthalpien von HF, H_2O und NH_3 ist in den Abb. 2.122 und 2.123 zu erkennen.

Die Vergrößerung der elektrischen Feldkonstante des Wassers und wasserähnlicher Lösungsmittel ist für die Löslichkeit von Salzen wichtig.

Die Wasserstoffbrücken führen zu Ketten-, Schicht- und Raumnetzstrukturen.

Kristallines HF besteht aus Zickzackketten, in denen die HF-Moleküle durch lineare unsymmetrische Wasserstoffbrücken verknüpft sind.

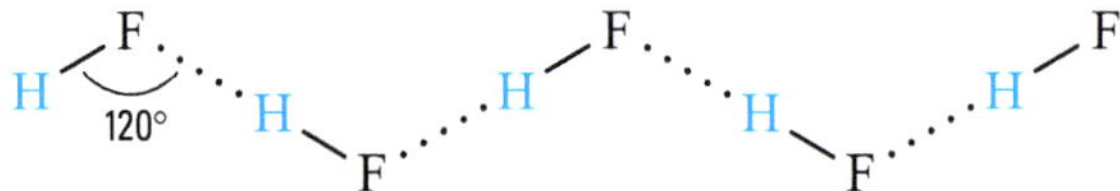

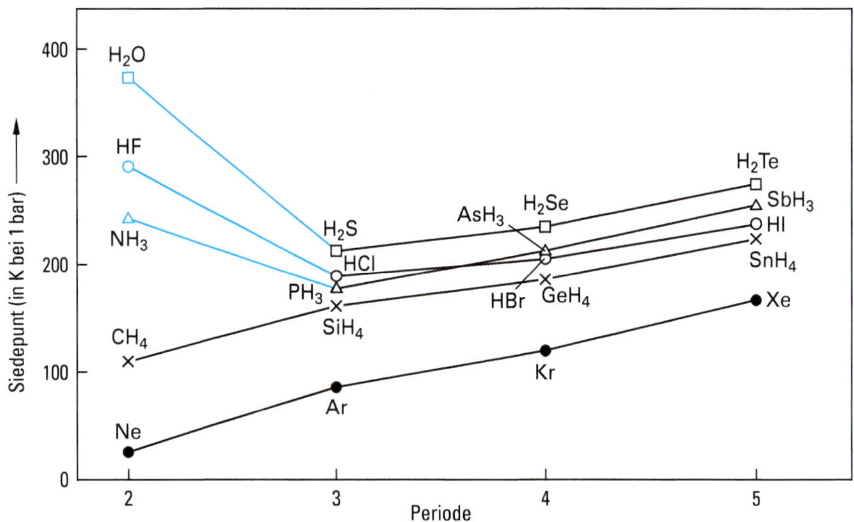

Abbildung 2.122 Siedepunkte von einfachen Hydriden der Hauptgruppenelemente und der Edelgase. Die zusätzlichen Bindungskräfte durch Wasserstoffbrücken in HF, H_2O und NH_3 können erst bei anomal hohen Siedepunkten überwunden werden.

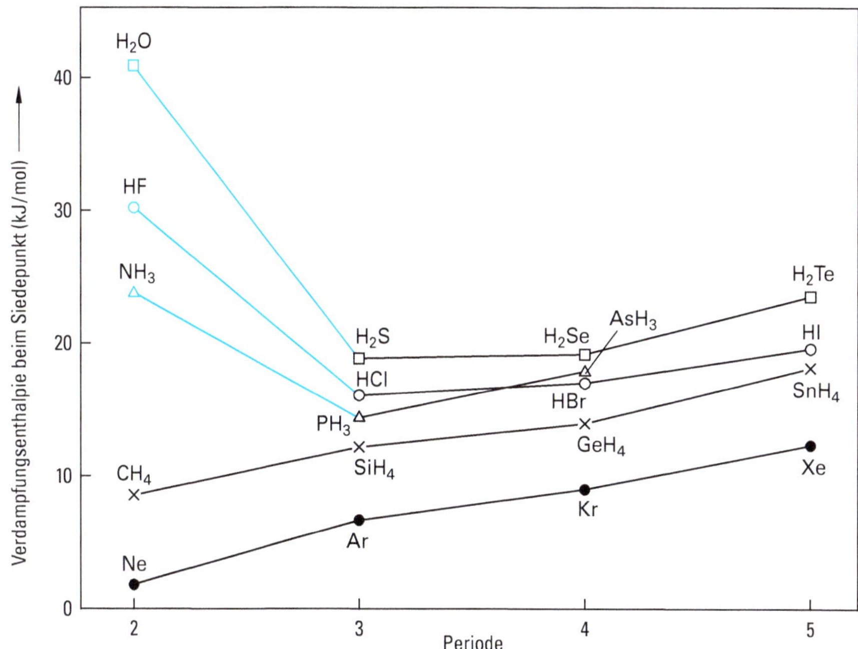

Abbildung 2.123 Verdampfungsenthalpie von einfachen Hydriden der Hauptgruppenelemente und der Edelgase. Die Wasserstoffbindungen in HF, H_2O und NH_3 verursachen eine starke Erhöhung der Verdampfungsenthalpie. Mit der Verdampfungsenthalpie müssen nicht nur die van-der-Waals-Kräfte überwunden werden, sondern auch die Wasserstoffbrücken gelöst und außerdem Rotationsfreiheitsgrade angeregt werden (durch die Wasserstoffbindung ist die Rotation z. T. eingeschränkt).

Ähnliche Assoziate sind vermutlich im flüssigen HF vorhanden, dessen Struktur aber noch ungeklärt ist. Gasförmiges HF besteht bei 20 °C aus gewellten $(HF)_6$-Ringen und HF-Molekülen, die miteinander im Gleichgewicht stehen.

Besitzen die Moleküle mehrere Wasserstoffatome und mehrere freie Elektronenpaare, dann kann eine zweidimensionale oder dreidimensionale Verknüpfung erfolgen. Ein Beispiel für eine Schichtstruktur ist die Borsäure H_3BO_3 (Abb. 2.124). Im Eis I wird durch Wasserstoffbrücken eine Raumnetzstruktur aufgebaut, in der jedes O-Atom tetraedrisch von vier anderen umgeben ist (Abb. 2.125).

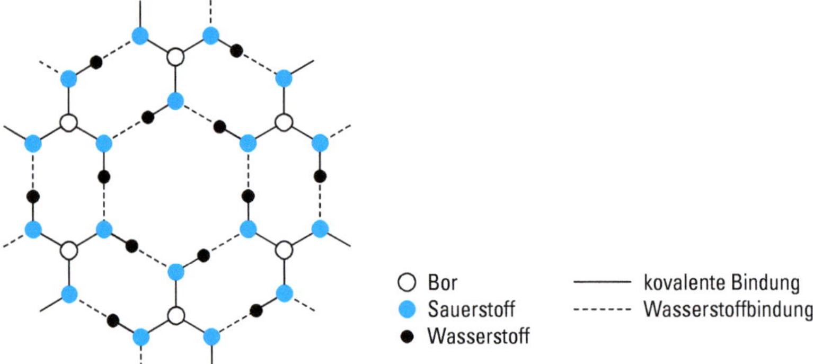

Abbildung 2.124 Schichtstruktur der Borsäure H_3BO_3.

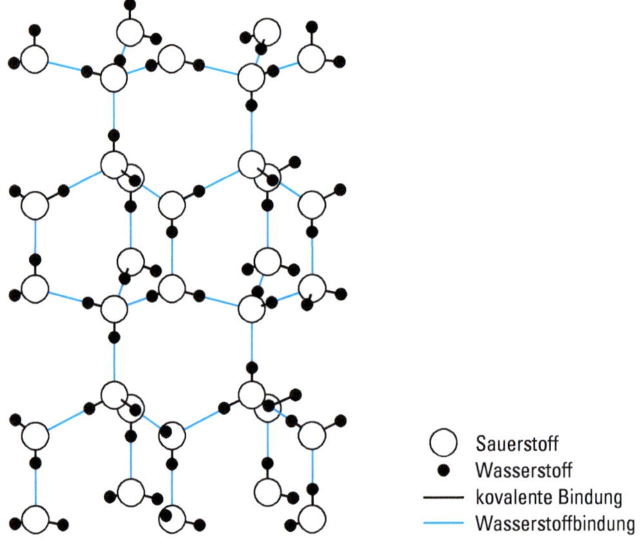

Abbildung 2.125 Struktur von Eis I.

Bindungsmodelle

Die Bindung in unsymmetrischen Wasserstoffbrücken wird am besten durch das elektrostatische Modell beschrieben. In einigen Fällen (z. B. Eis I) erfolgt ein ständiger Platzwechsel der Protonen zwischen zwei äquivalenten Positionen (Protomerie) (Abb. 2.126).

Die symmetrische Brücke im HF_2^--Ion kann als 3-Zentren-4-Elektronen-Bindung beschrieben werden. Die Bindungsordnung der H—F-Bindungen beträgt 0,5. Das MO-Schema ist in der Abb. 2.127 angegeben.

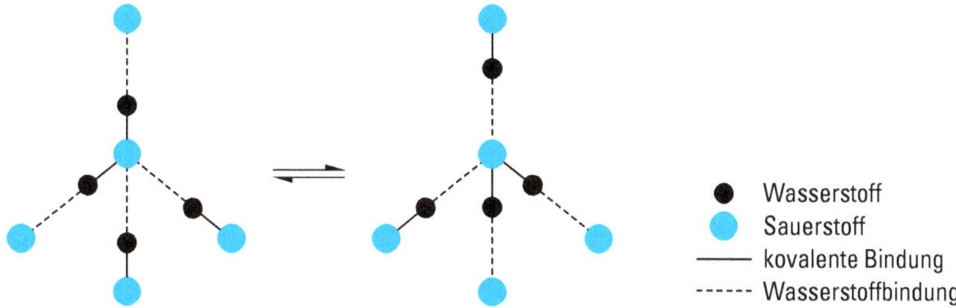

Abbildung 2.126 Simultaner Platzwechsel der Protonen in den Wasserstoffbrücken der Eisstruktur (Protomerie).

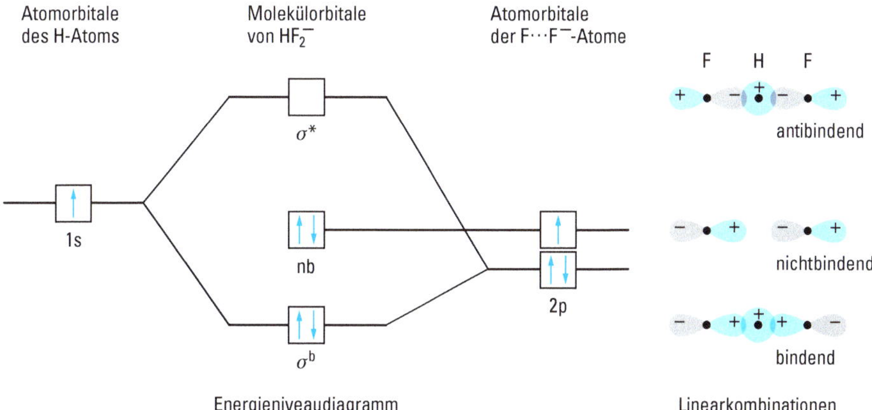

Abbildung 2.127 Molekülorbitale einer symmetrischen Wasserstoffbrücke. Durch die möglichen Linearkombinationen des H-1s-Orbitals und der F-2p-Orbitale entsteht ein bindendes, ein nichtbindendes und ein antibindendes MO. Die vier Valenzelektronen des HF_2^--Ions besetzen das bindende und das nichtbindende MO. Es liegt eine 3-Zentren-4-Elektronen-Bindung vor. Die Bindungsordnung ist 0,5. Der im Vergleich zum HF schwächeren Bindung entsprechen experimentell ein größerer Bindungsabstand und eine kleinere Kraftkonstante.

Im flüssigen und gasförmigen Zustand besitzen die Wasserstoffbrücken eine geringe Lebensdauer und sie werden dauernd gelöst und neu geknüpft. Bei 25 °C führt die ungleichmäßige Verteilung der Schwingungsenergie der Moleküle bei Wasserstoffbrücken mit Bindungsenergien $< 40\ \text{kJ mol}^{-1}$ zu einer Lebensdauer von Bruchteilen einer Sekunde. Symmetrische anionische Wasserstoffbrücken existieren bei den Hydriden von B, Be, Al (Kap. 4).

2.7 Fehlordnung

In jedem Realkristall sind Abweichungen von der idealen Struktur vorhanden. In jedem Realkristall treten also Baufehler auf. Diese Baufehler haben einen wesentlichen Einfluss auf die Eigenschaften der Kristalle, z. B. auf optische und elektrische Eigenschaften, Diffusion, Reaktivität, Plastizität, Festigkeit.

Man teilt die Baufehler nach der Dimension ihrer geometrischen Ausdehnung ein.

1 Nulldimensionale Baufehler: Punktfehlordnung.
2 Eindimensionale Baufehler: Versetzungen.
3 Zweidimensionale Baufehler: Korngrenzen, Stapelfehler (vgl. S. 179).

Die Punktfehlordnung ist eine reversible Fehlordnung, die in allen kristallinen Stoffen auftritt und deren Konzentration von thermodynamischen Parametern abhängt. Eindimensionale und zweidimensionale Baufehler sind irreversible Defekte, die von der Entstehungsgeschichte des Kristalls abhängen.

2.7.1 Korngrenzen

Korngrenzen sind der Grenzbereich zwischen zwei verschieden orientierten Kristalliten im polykristallinen Festkörper. Sie beeinflussen z. B. die elektrische Leitfähigkeit (Korngrenzenwiderstand) und die Diffusion (Korngrenzendiffusion).

2.7.2 Versetzungen

Stufenversetzung. Bei einer Stufenversetzung endet eine Netzebene im Inneren eines Kristalls (Abb. 2.128). Man kann eine Stufenversetzung als Einfügung einer Halbebene in einen Kristall auffassen. Die untere Kante der Halbebene ist die Versetzungslinie. Sie ist einige hundert bis tausend Atome lang. Die Versetzungsdichte hängt von den Herstellungsbedingungen des Kristalls ab. Bei normal behandelten Metallen beträgt sie 10^7 bis 10^9 cm^{-2}, bei stark deformierten Metallen 10^{11} bis 10^{13} cm^{-2}.

Mit besonderen Züchtungsmethoden kann man Kristalle herstellen, die praktisch versetzungsfrei sind, z. B. Si- und Ge-Einkristalle. Stufenversetzungen sind für das Verständnis der plastischen Verformung von Metallen wichtig (Abb. 2.129).

Schraubenversetzung. Die Netzebenen sind nicht übereinander gestapelt, sondern eine einzige Atomschicht windet sich wie eine Wendeltreppe um eine senkrechte Linie (Versetzungslinie) (Abb. 2.130). Schraubenversetzungen führen zu einem spiraligen Wachstum. Whiskers (Haarkristalle) enthalten nur eine Schraubenversetzung, entlang der das Wachstum des Kristalls erfolgt.

Versetzungen haben nicht nur für die mechanischen Eigenschaften, sondern auch für chemische Eigenschaften Bedeutung. Versetzungslinien sind schnelle Diffusionswege im Kristall, dort erfolgt Einstellung von Punktfehlstellengleichgewichten, und

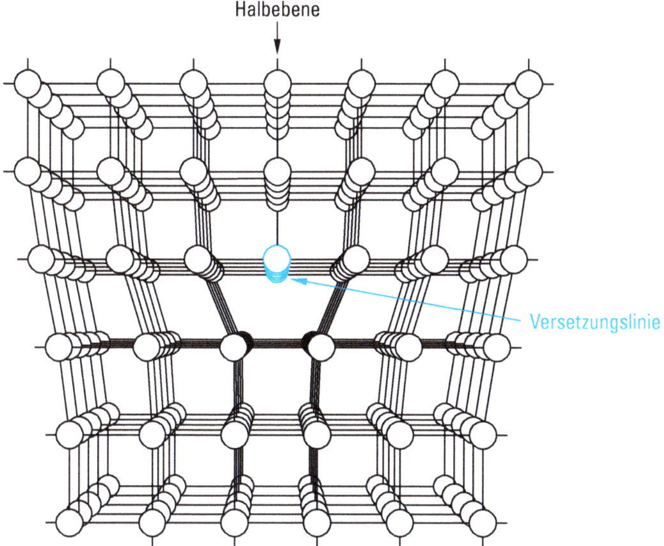

Abbildung 2.128 Dreidimensionales Modell einer Stufenversetzung.

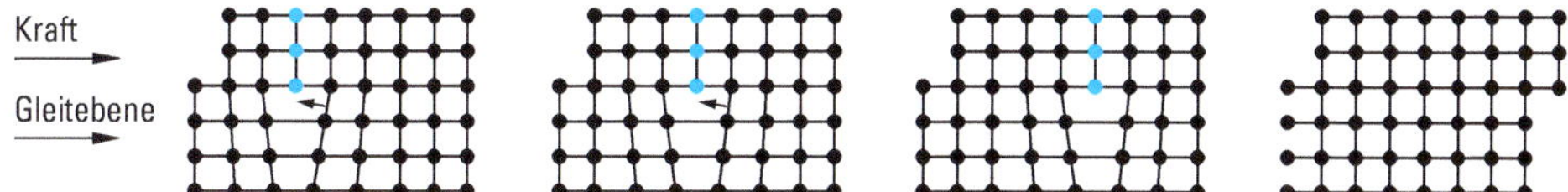

Abbildung 2.129 Wanderung einer Stufenversetzung entlang einer Gleitebene bei plastischer Verformung. Bei der Verformung eines Idealkristalls müssten ganze Netzebenen gegeneinander verschoben werden. Die Verformung durch Bewegung einer Versetzung erfordert viel weniger Energie (Analogie: Bewegung eines Teppichs durch die Bewegung einer Teppichfalte).

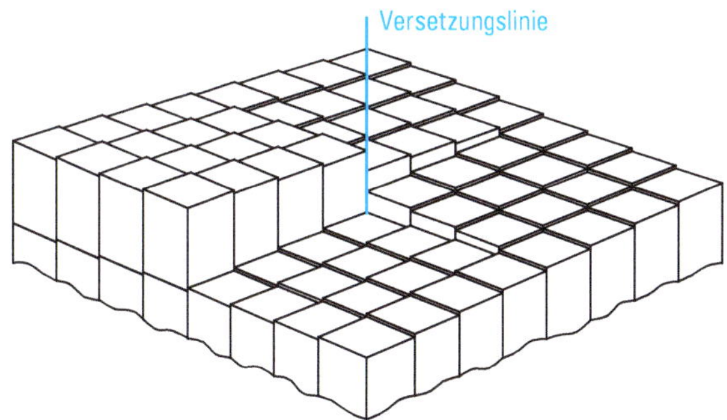

Abbildung 2.130 Modell einer Schraubenversetzung.

es sind Stellen bevorzugter Keimbildung bei Phasenneubildungen. Mit der Erhöhung der Versetzungsdichte ist eine Erhöhung der katalytischen Aktivität gekoppelt.

2.7.3 Punktfehlordnung

Es gibt drei Arten von Punktfehlstellen (Abb. 2.131).

Leerstellen: im Idealgitter sind Gitterplätze unbesetzt.

Zwischengitterteilchen: im Idealgitter unbesetzte Gitterplätze sind besetzt.

Substitutionsteilchen: einzelne Gitterplätze sind durch falsche Teilchen besetzt.

A B A B A B
B □ B A B A Leerstelle im A-Teilgitternetz
A B A B B B Teilchen B auf A-Platz
A Teilchen A auf Zwischengitterplatz
B A B A B A
B Teilchen B auf Zwischengitterplatz
A B A □ A B Leerstelle im B-Teilgitter
B A A A B A Teilchen A auf B-Platz

Abbildung 2.131 Mögliche Punktfehlstellen in einem AB-Gitter.

Punktfehlordnung tritt prinzipiell in allen kristallinen Stoffen auf, es ist eine thermodynamisch bedingte Fehlordnung. Die Konzentration der Punktfehlstellen ist eine Gleichgewichtskonzentration, die vom Druck, der Temperatur und der Kristallzusammensetzung abhängt. Die thermischen Schwingungen der Kristallbausteine um die Ruhelage des idealen Gitterplatzes führen dazu, dass einige Kristallbausteine den Gitterplatz verlassen. Sie wandern unter Hinterlassung einer Leerstelle auf einen Zwischengitterplatz oder an die Oberfläche des Gitters. Die Konzentration der Fehlstellen wächst daher mit zunehmender Temperatur.

2.7.3.1 Eigenfehlordnung in stöchiometrischen binären Ionenkristallen

Die wichtigsten Fehlordnungstypen sind:

Frenkel-Typ. Zwischengitterplätze sind mit Kationen besetzt, im Kationenteilgitter sind Leerstellen vorhanden. Die Konzentrationen der Zwischengitterteilchen und der Leerstellen sind gleich groß (Abb. 2.132a). Beispiele für den Frenkel-Typ sind die Silberhalogenide.

Schottky-Typ. Im Kationenteilgitter und im Anionenteilgitter sind Leerstellen vorhanden, ihre Konzentrationen sind gleich groß (Abb. 2.132b). Beispiele für den

Schottky-Typ sind die Alkalimetallhalogenide. Dicht unterhalb des Schmelzpunktes beträgt die Anzahl der Fehlstellen z. B. bei NaCl $4 \cdot 10^{17}\ cm^{-3}$.

Zur Bildung der Fehlstellen muss Energie aufgewendet werden. Für einen bestimmten Kristall sind die Fehlordnungsenergien für die verschiedenen Fehlordnungstypen unterschiedlich groß. Es wird sich der Fehlordnungstyp mit der kleinsten Fehlordnungsenergie ausbilden. Bei den Silberhalogeniden liegen die Fehlordnungsenergien für den Frenkel-Typ zwischen 60 und 170 kJ/mol. Die Fehlordnungsenergien des Schottky-Typs (Bildung je einer Leerstelle im Anionen- und Kationenteilgitter) liegen bei den Alkalimetallhalogeniden zwischen 125 und 250 kJ/mol.

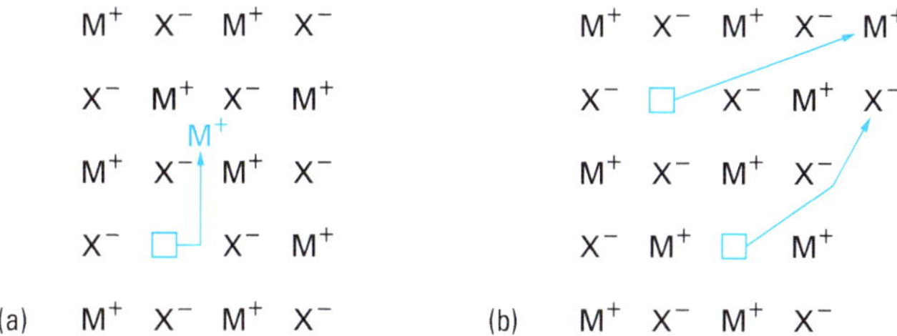

Abbildung 2.132a, b a) Bildung einer Frenkel-Fehlstelle. Ein Kation wandert auf einen Zwischengitterplatz und hinterlässt eine Leerstelle. b) Bildung einer Schottky-Fehlstelle. Ein Kation und ein Anion verlassen ihre Gitterplätze und wandern an die Kristalloberfläche. In beiden Teilgittern entsteht eine Leerstelle.

Substitutionsteilchen gibt es in binären Ionenkristallen nicht, da ihre Bildung zu viel Energie erfordert. Sie können aber z. B. in intermetallischen Phasen auftreten, da dort keine elektrostatische Abstoßung erfolgt (vgl. S. 194 ff.).

Punktfehlstellen können wie chemische Teilchen behandelt werden und auf die Fehlordnungsgleichgewichte kann das Massenwirkungsgesetz angewendet werden. Dazu wird die Kröger-Vink-Notation benutzt: Diese zeigt mit den oberen Indizes $'$, $^{\times}$ und $^{\bullet}$ negative, neutrale und positive Ladungen bezogen auf das reguläre, ungestörte Kristallgitter an:

M_M	Metallkation auf einem regulären Gitterplatz
O_O	Sauerstoffion auf einem regulären Gitterplatz
$V_M^{\times}$, V_M', V_M''	neutrale, einfach und zweifach negative Kationenleerstelle
$V_O^{\times}$, $V_O^{\bullet}$, $V_O^{\bullet\bullet}$	neutrale, einfach und zweifach positive Sauerstoffleerstelle (V = Vacancy)
$M_i^{\times}$, $M_i^{\bullet}$, $M_i^{\bullet\bullet}$	neutrales, einfach und zweifach positives Kation auf Zwischengitterplatz
$O_i^{\times}$, O_i', O_i''	neutrales, einfach und zweifach negatives O-Anion auf Zwischengitterplatz (i = interstital site)

Beispiele:

Frenkel-Fehlordnung von AgCl

MWG: $c_{\mathrm{Ag}_i^{\bullet}} \cdot c_{\mathrm{V}'_{\mathrm{Ag}}} = K$

Schottky-Fehlordnung von NaCl

MWG: $c_{\mathrm{V}'_{\mathrm{Na}}} \cdot c_{\mathrm{V}^{\bullet}_{\mathrm{Cl}}} = K$

Transportvorgänge wie Ionenleitung und Diffusion kommen durch die Wanderung von Fehlstellen zustande (Abb. 2.132c). In einem idealen Kristall gibt es keine Transportvorgänge. Auf der Existenz von Fehlstellen beruht die Reaktivität von Kristallen. Reaktionen im festen Zustand sind nur in Zusammenhang mit der Fehlordnung zu verstehen und zu diskutieren.

Frenkel-Fehlordnung						Schottky-Fehlordnung				
M^+	X^-	M^+	X^-	M^+		M^+	X^-	M^+	X^-	M^+
X^-	□	X^-	M^+	X^-		X^-	□	X^-	M^+	X^-
M^+	X^-	M^+	X^-	M^+		M^+	X^-	M^+	X^-	M^+
X^-	M^+ (M^+)	X^-	M^+	X^-		X^-	M^+	X^-	M^+	X^-
M^+	X^-	M^+	X^- (M^+)	M^+		M^+	X^-	M^+	□	M^+
X^-	M^+	X^-	M^+	X^-		X^-	M^+	X^-	M^+	X^-

(c) Frenkel-Fehlordnung Schottky-Fehlordnung

Abbildung 2.132c Materietransport im Kristall. Der Materietransport (Ionenleitung, Diffusion) erfolgt durch Wanderung von Defektstellen.
Frenkel-Typ: Wanderung der Kationenleerstelle; Wanderung des Zwischengitterkations von einem Zwischengitterplatz zu einem anderen; Verdrängung eines Gitterkations durch ein Zwischengitterkation.
Schottky-Typ: Wanderung einer Kationenleerstelle und einer Anionenleerstelle.

2.7.3.2 Fehlordnung in nichtstöchiometrischen Verbindungen

Auf Grund des Phasengesetzes von Gibbs (vgl. S. 285)

$$K + 2 = P + F$$

ist in einer binären Verbindung AB ($K = 2$) die kristalline Phase ($P = 1$) durch drei unabhängige Variable ($F = 3$) eindeutig bestimmt, z. B. durch den Druck p, die Temperatur T und den Partialdruck p_{B} der Komponente B. Die Konzentrationen der Fehlstellen und die Zusammensetzung hängen also bei gegebenem Druck und bei gegebener Temperatur vom Partialdruck p_{B} ab. Zwar bewirken relativ große Änderungen des Gleichgewichtspartialdrucks p_{B} nur kleine Abweichungen von der Stöchiometrie, aber relativ große Änderungen der Störstellenkonzentrationen und der damit zusammenhängenden Eigenschaften. Außer den materiellen Fehlordnungsteilchen Leerstellen und Zwischengitterteilchen existiert bei nichtstöchiometrischen Verbindungen auch eine elektronische Fehlordnung. Bei nichtstöchiometrischen Verbindungen mit Metallüberschuss $A_{1+x}B$ treten als elektronische Fehlstellen Elektronen e′ auf, bei Verbindungen mit Metallunterschuss $A_{1-x}B$ Defektelektronen $h^{\bullet}$ (vgl. S. 188–192).

Beispiel: $Zn_{1+x}O$

Wenn der Sauerstoffpartialdruck p_{O_2} kleiner ist als der Gleichgewichtspartialdruck bei der stöchiometrischen Zusammensetzung, dann entsteht durch Abgabe von O_2 ein Metallüberschuss. Unter Abgabe eines Elektrons gehen Zn^+-Ionen auf Zwischengitterplätze ($Zn_i^{\bullet}$), dadurch wird die Anzahl der Zwischengitterplätze (V_i) verringert. Da freie Elektronen gebildet werden, ist ZnO ein n-Halbleiter. Die Abweichung von der Idealzusammensetzung ZnO ist sehr gering, bei 800 °C ist $x = 7 \cdot 10^{-5}$.

Fehlordnungsgleichgewicht:

$$ZnO + V_i = \tfrac{1}{2}O_2 + Zn_i^{\bullet} + e'$$

$$\text{MWG:} \quad c_{Zn_i^{\bullet}} \cdot c_{e'} = K \cdot p_{O_2}^{-1/2}$$

$$\text{Da } c_{Zn_i^{\bullet}} = c_{e'} \text{ folgt}$$

$$c_{e'} = K' \cdot p_{O_2}^{-1/4}$$

Die Leitfähigkeit von ZnO ist praktisch gleich der Teilleitfähigkeit der Elektronen, sie nimmt mit zunehmendem Sauerstoffpartialdruck ab. Dieser atomistischen Beschreibung der Leitfähigkeit entspricht das in der Abb. 2.133 wiedergegebene Bändermodell.

Abbildung 2.133 Bändermodell von $Zn_{1+x}O$. ZnO ist ein n-Leiter.
Die Leitung entsteht durch Donatoren, die dicht unterhalb des Leitungsbandes sitzen. Donatoren sind Zinkatome auf Zwischengitterplätzen. Die Konzentration der Donatoren hängt vom Sauerstoffpartialdruck ab. Es sind nur 0,05 eV notwendig, um ein Zinkdonatoratom zu dissoziieren. Das Elektron gelangt dabei in das Leitungsband und ist dort frei beweglich.

Beispiel: $Ni_{1-x}O$.

Wenn der Sauerstoffpartialdruck p_{O_2} größer ist als der Gleichgewichtspartialdruck bei der stöchiometrischen Zusammensetzung, wird Sauerstoff in das Kristallgitter eingebaut. Nickelionen verlassen ihre Gitterplätze (Ni_{Ni}), hinterlassen also Leerstellen im Nickelteilgitter (V''_{Ni}) und wandern an die Oberfläche. Der an der Kristalloberfläche adsorbierte Sauerstoff bildet unter Elektronenaufnahme O^{2-}-Ionen, dadurch entstehen im Gitter Defektelektronen $h^{\bullet}$. NiO ist ein p-Halbleiter.

Fehlordnungsgleichgewicht:

$$\tfrac{1}{2}O_2 + Ni_{Ni} = NiO + V''_{Ni} + 2h^{\bullet}$$

$$\text{MWG:} \quad c_{V''_{Ni}} \cdot c^2_{h^{\bullet}} = K \cdot p^{1/2}_{O_2}$$

$$\text{Da } c_{h^{\bullet}} = 2c_{V''_{Ni}} \text{ folgt}$$

$$c_{h^{\bullet}} = K' \cdot p^{1/6}_{O_2}$$

Die Leitfähigkeit von NiO nimmt mit zunehmendem Sauerstoffpartialdruck zu.

Die Erzeugung von Defektelektronen bedeutet Entstehung von Ni^{3+}-Ionen. Metallunterschuss entsteht bei solchen Oxiden, bei denen für die Metallionen eine höhere Oxidationszahl existiert (MnO, FeO, Cu_2O).

2.7.4 Spezifische Defektstrukturen

Die Defekte treten nicht auf Grund thermodynamischer Gleichgewichtsbedingungen auf, sondern sie sind für bestimmte kristalline Verbindungen spezifisch.

Man kann unterscheiden: Statistische Verteilung der Defekte, Überstrukturordnung der Defekte, Scherstrukturen.

Es gibt zahlreiche Defektstrukturen; nur wenige Beispiele können behandelt werden.

Titanmonooxid hat bei 900 °C den Zusammensetzungsbereich $TiO_{0,75}-TiO_{1,25}$. Es kristallisiert in einer NaCl-Defektstruktur mit einem hohen Anteil von statistisch verteilten Leerstellen (Abb. 2.134). Bei der Zusammensetzung TiO sind 15 % aller Gitterplätze unbesetzt. TiO_x ist ein metallischer Leiter. Durch Überlappung der d-Orbitale der Ti-Ionen entsteht ein Metallband mit delokalisierten d-Elektronen.

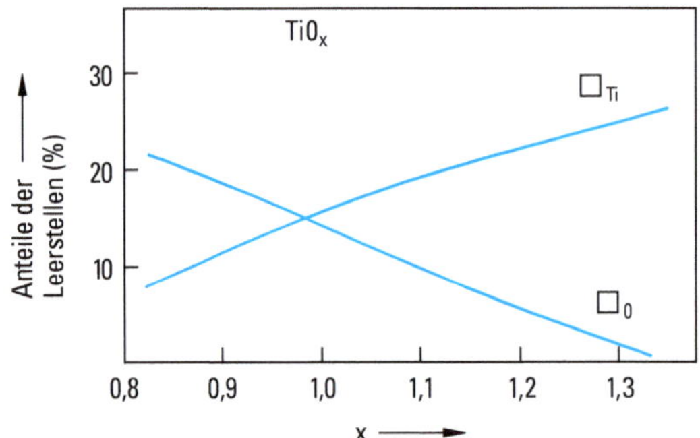

Abbildung 2.134 Anteile der Leerstellen im Titanteilgitter $\square_{Ti}$ und der Leerstellen im Sauerstoffteilgitter $\square_{O}$ in der Phase TiO_x. TiO kristallisiert im NaCl-Typ. Bei der Zusammensetzung TiO beträgt der Anteil für beide 15 %. Die Leerstellen sind statistisch verteilt.

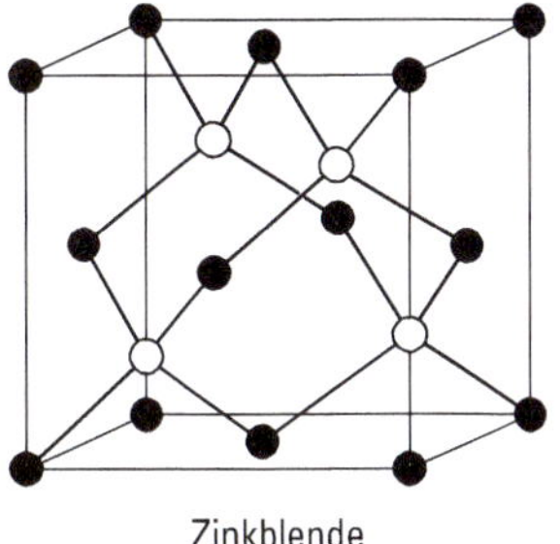

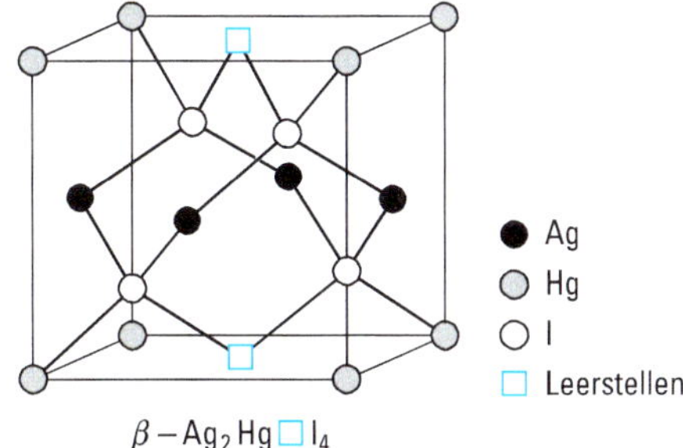

Abbildung 2.135 Statistische und geordnete Verteilung von Leerstellen bei der Verbindung Ag_2HgI_4. Oberhalb 50 °C sind die Hg^{2+}- und Ag^+-Ionen und die Leerstellen □ auf den Kationenplätzen des Zinkblendegitters statistisch verteilt. Unterhalb 50 °C ist die Verteilung geordnet. Es entsteht ein eigener tetragonaler Strukturtyp.

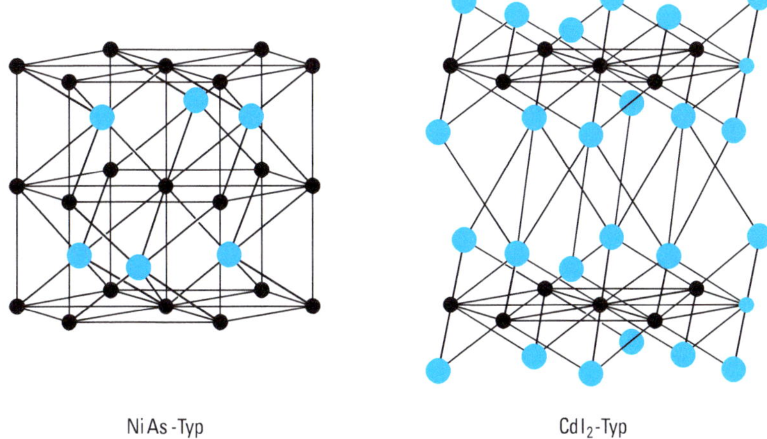

Abbildung 2.136 Beziehung zwischen NiAs-Typ und CdI_2-Typ. Wenn jede zweite Metallschicht im NiAs-Typ unbesetzt bleibt, entsteht der CdI_2-Typ. Zwischen beiden Strukturen gibt es Übergänge sowohl mit statistischer als auch mit geordneter Verteilung von Leerstellen.

Wahrscheinlich begünstigen die Sauerstoffleerstellen die Überlappung. Ganz analog verhält sich Vanadiummonooxid.

Von Ag_2HgI_4 gibt es zwei Strukturen: $\beta\text{-}Ag_2HgI_4 \xrightarrow{50\,°C} \alpha\text{-}Ag_2HgI_4$. α-Ag_2HgI_4 hat eine Zinkblende-Defektstruktur. Auf den Kationenplätzen des Zinkblendegitters sind Ag^+-Ionen, Hg^{2+}-Ionen und Leerstellen statistisch verteilt. Unterhalb 50 °C entsteht die tetragonale β-Ag_2HgI_4-Struktur, die Leerstellen sind geordnet (Abb. 2.135). Die ungeordnete Struktur besitzt eine um zwei Zehnerpotenzen höhere Ionenleitfähigkeit.

Beim Übergang von der NiAs-Struktur zur CdI_2-Struktur (Abb. 2.136) können nichtstöchiometrische Phasen sowohl mit statistischer als auch mit geordneter Vertei-

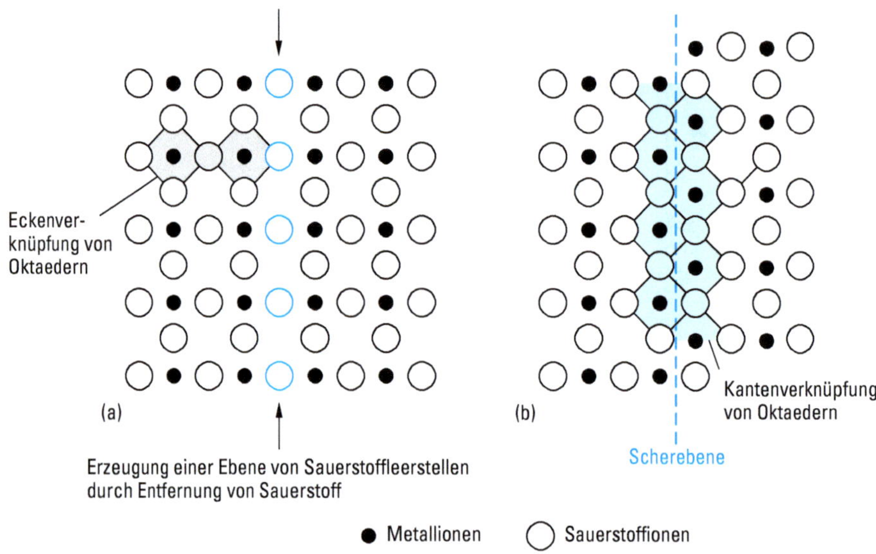

Abbildung 2.137a, b Entstehung einer Scherebene.
a) In der ReO_3-Struktur sind MO_6-Oktaeder dreidimensional über Ecken verknüpft. Verringert sich der Sauerstoffgehalt, dann entstehen Sauerstoffleerstellen.
b) Durch Kantenverknüpfung der Oktaeder verschwinden die Leerstellen, es entsteht eine Scherebene.

lung der Defekte auftreten. Fe_7S_8 kristallisiert oberhalb 400 °C in einer NiAs-Defektstruktur mit statistischer Verteilung der Leerstellen im gesamten Metallteilgitter. Bei Cr_7S_8 sind in jeder zweiten Metallschicht des NiAs-Gitters 25 % Leerstellen statistisch verteilt. Beim Cr_5S_6 sind in jeder zweiten Schicht $\frac{1}{3}$ geordnete Leerstellen, beim Cr_2S_3 in jeder zweiten Schicht $\frac{2}{3}$ geordnete Leerstellen vorhanden.

Statistisch verteilte Leerstellen können sich nicht nur zu neuen Strukturen ordnen, sondern es kann auch durch ihr Verschwinden zur Ausbildung neuer Strukturen kommen. Sie werden als Scherstrukturen bezeichnet. Beispiele sind Verbindungen, die sich von der ReO_3-Struktur ableiten. Die ReO_3-Struktur (Abb. 2.16) ist aus ReO_6-Oktaedern aufgebaut, die in allen Raumrichtungen eckenverknüpft sind. Durch Reduktion entstehen Sauerstoffleerstellen, die sich entlang bestimmter Kristallebenen häufen. Die Sauerstoffleerstellen verschwinden, wenn entlang dieser Ebenen eine Kantenverknüpfung der Oktaeder erfolgt (Abb. 2.137). Die fortschreitende Entfernung von Sauerstoff führt zu einer ganzen Serie stöchiometrischer Scherstrukturen (Abb. 2.137c). Im Bereich $MO_{2,875}-MO_{2,929}$ (M = Mo, W) gibt es z. B. sechs Phasen M_nO_{3n-1} mit $n = 8, 9, 10, 11, 12, 14$. Im System Titan – Sauerstoff gibt es im Bereich $TiO_{1,90}-TiO_{1,75}$ eine Serie stöchiometrischer Phasen Ti_nO_{2n-1} ($4 \leq n \leq 10$). Bei ihnen nimmt die Zahl flächenverknüpfter Oktaeder auf Kosten von Ecken- und Kantenverknüpfungen zu. Im System Vanadium – Sauerstoff gibt es die Verbindungen V_nO_{2n-1} ($4 \leq n \leq 9$).

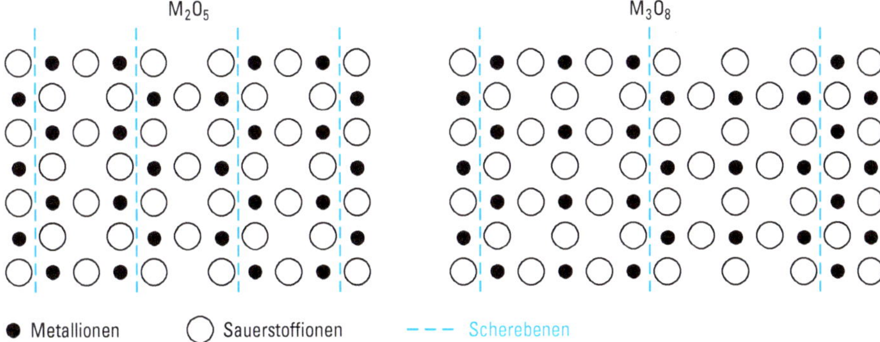

Abbildung 2.137c Von der ReO_3-Struktur leiten sich homologe Serien von Scherstrukturen der Stöchiometrie M_nO_{3n-1} ab. Sie entstehen durch den Übergang von eckenverknüpften Oktaedern zu kantenverknüpften Oktaedern entlang der Scherebenen. Die Strukturen sind schematisch für Verbindungen der Zusammensetzungen M_2O_5 und M_3O_8 dargestellt.

2.7.5 Elektrische Eigenschaften von Defektstrukturen

2.7.5.1 Ionenleiter

In Ionenkristallen erfolgt Ionenleitung durch die Wanderung von Kristalldefekten (s. Abschn. 2.7.3.1). Aber bei den meisten ionischen Feststoffen ist nur bei hohen Temperaturen die Defektkonzentration und die thermische Energie der Ionen groß genug um eine nennenswerte Leitfähigkeit zu erzeugen. Bei den Silberhalogeniden entsteht die Leitfähigkeit hauptsächlich durch Wanderung der Ag^+-Ionen auf Zwischengitterplätzen. Bei den Alkalimetallhalogeniden sind die Kationenleerstellen die Hauptladungsträger. Unterhalb des Schmelzpunktes bei 800 °C beträgt z. B. die Leitfähigkeit von NaCl $10^{-3}\ \Omega^{-1}\ cm^{-1}$, bei Raumtemperatur ist es mit $10^{-12}\ \Omega^{-1}\ cm^{-1}$ ein Isolator.

Eine kleine Gruppe von Feststoffen hat eine hohe Ionenbeweglichkeit. Sie werden als schnelle Ionenleiter oder als Festelektrolyte bezeichnet. Es sind Verbindungen mit Kristallstrukturen, in denen eine strukturelle Fehlordnung vorhanden ist, die die Ionenbeweglichkeit ermöglicht (Abb. 2.138a).

β-Aluminiumoxid ist die Bezeichnung für die Verbindungen $M_2O \cdot nAl_2O_3$ (M = Alkalimetalle, Ag, Cu; $n = 5-11$). Am wichtigsten ist das Natrium-β-Aluminiumoxid. Die Struktur ist aus Spinellblöcken aufgebaut. Diese Blöcke bestehen aus vier Sauerstoffschichten dichtester Packung, in denen die Al^{3+}-Ionen Tetraeder- und Oktaederlücken besetzen. In jeder 5. Schicht existieren Sauerstoffleerstellen. In diesen Schichten befinden sich die Na^+-Ionen, die sich innerhalb der Schicht leicht bewegen können. β-Aluminiumoxide sind zweidimensionale Ionenleiter. Bei 25 °C beträgt die Leitfähigkeit von Natrium-β-Aluminiumoxid $10^{-1}\ \Omega^{-1}\ cm^{-1}$ (die Aktivierungs-

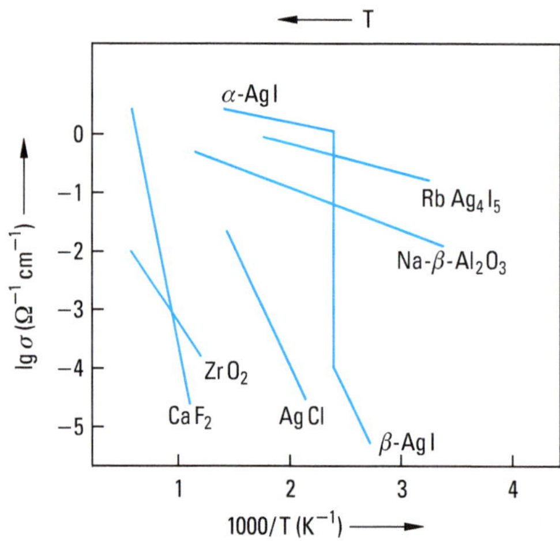

Abbildung 2.138a Ionenleitfähigkeit einiger Festelektrolyte.

energie 0,16 eV). Die Verwendung als Festelektrolyt für Natrium-Schwefel-Akkumulatoren wird im Abschn. 3.8.11 besprochen.

Ag^+-Ionen-Festelektrolyte sind AgI und $RbAg_4I_5$. Bei der Phasenumwandlung von β-AgI in α-AgI bei 146 °C erhöht sich die Ionenleitfähigkeit um vier Zehnerpotenzen auf $1\ \Omega^{-1}\ cm^{-1}$. β-AgI hat Wurtzitstruktur mit festen Ag^+-Positionen, im α-AgI sind die Ag^+-Ionen statistisch im Raum zwischen den I^--Ionen verteilt, das Ag-Teilgitter ist quasi geschmolzen. $RbAg_4I_5$ hat bei Raumtemperatur mit $0{,}23\ \Omega^{-1}\ cm^{-1}$ die höchste Ionenleitfähigkeit aller kristallinen Substanzen. Auch in dieser Struktur sind die Ag^+-Ionen statistisch über eine große Anzahl zur Verfügung stehender Plätze verteilt und daher gut beweglich.

Festelektrolyte mit Anionenleitung sind bei hohen Temperaturen Oxide und Fluoride mit Fluorit-Struktur. Im PbF_2 und CaF_2 sind die F^--Ionen fehlgeordnet, die F^--Anionenleerstellen sind beweglicher als die F^--Ionen auf Zwischengitterplätzen. ZrO_2 bildet mit CaO und Y_2O_3 Mischkristalle. Dadurch wird die Fluorit-Struktur von ZrO_2 stabilisiert (vgl. Abschn. 5.11.7) und es entstehen Sauerstoffleerstellen.

Beispiel:

$$Y_2O_3 + 2\,Zr_{Zr} + O_O \longrightarrow 2\,Y'_{Zr} + V_O^{\bullet\bullet} + 2\,ZrO_2$$

Y^{3+}-Ionen verdrängen Zr^{4+}-Ionen von den Gitterplätzen, es entstehen zwei negative Ladungen ($2\,Y'_{Zr}$). Die substituierten Zr-Ionen reagieren mit den Sauerstoffionen von Y_2O_3 und einem Sauerstoffion des Gitters (O_O) zu ZrO_2. Es entsteht eine zweifach positiv geladene Sauerstoffleerstelle ($V_O^{\bullet\bullet}$). (Zur Kröger-Vink-Notation siehe Abschn. 2.7.3.1)

Die ZrO_2-Mischkristalle sind daher Anionenleiter mit einer Leitfähigkeit von etwa $5 \cdot 10^{-2}\ \Omega^{-1}\ \mathrm{cm}^{-1}$ bei 1 000 °C. Sie werden in Brennstoffzellen sowie in galvanischen Ketten zur Bestimmung von kleinen O_2-Partialdrücken (vgl. λ-Sonde Abschn. 4.11.2.1) verwendet (Abb. 2.138b).

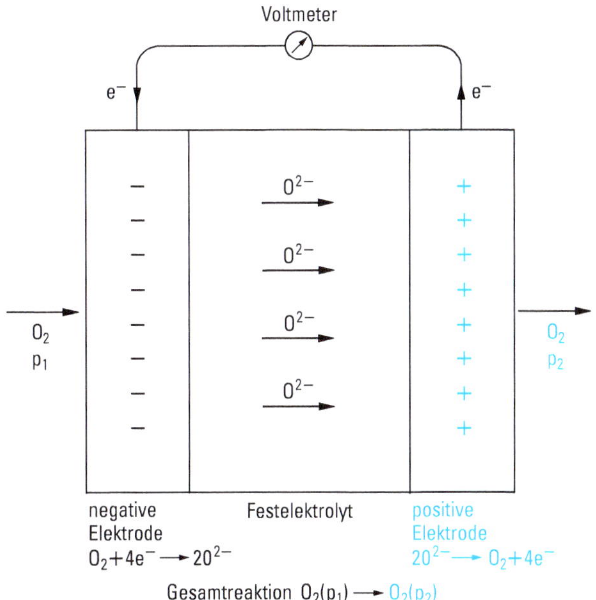

Abbildung 2.138b Schema zur Messung von Sauerstoffpartialdrücken mit Festelektrolyten.

Analog zu Konzentrationsketten (Abschn. 3.8.6) haben Gase unterschiedlicher Drücke das Bestreben den Druck auszugleichen. Bei der elektrochemischen Zelle (Abb. 2.138b) kann die durch Druckdifferenz entstehende Spannung wie bei den Konzentrationsketten berechnet werden.

Anstelle der Konzentrationen stehen die Drücke des Gases

$$E = \frac{0{,}059\,V}{4}\, lg\, \frac{p_1(O_2)}{p_2(O_2)} \qquad p_1 > p_2 \qquad T = 298\ \mathrm{K}.$$

Ist der Druck p_1 bekannt, kann man durch Messung von E den unbekannten Partialdruck von p_2 ermitteln. Es sind Partialdrücke bis 10^{-16} bar messbar.

2.7.5.2 Hopping-Halbleiter

Im Abschn. 2.4.4 wurden die elektrischen Eigenschaften von Metallen, Halbleitern und Isolatoren mit dem Bändermodell beschrieben. Die elektrische Leitfähigkeit σ

von Halbleitern liegt im Bereich $10^{-5}-10^{2}\ \Omega^{-1}\ \mathrm{cm}^{-1}$. Sie hängt von der Konzentration der Ladungsträger n und ihrer Beweglichkeit μ ab: $\sigma = ne\mu$ (e Elementarladung). Bei Eigenhalbleitern ist die Ladungsträgerkonzentration klein, sie nimmt mit zunehmender Temperatur exponentiell zu, damit auch die Leitfähigkeit. μ ändert sich mit der Temperatur nur wenig. Die charakteristische Größe der Eigenhalbleiter ist die Breite der verbotenen Zone. Sie ist bestimmend für die Ladungsträgerkonzentration.

Durch Dotierung erhält man Störstellenhalbleiter. Die dadurch erzeugte Ladungsträgerkonzentration ist meist schon bei Raumtemperatur annähernd konstant und mit zunehmender Temperatur nimmt dann die Leitfähigkeit wie bei Metallen etwas ab, da die Beweglichkeit der Ladungsträger durch die Gitterschwingungen (Phononen) behindert wird.

Bei vielen Übergangsmetallverbindungen ist das Bändermodell nicht anwendbar. Die äußeren Valenzelektronenorbitale überlappen nicht, es wird kein Leitungsband gebildet. Die elektrische Leitfähigkeit entsteht durch „Hüpfen" von Elektronen von einem Atom zu einem benachbarten Atom, wenn sie dafür genügend Energie besitzen. Diese Halbleiter werden Hopping-Halbleiter genannt. Bei ihnen ist die Ladungsträgerkonzentration konstant, die Beweglichkeit μ der Ladungsträger hängt aber exponentiell von der Temperatur T und der Aktivierungsenergie q ab, die für einen Ladungsträgersprung erforderlich ist: $\mu \sim \mathrm{e}^{-q/kT}$. Die Beweglichkeit nimmt daher mit wachsender Temperatur exponentiell zu, damit auch die Leitfähigkeit.

Hopping-Halbleiter sind z. B. die Spinelle $Li(Ni^{3+}Ni^{4+})O_4$, $Li(Mn^{3+}Mn^{4+})O_4$ und $Fe^{3+}(Fe^{2+}Fe^{3+})O_4$ (vgl. S. 87 und 726). Auf den Oktaederplätzen erfolgt ein schneller Elektronenaustausch zwischen Fe^{2+}- und Fe^{3+}-Ionen, Mn^{3+}- und Mn^{4+}-Ionen, bzw. Ni^{3+}- und Ni^{4+}-Ionen. Bei $LiNi_2O_4$ z. B. beträgt die Aktivierungsenergie $q = 0{,}27$ eV bei $LiMn_2O_4$ 0,16 eV. Sie können als spezifische Defektstrukturen betrachtet werden, da identische kristallographische Plätze, nämlich die oktaedrisch koordinierten Plätze, statistisch mit Ionen unterschiedlicher Ladung besetzt sind. Man bezeichnet die Übergangsmetallverbindungen, bei denen ein kristallographischer Platz mit einer Ionensorte unterschiedlicher Ladung besetzt ist als kontrollierte Valenzhalbleiter.

Weitere Beispiele:

Vanadiumspinelle	$M^{2+}(M_x^{2+}V_{2-2x}^{3+}V_x^{4+})O_4$	(M = Mg, Mn, Zn, Cd)
Titanperowskite	$La_x^{3+}Ba_{1-x}^{2+}(Ti_x^{3+}Ti_{1-x}^{4+})O_3$	

Wegen der reproduzierbaren starken Temperaturabhängigkeit der Leitfähigkeit sind kontrollierte Valenzhalbleiter zur Temperaturmessung geeignet und werden daher als Thermistoren verwendet.

Die Spinelle $Li(Ti^{3+}Ti^{4+})O_4$ und $Li(V^{3+}V^{4+})O_4$ sind ebenso wie TiO (vgl. S. 823) und VO, die im NaCl-Typ kristallisieren, keine Halbleiter, sondern metallische Leiter. Die t_{2g}-Orbitale von Ti bzw. V überlappen und bilden ein nur teilweise besetztes, schmales Leitungsband. Ersetzt man im Spinell $LiTi_2O_4$ Ti^{3+}-Ionen durch Fremdionen, z. B. Al^{3+}, wird die Bandbildung verhindert, es erfolgt ein Übergang Metall-

Halbleiter. Die Spinelle $Li(Al_x^{3+}\, Ti_{1-x}^{3+} Ti^{4+})O_4$ sind bei $x < 0{,}33$ Metalle, bei $x > 0{,}33$ Halbleiter.

2.7.5.3 Hochtemperatursupraleiter

Bei Supraleitern sinkt unterhalb einer charakteristischen Temperatur, der Sprungtemperatur, der elektrische Widerstand schlagartig auf den Wert Null, außerdem entsteht Diamagnetismus. Revolutionierend war die Entdeckung von oxidischen Hochtemperatursupraleitern (1986). Ein solcher ist z. B. $YBa_2Cu_3O_7$, die Sprungtemperatur beträgt 93 K, ist also höher als die Siedetemperatur von flüssigem Stickstoff (77 K). Vorher war die höchste bekannte Sprungtemperatur 23 K (Nb_3Ge). $YBa_2Cu_3O_7$ kristallisiert in einem orthorhombisch-verzerrten Defektperowskittyp (siehe Abb. 2.139). Drei Perowskitelementarzellen sind übereinander gestapelt.

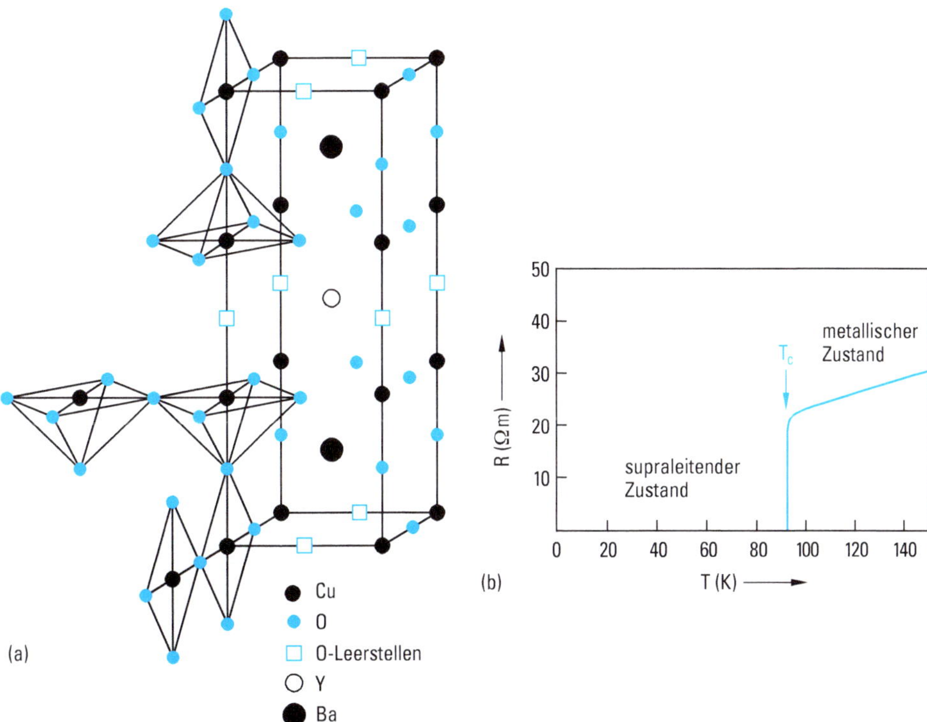

Abbildung 2.139 a) Orthorhombische Elementarzelle des Hochtemperatursupraleiters $YBa_2Cu_3O_7$. Die Struktur leitet sich von der Perowskit-Struktur ab. Wesentlich ist die Existenz geordneter Sauerstoffleerstellen (siehe Text).
b) Beim Übergang vom metallischen Zustand in den supraleitenden Zustand fällt der Widerstand auf null ab, ein in einem Ringleiter induzierter Strom fließt unendlich lange. Die Sprungtemperatur T_C beträgt für $YBa_2Cu_3O_7$ 93 K.

In der neuen Elementarzelle sind zwei geordnete Sauerstoffleerstellen vorhanden, dies ergibt für Ba die KZ 10, für Y die KZ 8 und die Ionenverteilung $Y^{3+}Ba_2^{2+}$ $Cu_2^{2+}Cu^{3+}O_7$. Cu^{3+} ist planar-quadratisch koordiniert, die Quadrate bilden eckenverknüpfte Ketten. Die Koordination von Cu^{2+} ist quadratisch-pyramidal. Die quadratischen Pyramiden sind über gemeinsame Ecken zu Schichten verknüpft. Leitungsschichten sind ein gemeinsames Merkmal von Cuprat-Supraleitern. Die planaren Kupferoxidschichten der pyramidal koordinierten Cu^{2+}-Ionen gelten als die Leitungsschichten und die quadratisch-planar koordinierten Cu^{3+}-Ionen als Ladungsreservoirs. Sinkt die mittlere Oxidationszahl von Kupfer auf unter zwei (nahe $YBa_2Cu_3O_{6,4}$), so bricht die Supraleitung zusammen. Bei Raumtemperatur sind Cuprat-Supraleiter metallische Leiter. Neu ist die Entdeckung der Supraleitung des lang bekannten Magnesiumborids, MgB_2. Die Sprungtemperatur von 39 K ist Rekord für kupferfreie Materialien. Unterschiedlich zu Cuprat-Supraleitern ist MgB_2 ein dreidimensionaler Supraleiter. Induzierte Defekte (Protonenbeschuss) verhindern das Zusammenbrechen der Supraleitung in starken Magnetfeldern, ein Vorteil gegenüber Cuprat-Supraleitern.

2.7.6 Nanotechnologie

Prinzip

Nano kommt vom griechischen nanos = Zwerg. Es dient als Vorsatz in allgemeinen Begriffen mit der Bedeutung „extrem klein“. Der Sammelbegriff Nanotechnologie gründet häufig auf einer Strukturgröße zwischen 1 und 100 nm. Eine Technologiedefinition allein auf Basis einer Längenskala ist jedoch problematisch. Demgegenüber steht folgende strenge Definition: „Nanotechnologie basiert auf den fortschreitenden Anwendungen der Nanowissenschaften. Die Nanowissenschaften befassen sich mit funktionalen Systemen, die auf der Nutzung von Bausteinen mit spezifischen, größenabhängigen Eigenschaften der individuellen Bausteine oder eines Systems aus diesen basieren.“ Als *funktionales System* wird eine Ansammlung einer konkreten Anzahl wechselwirkender Bausteine verstanden. Diese Bausteine bilden zusammen eine neue Einheit mit systemspezifischen Eigenschaften. Entscheidend ist eine Ordnung der Bausteine, die dem System neuartige Eigenschaften verleiht, die bei unkontrollierter Kombination nicht zustande kommen. *Spezifische größenabhängige Eigenschaften* sind physikalisch definierte magnetische, elektronische, optische, thermische u. a. Eigenschaften, die sich bei Verkleinerung des betreffenden Materials, hier in den Nanometerbereich, sprunghaft ändern. Ein reiner Skalierungseffekt bei dem mit zunehmender Verkleinerung keine wirklich neue Eigenschaft auftritt, die nicht auch schon im mikro- oder makroskopischen Bereich vorgelegen hat, zählt danach nicht zur Nanotechnologie. Ein Beispiel für einen solchen Skalierungseffekt ist der Lotuseffekt (s. u.).

Beispiele für Effekte durch Nanomaterialien

Eigenschaft	
Katalytisch	Erhöhte katalytische Wirkung durch stark vergrößerte Oberfläche
Elektrisch	Erhöhte elektrische Leitfähigkeit in Keramiken und magnetischen Nanokompositen, höherer elektrischer Widerstand in Metallen
Magnetisch	Erhöhte magnetische Koerzitivität bis zu einer kritischen Korngröße (unterhalb dieser Größe Abnahme der Koerzitivität bis zu superparamagnetischen Verhalten)
Mechanisch	Erhöhte Härte und Festigkeit von Metallen und Legierungen, verbesserte Duktilität, Härte und Formbarkeit von Keramiken
Optisch	Spektrale Verschiebung der optischen Absorptions- und Fluoreszenzeigenschaften, Steigerung der Lumineszenz von Halbleiterkristalliten
Sterisch	Erhöhte Selektivität und Wirksamkeit von Membranen, Anpassung von Hohlräumen für den Transport oder die kontrollierte Abgabe spezifischer Moleküle
Biologisch	Erhöhte Durchlässigkeit für physiologische Barrieren (Membrane, Blut-Hirn-Schranke etc.), erhöhte Biokompatibilität

Nanotechnologie als Wissenschaft ist keineswegs so neu, wie es oft dargestellt wird, sondern sie baut in weiten Bereichen auf der lange bekannten Kolloidchemie auf. Kolloidchemische Verfahren werden genutzt, um weiterverarbeitbare Pulver aus Nanoteilchen zu gewinnen.

Die Erfindung des Rastertunnelmikroskops (STM, scanning tunneling microscope) im Jahr 1981, gefolgt vom Kraftmikroskop (AFM, atomic force microscope) 1986 waren wesentliche Voraussetzungen für die Entwicklung der Nanowissenschaften. Mit diesen Mikroskopien standen bildgebende Verfahren mit atomarer Auflösung für die Untersuchung von Oberflächen zur Verfügung. Daraus entwickelte Varianten erlauben darüber hinaus die Messung von elektrischen und magnetischen Eigenschaften, chemischen Potentialen, Reibung usw.

Darstellung, Funktion

Teilchen mit wenigstens einer Dimension im Größenbereich von 1 – 100 nm (10^{-9}–10^{-7} m) werden als Nanopartikel, nanoskalige Partikel oder Nanophasen-Materialien bezeichnet (Abb. 2.140).

Bei „normalen" Metallen, Keramiken oder anderen Festkörpern sind die Gefüge aus Körnern aufgebaut, deren Durchmesser 1 µm – 1 mm betragen. Bei Nanoteilchen liegen die Korndurchmesser unter 100 nm. Körner in diesem Bereich bezeichnet man auch als Cluster. Solche Cluster können durch Gasphasenreaktionen (Flammsynthese, Kondensation, CVD), Flüssigphasenreaktionen (Sol-Gel, Fällung, Hydrothermalprozess) oder mechanische Verfahren (Kugelmahlen, Plastische Deformation) erzeugt werden. Bei der Gasphasenabscheidung lässt sich ihre Größe über die Verdampfungsgeschwindigkeit sowie über die Art und den Druck eines Inertgases beliebig zwischen einem und hundert Nanometern steuern.

Nanopartikel weisen besondere Eigenschaften auf, weil die winzigen Körner auf Licht, mechanische Spannung oder Elektrizität völlig anders reagieren als Kriställchen im Mikro- oder Millimeterbereich. In Nanopartikeln befinden sich weit mehr

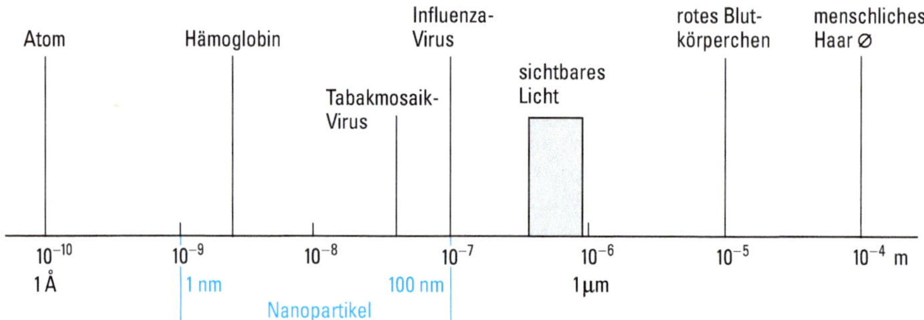

Abbildung 2.140 Größenrelation von Nanopartikeln zu Atomen, biologischen Objekten und sichtbarem Licht auf einer logarithmischen und damit linearisierten Längenskala.

Atome an der Oberfläche als in anderen kleinen Teilchen. Mit abnehmender Größe der Nanoteilchen gewinnt die Oberfläche gegenüber den Volumeneigenschaften einen immer stärkeren Einfluss auf strukturelle und elektronische Eigenschaften. Wird ein Würfel mit 1 cm (= 10 000 000 nm) Kantenlänge in (10^{21}) Würfel von 1 nm Kantenlänge zerlegt, vergrößert sich die Oberfläche bei gleichbleibendem Gesamtvolumen um den Faktor 10^7 (Abb. 2.141).

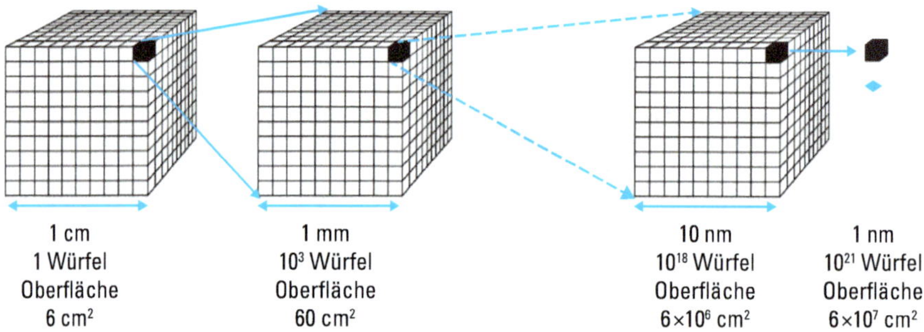

Abbildung 2.141 Vergrößerung der Oberfläche bei gleichbleibendem Volumen bei Zerkleinerung eines Würfels in Nanopartikel.

Ein Würfel mit 1 cm Kantenlänge hat nur etwa 0,00001 % der Atome (mit 0,2 nm Durchmesser) an der Oberfläche. Bei einem Würfel von 2 nm Kantenlänge befinden sich 50 % der Atome an der Oberfläche. In Nanoteilchen sind viele Atome Teil der Oberfläche und nicht mehr im Festkörperverband vollständig eingebunden. Sie reagieren daher mit der Umgebung oder zeigen ungewöhnliche physikalische Phänomene. Nanophasen können erhöhte photokatalytische Aktivität in TiO_2-Nanopartikeln, Superparamagnetismus in magnetischen Nanopartikeln und superharte Beschichtungen bei Metalllegierungen zeigen. Beispiele: In Nanophasen-Metallen, etwa bei Kupfer, beobachtet man für Korndurchmesser von 6 nm eine fünfmal höhere Härte als in „normalen" Metallen. Die Verformbarkeit von Metallen wird mit dem Vorliegen und der Wanderung von Kristallversetzungen erklärt (s. Abschn. 2.7.2). Dagegen konnten bei der elektronenmikroskopischen Betrachtung von Nanophasen-Metallen keine Versetzungen beobachtet werden. Dies erklärt ihre stark erhöhte Festigkeit. Chemisch identische Cadmiumtellurid-Partikel fluoreszieren in Abhängigkeit von der Partikelgröße in unterschiedlichen Farben (grün-gelb-rot). Nanopartikel aus Blei mit Abmessungen unter der Korrelationslänge von Cooper-Paaren (ca. 30 nm) verlieren die Supraleitfähigkeit.

Nanoskalige Objekte sind kleiner als die typischen 10 000 – 20 000 nm Abmessungen von menschlichen Zellen. Sie besitzen ähnliche Dimensionen wie große biologische Makromoleküle, z. B. Enzyme, Rezeptoren und Viren (vgl. Abb. 2.140). Hämoglobin, z. B. hat einen Durchmesser von ca. 5 nm. Die Lipid-Doppelschicht um Zellen ist ungefähr 6 nm dick. Nanoskalige Objekte kleiner als 50 nm können leicht in die meisten Zellen eindringen, solche kleiner als 20 nm können die Blutgefäße durchdringen. Nanoteilchen können also leicht mit Biomolekülen an der Zelloberfläche und innerhalb der Zelle wechselwirken. Beschichtete magnetische Eisenoxid-(Fe_2O_3-)Nanopartikel sind eine neue Generation von Kontrastmitteln für die Kernspintomographie. Weiterhin soll ein solches Fe_2O_3-Nanopartikel über rezeptorspezifische Gruppen in der Beschichtung gezielt in Tumorzellen eingeschleust werden. Ein von außen angelegtes Magnetfeld kann dann über das Eisenoxid eine Temperaturerhöhung in der Zelle bewirken, die zu ihrem Absterben führt.

Die Verwendung von Nanometer-großen Teilchen zur Erkennung und zur Behandlung von Krankheiten wird auch als Nanomedizin oder Nanobiotechnologie bezeichnet.

Anwendungen

Einheitliche TiO_2- und ZnO-Teilchen von ca. 50 nm Durchmesser werden als hocheffiziente UV-Absorber in Sonnencremes eingesetzt, um eine geringere Lichtstreuung und ein transparenteres Erscheinungsbild der Sonnenschutz-Dispersion zu erreichen. Bisherige Sonnenschutzmittel auf der Basis von TiO_2-Pigmenten geben häufig ein schmierig-weißes Erscheinungsbild nach Auftragung auf die Haut, da die 200 nm großen TiO_2-Pigmentpartikel zu viel Sonnenlicht reflektieren. Aufgrund der geringen Partikelgröße sind die verwendeten Nanopartikel-Dispersionen transparent und bieten somit einen auf der Haut unsichtbaren Sonnenschutz. Ein weiterer Vorteil anorganischer im Vergleich zu organischen UV-Absorbern ist ein geringeres Allergiepotential. Das gleiche Phänomen gilt für Zinkoxid, ZnO, als häufiger Bestandteil von Cremes u. a. Körperpflegemitteln. Allerdings ist noch nicht abschließend geklärt, ob die Nanopartikel unter gewissen Umständen über die Haut in den menschlichen Organismus gelangen und dort eventuell systemische Effekte auslösen könnten.

Der Weltmarkt für Nanomaterialien wie Kohlenstoff-Nanoröhren, Graphene, Fullerene, TiO_2, CeO_2, CuO, Al_2O_3, SiO_2, Bi_2O_3, Antimon(-dotierte)-Zinnoxid (ATO, Sb_2O_3/SnO_2) Nanopartikel wurde für das Jahr 2020 auf 10 Mrd. US-Dollar geschätzt.

TiO_2-Teilchen mit 500 nm Durchmesser zum Aufbringen auf modifizierte Nylon-Textilfasern dienen als UV-Absorber zum Sonnenschutz. Es wird ein Sonnenschutzfaktor von über 80 erreicht.

Nanostrukturierte Pigmente werden in Kosmetikfarben eingesetzt, um besondere Farbeffekte zu erzielen. Derartige Pigmente basieren auf mit Metalloxiden (TiO_2 oder Fe_2O_3) nanoskalig beschichteten Silikatplättchen. Aufgrund von Interferenzeffekten ändern sie ihre Farbe abhängig vom Betrachtungswinkel (Perlglanzeffekte s. auch S. 821).

Mit Siliciumdioxid-Nanopartikeln beschichtete Glasscheiben haben auf Grund verminderter Reflexion eine erhöhte Lichtdurchlässigkeit (Antireflexglas). Dies steigert die Lichtausbeute z. B. bei Photovoltaik-Anlagen (Abb. 2.142).

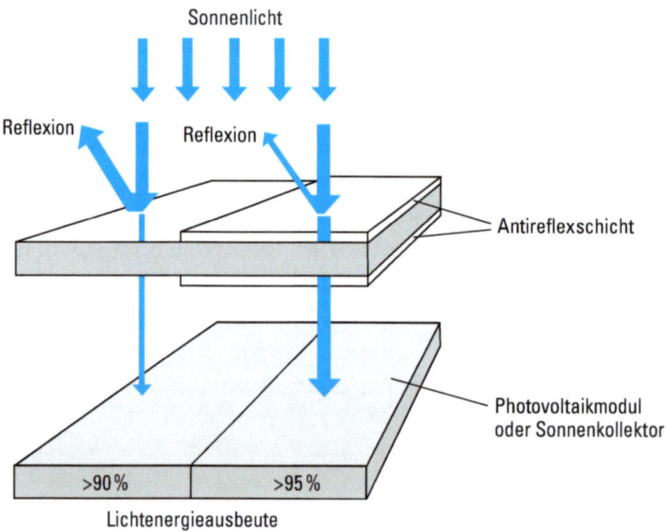

Abbildung 2.142 Verringerung der Reflexion und damit Steigerung der Lichtdurchlässigkeit durch eine nanopartikuläre Antireflexschicht auf beiden Seiten einer Glasscheibe.

Einer der bekanntesten Anwendungen ist der Lotuseffekt. Damit wird die Fähigkeit zur Selbstreinigung von Oberflächen an einer Luft-Wasser-Phasengrenze bezeichnet. Dieser Effekt wurde zuerst am Blatt der Lotuspflanze beobachtet. Inzwischen sind selbstreinigende Fassadenfarben und Keramikoberflächen mit Lotuseffekt auf dem Markt.

Nanopulver in der Keramiktechnologie haben als Vorteile eine Verringerung der Sintertemperatur und das Maßschneidern von Materialeigenschaften. Nanophasen-Titandioxid lässt sich 600 °C unter der üblichen Sintertemperatur von TiO_2 (1 400 °C) sintern und ergibt ein härteres, bruchfesteres Produkt, dessen Formbarkeit bei Korngrößen unter 30 nm außerdem noch zunimmt. So kann kompakt gepresstes Nanophasen-TiO_2 bei 800 °C unter Druck sehr stark verformt werden. Auf diese Weise können komplizierte Keramikteile direkt geformt werden, anstatt die Rohlinge nachträglich abtragend zu bearbeiten. Dieses net-shape forming oder endkonturgenaue Formgebung genannte Verfahren lässt eine sehr schnelle und relativ kostengünstige

Massenfertigung unterschiedlicher Keramikteile zu. Zurückzuführen ist dies auf das Korngrenzengleiten, bei dem die nanometerkleinen Partikel viel leichter als millimetergroße Körner übereinander gleiten.

Hydroxylapatit-($Ca_5[OH(PO_4)_3]$-)Nanopartikel in Zahnpasta dienen als zahnschmelzidentisches Material zum Verschließen von freiliegenden Dentinkanälen, die ansonsten zu einer unangenehmen Heiß-Kalt-Empfindlichkeit der Zähne führen. Die Nanopartikel sollen leicht in Dentinkanälchen der Zähne eindringen können. Dort fungieren sie als Kristallisationskeime, an denen sich weitere Mineralien anlagern, die Kanäle verschließen und somit das Problem empfindlicher, freiliegender Zahnhälse entschärfen.

Zahlreiche Nanoanwendungen haben bereits in die Autoindustrie Eingang gefunden: Neuartige Beschichtungen verhindern das Beschlagen von Windschutzscheiben oder Außenspiegeln. Nanometerdicke Schichten aus wasserliebenden (hydrophilen) chemischen Verbindungen lassen Kondenswasser zu einem gleichmäßigen, durchsichtigen Film zerlaufen, anstatt Sicht behindernde Tröpfchen zu bilden. Im Rückspiegel sorgen elektrochrome Nano-Schichten für eine automatische Abdunklung, die optimale Sicht bei allen Lichtverhältnissen garantiert.

Nanometergroße Keramikkügelchen können einem Autolack neuartige Härte und Kratzfestigkeit verleihen. Für kratzfeste Beschichtungen werden diverse Metalloxide und -carbide eingesetzt. Diese Teilchen schwimmen zunächst ungeordnet in dem flüssigen Klarlack und vernetzen sich während des Trockenprozesses. Dabei verbinden sich die winzigen Partikel, so dass an der Lackoberfläche eine sehr dichte, regelmäßige Netzstruktur entsteht. Der neue Nano-Klarlack ist deutlich besser vor Kratzern geschützt, die beispielsweise durch Waschanlagen verursacht werden. Darüber hinaus können dank wasser- und schmutzabweisender Oberflächen demnächst möglicherweise einige Autowäschen entfallen.

Bei Kohlenstoffpartikeln dominieren hinsichtlich der wirtschaftlichen Bedeutung derzeit klassische nanostrukturierte Materialien, wie Carbon Black und Spezialruße, mit einem geschätzten Weltmarktvolumen von 17 Mrd. US-Dollar im Jahr 2018. Bei Carbon Black handelt es sich um kettenförmig agglomerierte Kohlenstoffpartikel, deren Primärpartikelgröße im Nanometerbereich liegt. Haupteinsatzgebiete dieser durch Flammsynthese hergestellten Materialien sind Füllstoffe für Gummi und Pigmente, beispielsweise für Autoreifen oder Toner.

Für die Zukunft wird Kohlenstoff-Nanoröhren (CNT) (s. S. 560) mittel- bis langfristig ein hohes wirtschaftliches Potential prognostiziert. Grund sind ihre außergewöhnlichen molekularen Eigenschaften, wie z. B. extrem hohe Zugfestigkeiten (auf molekularer Ebene eine ca. 100mal bessere Zugfestigkeit als Stahl bei sechsfach geringerer Dichte) sowie hervorragende thermische und elektrische Leitfähigkeit. Einer breiten wirtschaftlichen Anwendung von Kohlenstoff-Nanoröhren, z. B. in der Sensorik, in der Elektronik (CNT-basierte Verbindungsleitungen und Transistoren), in Kompositmaterialien (z. B. elektrisch leitfähige Polymere) oder in Flachbildschirmen (Elektronenemitter in Feld-Emissionsdisplays) steht derzeit in erster Linie der hohe Preis entgegen.

2.8 Methoden zur Strukturaufklärung

2.8.1 Symmetrie

2.8.1.1 Molekülsymmetrie

Die Symmetrie eines Moleküls kann mit Symmetrieelementen beschrieben werden. Ein Symmetrieelement gibt an, welche Symmetrieoperation ausgeführt werden soll. Durch eine Symmetrieoperation wird ein Gegenstand mit sich selbst zur Deckung gebracht. Nach Ausführung einer Symmetrieoperation ist also die Lage eines Moleküls nicht von der vor der Operation zu unterscheiden.

Es gibt fünf Arten von Symmetrieelementen. Für Moleküle verwendet man die Schönflies-Symbolik.

Drehachsen C_n. Ein Molekül wird mit $n-1$ Symmetrieoperationen um den Winkel $2\pi/n$ um diese Achse gedreht.

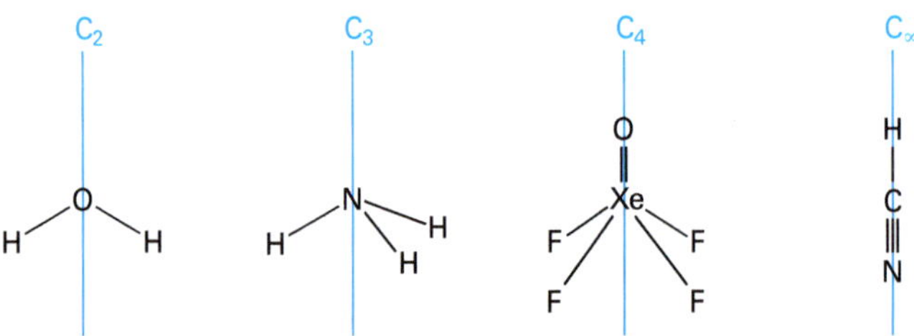

Die Identität I. Sie ist identisch mit der Drehachse C_1. Natürlich besitzen alle Moleküle die Identität I, da alle Moleküle durch Drehung um $2\pi = 360°$ in sich selbst überführt werden.

Spiegelebenen σ. Alle Atome des Moleküls werden an dieser Ebene gespiegelt.

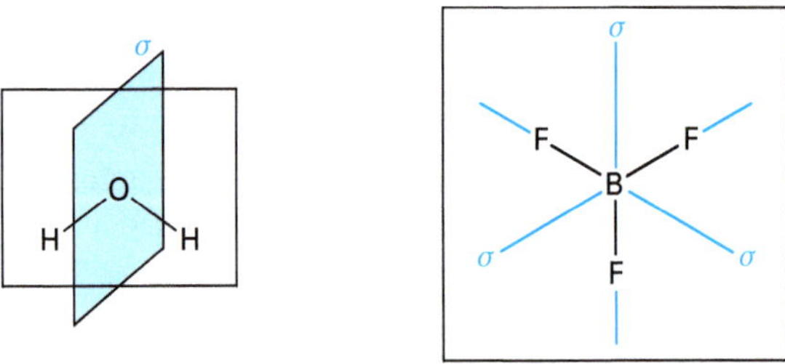

Inversionszentrum (Symmetriezentrum) i. Alle Atome des Moleküls werden an einem Punkt, dem Inversionszentrum, invertiert.

$[Fe(CN)_6]^{4-}$ (vgl. Abschn. 5.15.5)

Drehspiegelachsen S_n. Das Molekül wird mit $n-1$ Symmetrieoperationen um $2\pi/n$ um diese Achse gedreht und an einer Ebene senkrecht zu dieser Achse gespiegelt. S_1 ist identisch mit einer Spiegelebene, S_2 mit einem Inversionszentrum.

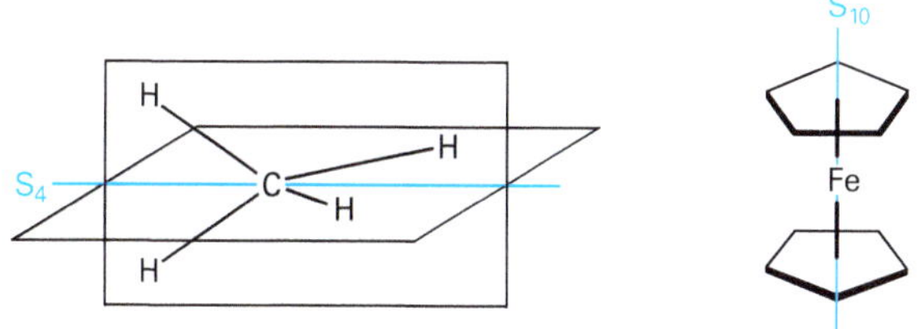

$(C_5H_5)_2Fe$, Ferrocen (vgl. Abschn. 5.6), gestaffelte Form

Es gibt nicht beliebige Kombinationen von Symmetrieelementen, denn bestimmte Kombinationen von Symmetrieelementen erzeugen neue Symmetrieelemente. Zum Beispiel erzeugen zwei senkrecht aufeinander stehende Spiegelebenen eine zweizählige Achse (vgl. Abb. 2.143). Die begrenzte Anzahl der erlaubten Kombinationen von Symmetrieoperationen, die sich aus den Symmetrieelementen ergeben, nennt man Punktgruppen (Abb. 2.143). Die Bezeichnung Punktgruppe kommt daher, dass es bei jedem Molekül mindestens einen Punkt gibt, dessen Lage im Raum unverän-

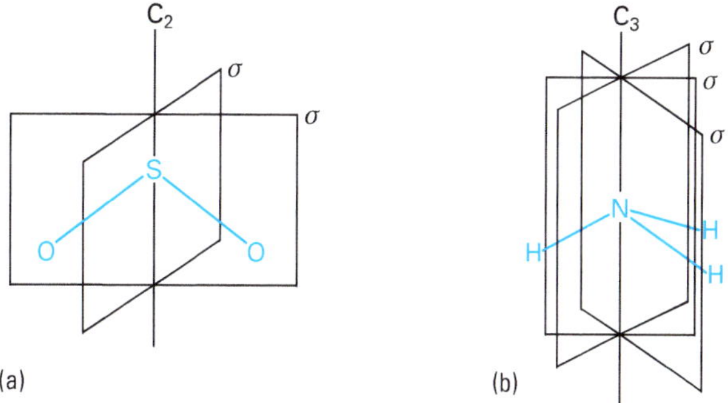

Abbildung 2.143 Beispiele für Punktgruppen
a) Die Punktgruppe, zu der SO_2 gehört, besitzt als Symmetrieelemente die Identität I, eine zweizählige Achse C_2 und zwei Symmetrieebenen σ.
b) Die Punktgruppe, zu der NH_3 gehört, besitzt als Symmetrieelemente die Identität I, eine dreizählige Achse C_3 (mit den Symmetrieoperationen C_3 = Drehung um 120° und C_3^2 = Drehung um 240°) und drei Symmetrieebenen σ.

Tabelle 2.33 Wichtige Punktgruppen

Punktgruppe		Symmetrieelemente	Beispiele
C_n	C_1	I	CHFClBr
	C_2	I, C_2	H_2O_2
C_{nv}	$C_{1v} = C_s$	I, σ	HOCl
	C_{2v}	I, C_2, $2\sigma_v$	H_2O, ClF_3, SO_2
	C_{3v}	I, C_3, $3\sigma_v$	NH_3, XeO_3, $S_2O_3^{2-}$
	C_{4v}	I, C_4, $4\sigma_v$	IF_5, $XeOF_4$, SF_5Cl
	$C_{\infty v}$	I, C_∞, $\infty\sigma_v$	NO, HCN alle linearen Moleküle ohne i
C_{nh}	C_{2h}	I, C_2, σ_h, i	trans-N_2F_2
	C_{3h}	I, C_3, σ_h, S_3	$B(OH)_3$
D_{nd}	D_{2d}	I, C_2, $2C_2'$, $2\sigma_d$, S_4	S_4N_4, As_4S_4
	D_{3d}	I, C_3, $3C_2'$, $3\sigma_d$, i, S_6	Si_2H_6
	D_{4d}	I, C_4, $4C_2'$, $4\sigma_d$, S_8	S_8
D_{nh}	D_{2h}	I, C_2, $2C_2'$, $2\sigma_v$, σ_h, i	C_2H_4, B_2H_6
	D_{3h}	I, C_3, $3C_2'$, $3\sigma_v$, σ_h, S_3	BF_3, PF_5, $[ReH_9]^{2-}$
	D_{4h}	I, C_4, $4C_2'$, $4\sigma_v$, σ_h, i, S_4	XeF_4, $[PtCl_4]^{2-}$, $[Re_2Cl_8]^{2-}$
	D_{5h}	I, C_5, $5C_2'$, $5\sigma_v$, σ_h, S_5	IF_7
	D_{6h}	I, C_6, $6C_2'$, $6\sigma_v$, σ_h, i, S_6	C_6H_6
	$D_{\infty h}$	I, C_∞, $\infty C_2'$, $\infty\sigma_v$, i	CO_2, Hg_2Cl_2, H_2 alle linearen Moleküle mit i
T_d	Tetraeder	I, $4C_3$, $3C_2$, $6\sigma_d$, $3S_4$	SiF_4, CH_4, $Ni(CO)_4$
O_h	Oktaeder	I, $3C_4$, $4C_3$, $6C_2'$, $3\sigma_h$, $6\sigma_d$, i, $3S_4$, $4S_6$	SF_6
I_h	Ikosaeder	I, $6C_5$, $10C_3$, $15C_2'$, $15\sigma_v$, i, $12S_{10}$, $10S_6$	$B_{12}H_{12}^{2-}$

Die Drehachse C_n mit der höchsten Ordnung wird als Hauptachse bezeichnet. Spiegelebenen senkrecht zur Hauptachse werden als Horizontalebenen (σ_h) bezeichnet, Spiegelebenen, die die Hauptachse enthalten, nennt man Vertikalebenen (σ_v) oder Diederebenen (σ_d), wenn sie den Winkel zwischen zwei zweizähligen Achsen halbieren. Die Achsen C_2' stehen senkrecht zur Hauptachse und unter gleichen Winkeln zueinander.

dert bleibt, unabhängig davon wie viel Symmetrieoperationen an einem Molekül ausgeführt werden.

Für die Beschreibung von Molekülen und für die Diskussion ihrer Eigenschaften, z. B. der Normalschwingungen (vgl. Abschn. 2.8.3), ist die Kenntnis ihrer Symmetrie wichtig. In Tab. 2.33 sind die wichtigsten Punktgruppen, ihre Symmetrieelemente und Beispiele angegeben. Anhang 2 enthält ein Schema mit dem die Punktgruppen eines Moleküls ermittelt werden können.

2.8.1.2 Kristallsymmetrie

Symmetrieelemente des Kontinuums

Bei Kristallen gibt es acht verschiedene Typen von Symmetrieelementen, mit denen die makroskopischen Symmetrieeigenschaften beschrieben werden können (Abb. 2.144).

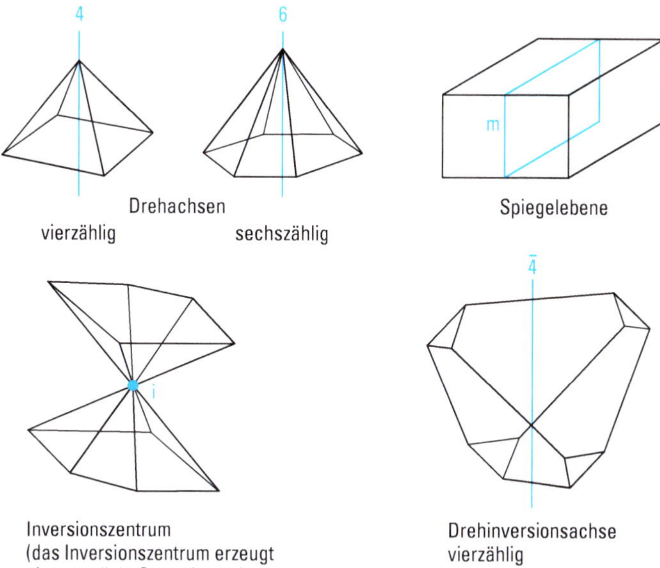

Abbildung 2.144 Symmetrieelemente des Kontinuums.
Es gibt acht Symmetrieelemente: 1, 2, 3, 4, 6, m, i, $\bar{4}$
Die Drehinversionsachsen mit anderer Zähligkeit entsprechen:
$\bar{1} = i$, $\bar{2} = m$, $\bar{3} = 3 + i$, $\bar{6} = 3 + m$.

Dafür wird die Symbolik von Hermann-Mauguin verwendet, während für Moleküle die Schönflies-Symbolik benutzt wird. An Stelle der Drehspiegelung (Kopplung aus Drehung und Spiegelung) wird die Drehinversion (Kopplung aus Drehung und Inversion) verwendet.

Symmetrieelement	Symbol	Symmetrieoperation
Drehachse (Gyre)	X	Drehung um
einzählig	1	360°
zweizählig	2	180°
dreizählig	3	120°
vierzählig	4	90°
sechszählig	6	60°
Spiegelebene	m	Spiegelung an einer Spiegelebene
Inversionszentrum (Symmetriezentrum)	i	Spiegelung an einem Punkt (Symmetriezentrum)
Drehinversionsachse	$\bar{X}$	
vierzählig	$\bar{4}$	Drehung um 90° und Inversion am Inversionszentrum

Die möglichen Kombinationen der acht Typen von Symmetrieelementen führen zu 32 Kristallklassen (Punktgruppen), die sich in ihrer makroskopischen Symmetrie unterscheiden.

Symmetrieelemente des Diskontinuums

Ein Kristall besteht aus einem Punktgitter, in dem die Bausteine (Atome, Ionen, Moleküle, komplexe Baugruppen) dreidimensional periodisch angeordnet sind. Um die Symmetrie eines Punktgitters zu beschreiben, sind außer den acht Typen von

Symmetrieelement	Symbol	Symmetrieoperation
Gleitspiegelebene	c	Gleitspiegelung = Spiegelung und Translation parallel zur Spiegelebene, entsprechend der Hälfte einer Gittertranslation parallel zur Gleitspiegelebene 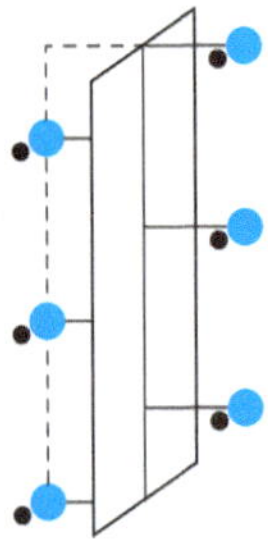
Schraubenachse		Schraubung = Drehung und Translation in Richtung der Drehachse
zweizählig	2_1	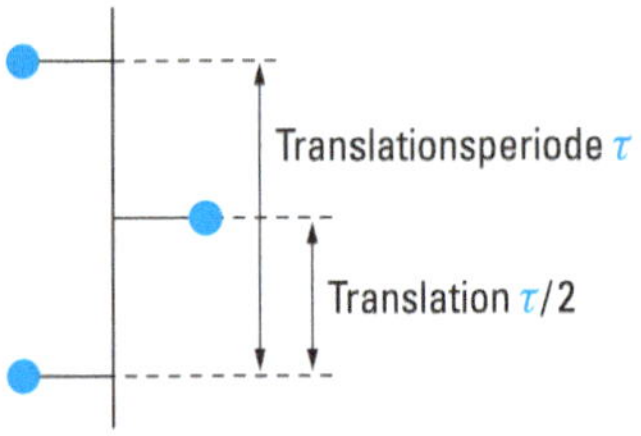 Drehung um 180° und Translation um $\tau/2$
dreizählig	3_1 3_2	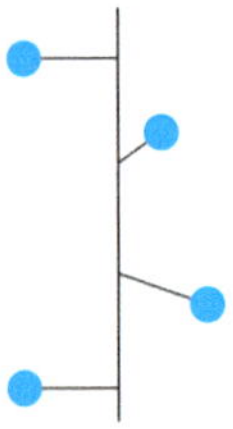 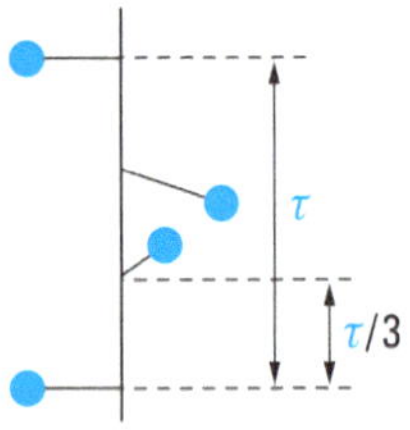 3_1 = Rechtsdrehung um 120° und Translation um $\tau/3$; 3_2 = Linksdrehung um 120° und Translation um $\tau/3$
vierzählig	4_1	Rechtsdrehung um 90° und Translation um $\tau/4$
	4_3	Linksdrehung um 90° und Translation um $\tau/4$
sechszählig	6_1	Rechtsdrehung um 60° und Translation um $\tau/6$
	6_5	Linksdrehung um 60° und Translation um $\tau/6$

Symmetrieelementen des Kontinuums weitere acht Typen von Symmetrieelementen zu berücksichtigen, bei denen Drehung und Spiegelung mit einer Translation gekoppelt sind. Die Translation ist von der Größenordnung der Abstände der Gitterbausteine, sie wird deshalb makroskopisch nicht wirksam.

Bei der Schraubenachse 3_2 ist die Operation Rechtsdrehung um 240° und Translation um $2/3 \cdot \tau$ identisch mit einer Linksdrehung um 120° und Translation um $\tau/3$.

Die Schraubenachse 4_2 mit der Operation Drehung um 180° und Translation um $2/4 \cdot \tau$ ist identisch mit einer zweizähligen Schraubenachse.

Die Schraubenachsen 6_2 und 6_4 sind identisch mit dreizähligen Schraubenachsen (3_1 und 3_2), die Schraubenachse 6_3 mit einer zweizähligen Schraubenachse (2_1).

Die möglichen Kombinationen der Symmetrieelemente des Punktgitters führen zu 230 Raumgruppen verschiedener Symmetrie. Sie teilen sich auf die 32 Kristallklassen auf.

Translationsgitter (Bravais-Gitter)

Jedes Punktgitter lässt sich einem von 14 Typen von Translationsgittern im dreidimensionalen Raum zuordnen. Diese heißen Bravais-Gitter (Abb. 2.145).

Ein Bravais-Gitter besteht aus Punkten im Raum. Bei einer Verbindung entsteht der periodische Aufbau durch Translation desselben Bravais-Gitters für alle Teilchen in der gewählten Elementarzelle.

Beispiel: NaCl

Die Kristallstruktur von NaCl entsteht durch Translation je eines allseits flächenzentrierten kubischen Bravais-Gitters für die Na^+-Ionen und die Cl^--Ionen.

Kristallsysteme

Die Raumgruppen und Kristallklassen sind sieben Kristallsystemen zuzuordnen. Diese werden durch Achsrelationen und Winkel charakterisiert. Die Zuordnung geschieht über die Symmetrie des entsprechenden Bravais-Gitters (Abb. 2.145).

Kristallsystem	Achsrelation	Symmetrie	Winkel	variable Gitterparameter
Kubisch	$a = b = c$	$m\bar{3}m$	$\alpha = \beta = \gamma = 90°$	a
Hexagonal	$a = b \neq c$	$6/mmm$	$\alpha = \beta = 90°, \gamma = 120°$	a, c
Trigonal	$a = b \neq c$	$\bar{3}m$	$\alpha = \beta = 90°; \gamma = 120°$	a, c
Tetragonal	$a = b \neq c$	$4/mmm$	$\alpha = \beta = \gamma = 90°$	a, c
Orthorhombisch	$a \neq b \neq c$	mmm	$\alpha = \beta = \gamma = 90°$	a, b, c
Monoklin	$a \neq b \neq c$	$2/m$	$\alpha = \gamma = 90°, \beta \neq 90°$	a, b, c, β
Triklin	$a \neq b \neq c$	$\bar{1}$	$\alpha \neq \beta \neq \gamma \neq 90°$	$a, b, c, \alpha, \beta, \gamma$

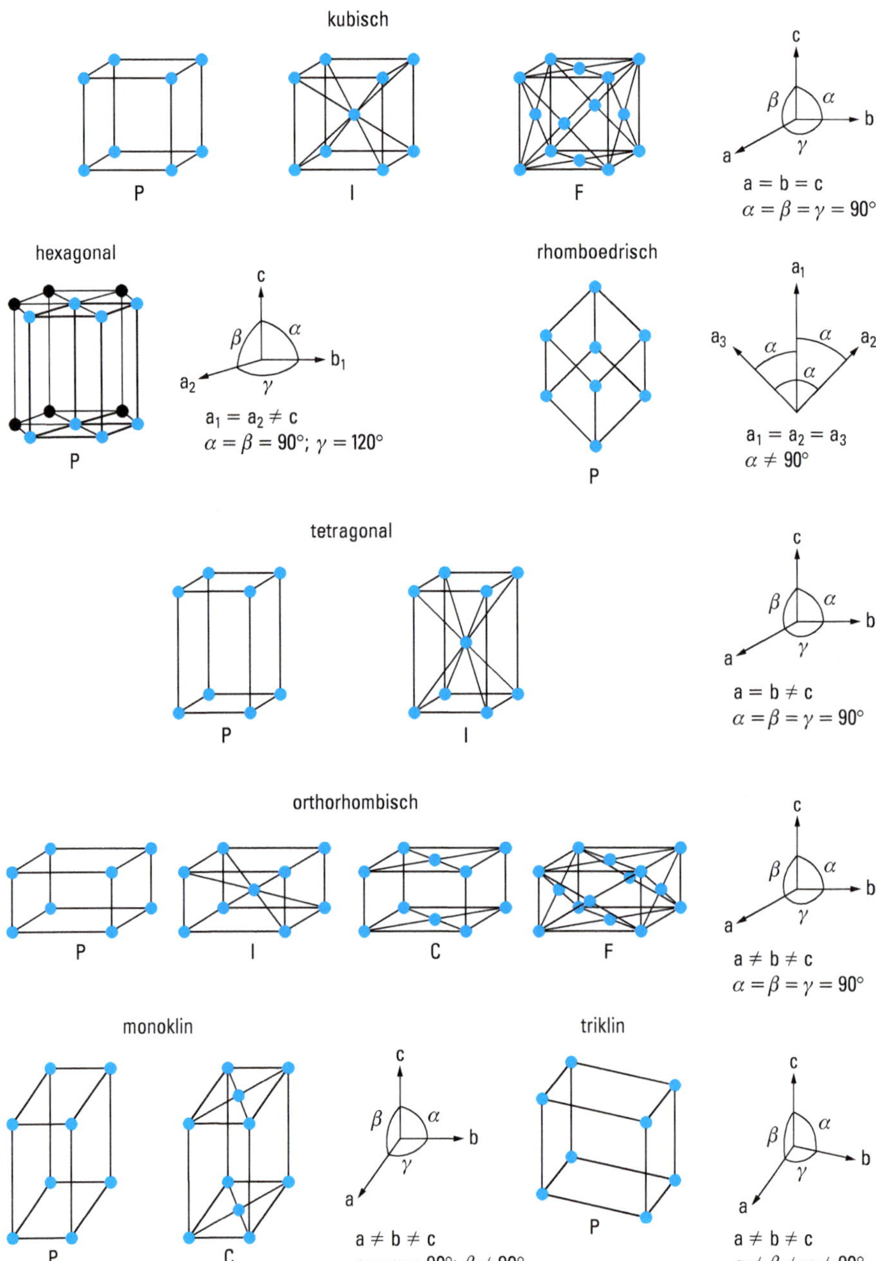

Abbildung 2.145 Die 14 Bravais-Gitter.
Es gibt sieben primitive Gitter (Symbol P), bei denen nur die Ecken des Bravais-Gitters besetzt sind. Drei Bravais-Gitter sind innenzentriert (Symbol I), zwei allseits flächenzentriert (Symbol F) und zwei basisflächenzentriert (Symbol C).

Elementarzelle

Die Elementarzelle ist eine geometrische Einheit eines Kristallgitters, durch deren Translation das Gitter aufgebaut werden kann. Daher genügt zur vollständigen Beschreibung des Gitters die Kenntnis der Elementarzelle. Man wählt diejenige Elementarzelle mit der höchsten Symmetrie: möglichst senkrecht aufeinander stehende Achsen, kleine und möglichst gleich große Achsabschnitte (Abb. 2.146).

Die makroskopische Symmetrie eines klassischen Kristalls ist in der Symmetrie des Punktgitters vorgegeben. Es gibt z. B. keine fünfzähligen oder achtzähligen Elementarzellen, da man daraus kein Punktgitter aufbauen kann. Es gibt daher – im Unterschied zu Molekülen – auch keine klassischen Kristalle mit fünfzähligen oder achtzähligen Drehungsachsen. Letztere finden sich aber bei Quasikristallen, die quasi-periodische Anordnungen besitzen, dabei scharfe Röntgenbeugungsreflexe geben und deren Beugungsbilder die in der Kristallographie sonst verbotenen Drehachsen zeigen.

Der Inhalt der Elementarzelle kann durch Angaben der fraktionellen Koordinaten x_i, y_i, z_i der Atome i in Einheiten der Achsabschnitte der Elementarzelle angegeben werden.

Beispiel: NaCl

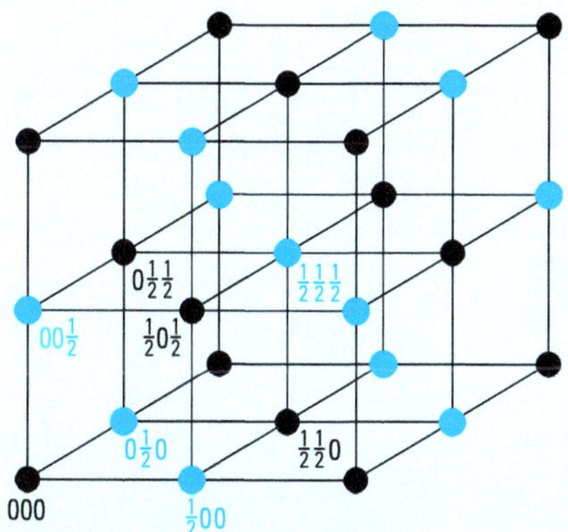

fraktionelle Koordinaten

Na 000, $\frac{1}{2}\frac{1}{2}0$, $\frac{1}{2}0\frac{1}{2}$, $0\frac{1}{2}\frac{1}{2}$

Cl $\frac{1}{2}00$, $0\frac{1}{2}0$, $00\frac{1}{2}$, $\frac{1}{2}\frac{1}{2}\frac{1}{2}$

Die Elementarzelle enthält vier Formeleinheiten NaCl. Die Atome in den Ecken der Elementarzelle gehören acht Elementarzellen an, also zu 1/8 zur Elementarzelle, entsprechend Atome auf den Flächen zur Hälfte und Atome auf den Kanten zu 1/4.

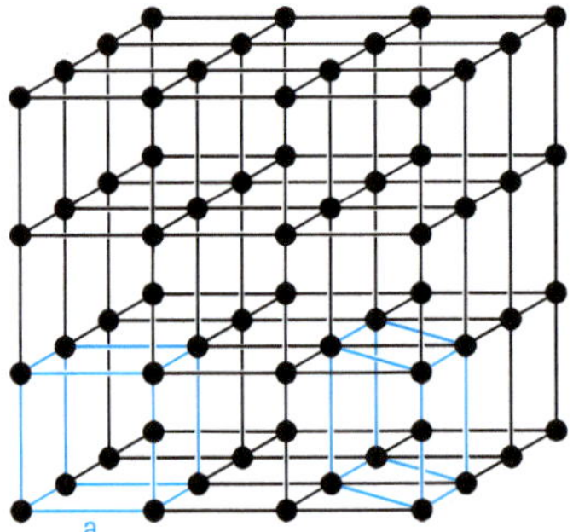

Abbildung 2.146 Mit beiden Elementarzellen (blau eingezeichnet) kann das Punktgitter aufgebaut werden. Zur Beschreibung wählt man zweckmäßig die linke kubische Elementarzelle mit der Gitterkonstante *a*.

2.8.2 Röntgenbeugung

Netzebenen und ihre Orientierung

Man kann die Lage einer Netzebenenschar durch das Verhältnis der Achsabschnitte im Koordinatensystem $ma:nb:pc$ angeben, wobei a, b, c die Gitterparameter der Elementarzelle sind. m, n, p sind ganze Zahlen (Rationalitätsgesetz). Das Rationalitätsgesetz folgt aus dem Punktgitteraufbau der Kristalle. Zur Kennzeichnung der Netzebenenscharen werden die kleinsten ganzzahligen Vielfache der reziproken Achsabschnitte $\frac{1}{m}a : \frac{1}{n}b : \frac{1}{p}c$ verwendet mit $h = 1/m$, $k = 1/n$, $l = 1/p$. Diese Reziprokwerte werden Miller-Indizes (hkl) genannt (Abb. 2.147).

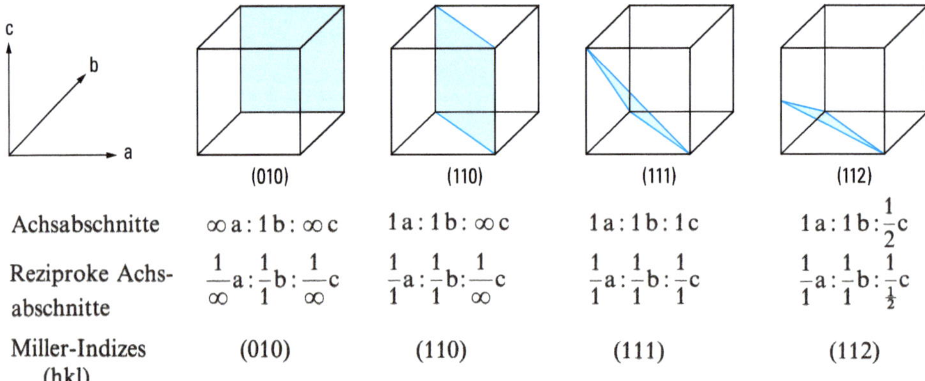

Achsabschnitte	$\infty a : 1b : \infty c$	$1a : 1b : \infty c$	$1a : 1b : 1c$	$1a : 1b : \frac{1}{2}c$
Reziproke Achsabschnitte	$\frac{1}{\infty}a : \frac{1}{1}b : \frac{1}{\infty}c$	$\frac{1}{1}a : \frac{1}{1}b : \frac{1}{\infty}c$	$\frac{1}{1}a : \frac{1}{1}b : \frac{1}{1}c$	$\frac{1}{1}a : \frac{1}{1}b : \frac{1}{\frac{1}{2}}c$
Miller-Indizes (hkl)	(010)	(110)	(111)	(112)

Abbildung 2.147 Indizierung von Netzebenenscharen.

Beugung an Netzebenenscharen

Da die Atomabstände in der Kristallstruktur in der Größenordnung der Wellenlängen von Röntgenstrahlen liegen, wirken Kristalle wie dreidimensionale Beugungsgitter.

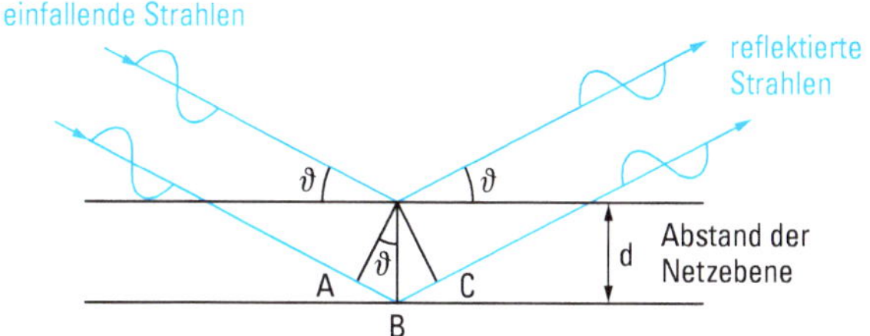

Abbildung 2.148 Reflexion von Röntgenstrahlen an einer Netzebenenschar eines Kristallgitters. Da $AB = BC = d \sin\vartheta$, ist die Wegdifferenz der an benachbarten Netzebenen reflektierten Strahlen $2d \sin\vartheta$. Die Bedingung der Reflexion ist also $2d \sin\vartheta = n\lambda$, sonst erfolgt Auslöschung durch Interferenz.

Die Beugung von Röntgenstrahlen an den Beugungszentren des Gitters führt zu einer Reflexion der Röntgenstrahlen an aufeinander folgenden Netzebenen im Kristall. Treffen die Röntgenstrahlen unter einem Einfallswinkel ϑ auf den Kristall, dann kann eine Reflexion unter demselben Austrittswinkel erfolgen, wenn die Gleichung von Bragg erfüllt ist (Abb. 2.148).

$$n\lambda = 2d \sin\vartheta \qquad n = 1, 2, 3 \ldots$$

Die Wegdifferenz der an benachbarten Netzebenen reflektierten Röntgenstrahlen muss ein Vielfaches der Wellenlänge λ betragen, sonst erfolgt Auslöschung der Strahlung durch Interferenz. Es wird also nur bei bestimmten Winkeln eine Reflexion erfolgen.

Ersetzt man den Netzebenenabstand d_{hkl} für die Netzebenenschar hkl durch die Gitterparameter und die Miller-Indizes, erhält man die quadratische Form der Bragg-Gleichung für die sieben Kristallsysteme.

Beispiele:

Kubisch $$d_{hkl} = \frac{a}{\sqrt{h^2 + k^2 + l^2}} \qquad \sin^2\vartheta = \frac{\lambda^2}{4a^2}(h^2 + k^2 + l^2)$$

Tetragonal $$d_{hkl} = \frac{a}{\sqrt{h^2 + k^2 + \left(\frac{a}{c}\right)^2 l^2}} \qquad \sin^2\vartheta = \frac{\lambda^2}{4a^2}\left\{h^2 + k^2 + \left(\frac{a}{c}\right)^2 l^2\right\}$$

Orthorhombisch $$d_{hkl} = \frac{1}{\sqrt{\left(\frac{h}{a}\right)^2 + \left(\frac{k}{b}\right)^2 + \left(\frac{l}{c}\right)^2}} \qquad \sin^2\vartheta = \frac{\lambda^2}{4}\left\{\left(\frac{h}{a}\right)^2 + \left(\frac{k}{b}\right)^2 + \left(\frac{l}{c}\right)^2\right\}$$

Der Netzebenenabstand d ist abhängig von den Dimensionen der Elementarzelle. Je niedriger die Symmetrie des Kristalls ist, umso komplizierter ist die Beziehung zwischen d und hkl. Beim monoklinen System hängt d von a, b, c und β ab, beim triklinen System von a, b, c, α, β und γ (vgl. Abb. 2.145).

Aufnahmeverfahren

Drehkristallverfahren. Ein Einkristall wird um eine festgelegte Richtung gedreht, so dass nacheinander verschiedene Netzebenen zum einfallenden Röntgenstrahl in Reflexionsstellung kommen. Die Röntgenstrahlung hat eine einheitliche Wellenlänge (monochromatische Röntgenstrahlung). Jede Netzebenenschar ergibt einen Beugungspunkt, der mit einem Detektor in einer zylindrischen Kammer registriert wird (Abb. 2.149).

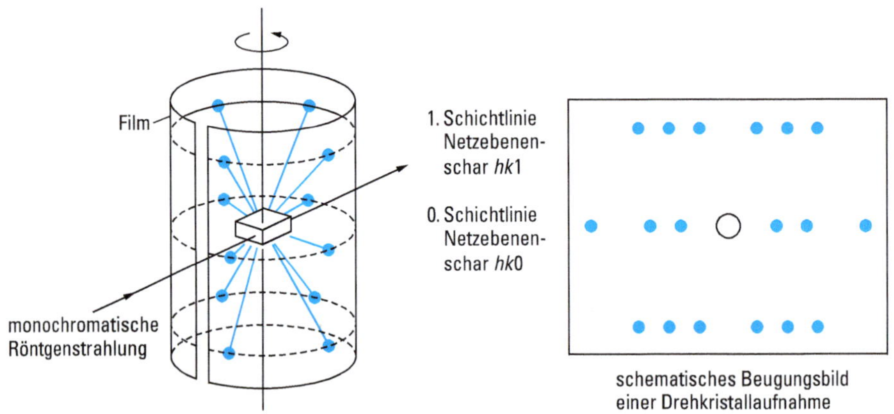

Abbildung 2.149 Drehkristallaufnahme parallel zur Kante.
Dreht man einen kubischen Kristall um die Orthogonale einer Würfelfläche, erhält man senkrecht zu dieser Richtung Reflexe, die von der Netzebenenschar *hk*0 stammen. Die Reflexe liegen in der Ebene des Primärstrahls (0. Schichtlinie). Die Reflexe von den Netzebenenscharen *hk*1, *hk*2 usw. werden symmetrisch nach oben und unten abgebeugt. Man erhält Reflexe auf Geraden oberhalb und unterhalb der 0. Schichtlinie : 1. Schichtlinie mit den Reflexen *hk*1, 2. Schichtlinie mit den Reflexen *hk*2 usw.

Laue-Verfahren. Auf einen feststehenden Kristall fällt polychromatische Röntgenstrahlung. Für jede Netzebenenschar ist in der Röntgenstrahlung die passende Wellenlänge vorhanden, die die Bragg'sche Reflexionsbedingung erfüllt. Jede Netzebenenschar verursacht einen Beugungspunkt (Abb. 2.150).

Debye-Scherrer-Verfahren. Ein Kristallpulver wird mit monochromatischer Röntgenstrahlung bestrahlt. Im Kristallpulver liegen viele kleine Kriställchen regellos verteilt, so dass alle möglichen Netzebenenscharen ohne Drehung in Reflexionsstellung vorhanden sind. Ein Kristallpulver verhält sich wie ein Einkristall, der in sämtliche Raumrichtungen gedreht wird. Es entstehen Beugungskegel, die in einer zylindrischen Kammer Beugungsringe erzeugen (Abb. 2.151).

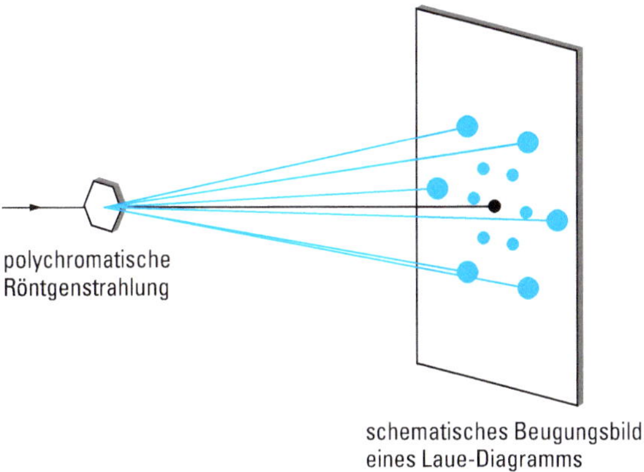

Abbildung 2.150 Laue-Aufnahme.
Die Richtung der einfallenden Röntgenstrahlung ist die Richtung der hexagonalen Achse des Kristalls. Das Laue-Diagramm zeigt die hexagonale Symmetrie. Mit den Laue-Diagrammen kann die Symmetrie eines Kristalls in ausgewählten Kristallrichtungen erkannt werden.

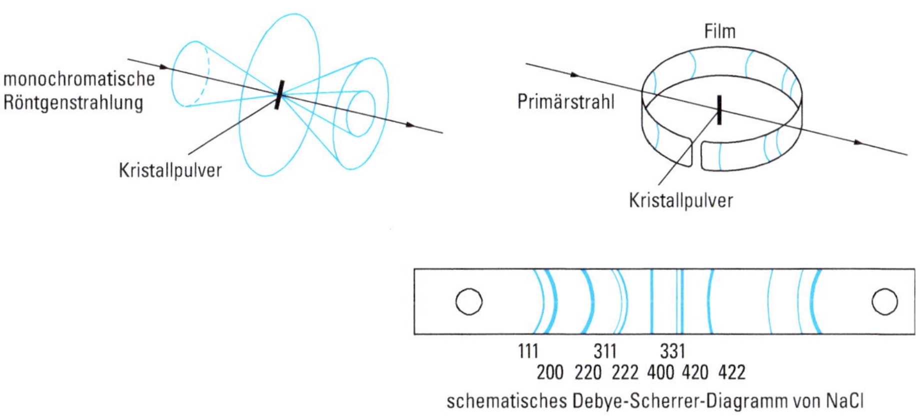

Abbildung 2.151 Debye-Scherrer-Aufnahme.
Das Kristallpulver erzeugt für jede Netzebenenschar einen Beugungskegel. Wo der Beugungskegel den Film schneidet, wird ein Beugungsbild erzeugt.

Detektor-Verfahren. Die am Kristallpulver gebeugte Strahlung wird mit einem Detektor registriert. Der Vorteil ist eine genaue Messung der Intensitäten der Röntgenreflexe (Abb. 2.152).

Durch Vermessung der Röntgendiagramme können den Beugungsreflexen Netzebenenscharen zugeordnet werden (Indizierung). Für niedrigsymmetrische Kristalle ist die Indizierung aus Pulveraufnahmen schwierig.

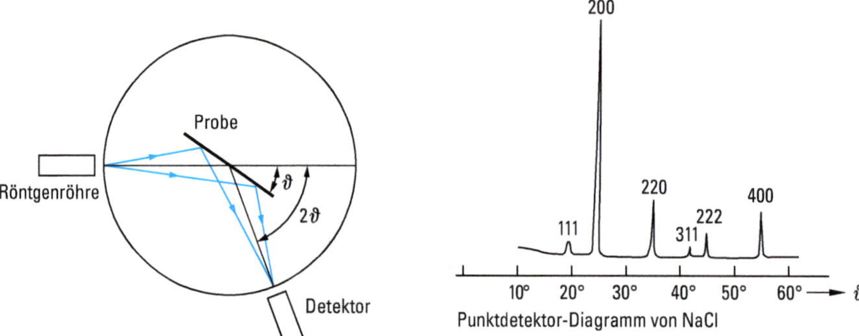

Abbildung 2.152 Strahlengang bei einer Punktdetektor-Aufnahme.
Die Probe (ebener Präparatehalter, auf dem Kristallpulver aufgebracht ist) wird durch Drehen in die Reflexionsstellung gebracht. Der Detektor wird gleichzeitig mit doppelter Winkelgeschwindigkeit gedreht. Die mit dem Detektor gemessenen Intensitäten werden elektronisch aufgezeichnet.

Beispiel: NaCl

NaCl kristallisiert im kubischen Kristallsystem. Mit der quadratischen Form der Bragg-Gleichung

$$\sin^2\vartheta = \frac{\lambda^2}{4a^2}\left(h^2 + k^2 + l^2\right)$$

kann mit $a = 565$ pm aus den gemessenen ϑ-Werten *hkl* berechnet werden (vgl. Abb. 2.151 und 2.152).

Atomverteilung in der Elementarzelle

Zur Ermittlung der Struktur einer Verbindung berechnet man für ein Strukturmodell mit einer angenommenen Atomverteilung in der Elementarzelle die Röntgenintensitäten und vergleicht sie mit den experimentell gefundenen. Bei gelöster Struktur können Bindungsabstände und Bindungswinkel errechnet werden.

Die Intensität eines Röntgenreflexes *hkl* ist proportional dem Quadrat des Strukturfaktors F_{hkl}

$$I_{hkl} \sim F_{hkl}^2$$

Die Strukturfaktoramplitude F gibt das Streuvermögen der Elementarzelle an.

$$F_{hkl} = \sqrt{\sum_i (f_i A_i)^2 + \sum_i (f_i B_i)^2}$$

$$A_i = \sum_i \cos 2\pi (hx_i + ky_i + lz_i)$$

$$B_i = \sum_i \sin 2\pi (hx_i + ky_i + lz_i)$$

x_i, y_i, z_i sind die fraktionellen Koordinaten der Atome i der Elementarzelle. f_i, der Atomformfaktor, gibt das Streuvermögen des Atoms i an. Das Streuvermögen ist linear proportional der Zahl der Elektronen, also proportional der Ordnungszahl Z. Schwere Atome tragen also stärker zur Intensität bei als leichte Atome, da die Intensität quadratisch von den Atomformfaktoren abhängt. Daraus ergeben sich zwei wichtige Folgerungen für die Röntgenstrukturanalyse. Im PSE benachbarte Atome sind röntgenographisch nicht leicht zu unterscheiden. Die Position von Wasserstoffatomen kann röntgenographisch nicht ganz genau bestimmt werden. Dies ist mit der Neutronenbeugung möglich (vgl. Abschn. 5.3).

Wenn die Elementarzelle ein Symmetriezentrum besitzt, vereinfacht sich der Strukturfaktor.

$$F_{hkl} = \sum_i f_i A_i$$

$$F_{hkl} = \sum_i f_i \cos 2\pi \left(hx_i + ky_i + lz_i\right)$$

Beispiel: NaCl

NaCl kristallisiert kubisch. Die Elementarzelle enthält vier Formeleinheiten NaCl. Die Atomkoordinaten x_i, y_i, z_i sind (s. oben):

Na $000 \quad \frac{1}{2}\frac{1}{2}0 \quad \frac{1}{2}0\frac{1}{2} \quad 0\frac{1}{2}\frac{1}{2}$

Cl $\frac{1}{2}00 \quad 0\frac{1}{2}0 \quad 00\frac{1}{2} \quad \frac{1}{2}\frac{1}{2}\frac{1}{2}$

$$A_{\mathrm{Na}} = \cos 0 + \cos 2\pi \left(\frac{h}{2} + \frac{k}{2}\right) + \cos 2\pi \left(\frac{h}{2} + \frac{l}{2}\right) + \cos 2\pi \left(\frac{k}{2} + \frac{l}{2}\right)$$

Wenn *hkl* gemischte Zahlen sind, werden die Glieder abwechselnd $+1$ und -1. Wenn alle *hkl* gerade oder alle ungerade sind, werden alle Glieder $+1$.

Es ist also $A_{\mathrm{Na}} = 0$ für *hkl* gemischt
$A_{\mathrm{Na}} = 4$ für *hkl* alle gerade oder alle ungerade.

$$A_{\mathrm{Cl}} = \cos 2\pi \left(\frac{h}{2}\right) + \cos 2\pi \left(\frac{k}{2}\right) + \cos 2\pi \left(\frac{l}{2}\right) + \cos 2\pi \left(\frac{h+k+l}{2}\right)$$

Wenn *hkl* gemischte Zahlen sind, werden zwei Glieder $+1$, zwei Glieder -1. Wenn *hkl* alle gerade sind, werden alle Glieder $+1$. Wenn *hkl* alle ungerade sind, werden alle Glieder -1.

Es ist also $A_{\mathrm{Cl}} = 0$ für *hkl* gemischt
$A_{\mathrm{Cl}} = +4$ für *hkl* alle gerade
$A_{\mathrm{Cl}} = -4$ für *hkl* alle ungerade

Für den Strukturfaktor erhält man:
Alle Reflexe mit gemischten Indizes sind ausgelöscht.
$F_{hkl} = 4(f_{\mathrm{Na}} + f_{\mathrm{Cl}})$ gilt, wenn alle Indizes gerade sind.
$F_{hkl} = 4(f_{\mathrm{Na}} - f_{\mathrm{Cl}})$ gilt, wenn alle Indizes ungerade sind.

Das Diagramm von NaCl (s. oben) stimmt damit überein. Es treten keine Reflexe mit gemischten Indizes auf. Die Reflexe 200, 220, 222, 400 sind intensiver als 111, 311, 331.

Für die Berechnung der Intensität müssen weitere Faktoren berücksichtigt werden. Flächenhäufigkeitsfaktor: Er berücksichtigt die Häufigkeit, mit der eine bestimmte Fläche in Reflexionsstellung kommt, z. B. bei Pulveraufnahmen sechs Würfelflächen, acht Oktaederflächen. Temperaturfaktor: Mit steigender Temperatur erfolgt eine Intensitätsverminderung. Absorptionsfaktor: In Abhängigkeit von der verschiedenen Weglänge, die ein abgebeugter Röntgenstrahl im Kristall zurücklegt, erfolgt eine Schwächung der Intensität durch Absorption. Weitere Korrekturfaktoren sind der Lorentz- und der Polarisationsfaktor.

2.8.3 Schwingungsspektroskopie

Normalschwingungen

Schwingungen sind Molekülbewegungen, bei denen sich Bindungsabstände und Bindungswinkel periodisch mit der Schwingungsfrequenz ändern. Bei Normalschwingungen bewegen sich alle Atome des Moleküls mit gleicher Frequenz und gleicher Phase, sie gehen also gleichzeitig durch die Gleichgewichtslage und durch die Lage maximaler Amplitude. Die maximalen Amplituden sind für verschiedene Atome verschieden groß.

Ein Molekül mit N Massenpunkten hat $3N$ Freiheitsgrade, da jeder Massenpunkt drei Raumkoordinaten besitzt, die für die N Massenpunkte unabhängig voneinander sind. Drei Freiheitsgrade entfallen auf Translationen in x-, y- und z-Richtung, drei weitere auf Rotationen. Die Anzahl der Schwingungsfreiheitsgrade ist $n = 3N - 6$ bzw. $n = 3N - 5$ für lineare Moleküle, da es bei diesen keinen Rotationsfreiheitsgrad in Richtung der Molekülachse gibt. Die Gesamtbewegung eines schwingenden Moleküls kann also durch eine Überlagerung von $3N - 6$ bzw. $3N - 5$ Normalschwingungen dargestellt werden. Man unterscheidet nach der Schwingungsform:

Valenzschwingungen ν. Es ändern sich nur die Bindungslängen.

Ebene Deformationsschwingungen δ. Es ändern sich die Bindungswinkel, die Atomabstände bleiben konstant.

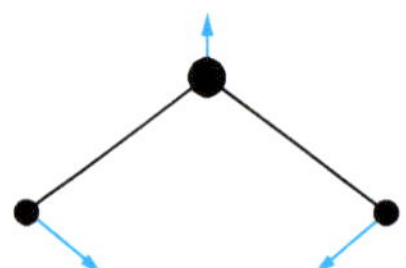

Deformationsschwingungen aus der Ebene γ. Ein Atom schwingt durch eine von (mindestens) 3 Nachbaratomen gebildete Ebene.

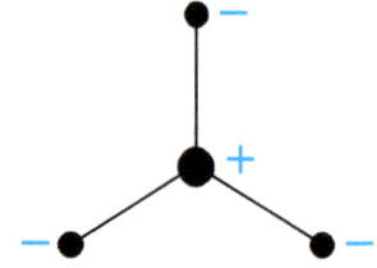

Torsionsschwingungen τ. Der Winkel zwischen zwei Ebenen, die eine Bindung gemeinsam haben, verändert sich.

Im Allgemeinen haben die Schwingungsformen die Frequenzfolge $\nu > \delta > \gamma > \tau$. Man unterscheidet nach dem Symmetrieverhalten:

Symmetrische Schwingungen (Index s). Die Symmetrie des Moleküls bleibt beim Schwingungsvorgang erhalten.

Antisymmetrische Schwingungen (Index as). Während des Schwingungsvorgangs ändert sich die Symmetrie des Moleküls.

In der Abb. 2.153 sind die Normalschwingungen von CO_2 und SO_2 dargestellt.

Die Energie der Molekülschwingungen ist gequantelt. Abb. 2.154 beschreibt den Potentialverlauf eines anharmonisch schwingenden Moleküls. Der Abstand zwischen zwei Quantenzuständen benachbarter Schwingungsniveaus wird mit wachsender Energie immer kleiner, bis die Dissoziationsenergie des Moleküls erreicht ist.

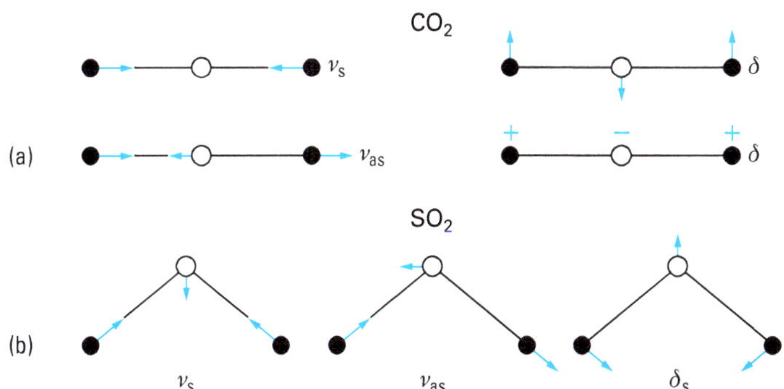

Abbildung 2.153 a) Normalschwingungen von CO_2.
Als lineares Molekül hat CO_2 $n = 3N - 5 = 4$ Normalschwingungen. Bei der symmetrischen Valenzschwingung ν_s verkürzen oder verlängern sich die C—O-Bindungen gleichzeitig. Die Molekülsymmetrie verändert sich nicht. Bei der antisymmetrischen Valenzschwingung ν_{as} verkürzt sich eine der Bindungen, während sich die andere verlängert. Dadurch verändert sich die Molekülsymmetrie. Bei der Deformationsschwingung δ ändert sich der O—C—O-Bindungswinkel. Die beiden Deformationsschwingungen lassen sich durch 90°-Drehung des Moleküls um die Molekülachse ineinander überführen. Sie sind daher entartet.
b) Normalschwingungen von SO_2.
Als nichtlineares dreiatomiges Molekül hat SO_2 $n = 3N - 6 = 3$ Normalschwingungen. Es gibt eine symmetrische Valenzschwingung ν_s, eine asymmetrische Valenzschwingung ν_{as} und eine symmetrische Deformationsschwingung δ_s.

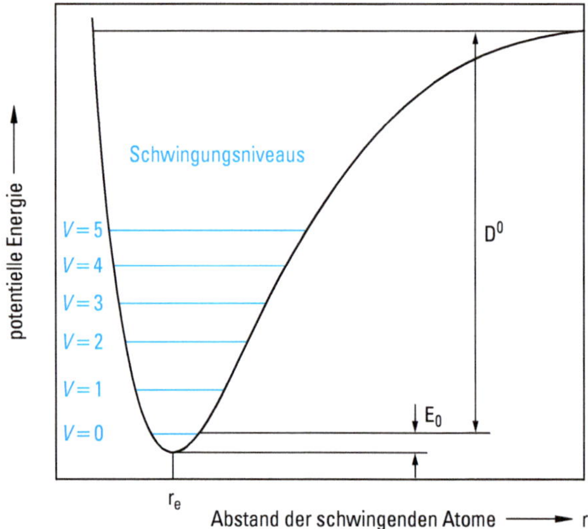

Abbildung 2.154 Potentialverlauf eines anharmonischen Oszillators.
r_e = Gleichgewichtsabstand der Atome, V = Schwingungsquantenzahlen, E_0 = Nullpunktsenergie, $D°$ = Dissoziationsenergie = Bindungsenergie (vgl. S. 128)

Anregung von Normalschwingungen

Die Schwingungsfrequenzen eines Moleküls können mit zwei verschiedenen spektroskopischen Methoden bestimmt werden: Infrarot-Spektroskopie und Raman-Spektroskopie.

Bei der IR-Spektroskopie wird durch Absorption eines Lichtquants $E = h\nu_{vib}$ eine Grundschwingung angeregt, das Molekül geht vom Schwingungszustand $V = 0$ in den Schwingungszustand $V = 1$ über (Abb. 2.155). Anregungen in Quantenzustände mit $V > 1$ führen zu Oberschwingungen, deren Anregungswahrscheinlichkeiten und Intensitäten wesentlich geringer sind.

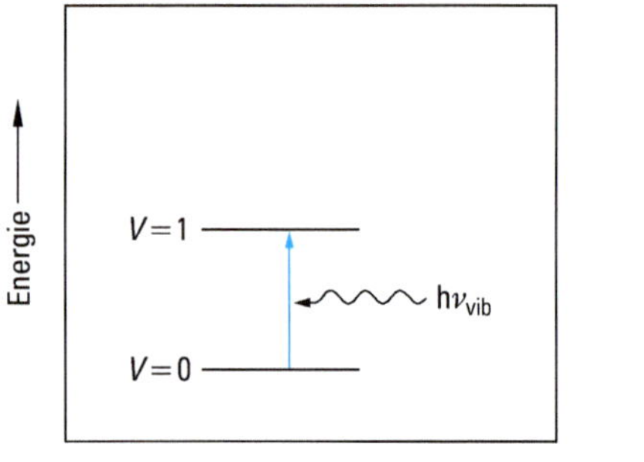

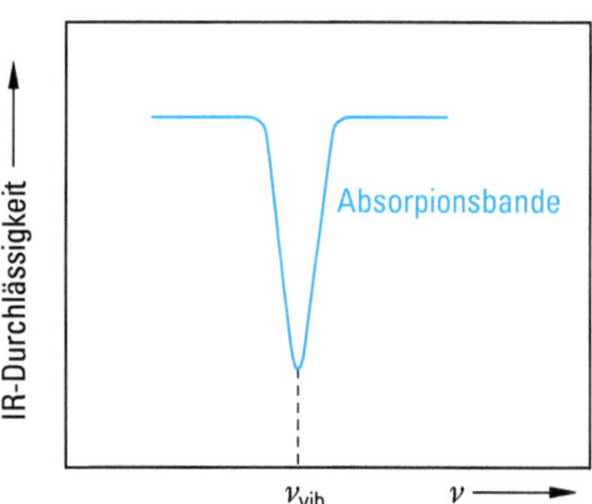

Abbildung 2.155 Entstehung einer IR-Bande.

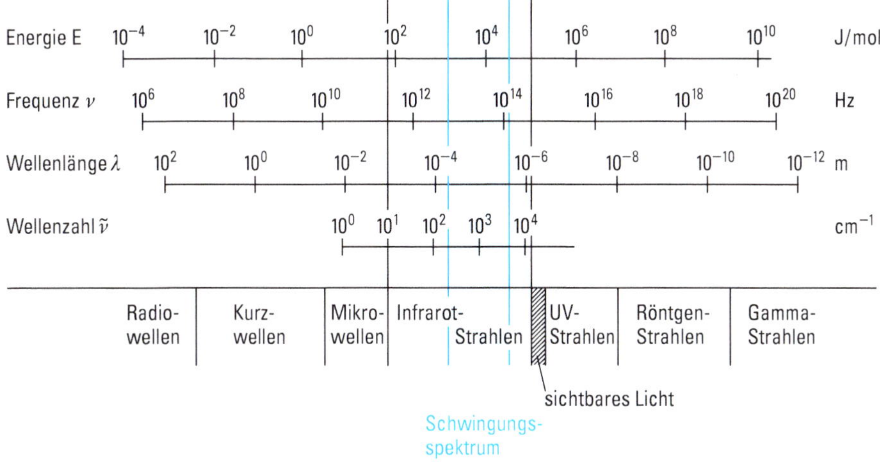

Abbildung 2.156 Bereich der Schwingungsspektren im elektromagnetischen Spektrum $E = h\nu = hc\frac{1}{\lambda} = hc\tilde{\nu}$.

Zur Aufnahme eines IR-Spektrums wird die Probe mit polychromatischer Strahlung bestrahlt, deren Energie im IR-Bereich liegt (Abb. 2.156). Durch Intensitätsvergleich mit einem Referenzstrahl werden die Frequenzwerte der absorbierten Strahlung bestimmt.

Bei der Raman-Spektroskopie bestrahlt man die Probe mit energiereichen Quanten, die von den Molekülen nicht absorbiert werden können. Die Wechselwirkung führt zu drei Effekten (Abb. 2.157).

Elastische Stöße der eingestrahlten Photonen mit der Frequenz ν_0 führen zu einem angeregten Zustand, der sofort wieder in den Grundzustand ($V = 0$) übergeht. Die Energie des Moleküls ändert sich nicht, die Strahlung wird als Streustrahlung der gleichen Frequenz ν_0 abgegeben (Rayleigh-Strahlung).

Durch in- oder unelastische Stöße der Photonen erfolgen Energieänderungen des Moleküls und der Photonen. Fällt das Molekül nicht in den Grundzustand, sondern in den 1. angeregten Zustand ($V = 1$) zurück, so ist die Energie der abgestrahlten Photonen um die Energie des Übergangs $V = 0$ nach $V = 1$ vermindert: $h\nu_{\text{Stokes}} = h\nu_0 - h\nu_{\text{vib}}$ (Stokes-Linie).

Wird ein Molekül angeregt, das sich im 1. angeregten Zustand (v = 1) befindet und fällt dieses in den Grundzustand zurück, so hat das gestreute Photon eine um die Übergangsenergie $V = 0$ nach $V = 1$ erhöhte Energie, $h\nu_{\text{Anti-Stokes}} = h\nu_0 + h\nu_{\text{vib}}$ (Anti-Stokes-Linie).

Man misst die intensiveren Stokes-Linien. Die Schwingungsenergie wird relativ zur Anregungsenergie gemessen: $h\nu_{\text{vib}} = h\nu_0 - h\nu_{\text{Stokes}}$. Sie entspricht der IR-Absorptionsenergie $h\nu_{\text{vib}}$. Bei der Raman-Spektroskopie werden die Schwingungen mit monofrequenter Strahlung angeregt (z. B. mit einem He-Ne-Laser: $\lambda = 632{,}8$ nm; $\tilde{\nu} = 15\,802\,\text{cm}^{-1}$).

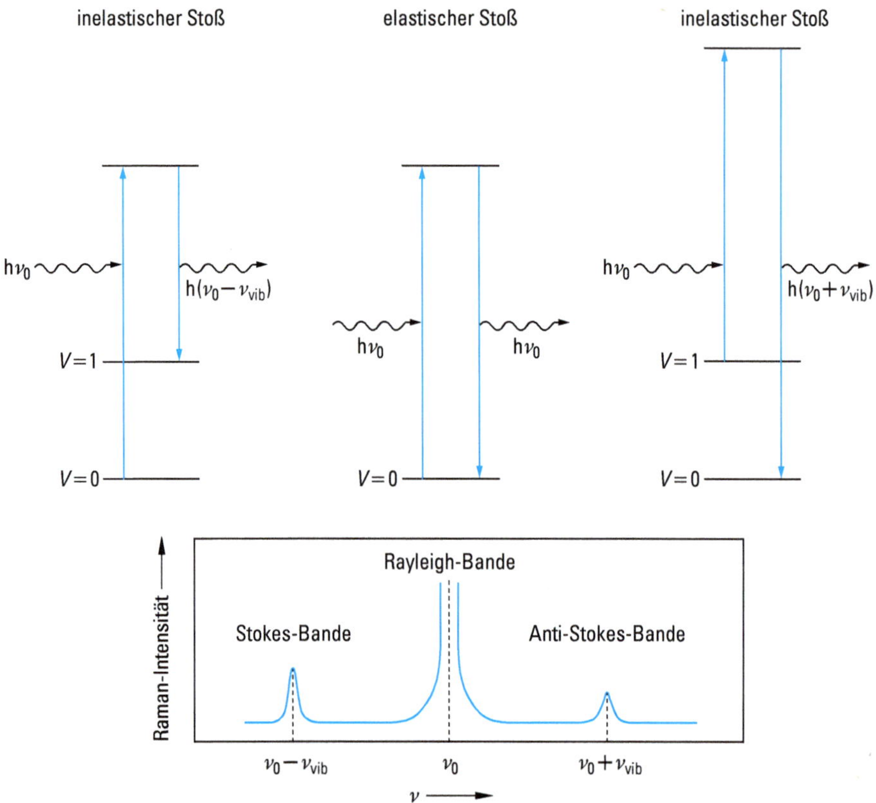

Abbildung 2.157 Entstehung von Raman-Banden.

Kraftkonstanten

Wenn in einem zweiatomigen Molekül AB der Gleichgewichtsabstand der Atome A und B durch eine äußere Krafteinwirkung um Δr verändert wird, dann tritt eine rücktreibende Kraft

$$F = f \cdot \Delta r$$

auf (Gesetz von Hooke). Der Proportionalitätsfaktor f heißt Kraftkonstante. Für zweiatomige Moleküle gilt

$$f_{AB} = 5{,}89 \cdot 10^{-7} \frac{\bar{\nu}^2}{\mu_A + \mu_B} \; (\mathrm{N\,cm^{-1}})$$

$\bar{\nu}$ ist die Wellenzahl der Schwingung in cm^{-1}, μ_A, μ_B sind die Reziprokwerte der relativen Atommassen A_r. f kann bei Kenntnis der Massen der Atome durch Messung der Schwingungswellenzahl $\bar{\nu}$ bestimmt werden. Die f-Werte variieren von 1 bis 30 N cm^{-1}. Die Kraftkonstante f ist eine für die Bindungsstärke kovalenter Bindungen charakteristische Größe.

Die Kraftkonstanten von Mehrfachbindungen sind höher als die von Einfachbindungen. Bei vergleichbaren Bindungen verhalten sich die Kraftkonstanten von Ein-, Zwei- und Dreifachbindungen annähernd wie 1:2:3.

Beispiel:

	$H_3C{-}CH_3$	$H_2C{=}CH_2$	$HC{\equiv}CH$
f in N cm^{-1}	4,5	9,8	15,6

Aus den Kraftkonstanten können daher Bindungsordnungen berechnet werden.

Beispiel:

	CO_2	CO	NO_3^-	SO_2	SO_3
Bindungsordnung	2,38	2,76	1,20	2,00	2,05

Die Kraftkonstanten ändern sich mit dem Hybridisierungszustand. f wächst mit zunehmendem s-Charakter.

Beispiel:

Hybridisierung	Molekül	f_{CH} in N cm^{-1}
p	CH-Radikal	4,09
sp^3	CH_4	4,95
sp^2	C_2H_4	5,12
sp	C_2H_2	5,90

In Tab. 2.34 sind die f-Werte einiger zweiatomiger Moleküle angegeben.

Tabelle 2.34 Kraftkonstanten f einiger zweiatomiger Moleküle

Molekül	f in N cm^{-1}	Molekül	f in N cm^{-1}
Hg_2^{2+}	1,69	HI	2,92
I_2	1,60	HBr	3,84
IBr	1,98	HCl	4,81
ICl	2,35	HF	8,87
Br_2	2,36	O_2	11,41
BrCl	2,77	NO	15,48
Cl_2	3,20	CN^-	16,41
ClF	4,34	CO	18,56
F_2	4,45	N_2	22,39
H_2	5,14	NO^+	25,06

Kraftkonstanten können auch für mehratomige Moleküle bestimmt werden. Ihre Berechnung ist aber meist schwierig.

Molekülsymmetrie

Nicht jede Normalschwingung führt im IR- oder Raman-Spektrum zu einer Bande. Entartete Schwingungen (Abb. 2.153) besitzen dieselbe Energie, also dieselbe Schwingungsfrequenz und ergeben im Schwingungsspektrum nur eine Bande.

Eine Schwingung ist nur dann IR-aktiv (führt zu einer IR-Bande), wenn sich im Verlauf der Schwingung das Dipolmoment μ (vgl. S. 133) des Moleküls ändert.

Eine Schwingung ist nur dann Raman-aktiv, wenn sich beim Schwingungsvorgang die Polarisierbarkeit α (vgl. S. 171) ändert.

Daraus folgen die Auswahlregeln. Totalsymmetrische Schwingungen sind Raman-aktiv und ergeben die intensivste Raman-Linie. Hat das Molekül ein Symmetriezentrum (vgl. S. 238, 240), dann sind alle dazu symmetrischen Schwingungen IR-verboten, alle dazu antisymmetrischen Schwingungen Raman-verboten (Alternativverbot). IR-Spektroskopie und Raman-Spektroskopie ergänzen sich.

Moleküle desselben Formeltyps und derselben Symmetrie besitzen die gleichen Normalschwingungen. Die IR- und Raman-Aktivität der Normalschwingungen ist typisch für die Symmetrieeigenschaften des Moleküls. Aus den Schwingungsspektren erhält man daher nicht nur Informationen über den Bindungsgrad, sondern auch über die Molekülgeometrie.

Beispiele:

Molekültyp AB_3

Normalschwingungen für trigonal-planare Moleküle

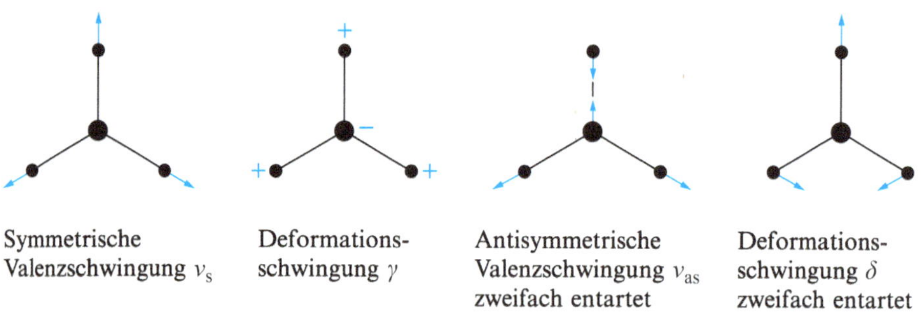

Symmetrische Valenzschwingung ν_s	Deformationsschwingung γ	Antisymmetrische Valenzschwingung ν_{as} zweifach entartet	Deformationsschwingung δ zweifach entartet

	Bandenlagen $\bar{\nu}$ in cm^{-1}				Kraftkonstanten f in $N\ cm^{-1}$
	ν_s	γ	ν_{as}	δ	
BF_3	888	691	1454	480	7,29
CO_3^{2-}	1063	880	1415	680	7,61
NO_3^-	1050	830	1390	720	7,96
SO_3	1068	496	1391	529	10,35
	Ra	IR	IR Ra	IR Ra	

Normalschwingungen für pyramidale Moleküle

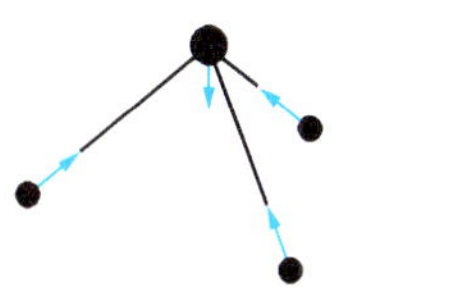

Symmetrische Valenzschwingung ν_s

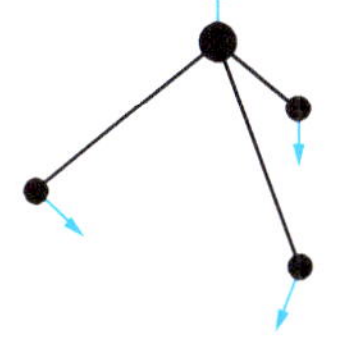

Deformationsschwingung γ

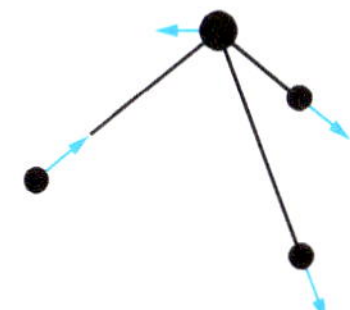

Antisymmetrische Valenzschwingung ν_{as} zweifach entartet

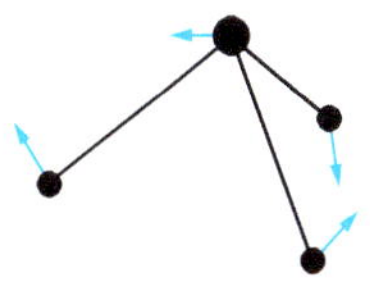

Deformationsschwingung δ (e) zweifach entartet

	Bandenlagen $\tilde{\nu}$ in cm^{-1}				Kraftkonstanten f in $N\ cm^{-1}$
	ν_s	γ	ν_{as}	$\delta(e)$	
NF_3	1031	642	907	497	4,35
SO_3^{2-}	967	620	933	469	5,52
ClO_3^-	932	613	982	479	5,87
XeO_3	780	344	833	317	5,57
	IR Ra	IR Ra	IR Ra	IR Ra	

Molekültyp AB_2

Normalschwingungen für lineare Moleküle (Abb. 2.153)

	Bandenlagen $\tilde{\nu}$ in cm^{-1}			Kraftkonstanten f in $N\ cm^{-1}$
	ν_s	δ	ν_{as}	
N_3^-	1344	647	2036	13,15
CS_2	658	397	1533	7,67
XeF_2	515	213	557	2,83
	Ra	IR	IR	

Normalschwingungen für gewinkelte Moleküle (Abb. 2.153)

	Bandenlagen $\tilde{\nu}$ in cm^{-1}			Kraftkonstanten f in $N\ cm^{-1}$
	ν_s	δ	ν_{as}	
O_3	1110	701	1042	5,70
SO_2	1151	518	1362	10,02
NO_2^-	1323	827	1269	7,73
Cl_2O	640	300	686	2,92
	Ra IR	Ra IR	Ra IR	

Nur bei linearen Molekülen mit Symmetriezentrum gilt das Alternativverbot.

Molekültyp AB_4

Die zahlreichen tetraedrischen Moleküle haben vier Normalschwingungen, planare Moleküle sechs Normalschwingungen.

Gruppenfrequenzen

Bestimmte Bindungen oder Atomgruppierungen können weitgehend unabhängig schwingen, auch wenn sie in ein größeres Molekül eingebaut sind. Dies ist dann der Fall, wenn sich das Strukturelement entweder durch die Atommassen oder durch die Kraftkonstanten wesentlich von den übrigen Teilen des Moleküls unterscheidet. Die Schwingungen sind also vom Rest des Moleküls weitgehend unabhängig, ihre Frequenzen liegen in einem engen, charakteristischen Frequenzbereich. Dies ermöglicht eine Identifizierung einzelner Strukturelemente und die Klassifizierung unbekannter Substanzen nach ihren funktionellen Gruppen.

Beispiele (Wellenzahlen in cm^{-1}):

>C=O	1705–1740	–C≡N	2240–2260	⩾C–H	2840–2980
>C=N–	1640–1690	–C≡C–	2100–2260	>N–H	3300–3500
>C=C	1620–1680			–O–H	3590–3650
–N=N–	1570–1630				

Kristallgitter

Bei vielen kristallinen Verbindungen sind an den Schwingungen alle Gitteratome beteiligt und nicht nur bestimmte Baugruppen des Gitters. So findet man z. B. bei Spinellen vier IR-Banden, die zu Gitterschwingungen gehören. Es kann nicht zwi-

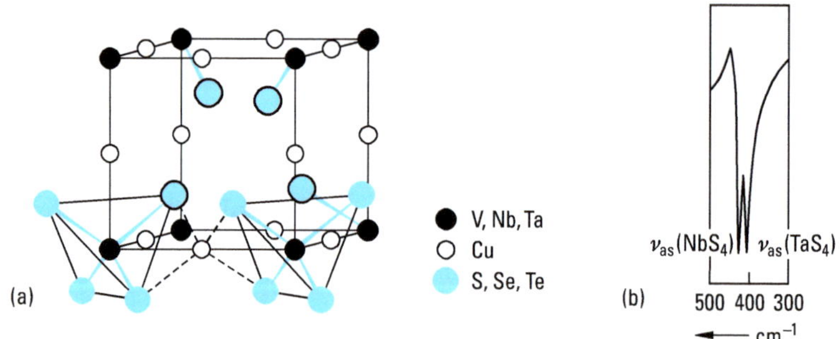

Abbildung 2.158 a) Elementarzelle der Sulvanit-Struktur. Nur die umrandeten Anionen liegen innerhalb der Elementarzelle.
b) IR-Spektrum des Sulvanitmischkristalls $Cu_3Nb_{0,5}Ta_{0,5}S_4$ im Bereich 300 – 500 cm^{-1}. Die antisymmetrischen Valenzschwingungen der NbS_4- und TaS_4-Tetraeder treten nebeneinander auf. Ihre Lage ist die der Endkomponenten Cu_3NbS_4 und Cu_3TaS_4.

schen Schwingungen der tetraedrisch bzw. oktaedrisch koordinierten Metallatome unterschieden werden.

Gibt es in Gitterverbindungen Baugruppen, die im Gesamtgitter abgegrenzt sind, z. B. komplexe Ionen, ist eine Zuordnung von Normalschwingungen zu diesen Baugruppen möglich. Ein interessantes Beispiel ist das Sulvanitgitter. Sulvanite sind Verbindungen der Zusammensetzung Cu_3MX_4 (M = V, Nb, Ta; X = S, Se, Te). Sie kristallisieren kubisch, sowohl die Cu- als auch die M-Atome sind tetraedrisch von Anionen umgeben (Abb. 2.158a). Die Kraftkonstanten M—X liegen im Bereich 1,6–2,6 N cm^{-1}, die von Cu—X zwischen 0,3 und 0,6 N cm^{-1}. Da die Kraftkonstanten sehr unterschiedlich sind, gibt es nahezu isolierte Valenzschwingungen der tetraedrischen MX_4-Gruppen. In den Mischkristallen $Cu_3M_xM'_{1-x}X_4$ treten die in den Endgliedern gefundenen Banden der Valenzschwingungen in nahezu unveränderter Lage nebeneinander auf (Abb. 2.158b).

2.8.4 Kernresonanzspektroskopie

Kernresonanz

Atomkerne, die eine ungerade Anzahl Protonen oder Neutronen oder eine ungerade Anzahl beider enthalten, besitzen einen Kernspin. Er beträgt $\frac{h}{2\pi}\sqrt{I(I+1)}$. h ist die Planck-Konstante, I die Kernspinquantenzahl. Sie kann die Werte 0, 1/2, 1, 3/2, 2 ... 9/2 annehmen. Kerne mit $I = 0$, die keinen Spin besitzen, sind solche, die eine gerade Anzahl Protonen und Neutronen enthalten.

Ist $I > 0$, so erzeugt der Spin des Atomkerns ein Magnetfeld, die Kerne besitzen ein magnetisches Moment. Die magnetischen Kernmomente werden in Einheiten des Kernmagnetons μ_K angegeben.

$$\mu_K = \frac{eh}{4\pi m_p c}$$

e Elementarladung, c Lichtgeschwindigkeit, m_p Protonenmasse. Kernmagnetische Momente sind um mehrere Größenordnungen kleiner als die magnetischen Momente der Elektronen. Sie liegen im Bereich $-2{,}1\ \mu_K$ bis $5{,}5\ \mu_K$. Wegen der 1836mal größeren Masse des Protons gegenüber dem Elektron besteht zwischen dem Bohr'schen Magneton (vgl. Abschn. 5.1.2) und dem Kernmagneton die Beziehung $\mu_B = 1836\ \mu_K$.

In einem äußeren Magnetfeld können sich die magnetischen Kernmomente in $2I + 1$ Richtungen zum äußeren Feld einstellen (vgl. S. 44). Für einen Kern mit $I = 1/2$ gibt es zwei Einstellmöglichkeiten zum äußeren Feld, parallele oder antiparallele Ausrichtung der Kernmomente. Ist das Kernmoment parallel zum äußeren Feld ausgerichtet, ist der Zustand energieärmer als bei der antiparallelen Ausrichtung (Abb. 2.159). Die Energiedifferenz zwischen beiden Zuständen ist proportional zur Größe des äußeren Feldes. In einem Magnetfeld der Induktion 1 T (T = Tesla, vgl. Abschn. 5.1.1) beträgt z. B. die Aufspaltung für ^{1}H-Kerne 0,016 J.

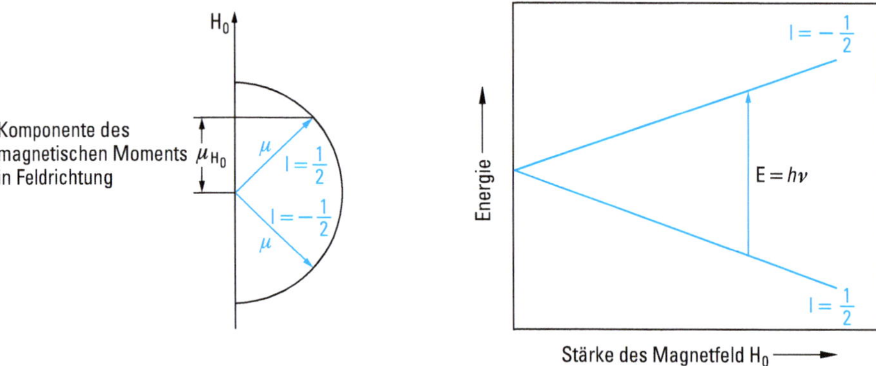

Abbildung 2.159 Ausrichtung der magnetischen Kernmomente von Kernen mit $I = 1/2$ in einem äußeren Feld. Es gibt zwei Zustände unterschiedlicher Energie, deren Energiedifferenz mit der Größe des äußeren Feldes linear zunimmt. Durch Quanten geeigneter Frequenz erfolgt Anregung (kernmagnetische Resonanz). Bei einem äußeren Feld von 1 T (T = Tesla) liegen die Frequenzen im MHz-Bereich.

Durch Aufnahme eines Quants geeigneter Frequenz kann ein Molekül vom energiearmen Zustand in den energiereichen Zustand übergehen. Beträgt das äußere Feld 1 Tesla, dann ist die Anregungsfrequenz für ^{1}H-Kerne $42{,}58 \cdot 10^6$ Hz. Auch für andere Kerne ist bei gleichem äußerem Feld der Frequenzbereich zur Anregung 1 − 50 MHz.

Bei der Aufnahme eines Kernresonanzspektrums (NMR-Spektrum, nach nuclear magnetic resonance) wird in einem Hochfrequenzgenerator elektromagnetische Strahlung konstanter Frequenz erzeugt und die Feldstärke des äußeren Feldes kontinuierlich geändert, bis Resonanz erfolgt. Der Energieverlust durch die Resonanz wird als Absorptionspeak registriert.

Die für die NMR-Spektroskopie wichtigsten Kerne sind ^{1}H, ^{13}C, ^{19}F, ^{31}P, ^{15}N, ^{29}Si ($I = 1/2$), ^{14}N ($I = 1$), ^{11}B ($I = 3/2$).

Die Bedeutung der Kernresonanzspektroskopie für die Strukturchemie beruht im Wesentlichen auf zwei Effekten, der chemischen Verschiebung und der Spin-Spin-Kopplung.

Chemische Verschiebung

Die Resonanzfrequenz eines Kerns ist von der Feldstärke am Ort des Kerns abhängig. Diese ist jedoch nicht genau identisch mit der Feldstärke des äußeren magnetischen Feldes H_0. Die den Atomkern umgebende Elektronenwolke schirmt das äußere Feld ab. Das am Kernort wirksame Feld H_K ist also geschwächt.

$$H_K = H_0\,(1 - \sigma)$$

σ, die Abschirmungskonstante, hat Werte zwischen 10^{-2} und 10^{-5}. Wegen der Abschirmung ist eine größere Feldstärke des äußeren Magnetfeldes (chemische Verschiebung) notwendig, damit Resonanz erfolgt. Chemisch unterschiedliche Atome führen zu unterschiedlichen chemischen Verschiebungen. Nur äquivalente Atome ergeben die gleiche Signallage. Die Intensität der Resonanzsignale gibt Information über die Anzahl äquivalenter Atome.

Um einen von der Feldstärke und der Resonanzfrequenz unabhängigen Maßstab für die Verschiebung der Resonanzlinien zu erhalten, wird die chemische Verschiebung durch einen dimensionslosen Parameter δ angegeben.

$$\delta = \frac{\nu_{\text{Probe}} - \nu_{\text{St}}}{\nu_{\text{St}}} 10^6$$

ν_{St} ist die Frequenz einer Vergleichssubstanz. Für die ^{1}H-NMR-Spektroskopie verwendet man $Si(CH_3)_4$, für die ^{19}F-NMR-Spektroskopie CCl_3F und für die ^{31}P-NMR-Spektroskopie 85 % H_3PO_4. Positive δ-Werte bedeuten, dass die Verschiebung gegenüber der Bezugssubstanz in Richtung kleinerer Feldstärken (höhere Frequenzen) des äußeren Feldes erfolgt.

Beispiel:

In der Abb. 2.160a ist die chemische Verschiebung der H-Atome für Ethylalkohol C_2H_5OH dargestellt.

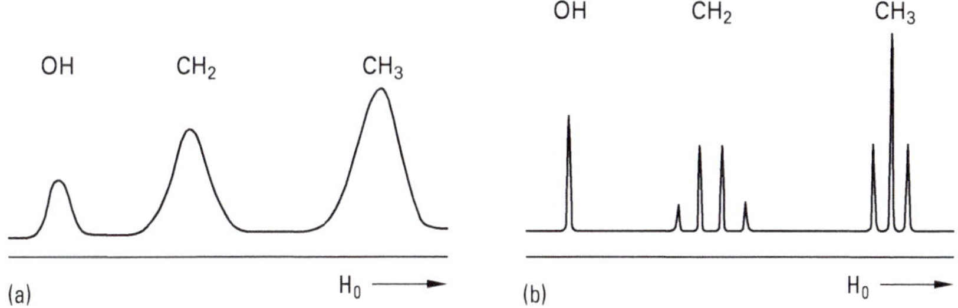

Abbildung 2.160 a) Das ^{1}H-NMR-Spektrum von C_2H_5OH mit geringer Auflösung zeigt keine Spin-Spin-Kopplung, sondern nur die unterschiedliche chemische Verschiebung der äquivalenten H-Atome der OH-, der CH_2- und der CH_3-Gruppe.
b) Das Spektrum bei mittlerer Auflösung zeigt die Spin-Spin-Kopplung zwischen der CH_2- und der CH_3-Gruppe. Sie führt für die H-Atome der CH_2-Gruppe zu vier Linien mit den relativen Intensitäten 1 : 3 : 3 : 1, für die H-Atome der CH_3-Gruppe zu drei Linien mit den relativen Intensitäten 1 : 2 : 1.

Je elektronegativer der Bindungspartner von Wasserstoff ist, umso weniger wird das Proton abgeschirmt, das Resonanzsignal verschiebt sich zu kleineren Feldstärken.

Spin-Spin-Kopplung

Das auf einen Kern A wirkende Magnetfeld wird durch den Spin eines benachbarten Atoms (das nicht mit A äquivalent ist) beeinflusst. Besitzt das Nachbaratom B den Kernspin $I = 1/2$, führen die beiden möglichen Spineinstellungen und das daraus resultierende Magnetfeld zu einer Schwächung oder Verstärkung des Feldes am Kern A und das Resonanzsignal spaltet in zwei intensitätsgleiche Linien auf, da beide Spinanordnungen gleich wahrscheinlich sind.

Hat auch das A-Atom den Kernspin $I = 1/2$, dann führt die Spin-Spin-Kopplung auch zu einer Aufspaltung der Resonanzlinie des Atoms B.

Beispiel: $OPCl_2F$

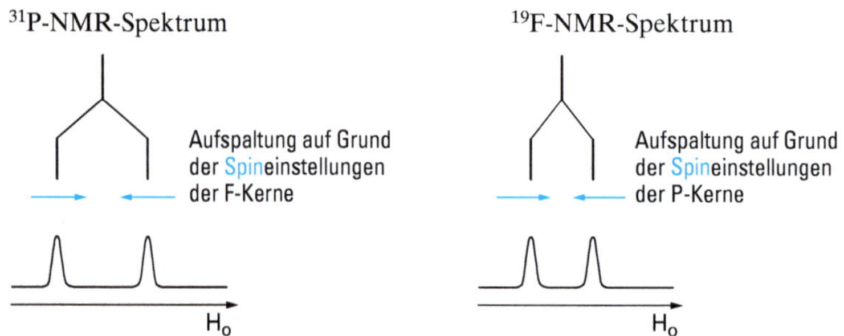

Hat Atom A zwei Nachbaratome mit dem Kernspin $I = 1/2$, die äquivalent sind, dann führt die Spin-Spin-Kopplung zur Aufspaltung des NMR-Spektrums in drei Linien mit den relativen Intensitäten 1 : 2 : 1. Bei drei äquivalenten Nachbaratomen besteht das Spektrum aus vier Linien mit den relativen Intensitäten 1 : 3 : 3 : 1.

Beispiele: ^{31}P-NMR-Spektren

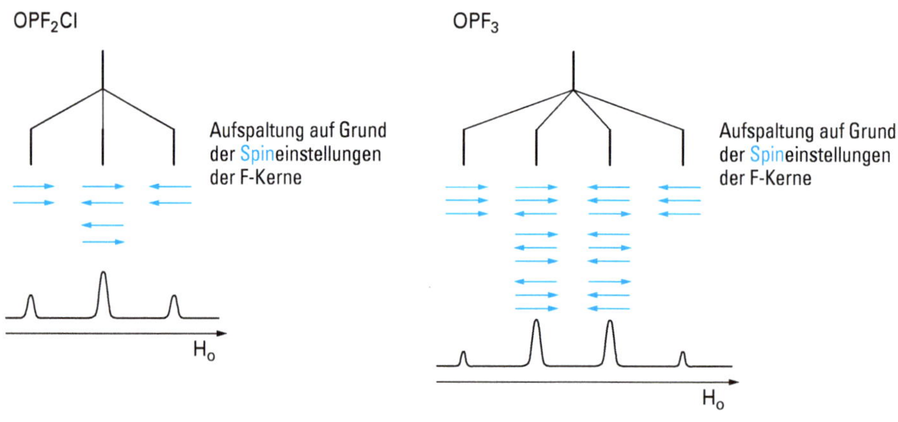

Die Multiplizitäten und relativen Intensitäten der durch Spin-Spin-Kopplung von n äquivalenten Nachbarkernen mit $I = 1/2$ verursachten Multipletts enthält die folgende Übersicht.

n	Multiplizität	Relative Intensität
1	2	1 : 1
2	3	1 : 2 : 1
3	4	1 : 3 : 3 : 1
4	5	1 : 4 : 6 : 4 : 1
5	6	1 : 5 : 10 : 10 : 5 : 1

Allgemein gilt für die Multiplizität $2In + 1$.

Das NMR-Spektrum von C_2H_5OH mit mittlerer Auflösung (Abb. 2.160b) besteht auf Grund der Spin-Spin-Kopplung aus einem Singulett, einem Triplett und einem Quartett.

Weitere Beispiele:

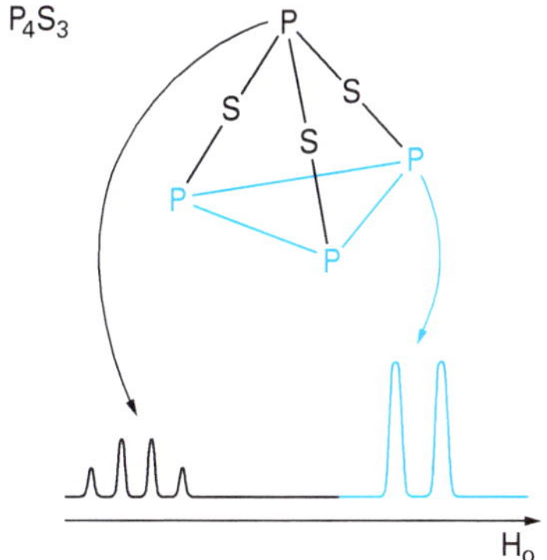

$P_4O_6S_4$

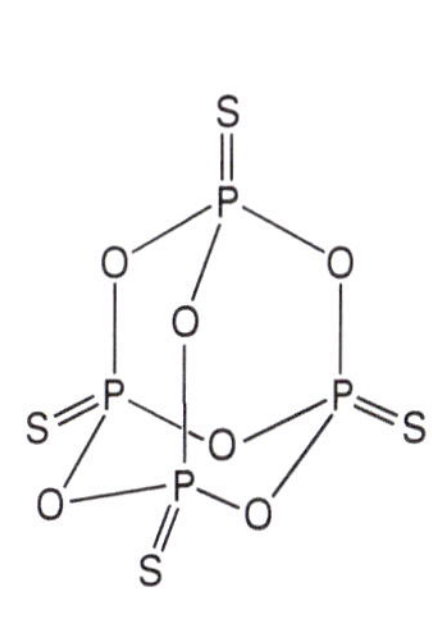

Es gibt zwei verschiedene P-Atome. Das NMR-Spektrum stimmt mit der angegebenen Struktur überein.

Es gibt nur eine Resonanzlinie. Alle P-Atome sind entsprechend der angegebenen Struktur äquivalent.

Den gleich großen und vom äußeren Magnetfeld unabhängigen Frequenzabstand zwischen den Linien eines Multipletts bezeichnet man als Kopplungskonstante J. Sie nimmt schnell mit der Entfernung zwischen den koppelnden Atomen ab, so dass man auch daraus Informationen über die Molekülgeometrie erhält. Die große P-H-Kopplungskonstante des ^{31}P-NMR-Spektrums von HPO_3^{2-} entspricht z. B. der Struktur

```
   O⁻                                                   O⁻
   |                                                    |
H— P —O⁻  und nicht der denkbaren isomeren Struktur H—O—P—O⁻.
   ||                                                   ‾
   O
```

Kernspin-Tomographie

Die Kernresonanzspektroskopie wird in der medizinischen Diagnostik angewendet. Bei der Kernspin-Tomographie werden durch ein starkes Magnetfeld die ^{1}H-Kerne des untersuchten Gewebes ausgerichtet und nach einem kurzen Hochfrequenzpuls wird mit der abgegebenen elektromagnetischen Strahlung das Gewebe abgebildet. Es können ohne Strahlenbelastung Details sichtbar gemacht werden, die mit der Röntgendiagnostik nicht erfasst werden (vgl. Abschn. 1.3.1 und 5.10.5).

2.8.5 Photoelektronenspektroskopie

XPS, ESCA, UPS

Durch Ionisierung mit Photonen können Elektronen aus inneren Schalen, äußere Elektronen aus der Valenzschale oder aus Molekülorbitalen entfernt werden. Misst man die kinetische Energie E_{kin} dieser Elektronen, dann kann man bei bekannter Photonenenergie $h\nu$ die Bindungsenergie E_{B} der Elektronen berechnen.

$$E_{\text{kin}} = h\nu - E_{\text{B}}$$

Um die fest gebundenen Rumpfelektronen zu entfernen, sind Röntgenstrahlen erforderlich. Man verwendet annähernd monochromatische Röntgenstrahlung (Linienbreite 1−2 eV), meist die K_α-Linien von Mg (1254 eV) und Al (1487 eV) (vgl. Abschn. 1.4.9). Diese Technik wird Röntgen-Photoelektronen-Spektroskopie (XPS) genannt. Da damit Elemente identifiziert werden können, wird sie auch als Elektronenspektroskopie für die chemische Analyse (ESCA) bezeichnet.

Die weniger fest gebundenen (kleiner als etwa 40 eV) Elektronen der Valenzschale, der Molekülorbitale und der Energiebänder können bereits durch ultraviolette Strahlung entfernt werden. Man verwendet Heliumemissionslinien der Übergänge He $1s^1\,2p^1 \rightarrow$ He $1s^2$ (21,22 eV; He(I)) und $He^+\,2p^1 \rightarrow He^+\,1s^1$ (40,8 eV; He(II)). Diese Technik wird Ultraviolett-Photoelektronen-Spektroskopie (UPS) genannt. Der Vorteil der Verwendung energieärmerer Photonen ist eine höhere Auflösung (ca. 0,02 eV), so dass auch die bei der Ionisierung eines Moleküls angeregten Molekülschwingungen erfasst werden können.

Energieniveaus von Rumpfelektronen

Aus den Röntgen-Photoelektronen-Spektren lassen sich die Bindungsenergien der Unterschalen 1s, 2s, 2p, 3s, 3p usw. für die verschiedenen Elemente bestimmen. Für jedes Element gibt es typische Linien, mit denen es identifiziert werden kann.

Bei Proben mit verschiedenen Atomen sind die Linien beider Atomsorten nebeneinander vorhanden. Da die chemische Verschiebung nur einige eV beträgt, ist eine Überlappung von Linien verschiedener Elemente unwahrscheinlich. Als Beispiel sind in der Abb. 2.161 die Linien der Spektren von Co und CoO dargestellt.

Beispiele für Bindungsenergien in eV:

	Li	Be	B	C	N	O	F	Ne
1s	55	111	188	284	399	532	686	867
	Na	Mg	Al	Si	P	S	Cl	Ar
2p	31	52	73	99	135	164	200	245
			74	100	136	165	202	247
2s	63	89	118	149	189	229	270	320
1s	1072	1305						

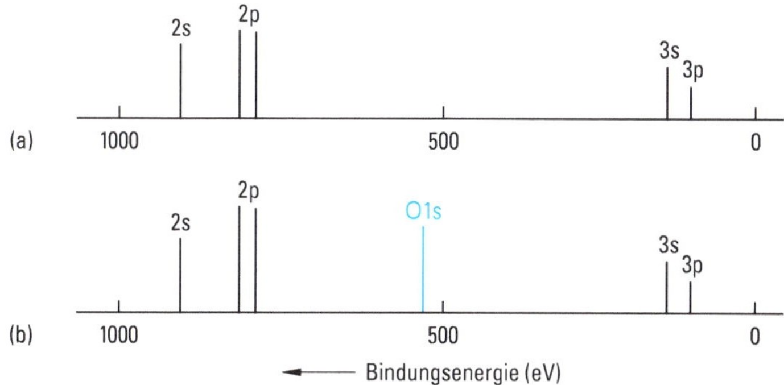

Abbildung 2.161 Schematische Röntgen-Photoelektronen-Spektren von a) metallischem Cobalt und b) Cobaltoxid.
Für die p-Orbitale erhält man zwei Linien etwas unterschiedlicher Energie, die durch parallele oder antiparallele Orientierung des Bahndrehimpulses und des Eigendrehimpulses des p-Elektrons zustande kommen.

Chemische Verschiebung

Die Bindungsenergie der Rumpfelektronen eines Atoms hängt etwas von der Umgebung des Atoms ab. Positiv geladene Atome ziehen die Rumpfelektronen stärker an als neutrale oder negativ geladene Atome. Metallatome in Oxiden und Salzen haben daher höhere Bindungsenergien als in reinen Metallen. Auch mit zunehmenden Oxidationszahlen wird die Bindungsenergie größer.

Beispiele:

Aus dem Vergleich der 2p-Bindungsenergien von Cu und Cr der beiden Spinelle $\overset{+1}{Cu}\overset{+3}{Cr_2}\overset{-2}{Se_3}\overset{-1}{Br}$ und $CuCr_2Se_4$ folgt, dass $CuCr_2Se_4$ kein Cr(III)-Cr(IV)-Spinell ist, sondern dass im Anionenvalenzband pro Formeleinheit ein Defektelektron vorhanden sein muss. Dem entspricht die Formulierung $\overset{+1}{Cu}\overset{+3}{Cr_2}\overset{-2}{Se_3}\overset{-1}{Se}\overset{-1}{.}$ Se bedeutet ein Defektelektron (vgl. Abschn. 2.4.4.3). Die im Valenzband beweglichen Defektelektronen bewirken die metallische Leitung

	Bindungsenergien in eV			
	Cu 2p		Cr 2p	
$CuCr_2Se_4$	952,2	932,2	584,0	574,5
$CuCr_2Se_3Br$	952,4	932,3	584,0	574,6

Abb. 2.162 zeigt, dass die 2p-Elektronen von metallischem Mg eine kleinere Bindungsenergie haben als die der Mg^{2+}-Ionen von MgO, das auf der Metalloberfläche gebildet wurde.

XPS ist in der Festkörperforschung eine wichtige Methode zur Untersuchung von Oberflächen. Damit können z. B. in der Katalyseforschung chemisorbierte Schichten untersucht werden, ebenso Oberflächenbeschichtungen, die technisch verwendet werden.

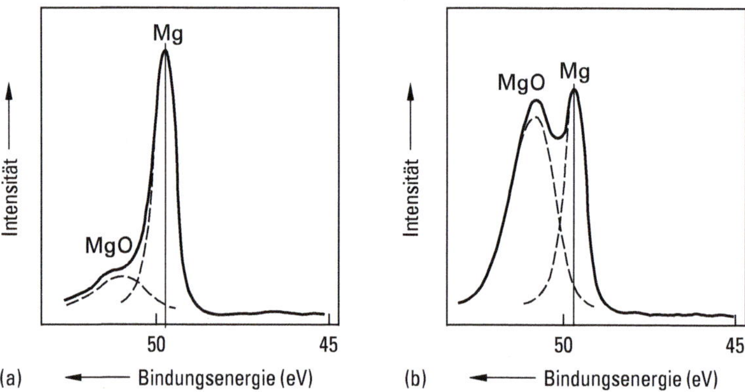

Abbildung 2.162 2p-Linien von Mg a) einer „reinen" Metalloberfläche und b) einer oxidierten Oberfläche.

Molekülorbitale

Die Ultraviolett-Photoelektronen-Spektroskopie eignet sich zur Bestimmung der Bindungsenergie und des Charakters (bindend, antibindend, nichtbindend) von Molekülorbitalen. Jede Bande im Spektrum entspricht der Energie eines MO. Häufig wird jedoch die Aufspaltung einer Bande in mehrere dicht benachbarte Linien beobachtet. Die Ursache dafür sind Molekülschwingungen des durch Ionisation entstandenen Molekülions.

Betrachten wir ein zweiatomiges Molekül. Entfernt man ein Elektron aus einem antibindenden MO, dann wird die Bindung stärker, die Bindungslänge kürzer und die Schwingungsfrequenz erhöht. Die Ionisation erfolgt aber so schnell, dass die Bindungslänge sich dabei nicht ändert und das entstandene Molekülion die Bin-

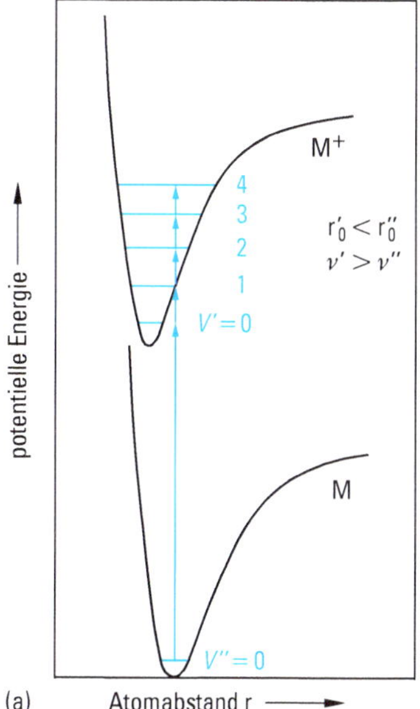

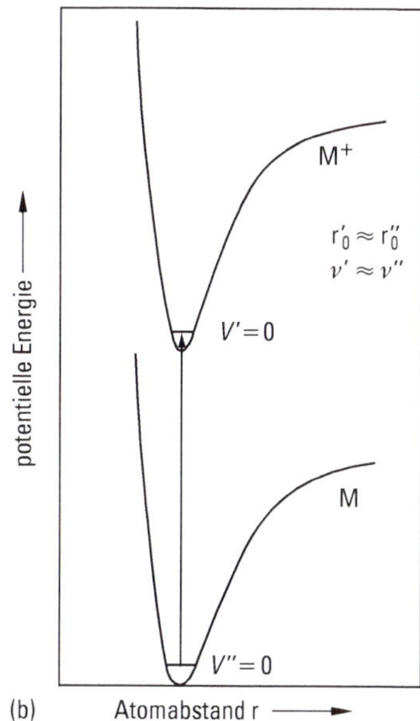

Abbildung 2.163 a) Ionisation eines zweiatomigen Moleküls durch Entfernung eines Elektrons aus einem antibindenden MO. Der Bindungsabstand im Ion ist kleiner als im Molekül. Bei der Ionisation wird aber der Bindungsabstand des neutralen Moleküls „eingefroren" und es kann keine Anregung der Grundschwingung ($V' = 0$) erfolgen, sondern es werden mehrere höhere Schwingungszustände des Ions angeregt ($V'' = 0 \rightarrow V' = 1, 2, 3, ...$). Die Schwingungsfrequenzen sind größer als die des neutralen Moleküls.
b) Ionisation eines zweiatomigen Moleküls durch Entfernung eines Elektrons aus einem nichtbindenden, schwach bindenden oder schwach antibindenden MO. Die Bindungslänge des Ions ist annähernd gleich der des neutralen Moleküls und es erfolgt nur der Übergang in den Grundschwingungszustand des Ions ($V'' = 0 \rightarrow V' = 0$). Die Schwingungsfrequenz ändert sich daher nur wenig.

dungslänge des neutralen Moleküls behält. Bei der Ionisation kann kein Übergang in den Schwingungsgrundzustand des Ions erfolgen, sondern es erfolgen Übergänge in mehrere angeregte Schwingungszustände (Abb. 2.163a; vgl. auch Abb. 2.154). Wird ein Elektron aus einem bindenden MO entfernt, wird die Bindung geschwächt, die Bindungslänge erhöht sich, und es erfolgen Übergänge in Schwingungszustände des Molekülions mit erniedrigten Schwingungsfrequenzen. Bei der Entfernung eines Elektrons aus einem nichtbindenden, schwach bindenden oder schwach antibindenden MO, ändert sich die Bindungslänge nur wenig, der Übergang erfolgt in den Schwingungsgrundzustand des Ions, und wir beobachten eine einzelne Linie wenig veränderter Frequenz (Abb. 2.163b).

In Abb. 2.164 ist das Photoelektronenspektrum von N_2 dargestellt. Es bestätigt die Lage der MOs des Energieniveauschemas der Abb. 2.68. Durch Wechselwirkung zwischen den 2s- und den 2p-Orbitalen wird das σ_p^b-MO schwach bindend, es liegt energetisch über den stark bindenden π-MOs. Das σ_s^*-MO wird energieärmer und

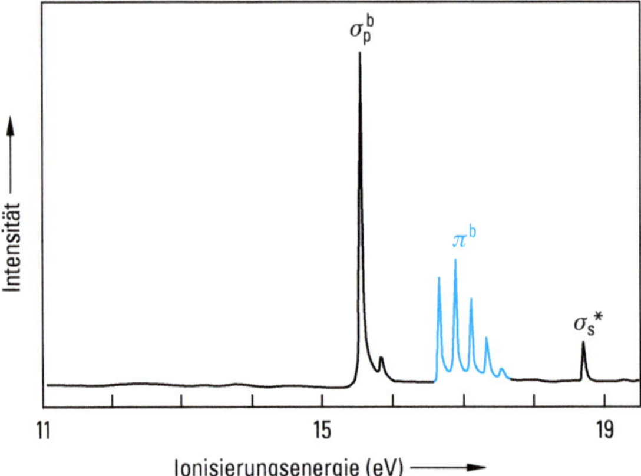

Abbildung 2.164 UV-Photoelektronenspektrum von N_2

Wellenzahlen	N_2	$\tilde{\nu} = 2\,345\,\text{cm}^{-1}$	$\sigma_p^b(N_2^+)$	$\tilde{\nu} = 2\,150\,\text{cm}^{-1}$
			$\pi^b(N_2^+)$	$\tilde{\nu} = 1\,810\,\text{cm}^{-1}$
			$\sigma_s^*(N_2^+)$	$\tilde{\nu} = 2\,390\,\text{cm}^{-1}$

dadurch schwach antibindend. Die Orbitale σ_p^b und σ_s^* ergeben daher scharfe Banden, während die π-MOs zu einer Schwingungsstruktur führen. Die Änderungen der Wellenzahlen bei Entfernung eines Elektrons aus den Molekülorbitalen, verglichen mit dem neutralen Molekül (Abb. 2.164), bestätigen den Orbitalcharakter.

3 Die chemische Reaktion

An chemischen Reaktionen sind eine Vielzahl von Teilchen beteiligt. Die Gesetzmäßigkeiten chemischer Reaktionen sind Gesetzmäßigkeiten des Kollektivverhaltens vieler Teilchen. Zur quantitativen Beschreibung benötigen wir zunächst Definitionen über die an der Reaktion beteiligten Stoffportionen.

3.1 Stoffmenge, Konzentration, Anteil, Äquivalent

Für einen abgegrenzten Materiebereich wird der Begriff Stoffportion (nicht Stoffmenge) verwendet. Die Stoffportion ist qualitativ durch die Bezeichnung des Stoffs gekennzeichnet, quantitativ durch Größen wie Masse m, Volumen V, Teilchenanzahl N oder Stoffmenge n.

Die SI-Einheit der **Stoffmenge** $n(\mathrm{X})$ ist das Mol (Einheitenzeichen: mol).

Seit 2019 ist das Mol neu definiert: Ein Mol ist die Stoffmenge, die genau $6{,}022\,140\,76 \cdot 10^{23}$ eines bestimmten Einzelteilchens enthält. Diese Zahl entspricht der jetzt auf einen exakten Zahlenwert festgelegten Avogadro-Konstante N_A mit der Einheit mol^{-1}.

Bis 2019 galt: Ein Mol ist die Stoffmenge einer Substanz, in der so viele Teilchen enthalten sind wie Atome in 12 g des Kohlenstoffnuklids $^{12}\mathrm{C}$.

Die Teilchen können Atome, Moleküle, Ionen, Elektronen oder Formeleinheiten sein. Bisher hatte N_A eine statistische Unsicherheit. Jetzt ist N_A exakt festgelegt.

Beispiele:

Gegeben sind 275,9 g Na. Stoffmenge $n(\mathrm{Na}) = 12$ mol
Gegeben sind 132,0 g CO_2. Stoffmenge $n(CO_2) = 3$ mol

Die Stoffmenge von 275,9 g Na beträgt 12 mol. Die Stoffmenge von 132,0 g CO_2 beträgt 3 mol.

Der Chemiker rechnet vorzugsweise mit der Stoffmenge und nicht mit der Masse. Der Vorteil ist, dass gleiche Stoffmengen verschiedener Stoffe die gleiche Teilchenanzahl enthalten. Bei chemischen Reaktionen ist die Teilchenanzahl wichtig.

Die **molare Masse** M eines Stoffes X ist der Quotient aus der Masse $m(\mathrm{X})$ und der Stoffmenge $n(\mathrm{X})$ dieses Stoffes

$$M(\mathrm{X}) = \frac{m(\mathrm{X})}{n(\mathrm{X})}$$

Die SI-Einheit ist $\mathrm{kg\,mol^{-1}}$, die übliche Einheit $\mathrm{g\,mol^{-1}}$.

https://doi.org/10.1515/9783110694444-003

Beispiele:

$M(^{12}C) = 12\ g\ mol^{-1}$
$M(Na) = 22{,}99\ g\ mol^{-1}$
$M(CO_2) = 44{,}01\ g\ mol^{-1}$
$M(NaCl) = 58{,}44\ g\ mol^{-1}$

Die relative Atommasse A_r und die relative Molekülmasse M_r eines Stoffs in g sind gerade 1 mol. Die relative Molekülmasse ist gleich der Summe der relativen Atommassen der im Molekül enthaltenen Atome. Besteht die Verbindung nicht aus Molekülen, wie z. B. bei Ionenverbindungen, so wird der Begriff Formelmasse verwendet.

Beispiele:

$M_r(CO_2) = A_r(C) + 2A_r(O) = 12{,}01 + 2 \cdot 16{,}00 = 44{,}01$
$M_r(NaCl) = A_r(Na) + A_r(Cl) = 22{,}99 + 35{,}45 = 58{,}44$

Die **Stoffmengenkonzentration** $c(X)$ (oder einfacher Konzentration) ist die Stoffmenge $n(X)$, die in einem Volumen V vorhanden ist.

$$c(X) = \frac{n(X)}{V}$$

Die SI-Einheit ist mol/m^3, die übliche Einheit mol/l. Mit wachsender Teilchenzahl pro Volumen wächst die Konzentration. Die Stoffmengenkonzentration kann für flüssige und feste Lösungen sowie für Gasmischungen benutzt werden.

Beispiel:

$c(HCl) = 0{,}1\ mol/l$
In 1 l einer HCl-Lösung sind 0,1 mol gasförmiges HCl gelöst.

Bei wässrigen Lösungen wird das Lösungsmittel nicht angegeben. Bei nichtwässrigen Lösungen muss es z. B. heißen $c(LiAlH_4$ in Ether$) = 0{,}01\ mol/l$.

Nicht mehr verwendet werden soll

- die Schreibweise 0,1 M HCl-Lösung
- die Bezeichnung 0,1 molare Salzsäure
- der Begriff Molarität statt Stoffmengenkonzentration

Eine andere Konzentrationsgröße ist die **Massenkonzentration**

$$\varrho(X) = \frac{m(X)}{V}$$

Bei Konzentrationsgrößen bezieht man also die Größe eines Bestandteils X einer Lösung, z. B. $m(X)$, $n(X)$ auf das Gesamtvolumen der Lösung.

Die **Molalität** b ist der Quotient aus der Stoffmenge $n(X)$ und der Masse m des Lösungsmittels.

$$b(X) = \frac{n(X)}{m}$$

Die SI-Einheit und die übliche Einheit ist mol/kg.

Beispiel:

$b(\mathrm{NaOH}) = 0{,}1\ \mathrm{mol/kg}$
In der NaOH-Lösung ist 0,1 mol NaOH in 1 kg Wasser gelöst.

Nicht mehr verwendet werden soll

– die Bezeichnung 0,1 molale Natronlauge

Die Molalität hat gegenüber der Stoffmengenkonzentration den Vorteil, dass sie unabhängig von thermisch bedingten Volumenänderungen ist.

Der **Massenanteil** $w(\mathrm{X})$ eines Stoffes X in einer Substanzportion ist die Masse $m(\mathrm{X})$ des Stoffes bezogen auf die Gesamtmasse.

$$w(\mathrm{X}) = \frac{m(\mathrm{X})}{\Sigma m}$$

Beispiel:

Eine verdünnte Schwefelsäure hat den Massenanteil $w(H_2SO_4) = 9\ \%$. 100 g der verdünnten Schwefelsäure enthalten 9 g H_2SO_4 und 91 g H_2O.

Nicht mehr verwendet werden soll

– Masseprozent (Gewichtsprozent)

Der **Stoffmengenanteil** (Molenbruch) $x(\mathrm{X})$ eines Stoffes X in einer Substanzportion ist die Stoffmenge $n(\mathrm{X})$ des Stoffes bezogen auf die Gesamtstoffmenge

$$x(\mathrm{X}) = \frac{n(\mathrm{X})}{\Sigma n}$$

Nicht mehr verwendet werden soll

– Molprozent, Atomprozent

Beim Anteil wird also die Größe eines Bestandteils X z. B. $m(\mathrm{X}), n(\mathrm{X}), V(\mathrm{X})$ auf dieselbe Größe aller Bestandteile einer Stoffportion bezogen. Dabei verhalten sich Masse und Stoffmenge additiv, d. h. $\Sigma m = m(1) + m(2) + \ldots$ und $\Sigma n = n(1) + n(2) + \ldots$ Dies gilt im Allgemeinen nicht für das Volumen, d. h. $\Sigma V \neq V(1) + V(2) + \ldots$

Für Neutralisationsreaktionen und Redoxreaktionen ist der Begriff des Äquivalentteilchens zweckmäßig, das abgekürzt einfach Äquivalent genannt wird.

Ein **Äquivalent** ist der Bruchteil $\frac{1}{z^*}$ eines Teilchens X.

Bei Neutralisationsreaktionen liefert oder bindet es ein Proton (Neutralisationsäquivalent).

Beispiele:

$\frac{1}{2}H_2SO_4$, $\frac{1}{3}H_3PO_4$, $\frac{1}{2}Na_2CO_3$

Bei Redoxreaktionen nimmt es ein Elektron auf oder gibt es ein Elektron ab (Redoxäquivalent).

Beispiele:

$\frac{1}{5}KMnO_4$, $\frac{1}{6}K_2Cr_2O_7$, $\frac{1}{2}H_2O_2$

Ist X ein Ion, besitzt ein Äquivalent gerade eine Ladung (Ionenäquivalent).

Beispiele:

$\frac{1}{3}Fe^{3+}$, $\frac{1}{2}Mg^{2+}$, $\frac{1}{2}SO_4^{2-}$

Die Anzahl der Äquivalente z^* eines Teilchens X wird Äquivalentzahl genannt.

Stoffmenge von Äquivalenten $n\left(\frac{1}{z^*}X\right)$ (Äquivalent-Stoffmenge); Einheit mol.

Die Stoffmenge einer Stoffportion, bezogen auf Äquivalente, ist gleich dem Produkt der Äquivalentzahl z^* und der Stoffmenge, bezogen auf die Teilchen X.

$$n\left(\frac{1}{z^*}X\right) = z^* n(X)$$

Beispiel:

Der Stoffmenge $n(H_2SO_4) = 0{,}1$ mol, also bezogen auf H_2SO_4-Moleküle, entspricht die Stoffmenge $n(\frac{1}{2}H_2SO_4) = 0{,}2$ mol, bezogen auf Äquivalente $\frac{1}{2}H_2SO_4$. 0,1 mol Moleküle H_2SO_4 sind 0,2 mol Äquivalente H_2SO_4.

Nicht mehr verwendet werden soll

- der Begriff Val
- die Angabe 0,2 Val H_2SO_4

Molare Masse von Äquivalenten

$$M\left(\frac{1}{z^*}X\right) = \frac{m(X)}{n\left(\frac{1}{z^*}X\right)} = \frac{M(X)}{z^*};\ \text{übliche Einheit g/mol}$$

Beispiel:

$M(\frac{1}{2}H_2SO_4) = 49$ g/mol

Nicht mehr verwendet werden sollen

- der Begriff Äquivalentmasse
- der Begriff Grammäquivalent

Für die **Äquivalentkonzentration** (Stoffmengenkonzentration von Äquivalenten) gilt

$$c\left(\frac{1}{z^*}X\right) = \frac{n\left(\frac{1}{z^*}X\right)}{V} = z^* c(X);\ \text{übliche Einheit mol/l}$$

Beispiel:

Eine $KMnO_4$-Lösung der Konzentration $c(KMnO_4) = 0{,}04$ mol/l hat die Äquivalentkonzentration $c(\frac{1}{5}KMnO_4) = 0{,}2$ mol/l.

Nicht mehr verwendet werden sollen

– der Begriff Normalität (für Äquivalentkonzentration)
– die Bezeichnung 0,2 normale $KMnO_4$-Lösung
– die Angabe 0,2 Val $KMnO_4$/l
– die Schreibweise 0,2 N $KMnO_4$-Lösung

3.2 Ideale Gase

Da an vielen chemischen Reaktionen Gase teilnehmen, ist die Beschreibung des Gaszustandes wichtig. Im Gaszustand sind die Moleküle oder Atome, aus denen das Gas besteht, in regelloser Bewegung. Ein Gas verhält sich ideal, wenn zwischen den Gasteilchen keine Anziehungskräfte wirksam sind und wenn das Volumen der Gasteilchen vernachlässigbar klein ist gegen das Volumen des Gasraums. Für diesen Grenzfall gilt das ideale Gasgesetz

$$pV = nRT$$

Es bedeuten: p Druck des Gases, V Gasvolumen, n Stoffmenge, T thermodynamische Temperatur. Zwischen der thermodynamischen Temperatur T in Kelvin und der Celsius-Temperatur t in °C besteht der Zusammenhang

$$T/\mathrm{K} = t/°\mathrm{C} + 273{,}15$$

Dem absoluten Nullpunkt mit der Temperatur $T = 0$ K entspricht also die Temperatur $t = -273{,}15$ °C. Im Labor wurde mit 10^{-9} K der absolute Nullpunkt fast erreicht.

Die SI-Einheit des Drucks ist das Pascal (Pa). Auch die Einheit Bar (bar) darf verwendet werden.

$$1\,\mathrm{Pa} = 1\,\mathrm{Nm}^{-2}$$
$$1\,\mathrm{bar} = 10^5\,\mathrm{Pa}$$

In der Chemie sind eine Reihe von Größen auf einen Standarddruck bezogen. Als Standarddruck wurde 1 bar gewählt (bis 1982 1 atm = 1,013 bar; durch die Umstellung haben sich die Werte für Standardbildungsenthalpien ΔH_B° (Tab. 3.2), Standardentropien S° (Tab. 3.3) und freie Standardbildungsenthalpien ΔG_B° (Tab. 3.4) geringfügig geändert).

R nennt man universelle (allgemeine) Gaskonstante. Als Produkt aus den beiden seit 2019 exakt definierten Avogadro- und Boltzmann-Kontanten, N_A und k_B ist auch die Gaskonstante seit 2019 exakt. Sie hat den Wert 8,314 462 618 153 24 $\mathrm{J\,K^{-1}\,mol^{-1}}$ oder mit vier relevanten Ziffern

$$R = N_\mathrm{A} \cdot k_\mathrm{B} = 8{,}314\ \mathrm{J\,K^{-1}\,mol^{-1}} = 0{,}08314\ \mathrm{bar\,l\,K^{-1}\,mol^{-1}}$$

Für konstante Temperaturen geht das ideale Gasgesetz in das Boyle-Mariott'sche Gesetz über (Abb. 3.1).

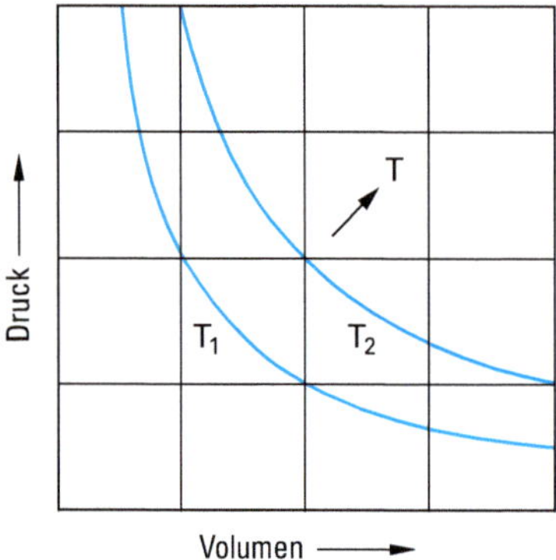

Abbildung 3.1 Boyle-Mariott'sches Gesetz. Bei konstanter Temperatur gilt für ideale Gase $pV = \text{const}$.

$$pV = \text{const}$$

Nach Gay-Lussac gilt für konstante Drücke

$$V = \text{const}\ T$$

und für konstante Volumina (Abb. 3.2)

$$p = \text{const}\ T$$

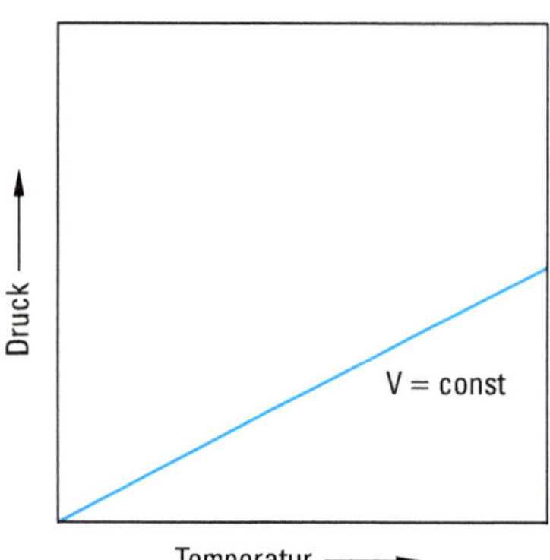

Abbildung 3.2 Gay-Lussac'sches Gesetz. Bei konstantem Volumen gilt für ideale Gase $p = \text{const} \cdot T$.

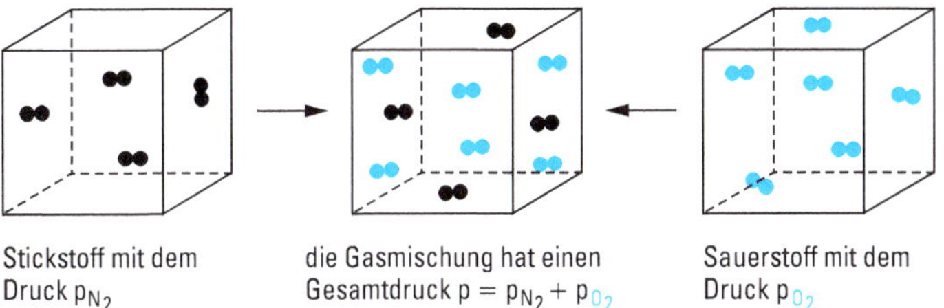

Abbildung 3.3 Stickstoff und Sauerstoff werden bei konstanter Temperatur und unter Konstanthaltung der Volumina der Gase vermischt. In der Gasmischung übt jede Komponente denselben Druck aus wie vor der Vermischung. Den Druck einer Komponente in der Gasmischung nennt man Partialdruck. Der Gesamtdruck des Gasgemisches ist daher gleich der Summe der Partialdrücke von Stickstoff und Sauerstoff.

Für ein Mol eines idealen Gases ($n = 1$ mol) gilt

$$V = \frac{RT}{p}$$

Bei allen idealen Gasen nimmt daher bei 1 bar und 0 °C ein Mol ein Volumen von 22,711 l ein (bei 1 atm = 1,013 bar sind es 22,414 l). Dieses Volumen wird molares Normvolumen (früher Molvolumen) des idealen Gases V_0 genannt. Es enthält N_A Teilchen, da ja ein Mol jeder Substanz N_A Teilchen enthält (vgl. Abschn. 3.1).

Schon 1811 hatte Avogadro auf empirischem Wege das Avogadro-Gesetz gefunden: Gleiche Volumina idealer Gase enthalten bei gleichem Druck und gleicher Temperatur gleich viele Teilchen.

Je kleiner der Druck eines Gases und je höher seine Temperatur ist, umso besser sind die Voraussetzungen für ein ideales Verhalten erfüllt. Bei Drücken $p \leqq 1$ bar und Temperaturen $T \geqq 273$ K gehorchen in guter Näherung beispielsweise Wasserstoff, Stickstoff, Sauerstoff, Chlor, Methan, Kohlenstoffdioxid, Kohlenstoffmonooxid und die Edelgase dem idealen Gasgesetz.

In einer Mischung aus idealen Gasen übt jede einzelne Komponente einen Druck aus, der als Partialdruck bezeichnet wird. Der Partialdruck einer Komponente eines Gasgemisches entspricht dem Druck, den diese Komponente ausüben würde, wenn sie sich allein in dem betrachteten Gasraum befände. Der Gesamtdruck des Gasgemisches p_{gesamt} ist gleich der Summe der Partialdrücke der einzelnen Komponenten (Abb. 3.3).

$$p_{\text{gesamt}} = p_A + p_B + p_C + ...$$

wobei p_A, p_B, p_C die Partialdrücke der Komponenten A, B, C bedeuten.

Beispiel:

Ein Liter Sauerstoff mit einem Druck von 0,2 bar und ein Liter Stickstoff mit einem Druck von 0,8 bar werden bei der konstanten Temperatur von 300 K in einem Gefäß von einem Liter vermischt. Die Partialdrücke betragen: $p_{O_2} = 0{,}2$ bar, $p_{N_2} = 0{,}8$ bar. Das Gasgemisch hat einen Gesamtdruck von 1 bar.

Für eine Mischung aus idealen Gasen mit den Komponenten A und B gilt das ideale Gasgesetz sowohl für die einzelnen Komponenten als auch für die Gasmischung.

$$\begin{aligned} p_A V &= n_A RT \\ p_B V &= n_B RT \\ \underbrace{(p_A + p_B)}_{p} V &= \underbrace{(n_A + n_B)}_{n} RT \end{aligned}$$

n_A und n_B sind die Stoffmengen von A und B, p_A und p_B die Partialdrücke, p ist der Gesamtdruck, n die Gesamtstoffmenge.

$$\begin{aligned} &\text{Aus} \quad & p_A &= n_A \frac{RT}{V} \\ &\text{und} \quad & p &= (n_A + n_B) \frac{RT}{V} \\ &\text{folgt} \quad & p_A &= \frac{n_A}{n_A + n_B} p \end{aligned}$$

und entsprechend

$$p_B = \frac{n_B}{n_A + n_B} p$$

Der Quotient $x\,(\text{A}) = \dfrac{n_A}{n_A + n_B}$ heißt Stoffmengenanteil (Molenbruch) von A. Er ist das Verhältnis der Stoffmenge des Gases A zur Gesamtstoffmenge des Gasgemisches. Der Partialdruck einer Komponente des Gasgemisches ist gleich dem Produkt aus Stoffmengenanteil und Gesamtdruck.

Aus dem Gasgesetz folgt das Chemische Volumengesetz von Gay-Lussac (1808): Die Volumina gasförmiger Stoffe, die miteinander zu chemischen Verbindungen reagieren, stehen im Verhältnis einfacher ganzer Zahlen zueinander. So verbinden sich z. B. zwei Volumenteile Wasserstoff mit einem Volumenteil Sauerstoff. Das ist natürlich eine Konsequenz der Tatsache, dass alle idealen Gase bei gleicher Temperatur und gleichem Druck in gleichen Volumina gleich viele Teilchen enthalten. Der Umsatz führt zu zwei Volumenteilen H_2O-Gas. Daraus schloss Avogadro, dass Sauerstoff und Wasserstoff im Gaszustand nicht aus Atomen, sondern aus den Molekülen H_2 und O_2 bestehen. Wären im Gaszustand H-Atome und O-Atome vorhanden, dann könnte sich nur ein Volumenteil H_2O bilden (Abb. 3.4).

Die makroskopischen Gaseigenschaften Druck und Temperatur können auf die mechanischen Eigenschaften der einzelnen Gasteilchen zurückgeführt werden. Dies geschieht in der kinetischen Gastheorie. Die Gasteilchen befinden sich in dauernder schneller Bewegung. Sowohl zwischen den einzelnen Teilchen als auch zwischen den Teilchen und der Gefäßwand des Gases kommt es zu elastischen Zusammenstößen. In gasförmigem Wasserstoff unter Normalbedingungen erfährt z. B. ein H_2-Molekül durchschnittlich 10^{10} Zusammenstöße pro Sekunde. Die durchschnittliche Entfernung, die ein Molekül zwischen zwei Zusammenstößen zurücklegt, wird mittlere freie Weglänge genannt, sie beträgt für Wasserstoff etwa 10^{-5} cm.

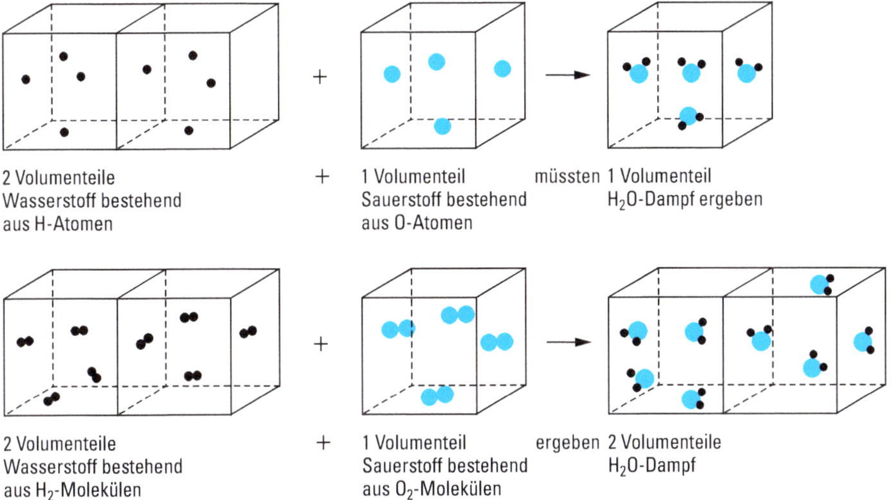

Abbildung 3.4 Gleiche Volumina idealer Gase enthalten bei gleichem Druck und gleicher Temperatur dieselbe Anzahl Teilchen. Ein Volumenteil Sauerstoff reagiert mit zwei Volumenteilen Wasserstoff zu zwei Volumenteilen Wasserdampf. Wasserstoff und Sauerstoff müssen daher aus zweiatomigen Molekülen bestehen.

Der Druck des Gases entsteht durch den Aufprall der Gasmoleküle auf die Gefäßwand. Je größer die Anzahl der Moleküle pro Volumen ist und je höher die durchschnittlichen Molekülgeschwindigkeiten sind, umso größer ist der Druck eines Gases. Die genaue Beziehung ist

$$p = \frac{2N}{3V} \frac{m v^2}{2}$$

Es bedeuten: N Anzahl der Teilchen, m Masse der Teilchen, v^2 Mittelwert aus den verschiedenen Geschwindigkeitsquadraten (nicht identisch mit dem Quadrat der mittleren Geschwindigkeit), $\frac{m v^2}{2}$ mittlere kinetische Energie der Teilchen. Aus dem Gasgesetz folgt für 1 mol

$$\frac{3}{2} RT = N_A \frac{m v^2}{2}$$

Die Temperatur eines Gases ist ein Maß für die mittlere kinetische Energie der Moleküle. Je höher die Temperatur eines Gases ist, umso größer ist demnach die mittlere Geschwindigkeit der Gasteilchen. Da die Moleküle aller idealen Gase bei gegebener Temperatur die gleiche mittlere kinetische Energie besitzen, haben leichte Gasteilchen eine höhere mittlere Geschwindigkeit als schwere Gasteilchen. Die mittlere Geschwindigkeit beträgt bei 20 °C z. B. für H_2 1 760 m s^{-1}, für O_2 440 m s^{-1}. Die Geschwindigkeiten der Gasmoleküle sind über einen weiten Bereich verteilt.

Die Gasteilchen haben eine von der Temperatur abhängige charakteristische Geschwindigkeitsverteilung. Die Abb. 3.5 enthält dafür Beispiele.

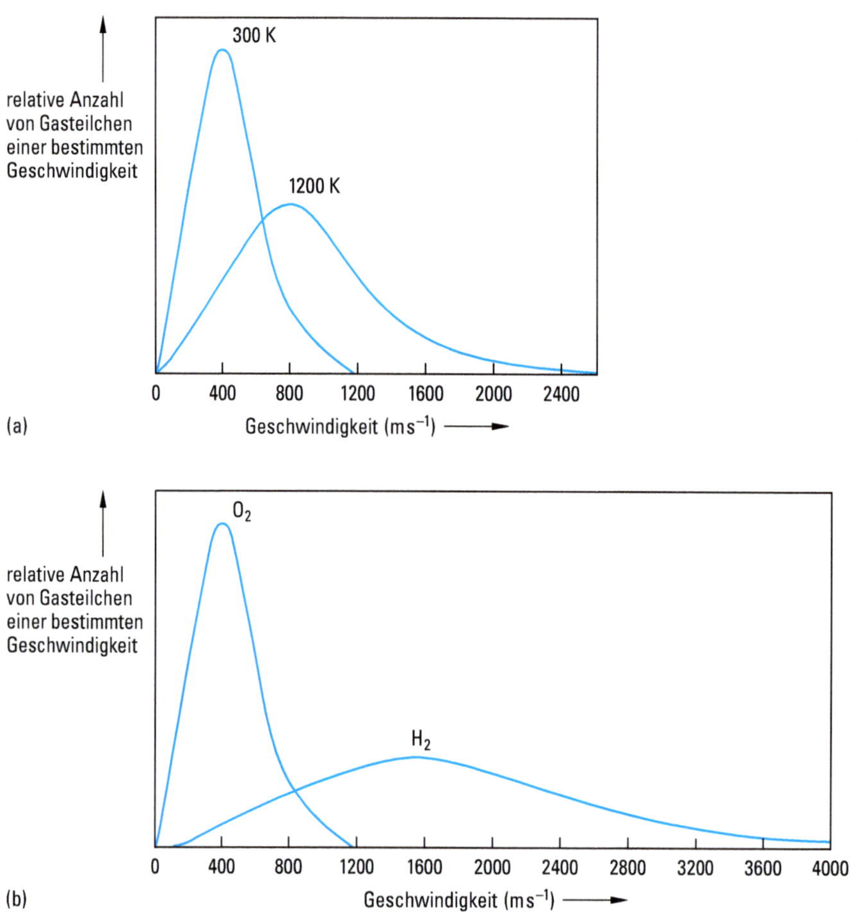

Abbildung 3.5 a) Geschwindigkeitsverteilung von Sauerstoffmolekülen bei zwei Temperaturen. Mit wachsender Temperatur erhöht sich die mittlere Geschwindigkeit der Moleküle. Gleichzeitig wird die Geschwindigkeitsverteilung diffuser: der Geschwindigkeitsbereich verbreitert sich, die Anzahl von Molekülen mit Geschwindigkeiten im Bereich der mittleren Geschwindigkeit wird kleiner.
b) Geschwindigkeitsverteilung von Sauerstoffmolekülen und Wasserstoffmolekülen bei 300 K. Die mittlere Geschwindigkeit der leichteren Moleküle ist größer, die Geschwindigkeitsverteilung diffuser.

3.3 Zustandsdiagramme

Elemente und Verbindungen können in den drei Aggregatzuständen fest, flüssig und gasförmig auftreten. Zum Beispiel kommt die Verbindung H_2O als festes Eis, als flüssiges Wasser und als Wasserdampf vor. In welchem Aggregatzustand ein Stoff auftritt, hängt vom Druck und von der Temperatur ab. Der Zusammenhang zwischen Aggregatzustand, Druck und Temperatur eines Stoffes lässt sich anschaulich in einem Zustandsdiagramm darstellen. Als Beispiel soll das Zustandsdiagramm von Wasser (Abb. 3.6) besprochen werden.

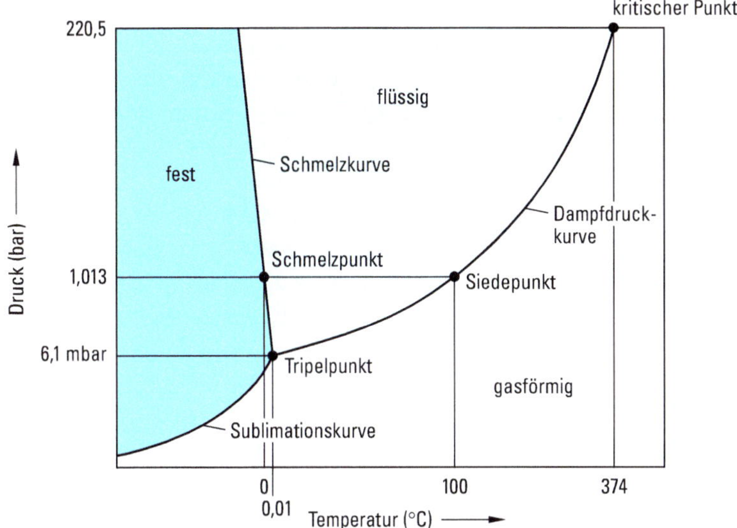

Abbildung 3.6 Zustandsdiagramm von Wasser (nicht maßstabsgerecht).

Aus der Oberfläche einer Flüssigkeit treten Moleküle dieser Flüssigkeit in den Gasraum über. Diesen Vorgang nennt man Verdampfung (vgl. Abb. 3.7a). Befindet

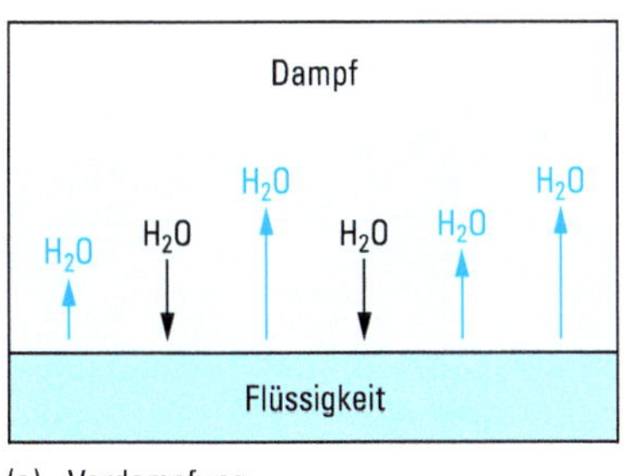

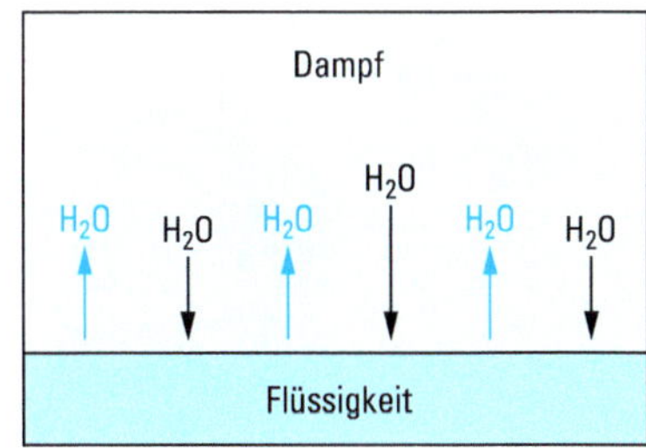

Abbildung 3.7 a) Es verdampfen mehr H_2O-Moleküle als kondensieren. Der Dampfdruck ist kleiner als der Sättigungsdampfdruck. Ein verdampfendes H_2O-Molekül ist durch $\underset{\uparrow}{H_2O}$, ein kondensierendes durch $\underset{\downarrow}{H_2O}$ symbolisiert.

b) Die Anzahl verdampfender und kondensierender H_2O-Moleküle ist gleich. Es herrscht ein dynamisches Gleichgewicht zwischen flüssiger Phase und Gasphase. Der im Gleichgewichtszustand vorhandene Dampfdruck heißt Sättigungsdampfdruck.

sich die Flüssigkeit in einem abgeschlossenen Gefäß, dann üben die verdampften Teilchen im Gasraum einen Druck aus, den man Dampfdruck nennt. Natürlich kehren aus der Gasphase auch Moleküle wieder in die Flüssigkeit zurück (Kondensation). Solange die Anzahl der die Flüssigkeitsoberfläche verlassenden Teilchen größer als die der zurückkehrenden ist, findet noch Verdampfung statt. Sobald aber die Anzahl der kondensierenden Moleküle und die Anzahl der verdampfenden Moleküle gleich geworden sind, befinden sich Flüssigkeit und Gasphase im dynamischen Gleichgewicht (Abb. 3.7b). Der im Gleichgewichtszustand auftretende Dampfdruck heißt Sättigungsdampfdruck. Er hängt von der Temperatur ab und steigt mit wachsender Temperatur. Den Zusammenhang zwischen Temperatur und Sättigungsdampfdruck gibt die Dampfdruckkurve an (Abb. 3.6).

Für eine bestimmte Temperatur gibt es nur einen Druck, bei dem die flüssige Phase und die Gasphase nebeneinander beständig sind. Ist der Dampfdruck kleiner als der Sättigungsdampfdruck, liegt kein Gleichgewicht vor, die Flüssigkeit verdampft. Dies ist beispielsweise der Fall, wenn sich die Flüssigkeit in einem offenen Gefäß befindet. In einem offenen Gefäß verdampft eine Flüssigkeit vollständig. Erhitzt man eine Flüssigkeit an der Luft, und der Dampfdruck erreicht die Größe des Luftdrucks, beginnt die Flüssigkeit zu sieden, da sich dann Dampfblasen bilden können. Die Temperatur, bei der der Dampfdruck einer Flüssigkeit gleich 1,013 bar = 1 atm beträgt, ist der Siedepunkt der Flüssigkeit. Für den Siedepunkt von Wasser ist die Temperatur von 100 °C festgelegt worden. Wird der Luftdruck verringert, sinkt die Siedetemperatur. In einem evakuierten Gefäß siedet Wasser schon bei Raumtemperatur.

Bei sehr hohen Dampfdrücken erreicht der Dampf die gleiche Dichte wie die Flüssigkeit (vgl. Abb. 3.8). Der Unterschied zwischen der Gasphase und der flüssigen Phase verschwindet, es existiert nur noch eine einheitliche Phase. Der Punkt, bei dem die einheitliche Phase entsteht und an dem die Dampfdruckkurve endet (vgl. Abb. 3.6), heißt

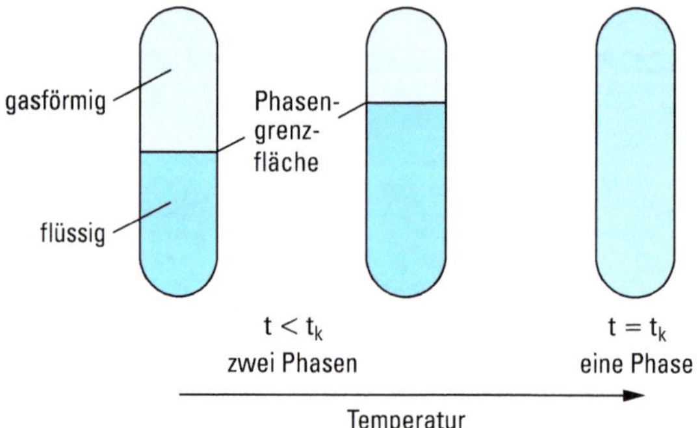

Abbildung 3.8 Kritischer Zustand. Eine Flüssigkeit wird in einem abgeschlossenen Gefäß erhitzt. Unterhalb der kritischen Temperatur t_k existieren die flüssige und die gasförmige Phase nebeneinander. Die flüssige Phase hat eine größere Dichte als die Gasphase. Wird die kritische Temperatur erreicht, verschwindet die Phasengrenzfläche. Es entsteht eine einheitliche Phase mit einer einheitlichen Dichte. Der bei der kritischen Temperatur auftretende Druck heißt kritischer Druck.

kritischer Punkt. Der zum kritischen Punkt gehörige Druck heißt kritischer Druck p_k, die zugehörige Temperatur kritische Temperatur t_k. Oberhalb der kritischen Temperatur können daher Gase auch bei beliebig hohen Drücken nicht verflüssigt werden. In Tab. 3.1 sind für einige Stoffe die kritischen Daten angegeben.

Tabelle 3.1 Kritische Daten einiger Substanzen

Substanz	Kritischer Druck p_k in bar	Kritische Temperatur t_k in °C
H_2O	220,5	+374
CO_2	73,7	+ 31
N_2	33,9	−147
H_2	13,0	−240
O_2	50,3	−119

Feste Phasen haben ebenfalls einen allerdings geringeren Dampfdruck. Die Verdampfung einer festen Phase nennt man Sublimation. Den Gleichgewichtsdampfdruck für verschiedene Temperaturen gibt die Sublimationskurve an. Sie verläuft steiler als die Dampfdruckkurve.

Das Zustandsdiagramm von CO_2 z. B. (Abb. 3.9) zeigt, dass bei 1 bar festes CO_2 (Trockeneis) nicht verflüssigt werden kann. Der Übergang in die Gasphase erfolgt ohne Schmelzen durch Sublimation. Eine flüssige CO_2-Phase kann erst oberhalb 5,2 bar auftreten. Auch bei festem H_2O, z. B. Schnee, kann man beobachten, dass er bei tieferen Temperaturen ohne zu schmelzen durch Sublimation verschwindet.

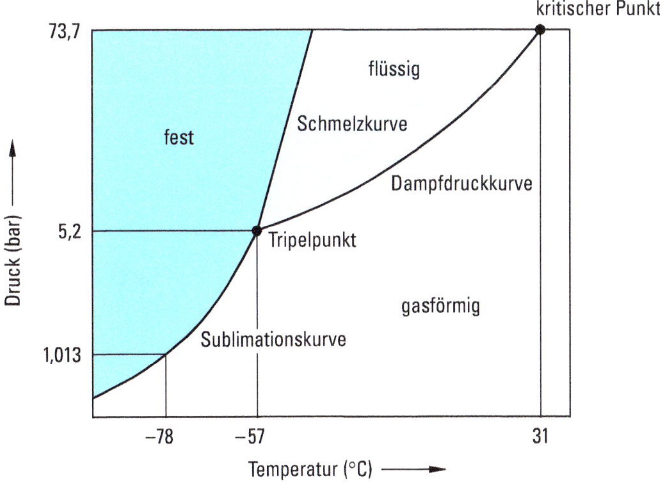

Abbildung 3.9 Zustands-, Phasen- oder p-T-Diagramm von Kohlenstoffdioxid (nicht maßstabsgerecht). Analog zur Dampf*druck*kurve, heißen die beiden anderen Kurven in einem p-T-Diagramm auch Schmelz*druck*kurve und Sublimations*druck*kurve.

Die Gleichgewichtskurve zwischen fester und flüssiger Phase wird Schmelzkurve genannt. Die Temperatur, bei der die feste Phase unter einem Druck von 1,013 bar schmilzt, wird als Schmelzpunkt bezeichnet. Für den Schmelzpunkt von Eis ist die Temperatur 0 °C festgelegt worden. Der Schmelzpunkt ist mit dem Gefrierpunkt identisch. Die Schmelztemperatur von Eis sinkt mit steigendem Druck. Dies wird nur bei wenigen Substanzen wie Antimon, Bismut und Wasser beobachtet und ist eine Folge der Tatsache, dass sich die flüssige Phase beim Gefrieren ausdehnt (vgl. Abb. 3.6 und Abb. 3.9). Eis kann daher durch Druck verflüssigt werden. Beim Schlittschuhlaufen z. B. wird das Eis durch Druck gleitfähig.

Der Punkt, in dem sich Dampfdruckkurve, Sublimationskurve und Schmelzkurve treffen, heißt Tripelpunkt. Am Tripelpunkt sind alle drei Phasen nebeneinander beständig. Für H_2O liegt der Tripelpunkt bei 6,10 mbar und 0,01 °C, für CO_2 bei 5,2 bar und −57 °C.

Zum Verdampfen, Schmelzen und Sublimieren muss Energie zugeführt werden. Die dafür notwendigen Energiebeträge bezeichnet man als Verdampfungswärme (~enthalpie), Schmelzwärme (~enthalpie) und Sublimationswärme (~enthalpie).

Energieumsätze von Vorgängen, die bei konstantem Druck ablaufen, heißen Enthalpieänderungen. Zugeführte Energien erhalten definitionsgemäß ein positives Vorzeichen (vgl. Abschn. 3.4). Für 1 mol H_2O beträgt die Schmelzenthalpie +6,0 kJ, die Verdampfungsenthalpie +40,7 kJ.

Den Übergang von der Gasphase in die flüssige Phase nennt man Kondensation, den Übergang von der flüssigen Phase in die feste Phase Kristallisation oder Erstarrung. Dabei wird Energie frei. Freiwerdende Energien erhalten ein negatives Vorzei-

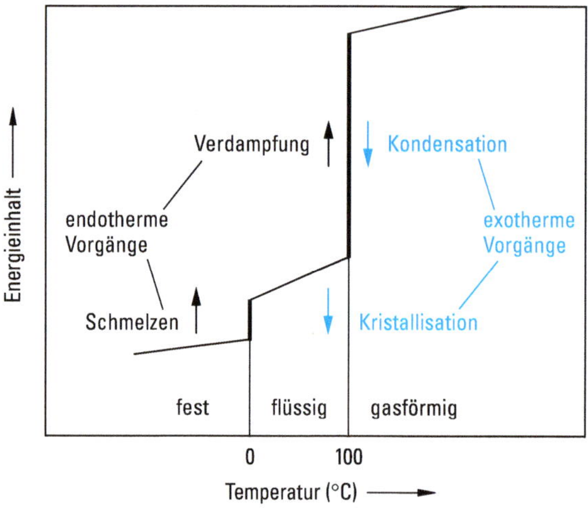

Abbildung 3.10 Änderung des Energieinhalts von Wasser in Abhängigkeit von der Temperatur. Bei den Phasenübergängen ändert sich der Energieinhalt sprunghaft. Schmelzen und Verdampfung sind endotherme Vorgänge, es muss Energie zugeführt werden. Kondensation und Kristallisation (Gefrieren) sind exotherme Vorgänge, bei denen Energie frei wird.

chen. Für 1 mol Wasser beträgt die Kondensationsenthalpie −40,7 kJ und die Kristallisationsenthalpie −6,0 kJ.

Die Änderung des Energieinhalts von H_2O in Abhängigkeit von der Temperatur ist in Abb. 3.10 dargestellt.

Phasengesetz

Es lautet: Anzahl der Phasen P + Anzahl der Freiheitsgrade F = Anzahl der Komponenten $K + 2$

$$P + F = K + 2$$

Beispiel Wasser:

Es gibt nur eine stoffliche Komponente: $K = 1$. Das Phasengesetz heißt dann $P + F = 3$.

Freiheitsgrade sind veränderliche Bestimmungsgrößen, also Druck, Temperatur, Konzentration. Wir können drei Fälle unterscheiden (vgl. Abb. 3.6).

$P = 3$, $F = 0$. Die drei Phasen Wasserdampf, flüssiges Wasser, Eis können nur bei einer einzigen Temperatur und einem einzigen Druck nebeneinander existieren (Tripelpunkt). Es existieren keine Freiheitsgrade.

$P = 2$, $F = 1$. Nur eine Größe, Druck oder Temperatur ist frei wählbar, wenn sich zwei Phasen im Gleichgewicht befinden (Dampfdruckkurve, Schmelzkurve, Sublimationskurve).

$P = 1$, $F = 2$. Innerhalb des Existenzbereichs einer Phase können sowohl Druck als auch Temperatur variiert werden.

Beispiel Lösungen:

Die Lösung soll aus zwei Komponenten bestehen: $K = 2$. Das Phasengesetz lautet $P + F = 4$.

$P = 2$, $F = 2$. Wir betrachten das Gleichgewicht Flüssigkeit-Dampf. Bei einer bestimmten Temperatur ist jetzt der Dampfdruck erst bei Wahl der Konzentration festgelegt (vgl. Abb. 3.11). Lösungen haben gegenüber dem reinen Lösungsmittel veränderte Dampfdrücke, die von der Konzentration abhängen.

Ist die Lösung gesättigt, also ein fester Bodenkörper vorhanden, erhält man

$P = 3$, $F = 1$. Bei einer gewählten Temperatur sind also Sättigungskonzentration und Dampfdruck festgelegt.

Dampfdruckerniedrigung von Lösungen, Gesetz von Raoult

Wenn man durch Auflösen nichtflüchtiger Stoffe in einem Lösungsmittel eine Lösung herstellt, so ist der Dampfdruck der Lösung kleiner als der des Lösungsmittels. Die Dampfdruckerniedrigung wächst mit zunehmender Konzentration der Lösung. Als Folge der Dampfdruckerniedrigung treten bei einer Lösung eine Gefrierpunktserniedrigung und eine Siedepunktserhöhung auf. Diesen Effekt zeigt Abb. 3.11.

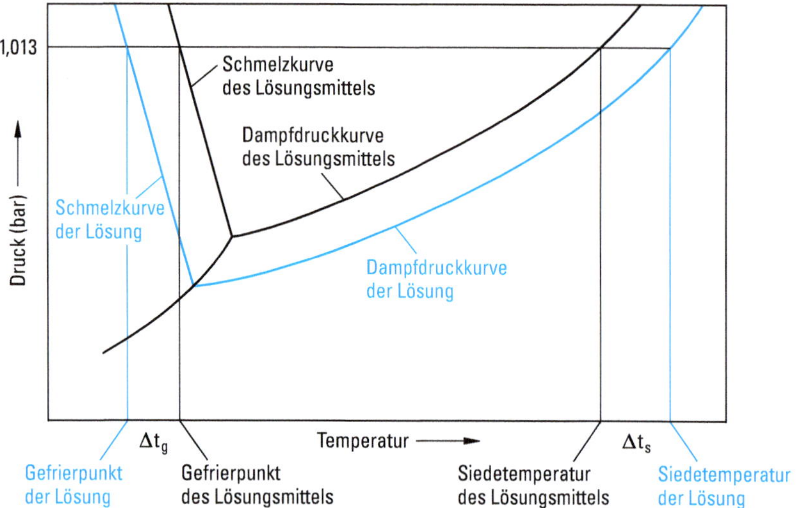

Abbildung 3.11 Bei einer Lösung ist der Sättigungsdampfdruck des Lösungsmittels niedriger als bei einem reinen Lösungsmittel. Dies hat eine Siedepunktserhöhung Δt_s und eine Gefrierpunktserniedrigung Δt_g der Lösung zur Folge.

Verglichen mit dem reinen Lösungsmittel, wird wegen der Dampfdruckerniedrigung bei einer Lösung der Dampfdruck von 1,013 bar erst bei einer höheren Temperatur erreicht. Dies bedeutet eine Erhöhung des Siedepunktes. Die Dampfdruckkurve einer Lösung schneidet die Sublimationskurve bei einer tieferen Temperatur als die Dampfdruckkurve des Lösungsmittels. Dies bedeutet, dass der Gefrierpunkt (= Schmelzpunkt) erniedrigt wird. Die Verschiebung des Gefrierpunktes bzw. des Siedepunktes ist proportional der Molalität b, also proportional der Anzahl gelöster Teilchen:

Gefrierpunktserniedrigung $\Delta t_g = E_g b$

Siedepunktserhöhung $\Delta t_s = E_s b$

Für $b = 1$ ist $\Delta t_g = E_g$, die molale Gefrierpunktserniedrigung, und $\Delta t_s = E_s$, die molale Siedepunktserhöhung. Wenn 1 mol Substanz in 1 000 g Wasser gelöst ist (b = 1 mol/kg), dann beträgt die Siedepunktserhöhung 0,51 °C, die Gefrierpunktserniedrigung 1,86 °C, unabhängig davon, welche Substanz gelöst ist. E_s und E_g sind Stoffkonstanten, die für jedes Lösungsmittel einen charakteristischen Wert aufweisen.

Beispiele:

	E_s in K kg mol^{-1}	E_g in K kg mol^{-1}
Wasser	0,51	−1,86
Ethanol	1,21	−1,99
Essigsäure	3,07	−3,90
Ammoniak	0,34	−1,32

Beim Lösen von Salzen ist die Dissoziation zu beachten. Im Falle einer NaCl-Lösung entstehen durch Dissoziation zwei Teilchen. Für die Gefrierpunktserniedrigung erhält man dadurch

$$\Delta t_g = 2\, E_g\, b_{NaCl}.$$

Aufgrund der Gefrierpunktserniedrigung, die durch Lösen von Salzen in Wasser auftritt, kann man aus Eis und Salz Kältemischungen herstellen. Die Verhinderung der Eisbildung auf den Straßen durch Streuen von Salz beruht ebenfalls auf der Gefrierpunktserniedrigung von Salzlösungen gegenüber reinem Wasser.

Die Gefrierpunktserniedrigung und die Siedepunktserhöhung sind nur dann unabhängig vom gelösten Stoff, wenn sich die Lösung ideal verhält. In idealen Lösungen mit den Komponenten A und B sind die Wechselwirkungen A – B nahezu gleich groß wie die Wechselwirkungen A – A und B – B in den reinen Komponenten. Für ideale Lösungen gilt das Gesetz von Raoult

$$p_A = x_A\, p_A^\circ$$

Der Partialdampfdruck p_A der Komponente A ist bei gegebener Temperatur gleich dem Produkt aus dem Stoffmengenanteil x_A von A und dem Dampfdruck p_A° der reinen Komponente A.

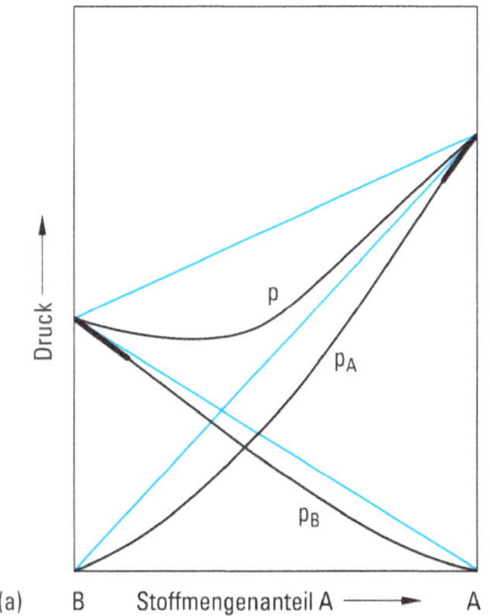

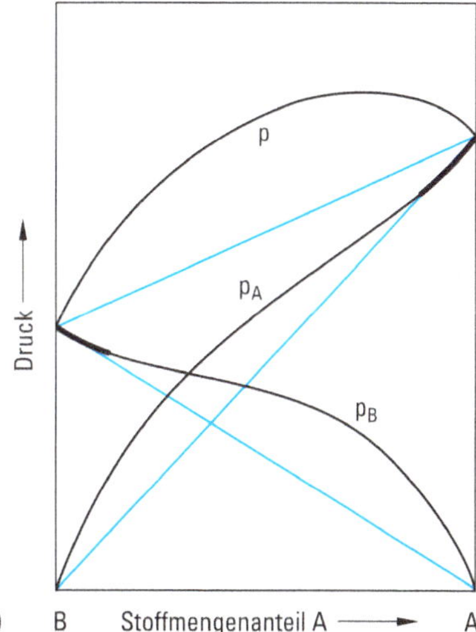

Abbildung 3.12 Dampfdruckkurven von Lösungen.
Die blau gezeichneten Kurven gelten für ideale Lösungen, die dem Gesetz von Raoult gehorchen. Dicke schwarze Linien bedeuten näherungsweise Gültigkeit des Raoult-Gesetzes.
a) Negative Abweichungen vom Raoult-Gesetz. Die Wechselwirkungen A – B sind größer als die der reinen Komponenten A – A und B – B. Die Lösungsenthalpien sind negativ (exothermer Vorgang).
b) Positive Abweichung vom Raoult-Gesetz. Die Wechselwirkungen A – B sind kleiner als die von A – A und B – B. Die Lösungsenthalpien sind daher positiv (endothermer Vorgang).

Entsprechend gilt für B

$$p_{\mathrm{B}} = x_{\mathrm{B}} p_{\mathrm{B}}^{\circ}$$

und für den Gesamtdampfdruck (Abb. 3.12)

$$p = p_{\mathrm{A}} + p_{\mathrm{B}} = x_{\mathrm{A}} p_{\mathrm{A}}^{\circ} + x_{\mathrm{B}} p_{\mathrm{B}}^{\circ}$$

Ist in der Lösung ein nichtflüchtiger Stoff B gelöst, der einen sehr kleinen Dampfdruck besitzt, so ist der Gesamtdampfdruck annähernd gleich dem Partialdruck p_{A} und für die Dampfdruckerniedrigung gilt

$$\Delta p = p_{\mathrm{A}}^{\circ} - p_{\mathrm{A}} = p_{\mathrm{A}}^{\circ} - x_{\mathrm{A}} p_{\mathrm{A}}^{\circ} = (1 - x_{\mathrm{A}}) p_{\mathrm{A}}^{\circ}$$

und da $x_{\mathrm{A}} + x_{\mathrm{B}} = 1$

folgt $\Delta p = x_{\mathrm{B}} p_{\mathrm{A}}^{\circ}$

Die Dampfdruckerniedrigung ist proportional dem Stoffmengenanteil der gelösten Substanz.

Sind die Wechselwirkungen A – B von denen der reinen Komponenten A – A und B – B verschieden (Abb. 3.12), ist das Raoult-Gesetz nur auf verdünnte Lösungen anwendbar, für die noch annähernd ideales Verhalten gilt. Für

$$n_{\mathrm{B}} \ll n_{\mathrm{A}}$$

folgt $x_{\mathrm{B}} \approx \dfrac{n_{\mathrm{B}}}{n_{\mathrm{A}}}$

Berücksichtigt man die Beziehung für die molare Masse von A (vgl. Abschn. 3.1)

$$M_{\mathrm{A}} = \frac{m_{\mathrm{A}}}{n_{\mathrm{A}}}$$

erhält man

$$x_{\mathrm{B}} \approx \frac{n_{\mathrm{B}}}{m_{\mathrm{A}}} M_{\mathrm{A}} = b_{\mathrm{B}} M_{\mathrm{A}}$$

Für verdünnte Lösungen besteht Proportionalität zwischen Stoffmengenanteil und Molalität. Dampfdruckerniedrigung, Gefrierpunktserniedrigung und Siedepunktserhöhung sind also der Molalität des gelösten Stoffes proportional.

3.4 Reaktionsenthalpie, Standardbildungsenthalpie

Bei einer chemischen Reaktion findet eine Umverteilung von Atomen statt. Dabei erfolgt nicht nur eine stoffliche Veränderung, sondern damit verbunden ist gleichzeitig ein Energieumsatz. Mit den energetischen Effekten chemischer Reaktionen befasst sich die Chemische Thermodynamik.

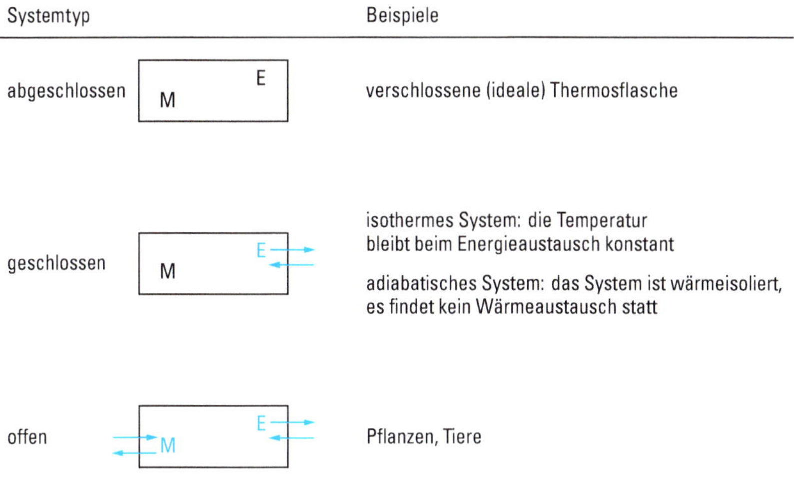

Abbildung 3.13 Energie- und Materieaustausch eines Systems mit der Umgebung.

Mit dem Begriff System wird ein Reaktionsraum definiert, der von seiner Umgebung durch physikalische oder nur gedachte Wände abgegrenzt ist und bei dem nur kontrollierte Einflüsse der Umgebung zugelassen sind (Abb. 3.13). Man unterscheidet:

Isolierte oder abgeschlossene Systeme. Es findet weder ein Stoffaustausch noch ein Energieaustausch mit der Umgebung statt.

Geschlossene Systeme. Es wird zwar Energie, aber keine Materie mit der Umgebung ausgetauscht.

Offene Systeme. Sowohl Energie- als auch Stoffaustausch ist möglich.

Der jeweilige Zustand eines Systems kann mit Zustandsgrößen beschrieben werden.

Zustandsgrößen sind z. B. Druck, Temperatur, Volumen, Konzentration. Sie hängen nicht davon ab, auf welchem Wege der Zustand erreicht wurde.

Beispiel:

Für 1 mol eines idealen Gases gilt die Zustandsgleichung $pV = RT$. Der Zustand des Systems ist durch zwei Zustandsgrößen eindeutig bestimmt.

Eine wichtige Zustandsgröße ist der „Energieinhalt“ eines Systems, seine innere Energie U. Die innere Energie ändert sich, wenn vom System Wärme Q aus der Umgebung aufgenommen bzw. an die Umgebung abgegeben wird oder wenn vom System bzw. am System Arbeit W geleistet wird.

1. Hauptsatz der Thermodynamik: Die von einem geschlossenen System mit der Umgebung ausgetauschte Summe von Arbeit und Wärme ist gleich der Änderung der inneren Energie des Systems.

$$\Delta U = Q + W \qquad (3.1)$$

ΔU bedeutet $U_{\text{Endzustand}} - U_{\text{Anfangszustand}}$. Werden Wärme und Arbeit vom System abgegeben, so ist Q und W negativ und die innere Energie U nimmt ab; werden sie dem System zugeführt, ist Q und W positiv und U nimmt zu.

Für ein abgeschlossenes System gilt

$$\Delta U = 0 \quad \text{und} \quad U = \text{const.}$$

Energie kann nicht vernichtet werden oder neu entstehen (Energieerhaltungssatz).

Ändert sich das Volumen eines Systems bei konstantem Druck, so wird die Volumenarbeit

$$W = -p\Delta V$$

geleistet (Ist ΔV positiv, erfolgt Volumenzunahme, ist ΔV negativ, Volumenabnahme) (Abb. 3.14). Volumenarbeit ist bei solchen chemischen Reaktionen von Bedeutung, bei denen der Druck konstant bleibt.

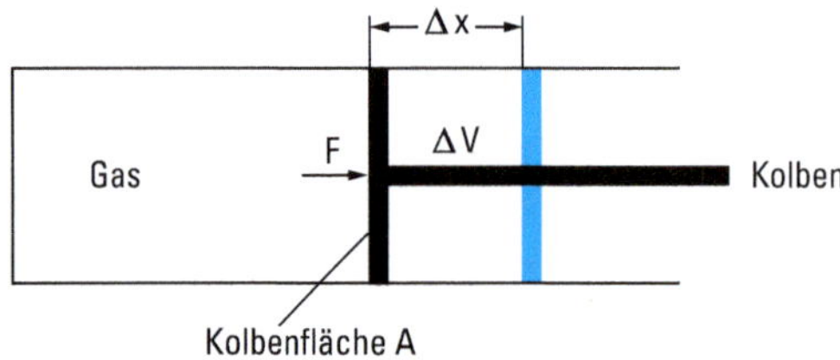

Abbildung 3.14 Volumenarbeit.
Das Gas in einem Zylinder dehnt sich aus. Dabei wird der Kolben um die Wegstrecke Δx bewegt. Dazu ist eine Kraft F erforderlich. Die geleistete (vom System verrichtete) Arbeit ist:

$$-W = F\Delta x$$
$$-W = \frac{F}{A}\Delta x \cdot A$$
$$W = -p\Delta V$$

Berücksichtigt man nur Volumenarbeit, so erhält man aus Gl. (3.1)

$$\Delta U = Q_V \qquad \text{für } V = \text{const}$$
$$\Delta U = Q_p - p\Delta V \qquad \text{für } p = \text{const}$$

Nimmt die innere Energie des Systems ab, so wird bei konstantem Volumen ΔU nur in Form von Wärme abgegeben. Bei konstantem Druck des Systems kann nur noch ein Teil als Wärme abgegeben werden, der Rest muss für Volumenarbeit zur Verfügung stehen, um den Druck konstant zu halten.

Man definiert daher eine neue Zustandsgröße, die Enthalpie H

$$H = U + pV$$

Für Enthalpieänderungen bei konstantem Druck erhält man

$$\Delta H = \Delta U + p\,\Delta V = Q_p$$

Die vom System bei konstantem Druck abgegebene Wärme ist nun gleich der Enthalpieabnahme ΔH des Systems.

Es gibt chemische Reaktionen, bei denen Energie freigesetzt wird und andere, bei denen Energie verbraucht wird. Die bei einer chemischen Reaktion pro Formelumsatz entwickelte oder verbrauchte Wärmemenge heißt Reaktionswärme. Im SI werden die Reaktionswärmen normalerweise in kJ angegeben, die vorher übliche Einheit war kcal

$$1\ \text{kcal} = 4{,}187\ \text{kJ}$$

Die Reaktionswärme einer chemischen Reaktion, die bei konstantem Druck abläuft, bezeichnet man als Reaktionsenthalpie. Das Symbol für die Reaktionsenthalpie ist ΔH.

Bei den folgenden Beispielen läuft die chemische Reaktion in einem geschlossenen System ab. Bei der Reaktion soll im Reaktionsraum die Temperatur konstant (isothermes System) und der Druck konstant (isobares System) bleiben.

Unter einem Formelumsatz versteht man z. B. bei der Reaktion $3\,H_2 + N_2 \rightarrow 2\,NH_3$ den gesamten Umsatz von 3 mol Wasserstoff und 1 mol Stickstoff zu 2 mol Ammoniak. Dabei wird eine Reaktionswärme von 91,8 kJ entwickelt und an die Umgebung abgegeben. Der fortschreitende Umsatz kann mit der Umsatzvariablen ξ angegeben werden, sie hat die Einheit mol. $\xi = 1$ entspricht *einem* Formelumsatz. Die Reaktionsenthalpie ist gleich der Enthalpieänderung pro Formelumsatz

$$\Delta H_{\text{Reaktion}} = \frac{\Delta H}{\xi} \qquad \xi = 1\,\text{mol}$$

Die übliche Einheit der Reaktionsenthalpie ist daher kJ/mol. Es kann für das Verständnis hilfreich sein, bei ΔH, ΔG und ΔS (s. u.) die Einheit als „kJ/mol (Formelumsatz)“ zu lesen.

Wird die Reaktionswärme an die Umgebung abgegeben, erhält der ΔH-Wert definitionsgemäß ein negatives Vorzeichen. Die gesamte Reaktionsgleichung mit Stoff- und Energiebilanz lautet:

$$3\,H_2 + N_2 \longrightarrow 2\,NH_3 \qquad \Delta H = -\,91{,}8\,\text{kJ/mol} \tag{3.2}$$

Bei der Bildung von 2 mol Stickstoffoxid aus 1 mol Stickstoff und 1 mol Sauerstoff wird eine Reaktionswärme von 180,6 kJ verbraucht, also der Umgebung entzogen. Die aus der Umgebung aufgenommene Reaktionswärme erhält ein positives Vorzeichen. Die Reaktionsgleichung lautet:

$$N_2 + O_2 \longrightarrow 2\,NO \qquad \Delta H = +\,182{,}6\,\text{kJ/mol} \tag{3.3}$$

Reaktionen, bei denen ΔH negativ ist, nennt man exotherm, Reaktionen, bei denen ΔH positiv ist, endotherm (Abb. 3.15).

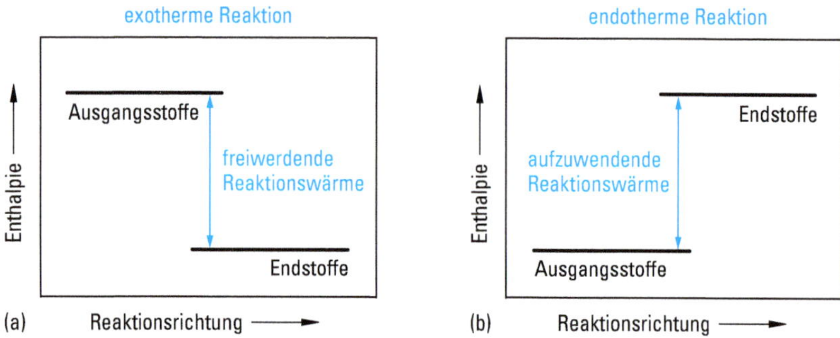

Abbildung 3.15 Schematische Energiediagramme.
a) Exotherme Reaktion. Der Enthalpieinhalt der Endstoffe ist kleiner als der der Ausgangsstoffe, die Differenz wird als Reaktionswärme frei. ΔH ist negativ.
b) Endotherme Reaktion. Der Enthalpieinhalt der Endstoffe ist größer als der der Ausgangsstoffe. Diese Energiedifferenz muss während der Reaktion zugeführt werden. ΔH ist positiv.

Für eine bestimmte Reaktion bezieht sich die Größe der Reaktionsenthalpie natürlich immer auf die dazugehörige Gleichung, in der durch die stöchiometrischen Zahlen der jeweilige Formelumsatz angegeben wird.

Beispiel:

$$H_2 + Cl_2 \longrightarrow 2\,HCl \qquad \Delta H = -184{,}6\,\text{kJ/mol}$$
$$\tfrac{1}{2}H_2 + \tfrac{1}{2}Cl_2 \longrightarrow HCl \qquad \Delta H = -92{,}3\,\text{kJ/mol}$$

Die Größe der Reaktionsenthalpie ΔH hängt von der Temperatur und dem Druck ab, bei denen die Reaktion abläuft. Man gibt daher die Reaktionsenthalpie für einen definierten Anfangs- und Endzustand der Reaktionsteilnehmer, den so genannten Standardzustand, an. Als Standardzustände wählt man bei Gasen den idealen Zustand, bei festen und flüssigen Stoffen den stabilen Zustand der reinen Phase, jeweils bei 1 bar Druck und der gegebenen Temperatur. Der Standardzustand kann für eine beliebige Temperatur definiert werden, d. h. der Standardzustand enthält nicht die Temperatur. Für die Standardreaktionsenthalpie wird das Symbol ΔH° (oder $\Delta_r H^\circ$) verwendet. Die jeweilige Reaktionstemperatur wird als Index angegeben. ΔH°_{293} bedeutet also die Standardreaktionsenthalpie bei 293 K. Im Allgemeinen und auch in diesem Buch wird ΔH° für die Temperatur 298,15 K = 25 °C angegeben, weil viele Werte bei dieser Temperatur tabelliert sind: ΔH°_{298}. ΔH°-Werte, bei denen zur Vereinfachung der Schreibweise die Temperaturangabe weggelassen ist, beziehen sich im Folgenden immer auf die Temperatur 25 °C. Die Temperaturabhängigkeit der Reaktionsenthalpie kann mit Hilfe der Wärmekapazitäten berechnet werden (siehe Lehrbücher der physikalischen Chemie).

Satz von Heß

Eine Verbindung kann auf verschiedenen Reaktionswegen entstehen. Betrachten wir als Beispiel die Bildung von Kohlenstoffdioxid (vgl. Abb. 3.16). CO_2 kann direkt aus Kohlenstoff und Sauerstoff gebildet werden:

Weg 1 $C + O_2 \longrightarrow CO_2 \qquad \Delta H^\circ = -393{,}5\,\text{kJ/mol}$

Ein anderer Reaktionsweg führt in zwei Reaktionsschritten über die Zwischenverbindung Kohlenstoffmonooxid zu CO_2.

Weg 2 Schritt 1 $C + \frac{1}{2}O_2 \longrightarrow CO \qquad \Delta H^\circ = -110{,}5\,\text{kJ/mol}$

Schritt 2 $CO + \frac{1}{2}O_2 \longrightarrow CO_2 \qquad \Delta H^\circ = -283{,}0\,\text{kJ/mol}$

Nach dem Satz von Heß hängt die Reaktionsenthalpie nicht davon ab, auf welchem Weg CO_2 entsteht. Bei gleichem Anfangs- und Endzustand der Reaktion ist die Reaktionsenthalpie für jeden Reaktionsweg gleich groß und unabhängig davon, ob die Reaktion direkt oder in verschiedenen, getrennten Schritten durchgeführt wird. Für die Bildung von CO_2 gilt danach

$$\Delta H^\circ_{\text{Weg1}} = \Delta H^\circ_{\text{Weg2}}$$

Der Satz von Heß lautet einfacher: H ist eine Zustandsgröße und damit wird ΔH unabhängig vom Weg. Er ist ein Spezialfall des 1. Hauptsatzes der Thermodynamik.

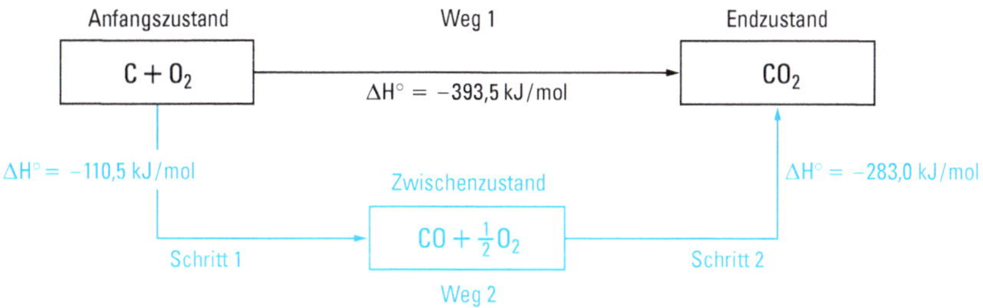

Abbildung 3.16 Nach dem Satz von Heß ist die Reaktionsenthalpie ΔH eine Zustandsgröße, die nicht vom Reaktionsweg abhängig ist: $\Delta H^\circ_{\text{Weg1}} = \Delta H^\circ_{\text{Weg2}}$.

Aufgrund des Heß'schen Satzes können experimentell schwer bestimmbare Reaktionsenthalpien rechnerisch ermittelt werden. Die Reaktionsenthalpie der Reaktion $C + \frac{1}{2}O_2 \longrightarrow CO$ ist experimentell schwierig zu bestimmen, kann aber aus den gut messbaren Reaktionsenthalpien der Oxidation von C und CO zu CO_2 berechnet werden.

Standardbildungsenthalpie

Da ΔH unabhängig vom Weg ist, können wir die Reaktionsenthalpien von chemischen Reaktionen berechnen, wenn wir die Enthalpien der Endstoffe und Ausgangsstoffe kennen.

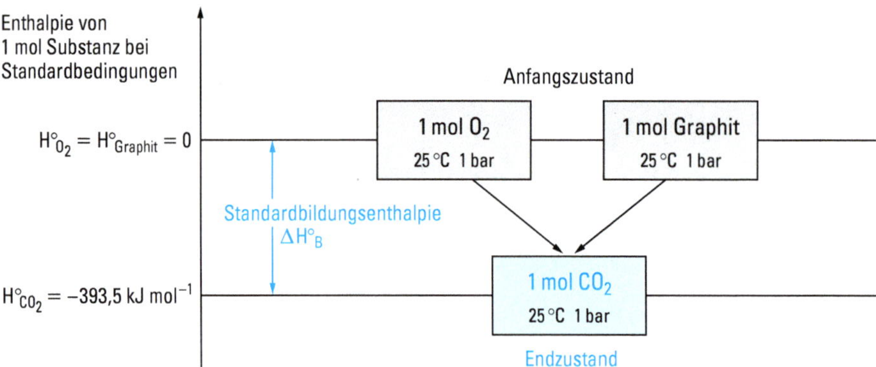

Abbildung 3.17 Die Standardbildungsenthalpie ΔH°_B tritt auf, wenn 1 mol einer Verbindung im Standardzustand aus den Elementen bei Standardbedingungen entsteht. Bei Elementen mit mehreren Modifikationen ist ΔH°_B auf die bei 298 K und 1 bar thermodynamisch stabile Modifikation bezogen.

$$\Delta H = \Sigma H \text{ (Endstoffe)} - \Sigma H \text{ (Ausgangsstoffe)}$$

Unglücklicherweise lassen sich aber nur Enthalpieänderungen messen, der Absolutwert der Enthalpie (Wärmeinhalt) eines Stoffes ist nicht messbar. Man muss daher eine Enthalpieskala mit Relativwerten der Enthalpien aufstellen. Für diese Enthalpieskala ist es notwendig, einen willkürlichen Nullpunkt festzulegen. Er ist folgendermaßen definiert: Die stabilste Form eines Elements bei 25 °C und einem Druck von 1 bar besitzt die Enthalpie H null (vgl. Abb. 3.17) (Ausnahme Phosphor, s. Abschn. 4.6.3.2). Die Enthalpie einer Verbindung erhält man nun aus der Reaktionswärme, die bei ihrer Bildung aus den Elementen auftritt. Die pro Mol der Verbindung unter Standardbedingungen auftretende Reaktionsenthalpie nennt man Standardbildungsenthalpie.

Die Standardbildungsenthalpie ΔH°_B einer Verbindung ist die Reaktionsenthalpie, die bei der Bildung von 1 mol der Verbindung im Standardzustand aus den Elementen im Standardzustand – vorzugsweise bei der Reaktionstemperatur 25 °C – auftritt.

Beispiel:

Standardbildungsenthalpie von CO_2

$\Delta H^\circ_B (CO_2) = -393{,}5$ kJ/mol

Dies bedeutet: Lässt man bei 25 °C 1 mol Sauerstoffmoleküle von 1 bar Druck und 1 mol Kohlenstoff unter 1 bar Druck zu 1 mol CO_2 mit dem Druck 1 bar reagieren, so tritt die exotherme Reaktionsenthalpie von 393,5 kJ auf. Kohlenstoff muss als Graphit vorliegen, da bei 298 K und 1 bar die beständige Kohlenstoffmodifikation der Graphit und nicht der Diamant ist (vgl. Abb. 3.17).

In den Reaktionsgleichungen (3.2) und (3.3) sind die Standardreaktionsenthalpien für 298 K pro Formelumsatz angegeben. Die Standardbildungsenthalpien von NH_3 und NO, also jeweils für 1 mol Verbindung, sind daher (vgl. Abb. 3.17):

$$\Delta H^\circ_B\,(NH_3) = -45{,}9\,\mathrm{kJ/mol}$$
$$\Delta H^\circ_B\,(NO) = +91{,}3\,\mathrm{kJ/mol}$$

Weitere Standardbildungsenthalpien sind in Tab. 3.2 angegeben. Mit den ΔH°_B-Werten kann man die Reaktionsenthalpien einer Vielzahl von Reaktionen berechnen.

Tabelle 3.2 Standardbildungsenthalpien ΔH°_B einiger Verbindungen in kJ/mol bei 25 °C

P_4(g)	+ 58,9	CO	− 110,5	CaO (s)	− 634,9
S_8(g)	+101,3	CO_2	− 393,5	α-Al_2O_3 (s)	−1675,7
O_3	+142,7	NH_3	− 45,9	SiO_2 (s)	− 910,7
HF	−273,3	NO	+ 91,3	α-Fe_2O_3 (s)	− 824,2
HCl	− 92,3	NO_2	+ 33,2	Fe_3O_4 (s)	−1118,4
HBr	− 36,3	P_4O_{10} (s)	−2986,2	FeS_2 (s)	− 178,2
HI	+ 26,5	SO_2	− 296,8	CuO (s)	− 157,3
H_2O (g)	−241,8	SO_3 (g)	− 395,7	H	+ 218,0
H_2O (l)	−285,8	NaCl(s)	− 411,2	O	+ 249,2
H_2O_2 (g)	−136,3	NaF (s)	− 576,6	F	+ 79,4
H_2O_2 (l)	−187,8	MgO (s)	− 601,6	Cl	+ 121,3
H_2S	− 20,6			N	+ 472,7

Für die allgemeine Reaktion

$$a\,\mathrm{A} + b\,\mathrm{B} \longrightarrow c\,\mathrm{C} + d\,\mathrm{D}$$

mit den Verbindungen A, B, C, D beträgt die Reaktionsenthalpie

$$\Delta H^\circ_{298} = d\Delta H^\circ_B\,(\mathrm{D}) + c\Delta H^\circ_B\,(\mathrm{C}) - b\Delta H^\circ_B\,(\mathrm{B}) - a\Delta H^\circ_B\,(\mathrm{A})$$

Beispiel:

Für die Reaktion

$$Fe_2O_3\,(s) + 3\,CO\,(g) \longrightarrow 2\,Fe\,(s) + 3\,CO_2\,(g)$$

erhält man die Reaktionsenthalpie

$$\Delta H^\circ_{298} = 3\,\Delta H^\circ_B\,(CO_2) - \Delta H^\circ_B\,(Fe_2O_3) - 3\,\Delta H^\circ_B$$
$$\Delta H^\circ_{298} = 3\,(-393{,}5\,\mathrm{kJ\,mol^{-1}} - 1\,(-824{,}2\,\mathrm{kJ\,mol^{-1}}) - 3\,(-110{,}5\,\mathrm{kJ\,mol^{-1}})$$
$$\Delta H^\circ_{298} = -24{,}2\,\mathrm{kJ/mol}$$

Die Bildungsenthalpie von Fe ist definitionsgemäß null.

Aus den Standardbildungsenthalpien können Bindungsenergien ermittelt werden.

Beispiel:

Dissoziationsenergie von HCl

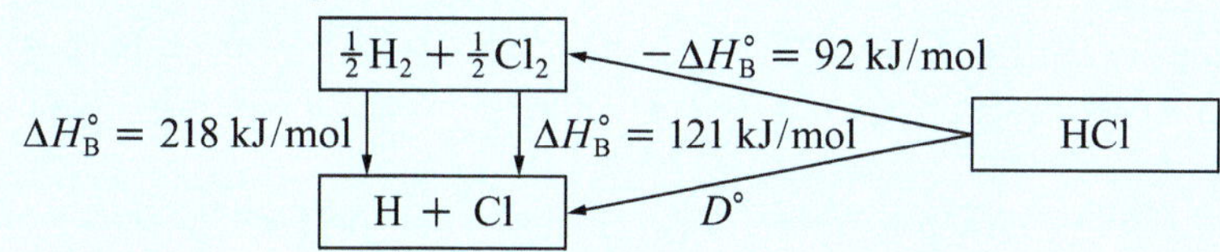

$D° = 431\,kJ\,mol^{-1}$. Die Dissoziationsenergie ist gleich der Bindungsenergie (vgl. Tab. 2.15). Bei mehratomigen Molekülen mit gleichen Bindungen erhält man eine mittlere Bindungsenergie

Beispiel:
Bindungsenergie O—H in H_2O

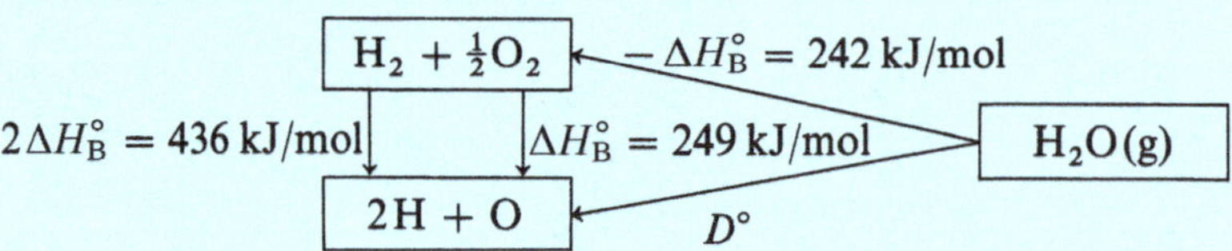

$D° = 927\,kJ\,mol^{-1}$. Daraus erhält man für die O—H-Bindung als mittlere Bindungsenergie $D°/2 = 463\,kJ\,mol^{-1}$.

Beispiel:
Bindungsenergie O—O in H_2O_2
Die Dissoziationsenergie $H_2O_2 \longrightarrow 2\,O + 2\,H$ beträgt $D° = 1\,070\,kJ\,mol^{-1}$. Im Molekül H—O—O—H existieren drei Bindungen. Zieht man von der Gesamtdissoziationsenergie $D°$ die beiden O—H-Bindungsenergien ab, so erhält man für die Bindungsenergie der O—O-Bindung $144\,kJ\,mol^{-1}$ (s. auch Tab. 2.15, Fußnote).

3.5 Das chemische Gleichgewicht

3.5.1 Allgemeines

Lässt man Wasserstoffmoleküle und Iodmoleküle miteinander reagieren, bildet sich Iodwasserstoff.

$$H_2 + I_2 \longrightarrow 2\,HI$$

Es reagieren aber nicht alle H_2- und I_2-Moleküle miteinander zu HI-Molekülen, sondern die Reaktion verläuft unvollständig. Bringt man in ein Reaktionsgefäß 1 mol H_2 und 1 mol I_2, so bilden sich z. B. bei 490 °C nur 1,544 mol HI im Gemisch mit 0,228 mol H_2 und 0,228 mol I_2, die nicht miteinander weiterreagieren.

Bringt man in das Reaktionsgefäß 2 mol HI, so erfolgt ein Zerfall von HI-Molekülen in H_2- und I_2-Moleküle nach der Reaktionsgleichung

$$2\,HI \longrightarrow H_2 + I_2$$

Auch diese Reaktion läuft nicht vollständig ab. Bei 490 °C zerfallen nur solange HI-Moleküle bis im Reaktionsgefäß wiederum ein Gemisch von 0,228 mol H_2, 0,228 mol I_2 und 1,544 mol HI vorliegt.

Zwischen den Molekülen H_2, I_2 und HI bildet sich also ein Zustand, bei dem keine weitere Änderung der Zusammensetzung des Reaktionsgemisches erfolgt. Diesen

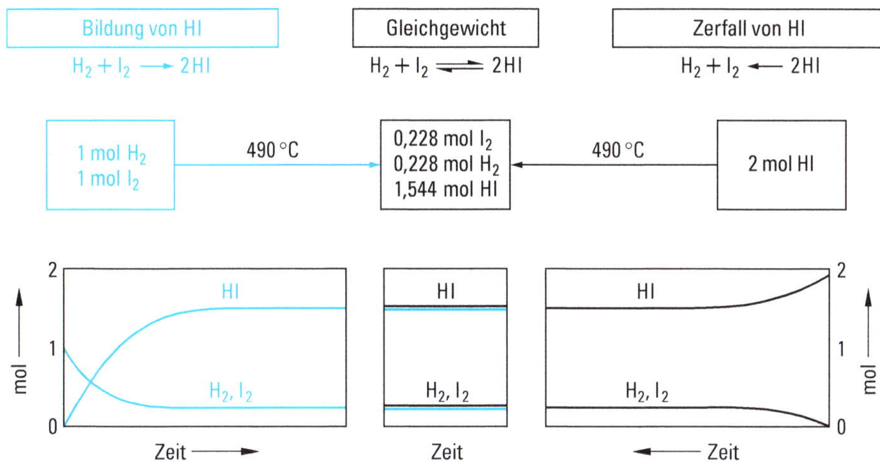

Abbildung 3.18 Chemisches Gleichgewicht. Bildung und Zerfall von HI führen zum gleichen Endzustand. Im Endzustand sind die drei Reaktionsteilnehmer in bestimmten Konzentrationen nebeneinander vorhanden. Diese Konzentrationen verändern sich mit fortschreitender Zeit nicht mehr. Ein solcher Zustand wird chemisches Gleichgewicht genannt.

Zustand nennt man chemisches Gleichgewicht. Wenn bei 490 °C im Reaktionsraum 0,228 mol H_2, 0,228 mol I_2 und 1,544 mol HI nebeneinander vorhanden sind, liegt ein Gleichgewichtszustand vor. Dies ist in der Abb. 3.18 schematisch dargestellt.

Der Gleichgewichtszustand ist kein Ruhezustand. Nur makroskopisch sind im Gleichgewichtszustand keine Veränderungen feststellbar. Tatsächlich erfolgt aber auch im Gleichgewichtszustand dauernd Zerfall und Bildung von HI-Teilchen. Wie sich im Verlauf der Reaktion die Anzahl der pro Zeiteinheit gebildeten und zerfallenen HI-Moleküle ändert, zeigt schematisch Abb. 3.19.

Zu Beginn der Reaktion ist die Anzahl entstehender HI-Moleküle groß, sie sinkt im Verlauf der Reaktion, da die Konzentrationen der reagierenden H_2- und I_2-Moleküle abnehmen. Die Anzahl zerfallender HI-Moleküle ist zu Beginn der Reaktion natürlich null, da noch keine HI-Teilchen vorhanden sind. Je größer die Konzentration der HI-Moleküle im Verlauf der Reaktion wird, umso mehr HI-Moleküle zerfallen. Bildungskurve und Zerfallskurve nähern sich im Verlauf der Reaktion, bis schließlich die Anzahl zerfallender und gebildeter HI-Moleküle pro Zeiteinheit gleich groß ist, das Gleichgewicht ist erreicht. In der folgenden Zeit tritt keine makroskopisch wahrnehmbare Veränderung mehr ein.

Das Auftreten eines Gleichgewichts wird bei der Formulierung von Reaktionsgleichungen durch einen Doppelpfeil $\rightleftharpoons$ wiedergegeben, wobei $\rightarrow$ die Hinreaktion und $\leftarrow$ die Rückreaktion symbolisiert.

$$H_2 + I_2 \rightleftharpoons 2\,HI$$

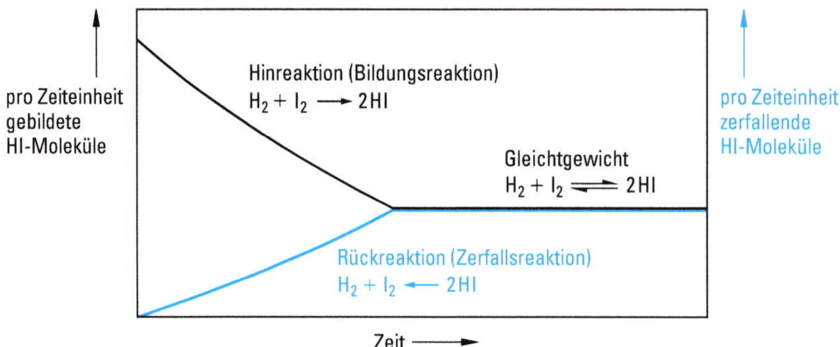

Abbildung 3.19 Bei der Reaktion von H_2 mit I_2 zu HI werden nicht nur HI-Moleküle gebildet, sondern gleichzeitig zerfallen die gebildeten HI-Moleküle auch wieder. Vor Erreichen des Gleichgewichtszustandes bilden sich pro Zeitintervall aber mehr HI-Moleküle als zerfallen, die Bildungsreaktion ist schneller als die Zerfallsreaktion. Im Gleichgewichtszustand ist die Anzahl sich bildender und zerfallender HI-Moleküle gleich groß geworden.

Bei vielen chemischen Reaktionen sind allerdings im Gleichgewicht überwiegend die Komponenten einer Seite vorhanden. Man sagt dann, dass das Gleichgewicht ganz auf einer Seite liegt. Bei der Reaktion

$$2\,H_2 + O_2 \rightleftharpoons 2\,H_2O$$

z. B. liegt das Gleichgewicht ganz auf der rechten Seite, d. h. im Gleichgewichtszustand sind praktisch nur H_2O-Moleküle vorhanden.

3.5.2 Das Massenwirkungsgesetz (MWG)

Das MWG wurde 1867 von Guldberg und Waage empirisch gefunden. Es kann aber auf Grund thermodynamischer Gesetze exakt abgeleitet werden (vgl. Abschn. 3.5.4). Mit dem MWG wird die Lage eines chemischen Gleichgewichts beschrieben. Es lautet für die Gleichgewichtsreaktion

$$H_2 + I_2 \rightleftharpoons 2\,HI \qquad (3.4)$$

$$\frac{c_{HI}^2}{c_{H_2} \cdot c_{I_2}} = K_c$$

c_{HI}, c_{I_2}und c_{H_2} sind die Stoffmengenkonzentrationen von HI, I_2 und H_2 im Gleichgewichtszustand. Eine große Konzentration bedeutet eine große Teilchenzahl pro Volumen. K_c wird Gleichgewichtskonstante oder Massenwirkungskonstante genannt. Sie ist definiert als Produkt der Konzentrationen der Endstoffe („Rechtsstoffe") dividiert durch das Produkt der Konzentrationen der Ausgangsstoffe („Linksstoffe"). Die Gleichgewichtskonstante bezüglich der Konzentration, K_c hängt nur von der Reaktionstemperatur ab.

Für die Reaktion (3.4) erhält man den Wert der Gleichgewichtskonstante K_c für die Temperatur 490 °C aus den in Abschn. 3.5.1 angegebenen Gleichgewichtskonzentrationen. Hat das dort beschriebene Reaktionsgefäß ein Volumen von 1 Liter, erhält man

$$K_c = \frac{1{,}544^2\,\mathrm{mol}^2/\mathrm{l}^2}{0{,}228\,\mathrm{mol/l} \cdot 0{,}228\,\mathrm{mol/l}} = 45{,}9$$

Es gibt natürlich beliebig viele Kombinationen der H_2-, I_2- und HI-Konzentrationen, für die das MWG erfüllt ist. Lässt man z. B. 1 mol I_2 mit 0,5 mol H_2 reagieren, dann sind bei 490 °C im Gleichgewichtszustand 0,930 mol HI, 0,535 mol I_2 und 0,035 mol H_2 nebeneinander vorhanden

$$K_c = \frac{0{,}9296^2\,\mathrm{mol}^2/\mathrm{l}^2}{0{,}5352\,\mathrm{mol/l} \cdot 0{,}0352\,\mathrm{mol/l}} = 45{,}9$$

Für Gasreaktionen ist es zweckmäßig, das MWG in der Form

$$\frac{p_{\mathrm{HI}}^2}{p_{\mathrm{H_2}} \cdot p_{\mathrm{I_2}}} = K_p$$

zu schreiben. p_{HI}, $p_{\mathrm{H_2}}$und $p_{\mathrm{I_2}}$ sind die Partialdrücke (vgl. Abschn. 3.2) von HI, H_2 und I_2 im Gleichgewichtszustand.

Für die allgemein geschriebene Reaktionsgleichung

$$a\mathrm{A} + b\mathrm{B} \rightleftharpoons c\mathrm{C} + d\mathrm{D}$$

lautet das MWG

$$\frac{c_{\mathrm{C}}^c\, c_{\mathrm{D}}^d}{c_{\mathrm{A}}^a\, c_{\mathrm{B}}^b} = K_c$$

Im MWG sind die Konzentrationen der Stoffe multiplikativ verknüpft, die stöchiometrischen Zahlen a, b, c und d treten daher als Exponenten der Konzentrationen auf. Dies wird sofort klar, wenn man die Reaktion (3.4) in der Form $H_2 + I_2 \rightleftharpoons HI + HI$ schreibt. Das MWG lautet dann

$$K_c = \frac{c_{\mathrm{HI}} \cdot c_{\mathrm{HI}}}{c_{\mathrm{H_2}} \cdot c_{\mathrm{I_2}}} = \frac{c_{\mathrm{HI}}^2}{c_{\mathrm{H_2}} \cdot c_{\mathrm{I_2}}}$$

Die Gleichgewichtskonstanten verschiedener chemischer Reaktionen können sehr unterschiedliche Werte haben.

Ist $K \gg 1$, läuft die Reaktion nahezu vollständig in Richtung der Endprodukte ab. Die Ausgangsstoffe sind im Gleichgewicht in so geringer Konzentration vorhanden, dass diese oft nicht mehr messbar ist.

Beispiel:

$$2\,H_2 + O_2 \rightleftharpoons 2\,H_2O\,(g)$$

$$\frac{p_{\mathrm{H_2O}}^2}{p_{\mathrm{H_2}}^2 \cdot p_{\mathrm{O_2}}} = K_p$$

Bei 25 °C beträgt $K_p = 10^{80}$ bar^{-1}. Wasser zersetzt sich bei Normaltemperatur nicht.

Ist $K \approx 1$, liegen im Gleichgewichtszustand alle Reaktionsteilnehmer in vergleichbar großen Konzentrationen vor.

Ein Beispiel ist die schon besprochene Reaktion $H_2 + I_2 \rightleftharpoons 2\,HI$. Bei 490 °C ist $K_p = 45{,}9$.

Wenn $K \ll 1$ ist, läuft die Reaktion praktisch nicht ab. Im Gleichgewichtszustand sind ganz überwiegend die Ausgangsprodukte vorhanden.

Beispiel:

$N_2 + O_2 \rightleftharpoons 2\,NO$

$$\frac{p_{NO}^2}{p_{N_2} \cdot p_{O_2}} = K_p$$

Bei 25 °C beträgt $K_p = 10^{-30}$.
In der Luft sind praktisch nur N_2- und O_2-Moleküle vorhanden.

Gleichgewichtskonstanten beziehen sich auf eine Reaktion mit bestimmter Stöchiometrie. Bei der Benutzung von Zahlenwerten muss man darauf achten, für welche Reaktion die Gleichgewichtskonstante angegeben ist.

Beispiel:

$N_2 + O_2 \rightleftharpoons 2\,NO$ $\qquad \dfrac{p_{NO}^2}{p_{N_2} \cdot p_{O_2}} = K_p\,(1) = 10^{-30}$

$\frac{1}{2}N_2 + \frac{1}{2}O_2 \rightleftharpoons NO$ $\qquad \dfrac{p_{NO}}{p_{N_2}^{1/2} \cdot p_{O_2}^{1/2}} = K_p\,(2) = 10^{-15}$

$$K_p\,(1) = K_p^2\,(2)$$

Homogene Gleichgewichte sind Gleichgewichte, bei denen alle an der Reaktion beteiligten Stoffe in derselben Phase vorhanden sind.

Beispiele für Reaktionen, bei denen alle Reaktionsteilnehmer gasförmig vorliegen:

Reaktion	MWG		
$3\,H_2 + N_2 \rightleftharpoons 2\,NH_3$	$\dfrac{c_{NH_3}^2}{c_{H_2}^3 \cdot c_{N_2}} = K_c$	oder	$\dfrac{p_{NH_3}^2}{p_{H_2}^3 \cdot p_{N_2}} = K_p$
$2\,SO_2 + O_2 \rightleftharpoons 2\,SO_3$	$\dfrac{c_{SO_3}^2}{c_{SO_2}^2 \cdot c_{O_2}} = K_c$	oder	$\dfrac{p_{SO_3}^2}{p_{SO_2}^2 \cdot p_{O_2}} = K_p$
$H_2 \rightleftharpoons 2\,H$	$\dfrac{c_H^2}{c_{H_2}} = K_c$	oder	$\dfrac{p_H^2}{p_{H_2}} = K_p$

Im MWG stehen die Konzentrationen solcher Teilchen, die in der Reaktionsgleichung auftreten. Bei der Oxidation von SO_2 mit Sauerstoff tritt im MWG die Konzentration von Sauerstoffmolekülen c_{O_2} auf und nicht die von Sauerstoffatomen c_O.

Bei der Dissoziation von Wasserstoffmolekülen treten im MWG sowohl die Konzentrationen von Wasserstoffmolekülen c_{H_2} als auch die von Wasserstoffatomen c_H auf.

Heterogene Gleichgewichte sind Gleichgewichte, an denen mehrere Phasen beteiligt sind. Beispiele für Reaktionen, bei denen feste (s) und gasförmige (g) Reaktionsteilnehmer auftreten:

Reaktion	MWG
$C(s) + O_2(g) \rightleftharpoons CO_2(g)$	$\frac{c_{CO_2}}{c_{O_2}} = K_c$
$C(s) + CO_2(g) \rightleftharpoons 2\,CO(g)$	$\frac{p_{CO}^2}{p_{CO_2}} = K_p$
$CaCO_3(s) \rightleftharpoons CaO(s) + CO_2(g)$	$p_{CO_2} = K_p$

Die Gegenwart fester Stoffe wie C, CaO, $CaCO_3$ ist zwar für den Ablauf der Reaktionen notwendig, aber es ist gleichgültig, in welcher Menge sie bei der Reaktion vorliegen. Sie haben keine veränderlichen Konzentrationen, es treten daher im MWG für feste und flüssige reine Phasen keine Konzentrationsglieder auf.

Der Zusammenhang zwischen den Gleichgewichtskonstanten K_c und K_p lässt sich mit Hilfe des idealen Gasgesetzes ableiten. Betrachten wir zunächst die Reaktion $H_2 + I_2 \rightleftharpoons 2\,HI$. Nach dem idealen Gasgesetz $pV = nRT$ besteht zwischen der Konzentration und dem Partialdruck von H_2 die Beziehung

$$p_{H_2} = \frac{n_{H_2}}{V} RT = c_{H_2} RT$$

Entsprechend gilt für I_2 und HI

$$p_{I_2} = c_{I_2} RT$$

und

$$p_{HI} = c_{HI} RT$$

Setzt man diese Beziehungen in das MWG ein, erhält man

$$K_p = \frac{p_{HI}^2}{p_{I_2} \cdot p_{H_2}} = \frac{c_{HI}^2 (RT)^2}{c_{I_2} RT\, c_{H_2} RT} = K_c$$

Für Reaktionen, bei denen auf beiden Seiten der Reaktionsgleichung die Gesamtstoffmenge der im MWG auftretenden Komponenten gleich groß ist, ist $K_c = K_p$. Dies ist dann der Fall, wenn die Summe der stöchiometrischen Zahlen dieser Komponenten auf beiden Seiten gleich groß ist. In allen anderen Fällen ist K_c ungleich K_p. Ein Beispiel dafür ist die Reaktion $H_2 \rightleftharpoons 2\,H$.

$$K_p = \frac{p_H^2}{p_{H_2}} = \frac{c_H^2 (RT)^2}{c_{H_2} RT}$$

$$K_p = K_c RT$$

Für das allgemein formulierte Gleichgewicht

$$a\mathrm{A}\,(\mathrm{g}) + b\mathrm{B}\,(\mathrm{s}) \rightleftharpoons c\mathrm{C}\,(\mathrm{g}) + d\mathrm{D}\,(\mathrm{g})$$

gilt (B ist fest!)

$$K_p = K_c\,(RT)^{(c+d-a)}$$

3.5.3 Verschiebung der Gleichgewichtslage, Prinzip von Le Chatelier

Die Gleichgewichtslage chemischer Reaktionen kann durch Änderung folgender Größen beeinflusst werden: 1. Änderung der Konzentrationen bzw. der Partialdrücke der Reaktionsteilnehmer. 2. Temperaturänderung. 3. Bei Reaktionen, bei denen sich die Gesamtstoffmenge der gasförmigen Reaktionspartner ändert, durch Änderung des Gesamtdrucks.

Nur im ersten Fall erfolgt eine Änderung der Gleichgewichtslage durch Stoffaustausch des Reaktionssystems mit seiner Umgebung. Die Temperaturänderung und Druckänderung sind Zustandsänderungen, die im geschlossenen System (vgl. Abschn. 3.4) zu Änderungen der Gleichgewichtslage führen.

Die Verschiebung der Gleichgewichtslage durch Konzentrationsänderung soll am Beispiel der Reaktion $SO_2 + \frac{1}{2}O_2 \rightleftharpoons SO_3$ erläutert werden. Die Anwendung des MWG auf diese Reaktion ergibt

$$\frac{c_{SO_3}}{c_{SO_2} \cdot c_{O_2}^{1/2}} = K_c$$

oder umgeformt

$$\frac{c_{SO_3}}{c_{SO_2}} = K_c\,c_{O_2}^{1/2} \tag{3.5}$$

Wenn man die Konzentration von Sauerstoff erhöht, muss sich, wie Gl. (3.5) zeigt, das Konzentrationsverhältnis c_{SO_3}/c_{SO_2} im Gleichgewicht ebenfalls erhöhen. Man kann also eine Verschiebung des Gleichgewichts in Richtung auf das erwünschte Reaktionsprodukt SO_3 (erhöhter Umsatz von SO_2) durch einen Sauerstoffüberschuss erreichen.

Die Gleichgewichtskonstanten K_p und K_c ändern sich mit der Temperatur. Durch Temperaturänderung verschiebt sich daher auch das Gleichgewicht. Bei Reaktionen mit Stoffmengenänderung der im MWG auftretenden Komponenten hängt die Gleichgewichtslage vom Druck ab, bei dem die Reaktion abläuft. Die Gleichgewichtskonstanten K_c und K_p selbst sind aber nicht vom Druck abhängig. Die Temperatur- und Druckabhängigkeit der Gleichgewichtslage wird qualitativ durch das Le Chatelier'sche Prinzip beschrieben:

Übt man auf ein System, das im Gleichgewicht ist, durch Druckänderung oder Temperaturänderung einen Zwang aus, so verschiebt sich das Gleichgewicht, und zwar so, dass sich ein neues Gleichgewicht einstellt, bei dem dieser Zwang vermindert ist.

Das Le Chatelier'sche Prinzip, auch Prinzip des kleinsten Zwangs genannt, soll auf die Reaktionen

$$3\,H_2 + N_2 \rightleftharpoons 2\,NH_3 \qquad \Delta H° = -92\,kJ/mol \tag{3.6}$$

und

$$C(s) + CO_2 \rightleftharpoons 2\,CO \qquad \Delta H° = +173\,kJ/mol \tag{3.7}$$

angewendet werden.

Erfolgt eine Temperaturerhöhung, so versucht das System, dem Zwang der Temperaturerhöhung auszuweichen. Der Temperaturerhöhung wird entgegengewirkt, wenn das Gleichgewicht sich so verschiebt, dass dabei Wärme verbraucht wird. Bei der Reaktion (3.6) wird Wärme verbraucht, wenn NH_3 in H_2 und N_2 zerfällt. Das Gleichgewicht verschiebt sich also in Richtung der Ausgangsstoffe. Bei der Reaktion (3.7) wird Wärme verbraucht, wenn sich CO bildet, das Gleichgewicht verschiebt sich in Richtung der Endprodukte.

Allgemein gilt: Temperaturerhöhung führt bei exothermen chemischen Reaktionen zu einer Verschiebung des Gleichgewichts in Richtung der Ausgangsstoffe, bei endothermen Reaktionen in Richtung der Endprodukte.

Quantitativ wird die Temperaturabhängigkeit der Gleichgewichtskonstante K_p durch die Gleichung

$$\frac{d\ln K_p}{dT} = \frac{\Delta H°}{RT^2} \tag{3.8}$$

beschrieben (vgl. Abschn. 3.5.4). Nimmt man in erster Näherung an, dass $\Delta H°$ temperaturunabhängig ist, so erhält man durch Integration (vgl. Abb. 3.20)

$$\ln\frac{K_2}{K_1} = -\frac{\Delta H°}{R}\left(\frac{1}{T_2} - \frac{1}{T_1}\right)$$

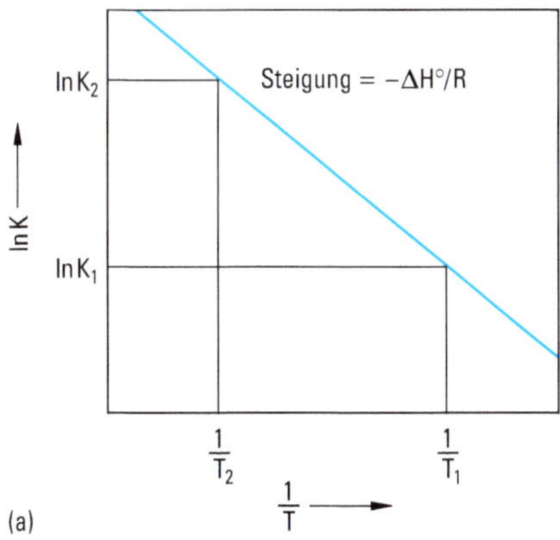

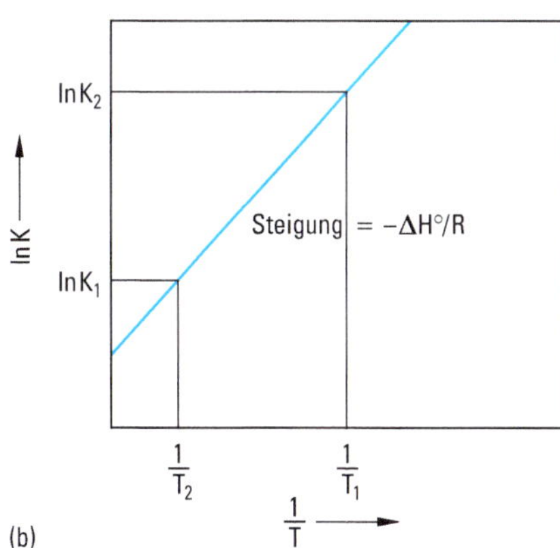

Abbildung 3.20 Abhängigkeit der Gleichgewichtskonstante von der Temperatur.
a) endotherme Reaktionen, $\Delta H°$ ist positiv.
b) exotherme Reaktionen, $\Delta H°$ ist negativ.

Beispiel:
Für die Reaktion

$$H_2 + \tfrac{1}{2}O_2 \rightleftharpoons H_2O\,(g) \qquad \Delta H^\circ_B = -242\ \text{kJ/mol}$$

beträgt bei 300 K die Gleichgewichtskonstante K_1

$$\frac{p_{H_2O}}{p_{H_2} \cdot p_{O_2}^{1/2}} = K_1 = 10^{40}\,\text{bar}^{-1/2}$$

Für die Gleichgewichtskonstante K_2 bei 1 000 K erhält man:

$$\lg\frac{K_2}{K_1} = -\frac{-242\,\text{kJ mol}^{-1}}{2{,}30 \cdot 0{,}00831\,\text{kJ K}^{-1}\text{mol}^{-1}}\left(\frac{1}{1000\,\text{K}} - \frac{1}{300\,\text{K}}\right) = -29{,}5$$

$$\lg K_2 = -29{,}5 + \lg K_1 = -29{,}5 + 40 = 10{,}5$$

$$K_2 \approx 10^{10}\,\text{bar}^{-1/2}$$

Die Gleichgewichtskonstante verringert sich um 30 Zehnerpotenzen, die Gleichgewichtslage verschiebt sich in Richtung der Ausgangsstoffe.

Bei großen Temperaturänderungen muss für genaue Berechnungen die Temperaturabhängigkeit von ΔH° berücksichtigt werden (vgl. Abschn. 3.5.4).

Aus der Gl. (3.8) lässt sich leicht das folgende Schema ableiten, das natürlich auch aus dem Prinzip von Le Chatelier folgt.

ΔT	ΔH°	ΔK	Verschiebung des Gleichgewichts
+	+	+	→
+	−	−	←

Die Reaktionen (3.6) und (3.7) verlaufen unter Stoffmengenänderung der gasförmigen Komponenten. Bei der Reaktion (3.6) entstehen aus 4 mol der Ausgangsstoffe 2 mol Endprodukt. Dem Zwang einer Druckerhöhung kann das System durch Verschiebung des Gleichgewichts in Richtung des Endprodukts ausweichen, denn dadurch wird die Gesamtzahl von Teilchen im Reaktionsraum und damit der Druck vermindert. Umgekehrt entstehen bei der Reaktion (3.7) aus 1 mol gasförmigen Ausgangsprodukts 2 mol gasförmigen Endprodukts. Durch eine Druckerhöhung wird das Gleichgewicht nun in Richtung der Ausgangsstoffe verschoben. Bei Reaktionen ohne Stoffmengenänderung verschiebt sich die Gleichgewichtslage bei verändertem Druck nicht. Ein Beispiel dafür ist die Reaktion $H_2 + I_2 \rightleftharpoons 2\,HI$.

Allgemein gilt: Bei Reaktionen mit Stoffmengenänderung der gasförmigen Komponenten verschiebt sich durch Druckerhöhung das Gleichgewicht in Richtung der Seite mit der kleineren Stoffmenge.

Δp	$\Delta n = n_{\text{Endst.}} - n_{\text{Ausg. St.}}$	Verschiebung des Gleichgewichts
+	+	$\leftarrow$
+	0	keine
+	−	$\rightarrow$

Den quantitativen Einfluss der Druckänderung auf die Gleichgewichtslage kann man mit Hilfe des MWG berechnen.

Beispiel:

Für die Reaktion

$$C + CO_2 \rightleftharpoons 2\,CO$$

beträgt bei 700 °C die Gleichgewichtskonstante

$$\frac{p_{CO}^2}{p_{CO_2}} = K_p = 0{,}81\,\text{bar}$$

Wir wollen die Änderung der Gleichgewichtspartialdrücke p_{CO} und p_{CO_2} bei Änderung des Gesamtdrucks p berechnen. Aus der Kombination der Beziehung

$$p_{CO} + p_{CO_2} = p$$

mit dem MWG erhalten wir

$$p_{CO}^2 + p_{CO} K_p - pK_p = 0$$

und daraus

$$p_{CO} = -\frac{K_p}{2} + \left(\frac{K_p^2}{4} + pK_p\right)^{\frac{1}{2}}$$

Für $p = 1$ bar und $p = 10$ bar erhält man unter Annahme der Gültigkeit des idealen Gasgesetzes die folgenden Werte:

t in °C	p in bar	p_{CO} in bar	p_{CO_2} in bar	p_{CO_2}/p_{CO}	K_p in bar
700	1	0,58	0,42	0,72	0,81
700	10	2,47	7,53	3,05	0,81

In Abb. 3.21 ist die Druck- und Temperaturabhängigkeit der Gleichgewichtslage der Reaktion $3\,H_2 + N_2 \rightleftharpoons 2\,NH_3$ graphisch dargestellt. Abb. 3.22 zeigt die Temperaturabhängigkeit des Gleichgewichts der Reaktion $C + CO_2 \rightleftharpoons 2\,CO$.

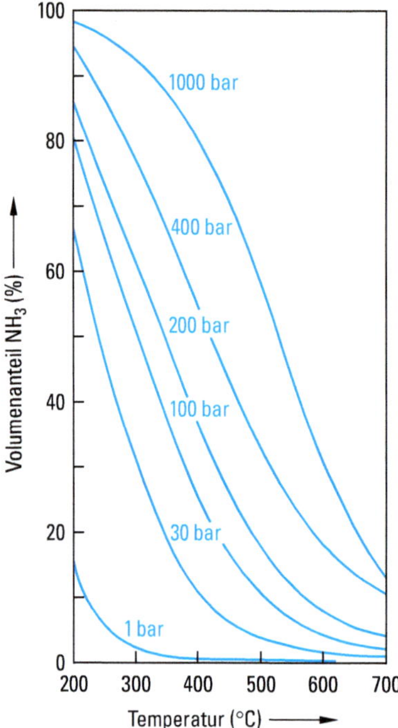

Abbildung 3.21 Druck- und Temperaturabhängigkeit der Gleichgewichtslage der Reaktion $3\,H_2 + N_2 \rightleftharpoons 2\,NH_3$.

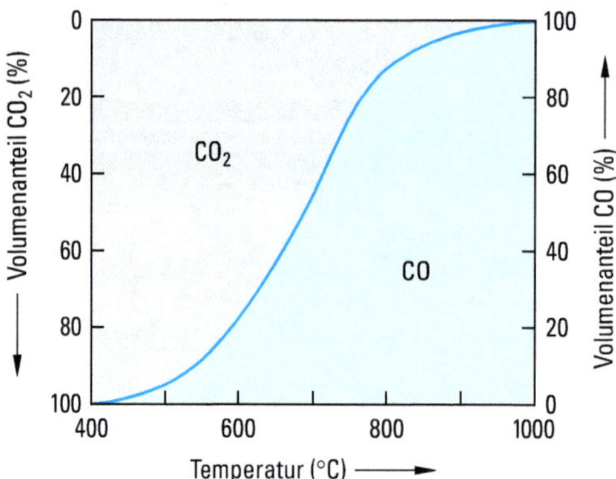

Abbildung 3.22 Temperaturabhängigkeit der Gleichgewichtslage der Reaktion $CO_2 + C \rightleftharpoons 2\,CO$ beim Druck von 1 bar.

3.5.4 Berechnung von Gleichgewichtskonstanten

Entropie

Wir wissen aus Erfahrung, dass es Vorgänge gibt, die freiwillig nur in einer bestimmten Richtung ablaufen. So wird z. B. Wärme von einem wärmeren zu einem kälteren Körper übertragen, nie umgekehrt. Zwei Gase vermischen sich freiwillig, aber sie entmischen sich nicht wieder. Bei solchen Prozessen spielt der Ordnungsgrad eine wichtige Rolle. Eine Gasmischung z. B. befindet sich in einem Zustand größerer Unordnung als vor der Vermischung. Der Ordnungsgrad eines Stoffes oder eines Systems kann durch eine Zustandsgröße (vgl. Abschn. 3.4), die Entropie S, bestimmt werden. Je geringer der Ordnungsgrad eines Systems ist, umso größer ist seine Entropie. Aufgrund des 2. Hauptsatzes der Thermodynamik gilt das folgende fundamentale Naturgesetz. In einem energetisch und stofflich abgeschlossenen Reaktionsraum können nur Vorgänge ablaufen, bei denen die Entropie wächst. Ein solches System strebt einem Zustand maximaler Entropie, also maximaler Unordnung entgegen.

Im Gegensatz zur Enthalpie (vgl. Abschn. 3.4) können für die Entropie Absolutwerte berechnet werden, denn auf Grund des 3. Hauptsatzes der Thermodynamik gilt (nach Nernst): Am absoluten Nullpunkt ist die Entropie einer idealen, kristallinen Substanz null. Als Standardentropie $S°$ ist die Entropie von einem Mol einer reinen Phase – vorzugsweise bei 25 °C – und 1 bar festgelegt worden. Für Gase wird ideales Verhalten vorausgesetzt. Wird keine Temperatur angegeben, so ist diese 25 °C.

Tab. 3.3 enthält die $S°$-Werte einiger Stoffe. Mit den Standardentropien können die Entropieänderungen von Vorgängen bei Standardbedingungen berechnet werden.

Tabelle 3.3 Standardentropien einiger Stoffe bei 25 °C ($S°$ in J K^{-1} mol^{-1})

Gasförmiger Zustand				Flüssiger Zustand	
		O_3	238,9		
H	114,7	H_2O	188,8	H_2O	70,0
H_2	130,7	H_2S	205,8		
F	158,8	SO_2	248,2	**Fester Zustand**	
F_2	202,8	SO_3	256,8		
Cl	165,2	CO	197,7	$C_{Graphit}$	5,7
Cl_2	223,1	CO_2	213,8	$C_{Diamant}$	2,4
I	180,8	NH_3	192,8	Ca	41,6
I_2	260,8	NO	210,8	Fe	27,3
N	153,3	NO_2	240,1	I_2	116,1
N_2	191,6	HF	173,8	$P_{weiß}$	41,1
O	161,1	HCl	186,9	P_{rot}	22,8
O_2	205,2	HI	206,6	$S_{8,orthorhombisch}$	32,1
				CaO	38,1
				α-Fe_2O_3	87,4

Beispiele für Entropieänderungen bei Phasenumwandlungen:

$H_2O\,(l) \longrightarrow H_2O\,(g)$
$\Delta S^\circ_{298} = S^\circ\,(H_2O\,(g)) - S^\circ\,(H_2O\,(l))$
$\Delta S^\circ_{298} = 188{,}8\,J\,K^{-1}mol^{-1} - 70{,}0\,J\,K^{-1}\,mol^{-1} = 118{,}8\,J\,K^{-1}\,mol^{-1}$

Die errechnete Entropieänderung würde auftreten, wenn der Phasenübergang $H_2O\,(l) \rightarrow H_2O\,(g)$ bei 25 °C und 1 bar vor sich ginge. Man gibt also die Entropie von Wasserdampf für 25 °C und 1 bar an, obwohl Wasser bei diesen Bedingungen flüssig ist. In Tab. 3.3 sind Standardentropien auch für andere fiktive, nur rechnerisch erfassbare, aber nicht tatsächlich existierende Standardzustände angegeben.

$I_2\,(s) \longrightarrow I_2\,(g) \qquad \Delta S^\circ_{298} = 144{,}6\,J\,K^{-1}\,mol^{-1}$

Ein Festkörper mit einer regelmäßigen Anordnung der Gitterbausteine hat einen höheren Ordnungsgrad als ein Gas mit unregelmäßig angeordneten, frei beweglichen Teilchen. Bei den Phasenübergängen fest-flüssig (Schmelzen), flüssig-gasförmig (Verdampfung) und fest-gasförmig (Sublimation) nehmen der Unordnungsgrad und damit die Entropie sprunghaft zu.

Beispiele für Entropieänderungen bei chemischen Reaktionen:

$\frac{1}{2}H_2 + \frac{1}{2}Cl_2 \rightleftharpoons HCl$

$\Delta S^\circ_{298} = S^\circ(HCl) - \frac{1}{2}S^\circ(H_2) - \frac{1}{2}S^\circ(Cl_2)$

$\Delta S^\circ_{298} = 186{,}9\,J\,K^{-1}mol^{-1} - \frac{1}{2}\cdot 130{,}7\,J\,K^{-1}mol^{-1} - \frac{1}{2}\cdot 223{,}1\,J\,K^{-1}mol^{-1}$

$\Delta S^\circ_{298} = 10{,}0\,J\,K^{-1}mol^{-1}$

$C(s) + O_2 \rightleftharpoons CO_2 \qquad \Delta S^\circ_{298} = 2{,}9\,J\,K^{-1}mol^{-1}$

$\frac{1}{2}H_2 \rightleftharpoons H \qquad \Delta S^\circ_{298} = 49{,}4\,J\,K^{-1}mol^{-1}$

$\frac{1}{2}O_2 + C(s) \rightleftharpoons CO \qquad \Delta S^\circ_{298} = 89{,}4\,J\,K^{-1}mol^{-1}$

$\frac{1}{2}N_2 + \frac{3}{2}H_2 \rightleftharpoons NH_3 \qquad \Delta S^\circ_{298} = -\,99{,}1\,J\,K^{-1}mol^{-1}$

$Ca(s) + \frac{1}{2}O_2 \rightleftharpoons CaO(s) \qquad \Delta S^\circ_{298} = -106{,}1\,J\,K^{-1}mol^{-1}$

Große Entropieänderungen treten auf, wenn bei der Reaktion eine Änderung der Stoffmenge der gasförmigen Reaktionsteilnehmer erfolgt. Bei abnehmender Stoffmenge gasförmiger Stoffe nimmt die Entropie ab, bei zunehmender Stoffmenge nimmt sie zu. Aus der Änderung der Stoffmenge der gasförmigen Komponenten kann man ohne Kenntnis der Entropiewerte abschätzen, ob bei einer chemischen Reaktion eine Entropiezunahme oder eine Entropieabnahme erfolgt.

Wenn in einem System Reaktionen ablaufen, bei denen die Entropie abnimmt, so muss – auf Grund des 2. Hauptsatzes – in der Umgebung des Systems eine Entropiezunahme erfolgen. Damit insgesamt eine Entropiezunahme stattfindet, muss

$$\Delta S_{\text{Umgebung}} + \Delta S_{\text{System}} > 0$$

sein. Dies gilt für tatsächlich ablaufende Prozesse, also irreversible Prozesse.

Gedanklich lassen sich Zustandsänderungen durchführen, die reversibel sind. Ein reversibler Vorgang lässt sich nicht experimentell verwirklichen, denn er verläuft unendlich langsam, es erfolgen nur unendlich kleine Änderungen der Zustandsgrößen, die jederzeit wieder umkehrbar sein müssen, so dass das System eine Folge von Gleichgewichtszuständen durchläuft.

Finden in einem abgeschlossenen System nur reversible Prozesse statt, so bleibt die Entropie konstant.

Bei isothermen reversiblen Vorgängen ist die Entropieänderung ΔS gleich dem Quotienten aus der übertragenen Wärmemenge Q_{rev} und der Temperatur T

$$\Delta S = \frac{Q_{\text{rev}}}{T} \tag{3.9}$$

Damit kann man z. B. die Entropieänderung eines idealen Gases, das isotherm von V_1 auf V_2 expandiert, berechnen (Abb. 3.23).

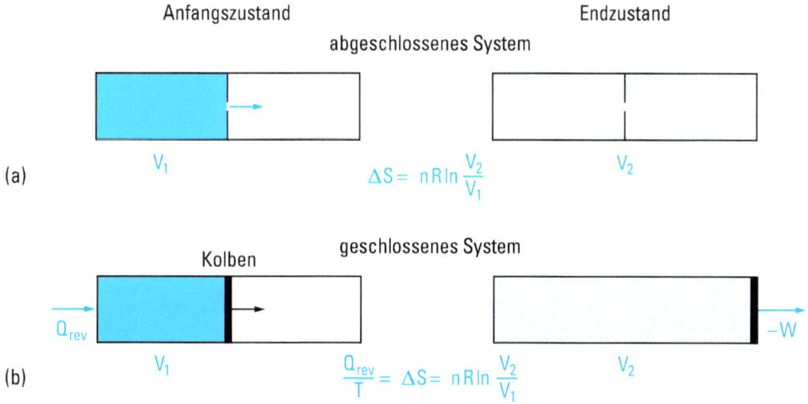

Abbildung 3.23 Isotherme (T = const) Expansion eines idealen Gases.
a) Das Gas nimmt spontan das größere Volumen ein. Der Vorgang ist irreversibel. Die Entropie nimmt zu.
b) Dem System wird aus der Umgebung reversibel und isotherm die Wärme Q_{rev} zugeführt. Die Entropie des Systems nimmt um $\Delta S = \frac{Q_{\text{rev}}}{T}$ zu, die der Umgebung um $\Delta S = \frac{Q_{\text{rev}}}{T}$ ab. Die gesamte zugeführte Wärme wird vom System durch Arbeitsleistung an die Umgebung abgegeben. Nur dann bleibt T konstant.

Reversible Expansion. Da bei idealen Gasen zwischen den Gasteilchen keine Wechselwirkungsenergie vorhanden ist, kann das Gas ohne Energieaufwand expandieren. Bei idealen Gasen ist die innere Energie U daher nicht vom Volumen, sondern nur von der Temperatur abhängig. Bei der isothermen Expansion eines idealen Gases ist $\Delta U = 0$ und auf Grund des 1. Hauptsatzes (Gl. (3.1)) ist

$$Q_{\text{rev}} = -W_{\text{rev}} \tag{3.10}$$

Von der Umgebung wird dem idealen Gas die Wärmemenge Q reversibel und isotherm zugeführt. Dies hat eine Entropiezunahme des Gases um $+\frac{Q_{\text{rev}}}{T}$ und eine Entropieabnahme der Umgebung um $-\frac{Q_{\text{rev}}}{T}$ zur Folge. Die Gesamtentropie bleibt konstant.

Bei der isothermen Expansion des idealen Gases muss vom System Volumenarbeit gegen den äußeren Druck geleistet werden (s. S. 290).

$$-W_{\text{rev}} = \int_{V_1}^{V_2} p\mathrm{d}V = nRT\int_{V_1}^{V_2} \frac{\mathrm{d}V}{V} = nRT\ln\frac{V_2}{V_1} = nRT\ln\frac{p_1}{p_2}$$

Für die Entropiezunahme eines idealen Gases erhält man aus den Gl. (3.9) und (3.10)

$$\Delta S = nR\ln\frac{V_2}{V_1} = nR\ln\frac{p_1}{p_2} \tag{3.11}$$

Irreversible Expansion. Das System ist abgeschlossen. Das Gas breitet sich aus einem Raum mit V_1 in einem erweiterten Raum mit V_2 aus. Der Vorgang ist irreversibel, er erfolgt isotherm und ohne Arbeitsleistung. Die Entropiezunahme des Gases beträgt wie bei der reversiblen isothermen Expansion

$$\Delta S = nR\ln\frac{V_2}{V_1}$$

aber jetzt wird der Umgebung keine Entropie entnommen.

Die Umwandlung der gesamten zugeführten Wärme in Volumenarbeit ist nur bei der *reversiblen* isothermen Expansion möglich.

Da jeder tatsächliche Prozess mindestens teilweise irreversibel ist, ist die Volumenarbeit stets kleiner als die zugeführte Wärme Q. Die maximale Arbeit erhält man als Grenzfall für reversible Prozesse.

Die Entropieänderung bei der Verdampfung einer Flüssigkeit ist gleich dem Quotienten aus der Verdampfungsenthalpie ΔH_{v} und der Siedetemperatur.

$$\Delta S = \frac{\Delta H_{\text{v}}}{T_{\text{S}}}$$

Für viele Flüssigkeiten beträgt die molare Verdampfungsentropie ungefähr 88 J K^{-1} mol^{-1} (Trouton'sche Regel). Das bedeutet, dass sich der Unordnungsgrad bei der Verdampfung sprunghaft um den gleichen Wert erhöht.

Freie Reaktionsenthalpie, freie Standardbildungsenthalpie

Die Gleichgewichtslage einer chemischen Reaktion hängt sowohl von der Reaktionsenthalpie ΔH als auch von der Reaktionsentropie ΔS ab. Entropie und Enthalpie werden daher zu einer neuen Zustandsfunktion, der freien Enthalpie G, verknüpft. Für eine chemische Reaktion, die bei der Temperatur T abläuft, ist die freie Reaktionsenthalpie

$$\Delta G = \Delta H - T\Delta S \tag{3.12}$$

Wenn alle Reaktionsteilnehmer im Standardzustand (vgl. Abschn. 3.4) vorliegen, ist die pro Formelumsatz auftretende Änderung der freien Reaktionsenthalpie

$$\Delta G^\circ = \Delta H^\circ - T\Delta S^\circ \tag{3.13}$$

ΔG° ist die freie Standardreaktionsenthalpie.

Gewinnt man bei einem chemischen Prozess Arbeit, so kann bei einer isotherm (T = const) ablaufenden chemischen Reaktion ihr Betrag maximal ΔG sein (maximale Nutzarbeit). Dies ergibt sich aus folgender Überlegung: Nimmt bei einer Reaktion die Entropie um ΔS ab, dann muss der Umgebung mindestens die Entropie ΔS zugeführt werden, damit insgesamt keine Entropieabnahme erfolgt. Von der frei werdenden Reaktionsenthalpie ΔH muss daher mindestens der Anteil $T\Delta S$ an die Umgebung abgegeben werden, und nur der Rest steht zur Arbeitsleistung zur Verfügung. Nimmt bei einer Reaktion die Entropie um ΔS zu, so kann bei insgesamt konstanter Entropie auch noch die der Umgebung entnommene Wärme $T\Delta S$ in Arbeit umgewandelt werden. Da bei allen tatsächlich ablaufenden Vorgängen die Entropie wächst, ist die maximale Arbeit ein praktisch nicht erreichbarer Grenzwert, der nur für reversible Prozesse gilt, bei denen die Gesamtentropie konstant ist. Für reale Prozesse ist $W < \Delta G$. Bei elektrochemischen Reaktionen ist die maximale Nutzarbeit mit der elektromotorischen Kraft (EMK) ΔE der Reaktion wie folgt verknüpft (vgl. Abschn. 3.8.4).

$$\Delta G = -zF\Delta E \tag{3.14}$$

zF ist die bei vollständigem Umsatz transportierte Ladungsmenge (vgl. Abschn. 3.8.5). Für Standardbedingungen erhält man aus ΔG° die Standard-EMK (vgl. S. 388).

$$\Delta G^\circ = -zF\Delta E^\circ \tag{3.15}$$

Ebenso wie Absolutwerte der Enthalpie (vgl. Abschn. 3.4) sind auch Absolutwerte der freien Enthalpie nicht messbar. Man nutzt daher die Änderung der freien Enthalpie und definiert die freie Standardbildungsenthalpie ΔG°_B. Die freie Standardbildungsenthalpie ΔG°_B ist die freie Enthalpie, die bei der Bildung von 1 mol *einer Verbindung* im Standardzustand aus den Elementen im Standardzustand auftritt, bei gegebener Temperatur – vorzugsweise 25 °C. Die freie Standardbildungsenthalpie ΔG°_B *der Elemente* ist Null, unabhängig von der Temperatur.

Beispiel:

$C + O_2 \rightleftharpoons CO_2 \qquad \Delta G^\circ_B = -394{,}4\ \text{kJ mol}^{-1}$

Die Aussage $\Delta G^\circ_B = -394\ \text{kJ mol}^{-1}$ bedeutet, dass die freie Enthalpie von 1 mol CO_2 bei 25 °C und 1 bar um 394 kJ kleiner ist als die Summe der freien Enthalpie von 1 mol $C_{Graphit}$ und 1 mol O_2 unter gleichen Bedingungen (vgl. Abb. 3.17).

Tabelle 3.4 Freie Standardbildungsenthalpien bei 25 °C (ΔG°_B in kJ/mol)

P_4 (g)	+ 24,4	CO	− 137,2	CaO (s)	− 603,3
S_8 (g)	+ 49,7	CO_2	− 394,4	α-Al_2O_3 (s)	−1582,3
O_3	+163,2	NH_3	− 16,4	SiO_2 (s)	− 856,3
HF	−275,4	NO	+ 87,6	α-Fe_2O_3 (s)	− 742,2
HCl	− 95,3	NO_2	+ 51,3	Fe_3O_4 (s)	−1015,4
HBr	− 53,4	P_4O_{10} (s)	−2699,8	FeS_2 (s)	− 166,9
HI	+ 1,7	SO_2	− 300,1	CuO (s)	− 129,7
H_2O (g)	−228,6	SO_3 (g)	− 371,1	H	+ 203,3
H_2O (*l*)	−237,1	NaCl (s)	− 384,1	O	+ 231,7
H_2O_2 (*l*)	−120,4	NaF (s)	− 546,3	F	+ 62,3
H_2S	− 33,4	MgO (s)	− 569,3	Cl	+ 105,3
				N	+ 455,5

Die ΔG°_B-Werte einiger Verbindungen sind in Tab. 3.4 angegeben. Mit den ΔG°_B-Werten lassen sich die freien Enthalpien ΔG° chemischer Reaktionen für Standardbedingungen berechnen.

Beispiel:

$\frac{1}{2}CO_2 + \frac{1}{2}C \rightleftharpoons CO$

$\Delta G^\circ_{298} = \Delta G^\circ\,(CO) - \frac{1}{2}\Delta G^\circ_B\,(C) - \frac{1}{2}\Delta G^\circ_B\,(CO_2)$

$\Delta G^\circ_{298} = 1\,(-137{,}2\ \text{kJ mol}^{-1}) - 0 - \frac{1}{2}(-394{,}4\ \text{kJ mol}^{-1})$

$\Delta G^\circ_{298} = 60{,}0\ \text{kJ mol}^{-1}$

In einem abgeschlossenen System sind nur Vorgänge möglich, bei denen die Entropie zunimmt. Ein chemisches Reaktionssystem ist normalerweise nicht abgeschlossen, mit der Umgebung kann Energie ausgetauscht werden. Bei isotherm und isobar ablaufenden chemischen Reaktionen führt der Austausch der Reaktionsenthalpie zu einer Entropieänderung der Umgebung um

$$\Delta S_{\text{Umgebung}} = -\frac{\Delta H_{\text{Reaktion}}}{T}$$

An die Umgebung abgegebene Reaktionsenthalpie (ΔH negativ) führt zu einer Entropiezunahme der Umgebung (ΔS positiv). Ist die Reaktion endotherm (ΔH positiv), nimmt die Entropie der Umgebung ab (ΔS negativ). Für die Entropie des Gesamtsystems gilt

$$\Delta S_{\text{Gesamtsystem}} = \Delta S_{\text{Reaktion}} + \Delta S_{\text{Umgebung}} > 0$$

Für das chemische Reaktionssystem folgt daraus

$$\Delta S_{\text{Reaktion}} - \frac{\Delta H_{\text{Reaktion}}}{T} > 0 \qquad \text{und} \qquad \Delta G_{\text{Reaktion}} < 0$$

Die Entropie des Gesamtsystems kann nur zunehmen, wenn die freie Reaktionsenthalpie ΔG negativ ist. Die Größe von ΔG, die sich nur auf das chemische Reaktionssystem und nicht auch auf seine Umgebung bezieht, entscheidet also darüber, ob eine Reaktion möglich ist.

Bei konstanter Temperatur und konstantem Druck kann eine chemische Reaktion nur dann freiwillig ablaufen, wenn dabei die freie Enthalpie G abnimmt.

$\Delta G < 0$ Die Reaktion läuft freiwillig ab, es kann Arbeit gewonnen werden.
$\Delta G > 0$ Die Reaktion kann nur durch Zufuhr von Arbeit erzwungen werden.
$\Delta G = 0$ Es herrscht Gleichgewicht.

Mit Hilfe dieser Gleichgewichtsbedingung kann man das MWG und eine Beziehung zwischen K_p und $\Delta G°$ ableiten.

Wir betrachten dazu die Reaktion

$$3\,H_2 + N_2 \rightleftharpoons 2\,NH_3$$

Der Endzustand soll bei konstanter Temperatur auf zwei verschiedenen Wegen erreicht werden (Abb. 3.24). Auf dem Weg 1 erfolgt beim Umsatz von 3 mol H_2 mit dem Druck p_{H_2} und 1 mol N_2 mit dem Druck p_{N_2} zu 2 mol NH_3 mit dem Druck p_{NH_3} eine Änderung der freien Enthalpie um ΔG. Auf dem Weg 2 werden zunächst N_2 und H_2 in den Standardzustand überführt. Bei der isothermen Expansion oder

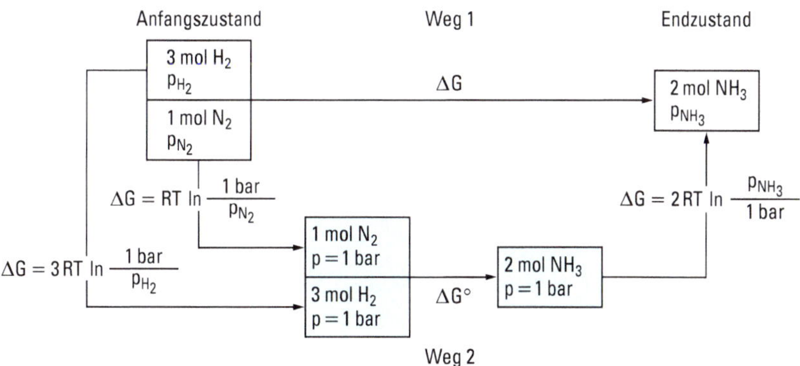

Abbildung 3.24 Sind in einem Reaktionsgemisch p_{H_2}, p_{N_2} und p_{NH_3} Gleichgewichtspartialdrücke, dann existiert für die Reaktion $3\,H_2 + N_2 \rightleftharpoons 2\,NH_3$ keine Triebkraft, und $\Delta G = 0$. Da ΔG eine Zustandsgröße ist, erhält man unter der Voraussetzung, dass die Partialdrücke des Anfangs- und des Endzustandes Gleichgewichtspartialdrücke sind, als Bilanz der freien Enthalpien für die beiden Reaktionswege die wichtige Beziehung $\Delta G° = -RT \ln K_p$, in der freie Standardreaktionsenthalpie und Gleichgewichtskonstante verknüpft sind.

Kompression eines idealen Gases ist $\Delta H = 0$, da H nur von der Temperatur abhängt, und für ΔG folgt aus den Gl. (3.11) und (3.12)

$$\Delta G = -T\Delta S = n\,RT \ln \frac{p_{\text{Endzustand}}}{p_{\text{Anfangszustand}}}$$

Stickstoff und Wasserstoff im Standardzustand werden zu Ammoniak im Standardzustand umgesetzt, dabei tritt die freie Standardreaktionsenthalpie ΔG° auf. NH_3 wird aus dem Standardzustand in den Endzustand überführt. Da die freie Enthalpie eine Zustandsgröße ist, gilt

$$\Delta G_{\text{Weg1}} = \Delta G_{\text{Weg2}}$$

und

$$\Delta G^\circ_{298} = RT \ln \frac{p^\circ_{N_2}}{p_{N_2}} + 3RT \ln \frac{p^\circ_{H_2}}{p_{H_2}} + \Delta G^\circ + 2\,RT \ln \frac{p_{NH_3}}{p^\circ_{NH_3}}$$

$$\Delta G = \Delta G^\circ + RT \ln \frac{p^2_{NH_3} \cdot p^{\circ 3}_{H_2} \cdot p^\circ_{N_2}}{p^3_{H_2} \cdot p_{N_2} \cdot p^{\circ 2}_{NH_3}}$$

Wird p in bar angegeben, dann betragen die Standarddrücke $p^\circ_{N_2} = p^\circ_{H_2} = p^\circ_{NH_3} = 1$ bar.

Wählt man die Drücke p_{N_2}, p_{H_2} und p_{NH_3} so, dass die freie Enthalpie des Anfangszustands gleich der des Endzustands ist ($\Delta G = 0$), dann sind diese Drücke gleich den Partialdrücken eines Reaktionsgemisches, das sich im Gleichgewicht befindet. Bei der Bildung oder dem Zerfall von NH_3 unter Gleichgewichtsbedingungen tritt keine freie Enthalpie auf, $\Delta G = 0$. Dies wäre z. B. in einem sehr großen Reaktionsraum möglich, in dem sich bei der Reaktion die Gleichgewichtspartialdrücke nicht ändern. Für Gleichgewichtsbedingungen gilt also

$$\Delta G^\circ = -RT \ln \frac{p^2_{NH_3} \cdot p^{\circ 3}_{H_2} \cdot p^\circ_{N_2}}{p^3_{H_2} \cdot p_{N_2} \cdot p^{\circ 2}_{NH_3}}$$

Da ΔG° nur von der Temperatur abhängt, folgt daraus das Massenwirkungsgesetz

$$\frac{p^2_{NH_3}}{p^3_{H_2} \cdot p_{N_2}} = K_p \qquad \text{und} \qquad \Delta G^\circ = -RT \ln \frac{K_p}{K^\circ_p} \qquad (3.16)$$

Aus den Beziehungen (3.13) und (3.16) folgt:

Je mehr Reaktionswärme frei wird und je mehr die Entropie zunimmt, umso weiter liegt bei einer chemischen Reaktion das Gleichgewicht auf der Seite der Endstoffe.

Die Gleichgewichtskonstante K hängt von der Wahl des Standardzustands ab. Bei Gasen ist der Standardzustand durch den Druck 1 bar festgelegt, die Gleichgewichtskonstante $K = K_p$ wird durch die Partialdrücke der Reaktionsteilnehmer in bar ausgedrückt. Bei Reaktionen in Lösungen ist der Standardzustand als eine Lösung der Konzentration $c = 1$ mol/l definiert. Der Standardzustand entspricht einer ideal verdünnten Lösung von 1 mol/l, d. h. einem hypothetischen Zustand, bei dem die gelösten Teilchen keine Wechselwirkungen untereinander haben. Die Massenwirkungskonstante $K = K_c$ ist durch die Konzentrationen der Reaktionsteilnehmer in mol l^{-1} gegeben. Für die Beziehung zwischen $\Delta G°$ und K_c gilt

$$\Delta G° = -RT \ln \frac{K_c}{K_c°} \tag{3.17}$$

Damit in den Gl. (3.16) und (3.17) als Argument des Logarithmus nur Zahlenwerte auftreten, müssen die Massenwirkungskonstanten durch $K_p°$ bzw. $K_c°$ dividiert werden, die sich aus der Reaktionsgleichung und dem Standarddruck $p° = 1$ bar bzw. der Standardkonzentration $c° = 1 \text{ mol } l^{-1}$ ergeben.

Für elektrochemische Prozesse erhält man unter Berücksichtigung der Gl. (3.14) und (3.15) für die elektromotorische Kraft einer Reaktion (vgl. Abschn. 3.8.4 und S. 311) aus

$$\Delta G = \Delta G° + RT \ln \frac{K}{K°} = 0$$

$$\Delta E = \Delta E° - \frac{RT}{zF} \ln \frac{K}{K°} = 0$$

Für die Reaktion

$N_2 + 3\ H_2 \rightleftharpoons 2\ NH_3$ ist

$\Delta G_B° (NH_3) = -16{,}4 \text{ kJ mol}^{-1}$

$\Delta G_{298}° = -32{,}8 \text{ kJ mol}^{-1}$

Aus Gl. (3.16) erhält man

$$\lg \frac{K_p(298)}{K_p°} = -\frac{\Delta G°}{2{,}303 \cdot RT} = 5{,}75$$

$$K_p(298) = 5{,}6 \cdot 10^5 \text{ bar}^{-2}.$$

Für den Umsatz von 3 mol H_2 und 1 mol N_2 zu NH_3 bei Standardbedingungen (298 K; 1 bar) erhält man aus K_p die Partialdrücke und Stoffmengen der Komponenten im Gleichgewichtszustand

	Partialdrücke p in bar	n in mol
NH_3	0,9380	1,936
H_2	0,0465	0,096
N_2	0,0155	0,032
	1,0000	2,064

Die Umsätze von ΔG, ΔH und $-T\Delta S$ im Verlauf der Reaktion sind in Abb. 3.25 dargestellt. Der Gleichgewichtszustand ist der Endzustand, bei dem die gewonnene freie Enthalpie ΔG des Systems am größten ist, G erreicht ein Minimum. Zur Berechnung von ΔG zerlegt man die Reaktion gedanklich in einzelne Schritte. Zunächst erfolgt Bildung von n mol NH_3 bei Standardbedingungen, dabei wird $n\,\Delta G_{298}°$ frei. Aus den im Standardzustand vorliegenden Gasen wird eine Gasmischung hergestellt. Bei der Vermischung von Gasen wächst die Unordnung, die Entropie erhöht sich.

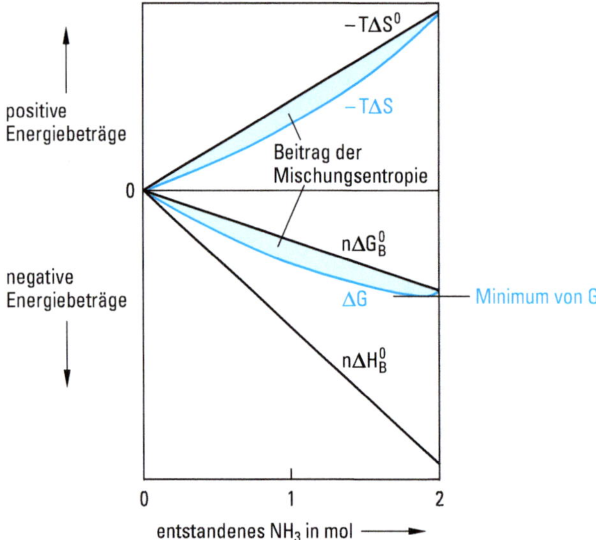

Abbildung 3.25 Umsatz von ΔH, $T\Delta S$ und ΔG im Verlauf der bei $T = 298$ K und $p = 1$ bar ablaufenden Reaktion $3\,H_2 + N_2 \rightleftharpoons 2\,NH_3$; $\Delta G = n\,\Delta H_B^\circ - T\Delta S$. Sobald G ein Minimum erreicht, besitzt die Reaktion keine Triebkraft mehr, es herrscht Gleichgewicht. Der Grund dafür, dass die Reaktion nicht vollständig abläuft und für G ein Minimum existiert, ist der durch die Mischungsentropie verursachte Beitrag zu ΔG.

Bei der Überführung eines Gases aus dem Standardzustand mit $p^\circ = 1$ bar in das Reaktionsgemisch mit dem Partialdruck p wächst die Entropie um

$$\Delta S = n\,R \ln \frac{p^\circ}{p}$$

Bei der Vermischung von idealen Gasen bleibt die Enthalpie konstant, $\Delta H = 0$, die freie Enthalpie verringert sich daher um

$$\Delta G = -\,T\Delta S = n\,RT \ln \frac{p}{p^\circ}$$

Danach erhält man beim Übergang vom Anfangszustand in den Gleichgewichtszustand

$$\Delta G = n_{NH_3} \Delta G_B^\circ + n_{NH_3} RT \ln \frac{p_{NH_3}}{p_{NH_3}^\circ} + n_{H_2} RT \ln \frac{p_{H_2}}{p_{H_2}^\circ} + n_{N_2} RT \ln \frac{p_{N_2}}{p_{N_2}^\circ}$$

$$\Delta G = 1{,}936 \text{ mol}\,\Delta G_B^\circ + 1{,}936 \text{ mol}\,RT \ln 0{,}938 + 0{,}096 \text{ mol}\,RT \ln 0{,}0465 + \\ + 0{,}032\,RT \ln 0{,}0155$$

$$\Delta G_{298} = -\,31{,}75 \text{ kJ} - 0{,}31 \text{ kJ} - 0{,}73 \text{ kJ} - 0{,}33 \text{ kJ}$$

$$\Delta G_{298} = -\,33{,}12 \text{ kJ}$$

Verglichen mit dem Endzustand bei vollständigem Umsatz, erhält man beim Umsatz bis zum Gleichgewichtszustand einen zusätzlichen Gewinn an freier Enthalpie von

$\Delta G = -0{,}32\,\text{kJ}$. Daher sind Reaktionen mit positiven Standardreaktionsenthalpien $\Delta G°$, z. B. die Zersetzung von NH_3, möglich; die bei der Reaktion entstehende Mischphase führt zu einem Entropiezuwachs und damit zu einem Gewinn an ΔG. Bei der Zersetzung von 2 mol NH_3 sind im Gleichgewichtszustand 0,064 mol NH_3 zu 0,032 mol N_2 und 0,096 mol H_2 zerfallen. Die freie Enthalpie setzt sich aus den folgenden Beträgen zusammen:

$$\Delta G = 0{,}064\ \text{mol} \cdot \Delta G^\circ_\text{B} + 1{,}936\ \text{mol} \cdot RT \ln 0{,}938 + \\ + 0{,}096\ \text{mol} \cdot RT \ln 0{,}0465 + 0{,}032\ \text{mol} \cdot RT \ln 0{,}0155$$

$$\Delta G_{298} = +\,1{,}05\ \text{kJ} - 0{,}31\ \text{kJ} - 0{,}73\ \text{kJ} - 0{,}33\ \text{kJ}$$

$$\Delta G_{298} = -\,0{,}32\ \text{kJ}$$

Chemische Reaktionen mit großen negativen $\Delta G°$-Werten laufen nahezu vollständig ab, bei solchen mit großen positiven $\Delta G°$-Werten findet nahezu keine Reaktion statt. Liegt $\Delta G°$ im Bereich von etwa $-5\ \text{kJ/mol}$ bis $+5\ \text{kJ/mol}$, dann existieren Gleichgewichte, bei denen alle Reaktionsteilnehmer in Konzentrationen gleicher Größenordnung vorhanden sind.

Aus den ΔG°_B-Werten erkennt man daher sofort, ob sich bei Normaltemperatur eine Verbindung aus den Elementen bilden kann.

Beispiele:

$\Delta G^\circ_\text{B}\,(\text{NO}) = +\,87{,}6\ \text{kJ mol}^{-1}$

Zwischen N_2 und O_2 findet keine Reaktion statt. NO ist bei Zimmertemperatur thermodynamisch instabil.

$\Delta G^\circ_\text{B}\,(\text{HCl}) = -\,95{,}3\ \text{kJ mol}^{-1}$

Ein Gemisch aus H_2 und Cl_2 ist thermodynamisch instabil. Das Gleichgewicht liegt auf der Seite von HCl.

Die ΔG-Werte sagen aber nichts darüber aus, wie schnell eine Reaktion abläuft. Oft erfolgt die Gleichgewichtseinstellung sehr langsam, so dass thermodynamisch instabile Zustände beständig sind. NO ist bei Zimmertemperatur beständig und auch das Gemisch aus H_2 und Cl_2 reagiert nicht (vgl. Abschn. 3.6.5).

Temperatur und Gleichgewichtslage

Bei einer genauen Berechnung der Temperaturabhängigkeit von K_p muss man die Temperaturabhängigkeit von $\Delta H°$ und $\Delta S°$ berücksichtigen. In erster Näherung kann man aber annehmen, dass die Reaktionsentropie und die Reaktionsenthalpie unabhängig von T und gleich der Standardreaktionsentropie und der Standardreaktionsenthalpie bei 25 °C sind. Für die Temperatur T erhält man dann

$$\Delta G^\circ_T = \Delta H^\circ_{298} - T\Delta S^\circ_{298} \tag{3.18}$$

und

$$\Delta G_T^\circ = -RT \ln \frac{K_p(T)}{K_p^\circ} \tag{3.19}$$

Aus den Beziehungen (3.18) und (3.19) erhält man für die Temperaturen T_2 und T_1 die Gleichungen

$$\ln \frac{K_p(T_2)}{K_p^\circ} = -\frac{\Delta H_{298}^\circ}{RT_2} + \frac{\Delta S_{298}^\circ}{R} \tag{3.20}$$

$$\ln \frac{K_p(T_1)}{K_p^\circ} = -\frac{\Delta H_{298}^\circ}{RT_1} + \frac{\Delta S_{298}^\circ}{R} \tag{3.21}$$

Die Kombination von Gl. (3.20) und (3.21) ergibt

$$\ln \frac{K_p(T_2)}{K_p(T_1)} = -\frac{\Delta H_{298}^\circ}{R}\left(\frac{1}{T_2} - \frac{1}{T_1}\right)$$

Wenn die Gleichgewichtskonstante bei T_1 bekannt ist, kann man bei Kenntnis von ΔH_{298}° die Gleichgewichtskonstante für die Temperatur T_2 berechnen (vgl. Rechenbeispiel Abschn. 3.5.3 und Abb. 3.20).

Beispiel:

Dissoziationsgleichgewicht von Wasserdampf: $2\,H_2O \rightleftharpoons 2\,H_2 + O_2$

$\Delta H_{298}^\circ\,(H_2O\,(g)) = -241{,}8$ kJ mol^{-1}

$\Delta H_{298}^\circ = +483{,}6$ kJ mol^{-1}

$\Delta S_{298}^\circ = 2\,S^\circ\,(H_2) + S^\circ\,(O_2) - 2\,S^\circ\,(H_2O\,(g))$

$\Delta S_{298}^\circ = 2 \cdot 130{,}7$ J K^{-1} mol^{-1} $+ 205{,}2$ J K^{-1} mol^{-1} $- 2 \cdot 188{,}8$ J K^{-1} mol^{-1}

$\Delta S_{298}^\circ = +0{,}089$ kJ K^{-1} mol^{-1}

$\Delta G_T^\circ = \Delta H_{298}^\circ - T\Delta S_{298}^\circ$

$\Delta G_{298}^\circ = +483{,}6$ kJ mol^{-1} $- 298$ K $\cdot$ $0{,}089$ kJ K^{-1} mol^{-1} $= 457{,}1$ kJ mol^{-1}

$$\lg \frac{K_p(T)}{K_p^\circ} = -\frac{\Delta G_T^\circ}{2{,}303\,RT}$$

$$\lg \frac{K_p(298)}{K_p^\circ} = -\frac{457{,}1\ \text{kJ mol}^{-1}}{2{,}303 \cdot 298\ \text{K} \cdot 0{,}008314\ \text{kJ K}^{-1}\ \text{mol}^{-1}} = -80{,}1$$

$\Delta G_{1500}^\circ = +483{,}6$ kJ mol^{-1} $- 1\,500$ K $\cdot$ $0{,}089$ kJ K^{-1} mol^{-1} $= 350{,}1$ kJ mol^{-1}

$$\lg \frac{K_p(1\,500)}{K_p^\circ} = -\frac{350{,}1\ \text{kJ mol}^{-1}}{2{,}303 \cdot 1\,500\ \text{K} \cdot 0{,}008314\ \text{kJ K}^{-1}\ \text{mol}^{-1}} = -12{,}2$$

Einen Vergleich berechneter und experimentell bestimmter K_p-Werte des Gleichgewichts $2\,H_2O \rightleftharpoons 2\,H_2 + O_2$ zeigt die folgende Tabelle. Selbst bei hohen Temperaturen liefert die einfache Näherung relativ gute Werte.

T in K	$\lg K_p/K_p^\circ$ (ber.)	$\lg K_p/K_p^\circ$ (gem.)
290	−82,4	−82,3
298	−80,1	–
1500	−12,2	−11,4
2505	− 5,4	− 4,3

Mit der Gleichung

$$\Delta G = \Delta H - T\Delta S$$

kann man die Beziehung zwischen ΔS, ΔH, T und Gleichgewichtslage diskutieren. Bei sehr niedrigen Temperaturen ist $T\Delta S \ll \Delta H$, daraus folgt

$$\Delta G \approx \Delta H \tag{3.22}$$

Bei tiefen Temperaturen laufen nur exotherme Reaktionen freiwillig ab. Bei sehr hohen Temperaturen ist $T\Delta S \gg \Delta H$ und demnach

$$\Delta G \approx -T\Delta S \tag{3.23}$$

Bei sehr hohen Temperaturen können nur solche Reaktionen ablaufen, bei denen die Entropie der Endstoffe größer als die der Ausgangsstoffe ist.

Nach den Vorzeichen von ΔH° und ΔS° lassen sich chemische Reaktionen in verschiedene Gruppen einteilen (Energiegrößen in kJ mol^{-1}).

1. ΔH° negativ, ΔS° positiv

Reaktion	ΔH°_{298}	$-T\Delta S^\circ_{298}$ 298 K	1300 K	ΔG°_{298}	ΔG°_{1300}	$\lg K_p/K_p^\circ$ 298 K	1300 K
$\frac{1}{2}H_2 + \frac{1}{2}Cl_2 \rightleftharpoons HCl$	− 92,3	−3,0	−13,0	− 95,3	−105,3	+16,7	+ 4,2
$C + O_2 \rightleftharpoons CO_2$	−393,5	−0,9	− 3,8	−394,4	−397,3	+69,1	+16,0

Die Gleichgewichtslage verschiebt sich zwar mit steigender Temperatur in Richtung der Ausgangsstoffe, aber bis zu hohen Temperaturen sind die Verbindungen thermodynamisch stabil.

2. ΔH° positiv, ΔS° negativ

Reaktion	ΔH°_{298}	$-T\Delta S^\circ_{298}$ 298 K	1300 K	ΔG°_{298}	ΔG°_{1300}	$\lg K_p/K_p^\circ$ 298 K	1300 K
$\frac{1}{2}Cl_2 + O_2 \rightleftharpoons ClO_2$	+102,5	+17,9	+77,9	+120,4	+180,4	−21,1	−7,2
$\frac{3}{2}O_2 \rightleftharpoons O_3$	+142,7	+20,5	+89,4	+163,2	+232,1	−28,6	−9,3
$\frac{1}{2}N_2 + O_2 \rightleftharpoons NO_2$	+ 33,2	+18,1	+79,2	+ 51,3	+112,4	− 9,0	−4,5

Das Gleichgewicht liegt bei allen Temperaturen weitgehend auf der Seite der Ausgangsstoffe. ClO_2, O_3 und NO_2 sind bei allen Temperaturen thermodynamisch instabil und bei tieferen Temperaturen nur deswegen existent, weil die Zersetzungsgeschwindigkeit sehr klein ist (vgl. Abschn. 3.6). Wird bei höherer Temperatur die

Zersetzungsgeschwindigkeit ausreichend groß, dann zerfallen diese Verbindungen rasch oder sogar explosionsartig.

3. $\Delta H°$ und $\Delta S°$ haben das gleiche Vorzeichen.

Reaktion	ΔH°_{298}	$-T\Delta S^\circ_{298}$ 298 K	1300 K	ΔG°_{298}	ΔG°_{1300}	$\lg K_p/K_p^\circ$ 298 K	1300 K
$\frac{1}{2}H_2 \rightleftharpoons 2H$	+218,0	−14,7	− 64,2	+203,3	+153,8	−35,6	−6,2
$\frac{1}{2}N_2 + \frac{1}{2}O_2 \rightleftharpoons NO$	+ 91,3	− 3,7	− 16,1	+ 87,6	+ 75,2	−15,4	−3,0
$\frac{1}{2}CO_2 + \frac{1}{2}C \rightleftharpoons CO$	+ 86,3	−26,2	−114,4	+ 60,1	− 28,1	−10,5	+1,1
$\frac{1}{2}N_2 + \frac{3}{2}H_2 \rightleftharpoons NH_3$	− 45,9	+29,5	+129,1	− 16,4	+ 83,2	+ 2,9	−3,3
$H_2 + \frac{1}{2}O_2 \rightleftharpoons H_2O$	−241,8	+13,2	+ 57,7	−228,6	−184,1	+40,1	+7,4

Wenn $\Delta H°$ und $\Delta S°$ das gleiche Vorzeichen haben, dann wirken sie auf die Gleichgewichtslage gegensätzlich. Je nach Temperatur können Ausgangsstoffe oder Endstoffe stabil sein (Abb. 3.26). Bei tiefen Temperaturen bestimmt ΔH die Gleichgewichtslage, bei hohen Temperaturen ΔS (vgl. Gl. (3.22) und (3.23)). Stark endotherme Reaktionen mit Entropieerhöhung laufen teilweise erst bei sehr hohen Temperaturen ab. Zum Beispiel ist bei 2000 °C nur 1 % NO im Gleichgewicht mit N_2 und O_2. Beim Boudouard-Gleichgewicht (vgl. Abb. 3.22) ist schon bei 1300 K CO_2 weitgehend zu CO umgesetzt, da wegen des größeren $\Delta S°$-Wertes ΔG°_{1300} bereits negativ ist.

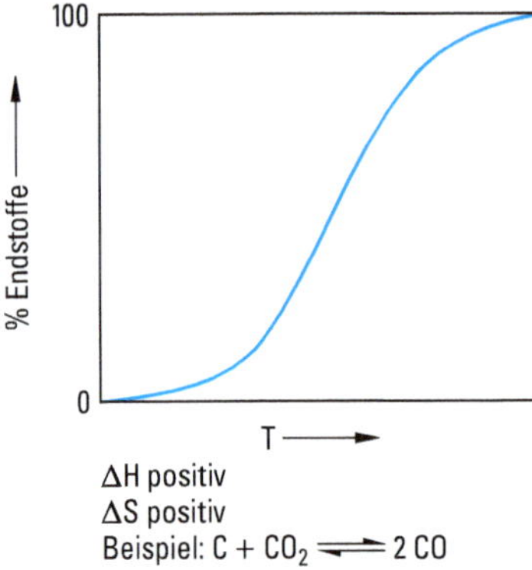

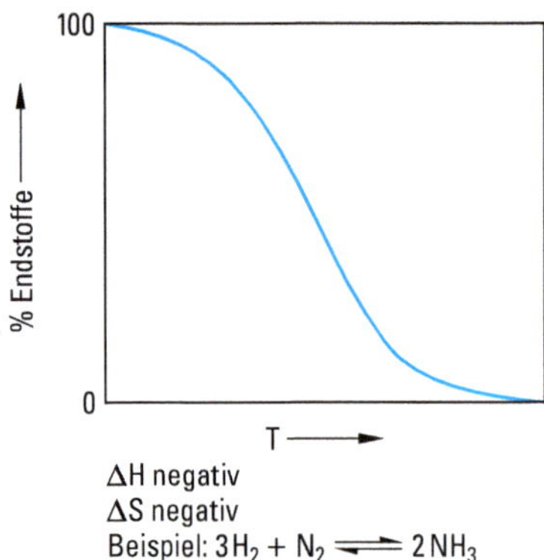

Abbildung 3.26 Temperaturabhängigkeit der Gleichgewichtslage für Reaktionen mit gleichen Vorzeichen der Reaktionsenthalpie und Reaktionsentropie.

Verbindungen, bei denen $\Delta H°$ negativ ist, zersetzen sich bei hoher Temperatur, wenn bei der Zersetzung die Entropie wächst. Bei 1 bar ist schon bei 500 °C nur noch 0,1 % NH_3 im Gleichgewicht mit N_2 und H_2 (vgl. Abb. 3.21). Die thermische Zersetzung von H_2O erfolgt erst bei weit höheren Temperaturen (vgl. Rechenbeispiel), da $\Delta H°$ erst bei höheren Temperaturen von $T\Delta S°$ kompensiert wird.

3.6 Die Geschwindigkeit chemischer Reaktionen

3.6.1 Allgemeines

Chemische Reaktionen verlaufen mit sehr unterschiedlicher Geschwindigkeit. Je nach Reaktionsgeschwindigkeit wird daher die Gleichgewichtslage bei verschiedenen chemischen Reaktionen in sehr unterschiedlichen Zeiten erreicht.

Beispiele sind die Reaktionen

$$H_2 + F_2 \rightleftharpoons 2\,HF \tag{3.24}$$

und

$$H_2 + Cl_2 \rightleftharpoons 2\,HCl \tag{3.25}$$

Bei beiden Reaktionen liegt das Gleichgewicht ganz auf der rechten Seite. Wasserstoffmoleküle reagieren mit Fluormolekülen sehr schnell zu Fluorwasserstoff, so dass die Gleichgewichtslage der Reaktion (3.24) momentan erreicht wird. Chlormoleküle und Wasserstoffmoleküle reagieren bei Normalbedingungen nicht miteinander, so dass bei der Reaktion (3.25) sich das Gleichgewicht nicht einstellt. Die Gleichgewichtslage hat also keinen Einfluss auf die Reaktionsgeschwindigkeit.

Für die praktische Durchführung chemischer Reaktionen, besonders technisch wichtiger Prozesse, muss nicht nur die Lage des Gleichgewichts günstig sein, sondern auch die Reaktionsgeschwindigkeit ausreichend schnell sein. Wodurch nun kann man die Reaktionsgeschwindigkeit einer Reaktion in gewünschter Weise beeinflussen?

Die Erfahrung zeigt, dass die Reaktionsgeschwindigkeit von der Konzentration der Reaktionsteilnehmer und von der Temperatur abhängt. So erfolgt z. B. in reinem Sauerstoff schnellere Oxidation als in Luft. Bei Erhöhung der Temperatur wächst die Oxidationsgeschwindigkeit. Nach einer Faustregel wächst die Geschwindigkeit einer Reaktion um das 2 – 4fache, wenn die Temperatur um 10 K erhöht wird.

Eine Erhöhung der Reaktionsgeschwindigkeit kann auch durch so genannte Katalysatoren erreicht werden.

Mit der Geschwindigkeit und den Mechanismen chemischer Reaktionen befasst sich die Chemische Kinetik.

3.6.2 Konzentrationsabhängigkeit der Reaktionsgeschwindigkeit

In welcher Weise die Geschwindigkeit einer Reaktion von der Konzentration der Reaktionspartner abhängt, muss experimentell ermittelt werden.

Die Reaktionsgeschwindigkeit r ist die zeitliche Änderung der Konzentration jedes Reaktionsteilnehmers $\frac{\mathrm{d}c}{\mathrm{d}t}$ bezogen auf die stöchiometrische Zahl ν: $r = \frac{1}{\nu}\frac{\mathrm{d}c}{\mathrm{d}t}$. Für die Reaktionsprodukte ist $\frac{\mathrm{d}c}{\mathrm{d}t} > 0$, $\nu > 0$, also r positiv. Für die Ausgangspro-

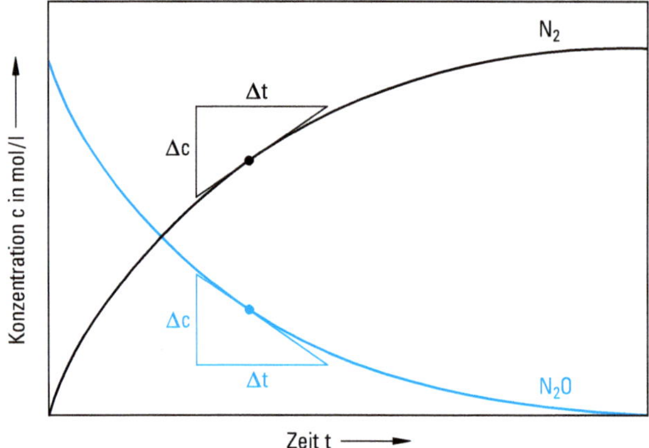

Abbildung 3.27 Änderung der Konzentration von N_2O und N_2 mit der Reaktionszeit für die Reaktion $N_2O \longrightarrow N_2 + \frac{1}{2}O_2$.
Die Änderung der Konzentration mit der Zeit $\frac{dc}{dt}$ zu irgendeinem Zeitpunkt t ist gleich der Steigung der Tangente der Konzentration-Zeit-Kurve bei t. Bei zunehmender Konzentration ist die Steigung positiv, $\frac{dc_{N_2}}{dt} > 0$. Bei abnehmender Konzentration ist die Steigung negativ $\frac{dc_{N_2O}}{dt} < 0$. Die Absolutwerte der Steigungen sind gleich, da für jedes verschwindende N_2O-Molekül ein N_2-Molekül entsteht. Für die Reaktionsgeschwindigkeit r gilt $r = \frac{1}{\nu}\frac{dc}{dt}$. Da $\nu_{N_2} = 1$ und $\nu_{N_2O} = -1$ folgt $r = \frac{dc_{N_2}}{dt} = -\frac{dc_{N_2O}}{dt}$.

dukte ist $\frac{dc}{dt} < 0$, $\nu < 0$, also r ebenfalls positiv. Für die Reaktion $2\,A + B \longrightarrow C + 2\,D$ ist z.B.

$$r = -\frac{1}{2}\frac{dc_A}{dt} = -\frac{dc_B}{dt} = \frac{dc_C}{dt} = \frac{1}{2}\frac{dc_D}{dt}$$

Für die Spaltung von Distickstoffmonooxid N_2O in Sauerstoff und Stickstoff entsprechend der Reaktionsgleichung

$$2\,N_2O \longrightarrow O_2 + 2\,N_2$$

gilt die Geschwindigkeitsgleichung (Abb. 3.27)

$$r = -\frac{1}{2}\frac{dc_{N_2O}}{dt} = k\,c_{N_2O}$$

Diese Gleichung sagt aus, dass die Abnahme der Konzentration von N_2O pro Zeiteinheit proportional der Konzentration an N_2O ist. In der Geschwindigkeitsgleichung tritt also die Konzentration mit dem Exponenten +1 auf. Reaktionen, die diesem Zeitgesetz gehorchen, werden als Reaktionen erster Ordnung bezeichnet. Der radioaktive Zerfall ist ebenfalls eine Reaktion erster Ordnung (vgl. Abschn. 1.3.1). k wird als Geschwindigkeitskonstante der Reaktion bezeichnet. Sie ist für eine bestimmte Reaktion eine charakteristische Größe und kann für verschiedene Reaktionen sehr unterschiedlich groß sein.

Der Zerfall von Iodwasserstoff in Iod und Wasserstoff erfolgt nach der Gleichung

$$2\,HI \longrightarrow I_2 + H_2$$

Die dafür gefundene Geschwindigkeitsgleichung lautet:

$$r = -\frac{1}{2}\frac{\mathrm{d}c_{HI}}{\mathrm{d}t} = k\,c_{HI}^2$$

Hier tritt die Konzentration mit dem Exponenten 2 auf, es liegt eine Reaktion zweiter Ordnung vor.

Chemische Bruttogleichungen geben nur die Anfangs- und Endprodukte einer Reaktion an, also die Stoffbilanz, aber nicht den molekularen Ablauf, den Mechanismus der Reaktion. Trotz ähnlicher Bruttogleichungen zerfallen N_2O und HI nach verschiedenen Reaktionsmechanismen.

N_2O reagiert in zwei Schritten:

$$\begin{array}{ll} 2\,N_2O \longrightarrow 2\,N_2 + 2\,O & \text{langsame Reaktion} \\ O + O \longrightarrow O_2 & \text{schnelle Reaktion} \\ \hline 2\,N_2O \longrightarrow O_2 + 2\,N_2 & \text{Bruttoreaktion} \end{array}$$

Liegt eine Folge von Reaktionsschritten vor, bestimmt der langsamste Reaktionsschritt die Geschwindigkeit der Gesamtreaktion. Geschwindigkeitsbestimmender Reaktionsschritt für die Reaktion (3.26) ist der Zerfall von N_2O in $N_2 + O$. Bei diesem Reaktionsschritt erfolgt an einer Goldoberfläche spontaner Zerfall von N_2O-Molekülen (vgl. Abb. 3.28). Für den Zerfall ist ein Zusammenstoß mit anderen Molekülen nicht erforderlich. Solche Reaktionen nennt man monomolekulare Reaktionen. Monomolekulare Reaktionen sind Reaktionen erster Ordnung. Der Zerfall von N_2O verläuft daher nach einem Zeitgesetz erster Ordnung.

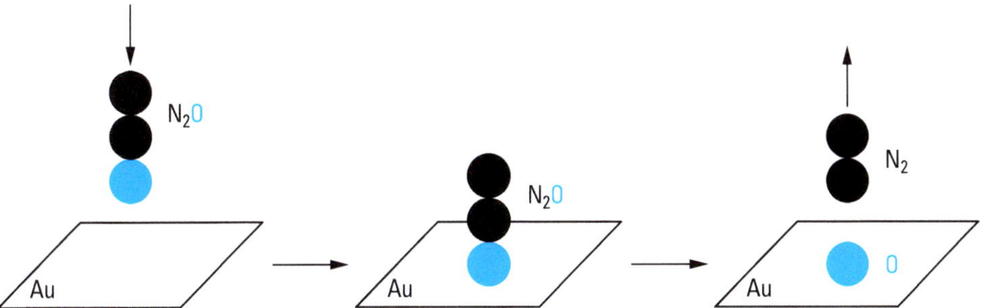

Abbildung 3.28 Beispiel einer monomolekularen Reaktion. N_2O-Moleküle zerfallen nach Anlagerung an einer Goldoberfläche in N_2-Moleküle und O-Atome. Die Reaktionsgeschwindigkeit dieses Zerfalls ist proportional der N_2O-Konzentration. Monomolekulare Reaktionen sind Reaktionen erster Ordnung.

Da HI nach einem Zeitgesetz zweiter Ordnung zerfällt, liegt beim HI-Zerfall offenbar ein anderer Reaktionsmechanismus vor. Der geschwindigkeitsbestimmende Schritt ist die Reaktion zweier HI-Moleküle zu H_2 und I_2 durch einen Zusammenstoß der beiden HI-Moleküle, einen Zweierstoß: $HI + HI \longrightarrow H_2 + I_2$. Eine solche Reaktion nennt man bimolekulare Reaktion (vgl. Abb. 3.29). Das Zeitgesetz dafür hat die Ordnung zwei.

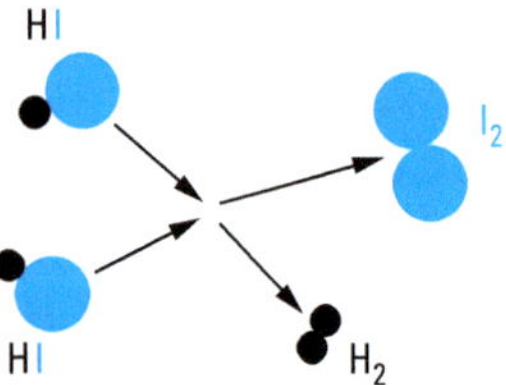

Abbildung 3.29 Beispiel einer bimolekularen Reaktion. Zwei HI-Moleküle reagieren beim Zusammenstoß zu einem H_2- und einem I_2-Molekül. Die Reaktionsgeschwindigkeit des HI-Zerfalls ist proportional dem Quadrat der HI-Konzentration. Bimolekulare Reaktionen sind Reaktionen zweiter Ordnung.

Bei einer trimolekularen Reaktion erfolgt ein gleichzeitiger Zusammenstoß dreier Teilchen. Da Dreierstöße weniger wahrscheinlich sind als Zweierstöße, sind trimolekulare Reaktionen als geschwindigkeitsbestimmender Schritt selten.

Aus der experimentell bestimmten Reaktionsordnung kann nicht ohne weiteres auf den Reaktionsmechanismus geschlossen werden. Eine experimentell bestimmte Reaktionsordnung kann durch verschiedene Mechanismen erklärt werden und zwischen den möglichen Mechanismen muss aufgrund zusätzlicher Experimente entschieden werden.

Ein Beispiel ist die HI-Bildung aus H_2 und I_2. Als Zeitgesetz wird eine Reaktion zweiter Ordnung gefunden. Dieses Zeitgesetz könnte durch die bimolekulare Reaktion

$$H_2 + I_2 \longrightarrow 2\,HI$$

als geschwindigkeitsbestimmender Schritt zustande kommen. Wie die folgenden Gleichungen zeigen, ist der Reaktionsmechanismus aber komplizierter.

$I_2 \rightleftharpoons 2\,I$	schnelle Gleichgewichtseinstellung
$2\,I + H_2 \longrightarrow 2\,HI$	geschwindigkeitsbestimmender Schritt

Zunächst erfolgt als schnelle Reaktion die Dissoziation eines I_2-Moleküls in I-Atome, wobei sich ein Gleichgewicht zwischen I_2 und I ausbildet. Es folgt als geschwindigkeitbestimmender Schritt eine langsame trimolekulare Reaktion, also ein Dreierstoß von zwei I-Atomen und einem H_2-Molekül (Abb. 3.30) Die Konzentration der I-Atome ist durch das MWG gegeben.

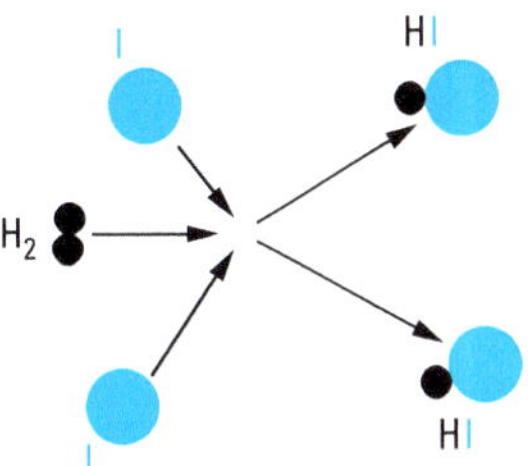

Abbildung 3.30 Beispiel einer trimolekularen Reaktion. Bei einem Dreierstoß zwischen einem H_2-Molekül und zwei I-Atomen bilden sich zwei HI-Moleküle. Trimolekulare Reaktionen sind Reaktionen dritter Ordnung.

$$\frac{c_{\mathrm{I}}^2}{c_{\mathrm{I}_2}} = K \tag{3.28}$$

Die Geschwindigkeitsgleichung der trimolekularen Reaktion ist 3. Ordnung und lautet:

$$\frac{1}{2}\frac{\mathrm{d}c_{\mathrm{HI}}}{\mathrm{d}t} = k\,c_{\mathrm{I}}^2\,c_{\mathrm{H}_2} \tag{3.29}$$

Setzt man Gl. (3.28) in (3.29) ein, erhält man

$$\frac{1}{2}\frac{\mathrm{d}c_{\mathrm{HI}}}{\mathrm{d}t} = K\,k\,c_{\mathrm{I}_2}c_{\mathrm{H}_2} = k'\,c_{\mathrm{I}_2}c_{\mathrm{H}_2} \tag{3.30}$$

Gl. (3.30) ist identisch mit der Geschwindigkeitsgleichung, die für die Reaktion (3.27) bei einem bimolekularen Reaktionsmechanismus zu erwarten wäre.

3.6.3 Temperaturabhängigkeit der Reaktionsgeschwindigkeit

Die Geschwindigkeit chemischer Reaktionen nimmt mit wachsender Temperatur stark zu. Die Temperaturabhängigkeit der Reaktionsgeschwindigkeitskonstante wird durch die Arrhenius-Gleichung beschrieben.

$$k = k_0\,\mathrm{e}^{-E_{\mathrm{A}}/RT}$$

k_0 und E_{A} sind für jede chemische Reaktion charakteristische Konstanten. Für die Geschwindigkeitsgleichung des HI-Zerfalls z. B. erhält man danach

$$r = k_0\,\mathrm{e}^{-E_{\mathrm{A}}/RT}c_{\mathrm{HI}}^2$$

Diese Gleichung kann folgendermaßen interpretiert werden: Würde bei jedem Zusammenstoß zweier HI-Moleküle im Gasraum eine Reaktion zu H_2 und I_2 erfolgen, wäre die Reaktionsgeschwindigkeit die größtmögliche. Die Reaktionsgeschwindigkeit müsste dann aber viel höher sein als beobachtet wird. Tatsächlich führt nur ein Teil der Zusammenstöße zur Reaktion. Dabei spielen zwei Faktoren eine Rolle, die Aktivierungsenergie und der sterische Faktor.

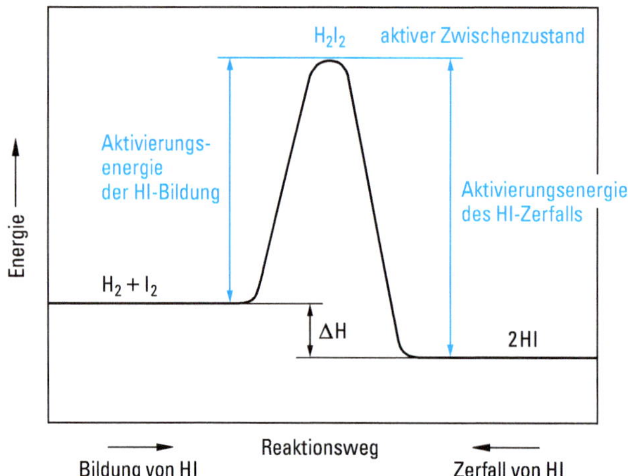

Abbildung 3.31 Energiediagramm der Gleichgewichtsreaktion $H_2 + I_2 \rightleftharpoons 2\,HI$. Beim Zusammenstoß von Teilchen im Gasraum kann nur dann eine Reaktion stattfinden, wenn sich ein energiereicher aktiver Zwischenzustand ausbildet. Es sind nur solche Zusammenstöße erfolgreich, bei denen die Teilchen die dazu notwendige Aktivierungsenergie besitzen. Dies gilt für beide Reaktionsrichtungen. Aktive Zwischenzustände sind extrem kurzlebig, ihre Dynamik muss im Femtosekunden-Bereich (1 fs = 10^{-15} s) untersucht werden (Femtochemie).

Es können nur solche HI-Moleküle miteinander reagieren, die beim Zusammenstoß einen aktiven Zwischenzustand bilden, der eine um E_A größere Energie besitzt als der Durchschnitt der Moleküle. Man nennt diesen Energiebetrag E_A daher Aktivierungsenergie der Reaktion (vgl. Abb. 3.31). Die Reaktionsgeschwindigkeit wird dadurch um den Faktor $e^{-E_A/RT}$ verkleinert. Je kleiner E_A und je größer T ist, umso mehr Zusammenstöße sind erfolgreiche Zusammenstöße, die zur Reaktion führen.

Der Einfluss der Aktivierungsenergie und der Temperatur auf die Reaktionsgeschwindigkeit ist mit der schon behandelten Geschwindigkeitsverteilung der Gasmoleküle anschaulich zu verstehen. In der Abb. 3.32 ist die Energieverteilung für ein Gas bei zwei Temperaturen dargestellt. Bei einer bestimmten Temperatur besitzt nur ein Teil der Moleküle die zu einer Reaktion notwendige Mindestenergie. Je größer die Aktivierungsenergie ist, umso weniger Moleküle sind zur Reaktion befähig. Erhöht man die Temperatur, wächst die Zahl der Moleküle, die die zur Reaktion notwendige Aktivierungsenergie besitzen, die Reaktionsgeschwindigkeit nimmt zu.

Der Faktor $e^{-E_A/RT}$ gibt den Bruchteil der Zusammenstöße an, bei denen die Energie gleich oder größer als die Aktivierungsenergie E_A ist. Die Größe des Einflusses der Aktivierungsenergie und der Temperatur auf die Reaktionsgeschwindigkeit der Reaktion $2\,HI \rightarrow H_2 + I_2$ zeigen die folgenden Zahlenwerte.

Reaktion	E_A in kJ mol^{-1}	k_0 in l mol^{-1} s^{-1}	$e^{-E_A/RT}$		
			300 K	600 K	900 K
$2\,HI \longrightarrow H_2 + I_2$	184	10^{11}	10^{-32}	10^{-16}	10^{-11}

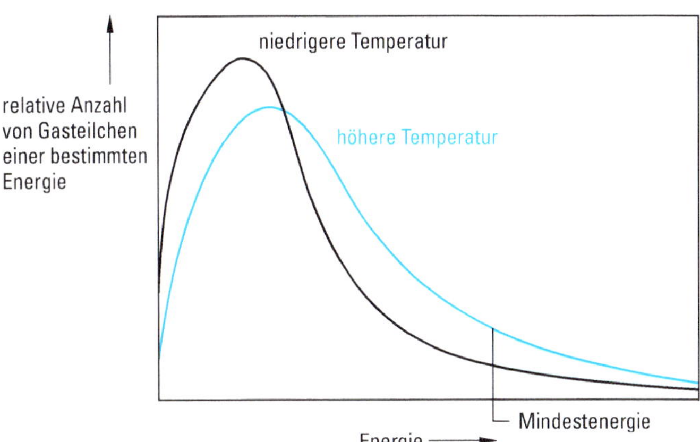

Abbildung 3.32 Einfluss der Aktivierungsenergie und der Temperatur auf die Reaktionsgeschwindigkeit. Nur ein Bruchteil der Moleküle besitzt die notwendige Mindestenergie, um bei einem Zusammenstoß einen aktiven Zwischenzustand zu bilden. Mit zunehmender Temperatur wächst der Anteil dieser Moleküle, die Reaktionsgeschwindigkeit erhöht sich.

Bei einer Konzentration von 1 mol/l HI würde das Gleichgewicht in 10^{-11} s erreicht, wenn alle Zusammenstöße der HI-Moleküle zur Reaktion führten. Die Aktivierungsenergie verringert die Reaktionsgeschwindigkeit so drastisch, dass bei 300 K praktisch keine Reaktion stattfindet. Bei 600 K zerfallen 10^{-5} mol l^{-1} s^{-1}, bei 900 K wird das Gleichgewicht in etwa 1 s erreicht.

Aber nicht alle Zusammenstöße, bei denen eine ausreichende Aktivierungsenergie vorhanden ist, führen zur Reaktion. Die zusammenstoßenden Moleküle müssen auch in einer bestimmten räumlichen Orientierung aufeinander treffen (Abb. 3.33). Beim HI-Zerfall führen nur etwa 50 % der Zusammenstöße mit ausreichender Aktivierungsenergie zur Reaktion.

Man kann dies in der Arrhenius-Gleichung durch einen sterischen Faktor p berücksichtigen.

$$k = pk_{\mathrm{max}}\,\mathrm{e}^{-E_{\mathrm{A}}/RT}$$

Für den HI-Zerfall ist $p = 0{,}5$.

Beim Übergang der Reaktanden in den aktivierten Komplex erfolgt eine Änderung der molekularen Ordnung, es findet eine Entropieänderung statt. Zwischen dieser Aktivierungsentropie ΔS und dem sterischen Faktor p existiert nach der Theorie des Übergangszustands die Beziehung

$$pk_{\mathrm{max}} = \frac{k_{\mathrm{B}}T}{h}\,\mathrm{e}^{\Delta S/R}$$

k_{B} Boltzmann-Konstante, h Planck-Konstante

Aktive Zwischenzustände können sich durch Reaktion von Elektronen bindender MOs des einen Reaktionspartners mit leeren antibindenden MOs des anderen Reak-

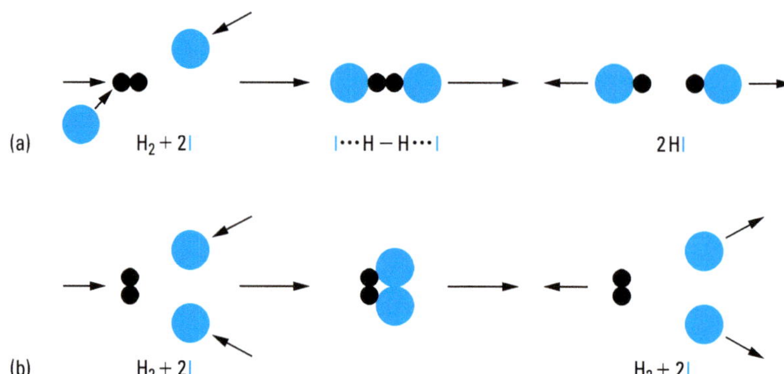

Abbildung 3.33 Einfluss sterischer Bedingungen auf die Reaktionsgeschwindigkeit.
a) Erfolgreicher Zusammenstoß zwischen einem H_2-Molekül und zwei I-Atomen. Aufgrund der günstigen räumlichen Orientierung der Teilchen zueinander erfolgt Reaktion zu zwei HI-Molekülen.
b) Unwirksamer Zusammenstoß zwischen einem H_2-Molekül und zwei I-Atomen. Bei einer ungünstigen räumlichen Orientierung bilden sich trotz ausreichend vorhandener Aktivierungsenergie keine HI-Moleküle.

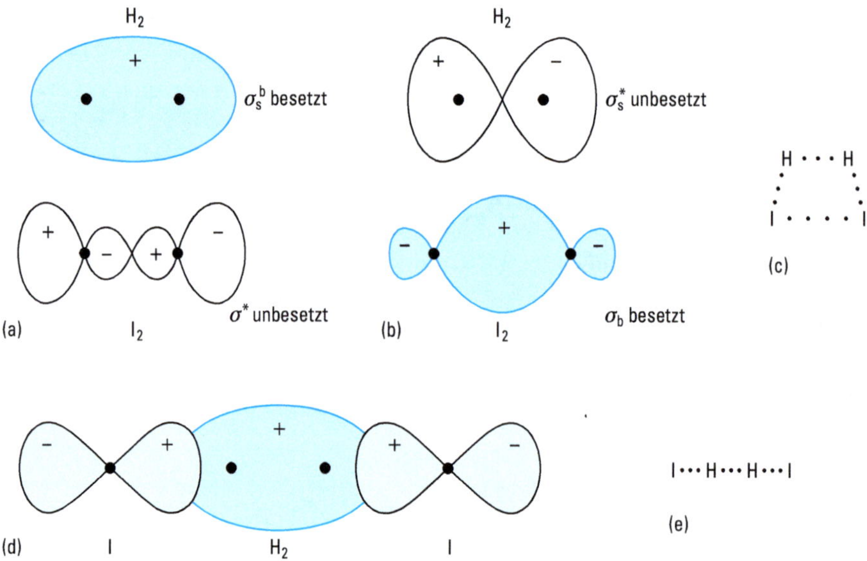

Abbildung 3.34 Bildung des aktiven Zwischenzustands H_2I_2.
Die in a) und b) dargestellte Wechselwirkung besetzter bindender MOs mit leeren antibindenden MOs führt zur Überlappung null. Die Bildung des aktivierten Komplexes c) ist symmetrieverboten. Existiert für die Hin-Reaktion ein Symmetrieverbot, dann gilt dies auch für die Rück-Reaktion.
d) Die halb gefüllten p-Orbitale der I-Atome können Elektronen des besetzten bindenden MOs des H_2-Moleküls aufnehmen. Die Bildung des aktivierten Komplexes e) ist symmetrieerlaubt. Der Einfluss der Geometrie des aktivierten Zustands H_2I_2 auf die Reaktionsgeschwindigkeit ist in Abb. 3.33 dargestellt.

tionspartners bilden. Sie können sich jedoch nur dann bilden, wenn die Orbitale aus Symmetriegründen überlappen können, andernfalls sind sie symmetrieverboten.

Die Bildung eines aktivierten Komplexes aus H_2- und I_2-Molekülen ist symmetrieverboten, denn sowohl die Kombination des bindenden H_2-MOs mit dem antibindenden I_2-MO als auch die Kombination des bindenden I_2-MOs mit dem antibindenden H_2-MO führt zur Überlappung null (Abb. 3.34). Der aktivierte Komplex H_2I_2 (Abb. 3.34) entsteht daher aus zwei I-Radikalen und einem H_2-Molekül in einer trimolekularen Reaktion (vgl. Abschn. 3.6.2). Aus dem gleichen Grund sind auch die Reaktionen von F_2, Cl_2, Br_2, O_2 und N_2 mit H_2 radikalische Mehrstufenprozesse (vgl. S. 331).

3.6.4 Reaktionsgeschwindigkeit und chemisches Gleichgewicht

Im Gleichgewichtszustand bleiben die Konzentrationen der Reaktionsteilnehmer konstant. Die Geschwindigkeit der Hinreaktion muss also gleich der Geschwindigkeit der Rückreaktion sein. Für die Gleichgewichtsreaktion

$$\mathrm{H_2 + I_2 \rightleftharpoons 2\,HI}$$

findet man für die Bildungsgeschwindigkeit r_{Bildung} von HI die Beziehung

$$r_{\mathrm{Bildung}} = k_{\mathrm{Bildung}}\, c_{\mathrm{H_2}}\, c_{\mathrm{I_2}}$$

und für die Zerfallsgeschwindigkeit r_{Zerfall} von HI

$$r_{\mathrm{Zerfall}} = k_{\mathrm{Zerfall}}\, c_{\mathrm{HI}}^2$$

Im Gleichgewichtszustand gilt daher

$$k_{\mathrm{Zerfall}}\, c_{\mathrm{HI}}^2 = k_{\mathrm{Bildung}}\, c_{\mathrm{H_2}}\, c_{\mathrm{I_2}} \qquad (3.31)$$

Daraus folgt

$$\frac{c_{\mathrm{HI}}^2}{c_{\mathrm{H_2}}\, c_{\mathrm{I_2}}} = \frac{k_{\mathrm{Bildung}}}{k_{\mathrm{Zerfall}}} = K_c$$

Danach ist die Massenwirkungskonstante K_c durch das Verhältnis der Geschwindigkeitskonstanten gegeben. Das MWG lässt sich also kinetisch deuten. Ist die Geschwindigkeitskonstante der Hinreaktion viel größer als die der Rückreaktion, dann wird K_c groß, das Gleichgewicht liegt auf der rechten Seite. Dies bedeutet, dass die kinetische Bedingung des Gleichgewichts der Gleichung 3.31 dadurch erreicht wird, dass die kleinere Geschwindigkeitskonstante des Zerfalls mit einer hohen Konzentration der Endstoffe multipliziert werden muss und die größere Geschwindigkeitskonstante der Bildung mit einer kleineren Konzentration der Ausgangsstoffe.

Da die Aktivierungsenergien E_{A} für die Bildung und den Zerfall von HI verschieden sind, ist die Temperaturabhängigkeit der Geschwindigkeitskonstanten k_{Bildung}

und $k_{Zerfall}$ unterschiedlich. Daher ist der Quotient und damit K_c temperaturabhängig.

3.6.5 Metastabile Systeme

Ist die Aktivierungsenergie E_A einer Reaktion sehr groß, so kann bei Normaltemperatur die Reaktionsgeschwindigkeit nahezu null werden. Bei den Reaktionen

$$H_2 + \tfrac{1}{2}O_2 \rightleftharpoons H_2O$$

und

$$\tfrac{1}{2}H_2 + \tfrac{1}{2}Cl_2 \rightleftharpoons HCl$$

liegen die Gleichgewichte ganz auf der rechten Seite (vgl. Abschn. 3.5.4). Wegen der sehr kleinen Reaktionsgeschwindigkeiten sind aber bei Normaltemperatur Mischungen aus H_2 und O_2 (Knallgas) und Mischungen aus H_2 und Cl_2 (Chlorknallgas) beständig und reagieren nicht zu H_2O bzw. HCl, wie es aufgrund der Gleichgewichtslage zu erwarten wäre. Im Unterschied zu stabilen Systemen, die sich im Gleichgewicht befinden, nennt man solche Systeme metastabil. Metastabile Systeme sind also kinetisch gehemmte Systeme (vgl. Abb. 3.35). Sie lassen sich aber durch Aktivierung zur Reaktion bringen und in den stabilen Gleichgewichtszustand überführen. Die Aufhebung der kinetischen Hemmung, die Aktivierung, kann durch Zuführung von Energie oder durch Katalysatoren erfolgen.

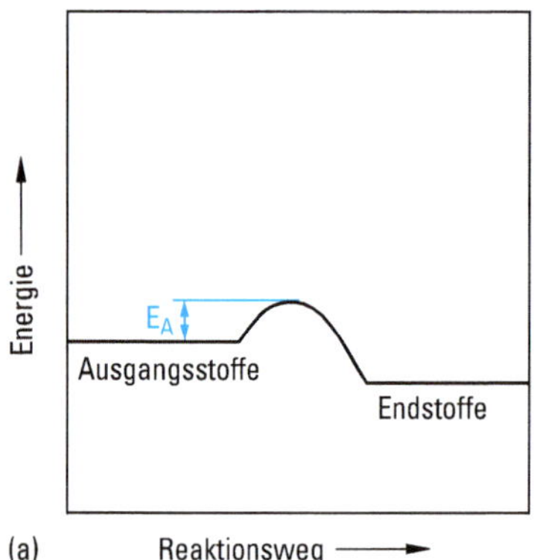

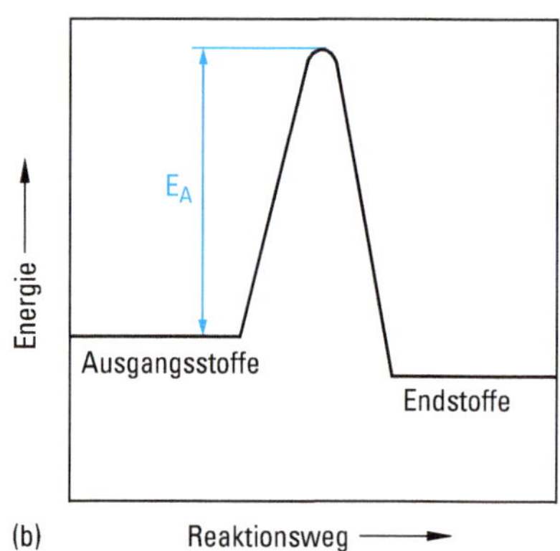

Abbildung 3.35 Mögliche Energiediagramme für eine chemische Reaktion.
Im Fall a) ist auf Grund der kleinen Aktivierungsenergie die Reaktionsgeschwindigkeit groß, so dass sich das Gleichgewicht rasch einstellt.
Im Fall b) ist die Aktivierungsenergie sehr groß und bei Normaltemperatur die Reaktionsgeschwindigkeit so gering, dass sich der Gleichgewichtszustand nicht einstellt. Solche kinetisch gehemmten Systeme nennt man metastabil.

Bei der Zündung von Knallgas mit einer Flamme erfolgt eine explosionsartige Reaktion. Diese explosionsartige Reaktion kann bei Normaltemperatur auch durch einen Platinkatalysator ausgelöst werden. Die Bildung von HCl aus Chlorknallgas erfolgt durch eine Kettenreaktion, bei der die folgenden Reaktionsschritte auftreten:

a) $Cl_2 \longrightarrow 2\,Cl$	Startreaktion
b) $Cl + H_2 \longrightarrow HCl + H$ c) $H + Cl_2 \longrightarrow HCl + Cl$	Kettenfortpflanzung
d) $Cl + Cl \longrightarrow Cl_2$ oder $Cl + H \longrightarrow HCl$ oder $H + H \longrightarrow H_2$	Kettenabbruch

Als erster Reaktionsschritt erfolgt eine Spaltung von Cl_2-Molekülen in Cl-Atome (a). Dazu ist eine Aktivierungsenergie von 243 kJ/mol erforderlich. Die Cl-Atome reagieren schnell mit H_2-Molekülen nach b weiter. Die bei der Reaktion b entstehenden H-Atome reagieren mit Cl_2-Molekülen nach c weiter. Die beiden Schritte b und c wiederholen sich solange (Kettenfortpflanzung), bis durch zufällige Reaktion zweier Cl-Atome oder zweier H-Atome miteinander oder eines H-Atoms mit einem Cl-Atom die Kette abbricht (d).

In einer Reaktionskette werden durch Kettenfortpflanzung etwa 10^6 Moleküle HCl gebildet. Die Aktivierungsenergie für die Startreaktion kann in Form von Wärmeenergie oder in Form von Lichtquanten (vgl. Abschn. 1.4.2) zugeführt werden. Lichtquanten haben die erforderliche Energie bei Wellenlängen kleiner 480 nm. Bestrahlt man Chlorknallgas mit blauem Licht (450 nm), erfolgt explosionsartige Reaktion zu HCl.

Analog verläuft die Bildung von HBr aus H_2 und Br_2. Bei HI verläuft die radikalische HI-Bildung erst oberhalb 500 °C, da die Reaktion $I + H_2 \rightarrow HI + H$ stark endotherm ist. Unterhalb 500 °C erfolgt die HI-Bildung nach dem in Abschn. 3.6.2 beschriebenen Mechanismus.

Ursache von Explosionen. Bei sehr rasch ablaufenden exothermen Reaktionen kann die frei werdende Reaktionswärme nicht mehr abgeleitet werden. Es kommt zu einer fortlaufenden Temperaturerhöhung und Steigerung der Reaktionsgeschwindigkeit (Zerfall von O_3 und ClO_2). Eine andere Ursache für explosionsartig ablaufende Reaktionen sind Kettenreaktionen mit Kettenverzweigung, bei denen sich dadurch im Verlauf der Reaktion die Reaktionsgeschwindigkeit exponentiell steigert (vgl. Knallgas Abschn. 4.2.3).

Eine große Zahl chemischer Verbindungen sind bei Normaltemperatur nur deswegen existent, weil sie metastabil sind. Ein Beispiel ist Stickstoffmonooxid NO, das bei Normaltemperatur nicht zerfällt, obwohl das Gleichgewicht $2\,NO \rightleftharpoons N_2 + O_2$ fast vollständig auf der rechten Seite liegt (vgl. Abschn. 3.5.2).

Diamant ist die bei Normalbedingungen metastabile Modifikation von Kohlenstoff. Die stabile Modifikation ist Graphit (vgl. Abschn. 4.7.3.1).

3.6.6 Katalyse

Manche Reaktionen können beschleunigt werden, wenn man dem Reaktionsgemisch einen Katalysator zusetzt. Katalysatoren sind Stoffe, die in den Reaktionsmechanismus eingreifen, aber selbst durch die Reaktion nicht verbraucht werden und die daher in der Bruttoreaktionsgleichung nicht auftreten. Die Lage des Gleichgewichts wird durch einen Katalysator nicht verändert.

Die Wirkungsweise eines Katalysators besteht darin, dass er den Mechanismus der Reaktion verändert. Die katalysierte Reaktion besitzt eine kleinere Aktivierungsenergie als die nicht katalysierte (Abb. 3.36), dadurch wird die Reaktionsgeschwindigkeitskonstante größer und die Reaktionsgeschwindigkeit erhöht. Die Reaktionsgeschwindigkeit bei gleicher Konzentration und gleicher Temperatur ist ein Maß für die Katalysatoraktivität.

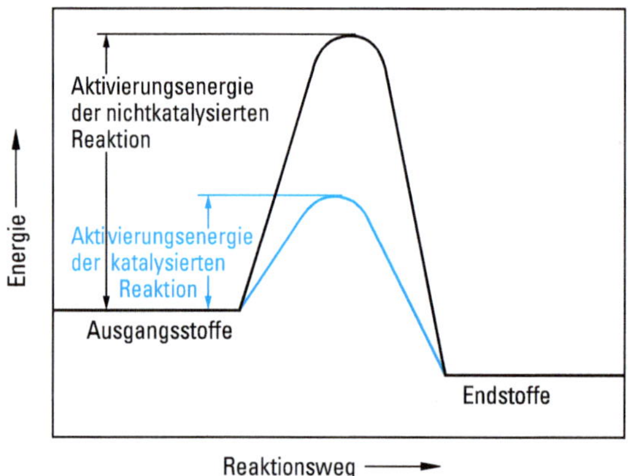

Abbildung 3.36 Energiediagramm einer katalysierten und einer nicht katalysierten Reaktion. Durch die Gegenwart eines Katalysators wird der Mechanismus der Reaktion verändert. Die katalysierte Reaktion besitzt eine kleinere Aktivierungsenergie als die nicht katalysierte. Dadurch steigt die Zahl der Moleküle, die die zur Reaktion notwendige Aktivierungsenergie besitzen, stark an, die Reaktionsgeschwindigkeit erhöht sich.

Ein Beispiel ist die Oxidation von Schwefeldioxid SO_2 mit Sauerstoff O_2 zu Schwefeltrioxid SO_3. Diese Reaktion wird durch Stickstoffmonooxid NO katalytisch beschleunigt. Die katalytische Wirkung von NO kann schematisch durch die folgenden Gleichungen beschrieben werden:

$$NO + \tfrac{1}{2}O_2 \longrightarrow NO_2 \tag{3.32}$$

$$SO_2 + NO_2 \longrightarrow SO_3 + NO \tag{3.33}$$

$$SO_2 + \tfrac{1}{2}O_2 \longrightarrow SO_3 \text{ (Bruttogleichung)} \tag{3.34}$$

Die Oxidation von SO_2 erfolgt in Gegenwart des Katalysators nicht direkt mit O_2, sondern durch NO_2 als Sauerstoffüberträger. Der Ausgangsstoff O_2 bildet mit dem

Katalysator NO die reaktionsfähige Zwischenverbindung NO_2, die dann mit dem zweiten Reaktionspartner unter Freisetzung von NO zum Reaktionsprodukt SO_3 weiterreagiert. Die Teilreaktionen (3.32) und (3.33) verlaufen schneller als die direkte Reaktion, da die Aktivierungsenergien der Reaktionen (3.32) und (3.33) kleiner sind als die Aktivierungsenergie der Reaktion (3.34). Bereits Anfang des 19. Jhs. wurde diese Katalyse für die Herstellung von Schwefelsäure mit dem Bleikammerverfahren industriell genutzt.

Man unterscheidet homogene Katalyse und heterogene Katalyse. Bei der homogenen Katalyse liegen die reagierenden Stoffe und der Katalysator in der gleichen Phase vor. Das Bleikammerverfahren ist eine homogene Katalyse. Bei der heterogenen Katalyse werden Gasreaktionen und Reaktionen in Lösungen durch feste Katalysatoren (Kontakte) beschleunigt. Dabei spielt die Oberflächenbeschaffenheit des Katalysators eine Rolle. Die Wirksamkeit von festen Katalysatoren wird durch große Oberflächen erhöht. In Mehrphasenkatalysatoren ist das Material mit großer Oberfläche nur Träger auf dem der eigentliche Katalysator abgeschieden wird. Geeignete Träger sind γ-Al_2O_3 und Kieselgel. 1 g eines typischen Katalysatorträgers hat eine Oberfläche von der Größe eines Tennisplatzes. Eine hohe katalytische Aktivität besitzen die Metalle der 10. Gruppe, sie werden als fein verteilte Teilchen auf das Trägermaterial aufgebracht. Einphasige Katalysatoren, bei denen das Innere der Substanz eine große Oberfläche mit aktiven Zentren besitzt, bezeichnet man als uniforme Katalysatoren. Dazu gehören Tonmineralien und die Zeolithe (vgl. Abschn. 4.7.10.2), in deren Struktur Hohlräume vorhanden sind, die durch Kanäle verbunden sind.

Die Vorteile der festen Katalysatoren sind ihre Beständigkeit bei hohen Temperaturen und die Tatsache, dass das Reaktionsprodukt leicht vom Katalysator abgetrennt werden kann.

Ein wichtiger fester Katalysator ist fein verteiltes Platin. Platinkatalysatoren beschleunigen die meisten Reaktionen mit Wasserstoff. Ein Gemisch von Wasserstoff und Sauerstoff, das bei Normaltemperatur nicht reagiert, explodiert in Gegenwart eines Platinkatalysators. Die Wirkung des Katalysators besteht darin, dass bei den an der Katalysatoroberfläche angelagerten Wasserstoffmolekülen die H—H-Bindung gelöst wird. Es erfolgt nicht nur eine physikalische Anlagerung der H_2-Moleküle an der Oberfläche (Adsorption), sondern außerdem eine chemische Aktivierung der adsorbierten Teilchen (Chemisorption). Für die Reaktion von Sauerstoffmolekülen mit dem am Katalysator chemisorbierten Wasserstoff ist nun die Aktivierungsenergie so weit herabgesetzt, dass eine viel schnellere Reaktion erfolgen kann als mit Wasserstoffmolekülen in der Gasphase. Im Gegensatz zur Adsorption erfolgt die Chemisorption stoffspezifisch und erst bei höherer Temperatur, da zur Chemisorption eine relativ große Aktivierungsenergie benötigt wird. Für jede chemische Reaktion müssen daher spezifische Katalysatoren gefunden werden, die im Allgemeinen erst bei höheren Temperaturen wirksam sind. Die Wirkung eines Kontaktes kann durch Zusätze, Promotoren, die allein nicht katalytisch wirksam sind, verbessert werden (Mischkatalysatoren).

Bei der Ammoniaksynthese z. B. (s. unten und Abschn. 4.6.4) wird als fester Katalysator α-Fe als Vollkontakt verwendet. Bei Vollkontakten besteht der Katalysator vollständig aus katalytisch aktivem Material. Für die katalytische Wirkung ist der entscheidende Schritt die dissoziative Chemisorption von Stickstoff zu einem Oberflächennitrid, das dann schrittweise zu NH_3 hydriert wird. Die Hydrierung erfolgt durch chemisorbierte Wasserstoffatome. Nach Desorption eines NH_3-Moleküls steht das katalytische Zentrum wieder für die Aktivierung eines N_2-Moleküls zur Verfügung. Die verschiedenen Flächen der Eisenkriställchen besitzen eine unterschiedliche Aktivität; (111)-Flächen (Oktaederflächen) sind z. B. wirksamer als (100)-Flächen (Würfelflächen). Aktiver als Eisen allein sind Mischkatalysatoren. Kleine Zusätze von Aluminium- und Calciumoxid verhindern das Zusammensintern des feinteiligen Katalysators (Strukturpromotor). Kaliumoxid erhöht die katalytische Aktivität durch Beeinflussung der Reaktion an der Grenzfläche Katalysator-Gas (elektronischer Promotor; vgl. Abschn. 4.6.4).

Häufig können kleine Fremdstoffmengen Katalysatoren unwirksam machen (Kontaktgifte). Bei der Katalysatorvergiftung werden wahrscheinlich die aktiven Zentren der Katalysatoroberfläche blockiert. Typische Katalysatorgifte sind H_2S, COS, As, Pb, Hg.

Neben der Katalysatoraktivität ist eine ganz wichtige Eigenschaft der Katalysatoren die Katalysatorselektivität. Häufig können gleiche Ausgangsstoffe zu unterschiedlichen Produkten reagieren. Die Selektivität des Reaktionsablaufs wird dadurch erreicht, dass der Katalysator nur die Reaktionsgeschwindigkeit zum gewünschten Produkt erhöht und dadurch die Entstehung der anderen Produkte unterdrückt wird.

Beispiel für die Katalysatorselektivität:

$$CO + H_2 \begin{cases} \xrightarrow{\text{Ni}} \text{Methan } CH_4 \\ \xrightarrow{\text{CuO, } Cr_2O_3} \text{Methanol } CH_3OH \\ \xrightarrow{\text{Fe, Co}} \text{Benzin } C_nH_{2n+2} \end{cases}$$

Je nach Katalysator laufen aus kinetischen Gründen unterschiedliche Reaktionen ab.

Das Zusammenspiel zwischen Gleichgewichtslage und Reaktionsgeschwindigkeit ist für die Durchführung von chemischen Reaktionen in der Technik ganz wesentlich. Dabei sind Katalysatoren von größter Bedeutung. Ein wichtiges Beispiel ist die großtechnische **Synthese von Ammoniak**. Sie erfolgt nach der Reaktion

$$N_2 + 3\,H_2 \rightleftharpoons 2\,NH_3 \qquad \Delta H^\circ = -92\,\text{kJ}\,\text{mol}^{-1}$$

Diese Reaktion ist exotherm, die Stoffmenge verringert sich. Nach dem Prinzip von Le Chatelier verschiebt sich das Gleichgewicht durch Temperaturerniedrigung und durch Druckerhöhung in Richtung NH_3. Die Gleichgewichtslage in Abhängigkeit von Druck und Temperatur zeigt Abb. 3.21. Bei 20 °C ist die NH_3-Ausbeute groß (Ausbeute = Volumenanteil NH_3 in % im Reaktionsraum), die Reaktionsgeschwindigkeit aber ist nahezu null. Eine ausreichende Reaktionsgeschwindigkeit durch Temperaturerhöhung wird erst bei Temperaturen erreicht, bei der die NH_3-Ausbeute fast null ist. Auch Katalysatoren wirken erst ab 400 °C genügend beschleunigend, so dass Synthesetemperaturen von 500 °C notwendig sind. Bei 500 °C und 1 bar beträgt die NH_3-Ausbeute nur 0,1 %. Um eine wirtschaftliche Ausbeute zu erhalten, muss trotz technischer Aufwendigkeit die Synthese bei hohen Drücken durchgeführt werden (Haber-Bosch-Verfahren). Bei Drücken von 200 bar beträgt die NH_3-Ausbeute 18 %, bei 400 bar 32 %.

Ein weiteres Beispiel ist die **Synthese von Schwefeltrioxid** nach dem Kontaktverfahren. SO_3 wird als Zwischenprodukt der Schwefelsäuresynthese großtechnisch hergestellt. Die Herstellung erfolgt nach der Reaktion

$$SO_2 + \tfrac{1}{2}O_2 \rightleftharpoons SO_3 \qquad \Delta H^\circ = -99\,\text{kJ}\,\text{mol}^{-1}$$

Da diese Reaktion exotherm ist, verschiebt sich das Gleichgewicht mit fallender Temperatur in Richtung SO_3. Die SO_3-Ausbeute in Abhängigkeit von der Temperatur zeigt Abb. 3.37. Um hohe Ausbeuten zu erhalten, muss bei möglichst tiefen Temperaturen gearbeitet werden. In Gegenwart von Pt-Katalysatoren ist die Reaktionsgeschwindigkeit bei 400 °C, bei Verwendung von Vanadiumoxidkatalysatoren bei 400 – 500 °C ausreichend schnell (vgl. Abschn. 4.5.7).

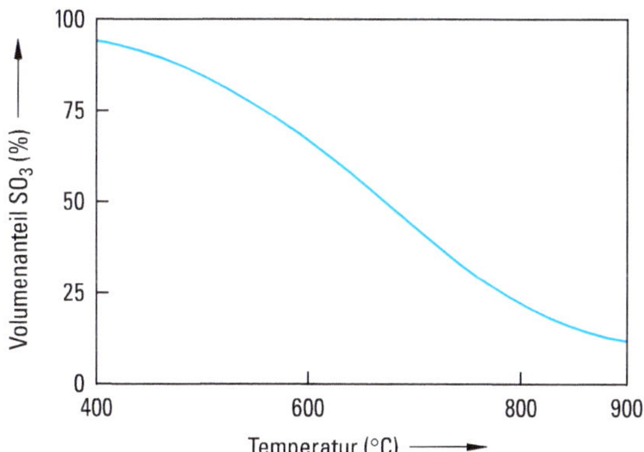

Abbildung 3.37 Temperaturabhängigkeit der Gleichgewichtslage der Reaktion $SO_2 + \tfrac{1}{2}O_2 \rightleftharpoons SO_3$.

Wie diese Beispiele zeigen, muss für die Durchführung von chemischen Reaktionen nicht nur die Gleichgewichtslage günstig sein, sondern diese muss auch ausreichend schnell erreicht werden. Es ist also sehr entscheidend für die Durchführbarkeit einer Reaktion, wenn nötig Katalysatoren zu finden, die eine ausreichende Reaktionsgeschwindigkeit bewirken. Noch immer müssen wirksame Katalysatoren experimentell gefunden werden. Für die Ammoniaksynthese wurden z. B. etwa 20 000 Katalysatorproben untersucht. Obwohl 90 % der Produkte der chemischen Industrie unter Verwendung von Katalysatoren hergestellt werden, sind die einzelnen Vorgänge der Katalyse bei vielen Reaktionen noch ungeklärt.

Katalysatoren sind volkswirtschaftlich wichtig. Der Wert der weltweit eingesetzten Katalysatoren liegt bei 10 Milliarden Euro. Neben der Rohstoff- und Energieeinsparung haben sie auch im Umweltschutz Bedeutung. Ihr Einsatz z. B. bei der Autoabgasreinigung wird im Abschn. 4.11 besprochen.

3.7 Gleichgewichte von Salzen, Säuren und Basen

3.7.1 Lösungen, Elektrolyte

Lösungen sind homogene Mischungen. Am häufigsten und wichtigsten sind flüssige Lösungen. Feste Lösungen werden im Abschn. 2.4.6 behandelt.

Die im Überschuss vorhandene Hauptkomponente einer Lösung bezeichnet man als Lösungsmittel, die Nebenkomponenten als gelöste Stoffe.

Wir wollen nur solche Lösungen behandeln, bei denen das Lösungsmittel Wasser ist. Diese Lösungen nennt man wässrige Lösungen. Verbindungen wie Zucker oder Alkohol, deren wässrige Lösungen den elektrischen Strom nicht leiten, bezeichnen wir als Nichtelektrolyte. In diesen Lösungen sind die gelösten Teilchen einzelne Moleküle, die von Wassermolekülen umhüllt sind.

Viele polare Verbindungen lösen sich in Wasser unter Bildung frei beweglicher Ionen. Dies wird vereinfacht durch die folgenden Reaktionsgleichungen wiedergegeben:

$$Na^+Cl^- \xrightarrow{\text{Wasser}} Na^+ + Cl^-$$
$$HCl + H_2O \longrightarrow H_3O^+ + Cl^-$$
$$NH_3 + H_2O \longrightarrow NH_4^+ + OH^-$$

Diese Stoffe nennt man Elektrolyte, da ihre Lösungen den elektrischen Strom leiten. Träger des elektrischen Stroms sind die Ionen (im Gegensatz zu metallischen Leitern, wo der Stromtransport durch Elektronen erfolgt). Die positiv geladenen Ionen (Kationen) wandern im elektrischen Feld zur Kathode (negative Elektrode), die negativ geladenen Ionen (Anionen) zur Anode (positive Elektrode) (Abb. 3.38). Eine besonders große Ionenbeweglichkeit haben H_3O^+- und OH^--Ionen (vgl. Abschn. 3.7.2).

In Ionenkristallen liegen im festen Zustand bereits Ionen in bestimmten geometrischen Anordnungen vor. Beim Lösungsvorgang geht die geometrische Ordnung des Ionenkristalls verloren, es erfolgt eine Separierung in einzelne Ionen, eine Ionendissoziation. Bei den polaren kovalenten Verbindungen wie HCl und NH_3 entstehen die Ionen erst durch Reaktion mit dem Lösungsmittel.

In wässriger Lösung sind die Ionen mit einer Hülle von Wassermolekülen umgeben, die Ionen sind hydratisiert, da zwischen den elektrischen Ladungen der Ionen und den Dipolen des Wassers Anziehungskräfte auftreten (vgl. Abb. 3.39).

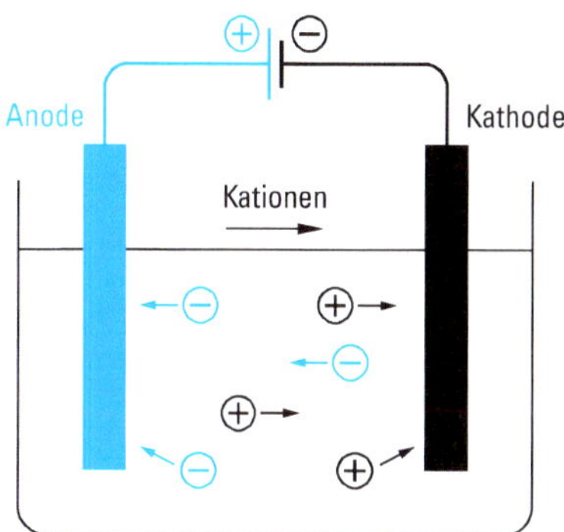

Abbildung 3.38 Polare Verbindungen lösen sich in Wasser unter Bildung beweglicher Ionen. Solche Lösungen leiten den elektrischen Strom. Im elektrischen Feld wandern die positiv geladenen Ionen (Kationen) an die negative Elektrode (Kathode), die negativ geladenen Ionen (Anionen) an die positive Elektrode (Anode).

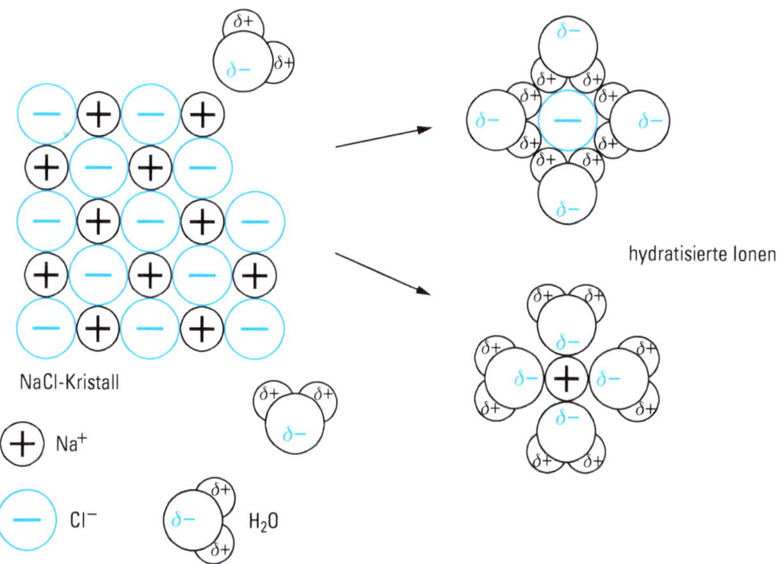

Abbildung 3.39 Zweidimensionale Darstellung der Auflösung eines NaCl-Kristalls in Wasser. Zwischen den Ionen des Kristalls und den Dipolen des Wassers existieren starke Anziehungskräfte. Da die Ionen-Dipol-Anziehung für die Ionen der Kristalloberfläche stärker ist als die Ionen-Ionen-Anziehung, verlassen die Ionen den Kristall und wechseln in die wässrige Phase über. Die in Lösung gegangenen Ionen sind mit einer Hülle von Wassermolekülen umgeben, sie sind hydratisiert.

Cu^{2+} z. B. liegt in Wasser als $[Cu(H_2O)_4]^{2+}$-Ion vor, Co^{2+} bildet das Ion $[Co(H_2O)_6]^{2+}$. Bei der Hydratation wird Energie frei. Die Hydratationsenergie ist umso größer, je höher die Ladung der Ionen ist und je kleiner die Ionen sind. Beispiele zeigt Tab. 3.5.

Tabelle 3.5 Hydratationsenthalpie einiger Ionen in kJ/mol
(Die in der Literatur angegebenen Werte unterscheiden sich z. T. erheblich, einige um ca. 10 %)

H^+	−1091	Be^{2+}	−2494	Al^{3+}	−4665
Li^+	− 519	Mg^{2+}	−1921	Fe^{3+}	−4430
Na^+	− 406	Ca^{2+}	−1577	F^-	− 515
K^+	− 322	Sr^{2+}	−1443	Cl^-	− 381
Rb^+	− 293	Ba^{2+}	−1305	Br^-	− 347
Cs^+	− 264	Zn^{2+}	−2046	I^-	− 305

Auch in vielen kristallinen Verbindungen sind hydratisierte Ionen vorhanden. Beispiele: $[Fe(H_2O)_6]Cl_3$, $[Co(H_2O)_6]Cl_2$, $[Cr(H_2O)_6]Cl_3$, $[Ca(H_2O)_6]Cl_2$.

Die Auflösung eines Ionenkristalls ist schematisch in der Abb. 3.39 am Beispiel von NaCl dargestellt. Die dafür benötigte Gitterenergie von 778 kJ/mol wird durch die Hydratationsenthalpie der Na^+- und Cl^--Ionen von 787 kJ/mol geliefert. Wenn die Hydratationsenthalpie größer ist als die Gitterenergie, dann ist der Lösungsvorgang exotherm. Bei vielen löslichen Salzen ist die Gitterenergie größer als die Hydratationsenthalpie, der Lösungsvorgang ist endotherm und erfolgt unter Abkühlung der Lösung.

Beispiel: Beim Lösen von wasserfreiem $CaCl_2$ in Wasser erwärmt sich die Lösung, beim Lösen des Hexahydrats $[Ca(H_2O)_6]Cl_2$ kühlt sie sich ab. Beim Hexahydrat sind die Ca^{2+}-Ionen schon im Kristall hydratisiert und die Hydratationsenthalpie der Cl^--Ionen allein reicht nicht aus, die Gitterenergie zu kompensieren.

3.7.2 Leitfähigkeit, Aktivität

Für Elektrolytlösungen gilt das Ohmsche Gesetz $U = RI$. Für den elektrischen Widerstand einer Lösung, gemessen zwischen zwei Elektrodenflächen A mit dem Elektrodenabstand d gilt

$$R = \varrho \frac{d}{A}$$

ϱ ist der spezifische Widerstand, SI-Einheit Ωm (Ω = Ohm). Der Reziprokwert des spezifischen Widerstands ist die Leitfähigkeit κ. Die SI-Einheit von κ ist S/m bzw. $\frac{1}{\Omega \mathrm{m}}$, auch die Einheit S/cm ist üblich (S = Siemens).

Es ist nur sinnvoll, die Leitfähigkeit verschiedener Elektrolyte zu vergleichen, wenn die Lösungen gleiche Stoffmengenkonzentrationen bezogen auf Ionenäquivalente besitzen (vgl. Abschn. 3.1). Man definiert als Äquivalentleitfähigkeit Λ die Leitfähigkeit einer Lösung bezogen auf die Äquivalentkonzentration $c\left(\frac{1}{z^*}\mathrm{X}\right)$.

$$\Lambda = \frac{\kappa}{c\left(\frac{1}{z^*}\mathrm{X}\right)} \qquad \text{SI-Einheit:} \quad \frac{\mathrm{m}^2}{\Omega\,\mathrm{mol}}$$

Starke Elektrolyte sind in wässriger Lösung vollständig dissoziiert. Die Äquivalentleitfähigkeit starker Elektrolyte nimmt mit abnehmender Konzentration zu, für unendliche Verdünnung erhält man als Grenzwert die Grenzleitfähigkeit Λ_∞ (Tab. 3.6). Nur sehr verdünnte Lösungen sind ideale Lösungen, in denen die Ionen so weit voneinander entfernt sind, dass keine Wechselwirkungen zwischen ihnen auftreten. In nicht idealen Lösungen sind Wechselwirkungskräfte vorhanden, die die Wanderung der Ionen im elektrischen Feld behindern und zu einer Verringerung der Leitfähigkeit führen. Je größer die Ionenladung ist, umso stärker ist die interionische Wechselwirkung (Tab. 3.6).

Tabelle 3.6 Äquivalentleitfähigkeit Λ bei 25 °C.

	Äquivalentkonzentration in mol/l			
	0,000	0,001	0,010	0,100
	Äquivalentleitfähigkeit in $cm^2/(\Omega\ mol)$			
NaCl	126,5	123,7	118,5	106,7 ≙ 0,84 Λ_∞
$BaCl_2$	140,0	134,3	123,9	105,2 ≙ 0,75 Λ_∞
$CuSO_4$	133,0	115,2	83,3	50,5 ≙ 0,38 Λ_∞

Für ideale Lösungen gilt das Gesetz der unabhängigen Ionenbewegung; jede Ionensorte liefert einen charakteristischen Beitrag zur Leitfähigkeit, die Ionenleitfähigkeit $\lambda_\pm$.

$$\Lambda_\infty = \lambda_+ + \lambda_-$$

Λ_∞ lässt sich daher für die verschiedenen Salze aus den Ionenleitfähigkeiten (den Äquivalentleitfähigkeiten der Ionen, Tab. 3.7) berechnen. Die hohe Ionenleitfähigkeit der H_3O^+- und OH^--Ionen kommt dadurch zustande, dass nicht die hydratisierten Ionen selbst wandern, sondern dass nur ein Platzwechsel der Protonen in den Wasserstoffbrücken des Wassers erfolgt.

Tabelle 3.7 Ionenleitfähigkeiten $\lambda_\pm$ einiger Ionen bei 25 °C in $cm^2/(\Omega mol)$

H_3O^+	349,8	Mg^{2+}	53,1	Br^-	78,4
Li^+	38,7	Ba^{2+}	63,6	I^-	76,8
Na^+	50,1	Fe^{3+}	68,0	NO_3^-	71,4
K^+	73,5	OH^-	198	SO_4^{2-}	79,8
NH_4^+	73,4	Cl^-	76,3	CO_3^{2-}	70,0

Die noch deutlich höhere Leitfähigkeit von H_3O^+ gegenüber OH^- erklärt sich mit einem unterschiedlichen Protonentransfer-Mechanismus. H_3O^+-Ionen transferieren häufig die Protonen gleichzeitig entlang der H-Bindungen benachbarter Wasser-Moleküle in einer Protonentransfer-Sequenz über mehrere Wassermoleküle. OH^- bildet dagegen einen inaktiven hyperkoordinierten $(OH_2)_4OH^-$-Zustand, mit vier H-Brücken von vier H_2O-Molekülen zum O-Atom des OH^--Ions. Das OH^--Ion fungiert in diesem Zustand nur als H-Akzeptor, aber nicht als Donor. Erst wenn diese Struktur in dreifach-koordiniertes $(OH_2)_3OH^-$ übergeht, dann wird aus $(OH_2)_3OH^-$ eine H-Brücke von OH^- zu einem weiteren H_2O Molekül gebildet und ein Proton einer H-Brücke in $(OH_2)_3OH^-$ wird transferiert.

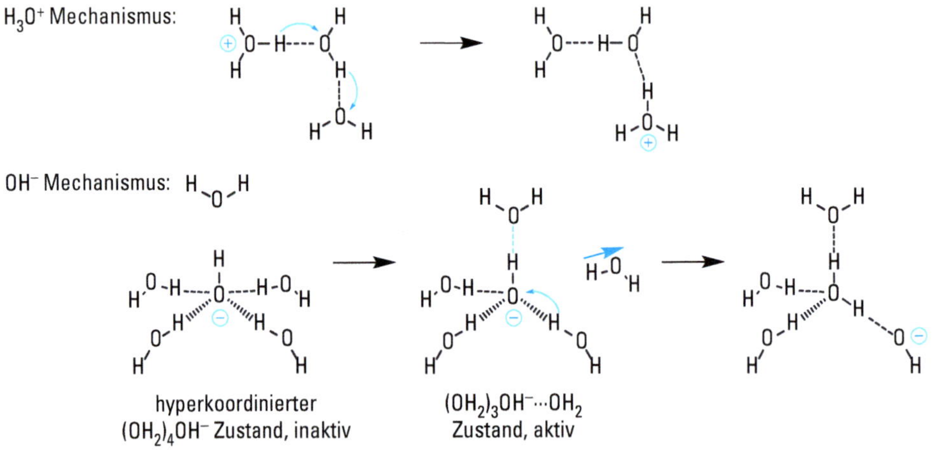

H_3O^+ Mechanismus:

OH^- Mechanismus:

hyperkoordinierter $(OH_2)_4OH^-$ Zustand, inaktiv

$(OH_2)_3OH^- \cdots OH_2$ Zustand, aktiv

Schwache Elektrolyte enthalten neben den Ionen undissoziierte Moleküle. Zwischen Ionen und undissoziierten Molekülen liegt ein Gleichgewicht vor. Der Dissoziationsgrad α gibt den Anteil dissoziierter Moleküle an

$$\alpha = \frac{\text{Anzahl der dissoziierten Moleküle}}{\text{Gesamtzahl der Moleküle}}$$

Mit abnehmender Konzentration nimmt die Dissoziation zu, bei unendlicher Verdünnung beträgt sie 100 % und $\alpha = 1$ (vgl. Abschn. 3.7.7). Bei schwachen Elektrolyten nimmt daher die Äquivalentleitfähigkeit mit abnehmender Konzentration sehr stark zu. Es gilt $\Lambda = \alpha \Lambda_\infty$. Der Dissoziationsgrad α schwacher Elektrolyte kann aus der Konzentrationsabhängigkeit der Äquivalentleitfähigkeit Λ bestimmt werden. Die interionischen Wechselwirkungskräfte können bei schwachen Elektrolyten vernachlässigt werden.

Aufgrund der interionischen Wechselwirkung ist die „wirksame Konzentration" oder Aktivität der Lösung kleiner als die wirkliche Konzentration. Nur in einer unendlich verdünnten („idealen") Lösung sind die gelösten Teilchen weit genug voneinander entfernt, dass sie sich nicht beeinflussen, da sich viele Lösungsmittelmoleküle dazwischen befinden. Man erhält die Aktivität a durch Multiplikation der auf die Standardkonzentration $c^\circ = 1$ mol/l bezogenen Konzentration c mit dem Aktivitätskoeffizienten f, durch den die Wechselwirkungskräfte berücksichtigt werden.

$$a = f \cdot \frac{c}{c^\circ}$$

Für ideale Lösungen ist $a = c/c^\circ$, also $f = 1$. Die Aktivität einer Ionensorte hängt von der Konzentration aller in der Lösung vorhandenen Ionen ab, sowie den Ladungen der einzelnen Ionen. Die Berechnung von Aktivitätskoeffizienten ist daher schwierig, sie können aber empirisch bestimmt werden.

Bei der Anwendung des MWG auf Ionengleichgewichte in wässrigen Lösungen darf nur bei idealen Lösungen die Ionenkonzentration in das MWG eingesetzt werden, bei konzentrierteren Lösungen ist die Aktivität einzusetzen. Oberhalb 10^{-4} mol/l gibt es schon Abweichungen zwischen den Konzentrationen und den Aktivitäten.

In den folgenden Kapiteln werden chemische Gleichgewichte in wässrigen Elektrolytlösungen behandelt. Die in wässrigen Elektrolytlösungen ablaufenden Reaktionen sind Ionenreaktionen. Die Geschwindigkeit, mit der Ionenreaktionen ablaufen, ist so groß, dass die Gleichgewichtseinstellung sofort erfolgt. Zur Formulierung von Ionengleichgewichten werden nur Konzentrationen (nicht Aktivitäten) verwendet. Man muss sich aber darüber klar sein, dass die abgeleiteten Beziehungen dann exakt nur für ideale Lösungen gelten. Zur Vereinfachung der Schreibweise werden manchmal nur die Zahlenwerte der Konzentrationen angegeben, ihre Einheit ist immer mol/l.

3.7.3 Löslichkeit, Löslichkeitsprodukt, Nernst'sches Verteilungsgesetz

Die maximale Menge eines Stoffes, die sich bei einer bestimmten Temperatur in einem Lösungsmittel, z. B. Wasser, löst, ist eine charakteristische Eigenschaft dieses Stoffes und wird seine Löslichkeit genannt. Enthält eine Lösung die maximal lösliche Stoffmenge, ist die Lösung gesättigt. Lösungen, bei denen ein Feststoff gelöst ist, sind gesättigt, wenn ein fester Bodenkörper des löslichen Stoffes mit der Lösung im Gleichgewicht ist. Die Temperaturabhängigkeit der Löslichkeit folgt qualitativ aus dem Le Chatelier-Prinzip. Bei exothermen Lösungsvorgängen nimmt mit steigender Temperatur die Löslichkeit ab, bei endothermen Lösungsvorgängen nimmt sie zu.

Bei Gasen nimmt die Löslichkeit mit zunehmender Temperatur immer ab, da das Lösen von Gasen in Flüssigkeiten exotherm erfolgt.

Für die Löslichkeit von Gasen in Flüssigkeiten gilt das Gesetz von Henry-Dalton. Die Löslichkeit eines Gases A ist bei gegebener Temperatur proportional zu seinem Druck.

$$c_A = K p_A$$

K wird Löslichkeitskoeffizient genannt. Bei Erhöhung des Druckes um das fünffache nimmt auch die Löslichkeit um das fünffache zu. Auf Gase, die mit dem Lösungsmittel chemisch reagieren, wie z. B. HCl, ist das Gesetz nicht anwendbar.

Bei einer gesättigten wässrigen Lösung eines Salzes der allgemeinen Zusammensetzung AB ist fester Bodenkörper AB im Gleichgewicht mit den Ionen A^+ und B^- (vgl. Abb. 3.40).

$$\text{Bodenkörper} \rightleftharpoons \text{Ionen in Lösung}$$
$$AB \rightleftharpoons A^+ + B^-$$

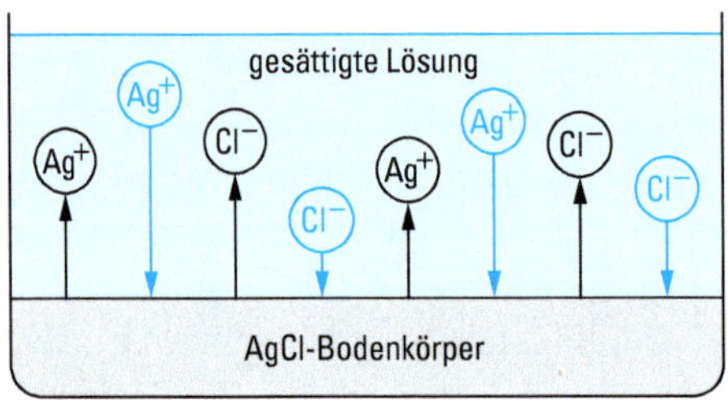

Abbildung 3.40 Schematische Darstellung einer gesättigten AgCl-Lösung. Festes AgCl befindet sich im Gleichgewicht mit der AgCl-Lösung: $AgCl \rightleftharpoons Ag^+ + Cl^-$. Im Gleichgewichtszustand muss nach dem MWG das Produkt der Ionenkonzentrationen konstant sein. $c_{Ag^+} \cdot c_{Cl^-} = K_{L(AgCl)}$.

Beim Lösungsvorgang treten die Ionen A^+ und B^- aus dem Kristall in die Lösung über, dabei werden sie hydratisiert. Da sowohl der Kristall AB als auch die Lösung elektrisch neutral sein müssen, gehen immer eine gleiche Anzahl A^+- und B^--Ionen in Lösung. Im Gleichgewichtszustand werden pro Zeiteinheit ebenso viele Ionenpaare $A^+ + B^-$ aus der Lösung im Kristallgitter AB eingebaut, wie aus dem Gitter in Lösung gehen. Durch Anwendung des MWG auf den Lösungsvorgang erhält man:

$$c_{A^+} \cdot c_{B^-} = K_{L(AB)}$$

c_{A^+} und c_{B^-} sind die Konzentrationen der Ionen A^+ und B^- in der gesättigten Lösung.

$K_{L(AB)}$ ist eine Gleichgewichtskonstante, sie wird Löslichkeitsprodukt des Stoffes AB genannt. $K_{L(AB)}$ ist temperaturabhängig. Im Gleichgewichtszustand ist also bei gegebener Temperatur das Produkt der Ionenkonzentrationen konstant. Wie schon bei anderen heterogenen Gleichgewichten erläutert wurde (vgl. Abschn. 3.5.2), treten im MWG die Konzentrationen reiner fester Stoffe nicht auf. Auch bei Lösungsgleichgewichten hat die vorhandene Menge des festen Bodenkörpers keinen Einfluss auf das Gleichgewicht. Es spielt keine Rolle, ob als ungelöster Bodenkörper 20 g oder nur 0,2 g vorhanden ist, wesentlich ist nur, dass er überhaupt zugegen ist.

Für die Lösungen eines schwer löslichen Salzes AB, z. B. AgCl, sind drei Fälle möglich.

1. Gesättigte Lösung

$$c_{A^+} \cdot c_{B^-} = K_{L(AB)}$$
$$c_{Ag^+} \cdot c_{Cl^-} = K_{L(AgCl)}$$

Die Lösung ist gesättigt. Bei 25 °C beträgt

$$K_{L(AgCl)} = 10^{-10}\ mol^2/l^2$$

In einer gesättigten Lösung von AgCl in Wasser ist also

$$c_{Ag^+} = c_{Cl^-} = 10^{-5}\ mol/l$$

2. Übersättigte Lösung

$$c_{A^+} \cdot c_{B^-} > K_{L(AB)}$$
$$c_{Ag^+} \cdot c_{Cl^-} > K_{L(AgCl)}$$

Bringt man in die gesättigte Lösung von AgCl zusätzlich Ag^+- oder Cl^--Ionen, so ist die Lösung übersättigt. Das Löslichkeitsprodukt ist überschritten, und es bildet sich solange festes AgCl (AgCl fällt als Niederschlag aus), bis die Lösung gerade wieder gesättigt ist, also $c_{Ag^+} \cdot c_{Cl^-} = 10^{-10} mol^2/l^2$ beträgt. Setzt man z. B. der gesättigten Lösung Cl^--Ionen zu, bis die Konzentration $c_{Cl^-} = 10^{-2}$ mol/l erreicht wird, dann fällt solange AgCl aus, bis $c_{Ag^+} = 10^{-8}$ mol/l beträgt. In der gesättigten Lösung ist dann $c_{Ag^+} \cdot c_{Cl^-} = 10^{-8} \cdot 10^{-2} = 10^{-10}\ mol^2/l^2$. Die gesättigte Lösung von AgCl in Wasser mit $c_{Ag^+} = c_{Cl^-} = 10^{-5}$ mol/l ist also nur ein spezieller Fall einer gesättigten Lösung.

3. Ungesättigte Lösung

$$c_{A^+} \cdot c_{B^-} < K_{L(AB)}$$
$$c_{Ag^+} \cdot c_{Cl^-} < K_{L(AgCl)}$$

Das gesamte AgCl ist gelöst, das Produkt der Ionenkonzentrationen ist kleiner als das Löslichkeitsprodukt, die Lösung ist ungesättigt. Eine ungesättigte Lösung erhält man durch Verdünnen einer gesättigten Lösung. Sie entsteht auch dann, wenn man einer gesättigten Lösung Ionen durch Komplexbildung entzieht. So bildet z. B. Ag^+ mit NH_3 das komplexe Ion $[Ag(NH_3)_2]^+$, so dass durch Zugabe von NH_3 einer gesättigten AgCl-Lösung Ag^+-Ionen entzogen werden. Als Folge davon geht der im Gleichgewicht befindliche AgCl-Bodenkörper in Lösung. Die Löslichkeit vieler Salze kann durch Zugabe komplexbildender Ionen oder Moleküle sehr wesentlich beeinflusst werden (vgl. Abschn. 5.4).

Für Salze der allgemeinen Zusammensetzung AB_2 und A_2B_3 erhält man durch Anwendung des MWG die in den folgenden Gleichungen formulierten Löslichkeitsprodukte.

$$AB_2 \rightleftharpoons A^{2+} + 2\,B^- \qquad c_{A^{2+}} \cdot c^2_{B^-} = K_{L(AB_2)}$$
$$A_2B_3 \rightleftharpoons 2\,A^{3+} + 3\,B^{2-} \qquad c^2_{A^{3+}} \cdot c^3_{B^{2-}} = K_{L(A_2B_3)}$$

Es ist zu beachten, dass die Koeffizienten der Reaktionsgleichungen im MWG als Exponenten der Konzentrationen auftreten.

Beispiel: Löslichkeit von Ag_2CrO_4

$c^2_{Ag^+} \cdot c_{CrO_4^{2-}} = K_{L(Ag_2CrO_4)} = 4 \cdot 10^{-12} mol^3/l^3$

Aus $c_{Ag^+} = 2\,c_{CrO_4^{2-}}$

folgt $4c^3_{CrO_4^{2-}} = 4 \cdot 10^{-12} mol^3/l^3$

und $c_{CrO_4^{2-}} = 10^{-4} mol/l, \quad c_{Ag^+} = 2 \cdot 10^{-4} mol/l$

Die Löslichkeit von Ag_2CrO_4 beträgt 10^{-4} mol/l.

Die Löslichkeitsprodukte von einigen schwer löslichen Verbindungen sind in Tab. 3.8 angegeben.

Tabelle 3.8 Löslichkeitsprodukte K_L einiger schwer löslicher Stoffe in Wasser bei 25 °C

Halogenide		Sulfide		Sulfate	
MgF_2	$6 \cdot 10^{-9}$	SnS	$1 \cdot 10^{-26}$	$CaSO_4$	$2 \cdot 10^{-5}$
CaF_2	$2 \cdot 10^{-10}$	PbS	$3 \cdot 10^{-28}$	$SrSO_4$	$8 \cdot 10^{-7}$
BaF_2	$2 \cdot 10^{-6}$	MnS	$7 \cdot 10^{-16}$	$BaSO_4$	$1 \cdot 10^{-9}$
PbF_2	$4 \cdot 10^{-8}$	NiS	10^{-21}	$PbSO_4$	$2 \cdot 10^{-8}$
$PbCl_2$	$2 \cdot 10^{-5}$	FeS	$4 \cdot 10^{-19}$		
PbI_2	$1 \cdot 10^{-8}$	CuS	$8 \cdot 10^{-45}$	Hydroxide	
CuCl	$1 \cdot 10^{-6}$	Ag_2S	$5 \cdot 10^{-51}$		
CuBr	$4 \cdot 10^{-8}$	ZnS	$1 \cdot 10^{-24}$	$Be(OH)_2$	$3 \cdot 10^{-19}$
CuI	$5 \cdot 10^{-12}$	CdS	$1 \cdot 10^{-28}$	$Mg(OH)_2$	$1 \cdot 10^{-12}$
AgCl	$2 \cdot 10^{-10}$	HgS	$2 \cdot 10^{-54}$	$Ca(OH)_2$	$4 \cdot 10^{-6}$
AgBr	$5 \cdot 10^{-13}$			$Ba(OH)_2$	$4 \cdot 10^{-3}$
AgI	$8 \cdot 10^{-17}$	Carbonate		$Al(OH)_3$	$2 \cdot 10^{-33}$
AgCN	$2 \cdot 10^{-14}$			$Pb(OH)_2$	$4 \cdot 10^{-15}$
Hg_2Cl_2	$2 \cdot 10^{-18}$	Li_2CO_3	$2 \cdot 10^{-3}$	$Mn(OH)_2$	$7 \cdot 10^{-13}$
Hg_2I_2	$1 \cdot 10^{-28}$	$MgCO_3$	$3 \cdot 10^{-5}$	$Cr(OH)_3$	$7 \cdot 10^{-31}$
		$CaCO_3$	$5 \cdot 10^{-9}$	$Ni(OH)_2$	$3 \cdot 10^{-17}$
Chromate		$SrCO_3$	$2 \cdot 10^{-9}$	$Fe(OH)_2$	$2 \cdot 10^{-15}$
		$BaCO_3$	$2 \cdot 10^{-9}$	$Fe(OH)_3$	$5 \cdot 10^{-38}$
$BaCrO_4$	$8 \cdot 10^{-11}$	$PbCO_3$	$3 \cdot 10^{-14}$	$Cu(OH)_2$	$2 \cdot 10^{-19}$
$PbCrO_4$	$2 \cdot 10^{-14}$	$ZnCO_3$	$6 \cdot 10^{-11}$	$Zn(OH)_2$	$2 \cdot 10^{-17}$
Ag_2CrO_4	$4 \cdot 10^{-12}$	Ag_2CO_3	$6 \cdot 10^{-12}$	$Cd(OH)_2$	$2 \cdot 10^{-14}$

Die Löslichkeitsprodukte von Stoffen unterschiedlicher Zusammensetzungen haben auch unterschiedliche Einheiten. Nur Löslichkeitsprodukte gleicher Einheit sind direkt miteinander vergleichbar. Die Einheit des Löslichkeitsproduktes für ein Salz A_mB_n ist $mol^{(m+n)}/l^{(m+n)}$.

Schwerlösliche Salze spielen in der analytischen Chemie eine wichtige Rolle, da viele Ionen durch Bildung schwerlöslicher, oft typisch farbiger Salze nachgewiesen werden können. Beispiele typischer Fällungsreaktionen zum Nachweis der Ionen Cl^-, SO_4^{2-}, Cu^{2+} und Cd^{2+} sind:

$$Cl^- + Ag^+ \longrightarrow AgCl \text{ (weiß)}$$
$$SO_4^{2-} + Ba^{2+} \longrightarrow BaSO_4 \text{ (weiß)}$$
$$Cu^{2+} + S^{2-} \longrightarrow CuS \text{ (schwarz)}$$
$$Cd^{2+} + S^{2-} \longrightarrow CdS \text{ (gelb)}$$

Für die Verteilung eines gelösten Stoffes in zwei nichtmischbaren Lösungsmitteln gilt für ideale Lösungen das Verteilungsgesetz von Nernst. Bei gegebener Temperatur stellt sich bei der Verteilung eines Stoffes A in zwei nichtmischbaren Flüssigkeiten ein Gleichgewicht ein

$$A_{\text{Phase 1}} \rightleftharpoons A_{\text{Phase 2}}$$

Das Verhältnis der Konzentration des Stoffes A im Lösungsmittel 1 zur Konzentration von A im Lösungsmittel 2 ist konstant

$$\frac{c\,(\text{A in Phase 1})}{c\,(\text{A in Phase 2})} = K$$

K wird Verteilungskoeffizient genannt. Er ist natürlich gleich dem Verhältnis der Sättigungskonzentrationen des Stoffes A in beiden Phasen.

Beispiel: Extraktion von Iod

Da der Verteilungskoeffizient $K = \dfrac{c\,(\text{I}_2\,\text{in Chloroform})}{c\,(\text{I}_2\,\text{in Wasser})} = 120$ beträgt, ist die I_2-Konzentration in Chloroform 120mal größer als die I_2-Konzentration in der wässrigen Phase. Es gelingt daher, Iod aus wässriger Lösung mit Chloroform zu extrahieren, d. h. weitgehend in die Chloroform-Phase zu überführen.

Das Nernst'sche Verteilungsgesetz ist aber nur gültig, wenn in beiden Phasen die gleichen Teilchen, also z. B. I_2-Moleküle, gelöst sind.

Das Verteilungsgleichgewicht ist die Grundlage für chromatographische Verfahren, bei denen ein Substanzgemisch in seine Komponenten getrennt wird.

3.7.4 Säuren und Basen

Die erste allgemein gültige Säure-Base-Theorie stammt von Arrhenius (1883). Danach sind Säuren Wasserstoffverbindungen, die in wässriger Lösung durch Dissoziation H^+-Ionen bilden.

Beispiele:

$$HCl \xrightarrow{\text{Dissoziation}} H^+ + Cl^-$$

$$H_2SO_4 \xrightarrow{\text{Dissoziation}} 2H^+ + SO_4^{2-}$$

Basen sind Hydroxidverbindungen, sie bilden durch Dissoziation in wässriger Lösung OH^--Ionen.

Beispiele:

$$NaOH \xrightarrow{\text{Dissoziation}} Na^+ + OH^-$$

$$Ba(OH)_2 \xrightarrow{\text{Dissoziation}} Ba^{2+} + 2\,OH^-$$

Arrhenius erkannte, dass die sauren Eigenschaften einer Lösung durch H^+-Ionen, die basischen Eigenschaften durch OH^--Ionen zustande kommen.

Vereinigt man eine starke Säure mit einer starken Base in äquivalenten Mengen, z. B. 1 mol HCl mit 1 mol NaOH, so entsteht aufgrund der Reaktion

$$H^+ + Cl^- + Na^+ + OH^- \longrightarrow Na^+ + Cl^- + H_2O$$

eine Lösung, die weder basisch noch sauer reagiert. Es entsteht eine neutrale Lösung, die sich so verhält wie eine Lösung von Kochsalz NaCl in Wasser.

Die Umsetzung

$$\text{Säure} + \text{Base} \longrightarrow \text{Salz} + \text{Wasser}$$

wird daher als Neutralisation bezeichnet. Die eigentliche chemische Reaktion jeder Neutralisation ist die Vereinigung von H^+- und OH^--Ionen zu Wassermolekülen. Dabei entsteht eine Neutralisationswärme von 57,4 kJ pro Mol H_2O.

$$H^+ + OH^- \longrightarrow H_2O \qquad \Delta H° = -57{,}4\,\text{kJ}\,\text{mol}^{-1}$$

Die Säure-Base-Theorie von Arrhenius wurde 1923 von Brønsted erweitert.

Nach der Theorie von Brønsted sind Säuren solche Moleküle oder Ionen, die H^+-Ionen (Protonen) abspalten können, Basen sind Moleküle oder Ionen, die H^+-Ionen (Protonen) aufnehmen können.

Das Molekül HCl z. B. ist eine Säure, da es Protonen abspalten kann. Das dabei entstehende Cl^--Ion ist eine Base, da es Protonen aufnehmen kann. Die durch Protonenabspaltung aus einer Säure entstehende Base bezeichnet man als konjugierte Base. Cl^- ist die konjugierte Base des HCl-Moleküls.

$$\underset{\text{Säure}}{HCl} \rightleftharpoons \underset{\text{konjugierte Base}}{Cl^-} + \underset{\text{Proton}}{H^+} \qquad \text{Säure-Base-Paar 1} \tag{3.35}$$

Säure und konjugierte Base bilden zusammen ein Säure-Base-Paar.

$$\text{Säure} \rightleftharpoons \text{Base} + \text{Proton}$$

Die Abspaltung eines Protons kann jedoch nicht als isolierte Reaktion vor sich gehen, sondern sie muss mit einer zweiten Reaktion gekoppelt sein, bei der das Proton verbraucht wird, da in gewöhnlicher Materie freie Protonen nicht existieren können. In wässriger Lösung lagert sich das Proton an ein H_2O-Molekül an, dieses wirkt als Base. Durch die Aufnahme eines Protons entsteht dabei die Säure H_3O^+.

$$\underset{\text{konjugierte Base}}{H_2O} + \underset{\text{Proton}}{H^+} \rightleftharpoons \underset{\text{Säure}}{H_3O^+} \qquad \text{Säure-Base-Paar 2} \tag{3.36}$$

Fasst man die Teilreaktionen (3.35) und (3.36) zusammen, erhält man als Gesamtreaktion:

$$\underset{\text{Säure 1}}{HCl} + \underset{\text{konj. Base 2}}{H_2O} \rightleftharpoons \underset{\text{Säure 2}}{H_3O^+} + \underset{\text{konj. Base 1}}{Cl^-} \qquad \text{Protolysereaktion}$$

Bei der Auflösung von HCl in Wasser erfolgt also die Übertragung eines Protons von einem HCl-Molekül auf ein H_2O-Molekül. Bei der Protonenübertragung von dem Säure-Teilchen HCl auf das Basen-Teilchen H_2O entsteht aus der Säure HCl die Base Cl^- und aus der Base H_2O die Säure H_3O^+. An einer Protonenübertragungsreaktion (Protolysereaktion) sind immer zwei Säure-Base-Paare beteiligt, zwischen denen ein Gleichgewicht existiert.

Beispiele für Protolysereaktionen zwischen Teilchen:

	Säure 1		Base 2		Säure 2		Base 1	
wachsende Stärke der Säure ↑	HCl	+	H_2O	$\rightleftharpoons$	H_3O^+	+	Cl^-	wachsende Stärke der Base ↓
	H_2SO_4	+	H_2O	$\rightleftharpoons$	H_3O^+	+	HSO_4^-	
	HSO_4^-	+	H_2O	$\rightleftharpoons$	H_3O^+	+	SO_4^{2-}	
	NH_4^+	+	H_2O	$\rightleftharpoons$	H_3O^+	+	NH_3	
	HCO_3^-	+	H_2O	$\rightleftharpoons$	H_3O^+	+	CO_3^{2-}	
	H_2O	+	H_2O	$\rightleftharpoons$	H_3O^+	+	OH^-	

Wenn nur Wasser als Lösungsmittel berücksichtigt wird, tritt immer das Säure-Base-Paar H_3O^+/H_2O auf.

Ist die Tendenz zur Abgabe von Protonen groß, wie z. B. bei HCl-Molekülen, sind die Säuren starke Säuren, da viele H_3O^+-Ionen entstehen, die für die saure Reaktion verantwortlich sind. Die konjugierte Base Cl^- ist dann eine schwache Base, die Tendenz zur Protonenaufnahme ist nur gering. Umgekehrt ist bei einer schwachen Säure wie HCO_3^- die konjugierte Base CO_3^{2-} eine starke Base.

Die Brønsted'sche Säure-Base-Theorie ist in folgenden Punkten allgemeiner als die Theorie von Arrhenius.

Säuren und Basen sind nicht fixierte Stoffklassen, sondern nach ihrer Funktion definiert. Der Unterschied zeigt sich deutlich bei Stoffen, die je nach dem Reaktionspartner sowohl als Säure als auch als Base reagieren können. Man bezeichnet sie als Ampholyte. Das HSO_4^--Ion kann als Base ein Proton anlagern und in ein H_2SO_4-Molekül übergehen, oder es kann als Säure ein Proton abspalten und in das Ion SO_4^{2-} übergehen. Dasselbe gilt für das Molekül H_2O, das ebenfalls als Säure oder als Base reagieren kann.

Nicht nur neutrale Moleküle, sondern auch Kationen oder Anionen können als Säuren und Basen fungieren. Beispiele: H_3O^+ und NH_4^+ sind Kationensäuren, HSO_4^- und HCO_3^- sind Anionensäuren, CO_3^{2-} und CN^- Anionenbasen.

Basen sind nicht nur die Metallhydroxide (bei ihnen ist die wirksame Base das OH^--Ion), sondern auch Stoffe, die keine Hydroxidionen enthalten, z. B. CO_3^{2-}, S^{2-} und NH_3.

Die Protolysereaktion eines Ions mit Wasser wird auch als Hydrolyse bezeichnet, da man allgemein unter Hydrolyse Umsetzungen mit Wasser versteht (bei denen keine Änderung der Oxidationsstufe erfolgt). Zweckmäßig ist die Verwendung des Begriffs Hydrolyse für die Spaltung kovalenter Bindungen mit Wasser, also z. B. für die Reaktion $>$P—Cl + H_2O $\longrightarrow$ $>$P—OH + HCl.

3.7.5 pH-Wert, Ionenprodukt des Wassers

Je mehr H_3O^+-Ionen eine Lösung enthält, umso saurer ist sie. Als Maß des Säuregrades, der Acidität der Lösung, wird aber nicht die H_3O^+-Konzentration selbst benutzt, da man dann unpraktische Zahlenwerte erhalten würde, sondern der pH-Wert. Der pH-Wert ist der negative dekadische Logarithmus des Zahlenwertes der H_3O^+-Konzentration (genauer der H_3O^+-Aktivität).

$$\mathrm{pH} = -\lg\left(\frac{c_{\mathrm{H_3O^+}}}{1\,\mathrm{mol\,l^{-1}}}\right)$$

Da Logarithmen nur von reinen Zahlen gebildet werden können, muss die in mol/l angegebene Konzentration durch die Standardkonzentration 1 mol/l dividiert werden. Es ist aber üblich, vereinfachend $\mathrm{pH} = -\lg c_{\mathrm{H_3O^+}}$ zu schreiben. Bei analogen Definitionen (vgl. S. 349) wird ebenso verfahren.

Im Wasser ist das Protolysegleichgewicht

$$H_2O + H_2O \rightleftharpoons H_3O^+ + OH^-$$

vorhanden. Darauf kann das MWG angewendet werden.

$$\frac{c_{\mathrm{H_3O^+}} \cdot c_{\mathrm{OH^-}}}{c^2_{\mathrm{H_2O}}} = K_c$$

Da das Gleichgewicht weit auf der linken Seite liegt, reagieren nur so wenige H_2O-Moleküle miteinander, dass ihre Konzentration (55,55 mol/l) praktisch konstant bleibt und in die Gleichgewichtskonstante einbezogen werden kann.

$$c_{\mathrm{H_3O^+}} \cdot c_{\mathrm{OH^-}} = K_c c^2_{\mathrm{H_2O}} = K_{\mathrm{W}} \qquad (3.37)$$

K_{W} wird Ionenprodukt des Wassers genannt. Bei 25 °C beträgt

$$K_{\mathrm{W}} = 1{,}0 \cdot 10^{-14}\,\mathrm{mol^2/l^2}$$

In wässrigen Lösungen ist also das Produkt der Konzentrationen der H_3O^+-und OH^--Ionen konstant. Nach Logarithmieren folgt mit $\mathrm{pOH} = -\lg c_{\mathrm{OH^-}}$

$$\mathrm{pH} + \mathrm{pOH} = 14$$

Für reines Wasser ist

$$c_{\mathrm{H_3O^+}} = c_{\mathrm{OH^-}} = \sqrt{K_{\mathrm{W}}} = 10^{-7}\,\mathrm{mol\,l^{-1}}$$

Hat eine wässrige Lösung eine H_3O^+-Konzentration $c_{\mathrm{H_3O^+}} = 10^{-2}\,\mathrm{mol/l}$ (pH = 2), so ist nach Gl. (3.37) die OH^--Konzentration

$$c_{\mathrm{OH^-}} = \frac{K_{\mathrm{W}}}{c_{\mathrm{H_3O^+}}} = \frac{10^{-14}}{10^{-2}}$$

$$c_{\mathrm{OH^-}} = 10^{-12}\,\mathrm{mol/l}$$

In dieser Lösung überwiegen die H_3O^+-Ionen gegenüber den OH^--Ionen, sie reagiert sauer. Für wässrige Lösungen verschiedener pH-Werte erhält man das Schema der Abb. 3.41.

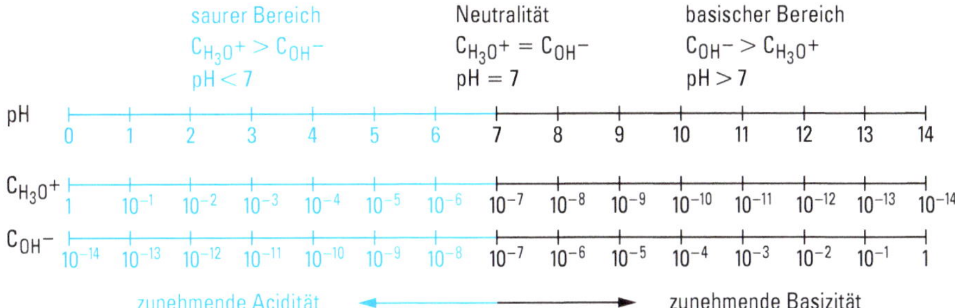

Abbildung 3.41 Acidität wässriger Lösungen. Für wässrige Lösungen gilt das Ionenprodukt des Wassers. Es beträgt bei 25 °C $c_{H_3O^+} \cdot c_{OH^-} = 10^{-14}\,\text{mol}^2\,\text{l}^{-2}$.

3.7.6 Säurestärke, pK_S-Wert, Berechnung des pH-Wertes von Säuren

Liegt bei der Reaktion einer Säure HA mit Wasser das Gleichgewicht

$$HA + H_2O \rightleftharpoons H_3O^+ + A^-$$

weit auf der rechten Seite, dann ist HA eine starke Säure. Liegt das Gleichgewicht weit auf der linken Seite, ist HA eine schwache Säure. Ein quantitatives Maß für die Stärke einer Säure ist die Massenwirkungskonstante der Protolysereaktion.

$$\frac{c_{H_3O^+} \cdot c_{A^-}}{c_{HA}} = K_S$$

K_S wird Säurekonstante genannt. Da in verdünnten wässrigen Lösungen die H_2O-Konzentration annähernd konstant ist, kann c_{H_2O} in die Konstante einbezogen werden. Statt des K_S-Wertes wird meist der negative dekadische Logarithmus des Zahlenwertes der Säurekonstante K_S (Säureexponent) benutzt.

$$pK_S = -\lg K_S$$

Tab. 3.9 enthält die pK_S-Werte einiger Säure-Base-Paare. Zu den starken Säuren gehören HCl, H_2SO_4 und $HClO_4$. Da $K_S > 100$ ist, reagieren fast alle Säuremoleküle mit Wasser.

Bei den schwachen Säuren CH_3COOH, H_2S und HCN liegt das Gleichgewicht so weit auf der linken Seite, dass nahezu alle Säuremoleküle unverändert in der wässrigen Lösung vorliegen.

Säuren, die mehrere Protonen abspalten können, nennt man mehrbasige Säuren. H_2SO_4 ist eine zweibasige, H_3PO_4 eine dreibasige Säure. Für die verschiedenen Protonen mehrbasiger Säuren ist die Tendenz der Abgabe verschieden groß (vgl. Tab. 3.9).

Tabelle 3.9 pK_S-Werte einiger Säure-Base-Paare bei 25 °C (pK_S = −lg K_S)

	Säure	Base	pK_S	
	$HClO_4$	ClO_4^-	−10	
	HCl	Cl^-	− 7	
	H_2SO_4	HSO_4^-	− 3,0	
	H_3O^+	H_2O	− 1,74	
	HNO_3	NO_3^-	− 1,37	
	HSO_4^-	SO_4^{2-}	+ 1,96	
	H_2SO_3	HSO_3^-	+ 1,90	
	H_3PO_4	$H_2PO_4^-$	+ 2,16	↓
Stärke	$[Fe(H_2O)_6]^{3+}$	$[Fe(OH)(H_2O)_5]^{2+}$	+ 2,46	
der Säure	HF	F^-	+ 3,18	
nimmt zu	CH_3COOH	CH_3COO^-	+ 4,75	
↑	$[Al(H_2O)_6]^{3+}$	$[Al(OH)(H_2O)_5]^{2+}$	+ 4,97	
	$CO_2 + H_2O$	HCO_3^-	+ 6,35	
	$[Fe(H_2O)_6]^{2+}$	$[Fe(H_2O)_5OH]^+$	+ 6,74	
	H_2S	HS^-	+ 6,99	
	HSO_3^-	SO_3^{2-}	+ 7,20	Stärke der
	$H_2PO_4^-$	HPO_4^{2-}	+ 7,21	Base
	$[Zn(H_2O)_6]^{2+}$	$[Zn(H_2O)_5OH]^+$	+ 8,96	nimmt zu
	HCN	CN^-	+ 9,21	
	NH_4^+	NH_3	+ 9,25	
	HCO_3^-	CO_3^{2-}	+10,33	
	H_2O_2	HO_2^-	+11,65	
	HPO_4^{2-}	PO_4^{3-}	+12,32	
	HS^-	S^{2-}	+12,89	
	H_2O	OH^-	+15,74	
	OH^-	O^{2-}	+29	

Beispiel: H_3PO_4

$$H_3PO_4 + H_2O \rightleftharpoons H_3O^+ + H_2PO_4^- \qquad pK_S\,(I) = +\ 2{,}16$$
$$H_2PO_4^- + H_2O \rightleftharpoons H_3O^+ + HPO_4^{2-} \qquad pK_S\,(II) = +\ 7{,}21$$
$$HPO_4^{2-} + H_2O \rightleftharpoons H_3O^+ + PO_4^{3-} \qquad pK_S\,(III) = +\ 12{,}32$$

Für die einzelnen Protolyseschritte mehrbasiger Säuren gilt allgemein $K_S(I) > K_S(II) > K_S(III)$. Aus einem neutralen Molekül ist ein Proton leichter abspaltbar als aus einem einfach negativen Ion und aus diesem leichter als aus einem zweifach negativen Ion.

Das Protolysegleichgewicht einer starken Säure, z. B. von HCl, liegt sehr weit auf der rechten Seite:

$$HCl + H_2O \longrightarrow H_3O^+ + Cl^-$$

Praktisch reagieren alle HCl-Moleküle mit H_2O, so dass pro HCl-Molekül ein H_3O^+-Ion entsteht. Die H_3O^+-Konzentration in der Lösung ist demnach gleich der

Anfangs-/Ausgangskonzentration ($c_{Säure}$) der Säure HCl, und der pH-Wert kann nach der Beziehung

$$pH = -\lg c_{Säure}$$

berechnet werden.

Beispiele:

Eine HCl-Lösung der Konzentration $c(HCl) = 0{,}1$ mol/l hat auch die Konzentration $c_{H_3O^+} = 10^{-1}$ mol/l.
pH = 1
Perchlorsäure $HClO_4$ der Konzentration $c(HClO_4) = 0{,}5$ mol/l hat die Konzentration $c_{H_3O^+} = 5 \cdot 10^{-1}$ mol/l.
$pH = -\lg(5 \cdot 10^{-1}) = -(-1 + 0{,}7) = 0{,}3$

Bei Säuren, die nicht vollständig protolysiert sind, muss zur Berechnung des pH-Wertes das MWG auf das Protolysegleichgewicht angewendet werden (s. Tab. 3.10).

Beispiel: Essigsäure

$$CH_3COOH + H_2O \rightleftharpoons H_3O^+ + CH_3COO^- \tag{3.38}$$

$$\frac{c_{H_3O^+} \cdot c_{CH_3COO^-}}{c_{CH_3COOH}} = K_S = 1{,}8 \cdot 10^{-5}\,\text{mol/l}$$

Da, wie die Reaktionsgleichung zeigt, aus einem Molekül CH_3COOH ein H_3O^+-Ion und ein CH_3COO^--Ion entstehen, sind die Konzentrationen der beiden Ionensorten in der Lösung gleich groß:

$$c_{H_3O^+} = c_{CH_3COO^-}$$

Damit erhält man aus Gl. (3.38)

$$c^2_{H_3O^+} = K_S\, c_{CH_3COOH}$$

$$c_{H_3O^+} = \sqrt{K_S\, c_{CH_3COOH}} \tag{3.39}$$

c_{CH_3COOH} ist die Konzentration der CH_3COOH-Moleküle im Gleichgewicht. Sie ist gleich der Anfangskonzentration an Essigsäure $c_{Säure}$, vermindert um die Konzentration der durch Reaktion umgesetzten Essigsäuremoleküle:

$$c_{CH_3COOH} = c_{Säure} - c_{H_3O^+}$$

Da die Protolysekonstante K_S sehr klein ist, ist $c_{H_3O^+} \ll c_{Säure}$ und $c_{CH_3COOH} \approx c_{Säure}$. Man erhält aus Gl. (3.39) als Näherungsgleichung

$$c_{H_3O^+} = \sqrt{K_S\, c_{Säure}}$$

$$pH = \frac{pK_S - \lg c_{Säure}}{2}$$

Für eine Essigsäurelösung der Konzentration $c = 10^{-1}$ mol/l erhält man

$$\mathrm{pH} = \frac{4{,}75 + 1{,}0}{2} = 2{,}87$$

Diese Essigsäurelösung hat, wie zu erwarten ist, einen größeren pH-Wert als eine Lösung der stärkeren Säure HCl gleicher Konzentration.

Beispiel: Schwefelwasserstoff

H_2S ist eine zweibasige Säure. In der ersten Stufe erfolgt die Protolyse

$$H_2S + H_2O \rightleftharpoons H_3O^+ + HS^- \qquad K_S\,(I) = 1{,}02 \cdot 10^{-7}\,\mathrm{mol/l} \tag{3.40}$$

Für eine H_2S-Lösung der Anfangskonzentration 0,1 mol/l erhält man

$$\mathrm{pH} = \frac{\mathrm{p}K_S - \lg c_{\text{Säure}}}{2}$$

$$\mathrm{pH} = \frac{6{,}99 + 1}{2} = 4{,}00$$

$$c_{H_3O^+} = c_{HS^-} = 10^{-4}\,\mathrm{mol/l}$$

Für die zweite Protolysestufe gilt

$$HS^- + H_2O \rightleftharpoons H_3O^+ + S^{2-} \qquad K_S\,(II) = 1{,}29 \cdot 10^{-13}\,\mathrm{mol/l} \tag{3.41}$$

$$\frac{c_{H_3O^+} \cdot c_{S^{2-}}}{c_{HS^-}} = 1{,}3 \cdot 10^{-13}\,\mathrm{mol/l}$$

Die Konzentrationen von H_3O^+ und HS^- werden im zweiten Protolyseschritt praktisch nicht geändert. Daraus folgt

$$c_{S^{2-}} = 1{,}3 \cdot 10^{-13}\,\mathrm{mol/l}$$

Die Konzentration der S^{2-}-Ionen ist gleich der Säurekonstante K_S(II).
Die Multiplikation der beiden Protolysekonstanten ergibt

$$K_S\,(I) \cdot K_S\,(II) = \frac{c_{H_3O^+} \cdot c_{HS^-} \cdot c_{H_3O^+} \cdot c_{S^{2-}}}{c_{H_2S} \cdot c_{HS^-}} = \frac{c^2_{H_3O^+} \cdot c_{S^{2-}}}{c_{H_2S}} \tag{3.42}$$

Diese Beziehung täuscht eine Protolyse vor, bei der aus H_2S zwei H_3O^+-Ionen und ein S^{2-}-Ion entstehen. Die Gleichgewichte (3.40) und (3.41) zeigen aber, dass die H_3O^+-Konzentration sehr viel größer ist als die S^{2-}-Konzentration, da die S^{2-}-Ionen erst im zweiten Protolyseschritt entstehen und $K_S\,(II) \ll K_S\,(I)$ ist. Aus Gl. (3.42) erhält man

$$c^2_{H_3O^+} \cdot c_{S^{2-}} = 1{,}3 \cdot 10^{-20}\,\mathrm{mol^2/l^2} \cdot c_{H_2S}$$

Damit kann man die S^{2-}-Konzentration in Abhängigkeit vom pH-Wert berechnen. Für $c_{H_2S} = 0{,}1\,mol/l$ und pH = 1 ist

$c_{S^{2-}} = 1{,}3 \cdot 10^{-19}\,mol/l$

Mit dieser S^{2-}-Konzentration wird das Löslichkeitsprodukt der Sulfide HgS, CuS, PbS, CdS, ZnS überschritten. Sie lassen sich in stark saurer Lösung ausfällen. Zur Fällung von MnS ($K_L = 7 \cdot 10^{-16}\,mol^2/l^2$) muss durch Erhöhung des pH-Wertes die S^{2-}-Konzentration erhöht werden.

3.7.7 Protolysegrad, Ostwald'sches Verdünnungsgesetz

Für die Protolysereaktion

$$HA + H_2O \rightleftharpoons H_3O^+ + A^- \tag{3.43}$$

kann definiert werden

$$\text{Protolysegrad}\ \alpha = \frac{\text{Konzentration protolysierter HA-Moleküle}}{\text{Konzentration der HA-Moleküle vor der Protolyse}}$$

$$\alpha = \frac{c - c_{HA}}{c} = \frac{c_{H_3O^+}}{c} = \frac{c_{A^-}}{c} \tag{3.44}$$

Es bedeuten: c die Anfangskonzentration HA, c_{HA} die Konzentration von HA-Molekülen im Gleichgewicht.

α kann Werte von 0 bis 1 annehmen. Bei starken Säuren ist $\alpha = 1$ (100 %ige Protolyse). Wendet man auf die Reaktion (3.43) das MWG an und substituiert $c_{H_3O^+}$, c_{A^-} und c_{HA} durch (3.44), so erhält man

$$K_S = \frac{c_{H_3O^+} \cdot c_{A^-}}{c_{HA}} = \frac{\alpha^2 c^2}{c - \alpha c} = c\,\frac{\alpha^2}{1-\alpha} \tag{3.45}$$

Diese Beziehung heißt Ostwald'sches Verdünnungsgesetz. Für schwache Säuren ist $\alpha \ll 1$ und man erhält aus Gl. (3.45) die Näherungsgleichung

$$\alpha = \sqrt{\frac{K_S}{c}}$$

Diese Beziehung zeigt, dass der Protolysegrad einer schwachen Säure mit abnehmender Konzentration, also wachsender Verdünnung, wächst.

Beträgt die Anfangskonzentration der Essigsäure 0,1 mol/l, ist $\alpha = 0{,}0134$. Ist die Anfangskonzentration nur 0,001 mol/l, so ist $\alpha = 0{,}125$; die Protolyse nimmt von 1,34 % auf 12,5 % zu.

Bei sehr verdünnten schwachen Säuren kann der Protolysegrad so große Werte erreichen, dass die Näherungsgleichung $pH = \frac{1}{2}(pK_S - \lg c_{Säure})$ zur pH-Berechnung nicht mehr anwendbar ist. Mit dieser Gleichung kann man rechnen, wenn

$$c_{\text{Säure}} \geq K_S$$

ist. Der Protolysegrad ist in diesem Bereich

$$\alpha \leq 0{,}62$$

Als größten Fehler erhält man für den Fall $c_{\text{Säure}} = K_S$ einen um 0,2 pH-Einheiten zu kleinen Wert.

Im Bereich

$$c_{\text{Säure}} \leq K_S$$

$$\alpha \geq 0{,}62$$

ist die Beziehung

$$\text{pH} = -\lg c_{\text{Säure}}$$

die geeignete Näherung (vgl. Tab. 3.10).

Tabelle 3.10 Formeln zur Berechnung des pH-Wertes

Säuren		$\text{pH} = -\lg c_{H_3O^+}$
genauere Berechnung[a]	Näherungen	
$\dfrac{c^2_{H_3O^+}}{c_{\text{Säure}} - c_{H_3O^+}} = K_S$	$c_{\text{Säure}} \geqq K_S$ $\alpha \leqq 0{,}62$ $\text{pH} = \frac{1}{2}(\text{p}K_S - \lg c_{\text{Säure}})$	$c_{\text{Säure}} \leqq K_S$ $\alpha \geqq 0{,}62$ $\text{pH} = -\lg c_{\text{Säure}}$
([a] Vernachlässigung der Eigendissoziation des Wassers)	Maximaler Fehler bei $c_{\text{Säure}} = K_S$: $-0{,}2$ pH-Einheiten	
Basen $\text{p}K_S + \text{p}K_B = 14$		$\text{pOH} = -\lg c_{OH^-}$ $\text{pOH} + \text{pH} = 14$
genauere Berechnung[a]	Näherungen	
$\dfrac{c^2_{OH^-}}{c_{\text{Base}} - c_{OH^-}} = K_B$	$c_{\text{Base}} \geqq K_B$ $\alpha \leqq 0{,}62$ $\text{pOH} = \frac{1}{2}(\text{p}K_B - \lg c_{\text{Base}})$	$c_{\text{Base}} \leqq K_B$ $\alpha \geqq 0{,}62$ $\text{pOH} = -\lg c_{\text{Base}}$
([a] Vernachlässigung der Eigendissoziation des Wassers)	Maximaler Fehler bei $c_{\text{Base}} = K_B$: $-0{,}2$ pOH-Einheiten	
Salze		
Kationensäuren + schwache Anionenbasen Berechnung wie bei Säuren, $c_{\text{Salz}} = c_{\text{Säure}}$	Anionenbasen + schwache Kationensäuren Berechnung wie bei Basen, $c_{\text{Salz}} = c_{\text{Base}}$	

$c_{\text{Säure}}$, c_{Base} und c_{Salz} sind die Anfangs-/Ausgangskonzentrationen.

3.7.8 pH-Wert-Berechnung von Basen

Die Teilchen S^{2-}, PO_4^{3-}, CO_3^{2-}, CN^-, NH_3, CH_3COO^- (vgl. Tab. 3.9) reagieren in wässriger Lösung basisch. Die Reaktion der Base A^- mit Wasser führt zum Gleichgewicht

$$A^- + H_2O \rightleftharpoons OH^- + HA$$

Das MWG lautet

$$\frac{c_{OH^-} \cdot c_{HA}}{c_{A^-}} = K_B$$

K_B bezeichnet man als Basenkonstante und den negativen dekadischen Logarithmus als Basenexponent.

$$pK_B = -\lg K_B$$

Zwischen K_S und K_B eines Säure-Base-Paares besteht ein einfacher Zusammenhang.

$$\frac{c_{H_3O^+} \cdot c_{A^-}}{c_{HA}} = K_S$$

Multipliziert man K_S mit K_B, erhält man K_W, das Ionenprodukt des Wassers.

$$K_S \cdot K_B = \frac{c_{H_3O^+} \cdot c_{A^-} \cdot c_{OH^-} \cdot c_{HA}}{c_{HA} \cdot c_{A^-}} = c_{H_3O^+} \cdot c_{OH^-} = K_W$$

Für eine Säure HA und ihre konjugierte Base A^- gilt daher immer

$$K_B = \frac{K_W}{K_S}$$

und bei 25 °C

$$pK_S + pK_B = 14 \tag{3.46}$$

Beispiel: CH_3COO^-

CH_3COONa dissoziiert beim Lösen in Wasser vollständig in die Ionen Na^+ und CH_3COO^-. Das Ion Na^+ reagiert nicht mit Wasser. CH_3COO^- ist die konjugierte Base von CH_3COOH. Es findet daher die Protolysereaktion

$$CH_3COO^- + H_2O \rightleftharpoons CH_3COOH + OH^- \tag{3.47}$$

statt. Den H_2O-Molekülen werden von den CH_3COO^--Ionen Protonen entzogen, dadurch entstehen OH^--Ionen, die Lösung reagiert basisch. Die Anwendung des MWG führt zu

$$K_B = \frac{c_{CH_3COOH} \cdot c_{OH^-}}{c_{CH_3COO^-}}$$

$$c_{CH_3COOH} = c_{OH^-}$$

$$c_{OH^-} = \sqrt{K_B\, c_{CH_3COO^-}}$$

Wenn das Gleichgewicht der Reaktion (3.47) so weit auf der linken Seite liegt, dass die Gleichgewichtskonzentration von CH_3COO^- annähernd gleich der Konzentration an gelöstem Salz CH_3COONa ist, erhält man

$$c_{OH^-} = \sqrt{K_B\, c_{Base}}$$

$$pOH = \frac{pK_B - \lg c_{Base}}{2}$$

bzw.

$$pOH = \frac{pK_B - \lg c_{Salz}}{2}$$

Aus Gl. (3.46) erhält man für den pK_B-Wert von CH_3COO^-

$$pK_B = 14 - 4{,}75 = 9{,}25$$

Das Protolysegleichgewicht (3.47) liegt danach tatsächlich so weit auf der linken Seite, dass näherungsweise $c_{CH_3COO^-} = c_{CH_3COONa}$ gilt (vgl. Tab. 3.10). Für eine Lösung der Konzentration $c_{CH_3COONa} = 0{,}1$ mol/l erhält man

$$pOH = \frac{9{,}2 + 1}{2} = 5{,}1$$

und

$$pH = 14 - 5{,}1 = 8{,}9$$

Mit der Näherung $pOH = -\lg c_{Base}$ kann man rechnen, wenn $c_{Base} \leq K_B$ ist (vgl. Tab. 3.10). Sie ist aber nur auf verdünnte Lösungen weniger Anionenbasen wie S^{2-} und PO_4^{3-} anwendbar.

Beispiel: S^{2-}

Der pK_S-Wert von HS^- beträgt 12,89. Mit der Beziehung (3.46) erhält man

$$K_B(S^{2-}) = 10^{-1{,}1}\ \text{mol/l}$$

Für eine Lösung der Konzentration $c_{S^{2-}} = 10^{-2}$ mol/l ist also $c < K_B$ und folglich die Näherung für starke Basen anwendbar.

$$pOH = 2$$

und

$$pH = 12$$

3.7.9 Reaktion von Säuren mit Basen

Zwischen zwei Säure-Base-Paaren existiert das Gleichgewicht

$$S_1 + B_2 \rightleftharpoons B_1 + S_2$$

Dafür lautet das MWG

$$K = \frac{c_{B_1} \cdot c_{S_2}}{c_{S_1} \cdot c_{B_2}}$$

Die Gleichgewichtskonstante K lässt sich aus den Säurekonstanten der beiden Säure-Base-Paare berechnen.

$$S_1 + H_2O \rightleftharpoons H_3O^+ + B_1 \qquad K_S(1) = \frac{c_{H_3O^+} \cdot c_{B_1}}{c_{S_1}}$$

$$B_2 + H_3O^+ \rightleftharpoons S_2 + H_2O \qquad \frac{1}{K_S(2)} = \frac{c_{S_2}}{c_{B_2} \cdot c_{H_3O^+}}$$

$$K = \frac{K_S(1)}{K_S(2)}$$

$$pK = pK_S(1) - pK_S(2) \tag{3.48}$$

Ist $pK < 0$, liegt das Gleichgewicht auf der rechten Seite. Dies ist der Fall, wenn $pK_S(1) < pK_S(2)$, das Säure-Base-Paar 1 also in Tab. 3.9 oberhalb des Säure-Base-Paares 2 steht.

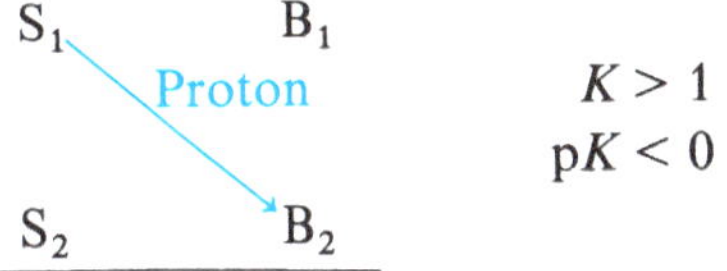

$K > 1$
$pK < 0$

Beispiele:

$HCl + NH_3 \rightleftharpoons NH_4^+ + Cl^-$ $\quad pK = -16{,}2$
$HNO_3 + CN^- \rightleftharpoons HCN + NO_3^-$ $\quad pK = -10{,}6$
$HSO_4^- + HS^- \rightleftharpoons H_2S + SO_4^{2-}$ $\quad pK = -5{,}0$
$NH_4^+ + S^{2-} \rightleftharpoons HS^- + NH_3$ $\quad pK = -3{,}6$
$NH_4^+ + OH^- \rightleftharpoons H_2O + NH_3$ $\quad pK = -6{,}5$

Die Gleichgewichte liegen vollständig auf der rechten Seite, die Protonenübertragung verläuft also vollständig. In sauren Lösungen entstehen aus Cyaniden und Sulfiden die flüchtigen Säuren HCN und H_2S. In stark basischen Lösungen entwickeln Ammoniumsalze NH_3. $(NH_4)_2S$, $(NH_4)_3PO_4$ und $(NH_4)_2CO_3$ sind bei Raumtemperatur nicht beständig. Sie wandeln sich unter Abspaltung von NH_3 in NH_4HS, $(NH_4)_2HPO_4$ und NH_4HCO_3 um. Im festen Zustand gibt es kein NH_4OH, sondern nur das Hydrat $NH_3 \cdot H_2O$ (Smp. −79 °C).

Ist p$K > 0$, liegt das Gleichgewicht auf der linken Seite, es findet keine Protonenübertragung statt.

S_2 B_2

$=$

S_1 Proton B_1

$K < 1$
p$K > 0$

Beispiele:

$NH_4^+ + SO_4^{2-} \rightleftharpoons HSO_4^- + NH_3$ pK = 7,3

$NH_4^+ + HCO_3^- \rightleftharpoons CO_2 + H_2O + NH_3$ pK = 2,9

$H_2S + NO_3^- \rightleftharpoons HNO_3 + HS^-$ pK = 8,4

$HSO_3^- + Cl^- \rightleftharpoons HCl + SO_3^{2-}$ pK = 14,2

Die Gleichgewichte liegen vollständig auf der linken Seite, die Ausgangsprodukte reagieren nicht miteinander. Die Salze $(NH_4)_2SO_4$, NH_4HCO_3, $(CH_3COO)_3Al$ z. B. sind beständig.

3.7.10 pH-Wert-Berechnung von Salzlösungen

Löst man ein Salz in Wasser, so zerfällt es in einzelne Ionen. Außer der Hydratation erfolgt häufig keine weitere Reaktion der Ionen mit den Wassermolekülen. Die Lösung reagiert neutral. In der Lösung sind wie in reinem Wasser je 10^{-7} mol/l H_3O^+- und OH^--Ionen vorhanden. Dafür ist NaCl ein gutes Beispiel.

Viele Salze jedoch lösen sich unter Änderung des pH-Wertes. Zum Beispiel reagieren wässrige Lösungen von NH_4Cl und $FeCl_3$ sauer, Lösungen von Na_2CO_3 und CH_3COONa reagieren basisch.

Beispiel: NH_4Cl

Beim Lösen dissoziiert NH_4Cl in die Ionen NH_4^+ und Cl^-. Cl^- reagiert nicht mit Wasser, es ist eine extrem schwache Brønsted-Base. NH_4^+ ist eine Brønsted-Säure (vgl. Tab. 3.9), es erfolgt daher die Protolysereaktion

$$NH_4^+ + H_2O \rightleftharpoons H_3O^+ + NH_3$$

NH_4^+ gibt unter Bildung von H_3O^+-Ionen Protonen an die Wassermoleküle ab. Eine NH_4Cl-Lösung reagiert daher sauer. Der pH-Wert kann in gleicher Weise berechnet werden wie der von Essigsäure (vgl. Abschn. 3.7.6 und Tab. 3.10). Die Anwendung des MWG führt zu

$$\frac{c_{H_3O^+} \cdot c_{NH_3}}{c_{NH_4^+}} = K_S$$

Wegen $c_{H_3O^+} = c_{NH_3}$ folgt

$$c_{H_3O^+} = \sqrt{K_S\, c_{NH_4^+}} \qquad (3.49)$$

Da NH_4Cl vollständig in Ionen aufgespalten wird und von den entstandenen NH_4^+-Ionen nur ein vernachlässigbar kleiner Teil mit Wasser reagiert ($pK_S = 9{,}25$), ist die NH_4^+-Konzentration im Gleichgewicht nahezu gleich der Konzentration des gelösten Salzes:

$$c_{NH_4^+} = c_{NH_4Cl}$$

Damit erhält man aus Gl. (3.49)

$$c_{H_3O^+} = \sqrt{K_S\, c_{Salz}}$$

und

$$pH = \frac{pK_S - \lg c_{Salz}}{2}$$

Für eine NH_4Cl-Lösung der Konzentration $c_{NH_4Cl} = 0{,}1\,mol/l$ erhält man daraus $pH = 5{,}1$.

Beispiel: CH_3COONa

Eine CH_3COONa-Lösung der Konzentration 0,1 mol/l hat den pH = 8,9 (vgl. Berechnung Abschn. 3.7.8).

Lösungen von Salzen, deren Anionen starke Anionenbasen und deren Kationen schwache Kationensäuren sind, reagieren basisch. Lösungen von Salzen aus starken Kationensäuren und schwachen Anionenbasen reagieren sauer. Weitere Beispiele enthält Tab. 3.11.

Tabelle 3.11 Protolysereaktionen von Salzen in wässriger Lösung

Salz	Charakter der Ionen in Lösung	Reaktion des Salzes in wässriger Lösung
$AlCl_3$, NH_4HSO_4, $FeCl_2$, $ZnCl_2$	Kationensäure + sehr schwache Anionenbase	sauer
$NaCl$, KCl, $NaClO_4$, $BaCl_2$	sehr schwache Kationensäure + sehr schwache Anionenbase	neutral
Na_2S, KCN, Na_3PO_4, Na_2SO_3	Anionenbase + sehr schwache Kationensäure	basisch

Salze, deren Anionen Ampholyte sind, wie z. B. HSO_3^-, $H_2PO_4^-$, HPO_4^{2-}, HCO_3^-, HS^-, reagieren gleichzeitig als Säuren und als Basen. Der pH-Wert kann näherungsweise mit der Beziehung

$$pH = \frac{pK_S\,(1) + pK_S\,(2)}{2}$$

berechnet werden. (1) bedeutet Ampholyt, z. B. HSO_3^-, (2) bedeutet konjugierte Säure des Ampholyten, also H_2SO_3.

Diese Näherungsformel ist auch auf eine Reihe von Salzen anwendbar, die aus Kationensäuren und Anionenbasen zusammengesetzt sind, z. B. NH_4CN, CH_3COONH_4, AlF_3, ZnF_2.

Beispiel: NaH_2PO_4

Zur pH-Berechnung sind folgende Gleichgewichte zu berücksichtigen:

$$H_2PO_4^- + H_2O \rightleftharpoons H_3O^+ + HPO_4^{2-} \qquad K_S(H_2PO_4^-) = \frac{c_{H_3O^+} \cdot c_{HPO_4^{2-}}}{c_{H_2PO_4^-}}$$

$$pK_S(H_2PO_4^-) = 7{,}21$$

$$H_2PO_4^- + H_2O \rightleftharpoons OH^- + H_3PO_4 \qquad K_B(H_2PO_4^-) = \frac{c_{OH^-} \cdot c_{H_3PO_4}}{c_{H_2PO_4^-}}$$

$$pK_B(H_2PO_4^-) = 11{,}84$$

$$2\,H_2PO_4^- \rightleftharpoons H_3PO_4 + HPO_4^{2-} \qquad K = \frac{K_S(H_2PO_4^-)}{K_S(H_3PO_4)}$$

$$pK = 5{,}05$$

Dividiert man $K_S(H_2PO_4^-)$ durch $K_B(H_2PO_4^-)$ und multipliziert mit K_W, so erhält man

$$\frac{K_S(H_2PO_4^-)\,K_W}{K_B(H_2PO_4^-)} = \frac{c^2_{H_3O^+} \cdot c_{HPO_4^{2-}} \cdot c_{H_2PO_4^-} \cdot c_{OH^-}}{c_{H_2PO_4^-} \cdot c_{H_3PO_4} \cdot c_{OH^-}}$$

Da $K \gg K_S(H_2PO_4^-)$ und $K \gg K_B(H_2PO_4^-)$ ist, sind die Konzentrationen von H_3PO_4 und HPO_4^{2-} ganz überwiegend durch die Autoprotolyse von $H_2PO_4^-$ festgelegt und $c_{H_3PO_4} = c_{HPO_4^{2-}}$. Daraus folgt

$$c_{H_3O^+} = \sqrt{K_S(H_2PO_4^-)\,K_S(H_3PO_4)}$$

und

$$pH = \frac{pK_S(H_2PO_4^-) + pK_S(H_3PO_4)}{2}$$

Unabhängig von der Konzentration der NaH_2PO_4-Lösung erhält man für den pH-Wert

$$pH = \frac{7{,}21 + 2{,}16}{2} = 4{,}68$$

Beispiel: NH_4F

Protolysegleichgewichte:

$$NH_4^+ + H_2O \rightleftharpoons H_3O^+ + NH_3 \qquad pK_S(NH_4^+) = 9{,}25$$

$$F^- + H_2O \rightleftharpoons OH^- + HF \qquad pK_B(F^-) = 10{,}82$$

$$NH_4^+ + F^- \rightleftharpoons HF + NH_3 \qquad pK = pK_S(NH_4^+) - pK_S(HF) = 6{,}07$$

(vgl. Gl. 3.48)

Man erhält für

$$\frac{K_S(NH_4^+)K_W}{K_B(F^-)} = \frac{c^2_{H_3O^+} \cdot c_{NH_3} \cdot c_{F^-} \cdot c_{OH^-}}{c_{NH_4^+} \cdot c_{HF} \cdot c_{OH^-}}$$

Wegen $K \gg K_s(NH_4^+)$und $K \gg K_B(F^-)$ ist $c_{NH_3} = c_{HF}$.
Da $K \ll 1$, erfolgt nahezu keine Protolysereaktion der NH_4^+- mit den F^--Ionen und

$$c_{NH_4^+} = c_{F^-}$$

$$c_{H_3O^+} = \sqrt{K_S(NH_4^+)K_S(HF)}$$

$$pH = \frac{pK_S(NH_4^+)+pK_S(HF)}{2}$$

$$pH = \frac{9{,}25+3{,}18}{2} = 6{,}21$$

Die Näherungsformel ist nur anwendbar, wenn für die Protolysereaktion der Kationensäure mit der Anionenbase $K \ll 1$ ist, also für Salze mit einer Kombination Kationensäure-Anionenbase „links unten – rechts oben“, aber nicht für Salze mit der Kombination „links oben – rechts unten“.

3.7.11 Pufferlösungen

Pufferlösungen sind Lösungen, die auch bei Zugabe erheblicher Mengen Säure oder Base ihren pH-Wert nur wenig ändern. Sie bestehen aus einer schwachen Säure (Base) und einem Salz dieser schwachen Säure (Base).

Beispiele:

Der Acetatpuffer enthält CH_3COOH und CH_3COONa (Pufferbereich bei pH = 5).
Der Ammoniakpuffer enthält NH_3 und NH_4Cl (Pufferbereich bei pH = 9).

Wie eine Pufferlösung funktioniert, kann durch Anwendung des MWG auf die Protolysereaktion

$$HA + H_2O \rightleftharpoons H_3O^+ + A^- \tag{3.50}$$

erklärt werden.

$$K_S = \frac{c_{H_3O^+} \cdot c_{A^-}}{c_{HA}} \tag{3.51}$$

$$c_{H_3O^+} = K_S \frac{c_{HA}}{c_{A^-}}$$

$$pH = pK_S + \lg \frac{c_{A^-}}{c_{HA}} \tag{3.52}$$

In Abb. 3.42 ist die Beziehung (3.52) für den Acetatpuffer graphisch dargestellt. Ist das Verhältnis $c_{A^-}/c_{HA} = 1$ (äquimolare Mischung), dann gilt pH = pK_S. Ändert sich das Verhältnis c_{A^-}/c_{HA} auf 10, wächst der pH-Wert nur um eine Einheit, ändert es sich auf 0,1, dann sinkt der pH-Wert um eins. Erst wenn c_{A^-}/c_{HA} größer als 10 oder kleiner als 0,1 ist, ändert sich der pH-Wert drastisch.

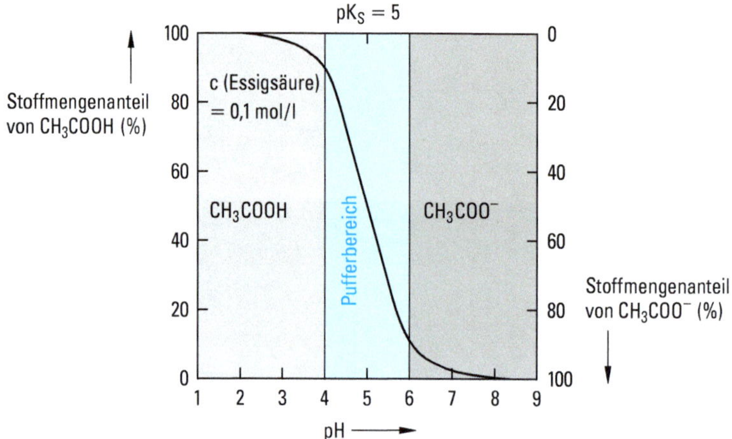

Abbildung 3.42 Pufferungskurve einer Essigsäure-Acetat-Pufferlösung. Die beste Pufferwirkung hat eine 1 : 1-Mischung (pH = 4,75). H_3O^+-Ionen werden von CH_3COO^--Ionen, OH^--Ionen von CH_3COOH gepuffert:

$$CH_3COOH + H_2O \underset{\text{Pufferung von } H_3O^+}{\overset{\text{Pufferung von } OH^-}{\rightleftharpoons}} CH_3COO^- + H_3O^+$$

Solange dabei das Verhältnis CH_3COOH/CH_3COO^- im Bereich 0,1 bis 10 bleibt, ändert sich der pH-Wert nur wenig.

Versetzt man eine Pufferlösung mit H_3O^+-Ionen, dann müssen, damit die Konstante in Gl. (3.51) erhalten bleibt, die H_3O^+-Ionen mit den A^--Ionen zu HA reagieren. Das Protolysegleichgewicht (3.50) verschiebt sich nach links, die H_3O^+-Ionen werden durch die A^--Ionen gepuffert, und der pH-Wert nimmt nur geringfügig ab. Die Lösung puffert solange, bis das Verhältnis $c_{A^-}/c_{HA} \approx 0{,}1$ erreicht ist. Erst dann erfolgt bei weiterer Zugabe von H_3O^+ eine starke Abnahme des Verhältnisses c_{A^-}/c_{HA} und entsprechend eine starke Abnahme des pH-Wertes. Fügt man der Pufferlösung OH^--Ionen zu, so reagieren diese mit HA zu A^- und H_2O, das Gleichgewicht (3.50) verschiebt sich nach rechts. Erst wenn das Verhältnis $c_{A^-}/c_{HA} \approx 10$ erreicht ist, wächst bei weiterer Zugabe von OH^--Ionen der pH-Wert rasch an.

Die beste Pufferwirkung haben äquimolare Mischungen, ihr Pufferbereich liegt bei pH = pK_S und puffert von ca. pH = p$K_S - 1$ bis pH = p$K_S + 1$. Mischungen aus schwacher Säure und konjugierter Base im Stoffmengenverhältnis von 1 : 1 halten den pH-Wert am besten konstant, d. h. zeigen die geringsten pH-Wert-Änderungen bei Säure- oder Basenzusatz. Die Pufferkapazität ist die quantitative Leistung eines

Puffers. Sie gibt an, wieviel Säure oder Base benötigt wird, um in 1 Liter Pufferlösung eine pH-Änderung von 1,0 zu erreichen. Die Pufferkapazität steigt mit wachsender Konzentration von HA und A^- und der Nähe des pK_S-Wertes vom pH-Wert der Lösung. Sie ist also für 1 : 1 molare HA : A^- Verhältnisse von vorneherein am größten. Die Pufferkapazität hängt damit von der Zusammensetzung der Lösung ab und ist keine Konstante.

Beispiel:

Ein Liter eines Acetatpuffers, der 1 mol CH_3COOH und 1 mol CH_3COONa enthält, hat nach Gl. 3.52 einen pH-Wert von 4,75. Wie ändert sich der pH-Wert der Pufferlösung, wenn außerdem noch 0,1 mol HCl zugefügt werden? Die durch Protolyse des HCl entstandenen 0,1 mol H_3O^+-Ionen reagieren praktisch vollständig mit den CH_3COO^--Ionen zu $CH_3COOH + H_2O$.

$$H_3O^+ + CH_3COO^- \rightarrow CH_3COOH + H_2O$$

Die Konzentration der CH_3COO^--Ionen wird damit (1 − 0,1) mol/l, die Konzentration der CH_3COOH-Moleküle (1 + 0,1) mol/l. Nach Gl. (3.52) erhält man

$$\mathrm{pH} = \mathrm{p}K\,(\mathrm{CH_3COOH}) + \lg \frac{c_{\mathrm{CH_3COO^-}}}{c_{\mathrm{CH_3COOH}}} = 4{,}75 + \lg \frac{1 - 0{,}1}{1 + 0{,}1} = 4{,}66$$

Der HCl-Zusatz senkt den pH-Wert des Puffers also nur um etwa 0,1.
Ein Liter einer Lösung, die nur 1 mol CH_3COOH und außerdem 0,1 mol HCl enthält, hat dagegen einen pH von ungefähr 1. Das Gleichgewicht (3.50) liegt bei der Essigsäure so weit auf der linken Seite, dass nahezu keine CH_3COO^--Ionen zur Reaktion mit den H_3O^+-Ionen der HCl zur Verfügung stehen. Reine Essigsäure puffert daher nicht.

3.7.12 Säure-Base-Indikatoren und -Titrationen

Säure-Base-Indikatoren sind organische Farbstoffe, deren Lösungen bei Änderung des pH-Wertes ihre Farbe wechseln. Die Farbänderung erfolgt für einen bestimmten Indikator in einem für ihn charakteristischen pH-Bereich, daher werden diese Indikatoren zur pH-Wert-Anzeige verwendet.

Säure-Base-Indikatoren sind Säure-Base-Paare, bei denen die Indikatorsäure eine andere Farbe hat als die konjugierte Base. In wässriger Lösung existiert das pH-abhängige Gleichgewicht

$$\mathrm{H\,Ind} + H_2O \rightleftharpoons H_3O^+ + \mathrm{Ind}^-$$

Beispiel: Phenolphthalein

Indikatorsäure H Ind	konjugierte Indikatorbase Ind^-
farblos	rot
liegt vor in saurem Milieu	liegt vor in stark basischem Milieu

Die Anwendung des MWG ergibt

$$K_S(\mathrm{H\,Ind}) = \frac{c_{H_3O^+} \cdot c_{Ind^-}}{c_{H\,Ind}}$$

$$pH = pK_S(\mathrm{H\,Ind}) + \lg \frac{c_{Ind^-}}{c_{H\,Ind}}$$

Ist das Verhältnis $c_{Ind^-}/c_{HInd} = 10$, ist für das Auge meistens nur noch die Farbe von Ind^- wahrnehmbar. Ist das Verhältnis $c_{Ind^-}/c_{HInd} = 0{,}1$, so zeigt die Lösung nur die Farbe von H Ind. Bei dazwischen liegenden Verhältnissen treten Mischfarben auf. Den pH-Bereich, in dem Mischfarben auftreten, nennt man Umschlagbereich des Indikators. Der Umschlagbereich liegt also ungefähr bei

$$pH = pK_S(\mathrm{H\,Ind}) \pm 1$$

Bei größeren oder kleineren pH-Werten tritt nur die Farbe von Ind^- bzw. H Ind auf, der Indikator ist umgeschlagen. Der Umschlag erfolgt also wie erwünscht in einem kleinen pH-Intervall (Abb. 3.43).

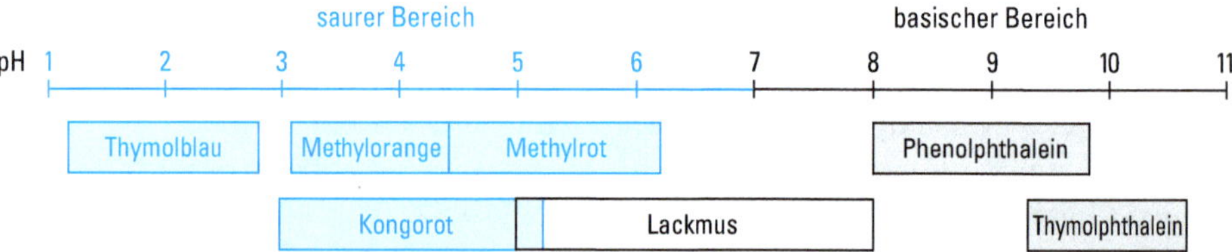

Abbildung 3.43 Umschlagbereiche einiger Indikatoren. Im Umschlagbereich ändert der Indikator seine Farbe. Indikatoren sind daher zur pH-Anzeige geeignet.

In Tab. 3.12 sind Farben und Umschlagbereiche einiger Indikatoren angegeben.

Tabelle 3.12 Farben und Umschlagbereiche einiger Indikatoren

Indikator	Umschlagbereich pH	Farbe der Indikatorsäure	Farbe der Indikatorbase
Thymolblau	1,2 – 2,8	rot	gelb
Methylorange	3,1 – 4,4	rot	gelb-orange
Kongorot	3,0 – 5,2	blau	rot
Methylrot	4,4 – 6,2	rot	gelb
Lackmus	5,0 – 8,0	rot	blau
Phenolphthalein	8,0 – 9,8	farblos	rot-violett
Thymolphthalein	9,3 – 10,6	farblos	blau

Der ungefähre pH-Wert einer Lösung kann mit einem Universalindikatorpapier bestimmt werden. Es ist ein mit mehreren Indikatoren imprägniertes Filterpapier, das je nach pH-Wert der Lösung eine bestimmte Farbe annimmt, wenn man etwas Lösung auf das Papier bringt.

Indikatoren werden bei Säure-Base-Titrationen verwendet. Dabei wird eine unbekannte Stoffmenge Säure (Base) in der Probe durch Zugabe von Base (Säure) bekannter Konzentration in der Maßlösung bestimmt. Der Äquivalenzpunkt, bei dem gerade die zur Neutralisation der H_3O^+- (OH^-)-Ionen erforderliche Äquivalent-Stoffmenge von Base (Säure) zugesetzt ist, wird am Farbumschlag des Indikators erkannt. Trägt man bei einer Titration die Änderung des pH-Wertes der Lösung, die mit einem pH-Meter leicht zu verfolgen ist, gegen die zugesetzte Äquivalent-Stoffmenge auf, dann erhält man eine Titrationskurve (Abb. 3.44).

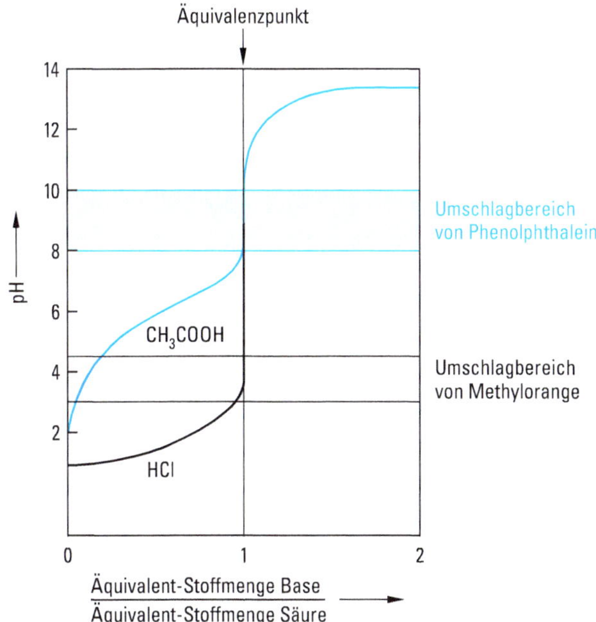

Abbildung 3.44 Titrationskurven von Salzsäure und Essigsäure bei der Titration mit einer starken Base, z. B. NaOH. Am Äquivalenzpunkt erfolgt ein pH-Sprung. Für die HCl-Titration (Äquivalenzpunkt pH = 7) ist sowohl Methylorange als auch Phenolphthalein als Indikator geeignet (ebenso alle Indikatoren, deren Umschlagbereiche dazwischen liegen). Zur Titration von CH_3COOH (Äquivalenzpunkt pH = 8,9 für $c_{\text{Säure}} = 0{,}1\ \text{mol/l}$) ist Phenolphthalein als Indikator geeignet. Am Äquivalenzpunkt ist eine CH_3COONa-Lösung vorhanden, die ja basisch reagiert (vgl. Abschn. 3.7.8 und 10), und der pH-Sprung erfolgt im basischen Bereich.

In der Nähe des Äquivalenzpunktes erfolgt bei der Titrationskurve ein deutlicher Sprung des pH-Wertes. Der Wendepunkt der Kurve markiert den Äquivalenzpunkt der Reaktion. Für die Neutralisation von 1 mol NaOH braucht man 1 mol HCl oder 0,5 mol H_2SO_4. Generell gilt: 1 Äquivalent Säure neutralisiert 1 Äquivalent Base. Man befindet sich dann am Äquivalenzpunkt, der ist aber nicht notwendigerweise am Neutralpunkt (s. Abb. 3.44). Der Äquivalenzpunkt liegt bei pH = 7, wenn man starke Säuren mit starken Basen umsetzt. Titriert man eine schwache Base, z. B. NH_3

mit einer starken Säure so liegt der Äquivalenzpunkt im sauren Gebiet, da dann die reine konjugierte Kationensäure (z. B. NH_4^+) vorliegt. Titriert man eine schwache Säure (z. B. CH_3COOH) mit einer starken Base so liegt der Äquivalenzpunkt im alkalischen Bereich, da die reine konjugierte Anionenbase (z. B. CH_3COO^-) in Wasser gelöst vorliegt. In den beiden letzten Fällen ist der pH-Sprung kleiner. Deshalb ist in diesen Fällen auf die Wahl des richtigen Indikators – der durch Farbumschlag das Erreichen des Äquivalenzpunktes anzeigen soll – zu achten (s. Abb. 3.44).

Eine Titration ist eine Volumenmessung. Es wird das Volumen der Maßlösung bis zum Erreichen des Äquivalenzpunktes gemessen. Gleichzeitig ist die Konzentration der Maßlösung und das vorgelegte Volumen der Probe bekannt, so dass die gesuchte Konzentration, Stoffmenge oder Masse der Probe berechnet werden kann. Dabei wird mit Äquivalent-Stoffmengen $n^* = z^* \cdot n$, d. h. dem Produkt aus Äquivalentzahl z^* und der Stoffmenge n für das Teilchen gerechnet (s. S. 274). Die **Äquivalentzahl z^*** ergibt sich für Säuren und Basen als Anzahl der reaktionsfähigen H^+- oder OH^--Ionen.

Bei einer Säure-Base-Titration spricht man auch von Acidimetrie bei einer Säure-Maßlösung und Alkalimetrie bei einer Basen-Maßlösung. Die grundlegende Bestimmungsgleichung bei der Säure/Base-Titration ist

$$\text{Äquivalentstoffmenge Säure } n_S^* = \text{Äquivalentstoffmenge Base } n_B^*$$

$$z_S^* \cdot n_S = z_B^* \cdot n_B$$

$$\text{mit } n = c \cdot V\text{:} \qquad z_S^* \cdot c_S \cdot V_S = z_B^* \cdot c_B \cdot V_B$$

Bei der Acidimetrie kennt man die Konzentration der Säure-Maßlösung c_S (und die Äquivalentzahl z_S^*) und misst das verbrauchte Volumen V_S der Säure bei der Titration eines bekannten Volumens V_B einer Base bis zum Erreichen des Äquivalenzpunktes. Es lässt sich dann bei bekannter (Äquivalentzahl der) Base die Konzentration c_B und Stoffmenge n_B der Base errechnen.

Beispiele:

Für HCl, NaOH und NH_3 ist $z^* = 1$. Für H_2SO_4 und $Ca(OH)_2$ ist $z^* = 2$.

1. Eine Salzsäureprobe unbekannten Gehalts benötigt bis zum Äquivalenzpunkt 10 ml Natronlauge-Maßlösung der Konzentration 0,1 mol/l. Welche Stoffmenge n(HCl) enthielt die Probe? Beachten Sie, dass für die Beantwortung das Volumen der Salzsäureprobe nicht bekannt sein muss.

Bestimmungsgleichung: $n_S^* = n_B^* = z_B^* \cdot n_B$. Die 10 ml (= 0,01 l) Natronlauge enthielten n(NaOH) = 0,1 mol/l · 0,01 l = 0,001 mol NaOH. Also enthielt die Salzsäure ($z_S^* = 1$) die Stoffmenge n(HCl) = 0,001 mol HCl.

2. 20 ml einer Na_2CO_3-Lösung werden bis zum Äquivalenzpunkt mit 15,4 ml Salzsäure-Maßlösung der Konzentration 0,01 mol/l titriert. Was war die Stoffmenge und Konzentration von Natriumcarbonat in der Lösung?

Die Äquivalentstoffmenge Säure ist 1 · 0,01 mol/l · 0,0154 l = 0,154 mmol. Für CO_3^{2-} ist $z^* = 2$. Damit wurden 0,077 mmol Na_2CO_3 umgesetzt in einer Lösung der Konzentration 0,077/0,02 mmol/l = 3,85 mmol/l.

Während bei einer pH-Wert-Messung nur die aktuelle Acidität, also die Aktivität („Konzentration $c_{H_3O^+}$") der *freien* H_3O^+-Ionen gemessen wird, bestimmt man bei der Titration einer Säure (und analog Base) die Gesamtacidität als Summe von aktueller und potentieller Acidität $c_{H_3O^+} + c_{HA}$. Bei der Titration, z. B. von Essigsäure wird auch die nicht-dissoziierte Säure erfasst, da im Verlauf der Titration die gesamte Säuremenge HA deprotoniert wird.

3.7.13 Säure-Base-Reaktionen in nichtwässrigen Lösungsmitteln

Protonenübertragungsreaktionen sind auch in nichtwässrigen Lösungsmitteln möglich, in denen wie bei H_2O Autoprotolyse auftritt.

$$
\begin{aligned}
2\,NH_3 &\rightleftharpoons NH_4^+ + NH_2^- \\
2\,HF &\rightleftharpoons H_2F^+ + F- \\
2\,H_2SO_4 &\rightleftharpoons H_3SO_4^+ + HSO_4^- \\
2\,CH_3COOH &\rightleftharpoons CH_3COOH_2^+ + CH_3COO^-
\end{aligned}
$$

Beispiel: NH_3

Die Autoprotolyse im wasserähnlichen Lösungsmittel NH_3 ist geringer als in H_2O. Das Ionenprodukt beträgt bei 25 °C

$$c_{NH_4^+} \cdot c_{NH_2^-} = 10^{-29}\,\text{mol}^2\,\text{l}^{-2}$$

Einige typische Protonenübertragungsreaktionen in flüssigem Ammoniak sind:

Neutralisation $NH_4^+ + NH_2^- \longrightarrow 2\,NH_3$

Reaktion eines unedlen Metalls mit der Säure NH_4^+

$$Ca + 2\,NH_4^+ \longrightarrow Ca^{2+} + 2\,NH_3 + H_2$$

Ammonolyse $BCl_3 + 6\,NH_3 \longrightarrow B(NH_2)_3 + 3\,NH_4Cl$

3.7.14 Der Säure-Base-Begriff von Lewis

Säure-Base-Reaktionen nach Brønsted sind Protonenübertragungsreaktionen. Brønsted-Säuren müssen Wasserstoffverbindungen sein und der Brønsted'sche Säurebegriff ist nur auf wasserstoffhaltige (prototrope) Lösungsmittel wie H_2O, NH_3, HF anwendbar.

Das bereits 1923 von Lewis entwickelte Säure-Base-Konzept ist allgemeiner. Lewis-Säuren sind Teilchen mit unbesetzten Orbitalen in der Valenzelektronenschale, die unter Bildung einer kovalenten Bindung ein Elektronenpaar aufnehmen können (Elektronenpaarakzeptoren). Lewis-Basen sind Teilchen, die ein freies Elektronenpaar besitzen, das zur Ausbildung einer kovalenten Bindung geeignet ist (Elektronenpaardonatoren).

Beispiele für Lewis-Säuren:

BF_3, AlH_3, SiF_4, PF_3, $SnCl_4$, SO_2, SO_3, H^+, Mg^{2+}, Al^{3+}, Cu^{2+}, Hg^+

Beispiele für Lewis-Basen:

NH_3, PH_3, H_2O, F^-, Cl^-, CO, N_2, NO, CN^-

Bei der Reaktion einer Säure mit einer Base entsteht eine Atombindung

$$BF_3 + F^- \longrightarrow BF_4^-$$

Die weiteren Beispiele zeigen, wie vielfältig Säure-Base-Reaktionen nach Lewis sind.

Lewis-Säuren		Lewis-Basen		
SiF_4	+	$2\,F^-$	$\longrightarrow$	SiF_6^{2-}
SO_3	+	$Ca^{2+}O^{2-}$	$\longrightarrow$	$Ca^{2+}SO_4^{2-}$
CO_2	+	$Ca^{2+}O^{2-}$	$\longrightarrow$	$Ca^{2+}CO_3^{2-}$
SO_2	+	OH^-	$\longrightarrow$	HSO_3^-
Cu^{2+}	+	$4\,NH_3$	$\longrightarrow$	$[Cu(NH_3)_4]^{2+}$
Ni	+	$4\,CO$	$\longrightarrow$	$Ni(CO)_4$

Die Stärke einer Brønsted-Säure bzw. -Base kann durch die Säurekonstante bzw. Basenkonstante quantitativ erfasst werden. Für Lewis-Säuren und Lewis-Basen erfolgte zunächst nur eine qualitative Klassifizierung (Pearson 1963). Es wird zwischen „harten" und „weichen" Säuren und Basen unterschieden.

Die Härte einer Säure nimmt mit abnehmender Größe, kleinerer Polarisierbarkeit und zunehmender Ladung der Säureteilchen zu

Hart	Grenzbereich	Weich
H^+, Li^+, Na^+, K^+, Be^{2+} Mg^{2+}, Ca^{2+}, Al^{3+}, Fe^{3+} Cr^{3+}, Ti^{4+}, SO_3, BF_3	Fe^{2+}, Co^{2+}, Ni^{2+}, Cu^{2+} Pb^{2+}, Zn^{2+}, Sn^{2+}, SO_2	Pd^{2+}, Pt^{2+}, Cu^+, Ag^+ Au^+, Hg^+, Hg^{2+}, Tl^+ Cd^{2+}, BH_3

Basen sind umso härter, je kleiner, weniger polarisierbar und schwerer oxidierbar die Basenteilchen sind.

Hart	Grenzbereich	Weich
F^-, OH^-, O^{2-}, ClO_4^- SO_4^{2-}, NO_3^-, PO_4^{3-}, CO_3^{2-} H_2O, NH_3	Br^-, NO_2^-, SO_3^{2-}, N_3^-, N_2	H^-, I^-, CN^-, SCN^-, S^{2-} $S_2O_3^{2-}$, CO, C_6H_6

Reaktionen von „harten" Säuren mit „harten" Basen und von „weichen" Säuren mit „weichen" Basen führen zu stabileren Verbindungen als die Kombinationen „weich" – „hart".

Beispiele:

Der Komplex $[AlF_6]^{3-}$ ist stabiler als der Komplex $[AlI_6]^{3-}$, aber $[HgI_4]^{2-}$ ist stabiler als $[HgF_4]^{2-}$.
$[Cu(NH_3)_4]^{2+}$ ist stabiler als $[Cu(H_2O)_4]^{2+}$. NH_3 ist eine weichere Base als H_2O. Es findet die Ligandenaustauschreaktion
$[Cu(H_2O)_4]^{2+} + 4\ NH_3 \rightarrow [Cu(NH_3)_4]^{2+} + 4\ H_2O$ statt. Die auch in der Natur vorkommenden stabilen Verbindungen von Mg^{2+}, Ca^{2+}, Al^{3+} sind Sulfate, Carbonate, Phosphate und Oxide. Die stabilen natürlichen Vorkommen von Cu^+, Hg^{2+}, Zn^{2+} sind Sulfide.

Das HSAB-(hard-soft acid-base)Prinzip wurde von Pearson und Parr (1983) erweitert. Lewis-Säuren und Lewis-Basen werden nach ihrer Härte quantitativ geordnet. Die chemische Härte η gibt an, wie leicht oder wie schwer die Anzahl der Elektronen eines Teilchens S verändert werden kann. Ein Maß für die Härte ist danach die halbe Energieänderung des Elektronenübergangs $S + S \longrightarrow S^+ + S^-$

$$\eta = \frac{I + E_{ea}}{2}$$

I Ionisierungsenergie, E_{ea} Elektronenaffinität (Definition des Vorzeichens s. Tab. 1.12)

Harte Atome und Ionen sind die mit großer Ionisierungsenergie und kleiner Elektronenaffinität, weiche solche mit kleiner Ionisierungsenergie und großer Elektronenaffinität. Für das weichste Teilchen mit der Härte null gilt $I = -E_{ea}$. Die leichten Atome einer Gruppe sind daher im Allgemeinen hart, die schweren Atome weich.

Die Beziehung zwischen chemischer Härte und absoluter Elektronegativität x_{abs} (vgl. Abschn. 2.2.10) ist aus dem folgenden Schema ersichtlich.

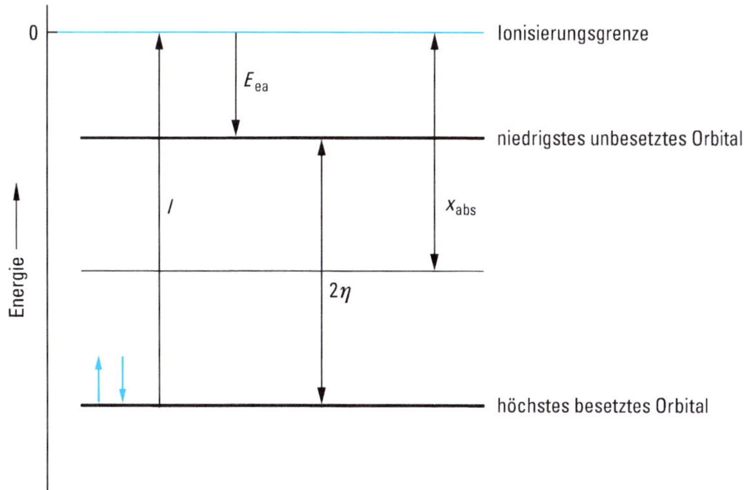

Auch für Moleküle gilt, dass der Abstand zwischen dem niedrigsten unbesetzten Orbital (LUMO, lowest unoccupied molecular orbital) und dem höchsten besetzten Orbital (HOMO, highest occupied molecular orbital) bei harten Molekülen groß und bei weichen Molekülen klein ist.

3.8 Redoxvorgänge

3.8.1 Oxidationszahl

Statt der mehrdeutigen Begriffe „Wertigkeit" oder „Valenz" eines Elements wird der Begriff Oxidationszahl oder Oxidationsstufe verwendet. Sie wird hier durch eine kleine arabische Ziffer (auch römische Ziffern sind üblich) über dem Elementsymbol angegeben. Zur Unterscheidung von der Ionenladung wird das Vorzeichen vorangestellt.

Die Oxidationszahl ist definiert als Differenz zwischen der Protonenzahl im Kern und der Elektronenzahl in der Hülle und wird nach folgenden *Regeln*, anzuwenden in der gegebenen Reihenfolge, ermittelt

1. Die Oxidationszahl eines Atoms im elementaren Zustand ist null.

   $\overset{0}{H_2}$ $\overset{0}{O_2}$ $\overset{0}{Cl_2}$ $\overset{0}{S_8}$ $\overset{0}{Al}$

2. In Ionenverbindungen ist die Oxidationszahl eines Elements identisch mit der Ionenladung.

Verbindung	Auftretende Ionen	Oxidationszahlen
NaCl	Na^{1+}, Cl^{1-}	$\overset{+1}{Na}\,\overset{-1}{Cl}$
LiF	Li^{1+}, F^{1-}	$\overset{+1}{Li}\,\overset{-1}{F}$
CaO	Ca^{2+}, O^{2-}	$\overset{+2}{Ca}\,\overset{-2}{O}$
LiH	Li^{1+}, H^{1-}	$\overset{+1}{Li}\,\overset{-1}{H}$
Fe_3O_4	$2\,Fe^{3+}$, Fe^{2+}, $4O^{2-}$	$\overset{+8/3}{Fe_3}\,\overset{-2}{O_4}$

   Treten bei einem Element gebrochene Oxidationszahlen auf, sind die Atome dieses Elements in verschiedenen Oxidationsstufen vorhanden.

3. Bei kovalenten Verbindungen wird die Verbindung gedanklich in Ionen aufgeteilt. Die Aufteilung erfolgt so, dass die Bindungselektronen dem elektronegativeren Partner zugeteilt werden. Bei gleichen Bindungspartnern erhalten beide die Hälfte der Bindungselektronen. Die Oxidationszahl ist dann identisch mit der erhaltenen Ionenladung.

Verbindung	Lewisformel	fiktive Ionen	Oxidationszahlen
HCl	$H(-\overline{\underline{Cl}}|$	H^+, Cl^-	$\overset{+1}{H}\overset{-1}{Cl}$
H_2O	$H(-\overline{\underline{O}}-)H$	H^+, O^{2-}, H^+	$\overset{+1}{H_2}\overset{-2}{O}$
H_2O_2	$H(-\overline{\underline{O}})(\overline{\underline{O}}-)H$	$2H^+$, $2O^-$	$\overset{+1}{H_2}\overset{-1}{O_2}$
SF_6	SF_6 (S mit sechs F-Atomen)	$6F^-$, S^{6+}	$\overset{+6}{S}\overset{-1}{F_6}$
HNO_3	$H(-\overline{\underline{O}}-)\overset{\oplus}{N}(=O)(-O^{\ominus})$	H^+, N^{5+}, $3O^{2-}$	$\overset{+1}{H}\overset{+5}{N}\overset{-2}{O_3}$
K_2SO_4	$K^+\ {}^{\ominus}|\overline{\underline{O}}-)S(-\overline{\underline{O}}|^{\ominus}\ K^+$ (S mit zwei =O)	$2K^+$, S^{6+}, $4O^{2-}$	$\overset{+1}{K_2}\overset{+6}{S}\overset{-2}{O_4}$

Bei Verbindungen mit gleichen Bindungspartnern ist für das Redoxverhalten nur die mittlere Oxidationszahl sinnvoll.

Beispiel: Stickstoffwasserstoffsäure HN_3

$$H(-\overset{-2}{\overset{\ominus}{\overline{\underline{N}}}})(\overset{+1}{\overset{\oplus}{N}}\equiv \overset{0}{N}| \leftrightarrow H(-\overset{-1}{\overline{N}})(=\overset{+1}{\overset{\oplus}{N}})(=\overset{-1}{\overset{\ominus}{\overline{\underline{N}}}}$$

Nach den in 3. angegebenen Regeln erhält man für die einzelnen Stickstoffatome unterschiedliche Oxidationszahlen, die mittlere Oxidationszahl beträgt $-\frac{1}{3}$. Dies gilt für beide Grenzstrukturen.

Die Oxidationszahlen der Elemente hängen von ihrer Stellung im PSE ab. Für die Hauptgruppen gilt:

Die positive Oxidationszahl eines Elements der Gruppen 1 und 2 kann nicht größer sein als die Gruppennummer dieses Elements. Für die Elemente der Gruppen 13–17 ist die maximale Oxidationszahl Gruppennummer −10.

Beispiele:

Alkalimetalle +1; Erdalkalimetalle +2; C +4; N +5; Cl +7.

Die maximale negative Oxidationszahl beträgt Gruppennummer −18.

Beispiele:

Halogene −1; Chalkogene −2; N, P −3.

Aufgrund seiner besonderen Stellung im PSE kann Wasserstoff mit den Oxidationszahlen $+1$, 0, -1 auftreten. Als elektronegativstes Element kann Fluor keine positiven Oxidationszahlen haben.

Die meisten Elemente treten in mehreren Oxidationszahlen auf. Der Bereich der Oxidationszahlen kann für ein Element maximal acht Einheiten betragen (vgl. Abb. 3.45). Die Oxidationsstufen des Elements Stickstoff z. B. reichen von -3 in NH_3 bis $+5$ in HNO_3. Bei den Metallen kommen besonders die Übergangsmetalle in sehr unterschiedlichen Oxidationszahlen vor. Mn z. B. hat in MnO die Oxidationszahl $+2$, in $KMnO_4$ $+7$ (vgl. Abb. 2.87).

Die wichtigsten Oxidationszahlen der Elemente der ersten drei Perioden des PSE sind in der Abb. 3.45 zusammengestellt.

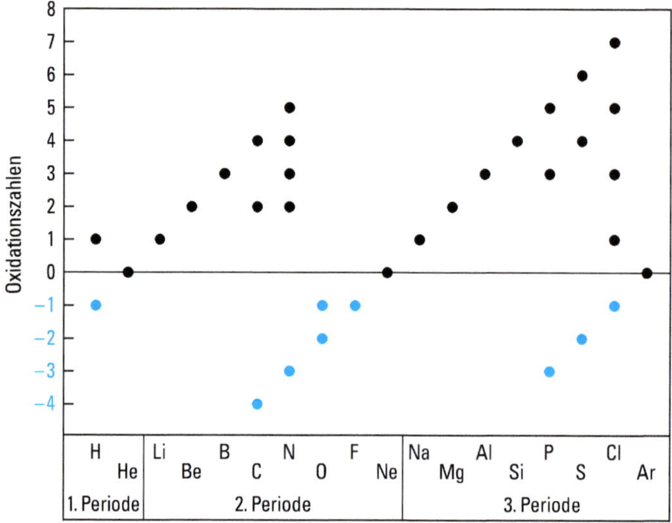

Abbildung 3.45 Wichtige Oxidationszahlen der Elemente der ersten drei Perioden.

3.8.2 Oxidation, Reduktion

Lavoisier erkannte, dass bei allen Verbrennungen Sauerstoff verbraucht wird. Er führte für Vorgänge, bei denen sich eine Substanz mit Sauerstoff verbindet, den Begriff Oxidation ein.

Beispiele:

$$2\,Mg + O_2 \longrightarrow 2\,MgO$$
$$S + O_2 \longrightarrow SO_2$$

Der Begriff Reduktion wurde für den Entzug von Sauerstoff verwendet.

Beispiel:

$$Fe_2O_3 + 3\,C \longrightarrow 2\,Fe + 3\,CO$$
$$CuO + H_2 \longrightarrow Cu + H_2O$$

Man verwendet diese Begriffe jetzt viel allgemeiner und versteht unter Oxidation und Reduktion eine Änderung der Oxidationszahl (vgl. Abschn. 3.8.1) eines Teilchens. Die Oxidationszahl ändert sich, wenn man dem Teilchen – Atom, Ion, Molekül – Elektronen zuführt oder Elektronen entzieht.

Bei einer Oxidation werden Elektronen abgegeben, die Oxidationszahl erhöht sich:

$$\overset{m}{A} \longrightarrow \overset{m+z}{A} + z\,e^-$$

Beispiele:

$$\overset{0}{Fe} \longrightarrow \overset{+2}{Fe}{}^{2+} + 2\,e^-$$
$$\overset{0}{Na} \longrightarrow \overset{+1}{Na}{}^{+} + e^-$$
$$\overset{+2}{Fe}{}^{2+} \longrightarrow \overset{+3}{Fe}{}^{3+} + e^-$$

Bei einer Reduktion werden Elektronen aufgenommen, die Oxidationszahl erniedrigt sich:

$$\overset{m}{B} + z\,e^- \longrightarrow \overset{m-z}{B}$$

Beispiele:

$$\overset{0}{Cl}_2 + 2\,e^- \longrightarrow 2\,\overset{-1}{Cl}{}^{1-}$$
$$\overset{0}{O}_2 + 4\,e^- \longrightarrow 2\,\overset{-2}{O}{}^{2-}$$
$$\overset{+1}{Na}{}^{+} + e^- \longrightarrow \overset{0}{Na}$$
$$\overset{+3}{Fe}{}^{3+} + e^- \longrightarrow \overset{+2}{Fe}{}^{2+}$$

Schreibt man diese Reaktionen als Gleichgewichtsreaktionen, dann erfolgt je nach der Richtung, in der die Reaktion abläuft, eine Oxidation oder eine Reduktion.

$$\overset{+1}{Na}{}^{1+} + e^- \underset{\text{Oxidation}}{\overset{\text{Reduktion}}{\rightleftharpoons}} Na$$
$$\overset{+3}{Fe}{}^{3+} + e^- \underset{\text{Oxidation}}{\overset{\text{Reduktion}}{\rightleftharpoons}} \overset{+2}{Fe}{}^{2+}$$

Allgemein kann man schreiben

$$\text{oxidierte Form} + z\,e^- \rightleftharpoons \text{reduzierte Form}$$

Die oxidierte Form und die reduzierte Form bilden zusammen ein korrespondierendes Redoxpaar. Na^+/Na, Fe^{3+}/Fe^{2+}, $Cl_2/2Cl^-$ sind solche Redoxpaare.

Da bei chemischen Reaktionen keine freien Elektronen auftreten können, kann eine Oxidation oder eine Reduktion nicht isoliert vorkommen. Eine Oxidation, z. B. $Na \longrightarrow Na^+ + e^-$, bei der Elektronen entstehen, muss stets mit einer Reduktion gekoppelt sein, bei der diese Elektronen aufgenommen werden, z. B. mit $Cl_2 + 2\,e^- \longrightarrow 2\,Cl^-$.

$$\begin{array}{llll} 2\,Na & \xrightarrow{\text{Oxidation}} & 2\,Na^+ + 2\,e^- & \text{Redoxpaar 1} \\ Cl_2 + 2\,e^- & \xrightarrow{\text{Reduktion}} & 2\,Cl^- & \text{Redoxpaar 2} \\ 2\,\overset{0}{Na} + \overset{0}{Cl_2} & \longrightarrow & 2\,\overset{+1}{Na}\overset{-1}{Cl} & \text{Redoxreaktion} \end{array} \quad (3.53)$$

Reaktionen mit gekoppelter Oxidation und Reduktion nennt man Redoxreaktionen. Bei Redoxreaktionen erfolgt eine Elektronenübertragung. Bei der Redoxreaktion (3.53) werden Elektronen von Natriumatomen auf Chloratome übertragen.

An einer Redoxreaktion sind immer zwei Redoxpaare beteiligt. Durch Kombination zweier Redoxpaare erhält man ein Redoxsystem.

$$\begin{array}{lll} \text{Redoxpaar 1} & \text{Red 1} & \rightleftharpoons \text{Ox 1} + e^- \\ \text{Redoxpaar 2} & \text{Ox 2} + e^- & \rightleftharpoons \text{Red 2} \\ \text{Redoxreaktion} & \text{Red 1} + \text{Ox 2} & \rightleftharpoons \text{Ox 1} + \text{Red 2} \end{array}$$

Je stärker bei einem Redoxpaar die Tendenz der reduzierten Form ist, Elektronen abzugeben, umso schwächer ist die Tendenz der korrespondierenden oxidierten Form, Elektronen aufzunehmen. Man kann die Redoxpaare nach dieser Tendenz in einer Redoxreihe anordnen.

Je höher in der Redoxreihe ein Redoxpaar steht, umso stärker ist die reduzierende Wirkung der reduzierten Form. Man bezeichnet daher Na, Zn, Fe als Reduktionsmittel. Je tiefer ein Redoxpaar steht, umso stärker ist die oxidierende Wirkung der oxidierten Form. Cl_2, Br_2 bezeichnet man entsprechend als Oxidationsmittel. Freiwillig laufen nur Redoxprozesse zwischen einer reduzierten Form mit einer in der Redoxreihe darunter stehenden oxidierten Form ab.

Redoxreihe

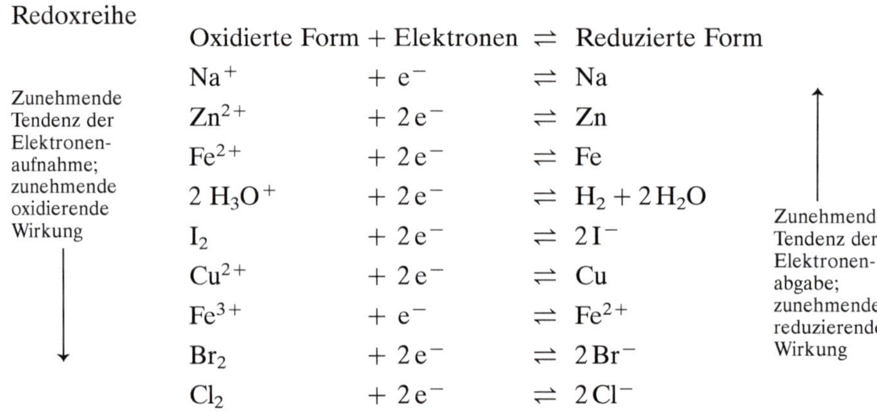

Oxidierte Form	+ Elektronen	⇌	Reduzierte Form
Na^+	$+ e^-$	⇌	Na
Zn^{2+}	$+ 2\,e^-$	⇌	Zn
Fe^{2+}	$+ 2\,e^-$	⇌	Fe
$2\,H_3O^+$	$+ 2\,e^-$	⇌	$H_2 + 2\,H_2O$
I_2	$+ 2\,e^-$	⇌	$2\,I^-$
Cu^{2+}	$+ 2\,e^-$	⇌	Cu
Fe^{3+}	$+ e^-$	⇌	Fe^{2+}
Br_2	$+ 2\,e^-$	⇌	$2\,Br^-$
Cl_2	$+ 2\,e^-$	⇌	$2\,Cl^-$

Zunehmende Tendenz der Elektronenaufnahme; zunehmende oxidierende Wirkung (↓)

Zunehmende Tendenz der Elektronenabgabe; zunehmende reduzierende Wirkung (↑)

Beispiele für in wässriger Lösung ablaufende Redoxreaktionen:

$$Zn + Cu^{2+} \longrightarrow Zn^{2+} + Cu$$
$$Fe + Cu^{2+} \longrightarrow Fe^{2+} + Cu$$
$$2\,Na + 2\,H_3O^+ \longrightarrow 2\,Na^+ + H_2 + 2\,H_2O$$
$$2\,I^- + Br_2 \longrightarrow I_2 + 2\,Br^-$$
$$2\,Br^- + Cl_2 \longrightarrow Br_2 + 2\,Cl^-$$

Bei allen Beispielen können die Redoxreaktionen nur von links nach rechts verlaufen, nicht umgekehrt. Nicht möglich ist auch die Reaktion

$$Cu + 2\,H_3O^+ \longrightarrow Cu^{2+} + H_2 + 2\,H_2O$$

Man kann demnach Cu nicht in HCl lösen.

3.8.3 Aufstellen von Redoxgleichungen

Das Aufstellen einer Redoxgleichung bezieht sich nur auf das Auffinden der stöchiometrischen Zahlen einer Redoxreaktion. Die Ausgangs- und Endstoffe der Reaktion müssen bekannt sein.

Beispiel:

Bei der Auflösung von Kupfer in Salpetersäure entstehen Cu^{2+}-Ionen und Stickstoffmonooxid NO.

$$Cu + H_3O^+ + NO_3^- \longrightarrow Cu^{2+} + NO$$

Wie lautet die Redoxgleichung des Redoxsystems? Bei komplizierteren Redoxvorgängen ist es zweckmäßig, zunächst die beiden beteiligten Redoxpaare getrennt zu formulieren.

Redoxpaar 1 $\qquad Cu^{2+} + 2\,e^- \rightleftharpoons Cu$

Wie man etwas unübersichtlichere Redoxpaare aufstellen kann, sei am Beispiel des Redoxpaares 2 erläutert.

1. Auffinden der Oxidationszahlen der oxidierten und reduzierten Form.

$$\overset{+5}{N}O_3^- \rightleftharpoons \overset{+2}{N}O$$

2. Aus der Differenz der Oxidationszahlen erhält man die Anzahl auftretender Elektronen.

$$\overset{+5}{N}O_3^- + 3e^- \rightleftharpoons \overset{+2}{N}O$$

3. Prüfung der Elektroneutralität. Auf beiden Seiten muss die Summe der elektrischen Ladungen gleich groß sein. Die Differenz wird bei Reaktionen in saurer Lösung durch H_3O^+-Ionen ausgeglichen.

$$4\,H_3O^+ + NO_3^- + 3\,e^- \rightleftharpoons NO$$

In basischen Lösungen erfolgt der Ladungsausgleich durch OH^--Ionen.

4. Stoffbilanz. Auf beiden Seiten der Reaktionsgleichung muss die Anzahl der Atome jeder Atomsorte gleich groß sein. Der Ausgleich erfolgt durch H_2O.

$$4\,H_3O^+ + NO_3^- + 3\,e^- \rightleftharpoons NO + 6\,H_2O$$

Die Redoxgleichung des Redoxsystems erhält man durch Kombination der beiden Redoxpaare.

Redoxpaar 1	$Cu \longrightarrow Cu^{2+} + 2\,e^-$	$\times$ 3
Redoxpaar 2	$4\,H_3O^+ + NO_3^- + 3\,e^- \longrightarrow NO + 6\,H_2O$	$\times$ 2
Redoxgleichung	$3\,Cu + 8\,H_3O^+ + 2\,NO_3^- \longrightarrow 3\,Cu^{2+} + 2\,NO + 12\,H_2O$	

3.8.4 Galvanische Elemente

Taucht man einen Zinkstab in eine Lösung, die Cu^{2+}-Ionen enthält, findet die Redoxreaktion

$$Cu^{2+} + Zn \longrightarrow Cu + Zn^{2+}$$

statt. Auf dem Zinkstab scheidet sich metallisches Kupfer ab, Zn löst sich unter Bildung von Zn^{2+}-Ionen (Abb. 3.46).

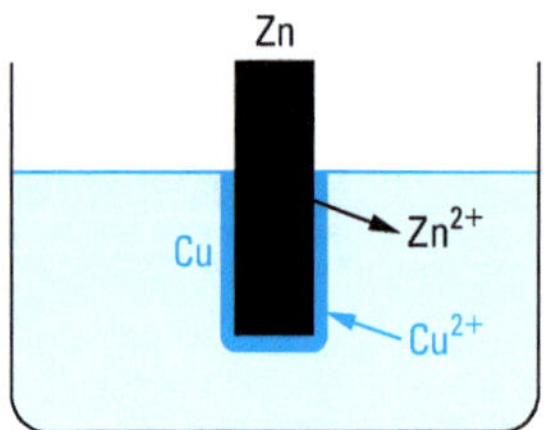

Abbildung 3.46 Auf einem Zinkstab, der in eine $CuSO_4$-Lösung taucht, scheidet sich Cu ab, aus Zn bilden sich Zn^{2+}-Ionen. Es findet die Redoxreaktion $Cu^{2+} + Zn \longrightarrow Cu + Zn^{2+}$ statt.

Diese Redoxreaktion kann man in einer Anordnung ablaufen lassen, die galvanisches Element genannt wird (Abb. 3.47).

Ein metallischer Stab aus Zink taucht in eine Lösung, die Zn^{2+}- und SO_4^{2-}-Ionen enthält. Dadurch wird im Reaktionsraum 1 das Redoxpaar Zn^{2+}/Zn gebildet. Im Reaktionsraum 2 taucht ein Kupferstab in eine Lösung, in der Cu^{2+}- und SO_4^{2-}-Ionen vorhanden sind. Es entsteht das Redoxpaar Cu^{2+}/Cu. Die beiden Reaktions-

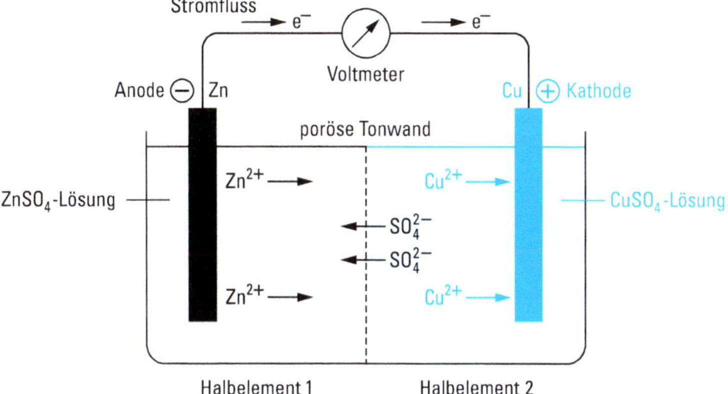

Abbildung 3.47 Daniell-Element. In diesem galvanischen Element sind die Redoxpaare Zn^{2+}/Zn und Cu^{2+}/Cu gekoppelt. Da Zn leichter Elektronen abgibt als Cu, fließen Elektronen von Zn zu Cu. Zn wird oxidiert, Cu^{2+} reduziert.

Redoxpaar 1 (Halbelement 1)

$$Zn \longrightarrow Zn^{2+} + 2\,e^-$$

Redoxpaar 2 (Halbelement 2)

$$Cu^{2+} + 2\,e^- \longrightarrow Cu$$

Gesamtreaktion

$$Zn + Cu^{2+} \longrightarrow Zn^{2+} + Cu$$

Redoxpotential 1

$$E_{Zn} = E^\circ_{Zn} + \frac{0{,}059\,V}{2}\lg c_{Zn^{2+}}$$

Redoxpotential 2

$$E_{Cu} = E^\circ_{Cu} + \frac{0{,}059\,V}{2}\lg c_{Cu^{2+}}$$

Gesamtpotential

$$\Delta E = E_{Cu} - E_{Zn} = E^\circ_{Cu} - E^\circ_{Zn} + \frac{0{,}059\,V}{2}\lg\frac{c_{Cu^{2+}}}{c_{Zn^{2+}}}$$

räume sind durch ein Diaphragma, das aus porösem durchlässigem Material besteht, voneinander getrennt. Verbindet man den Zn- und den Cu-Stab durch einen elektrischen Leiter, so fließen Elektronen vom Zn-Stab zum Cu-Stab. Zn wird in der gegebenen Anordnung zu einer negativen Elektrode, Cu zu einer positiven Elektrode. Zwischen den beiden Elektroden tritt eine Potentialdifferenz auf. Die Spannung des galvanischen Elements bei stromloser Messung wird EMK, elektromotorische Kraft, genannt. Aufgrund der auftretenden EMK kann das galvanische Element elektrische Arbeit leisten (vgl. Abschn. 3.5.4). Dabei laufen in den beiden Reaktionsräumen folgende Reaktionen ab:

Raum 1 mit Redoxpaar 1:	$Zn \longrightarrow Zn^{2+} + 2\,e^-$	Oxidation
Raum 2 mit Redoxpaar 2:	$Cu^{2+} + 2\,e^- \longrightarrow Cu$	Reduktion
Gesamtreaktion:	$Zn + Cu^{2+} \longrightarrow Zn^{2+} + Cu$	Redoxreaktion

Zn-Atome der Zinkelektrode gehen als Zn^{2+}-Ionen in Lösung, die dadurch im Zn-Stab zurückbleibenden Elektronen fließen zur Kupferelektrode und reagieren dort mit den Cu^{2+}-Ionen der Lösung, die sich als neutrale Cu-Atome am Cu-Stab abscheiden. Durch diese Vorgänge entstehen in der Lösung des Reaktionsraums 1 überschüssige positive Ladungen, im Raum 2 entsteht ein Defizit an positiven Ladungen. Durch Wanderung von negativen SO_4^{2-}-Ionen aus dem Raum 2 in den Raum 1 durch das Diaphragma erfolgt Ladungsausgleich.

Zn steht in der Redoxreihe oberhalb von Cu. Das größere Bestreben von Zn, Elektronen abzugeben, bestimmt die Richtung des Elektronenflusses im galvanischen Element und damit die Reaktionsrichtung.

3.8.5 Berechnung von Redoxpotentialen: Nernst'sche Gleichung

Die verschiedenen Redoxpaare $\mathrm{Ox} + z\,\mathrm{e}^- \rightleftharpoons \mathrm{Red}$ zeigen ein unterschiedlich starkes Reduktions- bzw. Oxidationsvermögen. Ein Maß dafür ist das Redoxpotential E. Es wird durch die Nernst'sche Gleichung

$$E = E^\circ + \frac{RT}{zF} \ln \frac{a_{\mathrm{Ox}}}{a_{\mathrm{Red}}} \approx E^\circ + \frac{RT}{zF} \ln \frac{c_{\mathrm{Ox}}}{c_{\mathrm{Red}}} \qquad (3.54)$$

beschrieben, die korrekt die Aktivitäten enthält und näherungsweise die Konzentrationen. Es bedeuten: R Gaskonstante; T absolute Temperatur; F Faraday-Konstante, sie beträgt 96 485 C mol^{-1} (vgl. S. 396, C = A s); z Zahl der bei einem Redoxpaar auftretenden Elektronen; c_{Red}, c_{Ox} (a_{Red}, a_{Ox}) sind die Konzentrationen (Aktivitäten) der reduzierten und der oxidierten Form. In die Nernst'sche Gleichung sind nur die Zahlenwerte der Konzentrationen einzusetzen. Bei nichtidealen Lösungen muss statt der Konzentration die Aktivität eingesetzt werden (vgl. Abschn. 3.7.2).

Für T = 298,15 K (25 °C) erhält man aus Gl. (3.54) durch Einsetzen der Zahlenwerte für die Konstanten und Berücksichtigung des Umwandlungsfaktors 2,303 von ln in lg

$$E = E^\circ + \frac{0{,}059\,\mathrm{V}}{z} \lg \frac{c_{\mathrm{Ox}}}{c_{\mathrm{Red}}} \qquad (3.55)$$

Beträgt $c_{\mathrm{Ox}} = 1$ und $c_{\mathrm{Red}} = 1$, folgt aus Gl. (3.55)

$$E = E^\circ$$

E° wird Normalpotential oder Standardpotential genannt, die Einheit ist V. Die Standardpotentiale haben für die verschiedenen Redoxpaare charakteristische Werte. Sie sind ein Maß für die Stärke der reduzierenden bzw. oxidierenden Wirkung eines Redoxpaares (vgl. Tab. 3.13).

Während das erste Glied der Nernst'schen Gleichung E° eine für jedes Redoxpaar charakteristische Konstante ist, wird durch das zweite Glied die Konzentrationsabhängigkeit des Potentials eines Redoxpaares beschrieben.

Mit der Nernst'schen Gleichung kann die EMK eines galvanischen Elements berechnet werden.

Beispiel: Redoxsystem Daniell-Element

Redoxpaar	Redoxpotential bei 25 °C	Standardpotential
$Zn^{2+} + 2e^- \rightleftharpoons Zn$	$E_{Zn} = E^\circ_{Zn} + \frac{0{,}059\,V}{2} \lg c_{Zn^{2+}}$	$E^\circ_{Zn} = -\,0{,}76\,V$
$Cu^{2+} + 2e^- \rightleftharpoons Cu$	$E_{Cu} = E^\circ_{Cu} + \frac{0{,}059\,V}{2} \lg c_{Cu^{2+}}$	$E^\circ_{Cu} = +\,0{,}34\,V$

Besser wäre die Kennzeichnung der Potentiale mit dem jeweiligen Redoxpaar als $E_{Zn^{2+}/Zn}$ oder $E^\circ_{Cu^{2+}/Cu}$ usw. Zur besseren Lesbarkeit werden die Potentiale in diesem Buch meistens verkürzt als E_{Zn} oder E°_{Cu} angegeben.

Wie im MWG treten auch in der Nernst'schen Gleichung die Konzentrationen reiner fester Phasen nicht auf. Die EMK des galvanischen Elements erhält man aus der Differenz der Redoxpotentiale der Halbelemente. Nach Konvention ist die Zellspannung = Potential der rechten Elektrode – Potential der linken Elektrode. In der allgemeinen Redoxgleichung Red 1 + Ox 2 $\rightleftharpoons$ Ox 1 + Red 2 ist $E_{Ox2/Red2}$ das Potential der rechten Elektrode und $E_{Ox1/Red1}$ das Potential der linken Elektrode.

$$\Delta E = E_{Cu} - E_{Zn} = E^\circ_{Cu} - E^\circ_{Zn} + \frac{0{,}059\,V}{2} \lg \frac{c_{Cu^{2+}}}{c_{Zn^{2+}}} \tag{3.56}$$

Für $c_{Cu^{2+}} = c_{Zn^{2+}}$ erhält man aus Gl. (3.56)

$$\Delta E = E_{Cu} - E_{Zn} = E^\circ_{Cu} - E^\circ_{Zn} = 1{,}10\,V$$

Die Spannung des Elements ist dann gleich der Differenz der Standardpotentiale. Während des Betriebs wächst die Zn^{2+}-Konzentration, die Cu^{2+}-Konzentration sinkt, die Spannung des Elements muss daher, wie Gl. (3.56) zeigt, abnehmen.

Bei einer isothermen und isobaren Reaktion ist die elektromotorische Kraft (EMK) mit der maximalen Nutzarbeit durch die Beziehung

$$\Delta G = -z F \Delta E$$

verknüpft (vgl. Abschn. 3.5.4, Gl. 3.14). Für Standardbedingungen gilt

$$\Delta G^\circ = -z F \Delta E^\circ$$

3.8.6 Konzentrationsketten, Elektroden zweiter Art

Da das Elektrodenpotential von der Ionenkonzentration abhängt, kann ein galvanisches Element aufgebaut werden, dessen Elektroden aus dem gleichen Material bestehen und die in Lösungen unterschiedlicher Ionenkonzentrationen eintauchen. Eine solche Anordnung nennt man Konzentrationskette. Abb. 3.48 zeigt schematisch eine Silberkonzentrationskette. Sowohl im Reaktionsraum 1 als auch im Reaktionsraum 2 taucht eine Silberelektrode in eine Lösung mit Ag^+-Ionen. Im Reaktionsraum 2 ist jedoch die Ag^+-Konzentration größer als im Reaktionsraum 1. Das Poten-

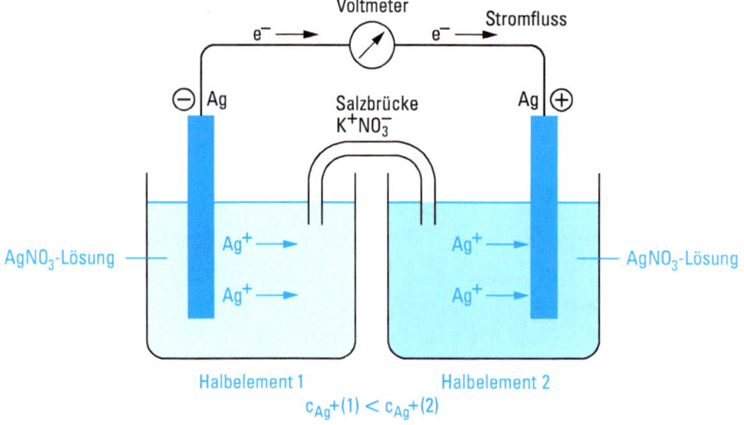

Abbildung 3.48 Konzentrationskette. Ag-Elektroden tauchen in Lösungen mit unterschiedlicher Ag^+-Konzentration. Lösungen verschiedener Konzentration haben das Bestreben, ihre Konzentrationen auszugleichen. Im Halbelement 1 gehen daher Ag^+-Ionen in Lösung, im Halbelement 2 werden Ag^+-Ionen abgeschieden, Elektronen fließen vom Halbelement 1 (mit Ox1/Red1) zum Halbelement 2 (mit Ox2/Red2).

Reaktion im Halbelement 1	Reaktion im Halbelement 2
$Ag \longrightarrow Ag^+ + e^-$	$Ag^+ + e^- \longrightarrow Ag$
Redoxpotential 1	Redoxpotential 2
$E_{Ag}(1) = E^\circ_{Ag} + 0{,}059\,V\,\lg c_{Ag^+}(1)$	$E_{Ag}(2) = E^\circ_{Ag} + 0{,}059\,V\,\lg c_{Ag^+}(2)$

$$\Delta E = E_{Ag}(2) - E_{Ag}(1) = 0{,}059\,V \lg \frac{c_{Ag^+}(2)}{c_{Ag^+}(1)}$$

tial des Halbelements 1 ist daher negativer als das des Halbelements 2. Im Reaktionsraum 1 gehen Ag-Atome als Ag^+-Ionen in Lösung, die dabei frei werdenden Elektronen fließen zum Halbelement 2 und entladen dort Ag^+-Ionen der Lösung. Der Ladungsausgleich durch die Anionen erfolgt über eine Salzbrücke, die z. B. KNO_3-Lösung enthalten kann.

Die EMK der Kette ist gleich der Differenz der Potentiale der beiden Halbelemente

$$\Delta E = E_{Ag}(2) - E_{Ag}(1) = 0{,}059\,V \lg \frac{c_{Ag^+}(2)}{c_{Ag^+}(1)}$$

Die EMK der Kette kommt also nur durch die Konzentrationsunterschiede in den beiden Halbelementen zustande und ist eine Folge des Bestrebens verschieden konzentrierter Lösungen, ihre Konzentrationen auszugleichen. Leistet das Element Arbeit, wird der Konzentrationsunterschied kleiner, die EMK nimmt ab.

Setzt man einem Ag/Ag^+-Halbelement Anionen zu, die mit Ag^+-Ionen ein schwerlösliches Salz bilden, z. B. Cl^--Ionen, dann wird das Potential nicht mehr durch die Ag^+-Konzentration, sondern durch die Cl^--Konzentration bestimmt. Solche Elektroden nennt man Elektroden zweiter Art.

Das Potential einer solchen Elektrode erhält man durch Kombination der Gleichung

$$E = E^\circ_{Ag} + 0{,}059\,\mathrm{V}\lg c_{Ag^+}$$

mit dem Löslichkeitsprodukt

$$c_{Ag^+} \cdot c_{Cl^-} = K_{L(AgCl)}$$

$$E = E^\circ_{Ag} + 0{,}059\,\mathrm{V}\lg \frac{K_{L(AgCl)}}{c_{Cl^-}}$$

Für eine genaue Rechnung muss aber zwingend die Aktivität eingesetzt werden, da 1 mol/l oder gesättigte Chlorid-Lösungen nicht mehr verdünnt sind.

Elektroden zweiter Art eignen sich als Vergleichselektroden (Referenzelektroden), da sie sich leicht herstellen lassen und ihr Potential gut reproduzierbar ist. Eine Vergleichselektrode ist die Kalomel-Elektrode. Sie besteht aus Quecksilber, das mit festem Hg_2Cl_2 (Kalomel) bedeckt ist. Als Elektrolyt dient eine KCl-Lösung bekannter Konzentration, die mit Hg_2Cl_2 gesättigt ist. In das Quecksilber taucht ein Platindraht, der als elektrische Zuleitung dient. Inzwischen werden meistens Ag/AgCl-Referenzelektroden benutzt. Ein Ag-Draht ist mit festem AgCl beschichtet oder taucht in festes AgCl ein. Als Elektrolyt benutzt man eine KCl-Lösung bekannter Konzentration, die mit AgCl gesättigt ist.

Mit Konzentrationsketten lassen sich sehr kleine Ionenkonzentrationen messen und z. B. Löslichkeitsprodukte bestimmen.

Beispiel: Löslichkeitsprodukt von AgI

Versetzt man eine $AgNO_3$-Lösung mit I^--Ionen, fällt AgI aus. Es gilt das Löslichkeitsprodukt

$$c_{Ag^+} \cdot c_{I^-} = K_{L(AgI)}$$

Verwendet man eine I^--Lösung der Konzentration 10^{-1} mol/l, so kann durch Messung der Ag^+-Konzentration das Löslichkeitsprodukt bestimmt werden.
Man erhält die Ag^+-Konzentration durch Messung der EMK einer Konzentrationskette, die aus dem Halbelement $Ag|AgI|Ag^+$ und dem Referenzhalbelement $Ag|Ag^+$ besteht

$$\Delta E = 0{,}059\,\mathrm{V}\lg c_{Ag^+}(\mathrm{R}) - 0{,}059\,\mathrm{V}\lg c_{Ag^+}$$

$$\lg c_{Ag^+} = -\frac{\Delta E}{0{,}059\,\mathrm{V}} + \lg c_{Ag^+}(\mathrm{R})$$

Beträgt die Ag^+-Konzentration der Referenzelektrode $c_{Ag^+}(\mathrm{R}) = 10^{-1}$ mol/l und $\Delta E = 0{,}832$ V ist $c_{Ag^+} = 8 \cdot 10^{-16}$ mol/l und $K_{L(AgI)} = 8 \cdot 10^{-17}\ \mathrm{mol^2/l^2}$.

3.8.7 Die Standardwasserstoffelektrode

Das Potential eines einzelnen Redoxpaares kann experimentell nicht bestimmt werden. Exakt messbar ist nur die Gesamtspannung eines galvanischen Elementes, also die Potentialdifferenz zweier Redoxpaare. Man misst daher die Potentialdifferenz der verschiedenen Redoxpaare gegen ein Bezugsredoxpaar und setzt das Potential dieses Bezugspaares willkürlich null. Dieses Bezugspaar ist die Standardwasserstoffelektrode.

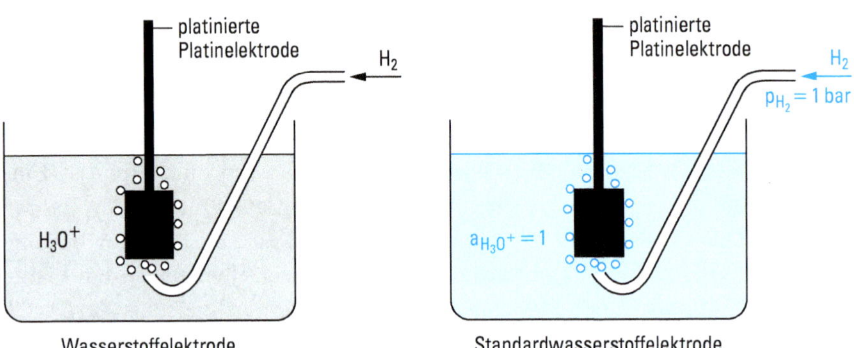

Abbildung 3.49 Schematischer Aufbau einer Wasserstoffelektrode.

Redoxpaar $2\,H_3O^+ + 2\,e^- \rightleftharpoons H_2 + 2\,H_2O$

Redoxpotential $E_H = E^\circ_H + \frac{0{,}059\,V}{2} \lg \frac{a^2_{H_3O^+}}{p_{H_2}}$

Das Standardpotential einer Wasserstoffelektrode wird willkürlich für jede Temperatur null gesetzt. Für die Standardwasserstoffelektrode ist daher $E_H = 0$.

Abb. 3.49 zeigt den Aufbau einer Wasserstoffelektrode. Eine platinierte – mit elektrolytisch abgeschiedenem, fein verteiltem Platin überzogene – Platinelektrode taucht in eine Lösung, die H_3O^+-Ionen enthält und wird von Wasserstoffgas umspült. An der Pt-Elektrode stellt sich das Potential des Redoxpaares

$$2\,H_3O^+ + 2\,e^- \rightleftharpoons H_2 + 2\,H_2O$$

ein. Bei 25 °C beträgt das Potential

$$E_H = E^\circ_H + \frac{0{,}059\,V}{2} \lg \frac{a^2_{H_3O^+}}{p_{H_2}}$$

Treten in einem Redoxpaar Gase auf, so ist in der Nernst'schen Gleichung der Partialdruck der Gase einzusetzen. Da das Standardpotential für den Standarddruck 1 bar festgelegt ist, muss in die Nernst'sche Gleichung der auf 1 bar bezogene Partialdruck eingesetzt werden.

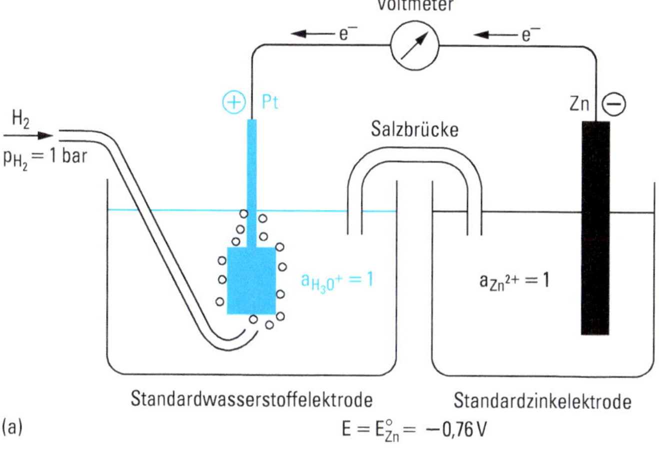

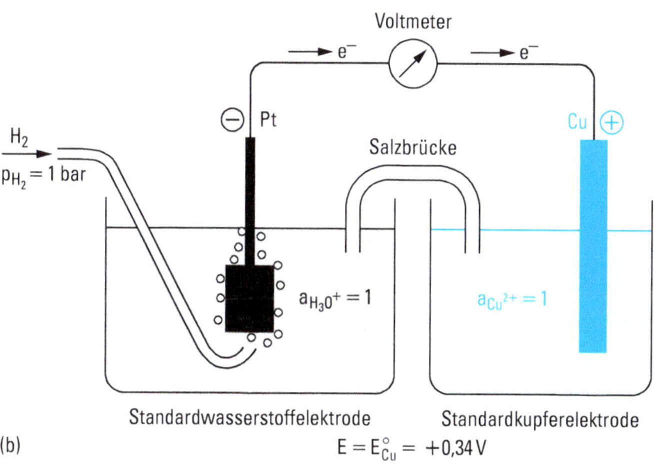

Abbildung 3.50 Bestimmung von Standardpotentialen. Als Bezugselektrode dient eine Standardwasserstoffelektrode, die immer links stehen muss. Die Standardwasserstoffelektrode hat das Potential null, da ihr Standardpotential willkürlich mit null festgesetzt wird. Die gesamte EMK der Anordnung a) ist also gleich dem Elektrodenpotential der Zn-Elektrode: $\Delta E = E_{Zn} = E^\circ_{Zn} + \frac{0{,}059\,V}{2} \lg a_{Zn^{2+}}$. Beträgt die Aktivität von Zn^{2+} eins ($a_{Zn^{2+}} = 1$), so ist die EMK gleich dem Standardpotential des Redoxpaares Zn^{2+}/Zn. Entsprechend ist die EMK des in b) dargestellten Elements gleich dem Standardpotential des Redoxpaares Cu^{2+}/Cu. Standardpotentiale sind Relativwerte bezogen auf die Standardwasserstoffelektrode.

In wässrigen Lösungen bleibt die Konzentration von H_2O nahezu konstant, sie wird in das Standardpotential einbezogen.

Bei einer Standardwasserstoffelektrode beträgt $a_{H_3O^+} = 1$ und $p_{H_2} = 1$ bar. Man erhält daher

$$E_H = E^\circ_H$$

Das Standardpotential der Wasserstoffelektrode E°_H wird bei jeder Temperatur willkürlich null gesetzt, das Potential E_H einer Standardwasserstoffelektrode ist also ebenfalls null (vgl. Abb. 3.49).

Die Standardpotentiale von Redoxpaaren erhält man durch Messung der EMK einer Messzelle H_2 (g) + Ox 2 $\rightleftharpoons$ $2H^+$ (aq) + Red 2 in der die Standardwasserstoffelektrode auf der linken Seite steht und ein Standardhalbelement gegen diese geschaltet ist. Standardpotentiale sind also Relativwerte bezogen auf die Standardwasserstoffelektrode, deren Standardpotential willkürlich null gesetzt wurde.

Der Aufbau von galvanischen Elementen, mit denen die Standardpotentiale von Zink und Kupfer bestimmt werden können, ist in der Abb. 3.50 dargestellt.

3.8.8 Die elektrochemische Spannungsreihe

Die Standardpotentiale sind ein Maß für das Redoxverhalten eines Redoxpaares in wässriger Lösung. Man ordnet daher die Redoxpaare nach der Größe ihrer Standardpotentiale und erhält eine Redoxreihe, die als Spannungsreihe bezeichnet wird (Tab. 3.13). Mit Hilfe der Spannungsreihe lässt sich voraussagen, welche Redoxreaktionen möglich sind. Die reduzierte Form eines Redoxpaares gibt Elektronen nur an die oxidierte Form von solchen Redoxpaaren ab, die in der Spannungsreihe darunter stehen. Einfacher ausgedrückt: Es reagieren Stoffe rechts oben mit Stoffen links unten (Abb. 3.51).

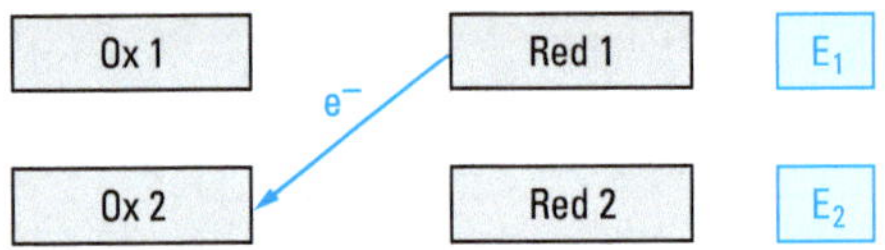

Abbildung 3.51 Das Potential E_1 des Redoxpaares 1 ist negativer als das Potential E_2 des Redoxpaares 2. Die reduzierte Form 1 kann Elektronen an die oxidierte Form 2 abgeben, nicht aber die reduzierte Form 2 an die oxidierte Form 1. Es läuft die Reaktion Red 1 + Ox 2 $\longrightarrow$ Ox 1 + Red 2 ab.

Es ist natürlich zu beachten, dass diese Voraussage nur aufgrund der Standardpotentiale geschieht und nur für solche Konzentrationsverhältnisse richtig ist, bei denen das Gesamtpotential nur wenig vom Standardpotential verschieden ist. Beispiele dafür sind die Reaktionen von Metallen

Bsp.
$$Fe + Cu^{2+} \longrightarrow Fe^{2+} + Cu$$
$$Zn + 2\,Ag^{+} \longrightarrow Zn^{2+} + 2\,Ag$$
$$Cu + Hg^{2+} \longrightarrow Cu^{2+} + Hg$$

und die Reaktionen von Nichtmetallen

$$2\,I^{-} + Br_2 \longrightarrow I_2 + 2\,Br^{-}$$
$$2\,Br^{-} + Cl_2 \longrightarrow Br_2 + 2\,Cl^{-}$$

Tabelle 3.13 Spannungsreihe

Oxidierte Form	$+ z\,e^-$	$\rightleftharpoons$ Reduzierte Form *	Standardpotential $E°$ in V
Li^+	$+ e^-$	$\rightleftharpoons$ Li	−3,04
K^+	$+ e^-$	$\rightleftharpoons$ K	−2,92
Ba^{2+}	$+ 2\,e^-$	$\rightleftharpoons$ Ba	−2,90
Ca^{2+}	$+ 2\,e^-$	$\rightleftharpoons$ Ca	−2,87
Na^+	$+ e^-$	$\rightleftharpoons$ Na	−2,71
Mg^{2+}	$+ 2\,e^-$	$\rightleftharpoons$ Mg	−2,36
Al^{3+}	$+ 3\,e^-$	$\rightleftharpoons$ Al	−1,66
Mn^{2+}	$+ 2\,e^-$	$\rightleftharpoons$ Mn	−1,18
Zn^{2+}	$+ 2\,e^-$	$\rightleftharpoons$ Zn	−0,76
Cr^{3+}	$+ 3\,e^-$	$\rightleftharpoons$ Cr	−0,74
S	$+ 2\,e^-$	$\rightleftharpoons$ S^{2-}	−0,48
Fe^{2+}	$+ 2\,e^-$	$\rightleftharpoons$ Fe	−0,41
Cd^{2+}	$+ 2\,e^-$	$\rightleftharpoons$ Cd	−0,40
Co^{2+}	$+ 2\,e^-$	$\rightleftharpoons$ Co	−0,28
Sn^{2+}	$+ 2\,e^-$	$\rightleftharpoons$ Sn	−0,14
Pb^{2+}	$+ 2\,e^-$	$\rightleftharpoons$ Pb	−0,13
Fe^{3+}	$+ 3\,e^-$	$\rightleftharpoons$ Fe	−0,036
$2\,H_3O^+$	$+ 2\,e^-$	$\rightleftharpoons$ $H_2 + 2\,H_2O$	0
Sn^{4+}	$+ 2\,e^-$	$\rightleftharpoons$ Sn^{2+}	+0,15
Cu^{2+}	$+ e^-$	$\rightleftharpoons$ Cu^+	+0,16
$SO_4^{2-} + 4\,H_3O^+$	$+ 2\,e^-$	$\rightleftharpoons$ $SO_2 + 6\,H_2O$	+0,16
Cu^{2+}	$+ 2\,e^-$	$\rightleftharpoons$ Cu	+0,34
Cu^+	$+ e^-$	$\rightleftharpoons$ Cu	+0,52
I_2	$+ 2\,e^-$	$\rightleftharpoons$ $2\,I^-$	+0,54
$O_2 + 2\,H_3O^+$	$+ 2\,e^-$	$\rightleftharpoons$ $H_2O_2 + 2\,H_2O$	+0,68
Fe^{3+}	$+ e^-$	$\rightleftharpoons$ Fe^{2+}	+0,77
Ag^+	$+ e^-$	$\rightleftharpoons$ Ag	+0,80
Hg^{2+}	$+ 2\,e^-$	$\rightleftharpoons$ Hg	+0,85
$NO_3^- + 4\,H_3O^+$	$+ 3\,e^-$	$\rightleftharpoons$ $NO + 6\,H_2O$	+0,96
Br_2	$+ 2\,e^-$	$\rightleftharpoons$ $2\,Br^-$	+1,07
$O_2 + 4\,H_3O^+$	$+ 4\,e^-$	$\rightleftharpoons$ $6\,H_2O$	+1,23
$Cr_2O_7^{2-} + 14\,H_3O^+$	$+ 6\,e^-$	$\rightleftharpoons$ $2\,Cr^{3+} + 21\,H_2O$	+1,33
Cl_2	$+ 2\,e^-$	$\rightleftharpoons$ $2\,Cl^-$	+1,36
$PbO_2 + 4\,H_3O^+$	$+ 2\,e^-$	$\rightleftharpoons$ $Pb^{2+} + 6\,H_2O$	+1,46
Au^{3+}	$+ 3\,e^-$	$\rightleftharpoons$ Au	+1,50
$MnO_4^- + 8\,H_3O^+$	$+ 5\,e^-$	$\rightleftharpoons$ $Mn^{2+} + 12\,H_2O$	+1,51
$O_3 + 2\,H_3O^+$	$+ 2\,e^-$	$\rightleftharpoons$ $3\,H_2O + O_2$	+2,07
F_2	$+ 2\,e^-$	$\rightleftharpoons$ $2\,F^-$	+2,87

* Da $\Delta G° = -zF\Delta E°$ (vgl. Gl. 3.15) ist, steht die reduzierte Form eines Redoxpaares rechts, um nach IUPAC mit dem Vorzeichen von $E°$ (= $\Delta E°$ rel. zu $2\,H_3O^+/H_2$) die Richtung der freiwillig ablaufenden Reaktion anzugeben. Die oberhalb des Redoxpaares $2\,H_3O^+/H_2$ stehenden Redoxpaare haben mit einem negativen Normalpotential $E°$ für die von links (oxid. Form) nach rechts (reduz. Form) gelesene Gleichung keine Triebkraft, da $\Delta G° > 0$ ist. Umgekehrt laufen diese Reaktionen von rechts nach links freiwillig ab. Dagegen laufen die unterhalb des Redoxpaares $2\,H_3O^+/H_2$ stehenden Redoxpaare mit ihrem positiven Standardpotential von links (oxid. Form) nach rechts (reduz. Form) freiwillig ab, da $\Delta G° < 0$ ist.

Bei vielen Redoxreaktionen hängt das Redoxpotential vom pH-Wert ab. Beispiele dafür sind Reaktionen von Metallen mit Säuren und Wasser.

In starken Säuren ist nach

$$E_H = E_H^\circ + \frac{0{,}059\,\mathrm{V}}{2} \lg \frac{c^2_{H_3O^+}}{p_{H_2}} \tag{3.57}$$

das Redoxpotential H_3O^+/H_2 ungefähr null. Alle Metalle mit negativem Potential, also alle Metalle, die in der Spannungsreihe oberhalb von Wasserstoff stehen, können daher Elektronen an die H_3O^+-Ionen abgeben und Wasserstoff entwickeln. Beispiele:

$$Zn + 2\,H_3O^+ \longrightarrow Zn^{2+} + H_2 + 2\,H_2O$$
$$Fe + 2\,H_3O^+ \longrightarrow Fe^{2+} + H_2 + 2\,H_2O$$

Man bezeichnet diese Metalle als unedle Metalle. Metalle mit positivem Potential, die in der Spannungsreihe unterhalb von Wasserstoff stehen, wie Cu, Ag, Au, können sich nicht in Säuren unter H_2-Entwicklung lösen und sind z. B. in HCl unlöslich. Man bezeichnet sie daher als edle Metalle.

Für neutrales Wasser mit $c_{H_3O^+} = 10^{-7}$ mol/l erhält man aus Gl. (3.57)

$$E_H = 0\,\mathrm{V} + 0{,}03\,\mathrm{V} \lg 10^{-14} = -0{,}41\,\mathrm{V}$$

Mit Wasser sollten daher alle Metalle unter Wasserstoffentwicklung reagieren können, deren Potential negativer als $-0{,}41$ V ist (Abb. 3.52). Beispiele:

$$2\,Na + 2\,HOH \longrightarrow 2\,Na^+ + 2\,OH^- + H_2$$
$$Ca + 2\,HOH \longrightarrow Ca^{2+} + 2\,OH^- + H_2$$

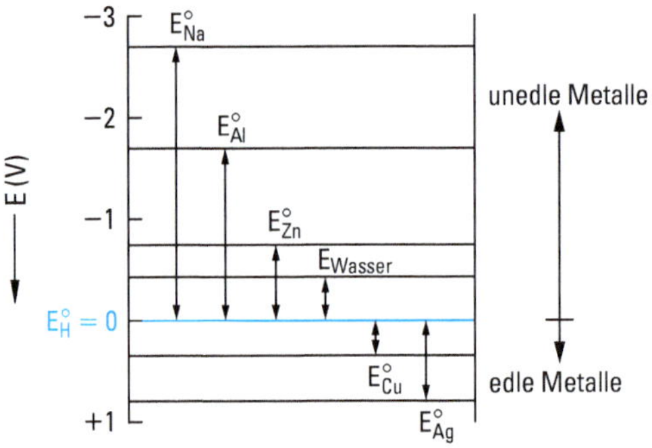

Abbildung 3.52 Unedle Metalle besitzen ein negatives, edle Metalle ein positives Standardpotential. Nur unedle Metalle lösen sich daher in Säuren unter Wasserstoffentwicklung.

Einige Metalle verhalten sich gegenüber Wasser und Säuren anders als nach der Spannungsreihe zu erwarten wäre. Obwohl z. B. das Standardpotential von Aluminium $E^\circ_{Al} = -\,1{,}66$ V beträgt, wird Al von Wasser nicht gelöst. Man bezeichnet diese Erscheinung als Passivität. Die Ursache der Passivität ist die Bildung einer festen unlöslichen, oxidischen Schutzschicht. Diese Bildung wird Passivierung genannt. In stark basischen Lösungen löst sich diese Schutzschicht unter Komplexbildung auf. Das Potential des Redoxpaares H_3O^+/H_2 in einer Lösung mit pH = 13 beträgt $E_H = -0{,}77\,V$. Aluminium wird daher von Laugen unter H_2-Entwicklung gelöst. Zn und Cr lösen sich ebenfalls nicht in Wasser, da sie passiviert werden.

Auch bei einer Reihe anderer Redoxpaare, bei denen H_3O^+-Ionen auftreten, sind die Potentiale sehr stark vom pH-Wert abhängig, und das Redoxverhalten solcher Paare kann nicht mehr aus den Standardpotentialen allein vorausgesagt werden. Beispiel:

$$MnO_4^- + 8\,H_3O^+ + 5\,e^- \rightleftharpoons Mn^{2+} + 12\,H_2O$$

$$E = E^\circ + \frac{0{,}059\,V}{5} \lg \frac{c_{MnO_4^-} \cdot c^8_{H_3O^+}}{c_{Mn^{2+}}}; \quad E^\circ = 1{,}51\,V$$

Im Zähler des konzentrationsabhängigen Teils der Nernst'schen Gleichung stehen die Produkte der Konzentrationen der Teilchen der oxidierenden, im Nenner die Produkte der Konzentrationen der Teilchen der reduzierenden Seite des Redoxpaares. Wie beim MWG treten die stöchiometrischen Zahlen als Exponenten der Konzentrationen auf. Bei Reaktionen in wässrigen Lösungen werden im Vergleich zu der Gesamtzahl der H_2O-Teilchen so wenig H_2O-Moleküle verbraucht oder gebildet, dass die Konzentration von H_2O annähernd konstant bleibt. Die Konzentration von H_2O wird daher in die Konstante E° einbezogen und erscheint nicht im Konzentrationsglied der Nernst'schen Gleichung.

Berechnet man E unter Annahme der Konzentrationen $c_{MnO_4^-} = 0{,}1$ mol/l und $c_{Mn^{2+}} = 0{,}1$ mol/l, so erhält man für verschieden saure Lösungen:

pH	$c_{H_3O^+}$ in mol/l	E in V
0	1	1,51
5	10^{-5}	1,04
7	10^{-7}	0,85

Die Oxidationskraft von MnO_4^- verringert sich also stark mit wachsendem pH. Ein weiteres Beispiel ist das Redoxpaar

$$NO_3^- + 4\,H_3O^+ + 3\,e^- \rightleftharpoons NO + 6\,H_2O$$

Die Nernst'sche Gleichung dafür lautet

$$E = E^\circ + \frac{0{,}059\,V}{3} \lg \frac{c_{NO_3^-} \cdot c^4_{H_3O^+}}{p_{NO}}; \quad E^\circ = 0{,}96\,V$$

Berechnet man E unter der Annahme $p_{NO} = 1$ bar und $c_{NO_3^-} = 1$ mol/l für pH = 0 und pH = 7, so erhält man:

pH	$c_{H_3O^+}$ in mol/l	E in V
0	1	+0,96
7	10^{-7}	+0,41

Für das Redoxpaar Ag^+/Ag beträgt $E° = +0{,}80\,V$, für Hg^{2+}/Hg ist $E° = +0{,}85\,V$. Man kann daher mit Salpetersäure Ag und Hg in Lösung bringen, nicht aber mit einer neutralen NO_3^--Lösung.

Das Redoxpotential kann auch durch Komplexbildung wesentlich beeinflusst werden.

Beispiel:

$Fe^{3+} + e^- \rightleftharpoons Fe^{2+}$

$$E = E° + 0{,}059\,V \lg \frac{c_{Fe^{3+}}}{c_{Fe^{2+}}} \qquad E° = +0{,}77\,V$$

Betragen die Konzentrationen $c_{Fe^{2+}} = c_{Fe^{3+}} = 0{,}1\,mol/l$, so erhält man für das Redoxpotential $E = +0{,}77$ V. Setzt man der Lösung NaF zu, so bildet sich der stabile Komplex $[FeF_6]^{3-}$ und die Konzentration der nicht komplex gebundenen Fe^{3+}-Ionen beträgt nur noch etwa 10^{-12} mol/l. Das Redoxpotential nimmt dadurch auf $E = +0{,}12$ V ab, die Lösung wirkt jetzt stärker reduzierend. Nur eine NaF-haltige $FeSO_4$-Lösung kann z. B. Cu^{2+} zu Cu^+ reduzieren ($E°_{Cu^{2+}/Cu^+} = +0{,}16$ V).

Ein anderes Beispiel ist die Löslichkeit von Gold. Gold löst sich nicht in Salpetersäure, ist aber in Königswasser, einem Gemisch aus Salzsäure und Salpetersäure, löslich. In Gegenwart von Cl^--Ionen bilden die Au^{3+}-Ionen die Komplexionen $[AuCl_4]^-$. Durch die Komplexbildung wird die Konzentration von Au^{3+} und damit das Redoxpotential Au^{3+}/Au so stark erniedrigt, dass eine Oxidation von Gold möglich wird.

Gibt es von einem Element Ionen mit verschiedenen Ladungen, so sind mehrere Redoxprozesse zu berücksichtigen. Beispiel Standardpotentiale des Eisens und seiner Ionen:

$$Fe^{2+} + 2e^- \rightleftharpoons Fe \qquad E° = -0{,}44\,V$$
$$Fe^{3+} + 3e^- \rightleftharpoons Fe \qquad E° = -0{,}036\,V$$
$$Fe^{3+} + e^- \rightleftharpoons Fe^{2+} \qquad E° = +0{,}77\,V$$

Aus dem Kreisprozess

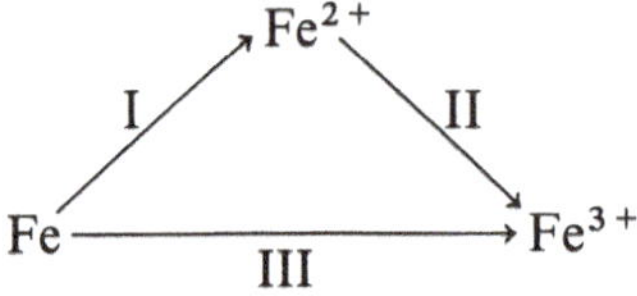

erhält man für die freien Enthalpien $\Delta G°$ der Redoxvorgänge relativ zu einer Standardwasserstoffelektrode

$$\Delta G°_I + \Delta G°_{II} = \Delta G°_{III}$$

Da $\Delta G° = -zF\Delta E°$ (vgl. Gl. 3.15)

folgt $2E°_I + E°_{II} = 3E°_{III}$

$$-0{,}88\,V + 0{,}77\,V = -0{,}11\,V$$

Beim Lösen von Eisen in Säure unter H_2-Entwicklung bilden sich Fe^{2+}-Ionen und nicht Fe^{3+}-Ionen. Der Redoxprozess mit dem negativeren Potential ist energetisch bevorzugt.

Besitzt ein Element mehrere Oxidationsstufen, kann das Redoxverhalten übersichtlich in einem Potentialdiagramm dargestellt werden. Beispiel Standardpotential des Kupfers und seiner Ionen:

$$\begin{array}{llll} Cu^{2+} + e^- \rightleftharpoons Cu^+ & & E^\circ = +0{,}16\,V \\ Cu^{2+} + 2e^- \rightleftharpoons Cu & & E^\circ = +0{,}34\,V \\ Cu^+ + e^- \rightleftharpoons Cu & & E^\circ = +0{,}52\,V \end{array}$$

$$Cu^{2+} \xrightarrow{+0{,}16} Cu^+ \xrightarrow{+0{,}52} Cu \qquad (Cu^{2+} \xrightarrow{+0{,}34} Cu)$$

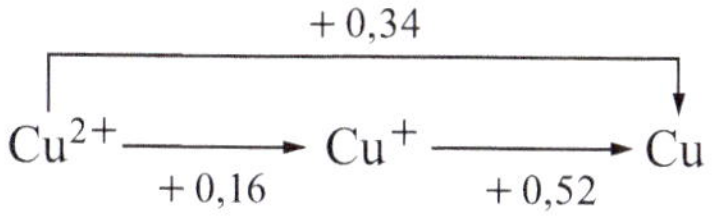

$$E^\circ_{Cu^{2+}/Cu} = \frac{E^\circ_{Cu^{2+}/Cu^+} + E^\circ_{Cu^+/Cu}}{2}$$

Cu^+ ist nicht stabil. Für die Disproportionierungsreaktion

$$2\,Cu^+ \rightarrow Cu + Cu^{2+}$$

ist ΔG° negativ, man erhält eine Spannung von

$$\Delta E^\circ = (0{,}52 - 0{,}16)\,V = 0{,}36\,V$$

Die Gleichgewichtskonstante der Reaktion beträgt $K = 10^6$ (vgl. Abschn. 3.8.9), Cu^+ disproportioniert nahezu vollständig.

Eine Disproportionierung von Teilchen erfolgt, wenn das Redoxpotential für die Reduktion zum nächstniedrigeren Oxidationszustand positiver ist als das Redoxpotential für die Oxidation zum nächsthöheren Oxidationszustand.

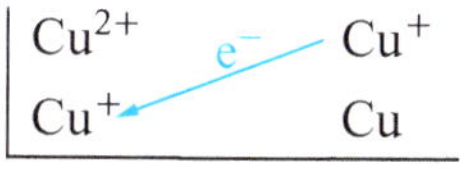

$$\begin{array}{lll} Cu^{2+} & Cu^+ & E^\circ = +0{,}16\,V \\ Cu^+ \xleftarrow{e^-} & Cu & E^\circ = +0{,}52\,V \end{array}$$

Aus den Standardpotentialen wird klar, dass z. B. Fe^{2+} nicht disproportionieren kann.

Cu(I)-Verbindungen sind Beispiele für den Einfluss der Löslichkeit auf das Redoxpotential.

Die schwer löslichen Verbindungen CuI, CuCN, Cu_2S sind in wässriger Lösung beständig und disproportionieren nicht. Versetzt man eine Lösung, die Cu^{2+}-Ionen enthält, mit I^--Ionen, so entsteht durch Redoxreaktion schwer lösliches CuI.

$$Cu^{2+} + 2\,I^- \longrightarrow CuI + \tfrac{1}{2}I_2$$

Die Oxidation von I^--Ionen ($E^\circ_{I_2/2I^-} = +\ 0{,}54\,V$) erfolgt, weil wegen der Schwerlöslichkeit von CuI ($K_{L(CuI)} = 5 \cdot 10^{-12}\ mol^2/l^2$) die Konzentration der Cu^+-Ionen so stark erniedrigt ist, dass das Redoxpotential

$$E_{Cu^{2+}/Cu^+} = E^\circ_{Cu^{2+}/Cu^+} + 0{,}059\,V\,\lg \frac{c_{Cu^{2+}}}{c_{Cu^+}}$$

positiver ist als $+0{,}54\,V$. Dieses Potential ist auch positiver als das Redoxpotential

$$E_{Cu^+/Cu} = E^\circ_{Cu^+/Cu} + 0{,}059\,V\,\lg c_{Cu^+}$$

und es erfolgt daher keine Disproportionierung.

Eine Reihe von Redoxprozessen laufen nicht ab, obwohl sie aufgrund der Redoxpotentiale möglich sind. Bei diesen Reaktionen ist die Aktivierungsenergie so groß, dass die Reaktionsgeschwindigkeit nahezu null ist, sie sind kinetisch gehemmt. Die wichtigsten Beispiele dafür sind Redoxreaktionen, bei denen sich Wasserstoff oder Sauerstoff bilden. So sollte sich metallisches Zn ($E^\circ_{Zn} = -0{,}76\,V$) unter Entwicklung von H_2 in Säuren lösen. Reines Zn löst sich jedoch nicht. MnO_4^- oxidiert H_2O nicht zu O_2, obwohl es auf Grund der Redoxpotentiale zu erwarten wäre (vgl. Tab. 3.13 und S. 395).

Die Redoxpotentiale erlauben nur die Voraussage, ob ein Redoxprozess überhaupt möglich ist, nicht aber, ob er auch wirklich abläuft.

3.8.9 Gleichgewichtslage bei Redoxprozessen

Auch Redoxreaktionen sind Gleichgewichtsreaktionen. Bei einem Redoxprozess Red 1 + Ox 2 $\rightleftharpoons$ Ox 1 + Red 2 liegt Gleichgewicht vor, wenn die Potentiale der beiden Redoxpaare gleich groß sind.

$$E^\circ_1 + \frac{RT}{zF}\ln\frac{c_{Ox\,1}}{c_{Red\,1}} = E^\circ_2 + \frac{RT}{zF}\ln\frac{c_{Ox\,2}}{c_{Red\,2}}$$

$$E^\circ_2 - E^\circ_1 = \frac{RT}{zF}\ln\frac{c_{Ox\,1}\cdot c_{Red\,2}}{c_{Red\,1}\cdot c_{Ox\,2}}$$

$$E^\circ_2 - E^\circ_1 = \frac{RT}{zF}\ln K$$

Diese Beziehung erhält man auch durch Kombination der Gl. (3.15) und (3.16).

Bei 25 °C erhält man daraus

$$(E^\circ_2 - E^\circ_1)\frac{z}{0{,}059\,V} = \lg K \tag{3.58}$$

Je größer die Differenz der Standardpotentiale ist, umso weiter liegt das Gleichgewicht auf einer Seite.

Beispiele:

$Zn + Cu^{2+} \rightarrow Zn^{2+} + Cu$

$$(0{,}34\,V + 0{,}76\,V)\frac{2}{0{,}059\,V} = \lg\frac{c_{Zn^{2+}}}{c_{Cu^{2+}}}$$

Gleichgewicht liegt vor, wenn die Gleichgewichtskonstante

$$K = \frac{c_{Zn^{2+}}}{c_{Cu^{2+}}} = 10^{37}$$

beträgt. Die Reaktion läuft also vollständig nach rechts ab.

$$2\,Br^- + Cl_2 \rightarrow Br_2 + 2\,Cl^-$$

$$\frac{2\,(1{,}36\,V - 1{,}07\,V)}{0{,}059\,V} = \lg K$$

Obwohl die Differenz der Standardpotentiale nur 0,3 V beträgt, erhält man für $K = 10^{10}$, das Gleichgewicht liegt sehr weit auf der rechten Seite.

3.8.10 Die Elektrolyse

In galvanischen Elementen laufen Redoxprozesse freiwillig ab, galvanische Elemente können daher elektrische Arbeit leisten. Redoxvorgänge, die nicht freiwillig ablaufen, können durch Zuführung einer elektrischen Arbeit erzwungen werden. Dies geschieht bei der Elektrolyse.

Als Beispiel betrachten wir den Redoxprozess

$$Zn + Cu^{2+} \underset{\text{erzwungen}}{\overset{\text{freiwillig}}{\rightleftharpoons}} Zn^{2+} + Cu$$

Im Daniell-Element läuft die Reaktion freiwillig nach rechts ab. Durch Elektrolyse kann der Ablauf der Reaktion von rechts nach links erzwungen werden (Abb. 3.53).

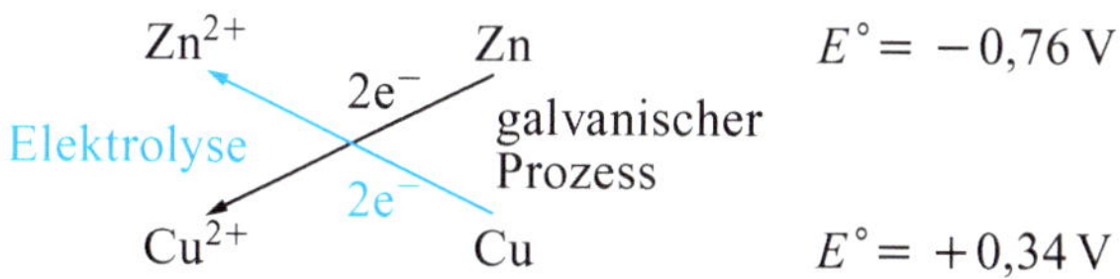

Dazu wird an die beiden Elektroden eine Gleichspannung gelegt. Der negative Pol liegt an der Zn-Elektrode. Elektronen fließen von der Stromquelle zur Zn-Elektrode und entladen dort Zn^{2+}-Ionen. An der Cu-Elektrode gehen Cu^{2+}-Ionen in Lösung, die frei werdenden Elektronen fließen zum positiven Pol der Stromquelle. Die Richtung des Elektronenflusses und damit die Reaktionsrichtung wird durch die Richtung des angelegten elektrischen Feldes bestimmt.

Damit eine Elektrolyse stattfinden kann, muss die angelegte Gleichspannung mindestens so groß sein wie die Spannung, die das galvanische Element liefert. Diese für eine Elektrolyse notwendige thermodynamische Zersetzungsspannung kann aus

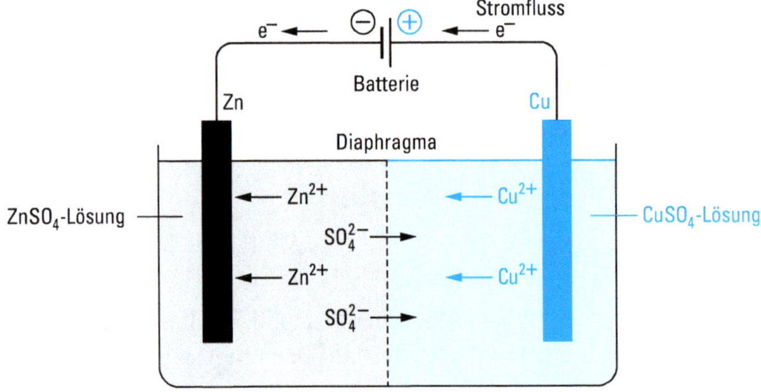

Abbildung 3.53 Elektrolyse. Durch Anlegen einer Gleichspannung wird die Umkehrung der im Daniell-Element freiwillig ablaufenden Reaktion $Zn + Cu^{2+} \longrightarrow Zn^{2+} + Cu$ erzwungen. Zn^{2+} wird reduziert, Cu oxidiert.

Elektrodenvorgänge

$$Zn^{2+} + 2\,e^- \longrightarrow Zn \qquad\qquad Cu \longrightarrow Cu^{2+} + 2\,e^-$$

Gesamtreaktion

$$Zn^{2+} + Cu \longrightarrow Zn + Cu^{2+}$$

der Differenz der Redoxpotentiale berechnet werden. Sind die Aktivitäten der Zn^{2+}- und Cu^{2+}-Ionen gerade eins, dann ist die Zersetzungsspannung der beschriebenen Elektrolysezelle 1,10 V (vgl. Abb. 3.54).

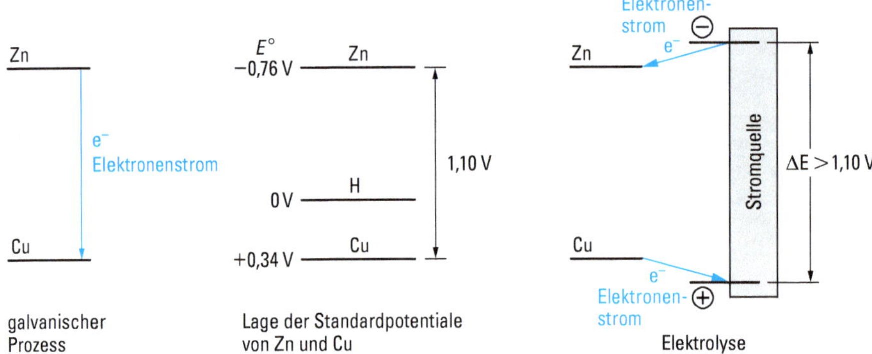

Abbildung 3.54 Galvanischer Prozess: Elektronen fließen freiwillig von der negativen Zn-Elektrode zur positiven Cu-Elektrode (Daniell-Element). Da sie von einem Niveau höherer Energie auf ein Niveau niedrigerer Energie übergehen, können sie elektrische Arbeit leisten. Elektrolyse: Der negative Pol der Stromquelle muss negativer sein als die Zn-Elektrode, damit Elektronen zum Zn hinfließen können. Von der Cu-Elektrode fließen Elektronen zum positiven Pol der Stromquelle. Bei der Elektrolyse werden Elektronen auf ein Niveau höherer Energie gepumpt. Dazu ist eine Spannung erforderlich, die größer sein muss als die EMK der freiwillig ablaufenden Redoxreaktion.

In der Praxis zeigt sich jedoch, dass zur Elektrolyse eine höhere Spannung als die berechnete angelegt werden muss. Eine der Ursachen dafür ist, dass zur Überwindung des elektrischen Widerstandes der Zelle eine zusätzliche Spannung benötigt wird. Ein anderer Effekt, der zur Erhöhung der Elektrolysespannung führen kann, wird später besprochen. Zunächst soll ein weiteres Beispiel, die Elektrolyse einer HCl-Lösung, behandelt werden (Abb. 3.55).

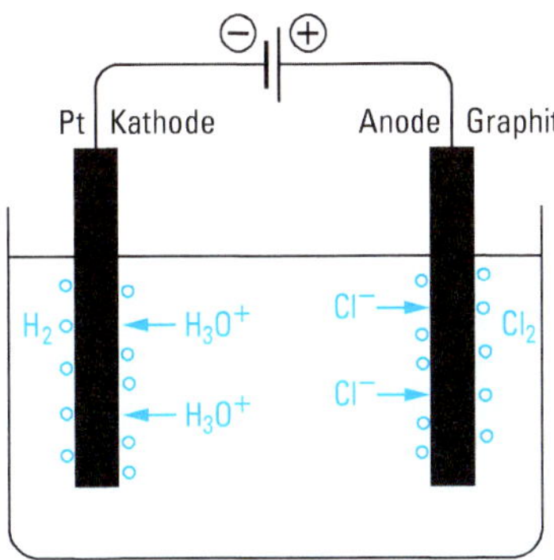

Abbildung 3.55 Elektrolyse von Salzsäure.

Kathodenreaktion: $H_3O^+ + e^- \longrightarrow \frac{1}{2} H_2 + H_2O$

Anodenreaktion: $Cl^- \longrightarrow \frac{1}{2} Cl_2 + e^-$

Gesamtreaktion: $H_3O^+ + Cl^- \longrightarrow \frac{1}{2} H_2 + \frac{1}{2} Cl_2 + H_2O$

In eine HCl-Lösung tauchen eine Platinelektrode und eine Graphitelektrode. Wenn man die an die Elektroden angelegte Spannung allmählich steigert, tritt erst oberhalb einer bestimmten Spannung, der Zersetzungsspannung, ein merklicher Stromfluss auf, und erst dann setzt eine sichtbare Entwicklung von H_2 an der Kathode und von Cl_2 an der Anode ein (Abb. 3.56). Die Kathode ist immer die Elektrode für die Reduktion, die Anode immer die Elektrode für die Oxidation. Die Elektrodenreaktionen und die Gesamtreaktion der Elektrolyse sind in Abb. 3.55 formuliert.

Ist die angelegte Spannung kleiner als die Zersetzungsspannung, scheiden sich an den Elektroden kleine Mengen H_2 und Cl_2 ab. Dadurch wird die Kathode zu einer Wasserstoffelektrode, die Anode zu einer Chlorelektrode. Es entsteht also ein galvanisches Element mit einer der angelegten Spannung entgegen gerichteten, gleich großen Spannung. Die EMK des Elements ist gleich der Differenz der Elektrodenpotentiale.

Kathode $$E_H = 0{,}059\,\text{V}\lg \frac{c_{H_3O^+}}{p_{H_2}^{1/2}}$$

Anode $$E_{Cl} = E^\circ_{Cl} + 0{,}059\,\text{V}\lg \frac{p_{Cl_2}^{1/2}}{c_{Cl^-}}$$

EMK $$E_{Cl} - E_H = E^\circ_{Cl} + 0{,}059\,\text{V}\lg \frac{p_{Cl_2}^{1/2} \cdot p_{H_2}^{1/2}}{c_{Cl^-} \cdot c_{H_3O^+}}$$

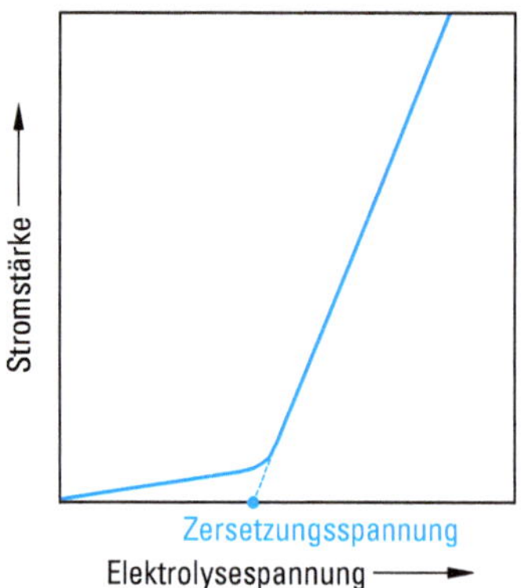

Abbildung 3.56 Stromstärke-Spannungs-Kurve bei einer Elektrolyse. Die Elektrolyse beginnt erst oberhalb der Zersetzungsspannung. Die Zersetzungsspannung von Salzsäure der Konzentration 1 mol/l (vgl. Abb. 3.55) ist gleich dem Standardpotential des Redoxpaares Cl_2/Cl^-. Sie beträgt 1,36 V.

Mit wachsendem Druck von H_2 und Cl_2 steigt die Spannung des galvanischen Elements. Der Druck von Cl_2 und H_2 kann maximal den Wert des Außendrucks von 1,013 bar = 1 atm erreichen, dann können die Gase unter Blasenbildung entweichen. Bei $p_{H_2} = 1$ atm = 1,013 bar und $p_{Cl_2} = 1$ atm = 1,013 bar ist also die maximale EMK erreicht. Erhöht man nun die äußere Spannung etwas über diesen Wert, so kann die Gegenspannung nicht mehr mitwachsen, und die Elektrolyse setzt ein. Mit steigender äußerer Spannung wächst dann die Stromstärke linear an.

Die Zersetzungsspannung ist also gleich der Differenz der Redoxpotentiale beim Druck $p = 1{,}013$ bar.

$$E_{Cl} - E_H = E^\circ_{Cl} + 0{,}059\,\mathrm{V}\lg\frac{1{,}013}{c_{Cl^-}\cdot c_{H_3O^+}}$$

Für die Elektrolyse von Salzsäure mit der Konzentration $c_{HCl} = 0{,}1$ mol/l erhält man daraus die Zersetzungsspannung

$$E_{Cl} - E_H = (1{,}36 + 0{,}12)\,\mathrm{V} = 1{,}48\,\mathrm{V}$$

In vielen Fällen, besonders wenn bei der Elektrolyse Gase entstehen, ist die gemessene Zersetzungsspannung größer als die Differenz der Elektrodenpotentiale. Man bezeichnet diese Spannungserhöhung als Überspannung.

Zersetzungsspannung = Differenz der Redoxpotentiale + Überspannung.

Die Überspannung wird durch eine kinetische Hemmung der Elektrodenreaktionen hervorgerufen. Damit die Reaktion mit ausreichender Geschwindigkeit abläuft, ist eine zusätzliche Spannung erforderlich. Die Größe der Überspannung hängt vom Elektrodenmaterial, der Oberflächenbeschaffenheit der Elektrode und der Stromdichte an der Elektrodenfläche ab. Die Überspannung ist für Wasserstoff besonders an Zink-, Blei- und Quecksilberelektroden groß. Zum Beispiel ist zur Abscheidung von H_3O^+ an einer Hg-Elektrode bei einer Stromdichte von $10^{-2}\,A\,cm^{-2}$ eine Überspannung von 1,12 V erforderlich. An platinierten Platinelektroden ist die Überspannung von Wasserstoff null. Die Überspannung von Sauerstoff ist besonders an Platinelektroden groß. Bei der Elektrolyse einer HCl-Lösung müsste sich aufgrund der Redoxpotentiale an der Anode eigentlich Sauerstoff bilden und nicht Chlor. Aufgrund der Überspannung entsteht jedoch an der Anode Cl_2.

Elektrolysiert man eine wässrige Lösung, die verschiedene Ionensorten enthält, so scheiden sich mit wachsender Spannung die einzelnen Ionensorten nacheinander ab. An der Kathode wird zuerst die Kationensorte mit dem positivsten Potential entladen. Je edler ein Metall ist, um so leichter sind seine Ionen reduzierbar. An der Anode werden zuerst diejenigen Ionen oxidiert, die die negativsten Redoxpotentiale haben.

In wässrigen Lösungen mit pH = 7 beträgt das Redoxpotential des Redoxpaares $2\,H_3O^+/H_2$ −0,41 V. Kationen, deren Redoxpotentiale negativer als −0,41 V sind (Na^+, Al^{3+}), können daher normalerweise nicht aus wässrigen Lösungen elektrolytisch abgeschieden werden, da H_3O^+ zu H_2 reduziert wird. Aufgrund der hohen Überspannung von Wasserstoff gelingt es jedoch, in einigen Fällen an der Kathode Metalle abzuscheiden, deren Potentiale negativer als −0,41 V sind. So kann z. B. Zn an einer Zn-Elektrode sogar aus sauren Zn^{2+}-Lösungen abgeschieden werden. Ohne die Überspannung wäre die Umkehrung der im Daniell-Element ablaufenden Reaktion nicht möglich. Bei der Elektrolyse würden statt der Zn^{2+}-Ionen H_3O^+-Ionen entladen. Die Abscheidung von Na aus wässrigen Na^+-Lösungen ist möglich, wenn man eine Quecksilberelektrode verwendet. Durch die Wasserstoffüberspannung am Quecksilber wird das Wasserstoffpotential so weit nach der negativen Seite, durch die Bildung von Natriumamalgam (Amalgame sind Quecksilberlegierungen) das Natriumpotential so weit nach der positiven Seite hin verschoben, dass Natrium und Wasserstoff in der Redoxreihe ihre Plätze tauschen.

Lokalelemente. An einer Zinkoberfläche ist die Reaktion $2\,H_3O^+ + 2\,e^- \longrightarrow H_2 + 2\,H_2O$ kinetisch gehemmt, da eine hohe Überspannung auftritt. An einer Kupferoberfläche ist dies nicht der Fall. Sorgt man für eine Verunreinigung der Zinkoberfläche mit Kupfer (oder anderen edleren Metallen, bei denen keine Wasserüberspannung auftritt), so bildet sich ein Lokalelement. Die bei der Auflösung von Zink gebildeten Elektronen fließen zum Kupfer und können dort rasch mit H_3O^+-Ionen zu H_2 reagieren (Abb. 3.57a). Man kann Lokalelemente durch Zusatz von Cu^{2+}- oder Ni^{2+}-Ionen zum Lösungsmittel erzeugen, da sich dann auf der Zn-Oberfläche Cu bzw. Ni abscheidet.

$$Zn + Cu^{2+} \longrightarrow Zn^{2+} + Cu$$

Berührt man Zn mit einem Pt-Draht, entsteht ebenfalls ein Lokalelement. Die bei der Reaktion $Zn \longrightarrow Zn^{2+} + 2\,e^-$ entstehenden Elektronen fließen zum Pt-Draht. Sie reagieren dort mit H_3O^+-Ionen und an der Oberfläche des Pt-Drahtes entwickelt sich H_2.

Lokalelemente sind wichtig bei der Korrosion.

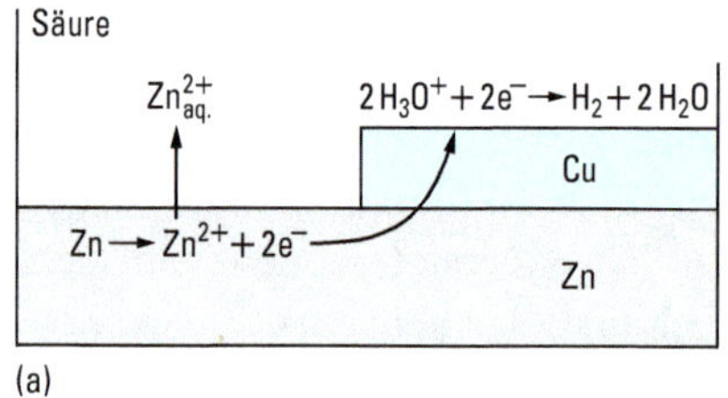

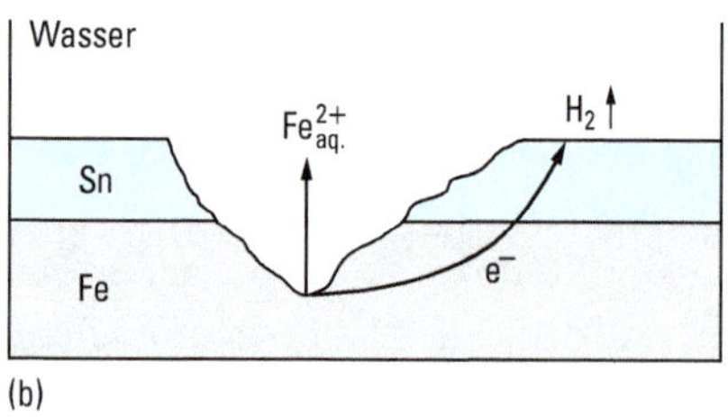

Abbildung 3.57 Entstehung von Lokalelementen.

Korrosion. Bei der Oxidation von Aluminium und Chrom bilden sich dichthaftende Oxidschichten, die vor weiterer Oxidation schützen (Passivierung, S. 386/387). Beim Eisen entsteht eine schützende Schutzschicht nur in trockener Luft. Bei Gegenwart von Luft und Wasser rostet Eisen. Rost ist keine einheitliche Verbindung, sondern abhängig von den Oxidationsbedingungen entstehen unterschiedliche Eisenoxide, vorwiegend Eisen(III)-oxidhydrat und Eisen(II)-Eisen(III)-oxidhydrat.

Schutzschichten auf Eisen aus Metallen, die edler als Eisen sind (Cr, Sn, Ni), beschleunigen bei ihrer Verletzung die Korrosion von Eisen durch Bildung eines Lokalelements (Abb. 3.57b). Schutzschichten aus einem unedleren Metall, z. B. Zn, fördern bei ihrer Beschädigung die Korrosion des Eisens nicht.

Bei rostfreiem Stahl (Edelstahl, s. Abschn. 5.15.4.1) wird die Korrosion durch Bildung einer chromreichen Oxidschicht verhindert.

Der technische Korrosionsschutz von Stahl (z. B. Autoblech) erfolgt durch Phosphatierung (s. Abschn. 4.6.11).

Gesetz von Faraday. Die Faraday-Konstante F ist gerade die Elektrizitätsmenge von 1 mol Elektronen (vgl. Gl. 3.54).

Das Faraday'sche Gesetz sagt aus, dass durch die Ladungsmenge von einem Faraday 1 mol Ionenäquivalente (vgl. Abschn. 3.1) abgeschieden werden. Bei einer Elektrolyse werden also durch die Ladungsmenge 1 F gerade 1 mol M^{1+}-Ionen (Na^+, Ag^+), $\frac{1}{2}$ mol M^{2+}-Ionen (Cu^{2+}, Zn^{2+}) $\frac{1}{3}$ mol M^{3+}-Ionen (Al^{3+}, Fe^{3+}) abgeschieden.

Die Elektrolyse ist eine wichtige Methode zur qualitativen und quantitativen Analyse von Metallen. Elektrogravimetrie: Aus Lösungen können durch Reduktion (an der Kathode) Metallkationen als Metalle abgeschieden werden und die abgeschiedenen Mengen durch Wägung bestimmt werden. Polarographie: Durch Bestimmung der Abscheidungspotentiale an einer Quecksilberkathode können die Metallkationen von Lösungen – wegen der Überspannung auch unedle Kationen – identifiziert werden. Die Stromstärke der Stromstärke-Spannungs-Kurve ist proportional der Ionenkonzentration.

Elektrolytische Verfahren sind von großer technischer Bedeutung. Die Gewinnung von Alkalimetallen, Erdalkalimetallen, Aluminium, Fluor, Zink und die Raffination von Kupfer erfolgen durch Elektrolyse, ebenso die Oberflächenveredelung von Metallen, z. B. das Verchromen und die anodische Oxidation von Aluminium (Eloxal-Verfahren). An dieser Stelle soll die Elektrolyse wässriger NaCl-Lösungen besprochen werden. Die anderen elektrolytischen Verfahren werden bei den Elementen behandelt.

Chloralkali-Elektrolyse

Diaphragmaverfahren (Abb. 3.58). Bei der Elektrolyse einer NaCl-Lösung mit einer Eisenkathode und einer Titananode (früher Graphit) laufen folgende Reaktionen an den Elektroden ab:

Kathode	$2\,H_2O + 2\,e^- \longrightarrow H_2 + 2\,OH^-$
Anode	$2\,Cl^- \longrightarrow Cl_2 + 2\,e^-$
Gesamtvorgang	$2\,Na^+ + 2\,Cl^- + 2\,H_2O \longrightarrow H_2 + Cl_2 + 2\,Na^+ + 2\,OH^-$

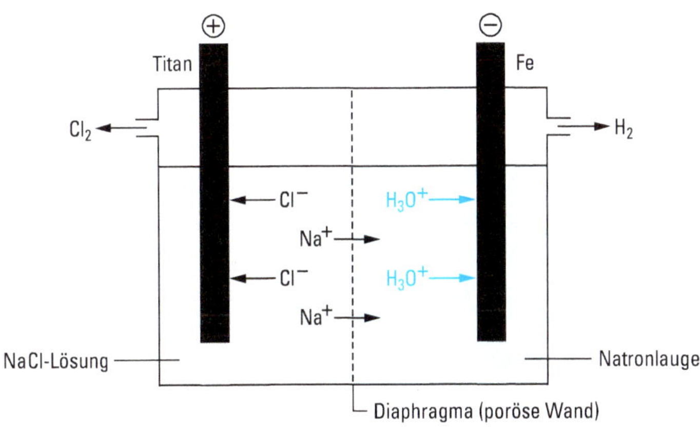

Abbildung 3.58 Elektrolyse einer NaCl-Lösung nach dem Diaphragmaverfahren.

Bei der Chloralkali-Elektrolyse entstehen also Natronlauge, Chlor und Wasserstoff. Um eine möglichst Cl^--freie NaOH-Lösung zu erhalten, wird der Anodenraum vom Kathodenraum durch ein Diaphragma getrennt.

Da das Diaphragma für Ionen durchlässig ist, wandern auch Cl^--Ionen in den Kathodenraum und OH^--Ionen in den Anodenraum. Da bei zu hoher OH^--Konzentration auch eine unerwünschte OH^--Entladung und dadurch O_2-Entwicklung erfolgt, wird der OH^--Wanderung dadurch entgegengewirkt, dass nur eine verdünnte Lauge (bis 15 %) erzeugt wird. Beim Eindampfen der verdünnten Lauge fällt das unerwünschte NaCl fast vollständig aus und wird erneut elektrolysiert.

Quecksilberverfahren. Die Anode besteht aus Graphit oder bevorzugt aus mit Edelmetallverbindungen beschichtetem Titan. Als Kathode wird statt Eisen Quecksilber verwendet. Wegen der hohen Wasserstoffüberspannung bildet sich an der Kathode kein Wasserstoffgas, sondern es werden Na^+-Ionen zu Na-Metall reduziert, das sich als Natriumamalgam (Amalgame sind Quecksilberlegierungen) in der Kathode löst.

$$\text{Kathode} \quad Na^+ + e^- \longrightarrow \text{Na-Amalgam}$$
$$\text{Anode} \quad Cl^- \longrightarrow \tfrac{1}{2}Cl_2 + e^-$$

Das Amalgam wird mit Wasser unter Bildung von Natronlauge und Wasserstoff an Graphitkontakten zersetzt.

$$Na + H_2O \longrightarrow Na^+ + OH^- + \tfrac{1}{2}H_2$$

Mit dem Quecksilberverfahren erhält man eine chloridfreie Natronlauge und reines Chlorgas. Der Nachteil des Verfahrens ist die Emission von toxischem Quecksilber. Das dritte Verfahren ist das Membranverfahren, das sich technisch durchgesetzt hat.

Membranverfahren. An der Anode und der Kathode laufen die gleichen Prozesse ab wie beim Diaphragmaverfahren. Kathoden- und Anodenraum sind durch eine ionenselektive Membran getrennt. Sie soll eine hohe Durchlässigkeit für Na^+-Ionen und keine Durchlässigkeit für Cl^-- und OH^--Ionen besitzen. Die Membranen bestehen aus polymeren fluorierten Kohlenwasserstoffen mit Seitenketten, die Sulfonsäure- bzw. Carboxylgruppen enthalten (Nafion-Membran). Die Na^+-Ionen treten vom Anodenraum durch die Membran in den Kathodenraum. Bei zu hoher Konzentration an OH^--Ionen erfolgt auch eine Diffusion von OH^--Ionen vom Kathodenraum in den Anodenraum, dadurch sinkt die Stromausbeute. Das Membranverfahren liefert eine chloridfreie Natronlauge mit einem Massenanteil von maximal 35 % und die Umweltbelastung durch Hg entfällt. Nachteile sind die hohen Reinheitsanforderungen an die NaCl-Lösung (wegen der Empfindlichkeit der Membranen) und hohe Kosten der Membranen.

Die Firma Bayer (jetzt Covestro) ist dabei, ein neues Verfahren mit ca. 20–30 % geringerem Energiebedarf zu kommerzialisieren. Das neue Elektrolyseverfahren ersetzt die „H^+"-Reduktion mit Wasserstoff-Entwicklung an der Kathode des Membranverfahrens (dortige Zellspannung 3 V) durch eine Sauerstoff-, O_2-Reduktion an einer Sauerstoff-Verzehr-Kathode (SVK) („Sauerstoff-depolarisierten Kathode/ oxygen depolarised cathode", ODC) . Die Reduktion von O_2 in Wasser führt zur Hydroxidionen-Bildung, eliminiert H_2 als Nebenprodukt und senkt die Zellspannung auf 2 V. Die OH^--Ionen der Natronlauge werden jetzt durch die Reduktion von O_2 und nicht mehr durch die Reduktion von H_3O^+ aus der Autoprotolyse des Wassers erhalten. Das SVK-System ist ein poröses Katalysatorsystem das mit Sauerstoff beaufschlagt wird. Es verfügt über eine spezielle Sauerstoffdiffusions-Oberfläche mit katalytischen Silber-Partikeln auf einem PTFE-beschichteten Metallträger. Eine Pilotanlage wurde 2011 in Uerdingen in Betrieb genommen. Die erste großtechnische Anlage baute Covestro im spanischen Tarragona. Bisherige Membranverfahren, bei denen das H_2 Nebenprodukt für andere Prozesse benötigt wird, werden allerdings wahrscheinlich weiter betrieben werden. Auch die Kosten für die neuen Zellen mit SVK sind höher als beim Membranverfahren.

Weltweit wurden 2005 noch 50 % des Chlors mit dem Quecksilberverfahren hergestellt. Obwohl die Quecksilberemission von 26 g Hg/t Chlor auf 1 g Hg/t Chlor gesenkt wurde, sollten bis 2020 alle Hg-Anlagen in der EU stillgelegt werden. Gemäß der Minamata-Konvention soll die Verwendung des Amalgamverfahrens weltweit bis 2025 auslaufen. In Deutschland wurden die letzten drei Amalgamverfahren 2017 auf das Membran-Verfahren umgerüstet. Für Neuanlagen wird die Membrantechnik verwendet, ihr Anteil beträgt in der EU inzwischen 83,3 %, Diaphragmaverfahren 11,6 % (2019). Die Differenz von 5,1 % sind Chlor-Alkoholat-Elektrolysen, die bis 2027 mit dem Amalgamverfahren mit einer Ausnahmegenehmigung weiterlaufen dürfen, da es zur Zeit keine Technologie gibt, mit der Alkoholate großindustriell ohne Quecksilber herzustellen sind.

Die Auslastung der Elektrolysezellen wird zur Zeit durch die Chlornachfrage bestimmt. 97 % des Chlors (Weltproduktion $64 \cdot 10^6$ t) wird durch Elektrolyse erzeugt. Dafür wird eine Elektrizitätsmenge von 210 Mio MWh/a benötigt, die auf Basis fossiler Brennstoffe zur Freisetzung von 110 Mio t/a an CO_2 führt. NaOH und H_2 sind Koppelprodukte. In einer Anlage mit 100 Zellen werden täglich 800 t Chlor erzeugt. In Deutschland wurden 2019 $3{,}7 \cdot 10^6$ t Chlor hergestellt und $3{,}15 \cdot 10^6$ t Natronlauge. Würde die Cl_2/NaOH-Produktion in Deutschland auf SVK-Technologie umgestellt, soll die 30 % Energieeinsparung 1 % des jährlichen nationalen Stromverbrauchs entsprechen.

3.8.11 Elektrochemische Stromquellen

Galvanische Elemente sind Energieumwandler, in denen chemische Energie direkt in elektrische Energie umgewandelt wird. Man unterscheidet Primärelemente, Sekundärelemente und Brennstoffzellen. Bei Primärelementen und Sekundärelementen ist die Energie in den Elektrodensubstanzen gespeichert, durch ihre Beteiligung an Redoxreaktionen wird Strom erzeugt. Sekundärelemente (Akkumulatoren) sind galvanische Elemente, bei denen sich die bei der Stromentnahme (Entladen) ablaufenden chemischen Vorgänge durch Zufuhr elektrischer Energie (Laden) umkehren lassen. Bei einer Brennstoffzelle wird der Brennstoff den Elektroden kontinuierlich zugeführt.

Die Begriffe Kathode und Anode sollten strenggenommen nur für Primärelemente verwendet werden. Die Kathode ist immer die Elektrode für die Reduktion, die Anode immer die Elektrode für die Oxidation. In Primärelementen findet an der Kathode = positiven Elektrode die Reduktion, an der Anode = negativen Elektrode die Oxidation statt. Häufig werden die Begriffe Kathode und Anode aber auch für Akkumulatoren verwendet. Dort sind sie aber nur für den Entladungsvorgang korrekt, wenn an der positiven Elektrode die Reduktion stattfindet und an der negativen Elektrode die Oxidation. Beim Ladevorgang kehren sich die Elektroden bezüglich Reduktion und Oxidation um. Daher sollte bei Akkumulatoren eine Zuordnung der Elektroden als Kathode/Anode unterbleiben und die Elektroden nur als positiv/negativ bezeichnet werden. Diese Kennzeichnung ändert sich nicht, wenn der Akku vom Entlade- in den Lademodus wechselt.

Der **Bleiakkumulator** besteht aus einer Bleielektrode und einer Bleidioxidelektrode. Als Elektrolyt wird 20 %ige Schwefelsäure verwendet. Die Potentialdifferenz zwischen den beiden Elektroden beträgt 2,04 V. Wird elektrische Energie entnommen (Entladung), laufen an den Elektroden die folgenden Reaktionen ab:

Negative Elektrode $\overset{0}{Pb} + SO_4^{2-} \xrightarrow{\text{Entladung}} \overset{+2}{Pb}SO_4 + 2\,e^-$

Positive Elektrode $\overset{+4}{Pb}O_2 + SO_4^{2-} + 4\,H_3O^+ + 2\,e^- \xrightarrow{\text{Entladung}} \overset{+2}{Pb}SO_4 + 6\,H_2O$

Gesamtreaktion $\overset{0}{Pb} + \overset{+4}{Pb}O_2 + 2\,H_2SO_4 \underset{\text{Ladung}}{\overset{\text{Entladung}}{\rightleftarrows}} 2\,\overset{+2}{Pb}SO_4 + 2\,H_2O$

Bei der Stromentnahme wird H_2SO_4 verbraucht und H_2O gebildet, die Schwefelsäure wird verdünnt. Der Ladungszustand des Akkumulators kann daher durch Messung der Dichte der Schwefelsäure kontrolliert werden. Durch Zufuhr elektrischer Energie (Laden) lässt sich die chemische Energie des Akkumulators wieder erhöhen. Der Ladungsvorgang ist eine Elektrolyse. Dabei erfolgt wegen der Überspannung von Wasserstoff an Blei am negativen Pol keine Wasserstoffentwicklung. Bei Verunreinigung des Elektrolyten wird die Überspannung aufgehoben, und der Akku kann nicht mehr aufgeladen werden. Die bekannteste Verwendung ist die Starterbatterie für Kraftfahrzeuge.

Der **Natrium-Schwefel-Akkumulator** besteht aus einer Natrium- und einer Schwefelelektrode, die bei der Betriebstemperatur von 300 – 350 °C flüssig sind. Sie sind durch einen Festelektrolyten voneinander getrennt, der für Na^+-Ionen durchlässig ist. Dafür verwendet man den Na^+-Ionenleiter β-Al_2O_3 (vgl. Abschn. 4.8.5.2 und 2.7.5.1). Beim Stromfluss wandern Na^+-Ionen durch den Festelektrolyten und reagieren dann mit Schwefel unter Elektronenaufnahme zu Natriumpolysulfid (vgl. Abschn. 4.5.5).

Gesamtreaktion $2\,Na + \frac{n}{8}\,S_8 \longrightarrow Na_2\,S_n$

Der Na/S-Akkumulator liefert eine Spannung von 2,08 V, pro Masse fünfmal so viel Energie wie ein Bleiakkumulator und er ist langlebiger als dieser. Vorwiegend verwendet für stationäre Anwendungen als ununterbrochene Stromversorgungsanlage.

Beim **Natrium-Nickelchlorid-Akkumulator** wird die negative Natriumelektrode und der β-Al_2O_3-Festelektrolyt beibehalten. Als positive Elektrode wird $NiCl_2$ dispergiert in einer $NaAlCl_4$-Schmelze verwendet, die als Na^+-Ionenleiter zwischen β-Al_2O_3 und $NiCl_2$ fungiert. Die Betriebstemperatur beträgt 325 °C ± 50 °C, die Spannung 2,6 V.

Gesamtreaktion $2\,Na + NiCl_2 \longrightarrow 2\,NaCl + Ni$

Im Unterschied zur Na—S-Zelle schadet auch mehrfaches Abkühlen der Batterie nicht. Sie wird vorwiegend in Elektrostraßenfahrzeugen verwendet.

Der **Nickel-Cadmium-Akkumulator** liefert eine EMK von etwa 1,3 V. Beim Entladen laufen folgende Elektrodenreaktionen ab:

Negative Elektrode	$Cd + 2\,OH^- \longrightarrow Cd(OH)_2 + 2\,e^-$
Positive Elektrode	$2\,NiO(OH) + 2\,H_2O + 2\,e^- \longrightarrow 2\,Ni(OH)_2 + 2\,OH^-$

Der **Nickel-Metallhydrid-Akkumulator** basiert auf dem gleichen Prinzip wie die Ni—Cd-Zelle. Das toxische Cd wird durch Metallhydrid, z. B. $LaNi_5H_{6-x}$ ersetzt. Als Elektrolyt wird konz. KOH-Lösung verwendet.

	$MH\,|\,KOH\,|\,NiO(OH)$
Entladung	$MH + NiO(OH) \longrightarrow M + Ni(OH)_2$

Die EMK beträgt 1,3 V.

Lithium-Ionen-Akkumulatoren.[1] Negative Elektroden sind graphitische Wirtsgitter, die reversibel Li^+-Ionen einlagern können. Durch Elektronenaufnahme aus dem Wirtsgitter werden die Li^+-Ionen neutralisiert. In den Schichtlücken des Graphitgitters wird maximal ein Li pro sechs C-Atome eingelagert (LiC_6). Positive Elektroden sind Schichtstrukturen vom Typ $LiMO_2$ (M = Co, Ni, Mn), die reversibel Li^+-Ionen aufnehmen können. Derzeit wird vorwiegend $LiCoO_2$ verwendet. Für den Li^+-Transfer zwischen den Elektroden sorgen organische Elektrolyte.

Zellreaktionen:

Negative Elektrode	$Li_xC_n \underset{\text{Ladung}}{\overset{\text{Entladung}}{\rightleftarrows}} C_n + x\,Li^+ + x\,e^-$
Positive Elektrode	$Li_{1-x}MO_2 + x\,e^- + x\,Li^+ \underset{\text{Ladung}}{\overset{\text{Entladung}}{\rightleftarrows}} LiMO_2$

Die Li-Ionen-Zelle basiert also auf einem reversiblen Li^+-Austausch, die Wirtsstrukturen (nicht die Li^+-Ionen) sind die redoxaktiven Komponenten und bestimmen das Potential der Zelle. Die Entladespannung beträgt 4–5 V. Lithiumbatterien sind mittlerweile die meist verwendeten Batterien für portable Elektronik (Handy, Laptop) und verdrängen auf Grund ihrer hohen spezifischen Energie die Ni—Cd- und Ni—Metallhydrid-Akkus (Spezifische Energie in Wh/kg: Li-Ionen 120–130, Ni—Cd 50, Ni—Hydrid 80). Mit Li-Ionen-Batterien sind Elektrofahrzeuge (Minis von BMW und Smarts von Daimler) im Einsatz.

Gesamtreaktion	$Li_{1-x}MO_2 + Li_xC_n \underset{\text{Ladung}}{\overset{\text{Entladung}}{\rightleftarrows}} LiMO_2 + C_n$

Redoxflussbatterien (-akkumulatoren). Die redoxaktiven Substanzen in Redoxfluss-(Redox-Flow-)Batterien (RFBs) sind flüssige und fließende Medien. Redoxflussbatterien sind wiederaufladbar und daher Akkumulatoren. Die Energie wird nicht wie bei anderen Akkus in den festen Elektroden, sondern in flüssigen Elektrolyten, in Anolyt und Katholyt, gespeichert, die sich in separaten Tanks befinden (Abb. 3.59). RFBs haben für jede Halbreaktion einen Kreislauf. Beim Lade- oder

[1] Siehe Moderne Anorganische Chemie, 5. Auflage, de Gruyter.

Entladevorgang werden die Elektrolyte an den Elektroden entlang gepumpt, wo die elektrochemischen Umsetzungen erfolgen. Anschließend fließt der Elektrolyt wieder in den Tank zurück. Redoxflussbatterien gelten als kostengünstig.

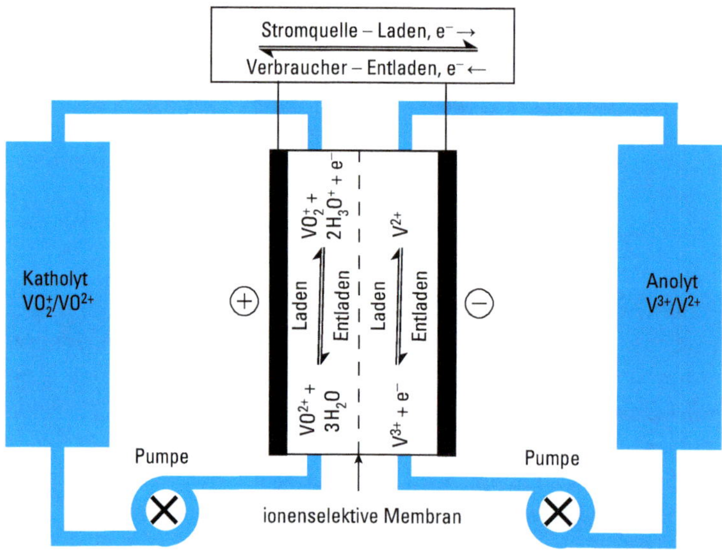

Abbildung 3.59 Schema einer Vanadium-Redoxflussbatterie (VFB). Die Zellspannung beträgt 1,26 V. Die angegebenen Ionen bilden mit Wasserliganden oktaedrische Aquakomplexe (vgl. Abschn. 5.12.1).

Unter den Techniken für Redoxflussbatterien scheinen die mit Vanadium am zuverlässigsten zu sein. Die All-Vanadium-Redoxflussbatterie (VFB) ist auch die am meisten erforschte ihrer Art. Vanadium-Redoxflussbatterien nutzen das gleiche Material in beiden Elektrolyten (Anolyt und Katholyt). Daher würde eine versehentliche Durchmischung der Elektrolyte nicht zu Problemen führen, wie bei Redoxflusstechniken mit unterschiedlichen Elektrolyt-Flüssigkeiten.

Beim Entladevorgang der VFB wird im Anolyt V^{2+} zu V^{3+} oxidiert ($E° = -0{,}26$ V), im Katholyt $VO_2{}^+$ zu VO^{2+} reduziert ($E° = +1{,}00$ V). Es werden alle vier Oxidationsstufen des Vanadiums genutzt (vgl. Abschn. 5.12.1 und 5.12.6).

Zellreaktionen:

Negative Elektrode $$V^{2+} \underset{\text{Ladung}}{\overset{\text{Entladung}}{\rightleftharpoons}} V^{3+} + e^-$$

Positive Elektrode $$\overset{+5}{V}O_2^+ + 2\,H_3O^+ + e^- \underset{\text{Ladung}}{\overset{\text{Entladung}}{\rightleftharpoons}} \overset{+4}{V}O^{2+} + 3\,H_2O$$

Gesamtreaktion $$\overset{+5}{V}O_2^+ + V^{2+} + 2\,H_3O^+ \underset{\text{Ladung}}{\overset{\text{Entladung}}{\rightleftharpoons}} \overset{+4}{V}O^{2+} + V^{3+} + 3\,H_2O$$

Die VFB muss in den Grenzen von 10 – 40 °C betrieben werden, unterhalb 10 °C fällt VO aus, oberhalb 40 °C V_2O_5. Die Lebensdauer einer VFB kann 20 Jahre betragen.

RFBs sind leicht skalierbar. Mehr Energie (Ladung) kann einfach durch ein größeres Tankvolumen oder eine höhere Konzentration der Elektrolyte gespeichert werden. Eine Vergrößerung der Elektrodenoberfläche erhöht die Leistung, den elektrischen Strom. Energie und Leistung sind daher voneinander entkoppelt und können unabhängig voneinander vergrößert werden. Durch ihre Größe sind RFBs aber nur für stationäre Anwendungen geeignet.

Das **Leclanché-Element** ist das bekannteste Primärelement. Es besteht aus einer Zinkanode, einer mit MnO_2 umgebenen Kohlekathode und einer mit Stärke bzw. Methylcellulose verdickten NH_4Cl-Lösung als Elektrolyt. Es liefert eine EMK von 1,5 V. Schematisch lassen sich die Vorgänge bei der Stromentnahme durch die folgenden Reaktionen beschreiben.

Negative Elektrode	$Zn \longrightarrow Zn^{2+} + 2\,e^-$
Positive Elektrode	$2\,MnO_2 + 2\,H_2O + 2\,e^- \longrightarrow 2\,MnO(OH) + 2\,OH^-$
Elektrolyt	$2\,NH_4Cl + 2\,OH^- + Zn^{2+} \longrightarrow Zn(NH_3)_2Cl_2 + 2\,H_2O$
Gesamtreaktion	$2\,MnO_2 + Zn + 2\,NH_4Cl \longrightarrow 2\,MnO(OH) + Zn(NH_3)_2Cl_2$

Lithiumbatterien sind Primärzellen mit hoher Energiedichte, niedriger Selbstentladungsrate und langer Lebensdauer.

Bei der Lithium-Thionylchlorid-Zelle erfolgt eine Oxidation der negativen Lithiumelektrode

$$Li \longrightarrow Li^+ + e^-$$

und eine Reduktion des Elektrolyten Thionylchlorid an einer positiven Kohleelektrode mit großer Oberfläche

$$2\,SOCl_2 + 4\,e^- \longrightarrow 4\,Cl^- + SO_2 + S$$

Die Li-Ionen wandern durch den Elektrolyten zur Kohleelektrode, bilden dort mit Cl^--Ionen LiCl, das sich an der Elektrode ablagert. Die Kohleelektrode hat also keinen Anteil an der Zellreaktion. Die Spannung beträgt 3,6 V, die Lebensdauer bis zu 10 Jahre, der Temperaturbereich $-50\,°C$ bis über $100\,°C$. Die Verwendung erfolgt zur langlebigen Energieversorgung zahlreicher elektronischer Geräte, z. B. Personal Computer.

Als Elektrolyt wird auch Sulfurylchlorid, SO_2Cl_2 und ein Gemisch aus SO_2Cl_2 und BrCl eingesetzt.

In der **Alkali-Mangan-Zelle**, die überwiegend als Primärzelle benutzt wird, wird Kalilauge als Elektrolyt verwendet. Sie arbeitet bis $-35\,°C$. Reaktionen bei der Stromentnahme:

Negative Elektrode	$Zn \longrightarrow Zn^{2+} + 2\,e^-$
Positive Elektrode	$2\,MnO_2 + 2\,H_2O + 2\,e^- \longrightarrow 2\,MnO(OH) + 2\,OH^-$
Elektrolyt	$Zn^{2+} + 2\,OH^- \xrightarrow{KOH} Zn(OH)_2 \longrightarrow ZnO + H_2O$
Gesamtreaktion	$2\,MnO_2 + Zn + H_2O \longrightarrow 2\,MnO(OH) + ZnO$

Die Zn—MnO_2-Zelle ersetzt als Primärzelle in zunehmendem Maße das Leclanché-Element. Vorwiegend in den USA hat sie sich als wiederaufladbare Zelle, bezeichnet als RAM-Zelle (Rechargeable Alkaline Manganese) durchgesetzt.

Brennstoffzellen. Auch Brennstoffzellen sollen die zukünftige Energieversorgung verbessern. Die Automobilindustrie entwickelt sie für schadstofffreie Motoren. Sie sind aber auch für die dezentrale umweltfreundliche Energieversorgung von Gebäuden und Industrieanlagen verwendbar.

Brennstoffzellen sind gasgetriebene Batterien, die durch kalte elektrochemische Verbrennung eines gasförmigen Brennstoffs (Wasserstoff, Erdgas, Biogas) Gleichspannungsenergie erzeugen. Das Prinzip einer mit Wasserstoff betriebenen Brennstoffzelle ist in der Abb. 3.60 dargestellt. An der einen Elektrode wird Wasserstoff zu Protonen oxidiert, an der anderen Sauerstoff zu Oxidionen reduziert.

Schematische Elektrodenreaktionen:

Negative Elektrode	$H_2 \longrightarrow 2H^+ + 2e^-$
Positive Elektrode	$\frac{1}{2}O_2 + 2e^- \longrightarrow O^{2-}$
Gesamtreaktion	$H_2 + \frac{1}{2}O_2 \longrightarrow H_2O$

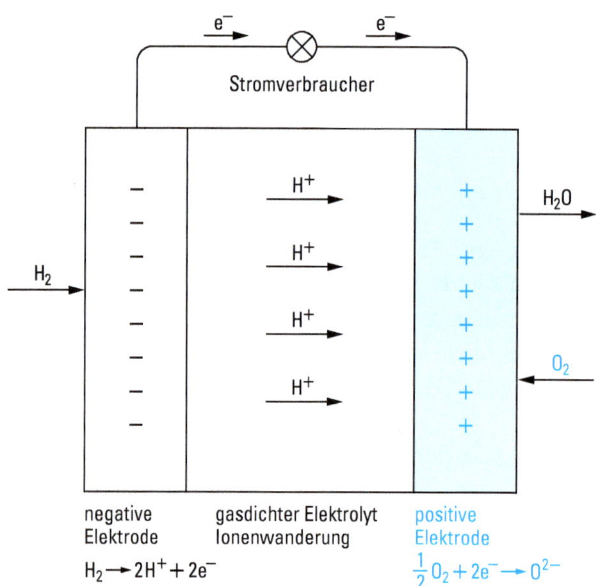

Abbildung 3.60 Schematischer Aufbau einer Brennstoffzelle mit Protonenaustauschmembran (PEM). In Brennstoffzellen wird elektrochemisch gasförmiger Brennstoff (H_2, Erdgas) mit Sauerstoff (Luft) zu Wasser umgesetzt und damit Gleichspannungsenergie erzeugt. Der Wirkungsgrad beträgt ca. 60 %. Mit Brennstoffzellen betriebene Automobile haben höhere Wirkungsgrade als mit Verbrennungsmotoren und sind abgasfrei oder zumindest abgasärmer.

Die Gasdiffusionselektroden sind durchlässig für die reagierenden Gase und durch einen protonenleitenden Elektrolyten voneinander getrennt, so dass die Gase sich nicht mischen können. Die Sauerstoffionen reagieren mit den H^+-Ionen, die durch den Elektrolyten wandern, zu H_2O. Es wird also elektrochemisch H_2 mit O_2 zu H_2O umgesetzt. Die abgreifbare Zellspannung unter Betriebsbedingungen beträgt für eine Wasserstoff-Sauerstoff-Zelle 0,5 – 0,7 V.

Man unterscheidet Brennstoffzellentypen nach ihren Elektrolyten, aber auch nach der Betriebstemperatur (Hoch- und Niedrigtemperaturzellen). Die meisten Brennstoffzellen enthalten Festelektrolyte, die protonen-, hydroxidionen- oder sauerstoffionenleitend sind (vgl. Abschn. 2.7.5.1). Tab. 3.14 gibt einen Überblick. Brennstoffzellen haben Wirkungsgrade von etwa 60 %. Konventionelle Systeme wie Dieselmaschinen und Gasturbinen ähnlicher Leistungsbereiche (250 kW bis 10 MW) erreichen nur Wirkungsgrade bis 45 %. Gasturbinenanlagen, die Wirkungsgrade von 60 % erreichen, sind aber ökonomisch nur im Leistungsbereich einiger hundert MW sinnvoll. Es gibt keine Brennstoffzelle, die sich für alle Anwendungen eignen würde. Alkalische Brennstoffzellen finden in der Raumfahrt Verwendung. Für alle anderen Typen gibt es unterschiedliche technische Anwendungen (Tab. 3.14). Einen großen Anwendungsbereich haben Polymerelektrolytmembran-Brennstoffzellen (PEMFC). Für die Elektroden wird als Elektrokatalysator Platin verwendet, das in nanodisperser Form auf die innere Oberfläche von Aktivkohle aufgebracht wird. Die Membran besteht aus Nafion, das für die Chloralkalielektrolyse entwickelt wurde (Zusammensetzung siehe dort).

Für alle großen Automobilhersteller ist die Protonenaustauschmembran-Brennstoffzelle (PEMFC) eine alternative Technik zum Verbrennungsmotor. Der Gesamtwirkungsgrad dieser Zelle ist ca. 10 % höher als der des Verbrennungsmotors und mit Wasserstoff betriebene Fahrzeuge sind abgasfrei.

Die Probleme bei wasserstoffbetriebenen Fahrzeugen sind die Wasserstoffspeicherung und die nötige Wasserstoffinfrastruktur. Serienreif verfügbare Prototypen gibt es von Daimler (A-Klasse, Busse) und von Honda (PKW PCX Clarity).

PEM-Brennstoffzellen wurden auch für die Hausversorgung entwickelt und weltweit installiert. Brennstoffzellenakkus zur Stromversorgung für Laptops und Handys sind schnell aufladbar und haben eine lange Lebensdauer.

Die phosphorsaure Brennstoffzelle (PAFC) ist ebenfalls kommerziell verfügbar. Bei Blockheizkraftwerken (BHKWs) mit Kraft-Wärme-Kopplung (Hotels, Fabriken, Büroräume) kann der Wirkungsgrad auf 80 % gesteigert werden. Weltweit wurden bereits einige hundert BHKWs mit 200 kW installiert. Bei Stromausfällen können sie die Stromversorgung sichern, und in Einzelfällen sind sie ökonomischer als ein konventioneller elektrischer Anschluss.

Oxidkeramische Brennstoffzellen (SOFC), bei denen keine Reformierung von Erdgas erforderlich ist, werden im Bereich der Hausenergieversorgung und zur Bordstromversorgung in Kraftfahrzeugen verwendet.

Die wenigen Beispiele zeigen wie vielfältig die Nutzung von Brennstoffzellen ist.

Tabelle 3.14 Überblick über die fünf Typen von Brennstoffzellen (englisch fuel cell, FC)

Typ	Alkalische BZ (AFC)	Polymer-elektrolyt-membran BZ (PEMFC)	Phosphor-saure BZ (PAFC)	Carbonat-schmelzen BZ (MCFC)	Oxidkerami-sche BZ (SOFC)
Elektrolyt	KOH-Lösung	Protonenleitende Polymer-elektrolyt-membran (Nafion)	Konz. H_3PO_4 in poröser Matrix	Li_2CO_3/ K_2CO_3-Schmelze in $LiAlO_2$-Matrix	Keramischer Festelektrolyt $ZrO_2(Y_2O_3)$
Arbeitstemperatur in °C	< 100	60–120	160–220	600–660	800–1000
Brennstoff	H_2 (hochrein)	H_2 rein und aus Reformierung (Methanol, Erdgas)	H_2 aus Reformierung (Erdgas, Kohlegas, Biogas)	H_2 aus Reformierung (Erdgas, Kohlegas, Biogas) und direkte Verstromung von Erdgas	H_2 aus Reformierung (Erdgas, Kohlegas, Biogas) und direkte Verstromung von Erdgas
Oxidationsmittel	Sauerstoff (hochrein)	Luftsauerstoff	Luftsauerstoff	Luftsauerstoff	Luftsauerstoff
Wirkungsgrad in %	60	50–70	55	65	60–65
Anwendung	Raumfahrt, U-Boote	Stationäre und portable Stromversorgung, Kleinanlagen, (Elektrofahrzeuge, Kleinkraftwerke)	Stationäre Stromversorgung, Kleinanlagen bis Kraftwerke, Kraft-Wärme-kopplung	Stationäre Stromversorgung, Kraft-Wärme-Kopplung, Schiffe, Schienenfahrzeuge, Kraftwerke	
Leistung	5–150 kW	5–250 kW	50 kW–11 MW	100 kW–MW	

4 Die Elemente der Hauptgruppen

4.1 Häufigkeit der Elemente in der Erdkruste

Die Erdkruste reicht bis in eine Tiefe von 30 – 40 km. Die Häufigkeit der Elemente in der Erdkruste ist sehr unterschiedlich. Die zehn häufigsten Elemente ergeben bereits einen Massenanteil an der Erdkruste von 99,5 %. Die zwanzig häufigsten Elemente sind in Tab. 4.1 angegeben. Sie machen 99,9 % aus, den Rest von 0,1 % bilden die übrigen Elemente. Sehr selten sind so wichtige Elemente wie Au, Pt, Se, Ag, I, Hg, W, Sn, Pb.

Tabelle 4.1 Häufigkeit der Elemente in der Erdkruste

Element	Massenanteil in %	Element	Massenanteil in %
O	45,50	P	0,112
Si	27,20	Mn	0,106
Al	8,30	F	0,054
Fe	6,20	Ba	0,039
Ca	4,66	Sr	0,038
Mg	2,76	S	0,034
Na	2,27	C	0,018
K	1,84	Zr	0,016
Ti	0,63	V	0,014
H	0,15	Cl	0,013
	99,51		0,444

Die Anzahl der Mineralarten in der Erdkruste beträgt etwa 3 500. 91,5 % der Erdkruste bestehen aus Si—O-Verbindungen (hauptsächlich Silicate von Al, Fe, Ca, Na, Mg), 3,5 % aus Eisenerzen (vorwiegend Eisenoxide), 1,5 % aus $CaCO_3$. Alle anderen Mineralarten machen nur noch 3,5 % aus.

https://doi.org/10.1515/9783110694444-004

4.2 Wasserstoff

4.2.1 Allgemeine Eigenschaften

Ordnungszahl Z	1
Elektronenkonfiguration	$1s^1$
Ionisierungsenergie in eV	13,6
Elektronegativität	2,2
Schmelzpunkt in °C	−259
Siedepunkt in °C	−253

Wasserstoff nimmt unter den Elementen eine Ausnahmestellung ein. Das Wasserstoffatom ist das kleinste aller Atome und hat die einfachste Struktur aller Atome. Die Elektronenhülle besteht aus einem einzigen Elektron, die Elektronenkonfiguration ist $1s^1$. Wasserstoff gehört zu keiner Gruppe des Periodensystems. Verglichen mit den anderen s^1-Elementen, den Alkalimetallen, hat Wasserstoff eine doppelt so hohe Ionisierungsenergie und eine wesentlich größere Elektronegativität, und es ist ein typisches Nichtmetall.

Die durch Abgabe des 1s-Valenzelektrons gebildeten H^+-Ionen sind Protonen. In kondensierten Phasen existieren H^+-Ionen nie isoliert, sondern sie sind immer mit anderen Molekülen oder Atomen assoziiert. In wässrigen Lösungen bilden sich H_3O^+-Ionen.

Wie bei den Halogenatomen entsteht aus einem Wasserstoffatom durch Aufnahme eines Elektrons ein Ion mit Edelgaskonfiguration. Von den Halogenen unterscheidet sich Wasserstoff aber durch seine kleinere Elektronenaffinität und Elektronegativität, der Nichtmetallcharakter ist beim Wasserstoff wesentlich weniger ausgeprägt. Verbindungen mit H^--Ionen wie KH und CaH_2 werden daher nur von den stark elektropositiven Metallen gebildet.

Da Wasserstoffatome nur ein Valenzelektron besitzen, können sie nur eine kovalente Bindung ausbilden. Im elementaren Zustand besteht Wasserstoff aus zweiatomigen Molekülen H_2, in denen die H-Atome durch eine σ-Bindung aneinander gebunden sind. Zwischen stark polaren Molekülen wie HF und H_2O treten Wasserstoffbindungen auf (vgl. Abschn. 2.6).

4.2.2 Vorkommen und Darstellung

Wasserstoff ist das häufigste Element des Kosmos. Etwa ⅔ der Gesamtmasse des Weltalls besteht aus Wasserstoff (vgl. S. 26). In der Erdkruste ist jedes sechste Atom ein Wasserstoffatom. In der unteren Atmosphäre kommt elementarer Wasserstoff nur in Spuren (Volumenanteil $5 \cdot 10^{-5}$ %) vor.

Wasserstoff kann aus Wasser (Massenanteil H 11,2 %), der häufigsten Wasserstoffverbindung, dargestellt werden.

Stark elektropositive Metalle reagieren mit Wasser unter Entwicklung von Wasserstoff, außerdem entsteht eine Lösung des Metallhydroxids.

$$2\,Na + 2\,H_2O \longrightarrow H_2 + 2\,Na^+ + 2\,OH^-$$
$$Ca + 2\,H_2O \longrightarrow H_2 + Ca^{2+} + 2\,OH^-$$

Im Labormaßstab gewinnt man Wasserstoff durch Reaktion von unedlen Metallen, wie Zn oder Fe, mit Säuren.

$$2\,H_3O^+ + Zn \longrightarrow H_2 + Zn^{2+} + 2\,H_2O$$

Der heute genutzte Wasserstoff wird nahezu ausschließlich auf Basis von Erdgas erzeugt oder er fällt als Nebenprodukt in chemischen Prozessen an.

Steam-Reforming-Verfahren

Methan aus Erdgasen oder leichte Erdölfraktionen (niedere Kohlenwasserstoffe) werden bei Temperaturen zwischen 700 und 830 °C und bei Drücken bis 40 bar mit Wasserdampf in Gegenwart von Ni-Katalysatoren umgesetzt.

$$CH_4 + H_2O \longrightarrow 3\,H_2 + CO \qquad \Delta H^\circ = +206\,\text{kJ/mol}$$

Da die Ni-Katalysatoren durch Schwefelverbindungen vergiftet werden, müssen die eingesetzten Rohstoffe vorher entschwefelt werden.

Partielle Oxidation von schwerem Heizöl

Schweres Heizöl und Erdölrückstände werden ohne Katalysator bei Temperaturen zwischen 1 200 und 1 500 °C und einem Druck von 30 bis 40 bar partiell mit Sauerstoff oxidiert.

$$2\,C_nH_{2n+2} + n\,O_2 \longrightarrow 2n\,CO + 2(n+1)\,H_2$$

Eine Entschwefelung ist nicht notwendig.

Kohlevergasung

Wasserdampf wird mit Koks reduziert.

$$C + H_2O \rightleftharpoons \underbrace{CO + H_2}_{\text{Wassergas}} \qquad \Delta H^\circ = +131\,\text{kJ/mol}$$

Die Erzeugung von Wassergas ist ein endothermer Prozess. Die dafür benötigte Reaktionswärme erhält man durch Kombination mit dem exothermen Prozess der Kohleverbrennung.

$$C + O_2 \longrightarrow CO_2 \qquad \Delta H^\circ_B = -393{,}5\,\text{kJ/mol}$$

Beim Winkler-Verfahren wird ohne Druck bei 800 – 1 100 °C gearbeitet. Bei anderen Verfahren erfolgt die Umsetzung bei höheren Temperaturen und zum Teil unter Druck.

Bei allen drei Verfahren erfolgt anschließend eine

Konvertierung von Kohlenstoffmonooxid

CO reagiert in Gegenwart von Katalysatoren mit Wasserdampf zu CO_2. Es stellt sich das so genannte Wassergasgleichgewicht ein.

$$CO + H_2O\,(g) \rightleftharpoons CO_2 + H_2 \qquad \Delta H° = -41\,\text{kJ/mol;} \quad K_{830\,°C} = 1$$

Bei 1 000 °C liegt das Gleichgewicht auf der linken Seite, unterhalb 500 °C praktisch vollständig auf der rechten Seite.

Bei der Hochtemperaturkonvertierung arbeitet man bei 350 – 380 °C mit Eisenoxid-Chromoxid-Katalysatoren. Die Tieftemperaturkonvertierung wird mit Kupferoxid-Zinkoxid-Katalysatoren bei 200 – 250 °C durchgeführt, man erreicht Restgehalte von CO unter 0,3 %. Dieser Katalysator ist aber, im Gegensatz zum Eisenoxid-Chromoxid-Katalysator, sehr empfindlich gegen Schwefelverbindungen. Für die Tieftemperaturkonvertierung eignen sich daher die Reaktionsgemische aus dem Steam-Reforming-Prozess.

CO_2 wird unter Druck durch physikalische Absorption (z. B. mit Methanol) oder durch chemische Absorption (organische Amine, wässrige K_2CO_3-Lösungen) aus dem Gasgemisch entfernt.

Thermisches Cracken von Kohlenwasserstoffen

Zur Benzingewinnung aus Erdöl werden die im Erdöl enthaltenen Kohlenwasserstoffe unter Rußabscheidung und H_2-Entwicklung katalytisch gespalten.

$$C_nH_{2n+2} \begin{cases} \longrightarrow C_nH_{2n} + H_2 \\ \longrightarrow C_{n-1}H_{2n} + H_2 + C(s) \end{cases}$$

Elektrolyse

Elektrolytisch erzeugt man Wasserstoff durch Elektrolyse 30 %iger KOH-Lösungen und als Nebenprodukt bei der Elektrolyse von Natriumchloridlösungen (vgl. S. 397).

$$Na^+ + Cl^- + H_2O \longrightarrow Na^+ + OH^- + \tfrac{1}{2}H_2 + \tfrac{1}{2}Cl_2$$

Der erzeugte Wasserstoff ist sehr rein und wird z. B. für Hydrierungen in der Nahrungsmittelindustrie (Fetthärtung) verwendet.

Weltweit wurden 2019 117 $\cdot 10^6$ t H_2 produziert (Deutschland 0,38 $\cdot 10^6$ t), davon 69 $\cdot 10^6$ t aus Erdgas und 48 $\cdot 10^6$ t als Nebenprodukt bei chemischen Prozessen. Der Anteil des elektrolytisch erzeugten Wasserstoffs liegt bei ca. 4 %, bisher meistens als Nebenprodukt aus Chlor-Alkali-, HF-, HCl- u. a. Elektrolysen.

Von dem technisch hergestellten Wasserstoffs wurden 2019 38 $\cdot 10^6$ t in Raffinerien für die Herstellung von z. B. Diesel und Benzin verwendet, 31 $\cdot 10^6$ t für die Ammoniaksynthese, 12 $\cdot 10^6$ t für die Methanolherstellung, 4 $\cdot 10^6$ t für die Eisenerzreduktion, 30 $\cdot 10^6$ t als Heizgas, Raketentreibstoff, zum autogenen Schneiden und

Schweißen (vgl. S. 412 f.), als Reduktionsmittel bei der Herstellung weiterer Metalle (W, Mo, Ge, Co) aus Metalloxiden, Fetthärtung und Sonstiges.

Abhängig von der Herstellungsart enthält Wasserstoff Verunreinigungen wie O_2, N_2 und in Spuren H_2S, AsH_3. Reinster Wasserstoff wird nach folgenden Methoden hergestellt: Wasserstoff löst sich in Pd und Ni und diffundiert durch beheizte Röhrchen dieser Metalle, die Verunreinigungen lösen sich nicht (vgl. S. 417); Uran wird mit H_2 bei höheren Temperaturen zum Hydrid umgesetzt und dieses im Vakuum thermisch zersetzt.

4.2.3 Physikalische und chemische Eigenschaften

Wasserstoff ist ein farbloses, geruchloses Gas. Es ist das leichteste aller Gase, 1 l hat bei 0 °C die Masse von 0,08987 g, es ist 14,4mal leichter als Luft. Es hat von allen Gasen die größte spezifische Wärmekapazität und das größte Diffusionsvermögen. Die Diffusionsgeschwindigkeit eines Gases hängt von seiner Molekülmasse m ab. Für die Diffusionsgeschwindigkeit v zweier Gase gilt:

$$\frac{v_1}{v_2} = \sqrt{\frac{m_2}{m_1}}$$

Wasserstoff diffundiert also viermal schneller als Sauerstoff. Auf Grund der hohen mittleren Geschwindigkeit der H_2-Moleküle (vgl. S. 280) hat es von allen Gasen die größte Wärmeleitfähigkeit.

Bei 20 K kondensiert Wasserstoff zu einer farblosen, nicht leitenden Flüssigkeit, bei 14 K kristallisiert Wasserstoff in einem Molekülgitter mit hexagonal-dichtester Kugelpackung (vgl. S. 177).

Von großem theoretischem Interesse ist der Übergang Nichtmetall – Metall, der bei hohen Drücken zu erwarten ist und der z. B. beim Iod experimentell realisiert werden konnte (vgl. S. 434). Für die Umwandlung in metallischen Wasserstoff wurde theoretisch ein Druck von 2,5 Mbar abgeschätzt. Wasserstoff, der Stoßwellen mit Drücken bis zu 2 Mbar ausgesetzt wurde, zeigte eine elektrische Leitfähigkeit von 2 000 $(\Omega\ \mathrm{cm})^{-1}$. Damit wurde erstmalig der experimentelle Nachweis von metallischem Wasserstoff erbracht.

Wasserstoff besitzt nur eine geringe Löslichkeit in Wasser (18,2 ml H_2/l bei 20 °C) und anderen Lösungsmitteln, löst sich jedoch gut in einigen Übergangsmetallen (vgl. S. 417), am besten in Pd (850 ml H_2/ml Pd).

Wegen der relativ großen Dissoziationsenergie der Wasserstoffmoleküle ist H_2 bei Raumtemperatur ziemlich reaktionsträge.

$$H_2 \rightleftharpoons 2H \qquad \Delta H^\circ = +436\ \mathrm{kJ/mol}$$

Molekularer Wasserstoff kann aber durch Zufuhr von Wärme- oder Strahlungsenergie sowie durch Oberflächenreaktionen an Katalysatoren (vgl. S. 333) aktiviert werden. So wirkt molekularer Wasserstoff erst bei höherer Temperatur auf die Oxide schwach elektropositiver Metalle (Cu, Fe, Sn, W) reduzierend.

$$Cu_2O + H_2 \longrightarrow 2\,Cu + H_2O$$

$PdCl_2$ wird – ausnahmsweise – bereits bei Raumtemperatur reduziert.

$$PdCl_2 + H_2 \longrightarrow Pd + 2\,HCl$$

$PdCl_2$-Lösungen benutzt man daher zum Nachweis von H_2.

Bei Raumtemperatur reagiert ein Gemisch aus molekularem Wasserstoff und Sauerstoff (Knallgas) praktisch nicht. In Gegenwart von Katalysatoren (Pt) oder bei erhöhter Temperatur (> 400 °C) läuft die exotherme Reaktion

$$\underbrace{H_2 + \tfrac{1}{2}O_2}_{\text{Knallgas}} \longrightarrow H_2O\,(g) \qquad \Delta H^\circ_B = -241{,}8\ \text{kJ/mol}$$

explosionsartig als Kettenreaktion ab.

$$H_2 \longrightarrow 2\,H \qquad \text{Startreaktion}$$

$$\left.\begin{array}{l} H + O_2 \longrightarrow OH + O \\ OH + H_2 \longrightarrow H_2O + H \\ O + H_2 \longrightarrow OH + H \end{array}\right\} \begin{array}{l}\text{Kettenreaktion mit} \\ \text{Kettenverzweigung}\end{array}$$

Die Kettenabbruchreaktionen

$$OH + H \longrightarrow H_2O$$
$$O + H_2 \longrightarrow H_2O$$

finden nur dann statt, wenn ein Teil der Rekombinationsenergie von einem weiteren Teilchen (Dreierstöße) oder der Gefäßwand aufgenommen wird.

Auf Grund der hohen Verbrennungsenthalpie kann man diese Reaktion zur Erzeugung hoher Temperaturen benutzen (Knallgasgebläse). Damit keine Explosion erfolgen kann, leitet man die Gase getrennt in den Verbrennungsraum (Daniell'scher Brenner). Man erreicht Temperaturen bis 3 000 °C, so dass man das Knallgasgebläse zum Schmelzen hochschmelzender Stoffe sowie zum autogenen Schweißen und Schneiden benutzt. Überraschend ist, dass unter hohem Druck (ca. 80 000 bar) bei Raumtemperatur Knallgas eine stabile Mischung bildet, die nicht zur Reaktion gebracht werden kann.

Auch die Reaktion von Chlorknallgas

$$H_2 + Cl_2 \longrightarrow 2\,HCl$$

muss aktiviert werden. Sie verläuft ebenfalls explosionsartig nach einem Kettenmechanismus (vgl. S. 331).

Gegenüber Alkalimetallen und Erdalkalimetallen kann Wasserstoff auch als Oxidationsmittel reagieren. Bei der Reaktion bilden sich salzartige Hydride, die aus Metallkationen und H^--Ionen aufgebaut sind (vgl. S. 416).

Atomarer Wasserstoff H ist sehr reaktionsfähig und hat ein hohes Reduktionsvermögen. Schon bei Raumtemperatur erfolgt Reaktion mit Cl_2, Br_2, I_2, O_2, S_8, P_4, As, Sb, Ge und Reduktion der Oxide CuO, SnO_2, PbO, Bi_2O_3 zu Metallen.

Atomarer Wasserstoff entsteht mit Ausbeuten bis zu 95 %, wenn man H_2-Moleküle unter vermindertem Druck mit Mikrowellen bestrahlt. Auf Grund des ungepaarten Elektrons verhalten sich H-Atome wie Radikale, die sofort wieder zu H_2 rekombinieren. Die Halbwertszeit der Rekombination beträgt jedoch einige Zehntelsekunden, da bei der Rekombination ein dritter Stoßpartner (Teilchen oder Gefäßwand) vorhanden sein muss, der einen Teil der frei werdenden Bindungsenergie aufnimmt. Fehlt dieser, wird die frei werdende Bindungsenergie in Schwingungsenergie umgewandelt, das Molekül zerfällt wieder. Die Lebenszeit der H-Atome genügt, um sie aus dem Entladungsraum abzusaugen und den Reaktionspartnern zuzuleiten.

Atomarer Wasserstoff entsteht auch durch Aufspaltung der H_2-Moleküle bei hohen Temperaturen, z. B. im Lichtbogen. Bei 3 000 °C sind 9 %, bei 3 500 °C 29 % und bei 6 000 °C 99 % H-Atome im Gleichgewicht mit H_2. In der Langmuir-Fackel wird die Rekombinationswärme zum Schweißen (reduzierende Atmosphäre) und Schmelzen höchstschmelzender Stoffe (Ta, W) ausgenutzt. Ein scharfer Strahl der im Lichtbogen erzeugten H-Atome wird auf die Metalloberfläche gerichtet. An den Auftreffstellen entstehen durch die Rekombinationswärme Temperaturen bis 4 000 °C.

4.2.4 Wasserstoffisotope

Natürlicher Wasserstoff besteht aus den Isotopen ^1H (leichter Wasserstoff, Protium), ^2H (Deuterium D) und ^3H (Tritium T) (Häufigkeiten $1:10^{-4}:10^{-17}$). Tritium ist ein β-Strahler und wandelt sich mit einer Halbwertszeit von 12,4 Jahren in ^3_2He um. Es wird daher zur radioaktiven Markierung von Wasserstoffverbindungen verwendet. Natürliches Tritium entsteht in den höchsten Schichten der Atmosphäre durch Reaktion von N-Atomen mit Neutronen der Höhenstrahlung.

$$^{14}_{7}N + ^{1}_{0}n \longrightarrow ^{3}_{1}H + ^{12}_{6}C$$

Die künstliche Darstellung von T und die Kernfusion von T mit D ist im Abschn. 1.3.3 beschrieben.

Bei keinem Element ist die relative Massendifferenz der Isotope so groß wie beim Wasserstoff, daher sind diese in ihren Eigenschaften unterschiedlicher als die Isotope der anderen Elemente. Einige Eigenschaften von H_2 und D_2 werden in Tab. 4.2 verglichen.

H_2 und D_2 unterscheiden sich nicht nur in den physikalischen Eigenschaften, sondern auch – im Gegensatz zu den Isotopen anderer Elemente – etwas im chemischen Verhalten. H_2 ist reaktionsfähiger als D_2. Die Reaktionen von H_2 mit Cl_2, Br_2 und O_2 verlaufen schneller als die entsprechenden Reaktionen mit D_2.

Auch die Reaktionsgeschwindigkeiten deuterierter Verbindungen sind meist kleiner als die entsprechender H-Verbindungen. Solche Isotopeneffekte benutzt man zur

Tabelle 4.2 Eigenschaften von Wasserstoff und Deuterium

	H_2	D_2
Schmelzpunkt in K	14,0	18,7
Siedepunkt in K	20,4	23,7
Verdampfungsenthalpie in kJ/mol	0,117	0,197
Dissoziationsenergie bei 25 °C in kJ/mol	436	444

Anreicherung und Isolierung von Deuteriumverbindungen aus natürlichen Isotopengemischen. Bei der Elektrolyse von Wasser reichert sich D_2O im Elektrolyten an, da H_2O schneller (kathodisch) reduziert wird. Aus D_2O erhält man D_2 durch Elektrolyse oder Reduktion mittels Na. Da deuterierte Verbindungen einen kleineren Dampfdruck als H-Verbindungen haben, kann man D-Verbindungen von H-Verbindungen durch fraktionierende Destillation trennen.

Viele deuterierte Verbindungen können durch Isotopenaustauschreaktionen hergestellt werden. Zum Beispiel reagieren H_2, H_2O, NH_3, CH_4 an Pt-Katalysatoren mit D_2 zu den deuterierten Verbindungen HD, HDO usw. Auch durch Solvolyse mit D_2O werden deuterierte Verbindungen hergestellt.

Beispiele:

$$SiCl_4 + 2\,D_2O \longrightarrow SiO_2 + 4\,DCl$$
$$SO_3 + D_2O \longrightarrow D_2SO_4$$

D_2O wird in Kernreaktoren als Moderator verwendet (vgl. S. 23). Deuterierte Verbindungen sind wertvoll bei der Aufklärung von Strukturen und Reaktionsabläufen.

4.2.5 Ortho- und Parawasserstoff

Der Wasserstoffatomkern besitzt einen Spin. Ein H_2-Molekül besteht entweder aus Atomen, deren Spins parallel (Orthowasserstoff) oder antiparallel (Parawasserstoff) sind. Zwischen beiden Molekülformen existiert ein temperaturabhängiges Gleichgewicht

$$\text{o-}H_2 \rightleftharpoons \text{p-}H_2$$

p-H_2 ist die energieärmere Form. In der Nähe des absoluten Nullpunkts liegt das Gleichgewicht daher vollständig auf der Seite von p-H_2 (99,7 % bei 20 K). Nur in Gegenwart von Katalysatoren (Aktivkohle, Pt, paramagnetische Substanzen) erfolgt eine rasche Gleichgewichtseinstellung. Der Reaktionsmechanismus verläuft über die Dissoziation der H_2-Moleküle an der Katalysatoroberfläche und nachfolgende Rekombination des Moleküls. Dabei erfolgt Spinkopplung entsprechend der Gleichgewichtslage. Oberhalb 200 K ist im Gleichgewichtszustand der maximal mögliche Gehalt von 75 % o-H_2 vorhanden. Reines o-H_2 kann aber z. B. durch gaschromatographische Trennung des Gemisches hergestellt werden. o-H_2 und p-H_2 zeigen keinen Unterschied im chemischen Verhalten, aber geringfügige Unterschiede in den physikalischen Eigenschaften.

Die ortho- und para-Spin-Unterscheidung bei H_2 gilt auch im H_2O-Molekül. ortho-H_2O hat die beiden Protonen mit parallelem Spin, para-H_2O mit antiparallelem Spin. In flüssigem Wasser werden ortho- und para-H_2O durch Protonenaustausch ständig ineinander überführt.

4.2.6 Wasserstoffverbindungen

Wasserstoff bildet mit fast allen Elementen Verbindungen, mehr als irgendein anderes Element. Nach der vorherrschenden Bindungsart können drei Gruppen von Wasserstoffverbindungen unterschieden werden: kovalente Hydride, salzartige Hydride und metallische Hydride.

Kovalente Hydride

Zu dieser Gruppe gehören die Hydride der Nichtmetalle und Halbmetalle, sie sind bei Normalbedingungen meist Gase oder Flüssigkeiten. Flüchtige kovalente Hydride bilden auch einige schwach elektropositive Hauptgruppenmetalle (Sn, Pb, Bi, Po). Eine überwiegend kovalente Bindung besitzen die binären Metallhydride von Be, Al und Ga, die bei Raumtemperatur polymer und daher nichtflüchtig sind.

Die kovalente Bindung ist fast unpolar (CH_4, PH_3, AsH_3) bis stark polar (HCl, H_2O, HF). Bezüglich der Bindungspolarität gibt es Hydride mit positiv polarisiertem Wasserstoff

$$\overset{\delta+}{H}-\overset{\delta-}{X} \qquad HCl,\ H_2O,\ NH_3$$

und solche mit negativ polarisiertem Wasserstoff

$$\overset{\delta-}{H}-\overset{\delta+}{X} \qquad SiH_4,\ B_2H_6$$

Der positiv polarisierte Wasserstoff ist zu Säurefunktionen befähigt und wirkt als Oxidationsmittel.

Beispiele:

$$HCl + H_2O \longrightarrow H_3O^+ + Cl^-$$
$$2\,HCl + Zn \longrightarrow Zn^{2+} + 2\,Cl^- + H_2$$

Der negativ polarisierte Wasserstoff hat eine basische Funktion und wirkt reduzierend.

Beispiele:

$$SiH_4 + 2\,H_2O \longrightarrow SiO_2 + 4\,H_2$$
$$SiH_4 + 2\,O_2 \longrightarrow SiO_2 + 2\,H_2O$$

Die wichtigsten kovalenten Wasserstoffverbindungen werden bei den jeweiligen Elementen behandelt.

Salzartige Hydride

Sie werden von stark elektropositiven Metallen (Alkalimetalle, Erdalkalimetalle außer Be) mit Wasserstoff bei 500 – 700 °C gebildet und sie kristallisieren in Ionengittern.

Die Ionenkristalle sind aus Metallkationen und Hydridionen H^- aufgebaut. Das weiche H^--Ion hat je nach Bindungspartner einen Ionenradius zwischen 130 und 200 pm und ähnelt in der Größe F^- und Cl^- (vgl. Tab. 2.2). Die Hydride der Alkalimetalle kristallisieren daher in der NaCl-Struktur. Die Erdalkalimetallhydride CaH_2, SrH_2 und BaH_2 kristallisieren in der Hochdruckmodifikation im Fluorit-Typ, die ternären Hydride $KMgH_3$, $LiBaH_3$ und $LiEuH_3$ im Perowskit-Typ.

Die Bildungsenthalpie der Alkalimetallhydride ist viel kleiner (ΔH°_B (LiH) = −91 kJ/mol; ΔH°_B (NaH) = − 57 kJ/mol) als die der Alkalimetallhalogenide (vgl. Tab. 3.2). Dies liegt daran, dass die Reaktion $\frac{1}{2}H_2 + e^- \longrightarrow H^-$ endotherm ist; bei den Halogenen ist die analoge Reaktion exotherm ($\Delta H^\circ_B(H^-) = +140$ kJ/mol; $\Delta H^\circ_B(Cl^-) = -167$ kJ/mol). Bei der Schmelzelektrolyse salzartiger Hydride entwickelt sich an der Anode Wasserstoff, analog der Chlorentwicklung bei der Schmelzelektrolyse von NaCl (vgl. Abschn. 4.10.3.2).

$$2\,H^- \longrightarrow H_2 + 2\,e^-$$

Mit Protonendonatoren reagieren Hydridionen nach

$$H^+ + H^- \longrightarrow H_2$$

Alle salzartigen Hydride werden daher von Wasser und Säuren unter Wasserstoffentwicklung zersetzt.

$$\overset{+2\;-1}{CaH_2} + 2\,\overset{+1}{H}OH \longrightarrow 2\,\overset{0}{H_2} + Ca^{2+} + 2\,OH^-$$

In schwer zugänglichen Gebieten kann diese Reaktion zur H_2-Darstellung dienen (z. B. Füllung von Wetterballons in Polarregionen). CaH_2 wird für viele Lösungsmittel als Trocknungsmittel verwendet.

Salzartige Hydride werden als Hydrierungs- und Reduktionsmittel benutzt. Vielseitige Anwendung findet Lithiumaluminiumhydrid (Lithiumalanat) $LiAlH_4$, das man durch Hydrierung von $AlCl_3$ mit LiH erhält.

$$4\,LiH + AlCl_3 \longrightarrow LiAlH_4 + 3\,LiCl$$

$LiAlH_4$ löst sich in Ether; mit dieser Lösung lassen sich z. B. Chloride in Hydride überführen.

$$2\,Si_2Cl_6 + 3\,LiAlH_4 \longrightarrow 2\,Si_2H_6 + 3\,LiCl + 3\,AlCl_3$$

Metallische Hydride

Viele Übergangsmetalle reagieren in exothermer Reaktion mit Wasserstoff zu Hydriden, die meist nicht stöchiometrisch zusammengesetzt sind. Der Wasserstoffgehalt ist variabel und im Allgemeinen umso größer, je niedriger die Temperatur und je

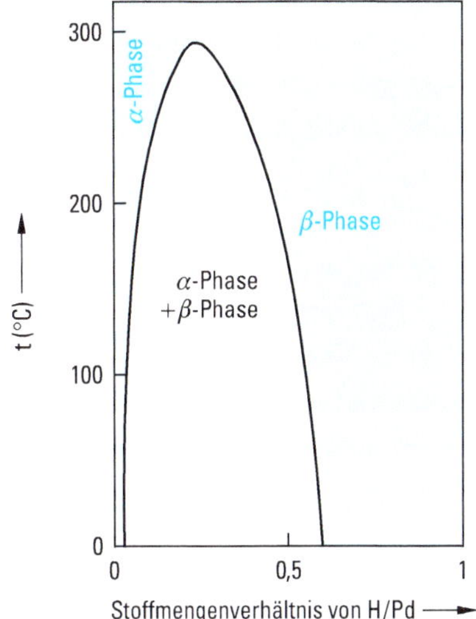

Abbildung 4.1 Phasendiagramm des Systems Palladium-Wasserstoff.
Bis 300 °C existieren zwei Phasen, die durch einen Zweiphasenbereich getrennt sind. Die Wasserstoffatome besetzen die Oktaederlücken des Pd-Gitters, es entsteht eine NaCl-Defektstruktur.

höher der H_2-Druck ist. Sie sind Feststoffe mit metallischem Aussehen, sind metallische Leiter oder Halbleiter und paramagnetisch. Im Metallgitter ist der Wasserstoff atomar gelöst. Die Wasserstoffatome besetzen Tetraederlücken oder Oktaederlücken des Metallgitters (vgl. dazu S. 211). Die Aufnahme des Wasserstoffs im Metallgitter bewirkt eine Vergrößerung des Metall-Metall-Abstandes und manchmal auch eine Strukturänderung des Metallgitters. Sie verändert die Struktur der Elektronenbänder der Metalle und damit auch die elektronischen Eigenschaften (elektrische Leitfähigkeit, magnetisches Verhalten). So erfolgt z. B. beim Übergang von Dihydriden der Seltenerdmetalle zu Trihydriden ein Übergang Metall – Halbleiter, Pd wird durch Wasserstoffaufnahme supraleitend (vgl. Abschn. 2.7.5.3), wenn die Zusammensetzung $PdH_{0,8}$ erreicht wird.

In den meisten Metall-Wasserstoff-Systemen existiert eine Reihe von Phasen mit großer Phasenbreite. Bei stöchiometrischen Zusammensetzungen können Kristallstrukturen auftreten, die auch von anderen binären Verbindungen bekannt sind.

Beispiel:

Im System Pd—H (Abb. 4.1) löst sich bei 20 °C im kubisch-flächenzentrierten Gitter des Pd (a = 389,0 pm) Wasserstoff bis zur Zusammensetzung $PdH_{0,01}$ (α-Phase, a = 389,4 pm). Es folgt ein Zweiphasengebiet aus α-Phase und $PdH_{0,61}$ (β-Phase, a = 401,8 pm). Bis zur Zusammensetzung PdH vergrößert sich die Gitterkonstante der β-Phase auf ca. 410 pm. Die H-Atome besetzen die Oktaederlücken des Pd-Gitters, die β-Phase besitzt also eine NaCl-Defektstruktur (vgl. Abschn. 2.7.4); bei tiefen Temperaturen (50 – 80 K) entstehen geordnete Verteilungen, z. B. Pd_2H. Die H-Atome besitzen eine hohe Beweglichkeit im Gitter, die Aktivierungsenergie der Diffusion beträgt 22 kJ/mol. PdH hat NaCl-Struktur und ist supraleitend, die Sprungtemperatur beträgt ca. 9 K.

Beispiele für stöchiometrische Strukturen:

NiAs-Struktur: MnH, CrH; Fluorit-Struktur: TiH_2, VH_2, CrH_2, CeH_2.

Es gibt für die strukturell sehr komplizierten metallischen Hydride kein einheitliches Bindungsmodell. Die Bindung ist vorwiegend metallisch mit sowohl ionischen als auch kovalenten Bindungsanteilen.

Komplexe Übergangsmetallhydride

Es sind außer den drei Gruppen binärer Hydride auch ternäre Hydride $A_x\,M_y\,H_z$ bekannt, die sowohl ein elektropositives Metall A als auch ein Übergangsmetall M enthalten und bei denen komplexe Struktureinheiten $[M_yH_z]^{nx-}$ auftreten können.

Es existiert bereits eine so große Anzahl ternärer Übergangsmetallhydride, so dass nur eine Auswahl strukturell untersuchter Alkalimetall- und Erdalkalimetall-Verbindungen genannt wird.

Erdalkalimetall-Übergangsmetallhydride

Mg_2FeH_6	Mg_2CoH_5	Mg_2NiH_4
A_2RuH_6 (A = Mg, Ca, Sr, Ba)	$Mg_6Co_2H_{11}$	$CaMgNiH_4$
Mg_2RuH_4	A_2RhH_5 (A = Ca, Sr)	$CaPdH_2$
Mg_3RuH_3	A_2IrH_5 (A = Ca, Sr)	
A_2OsH_6 (A = Mg, Ca, Sr, Ba)		

Die Hydride Mg_2FeH_6, A_2RuH_6 und Mg_2OsH_6 kristallisieren im K_2PtCl_6-Typ (Abb. 5.89), sie enthalten die oktaedrischen Komplexe $[MH_6]^{4-}$.

Die Hochtemperaturformen der Hydride Mg_2CoH_5, A_2MH_5 und Mg_2NiH_4 kristallisieren ebenfalls im K_2PtCl_6-Typ, die Cl-Punktlagen sind statistisch mit den beweglichen H-Atomen besetzt; bei den Tieftemperaturformen ordnen sich die H-Atome bei Mg_2CoH_5 tetragonal-pyramidal und bei Mg_2NiH_4 tetraedrisch. Auch beim $CaMgNiH_4$ ist Ni annähernd tetraedrisch von H koordiniert. $[RuH_4]^{4-}$ ist ein Komplex, bei dem aus dem oktaedrischen Koordinationspolyeder zwei H-Atome in cis-Stellung entfernt sind. Mg_3RuH_3 enthält den Komplex $[Ru_2H_6]^{12-}$, in dem Ru durch drei H in verzerrter T-Konfiguration umgeben ist und für den eine schwache Ru—Ru-Bindung angenommen wird.

Die Erdalkalimetall-Übergangsmetallhydride besitzen keine metallischen Eigenschaften.

Ternäre Hydride sind als Wasserstoffspeicher technisch interessant, da bei höheren Temperaturen reversible Wasserstoffabgabe erfolgt. Mg_2NiH_4 wurde bereits für wasserstoffgetriebene Automobile eingesetzt (vgl. Abschn. 3.8.11).

Alkalimetall-Übergangsmetallhydride

A_3MnH_5 (A = K, Rb, Cs)	Li_3RhH_4	A_2PdH_2 (A = Li, Na)
K_2TcH_9	A_3RhH_6 (A = Li, Na)	A_3PdH_3 (A = K, Rb, Cs)
K_3ReH_6	A_3IrH_6 (A = Li, Na)	A_2PdH_4 (A = Na, K, Rb, Cs)
K_2ReH_9		A_3PdH_5 (A = K, Rb, Cs)
		Li_2PtH_2
		A_2PtH_4 (A = Na, K, Rb, Cs)
		A_3PtH_5 (A = K, Rb, Cs)
		A_2PtH_6 (A = Na, K, Rb, Cs)

Bei den Hydriden A_2MH_4 existieren bei tiefen Temperaturen Strukturen mit planaren $[MH_4]^{2-}$-Baugruppen (typisch für die d^8-Konfiguration von Pt^{2+} und Pd^{2+}; vgl. S. 752); die Hochtemperaturformen kristallisieren im K_2PtCl_6-Typ, die H-Atome besetzen statistisch $^2/_3$ der oktaedrischen Cl-Plätze. Zusätzlich zu den $[MH_4]^{2-}$-Gruppen gibt es bei den Hydriden A_3MnH_5, A_3PdH_5 und A_3PtH_5 einzelne H^--Ionen, die oktaedrisch von A-Ionen umgeben sind. Die Verbindungen A_2PdH_2 enthalten lineare $[PdH_2]^{2-}$-Gruppen (typisch für Pd^0 mit d^{10}-Konfiguration; vgl. Ag(I), Abschn. 5.7.7.1), bei K_3PdH_3 gibt es zusätzlich oktaedrisch von K^+-Ionen koordinierte H^--Ionen. Die übrigen Hydride enthalten die komplexen Gruppen $[MH_6]^{3-}$ bzw. $[MH_9]^{2-}$ (siehe Abb. 5.72). Die Alkalimetall-Übergangsmetallhydride sind meist farblos. Nur Na_2PdH_2 und Li_2PdH_2 haben metallische Eigenschaften.

4.2.7 Wasserstoff als Energieträger

Wasserstoff wird als Energiemittel der Zukunft propagiert. Wasser als Rohstoffquelle für Wasserstoff ist auf der Erde unerschöpflich. Bei der energetischen Nutzung von Wasserstoff entstehen wieder Wasser und kaum schädliche Abgase. Mit dem Schlagwort Wasserstoff-Wirtschaft bezeichnet man ein künftiges „umweltfreundliches“ Energieversorgungssystem, das zunehmendes Interesse findet, u. a. wegen der CO_2-Problematik. Wasserstoff liefert bei der Verbrennung neben geringen NO_x-Mengen nur H_2O, das keine Umweltprobleme aufwirft. Dafür muss Wasserstoff allerdings mit regenerativer Energie als sogenannter „grüner Wasserstoff“ CO_2-frei und nicht über Erdgas als sogenannter „grauer Wasserstoff“ mit CO_2-Freisetzung hergestellt werden. Als Energieträger kann Wasserstoff anstelle von fossilen Brennstoffen in Motoren, Heizungsanlagen, Kraftwerken bis hin zur Eisenerzeugung eingesetzt werden. Partikel- und Schadstoffemissionen sind minimiert. In Brennstoffzellen (s. Abschn. 3.8.11) lässt sich mit einem hohen Wirkungsgrad elektrische Energie vollständig Schadstoff-frei direkt aus Wasserstoff erzeugen.

Kann aber Wasserstoff einen Beitrag zur zukünftigen Energieversorgung leisten? Japan z. B. setzt seit 2014 im Verbund aus Politik, Forschung und Industrie stark auf Wasserstoff mit wachsender H_2-Infrastruktur und mit Brennstoffzellen betriebenen Kraftfahrzeugen. In anderen Ländern wird die Diskussion eher kontrovers geführt.

An dieser Stelle kann keine abschließende Beantwortung der Frage gegeben werden. Die ökonomischen, wissenschaftlichen und politischen Randbedingungen sind aktuell noch starken Veränderungen unterworfen.

Als „Speichermedium" für regenerativen Strom hat Wasserstoff attraktive Eigenschaften. Wasserstoff kann bei Bedarf zurück verstromt werden, mit Biogas zur Befeuerung eines Heizkraftwerks genutzt werden oder an H_2-Tankstellen geliefert werden. Allerdings muss berücksichtigt werden, dass bei der Elektrolyse nur maximal 80 % der Stromenergie im Wasserstoff gespeichert werden. Bei einer anschließenden Verdichtung auf 700 bar geht nochmal 10 %, bei einer Verflüssigung nochmal 25 % verloren. Nach der Rückumwandlung in Strom wird daher evtl. nur 25 % der ursprünglichen Energie zurückerhalten, was bedeutet, dass Wasserstoff aus Strom entsprechend teurer ist, als der Strom selbst. Bei der sauren oder basischen Elektrolyse von Wasser muss die Potentialdifferenz von 1,23 V überwunden werden. Zur energieeffizienten Elektrolyse bedarf es zusätzlich geeigneter und neuer Elektrodenmaterialien als Katalysatoren, um die kinetische Hemmung (die Ursache für die Überspannung) für die Gasabscheidung möglichst gering zu halten.

Ein grundlegendes Problem für H_2 in mobilen Anwendungen ist seine geringe Energiedichte. Bei Umgebungstemperatur und einem Druck von 250 bar, enthält ein Wasserstofftank nur 7 % der Energie eines gleich großen Benzintanks. Bisher wurde von keinem Wasserstoff-Speichersystem (flüssiger H_2, Druck-H_2 bis 700 bar, Übergangsmetall-Hydride, chemische Speicher wie $NaBH_4$) die H-Speicherdichte von Alkoholen oder Kohlenwasserstoffen erreicht (gravimetrische Speicherdichte von > 12 Gew.% H und eine volumetrische Speicherdichte von > 90 g (H)/l).

4.3 Gruppe 18 (Edelgase)

4.3.1 Gruppeneigenschaften

	Helium He	Neon Ne	Argon Ar	Krypton Kr	Xenon Xe	Radon Rn
Ordnungszahl Z	2	10	18	36	54	86
Elektronenkonfiguration	$1s^2$	[He] $2s^2\ 2p^6$	[Ne] $3s^2\ 3p^6$	[Ar] $3d^{10}$ $4s^2\ 4p^6$	[Kr] $4d^{10}$ $5s^2\ 5p^6$	[Xe] $4f^{14}\ 5d^{10}$ $6s^2\ 6p^6$
Ionisierungsenergie in eV	24,6	21,6	15,8	14,0	12,1	10,7
Schmelzpunkt in °C	−272	−249	−189	−157	−112	−71
Siedepunkt in °C	−269	−246	−186	−153	−108	−62
Kritische Temperatur in °C	−268	−229	−122	− 64	17	105
van-der-Waals-Radien in pm	120	160	190	200	220	–
Farbe des in Gasentladungsröhren ausgestrahlten Lichts	gelb	rot	rot	gelbgrün	violett	weiß

Die Edelgase stehen in der 18. Gruppe des PSE. Sie haben die Valenzelektronenkonfiguration s^2p^6 bzw. s^2, also abgeschlossene Elektronenkonfigurationen ohne ungepaarte Elektronen. Sie sind daher chemisch sehr inaktiv. Wie die hohen Ionisierungsenergien zeigen, sind Edelgaskonfigurationen sehr stabile Elektronenkonfigurationen. Viele Elemente bilden daher Ionen mit Edelgaskonfiguration und in zahlreichen kovalenten Verbindungen besteht die Valenzschale der Atome aus acht Elektronen (Oktettregel). Wegen des Fehlens ungepaarter Elektronen sind die Edelgase als einzige Elemente im elementaren Zustand atomar. Bei Zimmertemperatur sind die Edelgase einatomige Gase. Sie sind farblos, geruchlos, ungiftig und unbrennbar. Zwischen den Edelgasatomen existieren nur schwache van-der-Waals-Kräfte. Dementsprechend sind die Schmelzpunkte und Siedepunkte sehr niedrig. Sie nehmen mit wachsender Ordnungszahl systematisch zu, da mit größer werdender Elektronenhülle die Polarisierbarkeit wächst und damit die van-der-Waals-Kräfte (Dispersionseffekt) stärker werden.

Helium hat den tiefsten Siedepunkt aller bekannten Substanzen. Unterhalb 2,2 K geht das normale flüssige Helium I in einen Zustand extrem niedriger Viskosität über. Dieses superfluide Helium II besitzt außerdem eine extrem hohe Wärmeleitfähigkeit, die um drei Zehnerpotenzen höher ist als die von Cu bei Raumtemperatur.

Im festen Zustand kristallisieren alle Edelgase in der kubisch-dichtesten Packung, Helium außerdem auch in der hexagonal-dichtesten Packung (vgl. Abschn. 2.4.2).

Edelgase können kovalente Bindungen ausbilden. Da die Ionisationsenergie sehr hoch ist (siehe vorstehende Tabelle), sind die Elektronen sehr fest gebunden. Sie nimmt aber von Neon zum Xenon auf die Hälfte ab und Verbindungsbildung ist daher am ehesten bei den schweren Edelgasen zu erwarten. Tatsächlich gibt es hauptsächlich Verbindungen von Kr, Xe und Rn, in denen diese Edelgase kovalente Bindungen mit den elektronegativen Elementen F, O, Cl, N und C ausbilden. In der Matrix[1] konnte auch die Existenz der Argonverbindung HArF nachgewiesen werden. Thermodynamisch stabile binäre Verbindungen sind nur die Fluoride von Xe. Erst 1962 wurden die ersten Edelgasverbindungen synthetisiert: $Xe^+[PtF_6]^-$ und XeF_2. $Xe^+[PtF_6]^-$ wurde später als Gemisch aus $Xe^+[PtF_6]^-$ und $Xe^{2+}2[PtF_6]^-$ oder $[FXe]^+[PtF_6]^-$ und $[FXe]^+[Pt_2F_{11}]^-$ korrekter formuliert. Vorher waren nur **Edelgas-Clathrate**, z. B. Hydrat-Clathrate der idealen Zusammensetzung $(H_2O)_{46}E_8$ (E = Ar, Kr, Xe) bekannt. Bei ihnen sind in den Käfigen des H_2O-Wirtsgitters Edelgasatome eingelagert, die durch schwache van-der-Waals-Wechselwirkungen festgehalten werden (vgl. Abschn. 4.5.4). Die meisten heute bekannten Edelgasverbindungen sind Xenonverbindungen. Die Chemie der Edelgase ist weitgehend die Chemie des Xenons.

Durch Zerfall von ^{238}U entsteht ^{222}Rn. In Deutschland verursacht die Inhalation von Radon fast die Hälfte der natürlichen Strahlenbelastung (s. S. 16). Sie ist aber abhängig von lokalen Bedingungen sehr unterschiedlich.

[1] Bei Raumtemperatur instabile Moleküle kann man bei tiefen Temperaturen isolieren, wenn man sie in eine feste inerte Matrix einbettet.

4.3.2 Vorkommen, Gewinnung, Verwendung

Edelgase sind Bestandteile der Luft. Ihr Volumenanteil in der Luft beträgt 0,933 %. Im Einzelnen ist die Zusammensetzung der Luft in Tab. 4.3 angegeben. Die große Häufigkeit von Argon in der Atmosphäre ist aus dem natürlich vorkommenden Isotop ^{40}K entstanden: $^{40}_{19}K + {}^{0}_{-1}e \longrightarrow {}^{40}_{18}Ar$ (Elektroneneinfang aus der K-Schale). Der deutlich geringere Xe-Anteil in der Luft im Vergleich zu den anderen Edelgasen ist ein noch ungelöstes Rätsel. Der Xe-Gehalt ist sehr viel geringer als was in Meteoriten eingeschlossen ist, von denen man annimmt, dass aus ihnen die Erde einst gebildet wurde.

He ist in Erdgasen enthalten. Ergiebige Erdgasquellen in den USA enthalten Volumenanteile He bis 8 %. Die He-Reserven in Erdgasen werden auf $5 \cdot 10^9$ m^3 geschätzt.

Tabelle 4.3 Zusammensetzung der Luft (Volumenanteile in %).

N_2	78,08	Ne	$1{,}6 \cdot 10^{-3}$
O_2	20,95	He	$5 \cdot 10^{-4}$
Ar	0,93	Kr	$1 \cdot 10^{-4}$
CO_2	0,04	Xe	$9 \cdot 10^{-6}$

Die technische Gewinnung von Edelgasen aus der Luft erfolgt durch fraktionierende Destillation verflüssigter Luft (vgl. S. 460). He erhält man aus Erdgasen. Bei der Abkühlung auf −205 °C bleibt nur He gasförmig zurück. Ar wird auch aus Industrieabgasen gewonnen. Bei der NH_3-Synthese reichert sich in dem im Kreislauf gefahrenen Gasgemisch Ar an (ca. 10 %). 2017 wurden in Deutschland $240 \cdot 10^6$ m^3 Argon mit einem Wert von fast 100 Mio € produziert. Die jährliche weltweite Nachfrage liegt bei über $5 \cdot 10^9$ m^3.

Die wichtigsten Verwendungsgebiete sind die Lichttechnik und die Schweißtechnik.

Argon wird als Schutzgas, z. B. beim Umschmelzen von Metallen und bei der Lichtbogenschweißung verwendet. Gasentladungsröhren mit Edelgasfüllungen dienen als Lichtreklame. Ar, Kr und Xe werden als Füllgase für Glühlampen verwendet, da dann die Temperatur des Wolframglühfadens und damit die Lichtausbeute gesteigert werden kann. Die Lichtausbeute beträgt aber trotzdem nur 5 % bezogen auf die elektrische Leistung. Krypton besitzt eine geringe Wärmeleitfähigkeit, der Kolbendurchmesser der Glühlampen kann daher klein gehalten werden. In den Halogenlampen wird vorwiegend Krypton als Füllgas (3−4 bar) verwendet. Spuren von Halogen (meist Iod) reagieren mit verdampftem Wolfram zu einem gasförmigen Halogenid (s. S. 435). Dieses zersetzt sich in einer Rückreaktion am Wolframglühfaden und transportiert dadurch Wolfram zum Glühfaden zurück (vgl. Transportreaktion Abschn. 5.11.4). Dies ermöglicht eine Steigerung der Glühfadentemperatur bis 3 200 °C (Wolfram schmilzt bei 3 410 °C), und die Lichtausbeute kann auf 10 % gesteigert werden. Die Rückreaktion erfordert eine Mindesttemperatur der Kolbenwand. Daher die kleine Bauform der Halogenlampe. Wegen der hohen Temperaturen müssen Halogenlampen aus Quarzglas gefertigt werden. Hochdruck-Xenonlampen (100 bar) arbeiten mit einem Hochspannungslichtbogen und strahlen ein dem Tageslicht ähnliches Licht aus (Flutlichtlampen, Leuchttürme) (s. auch Abschn. 5.10.6).

Helium wird zur Füllung von Ballons und in der Tieftemperaturtechnik benutzt. He-O_2-Gemische (10 % O_2) sind vorteilhaft als Atemgas für Taucher, da sich unter Druck weniger He im Blut löst als N_2. In der Kerntechnik hat He als Kühlmittel Bedeutung erlangt, da He nicht radioaktiv wird und einen geringen Neutronenabsorptionsquerschnitt hat.

Das Isotop ^{3}He wird in der Kältetechnik, der Neutronen-Detektion, der medizinischen Bildgebung und in Strahlungsdetektoren eingesetzt. ^{3}He ist ein Nebenprodukt des radioaktiven β-Zerfalls von Tritium (^{3}H).

4.3.3 Edelgasverbindungen

4.3.3.1 Edelgashalogenide

Man kennt bisher die Fluoride KrF_2, XeF_2, XeF_4, XeF_6, RnF_2 (Tab. 4.4), die Chloride $XeCl_2$, $XeCl_4$ und das Bromid $XeBr_2$. In der Matrix wurden auch die Spezies HArF, HKrCl, HXeCl, HXeBr und HXeI gefunden.

Tabelle 4.4 Eigenschaften von Edelgasfluoriden

	Oxidationszahl	Eigenschaften	Molekülstruktur
KrF_2	+2	farblose Kristalle $\Delta H^\circ_B = +15$ kJ/mol metastabil bei $t < 0$ °C	linear
XeF_2	+2	farblose Kristalle $\Delta H^\circ_B = -164$ kJ/mol; Smp. 129 °C	linear
RnF_2	+2	Festkörper	
XeF_4	+4	farblose Kristalle $\Delta H^\circ_B = -278$ kJ/mol; Smp. 117 °C	quadratisch
XeF_6	+6	farblose Kristalle $\Delta H^\circ_B = -361$ kJ/mol; Smp. 49 °C	verzerrt oktaedrisch

Die Edelgase reagieren nur mit einem Element, dem Fluor, direkt. Das Fluor muss aber entweder durch Erhitzen, Bestrahlen oder elektrische Entladungen aktiviert werden, da Fluor nur in atomarer Form mit den Edelgasen reagiert.

Xenon reagiert mit Fluor nach folgenden Gleichgewichtsreaktionen schrittweise und exotherm:

$$Xe + F_2 \rightleftharpoons XeF_2$$
$$XeF_2 + F_2 \rightleftharpoons XeF_4$$
$$XeF_4 + F_2 \rightleftharpoons XeF_6$$

Darstellungsbedingungen der Xenonfluoride:

	XeF_2	XeF_4	XeF_6
Stoffmengenverhältnis Xe/F_2	2:1	1:5	1:20
	400 °C oder Mikrowellen	400 °C, 6 bar	300 °C, 60 bar

Xe(II)-fluorid XeF_2 und **Xenon(IV)-fluorid XeF_4** sind in allen Phasen monomer. **Xenon(VI)-fluorid XeF_6** ist nur in der Gasphase monomer, im festen Zustand sind quadratisch-pyramidale XeF_5^+-Ionen durch F^--Ionen zu tetrameren oder hexameren Ringen verbunden. Die Xenonfluoride sind bei Raumtemperatur beständig, zersetzen sich aber beim Erhitzen in die Elemente. Sie sind flüchtig und sublimieren bereits bei Raumtemperatur. Sie sind starke Oxidations- und Fluorierungsmittel. Bei Redoxreaktionen entsteht Xe. Mit der Oxidation einer Verbindung ist vielfach eine Fluorierung verbunden.

Beispiele:

$$XeF_2 + H_2 \xrightarrow{300\,°C} Xe + 2\,HF$$
$$XeF_4 + 4\,I^- \longrightarrow Xe + 2\,I_2 + 4\,F^-$$
$$XeF_4 + 2\,SF_4 \longrightarrow Xe + 2\,SF_6$$
$$XeF_6 + 6\,HCl \longrightarrow Xe + 3\,Cl_2 + 6\,HF$$

Die Xenonfluoride können sowohl als F^--Donatoren als auch als F^--Akzeptoren reagieren.

XeF_6 reagiert z. B. mit PtF_5 zu einem gelben Salz $[XeF_5]^+[PtF_6]^-$. Die XeF_5^+-Ionen sind quadratisch-pyramidal gebaut.

Mit Alkalimetallfluoriden (außer LiF) entstehen **Fluoridoxenate(VI)**

$$CsF + XeF_6 \xrightarrow{50\,°C} CsXeF_7 \xrightarrow{>50\,°C} \tfrac{1}{2}\,Cs_2XeF_8 + \tfrac{1}{2}\,XeF_6$$

Die Octafluoridoxenate(VI) zersetzen sich erst oberhalb 400 °C und sind die stabilsten bekannten Xenonverbindungen.

Alle Xenonfluoride reagieren mit Wasser. XeF_2 zersetzt sich unter Oxidation von H_2O.

$$XeF_2 + H_2O \longrightarrow Xe + 2\,HF + \tfrac{1}{2}\,O_2$$

Die Hydrolyse von XeF_4 und XeF_6 wird bei den Oxiden des Xenons behandelt.

Krypton(II)-fluorid KrF_2 bildet farblose Kristalle, die bei −78 °C längere Zeit unzersetzt aufbewahrt werden können, bei −10 °C sublimieren und bei Raumtemperatur spontan zerfallen. KrF_2 wird bei −183 °C aus einem Kr-F_2-Gemisch durch Einwirkung elektrischer Entladungen hergestellt. Es ist das stärkste bisher bekannte Oxidationsmittel. Mit KrF_2 konnte erstmals AuF_5 hergestellt werden.

$$5\,KrF_2 + 2\,Au \longrightarrow 2\,AuF_5 + 5\,Kr$$

AgF wird zu AgF_2 oxidiert.

$$KrF_2 + 2\,AgF \longrightarrow 2\,AgF_2 + Kr$$

Von Wasser wird KrF_2 zersetzt.

$$KrF_2 + H_2O \longrightarrow Kr + 2\,HF + \tfrac{1}{2}O_2$$

Das lineare KrF_2 kann als Ligand in der Verbindung $[Mg(KrF_2)_4(AsF_6)_2]$ an Mg^{2+} koordinieren. Die farblosen Kristalle werden bei –78 °C aus $Mg(AsF_6)_2$ in wasserfreiem HF erhalten.

Radonfluorid. Rn reagiert mit F_2 bei 400 °C zu einem schwerflüchtigen Festkörper, der erst bei 250 °C sublimiert; wahrscheinlich entsteht RnF_2. Weitere Verbindungen konnten bisher nicht synthetisiert werden, obwohl eigentlich thermodynamisch stabilere Verbindungen als bei Xe zu erwarten wären. Da aber das stabilste Radonisotop ^{222}Rn eine Halbwertszeit von nur 3,8 Tagen hat und die freiwerdende Strahlungsenergie außerdem Verbindungen zersetzt, ist die Chemie des Radons äußerst schwierig.

$XeCl_2$, $XeCl_4$, $XeBr_2$. Diese instabilen Halogenide konnten als Produkte des β-Zerfalls der isoelektronischen Ionen $^{129}ICl_2^-$, $^{129}ICl_4^-$, $^{129}IBr_2^-$ nachgewiesen werden.

$$^{129}_{53}ICl_2^- \longrightarrow {}^{129}_{54}XeCl_2 + e^-$$

Isoliert werden konnten die Organoxenon(II)-chloride C_6H_5XeCl und $[(C_6H_5Xe)_2Cl][AsF_6]$. Die vermutlich stabilste Verbindung mit einer Xe—Cl-Bindung ist das Kation $XeCl^+$, das unterhalb −20 °C als $[XeCl]^+[Sb_2F_{11}]^-$ beständig ist.

4.3.3.2 Oxide, Oxidfluoride und Oxosalze des Xenons

Bekannt sind nur die beiden Oxide XeO_3 und XeO_4, außerdem die Oxidfluoride $XeOF_2$, XeO_2F_2, $XeOF_4$, XeO_3F_2 und XeO_2F_4 (Tab. 4.5).

Xenon(VI)-oxid XeO_3 entsteht bei der Hydrolyse von XeF_6 und XeF_4.

$$XeF_6 + 3\,H_2O \longrightarrow XeO_3 + 6\,HF$$
$$3\,XeF_4 + 6\,H_2O \longrightarrow Xe + 2\,XeO_3 + 12\,HF$$

Die farblosen Kristalle bestehen aus einem Molekülgitter mit isolierten XeO_3-Einheiten, sie sind hochexplosiv.

$$XeO_3\,(s) \longrightarrow Xe + 1{,}5\,O_2 \qquad \Delta H^\circ = -402\,\text{kJ/mol}$$

Beständig sind wässrige Lösungen von XeO_3, in denen es überwiegend molekular gelöst ist. Außerdem entsteht etwas Xenonsäure H_2XeO_4, deren Anhydrid XeO_3 ist.

$$XeO_3 + H_2O \rightleftharpoons H_2XeO_4$$
$$H_2XeO_4 + H_2O \rightleftharpoons H_3O^+ + HXeO_4^-$$

Tabelle 4.5 Eigenschaften von Xenonoxiden und Xenonoxidfluoriden

			Oxidationszahl
	$XeOF_2$ gelbe Kristalle instabil $\Delta H^\circ_B > 0$		+4
XeO_3 farblose Kristalle explosiv $\Delta H^\circ_B = +402$ kJ/mol	XeO_2F_2 farblose Kristalle metastabil, Smp. 31 °C $\Delta H^\circ_B > 0$	$XeOF_4$ farblose Flüssigkeit Smp. −46 °C $\Delta H^\circ_B = -96$ kJ/mol	+6
XeO_4 farbloses Gas explosiv $\Delta H^\circ_B = +643$ kJ/mol	XeO_3F_2 Flüssigkeit Smp. −54 °C	XeO_2F_4 massenspektrometrisch nachgewiesen	+8

Die Lösungen reagieren schwach sauer und wirken stark oxidierend. Bei Zusatz von Lauge bildet sich Xenat(VI).

$$H_2XeO_4 + OH^- \longrightarrow HXeO_4^- + H_2O$$

Isoliert werden konnten **Xenate(VI)** mit Alkalimetallkationen. In stark alkalischer Lösung disproportioniert Xe(VI) in Xe(0) und Xe(VIII).

$$2\,H\overset{+6}{Xe}O_4^- + 4\,Na^+ + 2\,OH^- \longrightarrow Na_4\overset{+8}{Xe}O_6 + \overset{0}{Xe} + O_2 + 2\,H_2O$$

Auf diese Weise können die thermisch ziemlich stabilen **Perxenate(VIII)** $Na_4XeO_6 \cdot n\,H_2O$ und $Ba_2XeO_6 \cdot 1{,}5\,H_2O$ erhalten werden. Perxenate(VIII) sind sehr starke Oxidationsmittel:

$$H_4XeO_6 + 2\,H_3O^+ + 2\,e^- \rightleftharpoons XeO_3 + 5\,H_2O \qquad E^\circ = +2{,}36\,V$$

Xenon(VIII)-oxid XeO_4 entsteht gasförmig aus Natrium- oder Bariumperxenat(VIII) mit H_2SO_4.

$$Ba_2XeO_6 + 2\,H_2SO_4 \xrightarrow[-2\,H_2O]{-5\,°C} XeO_4 + 2\,BaSO_4$$

XeO_4 zerfällt explosionsartig

$$XeO_4(g) \longrightarrow Xe + 2\,O_2 \qquad \Delta H^\circ = -643\,kJ/mol$$

Bei der vorsichtigen Hydrolyse von XeF_4 bzw. XeF_6 entstehen die Verbindungen Xenondifluoridoxid $XeOF_2$ und Xenontetrafluoridoxid $XeOF_4$.

$$XeF_4 + H_2O \xrightarrow{-50\,°C} XeOF_2 + 2\,HF$$
$$XeF_6 + H_2O \longrightarrow XeOF_4 + 2\,HF$$

Durch Thermolyse von $XeOF_2$ entsteht Xenondifluoriddioxid XeO_2F_2.

$$2\,XeOF_2 \xrightarrow{-15\,°C} XeO_2F_2 + XeF_2$$

4.3.3.3 Verbindungen mit Xe—O-, Xe—N-, Xe—C-, Xe—S-, Xe—Xe-, Xe—Au-, Kr—O-, Kr—N-, und Kr—C-Bindungen

Es existieren bereits viele Verbindungen und eine umfangreiche Chemie. Jeweils ein oder wenige Beispiele seien genannt.

$[H{-}C{\equiv}N{-}E{-}F]^+[AsF_6]^-$ E = Kr, Xe

$C_6F_5{-}C({=}O){-}O{-}Xe{-}C_6F_5$ C_6F_5 = Pentafluorphenyl (Benzolring mit F, F, F, F, F)

$C_6F_5{-}Xe{-}C_6F_5$ $C_6F_5{-}Xe{-}F$

$TeF_5{-}O{-}E{-}O{-}TeF_5$ E = Kr, Xe

$Xe(OTeF_5)_4$ $Xe(OTeF_6)_6$

$-O-TeF_5$ und $-C_6F_5$ sind Substituenten mit einer hohen Gruppenelektronegativität.

Die Verbindungen HKrCN, HXeOH und HXeSH sind wie die schon oben erwähnten Halogenide HArF und HXeHal in der Matrix nachgewiesen worden. HXeOH ist bis 48 K und HXeSH bis 100 K stabil.

Der erste isolierbare Komplex mit einer Metall-Edelgas-Bindung wurde bei der Reduktion von Gold(III)fluorid mit Xenongas in der Supersäure SbF_5/HF erhalten.

$$AuF_3 + 6\,Xe + 3\,H^+ \xrightarrow{SbF_5/HF} [\overset{+2}{Au}Xe_4]^{2+} + Xe_2^+ + 3\,HF$$

Die Verbindung $[AuXe_4]^{2+}[Sb_2F_{11}]_2^-$ konnte in Form schwarzer Kristalle isoliert werden. Das Goldatom ist quadratisch-planar von vier Xenonliganden umgeben und weist noch Kontakte zu Fluoratomen von Anionen auf.

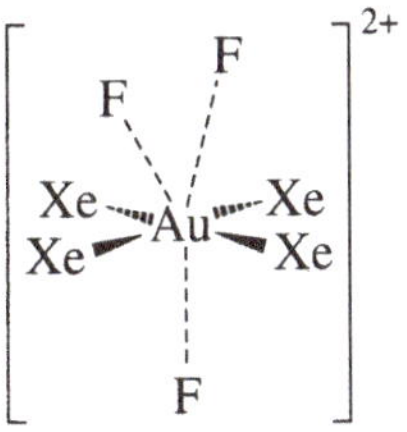

$[AuXe_4F_3]^{2+}$ (Au quadratisch-planar von vier Xe umgeben, mit Kontakten zu drei F)

Für die Stabilisierung des Xe_2^+- und des $[AuXe_4]^{2+}$-Kations ist die schwache Koordination durch das supersaure Medium entscheidend. In einer Lösung von Xe_2^+ in

SbF_5 bildet sich unter erhöhtem Xenondruck das lineare, $D_{\infty h}$-symmetrische $Xe_4{}^+$-Ion, mit kovalenten Bindungen zwischen den Xe-Atomen.

Mit *trans*-$[AuXe_2F]^{2+}[SbF_6]^-[Sb_2F_{11}]^-$ wurde der erste Xe-Komplex mit dreiwertigem Gold synthetisiert. Die Reaktion von $[(F_3As)Au]^+[SbF_6]^-$ mit Xenon in HF/SbF_5 führt zum bei Raumtemperatur stabilen Gemischtligand-Komplex $[(F_3As)AuXe]^+[Sb_2F_{11}]^-$. HgF_2 reagiert mit SbF_5 in Gegenwart von Xe zu der ebenfalls bei Raumtemperatur und an trockener Luft stabilen Verbindung $[HgXe]^{2+}[SbF_6]^-[Sb_2F_{11}]^-$.

4.3.3.4 Struktur und Bindung

Die Edelgasverbindungen bestehen aus Molekülen mit polaren kovalenten Bindungen. Die Molekülgeometrie lässt sich mit dem VSEPR-Modell herleiten (Abb. 4.2a). Das Molekül XeF_2 kann bei Berücksichtigung der Elektronegativitätsdifferenz zwischen Xe und F mit zwei mesomeren Lewis-Grenzstrukturen unter Beachtung der Oktettregel beschrieben werden.

$$|\overline{\underline{F}}-\overline{\underline{Xe}}|^{\oplus}\ |\overline{\underline{F}}|^{\ominus} \longleftrightarrow {}^{\ominus}|\overline{\underline{F}}|\ {}^{\oplus}|\overline{\underline{Xe}}-\overline{\underline{F}}|$$

In Übereinstimmung damit wurde berechnet, dass Xe einfach positiv geladen ist. Auch das MO-Modell zeigt, dass eine 3-Zentren-4-Elektronen-Bindung vorliegt und die Bindungen fast nur von p-Orbitalen gebildet werden (Abb. 4.2b).

Beim Molekül XeF_4 folgt aus Regel 2 des VSEPR-Modells eine quadratische Molekülgeometrie. Die berechnete Ladung +2 am Xe stimmt mit der Grenzstruktur

$$\begin{matrix} |\overline{\underline{F}} & & |\overline{\underline{F}}|^{\ominus} \\ & \overset{2\oplus}{\underline{Xe}} & \\ |\overline{\underline{F}} & & |\overline{\underline{F}}|^{\ominus} \end{matrix}$$

überein, die zwei 3-Zentren-4-Elektronen-Bindungen enthält.

Die Oxide XeO_3 und XeO_4 können mit den Grenzstrukturen unter Erfüllung der Oktettregel beschrieben werden.

$$\overset{3\oplus}{\overline{Xe}}(\overline{\underline{O}}|^{\ominus})_3 \qquad \overset{4\oplus}{Xe}(\overline{\underline{O}}|^{\ominus})_4$$

XeO_3 und XeO_4 sind isoelektronisch mit ClO_3^- und ClO_4^-. Für die Bindungen des Moleküls XeO_4 kann ein dem Ion ClO_4^- analoges MO-Diagramm konstruiert werden. Vier σ-Bindungen überlagern sich schwache Mehrzentren-π-Bindungen, die durch Hyperkonjugation entstehen (s. S. 163 ff. und Abb. 2.80). Häufig wird für

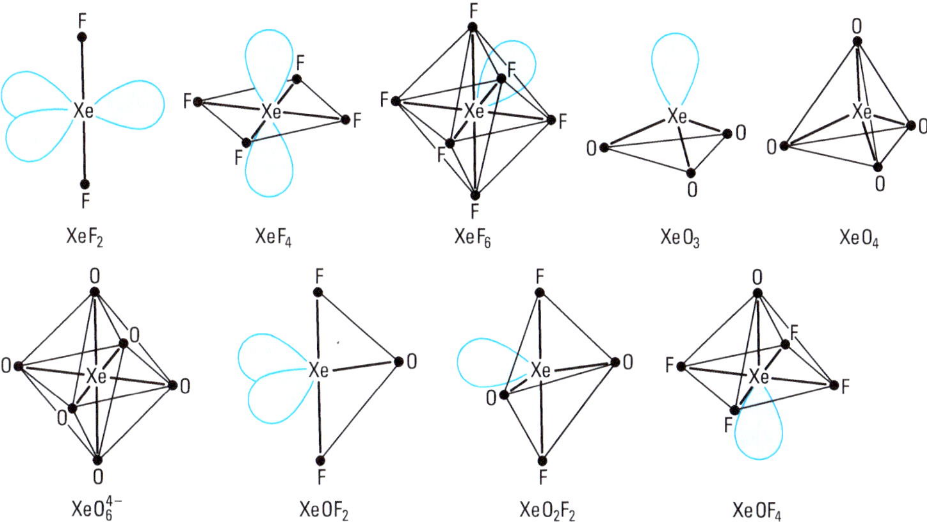

Abbildung 4.2a Strukturen einiger Xenonverbindungen.
Die Struktur des Moleküls XeF_6 ist oktaedrisch verzerrt. Dies ist nach dem VSEPR-Modell zu erwarten, da XeF_6 sieben Elektronenpaare besitzt und zum AB_6E-Typ gehört (vgl. Tab. 2.12). Eine aus F-Atomen gebildete Dreiecksfläche wird aufgeweitet, damit das einsame Elektronenpaar Platz hat.

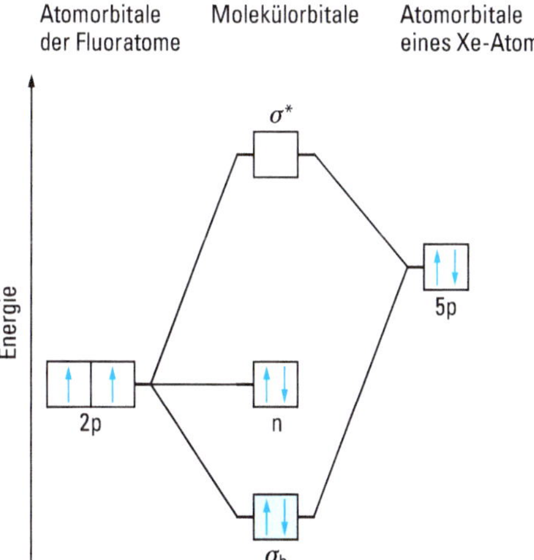

Abbildung 4.2b MO-Schema für das Molekül XeF_2. Durch Linearkombination von zwei 2p-Orbitalen der F-Atome mit dem 5p-Orbital des Xe-Atoms erhält man ein bindendes, ein nichtbindendes und ein antibindendes MO. Die vier Elektronen dieser Orbitale besetzen das bindende und das nichtbindende MO. Dies ergibt eine σ-Bindung und den Bindungsgrad $\frac{1}{2}$. Für die 3-Zentren F—Xe—F Einheit gibt es also nur ein bindendes Orbital mit zwei Elektronen. Es liegt eine 3-Zentren-4-Elektronen-Bindung vor. Eine analoge Situation ist z. B. auch im iso(valenz)elektronischen I_3^--Ion (Abb. 4.5) vorhanden.

XeO_4 die Lewis-Formel mit vier „Doppelbindungen“ zwischen Xe- und O-Atomen geschrieben.

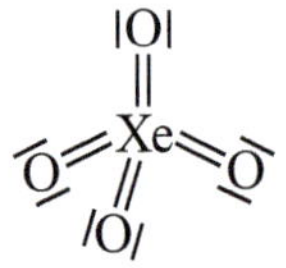

Der jeweils zweite Valenzstrich steht aber nicht für eine 2-Zentren-2-Elektronen-π-Bindung.

Mit zunehmender Ordnungszahl der Edelgase nimmt die Ionisierungsenergie ab und die Verbindungen werden stabiler.

Die größere Ionisierungsenergie führt beim Krypton zu einer sehr viel kleineren Bindungsenergie, und KrF_2 ist daher metastabil, während XeF_2 beständig ist. Von Neon und Helium sind keine Verbindungen bekannt.

Beispiel:	$Xe + F_2 \longrightarrow XeF_2$		$Kr + F_2 \longrightarrow KrF_2$	
Dissoziationsenergie in kJ/mol	$F_2 \longrightarrow 2\,F$	+159	$F_2 \longrightarrow 2\,F$	+159
Bildungsenthalpie $\Delta H°$ in kJ/mol	$XeF_2\,(g)$	−129	$KrF_2\,(g)$	+ 60
Bindungsenergie in kJ/mol	Xe—F	−144	Kr—F	− 49

Die Stabilität der Edelgashalogenide nimmt mit zunehmender Ordnungszahl des Halogens X ab. Ursache ist sowohl die größere X—X-Dissoziationsenergie als auch die kleinere Xe—X-Bindungsenergie. Aus den gleichen Gründen sind Xenonoxide – insbesondere wegen der großen O—O-Dissoziationsenergie – endotherme, metastabile Verbindungen, während die Xenonfluoride exotherme, beständige Verbindungen sind.

Beispiel:	$Xe + 2\,O_2 \longrightarrow XeO_4$	
Dissoziationsenergie in kJ/mol	$2\,O_2 \longrightarrow 4\,O$	+996
Bildungsenthalpie $\Delta H°$ in kJ/mol	$XeO_4\,(g)$	+643
Bindungsenergie in kJ/mol	Xe—O	− 88

4.4 Gruppe 17 (Halogene)

4.4.1 Gruppeneigenschaften

	Fluor F	Chlor Cl	Brom Br	Iod I
Ordnungszahl Z	9	17	35	53
Elektronenkonfiguration	[He] $2s^2\ 2p^5$	[Ne] $3s^2\ 3p^5$	[Ar] $3d^{10}\ 4s^2\ 4p^5$	[Kr] $4d^{10}\ 5s^2\ 5p^5$
Elektronegativität	4,1	2,8	2,7	2,2
Elektronenaffinität in eV	−3,4	−3,6	−3,4	−3,1
Ionisierungsenergie in eV	17,5	13,0	11,8	10,4
Nichtmetallcharakter			⟶ nimmt ab	
Reaktionsfähigkeit			⟶ nimmt ab	
Affinität zu elektropositiven Elementen			⟶ nimmt ab	
Affinität zu elektronegativen Elementen			⟶ nimmt zu	

Die Halogene (Salzbildner) sind untereinander recht ähnlich. Sie sind ausgeprägte Nichtmetalle, sie gehören zu den elektronegativsten und reaktionsfähigsten Elementen. Fluor ist das elektronegativste und reaktionsfähigste Element überhaupt, es reagiert mit Wasserstoff sogar bei −250 °C. Die Halogene stehen im PSE direkt vor den Edelgasen. Wie die Elektronenaffinitäten zeigen, ist die Anlagerung eines Elektrons ein stark exothermer Prozess. In Ionenverbindungen treten daher die einfach negativ geladenen Halogenidionen X^- mit Edelgaskonfiguration auf.

Die Halogene besitzen im Grundzustand ein ungepaartes Elektron, sie sind deshalb zur Ausbildung einer kovalenten Bindung befähigt durch die eine Oktettkonfiguration entsteht. Für Fluor gibt es nur die Bindungszustände F^- und $-F$. Da es als elektronegativstes Element stets der elektronegative Bindungspartner ist, ist in Verbindungen seine einzige Oxidationszahl −1. Die hohe Elektronegativität hat zur Folge, dass Fluor in der Gruppe der Halogene eine Sonderstellung einnimmt. Fluor bildet mit vielen Elementen sehr starke Bindungen. Die Si—F Bindungsenergie ist mit 595 kJ/mol stärker als C—F-Bindungen (489 kJ/mol), so dass letztere mit H-Silanen über den Austausch Si—H ⟶ Si—F gespalten werden können (Si—H 323 kJ/mol, s. Tab. 2.15): $R{-}CF_3 + 3\,R_3SiH \xrightarrow{\text{Katalysator}} R{-}CH_3 + 3\,R_3SiF$.

Bei den Halogenen Cl, Br und I können mit elektronegativen Bindungspartnern wie F, O, Cl die Oxidationszahlen +3, +5 und +7 erreicht werden. Beispiele dafür sind

$$\overset{+3}{Cl}F_3,\ \overset{+3}{I}Cl_3,\ \overset{+5}{Br}F_5,\ \overset{+5}{Cl}O_3^-,\ \overset{+7}{I}F_7,\ \overset{+7}{Cl}O_4^-.$$

Bei mehr als vier Bindungen um das Zentralatom liegen Mehrzentrenbindungen vor. Bei formalen Halogen-Sauerstoff-Doppelbindungen in den klassischen Lewis-

Formeln der Halogen(+3 bis +7)-Verbindungen handelt es sich um Mehrzentren-π-Bindungen und *nicht* um *2-Zentren-2-Elektronen-π-Doppelbindungen.*

In einigen unbeständigen Verbindungen kommen auch noch andere, seltenere Oxidationszahlen wie +4 (ClO_2) vor.

Das fünfte Element der 7. Hauptgruppe ist das Astat At. Alle bekannten Isotope sind radioaktiv, das stabilste hat eine Halbwertszeit von nur 8,3 Stunden.

4.4.2 Vorkommen

Wegen ihrer großen Reaktionsfähigkeit kommen die Halogene in der Natur nicht elementar vor. Eine sehr spezielle Ausnahme bildet die schwarz-violette Fluorit-Variante Stinkspat (Antozonit), in der mit ^{19}F-Festkörper-NMR-Untersuchungen die Existenz von elementarem Fluor (maximal 0,46 mg F_2/g) nachgewiesen werden konnte. Eine natürliche radioaktive β- und γ-Bestrahlung ist wohl für die Bildung von elementarem Fluor und elementarem Calcium verantwortlich, die durch inertes CaF_2 voneinander getrennt an der Rückreaktion gehindert werden. Der untersuchte Stinkspat enthielt auch Uran-Verunreinigungen und die β- und γ-Strahlung stammt aus Uran-Tochternukliden über geologische Zeiträume. Das elementare Ca gibt in Form kleiner Metallcluster die schwarz-violette Farbe des Stinkspats.

Die wichtigsten Rohstoffquellen für Fluor sind: Flussspat CaF_2, Apatit $Ca_5(PO_4)_3(OH,F)$ (der F-Gehalt schwankt, da sich die OH^-- und die F^--Ionen gegenseitig substitutieren können), Kryolith Na_3AlF_6 (die einzigen Kryolithlagerstätten in Grönland sind weitgehend abgebaut).

Chlor und Brom kommen als Halogenide in Salzlagerstätten vor, die aus verdunsteten, eingeschlossenen Meerwasserbecken entstanden sind. Die wichtigsten Verbindungen sind: Steinsalz NaCl, Sylvin KCl, Carnallit $KMgCl_3 \cdot 6\,H_2O$, Kainit $KMgCl(SO_4) \cdot 3\,H_2O$, Bischofit $MgCl_2 \cdot 6\,H_2O$, Bromcarnallit $KMg(Cl,Br)_3 \cdot 6\,H_2O$, Bromsylvinit K(Cl,Br). Die größten Chlormengen befinden sich im Wasser der Ozeane, das 2 % Chloridionen enthält; der Br-Gehalt beträgt nur 0,01 %.

Iod kommt im Chilesalpeter $NaNO_3$ als Iodat $Ca(IO_3)_2$ vor. Im Meerwasser vorhandenes Iod wird im Tang (Meeresalgen) angereichert.

4.4.3 Die Elemente

	Fluor	Chlor	Brom	Iod
Aussehen	schwach gelbliches Gas	gelbgrünes Gas	braune Flüssigk., Dampf rotbraun	blauschwarze Kristalle, Dampf violett
Schmelzpunkt in °C	−220	−101	−7	114
Siedepunkt in °C	−188	− 34	59	185
Dissoziationsenergie D°_{298} ($X_2 \longrightarrow 2X$) in kJ/mol	159	243	193	151
Oxidationsvermögen $X_2 + 2e^- \longrightarrow 2X^-(aq)$		$\longrightarrow$ nimmt ab		
Standardpotential ($X_2/2X^-$) in V	+2,87	+1,36	+1,07	+0,54
Bindungslänge X—X im Gas in pm	142	199	228	267

4.4.3.1 Physikalische Eigenschaften, Struktur

Auf Grund der Valenzelektronenkonfiguration s^2p^5 bestehen die elementaren Halogene in allen Aggregatzuständen aus zweiatomigen Molekülen. Zwischen den Molekülen sind schwache van-der-Waals-Kräfte wirksam, die Schmelz- und Siedetemperaturen sind daher z. T. sehr niedrig. Innerhalb der Gruppe steigen sie als Folge der zunehmenden van-der-Waals-Kräfte regelmäßig an (vgl. Abschn. 2.3).

Fluor ist bei Raumtemperatur ein gelbliches Gas. Es ist stark ätzend und extrem giftig. Es kann noch in sehr kleinen Konzentrationen am Geruch erkannt werden, der dem eines Gemisches aus O_3 und Cl_2 ähnelt.

Chlor ist bei Raumtemperatur ein gelbgrünes, giftiges, die Schleimhäute angreifendes Gas. Es ist 2,5mal so schwer wie Luft und durch Kompression leicht zu verflüssigen. Die kritische Temperatur beträgt 144 °C, der Dampfdruck bei 20 °C 6,7 bar.

Brom ist bei Raumtemperatur eine dunkelbraune Flüssigkeit, die schon bei −7 °C dunkelbraunrot kristallisiert. Bromdampf reizt die Schleimhäute, flüssiges Brom erzeugt auf der Haut schmerzhafte Wunden. In Wasser ist Brom weniger gut löslich als Chlor. Es ist aber mit unpolaren Lösungsmitteln (z. B. CCl_4, CS_2) gut mischbar.

Iod bildet bei Raumtemperatur grauschwarze, metallisch glänzende, halbleitende Kristalle. Es schmilzt bei 114 °C zu einer braunen Flüssigkeit und siedet bei 185 °C unter Bildung eines violetten Dampfes. Alle Phasen bestehen aus I_2-Molekülen. Schon bei Raumtemperatur ist Iod flüchtig, beim Schmelzpunkt beträgt der Dampfdruck 0,13 bar. Man kann daher Iod sublimieren und durch Sublimation reinigen.

I_2 kristallisiert wie Br_2 und Cl_2 in einer Schichtstruktur (Abb. 4.3) mit ausgeprägter Spaltbarkeit der Kristalle parallel zu den Schichten. Zwischen den Schichten sind die Moleküle durch van-der-Waals-Kräfte aneinander gebunden. Die Abstände

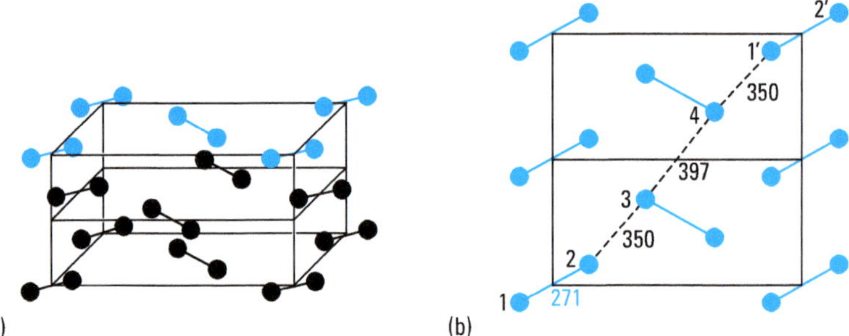

Abbildung 4.3 Struktur von Iod.
a) Elementarzelle des Iodgitters. Das Iodgitter besteht aus Iodschichten. Die Hanteln der I_2-Moleküle liegen in den Schichten.
b) Darstellung einer Schicht. Die Abstände zwischen den I_2-Molekülen sind kleiner als der van-der-Waals-Abstand (430 pm), es existieren kovalente Teilbindungen zwischen den I_2-Molekülen. Beispiel für eine Grenzstruktur: $\overset{1}{\mathrm{I}}^{\ominus}\quad \overset{2}{\mathrm{I}}-\overset{3}{\mathrm{I}}^{\oplus}\quad \overset{4}{\mathrm{I}}\quad \overset{1'}{\mathrm{I}}-\overset{2'}{\mathrm{I}}$.

betragen 435 – 450 pm (van-der-Waals-Abstand 430 pm). Innerhalb der Schichten sind die Abstände zwischen den I_2-Molekülen kürzer, so dass auch schwache kovalente Teilbindungen auftreten. Es liegen Mehrzentrenbindungen vom σ-Typ vor, die sich über die ganze Schicht erstrecken (vgl. Mehrzentrenbindungen in Polyhalogeniden, Abschn. 4.4.5). Die damit verbundene Elektronendelokalisierung erklärt Farbe, Glanz und elektrische Leitfähigkeit des Iods (parallel zu den Schichten). Bei Normaldruck ist Iod ein Halbleiter mit einem gefüllten Valenzband und einem leeren Leitungsband. Bei etwa 170 kbar wird Iod ein metallischer Leiter, die Packung der Moleküle ist so dicht geworden, dass Valenzband und Leitungsband überlappen. Bei 210 kbar erfolgt eine Strukturänderung, alle Iodabstände werden gleich groß, es entsteht ein aus Atomen aufgebauter metallischer Kristall.

Iod löst sich in unpolaren Lösungsmitteln (CCl_4, $CHCl_3$, CS_2) mit violetter Farbe. Die Lösungen enthalten wie der Dampf I_2-Moleküle. In anderen Lösungsmitteln, wie H_2O, Ether, löst sich Iod mit brauner Farbe, in aromatischen Kohlenwasserstoffen mit roter Farbe. Die Farbänderung ist auf die Bildung von Charge-Transfer-Komplexen zurückzuführen. Sie kommen durch den teilweisen Übergang eines Elektronenpaares des Lösungsmittelmoleküls auf ein I_2-Molekül zustande. Der Grundzustand der Charge-Transfer-Komplexe (vgl. Abschn. 5.4.8) kann mit den mesomeren Grenzstrukturen

$$\underset{\mathrm{I}}{\mathrm{I_2 \cdots D}} \leftrightarrow \underset{\mathrm{II}}{\mathrm{I_2^- D^+}}$$

beschrieben werden, wobei die Grenzstruktur I überwiegt. Donoreigenschaften besitzen z. B. π-Elektronensysteme und die einsamen Elektronenpaare des O-Atoms. Charge-Transfer-Komplexe zeichnen sich meist durch eine intensive Lichtabsorption aus. Dabei erfolgt ein Elektronenübergang in einen angeregten Zustand des Komplexes, bei dem die Grenzstruktur II überwiegt. Die Charge-Transfer-Absorptionen der I_2-Komplexe liegen im nahen Ultraviolett. Durch die Bildung der Charge-Transfer-Komplexe wird die I—I-Bindung geschwächt und damit auch die Energie der Elektronenanregung, die im ungestörten I_2-Molekül die violette Farbe verursacht, beeinflusst. Eine Farbänderung in Abhängigkeit von den Donoreigenschaften des Lösungsmittels ist die Folge.

Weniger stabile Komplexe sind auch von Cl_2 und Br_2 bekannt. Die Interhalogenverbindungen IBr und ICl (vgl. Abschn. 4.4.4) bilden ebenfalls Charge-Transfer-Komplexe.

4.4.3.2 Chemisches Verhalten

Fluor ist das reaktionsfähigste Element. Es reagiert direkt mit allen Elementen außer He, Ne, Ar, N_2. In Verbindungen mit Fluor erreichen die Elemente hohe und höchste Oxidationszahlen: IF_7, SF_6, XeF_6, ClF_5, BiF_5, AgF_2, AuF_5, UF_6.

Ni, Cu, Stahl sowie die Legierungen Monel (Cu-Ni) und Elektron (Mg-Al) werden von Fluor nur oberflächlich angegriffen. Es bildet sich eine dichte, fest haftende Fluoridschicht, die den weiteren Angriff von Fluor verhindert (Passivierung). Cu kann bis 500 °C, Ni und Monel bis 800 °C für Arbeiten mit Fluor verwendet werden. Fluor ist in Stahlflaschen mit Drücken bis 30 bar im Handel ($t_K = -129\,°C$). In Quarz- und Glasgefäßen kann nur gearbeitet werden, wenn weder H_2O noch HF zugegen ist, da sonst ein ständiger Angriff erfolgen würde.

$$2\,F_2 + 2\,H_2O \longrightarrow 4\,HF + O_2$$
$$SiO_2 + 4\,HF \longrightarrow SiF_4 + 2\,H_2O$$

Wie mit H_2O reagiert F_2 auch mit anderen Wasserstoffverbindungen unter Bildung von HF.

Chlor gehört zu den reaktionsfähigsten Elementen, es reagiert außer mit den Edelgasen, O_2, N_2 und C mit allen Elementen, meist schon bei niedrigen Temperaturen. Mit vielen Metallen reagiert es beim Erwärmen oder bei großer Metalloberfläche unter Feuererscheinung, z. B. mit Alkalimetallen, Erdalkalimetallen, Cu, Fe, As, Sb, Bi. Die Reaktion mit W zu WCl_6 und dessen thermische Zersetzung dienen zur Reinigung des Metalls.

$$W + 3\,Cl_2 \underset{> 700\,°C}{\overset{< 700\,°C}{\rightleftharpoons}} WCl_6 \quad (\text{Sdp. } 346\,°C)$$

Nichtmetalle wie Phosphor und Schwefel werden je nach Reaktionsbedingungen in die kovalenten Chloride PCl_3, PCl_5, S_2Cl_2, SCl_2, SCl_4 überführt. Die Reaktion mit H_2

$$H_2 + Cl_2 \rightleftharpoons 2\,HCl \qquad \Delta H° = -184{,}6\,\text{kJ/mol}$$

verläuft nach Zündung explosionsartig (Chlorknallgas) in einer Kettenreaktion (vgl. S. 331).

Cl_2 löst sich gut in Wasser, dabei bildet sich in einer Disproportionierungsreaktion HCl und Hypochlorige Säure HClO (vgl. S. 449).

$$\overset{0}{Cl_2} + H_2O \rightleftharpoons H\overset{-1}{Cl} + H\overset{+1}{Cl}O$$

HClO wirkt stark oxidierend, daher wird feuchtes Chlor zum oxidativen Bleichen (Papier, Leinen, Baumwolle), sowie zum Desinfizieren (Trinkwasser, Abwässer) verwendet.

Brom reagiert analog Cl_2, die Reaktionsfähigkeit ist aber geringer.

Iod ist noch weniger reaktiv, verbindet sich aber immer noch direkt mit einigen Elementen, z. B. mit P, S, Al, Fe, Hg. Iod löst sich gut in organischen Lösungsmitteln. Es wirkt schwach oxidierend. Charakteristisch für I_2 und als Nachweisreaktion für kleine Iodmengen geeignet ist die intensive Blaufärbung mit wässrigen Stärkelösungen. Bei dieser „Iodstärkereaktion" erfolgt ein Einschluss von Iod (Einschlussverbindung).

Fluor und Chlor sind starke Oxidationsmittel. Fluor ist eines der stärksten Oxidationsmittel. Innerhalb der Gruppe nimmt das Oxidationsvermögen mit zunehmender Ordnungszahl ab. Fluor kann daher alle anderen Halogene aus ihren Verbindungen verdrängen.

$$F_2 + 2\,Cl^- \longrightarrow 2\,F^- + Cl_2$$
$$F_2 + 2\,Br^- \longrightarrow 2\,F^- + Br_2$$

Chlor kann Brom und Iod, Brom nur Iod in Freiheit setzen.

$$Cl_2 + 2\,Br^- \longrightarrow 2\,Cl^- + Br_2$$
$$Br_2 + 2\,I^- \longrightarrow 2\,Br^- + I_2$$

Das Oxidationsvermögen eines Halogens ist umso größer, je mehr Energie bei der Reaktion $X_2(g) + 2\,e^- \rightarrow 2\,X^-(aq)$ freigesetzt wird. Die Gesamtenergie ist durch die Energiebeträge der folgenden Teilschritte bestimmt.

$$\tfrac{1}{2}X_2(g) \xrightarrow[\text{Dissoziations-energie}]{\frac{1}{2}D°} X(g) \xrightarrow[\text{Elektronen-affinität}]{E_{ea}} X^-(g) \xrightarrow[\text{Hydratations-enthalpie}]{\Delta H_{Hyd.}} X^-(aq)$$

Obwohl die Elektronenaffinität von Chlor größer als die von Fluor ist, ist Fluor das wesentlich stärkere Oxidationsmittel. Dies liegt an der kleinen Dissoziationsenergie von F_2 und der großen Hydratationsenergie der kleinen F^--Ionen. Die viel größere Dissoziationsenergie von Cl_2 entspricht im Vergleich mit Br_2 und I_2 der Erwartung. F_2 hat eine kürzere Bindungslänge, daher ist eine starke Abstoßung nichtbindender Elektronenpaare wirksam (vgl. Tab. 2.14 und 2.15).

4.4.3.3 Darstellung, Verwendung

Fluor. Wegen seines hohen Standardpotentials kann Fluor aus seinen Verbindungen nicht durch chemische Oxidationsmittel freigesetzt werden. F_2 wird daher durch (anodische) Oxidation von F^--Ionen in wasserfreien Elektrolyten hergestellt. In Gegenwart von Wasser erfolgt Entladung von OH-Ionen zu O_2. Da wasserfreies HF ein schlechter Leiter ist, verwendet man zur Elektrolyse wasserfreie Schmelzen der Zusammensetzung $KF \cdot x\,HF$. Die Schmelzpunkte sinken mit wachsendem HF-Gehalt: $KF \cdot HF$ 217 °C, $KF \cdot 3\,HF$ 66 °C. Im technisch verwendeten Mitteltemperaturverfahren elektrolysiert man Schmelzen mit $x = 2-2{,}2$ bei Temperaturen von 70 bis 130 °C. Für die Herstellung im Laboratorium benutzt man Hochtemperaturzellen mit $KF \cdot HF$-Schmelzen, die Temperaturen von 250 °C erfordern. Da KHF_2 praktisch nicht hygroskopisch ist, enthält das damit erzeugte F_2 nur sehr wenig O_2 bzw. OF_2. Die Elektrolysezellen bestehen aus Stahl oder Monel. Die verwendeten Metalle überziehen sich bei Betriebsbedingungen mit einer vor weiterem Fluorangriff schützenden Fluoridschicht (Passivierung).

Die Darstellung von Fluor auf chemischem Wege gelingt mit dem Trick, ein instabiles Fluorid herzustellen, das sich unter Entwicklung von elementarem Fluor zersetzt. Aus K_2MnF_6 wird mit SbF_5 das instabile Fluorid MnF_4 freigesetzt, das spontan in MnF_3 und F_2 zerfällt.

$$K_2MnF_6 + 2\,SbF_5 \xrightarrow{150\,°C} 2\,KSbF_6 + MnF_3 + \tfrac{1}{2}F_2$$

K_2MnF_6 und SbF_5 werden nach den folgenden Reaktionen hergestellt:

$$2\,KMnO_4 + 2\,KF + 10\,HF + 3\,H_2O_2 \longrightarrow 2\,K_2MnF_6 + 8\,H_2O + 3\,O_2$$
$$SbCl_5 + 5\,HF \longrightarrow SbF_5 + 5\,HCl$$

Großtechnisch wird F_2 seit dem 2. Weltkrieg erzeugt. Es wurde zur Herstellung des Kampfstoffes ClF_3 und beim Bau der Atombombe (vgl. S. 918) zur Trennung der Uranisotope mittels Diffusion von UF_6 verwendet. Von den jährlich produzierten ca. 10 000 t F_2 ist bis heute das bedeutendste industrielle Produkt mit elementarem Fluor die Verbindung UF_6, die aus UF_4 durch direkte Fluorierng entsteht, mit einem jährlichen gasförmigen F_2-Verbrauch von etwa 8 000 t. Weitere Bedeutung hat F_2 zur Herstellung von CF_4 und SF_6 (Dielektrikum, Kühlmittel), zur Reinstdarstellung hochschmelzender Metalle aus Fluoriden (W, Mo, Re, Ta), und bei der Aufarbeitung von Kernbrennstoffen (vgl. S. 441). Eine weitere industriell verbreitete Anwendung von elementarem Fluor ist die Behandlung von Kunststoffoberflächen mit einem auf 1 bis 20 % verdünnten F_2/N_2 Gasgemisch. Die Reaktion mit F_2 ersetzt die H-Atome am Kohlenstoffgerüst. Die Fluorierung ist nur oberflächlich, mit geringer Eindringtiefe, so dass die Eigenschaften des Basis-Kunststoffs erhalten bleiben. Es entsteht eine fluorierte, chemisch-inerte Barriereschicht. Die Diffusion von Gasen und Flüssigkeiten wird verringert. Die Oberfläche ist beständiger gegenüber Oxidationsmitteln, Laugen und Säuren. Fluorierte Kunststoffe haben einen geringeren Reibungskoeffizienten. Die Oberfläche wird besser bedruckbar. Klebstoffe haften besser und Wasser benetzt sie stärker.

Chlor. Technisch wird Chlor fast ausschließlich durch Elektrolyse wässriger NaCl-Lösungen hergestellt (Chloralkali-Elektrolyse).

$$2\,Na^+ + 2\,Cl^- + 2\,H_2O \longrightarrow 2\,Na^+ + 2\,OH^- + H_2 + Cl_2$$

Das Verfahren wurde bereits im Abschn. 3.8.10 beschrieben. Große technische Bedeutung hatte früher das Deacon-Verfahren

$$2\,HCl + \tfrac{1}{2}\,O_2 \longrightarrow Cl_2 + H_2O$$

das bei 430 °C mit Luftsauerstoff und $CuCl_2$ als Katalysator durchgeführt wurde. In modifizierter Form (Shell-Deacon-Verfahren) verwendet man heute als wirksamere Katalysatoren ein Gemisch von Kupferchlorid und anderen Metallchloriden (z. B. von Lanthanoiden) auf einem Silicatträger. Bereits bei 350 °C erhält man Cl_2 mit einer Ausbeute von 76 %.

Im Labormaßstab kann Cl_2 durch Oxidation von konzentrierter Salzsäure mit MnO_2 (historisch als Weldon-Verfahren von Bedeutung) oder $KMnO_4$ hergestellt werden.

$$4\,H\overset{-1}{Cl} + \overset{+4}{Mn}O_2 \longrightarrow \overset{0}{Cl_2} + \overset{+2}{Mn}Cl_2 + 2\,H_2O$$

$$16\,H\overset{-1}{Cl} + 2\,K\overset{+7}{Mn}O_4 \longrightarrow 5\,\overset{0}{Cl_2} + 2\,\overset{+2}{Mn}Cl_2 + 2\,K\overset{-1}{Cl} + 8\,H_2O$$

Die größten Chlormengen benötigt die organisch-chemische Industrie (mehr als 80 %). In der anorganisch-chemischen Industrie wird es vor allem zur Darstellung von HCl, Br_2 und Metallchloriden (z. B. $TiCl_4$, s. S. 821) verwendet. Weiterhin wird es zum Bleichen und zur Desinfektion benötigt. Chlor (Cl_2) ist ein verlässliches, erschwingliches Wasser-Desinfektionsmittel angesichts der Tatsache, dass hunderte Millionen Menschen keinen Zugang zu sicherem (Keim-freiem) Trinkwasser haben.

Chlor ist ein Schlüsselprodukt der chemischen Industrie. Etwa 60 % des Umsatzes der deutschen Chemieunternehmen hängen direkt oder indirekt von chlorchemischen Verfahren ab. Die Weltproduktion beträgt um $64 \cdot 10^6$ t, in Deutschland wurden 2019 $3{,}7 \cdot 10^6$ t produziert.

Die Chlorchemie führte allerdings auch zu ökologischen Problemen. Beispiele: Der Abbau der Ozonschicht in der Stratosphäre durch Fluorchlorkohlenwasserstoffe (FCKW) wurde zum globalen Problem (s. Abschn. 4.11). Weltweit wurde das schwer abbaubare Dichlor-diphenyl-trichlorethan (DDT) als Insektizid verwendet. Hochtoxisch sind chlorierte Dioxine. Das Seveso-Dioxin (2,3,7,8-Tetrachlordibenzodioxin) führte 1976 zur Katastrophe in Seveso (Italien). Dibenzo-p-dioxine und Dibenzofurane sind seit 2004 verboten, aber nicht zu vermeiden. Diese Verbindungen entstehen bei unvollständigen Verbrennungen zwischen etwa 200 bis 800 °C in Gegenwart von schon wenigen ppm Chlorid. Haupterzeuger von Dioxinen ist die metallurgische Industrie. Kleinfeuerungsanlagen wie holzbefeuerte Kamine erzeugen heute mehr Dioxine als Müllverbrennungsanlagen.

DDT

2,3,7,8-TCDD (Seveso-Dioxin)

Brom. Bei der Aufarbeitung von Kalisalzen entstehen Br^--haltige Lösungen. In die schwach sauren Lösungen wird Cl_2 eingeleitet und das entstandene Br_2 mit einem Luftstrom ausgetrieben.

$$2\,Br^- + Cl_2 \longrightarrow Br_2 + 2\,Cl^-$$

Im Labor kann Br_2 durch Oxidation von KBr mit konz. H_2SO_4 hergestellt werden.

$$2\,H\overset{-1}{Br} + H_2\overset{+6}{S}O_4 \longrightarrow \overset{0}{Br_2} + \overset{+4}{S}O_2 + 2\,H_2O$$

Iod. Die Hauptmenge des Iods wird aus iodathaltigen Lösungen gewonnen, die bei der Kristallisation von Chilesalpeter zurückbleiben. Zunächst wird ein Teil der Iodsäure HIO_3 mit SO_2 reduziert.

$$H\overset{+5}{I}O_3 + 3\,\overset{+4}{S}O_2 + 3\,H_2O \longrightarrow H\overset{-1}{I} + 3\,H_2\overset{+6}{S}O_4$$

HI wird durch noch vorhandene Iodsäure oxidiert.

$$H\overset{+5}{I}O_3 + 5\,H\overset{-1}{I} \longrightarrow 3\,\overset{0}{I_2} + 3\,H_2O$$

Gesamtreaktion: $2\,HIO_3 + 5\,SO_2 + 4\,H_2O \longrightarrow 5\,H_2SO_4 + I_2$

Außerdem wird Iod aus Salzsolen gewonnen, die oft bei der Erdöl- und Erdgasförderung anfallen.

Aus Iodiden (z. B. in der Asche der Meeresalgen) kann I_2 durch Oxidation (z. B. mit MnO_2 oder H_2SO_4) hergestellt werden. Technisch ist die Gewinnung aus Algen oder Tang heute ohne Bedeutung.

Der jährliche industrielle Verbrauch von Iod beträgt 35 000 t. Unter den diversifizierten kommerziellen Anwendungen von Iod-Verbindungen sind Röntgen-Kontrastmittel mit 20 % der größte Teil, gefolgt von Iodophoren (Desinfektionsmitteln, Antiseptika, Fungizide) und Pharmazeutika mit je 13 % und LCD-Polarisatoren mit 11 %. Molekulares I_2 katalysiert im ppm bis 10 mol%-Bereich organische Reaktionen wie die Dehydratisierung von $Me_2C(OH){-}CH_2C({=}O)Me$ zu $Me_2C{=}CHC({=}O)Me$, intramolekulare Michael-Reaktionen, Friedel-Crafts-Alkylierungen.

4.4.4 Interhalogenverbindungen

Von Verbindungen der Halogene untereinander sind die Typen **XY, XY_3, XY_5** und **XY_7** bekannt, in denen das elektropositivere Halogen X in den Oxidationszahlen +1, +3, +5 und +7 vorliegt.

Die Interhalogenverbindungen sind typische kovalente Verbindungen. Sie lassen sich aus den Elementen synthetisieren und sind sehr reaktionsfähig.

Von den Verbindungen der Zusammensetzung XY sind alle Kombinationen bekannt (Tab. 4.6).

Die Interhalogenverbindungen XY sind wie die Halogene sehr reaktive Substanzen. Sie sind Oxidationsmittel und Halogenüberträger. Die Reaktionsfähigkeit und

Tabelle 4.6 Interhalogenverbindungen vom Typ XY

ClF farbloses Gas 256 −50			↓ Schmelzpunkte Siedepunkte Reaktionsfähigkeit Disproportionierungsneigung ←
BrF hellrotes Gas 280 −94	BrCl dunkelrote Flüssigkeit 218 +15		
IF braunes Pulver 271 −96 Disproportionierung oberhalb −14 °C	ICl rote Kristalle 211 +18	IBr rotbraune Kristalle 179 +41	

(Oberer Zahlenwert: Dissoziationsenergie D°_{298} in kJ/mol
Unterer Zahlenwert: Bildungsenthalpie ΔH°_{B} (g) in kJ/mol)

die Disproportionierungsneigung ist umso größer, je weiter die Halogene im PSE voneinander entfernt stehen.

Beispiele:

ClF ist disproportionierungsstabil, es wird als Fluorierungsmittel benutzt. BrF disproportioniert nach $3\,BrF \longrightarrow Br_2 + BrF_3$. IF ist nur bei tiefen Temperaturen beständig, oberhalb −14 °C zerfällt es nach $5\,IF \longrightarrow 2\,I_2 + IF_5$.

Die Zerfallsneigung der Interhalogenverbindungen XY in die Elemente wächst in der Reihe ClF < ICl < BrF < IBr < BrCl.

Mit Wasser findet die Reaktion $XY + HOH \longrightarrow HY + HOX$ statt; X ist das elektropositivere Atom.

Mit Ausnahme von ICl_3 sind alle anderen Interhalogenverbindungen Fluoride (Tab. 4.7).

Die Halogenide XY_3 sind T-förmig gebaut, die Pentahalogenide XY_5 haben die Geometrie quadratischer Pyramiden, IF_7 bildet eine pentagonale Bipyramide (Abb. 4.4).

Nur Br, Cl und I sind Zentralatome und hauptsächlich F ist als Substituent geeignet. Die Ionisierungsenergie nimmt von Cl zu I ab, die Affinität zu elektronegativen Elementen nimmt zu. Daher ist verständlich, dass die thermodynamische Stabilität der Verbindungen XY_3 und XY_5 von Cl zu I zunimmt (vgl. Tab. 4.7) und nur I ein Heptafluorid bildet. Von allen Elementen besitzt Fluor die größte Fähigkeit zur Stabilisierung hoher positiver Oxidationsstufen. Chlor kann nur noch mit Iod zu Iodtrichlorid reagieren.

Tabelle 4.7 Interhalogenverbindungen des Typs XY_3, XY_5, XY_7

ClF_3 farbloses Gas −165	ClF_5 farbloses Gas −255		
BrF_3 farblose Flüssigkeit −256	BrF_5 farblose Flüssigkeit −429		
IF_3 gelbes Pulver −486 Disproportionierung oberhalb −28 °C	IF_5 farblose Flüssigkeit −841	IF_7 farbloses Gas −962	$(ICl_3)_2$ gelbe Kristalle −90 (ΔH°_B (s))

(Zahlenwerte: Bildungsenthalpien ΔH°_B in kJ/mol)

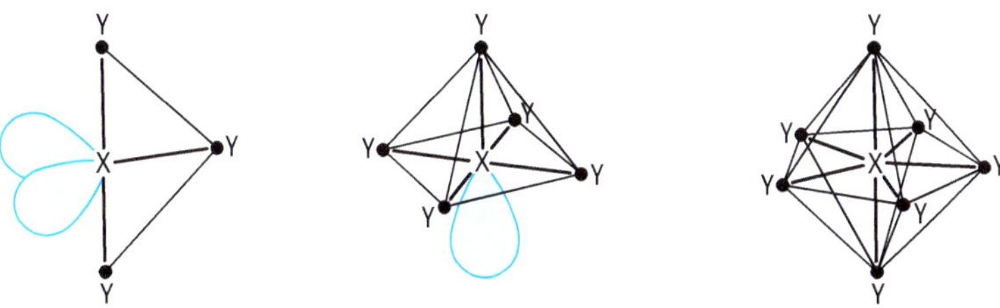

Abbildung 4.4 Molekülgeometrien der Interhalogenverbindungen XY_3, XY_5 und XY_7 nach dem VSEPR-Modell.

ClF_3, BrF_3 und IF_5 werden neben ClF als Fluorierungsmittel verwendet und technisch hergestellt. Sie werden z. B. zur Trennung von U-Pu-Spaltprodukten in der Kerntechnik verwendet.

$$U + 3\,ClF_3 \longrightarrow UF_6 + 3\,ClF$$

Pu bildet nichtflüchtiges PuF_4 und das flüchtige UF_6 kann durch Destillation abgetrennt werden.

Interhalogen-Ionen werden nachfolgend unter Polyhalogenidionen behandelt.

4.4.5 Polyhalogenidionen

In Wasser löst sich nur wenig Iod. Es ist dagegen leicht und mit dunkelbrauner Farbe in KI-Lösungen löslich. Ursache dafür ist die Anlagerung von I_2-Molekülen an I^--Ionen.

$$I^- + I_2 \rightleftharpoons I_3^-$$

Bekannt sind auch die weniger beständigen Polyhalogenidionen Br_3^-, Br_7^-, Br_9^-, Br_4^{2-}, Br_8^{2-}, Br_{10}^{2-} und Br_{20}^{2-}, Cl_3^-, F_3^- und gemischte Polyhalogenidionen wie ICl_2^-,

I_2Br^-, $IBrF^-$, BrF_6^- (Oktaeder), IF_6^- (wie XeF_6 verzerrt oktaedrisch), IF_8^- (quadratisches Antiprisma). Das Halogen mit der kleinsten Elektronegativität ist das Zentralatom. Es können Alkalimetallsalze wie z. B. CsI_3 oder RbI_3 isoliert werden. Mit Matrixisolations- oder massenspektroskopischen Techniken konnten auch Br_5^-, Cl_5^- und F_5^- erhalten werden.

Die Trihalogenidionen sind linear gebaut; in Lösung sind die Ionen I_3^- und ICl_2^- symmetrisch mit gleichen Kernabständen, die einem Bindungsgrad von 0,5 entsprechen. Eine Erklärung liefert sowohl die MO-Theorie (Abb. 4.5) als auch die VB-Theorie.

$$I^- \ |\overline{\underline{I}}-\overline{\underline{I}}| \longleftrightarrow |\overline{\underline{I}}-\overline{\underline{I}}| \ I^-$$

Von Iod sind auch die Anionen I_5^-, I_7^-, I_9^- und Salze davon bekannt.

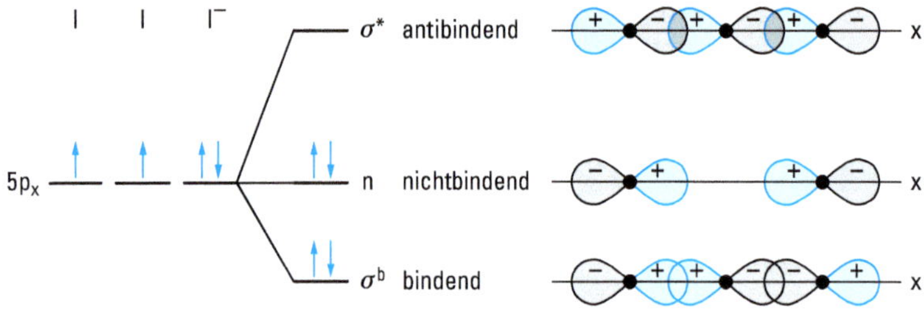

Abbildung 4.5 MO-Diagramm des I_3^--Ions. Die Linearkombination der $5p_x$-Orbitale der drei I-Atome ergibt ein bindendes, ein nichtbindendes und ein antibindendes MO. In den drei MOs befinden sich vier Valenzelektronen. Da nur zwei davon bindend sind, ist der Bindungsgrad 0,5. Am günstigsten ist die Überlappung bei der 3-Zentren-4-Elektronenbindung bei linearer Anordnung der Atome (vgl. dazu das MO-Diagramm von XeF_2 in Abb. 4.2b).

4.4.6 Halogenide

Hydrogenfluorid HF, Hydrogenchlorid HCl, Hydrogenbromid HBr und Hydrogeniodid HI sind farblose, stechend riechende Gase. Einige Eigenschaften der untereinander ähnlichen Verbindungen sind in Tab. 4.8 angegeben.

Tabelle 4.8 Eigenschaften von Hydrogenhalogeniden

	HF	HCl	HBr	HI
Bildungsenthalpie in kJ/mol	−271	− 92	−36	+27
Schmelzpunkt in °C	− 83	−114	−87	−51
Siedepunkt in °C	+ 20	− 85	−67	−35
Verdampfungsenthalpie in kJ/mol	30	13	18	20
Säurestärke		⟶ nimmt zu		
Dipolmoment in D	1,8	1,1	0,8	0,4

In den Hydrogenhalogeniden liegen polare Einfachbindungen vor. Die Polarität der Bindung wächst entsprechend der zunehmenden Elektronegativitätsdifferenz von HI nach HF.

$$\overset{\delta+}{H}-\overset{\delta-}{\underline{\overline{X}}}|$$

Zwischen den HX-Molekülen wirken nur schwache van-der-Waals-Kräfte, daher sind alle Verbindungen flüchtig. Erwartungsgemäß nehmen die Schmelzpunkte, Siedepunkte und die Verdampfungsenthalpien von HI zu HCl ab, HF zeigt aber anomal hohe Werte (vgl. Abb. 2.122 u. 2.123). Die Ursache sind zusätzliche Bindungskräfte, die durch Wasserstoffbrücken zustande kommen (vgl. Abschn. 2.6). Im festen Hydrogenfluorid sind die HF-Moleküle über unsymmetrische Wasserstoffbrücken F—H····F— zu Zickzack-Ketten verknüpft (s. S. 214). Ähnliche Brückenbindungen dürften im flüssigen HF vorliegen. Es ist eine farblose, bewegliche, hygroskopische Flüssigkeit. Im Dampf sind gewellte $(HF)_6$-Ringe (s. S. 215) im Gleichgewicht mit HF-Molekülen; erst oberhalb von 90 °C ist Hydrogenfluorid nur monomolekular.

Alle Hydrogenhalogenide lösen sich gut in Wasser. Bei 0 °C lösen sich in 1 l Wasser 507 l HCl-Gas und 612 l HBr-Gas. Da sie dabei Protonen abgeben, fungieren sie als Säuren.

$$HX + H_2O \rightleftharpoons H_3O^+ + X^-$$

Die Säurestärke nimmt von HF nach HI zu. Die Ursache dafür ist die von HF nach HI abnehmende Bindungsenergie (siehe Tab. 2.15).

Alle Hydrogenhalogenide bilden sich in direkter Reaktion aus den Elementen.

$$H_2 + X_2 \rightleftharpoons 2\,HX$$

Die Reaktionen mit Fluor und Chlor verlaufen explosionsartig (vgl. Abschn. 3.6.1). Br_2 reagiert auch in Gegenwart von Pt-Katalysatoren erst bei 200 °C. Die Bildungsenthalpie und die thermische Stabilität nehmen von HF nach HI stark ab. HI zersetzt sich bereits bei mäßig hohen Temperaturen zum Teil in die Elemente (19 % bei 300 °C). Die Bildungsreaktionen der Hydrogenhalogenide verlaufen nach einem Radikalkettenmechanismus (vgl. S. 331), bei I_2 allerdings erst bei Temperaturen oberhalb 500 °C (zum Reaktionsmechanismus bei tieferen Temperaturen vgl. S. 324).

Hydrogenfluorid HF. Die übliche technische Darstellung von HF ist die Umsetzung von CaF_2 mit konz. H_2SO_4 bei 270 °C.

$$CaF_2 + H_2SO_4 \longrightarrow 2\,HF + CaSO_4$$

Reinstes, wasserfreies HF gewinnt man durch thermische Zersetzung von KHF_2.

$$KHF_2 \longrightarrow KF + HF$$

Mit den im Flussspat als Nebenprodukt vorhandenen Silicaten entsteht SiF_4, das mit HF zu Hexafluoridokieselsäure umgesetzt wird.

$$2\,CaF_2 + SiO_2 + 2\,H_2SO_4 \longrightarrow SiF_4 + 2\,CaSO_4 + 2\,H_2O$$
$$SiF_4 + 2\,HF \longrightarrow H_2SiF_6$$

Die Hauptmenge HF wird zur Herstellung von AlF_3, Kryolith und Fluorhalogenkohlenwasserstoffen verwendet. In der Glasindustrie dient es zum Ätzen und Polieren. Aus H_2SiF_6 gewinnt man AlF_3 und Kryolith (vgl. Abschn. 4.8.5.3).

Wässrige Lösungen von HF heißen **Flusssäure**. Flusssäure ist eine mittelstarke Säure; sie ätzt Glas

$$SiO_2 + 4\,HF \longrightarrow SiF_4 + 2\,H_2O$$

und kann daher nicht in Glasflaschen aufbewahrt werden. Handelsübliche Flusssäure ist meist 40 %ig, sie kann in Polyethenflaschen aufbewahrt werden.

Hydrogenchlorid HCl. Bei der technischen Darstellung von HCl aus den Elementen benutzt man einen nach dem Prinzip des Daniell'schen Hahns (vgl. S. 412) arbeitenden Quarzbrenner.

Beim Chlorid-Schwefelsäure-Verfahren wird NaCl mit konz. H_2SO_4 umgesetzt.

$$NaCl + H_2SO_4 \xrightarrow{20\,°C} NaHSO_4 + HCl$$
$$NaCl + NaHSO_4 \xrightarrow{80\,°C} Na_2SO_4 + HCl$$

Das meiste HCl entsteht als Zwangsanfall (zu etwa 90 %) bei der technisch wichtigen Chlorierung organischer Verbindungen.

Beispiel: $\rangle C{-}H + Cl_2 \longrightarrow \rangle C{-}Cl + HCl$

Technisch nicht verwendbares HCl wird durch Elektrolyse in Cl_2 und H_2 umgewandelt. Die Weltproduktion von Salzsäure (berechnet auf 100 % HCl) beträgt ca. $20 \cdot 10^6$ t, in Deutschland wurden 2019 $1{,}83 \cdot 10^6$ t produziert.

Wässrige Lösungen von HCl heißen **Salzsäure**. In konzentrierter Salzsäure ist ein Massenanteil von ca. 38 % HCl-Gas gelöst. Salzsäure ist eine starke, nicht-oxidierende Säure, sie löst daher nur unedle Metalle wie Zn, Al, Fe, nicht aber Cu, Hg, Ag, Au, Pt und Ta.

$$Zn + 2\,HCl \longrightarrow H_2 + ZnCl_2$$

Hydrogenbromid HBr, Hydrogeniodid HI. HBr und HI können nicht aus ihren Salzen mit konz. H_2SO_4 hergestellt werden, da teilweise Oxidation zu Br_2 und I_2 erfolgt. Sie werden durch Hydrolyse von PBr_3 bzw. PI_3 hergestellt.

$$PBr_3 + 3\,H_2O \longrightarrow 3\,HBr + H_3PO_3$$
$$PI_3 + 3\,H_2O \longrightarrow 3\,HI + H_3PO_3$$

Dazu kann roter Phosphor und das Halogen direkt in Gegenwart von Wasser umgesetzt werden, intermediär bildet sich das Phosphortrihalogenid.

Hydrogeniodid ist eine sehr starke Säure, sie ist oxidationsempfindlich. Bei Einwirkung von Luftsauerstoff wird Iod ausgeschieden.

$$4\,HI + O_2 \longrightarrow 2\,I_2 + 2\,H_2O$$

Die **Halogenide** der Alkalimetalle und der Erdalkalimetalle sind typische Salze, die überwiegend in Ionengittern kristallisieren (vgl. Abschn. 2.1.3). Typisch für Fluor ist die Existenz von Hydrogenfluoriden, so z. B. der Alkalimetallhydrogenfluoride $M^+HF_2^-$, $M^+H_2F_3^-$ und $M^+H_3F_4^-$.

Mit Nichtmetallen bilden die Halogene flüchtige, kovalente Halogenide, die in Molekülgittern kristallisieren.

Beispiele:

BF_3, SiF_4, SF_4, PF_5, CF_4	Gase (bei 25 °C)
SCl_2, PCl_3, CCl_4, $SiBr_4$	Flüssigkeiten (bei 25 °C)

Die mit Fluor erreichbaren Koordinationszahlen sind meist höher als bei den übrigen Halogenen. So existieren zu den Fluoriden SF_6, XeF_6, UF_6, IF_7, ReF_7 keine analogen Halogenide mit Cl, Br, I. Einige Fluoride, wie BF_3, AsF_5, SbF_5, PF_5, sind starke F^--Akzeptoren. Aus AlF_3, SiF_4, PF_5 entstehen dabei die mit SF_6 isoelektronischen Ionen AlF_6^{3-}, SiF_6^{2-}, PF_6^-. Sie sind oktaedrisch gebaut und in Wasser stabil, während SiF_4 und PF_5 hydrolysieren.

Der Ionenradius des F^--Ions ist ähnlich dem des OH^--Ions. Diese Ionen können sich daher diadoch vertreten, z. B. in Silicaten und im Apatit. Der Fluoridgehalt im Apatit der Zähne (bis 0,5 %) schützt gegen Karies. Durch Fluoridierung des Trinkwassers (1 ppm F^-) kann Resistenz gegen Karies erreicht werden. Die Reaktion des Zahnschmelzes mit Fluorid hängt vom pH-Wert ab. Bei einem pH-Wert von 6,2 ersetzt F^- das OH^- im Hydroxylapatit, $Ca_5(PO_4)_3OH$ des Zahnschmelzes. Es bildet sich eine weniger als 10 nm dicke Schicht von Fluorapatit, $Ca_5(PO_4)_3F$, der säureresistenter ist als Hydroxylapatit. Ersterer demineralisiert erst bei einem pH-Wert $< 4{,}6$, letzterer schon bei einem pH-Wert $< 5{,}5$. Bei einem pH-Wert von 4,2 substituiert F^- nicht nur, es bildet sich auch CaF_2. Das Fluorid dringt tiefer, bis zu 100 nm in den Zahnschmelz ein. Die fluorierte Schicht führt dazu, dass Karies-verursachende Bakterien schlechter am Zahnschmelz haften.

Die Silberhalogenide und der frühere fotografische Prozess werden beim Silber besprochen.

Fluorierte Kohlenwasserstoffe. Perfluorierte Chemikalien, PFCs (perfluorierte Alkylsubstanzen, PFAS) werden vielfach in Konsumgütern, wie Lebensmittelverpackungen, Kleidung, Sitzbezügen als Antihaft-/schmutzabweisende Beschichtungen aber auch in Pestiziden verwendet. Die Oberflächenaktivität von PFCs ist nützlich in filmbildenden Feuerlöschschäumen und Tensiden in der Galvanik. PFCs gelangen durch die Zersetzung der Konsumgüter in die Umwelt. Sie sind biologisch nicht abbaubar, persistent und inzwischen überall verbreitet. Ihre Wirkung auf lebende Organismen wird kritisch diskutiert. Vor allem die am meisten untersuchte Perfluoroctansulfonsäure, PFOS und Perfluoroctansäure, PFOA sind mit Gewässern bis in entlegene Regionen transportiert worden. Die flüchtigeren Fluortelomer-Alkohole verbreiten sich über die Luft und werden in der Umwelt zu den Carbonsäuren oxidiert. PFCs reichern sich in Nahrungsketten bis zum Menschen an. Sie werden vor allem über Trinkwasser und Nahrung aufgenommen. Mittlerweile finden sich Spuren von PFCs in unserem Blut. PFOS und PFOA gelten als reproduktionstoxisch. Einige PFCs verursachen in hohen Dosen bei Ratten Leberkrebs. Daher sollen Perfluoroctansulfonsäure, PFOS und Perfluoroctansäure, PFOA nicht mehr verwendet werden. Sie wurden durch Homologe mit kürzer Alkylkette ersetzt. Die Substitute haben die gleichen funktionellen Eigenschaften und sind genauso langlebig in der Umwelt, gelten aber nicht als bioakkumulierend und scheinen ein besseres Toxizitätsprofil zu haben.

Drei der zehn am meisten verkauften pharmazeutischen Wirkstoffe enthalten Fluor. Die Rolle von Fluor betrifft den Metabolismus der Wirkstoffe, die Anlieferung und verbesserte Bindung an das Wirkziel.

Aus chlorierten Kohlenwasserstoffen können mit HF Fluorchlorkohlenwasserstoffe FCKW (Frigene, Kaltrone) hergestellt werden. Die wichtigsten sind:

CCl_3F $\quad$ $CHCl_2F$ $\quad$ $CCl_2F{-}CCl_2F$

CCl_2F_2 $\quad$ $CHClF_2$ $\quad$ $CClF_2{-}CClF_2$

Sie sind farblos, meist ungiftig, unbrennbar, chemisch resistent und sie besitzen niedrige Siedepunkte. Sie fanden Verwendung als Kühlmittel in Kälteanlagen, als Lösungsmittel und zur Verschäumung von Kunststoffen. Da die FCKW die Ozonschicht abbauen, wurde ihr Ersatz notwendig (vgl. Abschn. 4.11). Als Ersatz für die FCKWs wurden in den 1990er Jahren die Hydrofluorkohlenwasserstoffe, HFKWs in weitem Umfang kommerzialisiert. Ihr hohes „global warming potential", GWP/Treibhauseffekt war damals bekannt, aber sie galten als umweltfreundlicher, da nicht Ozonabbauend. HFKWs verbleiben aber lange Zeit in der Atmosphäre und besitzen das 100 bis 1 000-fache GWP von CO_2. Ihr Beitrag zum Treibhauseffekt wäre daher bald signifikant, wenn HFKWs nicht reguliert oder wiederum ersetzt werden. Die EU-Richtlinie 2006/40 verbietet inzwischen Klimaanlagen, die fluorierte Verbindungen mit einem GWP von über 150 verwenden. Das teilfluorierte 1,1,1,2-Tetrafluorethan, $F_3C{-}CH_2F$ (R134a, GWP 1430) wurde daher auch in Klimaanlagen von Kraftfahrzeugen durch 2,3,3,3-Tetrafluorpropen, $H_2C{=}CHF{-}CF_3$ (HFO-1234yf, R-1234yf, GWP < 1) ersetzt (HFO = Hydrofluorolefin). Allerdings ist R-1234yf im Gegensatz zu R134a brennbar, mit Selbstentzündung ab 400 °C.

Aus $CHClF_2$ erhält man durch HCl-Abspaltung Tetrafluorethen $F_2C{=}CF_2$ und daraus durch Polymerisation Polytetrafluorethen (PTFE)

$$\left(\begin{array}{cc} F & F \\ -C- & C- \\ F & F \end{array}\right)_n$$

(Teflon, Hostaflon), das chemisch sehr widerstandsfähig und bei Temperaturen von -200 °C bis $+260$ °C verwendbar ist.

4.4.7 Sauerstoffsäuren der Halogene

Die bekannten Sauerstoffsäuren der Halogene sind in Tab. 4.9 aufgeführt.

Beim gleichen Halogen steigt die Stabilität der Sauerstoffsäuren mit wachsender Oxidationszahl. In reiner Form lassen sich nur $HClO_4$, HIO_3, H_5IO_6, $H_7I_3O_{14}$ und $(HIO_4)_n$ isolieren. Die anderen Oxosäuren existieren nur in wässrigen Lösungen. BrO_2^- und IO_2^- treten nur als instabile Reaktionszwischenprodukte auf.

Tabelle 4.9 Sauerstoffsäuren der Halogene*

Oxidationszahl	Cl	Br	I
+1	HClO	HBrO	HIO
+3	$HClO_2$	–	–
+5	$HClO_3$	$HBrO_3$	HIO_3
+7	$HClO_4$	$HBrO_4$	HIO_4, H_5IO_6, $H_7I_3O_{14}$

* HOF siehe S. 456

Die Formeln, die Nomenklatur der Sauerstoffsäuren des Chlors und ihrer Salze, sowie die Bindungsverhältnisse sind in Tab. 4.10 angegeben.

Tabelle 4.10 Nomenklatur und Bindungsverhältnisse von Sauerstoffsäuren des Chlors

$HClO_n$	HClO	$HClO_2$	$HClO_3$	$HClO_4$
Name	Hypochlorige Säure	Chlorige Säure	Chlorsäure	Perchlorsäure
Salze $MeClO_n$	Hypochlorite	Chlorite	Chlorate	Perchlorate
Oxidationszahl von Cl	+1	+3	+5	+7
Lewisformel der Anionen	$^{\ominus}\vert\overline{\underline{O}}-\overline{\underline{Cl}}\vert$	$^{\ominus}\overline{\underline{O}}-\overline{Cl}=\overline{O}$ (gewinkelt)	$^{\ominus}\overline{\underline{O}}-\overline{Cl}(=\overline{O})=\vert O\vert$	$\overline{O}=Cl(=\vert O\vert)(=\vert O\vert)-\overline{\underline{O}}\vert^{\ominus}$
Mesomere Grenzstrukturen	–	2	3	4
Räumlicher Bau	–	gewinkelt	pyramidal	tetraedrisch
σ-Bindungen schwache Mehrzentren π-Bindungen	1	2 1	3 2	4 3
Abstände Cl—O in pm	169	156	148	144

Der räumliche Bau ist durch σ-Bindungen bestimmt, die von den s- und p-Orbitalen gebildet werden. Den σ-Bindungen überlagern sich schwache Mehrzentren-π-Bindungen. Mit der Mesomerie wird die Delokalisierung der π-Bindungen berücksichtigt. Das ClO_4^--Ion ist perfekt tetraedrisch gebaut. Die Entstehung der Mehrzentren-π-Bindungen ist am Schluss von Abschn. 2.2.12 Molekülorbitale, Hyperkonjugation zu finden. Dort wird auch das Beispiel ClO_4^- behandelt.

Häufig werden für Halogen-Sauerstoff-Verbindungen ab der Halogen-Oxidationszahl +2 klassische Lewis-Formeln mit „Doppelbindungen" zwischen Halogen- und O-Atom geschrieben. Dabei steht der zweite Valenzstrich für die Mehrzentren-π-Bindungen und *nicht* für eine *2-Zentren-2-Elektronen-π-Doppelbindung.*

Mit zunehmender Zahl der π-Bindungen wächst die Anzahl mesomerer Grenzstrukturen, die Anionen werden dadurch stabilisiert, die negative Ladung an den O-Atomen wird verringert, und die Protonen werden weniger stark angezogen. Die Säurestärke wächst daher mit steigender Oxidationszahl. Dies ist auch die Ursache für den Anstieg der Säurekonstanten in der Reihe H_4SiO_4, H_3PO_4, H_2SO_4, $HClO_4$.

Mit zunehmender Koordinationszahl nimmt die Anzahl freier, reaktiver Elektronenpaare am Cl-Atom ab, die Stabilität erhöht sich. Dies erklärt die typischen Disproportionierungsreaktionen, bei denen aus sauerstoffärmeren Ionen Cl^- und sauerstoffreichere Anionen entstehen.

Beispiel:

$$3\,\overset{+1}{Cl}O^- \longrightarrow \overset{+5}{Cl}O_3^- + 2\,\overset{-1}{Cl}{}^-$$

Über Redoxverhalten und Disproportionierungsreaktionen geben besonders übersichtlich Potentialdiagramme (Zahlenangaben: Standardpotentiale in V) Auskunft.

$$pH = 0 \qquad ClO_4^- \xrightarrow{+1{,}19} ClO_3^- \xrightarrow{+1{,}21} HClO_2 \xrightarrow{+1{,}63} HClO \xrightarrow{+1{,}65} Cl_2 \xrightarrow{+1{,}36} Cl^-$$

$$pH = 14 \qquad ClO_4^- \xrightarrow{+0{,}36} ClO_3^- \xrightarrow{+0{,}33} ClO_2^- \xrightarrow{+0{,}66} ClO^- \xrightarrow{+0{,}32} Cl_2 \xrightarrow{+1{,}36} Cl^-$$

Aus den Potentialdiagrammen können die Standardpotentiale für die verschiedenen Redoxsysteme ermittelt werden (vgl. S. 389 und S. 484).

Beispiel: Redoxsystem ClO_3^-/Cl_2 bei pH = 0

$$5E^\circ_{ClO_3^-/Cl_2} = 2E^\circ_{ClO_3^-/HClO_2} + 2E^\circ_{HClO_2/HClO} + E^\circ_{HClO/Cl_2}$$

$$5E^\circ_{ClO_3^-/Cl_2} = 2\cdot 1{,}21\,V \quad +2\cdot 1{,}63\,V \quad +1{,}65\,V$$

$$E^\circ_{ClO_3^-/Cl_2} = +1{,}47\,V$$

In saurer Lösung sind alle Chlorsauerstoffsäuren starke Oxidationsmittel. Ein besonders starkes Oxidationsvermögen besitzt HClO. Mit wachsendem pH-Wert nimmt das Oxidationsvermögen stark ab. Die Potentiale zeigen auch, dass z. B. die Disproportionierung von Cl_2 in Cl^- und ClO^- nur in alkalischen Lösungen möglich ist (vgl. dazu unten). In sauren Lösungen ist die Komproportionierung von HClO und Cl^- zu Cl_2 energetisch begünstigt.

Hypochlorige Säure HClO entsteht in einer Disproportionierungsreaktion beim Einleiten von Cl_2 in Wasser.

$$\overset{0}{Cl_2} + H_2O \rightleftharpoons H\overset{-1}{Cl} + H\overset{+1}{Cl}O$$

Das Gleichgewicht der Reaktion liegt aber ganz auf der linken Seite (Chlorwasser). Eine Verschiebung des Gleichgewichts nach rechts erreicht man durch Abfangen von HCl mit einer HgO-Suspension als unlösliches $HgO \cdot HgCl_2$. Es entsteht 20 %ige HClO, die sich aber schon bei 0 °C langsam zersetzt.

$$2\,HClO \longrightarrow 2\,HCl + O_2$$

HClO ist eine schwache Säure und ein starkes Oxidationsmittel (Desinfektion von Wasser). Sie ist im wasserfreien Zustand nicht bekannt, beim Entwässern entsteht ihr Anhydrid Cl_2O. In Lösungen ist Cl_2O im Gleichgewicht mit HClO

$$2\,HClO \rightleftharpoons Cl_2O + H_2O$$

so dass nebeneinander Cl_2, HClO und Cl_2O vorliegen.

Die Salze der Hypochlorigen Säure, die **Hypochlorite**, erhält man durch Einleiten von Chlor in kalte alkalische Lösungen.

$$Cl_2 + 2\,NaOH \longrightarrow NaCl + NaOCl + H_2O$$

Brom und Iod reagieren analog zu Hypobromiten bzw. zu Hypoioditen. Technisch kann man die Darstellung von NaOCl an die Chloralkali-Elektrolyse (s. S. 397) anschließen, indem man das anodisch entwickelte Chlor in die kathodisch gebildete Natronlauge einleitet. Chlorkalk erhält man aus Cl_2 und $Ca(OH)_2$.

$$Cl_2 + Ca(OH)_2 \longrightarrow CaCl(OCl) + H_2O$$

Mit Salzsäure entsteht aus Chlorkalk Chlor.

$$CaCl(OCl) + 2\,HCl \longrightarrow CaCl_2 + Cl_2 + H_2O$$

Hypochlorite sind schwächere Oxidationsmittel als HClO, sie werden als Bleich- und Desinfektionsmittel verwendet. Wässrige Lösungen reagieren basisch, da ClO^- eine Anionenbase ist.

Chlorige Säure $HClO_2$ ist bedeutungslos, da sie sich schnell zersetzt.

$$5\,HClO_2 \longrightarrow 4\,ClO_2 + HCl + 2\,H_2O$$

Beständiger sind ihre Salze, die **Chlorite.** Sie werden technisch durch Einleiten von ClO_2 in $NaOH$-H_2O_2-Lösungen hergestellt.

$$2\,ClO_2 + H_2O_2 + 2\,NaOH \longrightarrow 2\,NaClO_2 + O_2 + 2\,H_2O$$

Verwendet werden sie als Bleichmittel für Textilien, da das beim Ansäuern frei werdende ClO_2 faserschonend bleicht.

Chlorsäure $HClO_3$ erhält man aus ihren Salzen, den Chloraten.

$$Ba(ClO_3)_2 + H_2SO_4 \longrightarrow 2\,HClO_3 + BaSO_4$$

Lösungen mit mehr als 40 % $HClO_3$ zersetzen sich. $HClO_3$ ist eine starke Säure ($pK_S = -2{,}7$) und ein starkes Oxidationsmittel $E^{o}_{ClO_3^-/Cl^-} = +1{,}45$ V bei pH = 0.

„Euchlorin“ ist eine Mischung aus konz. $HClO_3$ und konz. HCl, die sich wegen ihres starken Oxidationsvermögens besonders zur Auflösung organischer Stoffe eignet.

Chlorate entstehen durch Disproportionierung von Hypochloriten in erwärmten Lösungen.

$$3\,\overset{+1}{Cl}O^- \longrightarrow \overset{+5}{Cl}O_3^- + 2\,\overset{-1}{Cl}{}^-$$

Wahrscheinlich wird dabei das Anion ClO^- durch die freie Säure HClO oxidiert.

$$2\,HClO + ClO^- \longrightarrow ClO_3^- + 2\,HCl$$

Da Cl_2 in NaOH zu ClO^- und Cl^- disproportioniert, erhält man ClO_3^- durch Einleiten von Cl_2 in heiße Laugen.

$$3\,Cl_2 + 6\,OH^- \longrightarrow 5\,Cl^- + ClO_3^- + 3\,H_2O$$

Technisch elektrolysiert man heiße NaCl-Lösungen ohne Trennung des Kathoden- und Anodenraums.

Chlorate sind kräftige Oxidationsmittel. Gemische von Chloraten mit oxidierbaren Substanzen (Phosphor, Schwefel, organische Substanzen) sind explosiv. $KClO_3$ wird zur Herstellung von Zündhölzern (vgl. S. 501) und Sprengstoffen verwendet. $KClO_3$ wurde früher in Feuerwerkskörpern genutzt. Die Eigenschaft von $KClO_3$ mit Schwefel, Metallpulvern, Ammonium-Salzen oder Feuchtigkeit reibungsempfindliche Gemische zu bilden, führte allerdings zu zahlreichen tödlichen Unfällen. Heute wird daher $KClO_4$ eingesetzt. Es ist schwerer zu zünden, aber nicht so instabil. $NaClO_3$ ist Ausgangsprodukt zur Herstellung von ClO_2 und Perchlorat und wird als Herbizid verwendet.

Perchlorsäure $HClO_4$ ist die beständigste und die einzige in reiner Form herstellbare Chlorsauerstoffsäure. $HClO_4$ ist eine farblose Flüssigkeit, die bei 120 °C siedet und bei −101 °C erstarrt. Beim Erwärmen zersetzt sie sich, manchmal explosionsartig. Mit brennbaren Substanzen erfolgt Explosion. In wässriger Lösung ist $HClO_4$ stabil, sie ist eine der stärksten Säuren. Trotz des hohen Redoxpotentials $E^{o}_{ClO_4^-/Cl^-} = +1{,}38$ V) wirkt sie aus kinetischen Gründen weit weniger oxidierend als $HClO_3$. Von $HClO_3$ wird z. B. HCl zu Cl_2 und S zu H_2SO_4 oxidiert, nicht aber von $HClO_4$.

$HClO_4$ kann aus Perchloraten dargestellt werden.

$$KClO_4 + H_2SO_4 \longrightarrow HClO_4 + KHSO_4$$

Die entstandene Perchlorsäure wird im Vakuum abdestilliert.

Perchlorate werden technisch durch anodische Oxidation von Chloraten hergestellt.

$$ClO_3^- + H_2O \longrightarrow ClO_4^- + 2\,H^+ + 2\,e^-$$

Perchlorate entstehen auch bei der thermischen Disproportionierung von Chloraten.

$$4\,KClO_3 \xrightarrow{400\,°C} 3\,KClO_4 + KCl$$

Bei noch stärkerem Erhitzen zersetzt sich $KClO_4$.

$$KClO_4 \xrightarrow{500\,°C} KCl + 2\,O_2$$

Die Perchlorate sind die beständigsten Salze von Oxosäuren des Chlors. Schwer löslich sind die Perchlorate von K, Rb, Cs. NH_4ClO_4 wird als Raketentreibstoff verwendet. Für Feststoffraketen wird ein Gemisch aus Ammoniumperchlorat und Aluminium verwendet.

$$6\,NH_4ClO_4\,(s) + 8\,Al\,(s) \longrightarrow 4\,Al_2O_3\,(s) + 3\,N_2\,(g) + 3\,Cl_2\,(g) + 12\,H_2O \qquad \Delta H° = -7\,800\,kJ/mol$$

Für den Start eines Space Shuttle wurden 850 t benötigt. NH_4ClO_4 zersetzt sich oberhalb 200 °C (Explosionsgefahr).

Perchlorat kann die Iod-Aufnahme der Schilddrüse blockieren, was den Spiegel der Schilddrüsenhormone verringert. Die Aufnahme von ClO_4^- kann daher gesundheitlich bedenklich sein. Von der US-Umweltbehörde wird für eine Perchlorat-Aufnahme die Menge von höchstens 0,7 μg/kg Körpergewicht pro Tag, für den Gehalt im Trinkwasser höchstens 1 ppb empfohlen.

Bromat, BrO_3^-. Bromid kommt natürlich in Wässern vor und wird bei einer Trinkwasser-Desinfektion mit Ozon zu Bromat oxidiert. Bromat wird als krebserregend eingestuft. Wasserwerke, die Ozon verwenden, müssen vor Freigabe des Wassers auf Bromat testen und den Bromatgehalt unter 10 ppb halten.

Perbromat, BrO_4^-. Die Synthese von Perbromat war lange Zeit schwierig und gelang am besten durch die Oxidation von Bromat, BrO_3^- mit F_2 oder XeF_2. Ein neuerer direkter Weg zu BrO_4^- ist die Oxidation von BrO_3^- mit Hypobromit, BrO^-.

Iodsäure HIO_3 kristallisiert in farblosen Kristallen. Sie ist ein starkes Oxidationsmittel, durch Entwässern erhält man aus ihr I_2O_5. HIO_3 kann durch Oxidation von I_2 mit HNO_3, Cl_2 oder H_2O_2 hergestellt werden.

$$I_2 + 6\,H_2O + 5\,Cl_2 \longrightarrow 2\,HIO_3 + 10\,HCl$$

HCl muss aus dem Gleichgewicht entfernt werden, da es HIO_3 reduziert.

Iodate enthalten das pyramidale Anion IO_3^-. In den sauren Salzen $MIO_3 \cdot HIO_3$ und $MIO_3 \cdot 2\,HIO_3$ sind Iodsäuremoleküle über Wasserstoffbrücken an die Iodationen gebunden. Die Iodate sind beständiger als die Chlorate und die Bromate. Iodhaltiges Speisesalz (Iodsalz) enthält als Vorbeugung gegen Kropf etwa 0,0025 % KIO_3.

Periodsäuren. Orthoperiodsäure H_5IO_6 bildet farblose, hygroskopische Kristalle (Smp. 128 °C). Sie ist die einzige in Wasser existenzfähige Iod(VII)-säure; sie ist ein starkes Oxidationsmittel und eine schwache mehrbasige Säure, die nur sehr wenig protolysiert. Es liegen folgende Protolysegleichgewichte vor:

$$\begin{array}{llll} H_5IO_6 & + H_2O \rightleftharpoons H_3O^+ + H_4IO_6^- & & K_S = 5 \cdot 10^{-4} \\ H_4IO_6^- & + H_2O \rightleftharpoons H_3O^+ + H_3IO_6^{2-} & & K_S = 5 \cdot 10^{-9} \\ H_3IO_6^{2-} & + H_2O \rightleftharpoons H_3O^+ + H_2IO_6^{3-} & & K_S = 2 \cdot 10^{-12} \end{array}$$

Außerdem finden Dehydratisierungen statt:

$$\begin{array}{llll} H_4IO_6^- & \rightleftharpoons IO_4^- & + 2\,H_2O & K = 29 \\ 2\,H_3IO_6^{2-} & \rightleftharpoons H_2I_2O_{10}^{4-} & + 2\,H_2O & K = 820 \end{array}$$

Bei Raumtemperatur herrscht in wässriger Lösung das Ion IO_4^- vor. In alkalischen Lösungen liegen die Ionen $H_4IO_6^-$, $H_3IO_6^{2-}$, $H_2IO_6^{3-}$, IO_4^- und $H_2I_2O_{10}^{4-}$ nebeneinander vor. Aus diesen Lösungen können unterschiedliche Salze gewonnen werden: $CsIO_4$, MH_4IO_6, $M_2H_3IO_6$, $M_3H_2IO_6$, $M_4H_2I_2O_{10}$ (M = Alkalimetalle, Erdalkalimetalle$_{1/2}$), Ag_5IO_6.

Durch Erhitzen von H_5IO_6 im Vakuum erhält man zunächst die **Triperiodsäure $H_7I_3O_{14}$** und daraus die **Periodsäure $(HIO_4)_n$**, aus der bei weiterem Erhitzen unter H_2O- und O_2-Abspaltung I_2O_5 entsteht. In wässriger Lösung entsteht aus $H_7I_3O_{14}$ und HIO_4 wieder H_5IO_6. Die Strukturen der Periodsäuren sind in der Abb. 4.6 wiedergegeben.

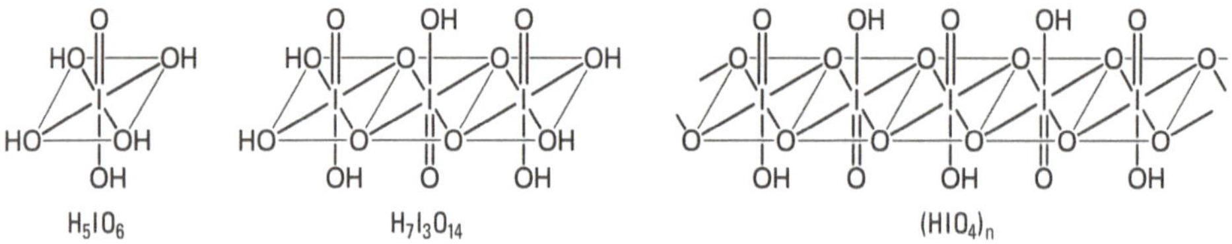

H_5IO_6 $H_7I_3O_{14}$ $(HIO_4)_n$

Abbildung 4.6 Strukturen der Periodsäuren.
In allen Periodsäuren sind die Iodatome oktaedrisch von O-Atomen koordiniert. HIO_4 ist daher polymer und nicht wie $HClO_4$ monomer.

4.4.8 Oxide der Halogene

In den Oxiden von Chlor, Brom, Iod kommen die Halogene in positiven Oxidationszahlen vor. Gesichert ist die Existenz der in Tab. 4.11 angegebenen Oxide.

Mit Ausnahme von I_2O_5 sind die Halogenoxide endotherme Verbindungen, die beim Erwärmen teilweise explosionsartig zerfallen. Sie sind sehr reaktionsfähig und starke Oxidationsmittel. Die Strukturen sind zum Teil noch ungeklärt. Technische Bedeutung hat ClO_2.

Dichloroxid Cl_2O ist ein gelbrotes Gas, das beim Erwärmen explosionsartig in Cl_2 und O_2 zerfällt. Es entsteht durch Reaktion von Cl_2 mit HgO.

$$2\,Cl_2 + 2\,HgO \longrightarrow Cl_2O + HgO \cdot HgCl_2$$

Tabelle 4.11 Oxide der Halogene

Oxidations-zahl**	Chlor	Brom	Iod
+1	Cl_2O gelbrotes Gas $\Delta H_B^\circ = +80$ kJ/mol ClO*, Dimere	Br_2O braun, fest $\Delta H_B^\circ \approx +110$ kJ/mol Zers. > −40 °C BrO*	IO*
+3	Cl_2O_3 braun $\Delta H_B^\circ \approx +190$ kJ/mol Zers. beim Smp. −45 °C	Br_2O_3 orange, kristallin Zers. > −40 °C	
+4	ClO_2 gelbes Gas $\Delta H_B^\circ = +103$ kJ/mol Cl_2O_4 gelbe Flüssigkeit, Zers. > 0 °C	BrO_2 gelb, kristallin $\Delta H_B^\circ = +52$ kJ/mol Zers. > −40 °C BrO_2* Br_2O_4	I_2O_4 gelb, fest Smp. 130 °C IO_2*
+4,5			I_4O_9 gelb, fest
+5		Br_2O_5 farblos Zers. −20 °C	I_2O_5 farblos, kristallin $\Delta H_B^\circ = +158$ kJ/mol
+6	Cl_2O_6 braunrote Flüssigkeit, $\Delta H_B^\circ = +145$ kJ/mol	BrO_3*	IO_3* I_4O_{12} hellgelb, fest
+7	Cl_2O_7 farblose Flüssigkeit, $\Delta H_B^\circ = +238$ kJ/mol ClO_4*		

* kurzlebige monomere Radikale. ClO und ClO_4 siehe unten.
** Bei einigen Verbindungen ist es die mittlere Oxidationszahl.

Cl_2O_3 ist ein Chlor(II)-chlor(IV)-oxid $O\overset{+2}{Cl}—\overset{+4}{Cl}O_2$

Cl_2O_4 ist ein Chlorperchlorat $\overset{+1}{Cl}—O—\overset{+7}{Cl}O_3$

Cl_2O_6 im festen Zustand ist ein Chlor(V,VII)-oxid $[\overset{+5}{Cl}O_2]^+[\overset{+7}{Cl}O_4]^-$

Br_2O_3 ist ein Brombromat $\overset{+1}{Br}—O—\overset{+5}{Br}O_2$

Br_2O_4 ist vermutlich ein Bromperbromat $\overset{+1}{Br}—O—\overset{+7}{Br}O_3$

I_2O_4 ist polymer $—\overset{+3}{I}—O—\overset{+5}{I}O_2—O—$, mit schwächeren Bindungen zwischen den Ketten.

I_4O_9 ist ein Iod(III)-iodat $\overset{+3}{I}(\overset{+5}{I}O_3)_3$

I_4O_{12}-Moleküle mit I in den Oxidationsstufen +5 und +7 sind zu Schichten verbrückt.

In analoger Reaktion entsteht Br_2O. Cl_2O ist das Anhydrid von HClO, es bildet in Alkalilaugen Hypochlorit. Cl_2O und Br_2O sind gewinkelte Moleküle mit schwachen Einfachbindungen.

$$\overline{\underline{|Cl}}-\overline{\underline{O}}-\overline{\underline{Cl|}}$$

Chlordioxid ClO_2 ist ein gelbes, sehr explosives Gas. Mit CO_2 verdünnt, wird es als Oxidationsmittel zum Bleichen (Mehl, Cellulose) und als Desinfektionsmittel (Trinkwasser wird wirksamer und geruchsfreier desinfiziert als mit Chlor) verwendet. Es wird durch Reduktion von $NaClO_3$ mit SO_2 oder Salzsäure hergestellt.

$$2\,NaClO_3 + SO_2 + H_2SO_4 \longrightarrow 2\,ClO_2 + 2\,NaHSO_4$$

Im Labor entsteht es aus $KClO_3$ und konz. H_2SO_4 durch Disproportionierung der Chlorsäure.

$$KClO_3 + H_2SO_4 \longrightarrow HClO_3 + KHSO_4$$
$$3\,HClO_3 \longrightarrow 2\,ClO_2 + HClO_4 + H_2O$$

In alkalischen Lösungen disproportioniert ClO_2.

$$2\,ClO_2 + 2\,OH^- \longrightarrow ClO_2^- + ClO_3^- + H_2O$$

ClO_2 ist ein gewinkeltes Molekül, es enthält ein ungepaartes Elektron.

$$^{\ominus}\overline{\underline{|O}}-\dot{\overline{Cl}}^{2\oplus}-\overline{\underline{O|}}^{\ominus} \leftrightarrow {}^{\ominus}\overline{\underline{|O}}-\overline{\underline{Cl}}^{\oplus}-\dot{\overline{\underline{O}}}\rangle \leftrightarrow \langle\dot{\overline{\underline{O}}}-\overline{\underline{Cl}}^{\oplus}-\overline{\underline{O|}}^{\ominus}$$

Wahrscheinlich ist das ungepaarte Elektron über das ganze Molekül delokalisiert. Bei tiefen Temperaturen existieren im festen Zustand Dimere mit kompensierten Spinmomenten.

BrO_2-Dimere entstehen bei elektrischen Entladungen aus Br_2/O_2-Gemischen. Die Struktur ist die eines Bromperbromats, $\overset{+1}{Br}-O-\overset{+7}{Br}O_3$.

Dichlorhexaoxid Cl_2O_6. Festes Cl_2O_6 (rot, Smp. 3 °C) ist aus Ionen mit Cl in unterschiedlichen Oxidationszahlen aufgebaut: $[\overset{+5}{Cl}O_2]^+[\overset{+7}{Cl}O_4]^-$ Die Struktur im Gaszustand ist nicht gesichert. Gasförmiges Cl_2O_6 zersetzt sich in ClO_2, Cl_2O_4 und O_2.

Dichlorheptaoxid Cl_2O_7 ist das beständigste Chloroxid, es ist das Anhydrid der Perchlorsäure und entsteht durch deren Entwässerung.

$$2\,HClO_4 + \tfrac{1}{6}P_4O_{10} \longrightarrow Cl_2O_7 + \tfrac{2}{3}H_3PO_4$$

Es ist eine farblose Flüssigkeit, die bei gewöhnlicher Temperatur langsam zerfällt, durch Schlag explodiert. Das Molekül Cl_2O_7 besitzt folgende Struktur:

$$O_3Cl-\overline{\underline{O}}-ClO_3 \quad (\text{je Cl: drei } Cl{=}\overline{\underline{O}})$$

Diiodpentaoxid I_2O_5 ist ein farbloses, kristallines Pulver, das erst oberhalb 300 °C in die Elemente zerfällt. Die Kristalle sind aus I_2O_5-Molekülen

aufgebaut, die über koordinative I—O-Wechselwirkungen dreidimensional verknüpft sind.

I_2O_5 ist das Anhydrid der Iodsäure und wird aus dieser durch Entwässern bei 250 °C hergestellt.

$$2\,HIO_3 \longrightarrow I_2O_5 + H_2O$$

I_2O_5 reagiert mit H_2O wieder zu HIO_3. Bei 170 °C reagiert I_2O_5 mit CO quantitativ zu I_2 und CO_2, so dass CO iodometrisch bestimmt werden kann.

Das **Radikal ClO** tritt als Zwischenprodukt beim Abbau der lebensnotwendigen Ozonschicht in der Stratosphäre (vgl. Abschn. 4.11) auf. Aus den in die Atmosphäre abgegebenen FCKW entstehen durch Photolyse Cl-Atome. Diese reagieren mit Ozonmolekülen unter Bildung von ClO.

$$Cl + O_3 \longrightarrow ClO + O_2$$
$$ClO + O \longrightarrow Cl + O_2$$

ClO kann zu **ClOOCl** dimerisieren. Das Isomere **$ClClO_2$**, Chlorylchlorid wurde durch Matrixtechnik isoliert. Es hat einen pyramidalen Bau, in der Gasphase zersetzt es sich in ClO_2 und Cl.

Das **Radikal ClO_4** besitzt drei kurze und eine lange Cl—O-Bindung und hat die Symmetrie C_{2v} (s. Abschn. 2.8.1.1)

Es entsteht bei der Vakuumthermolyse von Cl_2O_6.

$$Cl_2O_6 \longrightarrow ClO_4 + ClO_2$$

4.4.9 Sauerstofffluoride

Da in den Sauerstoffverbindungen des Fluors nicht O, sondern F der elektronegativere Partner ist, sind diese Verbindungen als Sauerstofffluoride zu bezeichnen. Bekannt sind die Verbindungen OF_2, O_2F_2 und O_4F_2. Die Existenz von O_3F_2, O_5F_2 und O_6F_2 ist nicht gesichert.

Sauerstoffdifluorid OF_2 entsteht beim Einleiten von F_2 in Natronlauge.

$$2\,F_2 + 2\,OH^- \longrightarrow 2\,F^- + OF_2 + H_2O$$

OF_2 ist ein giftiges Gas und ein starkes Oxidations- und Fluorierungsmittel, aber reaktionsträger als F_2. Es zerfällt beim Erwärmen auf 200 °C in die Elemente. In alkalischer Lösung entsteht kein Hypofluorit, sondern F^- und O_2.

$$OF_2 + 2\,OH^- \longrightarrow 2\,F^- + O_2 + H_2O$$

OF_2 ist wie H_2O ein gewinkeltes Molekül mit Einfachbindungen.

Disauerstoffdifluorid O_2F_2 ist eine feste, gelbe Substanz (Smp. −163 °C), die aus einem O_2-F_2-Gemisch durch elektrische Entladungen bei 80−90 K entsteht. O_2F_2 zersetzt sich bereits oberhalb −95 °C in die Elemente und ist ein starkes Fluorierungs- und Oxidationsmittel. Die Struktur des Moleküls entspricht der von H_2O_2 (vgl. Abb. 4.15). Der Bindungsgrad O—F ist viel kleiner als der einer Einfachbindung, der von O—O liegt bei 2. Die folgenden mesomeren Strukturen sind zu berücksichtigen.

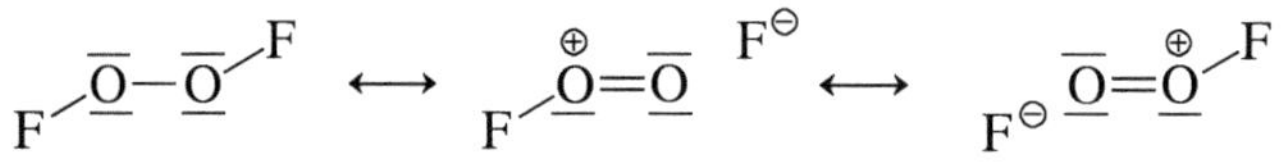

$$\mathrm{F{-}\overline{\underline{O}}{-}\overline{\underline{O}}{-}F} \longleftrightarrow \mathrm{F{-}\overset{\oplus}{O}{=}\overline{O}\;\; F^{\ominus}} \longleftrightarrow \mathrm{F^{\ominus}\;\; \overline{O}{=}\overset{\oplus}{O}{-}F}$$

Hydroxylfluorid HOF (Hypofluorige Säure) ist ein nicht beständiges Gas. Es zerfällt in HF und O_2. Mit Wasser erfolgt Reaktion nach

$$HOF + H_2O \longrightarrow HF + H_2O_2$$

Im festen Zustand sind die Moleküle durch Wasserstoffbrücken zu gewinkelten, unendlichen Ketten verknüpft.

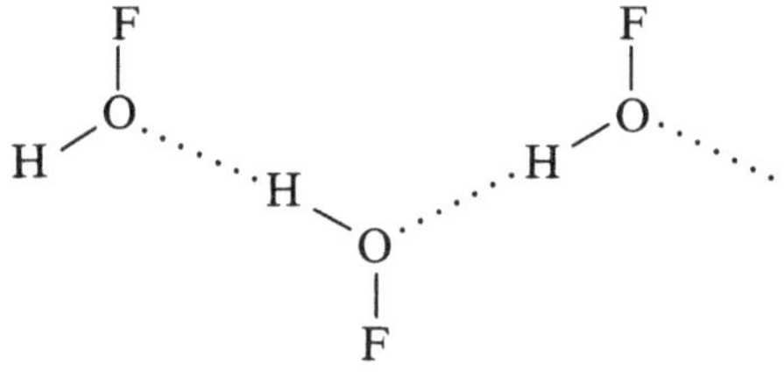

$$\mathrm{H{-}O(F)\cdots H{-}O(F)\cdots H{-}O(F)\cdots}$$

In HOF hat F die Oxidationszahl −1, in der formal analogen Hypochlorigen Säure HClO (vgl. S. 449) hat Cl die Oxidationszahl +1.

4.4.10 Pseudohalogene

Einige anorganische Atomgruppen ähneln den Halogenen.

Beispiele:

Atomgruppe	CN	SCN	OCN	N_3
Ionen	CN^-	SCN^-	OCN^-	N_3^-
	Cyanid	Thiocyanat (Rhodanid)	Cyanat	Azid

Analogien:
Die Pseudohalogene Dicyan $(CN)_2$ und Dithiocyan (Dirhodan) $(SCN)_2$ sind flüchtig. Die Pseudohalogene bilden Wasserstoffverbindungen, die allerdings schwächer sauer sind als die Hydrogenhalogenide. Am bekanntesten ist das stark giftige Hydrogencyanid (Blausäure) HCN (vgl. Abschn. 4.7.7). Sie bilden Verbindungen mit Halogenen (z. B. Bromcyan BrCN) und untereinander (z. B. Cyanazid NCN_3). Alle Halogenazide XN_3 (X = F, Cl, Br, I) sind als Halogen-Pseudohalogene bekannt. Iodazid, IN_3 bildet sich aus Natriumazid und Iodchlorid in polaren Lösungsmitteln. Es ist ist monomer in Lösung und in der Gasphase und explosiv, gleichzeitig ein elegantes Reagenz, um eine Stickstoff-Funktionalität einzuführen. In alkalischer Lösung erfolgt Disproportionierung wie bei Halogenen: $(CN)_2 + 2\,OH^- \longrightarrow CN^- + OCN^- + H_2O$. Pseudohalogenidionen bilden schwer lösliche Silber-, Quecksilber(I)- und Blei(II)-Salze. Es existieren Pseudohalogenidokomplexe wie $[Ag(CN)_2]^-$, $[Hg(N_3)_4]^{2-}$ und $[Hg(SCN)_4]^{2-}$.

4.5 Gruppe 16 (Chalkogene)

4.5.1 Gruppeneigenschaften

	Sauerstoff O	Schwefel S	Selen Se	Tellur Te	Polonium Po
Ordnungszahl Z	8	16	34	52	84
Elektronenkonfiguration	$1s^2\,2s^2\,2p^4$	$[Ne]3s^2\,3p^4$	$[Ar]3d^{10}\,4s^2\,4p^4$	$[Kr]4d^{10}\,5s^2\,5p^4$	$[Xe]4f^{14}\,5d^{10}\,6s^2\,6p^4$
Ionisierungsenergie in eV	13,6	10,4	9,8	9,0	8,4
Elektronegativität	3,5	2,4	2,5	2,0	1,8
Nichtmetallcharakter	Nichtmetalle		Halbmetalle		Metall
Affinität zu elektropositiven Elementen			⟶ nimmt ab		
Affinität zu elektronegativen Elementen			⟶ nimmt zu		

Die Chalkogene (Erzbildner) unterscheiden sich in ihren Eigenschaften stärker als die Halogene. Sauerstoff und Schwefel sind typische Nichtmetalle, Selen und Tellur besitzen bereits Modifikationen mit Halbleitereigenschaften, deswegen werden sie zu den Halbmetallen gerechnet. In ihren chemischen Eigenschaften verhalten sie sich aber überwiegend wie Nichtmetalle. Polonium ist ein radioaktives Metall. Das stabilste Isotop ^{209}Po hat eine Halbwertszeit von 105 Jahren.

Sauerstoff hat als Element der ersten Achterperiode eine Sonderstellung. Er ist wesentlich elektronegativer als die anderen Elemente der Gruppe, nach Fluor ist er das elektronegativste Element. Er tritt daher hauptsächlich in den Oxidationszahlen -2 und -1 auf, nur in Sauerstofffluoriden besitzt er positive Oxidationszahlen.

Schwefel hat eine ausgeprägte Fähigkeit, Ketten und Ringe zu bilden, daher ist es das Element mit vielen Modifikationen.

Die Chalkogene stehen zwei Gruppen vor den Edelgasen. Durch Aufnahme von zwei Elektronen entstehen Ionen mit Edelgaskonfiguration. Die meisten Metalloxide sind ionisch aufgebaut. Wegen der wesentlich geringeren Elektronegativität von Schwefel sind nur noch die Sulfide der elektropositivsten Elemente Ionenverbindungen.

Auf Grund ihrer Elektronenkonfiguration können alle Chalkogenatome zwei kovalente Bindungen ausbilden. Sie erreichen dabei Edelgaskonfiguration.

Bei Schwefel, Selen und Tellur sind in ihren Verbindungen vor allem die Oxidationszahlen $+4$ und $+6$ von Bedeutung. Die Beständigkeit der Oxidationszahl $+6$ nimmt mit steigender Ordnungszahl ab, die oxidierende Wirkung also zu. H_2SeO_4 ist ein stärkeres Oxidationsmittel als H_2SO_4, SO_2 ein stärkeres Reduktionsmittel als SeO_2. Bei formalen Chalkogen-Sauerstoff-Doppelbindungen in den klassischen Lewis-Formeln der Chalkogen($+4$ und $+6$)-Verbindungen handelt es sich um Mehrzentren-π-Bindungen und *nicht* um *2-Zentren-2-Elektronen-π-Doppelbindungen*.

Der saure Charakter der Oxide nimmt von SO_2 zu TeO_2 und von SO_3 zu TeO_3 ab. Schwefelsäure ist eine starke, Tellursäure eine schwache Säure. SO_2 ist ein Säureanhydrid, TeO_2 hat amphoteren Charakter.

4.5.2 Vorkommen

Sauerstoff ist das häufigste Element der Erdkruste. Es kommt elementar mit einem Volumenanteil von 21 % in der Luft vor, gebunden im Wasser und in vielen weiteren Verbindungen (Silicate, Carbonate, Oxide usw.).

Schwefel kommt in der Natur elementar in weit verbreiteten Lagerstätten vor. Verbindungen des Schwefels, vor allem die Schwermetallsulfide, besitzen größte Bedeutung als Erzlagerstätten. Einige wichtige Mineralien sind: Pyrit FeS_2, Zinkblende ZnS, Bleiglanz PbS, Kupferkies $CuFeS_2$, Zinnober HgS, Schwerspat $BaSO_4$, Gips $CaSO_4 \cdot 2\,H_2O$, Anhydrit $CaSO_4$.

Selen und Tellur sind als Selenide und Telluride spurenweise in sulfidischen Erzen enthalten. Se- und Te-Mineralien sind selten. Selen ist Bestandteil der biogenen Aminosäure Selenocystein. Tellur kommt auch in geringer Menge gediegen vor.

4.5.3 Die Elemente

	Sauerstoff	Schwefel	Selen	Tellur
Farbe	hellblau	gelb	rot/grau	braun
Schmelzpunkt in °C	−219	120*	220**	450
Siedepunkt in °C	−183	445	685	1390
Dissoziationsenergie D°_{298} ($X_2(g) \longrightarrow 2X$) in kJ/mol	498	423	333	258

* monokliner Schwefel
** graues Selen

4.5.3.1 Sauerstoff

Disauerstoff O_2

Unter Normalbedingungen ist elementarer Sauerstoff ein farbloses, geruch- und geschmackloses Gas, das aus O_2-Molekülen besteht. Verflüssigt oder in dickeren Schichten sieht Sauerstoff hellblau aus. In Wasser ist O_2 etwas besser löslich (0,049 l in 1 l Wasser bei 0 °C und 1 bar) als N_2.

Die Lewis-Formel des O_2-Moleküls (Bindungslänge 121 pm)

$$\overline{\underline{O}}=\overline{\underline{O}}$$

mit einer σ- und einer π-Bindung beschreibt aber nicht den paramagnetischen Grundzustand des O_2-Moleküls mit zwei ungepaarten Elektronen, sondern einen diamagnetischen angeregten Zustand (s. Abb. 4.9). Richtig beschrieben wird der Grundzustand mit der MO-Theorie (s. Abb. 2.67).

Das O_2-Molekül ist ziemlich stabil und es dissoziiert erst bei hohen Temperaturen. Bei 3 000 °C beträgt der Dissoziationsgrad 6 %.

$$O_2 \longrightarrow 2\,O \qquad \Delta H^\circ = 498\ \text{kJ/mol}$$

Die Umsetzung mit Sauerstoff (Oxidation) erfolgt meist erst bei hohen Temperaturen. Mit vielen Stoffen erfolgen langsame Oxidationen („stille Verbrennung“), z. B. das Rosten (s. S. 396) und das Anlaufen von Metallen. In reinem Sauerstoff laufen Oxidationen viel schneller ab. Öle und Fette können sich selbst entzünden, sogar Metalle können brennen. Daher dürfen O_2-führende Anlagenteile und O_2-Druckgasflaschen niemals mit Öl oder Fett geschmiert werden oder daran mit öligen Lappen oder Händen hantiert werden oder Sauerstoff, anstelle von Druckluft verwendet werden. Ein glimmender Holzspan brennt in reinem Sauerstoff mit heller Flamme, Schwefel verbrennt mit intensiv blauem Licht zu SO_2.

$$S + O_2 \longrightarrow SO_2$$

Noch stärker wird die Verbrennung durch flüssigen Sauerstoff gefördert. Ein glimmender Span verbrennt in flüssigem Sauerstoff – trotz der tiefen Temperatur von −183 °C – heftig mit heller Flamme.

Sauerstoff wird großtechnisch (Produktion 2019 in Deutschland $6{,}0 \cdot 10^9\ m^3$) durch fraktionierende Destillation verflüssigter Luft (Linde-Verfahren) hergestellt (Abb. 4.7 und 4.8).

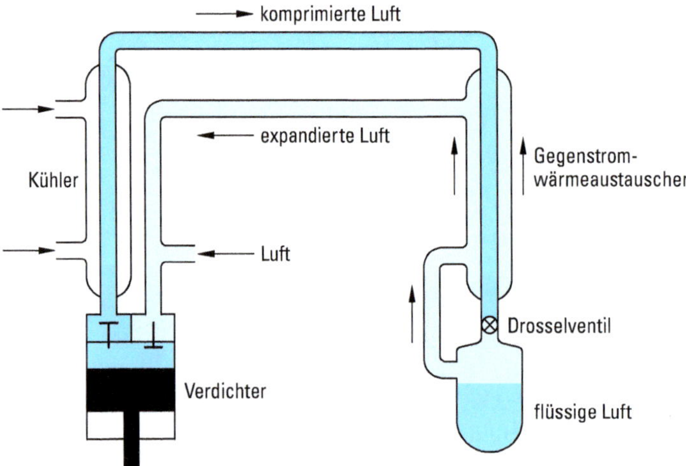

Abbildung 4.7 Schema der Luftverflüssigung nach Linde.
Angesaugte Luft wird im Verdichter auf ca. 200 bar komprimiert, dann im Kühler vorgekühlt und mittels des Drosselventils wieder entspannt und dabei abgekühlt. Mit dieser abgekühlten Luft wird im Gegenstrom-Wärmeaustauscher die nachkommende verdichtete Luft vorgekühlt. Die Temperatur sinkt immer mehr, bis schließlich bei der Entspannung flüssige Luft entsteht. Bei Druckerniedrigung um 1 bar sinkt die Temperatur um etwa 1/4 °C.

Ein Gas kann nur verflüssigt werden, wenn seine Temperatur tiefer als die kritische Temperatur ist ($T_K(N_2) = 126\ K$, $T_K(O_2) = 154\ K$; vgl. Tab. 3.1).

Die Abkühlung des Gases beim Linde-Verfahren beruht auf dem Joule-Thomson-Effekt. Wenn sich ein komprimiertes Gas ausdehnt, so kühlt es sich ab. Bei der Ausdehnung muss Arbeit geleistet werden, um die Anziehungskräfte zwischen den Gasteilchen zu überwinden. Die Energie dazu wird der inneren Energie des Gases entnommen, die kinetische Energie und damit die Temperatur nehmen daher ab. Nur bei Gasen, die sich ideal verhalten, sind zwischen den Gasteilchen keine Anziehungskräfte wirksam. Luft verhält sich bei Normalbedingungen ideal, nicht aber im komprimierten Zustand (vgl. Abschn. 3.2). Das Linde-Verfahren wird seit 1905 technisch eingesetzt. Vorher war das Bariumperoxid-Verfahren die einzige technische Möglichkeit zur Sauerstoffgewinnung aus Luft.

$$2\,BaO + O_2 \underset{700\,°C}{\overset{500\,°C}{\rightleftharpoons}} 2\,BaO_2$$

Reinsten Sauerstoff erhält man durch Elektrolyse von Kalilauge.

Kathodenreaktion: $2\,H_3O^+ + 2\,e^- \longrightarrow H_2 + 2\,H_2O$
Anodenreaktion: $2\,OH^- \longrightarrow 2\,OH + 2\,e^-$
$2\,OH \longrightarrow H_2O + \frac{1}{2}O_2$

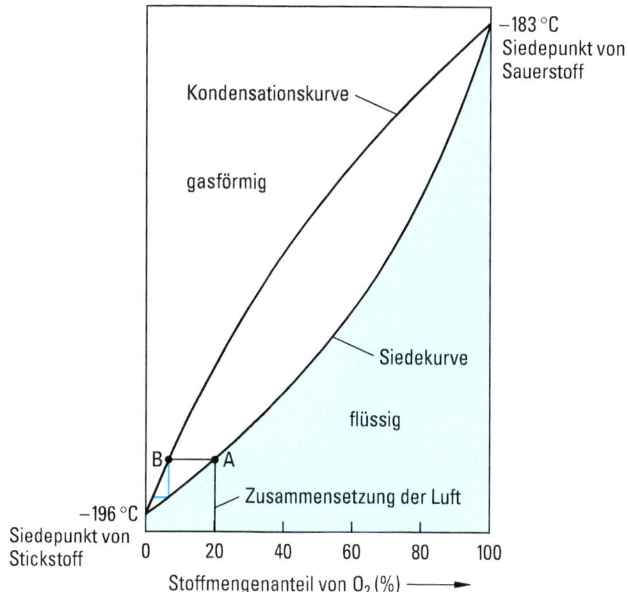

Abbildung 4.8 Fraktionierende Destillation flüssiger Luft.
Flüssige Luft siedet bei −194 °C (A). Der dabei entstehende Dampf (B) und natürlich auch das bei seiner Kondensation gebildete Destillat ist an der tiefer siedenden Komponente N_2 angereichert. Durch wiederholte Verdampfung und Kondensation erhält man schließlich reinen Sauerstoff im Destillationsrückstand und reinen Stickstoff im flüchtigen Destillat. Die fraktionierende Destillation erfolgt großtechnisch in Fraktionierkolonnen. In ihr befinden sich so genannte Böden, in welchen die einzelnen Stufen (vgl. in Abbildung ⌋ nahe –196 °C) der Kondensation und Wiederverdampfung erfolgen.
Manche Kondensationskurven enthalten ein Maximum oder ein Minimum. Bei diesen Zusammensetzungen siedet eine Flüssigkeit azeotrop, der Dampf hat die gleiche Zusammensetzung wie die Flüssigkeit.

Im Labor kann man kleinere Mengen reinen Sauerstoffs durch katalytische Zersetzung von H_2O_2 (vgl. S. 472) darstellen.

Etwa 60 % der Weltproduktion von Sauerstoff wird zur Stahlherstellung benötigt.

Singulett-Sauerstoff

Normaler Sauerstoff ist der Triplett-Sauerstoff $^3O_2$. Bei diesen O_2-Molekülen befinden sich im antibindenden π^*-MO zwei Elektronen mit parallelem Spin (vgl. Abb. 2.67). Beim Singulett-Sauerstoff $^1O_2$ handelt es sich um kurzlebige, energiereichere Zustände des O_2-Moleküls, bei denen die beiden π^*-Elektronen antiparallelen Spin besitzen (Abb. 4.9).

Singulett-Sauerstoff ist reaktionsfähiger als Triplett-Sauerstoff, ein wirkungsvolles Oxidationsmittel und wird besonders in der organischen Chemie für selektive Oxidationen benutzt. Er kann fotochemisch oder chemisch erzeugt werden. Singulett-

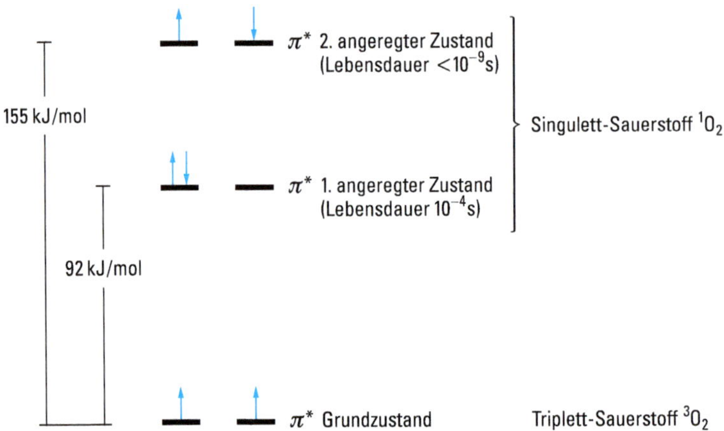

Abbildung 4.9 Elektronenanordnungen und Energieniveaus von Singulett- und Triplett-Sauerstoff.
Bei den Symbolen für die Elektronenzustände bedeuten die Zahlen links oben die Spinmultiplizität $2S + 1$. Beim Singulett-Sauerstoff $^1O_2$ ist der Gesamtspin $S = 0$, beim Triplett-Sauerstoff $^3O_2$ ist $S = 1$.

Sauerstoff, $^1O_2$ wird z. B. bei der photodynamischen Therapie (PDT) erzeugt, um durch Oxidation von Biomolekülen den Zelltod herbeizuführen. Grundlage der PDT ist die Bestrahlung mit Licht von im Ziel(Krebs-)gewebe angereicherten photosensibilisierenden Verbindungen, die dadurch in einen angeregten Zustand übergehen. Bei der Relaxation in den Grundzustand kann u. a. ein Energietransfer auf Triplett-Sauerstoff im umliegenden Gewebe unter Bildung von reaktivem $^1O_2$ erfolgen. Chemisch entsteht $^1O_2$ z. B. durch Abspaltung von O_2 aus Verbindungen, die Peroxidogruppen enthalten.

Beispiel: Umsetzung von H_2O_2 mit ClO^-

$$\text{H—O—O—H} \xrightarrow[-\text{OH}^-]{+\text{ClO}^-} \text{H—O—O—Cl} \xrightarrow[\text{HCl}]{\text{schnell}} {}^1\text{O}_2$$

Die frei werdende Energie bei der Umwandlung von $^1O_2$ in $^3O_2$ wird als Lichtenergie abgegeben. Man beobachtet ein rotes Leuchten. Aus zwei $^1O_2$-Molekülen entstehen durch Elektronenaustausch ohne Spinumkehr zwei $^3O_2$-Moleküle.

$$^1O_2(\uparrow\downarrow) + {}^1O_2(\uparrow\downarrow) \longrightarrow {}^3O_2(\uparrow\uparrow) + {}^3O_2(\downarrow\downarrow) \qquad \Delta H = -184\ \text{kJ/mol}$$

Dabei wird ein Lichtquant mit der Wellenlänge $\lambda = 633$ nm (orangerot) abgestrahlt (vgl. Abb. 4.9).

Ozon O_3

Sauerstoff kommt in einer zweiten Modifikation, dem Ozon O_3 vor. Ozon ist ein charakteristisch riechendes, blassblaues Gas, das sich bei -111 °C verflüssigen lässt und bei −192,5 °C in den festen Zustand übergeht. Die kondensierten Phasen sind schwarzblau und diamagnetisch.

Ozon besteht aus gewinkelten O_3-Molekülen (Bindungswinkel 117°), die beiden O—O-Abstände sind gleich lang (128 pm), es ist daher eine delokalisierte 3-Zentren-4-Elektronen-π-Bindung vorhanden.

Mit dem MO-Modell erhält man den Bindungsgrad 1,5 pro O—O-Bindung (Abb. 4.10).

Ozon ist eine endotherme Verbindung.

$$\tfrac{3}{2}O_2 \longrightarrow O_3 \qquad \Delta H^\circ_B = 142{,}7\ \text{kJ/mol}$$

Reines Ozon, besonders in kondensiertem Zustand, ist explosiv (s. S. 319). In verdünntem Zustand erfolgt bei Normaltemperatur nur allmählicher Zerfall, der sich beim Erwärmen und in Gegenwart von Katalysatoren (MnO_2, PbO_2) beschleunigt.

O_3 ist ein starkes Oxidationsmittel. PbS wird zu $PbSO_4$ oxidiert, S zu SO_3. Das Standardpotential zeigt, dass das Oxidationsvermögen von O_3 fast das des atomaren Sauerstoffs erreicht und nur von wenigen Stoffen übertroffen wird (F_2, $S_2O_8^{2-}$, H_4XeO_6, KrF_2).

$$O_3 + 2\,H_3O^+ + 2\,e^- \rightleftharpoons O_2 + 3\,H_2O \qquad E^\circ = 2{,}07\ \text{V}$$
$$O + 2\,H_3O^+ + 2\,e^- \rightleftharpoons 3\,H_2O \qquad E^\circ = 2{,}42\ \text{V}$$

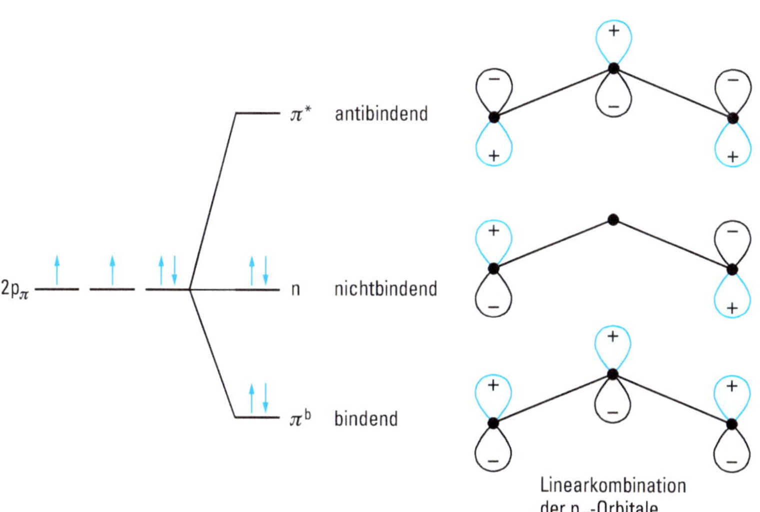

Abbildung 4.10 Bildung der π-Molekülorbitale im O_3-Molekül (3-Zentren-4-Elektronen-Bindung).
Die Linearkombination der drei p-Orbitale ergibt ein bindendes, ein nichtbindendes und ein antibindendes MO. Der π-Bindungsgrad pro O—O-Bindung beträgt 0,5. Die Addition mit dem Bindungsgrad der beiden σ-Bindungen ergibt den Gesamtbindungsgrad 1,5.

Beim Einleiten von O_3 in eine KI-Lösung entsteht I_2.

$$O_3 + 2\,I^- + H_2O \longrightarrow I_2 + O_2 + 2\,OH^-$$

Durch Titration des Iods kann O_3 quantitativ bestimmt werden.

In größeren Konzentrationen ist O_3 giftig, Mikroorganismen werden vernichtet und O_3 wird daher zur Entkeimung von Trinkwasser verwendet. O_3 ist schlechter in Wasser löslich als andere Reizgase, z. B. HCl, NH_3, Cl_2 und SO_2. Es wird daher nicht wie diese bereits im vorderen Teil der Atemwege absorbiert, sondern dringt tief in die Lunge ein.

Ozon bildet sich bei Einwirkung stiller elektrischer Entladungen auf Sauerstoff (Siemens'scher Ozonisator). Die O_3-Bildung erfolgt nur teilweise über Sauerstoffatome.

$$\tfrac{1}{2}O_2 \longrightarrow O \qquad \Delta H° = +249\,\text{kJ/mol}$$

$$O + O_2 \longrightarrow O_3 \qquad \Delta H° = -106\,\text{kJ/mol}$$

Auch angeregte O_2-Moleküle reagieren zu O_3.

$$O_2^* + O_2 \longrightarrow O_3 + O$$

Da Ozon durch die schnelle Folgereaktion

$$O_3 + O \longrightarrow 2\,O_2 \qquad \Delta H° = -392\,\text{kJ/mol}$$

abgebaut wird, erhält man nur O_3-Volumenanteile von 10 %. Durch fraktionierende Kondensation kann man aber aus den O_2-O_3-Gemischen reines O_3 darstellen.

Ozonhaltig ist elektrolytisch entwickelter Sauerstoff, da an der Anode primär atomarer Sauerstoff gebildet wird. Eine Spaltung des Sauerstoffmoleküls in Sauerstoffatome erfolgt auch durch Lichtquanten mit Wellenlängen < 240 nm (kurzwelliges UV). In der Umgebung von „Höhensonnen" riecht es daher nach Ozon.

Durch Einwirkung von UV-Strahlung auf Sauerstoff in den oberen Schichten der Atmosphäre entsteht in Spuren Ozon mit einer maximalen Konzentration (10^{13} Teilchen/cm^3) in ca. 25 km Höhe (Stratosphäre 10 – 50 km). Ozon hat ein hohes Absorptionsvermögen für die UV-Strahlung der Sonne und die Ozonschicht ist daher ein absolut lebensnotwendiger Schutzschirm für alles biologische Leben auf der Erde. Der Abbau der Ozonschicht der Stratosphäre durch FCKW und die Bildung von Ozon in der Troposphäre sind hochaktuelle Umweltprobleme. Sie werden ausführlich im Abschn. 4.11 behandelt.

4.5.3.2 Schwefel

Modifikationen. Chemisches Verhalten

Schwefel besitzt eine ausgeprägte Tendenz, Ringe oder Ketten auszubilden. Am stabilsten sind S_8-Ringe (Abb. 4.11), in denen die S-Atome durch Einfachbindungen verbunden sind. Thermodynamisch stabil bei Normalbedingungen ist der orthorhombische α-Schwefel mit 16 Molekülen S_8 in der Elementarzelle. Die Kristalle dieses

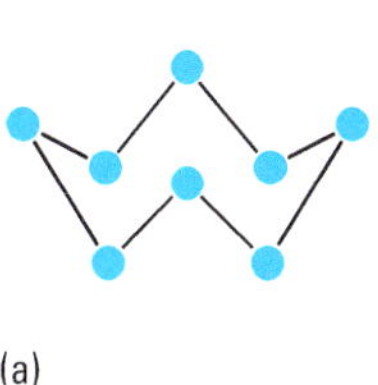

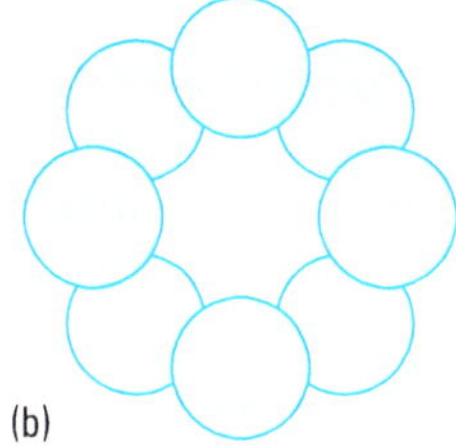

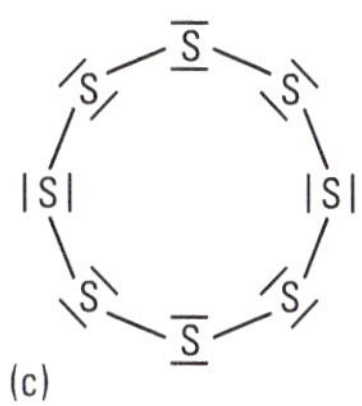

Abbildung 4.11 a) Anordnung der Atome im S_8-Molekül.
b) Der S_8-Ring von oben gesehen.
c) Strukturformel des S_8-Ringes.

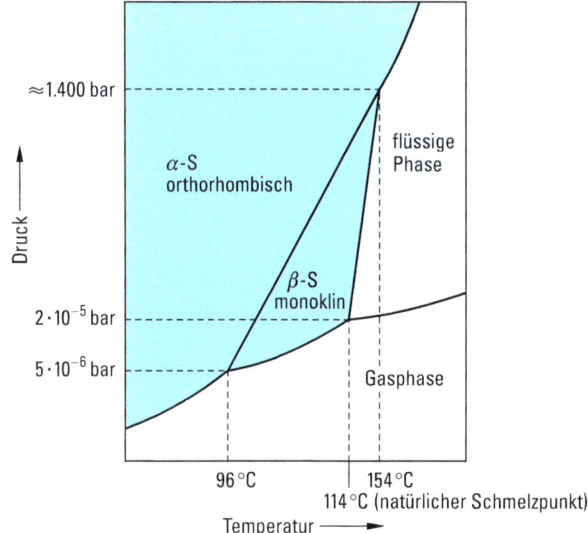

Abbildung 4.12 Phasendiagramm des Schwefels (nicht maßstabsgerecht).
Bei Normalbedingungen thermodynamisch stabil ist orthorhombischer α-S. Er wandelt sich bei 95,6 °C reversibel in monoklinen β-S um. Beide Modifikationen sind aus S_8-Ringen aufgebaut. Reiner β-S schmilzt bei 119 °C. Das thermodynamische Gleichgewicht liegt aber bei 114 °C (natürlicher Schmelzpunkt), da die Schmelze außer S_8 auch andere Schwefelmoleküle enthält, die den Schmelzpunkt erniedrigen.

natürlich vorkommenden Schwefels sind hellgelb, spröde, unlöslich in Wasser, aber sehr gut löslich in CS_2. Bei 95,6 °C erfolgt reversible Umwandlung in den monoklinen β-Schwefel, der ebenfalls aus S_8-Molekülen besteht. Bei Raumtemperatur wandelt er sich langsam in orthorhombischen Schwefel um. Der Dampfdruck ist bei 100 °C bereits so hoch, dass Schwefel sublimiert werden kann. β-Schwefel schmilzt bei 119,6 °C. Die Schmelze besteht zunächst aus S_8-Ringen (λ-Schwefel), und bei sofortiger Abkühlung erstarrt sie wieder bei 119,6 °C. Nach längerem Stehen erstarrt die Schmelze bei 114,5 °C (natürlicher Schmelzpunkt) (Abb. 4.12). Die Schmelzpunkterniedrigung ist auf die Bildung von etwa 5 % an Fremdmolekülen in der Schmelze zurückzuführen (2,8 % S_7; 0,5 % S_6; 1,5 % > S_8). In der Nähe des Schmelzpunktes ist der Schwefel hellgelb und dünnflüssig. Mit steigender Temperatur wächst der Anteil an niedermolekularen Schwefelringen S_n (π-Schwefel; $n = 6-26$, hauptsächlich 6, 7, 9, 12) sowie hochmolekularen Schwefelketten S_x (μ-Schwefel; $x = 10^3-10^6$). Bei 159 °C nimmt die Viskosität sprunghaft zu, die Schmelze wird dunkelrot, das Gleichgewicht verschiebt sich drastisch in Richtung μ-Schwefel. Durch Abschrecken dieser Schmelze erhält man plastischen Schwefel, der hochmolekulare Schwefelketten enthält. Er ist instabil und wandelt sich nach kurzer Zeit in kristallinen Schwefel um. Bei 187 °C erreicht die Viskosität ein Maximum, bei höheren Temperaturen nimmt die Molekülgröße infolge thermischer Crackung ab und beim Siedepunkt (444,6 °C) ist die Schmelze dunkel-rotbraun und wieder dünnflüssig. In der Gasphase existiert ein temperaturabhängiges Gleichgewicht von Molekülen S_n mit $n = 1-8$. S-Atome überwiegen erst bei 2 200 °C (Tab. 4.12). S_8, S_7, S_6, S_5 sind ringförmig gebaut. S_4 ist kettenförmig und von roter Farbe. S_3 ist blau und wie O_3 gewinkelt gebaut. S_2 ist blauviolett, paramagnetisch und enthält eine Doppelbindung (die Elektronenkonfiguration ist analog der von O_2).

Die Reaktion

$$4\,S_2\,(g) \longrightarrow S_8\,(g) \qquad \Delta H^\circ = -412\,\text{kJ/mol}$$

ist exotherm, während die Berechnung für die analoge hypothetische Reaktion von O_2-Molekülen zu einem O_8-Molekül eine Reaktionsenthalpie $\Delta H^\circ = +888$ kJ/mol ergibt.

Tabelle 4.12 Zustandsformen des Schwefels

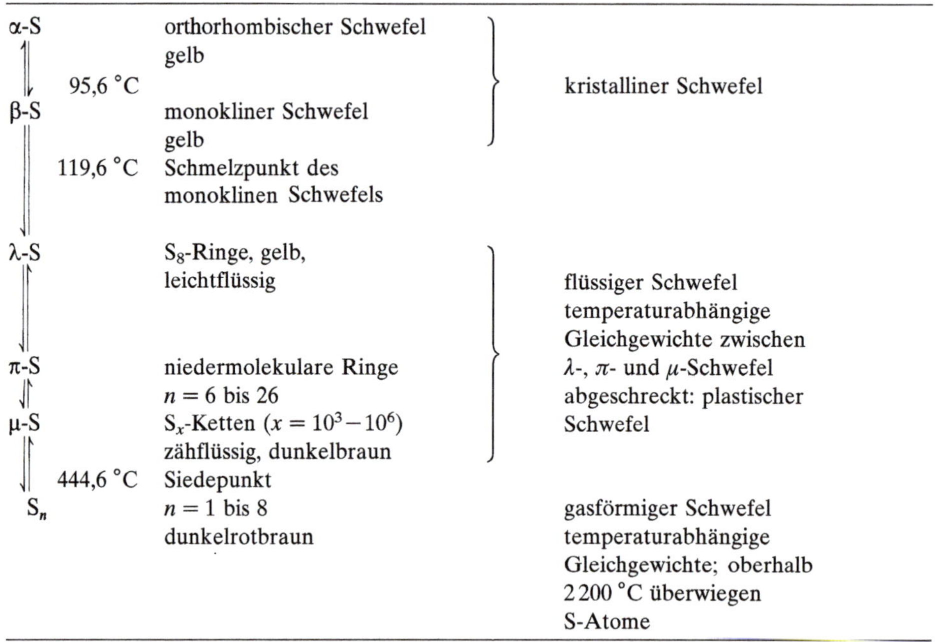

Zustandsform	Temperatur	Beschreibung	
α-S		orthorhombischer Schwefel gelb	kristalliner Schwefel
⇅	95,6 °C		
β-S		monokliner Schwefel gelb	
⇅	119,6 °C	Schmelzpunkt des monoklinen Schwefels	
λ-S		S_8-Ringe, gelb, leichtflüssig	flüssiger Schwefel temperaturabhängige Gleichgewichte zwischen λ-, π- und μ-Schwefel abgeschreckt: plastischer Schwefel
⇅			
π-S		niedermolekulare Ringe $n = 6$ bis 26	
⇅			
μ-S		S_x-Ketten ($x = 10^3-10^6$) zähflüssig, dunkelbraun	
⇅	444,6 °C	Siedepunkt	
S_n		$n = 1$ bis 8 dunkelrotbraun	gasförmiger Schwefel temperaturabhängige Gleichgewichte; oberhalb 2 200 °C überwiegen S-Atome

Cyclooctaschwefel S_8 ist bei Normaltemperatur nicht sehr reaktionsfähig. Bei Raumtemperatur reagiert Schwefel nur mit Fluor und Quecksilber. Bei erhöhter Temperatur verbindet er sich direkt mit vielen Metallen und Nichtmetallen (nicht mit Au, Pt, Ir, N_2, Te, I, Edelgasen).

Beispiele:

$$Cu + S \longrightarrow CuS$$
$$H_2 + S \longrightarrow H_2S$$

Gegen Wasser und nicht-oxidierende Säuren wie HCl ist S_8 inert, von oxidierenden Säuren und Alkalien wird er angegriffen.

Synthetisch lassen sich Schwefelmodifikationen mit den Ringmolekülen S_n mit $n = 6, 7, 9, 10, 11, 12, 13, 15, 18, 20$ herstellen (Abb. 4.13).

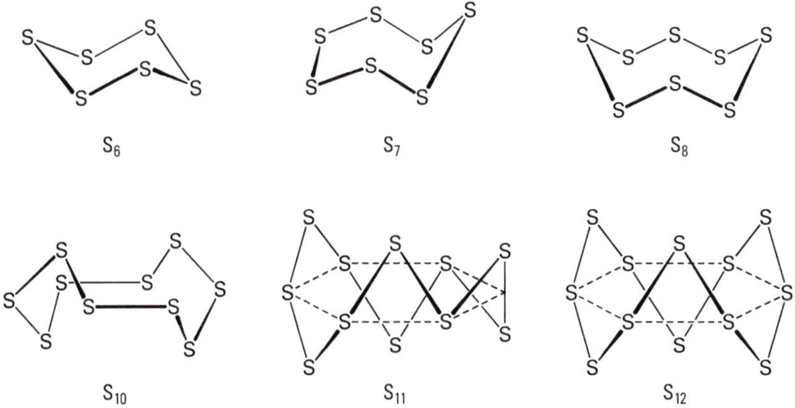

Abbildung 4.13 Strukturen einiger Schwefelmoleküle.

Nach thermischer Stabilität und Reaktionsfähigkeit können vier Gruppen unterschieden werden.

S_8 S_{12}, S_{18}, S_{20} $S_6, S_9, S_{10}, S_{11}, S_{13}, S_{15}$ S_7
Thermische Stabilität ←
Reaktionsfähigkeit →

S_6 entsteht z. B. bei der Zersetzung von Thiosulfaten mit Säuren.

$$Na_2S_2O_3 + 2\,HCl \longrightarrow \tfrac{1}{6}S_6 + SO_2 + 2\,NaCl + H_2O$$

Zur Synthese von Schwefelmodifikationen mit Polysulfanen siehe S. 479.

Darstellung. Verwendung

Der kleinere Teil der Weltproduktion entstammt Lagerstätten aus Elementarschwefel. Mit heißem Wasserdampf wird der Schwefel unter Tage geschmolzen und mit

Druckluft an die Erdoberfläche gedrückt (Frasch-Verfahren). Der geförderte Schwefel ist bereits sehr rein (99,5 – 99,9 %).

Die Hauptmenge (über 90 %) des Elementarschwefels wird aus H_2S-haltigen Gasen (aus Erdgas und der Entschwefelung von Erdöl) nach dem Claus-Prozess hergestellt. Zuerst wird in einer Brennkammer ein Teil des H_2S zu SO_2 und Wasserdampf verbrannt.

$$H_2S + \tfrac{3}{2}O_2 \longrightarrow SO_2 + H_2O \qquad \Delta H^\circ = -518\,\text{kJ/mol}$$

Die Sauerstoffzufuhr muss so geregelt werden, dass sich ein Verhältnis $H_2S/SO_2 = 2$ einstellt. Dieses Gemisch reagiert in hintereinander geschalteten Reaktoren katalytisch zu Schwefel.

$$2\,H_2S + SO_2 \xrightarrow{200-300\,^\circ C} 3\,S + 2\,H_2O$$

Diese Reaktion findet auch in der Brennkammer statt, so dass dort bereits 60 % des H_2S in Schwefel umgewandelt werden. Mit beiden Verfahren werden weltweit $35 \cdot 10^6$ t Elementarschwefel erzeugt.

Schwefel wird in großen Mengen zur Herstellung von Schwefelsäure gebraucht (85 % der Produktion von S wird zu H_2SO_4 verarbeitet). Außerdem ist er wichtig zum Vulkanisieren von Kautschuk, zur Herstellung von CS_2, Zündhölzern, Feuerwerkskörpern, Schießpulver und Farbstoffen (Zinnober, Ultramarin).

4.5.3.3 Selen, Tellur, Polonium

Selen kommt in sechs Modifikationen vor. Vom roten kristallinen Selen gibt es drei monokline Modifikationen, die sich mit roter Farbe in CS_2 lösen. Sie sind – analog S_8 – aus gewellten Se_8-Ringen aufgebaut, in denen die Se-Atome durch Einfachbindungen verbunden sind (Abb. 4.14). Bei 100 °C wandeln sie sich in das thermodynamisch stabile, metallische **graue Selen** um, dessen Gitter aus spiraligen Se-Ketten besteht (Abb. 4.14). Amorphes rotes Selen enthält diese Ketten etwas deformiert. Schwarzes glasiges Selen, die handelsübliche Form, ist unregelmäßig aus großen Ringen (bis 1 000 Atome) aufgebaut. Man erhält es durch rasches Abkühlen einer Selenschmelze. Synthetisiert werden konnten auch Se_7-Ringe und gemischte Chalkogenringe, z. B. Se_3S und Se_5S.

Tellur kristallisiert im gleichen Gitter wie graues Selen. Tellur und graues Selen bilden eine lückenlose Mischkristallreihe.

Graues Selen und Tellur sind Halbleiter. Graues Selen ist ein Halbleiter, dessen Leitfähigkeit durch Licht verstärkt wird. Es findet technische Anwendung in Selengleichrichtern und Selenfotoelementen, in der Glasindustrie und für Xerox-Fotokopierer.

Selen und seine Verbindungen wirken stark toxisch. Gleichzeitig ist Selen ein essenzielles Spurenelement für Menschen und höhere Tiere. Es schützt Proteine gegen Oxidation.

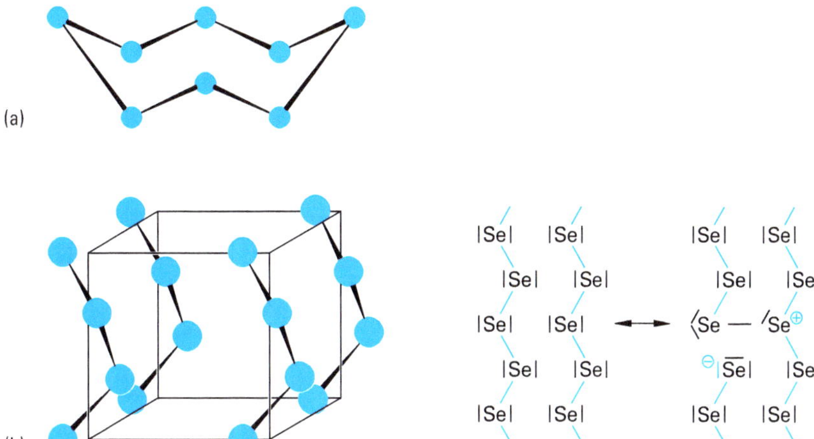

Abbildung 4.14 a) Struktur des Se_8-Ringes. Die Se-Atome sind durch Einfachbindungen aneinander gebunden. Se_8-Moleküle enthält das rote Selen.
b) Struktur des grauen Selens. Das Gitter besteht aus unendlichen, spiraligen, parallelen Ketten. Jedes Se-Atom ist verzerrt oktaedrisch koordiniert. Die Abstände der Se-Atome zwischen den Ketten sind kleiner als der van-der-Waals-Abstand. Zwischen den Ketten existieren nicht nur van-der-Waals-, sondern auch kovalente Bindungskräfte. Ihr Zustandekommen ist in den mesomeren Grenzstrukturen dargestellt.
Im gleichen Gitter kristallisiert Tellur.

Se und Te sind in Spuren in sulfidischen Erzen enthalten. Beim Rösten der Sulfide (vgl. S. 481) werden SeO_2 und TeO_2 im Flugstaub angereichert. Hauptausgangsmaterial für die Se- und Te-Gewinnung ist der bei der elektrolytischen Kupferraffination (vgl. S. 777) anfallende Anodenschlamm, in dem die Verbindungen Cu_2Se, Ag_2Se, Au_2Se, Cu_2Te, Ag_2Te und Au_2Te enthalten sind. Die Weltjahresproduktion von Selen beträgt 2 500 – 3 000 t.

Aus Selenitlösungen kann mit SO_2 rotes amorphes Selen ausgefällt werden.

$$H_2SeO_3 + 2\,SO_2 + H_2O \longrightarrow Se + 2\,H_2SO_4$$

Polonium ist bereits ein Metall. Es kristallisiert in einem kubischen Gitter mit exakt oktaedrischer Koordination.

Sauerstoffatome können untereinander stabile (p-p)-π-Bindungen ausbilden. Bei Schwefel- und Selenatomen erfolgt die Valenzabsättigung durch zwei σ-Bindungen. Sie bilden daher eindimensionale Moleküle (Ringe, Ketten) und sind im Gegensatz zum Sauerstoff bei Normaltemperatur kristalline Festkörper. Im Gaszustand bilden aber auch S und Se paramagnetische X_2-Moleküle. In Analogie zum Singulett-Sauerstoff konnte auch ein Singulett-S_2-Molekül nachgewiesen werden.

4.5.3.4 Positive Chalkogenionen

Durch Oxidation der Chalkogene sind positive Ionen darstellbar.

Beispiele:	S_4^{2+}	S_8^{2+}	S_{19}^{2+}	Se_4^{2+}	Se_8^{2+}	Se_{10}^{2+}	Te_4^{2+}	Te_6^{2+}	Te_8^{2+}
	farblos	blau	rot	gelb	grün	grün-braun	rot	orange-rot	blau-schwarz

Die Polychalkogen-Kationen besitzen cyclische Strukturen. Se_8^{2+}und Te_4^{2+} bilden sich beim Erhitzen von Se und Te mit konz. H_2SO_4. Die Farbreaktionen dienen zum Nachweis von Se und Te.

Es gibt auch Polychalkogenidkationen mit gemischten Chalkogenatomen.

4.5.4 Sauerstoffverbindungen

Sauerstoff bildet mit allen Elementen Verbindungen, außer mit He, Ne, Ar und Kr. Die weitaus wichtigsten und häufigsten Verbindungen sind die Oxide mit der Oxidationszahl -2 des Sauerstoffs. Die Bindung variiert von überwiegend ionisch bis vorwiegend kovalent.

Die Bildung des Oxidions O^{2-} aus O_2 erfordert erhebliche Energie.

$$\tfrac{1}{2}O_2 \longrightarrow O \qquad \Delta H^\circ = 249\,\text{kJ/mol}$$
$$O + 2\,e^- \longrightarrow O^{2-} \qquad \Delta H^\circ \approx 640\,\text{kJ/mol}$$

Ist die Gitterenergie (vgl. Abschn. 2.1.4) ausreichend groß, werden stabile ionische Metalloxide gebildet.

Nur F ist elektronegativer als O, daher besitzt Sauerstoff in Fluoriden positive Oxidationszahlen. Die Sauerstofffluoride wurden bereits im Abschn. 4.4.9 behandelt. Einige Fluoride besitzen eine so große Elektronenaffinität, dass sie mit O_2 das Kation O_2^+ bilden können, in dem Sauerstoff die Oxidationszahl $+\frac{1}{2}$ besitzt.

Die wichtigsten Oxide – außer H_2O – werden bei den entsprechenden Elementen behandelt (Strukturen siehe Abschn. 2.1.3). An dieser Stelle werden neben H_2O die Sauerstoffverbindungen mit den Oxidationszahlen -1, $-\frac{1}{2}$, $-\frac{1}{3}$ und $+\frac{1}{2}$ besprochen.

Wasser H_2O

Wasser ist die bei weitem wichtigste Wasserstoffverbindung. Es ist auf der Erde die einzige Substanz, die in allen drei Aggregatzuständen vorkommt. Das H_2O-Molekül ist gewinkelt (Bindungswinkel 104,4°).

```
   /Ō\
  H   H
```

Im VB-Modell liegen mit sp^3-Hybridorbitalen zwei identische, energiegleiche freie (nichtbindende) Elektronenpaare vor, die mit den zwei energiegleichen bindenden

Elektronenpaaren einen leicht verzerrten Tetraeder bilden (vgl. Abb. 2.36b und auch VSEPR-Modell Typ AB_2E_2).

Im MO-Modell unterscheiden sich die freien Elektronenpaare: Quantenmechanische MO-Rechnungen stützen die Formulierung des einen freien Elektronenpaares als p-Orbital senkrecht zur H_2O-Molekülebene. Das zweite freie Elektronenpaar kann als das energetisch darunter liegende Orbital $\sigma_{x(s)}^{b-nb}$ angenommen werden (s. Abb. 2.72 und 2.73). Dieses hat durch die sp-Mischung eine in der Molekülebene von den H-Atomen weggerichtete erhöhte Elektronendichte. Es ist aber nicht wirklich ein freies Elektronenpaar, da es immer noch schwach H—O—H-bindend ist.

Die Bindungen sind stark polar, das Dipolmoment beträgt 1,85 D (vgl. Abschn. 2.2.8). Zwischen den H_2O-Molekülen sind Wasserstoffbindungen vorhanden, die für die Eigenschaften des Wassers ausschlaggebend sind. (Wasserstoffbindung s. Abschn. 2.6).

Wasser besitzt eine Reihe anomaler Eigenschaften, in denen es sich charakteristisch von anderen Flüssigkeiten unterscheidet. Schmelzpunkt, Siedepunkt. Verglichen mit den anderen Hydriden der 16. Gruppe hat Eis einen anomal hohen Schmelzpunkt (0 °C), flüssiges Wasser einen anomal hohen Siedepunkt (100 °C) (vgl. Abb. 2.122). H_2S z. B. ist bei Normalbedingungen gasförmig. Dichtemaximum. Die Dichte von Eis bei 0 °C beträgt 0,92 g/cm^3. Beim Schmelzen bricht die Gitterordnung zusammen, die Moleküle können sich dichter zusammenlagern und Wasser hat dann eine höhere Dichte als Eis. Das Dichtemaximum liegt bei 4 °C, es beträgt 1,0000 g/cm^3. Diese Anomalie ist in der Natur von großer Bedeutung. Da Eis auf Wasser schwimmt, frieren die Gewässer nicht vollständig zu, dies ermöglicht das Weiterleben von Fauna und Flora. Beim Gefrieren dehnt sich das Wasser um 11 % aus, die dadurch auftretende Sprengwirkung gefrierenden Wassers in Rissen und Spalten von Gesteinen fördert ihre Verwitterung. Druckanomalie. Wasser geht nicht wie die meisten Flüsigkeiten bei hohem Druck in die kristalline Form über. Im Phasendiagramm von Wasser hat die Schmelzkurve daher eine negative Steigung (s. Abb. 3.6). Unter Druck schmilzt Eis bei Temperaturen unter 0 °C, es wird gleitfähig. Dies ermöglicht Schlittschuhlaufen und fördert Gletscherbewegungen. Wärmekapazität. Wasser besitzt eine sehr hohe Wärmekapazität. Diese Eigenschaft hat einen großen Einfluss auf die Ozeanzirkulationen, die das lokale und globale Klima mitbestimmen.

Zu den Anomalien des Wassers gehört auch die Vielfalt der Eisphasen. Derzeit sind 15 verschiedene Phasen bekannt. Bei Normaldruck existiert nur die Modifikation Eis I. Sie ist isotyp mit β-Tridymit (Abb. 2.125). Jedes Wassermolekül ist tetraedrisch von vier anderen umgeben. Jedes Sauerstoffatom ist an zwei Wasserstoffatome durch kovalente Bindungen und an zwei weitere durch Wasserstoffbindungen gebunden. Die Wasserstoffbindungen sind die Ursache dafür, dass die Struktur locker ist und Ursache für die Dichteanomalie.

Im flüssigen Wasser ist ein raumerfüllendes Zufallsnetzwerk von Wasserstoffbrücken vorhanden. Die Nahordnung ist nicht perfekt. Die Wassermoleküle sind bevorzugt von vier Wassermolekülen umgeben, aber es existieren viele Netzwerkdefekte zu schwach gebundenen fünften Nachbarn. Das H-Brückennetzwerk ist nicht statisch, es fluktuiert. Ständig werden H-Brückenbindungen getrennt und neu geknüpft. Die Lebensdauer einer H-Brücke liegt im Bereich von nur 10^{-12} s. Die Stärke intakter H-Brücken beträgt etwa 12 kJ/mol.

Gashydrate (Clathrathydrate). Die Fähigkeit der Wassermoleküle eine große Zahl von tetraedrisch koordinierten Netzwerken ausbilden zu können, ermöglicht nicht nur die Vielzahl von Eismodifikationen, sondern auch die Ausbildung von Einschlussverbindungen. Gashydrate sind Einschlussverbindungen mit großen Hohlräumen, die mit Gastmolekülen besetzt werden können. Die Strukturen sind aus unterschiedlichen Käfigelementen aufgebaut, z. B. sind in $(H_2O)_{20}$ zwölf Fünfringe (pentagonales Dodekaeder), in $(H_2O)_{24}$ zwölf Fünfringe und zwei Sechsringe zu Käfigen verknüpft. Die Käfige sind über Wasserstoffbrücken zu einem dreidimensionalen Gitter verbunden. Sie sind nur stabil, wenn die Käfige mit „Gastmolekülen" besetzt sind. Gäste sind Edelgase (vgl. Abschn. 4.3.1) und polare organische Moleküle.

Großes Interesse finden die riesigen Methanvorkommen, die in Gashydraten im Ozeanboden und in Permafrostregionen vorkommen. In diesen ist doppelt so viel Kohlenstoff gespeichert wie in allen fossilen Energieträgern (Kohle, Erdöl, Erdgas) zusammen (s. auch Abb. 4.68).

Das Wasservolumen der Erde beträgt $1{,}4 \cdot 10^9$ km^3, dies entspricht einem Würfel mit 1 100 km Seitenlänge. Davon sind 2,6 % Süßwasser (einschließlich der Eisvorkommen), nur 0,03 % ist als Trinkwasser verfügbar. Wasserarme Länder können Trinkwasser durch Meerwasserentsalzung gewinnen. Weltweit gibt es mehr als 16 000 Anlagen, die 95 Millionen Kubikmeter und damit 1 % des weltweiten Trinkwassers pro Tag produzieren. Die Anlagen werden in etwa gleichen Anteilen mit dem Verdampfungsprinzip und dem Membranverfahren betrieben. Bei der thermischen Entsalzung wird Meerwasser erhitzt, aus dem verdampften Wasser durch Kondensation Trinkwasser gewonnen und die zurückbleibende Sole ins Meer geleitet. Beim Membranverfahren presst man Meerwasser unter hohem Druck durch eine semipermeable Membran, durch die gelöste Stoffe zu 99 % zurückgehalten werden. Fragen zu Wasser und Umwelt werden im Abschn. 4.11.2 behandelt.

Wasser ist eine sehr beständige Verbindung. Bei 2 000 °C sind nur 2 % Wassermoleküle thermisch in H_2- und O_2-Moleküle gespalten. Die Autoprotolyse und das Lösungsvermögen von H_2O sowie die Protolysegleichgewichte in H_2O wurden bereits in Abschn. 3.7 behandelt.

Wasserstoffperoxid H_2O_2

H_2O_2 ist eine sirupöse, fast farblose, in dicker Schicht bläuliche Flüssigkeit (Sdp. 150 °C, Smp. −0,4 °C). In den Handel kommt eine 30 %ige Lösung (Perhydrol).

H_2O_2 hat die Strukturformel

$$\mathrm{H{-}\overline{\underline{O}}{-}\overline{\underline{O}}{-}H}$$

aber es liegt eine verdrillte Kette von vier Atomen vor (Abb. 4.15). Die O—O-Bindung ist schwach, die Bindungsenergie ist klein (vgl. Tab. 2.15). H_2O_2 ist daher eine

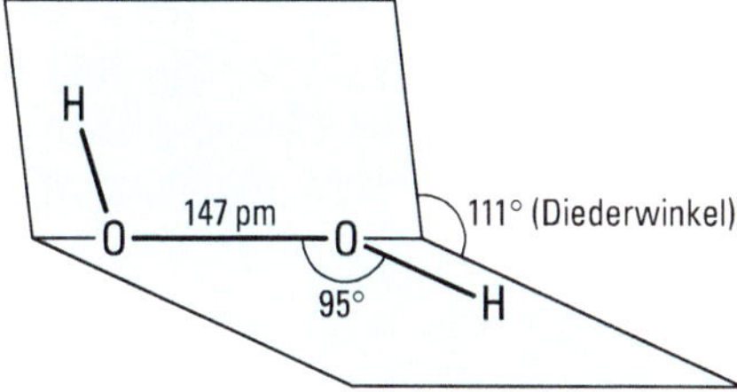

Abbildung 4.15 Struktur des H_2O_2-Moleküls.
Die vier Atome des Moleküls bilden eine verdrillte Kette. Durch die Verdrillung wird die Abstoßung der freien Elektronenpaare der Sauerstoffatome verringert. Die noch vorhandene Abstoßung ist die Ursache für die geringe Bindungsenergie der O—O-Bindung.

metastabile Verbindung, die sich bei höherer Temperatur – eventuell auch explosionsartig – zersetzt.

$$H_2O_2 \longrightarrow H_2O + \tfrac{1}{2}O_2 \qquad \Delta H° = -98\,\text{kJ/mol}$$

Die Zersetzung wird durch Spuren von Schwermetallionen wie Fe^{3+}, Cu^{2+}, sowie Pt und alkalisch reagierende Stoffe katalysiert. Stabilisierend wirkt Phosphorsäure.

H_2O_2 ist eine sehr schwache Säure ($K_S = 10^{-12}$). Gegenüber vielen Verbindungen wirkt H_2O_2 sowohl in saurer als auch in alkalischer Lösung oxidierend.

$$H_2\overset{-1}{O}_2 + 2\,H_3O^+ + 2\,e^- \rightleftharpoons 4\,H_2\overset{-2}{O} \qquad E° = +1{,}78\,\text{V}$$

H_2O_2 oxidiert SO_2 zu SO_4^{2-}, NO_2^- zu NO_3^-, Fe(II) zu Fe(III), Cr(III) zu Chromat.

Gegenüber starken Oxidationsmitteln wirkt H_2O_2 reduzierend.

$$\overset{0}{O}_2 + 2\,H_3O^+ + 2\,e^- \rightleftharpoons H_2\overset{-1}{O}_2 + 2\,H_2O \qquad E° = +0{,}68\,\text{V}$$

Dies ist gegenüber MnO_4^-, Cl_2, Ce(IV), PbO_2 und O_3 der Fall. Die Reaktion

$$2\,\overset{+7}{Mn}O_4^- + 6\,H_3O^+ + 5\,H_2\overset{-1}{O}_2 \longrightarrow 2\,Mn^{2+} + 14\,H_2O + 5\,\overset{0}{O}_2$$

wird zur titrimetrischen Bestimmung von H_2O_2 benutzt.

H_2O_2 bildet ein tiefblaues Chromperoxid CrO_5 (vgl. S. 841) und ein gelbes Peroxidotitanylion $[TiO_2]^{2+}$ (vgl. S. 822), die zum H_2O_2-Nachweis geeignet sind.

H_2O_2 wird in großen Mengen technisch nach verschiedenen Verfahren produziert.

Durch elektrolytische Oxidation von H_2SO_4-SO_4^{2-}-Lösungen entsteht Peroxodisulfat, das durch Hydrolyse zu H_2O_2 umgesetzt wird.

$$2\,SO_4^{2-} \longrightarrow S_2O_8^{2-} + 2\,e^-$$

$$\begin{array}{l} O\text{—}\boxed{SO_3^- \quad HO}H \\ | \qquad\qquad + \qquad\qquad \longrightarrow H_2O_2 + 2\,HSO_4^- \\ O\text{—}\boxed{SO_3^- \quad HO}H \end{array}$$

Heute wird H_2O_2 ganz überwiegend nach dem Anthrachinon-Verfahren hergestellt. Anthrachinon wird zu Anthrahydrochinon hydriert. Durch Oxidation mit Luftsauerstoff entsteht H_2O_2 und Anthrachinon, das wieder hydriert werden kann.

$$\text{(OH, OH, R)} \underset{H_2/Pd,\ R = C_2H_5}{\overset{O_2}{\rightleftharpoons}} \text{(O, O, R)} + H_2O_2$$

H_2O_2 entsteht also letztlich aus H_2 und O_2.

Wasserstoffperoxid, H_2O_2 gilt als umweltfreundliche Chemikalie für Oxidations- und Bleichprozesse in der Papier- und Textilindustrie, zur Abwasser- und Abluftbehandlung sowie als Desinfektionsmittel. Perborat $NaBO_2(OH)_2 \cdot 3\,H_2O$ (vgl. S. 630) ist Bestandteil von Waschmitteln. Die Produktion von H_2O_2 liegt bei über $3{,}8 \cdot 10^6$ t pro Jahr.

Die Reaktivität von Ozon, O_3 wird durch H_2O_2 stark erhöht. Die Reaktion von H_2O_2 mit O_3 wird industriell als Peroxon-Prozess eingesetzt, um Bakterien abzutöten oder (polychlorierte poly-)aromatische und andere schwer abbaubare (persistente) Kohlenwasserstoffe bei der Behandlung kontaminierter Böden, Grund- und Abwässer zu entfernen. Als Intermediat in der Peroxon-Reaktion wird die Bildung von Wasserstofftrioxid, HOOOH angenommen.

Peroxide

Peroxide enthalten Sauerstoff mit der Oxidationszahl −1. Ionische Peroxide sind formal Salze der schwachen zweibasigen Säure H_2O_2. Sie enthalten das Anion O_2^{2-}, das eine starke Anionenbase ist. Löst man Peroxide unter Kühlung in Wasser, erhält man eine alkalische Lösung von H_2O_2.

$$Na_2O_2 + 2\,H_2O \longrightarrow H_2O_2 + 2\,NaOH$$

Ohne Kühlung zersetzt sich wegen der Temperaturerhöhung und der katalytischen Wirkung der OH^--Ionen das gebildete H_2O_2 unter O_2-Entwicklung.

$$Na_2O_2 + H_2O \longrightarrow 2\,NaOH + \tfrac{1}{2}O_2$$

Beim Erhitzen zersetzen sich die Peroxide in das Oxid und O_2.

Bekannt sind die Peroxide der Alkalimetalle, sowie die von Ca, Sr, Ba. Wichtig sind Na_2O_2 und BaO_2. **Na_2O_2** entsteht beim Verbrennen von Na an der Luft.

$$2\,Na + O_2 \longrightarrow Na_2O_2 \qquad \Delta H^\circ = -505\ \text{kJ/mol}$$

Es ist bis 500 °C thermisch stabil, mit oxidierbaren Stoffen (Schwefel, Kohlenstoff, Aluminiumpulver) reagiert es explosiv. Es dient zum Bleichen von Papier und Textilrohstoffen. Mit CO_2 entwickeln alle Alkalimetallperoxide Sauerstoff.

$$Na_2O_2 + CO_2 \longrightarrow Na_2CO_3 + \tfrac{1}{2}O_2$$

In der Raumfahrt wird das leichtere Li_2O_2 verwendet. Durch Oxidation von BaO erhält man **BaO_2** (vgl. S. 659).

$$BaO + \frac{1}{2}O_2 \xrightarrow[2\,bar]{500-600\,^\circ C} BaO_2 \qquad \Delta H^\circ = -71\,kJ/mol$$

Bei höherer Temperatur wird O_2 wieder abgegeben, bei 800 °C beträgt der O_2-Druck 1 bar. BaO_2 dient als Sauerstoffüberträger bei der Entzündung von Thermitgemischen (vgl. S. 609).

Hyperoxide

K, Rb, Cs verbrennen in O_2 zu Verbindungen des Typs MO_2, die das Ion O_2^- enthalten. Die Oxidationszahl des Sauerstoffs ist $-\frac{1}{2}$. Sie kristallisieren wie CaC_2 in einer tetragonal verzerrten NaCl-Struktur (Abb. 4.35). Außerdem sind LiO_2, NaO_2, $Ba(O_2)_2$, $Sr(O_2)_2$ bekannt. Ihre Darstellung ist komplizierter. Die Hyperoxide sind paramagnetisch. Sie sind starke Oxidationsmittel und reagieren heftig mit Wasser unter Disproportionierung.

$$2\overset{-\frac{1}{2}}{O_2^-} + 2\,H_2O \longrightarrow + H_2\overset{-1}{O_2} + 2\,OH^-$$

Dioxygenylverbindungen

Sie enthalten das Kation O_2^+ mit der Oxidationszahl $+\frac{1}{2}$. Das O_2^+-Kation ist paramagnetisch. Die Entfernung eines Elektrons aus einem der π^*-Orbitale erfordert eine hohe Ionisierungsenergie.

$$O_2 \longrightarrow O_2^+ + e^- \qquad \Delta H^\circ = 1168\,kJ/mol$$

Der Reaktionspartner muss daher eine große Elektronenaffinität haben.

Beispiele:

$$O_2 + \overset{+6}{Pt}F_6 \xrightarrow{25\,^\circ C} O_2^+[\overset{+5}{Pt}F_6]^-$$

Außerdem sind bekannt: O_2BF_4, O_2PF_6, O_2AsF_6, O_2SbF_6, O_2AuF_6, O_2RuF_6.

Einen Vergleich der Bindungseigenschaften der Teilchen O_2^+, O_2, O_2^-, O_2^{2-} zeigt Tab. 4.13. Die O—O-Bindung wird in der Reihe vom O_2^+ zum O_2^{2-} geschwächt. Dies ist nach den MO-Energieniveaudiagrammen (Abb. 4.16) auch zu erwarten.

Tabelle 4.13 Bindungseigenschaften der O—O-Bindung für O_2^+ O_2, O_2^-und O_2^{2-}

	Anzahl der Valenzelektronen	Bindungsgrad	Bindungslänge in pm	Dissoziationsenergie D°_{298} in kJ/mol
O_2^+	11	2,5	112	628
O_2	12	2	121	498
O_2^-	13	1,5	134	398
O_2^{2-}	14	1	149	126

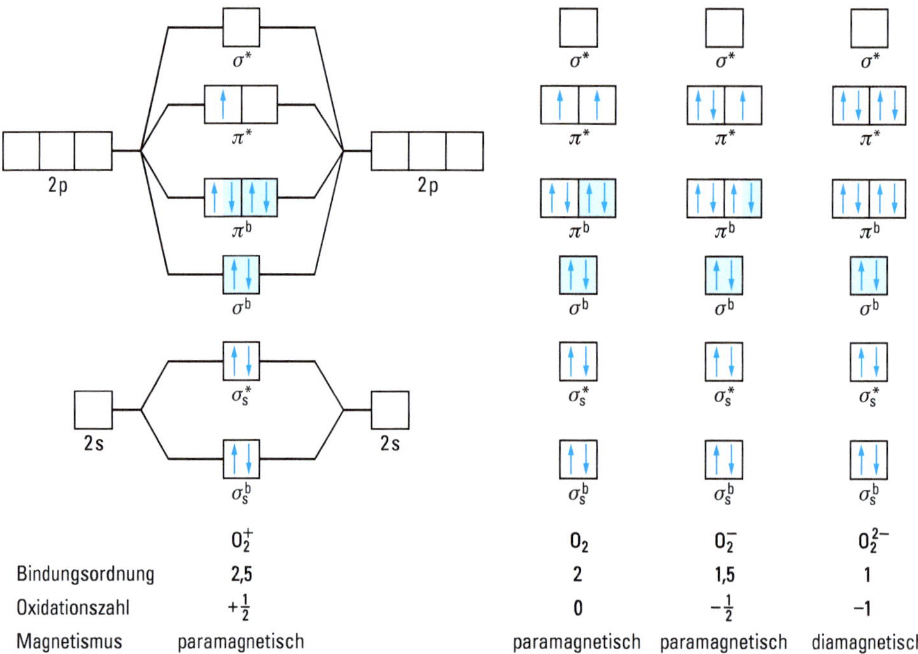

Abbildung 4.16 Energieniveaudiagramme für die Teilchen O_2^+, O_2, O_2^-, O_2^{2-}.

Ozonide

Bei der Einwirkung von O_3 auf die Hydroxide von Na, K, Rb, Cs entstehen Ozonide MO_3, die das paramagnetische Ion O_3^- mit der Oxidationszahl $-\frac{1}{3}$ enthalten.

$$3\,KOH + 2\,O_3 \longrightarrow 2\,KO_3 + KOH \cdot H_2O + \tfrac{1}{2}O_2$$

Bekannt ist auch das Ozonid $N(CH_3)_4O_3$, das stabiler ist als das stabilste Alkalimetallozonid CsO_3.

Nach der MO-Theorie ist der Bindungsgrad 1,25, da sich das ungepaarte Elektron in einem antibindenden π^*-MO befindet (vgl. Abb. 4.10).

4.5.5 Wasserstoffverbindungen von Schwefel, Selen und Tellur

Die Elemente S, Se, Te, Po bilden die flüchtigen Hydride Monosulfan (Schwefelwasserstoff) H_2S, Monoselan (Selenwasserstoff) H_2Se, Monotellan (Tellurwasserstoff) H_2Te und Poloniumhydrid H_2Po.

Vom Schwefel sind außerdem noch Polysulfane H_2S_n bekannt.

H_2S, H_2Se, H_2Te

H_2S und H_2Se können aus den Elementen dargestellt werden.

$$H_2 + S \xrightarrow{600\,^\circ C} H_2S \qquad \Delta H^\circ = -20\,kJ/mol$$
$$H_2 + Se \xrightarrow{350-400\,^\circ C} H_2Se \qquad \Delta H^\circ = +30\,kJ/mol$$

H_2Te ist eine stark endotherme Verbindung und wird durch Zersetzung ionischer Telluride hergestellt, z. B. nach

$$Al_2Te_3 + 6\,HCl \longrightarrow 3\,H_2Te + 2\,AlCl_3$$

In analoger Reaktion entstehen aus Al_2S_3 und Al_2Se_3, H_2S und H_2Se. Im Labor stellt man H_2S aus FeS her.

$$FeS + 2\,HCl \longrightarrow H_2S + FeCl_2$$

H_2S, H_2Se und H_2Te sind farblose, sehr giftige, unangenehm riechende Gase. H_2S zerfällt bei hoher Temperatur in die Elemente. Bei 1 000 °C sind 25 % zerfallen. An der Luft verbrennt H_2S mit blauer Flamme.

$$H_2S + 1{,}5\,O_2 \longrightarrow H_2O + SO_2$$

In 1 l Wasser lösen sich bei 20 °C 2,6 l H_2S. H_2S wirkt reduzierend, z. B. auf Cl_2 und konz. H_2SO_4.

$$H_2S + Cl_2 \longrightarrow 2\,HCl + S$$
$$H_2S + H_2SO_4 \longrightarrow SO_2 + S + 2\,H_2O$$

H_2Se und H_2Te sind als endotherme Verbindungen wenig beständig. An der Luft erfolgt Oxidation zu H_2O und Se bzw. Te, ihre Darstellung muss daher unter Luftausschluss erfolgen.

H_2S, H_2Se und H_2Te sind schwache zweibasige Säuren.

$$H_2S + H_2O \rightleftharpoons H_3O^+ + HS^- \qquad K_S = 1{,}0 \cdot 10^{-7}$$
$$HS^- + H_2O \rightleftharpoons H_3O^+ + S^{2-} \qquad K_S = 1{,}3 \cdot 10^{-13}$$

Die Säurestärke nimmt – analog dem Gang bei den Hydrogenhalogeniden – in Richtung H_2Te zu. Ursache ist die abnehmende Bindungsenergie. Die kleinen Säurekonstanten zeigen, dass S^{2-} eine starke Anionenbase ist. Ionische Sulfide zersetzen sich daher in sauren Lösungen unter Entwicklung von H_2S (s. S. 366).

H_2S spielt eine wichtige Rolle bei der Signalübertragung in Zellen, ähnlich wie NO (s. dort). H_2S vermittelt eine Reihe von biologischen Prozessen, darunter Blutdruck, Stoffwechselrate, das Wachstum von Blutgefäßen und entzündungshemmende Effekte.

Sulfide

H_2S bildet zwei Reihen von Salzen: Hydrogensulfide mit dem Anion HS^- und Sulfide mit dem Anion S^{2-}.

Die Sulfide stark elektropositiver Metalle sind ionisch.

Beispiele: Na_2S, K_2S, Al_2S_3

Technisch erhält man Na_2S durch Reduktion von Na_2SO_4.

$$Na_2SO_4 + 4\,C \xrightarrow{700-1000\,^\circ C} Na_2S + 4\,CO$$

Die aus NH_3 und H_2S im Stoffmengenverhältnis 2 : 1 hergestellte „farblose Ammoniumsulfidlösung“ enthält keine S^{2-}-Ionen, sondern HS^--Ionen (s. Abschn. 3.7.9).

Von Übergangsmetallen sind zahlreiche Sulfide bekannt, die in Strukturen mit überwiegend kovalenten Bindungen kristallisieren: Natriumchlorid-Struktur (Abb. 2.2), Zinkblende-Struktur (Abb. 2.57), Wurtzit-Struktur (Abb. 2.58), Nickelarsenid-Struktur (Abb. 2.59), Cadmiumiodid-Struktur (Abb. 2.61), Pyrit-Struktur (Abb. 5.79).

Beispiele:

Struktur	Verbindung
Antifluorit	Li_2S, Na_2S, K_2S
Natriumchlorid	MgS, CaS, BaS, MnS, PbS, LaS, CeS, US, PuS
Nickelarsenid	FeS, CoS, NiS, VS, TiS, CrS
Pyrit	FeS_2, CoS_2, NiS_2, MnS_2, OsS_2, RuS_2
Zinkblende	BeS, ZnS, CdS, HgS
Wurtzit	ZnS, CdS, MnS
Cadmiumiodid	TiS_2, ZrS_2, SnS_2, PtS_2, TaS_2

Die Schwerlöslichkeit der Metallsulfide benutzt man zur Fällung und Trennung von Metallen. Bei pH = 0 beträgt in einer gesättigten H_2S-Lösung die Konzentration $c(S^{2-}) = 10^{-21}$ mol/l (vgl. S. 353). Schwer lösliche Sulfide fallen daher mit H_2S schon aus saurer Lösung aus (Schwefelwasserstoffgruppe):

As_2S_3	Sb_2S_3	SnS	HgS	PbS	Bi_2S_3	CuS	CdS
gelb	orange	braun	schwarz	schwarz	dunkelbraun	schwarz	gelb

Weniger schwer lösliche Sulfide fallen erst in ammoniakalischer Lösung aus, in der die S^{2-}-Konzentration wesentlich größer ist (Ammoniumsulfidgruppe):

NiS	CoS	FeS	MnS	ZnS
schwarz	schwarz	schwarz	fleischfarben	weiß

Als Reagenz eignet sich Thioacetamid, das mit Wasser zu H_2S reagiert.

$$\underset{\text{Thioacetamid}}{H_3C{-}C({=}S){-}NH_2} + 2\,H_2O \longrightarrow \underset{\text{Acetat}}{H_3C{-}C({=}O){-}O^-} + NH_4^+ + H_2S$$

Polysulfide und Polysulfane

Schmilzt man Alkalimetallsulfide mit Schwefel bei 500 °C unter Luftausschluss, so entstehen Alkalimetallpolysulfide, die gewinkelte Schwefelketten enthalten: $|\overline{\underline{S}}(-\overline{\underline{S}}-)_n\overline{\underline{S}}|^{2-}$. Gießt man Lösungen von Alkalimetallpolysulfiden unter Kühlung in Salzsäure, erhält man ein gelbes Rohöl, das aus den Polysulfanen H_2S_n (n = 4 bis 8) besteht.

$$Na_2S_n + 2\,HCl \longrightarrow 2\,NaCl + H_2S_n$$

Durch Crack-Destillation können auch H_2S_2 und H_2S_3 isoliert werden. Polysulfane sind gelbe Flüssigkeiten. Sie sind schwache Säuren. Sie sind instabil in Bezug auf einen Zerfall in H_2S und S_8, der schon durch Spuren von Hydroxiden ausgelöst wird.

Bedeutung haben Polysulfane für Kondensationsreaktionen zur Synthese z. B. von Schwefelringen (vgl. S. 467).

$$S_6{<}^{H}_{H} + {}^{Cl}_{Cl}{>}S_6 \longrightarrow S_{12} + 2\,HCl$$

Lösungen von Polysulfiden (z. B. Na_2S_n oder $(NH_4)_2S_n$ „gelbe Ammoniumsulfidlösung“) zersetzen sich beim Ansäuern in H_2S und S.

Mit polaren Medien (z. B. Aceton) entstehen aus Alkalimetallpolysulfiden farbige Lösungen, die Polyschwefelanionen S_n^- enthalten.

S_2^-	S_3^-	S_4^-
gelbgrün	blau	rot

Die blaue Farbe des Ultramarins (Lapislazuli) entsteht durch S_3^--Ionen, die sich in den Hohlräumen des Alumosilicatgitters befinden (vgl. S. 589).

4.5.6 Oxide des Schwefels

Die stabilsten und ökonomisch wichtigsten Oxide sind Schwefeldioxid SO_2 und Schwefeltrioxid SO_3. Es gibt eine Reihe weiterer, zum Teil sehr instabiler Schwefeloxide. Eine Übersicht gibt Tab. 4.14.

Tabelle 4.14 Schwefeloxide

Oxidationszahl		
$< +1$	Polyschwefelmonooxide	S_nO $n = 5 - 10$
$< +1$	Heptaschwefeldioxid	S_7O_2
+1	Dischwefelmonooxid	S_2O
+2	Schwefelmonooxid	SO
+2	Dischwefeldioxid	S_2O_2
+4	Schwefeldioxid	SO_2
+6	Schwefeltrioxid	SO_3
+6	Schwefeltetraoxid	SO_4
+6	Polyschwefelperoxid	$(SO_{3-4})_n$

Niedere Schwefeloxide

Die Polyschwefelmonooxide $\mathbf{S_nO}$ und das Polyschwefeldioxid $\mathbf{S_7O_2}$ leiten sich strukturell von den entsprechenden Schwefelringen ab.

Beispiele:

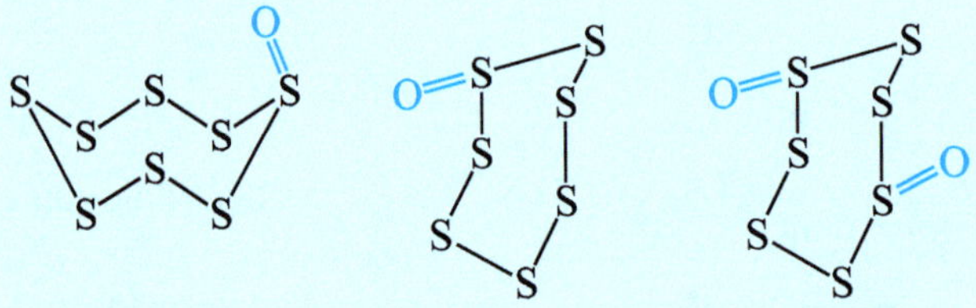

S_8O S_7O S_7O_2

Die kristallinen Substanzen sind dunkelgelb bis orange und zersetzen sich bei Raumtemperatur langsam in Schwefel und SO_2. Man kann sie durch Einwirkung von Trifluorperoxoessigsäure auf Schwefel S_n in CS_2 bei −10 bis −40 °C herstellen.

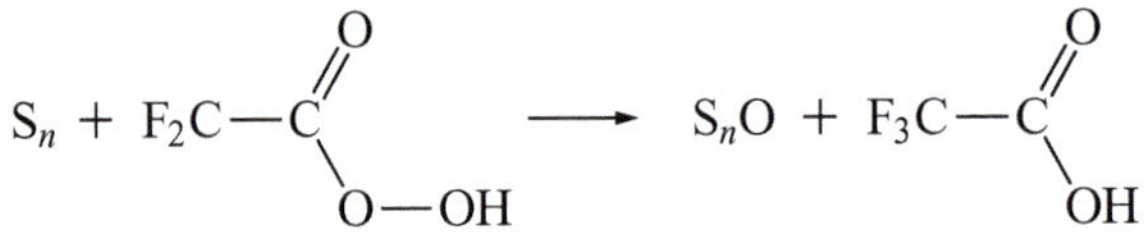

$$S_n + F_2C{-}C({=}O){-}O{-}OH \longrightarrow S_nO + F_3C{-}C({=}O){-}OH$$

Dischwefelmonooxid $\mathbf{S_2O}$ entsteht durch Überleiten von Thionylchloriddampf über Ag_2S.

$$Ag_2S + SOCl_2 \xrightarrow{160\,^\circ C} 2\,AgCl + S_2O$$

Die gasförmige Substanz ist unter vermindertem Druck nur einige Tage haltbar.

Das S_2O-Molekül ist gewinkelt, die Struktur ist analog der von SO_2.

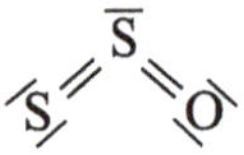

Schwefelmonooxid **SO** und Dischwefeldioxid $\mathbf{S_2O_2}$ sind instabile Moleküle. SO zersetzt sich in weniger als 1 s in S und SO_2. S_2O_2 zersetzt sich in einigen Sekunden in SO.

SO ist wie O_2 und S_2 paramagnetisch, Bindungslänge und Dissoziationsenergie (524 kJ/mol) entsprechen einer Doppelbindung.

Schwefeldioxid $\mathbf{SO_2}$

SO_2 ist ein farbloses, stechend riechendes, korrodierendes Gas (Sdp. −10 °C). Es löst sich gut in Wasser, die Lösung reagiert schwach sauer (vgl. S. 488) und wirkt reduzierend. Es wird als Desinfektionsmittel (Ausschwefeln von Weinfässern) verwendet. Das SO_2-Molekül ist gewinkelt (119,5°), die Bindungsabstände sind mit

143 pm gleich lang und sehr kurz. Es kann mit zwei mesomeren Grenzstrukturen beschrieben werden.

$$\overset{\oplus}{\overline{S}}(=O)(-O^{\ominus}) \longleftrightarrow {}^{\ominus}O-\overset{\oplus}{\overline{S}}=O$$

Die beiden σ-Bindungen und das freie Elektronenpaar am S-Atom werden von dem s- und zwei p-Orbitalen des S-Atoms gebildet. Die π-Bindung ist delokalisiert, es ist eine Mehrzentren-π-Bindung. In der üblichen Formel

$$O=\overline{S}=O$$

symbolisieren die π-Bindungsstriche diese *eine* delokalisierte π-Bindung (3-Zentren-4-Elektronen-Bindung, d. h. *ein* bindendes π-Orbital über drei Atome *und ein* besetztes nichtbindendes Orbital; vgl. dazu das π-MO-Diagramm von isovalenzelektronischem O_3 in Abb. 4.10).

Die Kürze von S=O-„Doppelbindungen" kann statt über die nicht-klassischen π-Bindungen aber auch gut über die polare $S^+—^-O$-Coulomb-Anziehung erklärt werden, wie sie in den ionischen Lewis-Grenzstrukturen zum Ausdruck kommt.

Technisch wird SO_2 durch Verbrennen von Schwefel

$$S + O_2 \longrightarrow SO_2 \qquad \Delta H^\circ_B = -296{,}8\ \text{kJ/mol}$$

und durch Erhitzen sulfidischer Erze an der Luft (Abrösten)

$$4\,FeS_2 + 11\,O_2 \longrightarrow 2\,Fe_2O_3 + 8\,SO_2$$

hergestellt und zu Schwefelsäure weiterverarbeitet.

Fossile Brennstoffe enthalten Schwefel. Bei ihrer Verbrennung entsteht SO_2, das besonders in Ballungsräumen zu Umweltbelastungen führt. In Deutschland betrug 1990 die SO_2-Emission $5{,}5 \cdot 10^6$ t, sie konnte durch Umweltschutzmaßnahmen und Änderungen der industriellen Struktur in den neuen Ländern bis 2019 auf $0{,}29 \cdot 10^6$ t reduziert werden (76 % entstanden energiebedingt). Emissionsdaten und die Schadstoffwirkungen von SO_2, sowie Verfahren zur Rauchgasentschwefelung enthält Abschn. 4.11.

Schwefeltrioxid SO_3

SO_3 kommt in mehreren Modifikationen vor. Monomer existiert es nur im Gaszustand im Gleichgewicht mit S_3O_9-Molekülen.

$$3\,SO_3 \rightleftharpoons S_3O_9 \qquad \Delta H^\circ = -126\,\text{kJ/mol}$$

Das SO_3-Molekül ist trigonal-planar gebaut und enthält drei gleich starke kurze polare S—O-Doppelbindungen (Bindungsabstand 142 pm; S—O-Einfachbindung 162 pm).

$$O=S(=O)=O$$

Die σ-Bindungen werden von dem s- und zwei p-Orbitalen des S-Atoms gebildet. Es gibt eine 4-Zentren-π-Bindung, jede Bindung besitzt Doppelbindungscharakter. Die Doppel-Bindungsstriche symbolisieren diese *eine* Mehrzentren-π-Bindung (und *zwei* besetzte nichtbindende Orbitale). Am Beispiel SO_3 wurden diese nicht-klassischen π-Bindungen und die mesomeren Lewis-Strukturen im Abschn. 2.2.12 erörtert.

Kühlt man gasförmiges SO_3 auf $-80\,°C$ ab, entsteht kristallines, eisartiges γ-SO_3, das bei 17 °C schmilzt und bei 44 °C siedet. γ-SO_3 ist aus S_3O_9-Molekülen aufgebaut. Es sind gewellte Ringe, in denen die S-Atome verzerrt tetraedrisch von Sauerstoff umgeben sind.

```
     \O\  /O/
        \\ //
          S
       /     \
     /O/     \O\
      |       |
  O = S       S = O
      ||  \O/  ||
     /O/      \O\
```

Unterhalb Raumtemperatur wandelt sich γ-SO_3 in stabilere, asbestartige Modifikationen (β-SO_3, α-SO_3) um, die weiße, seidig glänzende Nadeln bilden. β-SO_3 besteht aus kettenförmigen Molekülen

$$\mathrm{H{-}\underline{\overline{O}}{-}(\overset{\overset{|O|}{\|}}{\underset{\underset{|O|}{\|}}{S}}{-}\underline{\overline{O}})_n{-}H} \qquad n \approx 10^5$$

und ist eigentlich eine Polyschwefelsäure. Die genaue Struktur von α-SO_3 ist nicht bekannt, wohl aber der von β-SO_3 ähnlich.

SO_3 ist eine sehr reaktive Verbindung, ein starkes Oxidationsmittel und das Anhydrid der Schwefelsäure.

Die wichtige technische Darstellung von SO_3 wird bei der Schwefelsäure behandelt.

Peroxoschwefeloxide

Schwefeltetraoxid **SO_4** entsteht durch Reaktion von SO_3 mit atomarem Sauerstoff. Monomeres SO_4 wurde bei 15 – 78 K durch Matrixtechnik (siehe Abschn. 4.3.1) isoliert. Es zerfällt noch unterhalb Raumtemperatur.

Polyschwefelperoxide **$(SO_{3+x})_n$**, $0 < x < 1$, leiten sich von β-SO_3 durch statistischen Ersatz von Sauerstoffbrücken durch Peroxobrücken ab.

$$\mathrm{{-}\underline{\overline{O}}{-}\overset{\overset{|O|}{\|}}{\underset{\underset{|O|}{\|}}{S}}{-}\underline{\overline{O}}{-}\underline{\overline{O}}{-}\overset{\overset{|O|}{\|}}{\underset{\underset{|O|}{\|}}{S}}{-}\underline{\overline{O}}{-}\overset{\overset{|O|}{\|}}{\underset{\underset{|O|}{\|}}{S}}{-}}$$

Oberhalb 15 °C erfolgt Zerfall in SO_3 und O_2.

4.5.7 Sauerstoffsäuren des Schwefels

Die folgende Tab. 4.15 gibt eine Übersicht über die bekannten Oxosäuren, ihre Namen und Oxidationszahlen, sowie ihre Salze.

Tabelle 4.15 Sauerstoffsäuren des Schwefels

Oxidations-zahl	Säuren des Typs H_2SO_n und ihre Salze		Säuren des Typs $H_2S_2O_n$ und ihre Salze	
+1			$H_2S_2O_2$	Thioschweflige Säure Thiosulfite
+2	H_2SO_2	Sulfoxylsäure Sulfoxylate	$H_2S_2O_3$	Thioschwefelsäure Thiosulfate
+3			$H_2S_2O_4$	Dithionige Säure Dithionite
+4	H_2SO_3	Schweflige Säure Sulfite	$H_2S_2O_5$	Dischweflige Säure Disulfite
+5			$H_2S_2O_6$	Dithionsäure Dithionate
+6	H_2SO_4	Schwefelsäure Sulfate	$H_2S_2O_7$	Dischwefelsäure Disulfate
+6	H_2SO_5	Peroxoschwefelsäure Peroxosulfate	$H_2S_2O_8$	Peroxodischwefelsäure Peroxodisulfate

Als reine Verbindungen isolierbar sind: Schwefelsäure, Dischwefelsäure, Peroxoschwefelsäure, Peroxodischwefelsäure, Thioschwefelsäure. Die übrigen Sauerstoffsäuren sind nur in wässriger Lösung oder in Form ihrer Salze bekannt. Die Sulfoxylsäure und die Thioschweflige Säure treten nur als kurzlebige Zwischenprodukte auf, z. B. bei der Hydrolyse von S_nCl_2 ($n = 1, 2$).

Mit Ausnahme der einbasigen Peroxoschwefelsäure sind alle Säuren zweibasig. Die Säurestärke wächst mit zunehmendem n. Bei gleicher Oxidationszahl sind Dischwefelsäuren stärker als Monoschwefelsäuren.

Redoxverhalten und Disproportionierungsneigung sind aus den Potentialdiagrammen abzulesen (Zahlenangaben: Standardpotentiale in V).

pH = 0

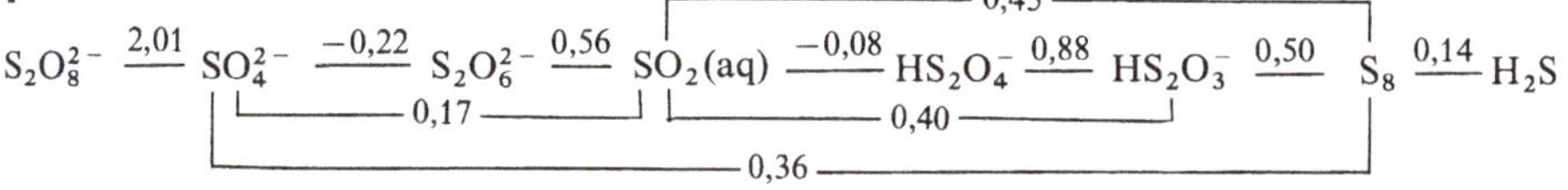

$$S_2O_8^{2-} \xrightarrow{2,01} SO_4^{2-} \xrightarrow{-0,22} S_2O_6^{2-} \xrightarrow{0,56} SO_2(aq) \xrightarrow{-0,08} HS_2O_4^- \xrightarrow{0,88} HS_2O_3^- \xrightarrow{0,50} S_8 \xrightarrow{0,14} H_2S$$

$SO_2(aq)$ — 0,45 — S_8; SO_4^{2-} — 0,17 — $SO_2(aq)$; $SO_2(aq)$ — 0,40 — $HS_2O_3^-$; SO_4^{2-} — 0,36 — S_8

pH = 14

$$S_2O_8^{2-} \xrightarrow{1,0} SO_4^{2-} \longrightarrow S_2O_6^{2-} \longrightarrow SO_3^{2-} \xrightarrow{-1,12} S_2O_4^{2-} \xrightarrow{-0,04} S_2O_3^{2-} \xrightarrow{-0,64} S_8 \xrightarrow{0,48} HS^-$$

SO_3^{2-} — −0,61 — S_8; SO_4^{2-} — −0,93 — SO_3^{2-}; SO_3^{2-} — −0,58 — $S_2O_3^{2-}$; SO_4^{2-} — −0,71 — S_8

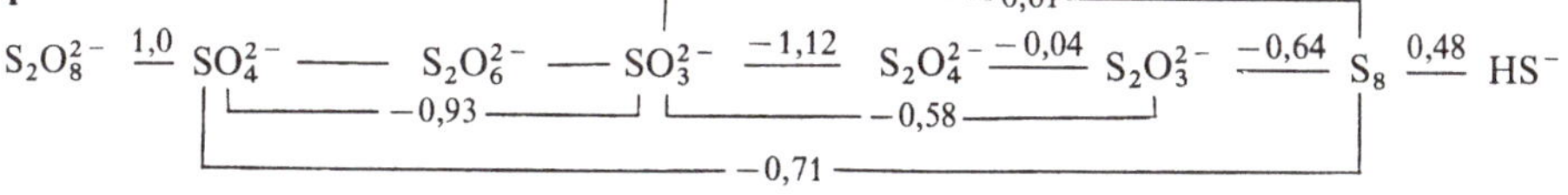

Für die Berechnung des Standardpotentials nicht-benachbarter Spezies gilt (vgl. S. 448)

$$E^\circ = \frac{n_1 E^\circ(1) + n_2 E^\circ(2) + n_3 E^\circ(3) + \ldots}{n_1 + n_2 + n_3 + \ldots}$$

Beispiel: Redoxpaar SO_4^{2-}/S_8 bei pH = 0

$$E^\circ_{SO_4^{2-}/S_8} = (E^\circ_{SO_4^{2-}/S_2O_6^{2-}} + E^\circ_{S_2O_6^{2-}/SO_2} + E^\circ_{SO_2/HS_2O_4^-} + E^\circ_{HS_2O_4^-/HS_2O_3^-} + 2E^\circ_{HS_2O_3^-/S_8})/6$$
$$E^\circ_{SO_4^{2-}/S_8} = (-0{,}22\,\mathrm{V} \quad +0{,}56\,\mathrm{V} \quad -0{,}08\,\mathrm{V} \quad +0{,}88\,\mathrm{V} \quad +2\cdot 0{,}50\,\mathrm{V})/6$$
$$E^\circ_{SO_4^{2-}/S_8} = +0{,}36\,\mathrm{V}$$

Das Oxidationsvermögen ist in saurer Lösung, das Reduktionsvermögen in alkalischer Lösung größer. Das stärkste Oxidationsmittel ist Peroxodisulfat, es folgt Dithionat; das stärkste Reduktionsmittel ist Dithionit, gefolgt von Sulfit.

Schwefel disproportioniert nur in alkalischer Lösung. $S_2O_3^{2-}$ disproportioniert nur in saurer Lösung, in alkalischer Lösung bildet es sich aus S_8 und SO_3^{2-} durch Komproportionierung. Dithionit und Sulfit können sowohl in saurer als auch in alkalischer Lösung disproportionieren. Sulfat ist disproportionierungsstabil.

Schwefelsäure H_2SO_4. Dischwefelsäure $H_2S_2O_7$

Schwefelsäure ist eines der wichtigsten großtechnischen Produkte (2019 wurden in Deutschland bei fallender Tendenz $3{,}1 \cdot 10^6$ t produziert (berechnet auf SO_2), Weltproduktion 2015 $244 \cdot 10^6$ t, 2021 vorraussichtlich $278 \cdot 10^6$ t). Die Hauptmenge (ca. 56 %) wird zur Herstellung von Phosphatdünger verwendet (vgl. S. 540). Schwefelsäure wird heute fast ausschließlich nach dem Kontaktverfahren hergestellt. Das Bleikammerverfahren (vgl. S. 333) besitzt keine Bedeutung mehr.

SO_2 wird mit Luftsauerstoff zu SO_3, dem Anhydrid der Schwefelsäure, oxidiert.

$$SO_2 + \tfrac{1}{2}O_2 \longrightarrow SO_3 \qquad \Delta H^\circ = -99\,\mathrm{kJ/mol}$$

Mit zunehmender Temperatur verschiebt sich das Gleichgewicht in Richtung SO_2, da die Reaktion exotherm ist (Abb. 3.37). Bei Raumtemperatur reagieren SO_2 und O_2 praktisch nicht miteinander. Bei höherer Temperatur stellt sich zwar das Gleichgewicht schnell ein, es liegt aber dann auf der Seite von SO_2. Damit die Reaktion bei günstiger Gleichgewichtslage mit gleichzeitig ausreichender Reaktionsgeschwindigkeit abläuft, müssen Katalysatoren verwendet werden. Beim Kontaktverfahren benutzt man V_2O_5 auf SiO_2 als Trägermaterial und arbeitet bei 420 – 440 °C. Bei der Sauerstoffübertragung durch den Katalysator laufen schematisch folgende Reaktionen ab.

$$V_2O_5 + SO_2 \longrightarrow V_2O_4 + SO_3$$
$$V_2O_4 + \tfrac{1}{2}O_2 \longrightarrow V_2O_5$$

SO_3 löst sich schneller in H_2SO_4 als in Wasser. Dabei bildet sich Dischwefelsäure. Diese wird dann mit Wasser zu H_2SO_4 umgesetzt.

$$SO_3 + H_2SO_4 \longrightarrow H_2S_2O_7$$
$$H_2S_2O_7 + H_2O \longrightarrow 2\,H_2SO_4$$

Reine Schwefelsäure ist eine farblose, ölige Flüssigkeit (Smp. 10 °C, Sdp. 280 °C). Die konzentrierte Säure des Handels ist 98 %ig, sie siedet azeotrop bei 338 °C. Schwefelsäure mit einem Überschuss an SO_3 heißt rauchende Schwefelsäure (Oleum).

Konzentrierte Schwfelsäure wirkt Wasser entziehend und wird deshalb als Trockungsmittel verwendet (Gaswaschflaschen, Exsiccatoren). Auf viele organische Stoffe wirkt konz. H_2SO_4 verkohlend. Beim Vermischen mit Wasser tritt eine hohe Lösungsenthalpie auf. Konz. H_2SO_4 wirkt oxidierend, heiße Säure löst z. B. Kupfer, Silber und Quecksilber.

$$2\,H_2\overset{+6}{S}O_4 + \overset{0}{Cu} \longrightarrow \overset{+2}{Cu}SO_4 + \overset{+4}{S}O_2 + 2\,H_2O$$

Gold und Platin werden nicht angegriffen. Eisen wird von konz. H_2SO_4 passiviert.

Die elektrische Leitfähigkeit reiner Schwefelsäure kommt durch ihre Autoprotolyse zustande.

$$2\,H_2SO_4 \rightleftharpoons H_3SO_4^+ + HSO_4^-$$

Bei 25 °C beträgt das Ionenprodukt

$$c\,(H_3SO_4^+) \cdot c\,(HSO_4^-) = 2{,}7 \cdot 10^{-4}\,\text{mol}^2/\text{l}^2.$$

Schwefelsäure kann mit Supersäuren wie HF/SbF_5 zum Kation $H_3SO_4{}^+$ protoniert werden, das als Salz mit $SbF_6{}^-$ kristallisiert. In wässriger Lösung ist H_2SO_4 eine starke, zweibasige Säure und ist praktisch vollständig in H_3O^+ und HSO_4^- protolysiert. HSO_4^- protolysiert in der 2. Stufe zu ca. 1 %.

$$H_2SO_4 + H_2O \rightleftharpoons H_3O^+ + HSO_4^- \qquad pK_s = -3{,}0$$
$$HSO_4^- + H_2O \rightleftharpoons H_3O^+ + SO_4^{2-} \qquad pK_s = +1{,}96$$

Von H_2SO_4 leiten sich **Hydrogensulfate** mit dem Anion HSO_4^- und **Sulfate** mit dem Anion SO_4^{2-} ab. Schwerlöslich sind $BaSO_4$, $SrSO_4$ und $PbSO_4$.

Die wasserfreie Dischwefelsäure bildet eine durchsichtige, kristalline Masse (Smp. 36 °C). Disulfate entstehen beim Erhitzen von Hydrogensulfaten.

$$2\,NaHSO_4 \longrightarrow Na_2S_2O_7 + H_2O$$

H_2SO_4, HSO_4^-, SO_4^{2-} und $H_2S_2O_7$ können klassisch mit den folgenden Strukturformeln beschrieben werden.

$$H-\underline{\overline{O}}-\underset{\underset{|O|}{\|}}{\overset{\overset{|O|}{\|}}{S}}-\underline{\overline{O}}-H \qquad H-\underline{\overline{O}}-\underset{\underset{|O|}{\|}}{\overset{\overset{|O|}{\|}}{S}}-\underline{\overline{O}}|^{\ominus} \qquad {}^{\ominus}|\underline{\overline{O}}-\underset{\underset{|O|}{\|}}{\overset{\overset{|O|}{\|}}{S}}-\underline{\overline{O}}|^{\ominus} \qquad H-\underline{\overline{O}}-\underset{\underset{|O|}{\|}}{\overset{\overset{|O|}{\|}}{S}}-\underline{\overline{O}}-\underset{\underset{|O|}{\|}}{\overset{\overset{|O|}{\|}}{S}}-\underline{\overline{O}}-H$$

Die polaren $S^+{-}^-O$-Bindungslängen im tetraedrisch gebauten SO_4^{2-}-Ion sind gleich lang (151 pm), die Mehrzentren-π-Bindungen vollständig delokalisiert. Im HSO_4^--Ion betreffen die delokalisierten Mehrzentren-π-Bindungen nur die drei terminalen $S^+{-}^-O$-Bindungen (Bindungslänge 147 pm). Im H_2SO_4-Molekül liegen Mehrzentren-π-Bindungen nur für die zwei terminalen $S^+{-}^-O$-Bindungen vor (Bindungslänge 143 pm). Das SO_4^{2-}-Ion ist isoelektronisch zu ClO_4^-, die Bindungsverhältnisse sind analog (siehe Abschn. 2.2.12 Molekülorbitale, Hyperkonjugation).[1]

Halogenderivate der Schwefelsäure

Ersetzt man in der Schwefelsäure OH-Gruppen durch Halogene X, erhält man

Halogenoschwefelsäuren $O_2S{<}^{X}_{OH}$

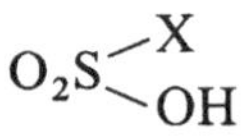

und

Sulfurylhalogenide $O_2S{<}^{X}_{X}$

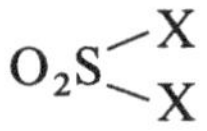

Die Darstellung der Halogenoschwefelsäuren (Halogensulfonsäuren) erfolgt aus SO_3 und HF, HCl bzw. HBr. HI wird zu I_2 oxidiert.

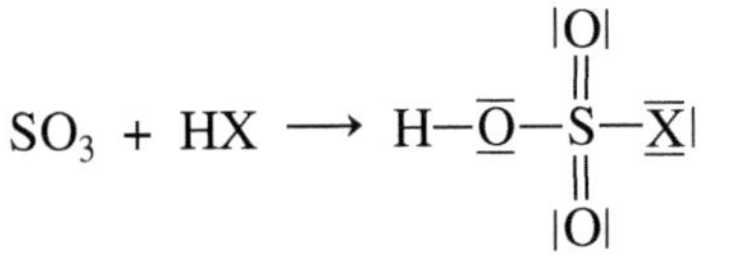

$$SO_3 + HX \longrightarrow H{-}\overline{\underline{O}}{-}S(=O)_2{-}\overline{\underline{X}}| \qquad X = F, Cl, Br$$

Chloroschwefelsäure (Chlorsulfonsäure) ist eine farblose, an der Luft rauchende Flüssigkeit. Mit Wasser reagiert sie explosionsartig (Vorsicht).

$$HSO_3Cl + H_2O \longrightarrow H_2SO_4 + HCl$$

HSO_3Cl ist ein starkes Sulfonierungsmittel (Einführung der Sulfongruppe HSO_3—).

$$RH + HSO_3Cl \longrightarrow HSO_3R + HCl$$

Die Sulfurylhalogenide werden bei den Schwefelhalogenidoxiden besprochen (S. 495).

Peroxomonoschwefelsäure H_2SO_5 (Caro'sche Säure). Peroxodischwefelsäure $H_2S_2O_8$

Die Peroxosäuren enthalten die Peroxogruppe $-\overline{\underline{O}}-\overline{\underline{O}}-$.

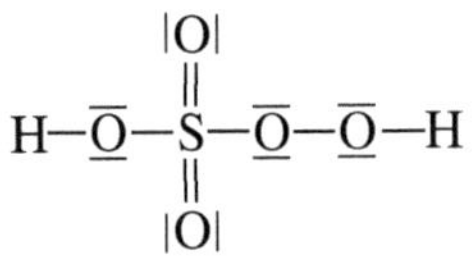

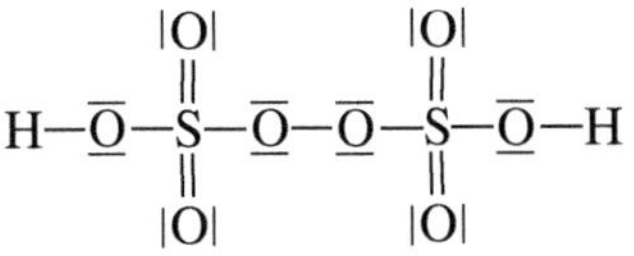

$$H{-}\overline{\underline{O}}{-}S(=O)_2{-}\overline{\underline{O}}{-}\overline{\underline{O}}{-}H \qquad H{-}\overline{\underline{O}}{-}S(=O)_2{-}\overline{\underline{O}}{-}\overline{\underline{O}}{-}S(=O)_2{-}\overline{\underline{O}}{-}H$$

[1] Das MO-Diagramm von SO_4^{2-} siehe bei R. Steudel, Chemie der Nichtmetalle, 4. Aufl., de Gruyter 2013, S. 88

$H_2S_2O_8$ ist hygroskopisch (Smp. 65 °C) und ein starkes Oxidationsmittel. In Wasser erfolgt zunächst Hydrolyse zu H_2SO_5 und H_2SO_4.

$$\mathrm{H{-}O{-}\overset{\overset{O}{\|}}{\underset{\underset{O}{\|}}{S}}{-}O{-}O{-}\overset{\overset{O}{\|}}{\underset{\underset{O}{\|}}{S}}{-}O{-}H} + \mathrm{H{-}OH} \rightleftharpoons \mathrm{H{-}O{-}\overset{\overset{O}{\|}}{\underset{\underset{O}{\|}}{S}}{-}O{-}O{-}H} + \mathrm{H{-}O{-}\overset{\overset{O}{\|}}{\underset{\underset{O}{\|}}{S}}{-}O{-}H}$$

H_2SO_5 ist ebenfalls hygroskopisch (Smp. 45 °C) und ein starkes Oxidationsmittel. Mit Wasser hydrolysiert die Caro'sche Säure langsam zu H_2O_2 und H_2SO_4.

$$\mathrm{H{-}O{-}\overset{\overset{O}{\|}}{\underset{\underset{O}{\|}}{S}}{-}O{-}O{-}H} + \mathrm{HO{-}H} \rightleftharpoons \mathrm{H{-}O{-}\overset{\overset{O}{\|}}{\underset{\underset{O}{\|}}{S}}{-}O{-}H} + \mathrm{H{-}O{-}O{-}H}$$

Diese Reaktion ist umkehrbar und man erhält H_2SO_5 durch Einwirkung von H_2O_2 auf kalte konz. H_2SO_4. Setzt man Chloroschwefelsäure mit H_2O_2 unter Kühlung um, so erhält man H_2SO_5 und $H_2S_2O_8$ in reinen, farblosen Kristallen.

$$\mathrm{H{-}O{-}\overset{\overset{O}{\|}}{\underset{\underset{O}{\|}}{S}}{-}\boxed{Cl + H}{-}O{-}O{-}H} \xrightarrow{-\mathrm{HCl}} \mathrm{H{-}O{-}\overset{\overset{O}{\|}}{\underset{\underset{O}{\|}}{S}}{-}O{-}O{-}\boxed{H + Cl}{-}\overset{\overset{O}{\|}}{\underset{\underset{O}{\|}}{S}}{-}O{-}H} \xrightarrow{-\mathrm{HCl}}$$

$$\mathrm{H{-}O{-}\overset{\overset{O}{\|}}{\underset{\underset{O}{\|}}{S}}{-}O{-}O{-}\overset{\overset{O}{\|}}{\underset{\underset{O}{\|}}{S}}{-}O{-}H}$$

Von H_2SO_5 sind keine Salze bekannt. Festes H_2SO_5 besteht aus Schichten mit Wasserstoffbindungen zwischen den Molekülen. Die Salze von $H_2S_2O_8$ heißen **Peroxodisulfate**, ihre Lösungen sind relativ beständig, sie sind starke Oxidationsmittel und oxidieren in Gegenwart von Ag^+ als Katalysator z. B. Mn^{2+} zu MnO_4^- und Cr^{3+} zu $Cr_2O_7^{2-}$. Peroxodisulfate werden technisch durch (anodische) Oxidation konzentrierter Sulfatlösungen bei hoher Stromdichte an Pt-Elektroden (Sauerstoffüberspannung) hergestellt:

$$2\,SO_4^{2-} \longrightarrow S_2O_8^{2-} + 2\,e^- \qquad E° = 2{,}01\ \mathrm{V}$$

Bei verdünnten Lösungen und kleiner Stromdichte reagiert entladenes SO_4 nicht mit SO_4^{2-}-Ionen, sondern nach $SO_4 + H_2O \longrightarrow H_2SO_4 + \frac{1}{2}O_2$.

Peroxodisulfat, auch kurz Persulfat, $S_2O_8^{2-}$ gehört mit einem Standardpotential von 2,01 V zu den stärksten Oxidationsmitteln in wässriger Lösung. Peroxodisulfat-Salze sind im trockenen Zustand gut haltbar, zersetzen sich aber bei Feuchtigkeitszutritt. In Anwesenheit von organischen Substanzen kann es leicht zu Bränden kommen. Peroxodisulfate werden zum Ätzen gedruckter Schaltungen und als Radikalstarter bei der Polymerisation organischer Monomere eingesetzt.

Schweflige Säure H_2SO_3, Dischweflige Säure $H_2S_2O_5$

SO_2 löst sich gut in Wasser (45 l SO_2 in 1 l H_2O bei 15 °C). Die Lösung reagiert sauer und wirkt reduzierend. Die hypothetische Schweflige Säure H_2SO_3 kann nicht isoliert werden. Auch in wässriger Lösung existiert keine nichtprotolysierte H_2SO_3.

$$SO_2 + H_2O \rightleftharpoons H_2SO_3 \qquad K \ll 10^{-9}$$

Es existieren folgende Gleichgewichte:

$$SO_2 + 2\,H_2O \rightleftharpoons H_3O^+ + HSO_3^- \qquad pK_S = 1{,}8$$
$$HSO_3^- + H_2O \rightleftharpoons H_3O^+ + SO_3^{2-} \qquad pK_S = 7{,}0$$

Bei höheren Konzentrationen entstehen $S_2O_5^{2-}$-Ionen.

$$2\,HSO_3^- \rightleftharpoons S_2O_5^{2-} + H_2O$$

Auch die Dischweflige Säure $H_2S_2O_5$ ist sowohl als freie Säure als auch in Lösungen unbekannt.

Von der hypothetischen Säure H_2SO_3 leiten sich zwei Reihen von Salzen ab, die **Hydrogensulfite** mit dem Anion HSO_3^- und die **Sulfite** mit dem Anion SO_3^{2-}. Hydrogensulfite sind leicht löslich, Sulfite – mit Ausnahme der Alkalimetallsulfite – schwer löslich. Man erhält sie durch Einleiten von SO_2 in Laugen.

$$NaOH + SO_2 \longrightarrow NaHSO_3$$
$$NaHSO_3 + NaOH \longrightarrow Na_2SO_3 + H_2O$$

Disulfite entstehen durch Wasserabspaltung aus Hydrogensulfiten.

$$2\,NaHSO_3 \longrightarrow Na_2S_2O_5 + H_2O$$

„Schweflige Säure" und ihre Salze wirken reduzierend. Man verwendet sie daher zum Bleichen und Konservieren. Die Reduktionswirkung ist in alkalischer Lösung stärker als in saurer Lösung.

$$SO_4^{2-} + H_2O + 2\,e^- \rightleftharpoons SO_3^{2-} + 2\,OH^- \qquad E° = -0{,}93\,V$$

Die Anionen haben folgende Strukturen:

SO_3^{2-} tautomeres Gleichgewicht von HSO_3^- $S_2O_5^{2-}$

Die π-Bindungen sind delokalisiert, es sind Mehrzentren-π-Bindungen. Beim tautomeren Gleichgewicht[1] von HSO_3^- erfolgt der Ortswechsel des H^+-Ions so rasch, dass sich keine der beiden Formen isolieren lässt. Von beiden Formen sind aber Ester bekannt: $O_2SR(OR)$ Alkylsulfonsäureester, $OS(OR)_2$ Dialkylsulfite. Die S—S-Bindung im Disulfition ist länger als eine normale S—S-Einfachbindung. $Na_2S_2O_5$ zerfällt daher bereits bei 400 °C in Na_2SO_3 und SO_2.

Dithionige Säure $H_2S_2O_4$

Dithionite erhält man durch Reduktion von Hydrogensulfiten (mit Zink oder durch (kathodische) Reduktion).

$$2H\overset{+4}{S}O_3^- + 2\,e^- \longrightarrow \overset{+3}{S}_2O_4^{2-} + 2\,OH^-$$

Es sind starke Reduktionsmittel, da sie in Umkehrung der Bildungsreaktion die beständigere Oxidationszahl +4 erreichen.

Im Anion $S_2O_4^{2-}$

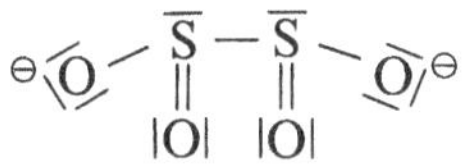

$$^{\ominus}O-\underset{\underset{O}{\|}}{S}-\underset{\underset{O}{\|}}{S}-O^{\ominus}$$

ist eine extrem lange S—S-Bindung (239 pm) vorhanden, die leicht zu spalten ist und die die geringe Beständigkeit der Oxidationszahl +3 erklärt. $H_2S_2O_4$ kann man nicht isolieren. Beim Ansäuern zerfallen Dithionite nach

$$2\,\overset{+3}{S}_2O_4^{2-} + H_2O \longrightarrow 2\,H\overset{+4}{S}O_3^- + \overset{+2}{S}_2O_3^{2-}$$

Dithionsäure $H_2S_2O_6$

$H_2S_2O_6$ ist nur in wässriger Lösung beständig. Dithionate erhält man durch Oxidation von Hydrogensulfiten (mit MnO_2 oder durch anodische Oxidation).

$$2\,H\overset{+4}{S}O_3^- + 2\,H_2O \longrightarrow \overset{+5}{S}_2O_6^{2-} + 2\,H_3O^+ + 2\,e^-$$

Dithionsäure und Dithionate wirken nicht oxidierend, sie disproportionieren aber leicht.

$$\overset{+5}{S}_2O_6^{2-} \longrightarrow \overset{+6}{S}O_4^{2-} + \overset{+4}{S}O_2$$

Struktur des $S_2O_6^{2-}$-Anions:

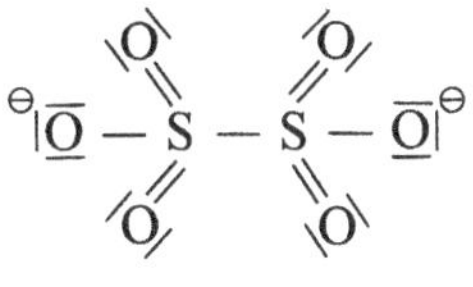

$$^{\ominus}O-\underset{\underset{O}{\|}}{\overset{\overset{O}{\|}}{S}}-\underset{\underset{O}{\|}}{\overset{\overset{O}{\|}}{S}}-O^{\ominus}$$

[1] Unter Tautomerie versteht man das gleichzeitige Vorliegen von zwei oder mehr isomeren Formen eines Moleküls im Gleichgewicht. Die Tautomere unterscheiden sich nur in der Position einer beweglichen Gruppe, die Umwandlung erfolgt meist schnell.

Thioschwefelsäure $H_2S_2O_3$

In der Thioschwefelsäure ist ein Sauerstoffatom der Schwefelsäure durch ein Schwefelatom („thio") ersetzt.

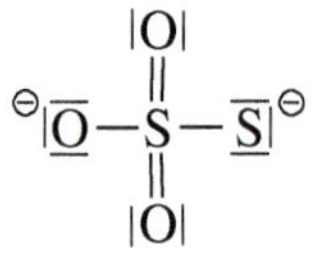

$$
\begin{array}{c}
|\mathrm{O}| \\
\| \\
{}^{\ominus}|\overline{\underline{\mathrm{O}}}-\mathrm{S}-\overline{\underline{\mathrm{S}}}|^{\ominus} \\
\| \\
|\mathrm{O}|
\end{array}
$$

Die S—O-Bindungen werden durch Mehrzentren-π-Bindungen ergänzt (Bindungslänge 147 pm), der Doppelbindungscharakter der S—S-Bindung ist schwächer (Bindungslänge 201 pm). Für die beiden Schwefelatome erhält man die mittlere Oxidationszahl +2 (vgl. Tab. 4.15 und Abschn. 3.8.1).

In wasserfreiem Zustand kann $H_2S_2O_3$ bei −80 °C als farblose, ölige Flüssigkeit hergestellt werden, z. B. nach

$$SO_3 + H_2S \longrightarrow H_2S_2O_3$$

Beim Erwärmen zerfällt sie schon unterhalb 0 °C wieder in H_2S und SO_3.

Die Salze, die **Thiosulfate**, sind in Wasser beständig. Man erhält sie durch Kochen von Sulfitlösungen mit Schwefel.

$$S_8 + 8\,Na_2SO_3 \longrightarrow 8\,Na_2S_2O_3$$

Zunächst sprengt SO_3^{2-} den S_8-Ring unter Anlagerung des freien Elektronenpaars am Schwefel. Dann wird die Schwefelkette schrittweise durch SO_3^{2-} abgebaut.

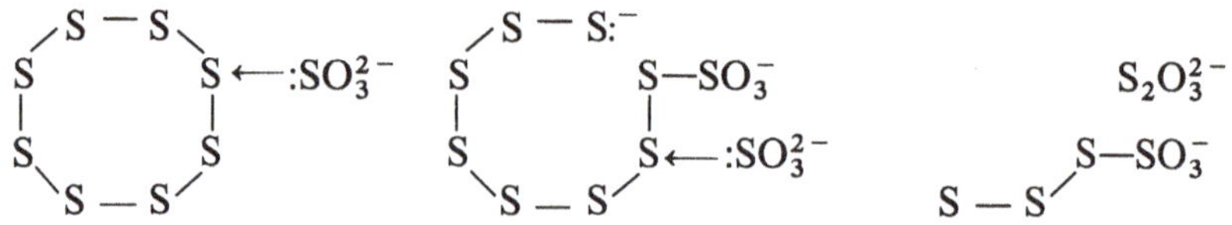

$$
\begin{array}{ccc}
\begin{array}{c}
\text{S}-\text{S} \\
\text{S} \qquad \text{S} \leftarrow :SO_3^{2-} \\
| \qquad\quad | \\
\text{S} \qquad \text{S} \\
\text{S}-\text{S}
\end{array}
&
\begin{array}{c}
\text{S}-\text{S}:^{-} \\
\text{S} \qquad \text{S}-SO_3^{-} \\
| \qquad\quad | \\
\text{S} \qquad \text{S} \leftarrow :SO_3^{2-} \\
\text{S}-\text{S}
\end{array}
&
\begin{array}{c}
S_2O_3^{2-} \\
\text{S}-SO_3^{-} \\
\text{S}-\text{S}
\end{array}
\end{array}
$$

Angesäuerte Thiosulfatlösungen zersetzen sich unter Schwefelabscheidung.

$$H_2S_2O_3 \longrightarrow H_2O + SO_2 + S$$

Praktische Bedeutung hatte Natriumthiosulfat $Na_2S_2O_3 \cdot 5H_2O$ früher in der Fotografie als Fixiersalz (vgl. S. 785).

$S_2O_3^{2-}$ wirkt reduzierend. In der Bleicherei benutzt man es zur Entfernung von Chlor aus chlorgebleichten Geweben.

$$Na_2S_2O_3 + 4\,Cl_2 + 5\,H_2O \longrightarrow Na_2SO_4 + H_2SO_4 + 8\,HCl$$

Die quantitative Reaktion mit Iod zu Tetrathionat $S_4O_6^{2-}$ (vgl. Polythionsäuren) wird in der analytischen Chemie (Iodometrie) verwendet.

$$2\,SSO_3^{2-} + I_2 \longrightarrow {}^{-}O_3S-S-S-SO_3^{-} + 2\,I^{-}$$

Formal kann man $H_2S_2O_3$ auch von H_2S (Monosulfan) durch Ersatz eines H-Atoms durch die Sulfonsäuregruppe $-SO_3H$ ableiten. Der rationelle Name ist dann Monosulfanmonosulfonsäure.

Analog kann man eine Reihe von Schwefelsäuren von Polysulfanen H—(S)$_n$—H ableiten, in denen beide H-Atome durch Sulfonsäuregruppen ersetzt sind. Sie heißen daher **Polysulfandisulfonsäuren** $HO_3S—(S)_{n-2}—SO_3H$ ($n = 3$ bis 14) oder auch Polythionsäuren.

Sie sind farblose, ölige Flüssigkeiten und nur bei tiefen Temperaturen beständig. Die Zersetzlichkeit nimmt mit wachsender Kettenlänge zu. Isolierbar sind ihre Salze, z. B. die farblos kristallisierenden Alkalimetallpolythionate. In den Polythionaten sind Schwefel-Zickzack-Ketten mit Einfachbindungen vorhanden.

4.5.8 Oxide und Sauerstoffsäuren von Selen und Tellur

Selendioxid SeO_2

SeO_2 entsteht beim Verbrennen von Selen.

$$Se + O_2 \longrightarrow SeO_2 \qquad \Delta H° = -225\ kJ/mol$$

SeO_2 bildet farblose Nadeln, die bei 315 °C sublimieren. In der Gasphase besteht es aus monomeren SeO_2-Molekülen (Abb. 4.17a), in der kristallinen Phase liegen nichtplanare hochpolymere Ketten vor (Abb. 4.17b).

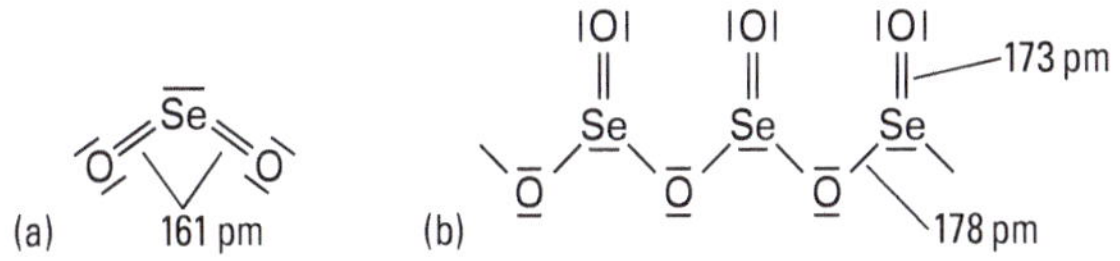

(a) 161 pm (b) 173 pm 178 pm

Abbildung 4.17 Struktur von SeO_2.
a) Die Gasphase besteht aus SeO_2-Molekülen mit $Se^+—^-O$-σ- und einer 3-Zentren-4-Elektronen-π-Bindung (vgl. SO_2).
b) Die kristalline Phase besteht aus polymeren, nichtplanaren Ketten. Alle terminalen $Se^+—O^-$-Bindungen haben (nichtklassischen) Doppelbindungscharakter.
Vergleiche dazu die theoretisch berechneten Bindungslängen: Se—O 183 pm; Se=O 160 pm.

Selentrioxid SeO_3

SeO_3 bildet farblose, hygroskopische Kristalle (Smp. 118 °C), die aus cyclischen, achtgliedrigen Se_4O_{12}-Molekülen bestehen. In der Gasphase stehen diese Moleküle mit monomerem SeO_3 im Gleichgewicht. SeO_3 ist ein noch stärkeres Oxidationsmittel als SO_3. SeO_3 erhält man durch Entwässerung von H_2SeO_4 mit P_4O_{10} bei 150 °C. Mit Wasser reagiert SeO_3 wieder zur Selensäure.

Selenige Säure H_2SeO_3

SeO_2 löst sich in Wasser unter Bildung der Selenigen Säure H_2SeO_3. Sie ist eine schwächere Säure als die Schweflige Säure, aber im Gegensatz zu dieser in Form farbloser Kristalle isolierbar. H_2SeO_3 wird von SO_2, H_2S, HI, N_2H_4 zu rotem Selen reduziert.

$$H_2SeO_3 + 4\,HI \longrightarrow Se + 2\,I_2 + 3\,H_2O$$

Selensäure H_2SeO_4

Selensäure bildet farblose, hygroskopische Kristalle, die bei 60 °C schmelzen. Sie kann durch Oxidation von H_2SeO_3 mit H_2O_2, $KMnO_4$ oder von Se mit Cl_2 dargestellt werden. H_2SeO_4 ist eine ebenso starke Säure wie H_2SO_4, ihr Oxidationsvermögen ist aber bedeutend stärker. Ein Gemisch aus Selensäure und Salzsäure bildet aktives Chlor und es löst wie Königswasser Gold und Platin unter Bildung von Chloridokomplexen.

$$H_2SeO_4 + 2\,HCl \longrightarrow H_2SeO_3 + H_2O + 2\,Cl$$

Wie H_2SO_4 ist H_2SeO_4 so stark Wasser entziehend, dass sie auf organische Substanzen verkohlend wirkt. Die Selenate $PbSeO_4$ und $BaSeO_4$ sind wie die Sulfate schwer löslich.

Tellurdioxid TeO_2

TeO_2 ist dimorph. α-TeO_2 entsteht durch Verbrennung von Te in Luft.

$$Te + O_2 \longrightarrow \alpha\text{-}TeO_2 \qquad \Delta H^\circ = -323\,\text{kJ/mol}$$

Es ist farblos (Smp. 733 °C) und kristallisiert in einem rutilähnlichen Ionengitter. TeO_2 löst sich schlecht in Wasser. Es hat aber amphoteren Charakter und löst sich in starken Säuren zu Te(IV)-Salzen ($TeO_2 + 4\,H_3O^+ \longrightarrow Te^{4+} + 6\,H_2O$) und in starken Laugen zu Telluriten ($TeO_2 + 2\,OH^- \longrightarrow TeO_3^{2-} + H_2O$). β-TeO_2 kommt als gelbes Mineral (Tellurit) vor und kristallisiert in einer Schichtstruktur.

Tellurige Säure H_2TeO_3 ist nur in wässriger Lösung bekannt. Sie ist eine schwache Säure, die beim Erwärmen in TeO_2 und H_2O zerfällt.

Tellurtrioxid TeO_3

TeO_3 kommt in zwei Modifikationen vor. α-TeO_3 ist gelb, in Wasser unlöslich, ein starkes Oxidationsmittel und zerfällt oberhalb 400 °C in TeO_2 und O_2. Es entsteht durch Erhitzen von Tellursäure.

$$Te(OH)_6 \xrightarrow{300-360\,^\circ C} TeO_3 + 3\,H_2O$$

Das stabilere, weniger reaktive graue β-TeO_3 entsteht durch Erhitzen von α-TeO_3.

Tellursäure H_6TeO_6

Die Orthotellursäure (Smp. 136 °C) wirkt wesentlich stärker oxidierend als die Schwefelsäure. Analog zur Periodsäure besitzt Tellur auf Grund seiner Größe in der Tellursäure die KZ 6. H_6TeO_6 ist eine sechsbasige Säure. Es sind saure Tellurate $M_nH_{6-n}TeO_6$ und neutrale Tellurate, z.B. Ag_6TeO_6, Hg_3TeO_6, bekannt. Das TeO_6^{6-}-Ion ist wie $Te(OH)_6$ oktaedrisch gebaut. Die Tellursäure bildet Heteropolyanionen: $[Te(MoO_4)_6]^{6-}$, $[Te(WO_4)_6]^{6-}$ (vgl. S. 853).

4.5.9 Halogenverbindungen

Halogenide von Schwefel

Die binären Halogenverbindungen des Schwefels sind in Tab. 4.16 zusammengestellt.

Mit I bildet S nur eine endotherme, zersetzliche Verbindung, da die I—S-Bindung sehr schwach ist. Brom bildet nur Verbindungen, die sich von Polysulfanen ableiten. Mit Ausnahme von SF_6 sind alle Schwefelhalogenide hydrolyseempfindlich.

Tabelle 4.16 Binäre Halogenverbindungen des Schwefels

Oxidationszahl	Verbindungstyp	F	Cl	Br	I
+6	Schwefelhexafluorid SX_6	SF_6 farbloses Gas $\Delta H_B^\circ = -1220$ kJ/mol			
+5	Dischwefeldecafluorid X_5SSX_5	S_2F_{10} farblose Flüssigkeit			
+4	Schwefeltetrahalogenide SX_4	SF_4 farbloses Gas $\Delta H_B^\circ \approx -762$ kJ/mol	SCl_4 farblose Substanz Zers. > −30 °C		
+2	Schwefeldihalogenide SX_2	SF_2 farbloses Gas $\Delta H_B^\circ = -298$ kJ/mol	SCl_2 rote Flüssigkeit $\Delta H_B^\circ = -49$ kJ/mol		
+1	Dischwefeldihalogenide XSSX oder SSX_2	FSSF farbloses Gas $\Delta H_B^\circ = -350$ kJ/mol SSF_2 farbloses Gas $\Delta H_B^\circ = -385$ kJ/mol	ClSSCl gelbe Flüssigkeit $\Delta H_B^\circ = -58$ kJ/mol	BrSSBr tiefrote Flüssigkeit	ISSI dunkelbraune Substanz Zers. > −31 °C
+1	Polyschwefeldihalogenide S_nX_2 ($n > 2$)		S_nCl_2 gelbe bis orangerote Öle (isoliert bis $n = 8$)	S_nBr_2 tiefrote Öle (isoliert bis $n = 8$)	

Schwefelhexafluorid $\mathbf{SF_6}$ ist ein farbloses und geruchloses, ungiftiges Gas (Sblp. −64 °C). Es entsteht aus elementarem Schwefel mit Fluor.

$$S + 3\,F_2 \longrightarrow SF_6 \qquad \Delta H_B^\circ = -1220\ \text{kJ/mol}$$

Es ist ungewöhnlich reaktionsträge und reagiert z. B. nicht mit Wasserdampf bei 500 °C, obwohl das Gleichgewicht der Reaktion

$$SF_6 + 4\,H_2O \rightleftharpoons H_2SO_4 + 6\,HF$$

ganz auf der rechten Seite liegt. Mit H_2 kann SF_6 erhitzt werden, ohne dass HF gebildet wird. Die Resistenz von SF_6 wird auf die sterische Abschirmung des S-Atoms zurückgeführt. Im Molekül SF_6 ist das S-Atom oktaedrisch von sechs F-Atomen umgeben. Die Bindungen wurden mit dem MO-Modell in Abschn. 2.2.12 Molekülorbitale (Abb. 2.78) diskutiert. Reaktionen mit Lewis-Basen sind kinetisch gehemmt. SF_5Cl ist dagegen ein hydrolyseempfindliches Gas, das wesentlich reaktionsfähiger ist. SF_6 wird als gasförmiger Isolator in Hochspannungsanlagen verwendet, da es eine hohe Dielektrizitätskonstante besitzt. Die Durchschlagspannung ist mit 88 kV/cm etwa dreimal höher als Luft. SF_6 dient außerdem als Schutzgas bei Metallschmelzen. Die Produktion von SF_6 beträgt weltweit mehrere tausend Tonnen im Jahr. In Isolierglasfenstern wurde früher SF_6 im Fensterinnenraum anstelle von Luft zur Wärme- und Geräuschdämmung eingesetzt, aufgrund des sehr hohen Treibhauspotentials inzwischen aber dafür nicht mehr verwendet. Zur Wirkung als Treibhausgas siehe Abschn. 4.11.1.2.

Als ein Begleiter von SF_6 wurde $SF_5{-}CF_3$ in der Atmosphäre nachgewiesen. Es ist wie SF_6 ein äußerst wirksames Klimagas. Es bildet sich evtl. bei der Hochspannungsentladung im SF_6-Schutzgas in Gegenwart von Fluorpolymeren.

Schwefeltetrafluorid $\mathbf{SF_4}$ ist ein farbloses, sehr reaktionsfähiges Gas, das als Fluorierungsmittel verwendet wird und mit Wasser zu SO_2 und HF reagiert.

$\mathbf{S_2F_2}$ ist die Summenformel von zwei isomeren gasförmigen Verbindungen:

Thiothionylfluorid $\underline{\overline{S}}{=}\overline{S}(F)F$ (thermodynamisch stabiler) und

Difluordisulfan $F{-}\overline{S}{=}\underline{\overline{S}}{-}F \longleftrightarrow F{-}\underline{\overline{S}}{=}\overline{S}{-}F$

Dischwefeldichlorid $\mathbf{S_2Cl_2}$ ist das beständigste Schwefelchlorid und eine gelbe, stechend riechende Flüssigkeit, die beim Überleiten von Chlor über geschmolzenen Schwefel bei ca. 240 °C entsteht. S_2Cl_2 dient zur Herstellung von Schwefeldichlorid SCl_2, Thionylchlorid $SOCl_2$ und Schwefeltetrafluorid SF_4. Es ist technisch von Bedeutung, da sich Schwefel unter Kettenbildung als S_nCl_2 ($n = 3$ bis 100) löst und diese Lösungen zum Vulkanisieren von Kautschuk dienen. S_2Cl_2 ist wie alle Schwefelchloride hydrolyseempfindlich.

SCl_2 erhält man als dunkelrote Flüssigkeit aus Schwefel oder S_2Cl_2 mit einem Chlorüberschuss. Bei Raumtemperatur zersetzt sie sich langsam.

$$2\,SCl_2 \longrightarrow S_2Cl_2 + Cl_2$$

SCl_2 ist Ausgangsstoff zur Herstellung des Kampfstoffes Senfgas (Lost).

$$SCl_2\,(l) + C_2H_4\,(g) \longrightarrow S(CH_2CH_2Cl)_2\,(l)$$

Halogenide von Selen und Tellur

Die Halogenide des Selens und Tellurs sind beständiger als die des Schwefels. Eine Ausnahme ist SF_6. Mit den Oxidationszahlen +1, +2, +4 sind Chloride und Bromide bekannt. Mit der höchsten Oxidationszahl +6 sind nur Fluoride bekannt. Mit der Oxidationszahl +1 und +2 gibt es keine beständigen Fluoride. Wegen des stärker elektropositiven Charakters bildet nur Te beständige binäre Verbindungen mit I. Strukturell interessant sind die Subiodide Te_2I, α-TeI, β-TeI und die Interkalationsverbindung $(Te_2)_2I_2$, in der zwischen Schichten, die von Te_2-Hanteln gebildet werden, Schichten aus I_2-Molekülen eingelagert sind. Von TeI_4 gibt es fünf Modifikationen, die alle aus tetrameren Molekülen aufgebaut sind; nur eine davon ist bei $TeCl_4$ und $TeBr_4$ bekannt. Typisch für die Tetrahalogenide von Se und Te ist die Bildung von Anionen wie $SeCl_6^{2-}$, $TeBr_6^{2-}$, TeI_6^{2-}.

Schwefelhalogenidoxide

Ersetzt man in Sauerstoffsäuren OH-Gruppen durch Halogenatome, erhält man formal Säurehalogenide. Halogenide der Schwefligen Säure sind die Thionylhalogenide SOF_2, $SOCl_2$, $SOBr_2$. Halogenide der Schwefelsäure sind die Sulfurylhalogenide SO_2F_2, SO_2Cl_2. Die Thionylhalogenide bestehen aus pyramidalen Molekülen. Die Sulfurylhalogenide sind verzerrt tetraedrisch gebaut.

$SOCl_2$ ist eine farblose Flüssigkeit (Sdp. 76 °C), die von H_2O zu SO_2 und HCl hydrolysiert wird. Man erhält es nach

$$SO_2 + PCl_5 \longrightarrow SOCl_2 + POCl_3$$

Die technische Gewinnung erfolgt durch Oxidation von SCl_2.

$$SCl_2 + SO_3 \longrightarrow SOCl_2 + SO_2$$

Es wird als Chlorierungsmittel verwendet.

SOF_2 ist ein Gas, das man durch Chlor-Fluor-Austausch aus $SOCl_2$ mit SbF_3 oder HF erhält.

SO_2Cl_2 ist eine farblose Flüssigkeit (Sdp. 69 °C), die aus SO_2 und Cl_2 in Gegenwart von Aktivkohle als Katalysator hergestellt wird.

$$SO_2 + Cl_2 \longrightarrow SO_2Cl_2$$

Mit Wasser erfolgt Hydrolyse.

$$SO_2Cl_2 + 2\,H_2O \longrightarrow H_2SO_4 + 2\,HCl$$

SO_2Cl_2 wird wie $SOCl_2$ als Chlorierungsmittel verwendet.

SO_2F_2 ist ein chemisch relativ inertes Gas. Man erhält es durch Halogenaustausch aus SO_2Cl_2. Sulfurylfluorid wird hauptsächlich als Termitenbegasungsmittel in Gebäuden verwendet. Zunehmend wird es als Schädlingsbekämpfungsmittel anstelle des auslaufenden Methylbromid eingesetzt. SO_2F_2 ist ein potentes Klimagas. Es speichert pro Kilogramm 4000mal mehr Wärme als CO_2, bei einer gleichzeitigen Lebensdauer in der Atmosphäre von 30–40 Jahren. Das GWP (global warming potential) über ein Jahrhundert wurde zu 4780mal dem von CO_2 berechnet.

4.6 Gruppe 15

4.6.1 Gruppeneigenschaften

	Stickstoff N	Phosphor P	Arsen As	Antimon Sb	Bismut Bi
Ordnungszahl Z	7	15	33	51	83
Elektronen-konfiguration	$[He]2s^2\,2p^3$	$[Ne]3s^2\,3p^3$	$[Ar]3d^{10}$ $4s^2\,4p^3$	$[Kr]4d^{10}$ $5s^2\,5p^3$	$[Xe]4f^{14}\,5d^{10}$ $6s^2\,6p^3$
Ionisierungsenergie in eV	14,5	11,0	9,8	8,6	7,3
Elektronegativität	3,0	2,1	2,2	1,8	1,7
Nichtmetallcharakter			nimmt ab ⟶		
Affinität zu elektro-positiven Elementen			nimmt ab ⟶		
Affinität zu elektro-negativen Elementen			nimmt zu ⟶		
Basischer Charakter der Oxide			nimmt zu ⟶		
Salzcharakter der Halogenide			nimmt zu ⟶		

Die Elemente der 15. Gruppe zeigen in ihren Eigenschaften ein weites Spektrum. Mit wachsender Ordnungszahl nimmt der metallische Charakter stark zu, und es erfolgt ein Übergang von dem typischen Nichtmetall Stickstoff zu dem metallischen Element Bismut.

Auf Grund der Valenzelektronenkonfiguration s^2p^3 sind in den Verbindungen die häufigsten Oxidationszahlen -3, $+3$ und $+5$.

Die Beständigkeit der Verbindungen mit elektropositiven Elementen nimmt mit wachsender Ordnungszahl Z ab. NH_3 ist beständig, BiH_3 instabil. Bei Verbindungen mit elektronegativen Elementen nimmt die Beständigkeit mit *Z* zu, und sie werden ionischer. NCl_3 ist flüssig, thermisch unbeständig und hydrolyseempfindlich, während $BiCl_3$ farblose Kristalle bildet, die unzersetzt schmelzen.

Mit steigender Ordnungszahl nimmt die Stabilität der Oxidationszahl +3 zu, die Oxidationszahl +5 wird instabiler. P_4O_6 ist im Unterschied zu Bi_2O_3 ein Reduktionsmittel, Bi_2O_5 im Unterschied zu P_4O_{10} ein starkes Oxidationsmittel.

Mit steigender Ordnungszahl nimmt der basische Charakter der Oxide zu. N_2O_3, P_4O_6 und As_4O_6 sind Säureanhydride, Sb_2O_3 ist amphoter, Bi_2O_3 ist ein Basenanhydrid.

Stickstoff nimmt innerhalb der Gruppe eine Sonderstellung ein. Dafür sind mehrere Gründe maßgebend. Stickstoff ist wesentlich elektronegativer als die anderen Elemente. Stickstoff bildet im elementaren Zustand und in vielen Verbindungen (p-p)π-Bindungen. In den Verbindungen der anderen Elemente der Gruppe sind 2-Zentren-2-Elektronen (p-p)π-Bindungen seltener und in den elementaren Modifikationen treten nur Einfachbindungen auf. Beim Vergleich der Oxide und der Sauerstoffsäuren des Stickstoffs mit denen des Phosphors wird die Wirkung dieser Unterschiede besonders deutlich. Häufig werden für Phosphor-, Arsen- und Antimon-Sauerstoff-Verbindungen klassische Lewis-Formeln mit „Doppelbindungen" zwischen Element- und O-Atom geschrieben. Dabei steht der zweite Valenzstrich aber für Mehrzentren-π-Bindungen und *nicht* für eine *2-Zentren-2-Elektronen-π-Doppelbindung.*

4.6.2 Vorkommen

Stickstoff ist der Hauptbestandteil der Luft, in der er molekular als N_2 mit einem Volumenanteil von 78,1 % enthalten ist. In gebundener Form ist er im Chilesalpeter $NaNO_3$ enthalten. Stickstoff ist Bestandteil der Eiweißstoffe.

Da Phosphor sehr reaktionsfähig ist, kommt er in der Natur nur in Verbindungen vor. Die wichtigsten Mineralien sind die Phosphate. Allerdings stehen Phosphatmineralien nur an wenigen Orten in wirtschaftlich verwertbarer Konzentration zur Verfügung. Beim aktuellen Jahresverbrauch von $220 \cdot 10^6$ t und den bekannten Weltvorräten von $71 \cdot 10^9$ t sollten diese noch über 300 Jahre reichen. Die Vorräte sind aber endlich, und es gibt auch Prognosen, dass sie nur noch einige Jahrzehnte reichen. Häufig ist Apatit $Ca_5(PO_4)_3(OH, F, Cl)$. Seltener sind Vivianit (Blaueisenerz) $Fe_3(PO_4)_2 \cdot 8\,H_2O$, Wavellit $Al_3(PO_4)_2(F, OH)_3 \cdot 5H_2O$ und Monazit, ein Phosphat, das Seltenerdmetalle und Thorium enthält. Hydroxylapatit bildet die Knochensubstanz der Wirbeltiere.

Arsen kommt nur gelegentlich elementar vor (Scherbencobalt oder Fliegenstein genannt). Am häufigsten sind Arsenide: Arsenkies FeAsS, Glanzcobalt CoAsS, Arsennickelkies NiAsS, Arsenikalkies (Löllingit) $FeAs_2$. In den Sulfiden Realgar As_4S_4 und Auripigment As_2S_3 ist As positiv polarisiert. Arsen ist in der Umwelt ubiquitär, d. h. überall verbreitet, also auch in Nahrungsmitteln enthalten. Arsen-belastetes Trinkwasser, das den Grenzwert der WHO von 0,01 mg/l (= 10 µg/l) überschreitet, ist z. B. in Indien, Bangladesh, Thailand, Argentinien und Mexiko ein Umweltproblem. In Deutschland enthält Trinkwasser im Mittel nur 0,4 µg/l. Die Nahrung trägt hier zu 90 % zur Arsen-Gesamtaufnahme bei, darunter mit bis zu 50 % Nahrung aus dem Meer.

Vom Antimon gibt es in der Natur wie beim Arsen Sulfide und Metallantimonide. Am häufigsten ist der Grauspießglanz Sb_2S_3. Elementares Sb ist selten und tritt meist in Form von Mischkristallen mit As auf.

Die wichtigsten Bismuterze sind Bismutglanz Bi_2S_3 und Bismutocker Bi_2O_3.

4.6.3 Die Elemente

	Stickstoff	Phosphor	Arsen	Antimon	Bismut
Schmelzpunkt in °C	−210	44*	817**	630	271
Siedepunkt in °C	−196	280*	616 (Sblp.)***	1635	1580

* weißer Phosphor
** graues Arsen unter Luftabschluss bei 27 bar
*** graues Arsen sublimiert bei Normaldruck, ohne zu schmelzen

Die Elemente treten im elementaren Zustand in einer Reihe unterschiedlicher Strukturen auf. In allen Strukturen bilden die Atome auf Grund ihrer Valenzelektronenkonfiguration drei kovalente Bindungen aus.

4.6.3.1 Stickstoff

Stickstoff ist bei Raumtemperatur ein Gas (Sdp. −196 °C, Smp. −210 °C), das aus N_2-Molekülen besteht.

$$|N{\equiv}N|$$

Die Stickstoffatome sind durch eine σ-Bindung und zwei π-Bindungen aneinander gebunden (Bindungslänge 110 pm) (vgl. Abschn. 2.2.6 und 2.2.12). Die Dissoziationsenergie ist ungewöhnlich hoch. Eine Aktivierung erfolgt bei hohen Temperaturen oder durch Katalysatoren (s. S. 508).

$$N_2 \rightleftharpoons 2N \qquad \Delta H^\circ = +945\,\text{kJ/mol}$$

Die N_2-Moleküle sind dementsprechend chemisch sehr stabil und Stickstoff wird oft als Inertgas bei chemischen Reaktionen und in flüssiger Form als Kältemittel verwendet.

Die Schutzgasverpackung von Lebensmitteln unter N_2 ist eine Methode zur Haltbarkeitsverlängerung und verlangsamt durch die veränderte Atmosphäre in der Verpackung die Wachstumsgeschwindigkeit der zum Verderb führenden Mikroorganismen. Exotische Früchte können für den Überseetransport per Schiff und Äpfel bei bis zu einjähriger Lagerung unter N_2-Atmosphäre gesetzt werden. Mittels einer

Membran werden N_2 und O_2 der Luft voneinander getrennt. Nur ein Rest von 3 Vol.% O_2 muss bleiben, damit kein anaerober Stoffwechsel (Vergärung) einsetzt. Die Technik zur Verlängerung der Haltbarkeit von Obst u. a. heißt „controlled atmosphere". Früchte u. a., die zuvor auf dem teueren Luftweg transportiert werden mussten, können nun per günstigerer Seefracht transportiert werden. Das farb-, geruch- und geschmacklose Gas N_2 wirkt aber wie andere erstickend wirkende Gase tödlich, wenn man Luft einatmet, deren Stickstoffgehalt erhöht und deren Sauerstoffgehalt entsprechend verringert ist. In der Industrie oder im Labor, wo mit Inertgasen wie N_2, CO_2 und Edelgasen gearbeitet wird, können Sauerstoff-reduzierte Atmosphären auftreten und kann bei Unfällen der Sauerstoff verdrängt werden. Bei hohem Stickstoffgehalt (>94 Vol.%) kann der Tod bereits nach wenigen Atemzügen eintreten.

Werden Autoreifen mit Stickstoff statt mit Luft gefüllt, verringert sich der Druckverlust durch Permeation des Gases durch den Reifengummi um 40 %. Der verwendete Stickstoff ist auch trockener als Luft, so dass weniger Feuchtigkeit in den Reifen gelangt. Des Weiteren werden oxidative Prozesse im Reifengummi unterdrückt.

Bei hohen Drücken (115 GPa) und hohen Temperaturen (2 500 K) entsteht eine kristalline gelbe Hochdruckmodifikation des Stickstoffs. In der kubischen Kristallstruktur ist jedes Stickstoffatom von drei Nachbarn in einem dreidimensionalen Raumverband koordiniert. Der Energieinhalt ist fünfmal so groß wie im stärksten nichtnuklearen Sprengstoff.

Die technische Stickstoffherstellung (Deutschland $5{,}6 \cdot 10^9\ m^3$, Weltproduktion ca. 10^8 t) erfolgt durch fraktionierende Destillation verflüssigter Luft (vgl. S. 460). Die Entfernung von Sauerstoff aus der Luft durch Reaktion mit glühendem Koks zu CO (vgl. S. 509) hat heute keine technische Bedeutung mehr.

Chemisch reinen Stickstoff erhält man durch thermische Zersetzung von Natriumazid

$$2\,NaN_3 \xrightarrow{300\,^\circ C} 2\,Na + 3\,N_2$$

oder durch Erwärmen konzentrierter NH_4NO_2-Lösungen.

$$\overset{-3}{N}H_4\overset{+3}{N}O_2 \xrightarrow{70\,^\circ C} \overset{0}{N}_2 + 2\,H_2O$$

N_2 ist isoelektronisch[1] mit CO, NO^+ und CN^-, von denen schon lange Komplexe mit Übergangsmetallen bekannt sind.

$$|N{\equiv}N| \qquad |\overset{\ominus}{C}{\equiv}\overset{\oplus}{O}| \qquad |N{\equiv}\overset{\oplus}{O}| \qquad |\overset{\ominus}{C}{\equiv}N|$$

Seit 1965 sind auch Distickstoffkomplexe bekannt.

[1] Isoelektronisch sind Moleküle, Ionen oder Formeleinheiten, wenn die Anzahl der Atome und Elektronen und die Elektronenkonfiguration gleich sind. Man verwendet den Begriff isoelektronisch im weiteren Sinne auch bei gleicher Valenzelektronenzahl und Valenzelektronenkonfiguration, z. B. für SiO_2 und BeF_2 oder BF_4^- und ClO_4^-. Genauer sollte man dies dann als isovalenzelektronisch bezeichnen. Als isoster werden Teilchen bezeichnet, die isoelektronisch sind und außerdem die gleiche Gesamtladung besitzen.

Beispiel:
$$[Ru(H_2O)(NH_3)_5]Cl_2 + N_2 \xrightarrow[-H_2O]{} [Ru(N_2)(NH_3)_5]Cl_2$$

Beständige Komplexe des Typs $M(N_2)_x$ konnten bisher jedoch nicht hergestellt werden.

Einige Mikroorganismen sind in der Lage, Luftstickstoff N_2 enzymatisch aufzunehmen und zum Aufbau von Aminosäuren zu verwenden. An der katalytischen Reduktion von N_2 zu NH_3 sind Metall-Cluster von Fe und Mo beteiligt (vgl. S. 885).

Stickstoff ist ein wesentlicher Bestandteil von Aminosäuren und Nucleobasen. Die pflanzliche Stickstoffassimilation ist eine ebenso wesentliche Voraussetzung für das Leben auf der Erde wie die Photosynthese.

Stickstoff bildet als einziges Element der Gruppe mit sich selbst Moleküle mit (p-p)π-Bindungen. Bei den Strukturen der anderen Elemente sind die Atome durch Einfachbindungen an drei Nachbarn gebunden.

4.6.3.2 Phosphor

Phosphor tritt in mehreren festen Modifikationen auf (Abb. 4.18). **Weißer Phosphor** entsteht bei der Kondensation von Phosphordampf. Er ist wachsweich, weiß bis gelblich, schmilzt bei 44 °C und löst sich in CS_2, nicht in H_2O. Er ist sehr reaktionsfähig und sehr giftig. Er verbrennt zu P_4O_{10}, in fein verteilter Form entzündet er sich an der Luft von selbst und er wird daher unter Wasser aufbewahrt. Durch brennenden Phosphor entstehen auf der Haut gefährliche Brandwunden. Die größte Gefahr, ungewollt mit weißem Phosphor in Berührung zu kommen, besteht mittlerweile an Stränden. Angespültes Strandgut kann Munitionsreste aus dem 2. Weltkrieg enthal-

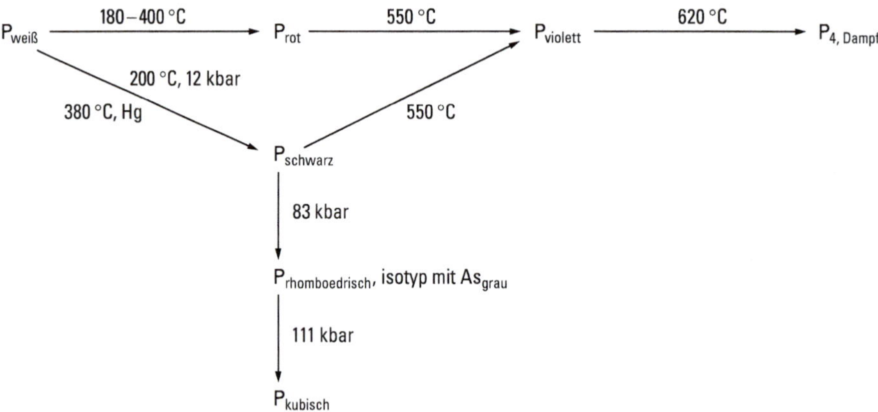

Abbildung 4.18 Modifikationen des Phosphors.

ten, darunter auch weißen Phosphor, der an Ostsee-Stränden leicht mit Bernstein verwechselt werden kann. Beide haben ein fast identisches Aussehen und Oberflächenbeschaffenheit. Feuchter weißer Phosphor entzündet sich auch nicht sofort selbst, sondern erst nach dem Trocknen des Wasserfilms, was beim Transport in der Hosentasche schon zu schweren und tiefen Brandwunden geführt hat. Im Dunkeln leuchtet weißer Phosphor (Chemilumineszenz). Die spurenweise abgegebenen Dämpfe werden von Luftsauerstoff zunächst zu P_4O_6 und dann unter Abgabe von Licht zu P_4O_{10} oxidiert. Festkörper, Schmelze, Lösung und Dampf (unterhalb 800 °C) bestehen aus tetraedrischen P_4-Molekülen.

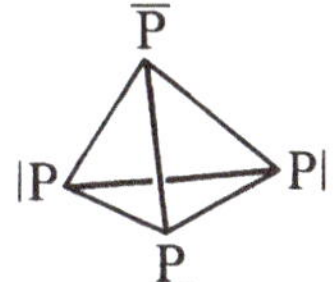

Wegen der kleinen Valenzwinkel von 60° befindet sich das Molekül in einem Spannungszustand, es ist daher instabil und sehr reaktiv. Bei 1 100 K kann das N_2-analoge P_2 aus P_4 erzeugt werden.

Obwohl weißer Phosphor auch in Bezug auf die anderen Phosphormodifikationen nur metastabil ist, wurde $P_{weiß}(s)$ als Standardzustand für das Element Phosphor definiert, mit $\Delta H_B^\circ = 0\,kJ/mol$. Es bildet eine Ausnahme von der Regel, dass dies sonst der stabilsten Elementform bei der gewählten Temperatur zugewiesen wird, aber $P_{weiß}$ ist die am einfachsten zu reproduzierende Phosphormodifikation. Die Standardbildungsenthalpien der stabileren Modifikationen werden dann negativ.

Roter Phosphor. Erhitzt man weißen Phosphor unter Luftabschluss auf 180 – 400 °C, so wandelt er sich in den polymeren, amorphen roten Phosphor um. Iod beschleunigt die Umwandlung katalytisch. Er besteht aus einem unregelmäßigen, dreidimensionalen Netzwerk, dessen Ordnungszustand von der Temperatur und Temperzeit abhängig ist. Roter Phosphor ist ungiftig und luftstabil und entzündet sich erst oberhalb 300 °C. Er wird in der Zündholzindustrie in den Reibflächen für Zündhölzer verwendet. Die Zündholzköpfe enthalten ein leicht brennbares Gemisch von Antimonsulfid Sb_2S_5 oder Schwefel und Kaliumchlorat.

Violetter Phosphor (Hittorf'scher Phosphor) entsteht beim Erhitzen von rotem Phosphor auf 550 °C, er kristallisiert in einer komplizierten Schichtstruktur. Die Entropie von $P_{violett}$ ist mit der höheren Gitterordnung kleiner als die von $P_{weiß}$.

$$P_{weiss} \longrightarrow P_{violett} \qquad \Delta H_{298}^\circ = -17{,}6\,kJ\,mol^{-1}, \quad \Delta S_{298}^\circ = -18{,}3\,J\,K^{-1}\,mol^{-1}$$

Schwarzer Phosphor ist die bei Standarddruck bis 550 °C thermodynamisch stabile Modifikation. Er entsteht aus weißem Phosphor bei 200 °C und 12 kbar oder bei 380 °C in Gegenwart von Hg als Katalysator.

$$P_{weiss} \longrightarrow P_{schwarz} \qquad \Delta H_{298}^\circ = -39{,}3\,kJ\,mol^{-1}$$

Eine Niederdrucksynthese von schwarzem Phosphor kann aus rotem Phosphor (im Überschuss), Gold, Zinn und SnI_4 über intermediär gebildetes Au_3SnP_7 erfolgen. Schwarzer Phosphor zeigt Metallglanz, ist ein elektrischer Halbleiter und reaktionsträge. Er kristallisiert in einer rhombischen Schichtstruktur, die aus Doppelschichten besteht (Abb. 4.19). Oberhalb von 550 °C erfolgt Umwandlung in violetten Phosphor, der bis 620 °C die stabile Modifikation ist. Bei 620 °C sublimiert er bei Normaldruck, bei einem Druck von 49 bar schmilzt er. Gas und Schmelze bestehen aus P_4-Molekülen. Aus schwarzem Phosphor lassen sich durch mechanische, chemische oder elektrochemische Delamination Monolagen präparieren, die in Anlehnung an Graphen (s. Abschn. 4.7.3.1) als Phosphoren bezeichnet werden. Sie enthalten keine Doppelbindungen, besitzen aber eine hohe Ladungsträgermobilität. Bei der Ad- und Desorption von Gasen an Phosphoren ändern sich die elektronischen Eigenschaften sehr empfindlich. NO_2 kann so in ppb-Konzentrationen detektiert werden. Die Bandlücke von reinem Phosphoren von mehr als 1,5 eV kann durch Austausch von P gegen As deutlich gesenkt werden. In $As_{0,83}P_{0,17}$ liegt die Bandlücke bei 0,15 eV.

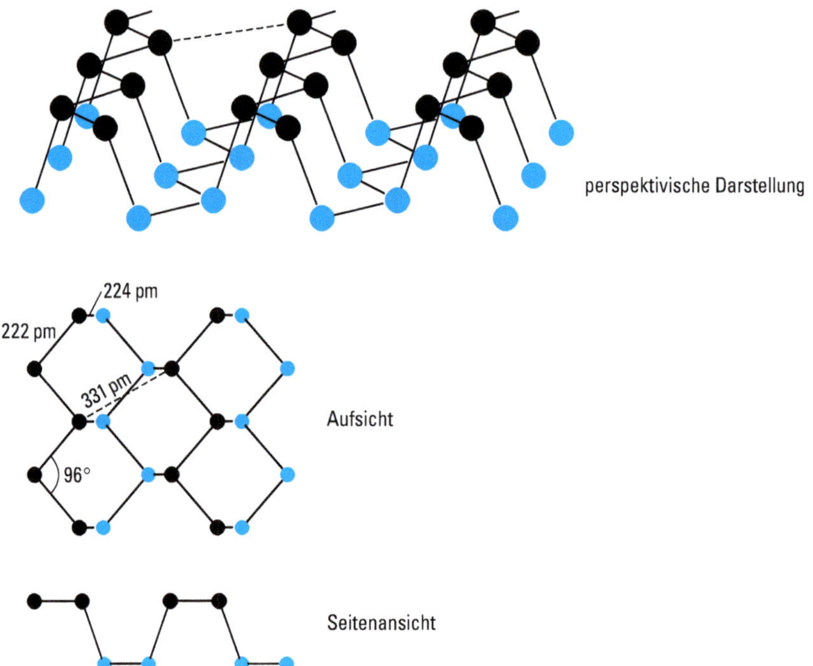

Abbildung 4.19 Struktur des schwarzen Phosphors.
Die Struktur besteht aus übereinander liegenden Doppelschichten. Die Doppelschichten bestehen aus unten (•) und oben (•) parallel liegenden Zickzack-Ketten mit P—P-Einfachbindungen. Der kürzeste Abstand zwischen benachbarten Atomen verschiedener Ketten einer Doppelschichthälfte ist kleiner (331 pm) als der Abstand zwischen den Schichten (359 pm). Wie beim Se und Te korrespondieren die Abstandsverkürzungen mit der Halbleitereigenschaft und der grauen bis schwarzen Farbe der Modifikationen.

Schwarzer Phosphor kann in **Hochdruckmodifikationen** umgewandelt werden. Bei 83 kbar erfolgt reversible Umwandlung in eine rhomboedrische Modifikation, bei 111 kbar in eine kubische Modifikation. Rhomboedrischer Phosphor ist isotyp mit grauem Arsen (vgl. Abb. 4.21). Der kubische Phosphor kristallisiert primitiv mit idealer oktaedrischer Koordination.

Neu ist der Nachweis des Phosphormoleküls P_6 in der Gasphase. Wahrscheinliche Struktur

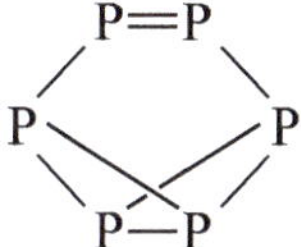

Außer den schon lange bekannten Phosphormodifikationen gibt es mehrere neu entdeckte.

Bei der Sublimation von rotem Phosphor mit Iod als Katalysator entsteht einkristalliner **faserförmiger roter Phosphor**. Die Struktur ist eng verwandt mir der des violetten Phosphors.

Aus den Verbindungen $(CuI)_8P_{12}$ und $(CuI)_3P_{12}$ kann man zwei bisher unbekannte Phosphormodifikationen isolieren, wenn man mit einer KCN-Lösung CuI in einen wasserlöslichen Komplex überführt. Es entstehen zwei **polymere Phosphorstränge** mit Durchmessern kleiner 50 pm, von denen der eine linear (Abb. 4.20a), der andere gewunden (Abb. 4.20b) ist. Die Phosphorstränge lagern sich zu Faserbündeln zusammen, die einige mm lang sein können. Sie sind bis 300 °C stabil, bei höheren Temperaturen verbrennen sie.

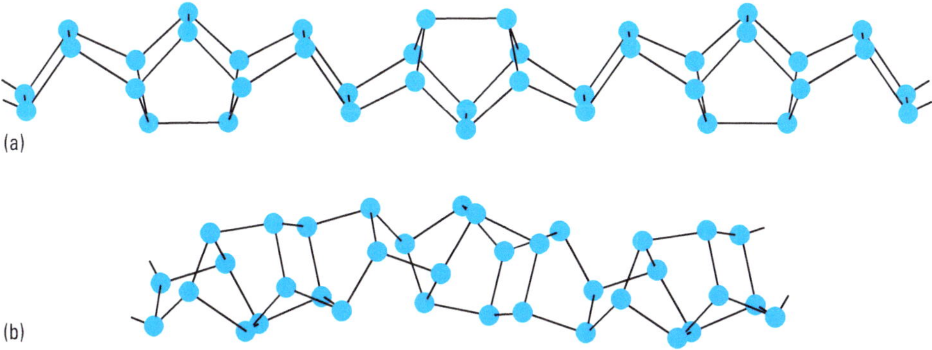

Abbildung 4.20 Phosphorpolymere a) aus $(CuI)_8P_{12}$, b) aus $(CuI)_3P_{12}$ isoliert.

Darstellung. Phosphor wird aus Calciumphosphat durch Reduktion mit Koks bei 1 400 °C im Lichtbogenofen hergestellt, wobei der Phosphor als Dampf entweicht und als weißer Phosphor gewonnen wird. Quarzsand wird als Schlackenbildner zugesetzt.

$$2\,Ca_3(PO_4)_2 + 6\,SiO_2 + 10\,C \longrightarrow 6\,CaSiO_3 + 10\,CO + P_4$$

90 % des Phosphors wird zu Phosphorsäure weiterverarbeitet. Roter Phosphor wird aus weißem Phosphor durch Tempern bei 200 – 400 °C unter Luftabschluss hergestellt.

Das Element Phosphor ist für alle Lebewesen essentiell. Daher sind wasserlösliche Phosphate wichtige Düngemittel-Bestandteile (s. Abschn. 4.6.11).

4.6.3.3 Arsen

Die thermodynamisch beständige Modifikation ist metallisches oder **graues Arsen**. Die rhomboedrischen Kristalle sind spröde, grau und metallisch glänzend, sie leiten den elektrischen Strom. Die Struktur besteht aus gewellten Schichten (Abb. 4.21).

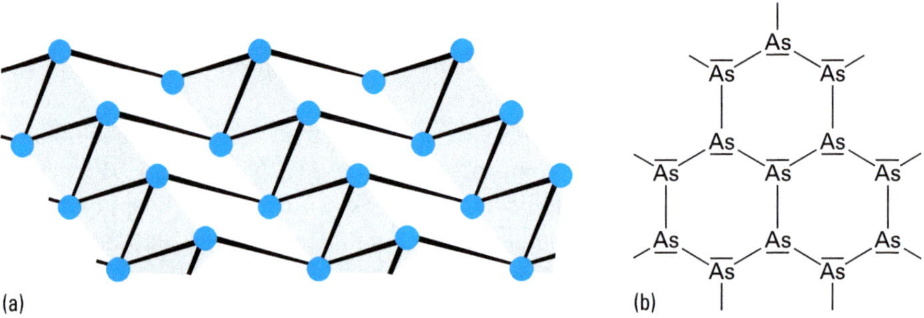

Abbildung 4.21 a) Anordnung der Atome in einer Schicht des Gitters von grauem Arsen. In demselben Gittertyp kristallisieren rhomboedrischer Phosphor, graues Antimon und Bismut. b) Strukturausschnitt einer Arsenschicht. Die Abstände zwischen den Schichten sind kleiner als die van-der-Waals-Abstände und es gibt schwache Bindungen auch zwischen den Schichten entsprechend der Mesomerie

$$\underset{\text{I}}{\overset{r_1}{\text{As—As}}\ \ \text{As—As}} \quad \longleftrightarrow \quad \underset{\text{II}}{\text{As}\ \ \overset{r_2}{\text{As—As}}\ \ \text{As}}$$

(As—As: Schicht 1; As—As: Schicht 2 ⟷ As: Schicht 1; As—As: Schicht 2; As)

Das Gewicht der mesomeren Struktur II wächst vom As zum Bi und damit auch der metallische Charakter. Das Verhältnis der Bindungslängen r_2/r_1 nimmt mit Zunahme des metallischen Charakters ab.

	r_2/r_1
$P_{rhomboedrisch}$	1,53
As_{grau}	1,25
Sb_{grau}	$1{,}15_4$
Bi	$1{,}14_9$

Bei 616 °C sublimiert Arsen. Der Dampf besteht aus As_4-Molekülen. Schreckt man Arsendampf ab, entsteht metastabiles gelbes Arsen, das analog dem weißen

Phosphor aus As_4-Molekülen besteht und sich in CS_2 löst. Bei 20 °C wandelt es sich in graues Arsen um, unter Lichteinwirkung auch bei tiefen Temperaturen (−180 °C).

Kondensiert man Arsendampf an 100−200 °C warmen Flächen, so entsteht amorphes schwarzes Arsen, das nicht leitend, glasartig hart und spröde ist und in der Struktur dem roten Phosphor entspricht. Oberhalb 270 °C wandelt sich das amorphe Arsen in das graue Arsen um. Erhitzt man amorphes Arsen zusammen mit Hg auf 100−175 °C, so entsteht rhombisches schwarzes Arsen, das mit schwarzem Phosphor isotyp ist. Bei 300 °C wandelt es sich in das graue Arsen um (Abb. 4.22).

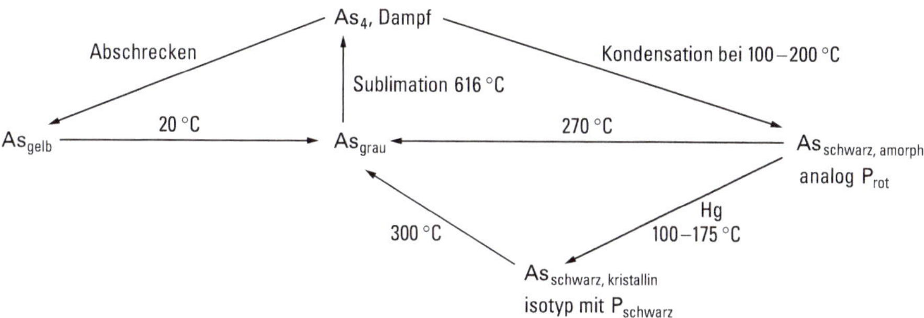

Abbildung 4.22 Modifikationen des Arsens.

Wie im grauen Arsen ist auch in der Struktur von Salvarsan ein As-Sechsring vorhanden. Salvarsan war das erste Heilmittel gegen Syphilis (Begründung der Chemotherapie durch Paul Ehrlich).

R = 3-Amino-4-hydroxyphenyl ($NH_3^+Cl^-$, OH)

Salvarsan

Arsen wird durch Erhitzen von Arsenkies unter Luftabschluss dargestellt. Dabei sublimiert As ab.

$$FeAsS \longrightarrow FeS + As$$

4.6.3.4 Antimon

Stabiles, metallisches oder **graues Antimon** ist mit grauem Arsen isotyp (Abb. 4.21). Die Kristalle sind silberweiß, glänzend und spröde. Sie leiten den elektrischen Strom gut und schmelzen unter Volumenabnahme. Außerdem gibt es eine instabile nicht leitende, dem roten Phosphor analoge Modifikation (schwarzes Antimon). Sie entsteht durch Kondensation von Antimondampf, bereits bei 0 °C wandelt sie sich in graues Antimon um.

Durch den industriellen Einsatz von Antimonverbindungen (Vulkanisierung von Gummi, Autoindustrie, Flammschutzmittel) wird die Umwelt global mit Antimon kontaminiert. In Tierversuchen wirkt Antimon so giftig wie Blei und reichert sich im Organismus an.

Antimon wird aus Grauspießglanz Sb_2S_3 nach zwei Verfahren hergestellt. Beim Niederschlagsverfahren wird Sb_2S_3 mit Eisen verschmolzen.

$$Sb_2S_3 + 3\,Fe \longrightarrow 2\,Sb + 3\,FeS$$

Beim Röstreduktionsverfahren wird Sb_2S_3 zunächst geröstet

$$Sb_2S_3 + 5\,O_2 \longrightarrow Sb_2O_4 + 3\,SO_2$$

und das entstandene Oxid anschließend mit Kohle reduziert.

$$Sb_2O_4 + 4\,C \longrightarrow 2\,Sb + 4\,CO$$

Antimon dient zur Herstellung von Legierungen. Weiche Metalle wie Pb und Sn werden durch Sb gehärtet. Antimonlegierungen werden als Lagermetalle verwendet. Pb-Sb-Legierungen sind als Letternmetalle zum Buchdruck geeignet.

4.6.3.5 Bismut

Bismut tritt nur in einer metallischen Modifikation auf, die mit grauem Arsen (Abb. 4.21) isotyp ist. Bi ist ein schwach rotstichiges, silberweiß glänzendes, sprödes Metall, das wie Ga, Ge und Sb unter Volumenabnahme schmilzt.

Aus oxidischen Erzen wird Bi durch Reduktion mit Kohle hergestellt.

$$Bi_2O_3 + 3\,C \longrightarrow 2\,Bi + 3\,CO$$

Aus sulfidischen Erzen erhält man Bi nach dem Röstreduktionsverfahren oder dem Niederschlagsverfahren (vgl. Darstellung von Sb).

Bi wird zur Herstellung leicht schmelzender Legierungen verwendet. Das Wood'sche Metall (50 % Bi, 25 % Pb, 12,5 % Sn, 12,5 % Cd) z. B. schmilzt schon bei 70 °C. Solche Legierungen können als Schmelzsicherungen verwendet werden. Das bei 138 °C schmelzende Bismut-Zinn-Eutektikum (58 Gew.% Bi, 42 Gew.% Sn) dehnt sich beim Erstarren aus und ergibt feingliedrige Abgüsse, die auch in filigranen Bereichen recht stabil sind. Es ist gesundheitlich unbedenklich.

4.6.4 Wasserstoffverbindungen des Stickstoffs

Bei Raumtemperatur stabil sind:

Ammoniak NH_3
Hydrazin N_2H_4
Stickstoffwasserstoffsäure HN_3
Hydroxylamin NH_2OH, ein Derivat des Ammoniaks

Bei tiefen Temperaturen sind isolierbar:

Diazen N_2H_2
Tetrazen N_4H_4

Ammoniak NH_3

$\overset{-3}{N}H_3$ ist ein farbloses, stechend riechendes Gas (Smp. −78 °C, Sdp. −33 °C), das sich leicht verflüssigen lässt. Das NH_3-Molekül ist pyramidenförmig gebaut, die Bindungswinkel betragen 107°.

```
   _
 ⁄N⟍
H  |  H
   H
```

Struktur und Bindung wurden bereits in Abschn. 2.2.2 und 2.2.5 diskutiert. Im flüssigen Ammoniak sind Wasserstoffbrücken vorhanden, die eine Erhöhung des Siedepunktes und der Verdampfungsenthalpie bewirken (vgl. Abschn. 2.6). Flüssiges Ammoniak ist ein gutes Lösungsmittel für viele Salze. Wie in Wasser tritt Autoprotolyse auf (vgl. S. 348).

$$2\,NH_3 \rightleftharpoons NH_4^+ + NH_2^-$$

Alkalimetalle und Erdalkalimetalle lösen sich in flüssigem NH_3 unter Bildung solvatisierter Elektronen.

$$M + NH_3 \rightleftharpoons M^+_{am.} + e^-_{am.}$$

Die Lösungen sind sehr gute elektrische Leiter (vergleichbar mit Metallen), sind blau und paramagnetisch. Auf Grund der Coulomb-Abstoßung zwischen den solvatisierten Elektronen und den Elektronen der NH_3-Moleküle entstehen ziemlich große Hohlräume (Radius ca. 350 pm), in denen ein oder zwei Elektronen eingefangen sind. Solvatisierte Elektronen sind starke Reduktionsmittel. Sie reduzieren viele Schwermetallionen zum elementaren Zustand und die meisten Nichtmetalle zu Anionen. Die Lösungen sind metastabil, beim Erwärmen oder bei Zusatz von Katalysatoren (Ni, Pt, Fe_3O_4) zersetzen sie sich.

$$NH_3 + e^-_{am.} \rightleftharpoons NH_2^- + \tfrac{1}{2}H_2 \qquad \Delta H^\circ = -67\,\text{kJ/mol}$$

Solvatisierte Elektronen können auch in Wasser erzeugt werden. Ihre Lebensdauer beträgt aber nur etwa 1 ms und es erfolgt rasche Reaktion mit H_2O.

$$e^-_{aq.} + H_2O \rightleftharpoons OH^- + \tfrac{1}{2}H_2$$

NH_3 löst sich gut in Wasser (in 1 l H_2O lösen sich bei 15 °C 772 l NH_3). Auf Grund des freien Elektronenpaares ist NH_3 eine Base.

Wässrige NH_3-Lösungen reagieren schwach basisch.

$$NH_3 + H_2O \rightleftharpoons NH_4^+ + OH^- \qquad pK_B = 4{,}75$$

Das Gleichgewicht liegt weit auf der linken Seite, die Verbindung NH_4OH existiert daher nicht und durch Reaktion von Ammoniumsalzen mit Basen entsteht NH_3 (vgl. S. 357).

$$NH_4Cl + OH^- \longrightarrow NH_3 + H_2O + Cl^-$$

Mit Protonendonatoren wie HCl reagiert NH_3 praktisch quantitativ zu **Ammoniumsalzen**.

$$NH_3 + HCl \longrightarrow NH_4^+Cl^-$$

Das tetraedrisch gebaute (sp^3-Hybrid im VB-Modell), stabile $NH4_+$-Ion ähnelt den Alkalimetallkationen. Es bildet Salze, die in der Caesiumchlorid- oder in der Natriumchlorid-Struktur kristallisieren (vgl. Tab. 2.4).

Das freie Elektronenpaar befähigt NH_3 zur Komplexbildung.

Beispiel:
$AgCl + 2\,NH_3 \longrightarrow [Ag(NH_3)_2]^+ + Cl^-$

Großtechnisch wird NH_3 mit dem Haber-Bosch-Verfahren aus den Elementen hergestellt.

$$\tfrac{3}{2}H_2 + \tfrac{1}{2}N_2 \rightleftharpoons NH_3 \qquad \Delta H^\circ_B = -\,45{,}9\ \text{kJ/mol}$$

Auch bei Verwendung von Katalysatoren ist die Reaktionsgeschwindigkeit erst bei 400 – 500 °C ausreichend groß. Bei diesen Temperaturen liegt das Gleichgewicht aber weit auf der linken Seite. Um eine ausreichende NH_3-Ausbeute zu erhalten, muss man daher hohe Drücke anwenden (Abb. 3.21). Der wirtschaftlich optimale Druckbereich liegt bei 250 – 350 bar, es werden aber auch Anlagen bis 1 000 bar betrieben. Die Synthese ist ein Kreislaufprozess. In einem Druckreaktor findet die Umsetzung statt, das gebildete NH_3 wird durch Kondensation aus dem Kreislauf entfernt und das unverbrauchte Synthesegas in den Reaktor rückgeführt. Der Druckreaktor besteht aus Cr—Mo-Stahl, der gegen Wasserstoff beständig ist.

Die erste Produktionsanlage ging 1913 bei der BASF in Betrieb. Man arbeitete bei 200 bar und mit einem Stahlreaktor, der mit einem kohlenstofffreien Weicheisen ausgekleidet war. Dadurch verhinderte man, dass H_2 mit dem Kohlenstoff des Stahls reagierte und der Reaktor undicht wurde.

Als Katalysator wird Fe_3O_4 eingesetzt, dem zur Aktivierung als Promotoren Al_2O_3, CaO und K_2O zugesetzt werden (vgl. Abschn. 3.6.6). Der eigentliche Katalysator α-Fe bildet sich in der Anfahrphase durch Reduktion des Eisenoxids mit H_2 bei 400 °C. Die Aktivierungsenergie der nicht katalysierten Gasreaktion beträgt ca. 400 kJ/mol, sie wird durch den Katalysator auf 65 – 85 kJ/mol herabgesetzt. Der geschwindigkeitsbestimmende Schritt der Katalyse ist die dissoziative Adsorption (Chemisorption) von N_2 an der Eisenoberfläche. Die Aktivierungsenergie dieser Reaktion hängt von der Oberflächenstruktur ab (Reaktivität der Flächen: (111) > (100) > (110)) und sie wächst mit dem Bedeckungsgrad der Oberfläche an N-Atomen. Die N-Atome reagieren zu einem Oberflächennitrid, dessen Fe—N-Bindungsenergie beträgt etwa 590 kJ/mol und liegt damit zwischen den Werten einer Stickstoff-Dreifachbindung und einer Stickstoff-Doppelbindung. Wasserstoff wird ebenfalls dissoziativ adsorbiert und reagiert stufenweise in schneller Reaktion zu NH_3, das dann desorbiert wird. Schema des katalytischen Mechanismus der NH_3-Synthese:

$$H_2 \rightleftharpoons 2\,H_{ads}$$
$$N_2 \rightleftharpoons N_{2\,ads} \rightleftharpoons 2\,N_{ads}$$
$$N_{ads} + H_{ads} \rightleftharpoons NH_{ads}$$
$$NH_{ads} + H_{ads} \rightleftharpoons NH_{2\,ads}$$
$$NH_{2\,ads} + H_{ads} \rightleftharpoons NH_{3\,ads} \rightleftharpoons NH_{3\,desorb}$$

Al_2O_3 und CaO (Strukturpromotoren) stabilisieren die Oberflächenstruktur und verhindern das Zusammensintern der Eisenpartikel. K_2O (elektronischer Promotor) verringert die Aktivierungsenergie der Dissoziation der adsorbierten N_2-Moleküle wahrscheinlich durch eine Verstärkung der π-Rückbindung Fe—N und damit Schwächung der N—N-Bindung ($\overline{Fe}$—N≡N| ↔ Fe=N=$\overline{N}$|; vgl. Abschn. 5.5.1) der adsorbierten N_2-Moleküle. Die Herstellung des Synthesewasserstoffs wurde bereits im Abschn. 4.2.2 behandelt. Der Synthesestickstoff wird heute überwiegend durch fraktionierende Destillation verflüssigter Luft (siehe S. 460) hergestellt. Chemisch kann er durch Umsetzung von Luft mit Koks erzeugt werden.

$$\underbrace{4\,N_2 + O_2}_{\text{Luft}} + 2\,C \rightleftharpoons \underbrace{2\,CO + 4\,N_2}_{\text{Generatorgas}} \qquad \Delta H^\circ = -221\,\text{kJ/mol}$$

Die Entfernung von CO aus dem Gasgemisch erfolgt nach den auf S. 410 beschriebenen Verfahren (Konvertierung in CO_2).

Die NH_3-Synthese ist das einzige technisch bedeutsame Verfahren, bei dem die reaktionsträgen N_2-Moleküle der Luft in eine chemische Verbindung überführt werden. Die Reaktion hat daher eine zentrale Bedeutung (z. B. für die Düngemittelindustrie). NH_3 wird in riesigen Mengen erzeugt (Weltproduktion 2017 $142 \cdot 10^6$ t, Produktion 2019 in Deutschland $2{,}4 \cdot 10^6$ t, beides berechnet auf N) und hauptsächlich zu stickstoffhaltigen Düngemitteln verarbeitet, außerdem wird es zur Herstellung von HNO_3 und von Vorprodukten für Kunststoffe und Fasern verwendet. Mit den Reaktionsbedingungen von etwa 500 °C, um 200 atm Druck und der Verwendung von CH_4 als Wasserstoffquelle (Dampfreformierung mit CO_2 als Nebenprodukt, s. Abschn. 4.2.2) wird angegeben, dass die Erzeugung von $142 \cdot 10^6$ t NH_3 pro Jahr über den Haber-Bosch-Prozess 1,5 bis 3 % zum gesamten weltweiten Energieverbrauch und den weltweiten CO_2-Emissionen beiträgt. Daher werden nachhaltigere NH_3-Synthesen gesucht sowie bessere Katalysatoren. Mögliche elektrochemische Verfahren werden intensiv erforscht, haben aber bislang nur eine geringe Effizienz.

Wichtige stickstoffhaltige **Düngemittel** sind KNO_3, NH_4NO_3, Kalkstickstoff und Harnstoff. Der Weltverbrauch an Stickstoffdünger in t N betrug 2018 $108{,}7 \cdot 10^6$ t. Zusammen mit den mengenmäßig geringeren phosphor- und kaliumhaltigen Düngemitteln ($40{,}6$ und $38{,}8 \cdot 10^6$ t, s. S. 540 und S. 673) war 2018 der weltweite Düngemittelverbrauch in t N, P_2O_5, K_2O $188 \cdot 10^6$ t, davon in Deutschland $1{,}95 \cdot 10^6$ t. Dabei verringerte sich von 1999 bis 2015 der Düngemittelverbrauch in Deutschland von 241 kg/ha auf 202 kg/ha. Die Düngemittelproduktion betrug 2018 in Deutschland $4{,}3 \cdot 10^6$ t, davon $3{,}1 \cdot 10^6$ t Kaliumdünger.

Die Wasserstoffatome im NH_3 können durch Metallatome ersetzt werden. Beim Erhitzen reagiert gasförmiges Ammoniak mit Alkalimetallen oder Erdalkalimetallen zu **Amiden**.

$$2\,Na + 2\,NH_3 \longrightarrow 2\,NaNH_2 + H_2$$

Aus Amiden der Erdalkalimetalle erhält man bei weiterem Erhitzen **Imide**

$$Ca(NH_2)_2 \longrightarrow CaNH + NH_3$$

und schließlich **Nitride**.

$$3\,CaNH \longrightarrow Ca_3N_2 + NH_3$$

In Wasser entsteht aus den Ionen NH_2^-, NH^{2-} und N^{3-} sofort NH_3. Magnesiumnitrid Mg_3N_2 ist ein stabiles und preiswert kommerziell verfügbares Reagenz für die in-situ Generierung von NH_3 bei der Reaktion mit Wasser oder Alkoholen (anstelle der Verwendung von wässrigen NH_3-Lösungen oder Gasflaschen).

Beispiel:
$$Mg_3N_2 + 6\,H_2O \longrightarrow 2\,NH_3 + 3\,Mg(OH)_2$$

Es kann wie bei den Hydriden und Carbiden zwischen salzartigen, kovalenten und metallartigen Nitriden unterschieden werden.

Salzartige Nitride bilden Lithium, Natrium, die Erdalkalimetalle, die Lanthanoide und Actinoide. Als Festelektrolyt geeignet ist Li_3N, das aus Li^+- und N^{3-}-Ionen aufgebaut ist und einer der besten festen Ionenleiter ist (vgl. Abschn. 2.7.5.1). Ladungsträger sind die Li^+-Ionen. In den Verbindungen BaN_2 und SrN_2 sind N_2^{2-}-Ionen vorhanden, die isoelektronisch mit C_2^{4-}-Ionen sind.

Kovalente Nitride entstehen mit den Elementen der 3. bis 5. Hauptgruppe. Die Nitride BN (vgl. Abschn. 4.8.4.6), AlN und Si_3N_4 (vgl. Abschn. 4.7.10.3) gehören zu den nichtmetallischen Hartstoffen und werden als Hochleistungskeramiken verwendet. GaN und InN kristallisieren im Wurtzitgitter und sind wegen ihrer Halbleiter- und Lumineszenzeigenschaften interessant (s. Abschn. 5.10.6). P_3N_5 bildet eine dreidimensionale Raumnetzstruktur aus eckenverknüpften PN_4-Tetraedern.

Metallartige Nitride werden von den Übergangsmetallen der 4. – 8. Nebengruppe gebildet. Dazu gehören die metallischen Hartstoffe. Sie wurden bereits bei den Einlagerungsverbindungen im Abschn. 2.4.6.2 behandelt.

Sowohl ionische als auch metallische Bindung ist im Subnitrid $NaBa_3N$ vorhanden. Die Ba- und N-Atome bilden Säulen aus flächenverknüpften Oktaedern, zwischen denen sich die Na-Atome befinden. Innerhalb der Säulen ist die Bindung ionisch $(Ba_3^{2+}N^{3-})^{3+}3\,e^-$. Die positiv geladenen Säulen werden durch die überschüssigen Elektronen metallisch aneinander gebunden. Die sowohl zwischen den Säulen als auch den Na-Atomen vorhandene metallische Bindung hat metallisches Verhalten der Verbindung zur Folge. Ionisch und metallisch ist auch die Bindung im Subnitrid Ca_3AuN, das im Perowskit-Typ kristallisiert: $(Ca_3^{2+}Au^-N^{3-})^{2+}2\,e^-$. Die Bindungsverhältnisse sind denen in Rb- und Cs-Suboxiden analog (vgl. Abschn. 4.10.4.2).

Hydrazin N_2H_4

$\overset{-2}{N}_2H_4$ ist eine farblose Flüssigkeit (Smp. 2 °C, Sdp. 113 °C), die an der Luft raucht. Im N_2H_4-Molekül ist eine N—N-Einfachbindung vorhanden, die Bindungswinkel entsprechen etwa einer sp^3-Hybridisierung nach dem VB-Modell.

$$H_2\overline{N}—\overline{N}H_2$$

Die beiden NH_2-Gruppen sind um die N—N-Achse des Moleküls ca. 100° gegeneinander verdrillt (gauche-Konformation). In dieser Konformation ist die Abstoßung zwischen den freien Elektronenpaaren am kleinsten. Im Gleichgewicht besteht N_2H_4 zu gleichen Teilen aus zwei spiegelbildlichen Isomeren, die sich mit hoher Frequenz (Aktivierungsenergie 3 kJ/mol) ineinander umwandeln.

```
H   H        H   H
 \ /          \ /
H N    ⇌    H N
 |/           |/
|N            N|
  \          /
   H        H
```

Wie die F—F- und die O—O-Einfachbindung besitzt auch die N—N-Einfachbindung eine kleine Bindungsenergie (vgl. Tab. 2.15). Hydrazin ist daher eine endotherme Verbindung ($\Delta H_B^\circ = +51$ kJ/mol), die beim Erhitzen oder bei Initialzündung explosionsartig zerfällt.

$$3\,N_2H_4 \longrightarrow 4\,NH_3 + N_2$$

Mit Wasser ist Hydrazin unbegrenzt mischbar. Wässrige Lösungen lassen sich gefahrlos handhaben. Sie haben reduzierende und basische Eigenschaften. Cu(II)-Salze werden zu Cu_2O, Ag- und Hg-Salze zu den Metallen, Selenit und Tellurit zu den Elementen reduziert. Dabei wird N_2H_4 zu N_2 oxidiert.

Mit Sauerstoff verbrennt N_2H_4 unter großer Wärmeentwicklung und wird daher als Raketentreibstoff verwendet.

$$N_2H_4 + O_2 \longrightarrow N_2 + 2\,H_2O \qquad \Delta H^\circ = -623\ \text{kJ/mol}$$

N_2H_4 ist eine schwächere Base als NH_3.

$$N_2H_4 + H_2O \rightleftharpoons N_2H_5^+ + OH^- \qquad K_{B1} = 8 \cdot 10^{-7}\ \text{mol/l}$$

$$N_2H_5^+ + H_2O \rightleftharpoons N_2H_6^{2+} + OH^- \qquad K_{B2} = 8 \cdot 10^{-16}\ \text{mol/l}$$

Es gibt zwei Reihen von **Hydraziniumsalzen**. $N_2H_5^+$-Salze sind in Wasser beständig. $N_2H_6^{2+}$-Salze wie $N_2H_6Cl_2$ und $N_2H_6SO_4$ hydrolysieren, da K_{B2} sehr klein ist.

$$N_2H_6^{2+} + H_2O \rightleftharpoons N_2H_5^+ + H_3O^+$$

N_2H_4 kann durch Oxidation von NH_3 mit NaOCl hergestellt werden, wobei als Zwischenprodukt Chloramin NH_2Cl auftritt (Raschig-Synthese).

$$NH_3 + NaOCl \longrightarrow NaOH + NH_2Cl$$

$$NH_2\,\boxed{Cl + H}\,NH_2 + NaOH \longrightarrow H_2N{-}NH_2 + NaCl + H_2O$$

$$\text{Gesamtreaktion: } 2\,NH_3 + NaOCl \longrightarrow N_2H_4 + NaCl + H_2O$$

Spuren von Schwermetallen katalysieren die Konkurrenzreaktion

$$2\,NH_2Cl + N_2H_4 \longrightarrow 2\,NH_4Cl + N_2$$

Daher werden Komplexbildner wie EDTA zugesetzt, die die Schwermetallionen binden.

Heute wird Hydrazin überwiegend durch Oxidation von NH_3 mit Natriumhypochlorit in Gegenwart von Aceton hergestellt (Bayer-Prozess). Das Zwischenprodukt ist Acetonazin.

$$2\,NH_3 + NaOCl + 2\,CH_3COCH_3 \longrightarrow (CH_3)_2C{=}NN{=}C(CH_3)_2 + NaCl + 3\,H_2O$$

$$(CH_3)_2C{=}NN{=}C(CH_3)_2 + 2\,H_2O \longrightarrow 2\,CH_3COCH_3 + N_2H_4$$

Derivate des Hydrazins sind als Polymerisationsinitiatoren, als Herbizide und Pharmaka von Bedeutung.

Stickstoffwasserstoffsäure HN_3

Wasserfreies $H\overset{-\frac{1}{3}}{N_3}$ ist eine farblose, explosive Flüssigkeit (Sdp. 36 °C).

$$2\,HN_3 \longrightarrow 3\,N_2 + H_2 \qquad \Delta H^\circ = -538\ \text{kJ/mol}$$

Wässrige Lösungen bis zu einem Massenanteil von 20 % HN_3 sind gefahrlos zu handhaben, sie reagieren schwach sauer.

$$HN_3 + H_2O \rightleftharpoons H_3O^+ + N_3^- \qquad pK_S = 4{,}9$$

Die Salze der Stickstoffwasserstoffsäure heißen **Azide**. Das N_3^--Ion ist ein Pseudohalogenidion (vgl. Abschn. 4.4.10). Schwermetallazide mit kovalenten Bindungsanteilen wie AgN_3 und $Pb(N_3)_2$ sind schwer löslich und explodieren bei Erhitzen oder Schlag. $Pb(N_3)_2$ wird als Initialzünder verwendet. Hochexplosiv sind auch $Mo(N_3)_6$ und $W(N_3)_6$. $(Bu_4N)_3[U(N_3)_7]$ ist das erste binäre Azid eines Actinoiden-Elementes (s. auch Abschn. 5.17.2). Ionisch gebaute Alkalimetall- und Erdalkalimetallazide lassen sich bei höherer Temperatur kontrolliert zersetzen.

$$2\,NaN_3 \xrightarrow{300\,^\circ C} 2\,Na + 3\,N_2$$

Die Zersetzungsreaktion dient zur Darstellung von Alkalimetallen und Reinststickstoff.

HN_3 ist ein starkes Oxidationsmittel. Metalle (Zn, Fe, Mn, Cu) lösen sich unter Stickstoffentwicklung.

$$\overset{0}{M} + 3\,H\overset{-\frac{1}{3}}{N_3} \longrightarrow \overset{+2}{M}\,(\overset{-\frac{1}{3}}{N_3})_2 + \overset{0}{N_2} + \overset{-3}{N}H_3$$

Das Azidion ist linear und symmetrisch gebaut.

$$|\overset{\ominus}{\underline{N}}=\overset{\oplus}{N}=\overset{\ominus}{\underline{N}}| \longleftrightarrow |N\equiv\overset{\oplus}{N}-\overline{\underline{N}}|^{2\ominus} \longleftrightarrow {}^{2\ominus}|\overline{\underline{N}}-\overset{\oplus}{N}\equiv N|$$

Im Gegensatz dazu enthält das HN_3-Molekül zwei unterschiedliche N—N-Bindungen. Im Festkörper sind die beiden (H)N-N-N Abstände 123 und 112 pm, wobei der äußere nur 2 pm länger als in N_2 ist.

$$H\!-\!\overset{\ominus}{\underline{N}}-\overset{\oplus}{N}\equiv N| \longleftrightarrow H\!-\!\overline{N}=\overset{\oplus}{N}=\overset{\ominus}{\underline{N}}|$$

NaN_3 stellt man durch Überleiten von N_2O über $NaNH_2$ her.

$$NaNH_2 + N_2O \xrightarrow{190\,^\circ C} NaN_3 + H_2O$$

HN_3 erhält man aus NaN_3 mit verdünnter H_2SO_4.

Das kovalente Trimethylsilylazid, Me_3SiN_3 ist eine farblose, stabile Flüssigkeit, die ohne Zersetzung bei 95 °C destillierbar ist. Die wichtigste Anwendung von Me_3SiN_3 ist als Ersatz für HN_3 die Reaktion mit organischen Säurechloriden, R—C(O)Cl und Säureanhydriden, R—C(O)OC(O)—R und die Curtius-Umlagerung der erhaltenen Säureazide R—C(O)N_3 unter N_2-Abspaltung über das Nitren R—C(O)N zum Isocyanat R—NCO.

Diazen (Diimin) $\overset{-1}{N_2}H_2$. Festes Diazen ist gelb und unterhalb −180 °C metastabil. Es entsteht als Reaktionszwischenprodukt bei der Oxidation von N_2H_4 mit O_2 oder H_2O_2.

$$H_2\overline{N}\text{-}\underline{N}H_2 \xrightarrow[-2\,H]{\text{Oxidation}} H\overline{N} = \underline{N}H$$

Dargestellt wird es durch Thermolyse von Hydrazinderivaten.

Tetrazen $\overset{-1}{N}_4H_4$ kristallisiert in farblosen Nadeln. Bei 0 °C zersetzt es sich in N_2, N_2H_4 und NH_4N_3, bei −30 °C ist es metastabil.

Strukturformel: $\mathrm{H_2\underline{N}{-}\overline{N}{=}\underline{N}{-}\overline{N}H_2}$

N_4H_4 ist schwächer basisch als Hydrazin und wirkt stark reduzierend.

4.6.5 Hydride des Phosphors, Arsens, Antimons und Bismuts

Die Stabilität der gasförmigen Hydride NH_3, PH_3, AsH_3, SbH_3, BiH_3 nimmt mit steigender Ordnungszahl ab. SbH_3 und BiH_3 sind thermisch instabil. Zusammenstellung einiger Eigenschaften:

	NH_3	PH_3	AsH_3	SbH_3	BiH_3
ΔH°_B in kJ/mol	−46	+ 5 (?)	+66	+145	+278
Siedepunkt in °C	−33	−88	−62	− 17	+ 17
Bindungswinkel	107°	94°	92°	91°	–
Basizität			⟶ nimmt ab		

Die Hydridmoleküle sind pyramidal gebaut. Mit zunehmender Ordnungszahl nimmt der s-Charakter des freien Elektronenpaares zu und damit die Basizität der Moleküle ab. Phosphoniumsalze, die das Ion PH_4^+ enthalten, sind weniger beständig als Ammoniumsalze; sie werden in wässriger Lösung zersetzt.

$$PH_4^+ + H_2O \longrightarrow PH_3 + H_3O^+$$

AsH_4^+ ist bereits unbeständig und bildet keine Salze.

Darstellung der Hydride:

Hydrolyse von Phosphiden, Arseniden, Antimoniden mit Säure.

$$Mg_3P_2 + 6\,HCl \longrightarrow 2\,PH_3 + 3\,MgCl_2$$

Reduktion mit naszierendem Wasserstoff.

$$AsCl_3 + 6\,H \longrightarrow AsH_3 + 3\,HCl$$

Reduktion der Halogenide mit $LiAlH_4$.

$$4\,AsCl_3 + 3\,LiAlH_4 \longrightarrow 3\,LiCl + 3\,AlCl_3 + 4\,AsH_3$$

PH_3 entsteht aus weißem Phosphor und Kalilauge unter Erwärmen.

$$\overset{0}{P}_4 + 3\,KOH + 3\,H_2O \longrightarrow \overset{-3}{P}H_3 + 3\,KH_2\overset{+1}{P}O_2$$

Neben Phosphan entsteht auch Diphosphan.

Phosphan PH_3 ist ein farbloses, knoblauchartig riechendes, sehr giftiges Gas (Sdp. −88 °C). Mit Hydrogenhalogeniden bilden sich Phosphoniumsalze, die in wässriger Lösung hydrolytisch zersetzt werden.

$$PH_4I + H_2O \longrightarrow PH_3 + H_3O^+ + I^-$$

Diphosphan P_2H_4 ist eine farblose Flüssigkeit (Sdp. 52 °C), es ist selbstentzündlich und zersetzt sich im Licht und in der Wärme unter Disproportionierung in PH_3 und wasserstoffärmere Phosphane.

Es sind zahlreiche weitere Phosphane bekannt.

Kettenförmige Phosphane P_nH_{n+2} gibt es bis $n = 6$. P_5H_5, P_6H_6 und P_7H_3 haben **Käfigstrukturen**, außerdem gibt es einen polymeren Phosphorwasserstoff. P_7H_3 und P_4S_3 (s. Abb. 4.28) sind isoelektronisch.

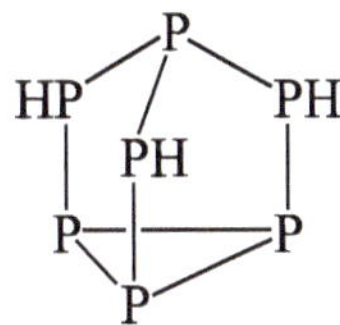

Arsenhydrid (Arsan) AsH_3 ist ein farbloses, äußerst giftiges Gas (Sdp. −62 °C). Seine thermische Zersetzung und Abscheidung als Arsenspiegel wird zum Nachweis von As verwendet (Marsh'sche Probe). Das sehr giftige $As(CH_3)_3$ kann sich durch Wirkung von Schimmelpilzen aus dem grünen Farbpigment $[Cu_3(AsO_3)_2 \cdot Cu(CH_3COO)_2]$ (Schweinfurter Grün) bilden (Biomethylierung).

4.6.6 Oxide des Stickstoffs

Es gibt Oxide des Stickstoffs mit den Oxidationszahlen +1 bis +5.

Oxidationszahl	+1	+2	+3	+4	+5
Stickstoffoxide	N_2O	NO N_2O_2	N_2O_3	NO_2 N_2O_4	N_2O_5

Die Stickstoffoxide sind – mit Ausnahme von N_2O_5 und N_2O_4 – endotherme Verbindungen. Alle Stickstoffoxide zerfallen beim Erhitzen.

Die Oxide NO und NO_2 besitzen ein ungepaartes Elektron, existieren aber bei Raumtemperatur als stabile Radikale. Sie stehen im Gleichgewicht mit diamagnetischen Dimeren, die in den kondensierten Phasen bei tiefen Temperaturen überwiegen. Nachgewiesen wurde das paramagnetische, instabile Radikal NO_3, jedoch nicht als reine Verbindung isoliert. N_4O ist nur bei tiefen Temperaturen isolierbar, es ist ein Nitrosylazid.

Distickstoffmonooxid N_2O

N_2O ist ein farbloses, reaktionsträges Gas. Es ist metastabil $\Delta H^\circ_B = +82$ kJ/mol), zerfällt aber erst oberhalb 600 °C in die Elemente. Es wird als Anästhetikum verwendet, unterhält aber die Atmung nicht. Da es eingeatmet Halluzinationen und Lachlust hervorruft, wird es auch Lachgas genannt. Die euphorisierende Wirkung von N_2O wurde etwa 1797 entdeckt und vielfach auf Jahrmärkten zur Schau gestellt. Damit blieb aber die viel sinnvollere Verwendung als Anästetikum für medizinische Operationen bis 1844 unentdeckt und wurde auch erst ab 1863 allgemein eingeführt. Phosphor, Schwefel und Kohlenstoff verbrennen in N_2O wie in Sauerstoff, Gemische mit Wasserstoff explodieren beim Entzünden wie Knallgas. N_2O (E 942) dient als Treibgas für Sprühsahne.

N_2O wird durch thermische Zersetzung von Ammoniumnitrat hergestellt.

$$\overset{-3}{N}H_4\overset{+5}{N}O_3 \xrightarrow{200\,^\circ C} \overset{+1}{N}_2O + 2\,H_2O \qquad \Delta H^\circ = -124\,\text{kJ/mol}$$

Oberhalb von 300 °C kann explosionsartiger Zerfall von NH_4NO_3 erfolgen.

Das Molekül N_2O ist linear gebaut, isoelektronisch mit CO_2, N3_und NO_2^+ und kann mit den folgenden Grenzstrukturen beschrieben werden.

$$\overset{\ominus}{\underline{\overline{N}}}=\overset{\oplus}{N}=\underline{\overline{O}} \leftrightarrow |N\equiv\overset{\oplus}{N}-\overset{\ominus}{\underline{\overline{O}}}|$$

N_2O ist eines der wichtigeren klimawirksamen Spurengase (vgl. Abschn. 4.11). Es wirkt in der Stratosphäre Ozon zerstörend und trägt zum Treibhauseffekt bei. N_2O entsteht neben NO in kleinen Mengen beim Ostwald-Prozess als Teil der Salpetersäure-Herstellung. Pro Tonne HNO_3 werden bisher 7 kg N_2O Nebenprodukt in die Atmosphäre freigesetzt. Mit der weltweiten HNO_3 Produktion von ca. $60 \cdot 10^6$ t/a und dem 300-fache Erwärmungspotential besitzt von CO_2, entspricht das bei der Salpetersäure-Herstellung freigesetzte N_2O dem Potential von $120 \cdot 10^6$ t/a CO_2. Die NO_x-Abgase bei Salpetersäure-Anlagen werden daher zunehmend behandelt. N_2O kann katalytisch an einem Fe-modifizierten Zeolith-Katalysator in N_2 und O_2 zersetzt werden. Für die Zunahme der N_2O-Konzentration in der Atmosphäre sind aber überwiegend landwirtschaftliche Aktivitäten verantwortlich. Ungefähr ⅓ des atmosphärischen N_2O ist anthropogener Natur: verstärkter Einsatz mineralischer Dünger und Ausweitung des Nassreisanbaus. NO_3^- wird mikrobiell zu N_2O reduziert. Darüber werden ca. 10^7 t/a N_2O freigesetzt. Mit Abnahme der FCKWs ist inzwischen N_2O zur stärksten Bedrohung der Ozonschicht geworden. Das Masse-bezogene Ozon-zersetzende Potential von N_2O entspricht dem der meisten FCKWs. Atmosphärisches N_2O hat in der Troposphäre eine Lebensdauer von 100 Jahren. Mit dem Übergang in die Stratosphäre erfolgt Zersetzung zu katalytisch wirkendem NO (s. Abschn. 4.11).

Stickstoffmonooxid NO, Distickstoffdioxid N_2O_2

NO ist ein farbloses, giftiges Gas, das aus N_2 und O_2 in endothermer Reaktion entsteht, so auch als Nebenprodukt bei Verbrennungsvorgängen, z. B. in Kraftwerken und Motoren.

$$\tfrac{1}{2}N_2 + \tfrac{1}{2}O_2 \rightleftharpoons NO \qquad \Delta H^\circ_B = +91{,}3\ \text{kJ/mol}$$

Bei Raumtemperatur liegt das Gleichgewicht vollständig auf der linken Seite. Bei 2 000 °C ist ein Volumenanteil von 1 % NO, bei 3 000 °C von 5 % NO im Gleichgewicht mit N_2 und O_2. Durch Abschrecken kann man NO unterhalb von etwa 400 °C metastabil erhalten (Abb. 4.23), so dass NO im Abgas erhalten bleibt und weiter zu NO_2 reagiert (s. u.). NO ist Bestandteil der Mars-Atmosphäre, wo es sich auf der Nacht-Seite des Planeten aus N- und O-Atomen bildet, die wiederum durch UV-Spaltung von N_2 und O_2 auf der Tag-Seite erhalten wurden.

NO ist ein Zwischenprodukt bei der Salpetersäureherstellung. Früher wurde NO durch „Luftverbrennung" in einem elektrischen Flammenbogen hergestellt. Die technische Darstellung erfolgt heute mit dem billigeren Ostwald-Verfahren, bei dem NH_3 in exothermer Reaktion katalytisch zu NO oxidiert wird.

$$4\,NH_3 + 5\,O_2 \xrightarrow[\text{Pt}]{800-950\,^\circ\text{C}} 4\,NO + 6\,H_2O \qquad \Delta H^\circ = -906\,\text{kJ/mol}$$

Ein NH_3-Luft-Gemisch wird über einen Platinnetz-Katalysator geleitet. Die Kontaktzeit am Katalysator beträgt nur etwa $^1/_{1000}$ s. Dadurch wird NO sofort aus der heißen Reaktionszone entfernt und auf Temperaturen abgeschreckt, bei denen das metastabile NO nicht mehr in die Elemente zerfällt.

Im Labor kann NO durch Reduktion von Salpetersäure mit Kupfer hergestellt werden (vgl. S. 523).

$$8\,H_3O^+ + 2\,NO_3^- + 3\,Cu \longrightarrow 3\,Cu^{2+} + 2\,NO + 12\,H_2O$$

Die Bindung kann am besten mit dem in Abb. 2.70 angegebenen MO-Diagramm beschrieben werden. NO besitzt 11 Valenzelektronen und das π^*-Orbital ist nur mit

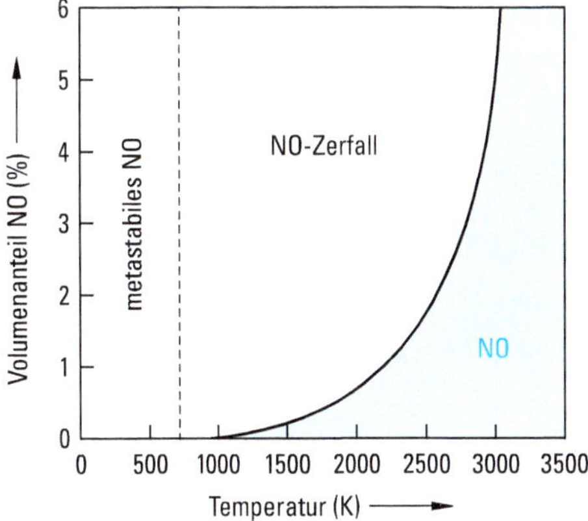

Abbildung 4.23 Volumenanteil NO in % beim Erhitzen von Luft ($4\,N_2 + O_2$). Nur bei hohen Temperaturen erfolgt Bildung von NO aus N_2 und O_2. Unterhalb 400 °C ist NO metastabil, darüber erfolgt Zerfall in die Elemente.

einem Elektron besetzt. Das Molekül ist daher paramagnetisch und der Bindungsgrad beträgt 2,5.

Durch Abgabe des einsamen Elektrons kann das NO-Molekül leicht zum **Nitrosylkation** NO^+ oxidiert werden, das mit N_2 und CO isoelektronisch ist und den Bindungsgrad 3 besitzt (vgl. S. 499). Von NO^+ sind ionische Verbindungen bekannt, z. B. $NOClO_4$, $NOBF_4$ und $NOHSO_4$. Das weiße Salz Nitrosyltetrafluoroborat $NO^+BF_4^-$ ist kommerziell verfügbar. Zur Darstellung von $NOBF_4$ wird eine konzentrierte wässrige Lösung von HBF_4 mit N_2O_3 oder N_2O_4 gesättigt und das ausfallende $NOBF_4$ abfiltriert, getrocknet und durch Sublimation gereinigt.

Die Nitrosylsalze reagieren mit Wasser zu Salpetriger Säure.

$$NO^+ + H_2O \longrightarrow HNO_2 + H^+$$

$NOBF_4$ ist in fast allen organischen Lösungsmitteln unlöslich und wird als Oxidations- oder Nitrosierungsmittel in der organischen Synthese in einem inerten Lösungsmittel, z. B. CH_2Cl_2, in dem das Substrat gelöst ist, suspendiert.

Mit Übergangsmetallionen bildet NO^+ wie CO Komplexe. Die Verbindung $[Fe^{(2+)}(CN)_5NO^{(+)}]^{2-}$ entsteht bei der Umsetzung von Kaliumhexacyanidoferrat(II) mit Salpetersäure (s. Abschn. 5.15.5).

Durch Aufnahme eines Elektrons geht das NO-Radikal in das **Nitroxylanion** NO^- über (isoelektronisch zu O_2, also im Triplettzustand). Der braune Ring beim NO_3^--Nachweis z. B. entsteht durch das Komplexion $[Fe(H_2O)_5NO]^{2+}$. NO lagert sich an das Fe^{2+}-Ion an und nimmt dabei ein Elektron auf.

$$NO + [Fe^{(2+)}(H_2O)_6]^{2+} \longrightarrow [Fe^{(3+)}(H_2O)_5NO^{(-)}]^{2+} + H_2O$$

Reagiert NO mit H Atomen bildet sich HNO, Nitroxyl im Singulett-Zustand. Für HNO wurde ein pK_S-Wert von ca. 12 berechnet. Die Deprotonierung des Singulett-Moleküls HNO in das Triplett-Molekül NO^- ist damit allerdings ein Spin-verbotener Prozess und sehr langsam. Angeli's Salz $Na_2N_2O_3$ mit dem $(^-O—)_2N^+{=}N—O^-$ Anion ist ein Reagenz zur Erzeugung von HNO.

Meist sind Moleküle mit ungepaarten Elektronen farbig und sehr reaktiv. NO ist jedoch ein farbloses, mäßig reaktives Gas, das unrein im kondensierten Zustand blau aussieht.

Für das Radikal NO sollte man eine Dimerisierung erwarten. Die Dimerisierung

$$2\,NO \rightleftharpoons N_2O_2 \qquad \Delta H^\circ = -10\,kJ/mol$$

erfolgt erst im kondensierten Zustand. Als Dimer bildet sich ein diamagnetisches Molekül mit *cis*-Konfiguration und einer schwachen Bindung.

```
   N········N
  /          \
 O            O
```

Die „Nicht“-Dimerisierung ist mit dem MO-Diagramm von NO zu verstehen (vgl. Abb. 2.70). Bei der Dimerisierung würde eine Kopplung der Elektronen in einem NO antibindenden Orbital erfolgen.

Mit Sauerstoff reagiert NO spontan zu NO_2.

$$2\,NO + O_2 \rightleftharpoons 2\,NO_2 \qquad \Delta H° = -114\,kJ/mol$$

Oberhalb von 600 °C liegt das Gleichgewicht vollständig auf der linken Seite.

Das NO-Molekül spielt beim Abbau der Ozonschicht in der Stratosphäre eine Rolle (vgl. Abschn. 4.11). Es ist außerdem ein biologisch relevantes Molekül. Erst in den 90er Jahren erkannte man, dass es in menschlichen Zellen synthetisiert wird und als Botenstoff und für Kontrollfunktionen bei einer Vielzahl physiologischer Prozesse wichtig ist: darunter Blutgerinnung, Blutdruck-Kontrolle, Regulation des peripheren Blutflusses, Thrombozytenfunktion, Neurotransmission, Vasodilatation (Relaxation von glatter Muskulatur, z. B. des Verdauungstraktes und der Blutgefäße). Mit der Entdeckung, dass NO nicht nur ein umweltschädliches Gas, sondern ein wichtiges biologisches Molekül ist, zeigten auch andere NO-Spezies wie NO_2, N_2O_3, $ONOO^-$ und HNO eine biologische Relevanz. Das kurzlebige und reaktive Nitroxyl HNO und seine deprotonierte Form NO^- schützt wohl das kardiovaskuläre System und erhöht die Konzentration des Botenstoffes Cyclisches Adenosinmonophosphat (cAMP).

Der NO-freisetzende Wirkstoff Sildenafil im Medikament Viagra© zur Behandlung der erektilen Dysfunktion baut darauf auf. Zur Verringerung des arteriellen Blutdrucks z. B. bei frischen Herzinfarkten wird Nitroprussidnatrium $Na_2[Fe(CN)_5NO] \cdot 2\,H_2O$ (s. Abschn. 5.15.5) als schnell wirkender Vasodilatator eingesetzt.

In Pflanzen wirkt NO als Wachstumsregulator, der die Blüte verhindert. Unter Stressbedingungen wie Trockenheit, Salz oder Mikrobenbefall produzieren Pflanzen verstärkt NO. Aber NO in der Umgebungsluft hat den gleichen regulierenden Effekt. Bakterien können mit NO-Synthasen NO produzieren, um sich vor einem breiten Spektrum von natürlichen oder synthetischen Antibiotika zu schützen.

Distickstofftrioxid N_2O_3

N_2O_3 entsteht als blaue Flüssigkeit beim Abkühlen einer Mischung aus gleichen Stoffmengen der beiden Radikalmoleküle NO_2 und NO.

$$NO + NO_2 \rightleftharpoons N_2O_3 \qquad \Delta H° = -40\,kJ/mol$$

Bereits oberhalb −10 °C zerfällt N_2O_3 in Umkehrung der Bildungsgleichung, bei 25 °C enthält der Dampf nur noch 10 % undissoziiertes N_2O_3. N_2O_3 ist das Anhydrid der Salpetrigen Säure. Mit Laugen reagiert N_2O_3 (oder ein NO-NO_2-Gemisch) daher zu Nitriten.

$$N_2O_3 + 2\,OH^- \longrightarrow 2\,NO_2^- + H_2O$$

Das N_2O_3-Molekül ist planar gebaut und enthält eine schwache N—N-Bindung, es kann als Nitrosylnitrit beschrieben werden.

$$O{=}N{-}\overset{\oplus}{N}(=O)(-O^{\ominus}) \longleftrightarrow [NO]^+[NO_2]^-$$

Stickstoffdioxid NO_2, Distickstofftetraoxid N_2O_4

NO_2 ist ein braunes, giftiges, paramagnetisches Gas, das zum farblosen diamagnetischen N_2O_4 dimerisiert.

$$2\,NO_2 \rightleftharpoons N_2O_4 \qquad \Delta H^\circ = -57\,\text{kJ/mol}$$

Bei 27 °C sind 20 %, bei 100 °C 90 % N_2O_4 dissoziiert. Bei −11 °C erhält man farblose Kristalle von N_2O_4.

NO_2 ist ein Zwischenprodukt bei der Salpetersäureherstellung. Im Labor erhält man es durch thermische Zersetzung von Schwermetallnitraten im Sauerstoffstrom.

$$Pb(NO_3)_2 \xrightarrow{250-600\,^\circ C} PbO + 2\,NO_2 + \tfrac{1}{2}O_2$$

Oberhalb 150 °C beginnt NO_2 sich in NO und O_2 zu zersetzen, bei 600 °C ist der Zerfall vollständig.

$$2\,NO_2 \longrightarrow 2\,NO + O_2$$

NO_2 und N_2O_4 sind starke Oxidationsmittel.

NO_2 ist das gemischte Anhydrid der Salpetersäure und der Salpetrigen Säure. Mit Lauge reagiert NO_2 bzw. N_2O_4 nach

$$N_2O_4 + 2\,OH^- \longrightarrow NO_3^- + NO_2^- + H_2O$$

NO_2 ist gewinkelt und kann mit folgenden Grenzstrukturen beschrieben werden.

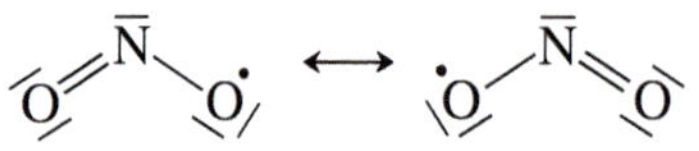

$$O{=}\overline{N}{-}\dot{O} \longleftrightarrow \dot{O}{-}\overline{N}{=}O$$

N_2O_4 besteht in der Gasphase und auch im festen Zustand aus planaren Molekülen mit einer schwachen N—N-Bindung.

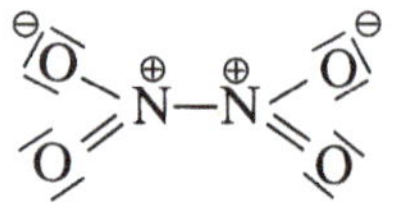

$$(^{\ominus}O)(O{=})\overset{\oplus}{N}{-}\overset{\oplus}{N}({=}O)(O^{\ominus})$$

NO_2 kann leicht zum Nitrition NO_2^- reduziert und zum **Nitrylion** NO_2^+ (vgl. S. 529) oxidiert werden. NO_2^+ ist ein lineares Molekül mit einem sp-Hybrid (VB-Modell) am N-Atom und isoelektronisch mit CO_2.

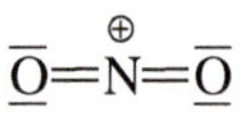

$$\overline{\underline{O}}{=}\overset{\oplus}{N}{=}\overline{\underline{O}}$$

Die Stickstoffoxide NO und NO_2 sind Luftschadstoffe, die bei der Bildung von troposphärischem Ozon und anderen Photooxidantien eine Rolle spielen. Die jährliche Emission (berechnet als NO_2) betrug 2018 in Deutschland $1{,}2 \cdot 10^6$ t. 39 % der Stickstoffemissionen ($0{,}47 \cdot 10^6$ t) entstanden im Bereich Verkehr. Beinahe ein Drittel der weltweiten NO_x-Emissionen kommen durch die Schifffahrt zustande. Emissionen, Schadstoffwirkungen sowie Umweltschutzmaßnahmen (Entstickung von Rauchgasen, Katalysatoren von Kraftfahrzeugen) werden im Abschn. 4.11 behandelt.

Distickstoffpentaoxid N_2O_5

N_2O_5 ist das Anhydrid der Salpetersäure und kann aus dieser durch Entwässern mit P_4O_{10} erhalten werden.

$$2\,HNO_3 \longrightarrow N_2O_5 + H_2O$$

N_2O_5 bildet farblose Kristalle, die bei 32 °C sublimieren, mit Wasser zu HNO_3 reagieren und sich bereits bei Raumtemperatur zu NO_2 und O_2 zersetzen. Festes N_2O_5 besitzt die ionogene Struktur $[NO_2^+][NO_3^-]$ und ist also ein Nitrylnitrat. Im gasförmigen Zustand sind Moleküle der Struktur

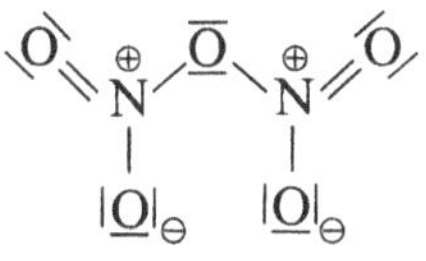

vorhanden.

Vom NO_2^+-Ion (vgl. oben) sind farblose Salze bekannt z. B. $[NO_2]ClO_4$. NO_2^+ ist auch in der Nitriersäure (konz. HNO_3 + konz. H_2SO_4) vorhanden, mit der aromatische Kohlenwasserstoffe in Nitroverbindungen überführt werden können (vgl. S. 523).

Hydroxylamin NH_2OH

Formal ist $\overset{-1}{N}H_2OH$ ein Hydroxylderivat von NH_3. Es kristallisiert in farblosen Kristallen (Smp. 32 °C), die sich bei Raumtemperatur langsam zersetzen und oberhalb 100 °C explosionsartig in NH_3, N_2 und H_2O zerfallen. NH_2OH ist eine schwächere Base als NH_3 ($pK_B = 8{,}2$). In saurer Lösung disproportioniert es zu NH_3 und N_2O, in alkalischer Lösung zu NH_3 und N_2.

$$4\,\overset{-1}{N}H_2OH \longrightarrow 2\,\overset{-3}{N}H_3 + \overset{+1}{N}_2O + 3\,H_2O$$
$$3\,\overset{-1}{N}H_2OH \longrightarrow \overset{-3}{N}H_3 + \overset{0}{N}_2 + 3\,H_2O$$

Es ist ein starkes Reduktionsmittel und reduziert Ag^+ zu Ag und Hg_2^{2+} zu Hg, wobei es zu N_2 oxidiert wird. Mit anderen Oxidationsmitteln reagiert es auch zu N_2O und NO. Gegenüber Sn^{2+}, Cr^{2+}, V^{2+} reagiert es als Oxidationsmittel und wird zu NH_3 reduziert.

Die Darstellung erfolgt großtechnisch mit drei Verfahren. Beim Stickstoffmonooxid-Reduktionsverfahren wird NO mit Wasserstoff in saurer Lösung katalytisch (Pt, Pd) zu Hydroxylammoniumsulfat reduziert.

$$2\,NO + 3\,H_2 + H_2SO_4 \longrightarrow [NH_3OH]_2SO_4$$

98 % der Gesamtproduktion wird zur Herstellung von Caprolactam verwendet, das zu Polyamiden verarbeitet wird.

Beständiger als NH_2OH sind die Hydroxylammoniumsalze wie $[NH_3OH]Cl$ oder $[NH_3OH]NO_3$.

4.6.7 Sauerstoffsäuren des Stickstoffs

Die wichtigsten und stabilsten Sauerstoffsäuren sind:

	Oxidationszahl	Salze
Salpetersäure HNO_3	+5	Nitrate
Salpetrige Säure HNO_2	+3	Nitrite
Hyposalpetrige Säure $H_2N_2O_2$	+1	Hyponitrite

Außerdem sind einige instabile Oxosäuren bekannt.

Peroxosalpetersäure $HOO\overset{+5}{N}O_2$. Sie zerfällt bereits bei $-30\,°C$ explosionsartig. Salze sind nicht bekannt.

Peroxosalpetrige Säure $HOO\overset{+3}{N}O$. Sie wandelt sich rasch in die isomere Salpetersäure um. Alkalische Lösungen sind stabiler. Peroxynitrit $^{-}O{-}O{-}N{=}O$ ist ein natürliches Oxidations- und Nitrationsmittel und Mediator der Signalgebung bei Zellen, in höherer Konzentration natürlich toxisch. Es wird in-vivo aus Superoxid, O_2^- und NO gebildet. Das Salz $(NMe_4)OONO$ ist kommerziell verfügbar.

Oxohyposalpetrige Säure $H_2\overset{+2}{N_2}O_3$. Die Säure ist instabil, das Anion

$$\left({}^{\ominus}O\right)_2\overset{\oplus}{N}{=}N{-}O^{\ominus}$$

ist in alkalischen Lösungen relativ stabil, bekannt ist das Salz $Na_2N_2O_3$ (Angeli's Salz).

Salpetersäure HNO_3

HNO_3 wird großtechnisch durch Einleiten von N_2O_4 in Wasser hergestellt, wobei zur Oxidation noch Sauerstoff erforderlich ist.

$$N_2O_4 + H_2O + \tfrac{1}{2}O_2 \xrightarrow[3-10\,\text{bar}]{20-35\,°C} 2\,HNO_3$$

Im Einzelnen laufen folgende Reaktionen ab: Aus N_2O_4 entsteht mit Wasser durch Disproportionierung Salpetersäure und Salpetrige Säure.

$$\overset{+4}{N_2}O_4 + H_2O \longrightarrow H\overset{+5}{N}O_3 + H\overset{+3}{N}O_2$$

HNO_2 ist instabil und disproportioniert (vgl. S. 525).

$$3\,H\overset{+3}{N}O_2 \longrightarrow H\overset{+5}{N}O_3 + 2\,\overset{+2}{N}O + H_2O$$

NO reagiert mit Luftsauerstoff zu NO_2, das überwiegend dimerisiert (vgl. S. 518).

$$2\,NO + O_2 \longrightarrow N_2O_4$$

Letztlich wird Salpetersäure durch mehrere großtechnische Reaktionen aus dem Stickstoff der Luft hergestellt:

$$N_2 \xrightarrow[\text{Haber-Bosch-Verfahren}]{+H_2} NH_3 \xrightarrow[\text{Ostwald-Verfahren}]{+O_2} NO \xrightarrow{+O_2} NO_2 \xrightarrow{+O_2,\,H_2O} HNO_3$$

HNO_3 (Weltproduktion 2018 ca. $60 \cdot 10^6$ t) wird überwiegend zur Herstellung von Düngemitteln, vor allem NH_4NO_3 und für Sprengstoffe verwendet.

Wasserfreie HNO_3 ist eine farblose Flüssigkeit (Sdp. 84 °C). Beim Sieden erfolgt teilweise Zersetzung, die durch Lichteinwirkung schon bei Raumtemperatur einsetzt.

$$4\,HNO_3 \longrightarrow 4\,NO_2 + 2\,H_2O + O_2$$

HNO_3 wird daher in braunen Flaschen aufbewahrt. Gelöstes NO_2 färbt HNO_3 gelb bis rotbraun. Die konzentrierte Säure hat einen Massenanteil von 69 % HNO_3, sie siedet bei 122 °C als azeotropes Gemisch. Rauchende Salpetersäure enthält NO_2 gelöst und entwickelt an der Luft rotbraune Dämpfe. HNO_3 ist ein starkes Oxidationsmittel.

$$NO_3^- + 4\,H_3O^+ + 3\,e^- \rightleftharpoons NO + 6\,H_2O \qquad E^\circ = +0{,}96\,V$$

Die konzentrierte Säure löst Kupfer, Quecksilber und Silber, nicht aber Gold und Platin.

$$3\,Cu + 2\,NO_3^- + 8\,H_3O^+ \longrightarrow 3\,Cu^{2+} + 2\,NO + 12\,H_2O$$

Einige unedle Metalle (Cr, Al, Fe) werden von konz. HNO_3 nicht gelöst, da sich auf ihnen eine dichte Oxidhaut bildet, die das Metall vor weiterer Säureeinwirkung schützt (Passivierung). Diese Metalle lösen sich nur in verdünnter HNO_3.

Die Mischung von konz. HNO_3 und konz. HCl im Volumenverhältnis 1:3 heißt Königswasser. Es löst fast alle Metalle, auch Gold und Platin, da aktives Chlor entsteht und mit den Metallionen Chloridokomplexe gebildet werden, die das Redoxpotential beeinflussen (vgl. Abschn. 3.8.8):

$$HNO_3 + 3\,HCl \longrightarrow NOCl + 2\,Cl + 2\,H_2O$$

Niob, Tantal und Wolfram werden von Königswasser nicht gelöst.

Eine Mischung von konz. HNO_3 und konz. H_2SO_4 (Nitriersäure) wirkt nitrierend. Dabei ist das angreifende Teilchen das NO_2^+-Ion.

$$HNO_3 + 2\,H_2SO_4 \rightleftharpoons NO_2^+ + H_3O^+ + 2\,HSO_4^-$$

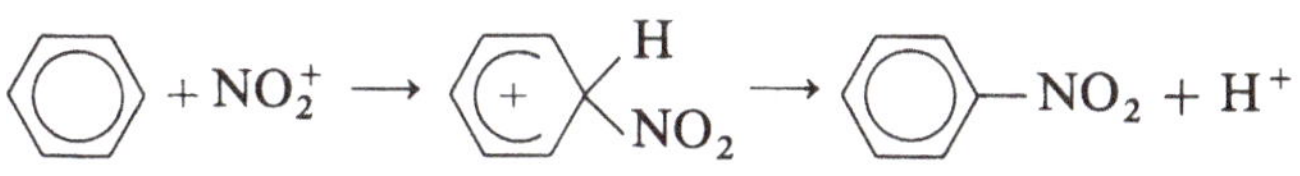

$$C_6H_6 + NO_2^+ \longrightarrow [C_6H_6(H)(NO_2)]^+ \longrightarrow C_6H_5{-}NO_2 + H^+$$

Das HNO_3-Molekül ist planar gebaut und kann mit den beiden Grenzstrukturen

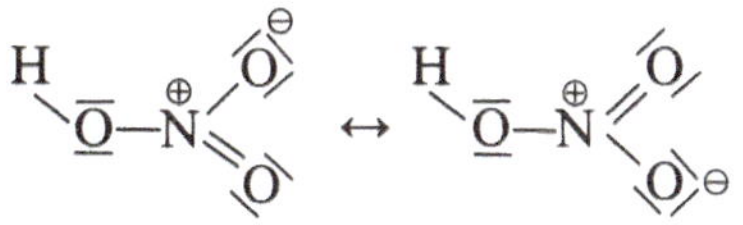

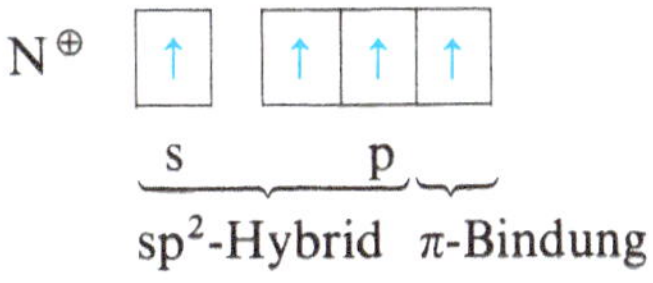

$$H{-}\overline{\underline{O}}{-}\overset{\oplus}{N}(={O})(-O^{\ominus}) \leftrightarrow H{-}\overline{\underline{O}}{-}\overset{\oplus}{N}(-O^{\ominus})(=O)$$

$N^\oplus$: s ↑ | p ↑ ↑ ↑ — sp²-Hybrid, π-Bindung

beschrieben werden.

Die Salze der Salpetersäure heißen **Nitrate**. Das Nitration NO_3^- ist planar gebaut, die Bindungswinkel betragen 120°, es kann mit drei mesomeren Grenzstrukturen beschrieben werden.

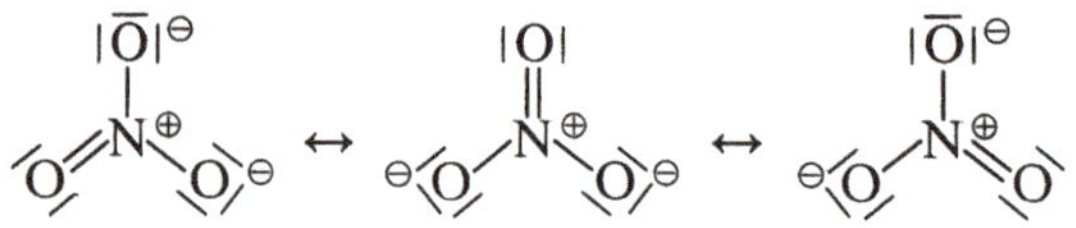

Wie beim HNO_3-Molekül ist im VB-Modell das N-Atom sp^2-hybridisiert, die völlige Delokalisierung des π-Elektronenpaares führt zu einer Stabilisierung des NO_3^--Ions, daher ist das NO_3^--Ion stabiler als das HNO_3-Molekül.

Nitrate sind in Wasser leicht löslich. Alkalimetallnitrate zersetzen sich beim Erhitzen in Nitrite, während aus Schwermetallnitraten NO_2 und Metalloxide entstehen.

$$KNO_3 \longrightarrow KNO_2 + \tfrac{1}{2} O_2$$

$$Hg(NO_3)_2 \longrightarrow HgO + 2\,NO_2 + \tfrac{1}{2} O_2$$

Nitrate sind, besonders bei höheren Temperaturen, Oxidationsmittel. Durch starke Reduktionsmittel wird das NO_3^--Ion zu NH_3 reduziert. $NaNO_3$ (Chilesalpeter), KNO_3 (Salpeter) und NH_4NO_3 sind wichtige Düngemittel (s. S. 509 f.). Bei höherer Temperatur kann sich NH_4NO_3 explosiv zersetzen. 1921 explodierten bei der BASF in Oppau 4 500 t und 561 Menschen starben (über 2 000 Verletzte). Der letzte Unfall geschah 2020 als im Hafen von Beirut durch ein Feuer 2 750 t NH_4NO_3 zur Explosion gebracht wurden (mind. 190 Tote, über 6 500 Verletzte). Daneben wurden kommerzielle NH_4NO_3-haltige Düngemittel bei Terroranschlägen verwendet, so 1995 auf das FBI-Gebäude in Oklahoma City (168 Tote, über 800 Schwerverletzte). Daher wird in einigen Ländern mittlerweile der Verkauf von NH_4NO_3-Dünger kontrolliert oder ist sogar ganz verboten.

KNO_3 (Salpeter) ist im ältesten Explosivstoff Schwarzpulver enthalten, der aus einer Mischung von Schwefel, Holzkohle und Kaliumnitrat besteht. Vom späten Mittelalter bis zur Neuzeit war die notwendige Beschaffung von Salpeter zur Herstellung von Schwarzpulver und von Düngemitteln schwierig. Dies führte zu nationalen Konflikten und ist ein interessantes Beispiel für die Beziehung zwischen Wirtschaft und Politik.

Die Nitrat-Konzentration in unbelasteten Oberflächengewässern beträgt 1 mg/l, resultierend aus dem natürlichen Stickstoff-Kreislauf. Die Trinkwasser-Verordnung legt einen Nitrat-Grenzwert von 50 mg/l fest. Die Nitratbelastung im Grundwasser ist ein Überschussproblem von landwirtschaftlich intensiv genutzten Flächen. Das Denitrifikationspotential des Bodens wird überfordert, so dass der über Düngung und Gülle eingebrachte Nitrat-Überschuss in das Grundwasser gelangt. Zu hohe Nitratgehalte im Trinkwasser und in pflanzlichen Nahrungsmitteln (z. B. Salat) können im Speichel und im Dünndarm zu Nitritbildung führen (siehe unter Nitrit). Über die Nahrung werden von 50 − 135 mg Nitrat/Tag aufgenommen, bei vorwiegend vegetarischer Ernährung mehr (über 200 mg/Tag), bei vorwiegender Ernährung durch

Getreideprodukte, Obst, Fleisch und Milchprodukte weniger (20 – 30 mg/Tag). Rote Beete, Spinat, Sellerie, Kopf- und Endiviensalat, Chinakohl, Kohlrabi und Rettich sind besonders nitrathaltig. Mäßig nitrathaltige Gemüse sind Porree, Bohnen, Möhren, Blumenkohl, Kartoffeln, Gurken, Schwarzwurzeln. Wenig belastet sind Erbsen, Tomaten, Rosenkohl, Obst und Beeren. Das mit der Nahrung aufgenommene Nitrat wird nach Resorption im Darm größtenteils unverändert ausgeschieden, ein Teil wird aber durch das Blut in die Mundhöhle transportiert und gelangt in den Speichel. Dort wird es durch mikrobielle Reduktion in Nitrit umgewandelt. Nitrit wiederum oxidiert das Fe^{2+} im Hämoglobin zu Fe^{3+} (Methämoglobin, MetHb), an das sich kein O_2 mehr anlagern kann. Die Oxidation von Hämoglobin zu Methämoglobin führt zu Sauerstoffmangelsymptomen (Blausucht). Besonders empfindlich gegenüber Nitrit reagieren Säuglinge während der ersten Lebenswochen.

Salpetrige Säure HNO_2

HNO_2 ist in reinem Zustand nicht darstellbar, sondern nur in verdünnter Lösung einige Zeit haltbar. HNO_2 ist eine mittelstarke Säure ($K_S = 4 \cdot 10^{-4}$), sie zersetzt sich unter Disproportionierung.

$$3\,H\overset{+3}{N}O_2 \longrightarrow H\overset{+5}{N}O_3 + 2\,\overset{+2}{N}O + H_2O$$

HNO_2 kann je nach Reaktionspartner reduzierend oder oxidierend wirken. Als Reduktionsmittel

$$NO_3^- + 2\,H_3O^+ + 2\,e^- \rightleftharpoons NO_2^- + 3\,H_2O \qquad E^\circ = +0{,}94\,V$$

fungiert sie gegenüber MnO_4^-, PbO_2 und H_2O_2, als Oxidationsmittel

$$NO_2^- + 2\,H_3O^+ + e^- \rightleftharpoons NO + 3\,H_2O \qquad E^\circ = +0{,}996\,V$$

gegenüber I^- und Fe^{2+}.

Mit NH_3 reagiert HNO_2 zu N_2 (vgl. S. 499).

$$NH_3 + HNO_2 \longrightarrow N_2 + 2\,H_2O$$

HNO_2 besteht aus planaren *cis*- und *trans*-Isomeren.

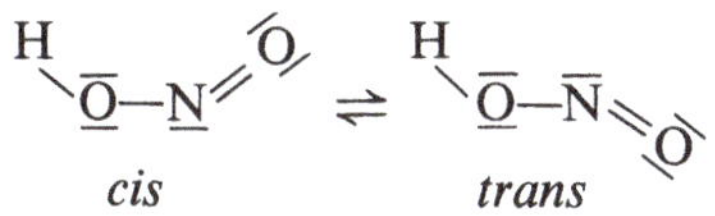

H–O–N=O (*cis*) ⇌ H–O–N=O (*trans*)

Das *trans*-Isomere ist um 2 kJ/mol stabiler als das *cis*-Isomere.

Beständig sind die Salze der Salpetrigen Säure, die **Nitrite**. Das Nitrition NO_2^- – isoelektronisch mit O_3 – ist mesomeriestabilisiert.

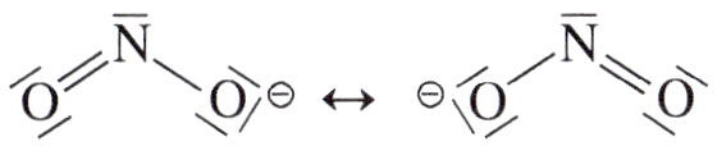

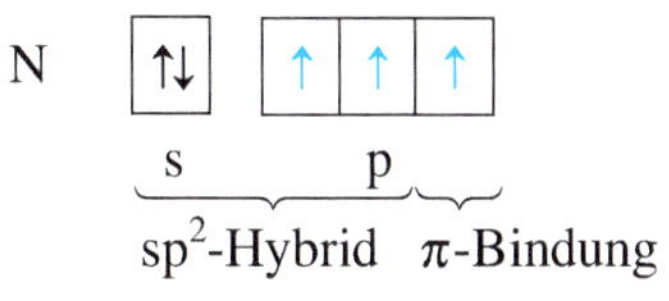

O=N–O⊖ ↔ ⊖O–N=O

N [↑↓] [↑|↑|↑]
s p
sp^2-Hybrid π-Bindung

Darstellung von Nitriten:

$$\overset{+2}{N}O + \overset{+4}{N}O_2 \text{ (bzw. } \overset{+3}{N_2}O_3) + 2\,NaOH \longrightarrow 2\,Na\overset{+3}{N}O_2 + H_2O$$

$$KNO_3 \xrightarrow{\text{Erhitzen}} KNO_2 + \tfrac{1}{2}O_2$$

Als Komplexligand bildet NO_2^- Nitrito-*N*-komplexe $M \longleftarrow NO_2$ (früher Nitrokomplexe), z. B. Kaliumhexanitrito-*N*-cobaltat(III) $K_3[Co(NO_2)_6]$ mit *N*-Anbindung, und Nitrito-*O*-komplexe $M \longleftarrow ONO$, bei denen die Bindung an das Zentralatom über das O-Atom erfolgt.

$NaNO_2$ wird zur Haltbarmachung von Lebensmitteln verwendet, z. B. als Nitritpökelsalz, ein Gemisch aus Speisesalz mit 0,4 – 0,5 % $NaNO_2$. Es konserviert gegen Botulismus und Salmonellen und bewirkt eine stabile Pökelfarbe. $NaNO_2$ ist giftig, die bei Verwendung von Pökelsalz vorhandene Nitritmenge gilt jedoch als ungefährlich. Allerdings können sich bei gleichzeitiger Aufnahme von Aminen carcinogene Nitrosamine bilden ($R_2NH + NO_2^- \longrightarrow R_2N{-}NO + OH^-$). Ein Zusammenhang zwischen der aufgenommenen Nitritmenge und dem Krebsrisiko konnte beim Menschen bisher nicht festgestellt werden. Für das $NO_2{}^-$-Ion gilt eine maximale tägliche Aufnahme von 0,7 mg/kg Körpergewicht. Nitrit entsteht auch natürlich im Körper, z. B. aus dem Abbau von NO und der Aufnahme von Nitrat (s. o.). So nimmt ein Mensch im Durchschnitt nur etwa 2,5 mg Nitrit täglich aus Fleischwaren auf. Das entspricht nur ca. 3 % der gesamten Nitritmenge im Körper. Aus dem Abbau von NO bildet der Körper täglich 50 – 70 mg Natriumnitrit. Eher stammen die meisten Nitrosamine im Körper aus Gemüse, was sehr viel Nitrat enthält und dessen Umwandlung zu Nitrit (s. o.).

Hyposalpetrige Säure $H_2N_2O_2$ ist in reinem Zustand in weißen Kristallblättchen isolierbar, die leicht explodieren. Die wässrige Lösung reagiert schwach sauer und zerfällt nach

$$H_2N_2O_2 \longrightarrow N_2O + H_2O$$

N_2O ist nur formal das Anhydrid der Hyposalpetrigen Säure, denn weder die Säure noch ihre Salze lassen sich aus N_2O herstellen.

Es gibt zwei Reihen zersetzlicher Salze mit den Anionen $HN_2O_2^-$ und $N_2O_2^{2-}$. Sie reagieren in wässriger Lösung alkalisch und wirken reduzierend.

Von der Säure ist nur die *trans*-Form

$$\begin{array}{l} H{-}\overline{\underline{O}} \\ \quad\quad \diagdown \underline{N}{=}\overline{N} \diagdown \\ \quad\quad\quad\quad\quad\quad \overline{\underline{O}}{-}H \end{array}$$

bekannt. Bei den Salzen gibt es auch die *cis*-Form.

4.6.8 Halogenverbindungen des Stickstoffs

Die binären Halogenverbindungen der Zusammensetzungen NX_3, N_2X_4, N_2X_2 und N_3X leiten sich vom Ammoniak, Hydrazin, Diimin und der Stickstoffwasserstoffsäure ab. Eine Übersicht enthält Tab. 4.17.

Tabelle 4.17 Binäre Stickstoff-Halogen-Verbindungen

Verbindungstyp	F	Cl	Br	I
NX_3 Stickstofftri- halogenide $\overline{N}X_3$ (X–N(X)–X, pyramidal)	NF_3 farbloses Gas $\Delta H^\circ_B = -125$ kJ/mol	NCl_3 gelbes, explosives Öl $\Delta H^\circ_B = +229$ kJ/mol	NBr_3 rote, explosive Kristalle	NI_3 rot- schwarze, explosive Kristalle $NI_3 \cdot NH_3$ schwarze, explosive Kristalle
N_2X_4 Distickstoff- tetrahalogenide $X_2\overline{N}-\overline{N}X_2$ (*gauche*- und *trans*-Form)	N_2F_4 farbloses Gas $\Delta H^\circ_B = -7$ kJ/mol	–	–	–
N_2X_2 Distickstoff- dihalogenide $X-\overline{N}=\underline{N}-X$ *trans* $X-\overline{N}=\overline{N}-X$ *cis*	*trans*-N_2F_2 farbloses Gas $\Delta H^\circ_B = +82$ kJ/mol *cis*-N_2F_2 farbloses Gas $\Delta H^\circ_B = +69$ kJ/mol	–	–	–
N_3X Halogenazide $X-\overset{\ominus}{\underline{N}}-\overset{\oplus}{N}\equiv N| \longleftrightarrow X-\overline{N}=\overset{\oplus}{N}=\overset{\ominus}{\underline{N}}|$	N_3F grüngelbes Gas	N_3Cl farbloses Gas, explosiv	N_3Br orangerote Flüssigkeit, explosiv	N_3I farbloser Feststoff, explosiv

Stickstofftrifluorid NF_3 wird am besten aus Ammoniak oder Ammoniumsalzen und Fluor synthetisiert. Es ist ein farbloses, wenig reaktionsfähiges Gas, das erst beim Erhitzen mit Metallen zu Metallfluoriden reagiert. Von Wasser wird es nicht hydrolysiert. Ein NF_3-Wasserdampf-Gemisch reagiert durch Zündung.

$$\overset{\delta+\delta-}{NF_3} + 2\,H_2O \longrightarrow HNO_2 + 3\,HF$$

In der Elektronik-Industrie wird NF_3 für die Reinigung von Reaktionskammern bei CVD-Prozessen (CVD von chemical vapour deposition) zur Herstellung von Halbleitern, Flüssigkristall-Displays und teilweise Photovoltaik-Modulen verwendet. Ein Schritt zu diesen Bauteilen ist die Abscheidung von Silicium aus der Dampfphase auf Oberflächen. Nach mehreren Abscheidungsvorgängen sind die Kammern mit Silicium verunreinigt, das entfernt werden muss. Am effektivsten ist seine Entfernung durch Fluor-Radikale, die in-situ aus Fluor-haltigen Verbindungen, wie NF_3 mit einem Plasma erzeugt werden. Die F-Radikale reagieren mit Si zu gasförmigem SiF_4, das leicht entfernt werden kann. Zudem kann durch Rekombination der F-Radikale auch F_2 entstehen, das ebenfalls ätzend wirkt. Das vorher verwendete Hexafluorethan, C_2F_6 (GWP 12 000) wurde im Kyoto-Protokoll reguliert, NF_3 aber nicht, da ein Eintrag in die Atmosphäre vernachlässigbar erschien. Das meiste, aber nicht alles NF_3 wird in dem Prozess zersetzt. Die Nachfrage nach NF_3 steigt seit 1999 an. Im Jahr 2011 wurden von NF_3 geschätzt 11 000 t hergestellt. Der NF_3-Gehalt in der Atmosphäre liegt bei ca. 1 ppt, Tendenz steigend. Das GWP von NF_3 ist 17 000-mal so hoch wie von CO_2. Daher wird NF_3 als Ätzgas immer häufiger durch elementares Fluor ersetzt.

Stickstofftrichlorid (Trichloramin) NCl_3 ist eine endotherme Verbindung. Die gelbe, ölige Flüssigkeit ist hochexplosiv. Mit Wasser erfolgt Hydrolyse.

$$\overset{\delta-}{N}\overset{\delta+}{Cl_3} + 3\,H_2O \longrightarrow NH_3 + 3\,HClO$$

Auf Grund der unterschiedlichen Bindungspolarität reagieren NF_3 und NCl_3 mit Wasser unterschiedlich. Nicht explosiv und bei tiefen Temperaturen beständig ist das Salz $[NCl_4]^+[AsF_6]^-$, das das tetraedrische Tetrachlorammoniumion NCl_4^+ enthält.

Stickstofftribromid NBr_3 und Stickstofftriiodid NI_3 sind endotherme, explosive Festkörper. Stickstofftriiodid bildet Ammoniakate $NI_3 \cdot n\,NH_3$ ($n = 1, 3, 5$), bei Raumtemperatur entsteht durch NH_3-Abgabe $\mathbf{NI_3 \cdot NH_3}$. $NI_3 \cdot NH_3$ hat eine polymere Struktur, die aus Ketten besteht, in denen N annähernd tetraedrisch von I umgeben ist.

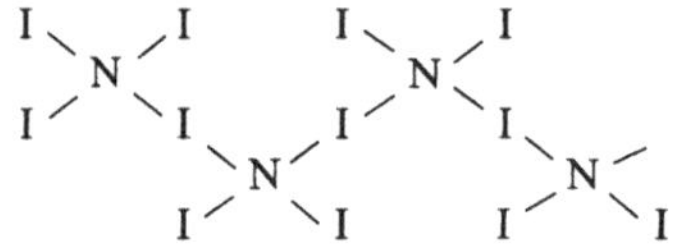

```
I       I       I       I
  \   /           \   /
    N               N
  /   \           /   \
I       I       I       I
          \   /           \   /
            N               N
          /   \           /   \
        I       I       I       I
```

NH_3 bildet mit je einem der endständigen I-Atome Charge-Transfer-Komplexe: —N—I ····· NH_3 (vgl. Abschn. 5.4.8). In trockenem Zustand explodiert $NI_3 \cdot NH_3$ bei der geringsten Berührung.

Die Trihalogenide NX_3 (X = F, Cl, Br) entstehen durch Reaktion von NH_3 mit dem Halogen.

$$NH_3 + 3\,X_2 \longrightarrow NX_3 + 3\,HX$$

NI_3 lässt sich nicht in Gegenwart von NH_3 darstellen, es entstehen Ammoniakate, aus denen es sich nicht durch Entfernung von NH_3 darstellen lässt, da dabei Zerfall in die Elemente erfolgt. Man erhält es in $CFCl_3$-Lösung nach der Reaktion

$$BN + 3\,IF \longrightarrow NI_3 + BF_3$$

N_2F_4 ist im Gegensatz zu NF_3 sehr reaktionsfähig, da im Molekül eine sehr schwache N—N-Bindung vorhanden ist. N_2F_4 dissoziiert daher beim Erwärmen in NF_2-Radikale.

$$N_2F_4 \rightleftharpoons 2\,NF_2 \qquad \Delta H^\circ = +83\,\mathrm{kJ/mol}$$

Es gibt zwei Typen von Halogensauerstoffverbindungen mit Stickstoff-Halogen-Bindungen.

Die **Nitrosylhalogenide** NOF, NOCl und NOBr leiten sich von der Salpetrigen Säure durch Ersatz einer OH-Gruppe durch ein Halogenatom ab (vgl. S. 518).

$$X{-}\overline{N}{=}\overline{\underline{O}}$$

Die **Nitrylhalogenide** NO_2F und NO_2Cl sind entsprechend Säurehalogenide der Salpetersäure (vgl. S. 520).

$$X{-}\overset{\oplus}{N}\begin{array}{l} {=}\,\overline{\underline{O}} \\ {-}\,\overline{\underline{O}}|^{\ominus} \end{array}$$

4.6.9 Schwefelverbindungen des Stickstoffs

Die wichtigsten Verbindungen sind S_2N_2, S_4N_4 und das polymere $(SN)_n$. Außerdem sind Verbindungen des Typs S_mN_2 ($m = 4, 11, 15, 16, 17, 19$) bekannt.

Die N—S-Bindung ist kovalent, N ist der negativ polarisierte Bindungspartner $\overset{\delta+}{S}{-}\overset{\delta-}{N}$.

Tetraschwefel-tetranitrid S_4N_4 bildet orangefarbene, wasserunlösliche Kristalle (Smp. 178 °C). Es explodiert auf Schlag oder Stoß und beim Erhitzen.

$$S_4N_4 \longrightarrow 4\,S + 2\,N_2 \qquad \Delta H^\circ = -536\,\mathrm{kJ/mol}$$

S_4N_4 ist sehr reaktionsfähig. Mit Lewis-Säuren (BF_3, $SbCl_3$, $SnCl_4$) bildet es Addukte, mit naszierendem Wasserstoff entsteht Tetraschwefel-tetraimid $S_4(NH)_4$.

S_4N_4 entsteht durch Lösen von Schwefel in flüssigem NH_3, präparativ kann es aus gasförmigem S_2Cl_2 und NH_4Cl bei 160 °C hergestellt werden.

Das S_4N_4-Molekül hat eine Käfigstruktur (Abb. 4.24). Die S—N-Abstände sind gleich groß, es liegen delokalisierte π-Bindungen vor, so dass die S-Atome die Oxidationszahl +3 haben.

$$\begin{array}{ccc} \overline{N}{=}\overline{S}{=}\overline{N} \\ | \qquad\quad | \\ |S| \qquad |S| \\ | \qquad\quad | \\ \underline{N}{=}\underline{S}{=}\underline{N} \end{array} \quad\longleftrightarrow\quad \begin{array}{ccc} \overline{N}{-}\underline{\overline{S}}{-}\overline{N} \\ \| \qquad\quad \| \\ |S \qquad\quad S| \\ \| \qquad\quad \| \\ \underline{N}{-}\overline{\underline{S}}{-}\underline{N} \end{array}$$

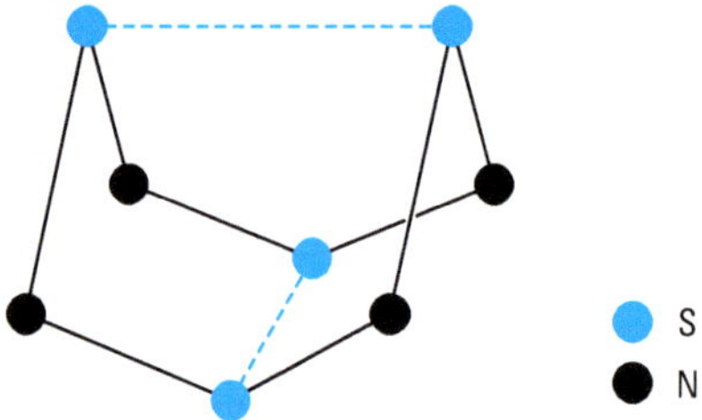

Abbildung 4.24 Käfigstruktur von S_4N_4.
Die Abstände zwischen den gegenüberliegenden S-Atomen sind wesentlich kleiner (258 pm) als die van-der-Waals-Abstände (360 pm). Die Käfigstruktur wird durch S—S-Teilbindungen stabilisiert. (Vergleiche die isotype Struktur von As_4S_4 in Abb. 4.30).

Polyschwefel-polynitrid $(SN)_n$ ist bronzefarben, diamagnetisch und schmilzt bei 130 °C. Es besteht aus gewinkelten Ketten.

$$-\underline{S}\diagup\overline{N}=\overline{S}\diagdown\underline{N}-\underline{S}\diagup \quad \leftrightarrow \quad =\underline{S}\diagup\overline{N}-\overline{S}\diagdown\underline{N}=\underline{S}\diagup$$

Entlang der Ketten existiert metallische Leitfähigkeit.

4.6.10 Oxide des Phosphors

Die Phosphoroxide sind im Gegensatz zu den Stickstoffoxiden exotherme Verbindungen.

Phosphor(III)-oxid P_4O_6

P_4O_6 entsteht bei der Oxidation von Phosphor mit der stöchiometrischen Menge Sauerstoff als sublimierbare, wachsartige, giftige Masse (Smp. 24 °C).

$$P_4 + 3\,O_2 \longrightarrow P_4O_6 \qquad \Delta H^\circ_B = -1\,641 \text{ kJ/mol}$$

Die Struktur lässt sich aus dem P_4-Molekül ableiten; die P—P-Bindungen sind durch P—O—P-Bindungen ersetzt (Abb. 4.25). Phosphor(III)-oxid besteht in allen Phasen

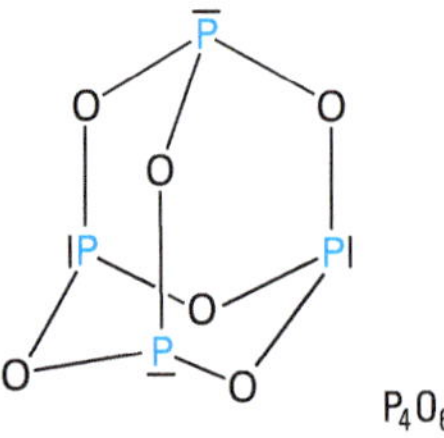

Abbildung 4.25 Struktur von P_4O_6.

und auch in Lösung aus P_4O_6-Molekülen. Bei 25 °C ist P_4O_6 an der Luft beständig, bei 70 °C verbrennt es zu P_4O_{10}. Nur mit kaltem Wasser erfolgt Reaktion zu Phosphonsäure, dessen Anhydrid P_4O_6 ist.

$$P_4O_6 + 6\,H_2O \longrightarrow 4\,H_2PHO_3$$

Mit heißem Wasser entsteht außerdem P, PH_3 und H_3PO_4.

Phosphor(V)-oxid P_4O_{10}

P_4O_{10} entsteht bei der Verbrennung von Phosphor in überschüssigem Sauerstoff als weißes, geruchloses Pulver, das bei 359 °C sublimiert.

$$P_4 + 5\,O_2 \longrightarrow P_4O_{10} \qquad \Delta H^\circ_B = -2\,986\ \mathrm{kJ/mol}$$

Die Struktur leitet sich ebenfalls vom P_4-Tetraeder ab. Jedes P-Atom ist tetraedrisch von Sauerstoffatomen umgeben (Abb. 4.26). Das P-Atom bildet vier tetraedrische polare $P^+ — ^-O$-σ-Bindungen und eine Mehrzentren-π-Bindung zum terminalen O-Atom (siehe Abschn. 2.2.12 Molekülorbitale, Hyperkonjugation).

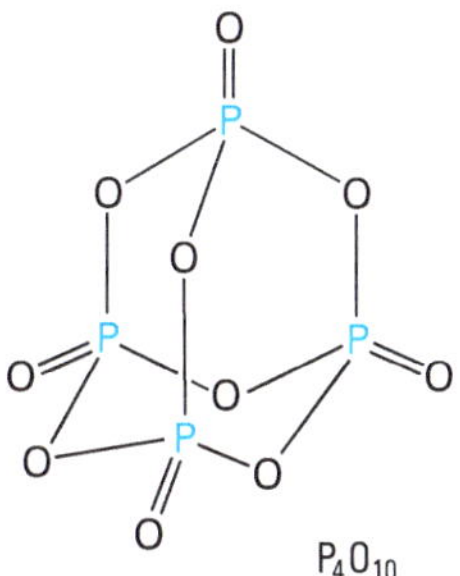

Abbildung 4.26 Struktur des Moleküls P_4O_{10}.

Häufig werden für Phosphor-Sauerstoff-Verbindungen klassische Lewis-Formeln mit „Doppelbindungen" zwischen Phospor- und O-Atom geschrieben. Dabei steht der zweite Valenzstrich für die Mehrzentren-π-Bindung und *nicht* für eine *2-Zentren-2-Elektronen-π-Doppelbindung.*

P_4O_{10} reagiert mit Wasser äußerst heftig über Zwischenstufen (vgl. S. 536) zu Orthophosphorsäure.

$$P_4O_{10} + 6\,H_2O \longrightarrow 4\,H_3PO_4 \qquad \Delta H^\circ = -378\ \mathrm{kJ/mol}$$

P_4O_{10} ist eine der wirksamsten wasserentziehenden Substanzen und dient als Trockenmittel und zur Darstellung von Säureanhydriden. An Luft zerfließt P_4O_{10} zu einem sirupösen Gemisch von Phosphorsäuren. Im Gegensatz zu N_2O_5 ist P_4O_{10} kein Oxidationsmittel.

Durch Erhitzen im abgeschlossenen System auf 450 °C wandelt sich das aus P_4O_{10}-Molekülen aufgebaute Phosphor(V)-oxid nacheinander in zwei polymere Formen mit einer Schichtstruktur und einer Raumnetzstruktur um.

Struktur der Schicht:

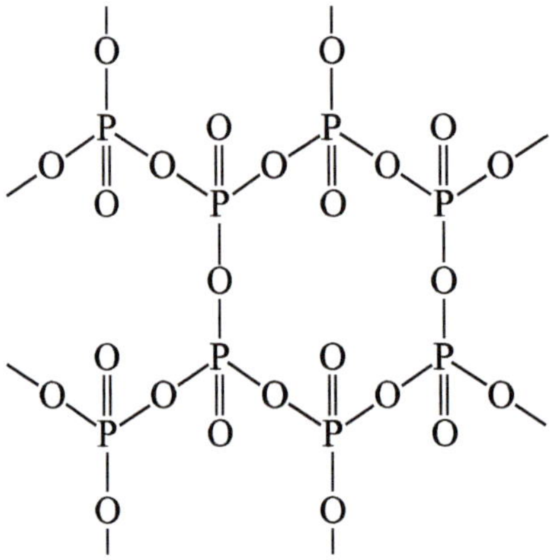

Das **Phosphor(V)-oxid P_4O_{18}** entsteht durch eine Addition von vier Ozonmolekülen an P_4O_6.

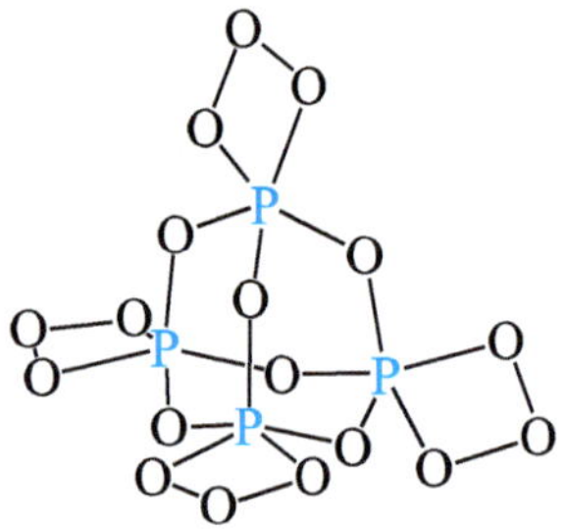

Die **Phosphor(III,V)-oxide** P_4O_7, P_4O_8 und P_4O_9 entstehen durch kontrollierte Oxidation oder thermische Disproportionierung von P_4O_6 und bei der Reduktion von P_4O_{10} mit rotem Phosphor. Man erhält die Molekülstrukturen aus P_4O_{10}-Molekülen durch Entfernung exoständiger O-Atome. Bekannt und strukturell untersucht sind auch Oxidsulfide und Oxidselenide, z. B. $P_4O_6S_x$ und $P_4O_6Se_x$ mit $x = 1, 2, 3$ (siehe auch S. 544).

4.6.11 Sauerstoffsäuren des Phosphors

Einen Überblick über die Sauerstoffsäuren des Phosphors und ihre Strukturen enthält Tab. 4.18.

Bevor die wichtigsten Phosphorsäuren und ihre Salze im Einzelnen besprochen werden, sei auf einige Besonderheiten der Phosphorsäuren hingewiesen.

Tabelle 4.18 Sauerstoffsäuren des Phosphors

Oxidations-zahl	+1	+2	+3	+4	+5	+5
H_3PO_n Monophosphorsäuren	HPH_2O_2 Phosphinsäure		H_2PHO_3 Phosphonsäure		H_3PO_4 Phosphorsäure	H_3PO_5 Peroxophosphorsäure
	$HO{-}P({=}O)(H){-}H$		$HO{-}P({=}O)(H){-}OH$		$HO{-}P({=}O)(OH){-}OH$	$HO{-}P({=}O)(OH){-}O{-}OH$
$H_4P_2O_n$ Diphosphorsäuren		$H_2P_2H_2O_4$ Hypodiphosphonsäure	$H_2P_2H_2O_5$ Diphosphonsäure	$H_4P_2O_6$ Hypodiphosphorsäure	$H_4P_2O_7$ Diphosphorsäure	$H_4P_2O_8$ Peroxodiphosphorsäure
		$H{-}P({=}O)(OH){-}P({=}O)(OH){-}H$	$H{-}P({=}O)(OH){-}O{-}P({=}O)(OH){-}H$	$HO{-}P({=}O)(OH){-}P({=}O)(OH){-}OH$	$HO{-}P({=}O)(OH){-}O{-}P({=}O)(OH){-}OH$	$HO{-}P({=}O)(OH){-}O{-}O{-}P({=}O)(OH){-}OH$
			$H_3P_2HO_5$ Diphosphor-(II, IV)-säure	$H_3P_2HO_6$ Diphosphor-(III, V)-säure	↓ Kondensation	
			$H{-}P({=}O)(OH){-}P({=}O)(OH){-}OH$	$H{-}P({=}O)(OH){-}O{-}P({=}O)(OH){-}OH$		
					Metaphosphorsäuren $(HPO_3)_n$, Ringe	Polyphosphorsäuren $H_{n+2}P_nO_{3n+1}$, Ketten
				Beispiele $n = 3$	Ring aus drei $P({=}O)(OH)$-Einheiten, verbrückt durch O	$HO{-}P({=}O)(OH){-}O{-}P({=}O)(OH){-}O{-}P({=}O)(OH){-}OH$
					Trimetaphosphorsäure	Triphosphorsäure

Ist am P-Atom ein freies Elektronenpaar vorhanden, isomerisiert sich eine P—OH-Gruppe.

$$>\overline{P}\text{—OH} \longrightarrow >\overset{\overset{\displaystyle H}{|}}{P}\text{=O}$$

In den Phosphorsäuren sind die P-Atome daher tetraedrisch koordiniert. Die sauren Eigenschaften der Phosphorsäuren sind durch die P—OH-Gruppen bedingt.

$$\geqslant P\text{—OH} + H_2O \rightleftharpoons \geqslant PO^- + H_3O^+$$

Die P—H-Bindung protolysiert in Wasser nicht, die am P-Atom gebundenen H-Atome können nicht titriert werden. Demnach ist z. B. die Phosphonsäure H_3PO_3 nur eine zweibasige Säure. Dies kann man mit der Schreibweise H_2PHO_3 zum Ausdruck bringen.

Phosphorsäuren und saure Phosphate kondensieren (vgl. S. 537) in vielfältiger Weise. In den kondensierten Phosphorsäuren und Phosphaten gibt es drei verschiedene Gruppen.

$$\begin{array}{ccc} \begin{array}{c} O^{\ominus} \\ | \\ {}^{\ominus}O\text{—}P\text{—}O\text{—} \\ \| \\ O \end{array} & \begin{array}{c} O^{\ominus} \\ | \\ \text{—}O\text{—}P\text{—}O\text{—} \\ \| \\ O \end{array} & \begin{array}{c} | \\ O \\ | \\ \text{—}O\text{—}P\text{—}O\text{—} \\ \| \\ O \end{array} \\ \text{Endgruppe} & \text{Kettenglied} & \text{Verzweigungsgruppe} \end{array}$$

Polyphosphate enthalten Kettenglieder und Endgruppen. Metaphosphate bestehen nur aus Kettengliedern, da sie ringförmig gebaut sind. Sind Verzweigungsgruppen vorhanden, spricht man von Ultraphosphaten. Die endständigen OH-Gruppen der kettenförmigen Polyphosphorsäuren sind schwach, die mittelständigen stark protolysiert. Die cyclischen Metaphosphorsäuren sind relativ starke Säuren.

Als Lebensmittelzusatzstoffe dürfen Phosphorsäure (E 338), Natriumphosphat (E 339), Kaliumphosphat (E 340), Calciumphosphate (E 341), Na-, K-, Ca-Diphosphate (E 450), Na-, K-Triphosphate (E 451) und –Polyphosphate eingesetzt werden. Sie wirken als Konservierungsmittel, Säuerungsmittel, Säureregulator, Emulgator, Stabilisator und Geschmacksverstärker. Nahrungsmittel mit Phosphatzusätzen finden sich vor allem bei "fast food" und Fertigprodukten. Ihr Verzehr führt zu der steigenden Phosphataufnahme, so dass sich die geschätzte tägliche Zufuhr an phosphathaltigen Lebensmittelzusatzstoffen seit den 1990er Jahren von knapp 500 mg/Tag auf 1 000 mg/Tag verdoppelt hat. Phosphatzusätze in Nahrungsmitteln können ein Gesundheitsrisiko darstellen.

Das Redoxverhalten der Phosphor-Sauerstoffsäuren und ihrer Salze ist in den folgenden Potentialdiagrammen dargestellt (Redoxpotentiale in V).

$$\text{pH} = 0 \qquad H_3PO_4 \xrightarrow{-0{,}28} H_3PO_3 \xrightarrow{-0{,}50} H_3PO_2 \xrightarrow{-0{,}50} P_4 \xrightarrow{-0{,}06} PH_3$$

$$H_3PO_3 \xrightarrow{-0{,}50} P_4$$

$$\text{pH} = 14 \qquad PO_4^{3-} \xrightarrow{-1{,}12} HPO_3^{2-} \xrightarrow{-1{,}65} H_2PO_2^{-} \xrightarrow{-1{,}82} P_4 \xrightarrow{-0{,}89} PH_3$$

$$HPO_3^{2-} \xrightarrow{-1{,}71} P_4$$

Das Oxidationsvermögen ist in saurer, das Reduktionsvermögen in alkalischer Lösung größer. Bei jedem pH-Wert ist Phosphor das stärkste Oxidationsmittel. In alkalischer Lösung sind die stärksten Reduktionsmittel Phosphor, gefolgt von Phosphinat und Phosphonat. Phosphor disproportioniert bei jedem pH-Wert.

Orthophosphorsäure H_3PO_4

H_3PO_4 bildet farblose Kristalle (Smp. 42 °C), die sich gut in Wasser lösen. Konzentrierte Lösungen sind sirupös, da die H_3PO_4-Moleküle – wie auch im festen Zustand – durch Wasserstoffbrücken vernetzt sind. Reine flüssige Phosphorsäure hat die höchste intrinsische Protonenleitfähigkeit. Der Protonentransfer erfolgt kooperativ über Ketten von bis zu fünf H_3PO_4-Molekülen. Handelsüblich ist Phosphorsäure mit einem Massenanteil an H_3PO_4 von 85 %.

H_3PO_4 ist eine mittelstarke dreibasige Säure, sie bildet daher drei Reihen von Salzen.

$\overset{+1}{M}H_2PO_4$	**Dihydrogenphosphate**	(primäre Phosphate)
$\overset{+1}{M}_2HPO_4$	**Hydrogenphosphate**	(sekundäre Phosphate)
$\overset{+1}{M}_3PO_4$	**Orthophosphate**	(tertiäre Phosphate)

Das PO_4^{3-}-Ion ist tetraedrisch gebaut, die Sauerstoffatome sind gleichartig gebunden. Die Bindungen lassen sich mit vier polaren $P^+—^-O$-σ-Bindungen und einer delokalisierten π-Bindung deuten (vgl. S. 169). Das PO_4^{3-}-Ion ist isoelektronisch mit SO_4^{2-} und ClO_4^-.

Als säuernder Zusatzstoff ist Orthophosphorsäure in Coffein-haltigen Erfrischungsgetränken zugelassen (bis 0,7 g/l).

Technisch verwendet wird Orthophosphorsäure zur Zinkphosphatierung, dem wichtigsten Korrosionsschutz von Stählen. Die Phosphatierlösungen enthalten neben H_3PO_4 hauptsächlich Zn-Salze. Die Phosphatierung erfolgt bei 45 – 70 °C mit Tauch- oder Spritzverfahren in 2 – 5 Minuten. Die schützenden Schichten sind einige nm dick. Bei der Phosphatierung von Stahloberflächen bildet sich Phosphophyllit, $FeZn_2(PO_4)_2 \cdot 4\,H_2O$. Wird, wie in der Automobilindustrie üblich, oberflächenveredelter, verzinkter Stahl eingesetzt, bildet sich Hopeit, $Zn_3(PO_4)_2 \cdot 4\,H_2O$.

Calciumhydrogenphosphate sind wichtige Düngemittel (vgl. S. 540) und werden als Futtermittel verwendet. Na_2HPO_4 findet Verwendung im Lebensmittelbereich und zur Tierernährung, $Ca(H_2PO_4)_2$ als Backpulver und $CaHPO_4 \cdot 2\,H_2O$ in Zahncremes.

H_3PO_4 wird aus natürlich vorkommendem $Ca_3(PO_4)_2$ hergestellt. Auf nassem Wege erfolgt Aufschluss mit verdünnter Schwefelsäure.

$$Ca_3(PO_4)_2 + 3\,H_2SO_4 \longrightarrow 3\,CaSO_4 + 2\,H_3PO_4$$

Auf trockenem Wege wird zunächst weißer Phosphor hergestellt (vgl. S. 503), der mit Luftüberschuss zu P_4O_{10} umgesetzt wird. 2017 wurden weltweit $48 \cdot 10^6$ t H_3PO_4 produziert. Die Hydrolyse von P_4O_{10} führt über die Zwischenstufen Tetrametaphosphorsäure $H_4P_4O_{12}$ und Diphosphorsäure $H_4P_2O_7$ zu H_3PO_4. In der ersten Stufe werden zwei der sechs P—O—P-Brücken im P_4O_{10} hydrolysiert.

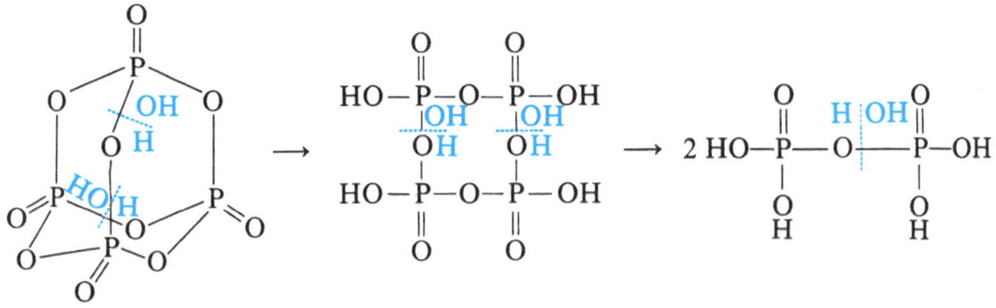

Diphosphorsäure $H_4P_2O_7$

Beim Erhitzen von H_3PO_4 auf Temperaturen über 200 °C erfolgt intermolekulare Wasserabspaltung (Kondensation). Es entstehen Diphosphorsäure und Polyphosphorsäuren.

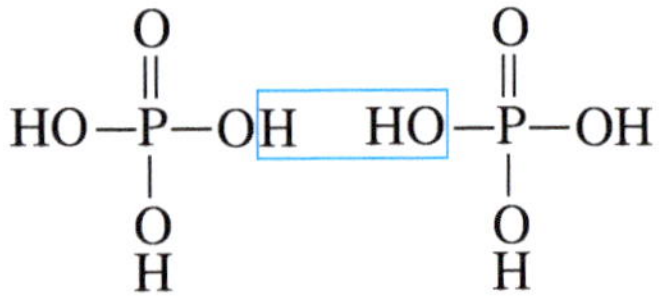

Reine $H_4P_2O_7$-Lösungen erhält man aus $Na_4P_2O_7$ durch H-Ionenaustauscher.

Die wasserfreie Säure ist farblos, glasig. Sie löst sich leicht in Wasser und hydrolysiert zu H_3PO_4. $H_4P_2O_7$ ist eine stärkere Säure als H_3PO_4, als vierprotonige Säure bildet sie Salze des Typs $M_2H_2P_2O_7$ und $M_4P_2O_7$. Diphosphate $M_4P_2O_7$ erhält man durch Erhitzen von Hydrogenphosphaten.

$$2\,M_2HPO_4 \longrightarrow M_4P_2O_7 + H_2O$$

$Na_2H_2P_2O_7$ verwendet man als Backpulver. In fluoridhaltigen Zahncremes wird das gegen Fluorid nicht reaktive $Ca_2P_2O_7$ benutzt.

Polyphosphorsäuren. Metaphosphorsäuren

Beim Erwärmen von H_3PO_4 auf Temperaturen über 300 °C führt die Kondensation zu

Polyphosphorsäuren	$H_{n+2}P_nO_{3n+1}$ mit linearen Ketten,
Ultraphosphorsäuren	$H_{n+2}P_nO_{3n+1}$ mit verzweigten Ketten,
Metaphosphorsäuren	$(HPO_3)_n$ mit ringförmigen Molekülen.

Beispiele:
Durch intermolekulare Kondensation erhält man aus vier H_3PO_4-Molekülen Tetraphosphorsäure $H_6P_4O_{13}$

```
    O          O          O          O
    ||         ||         ||         ||
HO—P—O H   HO—P—O H   HO—P—O H   HO—P—OH  ⟶
    |          |          |          |
    O          O          O          O
    H          H          H          H

    O    O    O    O
    ||   ||   ||   ||
HO—P—O—P—O—P—O—P—OH
    |    |    |    |
    O    O    O    O
    H    H    H    H
```

oder bei kettenverzweigender Kondensation die Ultraphosphorsäure *iso*-Tetraphosphorsäure.

```
    O          O          O                 O    O    O
    ||         ||         ||                ||   ||   ||
HO—P—O H   HO—P—O H   HO—P—OH  ⟶     HO—P—O—P—O—P—OH
    |          |          |                 |    |    |
    O          O          O                 O    O    O
    H          H          H                 H    |    H
               H                              HO—P—OH
               O                                 ||
               |                                 O
           HO—P—OH
               ||
               O
```

Durch intramolekulare Kondensation entsteht aus Tetraphosphorsäure die cyclische Tetrametaphosphorsäure $(HPO_3)_4$.

```
              O
    O         ||
    ||        P—OH
HO—P—O—      |                      O       O
    |         O                      ||      ||
    O         H                HO— P — O — P — OH
    |         H        ⟶           |       |
HO—P          O                     O       O
    ||  \O    |                     |       |
    O     \   P—OH             HO— P — O — P — OH
              ||                    ||      ||
              O                     O       O
```

Polyphosphate und **Metaphosphate** entstehen beim Erhitzen von primären Phosphaten. Während in den cyclischen Metaphosphaten n relativ klein ist ($n = 3-8$) gibt es hochmolekulare Polyphosphate.

Poly- und Metaphosphate sind waschaktive Substanzen, die Schmutz lösen können. Polyphosphate sind ausgezeichnete Emulgatoren für Wasser und Fett. Sie werden als Lebensmittelzusatzstoffe verwendet, z. B. in Schmelzkäse, Speiseeis, ebenso in Brüh- und Fleischwürsten.

Niedermolekulare Polyphosphate werden als Wasserenthärter verwendet, da die Anionen mit Ca^{2+} lösliche Komplexe bilden. **Pentanatriumtriphosphat $Na_5P_3O_{10}$** war Bestandteil von Waschmitteln (Massenanteil bis 40 %). Da es umweltschädigend wirkt (Eutrophierung von Gewässern, siehe Abschn. 4.11), wurde es durch Zeolithe ersetzt (vgl. S. 587). Man erhält es durch Erhitzen von Gemischen aus NaH_2PO_4 und Na_2HPO_4. Textilwaschmittel sind seit den 1990er Jahren komplett phosphatfrei. Maschinengeschirrspülmittel dürfen in der EU seit 2017 keine Phosphate mehr enthalten.

$$2\,Na_2HPO_4 + NaH_2PO_4 \longrightarrow Na_5P_3O_{10} + 2\,H_2O$$

In allen kondensierten Phosphaten sind die PO_4-Tetraeder eckenverknüpft. Man kennt Polyphosphatketten mit je zwei, drei oder vier PO_4-Tetraedern als sich wiederholende Einheiten (Abb. 4.27). Hochmolekulare Polyphosphate verschiedener Struktur und Kettenlänge sind das Graham-, das Madrell- und das Kurrol-Salz. Das folgende Schema zeigt die Beziehungen zwischen diesen Salzen.

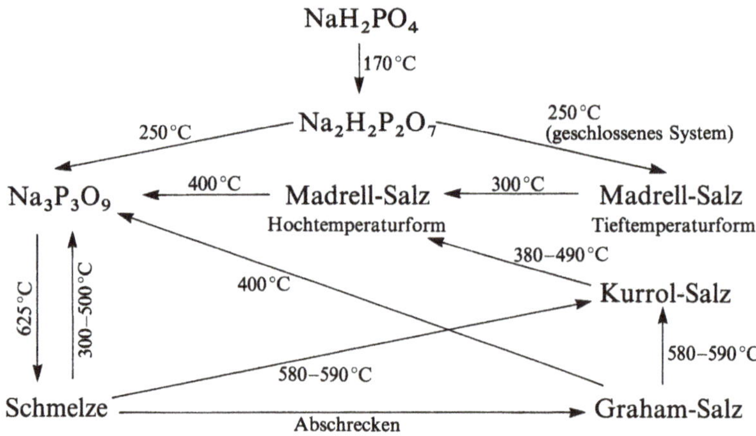

Graham-Salz erhält man durch Erhitzen von NaH_2PO_4 auf 625 °C und Abschrecken der erhaltenen Schmelze. Das glasartige, hygroskopische Salz besteht zu 90 % aus linearen Polyphosphatketten mit $n = 30-90$ und 10 % cyclischem Metaphosphat. Es diente unter dem Handelsnamen Calgon zur Wasserenthärtung.

Madrell-Salz entsteht durch Erhitzen von NaH_2PO_4 oder Tempern von Graham-Salz. Die Tieftemperaturform besteht aus Polyphosphatketten mit $n = 16-32$, sie wandelt sich bei 300 °C in die Hochtemperaturform um, in der Ketten mit $n = 36-72$ vorhanden sind. Die Ketten bestehen aus spiralig angeordneten Dreiereinheiten (Abb. 4.27).

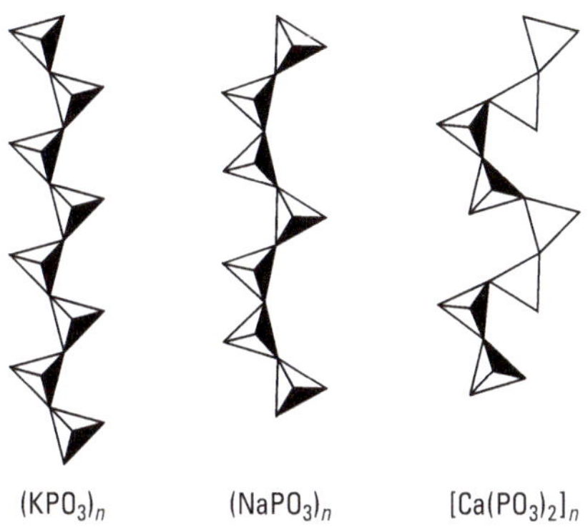

Abbildung 4.27 Struktur von Polyphosphatketten.

Kurrol-Salz entsteht aus geschmolzenem NaH_2PO_4 durch Tempern. Die Polyphosphatketten bestehen aus spiralig angeordneten Verereinheiten.

Alle Kettenphosphate wandeln sich bei 400 °C in cyclisches Trimetaphosphat um.

Phosphinsäure HPH_2O_2

P_4 disproportioniert beim Erwärmen in Wasser.

$$\overset{0}{P}_4 + 6\,H_2O \longrightarrow \overset{-3}{P}H_3 + 3\,H\overset{+1}{P}H_2O_2$$

In Gegenwart von $Ba(OH)_2$ wird das Gleichgewicht nach rechts verschoben und es kann Bariumphosphinat $Ba(PH_2O_2)_2$ isoliert werden. Mit H_2SO_4 erhält man daraus die Säure.

Die reine Säure bildet weiße Blättchen (Smp. 26 °C). Es ist eine mittelstarke, einbasige Säure und ein stärkeres Reduktionsmittel als Phosphonsäure.

$$H_2PHO_3 + 2\,H_3O^+ + 2\,e^- \longrightarrow HPH_2O_2 + 3\,H_2O \qquad E° = -0{,}50\,V$$

Beim Erwärmen disproportioniert Phosphinsäure.

$$3\,H\overset{+1}{P}H_2O_2 \xrightarrow{130-140\,°C} \overset{-3}{P}H_3 + 2\,H_2\overset{+3}{P}HO_3$$

Phosphonsäure H_2PHO_3

H_2PHO_3 erhält man durch Hydrolyse von PCl_3.

$$PCl_3 + 3\,H_2O \longrightarrow H_2PHO_3 + 3\,HCl$$

Die reine Säure bildet farblose Kristalle (Smp. 70 °C). Sie ist zweibasig und es leiten sich von ihr Hydrogenphosphonate $MHPHO_3$ und Phosphonate M_2PHO_3 ab. Wie alle Verbindungen mit Phosphor der Oxidationszahl +3 sind H_2PHO_3 und ihre Salze starke Reduktionsmittel.

$$2\,Ag^+ + \overset{+3}{P}HO_3^{2-} + H_2O \longrightarrow H_3\overset{+5}{P}O_4 + 2\,Ag$$

Beim Erhitzen erfolgt Disproportionierung.

$$4\,H_2\overset{+3}{P}HO_3 \xrightarrow{200\,^\circ C} 3\,H_3\overset{+5}{P}O_4 + \overset{-3}{P}H_3$$

Peroxophosphorsäuren

Peroxodiphosphate entstehen durch (anodische) Oxidation von Phosphatlösungen.

$$2\,PO_4^{3-} \longrightarrow P_2O_8^{4-} + 2\,e^-$$

$K_4P_2O_8$ ist in festem Zustand beständig.

Peroxomonophosphorsäure erhält man durch Hydrolyse von Peroxodiphosphorsäure.

$$H_4P_2O_8 + H_2O \longrightarrow H_3PO_5 + H_3PO_4$$

Die Peroxophosphorsäuren sind unbeständig und gehen leicht unter Sauerstoffabspaltung in Phosphorsäure über, sie wirken daher oxidierend.

Phosphathaltige Düngemittel

Phosphate sind wichtige Düngemittel. Der größte Phosphatverbraucher ist mit 85 % der produzierten Phosphate die Düngemittelindustrie. Man verwendet entweder Calcium- oder Ammoniumphosphate (Weltverbrauch 2018 40,6 · 10^6 t, berechnet als P_2O_5).

Die in der Natur vorkommenden Phosphaterze, bei denen es sich hauptsächlich um Hydroxylapatit, $Ca_5(PO_4)_3OH$ handelt, sind unlöslich und müssen in eine lösliche Verbindung umgewandelt werden. Durch Aufschließen mit halbkonzentrierter Schwefelsäure erhält man lösliches $Ca(H_2PO_4)_2$ und wenig lösliches $CaSO_4$. Dieses Gemisch heißt „Superphosphat".

$$Ca_3(PO_4)_2 + 2\,H_2SO_4 \longrightarrow Ca(H_2PO_4)_2 + 2\,CaSO_4$$

Zur Herstellung von Superphosphat wird etwa 60 % der Welterzeugung von Schwefelsäure verbraucht.

Erfolgt der Aufschluss mit H_3PO_4, entsteht „Doppelsuperphosphat", das keine inaktiven $CaSO_4$-Beimengungen enthält.

$$Ca_3(PO_4)_2 + 4\,H_3PO_4 \longrightarrow 3\,Ca(H_2PO_4)_2$$

Besonders bei $CaCO_3$-reichen Phosphaten ist dieses Verfahren vorteilhaft, da auch das $CaCO_3$ in lösliches Phosphat überführt wird.

$$CaCO_3 + 2\,H_3PO_4 \longrightarrow Ca(H_2PO_4)_2 + CO_2 + H_2O$$

Beim Aufschluss auf trockenem Wege wird $Ca_3(PO_4)_2$ mit Soda, Kalk und Alkalisilicaten bei 1100 – 1200 °C im Drehrohrofen gesintert. Das gebildete „Glühphosphat" besteht aus $3\,CaNaPO_4 \cdot Ca_2SiO_4$ („Rhenaniaphosphat"). Es ist ein Langzeitdünger, da er nicht wasserlöslich ist und nur allmählich durch organische Säuren, die von den Pflanzenwurzeln geliefert werden, gelöst wird.

Diammoniumhydrogenphosphat $(NH_4)_2HPO_4$ ist Bestandteil von Mischdüngern wie „Hakaphos" (Harnstoff, KNO_3, $(NH_4)_2HPO_4$), „Leunaphos" ($(NH_4)_2SO_4$, $(NH_4)_2HPO_4$) und „Nitrophoska" ($(NH_4)_2SO_4$, KNO_3, $(NH_4)_2HPO_4$). Es wird durch Einleiten von NH_3 in H_3PO_4 hergestellt.

$$H_3PO_4 + 2\,NH_3 \longrightarrow (NH_4)_2HPO_4$$

4.6.12 Halogenverbindungen des Phosphors

Phosphor reagiert mit allen Halogenen. Eine Übersicht über die Halogenverbindungen des Phosphors enthält Tab. 4.19.

Tabelle 4.19 Halogenverbindungen des Phosphors

Verbindungstyp	F	Cl	Br	I
Phosphor-pentahalogenide PX_5	farbloses Gas $\Delta H^\circ_B = -1597\,kJ/mol$	farblose Kristalle	rotgelbe Kristalle	schwarze Kristalle?
Phosphor-trihalogenide PX_3	farbloses Gas $\Delta H^\circ_B = -946\,kJ/mol$	farblose Flüssigkeit $\Delta H^\circ_B = -320\,kJ/mol$	farblose Flüssigkeit $\Delta H^\circ_B = -199\,kJ/mol$	rote Kristalle $\Delta H^\circ_B = -46\,kJ/mol$
Phosphor-tetrahalogenide P_2X_4	farbloses Gas	farblose Flüssigkeit $\Delta H^\circ_B = -444\,kJ/mol$	–	hellrote Kristalle $\Delta H^\circ_B = -83\,kJ/mol$

Die Beständigkeit der Phosphorhalogenide nimmt in Richtung Iod ab.
Es gibt außerdem zahlreiche gemischte Halogenide, sowie Halogenidoxide und Halogenidsulfide.

Struktur der Moleküle:

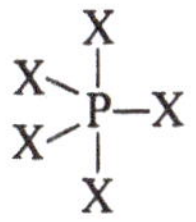

PX_5	PX_3	P_2X_4	POX_3
trigonale Bipyramide	trigonale Pyramide	*trans*-Konformation mit P—P-Einfachbindung	verzerrtes Tetraeder

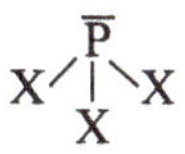

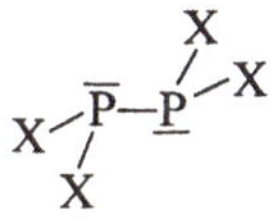

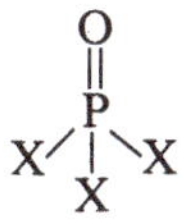

Pentahalogenide

PF_5 ist ein farbloses, hydrolyseempfindliches Gas, das man durch Chlor-Fluor-Austausch aus PCl_5 mit AsF_5 herstellt. Intermediär treten die gemischten Halogenide PCl_nF_{5-n} auf. Die elektronegativeren Atome besetzen im Molekül die axialen Positionen. PF_5 ist eine starke Lewis-Säure und reagiert mit F^- zu PF_6^--Ionen.

Mit überschüssigem Cl_2 bzw. Br_2 reagiert weißer Phosphor oder das Trihalogenid zu weißem kristallinen **PCl_5** bzw. rotgelbem kristallinen **PBr_5**.

$$PCl_3 + Cl_2 \longrightarrow PCl_5 \qquad \Delta H^\circ = -124\,\text{kJ/mol}$$
$$\tfrac{1}{4}P_4 + \tfrac{5}{4}Cl_2 \longrightarrow PCl_5 \qquad \Delta H^\circ = -444\,\text{kJ/mol}$$

Im festen Zustand sind beide Verbindungen salzartig gebaut. Sie bestehen aus den Ionen $[PCl_4]^+[PCl_6]^-$ bzw. $[PBr_4]^+Br^-$. Eine metastabile PCl_5-Modifikation enthält die Ionen $[PCl_4]^+$, $[PCl_6]^-$ und Cl^-. Für **PI_5** wird ebenfalls die Zusammensetzung $[PI_4]^+I^-$ postuliert, die Existenz von PI_5 ist jedoch fraglich. Existent ist aber das Tetraiodidophosphoniumkation PI_4^+ in der Verbindung $[PI_4]^+[AsF_6]^-$. PCl_5-Moleküle treten im Gaszustand und in unpolaren Lösungsmitteln auf. PBr_5 ist in der Gasphase in PBr_3 und Br_2 dissoziiert, in nichtpolaren Lösungsmitteln tritt teilweise Dissoziation ein. PCl_5 sublimiert bei 159 °C, bei höheren Temperaturen zersetzt es sich reversibel zu PCl_3 und Cl_2. Es wird als Chlorierungsmittel benutzt. Mit P_4O_{10} erhält man Phosphorylchlorid $POCl_3$.

$$6\,PCl_5 + P_4O_{10} \longrightarrow 10\,POCl_3$$

PCl_5 ist eine Lewis-Säure und reagiert mit Chloriddonatoren zu oktaedrischen PCl_6^--Ionen.

Die Pentahalogenide hydrolysieren leicht zu H_3PO_4 und HX.

$$PCl_5 + H_2O \longrightarrow POCl_3 + 2\,HCl$$
$$POCl_3 + 3\,H_2O \longrightarrow H_3PO_4 + 3\,HCl$$

$POCl_3$ ist eine farblose, toxische Flüssigkeit (Sdp. 105 °C), die man technisch durch Oxidation von PCl_3 mit Sauerstoff herstellt. Aus $POCl_3$ wird Tri-n-butylphosphat (TBP, $(C_4H_9O)_3PO$) synthetisiert, das ein selektives Lösemittel ist und z. B. zur Trennung von Uran- und Plutoniumverbindungen verwendet wird.

$PSCl_3$ ist Ausgangsprodukt für die Synthese von Insektiziden.

Trihalogenide

PCl_3, PBr_3 und PI_3 können aus den Elementen hergestellt werden. PF_3 kann durch Fluorierung aus PCl_3 synthetisiert werden.

$$PCl_3 + 3\,HF \longrightarrow PF_3 + 3\,HCl$$

Die Trihalogenide hydrolysieren leicht zu Phosphonsäure.

$$PX_3 + 3\,H_2O \longrightarrow H_2PHO_3 + 3\,HX$$

4.6.13 Schwefel-Phosphor-Verbindungen

Bekannt sind die binären Sulfide: $\mathbf{P_4S_n}$ mit $n = 3-10$ und catena-α- und -β-P_2S_7. Es sind thermisch beständige Verbindungen. Die meisten können aus Schmelzen der Elemente hergestellt werden. Die Strukturen der Moleküle P_4S_n leiten sich von P_4-Tetraedern ab (Abb. 4.28), aber nur einige sind den Oxiden analog (vgl. Abschn. 4.6.10). P_4S_{10} wird zur Herstellung von Insektiziden und Schmierölzusätzen gebraucht. In den schwefelreichsten Sulfiden des Phosphors catena-α- und -β-P_2S_7 sind zwei PS_4-Tetraeder über eine gemeinsame Kante zu P_2S_6-Doppeltetraedern verknüpft, die dann durch ein zusätzliches S-Atom, d. h. unter Bildung von S-S-S-Einheiten, zu Ketten verbunden werden.

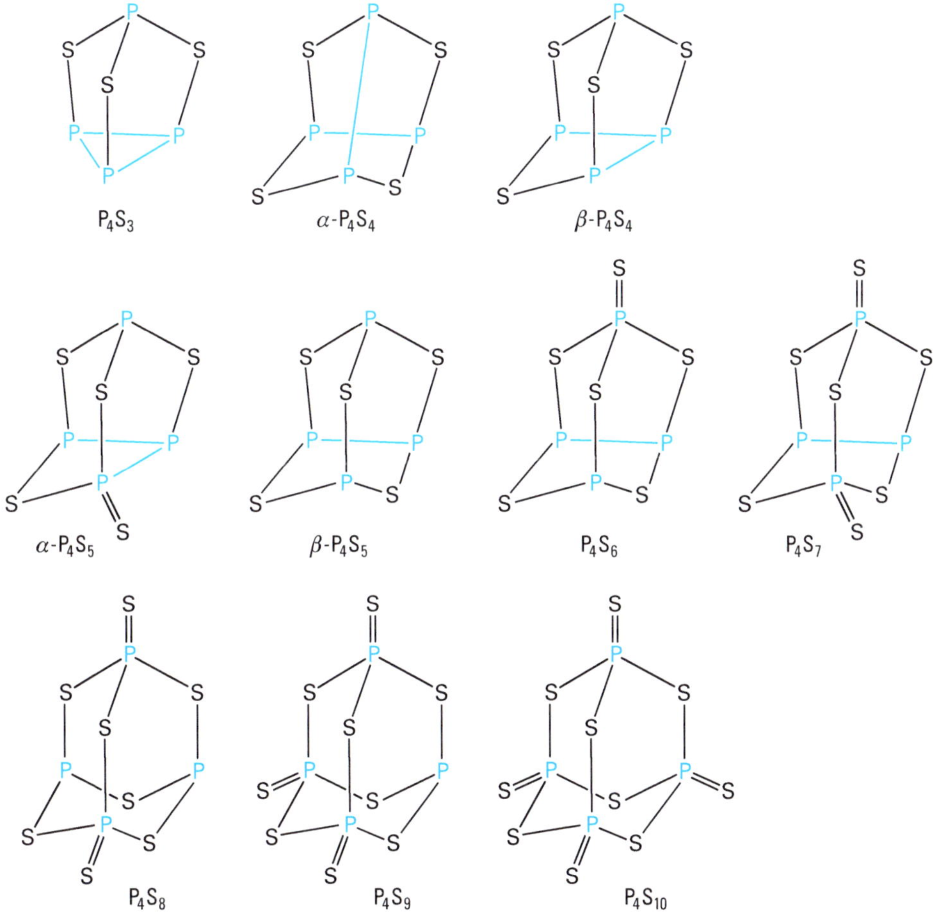

Abbildung 4.28 Struktur der Phosphorsulfide P_4S_n ($n = 3-10$).

Man kennt auch Oxidsulfide des Phosphors, z. B. $P_4O_6S_4$ und $P_4O_3S_6$ (Abb. 4.29, siehe auch S. 532).

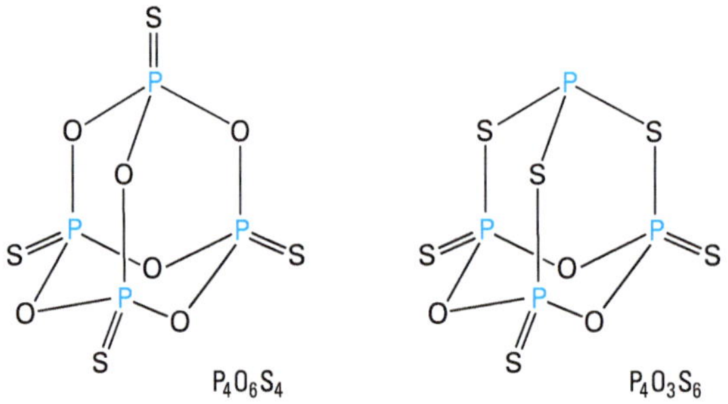

$P_4O_6S_4$ $P_4O_3S_6$

Abbildung 4.29 Struktur der Phosphoroxidsulfide $P_4O_6S_4$ und $P_4O_3S_6$.

4.6.14 Phosphor-Stickstoff-Verbindungen

In der Verbindung $Li_{10}P_4N_{10}$ sind $\mathbf{P_4N_{10}^{10-}}$-Ionen vorhanden, die wie P_4O_{10} und P_4S_{10} gebaut sind.

Die endständigen P—N-Abstände sind kürzer als die in den P—N—P-Brücken.

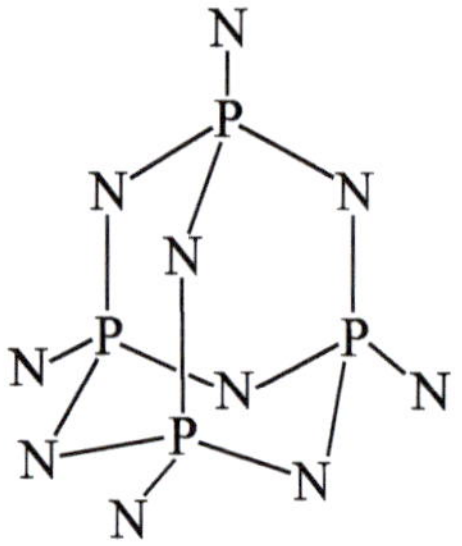

Zwischen Phosphor(V)-nitriden und Silicaten (vgl. Abschn. 4.7.10.1) existieren strukturchemische Analogien. Im $\mathbf{LiPN_2}$ und $\mathbf{HPN_2}$ hat $[PN_2^-]$ eine dem β-Cristobalit isostere Struktur. PN_4-Tetraeder sind über gemeinsame Ecken zu einer Raumnetzstruktur verknüpft. Im $\mathbf{Li_4PN_3}$ gibt es Dreierringe aus eckenverknüpften PN_4-Tetraedern, analog den Cyclotrisilicaten, im $\mathbf{Ca_2PN_3}$ Ketten aus eckenverknüpften PN_4-Tetraedern, analog den Kettensilicaten. $\mathbf{Li_7PN_4}$ ist aus isolierten PN_4^{7-}-Ionen aufgebaut, die mit SiO_4^{4-}-Baugruppen isoelektronisch sind. Eine dem Sodalith $Na_8[Al_6Si_6O_{24}]Cl_2$ (vgl. Abb. 4.41) analoge Struktur existiert in der Verbindung $\mathbf{Zn_7[P_{12}N_{24}]Cl_2}$. Im Zentrum des β-Käfigs befindet sich ein Cl^--Ion, das von Zn^{2+}-Ionen tetraedrisch umgeben ist (1/8 der Zn-Plätze ist statistisch unbesetzt). Analoge Nitridosodalithe gibt es auch mit Fe, Co, Ni, Mn und Br, I. Eine aufgefüllte Variante dazu sind die Nitridosodalithe $Zn_8[P_{12}N_{24}]X_2$ mit X = O, S, Se.

Die bekanntesten Phosphor-Stickstoff-Verbindungen sind die **Phosphazene**. Sie enthalten das Strukturelement $—N{=}P\leqslant$. **Phosphornitriddichloride** (Chlorophosphazene) $\mathbf{(NPCl_2)_n}$ entstehen aus PCl_5 und NH_4Cl im Autoklaven bei 120 °C.

$$n\,PCl_5 + n\,NH_4Cl \longrightarrow (—N{=}PCl_2–)_n + 4n\,HCl$$

Es entstehen cyclische Verbindungen und kettenförmige Moleküle. Die cyclischen Verbindungen mit $n = 3-8$ sind destillierbare, bei Raumtemperatur feste, farblose Verbindungen. $(NPCl_2)_3$ schmilzt bei 113 °C, siedet bei 256 °C und besteht aus planaren Sechsringen mit Bindungswinkeln von 120° und gleichen P—N-Abständen.

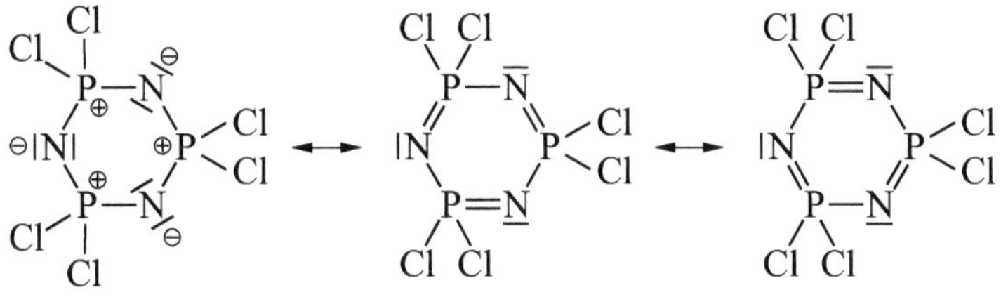

Im P_3N_3-Ring liegt aber nicht wie im Benzol ein aromatisches System mit vollständig delokalisierten π-Bindungen vor. Die π-Elektronen sind an den elektronegativeren N-Atomen in den polaren Gruppen $—P^+—N^-—P^+–$ und teilweise in Mehrzentrenbindungen lokalisiert. Die Mehrzentrenbindung entsteht durch Kombination des p_π-Orbitals des N-Atoms mit leeren antibindenden Orbitalen der benachbarten P-Atome (siehe Abschn. 2.2.12 Molekülorbitale, Hyperkonjugation).

Die polymeren, kettenförmigen Moleküle $(NPCl_2)_n$ sind aus spiraligen Ketten aufgebaut.

Durch Erhitzen niedermolekularer cyclischer Phosphornitriddichloride auf 300 °C bilden sich Moleküle mit Kettenlängen bis $n = 15\,000$. Das hochpolymere $(NPCl_2)_n$ besitzt kautschukartige Eigenschaften („anorganischer Kautschuk"), ist aber hydrolyseempfindlich.

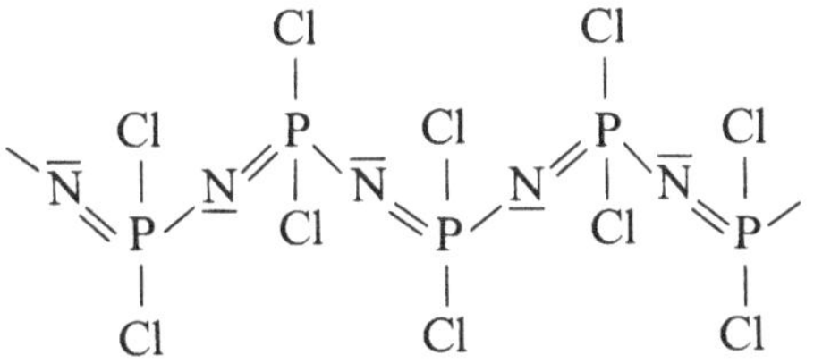

Aus den Chlorophosphazenen lassen sich durch Substitution der Cl-Atome zahlreiche andere Verbindungen $(NPX_2)_n$ (X = F, Br, SCN, NR_2, CH_3, C_6H_5, OR) herstellen. Ersetzt man im polymeren $(NPCl_2)_n$ Cl durch OR, NR_2, R oder kettenverbindende Gruppen wie —NR—, —O—, so erhält man hydrolysebeständige Materialien, die gummielastisch bis glashart sind und zu Fasern, Geweben, Folien, Schläuchen und Röhren verarbeitet werden. Verbindungen $(NPX_2)_n$ mit Substituenten wie

OCH_2CF_3 greifen organische Gewebe nicht an; aus ihnen werden Organersatzteile hergestellt.

Ersetzt man in den Phosphazenen jedes dritte P-Atom durch ein C- bzw. S-Atom erhält man Carbophosphazene bzw. Thiophosphazene.

4.6.15 Verbindungen des Arsens

4.6.15.1 Sauerstoffverbindungen des Arsens

Die wichtigsten Verbindungen sind:

Oxide		Oxosäuren	
Arsen(III)-oxid	As_2O_3	Arsenige Säure	H_3AsO_3
Arsen(V)-oxid	As_2O_5	Arsensäure	H_3AsO_4
Arsen(III,V)-oxid	As_2O_4		

Arsen(III)-Verbindungen

Arsen(III)-oxid As_2O_3 (Arsenik) entsteht als sublimierbares, weißes Pulver beim Verbrennen von As an der Luft oder technisch beim Abrösten arsenhaltiger Erze.

$$2\,As + 1{,}5\,O_2 \longrightarrow As_2O_3 \qquad \Delta H_B^\circ = -657\ kJ/mol$$
$$2\,FeAsS + 5\,O_2 \longrightarrow As_2O_3 + Fe_2O_3 + 2\,SO_2$$

Es kristallisiert in zwei Modifikationen, die auch in der Natur vorkommen. Das etwas stabilere kubische As_2O_3 (Arsenolith) wandelt sich bei 180 °C in das monokline As_2O_3 (Claudetit) um.

$$As_2O_{3\,\mathrm{kubisch}} \rightleftharpoons As_2O_{3\,\mathrm{monoklin}} \qquad \Delta H^\circ = +2\,kJ/mol$$

Die kubische Modifikation und auch die Dampfphase bestehen aus As_4O_6-Molekülen, die dieselbe Struktur wie P_4O_6 besitzen (vgl. Abb. 4.25). Die monokline Modifikation enthält gewellte Schichten.

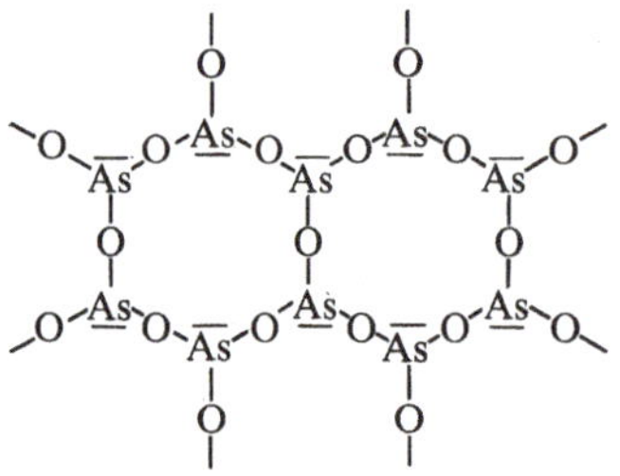

```
            |           |
            O           O
            |           |
  \O    O-As-O     O-As-O     O/
    \As/       \As/       \As/
     |          |          |
     O          O          O
     |          |          |
  O-As-O     O-As-O     O-As-O
 /      \As/       \As/       \
         |          |
         O          O
         |          |
```

Arsen(III)-Verbindungen sind starke Gifte. Schon 0,1 g Arsenik kann tödlich wirken.

As_2O_3 ist nur mäßig in Wasser löslich. Es bildet sich **Arsenige Säure H_3AsO_3**. Sie ist eine schwache, dreiprotonige Säure, die drei Reihen von Salzen (Arsenite) bildet. Versucht man sie aus wässrigen Lösungen zu isolieren, so kristallisiert As_2O_3 aus. H_3AsO_3 lässt sich leicht reduzieren.

$$H_3AsO_3 + 3\,H_3O^+ + 3\,e^- \rightleftharpoons As + 6\,H_2O$$

In salzsaurer Lösung wird durch Sn(II) braunes As ausgefällt (Bettendorf'sche Arsenprobe). H_3AsO_3 ist schwerer oxidierbar als H_3PO_3. Die Reaktion mit I_2

$$H_3AsO_3 + I_2 + 3\,H_2O \rightleftharpoons H_3AsO_4 + 2\,I^- + 2\,H_3O^+$$

ist eine Gleichgewichtsreaktion, die zur iodometrischen Bestimmung von As(III) dient. Durch HCO_3^--Ionen werden die entstehenden H_3O^+-Ionen aus dem Gleichgewicht entfernt und die Reaktion läuft quantitativ in Richtung H_3AsO_4.

Arsen(V)-Verbindungen

Durch Oxidation von As oder As_2O_3 mit konz. HNO_3 erhält man **Arsensäure H_3AsO_4**. Es ist eine dreibasige mittelstarke Säure, von der sich drei Reihen von Salzen (Arsenate) ableiten. Im Gegensatz zur Orthophosphorsäure ist sie eine oxidierende Säure (Zunahme der Beständigkeit der Oxidationszahl +3 mit zunehmender Ordnungszahl).

Arsen(V)-oxid As_2O_5 ist eine farblose, hygroskopische Verbindung, die durch Entwässerung der Arsensäure, nicht aber durch Verbrennung von As dargestellt werden kann. As_2O_5 besitzt eine polymere Struktur.

4.6.15.2 Schwefelverbindungen des Arsens

Es sind die binären Verbindungen **As_4S_n** (n = 3, 4, 5, 6, 10) bekannt. In der Natur kommen als Mineralien As_4S_4 (Realgar) und As_2S_3 (Auripigment) vor.

Die meisten Strukturen leiten sich vom As_4-Tetraeder ab. Die As_4S_3-Moleküle sind isotyp mit P_4S_3 (vgl. Abb. 4.28). As_2S_3 hat eine dem As_2O_3 analoge Schicht-

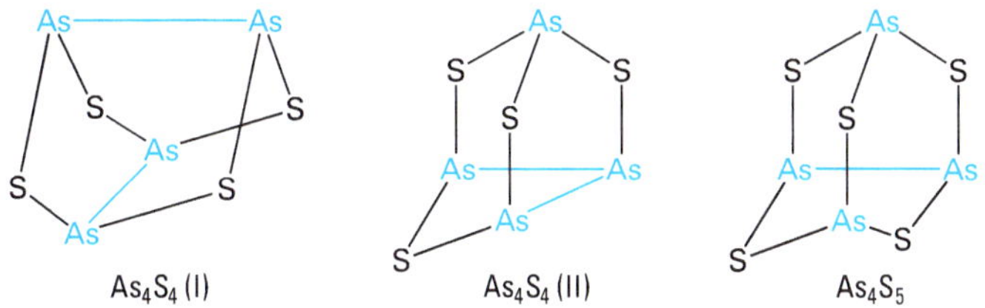

Abbildung 4.30 Struktur der Arsensulfide As_4S_4 und As_4S_5.
Die beiden isomeren As_4S_4-Molekülstrukturen sind mit denen von P_4S_4 isotyp (Abb. 4.28). Die Darstellung von I ist so gewählt, dass die Isotypie zum S_4N_4-Molekül deutlich ist (vgl. Abb. 4.24). Realgar besteht aus As_4S_4(I)-Molekülen.

struktur (vgl. oben), der Dampf besteht aus As_4S_6-Molekülen, die mit P_4O_6 isotyp sind (vgl. Abb. 4.25). Die Struktur von As_4S_{10} ist unbekannt. Die Moleküle As_4S_4 und As_4S_5 sind in der Abb. 4.30 wiedergegeben.

Amorphes, gelbes As_2S_3 entsteht beim Einleiten von H_2S in salzsaure Arsenlösungen. In Ammonium- und Alkalimetallsulfidlösungen löst es sich unter Bildung von **Thioarsenit**.

$$As_2S_3 + 3\,S^{2-} \longrightarrow 2\,AsS_3^{3-}$$

In Ammoniumpolysulfidlösungen wird durch Schwefel As(III) zu As(V) oxidiert. Es entsteht **Thioarsenat**, das sich auch aus As_2S_5 mit Sulfidlösungen bildet.

$$As_2S_3 + 3\,S^{2-} + 2\,S \longrightarrow 2\,AsS_4^{3-}$$

Die Säuren H_3AsS_3 und H_3AsS_4 zerfallen unter H_2S-Abspaltung.

4.6.15.3 Halogenverbindungen von Arsen

Arsen bildet die binären Halogenide $\mathbf{AsX_3}$, $\mathbf{AsX_5}$ und $\mathbf{As_2X_4}$. Die Molekülstruktur ist denen der Phosphorhalogenide analog. Die Arsenhalogenide lassen sich aus den Elementen herstellen, mit Wasser erfolgt Hydrolyse.

Verbindungstyp	F	Cl	Br	I
Arsentri-halogenide AsX_3	farblose Flüssigkeit $\Delta H_B^\circ = -959\ kJ/mol$	farblose Flüssigkeit $\Delta H_B^\circ = -305\ kJ/mol$	farblose Kristalle $\Delta H_B^\circ = -197\ kJ/mol$	rote Kristalle $\Delta H_B^\circ = -58\ kJ/mol$
Arsenpenta-halogenide AsX_5	farbloses Gas $\Delta H_B^\circ = -1\,238\ kJ/mol$	Festkörper Zersetzung bei $-50\,°C$	–	–
Diarsentetra-halogenide As_2X_4	–	–	–	dunkelrote Kristalle

Von den Trihalogeniden werden die verzerrt-tetraedrischen Ionen $[AsF_4]^-$, $[AsCl_4]^-$ und $[AsBr_4]^-$ gebildet, von AsF_5 und $AsCl_5$ die oktaedrischen Komplexionen $[AsX_6]^-$. Es gibt eine Anzahl Verbindungen mit dem Kation $[AsCl_4]^+$, das mit großen Anionen stabilisiert wird, z. B. $[AsCl_4][SbCl_6]$. Die binären As(V)-Verbindungen $AsBr_5$ und AsI_5 sind unbekannt. Synthetisiert werden konnten aber die Verbindungen $[AsBr_4][AsF_6]$ und $[AsI_4][AlCl_4]$ mit den Kationen $[AsBr_4]^+$ und $[AsI_4]^+$, in denen Arsen mit der Oxidationszahl +5 vorliegt.

4.6.16 Verbindungen des Antimons

4.6.16.1 Sauerstoffverbindungen des Antimons

Beim Verbrennen von Antimon an der Luft entsteht **Antimon(III)-oxid Sb_2O_3**. Die kubische Modifikation ist mit kubischem As_2O_3 (Arsenolith) isotyp; sie besteht – wie die Dampfphase – aus Sb_4O_6-Molekülen. Bei 606 °C erfolgt Umwandlung in eine rhombische Modifikation, die aus Ketten besteht.

$$Sb_2O_{3\,\text{kubisch}} \xrightarrow{606\,°C} Sb_2O_{3\,\text{rhombisch}}$$

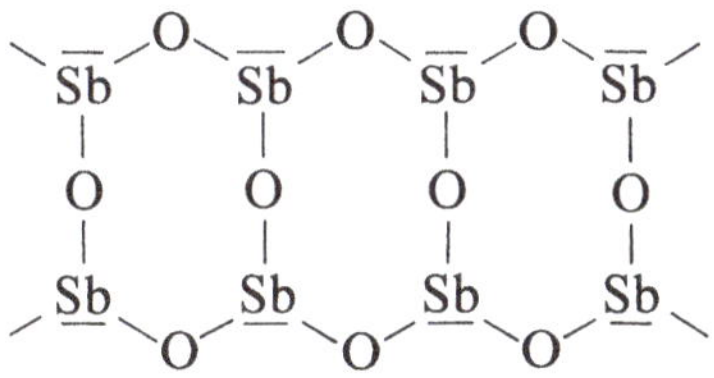

```
 \  _ /O\  _ /O\  _ /O\  _ /
  Sb      Sb      Sb      Sb
  |       |       |       |
  O       O       O       O
  |       |       |       |
 _Sb_    _Sb_    _Sb_    _Sb_
/    \O/      \O/      \O/    \
```

Sb_2O_3 ist amphoter. Mit starken Basen werden Antimonite $\overset{+1}{M}SbO_2$ gebildet. Mit starken Säuren entstehen Antimon(III)-Salze, z. B. $Sb_2(SO_4)_3$ und $Sb(NO_3)_3$, die dazu neigen, zu Antimonoxidsalzen wie $SbONO_3$ zu hydrolysieren.

Durch Hydrolyse von $SbCl_5$ oder Oxidation von Sb mit konz. HNO_3 erhält man **„Antimonsäure"**, ein weißes Pulver, das ein Antimon(V)-oxidhydrat $Sb_2O_5 \cdot x\,H_2O$ ist. Durch Entwässerung erhält man daraus **Antimon(V)-oxid Sb_2O_5**. Sb_2O_5 löst sich schlecht in Wasser, wahrscheinlich bildet sich **Hexahydroxidoantimonsäure $H[Sb(OH)_6]$**, die Salze des Typs $M[Sb(OH)_6]$ bildet. Für die Analytik ist die Schwerlöslichkeit von $Na[Sb(OH)_6]$ interessant.

Bei 800 °C entsteht aus Sb_2O_5 und auch aus Sb_2O_3 **Antimon(III,V)-oxid Sb_2O_4**.

$$Sb_2O_5 \xrightarrow{800\,°C} Sb_2O_4 \xleftarrow{800\,°C} Sb_2O_3$$

4.6.16.2 Schwefelverbindungen des Antimons

Antimon(III)-sulfid Sb_2S_3 fällt aus angesäuerten Antimon(III)-Lösungen beim Einleiten von H_2S als amorpher orangeroter Niederschlag aus. Wie As_2S_3 löst er sich in Ammoniumsulfidlösung als Thioantimonit

$$Sb_2S_3 + 3\,S^{2-} \longrightarrow 2\,SbS_3^{3-}$$

und in Ammoniumpolysulfidlösung als Thioantimonat.

$$Sb_2S_3 + 3\,S^{2-} + 2\,S \longrightarrow 2\,SbS_4^{3-}$$

Beim Erhitzen entsteht die stabile grauschwarze, kristalline Modifikation, die als Grauspießglanz in der Natur vorkommt. Die Kristalle enthalten Ketten.

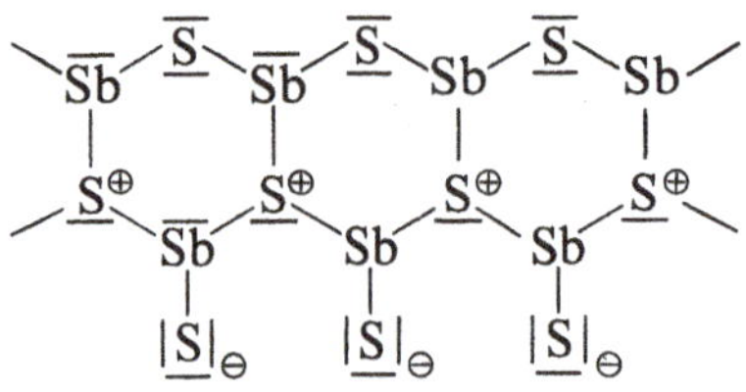

Antimon(V)-sulfid Sb_2S_5 ist orangerot und wird in den Zündholzköpfen als brennbare Komponente verwendet.

4.6.16.3 Halogenverbindungen des Antimons

Es sind Verbindungen der Zusammensetzung $\mathbf{SbX_3}$ und $\mathbf{SbX_5}$ bekannt.

Verbindungstyp	F	Cl	Br	I
Antimontrihalogenide SbX_3	farblose Kristalle $\Delta H^\circ_B =$ -915 kJ/mol	farblose Kristalle $\Delta H^\circ_B =$ -382 kJ/mol	farblose Kristalle $\Delta H^\circ_B =$ -259 kJ/mol	rubinrote Kristalle $\Delta H^\circ_B =$ -100 kJ/mol
Antimonpentahalogenide SbX_5	farbloses Öl	farblose Flüssigkeit $\Delta H^\circ_B =$ -440 kJ/mol	–	–

In SbF_5 sind SbF_6-Oktaeder über gemeinsame Ecken zu Ketten polymerisiert. SbF_5 ist ein F^--Akzeptor und bildet $[SbF_6]^-$-Ionen. Entsprechend entsteht aus $SbCl_5$ mit Metallchloriden das Komplexion $[SbCl_6]^-$. Die Trihalogenide bilden die Ionen $[SbCl_4]^-$, $[SbCl_5]^{2-}$, $[SbCl_6]^{3-}$, $[SbF_5]^{2-}$, sowie die polymeren Ionen $[Sb_2F_7]^-$, $[Sb_4F_{13}]^-$ und $[Sb_4F_{16}]^{4-} = (SbF_4^-)_4$. Sie gelten als wenig- oder schwachkoordinierende Anionen.

4.6.17 Verbindungen des Bismuts

4.6.17.1 Sauerstoffverbindungen des Bismuts

Aus Bismutsalzlösungen fällt mit Alkalilauge Bismut(III)-oxidhydrat $Bi_2O_3 \cdot x\,H_2O$ als flockiger, weißer Niederschlag aus. Beim Erhitzen entsteht daraus gelbes **Bismut(III)-oxid Bi_2O_3** (Smp. 824 °C). Bi_2O_3 ist ein basisches Oxid, es löst sich nur in Säuren unter Salzbildung, nicht in Basen.

Mit starken Oxidationsmitteln wie Cl_2, $KMnO_4$, $K_2S_2O_8$, wird Bi_2O_3 in alkalischer Lösung zu Bismutaten oxidiert. **Bismutate** erhält man auch durch Schmelzen von Bi_2O_3 mit Alkalimetalloxiden (oder Peroxiden) an der Luft.

$$Bi_2O_3 + Na_2O + O_2 \longrightarrow 2\,NaBiO_3 \text{ (gelb)}$$

$$Bi_2O_3 + 3\,Na_2O + O_2 \longrightarrow 2\,Na_3BiO_4 \text{ (braun)}$$

Bismut(III)-Salze bilden sich aus Bi oder Bi_2O_3 mit den entsprechenden Säuren, z. B. $Bi(NO_3)_3 \cdot 5\,H_2O$ und $Bi_2(SO_4)_3 \cdot x\,H_2O$. Sie werden in Wasser zu basischen Salzen hydrolysiert.

$$Bi(NO_3)_3 + H_2O \longrightarrow \underset{\text{Bismutnitratoxid}}{BiONO_3} + 2\,HNO_3$$

4.6.17.2 Halogenverbindungen des Bismuts

Die Bismut(III)-Halogenide $\mathbf{BiF_3}$, $\mathbf{BiCl_3}$, $\mathbf{BiBr_3}$ und $\mathbf{BiI_3}$ sind kristalline Substanzen. BiI_3 kristallisiert in einer Schichtstruktur. Die Herstellung erfolgt nach der Reaktion

$$Bi_2O_3 + 6\,HX \longrightarrow 2\,BiX_3 + 3\,H_2O$$

Mit Alkalimetallhalogeniden bilden sie Halogenidobismutite $M[BiF_4]$, $M_2[BiF_5]$, $M_3[BiF_6]$.

Durch Wasser werden die Bismuthalogenide hydrolytisch zu **Bismuthalogenidoxiden** gespalten.

$$BiX_3 + H_2O \longrightarrow BiX(O) + 2\,HX$$

BiIO ist ziegelrot, die anderen Bismuthalogenidoxide bilden farblose Kristalle.

$BiCl_3$, $BiBr_3$ und BiI_3 lassen sich mit Bi zu festen **Bismutmonohalogeniden BiX** reduzieren.

Das einzige bekannte Bismut(V)-Halogenid ist $\mathbf{BiF_5}$. Es entsteht aus BiF_3 mit F_2, bildet farblose Nadeln und ist ein starkes Fluorierungsmittel. Mit Alkalimetallfluoriden entstehen Hexafluoridobismutate(V) $M[BiF_6]$.

4.6.17.3 Bismutsulfide

Aus Lösungen von Bi(III)-Salzen fällt mit H_2S dunkelbraunes **Bismut(III)-sulfid** $\mathbf{Bi_2S_3}$ aus. Im Gegensatz zu As_2S_3 und Sb_2S_3 besitzt es keine sauren Eigenschaften und löst sich nicht in Alkalimetallsulfidlösungen. Das amorphe braune Sulfid wandelt sich in die graue, kristalline Modifikation um, die mit Grauspießglanz Sb_2S_3 isotyp ist.

4.7 Gruppe 14

4.7.1 Gruppeneigenschaften

	Kohlenstoff C	Silicium Si	Germanium Ge	Zinn Sn	Blei Pb
Ordnungszahl Z	6	14	32	50	82
Elektronenkonfiguration	[He] $2s^2\,2p^2$	[Ne] $3s^2\,3p^2$	[Ar] $3d^{10}\,4s^2\,4p^2$	[Kr] $4d^{10}\,5s^2\,5p^2$	[Xe] $4f^{14}\,5d^{10}\,6s^2\,6p^2$
Ionisierungsenergie in eV	11,3	8,1	7,9	7,3	7,4
Elektronegativität	2,5	1,7	2,0	1,7	1,6
Nichtmetallcharakter			⟶ nimmt ab ⟶		

Auch in dieser Gruppe erfolgt ein Übergang von nichtmetallischen zu metallischen Elementen. Kohlenstoff und Silicium sind Nichtmetalle, Germanium ist ein Halbmetall, Zinn und Blei sind Metalle. Diese Zuordnung ist jedoch nicht eindeutig, denn in den Strukturen der Elemente ist beim Zinn noch der nichtmetallische Charakter, beim Silicium schon der metallische Charakter erkennbar.

Die gemeinsame Valenzelektronenkonfiguration ist s^2p^2. Für die meisten Verbindungen der Nichtmetalle C und Si ist jedoch der angeregte Zustand maßgebend.

↑		↑	↑	↑
s			p	

Im Rahmen des VB-Modells mit sp^3-Hybridisierung können dann die Elemente vier kovalente Bindungen in tetraedrischer Anordnung ausbilden.

Charakteristisch für das C-Atom ist seine Fähigkeit, mit anderen Nichtmetallatomen Mehrfachbindungen einzugehen, z. B.:

$$>C=C< \qquad -C\equiv C- \qquad -C\equiv N| \qquad >C=\overline{\underline{O}}$$

Das mehrfach gebundene C-Atom ist im VB-Modell sp^2-hybridisiert, wenn es eine π-Bindung bildet, und sp-hybridisiert, wenn es zwei π-Bindungen bildet.

Von allen Elementen besitzt Kohlenstoff die größte Tendenz zur Verkettung gleichartiger Atome. Kohlenstoff bildet daher mehr Verbindungen als alle anderen Elemente, abgesehen von Wasserstoff. Die Fülle dieser Verbindungen – ca. 40 Millionen (2012) – ist Gegenstand der organischen Chemie. Zum Stoffgebiet der anorganischen Chemie zählen traditionsgemäß nur die Modifikationen und einige einfache Verbindungen des Kohlenstoffs.

Die wichtigsten Oxidationszahlen sind +2 und +4. Mit wachsender Ordnungszahl nimmt die Stabilität der Verbindungen mit der Oxidationszahl +2 zu, die der Verbindungen mit der Oxidationszahl +4 ab. PbH_4 und $PbCl_4$ sind unbeständig, während

CH_4 und CCl_4 sehr stabil sind. Si(II)-Verbindungen sind unbeständig, Ge(II)- und Sn(II)-Verbindungen sind stabil, aber Reduktionsmittel; nur beim Pb sind Pb(II)-Verbindungen stabiler als Pb(IV)-Verbindungen. PbO_2 ist im Unterschied zu den anderen Dioxiden (CO_2, SiO_2, GeO_2, SnO_2) ein Oxidationsmittel. In der Natur gibt es daher Pb meistens nur in Verbindungen mit der Oxidationszahl +2 (und nur sehr selten mit +4, s. u.) und C, Si, Ge, Sn nur in Verbindungen mit der Oxidationszahl +4.

Mit steigender Ordnungszahl nimmt der basische Charakter der Hydroxide zu. $Ge(OH)_2$ ist schwach sauer, $Sn(OH)_2$ amphoter und $Pb(OH)_2$ überwiegend basisch. In der höheren Oxidationszahl ist bei jedem Element der basische Charakter schwächer. PbO ist basischer als PbO_2.

Metallisches Blei und Bleiverbindungen sind giftig (vgl. S. 564 u. 600 f.).

4.7.2 Vorkommen

Kohlenstoff kommt elementar als Diamant und Graphit vor. Die Hauptmenge des Kohlenstoffs tritt chemisch gebunden in Carbonaten auf, die gebirgsbildende Mineralien sind. Die wichtigsten Carbonate sind: Calciumcarbonat $CaCO_3$ (Kalkstein, Marmor, Kreide); Calcium-Magnesium-Carbonat $CaCO_3 \cdot MgCO_3$ (Dolomit); Magnesiumcarbonat $MgCO_3$ (Magnesit); Eisencarbonat $FeCO_3$ (Siderit).

Im Pflanzen- und Tierreich ist Kohlenstoff ein wesentlicher Bestandteil aller Organismen. Aus urweltlichen Pflanzen und tierischen Organismen sind Kohlen, Erdöle und Erdgase entstanden. Das Leben baut auf Kohlenstoff-Verbindungen auf. Das dafür so wichtig erscheinende Element Kohlenstoff kommt auf der Erde aber nur zu 0,05 Gew.% vor, etwas häufiger in der Erdhülle mit 0,087 Gew.%. Im kosmischen Vergleich hat die Erde damit nur wenig Kohlenstoff mitbekommen, wohingegen Kometen und Asteroiden bis zu 30 Gew.% Kohlenstoff enthalten. Hätte die Erde allerdings bedeutend mehr Kohlenstoff abbekommen, ist es fraglich, ob der geologische C-Kreislauf zu einem Leben-ermöglichenden CO_2-Gehalt in der Atmosphäre und einer entsprechenden Erdmitteltemperatur geführt hätte.

Die Luft enthält einen Volumenanteil von 0,04 % CO_2, das Meerwasser einen Massenanteil von 0,005 % CO_2.

Die Kohlenstoffmengen in der Atmosphäre, Biosphäre, Pedo(Boden)sphäre, Hydrosphäre und Lithosphäre verhalten sich wie $1:1:4:50:10^5$. Atmosphäre und Biosphäre enthalten jeweils ca. $800 \cdot 10^9$ t C, die Hydrosphäre ca. $40\,000 \cdot 10^9$ t C in Form von gelöstem CO_2, Hydrogencarbonat- und Carbonat-Ionen.

Silicium ist das zweithäufigste Element der Erdkruste. Es tritt nicht elementar auf, sondern überwiegend als SiO_2 und in einer Vielzahl von Silicaten (vgl. Abschn. 4.7.10.2).

Germanium kommt in der Natur nur in seltenen, sulfidischen Mineralien vor. Ausgangsmaterial zur Darstellung ist Germanit $Cu_6FeGe_2S_8$.

Zinn kommt nur selten elementar vor. Das wichtigste Zinnerz ist Zinnstein (Cassiterit) SnO_2. Seltener ist Zinnkies (Stannin) Cu_2FeSnS_4.

Das wichtigste Bleierz ist der Bleiglanz (Galenit) PbS. Weitere Bleierze sind: Weißbleierz (Cerussit) $PbCO_3$, Rotbleierz (Krokoit) $PbCrO_4$, Gelbbleierz (Wulfenit) $PbMoO_4$, Scheelbleierz (Stolzit) $PbWO_4$, Anglesit $PbSO_4$. Die meisten natürlichen Pb-Vorkommen sind Pb(II)-Verbindungen. Erwähnenswert, aber Ausnahmen mit Pb(IV) sind die seltenen Mineralien Minium (Mennige) (Pb_3O_4), Scrutinyit (α-PbO_2), Plattnerit (β-PbO_2) und Murdochit ($Cu_6PbO_{8-x}(Cl, Br)_{2x}$, $x \leq 0.5$).

4.7.3 Die Elemente

	Kohlenstoff	Silicium	Germanium	Zinn	Blei
Schmelzpunkt in °C	3800*	1410	947	232	327

* Graphit bei 0,2 bar.

4.7.3.1 Kohlenstoff

Kohlenstoff kristallisiert in den Modifikationen Diamant und Graphit. Beide kommen in der Natur vor. Sie sind in ihren Eigenschaften sehr unterschiedlich. Neue, bemerkenswerte Modifikationen sind die Fullerene.

Im **Diamant** ist jedes C-Atom tetraedrisch von vier C-Atomen umgeben (Abb. 2.56). Die Bindungen entstehen im VB-Modell durch Überlappung von sp^3-Hybridorbitalen der C-Atome. Auf Grund der hohen C—C-Bindungsenergie (348 kJ/mol) ist Diamant sehr hart (er ist der härteste natürliche Stoff). Diamant zählt mit einer Vickers Härte von über 40 GPa zusammen mit tetaedrisch-amorphem Kohlenstoff (t_a-C, DLC = diamond-like carbon) und kubischem Bornitrid (c-BN) zu den superharten Materialien. Stoffe wie Borcarbid $B_{13}C_2/B_4C$ und Siliciumcarbid SiC sind nur Hartstoffe. Alle Valenzelektronen sind in den sp^3-Hybridorbitalen lokalisiert, Diamantkristalle sind daher farblos und elektrisch nicht leitend. Wegen der hohen Lichtbrechung, ihrer Härte, ihres Glanzes und ihrer Seltenheit sind Diamanten wertvolle Edelsteine. Durch Spuren von Beimengungen entstehen gelbe, blaue, violette, grüne und schwarze (Carbonados) Diamanten. Diamant wird natürlich gewonnen und kann durch Phasenumwandlung aus Graphit unter hohem Druck in Gegenwart von Flussmitteln dargestellt werden. 95 % werden wegen ihrer Härte und unübertroffenen Wärmeleitfähigkeit für technische Zwecke verwendet: zum Schleifen und Bohren, zum Schneiden von Glas und als Achslager für Präzisionsinstrumente. Tetraedrisch-amorpher Kohlenstoff t_a-C wird als Beschichtungsmaterial für Festplatten, Einspritzventile und Rasierklingen verwendet.

Diamant ist metastabil, er wandelt sich aber erst bei 1500 °C unter Luftabschluss in den thermodynamisch stabilen Graphit um. Die Modifikation Diamant mit der höheren Gitterordnung als Graphit besitzt die niedrigere Entropie.

$$C_{Diamant} \xrightarrow{1500\,^\circ C} C_{Graphit} \qquad \Delta H^\circ = -1{,}9\,kJ/mol,\ \Delta S^\circ_{298} = 3{,}3\,J\,K^{-1}\,mol^{-1}$$

In Gegenwart von Luft verbrennt Diamant bei 800 °C zu CO_2.

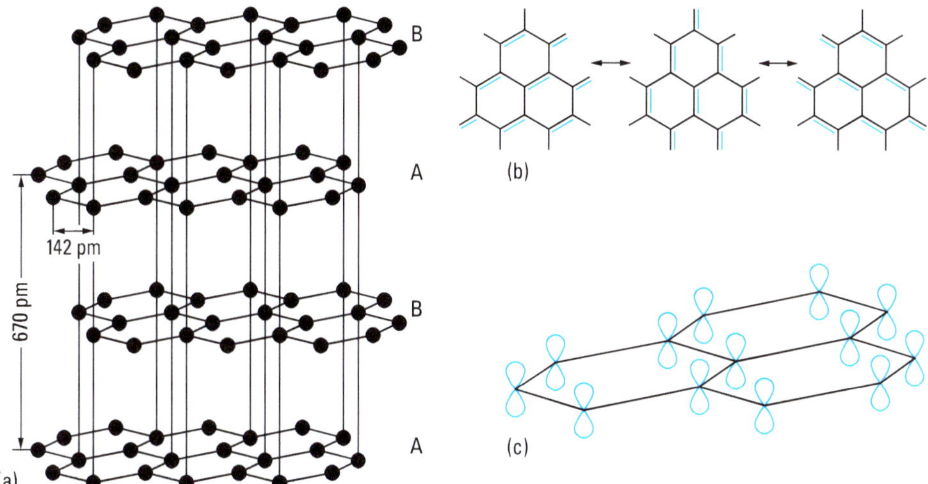

Abbildung 4.31 a) Struktur von hexagonalem α-Graphit. Die Schichtenfolge ist ABAB... In der rhomboedrischen Form des β-Graphits ist die Schichtenfolge ABCABC...
b) Mesomere Grenzstrukturen eines Ausschnittes einer Graphitschicht.
c) Darstellung der zu delokalisierten π-Bindungen befähigten p-Orbitale.

Graphit kristallisiert in Schichtstrukturen. Die bei gewöhnlichem Graphit auftretende Struktur ist in der Abb. 4.31 dargestellt. Innerhalb der Schichten ist jedes C-Atom von drei Nachbarn in Form eines Dreiecks umgeben. Die C-Atome sind sp^2-hybridisiert (VB-Modell) und bilden mit jedem Nachbarn eine σ-Bindung. Das vierte Elektron befindet sich in einem p-Orbital, dessen Achse senkrecht zur Schichtebene steht (Abb. 4.31c). Diese p-Orbitale bilden delokalisierte (p-p)π-Bindungen aus, die sich über die gesamte Schicht erstrecken. Der C—C-Abstand im Diamant beträgt 154 pm, innerhalb der Graphitschichten nur noch 142 pm. Die innerhalb der Schichten gut beweglichen π-Elektronen verursachen den metallischen Glanz, die schwarze Farbe und die gute Leitfähigkeit parallel zu den Schichten ($10^4\ \Omega^{-1}\,\mathrm{cm}^{-1}$). Senkrecht zu den Schichten ist die Leitfähigkeit 10^4mal schlechter. Zwischen den Schichten sind nur schwache van-der-Waals-Kräfte wirksam. Dies hat einen Abstand der Schichten von 335 pm zur Folge und erklärt die leichte Verschiebbarkeit der Schichten gegeneinander. Graphit wird daher als Schmiermittel verwendet. Die gute elektrische Leitfähigkeit ermöglicht seine Verwendung als Elektrodenmaterial. Der jährliche Graphit-Verbrauch liegt bei ca. $1{,}1 \cdot 10^6$ t, davon sind $0{,}6 \cdot 10^6$ t natürlicher und $0{,}5 \cdot 10^6$ t synthetischer Graphit.

Graphit ist chemisch reaktionsfähiger als Diamant und verbrennt an Luft schon bei 700 °C zu CO_2.

Das Zustandsdiagramm des Kohlenstoffs (Abb. 4.32) zeigt, dass bei hohen Drücken Diamant thermodynamisch stabiler ist und Graphit sich in den dichteren Diamant umwandeln lässt. Ausreichende Umwandlungsgeschwindigkeiten erreicht man

z. B. bei 1 500 °C und 60 kbar in Gegenwart der Metalle Fe, Co, Ni, Mn oder Pt. Wahrscheinlich bildet sich auf dem Graphit ein Metallfilm, in dem sich Graphit bis zur Sättigung löst und aus dem dann der weniger gut lösliche Diamant – in bezug auf Diamant ist die Lösung übersättigt – ausgeschieden wird. **Synthetische Diamanten** werden mit der Hochdrucksynthese seit 1955 industriell hergestellt. Sie decken bereits etwa die Hälfte des Bedarfs an Industriediamanten. Synthetisch werden auch lupenreine Steine mit Schmuckqualität hergestellt. Sie können von Natursteinen durch unterschiedliche Phosphoreszenz unterschieden werden.

Offenbar sind auch die natürlichen Diamanten unter hohem Druck entstanden, denn die primären Diamantvorkommen in Südafrika und Sibirien finden sich in Tiefengesteinen, die an die Erdoberfläche gelangt sind. Der größte bisher gefundene Diamant („Cullinan" Südafrika 1905) hatte eine Masse von 3 106 Karat (1 Karat = 0,2 g).

In den achtziger Jahren wurde die CVD-Diamantsynthese entwickelt (CVD von chemical vapour deposition). Im Unterschied zur Hochdrucksynthese gelingt bei dieser Niederdrucksynthese durch Gasphasenabscheidung die Herstellung dünner Filme auf einer Reihe von Substraten und freistehender Membrane aus polykristallinem Diamant, die z. B. zur Beschichtung von Schneidwerkzeugen Verwendung finden. Gasmischungen von Kohlenwasserstoffen werden in reaktive Radikale und Molekülbruchstücke zerlegt, aus denen sich auf einem heißen Substrat Diamant abscheidet. Die in der Gasphase erzeugten H-Atome reagieren mit entstandenem Graphit und amorphem Kohlenstoff, jedoch wenig mit Diamant, so dass der unter diesen Bedingungen metastabile Diamant entsteht.

Es werden vier Verfahren verwendet. Heißdrahtmethode: Ein CH_4—H_2-Gasgemisch wird an einem elektrisch beheizten W-, Mo- oder Ta-Draht zersetzt. Mikrowellen-Plasma-Verfahren: Mikrowellen erzeugen in einer teilevakuierten Kammer in den Reaktionsgasen ein Plasma. Gleichstrom-Bogenentladung: In einer Mischung aus Ar, H_2 und CH_4 wird ein etwa 5 000 °C heißes Gleichstromplasma erzeugt. Flammen-CVD: In einem Schweißbrenner wird Acetylen mit Sauerstoff verbrannt.

Ein Durchbruch ist, dass auch die Abscheidung zu einkristallinen Diamantschichten gelungen ist. Als Substrat wurde $Ir/SrTiO_3$ verwendet.

Seit 2003 gibt es zwei neue Synthesewege für hochreine Diamantkristalle mit Kantenlängen von 0,5 mm bzw. 0,25 mm. $MgCO_3$ wird mit Natrium in einem Autoklav bei 770 K und ca. 870 bar reduziert. Der Druck entsteht durch Zersetzung von $MgCO_3$ in MgO und CO_2. Das Gas ist im überkritischen Zustand. Die Reaktionszeit beträgt 12 Stunden. Der zweite Weg ist die direkte Reduktion von überkritischem CO_2 (ca. 810 bar) mit Natrium bei 713 K. Reduktionszeit 12 Stunden.

Graphitischer Kohlenstoff wird künstlich durch thermische Zersetzung von Kohle, Erdöl oder Erdgas als künstlicher Graphit, Pyrokohlenstoff, Faserkohlenstoff, Koks, Ruß und Aktivkohle hergestellt. Diese verschiedenen Kohlenstoffsorten unterscheiden sich voneinander in der Größe und Anordnung sowie der Schichtstruktur der Graphitkristalle. Schlecht kristallisierte Kohlenstoffsorten entstehen bei tiefen Temperaturen. Sie bestehen aus kleinen Kristallen, die zwar parallel gestapelt sind, aber

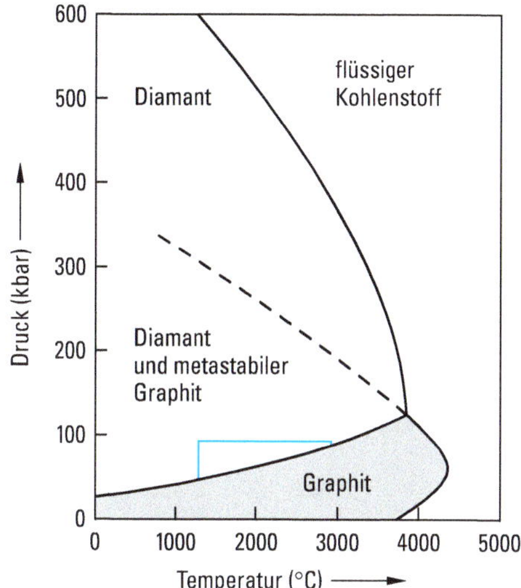

Abbildung 4.32 Phasendiagramm des Kohlenstoffs.
Der Tripelpunkt Graphit/Diamant/Schmelze liegt bei 130 kbar und 3 800 °C. Für die katalytische Graphit-Diamant-Umwandlung ist das blau gekennzeichnete Gebiet geeignet.
Bei hohen Drücken existiert eine hexagonale Form des Diamants (Lonsdaleit). Die Beziehung zwischen den Strukturen kubischer Diamant-hexagonaler Diamant ist analog der Strukturbeziehung Zinkblende-Wurtzit (siehe S. 139 ff.).

bei denen die Schichten gegeneinander verschoben und verdreht sind (turbostratische Ordnung) und der Schichtabstand größer ist (bis 360 pm). Beim Ruß z. B. ist die Kristallgröße 2 000 – 3 000 pm. Mit zunehmender Zersetzungstemperatur wächst die Größe der Graphitschichtpakete. Oberhalb 2 500 °C erhält man Kristalle mit der Struktur natürlichen Graphits.

Bei Drücken von 17 MPa entsteht aus Graphit reversibel eine durchsichtige superharte Phase, die so hart wie Diamant ist. Die Graphitebenen werden so dicht zusammengepresst, dass sich bereits zur Hälfte Bindungen wie im Diamantgitter bilden. Beim Entspannen bildet sich Graphit zurück.

Künstlicher Graphit entsteht aus Koks bei Temperaturen von 2 800 – 3 000 °C. Beim Acheson-Verfahren setzt man Silicium als Katalysator zu. Die katalytische Wirkung beruht wahrscheinlich auf der intermediären Bildung von SiC.

Hitzebeständigkeit, Leitfähigkeit und Schmiereigenschaften sorgen für breite technische Anwendung: Auskleidungsmaterial in Hochöfen und Ferrolegierungsöfen, Schmelztiegel, Elektrodenmaterial, Bleistiftminen, Schmier- und Schwärzungsmittel. Da Graphit schnelle Neutronen abbremst und einen kleinen Neutroneneinfangquerschnitt aufweist, benutzt man ihn in Kernreaktoren als Moderator (vgl. S. 23).

Koks, Ruß, Holzkohle bestehen aus schlecht kristallisiertem, mehr oder weniger verunreinigtem, mikrokristallinem Graphit. Industrieruß ist Füllstoff für Elastomere (z. B. Reifenindustrie). Ruß verbessert die mechanischen Eigenschaften des Kautschuks, er erhöht Abriebwiderstand und Zerreißfestigkeit. Autoreifen enthalten etwa 30 – 35 % Ruß. Weiterhin dient Ruß als Pigment für Druckfarben, Farben und Lacke, sowie zum Einfärben und Stabilisieren von Kunststoffen. **Aktivkohle** ist eine feinkristalline, lockere Graphitform mit großer spezifischer Oberfläche (ca. 1 000 m^2/g), die ein hohes Adsorptionsvermögen besitzt. Man erhält sie durch Erhitzen von Holz, tierischen Abfällen oder Rohrzucker. Die Bildung großer spezifischer Oberflächen erreicht man durch Zusätze (z. B. $ZnCl_2$), die das Zusammensintern verhindern, oder durch Anoxidieren (Aufrauhen) der Oberflächen mit Luft oder Wasserdampf. Verwendungsgebiete sind Gasmaskeneinsätze (CO wird nur adsorbiert, wenn vorherige Oxidation zu CO_2 erfolgt ist), Entfuselung von Spiritus, Entfernung von Farbstoffen und Verunreinigungen aus Lösungen (z. B. Entfärbung von Rohrzuckerlösungen), Kohletabletten in der Medizin.

Faserkohlenstoff entsteht durch Pyrolyse synthetischer oder natürlicher Fasern. Durch Streckung während der Pyrolyse richten sich die Kohlenstoffschichten parallel zur Faserachse aus. Bei Temperaturen oberhalb 2 000 °C entstehen durch Streckgraphitierung Graphitfasern hoher Zugfestigkeit und Elastizität mit geringer Masse (Tennisschläger, Motorradhelme, Verbundwerkstoff im Flugzeugbau).

Pyrographit. Man zersetzt Kohlenwasserstoffe bei niedrigen Drücken an glatten Oberflächen und graphitiert bei 3 000 °C nach. Die Kohlenstoffschichten sind parallel zur Abscheidungsfläche ausgerichtet. Wegen der hohen Anisotropie der thermischen Leitfähigkeit wurde Pyrographit als Hitzeschild für Raumfahrzeuge und für Raketenmotoren verwendet. Hochorientierter Pyrographit dient für Röntgenmonochromatoren.

Glaskohlenstoff ist eine leichte, spröde, sehr harte, isotrope, gas- und flüssigkeitsdichte Keramik, deren Bruch glasartig ist. Man erhält sie durch Pyrolyse bei etwa 1 000 °C aus vernetzten Polymeren. Sie besteht aus winzigen Kristalliten (< 10 nm), die knäuelartig verschlungene Bänder bilden. Verwendung in der Medizin (Elektrode in Herzschrittmachern) und für Laborgeräte.

Graphitfolie. Graphitoxid (siehe S. 565) wird durch schnelles Erhitzen auf bis zu 1 000 °C zu thermisch reduziertem Graphitoxid (TRGO) zersetzt. Dabei spalten sich die Graphitaggregate zwischen den Schichten, die sich dann zu Folien verpressen lassen. Die Folien haben ausgeprägt anisotrope Eigenschaften und werden für Auskleidungen und Dichtungen verwendet.

Graphen ist der Oberbegriff für unregelmäßig gewellte Schichten der Graphitstruktur sowohl für Monolagen als auch für Mehrschichtsysteme (bis zu zehn Lagen). Sie können auch aus Graphit erzeugt werden.[1] Graphen ist extrem zugfest, hat eine geringe Flächenmasse, hohe elektrische Leitfähigkeit und ist chemisch stabil, weshalb es weitreichende Anwendungen verspricht. Die Forschung auf diesem Gebiet wird von der EU als *Graphene Flagship* im Rahmen der *Future & Emerging Techno-*

[1] Für die Entdeckung von Graphen wurden A. Geim und A. Novoselov (Univ. Manchester, Großbritannien) im Jahre 2010 mit dem Nobelpreis für Physik geehrt.

logies seit 2013 für zehn Jahre mit einer Milliarde Euro gefördert. Graphen hat entgegen den Hoffnungen Silicium nicht als Halbleitermaterial ersetzen können. Graphen ist kein Halbleiter, sondern in seinen zwei Dimensionen ein guter elektrischer Leiter und hat keine Bandlücke. Einige Firmen bauen Graphen in Produkte wie Tennisschläger, Handydisplays und Wasserfilter ein. Anstelle von Graphen könnte Graphitstaub oder -ruß darin genauso funktionieren. Bisher fehlen internationale Standards für die hergestellten Graphene, die in weiten Grenzen variieren. Bereits Nanopartikel aus mehreren, bis über 10 Graphit-Monolagen und auch Graphitoxid wird oft als Graphen bezeichnet. Graphen hat allerdings den Weg für andere zweidimensionale Materialien wie Molybdänsulfid MoS_2, hexagonales Bornitrid u. a. bereitet, die wegen ihrer Bandlücke für Halbleiteranwendungen viel interessanter sind.

Fullerene. Durch Verdampfen von Graphit in einer Heliumatmosphäre entstehen große Kohlenstoffmoleküle mit Hohlkugelgestalt, die faszinierenden Fullerene C_{60}, C_{70}, C_{76}, C_{78}, C_{80}, C_{82}, C_{84}, C_{86}, C_{88}, C_{90}, C_{94} u. a. Am besten untersucht ist das Buckminsterfulleren C_{60}, dessen Struktur bereits 1985 richtig vorausgesagt wurde (es wurde nach dem Architekten Richard Buckminster Fuller benannt, der zur Expo 1967 in Montreal eine Kuppelkonstruktion aus sechseckigen und fünfeckigen Zellen entworfen hatte). Das C_{60}-Molekül hat einen Durchmesser von 700 pm, hat ikosaedrische Symmetrie und ist – wie ein Fußball – aus 20 Sechsringen und zwölf Fünfringen aufgebaut (Abb. 4.33). Alle C-Atome sind äquivalent. Die mittleren C—C-Abstände betragen 141 pm und sind denen im Graphit fast gleich. Wie im Graphit ist jedes C-Atom sp^2-hybridisiert und bildet mit jedem der drei Nachbarn eine σ-Bindung. Da die Atome auf einer Kugeloberfläche liegen, ist die mittlere Winkelsumme auf 348° verringert und das C-Atom bildet mit den drei Nachbarn eine flache verzerrte Pyramide. Beide Oberflächen der Kugel sind mit π-Elektronen-

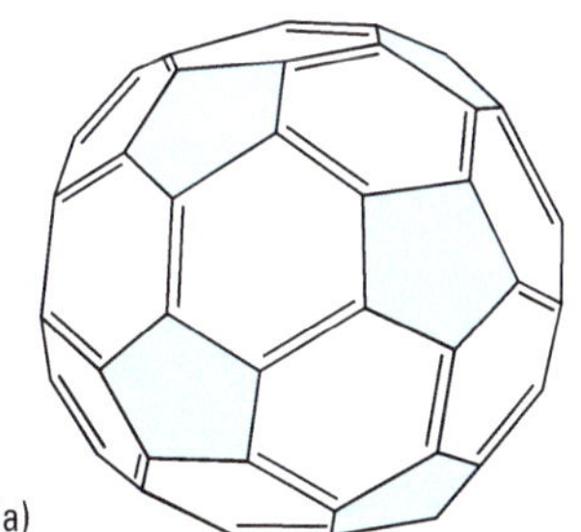

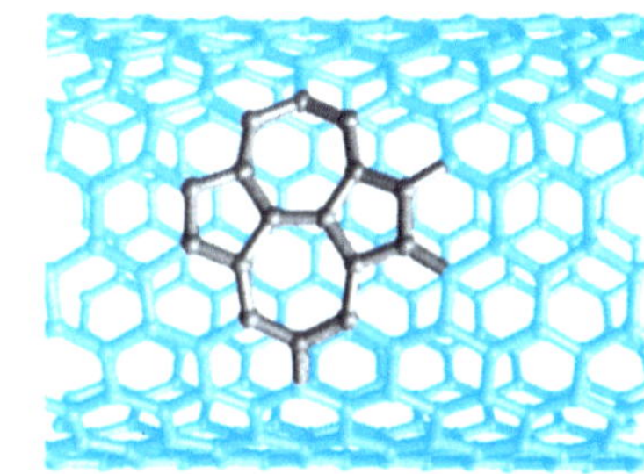

Abbildung 4.33 a) Das C_{60}-Molekül (Buckminsterfulleren). Die Oberfläche ist die eines 60-eckigen Fußballs. Es gibt zwölf isolierte fünfeckige Flächen und 20 sechseckige Flächen. Das 32-flächige Polyeder ist ein abgestumpftes Ikosaeder (vgl. Abb. 4.43). Das kugelförmige Molekül hat einen Durchmesser von 700 pm. Die C—C-Abstände der Sechsring-Sechsring-Kanten sind 138,8 pm, die der Sechsring-Fünfring-Kanten 143,2 pm.
b) Modell einer einwandigen Kohlenstoff-Nanoröhre (nanotube). Die Wandung besteht aus einer aufgerollten, in sich geschlossenen Graphitschicht. Der Durchmesser der Röhre beträgt 1 – 3 nm. Dunkler dargestellt sind topologische Fünfeck-Siebeneck-Defekte.

wolken bedeckt. Die π-Elekiptronen sind aber nicht wie in den Graphitschichten delokalisiert, sondern bevorzugt in den Bindungen zwischen den Sechsecken lokalisiert.

C_{60} konnte auch auf chemischem Wege aus kommerziellem Ausgangsmaterial in zwölf Schritten synthetisiert werden. Letzter Schritt ist die Vakuumpyrolyse von $C_{60}H_{27}Cl_3$ bei 1100 °C.

Die Fullerene lösen sich mit typischen Farben in Toluol. Ihre Trennung gelingt durch Chromatographie an Al_2O_3. In kristalliner Form wurden C_{60}, C_{70}, C_{76}, C_{84}, C_{90} und C_{94} isoliert. Mit der Fullerenfamilie gibt es nun eine Vielzahl neuer Kohlenstoffmodifikationen.

Im kristallinen C_{60}-Fulleren sind die C_{60}-Moleküle kubisch-dichtest gepackt (a = 1 420 pm). Die Kristalle sind im durchscheinenden Licht rot bis braun und zeigen Metallglanz. Die Standardbildungsenthalpie ist $\Delta H^\circ_B = 2282\,\text{kJ/mol}$. Die C_{60}-Kristalle sind also thermodynamisch instabil (relativ zum Graphit um 38 kJ pro C-Atom), aber kinetisch stabil. Die C_{60}-Moleküle sind bei 400 °C unter reduziertem Druck ohne Zersetzung sublimierbar. Durch UV-Strahlung, besonders in Gegenwart von O_2, wird der C_{60}-Käfig zerstört. Das C_{60}-Fulleren reagiert vielfältig, es entstehen Verbindungen mit ungewöhnlichen Eigenschaften. Einige Reaktionen werden im Abschn. 4.7.4 besprochen.

Nach der Regel isolierter Fünfecke sollten bei den Fullerenen die Fünfecke von Sechsecken umgeben sein. Zwischen C_{60} und C_{70} gibt es entsprechend der Regel keine Fullerene. Instabile Fullerene wie C_{72}, C_{74}, C_{80} und C_{82} lassen sich aber durch eingelagerte Metallatome als endohydrale Fullerene (s. Abschn. 4.7.4) stabilisieren. Es gelang auch die Synthese des allerkleinsten Fullerens C_{20}, das nur aus kondensierten Fünfringen besteht.

Fullerene wurden zunächst künstlich erzeugt. Später konnten sie auch in Sedimenten und Meteoriten identifiziert werden. Auf Grund der Isotopenanalyse von Helium- und Argon-Gaseinschlüssen in den derart gefundenen Fullerenkäfigen wurde ihr Entstehen im Weltall angenommen.

Mittels der Graphitverdampfungsverfahren konnten mittlerweile weitere geschlossene Formen von Kohlenstoff synthetisiert werden. Zu diesen Formen gehören die röhrenförmig aufgebauten Kohlenstoff-Nanoröhren, „Bucky Tubes“ (Abb. 4.33b) und die Kohlenstoffzwiebeln, Zwiebelschalen-artig aufgebaute Mikropartikel, „Bucky Onions“.

Kohlenstoff-Nanoröhren CNTs (carbon nanotubes) können ein- oder mehrwandig sein (single-walled, SW oder multi-walled, MW). Die Wandung ist gleichsam eine aufgerollte Graphitschicht. Sie besteht aus allseitig aneinander kondensierten Sechsringen. Durch den Einbau von topologischen Fünfeck-Siebeneck-Defekten kann aus der linearen Röhre eine abgeknickte, gekrümmte oder sogar spiralige Struktur werden. Kohlenstoff-Nanoröhren können am Ende geschlossen oder offen sein. Der Innenraum kann leer oder gefüllt sein. Der Abstand zwischen den Graphenschichten bei den mehrwandigen Röhren oder den Kohlenstoffzwiebeln gleicht mit 340 pm dem Abstand zweier Schichten im Graphit.

Die Herstellung der Kohlenstoff-Nanoröhren kann in der Gasphase durch Lichtbogensynthese, durch die pyrolytische Zersetzung von Kohlenwasserstoffen in Gegenwart von Metallkatalysatoren und durch Laserverdampfung von Graphit erfolgen. Als Synthese in kondensierter Phase ist die Elektrolyse einer LiCl-Schmelze bei 600 °C mit Graphitelektroden im Einsatz.

Kohlenstoff-Nanoröhren haben eine größere Festigkeit als Kohlenstofffasern und Siliciumcarbidfasern, sie sind oxidationsbeständiger als Fullerene und Graphit.

Nanoröhren sind bessere Wärmeleiter als Diamant; vorteilhaft ist, dass die Wärme nur in Längsrichtung gelenkt wird. Sie sind Halbleiter wie Silicium. Die Bandlücke hängt vom Durchmesser der Röhren ab, sie wird kleiner mit wachsendem Durchmesser. Durch Füllung der Röhren mit Metallen entstehen Nanodrähte.

Starre MWCNTs, die länger als 20 µm sind, zeigen Asbest-ähnliche Pathogenität bei Mäusen. Kürzere MWCNTs und Kohlenstoff-Nanopartikel dagegen führten zu keinen Entzündungen, was zeigte, dass die MWCNT Toxizität eine Funktion der Größe und Form ist, nicht der chemischen Zusammensetzung.

Nanodrähte und Nanoröhren haben ein faszinierendes Gebiet mit vielen Anwendungsmöglichkeiten erschlossen. Beispiele für Kohlenstoffnanoröhren: Wasserstoffspeicherung in Kraftfahrzeugen, Spitzen für Rastersondenmikroskope, Verbundwerkstoffe, molekulare Filter und Membranen.

Nanoröhren wurden auch mit anderen Elementen und deren Verbindungen synthetisiert, z. B. mit Si, SiO_2, BN, BC_3, MoS_2, WS_2. Nanodrähte lassen sich mit vielen Metallen und Metalloxiden herstellen und finden Anwendungen in Mikroelektronik und Mikrosensorik.

Die Nanotechnologie wird als Schlüsseltechnologie kommender Jahrzehnte angesehen (s. Abschn 2.7.6).

Die Kohlenstoffzwiebeln sind keine Fullerene im engeren Sinne. Fullerene sind geschlossene Hohlkörper. Die Zwiebeln dagegen sind Graphitebenen, die sich durch Fünfring- und Siebenring-Defekte konzentrisch ineinander krümmen und die einzelnen „Zwiebelschalen“ bilden. Kohlenstoffzwiebeln können mehrere 100 nm groß werden.

4.7.3.2 Silicium, Germanium, Zinn, Blei

Modifikationen

Silicium, Germanium und **graues Zinn** kristallisieren ebenfalls im Diamantgitter (α-Modifikationen). Die Bindungsstärke nimmt in Richtung Sn ab. Im Gegensatz zum Diamant ist daher ein kleiner Anteil der Valenzelektronen nicht mehr in bindenden Orbitalen lokalisiert, sondern im Gitter frei beweglich. Si, Ge und graues Zinn sind Eigenhalbleiter. Da die Anzahl der freien Elektronen in Richtung Sn zunimmt, erhöht sich zum Zinn hin die Leitfähigkeit (vgl. Abschn. 2.4.4.3). Durch Dotierung (z. B. mit As oder Ga) werden aus hochreinem Silicium oder Germanium Störstellenhalbleiter hergestellt (vgl. Abschn. 2.4.4.4).

Nichtmetallisches graues Zinn (α-Sn) ist nur unterhalb 13 °C beständig, bei höheren Temperaturen ist **metallisches Zinn** (β-Sn) stabiler.

$$\alpha\text{-Sn} \xrightleftharpoons{13\,^\circ\text{C}} \beta\text{-Sn} \qquad \Delta H^\circ = +2\ \text{kJ/mol}$$

α-Sn	β-Sn
grau	weiß
nichtmetallisch	metallisch
KZ = 4	KZ = 6
Dichte 5,75 g cm^{-3}	Dichte 7,29 g cm^{-3}

Im β-Sn ist jedes Sn-Atom sechsfach koordiniert. Mit der Vergrößerung der Koordinationszahl vergrößert sich auch die Dichte. Die Umwandlungsgeschwindigkeit von β-Sn in α-Sn ist sehr klein. Wenn sich aber Kristallisationskeime von α-Sn gebildet haben, erfolgt schnelle Ausbreitung der zerstörenden Umwandlung der metallischen Struktur in pulvriges graues Zinn (Zinnpest).

Von Si sind drei **Hochdruckmodifikationen** bekannt: β-Si ist isotyp mit β-Sn, δ-Si mit hexagonalem Diamant (vgl. Abb. 4.31), γ-Si kristallisiert kubisch-raumzentriert. Dieselben Hochdruckmodifikationen gibt es auch beim Ge.

Blei kristallisiert in einer typischen Metallstruktur, nämlich in der kubisch-dichtesten Packung (vgl. Abschn. 2.4.2). Es ist ein bläulich-graues, weiches, dehnbares Schwermetall. Nur frische Schnittflächen zeigen metallischen Glanz, da sich an der Luft eine dünne Oxidschicht bildet. Sie verhindert die oxidative Zerstörung des Metalls.

Nur beim Kohlenstoff erfolgt im elementaren Zustand eine Verknüpfung der Atome unter Beteiligung von π-Bindungen. Im Gegensatz zur Diamant-Struktur tritt die Graphitstruktur daher bei den anderen Elementen der Gruppe 14 nicht auf.

Darstellung. Reaktion. Verwendung

Bei der technischen Darstellung von **Silicium** wird Quarz mit Koks im elektrischen Ofen reduziert.

$$SiO_2 + 2\,C \xrightarrow{1800\,^\circ C} Si + 2\,CO \qquad \Delta H^\circ = +\,690\,\text{kJ/mol}$$

Man erhält Si in kompakten Stücken.

Im Laboratorium verwendet man Mg oder Al als Reduktionsmittel.

$$3\,SiO_2 + 4\,Al \longrightarrow 3\,Si + 2\,Al_2O_3 \qquad \Delta H^\circ = -619\,\text{kJ/mol}$$

Für die Halbleitertechnik benötigt man extrem reines Silicium. Technisches Si wird mit HCl zu $SiHCl_3$ (Trichlorsilan) umgesetzt, dieses durch Destillation gereinigt und dann zu Si reduziert.

$$Si + 3\,HCl \xrightleftharpoons[1100\,^\circ C]{300\,^\circ C} HSiCl_3 + H_2$$

Man erhält polykristallines Silicium mit einer Reinheit von 99,999 999 9 %. Siliciumeinkristalle für Halbleitersilicium mit einer Reinheit von 99,999 999 999 % gewinnt man daraus mit dem Zonenschmelzverfahren (vgl. Abschn. 2.4.6.1) oder mit dem jetzt hauptsächlich eingesetzten Czochralski-Verfahren. Dabei wird das polykristalline Silicium in einem Quarztiegel geschmolzen, in die Schmelze wird ein Impfkristall eingetaucht, an dem das Silicium auskristallisiert. Der wachsende Einkristall wird – unter gegenläufiger Rotation von Tiegel und Kristall – langsam aus der Schmelze herausgezogen. Man erhält anderthalb Meter lange und bis zu 30 cm dicke walzenförmige Einkristalle. Sie werden in 0,5 bis 1 mm dicke Scheiben („Wafer") zerschnitten.

Si reagiert bei Raumtemperatur nur mit Fluor. Mit den anderen Halogenen, O_2, N_2, S, C und vielen Metallen reagiert es erst bei hohen Temperaturen. Si löst sich trotz des negativen Standardpotentials nicht in Säuren (Passivierung), aber leicht in heißen Laugen.

$$Si + 2\,NaOH + H_2O \longrightarrow Na_2SiO_3 + 2\,H_2$$

Zur Darstellung von **Germanium** wird aus Germanit mit einem H_2SO_4-HNO_3-Gemisch GeO_2 abgeschieden und dieses mit konz. Salzsäure zu $GeCl_4$ umgesetzt. Durch Destillation von $GeCl_4$ und Hydrolyse erhält man reines GeO_2, das mit H_2 zu Ge reduziert wird.

$$GeO_2 + 4\,HCl \longrightarrow GeCl_4 + 2\,H_2O$$
$$GeO_2 + 2\,H_2 \longrightarrow Ge + 2\,H_2O$$

Reinstes Ge für Halbleiterzwecke wird mit dem Zonenschmelzverfahren hergestellt.

Zur Darstellung von **Zinn** wird Zinnstein mit Kohle reduziert.

$$SnO_2 + 2\,C \longrightarrow Sn + 2\,CO \qquad \Delta H^\circ = 360\,kJ/mol$$

Zur Wiedergewinnung von Sn aus Weißblechabfällen (verzinntes Eisenblech) wird das Weißblech elektrolytisch gelöst und daraus das Sn kathodisch abgeschieden.

Bei Raumtemperatur ist Sn gegenüber Wasser und Luft beständig, von starken Säuren und Basen wird es angegriffen.

$$Sn + 2\,HCl \longrightarrow SnCl_2 + H_2$$
$$Sn + 4\,H_2O + 2\,OH^- \longrightarrow W[Sn(OH)_6]^{2-} + 2\,H_2$$

Mit Chlor und Brom reagiert Sn zu Tetrahalogeniden SnX_4.

Schon vor der Erfindung des Porzellans diente Sn zur Herstellung von Geschirr. Eisenblech wird durch Eintauchen in geschmolzenes Sn verzinnt (Weißblech) und dadurch vor Korrosion geschützt. Sn ist Bestandteil wichtiger Legierungen. Britanniametall wird zur Herstellung von Gebrauchsgegenständen (Tischgeschirr) verwendet. Es besteht aus 88–90 % Sn, 10–8 % Sb und 2 % Cu. Bronzen sind Cu—Sn-Legierungen (s. bei Cu). Weichlot besteht aus 40–70 % Sn und 60–30 % Pb (den niedrigsten Schmelzpunkt von 181 °C hat eine Legierung mit 64 % Sn und 36 % Pb).

Für die Herstellung von **Blei** wird fast ausschließlich Bleiglanz PbS verwendet.

Röstreduktionsverfahren. Nach der Oxidation von PbS

$$PbS + 1{,}5\,O_2 \longrightarrow PbO + SO_2 \qquad \text{(Röstarbeit)}$$

wird im Hochofen PbO mit Koks reduziert.

$$PbO + CO \longrightarrow Pb + CO_2 \quad \text{(Reduktionsarbeit)}$$

Röstreaktionsverfahren. PbS wird unvollständig oxidiert

$$3\,PbS + 3\,O_2 \longrightarrow PbS + 2\,PbO + 2\,SO_2 \quad \text{(Röstarbeit)}$$

und dann unter Luftausschluss weiter erhitzt.

$$PbS + 2\,PbO \longrightarrow 3\,Pb + SO_2 \quad \text{(Reaktionsarbeit)}$$

Trotz des negativen Standardpotentials löst sich Pb nicht in H_2SO_4, HCl und HF (Passivierung). In HNO_3 und heißen Laugen löst es sich. Wegen der Giftigkeit von Bleiverbindungen ist zu beachten, dass Blei in Gegenwart von Luftsauerstoff von Wasser angegriffen wird.

$$Pb + \tfrac{1}{2}O_2 + H_2O \longrightarrow Pb(OH)_2$$

Auch von CO_2-haltigen Wässern wird Pb gelöst.

$$Pb + \tfrac{1}{2}O_2 + H_2O + 2\,CO_2 \longrightarrow Pb(HCO_3)_2$$

Pb wird zur Herstellung von Bleirohren, Geschossen und Flintenschrot sowie Akkumulatorplatten (vgl. S. 400) verwendet.

Durch Sb-Zusätze gehärtetes Pb nennt man Hartblei. Wichtige Legierungen sind Bleilagermetalle (60 – 80 % Pb, Sb, Sn und etwas Alkali- bzw. Erdalkalimetall) und Letternmetall (70 – 90 % Pb, Sb und etwas Sn).

4.7.4 Graphitverbindungen, Fullerenverbindungen

Graphit bildet unter Erhalt der Schichtstruktur zahlreiche polymere Verbindungen. Je nach Reaktionspartner ist die Bindung überwiegend kovalent oder ionisch.

Kovalente Graphitverbindungen

Bei 700 °C reagiert Graphit mit F_2 zu CF_4-Molekülen. Bei tieferen Temperaturen bleiben die Graphitschichten erhalten, die Fluoratome bilden mit den π-Elektronen des Graphits kovalente Bindungen. Bei 600 °C entstehen feste Verbindungen mit den Zusammensetzungen $CF_{0,68}$ bis CF. Die VB-Hybridisierung ändert sich von sp^2 nach sp^3, die Leitfähigkeit nimmt ab, die schwarze Farbe und der metallische Glanz verschwinden. **CF** (Abb. 4.34a) ist daher farblos und nicht leitend, es ist eine hydrophobe, chemisch resistente Substanz (inert gegen Wasser, Säuren und Basen).

Bei 350 – 400 °C erhält man die durchsichtige, dunkelbraune Verbindung $\mathbf{C_2F}$, in der nur noch nach jeder 2. Schicht Fluor eingebaut ist (Abb. 4.34b). Die sp^3-hybridisierten C-Atome sind mit drei Bindungen innerhalb der Schicht gebunden, die vierte Bindung geht von der einen Hälfte der C-Atome an die Fluoratome, von der anderen Hälfte an C-Atome der benachbarten Schicht.

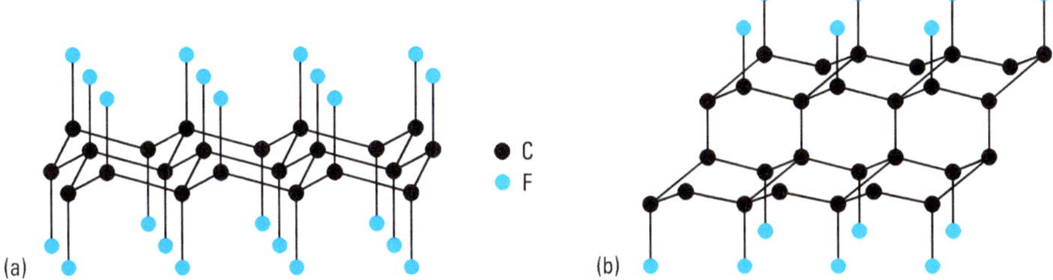

Abbildung 4.34 Graphitverbindungen a) Eine Schicht im Graphitfluorid $(CF)_n$.
Alle π-Elektronen des Elektronengases des Graphits sind in Bindungen mit F-Atomen lokalisiert. CF ist daher nicht leitend und farblos. Die C-Atome sind sp^3-hybridisiert, die Schichten daher gewellt. Die Bindungen sind Einfachbindungen. Der Abstand zwischen den Schichten beträgt ca. 700 pm (335 pm im Graphit). Im Kristall liegen die Schichten spiegelbildlich übereinander, so dass jede dritte Schicht dieselbe Lage einnimmt.
b) Zwei Schichten im Graphitfluorid $(C_2F)_n$.
Die Schichten sind durch kovalente Bindungen verbunden. Die eine Hälfte der sp^3-hybridisierten C-Atome ist an F-Atome gebunden, die andere Hälfte an C-Atome der Nachbarschicht. Im Kristall liegen die Schichtpakete spiegelbildlich übereinander, ihr Abstand beträgt 800 pm.

Mit starken wässrigen Oxidationsmitteln (z. B. $H_2SO_4/KMnO_4$) erhält man **Graphitoxid** der idealisierten Zusammensetzung $C_8O_2(OH)_2$, das noch C=C-Bindungen enthält. Die OH-Gruppen haben schwach sauren Charakter, daher wird die Verbindung auch als Graphitsäure bezeichnet. Die Zersetzung von Graphitoxid durch schnelles Erhitzen auf bis zu 1 000 °C gibt mit thermisch reduziertem Graphitoxid (TRGO) einen Zugang zu Graphitfolie und Graphenen (s. o.).

Graphit-Intercalationsverbindungen (Einlagerungsverbindungen)

Zwischen den Schichten des Graphitgitters können zahlreiche Atome und Verbindungen – zum Teil reversibel – eingelagert werden. Die Schichten des Graphitgitters bleiben erhalten, ihr Abstand vergrößert sich jedoch. Man unterscheidet Einlagerungsverbindungen der 1., 2., 3. Stufe, je nachdem ob nach jeder, jeder 2., jeder 3. Kohlenstoffschicht eine Einlagerungsschicht vorhanden ist.

Eingelagerte Elektronendonatoren geben Elektronen an das Graphitgitter ab, eingelagerte Elektronenakzeptoren nehmen Elektronen aus dem Graphitgitter auf. Zwischen den Graphitschichten und den Intercalationsschichten entsteht eine ionogene Bindung.

Gut untersucht sind die Alkalimetallgraphitverbindungen.

Beispiel: Kalium

Zusammensetzung	C_8K	$C_{24}K$	$C_{36}K$	$C_{48}K$	$C_{60}K$
Farbe	bronzefarben	stahlblau	dunkelblau	schwarz	schwarz
Stufe	1	2	3	4	5

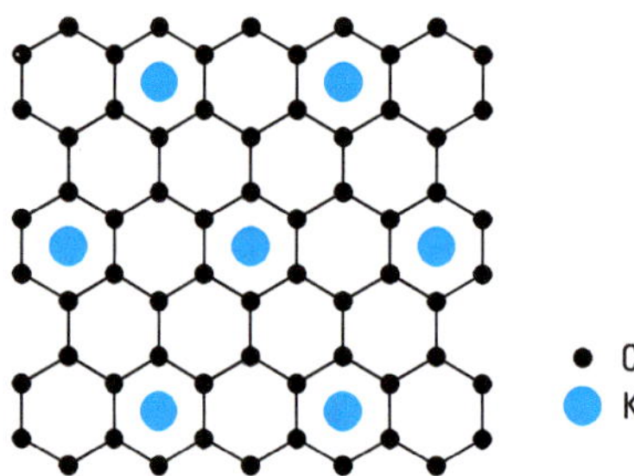

Abbildung 4.34c Aufsicht auf das Gitter von C_8K.
Die Kohlenstoffschichten liegen genau übereinander (Schichtenfolge AAA...). Der Schichtabstand beträgt 540 pm. Beim Graphit ist die Schichtfolge ABAB... oder ABCABC..., der Schichtabstand 335 pm. Bei den Kaliumgraphitverbindungen höherer Stufen fehlt das mittlere K-Atom. Es bleiben also $\frac{1}{3}$ der K-Plätze unbesetzt und die 2. Stufe hat daher die Zusammensetzung $C_{24}K$.

Die K-Atome geben ihr Valenzelektron an das Leitungsband des Graphitgitters ab. Es entstehen ionische Strukturen, z. B. $C_8^-K^+$ (Abb. 4.34c). Die Kaliumgraphitverbindungen sind daher metallische Leiter. Die Leitfähigkeit in Richtung der Schichten ist ca. zehnmal, senkrecht zu den Schichten ca. hundertmal so groß wie im Graphit. Die Leitfähigkeit nimmt mit steigender Temperatur ab. Alkalimetallgraphitverbindungen sind schwach paramagnetisch. Sie sind sehr reaktiv und zersetzen sich heftig mit Wasser. Ähnliche Verbindungen gibt es mit Erdalkalimetallen, Eu, Yb und Sm.

Zahlreicher als Graphitverbindungen mit Elektronendonatoren sind die Einlagerungsverbindungen mit Elektronenakzeptoren (Metallhalogenide, Sauerstoffsäuren, Oxide).

Beispiele:
$C_{24}^+HSO_4^- \cdot 2{,}4\,H_2SO_4$; $C_{70}^+Cl^-FeCl_2 \cdot 5\,FeCl_3$

Die Graphitsalze leiten besser als Graphit. Sie werden von Wasser zersetzt. In der präparativen organischen Chemie werden die Graphit-Einlagerungsverbindungen vielfältig verwendet, z. B. C_8K als selektiv wirkendes Reduktionsmittel, $C_{24}^+HSO_4^- \cdot 2{,}4\,H_2SO_4$ als Veresterungskatalysator.

Verbindungen des Fullerens C_{60}

Im kristallinen C_{60}-Fulleren sind die C_{60}-Moleküle kubisch-dichtest gepackt. In das Kristallgitter können Alkalimetalle und Erdalkalimetalle eingebaut werden. Pro C_{60} sind im Gitter eine oktaedrische Lücke und zwei tetraedrische Lücken vorhanden. Bei K_3C_{60} und Rb_3C_{60} sind diese Lücken mit den Alkalimetallatomen gefüllt. Ein weiterer Einbau führt zu Strukturänderungen. K_4C_{60} und Rb_4C_{60} haben eine raumzentrierte tetragonale Struktur, K_6C_{60} und Rb_6C_{60} kristallisieren kubisch-raumzentriert. C_{60} ist ein Halbleiter (Bandlücke 1,9 eV), der Einbau von Alkalimetallen führt zunächst zu metallischer Leitung, die Phasen M_6C_{60} sind wieder Isolatoren. Die höchste Leitfähigkeit besitzen die Phasen M_3C_{60}, und nur diese Phasen sind Supraleiter mit Sprungtemperaturen bis 33 K (Cs_2RbC_{60}). Im Kristall entsteht aus π-Orbitalen der C_{60}-Moleküle ein schmales Valenzband mit sechs besetzbaren Zuständen pro C_{60}. Die Alkalimetallatome geben ihr Valenzelektron an das Leitungsband ab, es entstehen die Fulleride $M_n^+C_{60}^{n-}$ (M = K, Rb, Cs; $n = 2, 3, 4, 5, 6$). Bei $M_3^+(C_{60})^{3-}$ ist das Band halb gefüllt (maximale Leitfähigkeit), bei $M_6^+(C_{60})^{6-}$ ist es vollständig aufgefüllt (Isolator).

Zu anderen Phasen führt der Einbau der kleineren Na-Atome. Na_3C_{60} ist kein Supraleiter. Im Na_6C_{60} sind die C_{60}-Moleküle kubisch-dichtest gepackt, die tetraedrischen Lücken mit Na-Atomen besetzt, die oktaedrischen Lücken mit tetraedrischen Na_4-Clustern. Im $Na_{11}C_{60}$ enthalten die oktaedrischen Lücken Na_9-Cluster.

Durch Einbau von Erdalkalimetallen entstehen die supraleitenden Phasen Ca_5C_{60} und Ba_6C_{60}.

Der große Hohlraum des C_{60}-Moleküls macht dieses zu einem molekularen Container. Es können Nichtmetall- oder Metallatome (vorwiegend Seltenerdmetalle) in Fullerenkäfigen eingeschlossen sein: *Endohedrale* Fullerenderivate. Der Einschluss wird durch das Symbol @ angezeigt. Beispiele sind: $H_2@C_{60}$, $He@C_{60}$, $N@C_{60}$, $H_2O@C_{60}$, $La_2@C_{72}$, $Eu@C_{74}$, $Ce_2@C_{80}$, $Sc_3N@C_{80}$, $Sc_4C_2@C_{80}$, $La@C_{82}$, $Sc_3@C_{82}$, $Sc_2@C_{84}$. Helium kann von außen hineingeschossen werden, die Metallatome werden beim Aufbau der Käfige eingebaut. Die nicht existierenden Fullerene C_{72} und C_{74}, sowie die weniger stabilen Fullerene C_{80} und C_{82} sind als endohedrale Fullerene stabil. Stabilisierend ist die elektronische Struktur der eingelagerten Spezies.

Mit Übergangsmetallen bildet C_{60} durch Addition von Metall-Ligand-Spezies Komplexe, die *exohedralen* Fullerene.

Heterofullerene sind Käfige, in denen einzelne C-Atome durch andere Atome wie Bor oder Stickstoff ersetzt sind.

Brom wird an den Doppelbindungen addiert, es entstehen die Verbindungen $C_{60}Br_6$, $C_{60}Br_8$ und $C_{60}Br_{24}$. Durch Addition von 24 Br-Atomen ist C_{60} sterisch abgesättigt.

Die Reaktion mit Fluor führt stufenweise über $C_{60}F_6$ und $C_{60}F_{42}$ zum vollständig fluorierten $C_{60}F_{60}$.

Mit Wasserstoff werden nur die konjugierten Doppelbindungen angegriffen, es bleiben zwölf Doppelbindungen erhalten, und es bildet sich die Verbindung $C_{60}H_{36}$.

In allen Verbindungen bleibt die Käfigstruktur der C_{60}-Moleküle erhalten.

4.7.5 Carbide

Carbide sind Verbindungen des Kohlenstoffs mit Metallen und den Halbmetallen B und Si. Kohlenstoff ist also der elektronegativere Reaktionspartner. Die Carbide können in kovalente, salzartige und metallische Carbide eingeteilt werden.

Mit den Elementen ähnlicher Elektronegativität, B und Si, bildet Kohlenstoff **kovalente Carbide**, z. B. SiC und $B_{13}C_2$ (vgl. Abschn. 4.8.4.1).

Siliciumcarbid SiC (Carborund) ist wie Diamant sehr hart, thermisch und chemisch resistent, gut wärmeleitend und wie Silicium ein Eigenhalbleiter. Es dient als Schleifmittel, zur Herstellung feuerfester Steine und von Heizwiderständen (Silitstäbe), sowie für hochtemperaturfeste Teile im Maschinen- und Apparatebau (Gasturbinen, Turbo-Dieselmotore, Lager). SiC gehört zu den Hochleistungskeramiken (s. Abschn. 4.7.10.3). Des Weiteren wird SiC wegen seiner großen Bandlücke zunehmend für elektronische Bauelemente eingesetzt, die hohe Temperaturen, hohe elektrische Feldstärken oder hohe Schaltfrequenzen aushalten müssen. SiC kommt in mehreren Modifikationen vor; in allen sind die Atome tetraedrisch von vier Atomen der anderen Art umgeben und durch kovalente Bindungen verknüpft. Eine der Modifikationen kristallisiert in der diamantähnlichen Zinkblende-Struktur (vgl. Abb. 2.57). Technisch stellt man SiC aus Quarzsand und Koks her (Acheson-Verfahren, Weltproduktion $1{,}5-2 \cdot 10^6$ t/Jahr).

$$SiO_2 + 3\,C \xrightarrow{2200\,^\circ C} SiC + 2\,CO \qquad \Delta H^\circ = +625\,kJ/mol$$

Man erhält so genanntes α-SiC (hexagonale und rhomboedrische Modifikationen). Kubisches β-SiC entsteht bei der thermischen Zersetzung von Methylchlorsilanen bei Temperaturen über 1000 °C.

$$CH_3SiCl_3 \longrightarrow SiC + 3\,HCl$$

Salzartige Carbide werden mit den elektropositiven Metallen gebildet. Es sind farblose, hydrolyseempfindliche Feststoffe. Am häufigsten sind ionische Carbide, die aus Metallkationen und dem Acetylenid-Anion $[|C{\equiv}C|]^{2-}$ aufgebaut sind:

$$\overset{+1}{M}_2C_2 \qquad (M = \text{Alkalimetall, Cu, Ag, Au})$$

$$\overset{+2}{M}C_2 \qquad (M = \text{Erdalkalimetall, Zn, Cd})$$

Mit Wasser erfolgt Zersetzung zu Acetylen.

$$CaC_2 + 2\,H_2O \longrightarrow Ca(OH)_2 + HC{\equiv}CH$$

Calciumcarbid CaC_2 hat großtechnische Bedeutung (vgl. S. 656). CaC_2 wird in der Stahlherstellung und Veredlung angewendet. Es wird aus Calciumoxid und Koks im elektrischen Ofen bei 2200 °C hergestellt.

$$CaO + 3\,C \xrightarrow{2200\,^\circ C} CaC_2 + CO \qquad \Delta H^\circ = +465\,kJ/mol$$

Die Hauptmenge wird durch Hydrolyse zu Acetylen C_2H_2 weiterverarbeitet. Diese ersten beiden Schritte sind extrem energieintensiv und erzeugen große Menge wässriger Calciumhydroxid-Schlacke. Calciumcarbid als Ausgangsprodukt zu organischen Verbindungen wurde daher fast überall durch petrochemische Verfahren ersetzt. In China allerdings ist Acetylen aus CaC_2 immer noch eine häufig verwendete Route zu PVC. Mit einem Quecksilberchlorid-haltigen Katalysator (weiteres Umweltproblem) wird HCl an Acetylen zu Vinylchlorid addiert, das dann zu PVC polymerisiert wird.

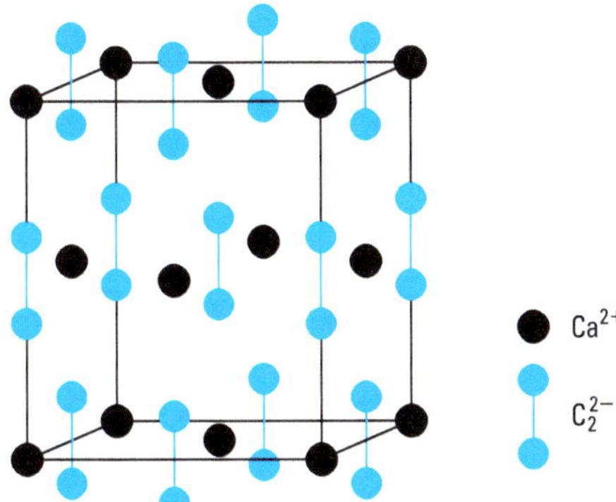

Abbildung 4.35 Struktur von CaC_2.
Die Anordnung der Ionen ist dieselbe wie in der NaCl-Struktur (Abb. 2.2). Da die $[|C{\equiv}C|]^{2-}$-Ionen parallel zu einer Achse der Elementarzelle liegen, verursachen sie eine Verzerrung zu tetragonaler Symmetrie.

Eine der vier Modifikationen von CaC_2 besitzt eine verzerrte NaCl-Struktur (Abb. 4.35), in der auch die meisten anderen Acetylenide MC_2 kristallisieren.

Außer den ionischen Carbiden, die als Salze des Acetylens aufzufassen sind, gibt es solche, die sich vom Methan CH_4 ableiten und die formal C^{4-}-Ionen enthalten, z. B. Be_2C und Al_4C_3. Bei der Umsetzung mit Wasser entwickeln sie Methan.

$$Al_4C_3 + 12\,H_2O \longrightarrow 4\,Al(OH)_3 + 3\,CH_4$$

Be_2C kristallisiert im Antifluorit-Typ, aus Berechnungen folgt die Existenz von C^{4-}-Ionen im Kristall.

Das Carbid Li_4C_3 hydrolysiert zu Propin,

$$Li_4C_3 + 4\,H_2O \longrightarrow 4\,LiOH + CH_3{-}C{\equiv}C{-}H$$

Mg_2C_3 zu einem Gemisch aus Propin und Propadien $CH_2{=}C{=}CH_2$. Das Vorliegen des Ions $[\underline{\overline{C}}{=}C{=}\underline{\overline{C}}]^{4-}$ konnte für Mg_2C_3 durch Strukturuntersuchungen bestätigt werden. C_3-Einheiten neben C_2-Einheiten und einzelnen C-Atomen treten im metallisch leitenden Carbid Sc_3C_4 auf. Inhalt der Elementarzelle: $Sc_{30}(C_3)_8(C_2)_2(C)_{12}$; $Sc_{30}^{3+}(C_3^{4-})_8(C_2^{2-})_2(C^{4-})_{12}6\,e^-$. Die Carbide M_3C_4 (M = Ho, Er, Tm, Yb, Lu) sind mit Sc_3C_4 isotyp.

In den Carbiden $\overset{+3}{M}C_2$ und $\overset{+3}{M}_2C_3$ (M = Y, Lanthanoide, U) existieren C_2^{3-}-Ionen. Ein Elektron befindet sich in antibindenden π-MOs der C_2-Gruppen (vgl. Abb. 2.68), die Bindung ist geschwächt und die C—C-Abstände vergrößert. Diese Carbide sind nicht mehr salzartig, sondern metallisch leitend. Sie zeigen ein kompliziertes Hydrolyseverhalten, es entsteht ein Gemisch aus Kohlenwasserstoffen.

Die Carbide M_4C_5 (M = Y, Gd, Tb, Dy, Ho) lassen sich mit der Formel $M_4^{3+}(C_2^{4-})_2C^{4-}$ beschreiben. Einzelne C-Atome sind oktaedrisch koordiniert. In den C_2-Gruppen sind Doppelbindungen vorhanden. Das Hydrolyseverhalten ist kompliziert.

Es gibt eine große Anzahl ternärer Lanthanoid-Übergangsmetall-Carbide, die C_2-Paare enthalten und die in vielen unterschiedlichen Strukturen kristallisieren.

Metallische Carbide (Einlagerungscarbide) sind Verbindungen mit Übergangsmetallen, in denen die kleinen Kohlenstoffatome die Lücken von Metallgittern besetzen. Es entstehen Stoffe mit großer Härte, hohen Schmelzpunkten und metallischer Leitfähigkeit. Sie sind im Abschn. 2.4.6.2 behandelt worden.

4.7.6 Sauerstoffverbindungen des Kohlenstoffs

4.7.6.1 Oxide des Kohlenstoffs

Die wichtigsten und beständigsten Oxide des Kohlenstoffs sind Kohlenstoffmonooxid CO und Kohlenstoffdioxid CO_2. Außerdem gibt es die Suboxide C_3O_2, C_4O_2, C_5O_2 und das Mellithsäureanhydrid $C_{12}O_9$.

Kohlenstoffmonooxid CO ist ein farbloses, geruchloses, sehr giftiges Gas (Smp. −204 °C, Sdp. −191,5 °C). Die Moleküle CO und N_2 sind isoelektronisch, in beiden Molekülen sind die Atome durch eine σ-Bindung und zwei π-Bindungen verbunden

$$|\overset{\ominus}{C}\equiv\overset{\oplus}{O}|$$

CO entsteht bei unvollständiger Verbrennung von Kohlenstoff.

$$C + \tfrac{1}{2}O_2 \rightleftharpoons CO \qquad \Delta H^\circ_B = -110{,}5\,\text{kJ/mol}$$

Technisch entsteht CO in großen Mengen bei der Erzeugung von Wassergas (vgl. Abschn. 4.2.2). CO war Bestandteil des früheren Stadtgases, das H_2, CO, CH_4 und etwas CO_2 und N_2 enthielt. Im Laboratorium stellt man CO durch Eintropfen von Ameisensäure in warme konz. H_2SO_4 her.

$$HCOOH \xrightarrow{H_2SO_4} H_2O + CO$$

An der Luft verbrennt CO mit charakteristischer blauer Flamme zu CO_2.

$$CO + \tfrac{1}{2}O_2 \rightleftharpoons CO_2 \qquad \Delta H^\circ = -283\,\text{kJ/mol}$$

CO ist daher ein Reduktionsmittel. Es reduziert bei erhöhter Temperatur viele Metalloxide (CuO, Fe_2O_3) zu Metallen (vgl. Hochofenprozess S. 874 f.). Palladium wird von CO schon bei Raumtemperatur aus wässriger Salzlösung ausgefällt.

$$Pd^{2+} + 3\,H_2O + CO \longrightarrow Pd + 2\,H_3O^+ + CO_2$$

Die dabei auftretende Dunkelfärbung der Lösung ist ein empfindlicher Nachweis für CO.

Mit Übergangsmetallen bildet CO eine Vielzahl von Carbonylkomplexen. Sie werden im Abschn. 5.5 behandelt. Technisch interessant ist Tetracarbonylnickel, das zur Reindarstellung von Ni und auch CO dient.

$$\mathrm{Ni} + 4\,\mathrm{CO} \underset{180\,°\mathrm{C}}{\overset{80\,°\mathrm{C}}{\rightleftharpoons}} \mathrm{Ni(CO)_4}$$

Die Giftigkeit des CO beruht auf der Bildung von Carbonylkomplexen mit dem Eisen des Hämoglobins im Blut, wodurch der O_2-Transport blockiert wird. Das Verpacken von Frischfleisch mit Anteilen von CO im Verpackungsgas wird außerhalb der EU praktiziert. Die Anteile liegen zwischen 1 – 5 Vol.%. Durch CO wird die rote Farbe von Frischfleisch simuliert und länger aufrechterhalten, da Myoglobin und Hämoglobin mit CO eine stabile hellrote Komplexverbindung bildet.

Von großtechnischer Bedeutung ist die Umsetzung von CO mit H_2. Je nach Versuchsbedingungen erhält man Methanol, höhere Alkohole oder gesättigte und ungesättigte aliphatische Kohlenwasserstoffe (vgl. Abschn. 3.6.6). Die aktivsten Katalysatoren für die Niederdruck-Methanolsynthese bei 250 – 350 °C und bis zu 100 atm Druck sind $Cu/ZnO/Al_2O_3$ Systeme. Die Kohlenwasserstoffsynthese von Fischer und Tropsch wird bei 180 °C und Normaldruck mit Katalysatoren durchgeführt.

$$\mathrm{CO} + 2\,\mathrm{H_2} \longrightarrow \mathrm{CH_3OH}$$
$$n\,\mathrm{CO} + (2n+1)\,\mathrm{H_2} \longrightarrow \mathrm{C}_n\mathrm{H}_{2n+2} + n\,\mathrm{H_2O}$$
$$n\,\mathrm{CO} + 2n\,\mathrm{H_2} \longrightarrow \mathrm{C}_n\mathrm{H}_{2n} + n\,\mathrm{H_2O}$$

Die Rolle von CO als Luftschadstoff wird im Abschn. 4.11 behandelt. 2018 betrug die CO-Emission in Deutschland $2{,}9 \cdot 10^6$ t, Hauptquelle ist der Kraftfahrzeugverkehr. Gegenüber dem Jahr 1990 hat sich die emittierte Menge um rund drei Viertel verringert.

Kohlenstoffdioxid CO_2

CO_2 ist ein farbloses, geruchloses Gas, das nicht brennt und die Verbrennung nicht unterhält (Verwendung als Feuerlöschmittel). Es ist anderthalbmal dichter als Luft und sammelt sich deshalb in geschlossenen Räumen (Höhlen, Grotten, Gärkeller) am Boden (Erstickungsgefahr). Das Gas CO_2 hat den Ruf ungiftig zu sein, wirkt aber wie andere erstickend wirkende Gase (N_2, Edelgase) tödlich, wenn man Luft einatmet, deren CO_2-Gehalt erhöht ist. CO_2 ist deutlich gefährlicher als die Inertgase N_2 und Argon. Erste Wirkungen (Kopfschmerzen) können bereits bei Volumenanteilen von 0,1 % auftreten. Volumenanteile über 8 % sind je nach Expositionsdauer tödlich. CO_2 kann leicht verflüssigt werden ($t_K = -31$ °C, $p_K = 73{,}7$ bar) (Abb. 3.9). Überkritisches CO_2 kann mit guter Umweltbilanz als Extraktionsmittel für die Entkoffeinierung von Kaffee und mit Tensiden für die chemische (nicht-wässrige) Reinigung von Textilien u. a. anstelle von organischen (chlorierten) Lösungsmitteln angewendet werden. CO_2 wird anschließend vom Schmutz abdestilliert und wiederverwendet. Im festen Zustand bildet CO_2 Molekülkristalle (Abb. 2.60). Festes CO_2 (Trockeneis) sublimiert beim Normdruck bei −78 °C. Es wird – zweckmäßig im Gemisch mit Aceton oder Alkohol – als Kältemittel verwendet. Das Zustandsdiagramm ist in der Abb. 3.9 dargestellt. 1 l H_2O löst bei 20 °C 0,9 l CO_2. CO_2 wird für kohlensäurehaltige Getränke verwendet. Gasförmiges CO_2 (E 290) dient neben und im Gemisch mit N_2 zur Schutzgasverpackung von Lebensmitteln für die Haltbarkeitsverlängerung. CO_2 besitzt eine bakteriostatische Wirkung. CO_2-Anteile von 20 – 30 Vol.% in N_2 haben sich als optimal erwiesen.

Das CO_2-Molekül ist linear gebaut. Die wichtigste Grenzstruktur ist

$$\overline{\underline{O}}{=}C{=}\overline{\underline{O}}$$

Im VB-Modell ist das C-Atom sp-hybridisiert, die beiden verbleibenden p-Orbitale bilden π-Bindungen. Die Delokalisierung der π-Bindungen wird durch die Grenzstrukturen $^{\oplus}|O{\equiv}C{-}\overline{\underline{O}}|^{\ominus} \longleftrightarrow {}^{\ominus}|\overline{\underline{O}}{-}C{\equiv}O|^{\oplus}$ berücksichtigt. Die Bildung der MOs von CO_2 und ihr Energieniveaudiagramm sind in der Abb. 2.75 und 2.76 dargestellt.

CO_2 entsteht bei der vollständigen Verbrennung von Kohlenstoff.

$$C + O_2 \longrightarrow CO_2 \qquad \Delta H_B^\circ = -393{,}5\ \text{kJ/mol}$$

Es fällt als Nebenprodukt beim Kalkbrennen an (vgl. S. 654).

$$CaCO_3 \xrightarrow{1\,000\,^\circ C} CaO + CO_2$$

Zur Reinigung leitet man CO_2 in eine K_2CO_3-Lösung, aus der es beim Erhitzen wieder freigesetzt wird.

$$K_2CO_3 + CO_2 + H_2O \underset{\text{Hitze}}{\overset{\text{Kälte}}{\rightleftharpoons}} 2\,KHCO_3$$

Im Labor erhält man CO_2 durch Zersetzung von Carbonaten mit Säuren.

$$CaCO_3 + 2\,HCl \longrightarrow CaCl_2 + H_2O + CO_2$$

CO_2 ist eine sehr beständige Verbindung, die sich erst bei hohen Temperaturen in CO und O_2 zersetzt (bei 1 200 °C zu 0,03 %, bei 2 600 °C zu 52 %).

$$CO_2 \rightleftharpoons CO + \tfrac{1}{2}O_2 \qquad \Delta H^\circ = +283\ \text{kJ/mol}$$

Nur durch starke Reduktionsmittel (H_2, C, Na, Mg) wird CO_2 reduziert. Zwischen Kohlenstoffdioxid, Kohlenstoffmonooxid und Kohlenstoff existiert das Boudouard-Gleichgewicht (vgl. Abb. 3.22).

$$CO_2 + C(s) \rightleftharpoons 2\,CO \qquad \Delta H^\circ = +173\ \text{kJ/mol}$$

Mit abnehmender Temperatur verschiebt sich die Gleichgewichtslage in Richtung CO_2. Unter Normalbedingungen ist CO daher thermodynamisch instabil, aber die Disproportionierung in CO_2 und C ist kinetisch gehemmt. CO ist daher metastabil existent.

Auch durch H_2 wird CO_2 nur bei hohen Temperaturen reduziert. Beim Wassergasgleichgewicht (vgl. S. 410).

$$CO_2 + H_2 \rightleftharpoons CO + H_2O(g) \qquad \Delta H^\circ = +41\ \text{kJ/mol}$$

liegt das Gleichgewicht erst bei Temperaturen > 1 000 °C auf der rechten Seite.

CO_2 ist für die belebte Natur von großer Bedeutung. Mensch und Tier atmen es als Verbrennungsprodukt aus. Beim Assimilationsprozess nehmen Pflanzen CO_2 auf und wandeln es mit Hilfe von Lichtenergie in Kohlenhydrate um.

Die Atmosphäre enthält einen Volumenanteil von 0,04 % CO_2. Dieser ist für den Wärmehaushalt der Erdoberfläche von großer Bedeutung, da das CO_2 der Atmosphäre die von der Erdoberfläche ausgesandten Wärmestrahlen absorbiert, aber die sichtbare Sonnenstrahlung ungehindert passieren lässt. Ohne CO_2 gäbe es kein höheres Leben auf der Erde. Zusammen mit Wasserdampf, Methan und anderen Spurengasen bedingt CO_2 den „natürlichen Treibhauseffekt", der die Erdmitteltemperatur von –18 °C auf +15 °C hebt. Als Konsequenz des Anstiegs des CO_2-Gehalts durch Verbrennung von fossilen Brennstoffen (weltweit wird 80 % der Energie aus fossilen Energieträgern erzeugt) und großflächigen Waldrodungen ist eine Erwärmung der Erdoberfläche (Treibhauseffekt) und als Folge eine weltweite Klimaänderung zu erwarten. Der Treibhauseffekt wird ausführlich im Abschn. 4.11 behandelt.

Kohlenstoffsuboxid C_3O_2 entsteht als farbloses Gas durch Entwässern von Malonsäure mit P_4O_{10}.

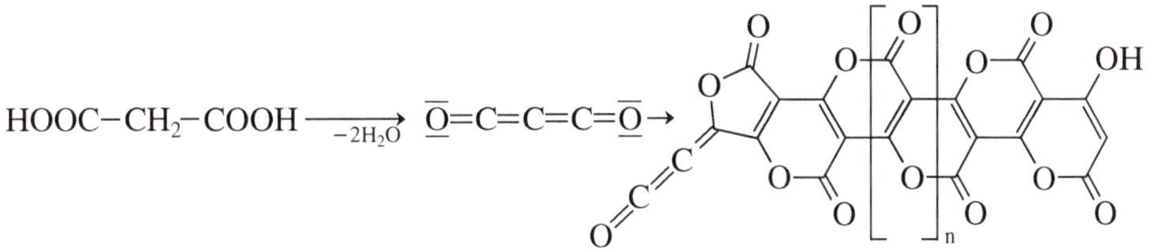

$$HOOC-CH_2-COOH \xrightarrow[-2H_2O]{} \overline{O}=C=C=C=\overline{O} \rightarrow$$

Das Molekül O=C=C=C=O hat eine fast lineare Struktur mit vier kumulierten Doppelbindungen (Schmp. –112.5 °C). Es ist bei −78 °C kinetisch stabil. Bei 25 °C ist es nur unter vermindertem Druck haltbar, bei Normaldruck erfolgt Polymerisation zu einem paramagnetischen, rot-schwarzen Feststoff mit Poly(α-pyron)-Struktur.

C_5O_2, $\overline{O}=C=C=C=C=C=\overline{O}$, ist ein gelber Festkörper, der oberhalb −90 °C zu einem schwarzen Festkörper polymerisiert.

C_4O_2, $\overline{O}=C=C=C=C=\overline{O}$, ist bei 10 K in Argon isoliert worden (vgl. Fußnote S. 421).

4.7.6.2 Kohlensäure und Carbonate

CO_2 ist das Anhydrid der in Wasser nicht existenten Kohlensäure H_2CO_3. Eine wässrige Lösung von CO_2 reagiert schwach sauer (pH = 4−5). Es treten nebeneinander folgende Gleichgewichte auf:

$$CO_2 + H_2O \rightleftharpoons [H_2CO_3] \qquad pK = 2{,}6$$
$$[H_2CO_3] + H_2O \rightleftharpoons H_3O^+ + HCO_3^- \qquad pK_S = 3{,}8$$
$$HCO_3^- + H_2O \rightleftharpoons H_3O^+ + CO_3^{2-} \qquad pK_S = 10{,}3$$

Durch Zusammenfassung der ersten beiden Gleichgewichte erhält man die Säurekonstante bezogen auf CO_2.

$$CO_2 + 2\,H_2O \rightleftharpoons H_3O^+ + HCO_3^- \qquad pK_S = 6{,}4$$

Dieses Gleichgewicht liegt weitgehend auf der Seite von CO_2, 99,8 % des gelösten Kohlenstoffdioxids liegen als physikalisch gelöste CO_2-Moleküle vor. Da nur wenige CO_2-Moleküle mit Wasser reagieren, wirkt die Gesamtlösung als schwache Säure.

H_2CO_3 lässt sich aus wässriger Lösung nicht isolieren. Lange Zeit nahm man an, dass Kohlensäure, wenn überhaupt, nur intermediär existent ist und nicht in reiner Form isoliert werden kann. In wässriger Lösung ist Kohlensäure nur sehr kurz existent. Kinetische Kurzzeitspektroskopie-Messungen der Protonierung von Hydrogencarbonat, DCO_3^- in D_2O zu D_2CO_3 zeigen eine Lebensdauer von deuterierter Kohlensäure von 300 ns, bevor diese wieder zu DCO_3^- deprotoniert, aber nicht zu CO_2 und D_2O zerfällt. Reine Kohlensäure konnte mittlerweile auf verschiedenen Wegen synthetisiert werden, z. B. durch Protonierung von Hydrogencarbonaten. Die freie Säure konnte IR- und massenspektroskopisch charakterisiert werden. Die Kohlensäure ist im festen Zustand und in der Gasphase kinetisch stabil. Kohlensäure kann aus der Gasphase in einer Edelgasmatrix bei 200 K in einer Konformeren-Mischung mit einem 1 : 10 : 1-Verhältnis der cis-cis : cis-trans Monomere : zyklisches Dimer eingefroren werden.

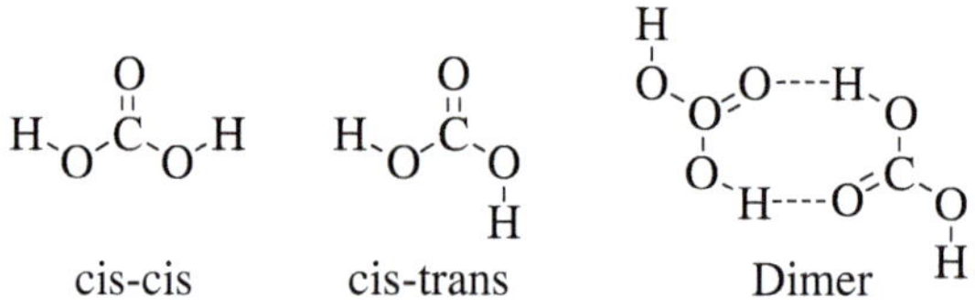

cis-cis cis-trans Dimer

Wichtig für die Stabilität der Kohlensäure ist die Abwesenheit von Wasser. Katalytische Mengen beschleunigen den Zerfall um Größenordnungen. Feste Kohlensäure lässt sich sublimieren und wieder kondensieren. Beständig bis −16 °C ist das Salz $C(OH)_3^+\,AsF_6^-$, in dem das mit $B(OH)_3$ isoelektronische Trihydroxycarbeniumion $C(OH)_3^+$ vorliegt, eine protonierte Kohlensäure. Als zweibasige Säure bildet Kohlensäure zwei Reihen von Salzen, **Hydrogencarbonate** („Bicarbonate") mit den Anionen HCO_3^- und **Carbonate** mit den Anionen CO_3^{2-}. CO_3^{2-} ist eine starke Anionenbase. Die CO_3^{2-}-Anionen sind trigonal-planar gebaut, das C-Atom ist im VB-Modell sp^2-hybridisiert, die π-Bindung ist delokalisiert (vgl. Abschn. 2.2.7).

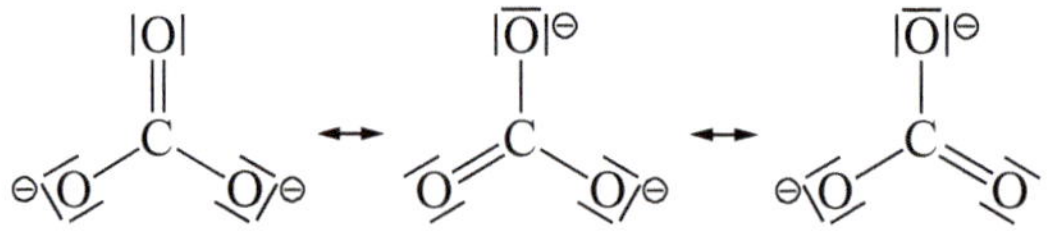

Natriumcarbonat, Soda, Na_2CO_3 gehört zu den wichtigen chemischen Produkten (s. Abschn. 4.10.4.5). In der Natur weit verbreitet sind $CaCO_3$ (Kalkstein, Marmor,

Kreide) und $CaMg(CO_3)_2$ (Dolomit). In Wasser schwer lösliches $CaCO_3$ wird durch CO_2-haltige Wässer in lösliches Calciumhydrogencarbonat überführt.

$$CaCO_3 + H_2O + CO_2 \rightleftharpoons Ca^{2+} + 2\,HCO_3^-$$

Auf diese Weise entsteht die Carbonathärte (temporäre Härte) des Wassers. Beim Erhitzen verschiebt sich das Gleichgewicht infolge des Entweichens von CO_2 nach links, und $CaCO_3$ fällt aus. Darauf beruht die Ausscheidung des „Kesselsteins" und die Bildung von „Tropfsteinen". Die Sulfathärte (permanente Härte) wird durch gelöstes $CaSO_4$ verursacht, sie kann nicht durch Kochen beseitigt werden. Die Gesamthärte wird in mmol/l Erdalkaliionen angegeben. Häufig erfolgt die Angabe noch in Deutschen Härtegraden. 1 °d entspricht 10 mg CaO/l. Sehr harte Wässer haben Härtegrade > 21, sehr weiche Wässer < 7.

Zur Enthärtung des Wassers verwendet man Polyphosphate (vgl. Abschn. 4.6.11) oder Ionenaustauscher. Ionenaustauscher aus Kunstharzen bestehen aus einem lockeren dreidimensionalen Gerüst, in dem saure ($—SO_3H$) oder basische ($—N(CH_3)_3^+OH^-$) Gruppen eingebaut sind. Die Gruppen sind Haftstellen für Kationen (Kationenaustauscher) und Anionen (Anionenaustauscher).

$$—SO_3H + M^+ + H_2O \rightleftharpoons —SO_3^-M^+ + H_3O^+$$
$$—N(CH_3)_3^+OH^- + X^- \rightleftharpoons —N(CH_3)_3^+X^- + OH^-$$

Lässt man z. B. Wasser durch einen Kationenaustauscher fließen, so werden Ca^{2+}- und Mg^{2+}-Ionen gegen H_3O^+-Ionen ausgetauscht, anschließend können im Anionenaustauscher die SO_4^{2-} und CO_2^{3-}-Ionen gegen OH^--Ionen ausgetauscht werden, so dass voll entsalztes Wasser entsteht. Der Austausch ist umkehrbar, mit Kationen und Anionen beladene Austauscher können durch Säure bzw. Lauge wieder regeneriert werden.

Als Ionenaustauscher sind auch Silicate (Zeolithe) geeignet.

Derivate der Kohlensäure

Harnstoff $OC(NH_2)_2$ ist das Diamid der Kohlensäure (die beiden OH-Gruppen sind durch NH_2-Gruppen ersetzt). Er wird als Düngemittel verwendet und technisch aus CO_2 und NH_3 unter Druck hergestellt.

$$CO_2 + 2\,NH_3 \xrightarrow{60\text{ bar}} O{=}C\begin{matrix}\diagup ONH_4 \\ \diagdown NH_2\end{matrix} \xrightarrow[150\,°C]{-H_2O} O{=}C\begin{matrix}\diagup NH_2 \\ \diagdown NH_2\end{matrix}$$

Das Zwischenprodukt ist das Ammoniumsalz der Carbaminsäure $O{=}C\begin{matrix}\diagup OH \\ \diagdown NH_2\end{matrix}$

Phosgen $O{=}C\begin{matrix}\diagup Cl \\ \diagdown Cl\end{matrix}$ ist das Dichlorid der Kohlensäure. Es ist ein giftiges, reaktionsfähiges Gas (Giftgas Grünkreuz). Es wird technisch aus CO und Cl_2 am Aktivkohlekatalysator hergestellt. Phosgen ist ein vielseitiges Synthesereagenz in der organischen Chemie. Weltweit werden ca. 8 Mio t produziert. Der Transport und die Lagerung (bei Leckage) stellt ein erhebliches Risiko dar, weshalb man Phosgen meist direkt am Herstellungsort weiterverarbeitet. Etwa 95 % des Phosgens werden für die Herstellung von Polycarbonaten und Diisocyanaten für Polyurethane verbraucht. Die Reaktivität von $OCCl_2$ macht seine Dosierung im Labor in kleinen Gramm-Mengen fast unmöglich. Daher wird im Labor am besten die katalytische Bildung von $OCCl_2$ aus dem Feststoff Triphosgen oder der Flüssigkeit Diphosgen (Trichlormethylchlorformiat) genutzt: $(Cl_3CO)_2CO \longrightarrow 3\,OCCl_2$ oder $Cl_3COCOCl \longrightarrow 2\,OCCl_2$. Beide Reaktionen sind endotherm und verlaufen quantitativ. Phosgen wird so exakt dosierbar, sein Transport entfällt.

4.7.7 Stickstoffverbindungen des Kohlenstoffs

Hydrogencyanid HCN (Blausäure) ist eine farblose, äußerst giftige, nach bitteren Mandeln riechende Flüssigkeit (Sdp. 26 °C) und eine sehr schwache Säure. Es existieren zwei tautomere Formen:

$$\text{H—C}\equiv\text{N|} \rightleftharpoons \text{|C}\equiv\text{N—H}$$

Das Gleichgewicht liegt aber vollständig auf der linken Seite.

In organischen Derivaten sind diese Formen als Nitrile RCN und Isonitrile RNC isolierbar.

Die technische Darstellung erfolgt aus Methan und Ammoniak.

$$CH_4 + NH_3 \xrightarrow[\text{Katalysator}]{1200\,^\circ\text{C}} HCN + 3\,H_2$$

Die weltweit produzierten Blausäure-Mengen liegen bei über $1{,}5 \cdot 10^6$ t/a und werden meisten direkt vor Ort zu Acetoncyanhydrin ($Me_2C(OH)CN$), Adipodinitril ($NC(CH_2)_4CN$), Chlorcyan (Cl—CN), Methionin und Natriumcyanid weiterverarbeitet. Ihre Salze, die **Cyanide**, enthalten das Cyanidion $|\overset{\ominus}{C}\equiv N|$, das isoelektronisch mit N_2 und CO ist. CN^- bildet mit vielen Übergangsmetallionen Komplexe. Die Cyanide entwickeln mit Säuren HCN, sie werden schon vom CO_2 der Luft zersetzt.

$$2\,KCN + H_2O + CO_2 \longrightarrow K_2CO_3 + 2\,HCN$$

Man stellt Cyanide durch Einleiten von HCN in Laugen her. Mehr als 70 % der Alkalicyanid-Produktion von über $1 \cdot 10^6$ t/a werden für die Cyanid-Laugerei von Gold verwendet. (vgl. S. 777).

Dicyan $(CN)_2$ ist ein farbloses, giftiges, brennbares Gas, das bei 300 – 500 °C polymerisiert. Das Molekül ist linear gebaut.

$$|\text{N}\equiv\text{C—C}\equiv\text{N}|$$

Es entsteht bei der thermischen Zersetzung von $Hg(CN)_2$ und bei der Reaktion von Cu^{2+} mit CN^-.

$$Cu^{2+} + 2\,CN^- \longrightarrow CuCN + \tfrac{1}{2}\,(CN)_2$$

$(CN)_2$ ist ein Pseudohalogen und disproportioniert wie die Halogene in basischer Lösung.

$$(CN)_2 + 2\,OH^- \longrightarrow CN^- + OCN^- + H_2O$$

Die **Cyansäure HOCN** existiert in den tautomeren Formen

$$H-\overline{\underline{O}}-C\equiv N| \rightleftharpoons \overline{\underline{O}}=C=\overline{N}-H$$

Beide Formen sind unbeständig. Stabil sind Salze mit dem mesomeren Anion

$$|\overset{\ominus}{\overline{\underline{O}}}-C\equiv N| \leftrightarrow \overline{\underline{O}}=C=\overset{\ominus}{\overline{\underline{N}}}.$$

Eine weitere isomere Form ist die Knallsäure $|\overline{\underline{O}}-N\equiv C-H$ (Salze: Fulminate). Quecksilberfulminat $Hg(CNO)_2$ heißt auch Knallquecksilber und ist mit seinen explosiven Eigenschaften und der Synthese bereits seit dem 17. Jahrhundert bekannt. Im Kristall liegen separate $Hg(CNO)_2$-Moleküle mit fast linearer Struktur vor (Hg—C—N 169°). Die Bindungslängen entsprechen einer C≡N-Dreifach- und einer N—O-Einfachbindung. Ersetzt man in HCNO Sauerstoff durch Schwefel, erhält man die **Thiocyansäure** (Rhodanwasserstoffsäure) HSCN, die ebenfalls unbeständig ist. Sie bildet beständige Salze, die Thiocyanate (Rhodanide).

4.7.8 Halogen- und Schwefelverbindungen des Kohlenstoffs

Kohlenstofftetrafluorid CF_4 ist ein farbloses, sehr stabiles Gas ($\Delta H^\circ_B = -908\,kJ/mol$) und das Endprodukt der Fluorierung von Graphit (vgl. S. 564 f.).

Polytetrafluorethylen $(CF_2)_n$ und fluorierte Kohlenwasserstoffe wurden bereits im Abschn. 4.4.6 besprochen.

Kohlenstofftetrachlorid CCl_4 ist eine farblose, nicht brennbare Flüssigkeit (Sdp. 76 °C). Sie ist chemisch reaktionsträge und wird als Lösungsmittel und Feuerlöschmittel verwendet.

Kohlenstoffdisulfid CS_2 entsteht aus Schwefeldampf und Kohlenstoff.

$$C + 2\,S\,(g) \xrightarrow{850\,^\circ C} CS_2 \qquad \Delta H^\circ_B = +117\ kJ/mol$$

Es ist eine farblose, sehr giftige, leicht entzündliche Flüssigkeit (Sdp. 46 °C) und ein gutes Lösungsmittel für Fette, Öle, Schwefel, Phosphor und Iod. Das CS_2-Molekül ist wie CO_2 ein lineares Molekül mit einem nach VB sp-hybridisierten C-Atom und zwei (p-p)π-Bindungen.

$$\overline{\underline{S}}=C=\overline{\underline{S}}$$

Die Thiokohlensäure H_2CS_3 ist eine ölige Flüssigkeit. Ihre Salze sind die Thiocarbonate. Bekannt ist auch das gasförmige Kohlenstoffoxidsulfid COS.

4.7.9 Wasserstoffverbindungen des Siliciums

Silicium bildet **kettenförmige Silane** der allgemeinen Zusammensetzung Si_nH_{2n+2}, die den aliphatischen Kohlenwasserstoffen C_nH_{2n+2} entsprechen. Es wurden alle Glieder bis $n = 15$ nachgewiesen. Monosilan SiH_4 und Disilan Si_2H_6 sind Gase, die Glieder ab $n = 3$ sind flüssig oder fest. Es sind endotherme Verbindungen, die aber in Abwesenheit von O_2 und H_2O bei Raumtemperatur beständig sind. Beim Erhitzen zerfallen sie in die Elemente.

$$SiH_4 \longrightarrow Si + 2\,H_2 \qquad \Delta H^\circ = -34\,\text{kJ/mol}$$

An der Luft entzünden sie sich von selbst und verbrennen zu SiO_2 und H_2O. Während in den Alkanen der Kohlenstoff negativ polarisiert ist ($\geqslant\overset{\delta-}{C}-\overset{\delta+}{H}$), enthalten die Silane negativ polarisierten Wasserstoff ($\geqslant\overset{\delta+}{Si}-\overset{\delta-}{H}$). Im Gegensatz zu den Kohlenwasserstoffen erfolgt mit starken Nukleophilen Substitution der H-Atome. Hydrolyse erfolgt daher nur in Gegenwart von OH^--Ionen.

$$SiH_4 + 4\,H_2O \xrightarrow{OH^-} Si(OH)_4 + 4\,H_2$$

SiH_4, Si_2H_6 und Si_3H_8 können durch Reaktion der entsprechenden Chloride mit $LiAlH_4$ in Ether dargestellt werden, z. B.

$$2\,Si_2Cl_6 + 3\,LiAlH_4 \longrightarrow 2\,Si_2H_6 + 3\,LiAlCl_4$$

Ein Silangemisch, das alle Silane enthält, entsteht bei der Zersetzung von Mg_2Si mit Säure.

$$Mg_2Si + 4\,H^+ \longrightarrow SiH_4 + 2\,Mg^{2+}$$

Man kennt außerdem die **cyclischen Silane** Si_5H_{10} und Si_6H_{12} sowie **polymere Silane** mit variablen Zusammensetzungen, zu denen die Verbindungen $(SiH_2)_n$ und $(SiH)_n$ gehören.

4.7.10 Sauerstoffverbindungen von Silicium

4.7.10.1 Oxide des Siliciums

Siliciumdioxid SiO_2

SiO_2 ist im Gegensatz zu CO_2 ein polymerer, harter Festkörper mit sehr hohem Schmelzpunkt. Die Si-Atome bilden nicht wie die C-Atome mit O-Atomen (p-p)π-Bindungen. Die Si-Atome sind im VB-Modell sp^3-hybridisiert und tetraedrisch mit vier O-Atomen verbunden. Jedes O-Atom hat zwei Si-Nachbarn, die SiO_4-Tetraeder sind über gemeinsame Ecken verknüpft.

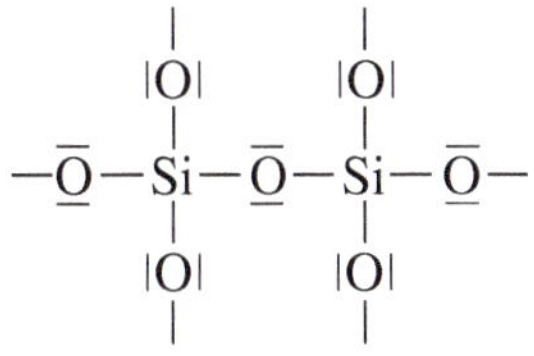

$$
\begin{array}{ccccccccc}
 & & | & & & & | & & \\
 & & |\mathrm{O}| & & & & |\mathrm{O}| & & \\
 & & | & & & & | & & \\
-\overline{\underline{\mathrm{O}}} & - & \mathrm{Si} & - & \overline{\underline{\mathrm{O}}} & - & \mathrm{Si} & - & \overline{\underline{\mathrm{O}}}- \\
 & & | & & & & | & & \\
 & & |\mathrm{O}| & & & & |\mathrm{O}| & & \\
 & & | & & & & | & &
\end{array}
$$

Zusätzlich zu den stark polaren Einfachbindungen existieren Wechselwirkungen zwischen den freien p-Elektronenpaaren des Sauerstoffs und leeren antibindenden Orbitalen des Siliciums. Diese Mehrzentren-π-Bindungsanteile erklären die außergewöhnlich hohe Bindungsenergie der Si—O-Bindung.

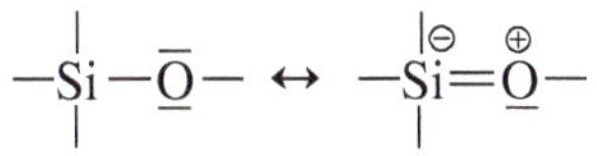

$$
-\overset{|}{\underset{|}{\mathrm{Si}}}-\overline{\underline{\mathrm{O}}}- \quad \leftrightarrow \quad -\overset{|\ominus}{\underset{|}{\mathrm{Si}}}=\overset{\oplus}{\underline{\mathrm{O}}}-
$$

SiO_2 existiert in verschiedenen Modifikationen, die sich in der dreidimensionalen Anordnung der SiO_4-Tetraeder unterscheiden.

$$
\begin{array}{ccccccccc}
\alpha\text{-Quarz} & \xrightleftharpoons{573\,^\circ\mathrm{C}} & \beta\text{-Quarz} & \xrightleftharpoons{870\,^\circ\mathrm{C}} & \beta\text{-Tridymit} & \xrightleftharpoons{1470\,^\circ\mathrm{C}} & \beta\text{-Cristobalit} & \xrightleftharpoons{1725\,^\circ\mathrm{C}} & \text{Schmelze} \\
 & & & & \Big\updownarrow{\scriptstyle 120\,^\circ\mathrm{C}} & & \Big\updownarrow{\scriptstyle 270\,^\circ\mathrm{C}} & & \\
 & & & & \alpha\text{-Tridymit} & & \alpha\text{-Cristobalit} & &
\end{array}
$$

Die Umwandlungen zwischen **Quarz**, **Tridymit** und **Cristobalit** (vgl. Abb. 2.12) verlaufen nur sehr langsam, da dabei die Bindungen aufgebrochen werden müssen. Außer dem bei Normaltemperatur thermodynamisch stabilen α-Quarz sind daher auch alle anderen Modifikationen metastabil existent. Bei der Umwandlung von den α-Formen in die β-Formen ändern sich nur die Si—O—Si-Bindungswinkel, sie verlaufen daher schnell und bei relativ niedrigen Temperaturen.

Nur bei sehr langsamem Abkühlen erhält man aus der Schmelze Cristobalit. Beim raschen Abkühlen erstarrt eine SiO_2-Schmelze glasig (vgl. Gläser S. 589 f.). **„Quarzglas“** ist bei 25 °C metastabil und kristallisiert erst beim Tempern (1 000 – 1 100 °C) allmählich. Da es wegen seines kleinen thermischen Ausdehnungskoeffizienten eine sehr gute Temperaturwechselbeständigkeit besitzt, kann man Quarzglas von heller Rotglut auf Zimmertemperatur abschrecken. Auf Grund seiner chemischen Resistenz, Schwerschmelzbarkeit und Temperaturwechselbeständigkeit wird es zur Herstellung hitzebeständiger Apparate verwendet. Da es für UV-Licht durchlässig ist, wird es für Quarzlampen, UV-Mikroskope usw. benutzt.

In der Hochdruckmodifikation **Stishovit** kristallisiert SiO_2 im Rutilgitter (Abb. 2.11), Si hat darin die ungewöhnliche Koordinationszahl 6.

In der Natur ist SiO_2 weit verbreitet und tritt in zahlreichen kristallinen und amorphen Formen auf. Gut ausgebildete Kristalle werden als Schmucksteine verwendet: Bergkristall (wasserklar), Rauchquarz (braun), Amethyst (violett), Morion (schwarz), Citrin (gelb), Rosenquarz (rosa). Mikrokristalliner Quarz wird als Chalcedon bezeichnet. Varietäten von Chalcedon sind: Achat, Carneol, Onyx, Jaspis, Heliotrop, Feuerstein. Amorph und wasserhaltig sind Opale. Zu den Opalvarietäten gehört Kieselgur. Quarz ist Bestandteil vieler Gesteine (Quarzsand, Granit, Sandstein, Gneis).

Quarz ist piezoelektrisch: durch eine angelegte Wechselspannung wird der Kristall zu Schwingungen angeregt. Auf der hohen Frequenzgenauigkeit der Eigenschwingungen ($\Delta\nu/\nu = 10^{-8}$) beruht der Bau von Quarzuhren.

Synthetische Quarzkristalle hoher Reinheit werden nach dem Hydrothermalverfahren hergestellt. Im Druckautoklaven wird bei 400 °C die wässrige Lösung mit SiO_2 gesättigt. Im kühleren Autoklaventeil ist die Lösung übersättigt und bei 380 °C scheidet sich Quarz an einem Impfkristall ab.

SiO_2 ist chemisch sehr widerstandsfähig. Außer von HF (vgl. S. 444) wird es von Säuren nicht angegriffen. Laugen reagieren auch beim Kochen nur langsam mit SiO_2. Beim Zusammenschmelzen mit Hydroxiden oder Carbonaten der Alkalimetalle (M) entstehen Silicate.

$$SiO_2 + 2\,MOH \longrightarrow M_2SiO_3 + H_2O$$
$$SiO_2 + M_2CO_3 \longrightarrow M_2SiO_3 + CO_2$$

Mikrosilica, Silicastaub (engl. silica fume; silica = SiO_2) ist eine in der Chemie bisher wenig bekannte Form von SiO_2. Mikrosilica entsteht als Nebenprodukt der großtechnischen Herstellung von Silicium und Ferrosilicium im elektrischen Lichtbogen, in dem Quarz mit Kohle oder Koks carbothermisch zu elementarem Si reduziert wird (s. Abschn. 4.7.3.2). Intermediär entsteht dabei Siliciummonoxid SiO, das bei Temperaturen von über 2 000 °C verdampft, in kälteren Regionen des Ofens wieder zu SiO_2 oxidiert wird und als amorphes Mikrosilica kondensiert. Aus dem Abgasstrom wird Mikrosilica herausgefiltert. Pro Tonne Si werden 200 – 400 kg Mikrosilica erhalten. Die Weltproduktion an Mikrosilica beträgt etwa $1 \cdot 10^6$ t/a. Mikrosilica bildet isolierte Kugel-Partikel mit Durchmessern zwischen 20 nm und 1 µm. Mikrosilica ist ein Additiv in der Bauindustrie. Es macht Beton druckfester, verbessert die Dichtigkeit, verhindert so das Eindringen von korrodierend wirkenden Chlorid-Ionen und Frostsprengungen, unterdrückt die Beton-zerstörende Alkali-Silica-Reaktion und verbessert die rheologischen Eigenschaften.

Pyrogenes Siliciumdioxid, pryogene Kieselsäure (engl. fumed silica) sind amorphe SiO_2-Partikel mit einer Größe von 5 – 50 nm, die zu größeren kettenförmigen Einheiten aggregiert sind und so poröse dreidimensionale Sekundärpartikel bilden. Es wird durch Hochtemperaturpyrolyse von $SiCl_4$ in Knallgas (H_2/O_2) erhalten, mit HCl als Nebenprodukt. Unzählige Alltagsprodukte (Lacke, Farben, Beschichtungen, Harze, Kautschuke, Klebstoffe, Dichtmassen, Dämmstoffe, Schmiermittel, Pflanzenschutzmittel, Kosmetika, Zahncremes) enthalten pyrogene Kieselsäure als Isolierungsstoff, Rheologie-Additiv, Verdickungsmittel, Antiabsetzmittel, Thixotropiepulver, Rieselhilfe oder verstärkender Füllstoff.

Kieselalgen (Diatomeen) haben eine Zellenhülle aus SiO_2. Diese Einzeller extrahieren die in Wasser enthaltenen winzigen Mengen von Orthokieselsäure H_4SiO_4 und polymerisieren sie zu SiO_2. Die Zellenhüllen von Diatomeen bilden oft kunstvolle Muster mit Porenstruktur (s. nachf. Abb.). Diatomeen sind die artenreichste Gruppe unter den Algen. Es wird geschätzt, dass Diatomeen für ein Fünftel der weltweiten CO_2-Fixierung verantwortlich sind, womit ihr Beitrag zur CO_2-Aufnahme dem aller Regenwälder zusammen entspricht.

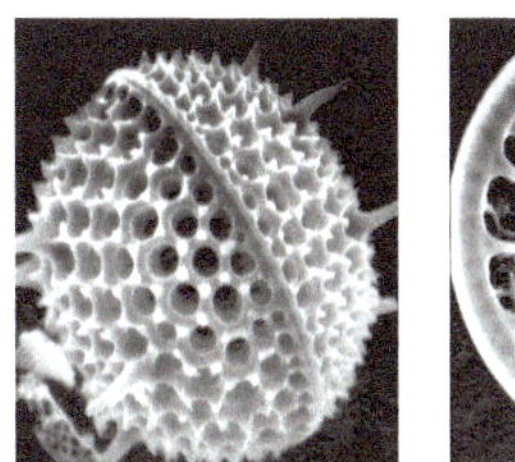 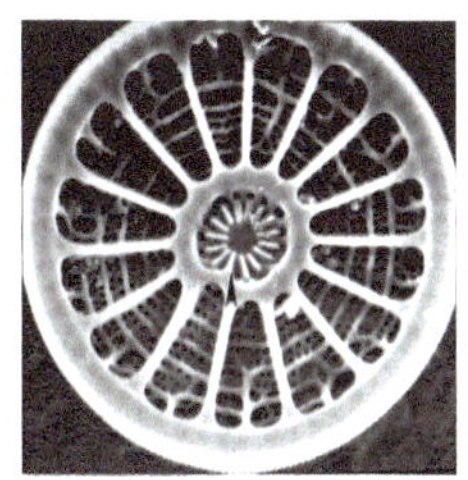 

Siliciummonooxid SiO

Beim Erhitzen von SiO_2 mit Si auf 1 250 °C im Vakuum entsteht gasförmiges SiO.

$$Si + SiO_2 \rightleftharpoons 2\,SiO\,(g) \qquad \Delta H^\circ = +\,812\,kJ/mol$$

Beim Abkühlen disproportioniert SiO in Si und SiO_2. Durch Abschrecken erhält man glasiges oder faserförmiges polymeres $(SiO)_n$, das luft- und feuchtigkeitsempfindlich ist. Monomeres SiO wurde mit der Matrix-Technik isoliert.

4.7.10.2 Kieselsäuren, Silicate

Die einfachste Sauerstoffsäure des Siliciums ist die **Orthokieselsäure H_4SiO_4**. Sie ist nur in großer Verdünnung (bei Raumtemperatur $\leqq 2 \cdot 10^{-3}$ mol/l) beständig.

In der Natur bildet sie sich durch Reaktion von SiO_2 und Silicaten mit Wasser und ist in natürlichen Gewässern in Konzentrationen $< 10^{-3}$ mol/l vorhanden.

$$SiO_2\,(s) + 2\,H_2O \rightleftharpoons H_4SiO_4$$

Durch Hydrolyse von $SiCl_4$ in großer Verdünnung entsteht sie als unbeständige Lösung.

Bei höherer Konzentration erfolgt spontane Kondensation zu **Polykieselsäuren**.

$$\begin{array}{ccccccc} & OH & & OH & & OH & \\ & | & & | & & | & \\ HO- & Si & -\boxed{OH\quad H}\,O- & Si & -\boxed{OH\quad H}\,O- & Si & -OH \\ & | & & | & & | & \\ & OH & & OH & & OH & \end{array}$$

Die Geschwindigkeit der Kondensation ist von der Konzentration, der Temperatur und dem pH-Wert der Lösung abhängig. Am beständigsten sind Lösungen mit einem pH-Wert um 2. Das Endprodukt der dreidimensionalen Kondensation ist SiO_2. Die als Zwischenprodukte auftretenden Kieselsäuren sind unbeständig und nicht isolierbar. Beständig sind ihre Salze, die Silicate. Eine hochkondensierte wasserreiche Polykieselsäure ist **Kieselgel**. Entwässertes Kieselgel (**Silicagel**) ist ein polymerer Stoff mit großer spezifischer Oberfläche, der zur Adsorption von Gasen und Dämpfen geeignet ist und daher als Trockenmittel, z. B. in Exsiccatoren, dient.

Als Hauptbestandteil der Erdkruste, aber auch als technische Produkte sind die Salze der Kieselsäuren, die **Silicate**, von größter Bedeutung. In den Silicaten hat Silicium die Koordinationszahl vier und bildet mit Sauerstoff SiO_4-Tetraeder. Die Tetraeder sind nur über gemeinsame Ecken verknüpft, nicht über Kanten oder Flächen.

Sie sind die Baueinheiten der Silicate, und die Einteilung der Silicate erfolgt nach der Anordnung der SiO_4-Tetraeder. Eine Ausnahme ist die Hochdruckphase $CaSi_2O_5$, bei der SiO_5-Gruppen mit trigonal-bipyramidaler Struktur nachgewiesen sind. Die wichtigsten in den Silicaten auftretenden Anionen sind in der Abb. 4.36 dargestellt.

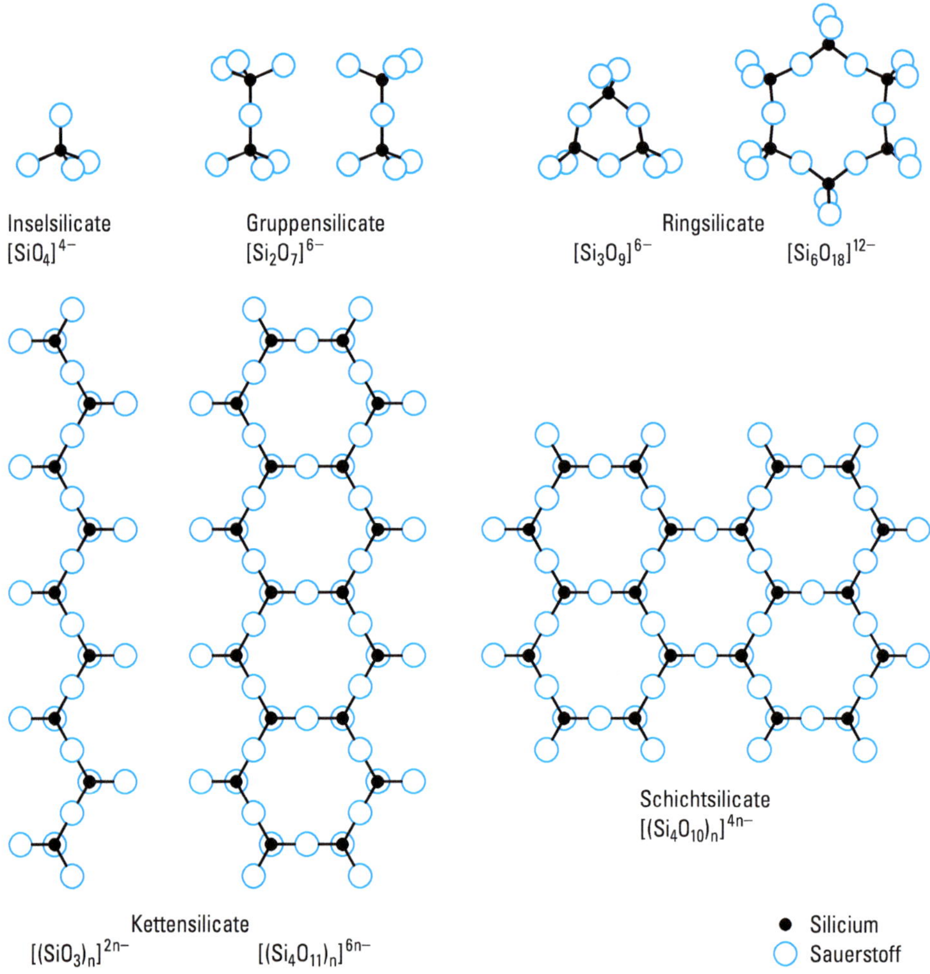

Abbildung 4.36 Anionenstruktur einiger Silicate.

Die außerordentliche Vielfalt der Silicatstrukturen ist natürlich schon durch die zahlreichen Anordnungsmöglichkeiten der SiO_4-Tetraeder bedingt. Hinzu kommen aber weitere Gründe. Die Silicatanionen bilden Lücken, in denen die Kationen sitzen, die durch elektrostatische Wechselwirkung mit den Anionen den Kristall zusammenhalten. Ionen mit gleicher Koordinationszahl sind in weiten Grenzen austauschbar, z. B. Fe^{2+} gegen Mg^{2+} und Na^+ gegen Ca^{2+}. Dieser diadoche Ersatz führt häufig zu variablen und unbestimmten Zusammensetzungen. In vielen Silicaten sind außerdem noch tetraederfremde Anionen wie OH^-, F^-, O^{2-} vorhanden, die nicht an Si gebunden sind. Die zur Neutralisation erforderlichen Kationen komplizieren die Zusammensetzungen. Si kann statistisch oder gesetzmäßig durch Al ersetzt sein. Solche Silicate heißen **Alumosilicate**. Mit jeder Substitution erhöht sich die negative Ladung des Gitteranions um eine Einheit, so dass zur Neutralisation zusätzliche Kationen erforderlich sind.

1. **Inselsilicate** (Nesosilicate) sind Silicate mit isolierten $[SiO_4]^{4-}$-Tetraedern, die nur durch Kationen miteinander verbunden sind. Dazu gehören Zirkon $Zr[SiO_4]$, Granat $Ca_3Al_2[SiO_4]_3$, Phenakit $Be_2[SiO_4]$, Forsterit $Mg_2[SiO_4]$, Nephelin $NaAl[SiO_4]$ und Olivin $(Fe,Mg)_2[SiO_4]$. Tetraederfremde Anionen enthält der Topas $Al_2[SiO_4](F,OH)_2$. Es sind harte Substanzen mit hoher Brechzahl. Granate, Olivine, Zirkone und Topase sind geschätzte Schmucksteine. Technische Bedeutung haben Olivin und Zirkon als Rohstoffe für feuerfeste Steine und Formsand für Gießereien.

2. **Gruppensilicate** (Sorosilicate) enthalten Doppeltetraeder $[Si_2O_7]^{6-}$. Sorosilicate sind Thortveitit $Sc_2[Si_2O_7]$ und Barysilit $Pb_3[Si_2O_7]$

3. **Ringsilicate** (Cyclosilicate). Dreierringe $[Si_3O_9]^{6-}$ treten im Benitoit $BaTi[Si_3O_9]$, Sechserringe $[Si_6O_{18}]^{12-}$ im Beryll $Al_2Be_3[Si_6O_{18}]$ auf. Beryll ist das wichtigste Be-Mineral. Abarten des Berylls sind Aquamarin und Smaragd.

4. **Kettensilicate** (Inosilicate). Die Tetraeder sind zu unendlichen Ketten oder Bändern verknüpft. Aus Ketten mit den Struktureinheiten $[Si_2O_6]^{4-}$ bestehen die Pyroxene, aus Bändern mit den Struktureinheiten $[Si_4O_{11}]^{6-}$ die Amphibole. Die kettenförmigen Anionen liegen parallel zueinander, zwischen ihnen sind die Kationen eingebaut. Zu den Pyroxenen gehört z. B. das wichtigste Lithiummineral Spodumen $LiAl[Si_2O_6]$, sowie Enstatit $Mg_2[Si_2O_6]$ und Diopsid $CaMg[Si_2O_6]$. Zu den Amphibolen gehören der Tremolit $Ca_2Mg_5[Si_4O_{11}]_2\,(OH,F)_2$ und die Hornblenden, in denen Si durch Al bis zur Zusammensetzung $Si_6Al_2O_{22}$ substituiert ist.

Technische Bedeutung haben Wollastonit $Ca[SiO_3]$ (keramische Erzeugnisse und Füllstoff für Anstrichstoffe, Kunststoffe und Baustoffe) und Sillimanit $Al[AlSiO_5]$ (feuerfeste Steine, hochtemperaturbeständiger Mörtel). $CaSiO_3$ ist aus Ketten aufgebaut, die aus Dreiereinheiten bestehen, Sillimanit aus Einer-Doppelketten (Abb. 4.37).

Die Kettensilicate zeigen parallel zu den Ketten bevorzugte Spaltbarkeit, die Kristalle sind faserig oder nadelig ausgebildet.

5. **Schichtsilicate** (Phyllosilicate). Jedes SiO_4-Tetraeder ist über drei Ecken mit Nachbartetraedern verknüpft. Es entstehen unendlich zweidimensionale Schichten $[Si_4O_{10}]^{4-}$. Im Allgemeinen erfolgt die Verknüpfung zu sechsgliedrigen Ringen. Treten zwischen den Schichten nur van-der-Waals-Kräfte auf (Talk, Kaolinit), resultieren wei-

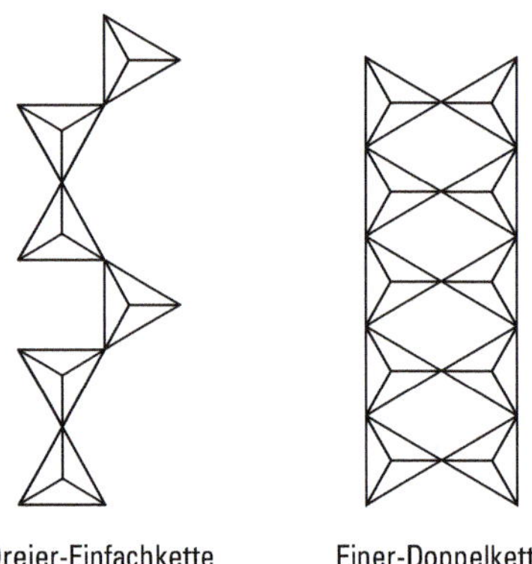

Abbildung 4.37 Strukturprinzip bei Kettensilicaten.
Die Pyroxenketten bestehen aus Zweier-Einfachketten $[Si_2O_6]^{4-}$ (Abb. 4.36). Wollastonit besteht aus Ketten mit Dreiereinheiten $[Si_3O_9]^{6-}$. Amphibole sind aus Doppelketten mit Zweiereinheiten $[Si_4O_{11}]^{4-}$ aufgebaut (Abb. 4.36), Sillimanit besteht aus Einer-Doppelketten $[Si_2O_5]^{2-}$, in denen jedes zweite Si durch Al ersetzt ist.

che Minerale mit leicht gegeneinander verschiebbaren Schichten. Werden die Schichten durch Kationen zusammengehalten (Glimmer), wächst die Härte, aber parallel zu den Schichten existiert gute Spaltbarkeit. Das Quellungsvermögen der Tone beruht auf der Wassereinlagerung zwischen den Schichten des Tonminerals Montmorillonit.

Talk $Mg_3[Si_4O_{10}](OH)_2$ (Abb. 4.38) ist das weichste der bekannten Mineralien. Es wird vielseitig verwendet: in der Papierindustrie als Pigment und Füllstoff, als Füll-

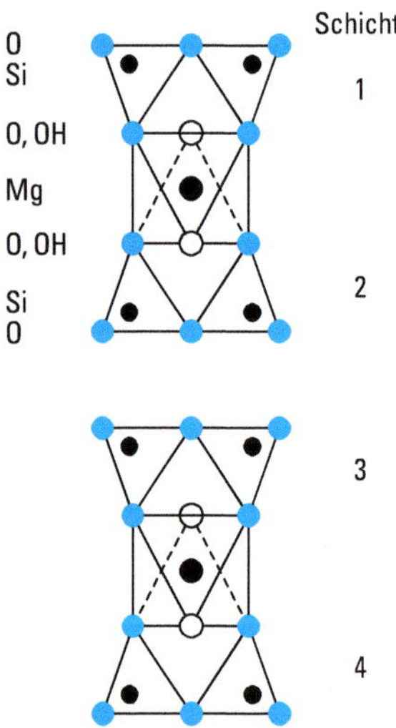

Abbildung 4.38 Schematische Struktur von Talk $Mg_3[Si_4O_{10}](OH)_2$.
Bei den benachbarten Schichten sind die Tetraederspitzen abwechselnd nach oben und nach unten gerichtet. Schicht 1 und 2 werden durch Mg^{2+}-Ionen fest verbunden. Jedes Mg^{2+}-Ion ist oktaedrisch von Sauerstoff koordiniert. Je zwei gehören den Schichten an, die restlichen zwei zu Hydroxidionen. Zwischen Schicht 2 und 3 existieren nur schwache van-der-Waals-Kräfte.

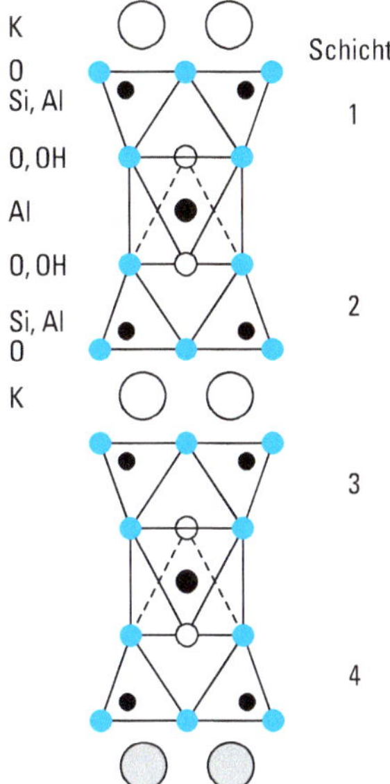

Abbildung 4.39 Schematische Struktur von Muskovit $KAl_2[Si_3AlO_{10}](OH_2)$.
Die Struktur des Glimmers Muskovit zeigt Verwandtschaft zur Struktur des Talks. Ein Viertel der Si-Atome sind durch Al-Atome ersetzt. Die drei Mg^{2+}-Ionen sind durch zwei oktaedrisch koordinierte Al^{3+}-Ionen ersetzt. Der Ladungsausgleich erfolgt durch ein K^+-Ion, das von zwölf Sauerstoffionen koordiniert ist. Schicht 1 und 2 sind fest durch Al^{3+}-Ionen verbunden. Der Zusammenhalt zwischen Schicht 2 und 3 durch K^+-Ionen ist schwächer, aber verglichen mit Talk angewachsen.
In Margarit und anderen Sprödglimmern sind statt der K^+-Ionen Ca^{2+}-Ionen vorhanden, die Härte wächst und die Spaltbarkeit wird schlechter.

stoff bei Kunststoffen, Anstrichmitteln und Lacken, als Grundlage in Pudern und Schminken. Speckstein besteht überwiegend aus Talk.

Glimmer sind Alumosilicate. Häufig und technisch wichtig sind: Muskovit $KAl_2[AlSi_3O_{10}](OH)_2$ (s. Abb. 4.39), Biotit $K(Mg,Fe)_3[AlSi_3O_{10}](OH)_2$, Phlogopit $KMg_3[AlSi_3O_{10}](OH)_2$. Zu den Sprödglimmern gehört Margarit $CaAl_2[Al_2Si_2O_{10}](OH)_2$. Glimmer werden als Isoliermaterial verwendet.

Das technisch wichtigste Schichtsilicat ist **Kaolinit** $Al_4[Si_4O_{10}](OH)_8$ (Abb. 4.40). Kaolin (Porzellanerde) ist nahezu reiner Kaolinit und dient als Rohstoff für keramische Produkte (Weltproduktion um $40 \cdot 10^6$ t). Die Hälfte des Kaolinits wird in der Papierindustrie verwendet; für Gummi und Kunststoffe dient er als Füllstoff (Erhöhung der Abriebfestigkeit). Analog aufgebaut ist der Serpentin $Mg_6[Si_4O_{10}](OH)_8$. Im Serpentin sind aber die Oktaederschichten $Mg(O,OH)_6$ ausgedehnter als die Tetraederschichten SiO_4. Die Serpentinschichten stabilisieren sich daher durch Krümmung (den außen liegenden Oktaederschichten steht dadurch mehr Platz zur Verfügung). Der faserige Serpentin (Chrysotil) besteht aus aufgerollten Schichten, die hohle Fasern bilden. Er wird auch als „Serpentinasbest“ bezeichnet und dient zur

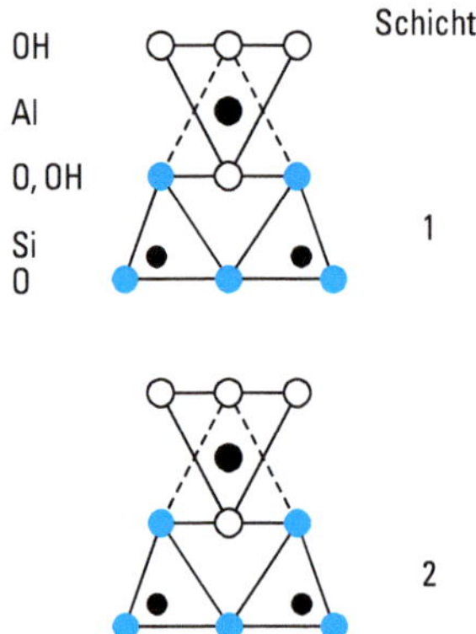

Abbildung 4.40 Schematische Struktur von Kaolinit $Al_4[Si_4O_{10}](OH)_8$.
Die Tetraederspitzen der Schichten zeigen in gleiche Richtung. Jedes Al^{3+} ist von vier OH-Gruppen und zwei Sauerstoffionen koordiniert. Es treten Schichtpakete auf, die aus einer Schicht von SiO_4-Tetraedern und einer Schicht von $AlO_2(OH)_4$-Oktaedern bestehen. Die Schichtpakete sind nur durch van-der-Waals-Kräfte aneinander gebunden. Tonmineralien sind daher weich und leicht spaltbar.

Herstellung von feuerfestem Material, für Asbestzement (Eternit: Verbundwerkstoff von 10–20 % Asbest mit Portlandzement) und als Katalysatorträger für Platin. Da Asbestfasern kanzerogen sind, werden sie durch umweltverträgliche mineralische und synthetische Fasern ersetzt.

Ein weiterer Rohstoff für die keramische Industrie ist der quellfähige Montmorillonit $(Al_{1,67}Mg_{0,33})[Si_4O_{10}](OH)_2Na_{0,33}(H_2O)_4$.

6. **Gerüstsilicate** (Tektosilicate). Wie in SiO_2 sind die SiO_4-Tetraeder über alle vier Ecken mit Nachbartetraedern verknüpft, so dass ein dreidimensionales, locker gepacktes Gerüst entsteht. Ein Teil des Si ist durch Al ersetzt, das Gitter enthält dreidimensionale unendliche Anionen und die zur Ladungskompensation entsprechende Anzahl von Kationen, meist Alkalimetalle und Erdalkalimetalle. Weit verbreitet sind die **Feldspate**: Albit $Na[AlSi_3O_8]$, Orthoklas $K[AlSi_3O_8]$, Anorthit $Ca[Al_2Si_2O_8]$. Sie sind Bestandteil vieler Gesteine und zu 60 % am Aufbau der Erdkruste beteiligt.

Die interessantesten Tektosilicate sind die **Zeolithe** (gr. zein = sieden, lithos = Stein). Es sind kristalline, hydratisierte Alumosilicate, die Alkalimetall- bzw. Erdalkalimetallkationen enthalten. Ihre allgemeine Zusammensetzung ist

$$(M^+, M^{2+}_{0,5})_x (AlO_2)_x (SiO_2)_y (H_2O)_z$$

M^+ Alkalimetalle, M^{2+} Erdalkalimetalle. Das Verhältnis Si/Al liegt bei den meisten Zeolithen zwischen 1 und 100.

In den Zeolithstrukturen existieren große Hohlräume, die durch kleinere Kanäle verbunden sind (Abb. 4.41). In den Hohlräumen befinden sich die Kationen und Wassermoleküle. Die Kationen sind nicht fest gebunden und können ausgetauscht werden, ebenso ist reversible Entwässerung möglich. Statt H_2O können auch andere

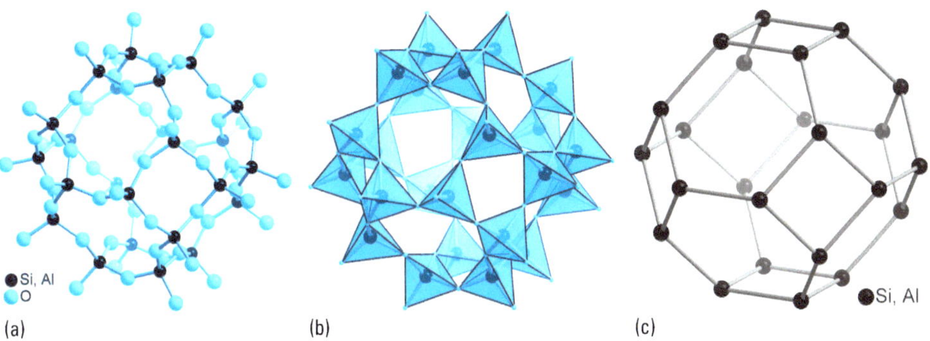

Abbildung 4.41 Struktur von Ultramarinen, von Faujasit und des Zeoliths A.
a) 24 (Si,Al)O_4-Tetraeder sind über gemeinsame Ecken zu einem Oktaederstumpf (β-Käfig) verknüpft.
b) Polyederdarstellung der 24 (Si,Al)O_4-Tetraeder. Der Radius der O-Atome wurde verkleinert.
c) Darstellung des Oktaederstumpfs mit nur Si,Al-Atomen; die O-Atome entlang der verbindenden Hilfslinien wurden weggelassen. Der Oktaederstumpf oder β-Käfig ist der Baustein sowohl der Ultramarine als auch einiger Zeolithe. (Fortsetzung siehe nächste Seite)

Moleküle adsorbiert werden. Man kennt 40 natürliche Zeolithe und mehr als 100 synthetisch hergestellte. Ein typischer natürlicher Zeolith ist Faujasit

$$Na_2Ca[Al_4Si_{10}O_{28}] \cdot 20\,H_2O.$$

Durch Synthese werden Zeolithe mit unterschiedlich großen Kanälen und Hohlräumen hergestellt. Bei der Synthese bildet sich aus einem Gel aus Natriumaluminat und Natriumsilicat (z. B. Wasserglas) feinkristalliner Zeolith oder eine amorphe Reaktionsmischung, die durch Tempern kristallisiert wird. Wichtige synthetische Zeolithe sind:

Zeolith A	$Na_{12}[Al_{12}Si_{12}O_{48}] \cdot 27\,H_2O$
Zeolith X	$Na_{43}[Al_{43}Si_{53}O_{192}] \cdot 132\,H_2O$
Zeolith Y	$Na_{28}[Al_{28}Si_{68}O_{192}] \cdot 125\,H_2O$

Bei einem Zeolith mit bestimmter Struktur kann der Durchmesser der Kanäle durch Kationenaustausch modifiziert werden. So kann beim Zeolith A durch Ersatz von Na^+-Ionen durch die größeren K^+-Ionen eine Verkleinerung, durch die kleineren Ca^{2+}-Ionen eine Vergrößerung der Kanäle bewirkt werden.

Zeolithe sind, da vielfältig verwendbar, technisch wichtig (Weltproduktion um $3{,}5 \cdot 10^6$ t, davon $1{,}2 \cdot 10^6$ t natürliche Zeolithe).

Ionenaustausch. Wasserenthärtung mit Na-Zeolith A. Die Na^+-Ionen werden gegen die Ca^{2+}-Ionen des harten Wassers ausgetauscht. Als Bestandteil von Waschmitteln ersetzen sie die umweltschädigenden Polyphosphate (vgl. Abschn. 4.11). Aus galvanischen Abwässern werden toxische Schwermetallionen (Cd, Pb, Cr), aus in-

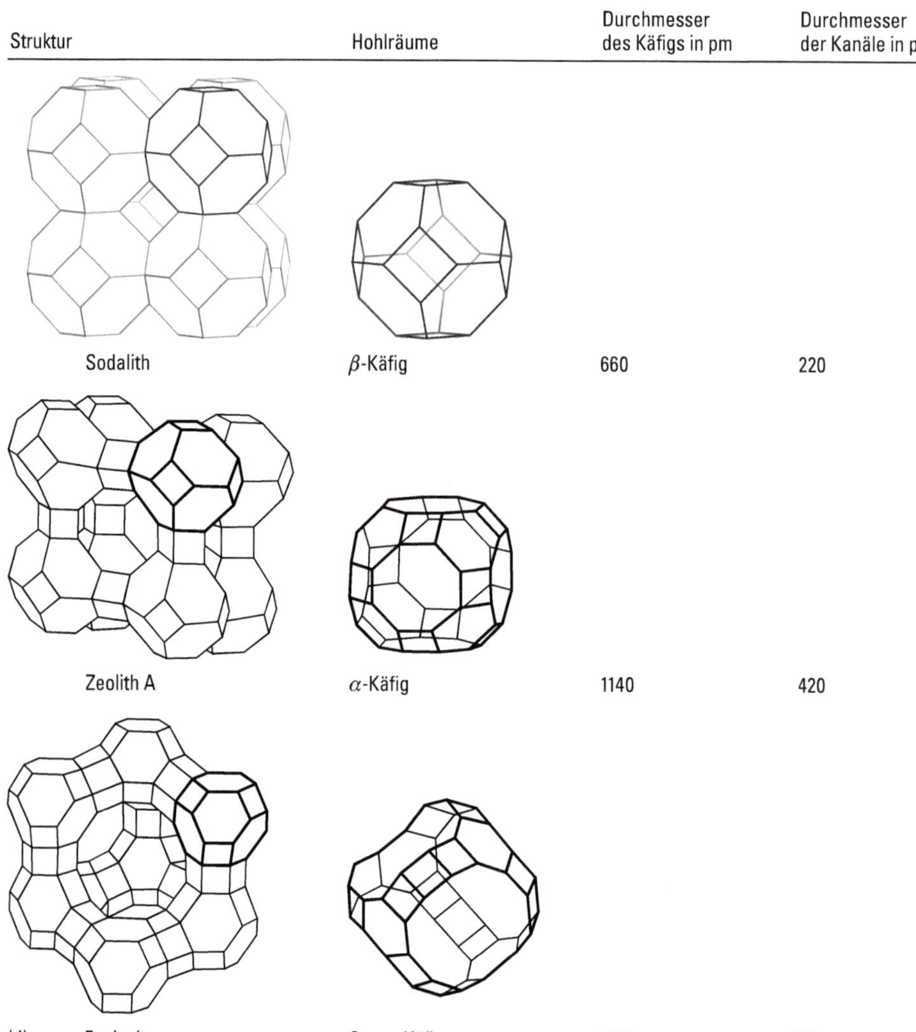

Struktur	Hohlräume	Durchmesser des Käfigs in pm	Durchmesser der Kanäle in pm
Sodalith	β-Käfig	660	220
Zeolith A	α-Käfig	1140	420
(d) Faujasit	Super-Käfig	1270	720

Abbildung 4.41 d) Strukturen des Ultramarins Sodalith $Na_4[Al_3Si_3O_{12}]Cl$, des synthetischen Zeoliths A $Na_{12}[Al_{12}Si_{12}O_{48}] \cdot 27\,H_2O$ und des natürlichen Zeoliths Faujasit. Beim Zeolith A sind die Oktaederstümpfe mit den quadratischen Flächen über Würfel verknüpft. Der umschlossene α-Käfig ist ein Großer Rhombenkuboktaeder (Kuboktaederstumpf). Beim Gitter des Faujasits, in dem auch die synthetischen Zeolithe X und Y kristallisieren, sind die Oktaederstümpfe mit den sechseckigen Flächen über hexagonale Prismen verbunden. In allen Strukturen umschließen die Oktaederstümpfe Hohlräume, die über Kanäle (Fenster) zugänglich sind. Beim Aufbau der Zeolithe unterscheidet man primäre Baugruppen (SiO_4-, AlO_4-Tetraeder), daraus werden durch Verknüpfung neun Sekundärbausteine gebildet (Quadrat, Sechseck, Achteck, Würfel, hexagonale Säule etc.). Diese bauen die tertiären Baueinheiten, z. B. den Oktaederstumpf, auf. Eine andere tertiäre Baueinheit ist ein Fünfringpolyeder, dessen Verknüpfung zu den Strukturen der wichtigen synthetischen Zeolithe ZSM 5 und ZSM 11 führt. In beiden existieren sich kreuzende Kanäle.

dustriellen und landwirtschaftlichen Abwässern NH_4^+-Ionen entfernt. Eine spezielle Anwendung ist die Entfernung radioaktiver Isotope (^{137}Cs, ^{90}Sr) aus radioaktiven Abwässern.

Adsorption. Nur solche Moleküle können adsorptiv zurückgehalten werden, die durch die engen Kanäle in die größeren Hohlräume gelangen können, daher lassen sich Moleküle verschiedener Größe trennen (Molekularsieb). Die Trennung von n- und iso-Paraffinen beruht darauf, dass nur die geradkettigen n-Paraffine gut adsorbiert werden. Da die innere kristalline Oberfläche polar ist, werden bevorzugt polare Moleküle adsorbiert (polare Selektivität). Zur Trocknung werden Zeolithe in Isolierglasfenstern, in Kühlmittelkreisläufen und zur Entfernung von Wasserspuren in Gasen eingesetzt. Bei Erdgasen erfolgt neben der Trocknung gleichzeitig Entfernung von CO_2, H_2S, Toluol und Benzol. In Luftzerlegungsanlagen sind Kohlenwasserstoffe neben flüssigem Sauerstoff gefährlich, sie können zusammen mit CO_2 und Wasser entfernt werden.

Katalyse. Auf der inneren Oberfläche (bis 1 000 m^2/g) können katalytisch aktive Zentren (saure Gruppen, Pt, Pd) eingebaut werden. Verwendung: Isomerisierung von n- zu iso-Paraffinen; Cracken von Erdölfraktionen zur Treibstoffherstellung; Umwandlung von Methanol in Kohlenwasserstoffe. Da die im Inneren entstandenen Moleküle die Zeolithkanäle passieren müssen, können bevorzugt Moleküle mit bestimmter Größe und Gestalt synthetisiert werden (Formselektivität). Großtechnische Anwendung ist z. B. die Synthese von Ethylbenzol aus Benzol und Ethen.

Neue Molekularsiebe und formselektive Katalysatoren sind Verbindungen, die sich vom $AlPO_4$ ableiten (s. Abschn. 4.8.5.4).

Ultramarine sind kubische Alumosilicate, die wie die Zeolithe aus Oktaederstümpfen aufgebaut sind (Abb. 4.41). Ultramarine sind wasserfrei, die Hohlräume des Gitters enthalten Anionen, z. B. Cl^- im Sodalith $Na_4[Al_3Si_3O_{12}]Cl$. Ersetzt man im Sodalith die Cl^--Ionen durch S_3^--Radikal-Anionen, erhält man tiefblauen „Ultramarin“, der schon in den ältesten Kulturen als Halbedelstein Lapislazuli bekannt war. Synthetische Ultramarine sind blau, grün oder rot und werden als anorganische Pigmente verwendet. S_2^--Ionen sind Farbträger grüner, S_4^--Ionen rotvioletter Ultramarine.

4.7.10.3 Technische Produkte

Gläser

Gläser sind sehr alte Werkstoffe. Schon vor 3 500 Jahren wurden in Mesopotamien Gefäße aus Glas hergestellt. Vor 3 300 Jahren verarbeitete man in Ägypten bunte Gläser zu Gefäßen, Perlen und Schmuckstücken. Berühmt sind türkisfarbene Skarabäen. Im Reich von Ramses II galt Glas als ebenso wertvoll wie Gold und Edelsteine.

Gläser sind ohne Kristallisation erstarrte Schmelzen. Im Unterschied zu der regelmäßigen dreidimensionalen Anordnung der Bausteine in Kristallen (Fernordnung) sind in den Gläsern nur Ordnungen in kleinen Bezirken vorhanden (Nahordnung)

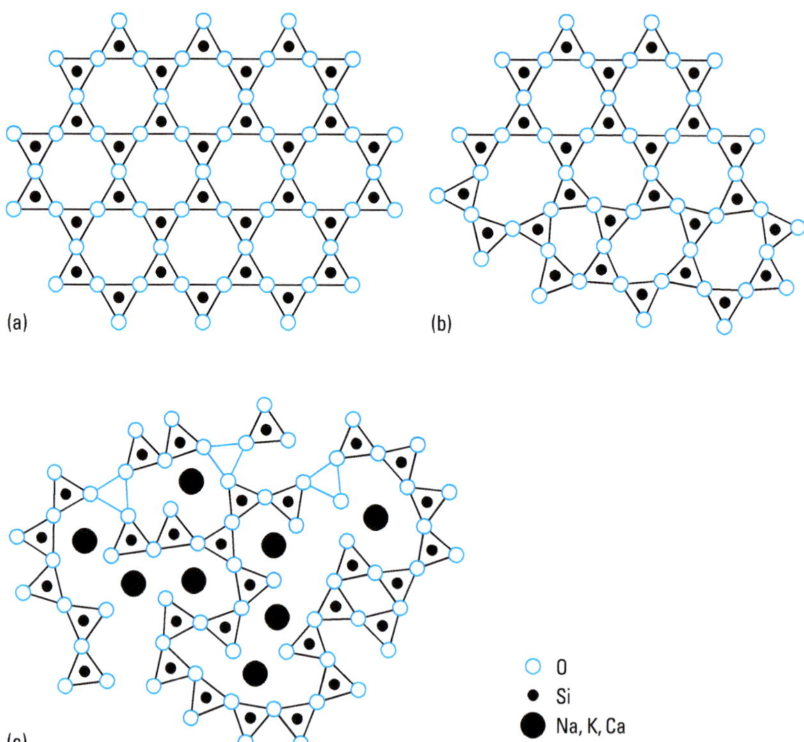

Abbildung 4.42 Schematische zweidimensionale Darstellung der Anordnung von SiO_4-Tetraedern (a) in kristallinem SiO_2, (b) in glasigem SiO_2 und (c) in Glas mit eingebauten Netzwerkwandlern.

(Abb. 4.42). Beim Erwärmen schmelzen sie daher nicht bei einer bestimmten Temperatur, sondern erweichen allmählich. Der Glaszustand ist metastabil, da er gegenüber dem kristallisierten Zustand eine höhere innere Energie besitzt. Die Fähigkeit, glasig amorph zu erstarren, besitzen außer SiO_2 und den Silicaten auch die Oxide GeO_2, P_2O_5, As_2O_5 und B_2O_3. Gläser im engeren Sinne sind Silicate, die aus SiO_2 und basischen Oxiden wie Na_2O, K_2O und CaO bestehen. SiO_2 bildet das dreidimensionale Netzwerk aus eckenverknüpften SiO_4-Tetraedern (Netzwerkbildner). Die basischen Oxide (Netzwerkwandler) trennen Si—O—Si-Brücken (Abb. 4.42c).

$$Na_2O + -O-\underset{\large O}{\overset{\large O}{|}}\!\!\!\!Si-O-\underset{\large O}{\overset{\large O}{|}}\!\!\!\!Si-O- \longrightarrow -O-\underset{\large O}{\overset{\large O}{|}}\!\!\!\!Si-O^- \;\begin{matrix}Na^+\\Na^+\end{matrix}\; {}^-O-\underset{\large O}{\overset{\large O}{|}}\!\!\!\!Si-O-$$

Je mehr Trennstellen vorhanden sind, umso niedriger ist der Erweichungspunkt des Glases (er sinkt von etwa 1500 °C für reines Quarzglas auf 400 – 800 °C für technische Silicatgläser).

Gewöhnliches Gebrauchsglas (Fensterglas, Flaschenglas) besteht aus Na_2O, CaO und SiO_2. Durch Zusätze von K_2O erhält man schwerer schmelzbare Gläser (Thüringer Glas). Ein Zusatz von B_2O_3 erhöht die chemische Resistenz und die Festigkeit, Al_2O_3 verbessert Festigkeit und chemische Resistenz, vermindert die Entglasungsneigung und verringert den Ausdehnungskoeffizienten, das Glas wird dadurch unempfindlicher gegen Temperaturschwankungen. Bekannte Gläser mit diesen Zusätzen sind Jenaer Glas, Pyrexglas und Supremaxglas. Ein Zusatz von PbO erhöht das Lichtbrechungsvermögen. Bleikristallglas und Flintglas (optisches Glas) sind Kali-Blei-Gläser.

Unempfindlich gegen Temperaturschwankungen ist Quarzglas (Kieselglas). Es kann von Rotglut auf Normaltemperatur abgeschreckt werden. Färbungen von Gläsern erzielt man durch Zusätze von Metalloxiden (Fe(II)-oxid färbt grün, Fe(III)-oxid braun, Co(II)-oxid blau) oder durch kolloidale Metalle (Goldrubinglas). Getrübte Gläser wie Milchglas erhält man durch Einlagerung kleiner fester Teilchen. Dazu eignen sich $Ca_3(PO_4)_2$ oder SnO_2.

Emaille ist ein meist getrübtes und gefärbtes Glas, das zum Schutz oder zur Dekoration auf Metalle aufgeschmolzen wird.

Glasfasern, die für Lichtleitkabel verwendet werden, bestehen aus einem Kern, dessen Brechungsindex etwas größer ist als der des Fasermantels. Das Licht wird durch Totalreflexion am Mantel weitergeleitet.

Glaskeramik

Glaskeramik entsteht durch eine gesteuerte teilweise Entglasung. Glasphase und kristalline Phase bilden ein feinkörniges Gefüge. Sind die Kristallite kleiner (etwa 50 nm) als die Lichtwellenlänge und die Brechzahlen der Kristalle und der Glasphase wenig verschieden, sind die Keramiken durchsichtig. Glaskeramiken mit hoher Temperaturbeständigkeit und Temperaturwechselbeständigkeit werden für Geschirr und Kochflächen verwendet. Sie werden aus Lithiumaluminiumsilicaten hergestellt, die sehr kleine Ausdehnungskoeffizienten besitzen (Cordierit, Hochspodumen).

Tonkeramik

Tonkeramische Erzeugnisse entstehen durch Brennen von Tonen. Die wichtigsten Bestandteile der Tone sind Schichtsilicate (Kaolinit, Montmorillonit). Reiner Ton ist der Kaolin, der überwiegend aus Kaolinit besteht und zur Herstellung von Porzellan dient. Weniger reine Tone dienen zur Herstellung von Steingut, Steinzeug, Fayence und Majolika. Sie enthalten als Verunreinigung Quarz, Glimmer und Eisenoxide.

Lehm ist Ton, der stark durch Eisenoxid und Sand verunreinigt ist. Er wird zur Herstellung von Ziegelsteinen verwendet.

Man unterscheidet Tongut mit einem wasserdurchlässigen Scherben und Tonzeug mit einem dichten, wasserundurchlässigen Scherben. Zu letzterem gehört Steinzeug und Porzellan. Hartporzellan (~50 % Kaolin, ~25 % Quarz, ~25 % Feldspat) wird bei 1 400 – 1 500 °C gebrannt. Weichporzellan enthält weniger Kaolin (Seger-Porzellan z. B. 25 % Kaolin, 45 % Quarz, 30 % Feldspat) und wird bei 1 200 – 1 300 °C gebrannt. Chinesisches und japanisches Porzellan, auch Sanitärporzellane, sind Weichporzellane. Für die meisten Gebrauchszwecke wird Tongut (Steingut, Majolika, Fayence) glasiert.

Hochleistungskeramik

Hochleistungskeramiken sind chemisch hergestellte hochreine Oxide, Nitride, Carbide und Boride genau definierter Zusammensetzung und Teilchengröße (0,1 – 0,005 µm), die durch Pressen und Sintern zu Kompaktkörpern verarbeitet werden. Hochleistungskeramik ist relativ neu und gilt als eine der Schlüsseltechnologien der Zukunft.

Nichtoxidkeramik: Siliciumcarbid SiC (vgl. S. 568), Siliciumnitrid Si_3N_4 (vgl. S. 594), Borcarbid $B_{13}C_2$ (vgl. S. 618), kubisches Bornitrid c-BN (vgl. S. 633), TiC, WC. Hervorragende Eigenschaften sind Festigkeit und Härte auch bei Temperaturen oberhalb 1 000 °C und ausgezeichnete chemische Beständigkeit. Nicht beständig sind $B_{13}C_2$ und BN in oxidierender Umgebung bei hohen Temperaturen. Bei den Si-haltigen Keramiken bildet sich eine passivierende SiO_2-Deckschicht, so dass sie bis 1 600 °C in oxidierender Umgebung eingesetzt werden können.

Cermets (Kombination von ceramics and metals) sind Verbundwerkstoffe aus zwei Phasen, bei denen abhängig von der Zusammensetzung bestimmte Eigenschaften optimiert werden. Beispiel: In WC/Co-Cermets ist die Härte von WC mit der Zähigkeit von Co zu einem Hartstoff kombiniert. Komposite sind Kombinationen keramischer Materialien, z. B. Si_3N_4/SiC. Die Komposite aus z. B. Si_3N_4, SiC und BN sind bis 2 000 °C stabil.

Oxidkeramik: Aluminiumoxid Al_2O_3 (vgl. S. 637), Zirconiumdioxid ZrO_2 (vgl. S. 825), Berylliumoxid BeO (vgl. S. 650). Zusätzlich zu den bei den Verbindungen besprochenen Verwendungen sei noch erwähnt: ZrO_2 und Al_2O_3 sind bioinert und können für belastbare Implantate benutzt werden. Wegen der guten Wärmeleitfähigkeit ist Al_2O_3 in der Elektronikindustrie als Trägermaterial für Chips geeignet. Es wird durch das besser leitende Aluminiumnitrid AlN (Smp. 2 230 °C; Wurtzit-Struktur) ersetzt.

Sialone (Oxidonitridoalumosilicate) sind Substitutionsvarianten von Si_3N_4. Bei ihnen ist Si^{4+} partiell durch Al^{3+} und N^- partiell durch O^{2-} substituiert. Sie sind wegen ihrer thermischen, chemischen und mechanischen Stabilität als keramische Materialien von Bedeutung. Die Sialon-Hochdruckphase γ-Si_2AlON_3 kristallisiert in der Spinellstruktur und besitzt die Härte von Borcarbid.

Wasserglas

Durch Zusammenschmelzen von Quarz und Alkalimetallcarbonaten bei 1 300 °C erhält man Alkalimetallsilicate. Die Lösungen (Wasserglas) reagieren alkalisch.

$$SiO_2 + 2\,Na_2CO_3 \longrightarrow Na_4SiO_4 + 2\,CO_2$$

Silicone

Die Si—C-Bindung ist thermisch sehr stabil und chemisch wenig reaktiv. $(CH_3)_4Si$ z. B. wird erst oberhalb von 650 °C thermisch zersetzt und von verdünnten Laugen nicht hydrolysiert.

Silicone sind chemisch und thermisch sehr beständige Kunststoffe, in denen die Stabilität der Si—O—Si-Bindung und die chemische Resistenz der Si—CH_3-Bindung ausgenutzt wird:

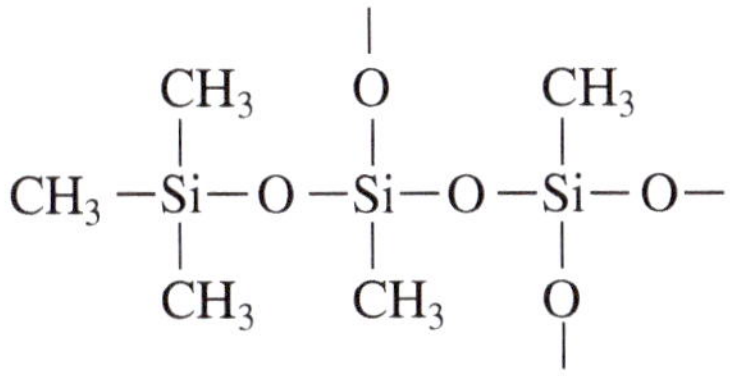

$$\begin{array}{ccccccc} & & & | & & & \\ & CH_3 & & O & & CH_3 & \\ & | & & | & & | & \\ CH_3- & Si & -O- & Si & -O- & Si & -O- \\ & | & & | & & | & \\ & CH_3 & & CH_3 & & O & \\ & & & & & | & \end{array}$$

Ausgangsprodukte der Silicondarstellung sind Methylchlorsilane, die aus Methylchlorid und Si mit Cu als Katalysator hergestellt werden können (Rochow-Synthese). Schematische Reaktion:

$$6\,RCl + 3\,Si \xrightarrow{300-400\,^\circ C} RSiCl_3 + R_2SiCl_2 + R_3SiCl \qquad R = CH_3,\ Ph$$

Durch Direktsynthese können also auch Phenylchlorsilane synthetisiert werden.

Durch Hydrolyse erhält man Silanole R_3SiOH, Silandiole $R_2Si(OH)_2$ und Silantriole $RSi(OH)_3$. Sie kondensieren spontan, wobei die chemisch und thermisch stabilen Siloxanbrücken entstehen.

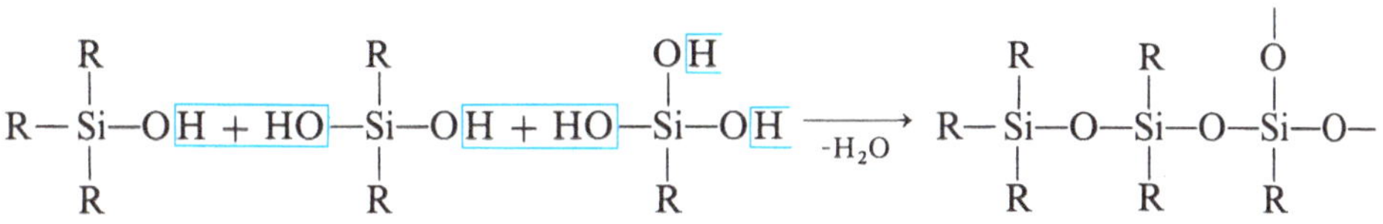

$$\begin{array}{ccccccc} & R & & R & & OH & \\ & | & & | & & | & \\ R- & Si & -OH + HO- & Si & -OH + HO- & Si & -OH \\ & | & & | & & | & \\ & R & & R & & R & \end{array} \xrightarrow[-H_2O]{} \begin{array}{ccccccc} & & & & & | & \\ & R & & R & & O & \\ & | & & | & & | & \\ R- & Si & -O- & Si & -O- & Si & -O- \\ & | & & | & & | & \\ & R & & R & & R & \end{array}$$

Das Silanol (monofunktionell) fungiert als Kettenendgruppe, das Silandiol (bifunktionell) als Kettenglied und das Silantriol (trifunktionell) als Verzweigungsstelle. Mit geeigneten Mischungen kann man den Polymerisationsgrad einstellen und es entstehen dünnflüssige, ölige, fettartige, kautschukartige oder harzige Substanzen. Sie sind beständig gegen höhere Temperaturen, Oxidation und Wettereinflüsse, sind hydrophobierend, elektrisch nicht leitend, physiologisch indifferent und daher sehr vielseitig verwendbar (Schmier- und Isoliermaterial, Dichtungen, Imprägniermittel, Lackrohstoff, Schläuche, Kabel).

Die tetrameren und pentameren zyklischen Methylsiloxane D4 und D5 waren bzw. sind Bestandteile des Inhaltsstoffes Cyclomethicon von Hautcremes, Haarpflegemittel u.a Kosmetika für einen seidenen, fettfreien Glanz. Ihre Umweltbilanz wird kritisch gesehen.

Cyclomethicone: $[(CH_3)_2SiO]_4$ Octamethylcyclotetrasiloxan, D4 $[(CH_3)_2SiO]_5$ Decamethylcyclopentasiloxan, D5

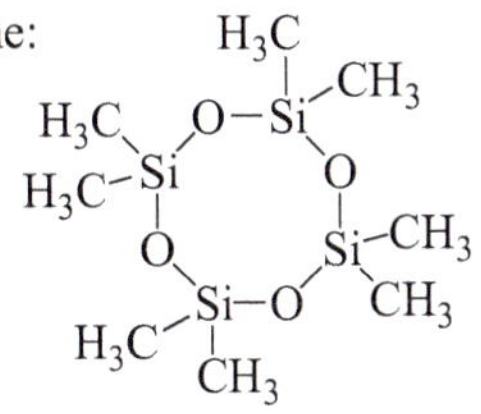

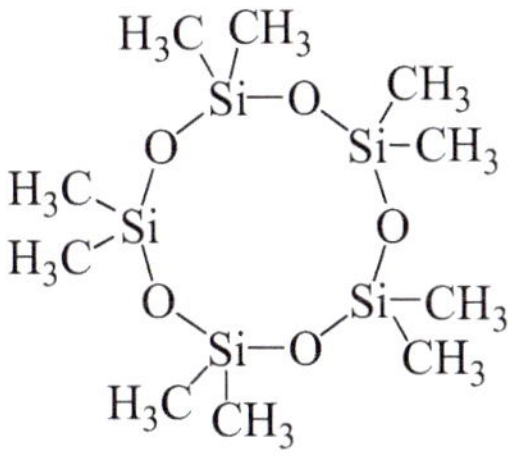

4.7.11 Stickstoffverbindungen des Siliciums

Siliciumnitrid Si_3N_4 (Smp. 1 900 °C) ist eine wichtige Nichtoxid- und Hochleistungskeramik (s. Abschn. 4.7.10.3). Außer zwei hexagonalen Modifikationen gibt es eine Hochdruckmodifikation mit Spinellstruktur.

Für die Herstellung von Si_3N_4 wird am häufigsten die Direktreaktion der Elemente, bei 1 100 – 1 400 °C angewendet.

$$3\,Si + 2\,N_2 \rightleftharpoons Si_3N_4$$

Die carbothermische Reaktion erlaubt den Einsatz von kostengünstigerem SiO_2 anstelle von Si. Die Reduktion von N_2 erfolgt bei 1 450 – 1 600 °C.

$$3\,SiO_2 + 2\,N_2 + 6\,C \rightleftharpoons Si_3N_4 + 6\,CO$$

Das Diimid-Verfahren beinhaltet eine Ammonolyse reaktiver Silicium-Verbindungen. Das intermediäre Siliciumdiimid HN=Si=NH wird dann bei 900 – 1 200 °C zum amorphen Si_3N_4 pyrolisiert

$$SiCl_4 + 6\,NH_3 \longrightarrow HN{=}Si{=}NH + 4\,NH_4Cl$$
$$3\,HN{=}Si{=}NH \longrightarrow Si_3N_4 + 2\,NH_3$$

Der Verwendungsbereich von Si_3N_4 entspricht dem von SiC. Aus Si_3N_4 können Hochleistungskeramiken hergestellt werden, mit höchsten Festigkeiten bei Temperaturen über 1 000 °C. Si_3N_4-Keramiken sind extrem abriebfest, so dass daraus Schneidkeramiken, Hochleistungskugellager und Turbinenteile geformt werden.

4.7.12 Halogenverbindungen und Schwefelverbindungen des Siliciums

Die wichtigsten Halogenide sind vom Typ Si_nX_{2n+2} (X = F, Cl, Br, I), die sich von Silanen durch Ersatz der H-Atome durch Halogenatome ableiten. Außerdem sind die polymeren Halogenide $(SiX_2)_n$ und $(SiX)_n$ bekannt (X = F, Cl, Br, I).

Siliciumtetrafluorid SiF_4

SiF_4 ist ein Gas, das stechend riecht und infolge Hydrolyse an der Luft raucht. SiF_4 entsteht beim Erwärmen eines Gemisches aus CaF_2, SiO_2 und konz. H_2SO_4.

$$2\,CaF_2 + 2\,H_2SO_4 \longrightarrow 2\,CaSO_4 + 4\,HF$$
$$4\,HF + SiO_2 \longrightarrow SiF_4 + 2\,H_2O$$

Die Wasser entziehende Wirkung der konz. H_2SO_4 verschiebt das Gleichgewicht in Richtung SiF_4. In Gegenwart von H_2O hydrolysiert SiF_4 zu SiO_2 und HF. Bei Ausschluss von Feuchtigkeit ist die stark exotherme Verbindung ($\Delta H^\circ_B = -1616$ kJ/mol) sehr beständig.

SiF_4 ist tetraedrisch gebaut, der Si—F-Abstand liegt zwischen dem einer Einfach- und Doppelbindung. Wie bei der Si—O-Bindung (vgl. S. 579) gibt es π-Bindungsanteile, die die sehr hohe Si—F-Bindungsenergie von 582 kJ/mol erklären (vgl. Tab. 2.15):

$$\geqslant Si-\overline{\underline{F}}| \leftrightarrow \geqslant \overset{\ominus}{Si}=\overset{\oplus}{\underline{F}}|$$

Hexafluoridokieselsäure H_2SiF_6

Bei der Hydrolyse von SiF_4 reagiert HF mit noch unzersetztem SiF_4 zu H_2SiF_6.

$$SiF_4 + 2\,H_2O \longrightarrow SiO_2 + 4\,HF$$
$$4\,HF + 2\,SiF_4 \longrightarrow 2\,H_2SiF_6$$

In reinem Zustand ist H_2SiF_6 nicht bekannt. Beständig ist das Oxoniumsalz $(H_3O)_2SiF_6$, das farblose Kristalle (Smp. 19 °C) bildet. H_2SiF_6 ist eine starke Säure, vergleichbar mit H_2SO_4. Mit Carbonaten und Hydroxiden setzt sich H_2SiF_6 zu Hexafluoridosilicaten um. Schwer löslich ist $BaSiF_6$. SiF_6^{2-}-Ionen werden nicht hydrolytisch zersetzt. H_2SiF_6 wird zur Darstellung von AlF_3 und Na_3AlF_6 verwendet.

Siliciumdifluorid SiF_2 und höhere Siliciumfluoride

Gasförmiges, monomeres SiF_2 ist gewinkelt und enthält normale Einfachbindungen. Es entsteht durch Reduktion von SiF_4 mit Si.

$$SiF_4\,(g) + Si\,(s) \xrightarrow[\text{Vakuum}]{1\,100-1\,400\,^\circ C} 2\,SiF_2\,(g)$$

Es ist sehr reaktionsfähig und polymerisiert zu kettenförmigem $(SiF_2)_n$. Polysiliciumdifluorid ist wachsartig und an der Luft entzündlich. Beim Erhitzen auf 200 – 350 °C im Hochvakuum entstehen höhere Siliciumfluoride Si_nF_{2n+2} ($n = 2-14$) und Polysiliciummonofluorid $(SiF)_n$, das oberhalb 400 °C explosionsartig zerfällt.

Siliciumtetrachlorid $SiCl_4$

Tetrachlorsilan $SiCl_4$ ist eine farblose, an der Luft rauchende Flüssigkeit, die durch Erhitzen von Si im Cl_2-Strom hergestellt werden kann. Im Gegensatz zu CCl_4 ist $SiCl_4$ leicht hydrolysierbar. Dafür ist sowohl die größere Polarität der Si—Cl-Bindung als auch die Existenz von niedrig liegenden unbesetzten Orbitalen beim Si verantwortlich, die eine Anlagerung von H_2O ermöglichen:

$$H_2O + \overset{|}{\underset{|}{Si}}\!\!< \;\longrightarrow\; H_2O{\rightarrow}\overset{|}{\underset{|}{Si}}\!\!< \;\longrightarrow\; HO-\overset{|}{\underset{|}{Si}}- + HCl$$

$SiCl_4$ wird u. a. zur Herstellung von pyrogener Kieselsäure genutzt (s. o.).

Siliciumdisulfid SiS_2

Im Gegensatz zu CS_2 ist SiS_2 ein Festkörper, der in farblosen, faserigen Kristallen mit Kettenstruktur kristallisiert. Die Kettenmoleküle

$$H_2O + \overset{|}{\underset{|}{Si}}\!< \longrightarrow H_2O\!\rightarrow\!\overset{|}{\underset{|}{Si}}\!< \longrightarrow HO\!-\!\overset{|}{\underset{|}{Si}}\!- + HCl$$

enthalten verzerrt tetraedrisch koordinierte Si-Atome mit nahezu reinen Einfachbindungen. SiS_2 ist reaktiver als SiO_2. Mit Wasser reagiert es zu SiO_2.

$$SiS_2 + 2\,H_2O \longrightarrow SiO_2 + 2\,H_2S$$

4.7.13 Germaniumverbindungen

Hydride

Germane Ge_nH_{2n+2} sind bis $n = 9$ bekannt. GeH_4 ist gasförmig, die höheren Glieder sind flüssig bzw. fest. Die Oxidationsempfindlichkeit ist geringer als die der Silane, sie sind schwächere Reduktionsmittel und stabiler gegen Hydrolyse.

Chalkogenide

GeO_2 ist dimorph. Die mit Rutil isotype Modifikation wandelt sich bei 1033 °C in die im Cristobalitgitter kristallisierende Modifikation um. GeO ist wesentlich beständiger als SiO.

Auch GeS, das man durch Reduktion von GeS_2 mit H_2 erhält, ist verglichen mit SiS recht beständig.

Halogenide

GeF_4 ist ein Gas, das mit Wasser zu GeO_2 und H_2GeF_6 reagiert (vgl. S. 595). Es existieren Salze wie K_2GeF_6 und $BaGeF_6$. GeF_2 ist beständiger als SiF_2 und bildet farblose Kristalle. Die Struktur ist analog der von $SnCl_2$ (vgl. S. 598).

$GeCl_4$ ist eine Flüssigkeit, die mit Wasser rasch hydrolysiert. Mit Chloriden bilden sich Chloridokomplexe des Typs $GeCl_6^{2-}$. $GeCl_2$ ist fest, die salzsaure Lösung wirkt stark reduzierend. Mit Chloriden bildet es Chloridokomplexe des Typs $GeCl_3^-$. In Wasser erfolgt Hydrolyse zu $Ge(OH)_2$.

4.7.14 Zinnverbindungen

4.7.14.1 Zinn(IV)-Verbindungen

Zinntetrahydrid SnH_4 (Monostannan) ist ein bei Raumtemperatur tagelang haltbares, giftiges Gas. Oberhalb von 100 °C zersetzt es sich rasch unter Bildung eines Zinnspiegels.

$$SnH_4 \xrightarrow{> 100\,^\circ C} Sn + 2\,H_2 \qquad \Delta H^\circ = -163\,kJ/mol$$

Von verdünnten Laugen und Säuren wird es nicht angegriffen. Man erhält es in etherischer Lösung nach

$$SnCl_4 + 4\,LiAlH_4 \xrightarrow{-30\,^\circ C} SnH_4 + 4\,LiCl + 4\,AlH_3$$

Außerdem ist Distannan $\mathbf{Sn_2H_6}$ bekannt.

Zinn(IV)-chlorid $\mathbf{SnCl_4}$ wird technisch aus Weißblechabfällen hergestellt.

$$Sn + 2\,Cl_2 \longrightarrow SnCl_4 \qquad \Delta H^\circ = -512\,kJ/mol$$

Es ist eine farblose, rauchende Flüssigkeit (Sdp. 114 °C). Mit wenig Wasser bildet sich $SnCl_4 \cdot 5\,H_2O$, eine halbfeste kristalline Masse („Zinnbutter"). Die wässrige Lösung ist weit gehend hydrolytisch gespalten.

$$SnCl_4 + 2\,H_2O \longrightarrow SnO_2 + 4\,HCl$$

SnO_2 bleibt kolloidal in Lösung. Leitet man in eine wässrige konz. $SnCl_4$-Lösung HCl ein, entsteht **Hexachloridozinnsäure $\mathbf{H_2SnCl_6}$**. Sie kristallisiert als Hydrat $H_2SnCl_6 \cdot 6\,H_2O$ aus (Smp. 19 °C). $(NH_4)_2SnCl_6$ („Pinksalz") dient als Beizmittel in der Färberei.

Zinndioxid $\mathbf{SnO_2}$ ist polymorph. In der Natur kommt es als Zinnstein vor, der im Rutil-Typ kristallisiert. Technisch erhält man SnO_2 als weißes Pulver durch Verbrennen von Sn im Luftstrom. Es ist thermisch und chemisch sehr beständig. Es sublimiert erst oberhalb 1 800 °C und ist in Säuren und Laugen unlöslich. Man kann es mit Soda und Schwefel zu einem löslichen Thiostannat aufschließen (Freiberger Aufschluss).

$$2\,SnO_2 + 2\,Na_2CO_3 + 9\,S \longrightarrow 2\,Na_2SnS_3 + 3\,SO_2 + 2\,CO_2$$

SnO_2 wird als Trübungsmittel in der Glasindustrie verwendet (vgl. S. 591).

Zinnsäure, Stannate(IV). Beim Schmelzen von SnO_2 mit NaOH erhält man Natriumstannat(IV) Na_2SnO_3.

$$SnO_2 + 2\,NaOH \longrightarrow Na_2SnO_3 + H_2O$$

Aus wässrigen Lösungen kristallisiert es als Natriumhexahydroxidostannat(IV) $Na_2Sn(OH)_6$ aus. Die Zinnsäure $H_2Sn(OH)_6$ ist in freiem Zustand ebenso wenig bekannt wie $Sn(OH)_4$. Beim Ansäuern erhält man Niederschläge von $SnO_2 \cdot aq$, die frisch gefällt in Säuren löslich sind, die aber durch Kondensation (Alterung) in unlösliches SnO_2 übergehen.

Mg_2SnO_4 und Zn_2SnO_4 sind im Spinellgitter kristallisierende Doppeloxide.

Zinndisulfid $\mathbf{SnS_2}$ bildet goldglänzende Blättchen, die zum Bronzieren verwendet werden („Mussivgold", „Zinnbronze"). SnS_2 löst sich in wässriger Lösung mit Alkalimetallsulfiden zu Thiostannaten.

$$SnS_2 + Na_2S \longrightarrow Na_2SnS_3$$

4.7.14.2 Zinn(II)-Verbindungen

In freien Sn^{2+}-Ionen ist das nichtbindende $5s^2$-Elektronenpaar vorhanden. Die Strukturchemie der Sn(II)-Verbindungen ist jedoch kompliziert und es treten nicht solche Strukturen auf, die für kugelförmige Ionen zu erwarten wären. Die Ursache dafür ist, dass in Verbindungen das nichtbindende Elektronenpaar auch p-Orbitalcharakter hat und stereochemisch einen großen Einfluss ausübt. So bildet z. B. SnF_2 kein regelmäßiges Koordinationsgitter, sondern ist aus Sn_4F_8-Tetrameren aufgebaut, die durch schwächere Sn-F-Bindungen verknüpft sind. Die Sn-Ionen sind verzerrt oktaedrisch koordiniert. Das nichtbindende Elektronenpaar kann als Donor gegenüber unbesetzten Orbitalen fungieren. Sowohl in saurer als auch in alkalischer Lösung wirken Sn(II)-Verbindungen reduzierend und haben die Tendenz, in die Oxidationszahl +4 überzugehen.

Zinn(II)-chlorid $SnCl_2$ erhält man wasserfrei als weiße, glänzende Masse (Smp. 247 °C) durch Überleiten von HCl über erhitztes Zinn.

$$Sn + 2\,HCl \longrightarrow SnCl_2 + H_2$$

Aus wässrigen Lösungen kristallisiert das Dihydrat $SnCl_2 \cdot 2\,H_2O$ aus. In wenig Wasser ist $SnCl_2$ klar löslich, beim Verdünnen erfolgt Hydrolyse, die Lösung trübt sich unter Abscheidung eines basischen Salzes.

$$SnCl_2 + H_2O \longrightarrow Sn(OH)Cl + HCl$$

Technisch erhält man $SnCl_2$ durch Lösen von Sn in Salzsäure. Mit Cl^--Ionen entstehen in wässrigen Lösungen Halogenidokomplexe, z. B. $SnCl_3^-$.

Strukturen:

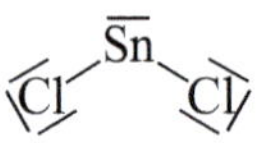

$SnCl_2$-Moleküle gewinkelt sind oberhalb 1 000 °C im Dampfzustand vorhanden

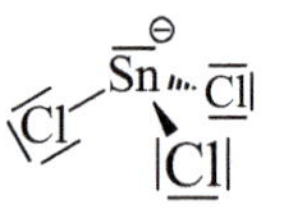

$SnCl_3^-$-Ionen pyramidal

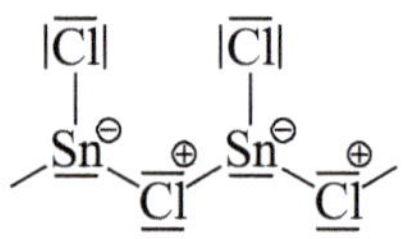

$(SnCl_2)_n$-Ketten aus pyramidalen $SnCl_3$-Gruppen bilden mit den exoständigen Cl-Atomen Schichten

Die hervorstechende Eigenschaft von $SnCl_2$ ist sein Reduktionsvermögen. Au, Ag und Hg werden aus den Lösungen ihrer Salze als Metalle ausgefällt. Beim Quecksilber tritt als Zwischenstufe Hg_2^{2+} auf.

$$\begin{aligned} 2\,Hg^{2+} + Sn^{2+} &\longrightarrow Hg_2^{2+} + Sn^{4+} \\ Hg_2^{2+} + Sn^{2+} &\longrightarrow 2\,Hg + Sn^{4+} \end{aligned}$$

Chromate werden zu Cr(III)-Salzen, Permanganate zu Mn(II)-Salzen reduziert, Schweflige Säure zu H_2S.

Zinn(II)-oxid SnO. Aus Sn(II)-Salzlösungen fällt mit Basen Zinn(II)-oxid-Hydrat aus. Beim Erwärmen unter Luftausschluss erhält man daraus SnO. SnO ist polymorph. Beim Erhitzen an Luft wird es zu SnO_2 oxidiert, unter Luftausschluss zersetzt es sich zu SnO_2 und Sn, als Zwischenprodukt tritt Sn_3O_4 auf.

SnO ist amphoter. Mit Säuren entstehen Sn(II)-Salze, mit starken Basen **Stannate(II)** $Sn(OH)_3^-$. Stannate(II) sind Reduktionsmittel, sie werden leicht zu Stannaten(IV) $Sn(OH)_6^{2-}$ oxidiert.

Zinn(II)-sulfid SnS erhält man aus Sn(II)-Salzlösungen mit H_2S.

$$Sn^{2+} + S^{2-} \longrightarrow SnS$$

Es ist nur in Polysulfidlösungen, z. B. in $(NH_4)_2S_n$, unter Oxidation löslich.

$$\overset{+2}{Sn}S + (NH_4)_2S_2 \longrightarrow (NH_4)_2\overset{+4}{Sn}S_3$$

4.7.15 Bleiverbindungen

4.7.15.1 Blei(II)-Verbindungen

Blei(II)-oxid PbO kommt in zwei Modifikationen vor, die sich reversibel ineinander umwandeln lassen.

$$\underset{\text{tetragonal}}{PbO_{rot}} \xrightleftharpoons{488\,^{\circ}C} \underset{\text{orthorhombisch}}{PbO_{gelb}} \qquad \Delta H^{\circ} = 1{,}7\,\text{kJ/mol}$$

Da die Umwandlungsgeschwindigkeit klein ist, ist gelbes PbO bei Raumtemperatur metastabil. Man erhält es durch thermische Zersetzung von $PbCO_3$. PbO ist unterhalb des Schmelzpunktes (Smp. 884 °C) flüchtig. Technisch wird es durch Oxidation von geschmolzenem Pb mit Luftsauerstoff hergestellt. In Säuren löst sich PbO unter Salzbildung. Nur in starken konzentrierten Basen löst es sich als Hydroxidoplumbat(II).

$$PbO + H_2O + OH^- \longrightarrow Pb(OH)_3^-$$

Mit Reduktionsmitteln (Kohlenstoff oder Wasserstoff) lässt sich PbO zum Metall reduzieren. PbO wird zur Herstellung von Mennige Pb_3O_4, Bleiweiß $Pb(OH)_2 \cdot 2\,PbCO_3$ und Bleigläsern verwendet. Mit Basen fällt aus Pb(II)-Salzlösungen weißes Blei(II)-oxid-Hydrat aus. Reines $Pb(OH)_2$ konnte bisher nicht dargestellt werden.

Blei(II)-Halogenide sind schwer löslich und können aus Pb(II)-Salzlösungen mit Halogenidionen ausgefällt werden. Im Gegensatz zu $SnCl_2$ besitzt $PbCl_2$ keine reduzierenden Eigenschaften. Mit Chloriden entstehen Chloridoplumbate(II) $[PbCl_3]^-$ und $[PbCl_4]^{2-}$.

Blei(II)-sulfat $PbSO_4$ bildet glasklare Kristalle. Es ist schwer löslich und fällt aus Pb^{2+}-haltigen Lösungen mit SO_4^{2-}-Ionen als weißer kristalliner Niederschlag aus. In konzentrierten starken Säuren (H_2SO_4, HCl, HNO_3) löst sich $PbSO_4$ auf.

$$PbSO_4 + H^+ \longrightarrow Pb(HSO_4)^+$$

In ammoniakalischer Tartratlösung löst es sich unter Komplexbildung, in konzentrierten Laugen als Hydroxidoplumbat(II).

Blei(II)-carbonat $PbCO_3$ erhält man aus Pb(II)-Salzlösungen und CO_3^{2-}-Ionen in der Kälte. In der Wärme entstehen basische Carbonate. Ein basisches Carbonat ist **Bleiweiß** $Pb(OH)_2 \cdot 2\,PbCO_3$. Es hat von allen weißen Farben den schönsten Glanz und die größte Deckkraft und ist daher trotz seiner Giftigkeit und seines Nachdunkelns (Bildung von PbS) ein geschätztes Farbpigment.

Blei(II)-chromat $PbCrO_4$ wurde als Malerfarbe, in Lacken und Dispersionsfarben verwendet (Chromgelb), ebenso das basische Chromat $PbO \cdot PbCrO_4$ (Chromrot). Wegen ihrer Giftigkeit wurden sie in Europa mittlerweile durch andere Substanzen wie Bismutvanadat ersetzt.

Blei(II)-sulfid PbS ist die wichtigste natürlich vorkommende Bleiverbindung (Bleiglanz). Es kristallisiert in bleigrauen, glänzenden, leicht spaltbaren Kristallen vom NaCl-Typ. Es fällt als schwer löslicher, schwarzer Niederschlag aus Pb(II)-Salzlösungen mit H_2S aus.

Blei(II)-acetat $Pb(CH_3COO)_2$ entsteht beim Auflösen von PbO in Essigsäure. Die stark giftigen Lösungen schmecken süß (Bleizucker).

4.7.15.2 Blei(IV)-Verbindungen

Anorganische Blei(IV)-Verbindungen sind weniger beständig als Blei(II)-Verbindungen.

Bleidioxid PbO_2 entsteht durch Oxidation von Pb(II)-Salzen mit starken Oxidationsmitteln wie Chlor und Hypochlorit oder durch anodische Oxidation. In den seltenen Mineralien Scrutinyit (α-PbO_2) und Plattnerit (β-PbO_2) bildet es sich unter den hydrothermalen Bedingungen der Mineralisierung.

$$Pb^{2+} + 2\,H_2O \longrightarrow PbO_2 + 4\,H^+ + 2\,e^-$$

PbO_2 kristallisiert im Rutilgitter, es ist ein schwarzbraunes Pulver und ein starkes Oxidationsmittel. Beim Erhitzen mit konz. Salzsäure entsteht Cl_2.

$$PbO_2 + 4\,HCl \longrightarrow PbCl_2 + 2\,H_2O + Cl_2$$

Beim Erwärmen spaltet es Sauerstoff ab.

$$PbO_2 \longrightarrow PbO + \tfrac{1}{2}O_2$$

PbO_2 ist amphoter mit überwiegend saurem Charakter. Mit konzentrierten Laugen entstehen Hydroxidoplumbate(IV), z. B. $K_2[Pb(OH)_6]$. Mit basischen Oxiden bilden sich wasserfreie Plumbate des Typs $\overset{+2}{M}_2PbO_4$ (Orthoplumbate) bzw. $\overset{+1}{M}_2PbO_3$ (Metaplumbate). Über die Rolle von PbO_2 im Bleiakkumulator s. Abschn. 3.8.11.

Blei(II,IV)-oxid Pb_3O_4 (Mennige) enthält Blei mit den Oxidationszahlen +2 und +4 und kann formal als Blei(II)-orthoplumbat(IV) aufgefasst werden. Es kommt in zwei Modifikationen vor. Bei Raumtemperatur ist rotes, tetragonales Pb_3O_4 stabil, das beim Erhitzen von PbO im Luftstrom entsteht.

$$3\,PbO + \tfrac{1}{2}O_2 \xrightarrow{500\,^\circ C} Pb_3O_4$$

Bei 550 °C zersetzt sich Pb_3O_4 zu PbO. Interessant ist die Reaktion mit HNO_3.

$$Pb_3O_4 + 4\,HNO_3 \longrightarrow \overset{+4}{Pb}O_2 + 2\,\overset{+2}{Pb}(NO_3)_2 + 2\,H_2O$$

Pb_3O_4 findet sich im seltenen Mineral Minium. Pb_3O_4 ist ein ausgezeichnetes Rostschutzmittel. Da Bleiverbindungen giftig sind, wird es für Schutzanstriche kaum noch verwendet. Als Korrosionsschutzpigmente werden jetzt Zinkstaub oder Zinkphosphat benutzt.

Blei(IV)-Halogenide. $PbCl_4$ ist eine unbeständige, gelbe, rauchende Flüssigkeit (Sdp. 150 °C), die sich leicht in $PbCl_2$ und Cl_2 zersetzt und oxidierende Eigenschaften besitzt. Beständiger sind Hexachloridoplumbate $\overset{+1}{M}_2[PbCl_6]$. $PbBr_4$ und PbI_4 sind nicht existent, da Br^- bzw. I^- von Pb^{4+} oxidiert wird.

$$Pb^{4+} + 2\,X^- \longrightarrow Pb^{2+} + X_2$$

Das feste, salzartige PbF_4 bildet Fluoridokomplexe des Typs PbF_5^- und PbF_6^{2-}.

Bleitetraethyl $Pb(C_2H_5)_4$ und **Bleitetramethyl $Pb(CH_3)_4$** sind giftige, in Wasser unlösliche Flüssigkeiten. Sie wurden Benzinen als Antiklopfmittel zugesetzt und waren die Hauptquelle (1982 zu 60 %) für Bleiemissionen. Inzwischen ist die Verwendung von Bleialkylen verboten. Die bleifreien Kraftstoffe dürfen maximal 13 mg Pb/l enthalten. Durch Verwendung bleifreien Benzins erfolgte eine Abnahme des Pb-Gehalts in der Biosphäre.

4.8 Gruppe 13

4.8.1 Gruppeneigenschaften

	Bor B	Aluminium Al	Gallium Ga	Indium In	Thallium Tl
Ordnungszahl *Z*	5	13	31	49	81
Elektronenkonfiguration	[He] $2s^2 2p^1$	[Ne] $3s^2 3p^1$	[Ar] $3d^{10} 4s^2 4p^1$	[Kr] $4d^{10} 5s^2 5p^1$	[Xe] $4f^{14} 5d^{10} 6s^2 6p^1$
1. Ionisierungsenergie in eV	8,3	6,0	6,0	5,8	6,1
2. Ionisierungsenergie in eV	25,1	18,8	20,5	18,9	20,4
3. Ionisierungsenergie in eV	37,9	28,4	30,7	28,0	29,8
Elektronegativität	2,0	1,5	1,8	1,5	1,4
Metallcharakter	Halbmetall	Metalle			
Standardpotentiale in V					
M^{3+}/M	−0,87*	−1,66	−0,53	−0,34	+0,72
M^{+}/M	–	–	–	–	−0,34
M^{3+}/M^{+}	–	–	–	–	+1,25
Beständigkeit der M(I)-Verbindungen			nimmt zu ⟶		
Basischer Charakter der Oxide und Hydroxide			nimmt zu ⟶		
Salzcharakter der Chloride			nimmt zu ⟶		

* $B(OH)_3/B$

Bor ist ein Halbmetall mit Halbleitereigenschaften, die anderen Elemente der Gruppe sind Metalle.

Alle Elemente treten entsprechend ihrer Elektronenkonfiguration bevorzugt in der Oxidationszahl +3 auf. Außerdem gibt es Verbindungen mit der Oxidationszahl +1, deren Beständigkeit mit *Z* zunimmt. Tl(I)-Verbindungen sind stabiler als Tl(III)-Verbindungen. Das Standardpotential Tl^{3+}/Tl^{+} zeigt, dass Tl^{3+} ein kräftiges Oxidationsmittel ist (fast so stark wie Chlor), während In^{+} stark reduzierend wirkt (etwa wie Cr(II)).

Alle Elemente sind in nicht-oxidierenden Säuren löslich, Tl löst sich als Tl^{+}. Der unedle Charakter ist bei Al am größten und nimmt – anders als in der 1. und 2. Hauptgruppe – mit *Z* wieder ab. Bor bildet als einziges Element der Gruppe keine freien Ionen mit der Ladung +3.

Die Affinität zu den elektronegativen Elementen (Sauerstoff, Halogene) ist größer als zu den elektropositiven Elementen. Der Salzcharakter der Verbindungen nimmt mit *Z* zu und ist bei Verbindungen mit der Oxidationszahl +1 stärker ausgeprägt.

Trotz der großen Elektronegativitätsdifferenz zwischen Bor und den Nichtmetallen bildet es keine Salze mit B^{3+}-Kationen. Ursache ist die zu kleine Koordinationszahl von B^{3+} (vgl. S. 139).

Der saure Charakter der Oxide und Hydroxide nimmt mit Z ab. $B(OH)_3$ hat saure Eigenschaften, $Al(OH)_3$ und $Ga(OH)_3$ sind amphoter, $In(OH)_3$ und $Tl(OH)_3$ überwiegend basisch. Entsprechend dem Charakter der Hydroxide reagieren die Salze sauer. Die Basizität ist in der Oxidationszahl +1 stärker, Tl(OH) ist eine starke Base.

Für kovalente Verbindungen stehen s- und p-Orbitale zur Verfügung, und die kovalente MX_3-Koordination ist trigonal-planar. Diese Verbindungen enthalten eine Elektronenlücke, sie sind daher starke Lewis-Säuren. Der Elektronenmangel ist ganz wesentlich für die Strukturen und Reaktionen der kovalenten Verbindungen.

In einer Reihe von Eigenschaften ähnelt Bor dem Silicium mehr als seinem Homologen Aluminium (Schrägbeziehung im PSE).

Elektronegativitäten: B 2,0; Si 1,7; Al 1,5. Bor und Silicium sind harte, hochschmelzende Halbmetalle mit Halbleitereigenschaften. Aluminium ist ein typisches, duktiles Metall. B und Si bilden zahlreiche flüchtige Wasserstoffverbindungen, von Al ist nur ein polymeres Hydrid bekannt. BCl_3 ist wie $SiCl_4$ flüssig, monomer, hydrolyseempfindlich. $AlCl_3$ kristallisiert in einer Schichtstruktur und ist in der flüssigen und gasförmigen Phase dimer. B_2O_3 neigt wie SiO_2 zur Glasbildung.

Nicht nur unter den Elementen der Gruppe nimmt Bor eine Sonderstellung ein. Seine Modifikationen, die Wasserstoffverbindungen, die Carbaborane und die Metallboride sind einzigartig und es gibt dafür keine Analoga bei allen anderen Elementen des PSE.

Es gibt in der Gruppe 13 eine weitere Besonderheit. Die Elektronegativitäten und Ionisierungsenergien ändern sich nicht regelmäßig. Nur in dieser Gruppe nehmen die Elektronegativitäten x (Abb. 2.54 und Tab. 2.18) und Ionisierungsenergien I nicht ab wie in den anderen Gruppen, sondern ab der 3. Periode zu.

	Mg	Ca	Sr	Ba
x(EN)	1,2	1,0	1,0	0,9
I_1	7,6	6,1	5,7	5,2
I_2	15,0	11,9	11,0	10,0
	Al	Ga	In	Tl
x(EN)	1,5	1,6	1,7	1,8
I_1	6,0	6,0	5,8	6,1
I_2	18,8	20,5	18,9	20,4
I_3	28,4	30,7	28,0	29,8

I in eV; x(EN) Pauling-Werte

Der Verlauf der Elektronegativitäten zeigt, dass in den Gruppen 1 und 2 der metallische Charakter mit Z zunimmt, während er in der Gruppe 13 von Al zu Tl abnimmt. Dies zeigen auch die Standardpotentiale: Al^{3+}/Al −1,66 V; Ga^{3+}/Ga −0,56 V.

Die Anomalie entsteht durch die Auffüllung der d-Unterschalen. Zwischen den Elementen Aluminium und Gallium z. B. wird die 3d-Unterschale aufgefüllt (Tab. 1.9), die Kernladungszahl erhöht sich um zehn Einheiten. Die wachsende Kernladung wird durch die 3d-Elektronen weniger gut abgeschirmt, und auf die 4s- und 4p-Elektronen von Gallium wirkt eine relativ hohe Kernladung, besonders wirksam bei den kugelsymmetrischen s-Elektronen. Dies zeigt der Vergleich der Ionisierungsenergien von Aluminium und Gallium. Die Auffüllung der 3d-Orbitale beeinflusst auch die Hauptgruppenelemente der 4. Periode Ge, As, Se. Bei ihnen ist die höchste Oxidationszahl gegenüber den Elementen der 3. Periode Si, P, S weniger stabil.

4.8.2 Vorkommen

Wegen ihrer Reaktionsfähigkeit kommen die Elemente der 13. Gruppe nicht elementar vor.

Natürliche Borverbindungen sind Borate. Die wichtigsten Mineralien sind Kernit $Na_2B_4O_7 \cdot 4\,H_2O$, Borax $[Na(H_2O)_4]_2[B_4O_5(OH)_4]$ („$Na_2B_4O_7 \cdot 10\,H_2O$“), Borocalcit $CaB_4O_7 \cdot 4\,H_2O$, Colemanit $Ca_2B_6O_{11} \cdot 5\,H_2O$. Hauptförderländer sind die USA und die Türkei. Borsäure H_3BO_3 findet man in heißen Quellen.

Aluminium ist das häufigste Metall der Erdrinde und das dritthäufigste Element überhaupt. Es ist Bestandteil der Feldspate, Glimmer und Tonmineralien (vgl. Silicate, Abschn. 4.7.10.2). Relativ selten kommt Al_2O_3 (Tonerde) als Korund und Schmirgel (mit Eisenoxid und Quarz verunreinigt) vor. Gut ausgebildete und farbige Al_2O_3-Kristalle sind Edelsteine: Rubin (rot), Saphir (blau). Die Naturvorräte an Kryolith Na_3AlF_6 sind weitgehend abgebaut. Das wichtigste Ausgangsmaterial zur Aluminiumgewinnung ist Bauxit. Es ist ein Gemenge aus Aluminiumhydroxidoxid AlO(OH) (Böhmit und Diaspor) und Aluminiumhydroxid $Al(OH)_3$ (Hydrargillit) mit Beimengungen an Tonmineralien und Eisenoxiden. Die Weltförderung lag 2020 bei $371 \cdot 10^6$ t (davon $110 \cdot 10^6$ t in Australien). Die weltweiten Bauxit-Reserven werden auf $55-75 \cdot 10^9$ t geschätzt, davon 32 % in Afrika.

Gallium und Indium sind Begleiter des Zinks in der Zinkblende. Thallium ist Begleiter von Zink in der Zinkblende und von Eisen im Pyrit. Selten sind die Mineralien Lorandit $TlAsS_2$ und Crookesit $(Tl,Cu,Ag)_2Se$.

4.8.3 Die Elemente

	B	Al	Ga	In	Tl
Modifikationen	Modifikationen mit kovalenten Bindungen	Metallische Modifikationen kdp	–	$kdp_{verzerrt}$	hdp
Dichte in g/cm^3	2,46*	2,70	5,91	7,31	11,85
Schmelzpunkt in °C	2180**	660	30	156	302
Siedepunkt in °C	3660	2467	2400	2080	1457
Sublimationsenthalpie in kJ/mol	570**	327	277	243	182

* α-rhomboedrisches Bor
** β-rhomboedrisches Bor

4.8.3.1 Modifikationen, chemisches Verhalten

Bor

Hauptgruppenelemente mit weniger als vier Valenzelektronen kristallisieren in Metallgittern. Eine Ausnahme ist Bor. Wegen der hohen Ionisierungsenergie und der relativ großen Elektronegativität bevorzugt es kovalente Bindungen. Die komplizierten und einmaligen Strukturen der Bormodifikationen sind eine Folge des Elektronenmangels der Boratome, die vier Valenzorbitale, aber nur drei Elektronen besitzen. Raumnetzstrukturen können nur unter Beteiligung von Mehrzentrenbindungen gebildet werden.

Von Bor sind mehrere kristalline Modifikationen bekannt. In allen Strukturen treten als Struktureinheiten B_{12}-Ikosaeder auf (Abb. 4.43). Alle zwölf Atome des Ikosaeders sind äquivalent, haben fünf Bornachbarn und liegen auf einer fünfzähligen Achse. Die Ikosaeder lassen sich nur locker packen, in der dichtesten Modifikation beträgt die Raumausfüllung 37 %. In die Lücken der Strukturen können zusätzlich Boratome oder Metallatome eintreten.

α-rhomboedrisches Bor hat die einfachste Struktur (Abb. 4.44). Die B_{12}-Ikosaeder sind in einer annähernd kubisch-dichtesten Packung angeordnet. Sechs B-Atome eines Ikosaeders haben die Koordinationszahl 7. Sie sind durch eine 3-Zentren-Bindung an zwei B-Atome zweier Nachbarikosaeder innerhalb der Ikosaederschicht gebunden (Abb. 4.45). Die anderen sechs B-Atome haben die Koordinationszahl 6. Sie sind durch 2-Zentren-Bindungen an Ikosaeder der darüber und darunter liegenden Ikosaederschicht gebunden.

β-rhomboedrisches Bor ist die thermodynamisch stabile Modifikation. Man erhält es durch Erhitzen von α-rhomboedrischem Bor auf 1 200 °C. Die Struktur ist kompliziert. Die Elementarzelle enthält 105 B-Atome. Ein Teil der Struktureinheiten sind Ikosaeder.

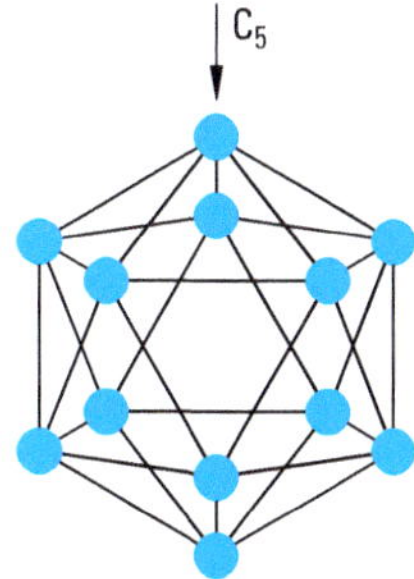

Abbildung 4.43 B_{12}-Ikosaeder (Zwanzigflächner).
Alle Atome sind äquivalent. Jedes Atom liegt auf einer fünfzähligen Achse (C_5) und hat fünf Nachbarn.
Die zwölf B-Atome bilden 13 bindende Molekülorbitale. Der B_{12}-Ikosaeder erhält seine maximale Stabilität durch Besetzung dieser MOs mit 26 Valenzelektronen. Von den 36 Valenzelektronen der zwölf B-Atome stehen noch zehn für Bindungen nach außen zur Verfügung.

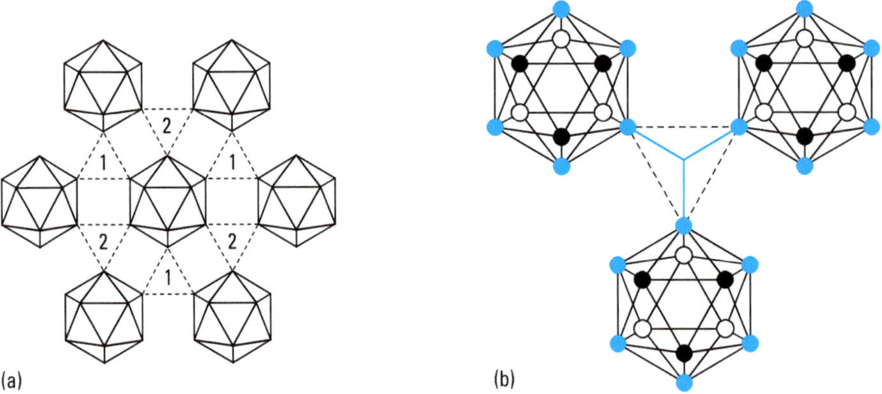

Abbildung 4.44 Struktur und Bindung in α-rhomboedrischem Bor.
a) Die Struktureinheiten sind B_{12}-Ikosaeder. Sie haben die Anordnung einer kubisch-dichtesten Packung.
b) Sechs B-Atome ● eines Ikosaeders sind durch eine geschlossene 3-Zentren-BBB-Bindung B⅄B (B oben) innerhalb einer Schicht an zwei Nachbarikosaeder gebunden (KZ = 7). Drei B-Atome ● sind durch 2-Zentren-BB-Bindungen an drei Ikosaeder der darüber liegenden Schicht (Position 1) und drei B-Atome ○ an drei Ikosaeder der darunter liegenden Schicht (Position 2) gebunden (KZ = 6).

Typ	Bindungen Anzahl	Abstand B—B in pm	Elektronenzahl
2-Zentren-Bindung B—B	6	171	6
3-Zentren-Bindung B⅄B	6	202	$6 \cdot \frac{4}{6} = 4$
Bindende MOs im B_{12}-Gerüst	13	173–179	26
			36

***α*-tetragonales Bor** enthält B_{12}-Ikosaeder und einzelne B-Atome (Abb. 4.46). Die B_{12}-Ikosaeder sind in einer hexagonal-dichtesten Packung angeordnet. ¼ der vorhandenen Tetraederlücken sind mit B-Atomen besetzt. Die einzelnen B-Atome sind tetraedrisch koordiniert, sie verbinden vier Ikosaeder. Die B-Atome der Ikosaeder haben die Koordinationszahl 6. Jedes Ikosaeder ist mit zehn Nachbarikosaedern durch je eine B—B-Einfachbindung verbunden. Die Verbindung zum 11. und 12. Nachbarikosaeder erfolgt über die einzelnen B-Atome. Die gleiche Struktur wie α-tetragonales Bor haben das **Borcarbid $B_{24}C$**, sowie das **Bornitrid $B_{24}N$**, in denen die tetraedrisch koordinierten B-Atome durch C- bzw. N-Atome ersetzt sind. α-tetragonales Bor erhält man nur durch epitaktische Abscheidung auf den Oberflächen von $B_{24}C$ oder $B_{24}N$. Wahrscheinlich ist α-tetragonales Bor nur stabil, wenn es kleine Mengen C oder N enthält.

***β*-tetragonales Bor** enthält pro Elementarzelle 190 B-Atome.

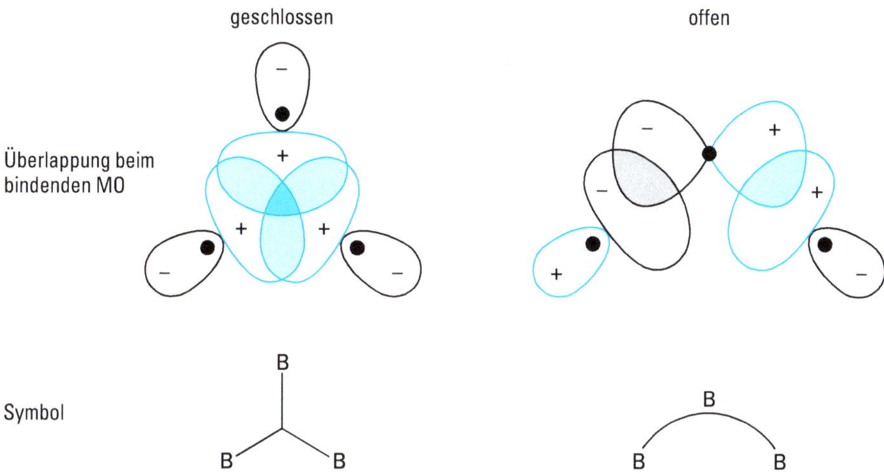

Abbildung 4.45 Typen von 3-Zentren-BBB-Bindungen.
Sie sind an der chemischen Bindung in den Bormodifikationen, den Boranen und Carbaboranen beteiligt.

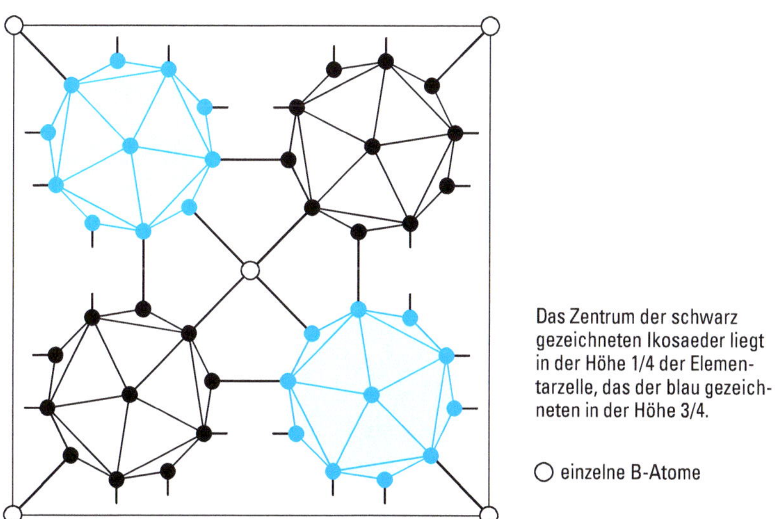

Abbildung 4.46 Struktur von α-tetragonalem Bor.
Die Elementarzelle enthält 50 Atome: Vier Ikosaeder in der Anordnung eines Tetraeders, im Zentrum dieses Tetraeders und in den Ecken der Elementarzelle einzelne B-Atome. Jedes Ikosaeder ist mit zehn Nachbarikosaedern durch eine B—B-Einfachbindung verbunden. Die Bindung an die restlichen beiden Nachbarikosaeder erfolgt über die einzelnen B-Atome.
Ersetzt man die einzelnen B-Atome durch C- bzw. N-Atome, erhält man das Carbid $B_{24}C$ und das Nitrid $B_{24}N$, die mit α-tetragonalem Bor isotyp sind. Man erhält dieses nur durch epitaktische Abscheidung auf den Oberflächen des Carbids oder Nitrids.

Kein anderes Element zeigt in seinen Modifikationen eine ähnliche Flexibilität seiner Atome. Die B-Atome besitzen Koordinationszahlen von 4 bis 9, die Bindungsabstände variieren stark. Da die Boratome nur drei Valenzelektronen besitzen, können die hohen Koordinationszahlen nur durch Ausbildung von Mehrzentrenbindungen erreicht werden. Mit der MO-Theorie erhält man für ein B_{12}-Ikosaeder 13 bindende Molekülorbitale, die mit 26 Elektronen besetzt sind. Von den insgesamt 36 Valenzelektronen der zwölf Boratome stehen also nur noch zehn für Bindungen nach außen zur Verfügung. Im α-rhomboedrischen Bor gehen von sechs Boratomen 2-Zentren-Bindungen aus. Dazu werden sechs Valenzelektronen benötigt. Die restlichen sechs Atome sind durch 3-Zentren-Bindungen an zwei benachbarte Ikosaeder gebunden. Jedem Boratom stehen dafür durchschnittlich $\frac{4}{6}$ Elektronen zur Verfügung. Für eine 3-Zentren-Bindung erhält man also $\frac{4}{6} \cdot 3 = 2$, also gerade ein bindendes Elektronenpaar.

Die Bormodifikationen sind sehr hart und halbleitend. Das thermodynamisch stabile β-rhomboedrische Bor hat die Mohs-Härte 9,3 und ist nach dem Diamant das härteste Element; die elektrische Leitfähigkeit bei Raumtemperatur beträgt $10^{-6}\ \Omega^{-1}\ \text{cm}^{-1}$, sie nimmt bis 600 °C auf das Hundertfache zu.

Bor ist reaktionsträge und reagiert erst bei höheren Temperaturen. Trotz des negativen Standardpotentials wird es weder von Salzsäure noch von Flusssäure angegriffen. Heiße Salpetersäure und Königswasser oxidieren es zu Borsäure. Beim Schmelzen mit Alkalimetallhydroxiden erhält man unter H_2-Entwicklung Borate. Bei höheren Temperaturen (oberhalb 400 °C) reagiert Bor mit Sauerstoff, Chlor, Brom, Schwefel und Stickstoff. Bor reduziert bei hohen Temperaturen Wasserdampf, CO_2 und SiO_2, ist also ein starkes Reduktionsmittel.

Aluminium

Aluminium ist ein silberweißes Leichtmetall (Leichtmetalle haben Dichten $< 5\ \text{g/cm}^3$), es kristallisiert kubisch-flächenzentriert. Die elektrische Leitfähigkeit beträgt etwa $\frac{2}{3}$ der des Kupfers. Aluminium ist sehr dehnbar, lässt sich zu feinen Drähten ziehen und zu dünnen Folien (bis 0,004 mm Dicke) auswalzen. Bei 600 °C wird Aluminium körnig, in Schüttelmaschinen erhält man Aluminiumgrieß. In noch feinerer Zerteilung erhält man es als Pulver.

Nach seiner Stellung in der Spannungsreihe sollte Aluminium leicht oxidiert werden. An der Luft ist Aluminium jedoch beständig, da es durch die Bildung einer fest anhaftenden dünnen Oxidschicht ($10^{-6}-10^{-4}$ mm dick) vor weiterer Oxidation geschützt wird (Passivierung). Man kann diese Schutzwirkung noch verbessern, indem man durch elektrochemische Oxidation von Aluminium (Eloxal-Verfahren) eine harte und dickere Oxidhaut (0,01 − 0,02 mm) erzeugt. Durch Einlagerung von Farbstoffen lassen sich für Aluminiumgegenstände auch farbige Eloxalschichten herstellen. Eloxiertes Al ist beständig gegen Meerwasser, Säuren und Laugen. Aluminiumdrähte lassen sich durch Eloxieren elektrisch isolieren.

Al löst sich entsprechend seinem Standardpotential ($E^\circ = -1{,}66$ V) in verdünnten Säuren unter Wasserstoffentwicklung,

$$Al + 3\,H_3O^+ \longrightarrow Al^{3+} + \tfrac{3}{2}H_2 + 3\,H_2O$$

nicht aber in oxidierenden Säuren (Passivierung). Von Wasser oder sehr schwachen Säuren wird es nicht angegriffen, da in diesem Milieu die OH^--Konzentration groß genug ist, um das Löslichkeitsprodukt von $Al(OH)_3$ ($K_L = 2 \cdot 10^{-33}\,mol^4\,l^{-4}$) zu überschreiten, und das an der Al-Oberfläche gebildete $Al(OH)_3$ vor weiterer Einwirkung schützt. In stark saurer oder alkalischer Lösung kann sich die Schutzschicht nicht ausbilden, da wegen des amphoteren Charakters $Al(OH)_3$ sowohl in Säuren als auch in Laugen gelöst wird.

$$Al(OH)_3 + 3\,H_3O^+ \longrightarrow [Al(H_2O)_6]^{3+}$$
$$Al(OH)_3 + OH^- \longrightarrow [Al(OH)_4]^-$$

Al kann sich unter Wasserstoffentwicklung lösen. Auf amalgamiertem Aluminium kann sich keine feste Deckschicht ausbilden. Es oxidiert daher leicht an der Luft und löst sich in Wasser unter H_2-Entwicklung. Man erhält es durch Verreiben von Quecksilberchlorid auf Aluminium.

$$3\,HgCl_2 + 2\,Al \longrightarrow 2\,AlCl_3 + 3\,Hg$$

Beim Erhitzen verbrennt fein verteiltes Aluminium an der Luft mit hellem Licht und großer Wärmeentwicklung.

$$2\,Al + \tfrac{3}{2}O_2 \longrightarrow Al_2O_3 \qquad \Delta H^\circ_B = -1\,675{,}7\ kJ/mol$$

In der Fotografie wurde die Lichtentwicklung bei den „Kolbenblitzen" ausgenutzt. In einem Glaskolben verbrennt eine Al-Folie in reinem Sauerstoff nach elektrischer Zündung in etwa $\frac{1}{50}$ s.

Aluminothermisches Verfahren. Man nutzt die große Bildungsenthalpie von Al_2O_3 aus.

Al kann alle Metalloxide M_2O_3 reduzieren, deren Bildungsenthalpien kleiner sind als die von Al_2O_3, z. B. Cr_2O_3.

$$\Delta H^\circ_B\,(Cr_2O_3) = -1\,130\ kJ/mol.$$
$$Cr_2O_3 + 2\,Al \longrightarrow Al_2O_3 + 2\,Cr \qquad \Delta H^\circ = -547\ kJ/mol$$

Schwer reduzierbare Oxide und solche, bei denen die Reduktion mit Kohlenstoff zu Carbiden führt, können durch aluminothermische Reduktion dargestellt werden (Cr, Si, B, Co, V, Mn). Die Oxide werden mit Aluminiumgrieß gemischt (Thermit). Das Gemisch wird mit einer Zündkirsche (Magnesiumpulver und BaO_2 bzw. $KClO_3$) gezündet. Durch die große Reaktionswärme entstehen Temperaturen von über 2 000 °C und das entstehende Metall fällt flüssig an. Das Al_2O_3 wird als Korundschlacke für Schleifzwecke verwendet. Das Thermitschweißen beruht auf der Reaktion

$$3\,Fe_3O_4 + 8\,Al \longrightarrow 4\,Al_2O_3 + 9\,Fe \qquad \Delta H^\circ = -3\,341\ kJ/mol$$

Es entstehen Temperaturen bis 2 400 °C, so dass flüssiges Eisen entsteht, das die Schweißnaht bildet.

Gallium. Indium. Thallium

Ga ist ein weiches, dehnbares, glänzend weißes Metall. Es kristallisiert nicht in einer typischen Metallstruktur, sondern bei Raumtemperatur als α-Ga in einem orthorhombischen Gitter. Beim Schmelzen erfolgt wie bei Bi und H_2O eine Volumenkontraktion. Ga ist an der Luft beständig, da es wie Al passiviert wird; auch von Wasser wird es bis 100 °C nicht angegriffen ($K_{L(Ga(OH)_3)} = 5 \cdot 10^{-37}$ mol^4 l^{-4}). Es löst sich wie Al in nicht-oxidierenden Säuren (Bildung von Ga^{3+}-Ionen) und Basen (Bildung von $[Ga(OH)_4]^-$-Ionen) unter H_2-Entwicklung.

In ist ein silberweißes, glänzendes, sehr weiches Metall (es lässt sich mit dem Messer schneiden). Es kristallisiert in einer tetragonal verzerrten kubisch-dichtesten Packung. Es ist beständig gegenüber Luft, kochendem Wasser und Alkalien. Es löst sich in Mineralsäuren.

Tl ist weißglänzend, weich wie Blei und zäh. Bei Normaltemperatur kristallisiert Tl in der hexagonal-dichtesten Packung. An der Luft läuft es grau an, es wird daher unter Glycerin aufbewahrt. In Gegenwart von Luft wird es von Wasser unter Bildung von TlOH angegriffen. Es löst sich nicht in wässrigen Alkalien, aber gut in HNO_3 und H_2SO_4. Tl und seine Verbindungen sind giftig. Tl-Verbindungen färben die Flamme intensiv grün.

4.8.3.2 Darstellung und Verwendung

Bor

Kristallines, hochreines Bor erhält man durch Reduktion von Borhalogeniden mit Wasserstoff bei 1 000 – 1 400 °C,

$$2\,BCl_3 + 3\,H_2 \longrightarrow 2\,B + 6\,HCl \qquad \Delta H^\circ = +262 \text{ kJ/mol}$$

sowie durch thermische Zersetzung von BI_3 an Wolframdrähten bei 800 – 1 000 °C (Aufwachsverfahren).

$$2\,BI_3 \longrightarrow 2\,B + 3\,I_2 \qquad \Delta H^\circ = -71 \text{ kJ/mol}$$

Welche Modifikation entsteht, hängt im Wesentlichen von der Reaktionstemperatur ab.

Amorphes Bor entsteht als braunes Pulver geringer Reinheit durch Reduktion von B_2O_3 mit Na oder Mg.

$$B_2O_3 + 3\,Mg \longrightarrow 2\,B + 3\,MgO \qquad \Delta H^\circ = -533 \text{ kJ/mol}$$

Aus geschmolzenem Aluminium kristallisiert AlB_{12} (quadratisches Bor) aus. Technisch wird kristallines Bor heute meist durch Schmelzflusselektrolyse eines Gemisches von KBF_4, KCl und B_2O_3 bei 800 °C hergestellt.

Da Bor bei hohen Temperaturen korrosiv ist, mit vielen Metallen Boride bildet und gegenüber Oxiden als starkes Reduktionsmittel wirkt (CO_2 und SiO_2 werden reduziert), ist es schwierig, kristallines Bor in hoher Reinheit darzustellen.

Bor wird in der Metallurgie als Desoxidationsmittel und zum Vergüten von Stahl (Erhöhung der Härtbarkeit) verwendet. Das quadratische Bor AlB_{12} ist wegen seiner Härte („Bordiamant") ein gutes Schleifmittel. Das Isotop ^{10}B wird wegen seines hohen Neutroneneinfangquerschnitts in der Kerntechnik verwendet.

Fasern aus Bor erhält man durch Reduktion von Bortrichlorid bei 1200 °C.

$$2\,BCl_3\,(g) + 3\,H_2 \longrightarrow 2\,B\,(s) + 6\,HCl\,(g)$$

Das Bor schlägt sich an Seelen von Kohlenstoff- oder Wolfram-Mikrofasern ab (Faserdicke ca. 100 µm). Wegen der hohen Festigkeit und Temperaturbeständigkeit werden Borfasern für Verbundwerkstoffe z. B. im Flugzeugbau, in der Raumfahrt und für Sportgeräte verwendet.

Aluminium

Nach Eisen ist Aluminium das wichtigste Gebrauchsmetall. 2020 betrug die Weltproduktion von Hüttenaluminium $65{,}3 \cdot 10^6$ t, dazu kamen (2018) $19{,}3 \cdot 10^6$ t Recyclingaluminium. Wegen seines negativen Standardpotentials kann Aluminium nicht durch Elektrolyse aus wässrigen Lösungen erzeugt werden. Es wird aus Al_2O_3 durch Schmelzflusselektrolyse hergestellt. Ausgangsmaterial zur Herstellung von Aluminium ist Bauxit (Weltförderung 2020 $371 \cdot 10^6$ t), der überwiegend AlO(OH) enthält. Bauxit ist mit Fe_2O_3 verunreinigt. Fe_2O_3 muss vor der Schmelzflusselektrolyse entfernt werden, da sich bei der Elektrolyse Eisen an der Kathode abscheiden würde. Für die Aufarbeitung zu reinem Al_2O_3 gibt es mehrere Verfahren. Bei allen Verfahren wird der amphotere Charakter von Al_2O_3 ausgenutzt. Amphotere Stoffe lösen sich sowohl in Säuren als auch in Basen. AlO(OH) kann daher mit basischen Stoffen in das lösliche Komplexsalz $Na[Al(OH)_4]$ überführt werden. Fe_2O_3 ist in Basen unlöslich und wird von der $Na[Al(OH)_4]$-Lösung durch Filtration abgetrennt.

Die einzelnen Reaktionsschritte des vorwiegend durchgeführten nassen Aufschlussverfahrens (Bayer-Verfahren) sind im folgenden Schema dargestellt:

$$\text{Bauxit} + NaOH \xrightarrow[\text{Druck}]{170\,°C} Na[Al(OH)_4] + Fe_2O_3$$

$$\downarrow \text{Impfen}$$

$$Al_2O_3 + H_2O \xleftarrow{1200\,°C} Al(OH)_3 + NaOH$$

AlO(OH) wird mit Natronlauge in Lösung gebracht und durch Filtration von Fe_2O_3 getrennt. Durch Impfen mit $Al(OH)_3$-Kriställchen wird aus dem Hydroxidoaluminatkomplex $Na[Al(OH)_4]$ das $Al(OH)_3$ ausgeschieden. Nach erneuter Filtration wird $Al(OH)_3$ bei hohen Temperaturen zum Oxid entwässert.

Der SiO_2-Anteil des Bauxits wird zusammen mit Fe_2O_3 als unlösliches Natriumaluminiumsilicat $Na_2Al_2SiO_6 \cdot 2\,H_2O$ abgetrennt. Da die Bildung des Silicats zu NaOH- und Al_2O_3-Verlusten führt, bevorzugt man beim Bayer-Verfahren SiO_2-arme Bauxite.

Al_2O_3 hat einen Schmelzpunkt von 2050 °C. Zur Schmelzpunktserniedrigung wird Al_2O_3 in Kryolith Na_3AlF_6 gelöst. Na_3AlF_6 schmilzt bei 1000 °C und bildet mit

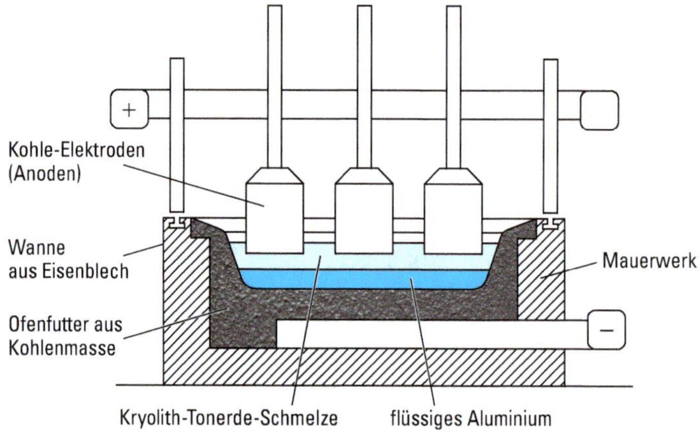

Abbildung 4.47 Schematische Darstellung eines Elektrolyseofens zur Herstellung von Aluminium.

Al_2O_3 ein Eutektikum (vgl. Abb. 2.113), das bei 960 °C schmilzt und die Zusammensetzung 10,5 % Al_2O_3 und 89,5 % Na_3AlF_6 hat. Man elektrolysiert Na_3AlF_6-Schmelzen, die neben Al_2O_3 (2−8 %), AlF_3 (5−15 %), CaF_2 (2−6 %), LiF (2−5 %) und selten MgF_2 (2−3 %) enthalten. Miteinander kombiniert setzen diese Fluoride die Liquidustemperatur, die Verdampfungsverluste, die Dichte, den elektrischen Widerstand und die Metalllöslichkeit der Schmelze herab und verbessern die Stromausbeute. Man kann daher die Elektrolyse bei 950−970 °C durchführen. Als Elektrodenmaterial wird Kohle verwendet (vgl. Abb. 4.47).

Die chemischen Reaktionen bei der Schmelzflusselektrolyse sind nicht vollständig geklärt. Es ist nicht genau bekannt, wie sich Al_2O_3 in der Schmelze löst, man vermutet die Bildung von Oxidofluorido-Komplexen, z. B. von $Al_2OF_8^{4-}$, die aber noch nicht nachgewiesen werden konnten. Wahrscheinlich sind folgende Reaktionen.

Dissoziation von Kryolith	$2\,Na_3AlF_6 \rightleftharpoons 6\,Na^+ + 2\,AlF_6^{3-}$
Anodenreaktion	$Al_2O_3 + 2\,AlF_6^{3-} \rightleftharpoons \frac{3}{2}O_2 + 4\,AlF_3 + 6\,e^-$
Kathodenreaktion	$6\,Na^+ + 6\,e^- \rightleftharpoons 6\,Na$
	$6\,Na + 2\,AlF_3 \rightleftharpoons 2\,Al + 6\,NaF$

NaF reagiert mit dem überschüssigen AlF_3 der Anodenreaktion

	$2\,AlF_3 + 6\,NaF \rightleftharpoons 2\,Na_3AlF_6$
Gesamtreaktion	$Al_2O_3 \rightleftharpoons 2\,Al + \frac{3}{2}O_2$

Das abgeschiedene Aluminium hat eine größere Dichte als die Schmelze und sammelt sich flüssig am Boden des Elektrolyseofens (der Schmelzpunkt von Al beträgt 660 °C). Durch die Schmelze wird das Aluminium vor Oxidation geschützt.

Der an der Anode entstandene Sauerstoff reagiert mit der Kohleanode. Das als Anodengas bezeichnete Gasgemisch enthält 80−85 % CO_2, 15−20 % CO und Spuren von verdampften Fluorverbindungen (HF und staubförmige Fluoride). An der Anode stellt sich nicht das Boudouard-Gleichgewicht ein, da die primär gebildeten CO_2-Gasblasen sehr schnell von der Anodenkohlenfläche abrollen. Der größte Teil des CO entsteht durch Rückreaktion von Al mit CO_2.

$$2\,Al + 3\,CO_2 \rightleftharpoons Al_2O_3 + 3\,CO$$

Außerhalb der Schmelze wird CO durch Luftsauerstoff sofort zu CO_2 oxidiert. Die Abgasreinigung erfolgt durch Absorption der Fluorverbindungen an Al_2O_3. Es bildet sich AlF_3, das wieder der Schmelze zugesetzt wird. Das Reingas enthält noch 0,5 mg/m^3 Fluor (erlaubter Grenzwert 1 mg/m^3). An der Kohleanode entstehen allerdings auch Kohlenstofffluoride (z. B. CF_4), die als Abgase treibhauswirksam sind.

Moderne Elektrolysen arbeiten mit etwa 80 000 – 150 000 A und 4 – 5 V. Bei einer Stromausbeute von 95 % beträgt die Produktion eines Ofens z. B. 1 400 kg Al/Tag. Die deutschen Hütten (die beiden größten sind in Neuss und Essen) produzierten 2019 $1{,}2 \cdot 10^6$ t Rohaluminium, davon $0{,}5 \cdot 10^6$ t Hüttenaluminium aus Bauxit und $0{,}7 \cdot 10^6$ t Recyclingaluminium aus Schrott, Spänen u. a. Das Al hat eine Reinheit von 99,8 – 99,9 %, Verunreinigungen sind hauptsächlich Fe und Si. Für 1 t Al benötigt man 1,9 t Al_2O_3 (aus 4,5 – 5 t Bauxit), 0,5 t Elektrodenkohle und je nach Zellentyp eine Energiemenge von $14 - 16 \cdot 10^3$ kWh. Die wirtschaftliche Al-Herstellung erfordert billige elektrische Energie.

Wichtige Aluminium-Legierungen sind: Magnalium (10 – 30 % Mg), Hydronalium (3 – 12 % Mg; seewasserfest), Duralumin (2,5 – 5,5 % Cu, 0,5 – 2 % Mg, 0,5 – 1,2 % Mn, 0,2 – 1 % Si; lässt sich kalt walzen, ziehen und schmieden).

Wegen der guten elektrischen Leitfähigkeit wird Al in der Elektrotechnik verwendet. Die chemische Widerstandsfähigkeit ermöglicht seine Verwendung im chemischen Apparatebau. Hauptsächlich verwendet wird es für den Fahrzeug-, Schiff-, Flugzeug- und Hausbau sowie für Haushaltsgegenstände. Al-Pulver wird zur Herstellung von Anstrichmitteln, pyrotechnischen Produkten und in der Aluminothermie verwendet. Al-Folien dienen als Verpackungsmaterial.

Gallium, **Indium** und **Thallium** können durch Elektrolyse ihrer Salzlösungen dargestellt werden. Ga wird in Quarzthermometern für hohe Temperaturen verwendet (Smp. 30 °C, Sdp. 2 400 °C). Für Halbleiterzwecke wird $GaCl_3$ vor der Elektrolyse mit dem Zonenschmelzverfahren gereinigt. In wird als Legierungsbestandteil für Lagermetalle verwendet und hat Bedeutung zur Herstellung von III-V-Verbindungen als Halbleitermaterial. Tl wird mit Hg legiert für Tieftemperaturthermometer benutzt.

4.8.4 Verbindungen des Bors

Die Chemie des Bors unterscheidet sich wesentlich von der seiner homologen Elemente. Aber auch verglichen mit anderen Elementen ist die Chemie des Bors einzigartig.

Bor tritt nicht als Kation B^{3+} auf. Auf Grund seiner höheren Ionisierungsenergie (und Elektronegativität) bildet Bor kovalente Bindungen mit Nichtmetallatomen. Für BX_3 entstehen Verbindungen mit trigonal-planarer Koordination. Die Bindungen mit elektronegativeren Partnern (Halogene, Sauerstoff) sind stark polar. In Wasserstoffverbindungen ist H negativ polarisiert, in den Reaktionen – z. B. der Hydrolyse – ähneln sie daher mehr den Silanen als den Alkanen. Die Verbindungen des Typs BX_3 sind Elektronenmangelverbindungen und besitzen nur ein Elektronensextett. Sie stabilisieren sich auf verschiedenen Wegen unter Ausbildung eines Elektronenoktetts.

Ausbildung von π-Bindungen

Beispiel: BF_3

Das Boratom bildet mit nichtbindenden Elektronen der F-Atome π-Bindungen.

Durch die delokalisierte π-Bindung verkürzt sich die Bindungslänge auf 130 pm (B—F 145 pm, B=F 125 pm), die Lewis-Acidität verringert sich.

Wie in BF_3 existieren π-Bindungsanteile auch in BCl_3 und BBr_3, sowie zwischen B und N in Bornitriden und B und O in Bor-Sauerstoffverbindungen.

Mehrzentrenbindungen

Wenn keine freien Elektronenpaare für π-Bindungen zur Verfügung stehen, kann Stabilisierung durch Mehrzentrenbindungen erfolgen.

Beispiel: BH_3

BH_3 ist nicht beständig. Zwei BH_3-Moleküle reagieren miteinander zum Diboran B_2H_6 (vgl. Abb. 4.48).

$\Delta H^\circ = -164\ \mathrm{kJ/mol}$

Mehrzentrenbindungen treten auch bei den anderen Boranen, bei den Bormodifikationen und den Metallboriden auf.

Anlagerung von Donormolekülen

Die Elektronenlücke kann durch ein Elektronenpaar eines Donormoleküls geschlossen werden. Dabei erfolgt am B-Atom Änderung der VB-Hybridisierung von sp^2 nach sp^3.

Beispiele: BF_4^- , BH_4^- , BF_3OR_2

Mit stärker werdender π-Bindung in den Molekülen BX_3 nimmt die Akzeptorstärke ab: $BH_3 > BBr_3 > BCl_3 > BF_3$. Die Bindungslängen in BF_4^- entsprechen Einfachbindungen. Im Gegensatz zu den BX_3-Molekülen sind die BX_4^--Ionen nicht hydrolyseempfindlich.

Durch die Ausbildung von Mehrzentrenbindungen hat Bor – neben den normalen Koordinationszahlen 3 und 4 – in den Boranen, Carbaboranen und Bormodifikationen auch die Koordinationszahlen 5 bis 9. Kein anderes Nichtmetall ist dazu befähigt. Bor bildet selten B=B-Doppelbindungen. B—B-Einfachbindungen treten bei den Halogeniden

$$\begin{matrix} X \\ X \end{matrix}\!>\!B—B\!<\!\begin{matrix} X \\ X \end{matrix}$$

auf. Bor bildet selten Ketten und Ringe mit B—B-Bindungen, sondern bevorzugt räumliche Strukturen mit Mehrzentrenbindungen.

4.8.4.1 Metallboride, Borcarbide

Es gibt mehr als 200 binäre Metallboride. Zusammensetzungen und Strukturen sind vielfältig.

Zusammensetzungen

$n(M) \geqq n(B)$ M_5B, M_4B, M_3B, M_5B_2, M_7B_3, M_2B, M_5B_3, M_3B_2, $M_{11}B_8$, MB

$n(B) > n(M)$ $M_{10}B_{11}$, M_3B_4, M_2B_3, M_3B_5, MB_2, M_2B_5, MB_3, MB_4, MB_6, M_2B_{13}, MB_{10}, MB_{12}, MB_{15}, MB_{18}, MB_{66}

Außerdem gibt es zahlreiche nichtstöchiometrische Phasen mit variablen Zusammensetzungen. 75 % aller Boride gehören den Verbindungsklassen M_2B, MB, MB_2, MB_4 und MB_6 an.

Eigenschaften

Die Boride sind sehr harte, temperaturbeständige Substanzen. Schmelzpunkte und elektrische Leitfähigkeit sind oft höher als die der Wirtsmetalle. ZrB_2 und TiB_2 z. B. haben fünfmal höhere Leitfähigkeiten als die Metalle, die Schmelzpunkte sind um 1 000 °C höher, sie liegen bei 3 000 °C.

Boride sind daher bei extremen Beanspruchungen verwendbar. Von Nachteil ist, dass sie nur wenig oxidationsbeständig sind und mit Metallen reagieren. Sie lassen sich daher nicht wie die Carbide zu Hartmetalllegierungen verarbeiten (vgl. S. 210). Technisch werden bisher nur TiB_2 (Elektroden- und Tiegelmaterial) sowie CrB und

CrB_2 (Verschleißschutzschichten) verwendet. MgB_2 ist ein Supraleiter mit der Sprungtemperatur 39 K (s. Abschn. 2.7.5.3).

Strukturen

Es ist zweckmäßig, die Metallboride nach der Art des Bornetzwerkes zu klassifizieren, die Stellung der Metalle im PSE eignet sich dazu nicht.

Metallreiche Boride

Isolierte B-Atome
Die B—B-Abstände liegen zwischen 210 und 330 pm

Mn_4B; M_3B (Tc, Re, Co, Ni, Pd); Pd_5B_2; M_7B_3 (Tc, Re, Ru, Rh); M_2B (Ta, Mo, W, Mn, Fe, Co, Ni)

Isolierte B_2-Paare
B—B-Abstände: 179 – 180 pm

Cr_5B_3; M_3B_2 (V, Nb, Ta)

Bor-Zickzackketten

B—B-Abstände: 175 – 185 pm

M_3B_4 (Ti, V, Nb, Ta, Cr, Mn, Ni)
MB (Ti, Hf, V, Nb, Ta, Cr, Mo, W, Mn, Fe, Co, Ni)

Bor-Doppelketten

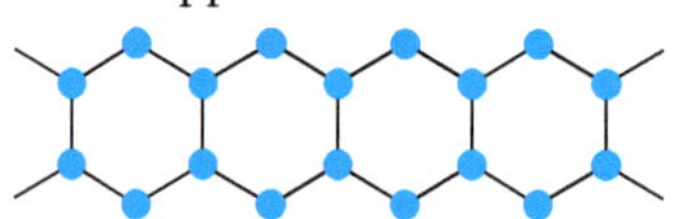

B—B-Abstand: 175 pm

M_3B_4 (V, Nb, Ta, Cr, Mn)

Bor-Schichten

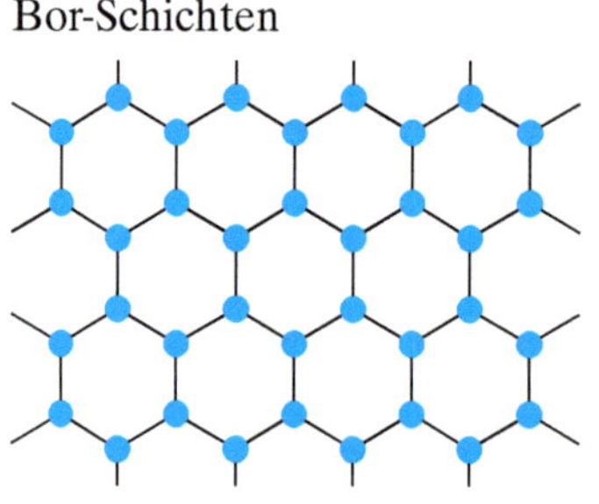

B—B-Abstände: 170 – 186 pm

MB_2 (Mg, Al, Sc, Y, Ti, Zr, Hf, V, Nb, Ta, Cr, Mo, W, Mn, Tc, Re, Ru, Os, U, Pu)
M_2B_5 (Ti, W, Mo)

In den metallreichen Boriden besetzen die B-Atome häufig die Mittelpunkte von trigonalen Prismen der Metallatome.

Metallarme Boride

Boride mit großen Borgehalten bilden Strukturen mit einem dreidimensionalen Netzwerk aus Boratomen.

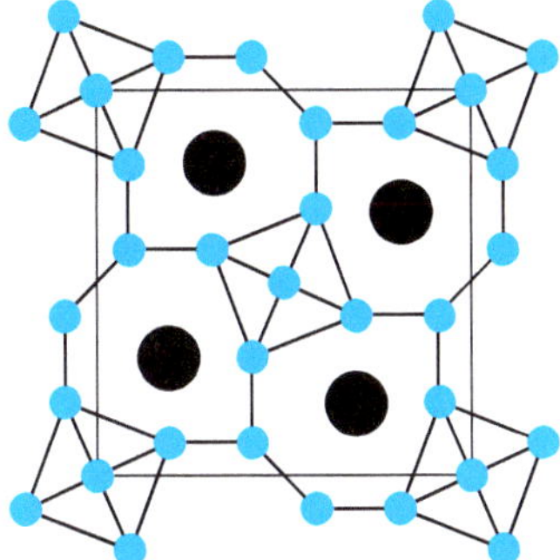

MB_4 (Ho, Er, Tm, Lu, Ca, Y, Mo, W, Th)

Die tetragonale Struktur besteht aus Ketten von B_6-Oktaedern in *c*-Richtung, die durch B_2-Paare verknüpft sind. Die Metallatome besetzen in *c*-Richtung liegende Kanäle. Der Radius der Metallplätze beträgt 185 – 200 pm.

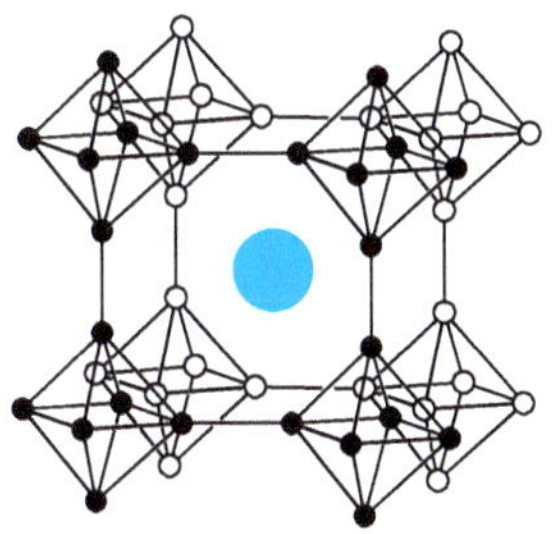

MB_6 (Ca, Sr, Ba, Eu(II), Yb(II), La, Lanthanoide, Th)

● ○ B

Metall

Die kubische Struktur leitet sich von der CsCl-Struktur ab. Die Anionen sind durch B_6-Oktaeder ersetzt. Der Radius der von 24 Boratomen umgebenen Metallplätze beträgt 215 – 225 pm.

MB_{12} (Sc, Y, Zr, Lanthanoide, Actinoide)

Die Struktur leitet sich von der NaCl-Struktur ab. Die Cl-Atome sind durch B_{12}-Kuboktaeder ersetzt.

MB_{66} (Y)

Die Struktur ist mit der des β-rhomboedrischen Bors verwandt.

Bindung

Die Bindung in den Metallboriden ist kompliziert, es sind mehrere Bindungstypen beteiligt.

Beispiel LaB_6
Innerhalb der B_6-Cluster existieren kovalente Mehrzentrenbindungen, es gibt sieben bindende MOs. Die Bindung an die sechs Nachbarcluster erfolgt durch kovalente 2-Zentren-Bindungen. Die kovalenten Bindungen erfordern also pro Cluster 20 Valenzelektronen. Den sechs B-Atomen fehlen zwei Valenzelektronen, die von den Metallatomen geliefert werden. Es entsteht ein positiv geladenes Metalluntergitter und ein negativ geladenes Boruntergitter: $La^{2+}B_6^{2-}$. Zwischen den Untergittern existiert ionische Bindung. Das dritte Valenzelektron der La-Atome befindet sich im Leitungsband des Kristalls und liefert einen metallischen Bindungsanteil. LaB_6 ist ein besserer elektrischer Leiter als metallisches Lanthan.

Borcarbid $B_{13}C_2$

$B_{13}C_2$ bildet schwarze, glänzende Kristalle (Smp. 2 400 °C), die fast so hart wie Diamant sind. $B_{13}C_2$ gehört zu den Hochleistungskeramiken (s. Abschn. 4.7.10.3). Es ist gegen HNO_3 beständig und wird erst oberhalb 1 000 °C von O_2 und Cl_2 angegriffen. Die Struktur ist aus B_{12}-Ikosaedern aufgebaut. Die Anordnung der Ikosaeder ist gleich der im α-rhomboedrischen Bor, zusätzlich sind die Ikosaeder durch lineare CBC-Ketten verbunden. Pro Ikosaeder ist eine Kette vorhanden: $(B_{12})CBC = B_{13}C_2$. Das B-Atom der Kette ist linear nur an die beiden C-Atome gebunden. Die Substitution von B-Atomen der Ikosaeder durch C-Atome führt zu einer großen Variationsbreite in der Stöchiometrie, die Grenzzusammensetzung ist $B_4C = (B_{11}C)CBC$.

Die technische Herstellung erfolgt aus B_2O_3 und Kohlenstoff bei 2 400 °C. Nach Diamant und Borazon (c-BN) hat $B_{13}C_2$ die größte Härte (oberhalb 1 000 °C ist es härter als diese), es wird daher als Schleifmittel, für Panzerplatten und Sandstrahldüsen verwendet. Es ist Ausgangsstoff für die Herstellung von Metallboriden und wird zur Härtung von Metalloberflächen durch Erzeugung von Metallboridschichten benutzt. In Kernreaktoren wird es als Neutronenabsorber eingesetzt.

Borcarbid $B_{24}C$

Die strukturelle Beziehung zwischen $B_{24}C$ und α-tetragonalem Bor wurde bereits besprochen (S. 606).

4.8.4.2 Wasserstoffverbindungen des Bors (Borane)

Bor und Wasserstoff bilden binäre Verbindungen, für deren Zusammensetzung und Struktur sich keine Analoga bei den Hydriden der anderen Elemente finden. Die Verbindungen sind Glieder der folgenden Reihen:

B_nH_{n+4}	$n = 2, 5, 6, 8, 10, 12, 14, 16, 18$
B_nH_{n+6}	$n = 4, 5, 6, 8, 9, 10, 13, 14, 20$
B_nH_{n+8}	$n = 8, 10, 14, 15, 30$
B_nH_{n+10}	$n = 8, 26, 40$

Außerdem ist das wasserstoffarme Hydrid $B_{20}H_{16}$ bekannt.

Nomenklatur: Vor dem Wortstamm Boran wird die Anzahl der B-Atome durch das griechische Zahlwort angegeben, die Anzahl der H-Atome wird als arabische Ziffer in Klammern angefügt.

Beispiele:

B_2H_6 Diboran(6); B_4H_{10} Tetraboran(10)

Das einfachste stabile Boran ist das Diboran B_2H_6. Die Struktur ist in der Abb. 4.48 dargestellt. Jedes B-Atom ist tetraedrisch von zwei endständigen und zwei brücken-

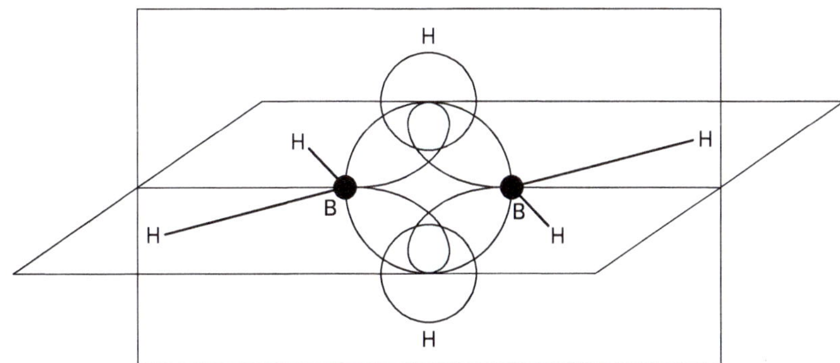

Abbildung 4.48 Struktur und Bindung im Diboran-Molekül B_2H_6.
Die B-Atome sind verzerrt tetraedrisch von vier H-Atomen umgeben. Für die Bindungen stehen den B-Atomen im Rahmen des VB-Hybridmodells vier sp^3-Hybridorbitale zur Verfügung. Zwei sp^3-Hybridorbitale bilden mit den endständigen H-Atomen 2-Zentren-2-Elektronen-Bindungen (B—H 120 pm). Die beiden Brücken-H-Atome werden durch 3-Zentren-2-Elektronen-Bindungen gebunden (B—H 132 pm). An der 3-Zentren-Bindung sind das 1s-Orbital des H-Atoms und die sp^3-Hybridorbitale der beiden B-Atome beteiligt. Da auch die sp^3-Hybridorbitale der B-Atome überlappen, entsteht außerdem eine schwache B—B-Bindung (B—B 176 pm).

bildenden H-Atomen umgeben. Für die acht Atome stehen zwölf Valenzelektronen zur Verfügung. Davon werden acht Valenzelektronen für die vier σ-Bindungen der B-Atome zu den endständigen H-Atomen verbraucht. Für die Bindung der brückenbildenden H-Atome stehen noch vier Valenzelektronen zur Verfügung. Damit werden zwei 3-Zentren-2-Elektronen-Bindungen gebildet (Abb. 4.48).

Die höheren Borane besitzen einseitig geöffnete Käfigstrukturen. Die Boratome besetzen die Ecken hochsymmetrischer Polyeder (Tetraeder, Oktaeder, pentagonale Bipyramide, Dodekaeder, Oktadekaeder, Ikosaeder). Die Strukturen lassen sich danach einteilen, ob ein, zwei oder drei Ecken eines Polyeders unbesetzt bleiben.

Zahl unbesetzter Polyederecken	Bezeichnung	Beispiele
1	*nido*-Borane (nidus = Nest)	B_nH_{n+4}
2	*arachno*-Borane (arachne = Spinne)	B_nH_{n+6}
3	*hypho*-Borane (hypho = Netz)	B_nH_{n+8}

Die Strukturen einiger Polyborane sind in der Abb. 4.49 dargestellt. An den Bindungen sind 2-Zentren- und 3-Zentren-Bindungen beteiligt. Die Valenzstrichformeln können unter Benutzung der folgenden Bindungssymbole formuliert werden.

B—H 2-Zentren-BH-Bindung

B—B 2-Zentren-BB-Bindung

B⌒(H)⌒B 3-Zentren-BHB-Bindung

B⌒(B)⌒B Offene 3-Zentren-BBB-Bindung

B, B, B (Y-förmig verbunden) Geschlossene 3-Zentren-BBB-Bindung

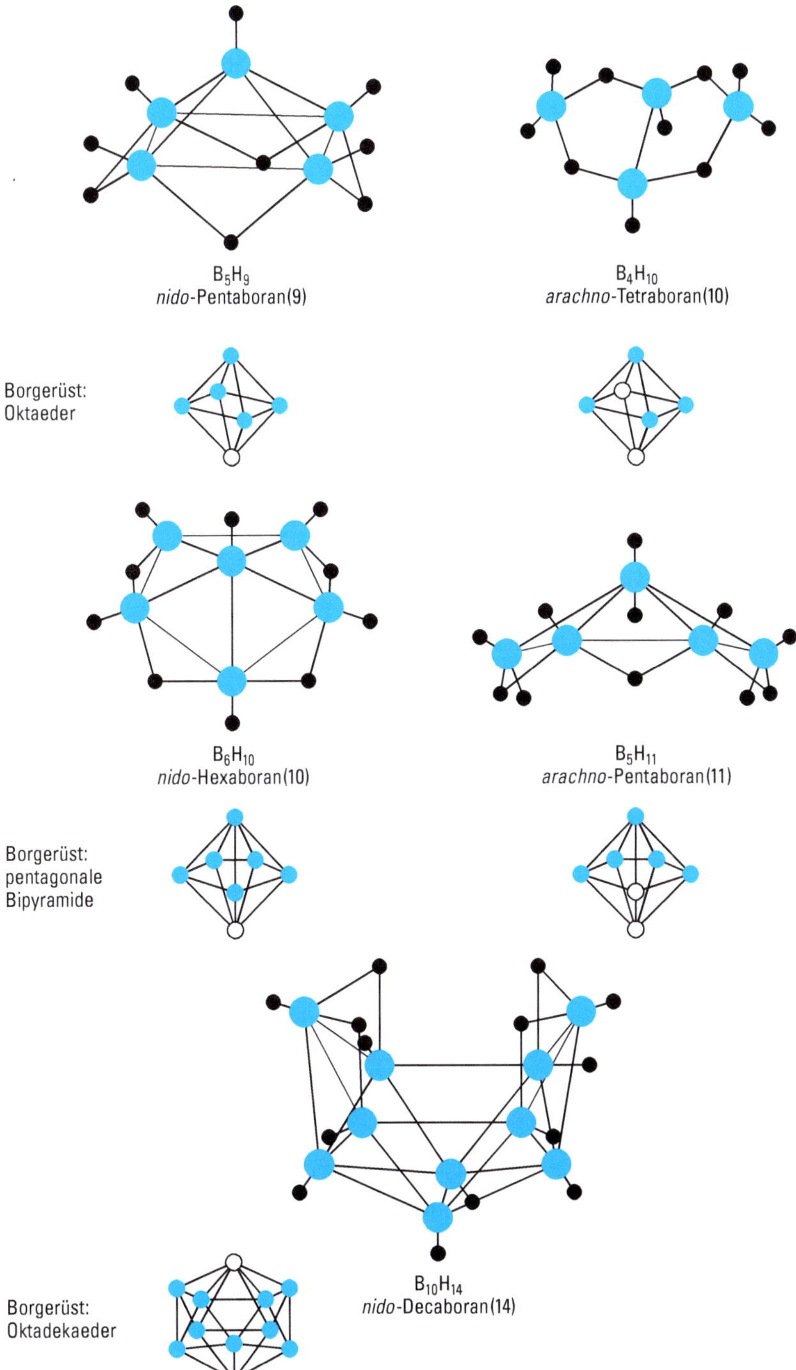

Abbildung 4.49 Strukturen einiger Borane.

Beispiele:

B_2B_6

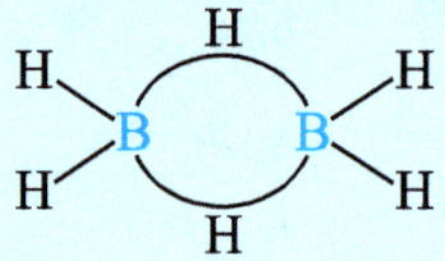

Elektronenbilanz

Bindungstyp	Zahl	Elektronen
B—H	4	8
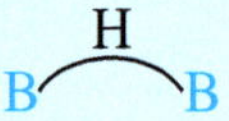 $B\overset{H}{\frown}B$	2	4
		12

B_6H_{10}

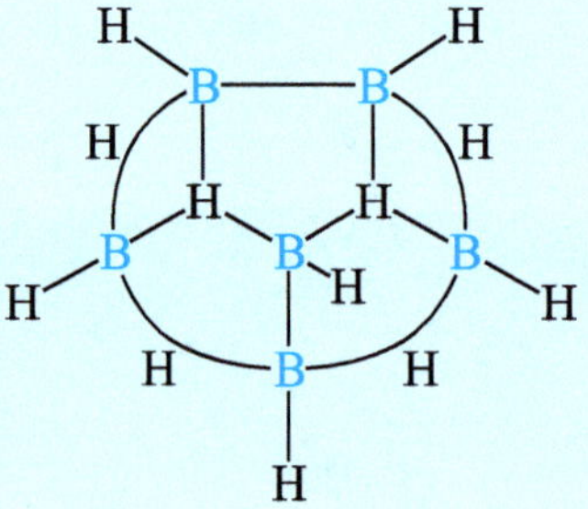

Bindungstyp	Zahl	Elektronen
B—H	6	12
B—B	2	4
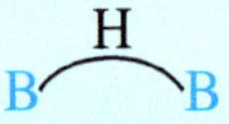 $B\overset{H}{\frown}B$	4	8
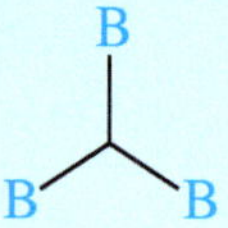 B(B)B	2	4
		28

B_5H_{11} kann mit zwei mesomeren Grenzstrukturen beschrieben werden.

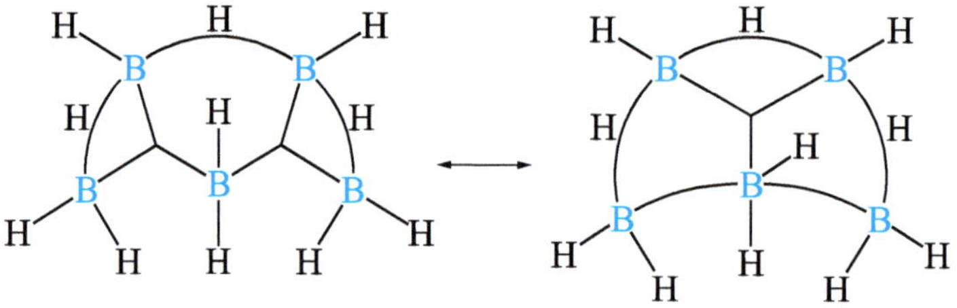

Die Anzahl mesomerer Grenzstrukturen wächst mit der Anzahl der B-Atome (z. B. 24 bei $B_{10}H_{14}$).

Ob B_8H_{16} und $B_{10}H_{18}$ *hypho*-Borane sind, ist noch ungeklärt. Eine *hypho*-Struktur besitzt das Boranat-Anion $B_5H_{12}^-$ und das Carbaboran $B_4C_3H_{12}$.

Geschlossene Käfigstrukturen existieren bei neutralen Boranen nicht (sie wären für Borane B_nH_{2n+2} zu erwarten, die aber nicht bekannt sind), es gibt sie aber bei Boran-Anionen (siehe unten) und Carbaboranen (vgl. Abschn. 4.8.4.3). Für sie wird die Vorsilbe *closo* verwendet.

Borane mit mehr als zehn Boratomen sowie B_8H_{18} und $B_{10}H_{16}$ bestehen aus zwei Käfigen, die durch gemeinsame B-Atome verbunden sind. Man bezeichnet sie als *conjuncto*-Borane.

Beispiele für *conjuncto*-Borane:

Zwei Cluster sind durch eine B—B-σ-Bindung verbunden:

$B_8H_{18} = (B_4H_9)_2$; $B_{10}H_{16} = (B_5H_8)_2$

Zwei Cluster sind über eine gemeinsame Kante verbunden, die von zwei-B-Atomen gebildet wird:

$B_{13}H_{19}$, $B_{14}H_{18}$, $B_{14}H_{20}$, $B_{16}H_{20}$, $B_{18}H_{22}$.

Bei $B_{20}H_{16}$ entsteht durch vier gemeinsame B-Atome eine *closo*-Struktur.

Diboran B_2H_6 ist ein farbloses, giftiges Gas von unangenehmem Geruch. Man erhält es nach folgenden Reaktionen:

$$4\,BCl_3 + 3\,LiAlH_4 \xrightarrow{\text{Ether}} 2\,B_2H_6 + 3\,LiAlCl_4$$
$$4\,BF_3 + 3\,NaBH_4 \longrightarrow 2\,B_2H_6 + 3\,NaBF_4$$

Es ist bis 50 °C metastabil, darüber zersetzt es sich in H_2 und höhere Borane. Erhitzt man B_2H_6 unter vermindertem Druck, so entsteht bis 300 °C praktisch kein BH_3.

$$B_2H_6 \rightleftharpoons 2\,BH_3 \qquad \Delta H^\circ = +164\,\text{kJ/mol}$$

Oberhalb 300 °C beginnt die Zersetzung in die Elemente.

$$BH_3 \longrightarrow B + \tfrac{3}{2}H_2 \qquad \Delta H^\circ = -100\,\text{kJ/mol}$$

Durch Einwirkung starker Lewis-Basen werden die Brückenbindungen gespalten und es entstehen Addukte des Borans BH_3.

$$B_2H_6 + 2\,D \longrightarrow 2\,D{-}BH_3 \qquad D = CO, NH_3, PH_3, PF_3, PR_3, NR_3$$

Mit Wasser erfolgt, entsprechend der Polarisierung der B—H-Bindung, schnelle Hydrolyse zu H_2 und $B(OH)_3$.

$$B_2H_6 + 6\,H_2O \longrightarrow 2\,B(OH)_3 + 6\,H_2 \qquad \Delta H^\circ = -467\,\text{kJ/mol}$$

B_2H_6 verbrennt unter hoher Wärmeentwicklung.

$$B_2H_6 + 3\,O_2 \longrightarrow B_2O_3 + 3\,H_2O \qquad \Delta H^\circ = -2066\,\text{kJ/mol}$$

Reines B_2H_6 entflammt in Luft bei 145 °C; wenn es Spuren höherer Borane enthält, ist es bereits bei Raumtemperatur selbstentzündlich.

Polyborane entstehen aus MgB_2 bei Einwirkung nicht-oxidierender Säuren oder durch Pyrolyse von Boranen. Alle Polyborane sind giftig. Tetraboran ist ein Gas, die Pentaborane bis Nonaborane sind Flüssigkeiten, ab den Decaboranen sind sie Feststoffe. Pentaborane sind selbstentzündlich. Ähnlich hydrolyseempfindlich wie B_2H_6 sind B_4H_{10}, B_5H_{11} und B_6H_{12}.

Hydridoborate (Boran-Anionen)

BH_3 kann seine Elektronenlücke durch Anlagerung eines H^--Ions schließen. Es entsteht das stabile Tetrahydridoboration (Boranat) BH_4^-, das isoelektronisch mit CH_4 ist und wie dieses tetraedrisch gebaut ist. Die Darstellung kann nach folgenden Reaktionen erfolgen:

$$2\,LiH + B_2H_6 \longrightarrow 2\,LiBH_4$$
$$4\,NaH + B(OCH_3)_3 \longrightarrow NaBH_4 + 3\,NaOCH_3$$
$$AlCl_3 + 3\,NaBH_4 \longrightarrow Al(BH_4)_3 + 3\,NaCl$$

$LiBH_4$ und $NaBH_4$ sind feste, weiße, salzartige Verbindungen, sie werden als Hydrierungsmittel verwendet. **$Al(BH_4)_3$** ist eine kovalente Verbindung und bei 25 °C flüssig.

Bei den **polyedrischen Boran-Anionen** gibt es *closo*-, *nido*- und *arachno*-Strukturen. Nur ein *hypho*-Boranat, $B_5H_{12}^-$, ist bekannt. Unter den *closo*-Boranaten $B_nH_n^{2-}$ ($n = 5-12$) sind besonders die Boranate $B_{10}H_{10}^{2-}$ und $B_{12}H_{12}^{2-}$ interessant. Ihre Strukturen sind in der Abb. 4.50 dargestellt. Beide Ionen sind chemisch ähnlich und ungewöhnlich stabil. Sie werden von Laugen und Säuren auch bei 100 °C nicht angegriffen, die Alkalimetallsalze sind bis 600 °C stabil.

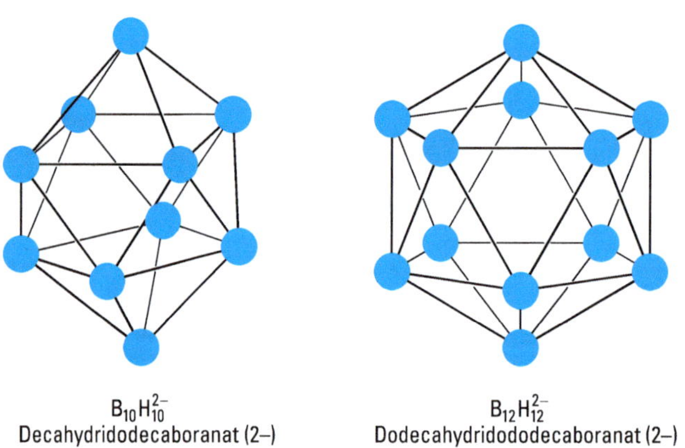

Abbildung 4.50 Strukturen der Polyboranationen $B_{10}H_{10}^{2-}$ und $B_{12}H_{12}^{2-}$.
An jedes B-Atom ist durch eine 2-Zentren-Bindung ein H-Atom gebunden. Von den 50 Valenzelektronen des $B_{12}H_{12}^{2-}$-Ions werden 24 für die B—H-Bindungen gebraucht, die restlichen 26 stehen für die Besetzung der Molekülorbitale des B_{12}-Ikosaedergerüstes zur Verfügung. Diese Delokalisierung ist die Ursache der Stabilität der symmetrischen geschlossenen B-Gerüste.

Wade-Regel

Die Geometrie des Gerüsts von Boranen, Boran-Anionen und Carbaboranen ist durch das Verhältnis der Anzahl der Gerüstelektronen zur Anzahl der Gerüstatome *n* bestimmt.

Gerüstelektronen	Gerüstelektronenpaare	Struktur
$2n + 2$	$n + 1$	*closo*
$2n + 4$	$n + 2$	*nido*
$2n + 6$	$n + 3$	*arachno*
$2n + 8$	$n + 4$	*hypho*

Die Anzahl der Gerüstelektronen kann durch eine einfache Abzählregel bestimmt werden.

Anzahl der Gerüstelektronen = Summe der Valenzelektronen der Gerüstatome + Valenzelektronen der H-Atome + Anzahl der Elektronenladungen − zwei Elektronen pro Hauptgruppen-Gerüstatom.

Dies bedeutet, dass jede BH-Gruppe als Einheit des Clustergerüsts betrachtet wird, die zwei Gerüstelektronen liefert. Von den CH-Gruppen werden drei Gerüstelektronen geliefert. Jedes weitere H-Atom liefert ein Elektron.

Beispiele:

	Gerüstelektronen		Struktur
B_5H_{11}	$15 + 11 - 10 = 16$	$2n + 6$	*arachno*
$B_5H_{12}^-$	$15 + 12 + 1 - 10 = 18$	$2n + 8$	*hypho*
$B_6H_6^{2-}$	$18 + 6 + 2 - 12 = 14$	$2n + 2$	*closo*
$B_{12}H_{12}^{2-}$	$36 + 12 + 2 - 24 = 26$	$2n + 2$	*closo*
$B_{10}C_2H_{12}$	$30 + 8 + 12 - 24 = 26$	$2n + 2$	*closo*

4.8.4.3 Carbaborane (Carborane)

Carbaborane sind Verbindungen, bei denen in den Gerüsten der Borane oder Hydridoborate B-Atome durch C-Atome ersetzt sind. Die CH-Gruppe ist isoelektronisch mit der BH^--Gruppe. So erhält man formal aus den Hydridoboraten $B_nH_n^{2-}$ durch Ersatz von zwei BH^--Gruppen neutrale Moleküle der allgemeinen Formel $B_{n-2}C_2H_n$, die eine geschlossene Käfigstruktur besitzen. Aus der Vielzahl der Verbindungen soll als Beispiel das gut untersuchte ikosaederförmige $\mathbf{B_{10}C_2H_{12}}$ besprochen werden. Es gibt drei Isomere (Abb. 4.51). 1,2-$B_{10}C_2H_{12}$ erhält man durch Reaktion von $B_{10}H_{14}$ mit Ethin in Gegenwart von Lewis-Basen, z. B. Dialkylsulfan.

$$B_{10}H_{14} + 2\,R_2S \longrightarrow B_{10}H_{12}(R_2S)_2 + H_2$$

$$B_{10}H_{12}(R_2S)_2 + C_2H_2 \longrightarrow B_{10}C_2H_{12} + H_2 + 2\,R_2S$$

Bei 470 °C erfolgt Umwandlung in das 1,7-Isomer, bei 615 °C in das thermodynamisch stabilste 1,12-Isomer. Das $B_{10}C_2$-Gerüst zersetzt sich erst oberhalb 630 °C.

Die Carbaborane $B_{10}C_2H_{12}$ sind chemisch ähnlich resistent wie $B_{10}H_{10}^{2-}$ und $B_{12}H_{12}^{2-}$ und werden von kochendem Wasser, Säuren, Alkalien und Oxidationsmit-

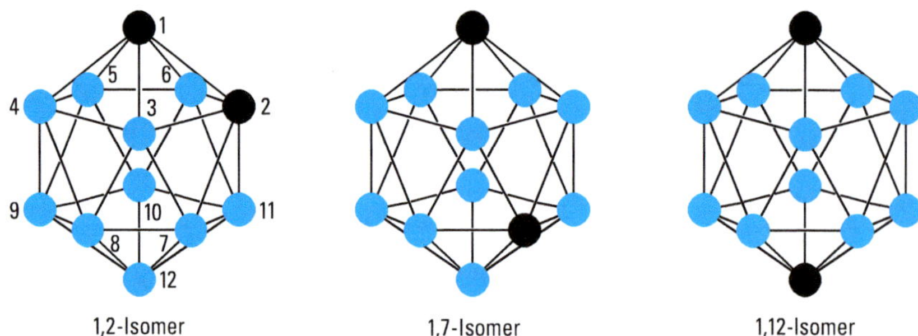

Abbildung 4.51 Isomere des *closo*-Carbaborans $B_{10}C_2H_{12}$.
Das $B_{10}C_2$-Gerüst ist ein Ikosaeder. Es gibt drei Isomere. Die Bindungen sind denen im Boran-Anion $B_{12}H_{12}^{2-}$ analog (vgl. Abb. 4.50).

teln nicht angegriffen. Die Chemie der Carbaborane ist vielfältig und ähnelt der Chemie konventioneller Kohlenstoffsysteme. Es lassen sich zahlreiche C-substituierte organische Derivate herstellen.

Durch nukleophile Reagenzien erfolgt ein Abbau des $B_{10}C_2$-Gerüstes. Aus dem *closo*-Carbaboran $B_{10}C_2H_{12}$ entsteht das *nido*-Carbaboran-Anion $B_9C_2H_{12}^-$.

$$B_{10}C_2H_{12} + C_2H_5O^- + 2\,C_2H_5OH \longrightarrow B_9C_2H_{12}^- + B\,(OC_2H_5)_3 + H_2$$

Dieses lässt sich protonieren oder durch H^+-Abspaltung in das Anion $B_9C_2H_{11}^{2-}$ überführen.

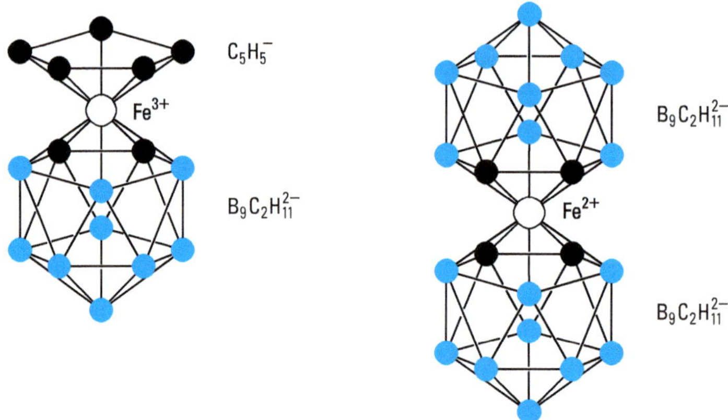

Abbildung 4.52 Das *nido*-Carbaboran-Anion $B_9C_2H_{11}^{2-}$ bildet dem Ferrocen analoge Sandwich-Komplexe. An der offenen Käfigseite befinden sich freiliegende Orbitale, sie eignet sich daher als Koordinationsstelle für Metallatome. Der Komplex $[(B_9C_2H_{11})_2Fe]^{2-}$ kann reversibel oxidiert werden.

$$B_9C_2H_{12}^- \begin{cases} \xrightarrow{H^+} B_9C_2H_{13} \\ \xrightarrow[NaH]{} B_9C_2H_{11}^{2-} \end{cases}$$

$B_9C_2H_{11}^{2-}$ ist ein ähnlich guter Ligand wie das Cyclopentadienylanion $C_5H_5^-$. Es bildet daher Komplexe, die dem Ferrocen analog sind (Abb. 4.52). Es gibt eine große Anzahl solcher Metallcarbaborane mit einer interessanten Chemie.

In das Borgerüst können auch andere Nichtmetallatome, z. B. Phosphor, Silicium, Stickstoff oder Schwefel, eingebaut werden. Ein Beispiel ist das *closo*-Heteroboran $B_{11}NH_{12}$.

4.8.4.4 Sauerstoffverbindungen des Bors

Borsäuren

Orthoborsäure H_3BO_3 kommt in Wasserdampfquellen und als Mineral Sassolin vor. Sie wird aber heute aus Boraten durch saure Hydrolyse hergestellt, z. B. aus Borax.

$$[Na(H_2O)_4]_2[B_4O_5(OH)_4] + H_2SO_4 \longrightarrow 4\,H_3BO_3 + Na_2SO_4 + 5\,H_2O$$

H_3BO_3 kristallisiert in einer Schichtstruktur, in der planare $B(OH)_3$-Moleküle über Wasserstoffbrücken zu zweidimensionalen Schichten verbunden sind. Zwischen den Schichten sind nur van-der-Waals-Kräfte wirksam (Abb. 2.124). H_3BO_3 bildet daher schuppige, weiß glänzende, sechsseitige Blättchen mit dem Smp. 171 °C. H_3BO_3 ist relativ schwer in Wasser löslich (40 g/l bei 20 °C), die Lösung wird als Antiseptikum verwendet (Borwasser). H_3BO_3 ist eine sehr schwache einbasige Säure. Sie wirkt nicht als Protonendonator, sondern als OH^--Akzeptor (Lewis-Säure).

$$B(OH)_3 + 2\,H_2O \rightleftharpoons H_3O^+ + B(OH)_4^- \qquad pK_S = 9{,}2$$

In verdünnten Lösungen liegen praktisch nur die monomeren Teilchen H_3BO_3 vor. Nur sehr stark basische Lösungen enthalten das Anion $B(OH)_4^-$. Bei höheren Konzentrationen erfolgt in alkalischen Lösungen partielle Kondensation.

$$3\,H_3BO_3 \longrightarrow [B_3O_3(OH)_4]^- + H_3O^+ + H_2O \qquad pK_S = 6{,}8$$

Neben $[B_3O_3(OH)_4]^-$ sind aber wahrscheinlich noch die Teilchen $[B_3O_3(OH)_5]^{2-}$, $[B_4O_5(OH)_4]^{2-}$ und $[B_5O_6(OH)_4]^-$ vorhanden. Diese Anionen kommen auch in kristallinen Boraten vor.

Beim Erhitzen geht die Orthoborsäure durch intermolekulare Kondensation zunächst in die **Metaborsäure $(HBO_2)_n$**, dann in glasiges Bortrioxid B_2O_3 über.

$$H_3BO_3 \xrightarrow[-H_2O]{>90\,^\circ C} (HBO_2)_n \xrightarrow[-H_2O]{500\,^\circ C} B_2O_3$$

Löst man Metaborsäure in Wasser, bildet sich wieder die Orthoborsäure.

Von der Metaborsäure gibt es drei Modifikationen. α-HBO_2 besteht aus ringförmigen Molekülen, die über Wasserstoffbrücken zu Schichten verbunden sind.

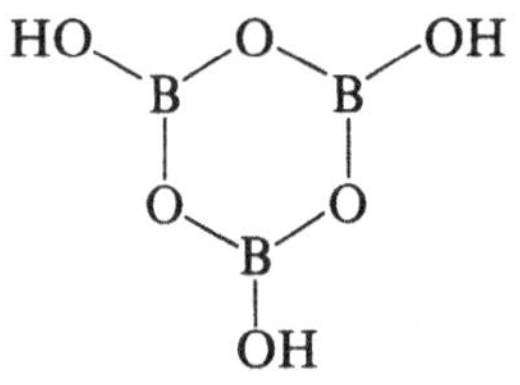

α-HBO_2

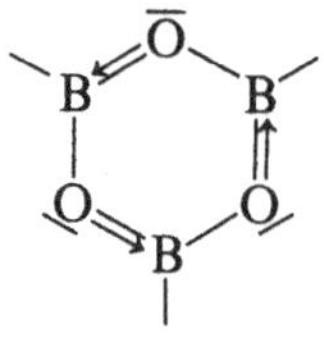

Boroxin-Ring

Im planaren Boroxin-Ring der α-Metaborsäure und ihrer Salze sind (p-p)π-Bindungen vorhanden. Die Bindungsabstände liegen zwischen denen von Einfach- und Doppelbindungen. In β-HBO_2 und γ-HBO_2 sind die Ringe über brückenbildende O-Atome verknüpft. β-HBO_2 besteht aus kettenförmigen Molekülen, γ-HBO_2 aus einem dreidimensionalen Netzwerk mit der KZ = 4 der Boratome.

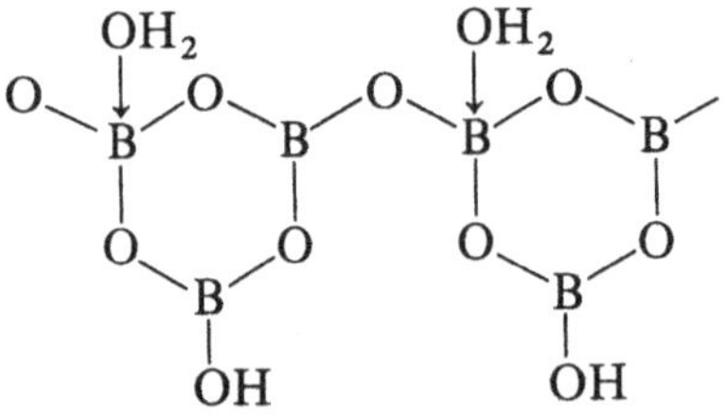

β-HBO_2
kettenförmige Moleküle
$[B_3O_4(OH)(H_2O)]_n$; KZ = 3 und 4

Borsäure bildet mit Alkoholen leicht flüchtige Ester. Aus borsäurehaltigen Substanzen entsteht beim Erhitzen mit Methanol und konzentrierter Schwefelsäure Borsäuretrimethylester, der die Flamme grün färbt und zum Bornachweis geeignet ist.

$$B(OH)_3 + 3\,CH_3OH \longrightarrow B(OCH_3)_3 + 3\,H_2O$$

Bortrioxid B_2O_3

Durch Glühen von Borsäure H_3BO_3 erhält man B_2O_3 als glasige, hygroskopische Masse. Kristallines B_2O_3 (Smp. 450 °C; $\Delta H_B^\circ = -1\,274\,kJ/mol$) entsteht bei sehr langsamer Dehydratisierung von HBO_2. Es kristallisiert in einer Raumnetzstruktur, ist eine sehr beständige Verbindung und wird auch bei Weißglut durch Kohlenstoff nicht reduziert. Oberhalb von 1 000 °C besteht der Dampf aus monomeren B_2O_3-Molekülen, in denen die B-Atome sp-hybridisiert sind.

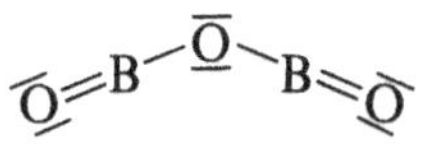

Die Bindungslängen der endständigen B—O-Bindungen liegen zwischen denen einer Doppel- und Dreifachbindung, die der B—O—B-Bindungen zwischen denen einer Einfach- und Doppelbindung.

Borate

Die Borate leiten sich von der Orthoborsäure H_3BO_3, den Metaborsäuren $(HBO_2)_n$ und von noch wasserärmeren Polyborsäuren ab, die als freie Säuren nicht isolierbar sind. Die Alkalimetallborate sind leicht löslich, ihre Lösungen reagieren stark basisch.

Orthoborate. Isolierte trigonal-planare Ionen $[BO_3]^{3-}$.

$^{\ominus}$O—B(O$^{\ominus}$)(O$^{\ominus}$)

Beispiele:

Salze mit den Kationen Li^+, Mg^{2+}, Ca^{2+}, Co^{2+}, Ni^{2+}, Cu^{2+}, Zn^{2+}, M^{3+} (M = Lanthanoid).

Metaborate. BO_3-Gruppen sind über gemeinsame Sauerstoffatome zu Ringen (meist $n = 3$) oder Ketten mit den Anionen $[BO_2]_n^{n-}$ verknüpft.

$[B_3O_6]^{3-}$ $[BO_2]_n^{n-}$

Beispiele:

$Na_3[B_3O_6]$, $K_3[B_3O_6]$, $Ba_3[B_3O_6]_2$ $Li[BO_2]$, $Ca[BO_2]_2$, $Sr[BO_2]_2$

Hydroxidoborate. Die natürlichen Borate sind meist hydratisiert. Das Wasser ist als Strukturwasser (OH-Gruppen) oder Kristallwasser (H_2O-Moleküle) enthalten. Struktureinheiten sind planare B_3O_3-Sechsringe, in denen trigonale BO_3- und tetraedrische BO_4-Gruppen enthalten sind.

$[B_3O_3(OH)_5]^{2-}$ $[B_4O_5(OH)_4]^{2-}$

Beispiele:

Meyerhoffit $Ca[B_3O_3(OH)_5] \cdot H_2O$

Colemanit $Ca[B_3O_4(OH)_3] \cdot H_2O$. Die $[B_3O_3(OH)_5]^{2-}$-Anionen sind zu Ketten kondensiert.

Borax	$[Na(H_2O)_4]_2[B_4O_5(OH)_4]$. Die Boratanionen sind im Kristall über Wasserstoffbrücken zu Ketten verknüpft. Die Na^+-Ionen sind oktaedrisch von H_2O-Molekülen koordiniert, die Oktaeder sind über gemeinsame Kanten zu Ketten verbunden. (Die Formel $Na_2B_4O_7 \cdot 10\,H_2O$ ist nicht korrekt.)

Borax geht beim Erhitzen auf 400 °C in wasserfreies $Na_2B_4O_7$ über (Smp. 878 °C), die glasartige Schmelze löst Metalloxide unter Bildung charakteristisch gefärbter Borate (Boraxperle). Die Verwendung beim Schweißen und Löten beruht ebenfalls darauf, dass Borax die Oxidschicht auf den Metallen löst und blanke Oberflächen schafft. Borax wird in der Glasindustrie (temperaturbeständige Glassorten), Keramikindustrie (leicht schmelzende Glasuren) und zur Herstellung von Perboraten verwendet.

Perborate

Viele Wasch- und Bleichmittel enthalten Perborate. Die Perborate des Handels enthalten teils echte Peroxidoverbindungen, teils Additionsprodukte aus H_2O_2 und Boraten. Perborax ist vermutlich eine Additionsverbindung: $Na_2B_4O_7 \cdot x\,H_2O_2 \cdot y\,H_2O$. Ersetzt man in den Boraten ein Sauerstoffatom durch die Peroxidogruppe, so erhält man Peroxidoborate. Natriumperborat hat die Zusammensetzung $Na_2[B_2(O_2)_2(OH)_4] \cdot 6H_2O$. Es enthält das Anion

```
HO\ ⊖ /O—O\ ⊖ /OH
   B          B
HO/  \O—O/    \OH
```

Die Herstellung erfolgt in zwei Stufen:

$$Na_2B_4O_7 + 2\,NaOH \longrightarrow 4\,NaBO_2 + H_2O$$
$$NaBO_2 + H_2O_2 + 3\,H_2O \longrightarrow NaBO_2(OH)_2 \cdot 3H_2O$$

Waschmittel enthalten 10–25 % Natriumperborat. Es ist erst oberhalb 60 °C wirksam, daher ist für niedrigere Temperaturen der Zusatz von Bleichmittelaktivatoren erforderlich.

4.8.4.5 Halogenverbindungen des Bors

Eine Übersicht enthält Tab. 4.20.

Die Bor(III)-Halogenide BX_3 sind trigonal-planar gebaut (vgl. S. 614). Die Bor(II)-Halogenide $X_2B—BX_2$ haben im kristallinen Zustand eine planare Struktur mit einer B—B-Einfachbindung. Die B—X-Abstände liegen wie bei den Trihalogeniden zwischen Einfach- und Doppelbindung. In den Bor(I)-Halogeniden $(BX)_n$ bilden die Boratome geschlossene Käfige mit Mehrzentrenbindungen, die Halogenatome sind durch 2-Zentren-Bindungen an die B-Atome gebunden. Im Molekül B_4Cl_4 z. B. bilden die B-Atome ein Tetraeder. Von den zwölf Valenzelektronen der B-Atome

Tabelle 4.20 Borhalogenide

BX_3 Bortri-halogenide	BF_3 farbloses Gas ΔH°_B = −1 138 kJ/mol	BCl_3 farbloses Gas ΔH°_B = −404 kJ/mol	BBr_3 farblose Flüssigkeit ΔH°_B = −206 kJ/mol	BI_3 farblose Kristalle ΔH°_B = +71 kJ/mol
B_2X_4 Dibortetra-halogenide	B_2F_4 farbloses Gas ΔH°_B = −1 441 kJ/mol	B_2Cl_4 farblose Flüssigkeit ΔH°_B = −523 kJ/mol	B_2Br_4 farblose Flüssigkeit	B_2I_4 gelbe Kristalle ΔH°_B = ca. −80 kJ/mol
$(BX)_n$ Bormono-halogenide	BF[1] −	$(BCl)_n$ $n = 4, 8-12$ gelbe bis dunkelrote Kristalle	$(BBr)_n$ $n = 7-10$ gelbe bis dunkelrote Kristalle	$(BI)_n$ $n = 8, 9$ dunkelbraune Kristalle

(Die ΔH°_B-Werte beziehen sich auf den gasförmigen Zustand.)
[1] BF entsteht als instabiles Gas aus BF_3 und B bei 2 000 °C.

werden vier für die B—Cl-Bindungen gebraucht, die restlichen stehen für vier geschlossene BBB 3-Zentren-Bindungen zur Verfügung, die auf jeder Tetraederfläche gebildet werden.

Bortrifluorid BF_3 ist ein farbloses, stechend riechendes Gas. Es entsteht durch Erhitzen von B_2O_3 und CaF_2 mit konzentrierter Schwefelsäure.

$$B_2O_3 + 3\,CaF_2 + 3\,H_2SO_4 \longrightarrow 2\,BF_3 + 3\,CaSO_4 + 3\,H_2O$$

Mit Wasser erfolgt Hydrolyse zu $B(OH)_3$.

$$BF_3 + 3\,H_2O \longrightarrow B(OH)_3 + 3\,HF$$

Als Lewis-Säuren reagieren BF_3 und auch die anderen Trihalogenide mit Aminen, Ethern und anderen Donatoren unter Bildung von Addukten. BF_3 wird als Friedel-Crafts-Katalysator eingesetzt.

Aus Flusssäure und Borsäure entsteht **Fluoridoborsäure HBF_4**, eine starke Säure, die aber nur in wässriger Lösung bekannt ist.

$$B(OH)_3 + 4\,HF \longrightarrow HBF_4 + 3\,H_2O$$

Ihre Salze, die Tetrafluoridoborate $\overset{+1}{M}BF_4$, ähneln den isoelektronischen Perchloraten, so ist z. B. das Kaliumsalz schwer löslich.

Bortrichlorid BCl_3 ist ein farbloses, an der Luft rauchendes Gas. Mit Wasser erfolgt Hydrolyse zu $B(OH)_3$. BCl_3 entsteht aus den Elementen oder durch Einwirkung von Chlor auf ein Gemisch von B_2O_3 und Kohlenstoff.

$$B_2O_3 + 3\,C + 3\,Cl_2 \xrightarrow{550\,^\circ C} 2\,BCl_3 + 3\,CO$$

4.8.4.6 Stickstoffverbindungen des Bors

Die B—N-Gruppe

$$>B-\overline{N}< \quad \leftrightarrow \quad >\overset{\ominus}{B}=\overset{\oplus}{N}<$$

ist isoelektronisch mit der C—C-Gruppe. Es gibt daher Ähnlichkeiten zwischen Bor-Stickstoff- und Kohlenstoffverbindungen. Im Aminoboran $H_2N{=}BH_2$ hat die Doppelbindung im Gegensatz zur C=C-Doppelbindung in symmetrischen Olefinen aber ein permanentes Dipolmoment ($^-B{=}N^+$) und ihr π-Bindungsanteil ist geringer.

Bornitrid BN

Es sind vier Modifikationen bekannt. Unter Normalbedingungen thermodynamisch stabil sind hexagonales BN und kubisches BN. **Hexagonales BN** (h-BN) hat eine graphitanaloge Struktur (Abb. 4.53). In den planaren Schichten sind alle Atome sp^2-hybridisiert. An den Bor-Stickstoff-Bindungen sind (p-p)π-Bindungen beteiligt. Wegen der Elektronegativitätsdifferenz zwischen B und N sind die π-Elektronen jedoch weitgehend am Stickstoff lokalisiert und nicht wie in den Graphitschichten delokalisiert und frei beweglich. h-BN ist daher weiß und kein elektrischer Leiter. h-BN ist thermisch sehr beständig (Smp. 3 270 °C) und chemisch ziemlich inert. Beim Erhitzen an Luft reagiert es erst oberhalb 750 °C zu B_2O_3, von Wasserdampf wird es erst bei Rotglut hydrolysiert.

h-BN wird technisch als Hochtemperaturschmiermittel, für feuerfeste Auskleidungen von Plasmabrennern und Raketendüsen sowie für Schmelztiegel verwendet.

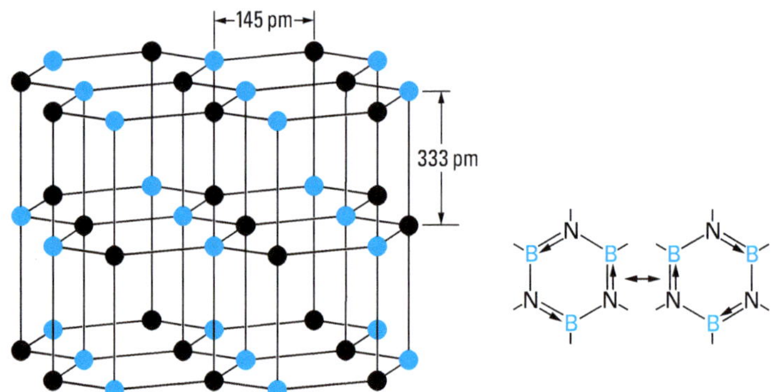

Abbildung 4.53 Struktur von hexagonalem Bornitrid h-BN.
Innerhalb der Schichten sind alle B–N-Abstände gleich. Außer den sp^2-Hybridorbitalen (nach VB) sind auch π-Orbitale an den Bindungen beteiligt. Die Schichten sind durch van-der-Waals-Kräfte aneinander gebunden. Die Bindungsabstände sind denen im Graphit (142 pm; 335 pm) sehr ähnlich. Die Schichten sind im h-BN aber anders gestapelt als im Graphit. Sie liegen direkt übereinander, die Folge der Atome ist alternierend BNBN... h-BN kann analog zu Graphen als dünner kristalliner Film präpariert werden, z. B. durch Ablösen mit Tesafilm aus dem Volumenmaterial.

Bei der technischen Herstellung, die zu einem Rohprodukt von 80–90 %iger Reinheit führt, wird B_2O_3 mit NH_3 in einer Matrix von $Ca_3(PO_4)_2$ umgesetzt.

$$B_2O_3 + 2\,NH_3 \xrightarrow{800-1\,200\,^\circ C} 2\,BN + 3\,H_2O$$

Ein reines kristallines h-BN liefert die folgende Umsetzung:

$$B_2O_3 + 3\,C + N_2 \xrightarrow{1\,800-1\,900\,^\circ C} 2\,BN + 3\,CO$$

Analog der Hochdruckumwandlung von Graphit in Diamant erhält man aus hexagonalem BN ein **kubisches BN** (c-BN), Borazon, das in der Zinkblende-Struktur (vgl. Abb. 2.9) kristallisiert. Die B—N-Abstände betragen 156 pm (der C—C-Abstand im Diamant 154 pm), sie entsprechen Einfachbindungen, die von den sp^3-hybridisierten B- und N-Atomen ausgehen:

$$-\overset{|}{\underset{|}{B}}{}^{\ominus}-\overset{|}{\underset{|}{N}}{}^{\oplus}- \;.$$

$$BN_{hexagonal} \xrightarrow[1\,500-2\,200\,^\circ C]{60-90\,kbar} BN_{kubisch}$$

Bei der Hochdrucksynthese verwendet man Li_3N, Alkali- oder Erdalkalimetalle als Katalysatoren. Kubisches BN ist ähnlich hart wie Diamant (nach Diamant das härteste Material), hat ähnlich gute Wärmeleitfähigkeit, ist aber oxidationsbeständiger (es verbrennt erst bei 1 900 °C zu B_2O_3). Es wird daher an Stelle von Diamant als Schleifmittel verwendet. c-BN gehört zu den Hochleistungskeramiken (s. Abschn. 4.7.10.3). c-BN ist wegen seiner großen Bandlücke ähnlich wie SiC für elektronische Bauelemente als „wide-band-gap“ Halbleiter interessant. Beim Erhitzen unter Normaldruck wandelt sich kubisches BN in hexagonales BN um.

Aus hexagonalem BN mit Schichtstruktur entsteht bei 100–130 kbar (Stoßwellen) eine Hochdruckmodifikation mit Wurtzit-Struktur (vgl. Abb. 2.58), die im gesamten p-T-Bereich metastabil ist.

Eine rhomboedrische Modifikation mit Schichtstruktur existiert nur im Gemisch mit hexagonalem BN.

Analog zu Kohlenstoff-Nanoröhren (s. dort) gibt es BN-Nanoröhren. Vorteile der BN-Materialien sind ihre höhere Oxidationsstabilität, so dass sie für Hochtemperaturanwendungen, bei denen Kohlenstoff verbrennt, geeignet sind.

Borazin („anorganisches Benzol“) $B_3N_3H_6$

Borazin ist eine farblose Flüssigkeit von aromatischem Geruch. In seinen physikalischen Eigenschaften ist es dem Benzol sehr ähnlich (es wird daher als anorganisches Benzol bezeichnet). Man erhält es aus Diboran und NH_3 bei 250–300 °C. Borazan $H_3B—NH_3$ und Borazen $H_2B{=}NH_2$ können als formale Zwischenstufen angenommen werden.

$$\tfrac{1}{2}B_2H_6 + NH_3 \longrightarrow \underset{\text{Borazan}}{H_3B{-}NH_3} \xrightarrow[-H_2]{} \underset{\text{Borazen}}{H_2B{=}NH_2} \xrightarrow[-H_2]{} HB{\equiv}NH$$

Borazen polymerisiert und ist monomer nur in Form von Derivaten wie $Cl_2B{=}N(CH_3)_2$ beständig. $HB{\equiv}NH$ trimerisiert sofort. Die Molekülstruktur entspricht folgender Mesomerie:

Die B—N-Abstände sind gleich (144 pm), die Valenzwinkel im Ring betragen 120°. Die B—N-Bindung ist stark polar (entgegen den Formalladungen sind die N-Atome negativ polarisiert) und Borazin ist daher viel reaktionsfähiger als Benzol. Es addiert leicht HCl, H_2O, CH_3OH oder CH_3I.

4.8.5 Aluminiumverbindungen

Aluminium bildet keine (p-p)π-Bindungen. Bei den Halogeniden AlX_3 erfolgt die Stabilisierung daher nicht wie bei den Borhalogeniden BX_3 durch (p-p)π-Bindungen (s. S. 614), sondern die Elektronenlücke wird intermolekular durch Dimerisierung aufgefüllt.

AlN kommt nicht wie BN in einer graphitähnlichen Struktur vor, es existiert auch keine dem Borazin $B_3N_3H_6$ analoge Verbindung.

Al-Atome können in Komplexverbindungen oktaedrisch koordiniert sein. Es existiert z. B. das monomere oktaedrische Ion AlF_6^{3-}. Die Ionen AlF_5^{2-}, AlF_4^- sind polymer und bestehen aus kondensierten AlF_6-Einheiten.

Al hat eine viel kleinere Elektronegativität als B, es bildet – unterschiedlich zu B – in wässriger Lösung die Kationen $[Al(H_2O)_6]^{3+}$, die als Kationensäuren fungieren. Nur in sehr verdünnten Lösungen erfolgt mit zunehmendem pH stufenweise Deprotonierung bis zu $[Al(OH)_6]^{3-}$. Bei höheren Konzentrationen (ca. 0,1 mol/l) bilden sich bei pH > 3 mehrkernige Aluminiumkationen. Im Bereich pH = 4–8 liegt überwiegend das Ion $[Al_{13}O_4(OH)_{24}(H_2O)_{12}]^{7+}$ vor.

In den stabilen Al-Verbindungen hat Al die Oxidationszahl +3. Verbindungen mit der Oxidationszahl +1 sind endotherme Verbindungen, die nur unter besonderen Bedingungen beständig sind.

4.8.5.1 Wasserstoffverbindungen des Aluminiums

Die Aluminiumhydride heißen auch Alane, die Doppelverbindungen mit anderen Metallhydriden, die Hydridoaluminate, auch Alanate.

Aluminiumhydrid $(AlH_3)_n$ (Alan)

Unter normalen Bedingungen ist weder AlH_3 noch Al_2H_6 stabil. Beide Verbindungen polymerisieren zu $(AlH_3)_n$, das das einzige stabile binäre Hydrid von Al ist. In der strukturell aufgeklärten hexagonalen Form ist jedes Al-Atom an drei Al⟨H,H⟩Al-Brücken beteiligt, bei denen wie beim Diboran 3-Zentren-2-Elektronen-Bindungen vorliegen. Die KZ von Al ist also 6. Eine direkte Al—Al-Bindung ist nicht vorhanden.

$(AlH_3)_n$ ist ein farbloses Pulver ($\Delta H^\circ_B = -45\,kJ/mol$), luft- und feuchtigkeitsempfindlich und zerfällt im Vakuum oberhalb 100 °C in die Elemente. Es ist ein starkes Reduktionsmittel und eignet sich besonders in etherischen Lösungen zur Hydrierung. Man erhält $(AlH_3)_n$ durch Zusammengießen etherischer Lösungen von $AlCl_3$ und $LiAlH_4$. Zunächst bildet sich unter Ausscheidung von LiCl eine klare Lösung von monomerem AlH_3 als Etherat

$$3\,LiAlH_4 + AlCl_3 \longrightarrow 3\,LiCl + 4\,AlH_3$$

aus der sich langsam durch Polymerisation $(AlH_3)_n$ ausscheidet. Aus den Elementen erhält man bei hohen Temperaturen AlH_3.

$$2\,Al + 3\,H_2 \longrightarrow 2\,AlH_3\,(g) \qquad \Delta H^\circ = +300\,kJ/mol$$

An kalten Flächen kann polymeres $(AlH_3)_n$ abgeschieden werden.

Hydridoaluminate (Alanate)

Alanate sind stabil, in vielen organischen Lösungsmitteln (z. B. Ether) löslich und wichtige Reduktionsmittel. Man unterscheidet salzartige Alanate wie $Li[AlH_4]$ und $Na[AlH_4]$ und die kovalenten Hydride wie $Be[AlH_4]_2$ und $Mg[AlH_4]_2$. Die Reduktionswirkung der salzartigen Hydride ist schwächer. Am wichtigsten ist Lithiumaluminiumhydrid $LiAlH_4$, das nach

$$4\,LiH + AlX_3 \longrightarrow LiAlH_4 + 3\,LiX \qquad X = Cl, Br$$

in Ether entsteht. $LiAlH_4$ ist ein fester, weißer Stoff, der oberhalb 150 °C in LiH, Al und H_2 zerfällt. Mit $LiAlH_4$ können viele Wasserstoffverbindungen synthetisiert werden. z. B. B_2H_6 und SiH_4.

$$4\,BCl_3 + 3\,LiAlH_4 \longrightarrow 2\,B_2H_6 + 3\,LiAlCl_4$$
$$SiCl_4 + LiAlH_4 \longrightarrow SiH_4 + LiAlCl_4$$

Mit $LiAlD_4$ können Deuteriumverbindungen dargestellt werden.

Beispiel:
$SiCl_4 + LiAlD_4 \longrightarrow SiD_4 + LiAlCl_4$

Im Unterschied zu Boranaten kennt man auch Alanate mit der KZ 6, z. B. Li_3AlH_6 und Na_3AlH_6.

4.8.5.2 Sauerstoffverbindungen des Aluminiums

Aluminiumhydroxid $Al(OH)_3$

Es gibt drei kristalline Modifikationen. Die beiden wichtigsten sind: **Hydrargillit (Gibbsit) γ-$Al(OH)_3$**, es ist thermodynamisch stabil und Bestandteil von Bauxiten; **Bayerit α-$Al(OH)_3$**, es ist metastabil und kommt in der Natur nicht vor. $Al(OH)_3$ kristallisiert in Schichtstrukturen, in denen Al oktaedrisch von OH koordiniert ist, die Oktaeder sind kantenverknüpft. Kristallines $Al(OH)_3$ erhält man beim Einleiten von CO_2 in Aluminatlösungen.

$$2\,[Al(OH)_4]^- + CO_2 \longrightarrow 2\,Al(OH)_3 + CO_3^{2-} + H_2O$$

Hydrargillit entsteht bei langsamer Fällung, fällt man schnell, so entsteht Bayerit, der sich allmählich in Hydrargillit umwandelt.

Aus Aluminiumsalzlösungen entsteht mit NH_3 amorphes Aluminiumhydroxid. $Al(OH)_3$ ist amphoter und löst sich frisch gefällt in Säuren und Laugen.

$$Al(OH)_3 + 3\,H_3O^+ \longrightarrow [Al(H_2O)_6]^{3+}$$
$$Al(OH)_3 + OH^- \longrightarrow [Al(OH)_4]^-$$

Wie die kondensierte Kieselsäure $SiO_2 \cdot aq$ und die kondensierte Zinnsäure $SnO_2 \cdot aq$, altert Aluminiumhydroxid und wandelt sich in kristalline Formen um, die von Laugen und Säuren viel schwerer angegriffen werden. Das amorphe Aluminiumhydroxid wandelt sich über Böhmit γ-AlO(OH) in Bayerit und schließlich in Hydrargillit um.

Aluminate

Das Tetrahydroxidoalumination $[Al(OH)_4]^-$ kann durch Wasseraustritt zu höhermolekularen Oxoverbindungen kondensieren. Im ersten Schritt entsteht ein Dialumination $[Al(OH)_3{-}O{-}Al(OH)_3]^{2-}$, dessen Kaliumsalz isoliert wurde. Die Wasserabspaltung führt über Zwischenstufen zu wasserfreien Aluminaten, z. B. $NaAlO_2$, mit dem hochpolymeren $(AlO_2)_n^{n-}$-Ion, das eine Raumnetzstruktur besitzt.

Durch Anlagerung von OH^--Ionen bilden sich in stark alkalischer Lösung Aluminate mit dem Anion $[Al(OH)_6]^{3-}$, die aber nicht sehr stabil sind.

Aluminiumhydroxidoxid AlO(OH)

Es gibt zwei, auch in der Natur vorkommende kristalline Modifikationen: **Diaspor α-AlO(OH)** und **Böhmit γ-AlO(OH)**. In beiden ist Al oktaedrisch von O und OH koordiniert.

Aluminiumoxid Al_2O_3

Durch Entwässern von Hydrargillit oder Böhmit entsteht γ-Al_2O_3.

$$\underset{\text{Hydrargillit}}{2\,\gamma\text{Al(OH)}_3} \xrightarrow[-3\,H_2O]{400\,^\circ C} \gamma\text{-Al}_2\text{O}_3 \xrightarrow[-2\,H_2O]{400\,^\circ C} \underset{\text{Böhmit}}{2\,\gamma\text{-AlO(OH)}}$$

γ-Al_2O_3 ($\Delta H^\circ_B = -1\,654$ kJ/mol) ist ein weißes, in Wasser unlösliches, in starken Säuren und Laugen lösliches, hygroskopisches Pulver. Je nach Darstellung sind die Teilchengrößen verschieden und starke Gitterstörungen vorhanden. Es ist oberflächenreich und besitzt ein gutes Adsorptionsvermögen (aktive Tonerde). Es wird als Trägermaterial für Katalysatoren verwendet. γ-Al_2O_3 kristallisiert in einer fehlgeordneten Spinellstruktur (vgl. Abb. 2.19), in der ein Teil der Oktaederplätze im Spinellgitter statistisch unbesetzt sind: $Al(Al_{5/3}\square_{1/3})O_4$ ($\square$ = Leerstelle). γ-Al_2O_3 kommt in der Natur nicht vor.

Beim Glühen über 1 000 °C wandelt sich γ-Al_2O_3 in α-Al_2O_3 (Korund) um.

$$\gamma\text{-Al}_2\text{O}_3 \xrightarrow{1\,000\,^\circ C} \alpha\text{-Al}_2\text{O}_3 \qquad \Delta H^\circ = -23\,\text{kJ/mol}$$

Aus Diaspor entsteht schon bei 500 °C α-Al_2O_3.

$$\underset{\text{Diaspor}}{2\,\alpha\text{-AlO(OH)}} \xrightarrow[-H_2O]{500\,^\circ C} \alpha\text{-Al}_2\text{O}_3$$

Korund, α-Al_2O_3 (Smp. 2 045 °C; $\Delta H^\circ_B = -1\,677$ kJ/mol) ist sehr hart, wasser-, säure- und basenunlöslich und nicht hygroskopisch.

Im Kristallgitter des Korunds (vgl. Abb. 2.17) bilden die Sauerstoffionen eine hexagonal-dichteste Kugelpackung, also eine Schichtenfolge ABAB... Von den vorhandenen oktaedrischen Lücken werden $\frac{2}{3}$ von Al^{3+}-Ionen besetzt. Im Korundgitter kristallisieren auch die Oxide α-Fe_2O_3, V_2O_3, Ti_2O_3, Cr_2O_3, Rh_2O_3, α-Ga_2O_3.

Technisch wird α-Al_2O_3 in großen Mengen aus Bauxit hergestellt. Der größte Teil dient zur Aluminiumgewinnung, der Rest zur Herstellung von Schleif- und Poliermitteln sowie hochfeuerfester Geräte (Sinterkorund). Dazu wird Al_2O_3 im elektrischen Ofen geschmolzen, nach dem Erkalten wird das Material nach Bedarf zerkleinert. Geräte aus Korund werden durch Sintern bei 1 800 °C hergestellt. Aus Schmelzen von Al_2O_3 mit kleinen Mengen von Metalloxiden lassen sich durch Einkristallzüchtung gefärbte, künstliche Edelsteine herstellen, z. B. Rubin (enthält Cr^{3+}), Saphir (enthält Fe^{2+}, Fe^{3+}, Ti^{4+}). Rubine werden auch in der Uhrenindustrie, als Spinndüsen und als Lasermaterial (s. Abschn. 5.13.5.6) verwendet.

Al_2O_3 bildet mit einigen Oxiden MO (M = Mg, Zn, Fe, Co, Mn, Ni, Cu) **Doppeloxide MAl_2O_4**, die in der Spinell-Struktur (Abb. 2.19) kristallisieren. Das Mineral Spinell ist $MgAl_2O_4$. Es ist hart (Mohs-Härte 8), zeigt Glasglanz und ist je nach Beimengungen rot, blau, grün oder violett gefärbt. Es wird als Schmuckstein verwendet; Spinelle für Schmuckzwecke können auch künstlich hergestellt werden.

β-Al_2O_3 wurde zunächst für eine Al_2O_3-Modifikation gehalten, ist aber nur in Gegenwart von Natrium stabil. Das **Natrium-β-aluminat** hat die idealisierte Zusammensetzung $NaAl_{11}O_{17}$ ($Na_2O \cdot 11Al_2O_3$), hat Bedeutung als Festelektrolyt (vgl.

Abschn. 2.7.5.1 und 3.8.11) und eine Struktur, in der sich zwischen Spinellblöcken Ebenen mit den beweglichen Na^+-Ionen befinden.

Aluminium(I)-oxid Al_2O erhält man als instabile Verbindung bei 1800 °C durch Reduktion von Al_2O_3 mit Al oder Si.

4.8.5.3 Halogenverbindungen des Aluminiums

Aluminiumfluorid AlF_3

Wasserfreies AlF_3 (Smp. 1290 °C) ist ein weißes, in Wasser, Säuren und Alkalien unlösliches Pulver. Es kristallisiert in einem Gitter, das aus AlF_6-Oktaedern aufgebaut ist, die über alle Oktaederecken verknüpft sind (Abb. 2.16). AlF_3 wird neben Kryolith bei der elektrolytischen Al-Herstellung eingesetzt und daher technisch – hauptsächlich nach zwei Verfahren – hergestellt.

$$Al_2O_3 + 6\,HF \xrightarrow{400-600\,^\circ C} 2\,AlF_3 + 3\,H_2O$$

$$2\,Al(OH)_3 + H_2SiF_6 \xrightarrow{100\,^\circ C} 2\,AlF_3 + SiO_2 + 4\,H_2O$$

Fluoridoaluminate

AlF_3 bildet mit Metallfluoriden Komplexsalze des Typs $\overset{+1}{M}_3[AlF_6]$, $\overset{+1}{M}_2[AlF_5]$ und $\overset{+1}{M}[AlF_4]$. Sie sind aus AlF_6-Oktaedern aufgebaut (Abb. 4.54).

Fluoridoaluminate kommen in der Natur vor. Am wichtigsten ist **Kryolith Na_3AlF_6**, das bei der Al-Herstellung sowie als Trübungsmittel für Milchglas und Emaille verwendet wird. Na_3AlF_6 (Eisstein) ist in reinem Zustand ein weißes Pulver

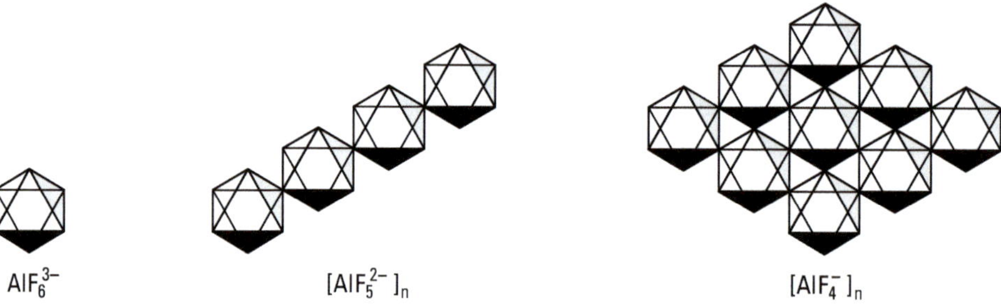

Abbildung 4.54 Strukturen von Fluoridoaluminaten.
Isolierte AlF_6^{3-}-Oktaeder sind in der Struktur des Kryoliths vorhanden. Die Oktaeder bilden eine kubisch-dichteste Packung, alle Oktaeder- und Tetraederlücken sind mit Na^+-Ionen besetzt. Ketten aus Oktaedern liegen in Tl_2AlF_5, Schichten in $NaAlF_4$ vor.

(Smp. 1 009 °C). Es wird industriell hergestellt. Ausgangsprodukte sind Hexafluoridokieselsäure und Natriumaluminat.

$$H_2SiF_6 + 6\,NH_3 + 2\,H_2O \longrightarrow 6\,NH_4F + SiO_2$$
$$6\,NH_4F + 3\,NaOH + Al(OH)_3 \longrightarrow Na_3AlF_6 + 6\,NH_3 + 6\,H_2O$$

Aluminiumchlorid $AlCl_3$

Wasserfreies $AlCl_3$ ist eine farblose, kristalline, flüchtige, hygroskopische Substanz, die bei 183 °C sublimiert. Im festen Zustand liegt eine Schichtstruktur vor, in der die Al^{3+}-Ionen oktaedrisch von Cl^--Ionen koordiniert sind.

Im flüssigen Zustand, im Dampfzustand bei tiefen Temperaturen und in bestimmten Lösungsmitteln wie CCl_4 existieren Al_2Cl_6-Moleküle mit Chlorbrücken. Mit steigender Temperatur entstehen im Dampf trigonal-planare $AlCl_3$-Moleküle, die bei 800 °C ausschließlich vorhanden sind.

$$AlCl_3 \xrightarrow[183\,°C]{\text{Sublimation}} Al_2Cl_6 \xrightarrow{\text{Erhitzen}} AlCl_3$$

KZ = 6 Kristall — KZ = 4 — KZ = 3 Gasphase

Wasserfreies $AlCl_3$ wird hauptsächlich durch Chlorieren von flüssigem Al hergestellt.

$$2\,Al + 3\,Cl_2 \xrightarrow{750-800\,°C} 2\,AlCl_3$$

Durch Auflösen von $Al(OH)_3$ oder Al in Salzsäure lässt sich wasserhaltiges Aluminiumchlorid auskristallisieren.

$$Al(OH)_3 + 3\,HCl + 3\,H_2O \longrightarrow [Al(H_2O)_6]Cl_3$$

Es wird als Textilimprägnierungsmittel und in der Kosmetik (Desodorant, Antiseptikum) verwendet.

Wie BF_3 und BCl_3 reagiert Aluminiumchlorid als Lewis-Säure mit vielen anorganischen (H_2S, SO_2, SCl_4, PCl_5) und organischen Donoren (Ether, Ester, Amine) zu Additionsverbindungen.

Beispiel:
$AlCl_3 + PCl_5 \longrightarrow [PCl_4]^+\ [AlCl_4]^-$

Darauf beruht ein Hauptanwendungsgebiet von $AlCl_3$, nämlich die Verwendung als Katalysator für organische Reaktionen nach Friedel-Crafts.

Beispiel: Anlagerung von Alkylgruppen an Benzolmoleküle

$$RCl + AlCl_3 \longrightarrow R^+AlCl_4^-$$
$$R^+AlCl_4^- + ArH \longrightarrow RAr + HCl + AlCl_3$$

(R = Alkyl; Ar = Aryl ⟨◯⟩–)

Aluminiumbromid $AlBr_3$ und **Aluminiumiodid AlI_3** bestehen im festen Zustand aus Molekülgittern mit Al_2X_6-Molekülen.

Subhalogenide

Leitet man Dampf von $AlCl_3$ und $AlBr_3$ unter vermindertem Druck bei 1 000 °C über Aluminium, so entstehen in endothermer Reaktion Aluminium(I)-Halogenide.

$$2\,Al + AlX_3 \rightleftharpoons 3\,AlX$$

Beim Abkühlen erfolgt Zerfall in die Ausgangsprodukte. Mit dieser Gleichgewichtsreaktion kann man daher das Metall weit unterhalb seines Siedepunkts transportieren (Transportreaktion) (s. Abschn. 5.11.4) und reinigen.

4.8.5.4 Aluminiumsalze

Aluminiumsulfat $Al_2(SO_4)_3 \cdot 18\,H_2O$ erhält man aus $Al(OH)_3$ und heißer konz. Schwefelsäure.

$$2\,Al(OH)_3 + 3\,H_2SO_4 \longrightarrow Al_2(SO_4)_3 + 6\,H_2O$$

Wasserfreies $Al_2(SO_4)_3$ entsteht daraus durch Erhitzen auf 340 °C. Aluminiumsulfat wird technisch hergestellt (Weltproduktion ca. $2 \cdot 10^6$ t/a); es dient zum Leimen von Papier, zur Gerbung von Häuten, als Beizmittel sowie als Flockungsmittel bei der Wasserreinigung. Es ist weiterhin Ausgangsverbindung zur Herstellung anderer Al-Salze.

Aluminiumacetat $Al(CH_3COO)_3$ entsteht nach

$$Al_2(SO_4)_3 + 3\,Ba(CH_3COO)_2 \longrightarrow 3\,BaSO_4 + 2\,Al(CH_3COO)_3$$

Das basische Aluminiumacetat $Al(CH_3COO)_2(OH)$ wird in der Medizin als „essigsaure Tonerde" verwendet.

Alaune sind Verbindungen des Typs $\overset{+1}{M}\overset{+3}{M}(SO_4)_2 \cdot 12\,H_2O$; M^+ = Na, K, Rb, Cs, NH_4, Tl; M^{3+} = Al, Sc, V, Cr, Mn, Fe, Co, Ga, In. Alaune sind Doppelsalze. Die wässrigen Lösungen von Doppelsalzen zeigen die chemischen Reaktionen der Einzelkomponenten M^+, M^{3+}, SO_4^{2-}, die physikalischen Eigenschaften setzen sich additiv aus den Eigenschaften der einzelnen Komponenten zusammen, so z. B. die elektrische Leitfähigkeit aus der der Ionen M^+, M^{3+} und SO_4^{2-}. Ganz anders verhalten sich Komplexsalze (vgl. Abschn. 5.4), bei denen durch die Komplexionen neue Eigenschaften entstehen.

Der gewöhnliche Alaun, nach dem die Verbindungsklasse benannt ist, ist $KAl(SO_4)_2 \cdot 12\,H_2O$ Aluminiumkaliumsulfat-Dodekahydrat. Er kristallisiert aus Aluminiumsulfatlösungen nach Zusatz von Kaliumsulfat aus. Da er Blut stillend wirkt, verwendete man ihn als „Rasierstein“. Im Altertum benutzte man ihn wegen seiner fäulnishemmenden und adstringierenden (zusammenziehenden) Wirkung zur Mumifizierung.

Aluminiumphosphat $AlPO_4$ kommt in vielen polymorphen Formen vor. Es kristallisiert in den auch beim SiO_2 auftretenden Modifikationen mit ähnlichen Umwandlungstemperaturen (siehe Abschn. 4.7.10.1).

Neu entdeckte Strukturen des $AlPO_4$ sind teilweise strukturanalog zu den Zeolithen (siehe Abschn. 4.7.10.2). Reine Aluminiumphosphate (AlPO) enthalten keine austauschbaren Kationen und sind katalytisch inaktiv. Sie können jedoch in vielfältiger Weise modifiziert werden: Ersatz eines Teils der P-Atome durch Si-Atome (SAPO); Einbau von Metallatomen (Li, Fe, Mn, Co, Zn, Ni) in das Gitter (MAPO). Wie die Zeolithe können diese Verbindungen als Molekularsiebe verwendet werden und sie besitzen als heterogene Katalysatoren ebenfalls Formselektivität.

4.8.6 Galliumverbindungen

In den wichtigsten Verbindungen hat Ga die Oxidationszahl +3. **Ga(III)-Verbindungen** sind den entsprechenden Aluminiumverbindungen sehr ähnlich. Die Salze sind farblos und reagieren in wässriger Lösung sauer.

$Ga(OH)_3$ ist amphoter, mit Basen bildet es $[Ga(OH)_4]^-$-Ionen. Beim Entwässern entsteht zunächst α-GaO(OH) (Diaspor-Struktur), dann α-Ga_2O_3 (Korund-Struktur). Von Ga_2O_3 sind fünf Modifikationen bekannt. In Analogie zum Al gibt es den Defektspinell γ-Ga_2O_3. Mit Alkalimetallen entstehen Gallate $\overset{+1}{M}GaO_2$, mit MgO, ZnO, CoO, NiO und CuO die Spinelle $\overset{+2}{M}Ga_2O_4$.

Die flüchtigen Halogenide $GaCl_3$, $GaBr_3$ und GaI_3 bestehen in allen Phasen aus dimeren Ga_2X_6-Molekülen, nur beim Iodid sind in der Gasphase überwiegend monomere, planare GaI_3-Moleküle vorhanden. GaF_3 (Sblp. 950 °C) hat eine der AlF_3-Struktur ähnliche Struktur. Ga^{3+} ist oktaedrisch koordiniert, die Oktaeder sind eckenverknüpft, der Ga—F—Ga-Winkel ist aber kleiner als 180°. GaF_3 bildet Fluoridokomplexe $[GaF_6]^{3-}$.

GaN besitzt Wurtzit-Struktur. GaAs kristallisiert in der Zinkblende-Struktur und ist ein III-V-Halbleiter (vgl. S. 190). GaAs und GaN werden für Leuchtdioden (LEDs, Light Emitting Diodes) (s. Abschn. 5.10.6) verwendet.

$Ga_2(SO_4)_3$ bildet mit $(NH_4)_2SO_4$ den Alaun $NH_4Ga(SO_4)_2 \cdot 12H_2O$. Von den Wasserstoffverbindungen sind Lithiumgallanat $LiGaH_4$ und Galliumalanat $Ga(AlH_4)_3$ zu erwähnen. Aus $LiGaH_4$ und $GaCl_3$ in etherischer Lösung entsteht polymeres Galliumhydrid $(GaH_3)_n$.

Durch Komproportionierungsreaktionen (z. B. $4\,Ga + Ga_2O_3 \longrightarrow 3\,Ga_2O$) können **Ga(I)-Verbindungen** wie GaCl, GaBr, GaI, Ga_2O dargestellt werden. In Lösungen disproportionieren Ga(I)-Verbindungen in Ga und Ga(III)-Verbindungen.

Diamagnetisches $GaCl_2$ enthält keine Ga^{2+}-Ionen, es hat die Zusammensetzung $\overset{+1}{Ga}[\overset{+3}{Ga}Cl_4]$.

4.8.7 Indiumverbindungen

In(III)-Verbindungen ähneln weitgehend den Ga(III)-Verbindungen. Die Salze sind farblos, ihre wässrigen Lösungen regieren sauer.

Analoge Verbindungen sind: $(InH_3)_n$, $LiInH_4$, $In(AlH_4)_3$, InF_3, $InCl_3$, $InBr_3$, InI_3, $In_2(SO_4)_3$ (bildet mit $(NH_4)_2SO_4$ und Rb_2SO_4 Alaune).

$In(OH)_3$ ist amphoter, es bildet mit Alkalimetallhydroxiden Hydroxidoindate, z. B. $Na_3[In(OH)_6] \cdot 2\,H_2O$. In_2O_3 zersetzt sich im Vakuum bei 700 °C zu In_2O.

In(I)-Verbindungen sind etwas beständiger als die Ga(I)-Verbindungen. Die In(I)-Halogenide InX (X = Cl, Br, I) können aus den Elementen hergestellt werden. InCl ist rot und hat eine deformierte NaCl-Struktur. In Wasser zerfällt es in In und $InCl_3$. $InCl_2$ ist ein In(I,III)-chlorid.

Die stabile rote Modifikation β-In_2S_3 kristallisiert im Spinellgitter. Aus den Elementen erhält man weinrotes In(I,III)-sulfid InS.

4.8.8 Thalliumverbindungen

Tl(III)-Verbindungen sind starke Oxidationsmittel. Beständiger sind die **Tl(I)-Verbindungen**. Sie ähneln einerseits den Alkalimetallverbindungen (TlOH, Tl_2CO_3, Tl_2SO_4), andererseits den Silberverbindungen (TlCl, Tl_2O, Tl_2S). Tl(I)-Ionen enthalten ein s-Elektronenpaar, das nicht an Bindungen beteiligt ist, aber einen stereochemischen Einfluss ausüben kann (Lone-Pair-Effekt).

TlOH löst sich in Wasser unter alkalischer Reaktion. Mit CO_2 bildet sich Tl_2CO_3. Es ist das einzige in Wasser leicht lösliche Schwermetallcarbonat, es reagiert stark alkalisch. Tl_2SO_4 ist isotyp mit K_2SO_4 und bildet Alaune wie $TlAl(SO_4)_2 \cdot 12\,H_2O$. Die Halogenide ähneln in Löslichkeit und Farbe denen des Silbers. TlF ist weiß, kristallisiert in der NaCl-Struktur und ist gut löslich. TlCl ist weiß und lichtempfindlich, TlBr hellgelb, TlI tiefgelb. Sie sind schwer löslich und kristallisieren im CsCl-Typ. Tl_2O und Tl_2S sind schwarz. Tl_2O entsteht durch Entwässern von TlOH bei 100 °C, Tl_2S beim Einleiten von H_2S in Tl(I)-Salzlösungen.

Tl(III)-Verbindungen. Aus Tl(III)-Salzlösungen und KI entsteht ein Polyiodid $TlI \cdot I_2$ (isotyp mit Alkalimetalltriiodiden; vgl. Abschn. 4.4.5). In flüssigem NH_3 reagiert Na mit TlI zu der interessanten intermetallischen Verbindung NaTl (vgl. Abb. 2.120).

Das am meisten benutzte Tl(III)-Salz ist $Tl_2(SO_4)_3 \cdot 7\,H_2O$. TlF_3 ist bis 500 °C stabil. $TlCl_3$ gibt bereits bei 40 °C Cl_2 unter Bildung von TlCl ab. $TlBr_3$ geht unter Bromabspaltung in $\overset{+1}{Tl}[\overset{+3}{Tl}Br_4]$ über. Tiefbraunes Tl_2O_3 entsteht durch Erhitzen von $Tl(NO_3)_3 \cdot 3\,H_2O$, es gibt oberhalb von 800 °C Sauerstoff ab und geht in Tl_2O über. Mit Wasserstoff ist das unbeständige, polymere, etherunlösliche $(TlH_3)_n$ herstellbar, das bei Raumtemperatur in $(TlH)_n$ zerfällt. Tl(I) bildet das beständige Boranat $TlBH_4$.

Thalliumverbindungen sind sehr giftig, sie bewirken u. a. Haarausfall. Tl_2SO_4 wird als Rattengift verwendet. Tl-Verbindungen färben die Flamme intensiv grün.

4.9 Gruppe 2 (Erdalkalimetalle)

	Beryllium Be	Magnesium Mg	Calcium Ca	Strontium Sr	Barium Ba
Ordnungszahl Z	4	12	20	38	56
Elektronenkonfiguration	[He] $2s^2$	[Ne] $3s^2$	[Ar] $4s^2$	[Kr] $5s^2$	[Xe] $6s^2$
1. Ionisierungsenergie in eV	9,3	7,6	6,1	5,7	5,2
2. Ionisierungsenergie in eV	18,2	15,0	11,9	11,0	10,0
Elektronegativität	1,5	1,2	1,0	1,0	0,9
Reaktionsfähigkeit		nimmt zu ⟶			
Ionenradius r (M^{2+}) für KZ 6 in pm	45	72	100	118	135
Hydratationsenthalpie von M^{2+} in kJ/mol	−2494	−1921	−1577	−1443	−1305
Bildungsenthalpie der Hydride MH_2 in kJ/mol	−19	−74	−186	−180	−179
Bildungsenthalpie der Oxide MO in kJ/mol	−610	−602	−635	−592	−554
Basischer Charakter der Hydroxide		nimmt zu ⟶			
Flammenfärbung	–	–	ziegelrot	karminrot	grün

4.9.1 Gruppeneigenschaften

Die Erdalkalimetalle stehen in der zweiten Gruppe des PSE. Sie haben die Valenzelektronenkonfiguration s^2. Es sind reaktionsfähige, elektropositive Metalle und starke Reduktionsmittel. Die Reaktionsfähigkeit und der elektropositive Charakter nehmen mit der Ordnungszahl Z zu. In ihren stabilen Verbindungen treten sie nur in der Oxidationszahl +2 auf. Trotz der relativ hohen 2. Ionisierungsenergie sind im festen und gelösten Zustand die M^{2+}-Kationen mit Edelgaskonfiguration stabil, da sie durch Gitterenergie und Hydratationsenthalpie stabilisiert werden. Die Berechnung ergibt für die Bildungsenthalpie hypothetischer Erdalkalimetallchloride MCl zwar negative Werte (z. B. für MgCl $\Delta H^\circ_B = -125$ kJ/mol), aber die Verbindungen sind instabil hinsichtlich der Disproportionierung $2\,MCl \longrightarrow MCl_2 + M$ (für die Disproportionierung von 2 MgCl ist $\Delta H^\circ = -392$ kJ/mol). Im Gaszustand sind M^+-Ionen stabil.

Die Erdalkalimetalle verbrennen an der Luft zu Oxiden MO. Mit Ba entsteht auch ein Peroxid BaO_2. Mit Stickstoff bilden sich Nitride M_3N_2.

Wasserstoff wird reduziert, es bilden sich Hydride MH_2, die – mit Ausnahme von BeH_2 – in Ionengittern kristallisieren, aber thermisch weniger stabil sind als die Oxide und Halogenide.

Der basische Charakter der Hydroxide $M(OH)_2$ nimmt mit Z zu. Mit zunehmender Basizität wächst auch die Beständigkeit der Carbonate und Nitrate.

Die Löslichkeit der Sulfate und Carbonate nimmt mit Z ab, die der Hydroxide zu.

Ca, Sr, Ba und Ra zeigen charakteristische Flammenfärbungen. Ra gibt eine karminrote Flamme. Strontiumsalze werden für bengalisches Feuer verwendet.

Beryllium ist dem Aluminium ähnlicher als dem nächsten Homologen seiner Gruppe, dem Magnesium (Schrägbeziehung im PSE). Die Ähnlichkeit ist auf die fast gleiche Elektronegativität und den ähnlichen Ionenradius zurückzuführen. Be bevorzugt die Koordinationszahl 4, die auch bei Al häufig auftritt, während bei Mg die bevorzugte Koordinationszahl 6 ist.

Beispiele für die Ähnlichkeit:

$(BeH_2)_n$ ist wie $(AlH_3)_n$ hochpolymer, die Bindungen sind kovalent. MgH_2 ist ionisch aufgebaut.

$BeCl_2$ und $AlCl_3$ sind sublimierbare Lewis-Säuren, die in wässriger Lösung stark sauer reagieren. $MgCl_2$-Lösungen reagieren schwach sauer.

$Be(OH)_2$ und $Al(OH)_3$ sind amphoter und bilden keine stabilen Carbonate. $Mg(OH)_2$ ist basisch und bildet ein stabiles Carbonat.

BeO und Al_2O_3 sind sehr harte (Mohs-Härte 9) kristalline Substanzen mit hohen Schmelzpunkten.

Be und Al sind Leichtmetalle mit ähnlichen Standardpotentialen. Sie lösen sich in Säuren und Basen unter H_2-Entwicklung. In Wasser werden sie passiviert. Mg ist viel unedler und löst sich nur in Säuren unter H_2-Entwicklung.

Radium, Ra ist ein Zerfallsprodukt von ^{238}U, es ist in der Pechblende UO_2 enthalten (0,34 g Ra pro t U). Alle Ra-Isotope sind radioaktiv. Ra ähnelt in seinen Eigenschaften Ba und kristallisiert wie dieses kubisch-raumzentriert.

Beryllium und seine Verbindungen sind toxisch und wirken Krebs erregend.

4.9.2 Vorkommen

Wegen ihrer großen Reaktionsfähigkeit kommen die Erdalkalimetalle nicht elementar in der Natur vor.

Beryllium gehört zu den selteneren Metallen. Am häufigsten ist das Cyclosilicat Beryll $Al_2Be_3[Si_6O_{18}]$. Farbige Abarten sind Smaragd (grün, chromhaltig) und Aquamarin (hellblau, eisenhaltig). Weniger häufig sind die Inselsilicate Euklas $BeAl[SiO_4]OH$ und Phenakit $Be_2[SiO_4]$, die ebenfalls Edelsteine sind. Chrysoberyll $Al_2[BeO_4]$ hat Olivinstruktur, eine Varietät ist der von grün nach rot schillernde Edelstein Alexandrit.

Magnesium und Calcium gehören zu den zehn häufigsten Elementen. Es gibt zahlreiche **Magnesium**mineralien. Carbonate: Dolomit $CaMg(CO_3)_2$, Magnesit $MgCO_3$. Silicate: Olivin $(Mg,Fe)_2[SiO_4]$ (Inselsilicat), Enstatit $Mg[SiO_3]$ (Kettensilicat), Talk $Mg_3[Si_4O_{10}](OH)_2$, Serpentin $Mg_6[Si_4O_{10}](OH)_8$ (Schichtsilicate). In Salzlagern kommen vor: Carnallit $KCl \cdot MgCl_2 \cdot 6\,H_2O$, Kieserit $MgSO_4 \cdot H_2O$, Kainit $KCl \cdot MgSO_4 \cdot 3\,H_2O$, Schönit $K_2SO_4 \cdot MgSO_4 \cdot 6\,H_2O$. Als Doppeloxid kommt der Spinell $MgAl_2O_4$ (Abb. 2.19) vor, der in farbigen Varietäten als Edelstein Verwendung findet. Das Meerwasser enthält 0,13 % Mg, es ist nach Na^+ und Cl^- das dritthäufigste Ion. Die als „Bitterwässer" bezeichneten Mineralwässer enthalten $MgSO_4$ ($MgSO_4 \cdot 7\,H_2O$ wird Bittersalz genannt).

Calciumverbindungen kommen als gesteinsbildende Mineralien vor. Der Feldspat Anorthit $Ca[Al_2Si_2O_8]$ ist ein Tektosilicat. Calciumcarbonat $CaCO_3$ kommt als Kalkstein, Marmor und Kreide vor. Dolomit $CaMg(CO_3)_2$ ist ein Doppelcarbonat. Große Lagerstätten bilden Gips $CaSO_4 \cdot 2\,H_2O$, Anhydrit $CaSO_4$, Apatit $Ca_5(PO_4)_3(OH, F, Cl)$ und Flussspat CaF_2.

Die wichtigsten **Strontium**mineralien sind Strontianit $SrCO_3$ und Cölestin $SrSO_4$. Beim **Barium** sind es Witherit $BaCO_3$ und Schwerspat $BaSO_4$.

4.9.3 Die Elemente

	Be	Mg	Ca	Sr	Ba
Kristallstruktur	hexagonal-dichteste Packung		kubisch-dichteste Packung		kubisch-raumzentriert
Schmelzpunkt in °C	1285	650	845	771	726
Siedepunkt in °C	2477	1105	1483	1385	1696
Sublimationsenthalpie in kJ/mol	321	148	178	165	180
Dichte bei 20 °C in g/cm^3	1,85	1,74	1,54	2,63	3,62
Standardpotential $E°(M^{2+}/M)$ in V	−1,85	−2,36	−2,87	−2,89	−2,90

4.9.3.1 Physikalische und chemische Eigenschaften

Die Erdalkalimetalle sind mit Dichten kleiner als 5 g/cm^3 Leichtmetalle (außer Radium). Be weicht in seinen physikalischen Daten von den anderen Erdalkalimetallen ab. Es ist stahlgrau, spröde und hart, Schmelzpunkt, Siedepunkt und Sublimationswärme sind höher. Mg ist silberglänzend, läuft mattweiß an, ist von mittlerer Härte und duktil. Die Leitfähigkeit beträgt etwa ⅔ von der des Aluminiums. Ca, Sr, Ba sind in ihren Eigenschaften sehr ähnlich. Sie sind silberweiß, laufen schnell an und sind weich wie Blei. Ba kristallisiert allerdings – wie auch Ra – kubisch-raumzentriert.

Dichten, Schmelzpunkte, Siedepunkte, Sublimationsenthalpien und Härten sind höher als die der Alkalimetalle. Die Erdalkalimetalle sind elektropositive Elemente mit stark negativen Standardpotentialen. Die deutlich elektropositiveren Metalle Ca, Sr, Ba haben ähnliche Standardpotentiale wie die Alkalimetalle. Sie reagieren mit Wasser unter H_2-Entwicklung zu Hydroxiden. Trotz der negativen Standardpotentiale reagieren Be und Mg nicht mit Wasser, da ihre Oberflächen passiviert werden. Auf Grund der Passivierung sind Be und Mg an der Luft beständig.

4.9.3.2 Darstellung und Verwendung

Die Erdalkalimetalle können durch Schmelzelektrolyse oder durch chemische Reduktion hergestellt werden. Technisch wird die Schmelzelektrolyse zur Herstellung von Be und Mg eingesetzt.

Will man kompaktes **Beryllium** gewinnen, muss die Elektrolyse oberhalb des Schmelzpunktes von Be (1 285 °C) durchgeführt werden. Als Elektrolyt wird basisches Berylliumfluorid $2\,BeO \cdot 5\,BeF_2$ verwendet. Technisch elektrolysiert man Mischungen von $BeCl_2$ und NaCl bei tieferer Temperatur. Be muss im Vakuum umgeschmolzen werden oder das komprimierte Pulver bei 1 150 °C gesintert werden.

Meist wird Be durch Reduktion von BeF_2 mit Mg im Graphittiegel hergestellt.

$$BeF_2 + Mg \xrightarrow{1300\,^\circ C} Be + MgF_2$$

80 % der Weltproduktion an **Magnesium** wird durch Schmelzelektrolyse von $MgCl_2$ hergestellt.

$$MgCl_2 \xrightarrow[\text{Elektrolyse}]{700-800\,^\circ C} Mg + Cl_2 \qquad \Delta H^\circ = +642\,kJ/mol$$

Wasserfreies $MgCl_2$ erhält man durch Umsetzung von MgO mit Koks und Chlor.

$$MgO + Cl_2 + C \xrightarrow{1000-1200\,^\circ C} MgCl_2 + CO \qquad \Delta H^\circ = -150\,kJ/mol$$

Das Chlor wird bei der Schmelzelektrolyse zurückgewonnen. MgO wird durch thermische Zersetzung von $MgCO_3$ hergestellt. Als Gesamtreaktion ergibt sich:

$$MgO + C \longrightarrow Mg + CO \qquad \Delta H^\circ = +492\,kJ/mol$$

Diese endotherme Reaktion kann auch direkt im elektrischen Ofen bei 2 000 °C durchgeführt werden. Technisch wird calcinierter Dolomit mit Si im Vakuum reduziert.

$$2\,(\mathrm{MgO} \cdot \mathrm{CaO}) + \mathrm{Si} \xrightarrow{1200\,^\circ\mathrm{C}} 2\,\mathrm{Mg} + \mathrm{Ca_2SiO_4}$$

Das gasförmige Magnesium (Sdp. 1 105 °C) wird in einer Kondensationskammer niedergeschlagen.

Calcium kann durch Elektrolyse von geschmolzenem $CaCl_2$ (Smp. 772 °C) im Gemisch mit CaF_2 oder KCl bei 700 °C hergestellt werden. An den Eisenkathoden, die gerade die Schmelze berühren (Berührungselektrode) scheidet sich Ca flüssig ab. Beim langsamen Heben der Elektroden während der Elektrolyse erstarrt das Metall in langen Stäben. Analog kann Strontium gewonnen werden.

Die technische Darstellung von Ca erfolgt derzeit aber aluminothermisch.

$$6\,\mathrm{CaO} + 2\,\mathrm{Al} \xrightarrow[\text{Vakuum}]{1200\,^\circ\mathrm{C}} 3\,\mathrm{Ca\,(g)} + 3\,\mathrm{CaO} \cdot \mathrm{Al_2O_3}$$

Auch **Barium** wird durch Reduktion von BaO mit Al oder Si bei 1 200 °C im Vakuum hergestellt.

$$3\,\mathrm{BaO} + 2\,\mathrm{Al} \longrightarrow \mathrm{Al_2O_3} + 3\,\mathrm{Ba}$$
$$3\,\mathrm{BaO} + \mathrm{Si} \longrightarrow \mathrm{BaSiO_3} + 2\,\mathrm{Ba}$$

BaO erhält man durch thermische Zersetzung von $BaCO_3$.

$$\mathrm{BaCO_3} \longrightarrow \mathrm{BaO} + \mathrm{CO_2}$$

Wird $BaSO_4$ als Ausgangsmaterial verwendet, so wird es zuerst in $BaCO_3$ umgewandelt. $BaSO_4$ wird zunächst mit Kohlenstoff reduziert.

$$\mathrm{BaSO_4} + 4\,\mathrm{C} \xrightarrow{1000-1200\,^\circ\mathrm{C}} \mathrm{BaS} + 4\,\mathrm{CO}$$

Aus BaS-Lösungen wird $BaCO_3$ mit CO_2 oder Na_2CO_3 ausgefällt.

$$\mathrm{BaS} + \mathrm{Na_2CO_3} \longrightarrow \mathrm{BaCO_3} + \mathrm{Na_2S}$$

Bei der Aufarbeitung der Uranerze auf **Radium** (0,34 g Ra/t U) wird Ra nach Zusatz von $BaCl_2$ zusammen mit dem Ba als Sulfat ausgefällt. Ra und Ba können durch fraktionierende Kristallisation z. B. der Bromide getrennt werden. Aus Salzlösungen kann Ra elektrolytisch an Hg-Elektroden als Amalgam abgeschieden werden. Durch Erhitzen des Amalgams auf 400 – 700 °C in einer H_2-Atmosphäre wird daraus metallisches Ra (Smp. 700 °C) gewonnen.

Be ist als Legierungsbestandteil von Bedeutung. Eine Cu-Legierung mit 6 – 7 % Be ist hart wie Stahl, die thermische und elektrische Leitfähigkeit von Cu bleibt erhalten. Wegen des niedrigen Neutronen-Absorptionsquerschnitts von Be wird es bei Kernreaktionen zur Moderierung von Neutronen benutzt. Da Be Röntgenstrahlung wenig absorbiert, werden daraus die Austrittsfenster in Röntgenröhren hergestellt.

Aus Mg werden Legierungen hergestellt, die wegen ihrer geringen Dichte für Flugzeugbau und Raumfahrt wichtig sind. An der Luft ist es bei Raumtemperatur beständig, da es sich mit einer schützenden Oxidschicht überzieht. Elektronmetalle bestehen aus 90 % und mehr Mg sowie Zusätzen von Si, Al, Zn, Mn, Cu; sie sind gegen alkalische Lösungen und Flusssäure beständig. In der Metallurgie dient Mg als starkes Reduktionsmittel.

Ca wird in der Metallurgie als Reduktionsmittel zur Darstellung von Ti, Zr, Cr, U verwendet.

Strontiumverbindungen sind für Leuchteffekte in der Pyrotechnik geeignet.

Ba wird als Gettermetall zur Hochvakuumerzeugung in Elektronenröhren benutzt.

4.9.4 Berylliumverbindungen

Beryllium unterscheidet sich als erstes Element der 2. Gruppe stärker von den anderen Elementen der Gruppe als diese sich voneinander unterscheiden. Die Ionisierungsenergie ist wesentlich größer, ebenso die Elektronegativität, der Ionenradius von Be^{2+} ist viel kleiner. Die Be-Verbindungen sind daher kovalenter. Be kann im VB-Modell mit zwei sp-Hybridorbitalen lineare BeX_2-Moleküle bilden. Diese Elektronenmangelverbindungen streben jedoch durch Erhöhung der Koordinationszahl auf 4 nach einer abgeschlossenen Elektronenkonfiguration. Dies wird auf verschiedenen Wegen erreicht.

3-Zentren-Bindungen. In $(BeH_2)_n$ betätigt jedes Be-Atom zwei Be—H—Be 3-Zentren-Bindungen.

```
  \   H     H   /
   Be   Be    Be
  /   H     H   \
```

Koordinative Bindungen. $(BeCl_2)_n$ ist kettenförmig aufgebaut.

```
  \   Cl    Cl   /
   Be    Be    Be
  /   Cl    Cl   \
```

Auch in den Raumnetzstrukturen von BeF_2 (Cristobalit-Struktur), BeO, BeS (Wurtzit-Struktur) ist Be tetraedrisch koordiniert. Viele Be-Verbindungen erreichen die maximale Koordinationszahl 4, indem sie als Lewis-Säuren fungieren und komplexe Ionen wie $[BeF_4]^{2-}$, $[Be(H_2O)_4]^{2+}$ bzw. Addukte wie $Cl_2Be(\leftarrow OR_2)_2$ bilden.

(p-p)π-Bindungen. Nur in der Gasphase werden bei entsprechender Energiezufuhr Elektronenlücken durch π-Bindungen geschlossen. Ein Beispiel ist Berylliumchlorid. Beim Erhitzen wird $(BeCl_2)_n$ depolymerisiert. Bei 560 °C sind in der Gasphase 20 % dimere Moleküle $(BeCl_2)_2$ vorhanden, bei 750 °C fast nur noch monomere $BeCl_2$-Moleküle.

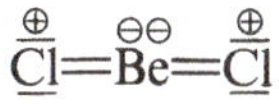

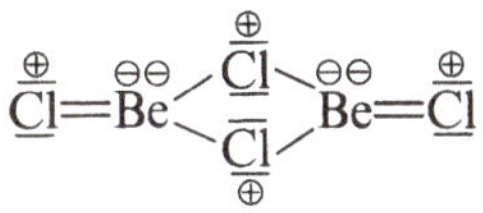

$$\overset{\oplus}{\underline{\overline{Cl}}}=\overset{\ominus\ominus}{Be}=\overset{\oplus}{\underline{\overline{Cl}}} \qquad \overset{\oplus}{\underline{\overline{Cl}}}=\overset{\ominus\ominus}{Be}\langle{}^{\overset{\oplus}{Cl}}_{\underset{\oplus}{Cl}}\rangle\overset{\ominus\ominus}{Be}=\overset{\oplus}{\underline{\overline{Cl}}}$$

Zwischen isoelektronischen Beryllium-Fluor- und Silicium-Sauerstoff-Verbindungen existieren erstaunliche strukturelle Verwandtschaften. Isotyp sind:

Verbindung		Struktur
SiO_2	BeF_2	Cristobalit
$Mg[SiO_3]$	$Li[BeF_3]$	Enstatit
$Ca[SiO_3]$	$Na[BeF_3]$	Wollastonit
$Mg_2[SiO_4]$	$Na_2[BeF_4]$	Forsterit
$Zr[SiO_4]$	$Ca[BeF_4]$	Zirkon

Berylliumhydrid BeH_2

BeH_2 ist eine feste, weiße, nichtflüchtige, hochpolymere Substanz ($\Delta H^\circ_B \approx 0$), die bei 300 °C in die Elemente zerfällt. BeH_2 ist luft- und feuchtigkeitsempfindlich und dem Aluminiumhydrid ähnlich, jedoch nicht in Ether löslich. Es bildet eine Kettenstruktur mit kovalenten Bindungen.

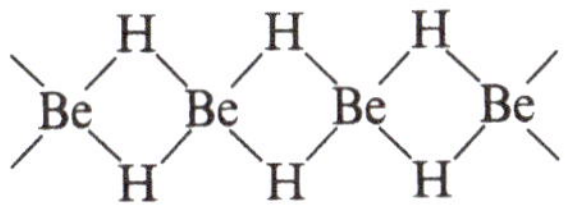

$$\diagdown\!\!\!\!\diagup Be \overset{H}{\underset{H}{\langle\rangle}} Be \overset{H}{\underset{H}{\langle\rangle}} Be \overset{H}{\underset{H}{\langle\rangle}} Be \diagup\!\!\!\!\diagdown$$

Die Be-Atome sind tetraedrisch von vier H-Atomen umgeben. Jedes Be-Atom betätigt zwei Be—H—Be 3-Zentren-Bindungen.

Die Darstellung aus den Elementen gelingt nicht. Man erhält BeH_2 nach der Reaktion

$$2\,Be(CH_3)_2 + LiAlH_4 \xrightarrow{\text{Ether}} 2\,BeH_2 + LiAl(CH_3)_4$$

oder durch Thermolyse von Bis(*tert*-butyl)beryllium.

$$Be(C_4H_9)_2 \xrightarrow{210\,°C} BeH_2 + 2\,H_2C{=}C\langle{}^{CH_3}_{CH_3}$$

Berylliumhydroxid $Be(OH)_2$

Versetzt man Berylliumsalzlösungen mit Basen, fällt $Be(OH)_2$ als weißer, gallertartiger Niederschlag aus. Dieses frisch gefällte $Be(OH)_2$ ist amphoter.

$$Be(OH)_2 + 2\,H_3O^+ \longrightarrow [Be(H_2O)_4]^{2+}$$
$$Be(OH)_2 + 2\,OH^- \longrightarrow [Be(OH)_4]^{2-}$$

Beim Kochen oder Stehen altert $Be(OH)_2$, es löst sich dann nur noch schwer in Säuren und Laugen.

Berylliumoxid BeO

Beim Erhitzen von $Be(OH)_2$ auf 400 °C entsteht BeO als lockeres, weißes Pulver (Smp. 2 530 °C), das sich in Säuren löst. Hochgeglüht ist es säureunlöslich; es wird zur Herstellung von Tiegeln für Reaktionen bei sehr hohen Temperaturen verwendet. Hoher Preis und Giftigkeit begrenzen den Einsatz. BeO hat Wurtzit-Struktur mit tetraedrischer Koordination der Atome und ist sehr hart (Mohs-Härte 9).

Berylliumfluorid BeF_2

BeF_2 (Smp. 552 °C) ist isoelektronisch mit SiO_2 und mit diesem strukturell verwandt. Es erstarrt wie SiO_2 glasartig. Im kristallinen Zustand ist es oberhalb 516 °C isotyp mit β-Cristobalit, unterhalb 430 °C mit α-Quarz. BeF_2 löst sich in Wasser und bildet mit Fluoriden Fluoridoberyllate des Typs BeF_3^-, BeF_4^{2-}, $Be_2F_7^{3-}$.

Berylliumchlorid $BeCl_2$

$BeCl_2$ entsteht durch Erhitzen von Be im trockenen Chlor- oder Hydrogenchloridstrom.

$$Be + Cl_2 \longrightarrow BeCl_2$$
$$Be + 2\,HCl \longrightarrow BeCl_2 + H_2$$

Es bildet farblose, hygroskopische, nadelförmige Kristalle (Smp. 430 °C) mit Kettenstruktur. Die Be-Atome sind durch Cl-Brücken verbunden, die Koordination ist annähernd tetradrisch.

$BeCl_2$ löst sich gut in Ether und Alkohol und bildet Additionsverbindungen.

Wässrige Lösungen von $BeCl_2$ – und den anderen Be-Salzen – reagieren sauer.

$$[Be(H_2O)_4]^{2+} + H_2O \longrightarrow [Be(H_2O)_3(OH)]^+ + H_3O^+ \qquad pK_S = 6{,}5$$

4.9.5 Magnesiumverbindungen

Magnesium ist ein starkes Reduktionsmittel, mit dem bei hohen Temperaturen SiO_2 und B_2O_3 reduziert werden können. Es ist elektropositiver als Be. Mg-Verbindungen sind daher heteropolarer als die analogen Be-Verbindungen. Die bevorzugte Koordinationszahl ist 6. $[Mg(H_2O)_6]^{2+}$-Ionen reagieren im Gegensatz zu $[Be(H_2O)_4]^{2+}$-Ionen nur schwach sauer.

Magnesiumhydrid MgH_2

Aus den Elementen kann MgH_2 bei 570 °C und 200 bar dargestellt werden.

$$Mg + H_2 \longrightarrow MgH_2 \qquad \Delta H_B^\circ = -74\ kJ/mol$$

Außerdem erhält man es durch thermische Zersetzung von Diethylmagnesium im Hochvakuum.

$$Mg\,(C_2H_5)_2 \xrightarrow{175\,^\circ C} MgH_2 + 2\,C_2H_4$$

MgH_2 ist weiß, fest und nichtflüchtig. Es kristallisiert in der Rutil-Struktur, der Bindungscharakter ist ionisch.

An trockener Luft ist MgH_2 beständig, erst oberhalb 280 °C zerfällt es in die Elemente. Mit Wasser reagiert MgH_2 unter H_2-Entwicklung. In etherischer Lösung sind die Mischhydride Magnesiumboranat und Magnesiumalanat nach den folgenden Reaktionen herstellbar.

$$3\,MgR_2 + 4\,(BH_3)_2 \longrightarrow 3\,Mg(BH_4)_2 + 2\,BR_3$$
$$MgBr_2 + 2\,LiAlH_4 \longrightarrow Mg(AlH_4)_2 + 2\,LiBr$$

Magnesiumoxid MgO

Mg verbrennt an der Luft mit blendend weißem Licht zu MgO.

$$Mg + \tfrac{1}{2}\,O_2 \longrightarrow MgO \qquad \Delta H^\circ_B = -602\ kJ/mol$$

Gemische von Mg mit Oxidationsmitteln wie $KClO_3$ wurden früher als Blitzlichtpulver verwendet. Technisch erhält man MgO durch thermische Zersetzung von $MgCO_3$.

$$MgCO_3 \longrightarrow MgO + CO_2$$

MgO ist weiß (Smp. 2 642 °C) und kristallisiert wie CaO, SrO und BaO in der NaCl-Struktur.

Zersetzt man $MgCO_3$ bei 800 – 900 °C, erhält man „kaustische Magnesia", ein mit Wasser abbindendes Produkt. Brennt man bei 1700 – 2 000 °C, so sintert MgO zu einer mit Wasser nicht mehr abbindenden Masse zusammen, die zur Herstellung hochfeuerfester Steine (Magnesiasteine) und für Laboratoriumsgeräte (Sintermagnesia) verwendet wird. Erhitzt man Magnesiumhydroxid oder basisches Magnesiumcarbonat auf 600 °C, erhält man MgO als lockeres, weißes Pulver (Magnesia usta), das in der Medizin als Neutralisationsmittel Verwendung findet.

$$Mg(OH)_2 \longrightarrow MgO + H_2O$$
$$MgCO_3 \cdot Mg(OH)_2 \longrightarrow 2\,MgO + H_2O + CO_2$$

Mischungen von MgO und konzentrierten $MgCl_2$-Lösungen erhärten steinartig (Magnesiazement, Sorelzement) unter Bildung basischer Chloride vom Typ $MgCl_2 \cdot 3\ Mg(OH)_2 \cdot 8\,H_2O$. Sie werden unter Zumischung neutraler Füllstoffe und Farben zur Herstellung künstlicher Steine und fugenloser Fußböden (Steinholz, Kunstmarmor), sowie von künstlichem Elfenbein (Billardkugeln, Kunstgegenstände) verwendet. Da MgO ein guter Wärmeleiter und auch bei hohen Temperaturen ein elektrischer Isolator ist, wird MgO für elektrische Kochplatten benutzt.

Magnesiumhydroxid $Mg(OH)_2$

$Mg(OH)_2$ wird aus $MgCl_2$-Lösungen und Kalkmilch $Ca(OH)_2$ hergestellt.

$$MgCl_2 + Ca(OH)_2 \longrightarrow Mg(OH)_2 + CaCl_2$$

$Mg(OH)_2$ ist ein farbloses Pulver, das in Wasser schwer löslich, in Säuren leicht löslich ist. Als echtes basisches Oxid löst es sich nicht in Laugen.

Magnesiumchlorid $MgCl_2$

$MgCl_2$ kristallisiert aus wässriger Lösung bei Normaltemperatur als Hexahydrat $[Mg(H_2O)_6]Cl_2$. Beim Entwässern des Hexahydrats entstehen unter HCl-Abspaltung basische Chloride, z. B.

$$MgCl_2 + H_2O \longrightarrow Mg(OH)Cl + HCl$$

Wasserfreies $MgCl_2$ wird daher durch Entwässern des Hexahydrats in einer HCl-Atmosphäre hergestellt.

$MgCl_2$ ist blättrig-kristallin (Smp. 708 °C) und sehr hygroskopisch. Es kristallisiert in der Schichtstruktur vom $CdCl_2$-Typ. Um das Feuchtwerden von $MgCl_2$-haltigem Kochsalz zu verhindern, wird Na_2HPO_4 zugesetzt, dadurch wird $MgCl_2$ als $MgHPO_4$ gebunden.

Magnesiumfluorid MgF_2

MgF_2 (Smp. 1 265 °C) kristallisiert in der Rutil-Struktur (KZ 6 : 3). Entsprechend den Radienquotienten kristallisiert BeF_2 in der Cristobalit-Struktur (KZ 4 : 2) und CaF_2 in der Fluorit-Struktur (KZ 8 : 4). MgF_2 ist schwer löslich, es wird zur Vergütung auf optische Linsen aufgedampft (Verhinderung von Spiegelungen).

Magnesiumcarbonat $MgCO_3$

Natürliches Magnesiumcarbonat (Magnesit) ist das wichtigste Magnesiummineral, das in großen Lagerstätten vorkommt. Es wird überwiegend zur Herstellung von MgO verwendet.

Aus Magnesiumsalzlösungen fällt mit Alkalimetallcarbonaten nur bei CO_2-Überschuss $MgCO_3$ aus, andernfalls entstehen basische Carbonate. Das basische Carbonat $4\,MgCO_3 \cdot Mg(OH)_2 \cdot 4\,H_2O$, ein lockeres weißes Pulver, wird als „Magnesia alba“ in der Medizin als Neutralisationsmittel verwendet, außerdem in Pudern, Putzpulvern und hauptsächlich als weißes Farbpigment und als Füllstoff für Papier und Kautschuk.

Magnesiumsulfat $MgSO_4$

$MgSO_4$ bildet eine Reihe von Hydraten. Von 2 – 48 °C kristallisiert aus wässrigen Lösungen das Heptahydrat $MgSO_4 \cdot 7\,H_2O$ (Bittersalz) aus, das als Abführmittel dient. Es gehört zur Gruppe der **Vitriole** $[M(H_2O)_6]SO_4 \cdot H_2O$ (M = Mg, Mn, Zn, Fe, Ni, Co). Sechs H_2O-Moleküle sind oktaedrisch an das Metallatom angelagert, das siebente ist durch Wasserstoffbrücken an das Sulfation gebunden. Beim Erhitzen verliert $MgSO_4 \cdot 7\,H_2O$ bei 150 °C sechs Moleküle Wasser, das siebente erst bei 200 °C. Bittersalz dient als Dünger („Tannendünger") für Koniferen, da für Chlorophyll Magnesium erforderlich ist.

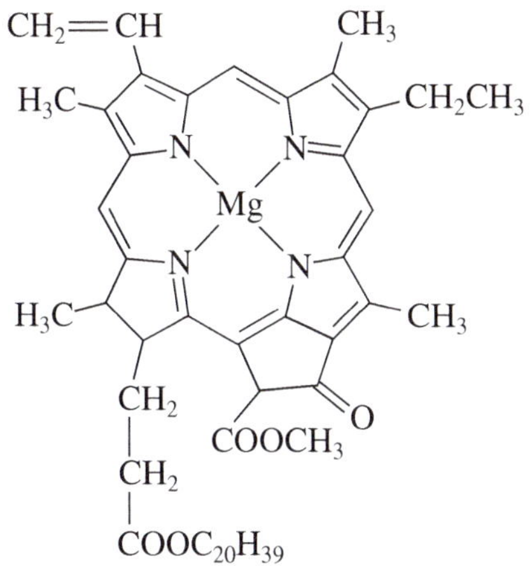

Struktur von Chlorophyll a

Magnesium ist noch an einem Imidazolring gebunden, also fünffach koordiniert.

Grignard-Verbindungen

Darunter versteht man Verbindungen des Typs RMgX (X = Halogen, R = organischer Rest). Man erhält sie durch Einwirkung von Organylhalogeniden RX auf aktiviertes Mg in Donorlösungsmitteln (Ether, Tetrahydrofuran). Man benutzt sie als Alkylierungs- und Arylierungsmittel.

Beispiel:
$SiCl_4 + 4\,CH_3MgI \rightarrow Si(CH_3)_4 + 4\,MgClI$

4.9.6 Calciumverbindungen

Verbindungen des Calciums sind technisch besonders für die Baustoffindustrie von Bedeutung.

Calciumhydrid CaH_2

CaH_2 ist eine weiße, kristalline Masse. Es ist heteropolar aufgebaut und kristallisiert unterhalb 780 °C in der $PbCl_2$-Struktur, darüber in der Fluorit-Struktur. Es wird durch Überleiten von H_2 über Ca bei 400 °C hergestellt.

$$Ca + H_2 \longrightarrow CaH_2 \qquad \Delta H^\circ_B = -186\ \text{kJ/mol}$$

Mit Wasser reagiert es heftig unter H_2-Entwicklung.

$$\overset{-1}{CaH_2} + 2\overset{+1}{H_2}O \longrightarrow Ca(OH)_2 + 2\overset{0}{H_2}$$

CaH_2 wird zur Wasserstofferzeugung, als Trocken- und Reduktionsmittel verwendet.

Calciumoxid CaO (Ätzkalk, gebrannter Kalk)

CaO wird großtechnisch durch Erhitzen von $CaCO_3$ (Kalkstein) auf 1000 – 1200 °C hergestellt (Kalkbrennen). Es entsteht eine weiße, amorphe Masse (Smp. 2 587 °C).

$$CaCO_3 \longrightarrow CaO + CO_2 \qquad \Delta H^\circ = +178\,kJ/mol$$

Nach dem MWG entspricht jeder Temperatur ein ganz bestimmter Gleichgewichtsdruck p_{CO_2} (Abb. 4.55), bei 908 °C erreicht er 1,013 bar.

Gebrannter Kalk reagiert mit Wasser unter starker Wärmeentwicklung zu $Ca(OH)_2$ (Kalklöschen).

$$CaO + H_2O \longrightarrow Ca(OH)_2 \qquad \Delta H^\circ = -65\,kJ/mol$$

Aus gelöschtem Kalk wird Luftmörtel (vgl. S. 657) hergestellt. Hauptsächlich wird CaO bei der Stahlproduktion gebraucht. Außerdem dient CaO zur Herstellung von CaC_2 und Chlorkalk, wird bei der Glasfabrikation, bei der Sodasynthese und als basischer Zuschlag im Hochofen verwendet. Bei starkem Erhitzen mit einer Knallgasflamme strahlt CaO ein helles, weißes Licht aus (Drummond'sches Kalklicht).

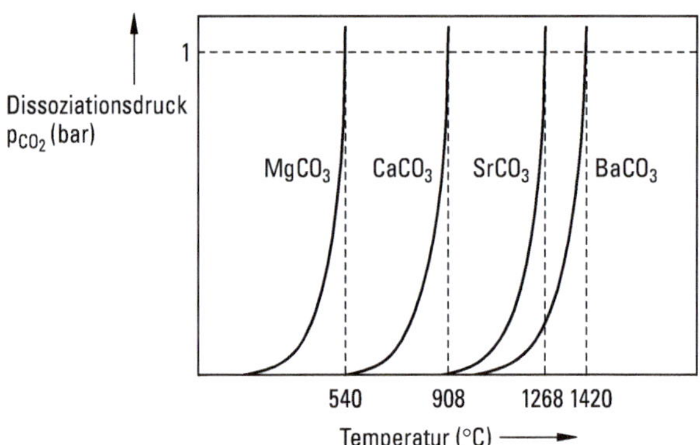

Abbildung 4.55 Dissoziationsdrücke p_{CO_2} der Erdalkalimetallcarbonate.
Da die Basizität der Hydroxide mit zunehmender Ordnungszahl stärker wird, nimmt auch die Temperatur, bei der der Dissoziationsdruck 1 bar erreicht, vom $MgCO_3$ zum $BaCO_3$ zu.

Calciumhydroxid $Ca(OH)_2$

Im trockenen Zustand ist $Ca(OH)_2$ ein weißes Pulver, das bei 450 °C Wasser abspaltet.

$$Ca(OH)_2 \xrightarrow{450\,°C} CaO + H_2O$$

In Wasser löst sich nur wenig $Ca(OH)_2$ (1,26 g in 1 l bei 20 °C), die Lösung heißt Kalkwasser, sie reagiert stark basisch. Eine Suspension von $Ca(OH)_2$ heißt Kalkmilch, sie dient als weiße Anstrichfarbe. $Ca(OH)_2$ wird als billigste Base industriell verwendet (vgl. Herstellung von Chlorkalk und Soda).

Calciumchlorid $CaCl_2$

$CaCl_2$ entsteht technisch als Abfallprodukt bei der Sodaherstellung. Aus wässrigen Lösungen kristallisiert das Hexahydrat $[Ca(H_2O)_6]Cl_2$ aus, das im Gegensatz zum $[Mg(H_2O)_6]Cl_2$ durch Erhitzen zum wasserfreien $CaCl_2$ entwässert werden kann. $CaCl_2$ ist weiß (Smp. 772 °C), sehr hygroskopisch und wird als Trockenmittel für Gase verwendet. $CaCl_2$ löst sich exotherm ($\Delta H° = -83$ kJ/mol), $[Ca(H_2O)_6]Cl_2$ endotherm ($\Delta H° = +14$ kJ/mol). Aus Wasser und Calciumchlorid lassen sich flüssige Kältemischungen bis −55 °C herstellen. Es wird als Frostschutzmittel gegen Straßenvereisung eingesetzt.

Calciumcarbonat $CaCO_3$

$CaCO_3$ kristallisiert in drei Modifikationen: Calcit (Kalkspat), Aragonit, Vaterit. Beständig ist Calcit (vgl. Abb. 2.20). Aus Calcitkristallen bestehen Kalkstein, Kreide und Marmor. Kalkstein ist ein durch Ton verunreinigtes feinkristallines $CaCO_3$. Bei stärkeren Tongehalten (10−90 % Ton) wird er als Mergel bezeichnet. Kreide ist $CaCO_3$, gebildet aus Schalentrümmern von Einzellern in der Kreidezeit. Marmor ist sehr reiner grobkristalliner Calcit. Er entsteht durch Metamorphose aus Kalkstein bei hohen Drücken und Temperaturen. Perlen bestehen aus Aragonit.

Die Weltförderung von Kalkstein und Dolomit betrug 2019 ca. 4,3 Milliarden t.

Das schwer lösliche $CaCO_3$ wird durch CO_2-haltige Wässer als $Ca(HCO_3)_2$ gelöst. Die durch $CaSO_4$ und $Ca(HCO_3)_2$ verursachte Wasserhärte und ihre Beseitigung wurde bereits an anderer Stelle (S. 575) besprochen.

Calciumsulfat $CaSO_4$

In der Natur findet man **Gips $CaSO_4 \cdot 2H_2O$** und **Anhydrit $CaSO_4$**. Eine Varietät des Gipses ist Alabaster.

Aus wässrigen Lösungen kristallisiert $CaSO_4$ unterhalb 66 °C als Gips, oberhalb 66 °C als Anhydrit.

Bei 120 °C geht Gips in „gebrannten Gips“ über

$$CaSO_4 \cdot 2H_2O \xrightarrow[-1{,}5\,H_2O]{120-130\,°C} CaSO_4 \cdot 0{,}5H_2O$$

Mit Wasser erhärtet dieser rasch wieder zu einer aus Gipskristallen bestehenden festen Masse. Er wird im Baugewerbe, in der keramischen Industrie und in der Bildhauerei verwendet.

Weiteres Erhitzen von gebranntem Gips führt zu Stuckgips.

$$CaSO_4 \cdot 0{,}5H_2O \xrightarrow[-(0{,}32-0{,}02)\,H_2O]{130-180\,°C} CaSO_4 \cdot (0{,}18-0{,}48)\,H_2O$$

Bei 190 – 200 °C entsteht wasserfreier Stuckgips, der so schnell abbindet, dass er praktisch nicht verwendbar ist. Bei 500 °C verliert dieser Stuckgips seine Abbindefähigkeit. Bei 800 – 900 °C entsteht Estrichgips, der langsam (in Tagen) abbindet und hydraulische Eigenschaften aufweist, während Stuckgips in 10 – 20 Minuten abbindet und unter Wasser erweicht. Bei 1 000 – 1 200 °C entsteht totgebrannter Gips, der sich wie natürlicher Anhydrit praktisch nicht mit Wasser umsetzt. Oberhalb 1200 °C erfolgt thermische Zersetzung.

$$CaSO_4 \longrightarrow CaO + SO_2 + \tfrac{1}{2}O_2$$

Calciumphosphate

Calciumdihydrogenphosphat, $Ca(H_2PO_4)_2$ ist der Hauptbestandteil von Phosphat-Düngemitteln und wird aus den Phosphat-Erzen Phosphorit und den verschiedenen Apatiten durch sauren Aufschluss mit Schwefel- oder Phosphorsäure gewonnen (vgl. S. 540). Es ist außerdem in vielen Backpulvern und in Zahnpflegemitteln enthalten.

Calciumhydrogenphosphat, $CaHPO_4$ wird auch Dicalciumphosphat genannt und kommt in der Natur als Monetit und im Dihydrat als Brushit vor.

Calciumphosphat $Ca_3(PO_4)_2$ (Tricalciumphosphat) liegt im Fluorapatit $Ca_5(PO_4)_3F$ (häufigster Apatit), Hydroxylapatit $Ca_5(PO_4)_3OH$, Chlorapatit $Ca_5(PO_4)_3Cl$, Carbonatapatit bzw. Carbonat-Fluor-Apatit und in sedimentären marinen Phosphaterzen (Phosphorit) vor. Aus Hydroxylapatit besteht die harte Substanz der Zähne, aus Hydroxylapatit im Gemisch mit Calciumcarbonat die Knochen des menschlichen Körpers. Keramische Werkstoffe auf der Basis von Hydroxylapatiten gewinnen als resorbierbarer Knochenersatz bei Implantationen zunehmend an Bedeutung. Nierensteine enthalten mitunter Tricalciumphosphat.

Di- und Tricalciumphosphat werden als Putz- u. Poliermittel in der Zahnmedizin, in der Email-, Glas- und Porzellanfabrikation zur Verstärkung der Weißeffekte und zur Herstellung von Milchglas eingesetzt. Bei Zucker und Salz dienen sie als Rieselhilfe (1 %).

Tetracalciumphosphat, $Ca_3(PO_4)_2 \cdot CaO$ oder $Ca_4P_2O_9$ ist als Calciumsilicophosphat (z. B. $Ca_4P_2O_9 \cdot Ca_2SiO_4$) im Thomasphosphat (s. S. 876) enthalten und geht als Dünger im Boden mit Wasser und Kohlendioxid in Calciumhydrogenphosphat über.

Calciumcarbid CaC_2

CaC_2 wird zu Acetylen und Kalkstickstoff weiterverarbeitet. CaC_2 wird daher großtechnisch aus Kalk und Koks im Lichtbogen eines elektrischen Ofens hergestellt.

$$CaO + 3\,C \xrightleftharpoons{2\,000-2\,200\,^\circ C} CaC_2 + CO \qquad \Delta H^\circ = +\,465\,\text{kJ/mol}$$

Unterhalb von 1 600 °C läuft die Reaktion nach links. Struktur und Reaktionen von CaC_2 wurden bereits behandelt (vgl. S. 568 f.).

Bei der Herstellung von CaC_2 entsteht aus Calciumphosphat-Verunreinigungen des Kalks Calciumphosphid.

$$Ca_3(PO_4)_2 + 8\,C \longrightarrow Ca_3P_2 + 8\,CO$$

Bei der Reaktion von Carbid mit Wasser entsteht deshalb nicht nur das geruchlose Acetylen, sondern auch etwas Phosphan PH_3, das den unangenehmen „Carbidgeruch“ verursacht.

Wegen der abnehmenden Bedeutung von Acetylen ist die CaC_2-Produktion stark rückläufig.

Kalkstickstoff

Aus CaC_2 entsteht bei 1 100 °C mit Stickstoff ein Gemisch aus Calciumcyanamid und Kohlenstoff, das als Kalkstickstoff bezeichnet wird.

$$CaC_2 + N_2 \longrightarrow CaCN_2 + C \qquad \Delta H° = -291\ \text{kJ/mol}$$

$CaCN_2$ ist das Calciumsalz des Cyanamids $H_2\overline{N}{-}C{\equiv}N|$. Es wird als Düngemittel verwendet, da es im Boden unter Einwirkung von Wasser und Bakterien in Ammoniak übergeht.

$$CaCN_2 + 3\,H_2O \longrightarrow CaCO_3 + 2\,NH_3$$

Mörtel

Mörtel sind Bindemittel, die mit Wasser angerührt erhärten und zur Verkittung von Baumaterial oder als Verputz dienen. Man unterscheidet Luftmörtel, der von Wasser angegriffen wird, und Wassermörtel, der wasserbeständig ist.

Luftmörtel

Kalkmörtel besteht aus einem Brei von gelöschtem Kalk und Sand. Die Erhärtung beruht auf der Bildung von $CaCO_3$ mit dem CO_2 der Luft. Sand und Bausteine werden dadurch verbunden.

$$Ca(OH)_2 + CO_2 \longrightarrow CaCO_3 + H_2O$$

Gipsmörtel. Gips schwindet nicht wie Kalk, sondern dehnt sich um 1 % aus. Stuckgips ist wegen der Volumenvergrößerung für Gipsabgüsse geeignet. Außerdem wird er für Gießformen, schmückende Bauteile an Decken und Wänden und Rabitzwände verwendet. Aus Estrichgips werden hauptsächlich Fußböden hergestellt.

Wassermörtel

Zement entsteht durch Brennen von Gemischen aus Kalkstein und Ton bei 1 450 °C. Die Hauptbestandteile sind Dicalciumsilicat $2\,CaO \cdot SiO_2$, Tricalciumsilicat $3\,CaO \cdot SiO_2$, Tricalciumaluminat $3\,CaO \cdot Al_2O_3$ und Calciumaluminatferrit $2\,CaO \cdot Al_2O_3 \cdot Fe_2O_3$. Die Strukturen sind noch nicht geklärt. Die weltweite Jahresproduktion von Zement lag 2020 bei 4,1 Milliarden t. Beim Abbinden entstehen kompliziert zusammengesetzte Hydrate. Zementmörtel erhärtet auch unter Wasser.

4.9.7 Bariumverbindungen

Lösliche Bariumsalze, z. B. $BaCl_2$, sind giftig. $BaCO_3$ wird als Mäuse- und Rattengift verwendet. $Ba(NO_3)_2$ dient in der Pyrotechnik als „Grünfeuer".

Bariumsulfat $BaSO_4$

$BaSO_4$ (Smp. 1 350 °C) ist die wichtigste natürliche Bariumverbindung (Weltförderung 2019 $8{,}9 \cdot 10^6$ t) und Ausgangsmaterial für die Gewinnung anderer Bariumsalze (vgl. S. 647).

$BaSO_4$ ist wasserunlöslich und chemisch sehr beständig. Erst oberhalb 1 400 °C zersetzt es sich.

$$BaSO_4 \xrightarrow{1400\,^\circ C} BaO + SO_2 + \tfrac{1}{2}O_2$$

$BaSO_4$ wird als weiße Malerfarbe (Permanentweiß) verwendet. Größere Deckkraft besitzen die Lithopone, Mischungen aus $BaSO_4$ und ZnS. Man erhält sie durch Umsetzung von BaS mit $ZnSO_4$ und anschließendes Glühen bei 850 °C.

$$BaS + ZnSO_4 \longrightarrow BaSO_4 + ZnS$$

Sie besitzen nahezu die Deckkraft von Bleiweiß, dunkeln aber nicht wie dieses nach, sind aber weitgehend durch TiO_2-Pigmente verdrängt worden.

$BaSO_4$ wird als Füllstoff in der Papier- und Gummiindustrie verwendet. Da Bariumionen Röntgenstrahlen gut absorbieren, wird $BaSO_4$ als Kontrastmittel bei Röntgenuntersuchungen im Magen- und Darmbereich verwendet. Gelöste Ba^{2+}-Ionen sind zwar giftig, aber $BaSO_4$ ist so schwer löslich, dass es unverändert wieder ausgeschieden wird.

Bariumoxid BaO. Bariumhydroxid $Ba(OH)_2$

BaO (Smp. 1 923 °C) kristallisiert in der NaCl-Struktur. Es entsteht beim Erhitzen von Ba im Sauerstoffstrom. Technisch wird es durch Zersetzung von $BaCO_3$ in Gegenwart von Kohle hergestellt.

$$BaCO_3 + C \longrightarrow BaO + 2\,CO$$

Mit Wasser reagiert BaO zu Bariumhydroxid.

$$BaO + H_2O \longrightarrow Ba(OH)_2$$

Die wässrigen $Ba(OH)_2$-Lösungen (Barytwasser) reagieren stark alkalisch. Aus ihnen kristallisiert das Hydrat $Ba(OH)_2 \cdot 8\,H_2O$ aus.

Bariumperoxid BaO_2

Es wird technisch aus BaO bei 500 – 600 °C und 2 bar im Luftstrom hergestellt.

$$2\,BaO + O_2 \xrightleftharpoons{500\,^\circ C} 2\,BaO_2 \qquad \Delta H^\circ = -143\,kJ/mol$$

Bei höherer Temperatur und vermindertem Druck wird der Sauerstoff wieder abgegeben (s. S. 475).

Mit verdünnten Säuren reagiert BaO_2 zu H_2O_2. Es wird zum Bleichen und als Entfärbungsmittel für Bleigläser verwendet. Ein Gemisch von BaO_2 und Mg dient als Zündkirsche beim aluminothermischen Verfahren.

4.10 Gruppe 1 (Alkalimetalle)

	Lithium Li	Natrium Na	Kalium K	Rubidium Rb	Caesium Cs
Ordnungszahl Z	3	11	19	37	55
Elektronenkonfiguration	[He] $2s^1$	[Ne] $3s^1$	[Ar] $4s^1$	[Kr] $5s^1$	[Xe] $6s^1$
Ionisierungsenergie in eV	5,4	5,1	4,3	4,2	3,9
Elektronegativität	1,0	1,0	0,9	0,9	0,9
Ionenradius $r(M^+)$ für KZ 6 in pm	76	102	138	152	167
Hydratationsenthalpie von M^+ in kJ/mol	−519	−406	−322	−293	−264
Reaktivität			nimmt zu ⟶		
Reduktionsvermögen			nimmt zu ⟶		
Flammenfärbungen	karminrot	gelb	violett	violett	blau

4.10.1 Gruppeneigenschaften

Die Alkalimetalle stehen in der 1. Gruppe des PSE. Sie haben die Valenzelektronenkonfiguration s^1. Das s-Elektron wird leicht unter Bildung positiver Ionen abgegeben. Daher sind Alkalimetalle die reaktivsten Metalle und gehören zu den stärksten Reduktionsmitteln. Reaktivität und Reduktionsfähigkeit nehmen mit der Ordnungszahl Z zu. In ihren Verbindungen treten sie fast ausschließlich in der Oxidationszahl +1 auf. Unter hohem Druck verhalten sich aber K, Rb und Cs wie Übergangsmetalle, da das s-Elektron in ein d-Niveau wechselt.

Li und Na reagieren mit Wasser unter H_2-Entwicklung zum Hydroxid, ohne dass es zur Entzündung von H_2 kommt. Dagegen reagieren K und Rb unter spontaner Entzündung des Wasserstoffs, Cs reagiert explosionsartig. Die Hydroxide sind starke Basen. Wasserstoff wird zum Hydridion reduziert.

$$Na + \tfrac{1}{2}H_2 \longrightarrow Na^+H^-$$

Die thermische Stabilität der im NaCl-Gitter kristallisierenden Hydride nimmt mit *Z* ab, die Reaktivität zu.

Mit Sauerstoff reagiert Li unterhalb 130 °C langsam zu Li_2O. Dagegen verbrennen Na zum Peroxid Na_2O_2 und K, Rb, Cs zu Hyperoxiden MO_2.

Die Halogenide sind stabile Ionenverbindungen, die mit Ausnahme von CsCl, CsBr und CsI (CsCl-Struktur) in der NaCl-Struktur kristallisieren.

Die einzigen gut löslichen Carbonate sind die Alkalimetallcarbonate, Ammoniumcarbonat und Thalliumcarbonat Tl_2CO_3 (als einziges gut lösliches Schwermetallcarbonat).

Die Alkalimetalle geben charakteristische Flammenfärbungen.

In flüssigem Ammoniak lösen sich Alkalimetalle unter Bildung solvatisierter Elektronen (s. Abschn. 4.6.4).

Da der Ionenradius von NH_4^+ zwischen den Radien von K^+ und Rb^+ liegt, ähneln Ammoniumverbindungen den entsprechenden Alkalimetallverbindungen.

Lithium unterscheidet sich in einigen Eigenschaften von den anderen Alkalimetallen und ähnelt darin – hauptsächlich auf Grund des ähnlichen Ionenradius – Magnesium (Schrägbeziehung im PSE).

Beispiele für die Ähnlichkeit:
Die Löslichkeiten und Basizitäten von LiOH und $Mg(OH)_2$ sind ähnlich. Die Phosphate, Carbonate und Fluoride von Li und Mg sind schwer löslich. Li_2CO_3 und $MgCO_3$ sind leicht thermisch zu zersetzen. Mit N_2 bilden sich die Nitride Li_3N und Mg_3N_2, die zu NH_3 hydrolysieren. Alle anderen Alkalimetalle bilden keine Nitride. LiCl und $MgCl_2$ sind im Gegensatz zu NaCl hygroskopisch. Die Oxidation im O_2-Strom führt zu den normalen Oxiden Li_2O und MgO. Na bildet ein Peroxid, die anderen Alkalimetalle Hyperoxide.

Alle Isotope des Elements Francium sind radioaktiv, das längstlebige Isotop $^{223}_{87}Fr$ hat eine Halbwertszeit von 21,8 Minuten. In seinen Eigenschaften ist Fr ein typisches Alkalimetall mit s^1-Konfiguration und einer Ionisierungsenergie von 3,8 eV. Es schmilzt bei etwa 30 °C und bildet analog zu den anderen schweren Alkalimetallen die schwer löslichen Verbindungen $FrClO_4$ und Fr_2PtCl_6.

4.10.2 Vorkommen

Wegen ihrer großen Reaktivität kommen die Alkalimetalle in der Natur gebunden vor.

Wichtige **Lithium**mineralien sind: Amblygonit $(Li,Na)AlPO_4(F,OH)$; Spodumen $LiAl[Si_2O_6]$, ein Silicat mit Kettenstruktur; Lepidolith $KLi_{1,5}Al_{1,5}[AlSi_3O_{10}](OH,F)_2$, ein Glimmer; Petalit (Kastor) $Li[AlSi_4O_{10}]$, ein Tektosilicat.

Natrium und Kalium gehören zu den zehn häufigsten Elementen der Erdkruste.

Die meistverbreiteten **Natrium**mineralien sind Tektosilicate: Natronfeldspat (Albit) $Na[AlSi_3O_8]$; Kalk-Natron-Feldspate (Plagioklase), Mischkristalle zwischen Albit und

Anorthit $Ca[Al_2Si_2O_8]$. In großen Lagerstätten kommen vor: Steinsalz NaCl, Soda $Na_2CO_3 \cdot 10\,H_2O$, Trona $Na_2CO_3 \cdot NaHCO_3 \cdot 2\,H_2O$, Thenardit Na_2SO_4, Kryolith $Na_3[AlF_6]$ (weitgehend abgebaut). Große Mengen NaCl sind im Meerwasser gelöst. Es enthält etwa 3 % NaCl, die zehnfache Menge der Vorkommen an festem NaCl.

Die wichtigsten **Kalium**verbindungen kommen wie NaCl in Salzlagerstätten vor: Sylvin KCl, Carnallit $KCl \cdot MgCl_2 \cdot 6\,H_2O$, Kainit $KCl \cdot MgSO_4 \cdot 3\,H_2O$. Die häufigsten Kaliummineralien sind Silicate, z. B. der Kalifeldspat $K[AlSi_3O_8]$ und der Kaliglimmer Muskovit $KAl_2[AlSi_3O_{10}](OH, F)_2$.

Rubidium und **Caesium** sind Begleiter der anderen Alkalimetalle. Lepidolith enthält ca. 1 % Rb. Ein seltenes Mineral ist das Tektosilicat Pollux $Cs[AlSi_2O_6] \cdot \frac{1}{2}H_2O$.

In der Natur kommen die radioaktiven Isotope ^{40}K (Isotopenhäufigkeit 10^{-2} %) und ^{87}Rb (Isotopenhäufigkeit 28 %) vor. Ihr Zerfall wird zu Altersbestimmungen (vgl. S. 19) genutzt.

4.10.3 Die Elemente

	Li	Na	K	Rb	Cs
Kristallstruktur	kubisch-raumzentriert				
Schmelzpunkt in °C	181	98	64	39	28
Siedepunkt in °C	1347	881	754	688	705
Sublimationsenthalpie in kJ/mol	155	109	90	86	79
Dichte bei 20 °C in g/cm^3	0,53	0,97	0,86	1,53	1,90
Dissoziationsenergie von M_2-Molekülen in kJ/mol	111	75	51	49	45
Standardpotential in V	−3,04	−2,71	−2,92	−2,92	−2,92

4.10.3.1 Physikalische und chemische Eigenschaften

Die Alkalimetalle sind weiche Metalle (sie lassen sich mit dem Messer schneiden) und von geringer Dichte. Li, Na, K sind leichter als Wasser, Li ist das leichteste aller festen Elemente. Li, Na, K, Rb sind silberweiß, Cs hat einen Goldton. Alle Alkalimetalle kristallisieren in der kubisch-raumzentrierten Struktur, Li und Na bei tiefen Temperaturen in der hexagonal-dichtesten Packung. Schmelzpunkte, Siedepunkte und Sublimationsenthalpien sind niedrig und nehmen mit steigender Ordnungszahl Z ab. Die Gasphase besteht überwiegend aus Atomen und einem geringen Anteil von zweiatomigen Molekülen. Die kleine, mit Z abnehmende Dissoziationsenergie der M_2-Moleküle spiegelt die abnehmende Fähigkeit zu kovalenten Bindungen wider.

Die Standardpotentiale sind stark negativ und werden vom Na zum Cs negativer, dem entspricht eine Zunahme des elektropositiven Charakters. Li besitzt einen anomal hohen negativen Wert des Standardpotentials, ist also am unedelsten. Für die Größe des Standardpotentials eines Redoxpaares M^+/M ist die Energiedifferenz zwischen festem Metall M(s) und den M-Ionen in der Lösung $M^+(aq)$ entscheidend. Dieser Übergang kann in drei Einzelreaktionen zerlegt werden.

1. $M(s) \longrightarrow M(g)$ Dafür ist die Sublimationsenthalpie erforderlich.
2. $M(g) \longrightarrow M^+(g) + e^-$ Es muss die Ionisierungsenergie aufgewandt werden.
3. $M^+(g) \longrightarrow M^+(aq)$ Es wird die Hydratationsenthalpie gewonnen.

Die besonders große Hydratationsenthalpie des Li^+-Ions führt zu einer günstigen Energiebilanz des Gesamtprozesses und zu dem hohen Wert des Standardpotentials.

Wegen ihres unedlen Charakters laufen die Metalle an feuchter Luft an, es bildet sich eine Hydroxidschicht; sie werden daher unter Petroleum aufbewahrt. In mit P_4O_{10} getrocknetem Sauerstoff behält dagegen z. B. Na tagelang seinen metallischen Glanz.

4.10.3.2 Darstellung und Verwendung

Verbindungen unedler Metalle sind chemisch nur schwer zum Metall zu reduzieren. Unedle Metalle werden daher häufig durch elektrochemische Reduktion gewonnen. Durch Elektrolyse wässriger Lösungen ist ihre Herstellung nicht möglich, da die unedlen Metalle hohe negative Standardpotentiale besitzen und sich Wasserstoff und nicht Metall abscheidet. Man elektrolysiert daher geschmolzene Salze, die die betreffenden Metalle als Kationen enthalten. Durch Schmelzelektrolyse werden technisch die Alkalimetalle Li und Na hergestellt, außerdem Be, Mg und in riesigen Mengen Al.

Zur elektrolytischen Gewinnung von **Natrium** kann man NaOH (Castner-Verfahren) oder NaCl (Downs-Verfahren) verwenden. Beim jetzt fast ausschließlich angewandten Downs-Verfahren wird die Schmelztemperatur (Smp. NaCl 808 °C) durch Zusatz von ca. 60 % $CaCl_2$ auf etwa 600 °C herabgesetzt. Bei zu hoher Elektrolysetemperatur löst sich das entstandene Na in der Schmelze.

Kathodenreaktion: $2\,Na^+ + 2\,e^- \longrightarrow 2\,Na$
Anodenreaktion: $2\,Cl^- \longrightarrow Cl_2 + 2\,e^-$

Technische Einzelheiten sind in der Abb. 4.56 dargestellt.

Lithium wird durch Schmelzelektrolyse eines eutektischen Gemisches von LiCl und KCl bei 450 °C dargestellt. LiCl erhält man durch alkalischen Aufschluss von Spodumen. Im Labor wird Li auch durch Elektrolyse einer Lösung von LiCl in Pyridin gewonnen.

Kalium wird durch Reduktion von geschmolzenem KCl mit metallischem Na bei 850 °C hergestellt. Es entsteht eine K-Na-Legierung, aus der reines K durch Destillation gewonnen wird.

Rubidium und **Caesium** werden durch chemische Reduktion hergestellt, z. B. durch Erhitzen der Dichromate mit Zirconium im Hochvakuum.

$$Cs_2Cr_2O_7 + 2\,Zr \xrightarrow{500\,^\circ C} 2\,Cs + 2\,ZrO_2 + Cr_2O_3$$

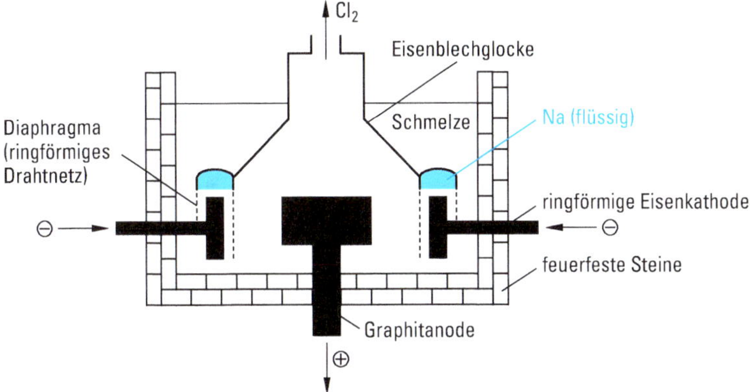

Abbildung 4.56 Downs-Zelle für die Schmelzelektrolyse von NaCl.
Die Schmelztemperatur wird durch $CaCl_2$ auf 600 °C herabgesetzt. Pro kg Natrium werden 11 kWh Strom benötigt.

Man kann auch die Hydroxide mit Mg im H_2-Strom oder die Chloride mit Ca im Hochvakuum reduzieren.

Li dient in der Metallurgie als Legierungsbestandteil zum Härten von Blei, Magnesium und Aluminium. Wegen der geringen Dichte werden Lithiumlegierungen im Flugzeugbau verwendet. Für die Technik am wichtigsten ist Lithiumcarbonat Li_2CO_3. Es wird bei der Aluminiumherstellung und in der Glas- und Keramikindustrie benutzt. Mit Lithiumionen behandelt man psychische Erkrankungen, z. B. manische Depressionen. $^6Li^2H$ wird bei der Kernfusion verwendet (vgl. S. 26).

Na ist Ausgangsstoff zur Herstellung von Na_2O_2, $NaNH_2$, NaH, NaCN. Na-Pb-Legierungen dienten früher zur Herstellung des Antiklopfmittels Tetraethylblei $Pb(C_2H_5)_4$ für Kraftstoffe. Beim Hunter-Verfahren (s. S. 819) wird $TiCl_4$ mit Na zu Titanmetall reduziert. In der Beleuchtungstechnik verwendet man Na für Natriumdampfentladungslampen, in Schnellbrutreaktoren dient flüssiges Natrium als Kühlmittel. Im Labor ist es ein wichtiges Reduktionsmittel und wird zur Trocknung organischer Lösungsmittel (Ether, Benzol) verwendet.

Die Alkalimetalle spalten bei Bestrahlung mit UV-Strahlung Elektronen ab (photoelektrischer Effekt). Am geeignetsten ist Cs, es wird daher für Photozellen benutzt.

^{137}Cs wird in der Medizin als Strahlenquelle verwendet. Es ist ein β-Strahler mit einer Halbwertszeit von 30 Jahren.

4.10.4 Verbindungen der Alkalimetalle

4.10.4.1 Hydride

Alkalimetalle reagieren mit Wasserstoff zu stöchiometrischen, thermodynamisch stabilen Hydriden. Sie kristallisieren in der NaCl-Struktur, die Gitterpunkte werden von Alkalimetallkationen und H^--Ionen besetzt. Die berechneten Gitterenergien (Abb. 4.60) liegen zwischen denen der Alkalimetallfluoride und Alkalimetallchloride. Die Bildungsenthalpien ΔH°_B (Abb. 4.60) sind kleiner als die der Alkalimetallhalogenide, da bei den Halogenen die Reaktion $\frac{1}{2}X_2 + e^- \longrightarrow X^-$ exotherm ist, während beim Wasserstoff die Reaktion $\frac{1}{2}H_2 + e^- \longrightarrow H^-$ endotherm ist (vgl. S. 416). Die kovalenten Bindungsanteile nehmen in Richtung LiH zu. Die thermische Stabilität nimmt vom LiH zum CsH ab. RbH z. B. ist sehr reaktiv, entzündet sich an der Luft und verbrennt zu RbO_2 und H_2O.

Lithiumhydrid LiH ist das stabilste Alkalimetallhydrid (Smp. 686 °C). Es kann aus den Elementen bei 600 °C dargestellt werden.

$$Li + \tfrac{1}{2}H_2 \longrightarrow LiH \qquad \Delta H^\circ_B = -91\ kJ/mol$$

Die Schmelze leitet den elektrischen Strom, bei der elektrolytischen Zersetzung entwickelt sich an der Anode Wasserstoff. Mit Wasser entwickelt LiH Wasserstoff, pro kg 2,8 m^3 H_2.

$$Li\overset{-1}{H} + \overset{+1}{H}OH \longrightarrow LiOH + \overset{0}{H_2}$$

In etherischen Lösungen reagiert LiH mit vielen Halogeniden zu Doppelhydriden.

$$4\,LiH + AlCl_3 \longrightarrow LiAlH_4 + 3\,LiCl$$

Lithiumhydridoaluminat (Lithiumaluminiumhydrid) ist ein wichtiges selektives Reduktionsmittel.

Natriumhydrid NaH entsteht bei 300 °C aus den Elementen.

$$Na + \tfrac{1}{2}H_2 \longrightarrow NaH \qquad \Delta H^\circ_B = -57\ kJ/mol$$

Mit Wasser reagiert NaH stärker als Na, so dass es zur Beseitigung letzter Wasserspuren geeignet ist. NaH wird als Reduktionsmittel verwendet.

Beispiele:

$$2\,BF_3 + 6\,NaH \xrightarrow{200\,^\circ C} B_2H_6 + 6\,NaF$$

$$BF_3 + 4\,NaH \xrightarrow{Ether/125\,^\circ C} NaBH_4 + 3\,NaF$$

$$AlBr_3 + 4\,NaH \xrightarrow{(CH_3)_2O} NaAlH_4 + 3\,NaBr$$

$$TiCl_4 + 4\,NaH \xrightarrow{400\,^\circ C} Ti + 4\,NaCl + 2\,H_2$$

4.10.4.2 Sauerstoffverbindungen

Alle Alkalimetalle bilden Oxide $M_2\overset{-2}{O}$, Peroxide $M_2\overset{-1}{O_2}$ und Hyperoxide $M\overset{-1/2}{O_2}$ mit den Anionen O^{2-}, O_2^{2-} und O_2^- (vgl. S. 474 f.).

Es gibt außerdem Sauerstoffverbindungen des Typs $M_4\overset{-2/3}{O_6}$, Ozonide $M\overset{-1/3}{O_3}$ und Suboxide mit Oxidationszahlen des Alkalimetalls < 1. Erhitzt man Alkalimetalle an der Luft, entsteht aus Li das Oxid Li_2O, aus Na das Peroxid Na_2O_2, während die schwereren Alkalimetalle die Hyperoxide KO_2, RbO_2, CsO_2 bilden.

Oxide M_2O. Die Oxide M_2O mit M = Li, Na, K, Rb kristallisieren in der Antifluorit-Struktur (vgl. Abb. 2.10), Cs_2O in der Anti-$CdCl_2$-Struktur (vgl. S. 143). Li_2O und Na_2O sind weiß, K_2O ist gelblich, Rb_2O gelb und Cs_2O orange. Die Verbindungen sind thermisch ziemlich stabil und zersetzen sich erst oberhalb 500 °C.

Li_2O (Smp. 1570 °C) entsteht auch bei der thermischen Zersetzung von LiOH, Li_2CO_3 und $LiNO_3$. Es wird in der Glasindustrie als Flussmittel verwendet.

Na_2O (Smp. 920 °C) ist hygroskopisch, man erhält es aus Natriumperoxid mit Natrium.

$$Na_2O_2 + 2\,Na \longrightarrow 2\,Na_2O$$

In sehr reiner Form entsteht es nach der Reaktion

$$NaNO_3 + 5\,NaN_3 \longrightarrow 3\,Na_2O + 8\,N_2$$

Peroxide M_2O_2. Na_2O_2 (vgl. S. 474) entsteht durch Verbrennung von Na im Sauerstoffstrom.

$$2\,Na + O_2 \longrightarrow Na_2O_2 \qquad \Delta H^\circ = -505\,kJ/mol$$

Es ist bis 500 °C thermisch stabil und ein kräftiges Oxidationsmittel, das technisch zum Bleichen (Papier, Textilrohstoffe) verwendet wird. Mit oxidierbaren Substanzen reagiert es oft explosionsartig. Wässrige Lösungen reagieren alkalisch, da O_2^{2-} eine Anionenbase ist.

$$O_2^{2-} + 2\,H_2O \longrightarrow 2\,OH^- + H_2O_2$$

Li_2O_2 wird industriell aus $LiOH \cdot H_2O$ mit H_2O_2 hergestellt.

$$LiOH \cdot H_2O + H_2O_2 \longrightarrow LiOOH \cdot H_2O + H_2O$$

$$2\,LiOOH \cdot H_2O \xrightarrow{\text{Erhitzen}} Li_2O_2 + H_2O_2 + 2\,H_2O$$

Li_2O_2 zersetzt sich oberhalb 195 °C in Li_2O.

K_2O_2, Rb_2O_2, Cs_2O_2 werden durch Oxidation der Metalle in flüssigem NH_3 bei −60 °C dargestellt.

Peroxide reagieren mit Säure bzw. H_2O unter Bildung von H_2O_2.

$$M_2O_2 + H_2SO_4 \longrightarrow M_2SO_4 + H_2O_2$$

Mit CO_2 wird O_2 freigesetzt.

$$M_2O_2 + CO_2 \longrightarrow M_2CO_3 + \tfrac{1}{2}\,O_2$$

Na_2O_2 und K_2O_2 finden daher Verwendung in der Unterwassertechnik und Feuerwehrtechnik, das leichtere Li_2O_2 in der Raumfahrttechnik. Sie absorbieren ausgeatmetes Kohlenstoffdioxid und setzen Sauerstoff frei.

Hyperoxide MO_2. Bei der Oxidation mit Luftsauerstoff reagieren K, Rb, Cs zu Hyperoxiden.

$$K + O_2 \longrightarrow KO_2 \quad \Delta H° = -285\,kJ/mol$$

Hyperoxide sind nur mit den großen Alkalimetallkationen stabil. LiO_2 wurde bei 15 K mit der Matrixtechnik isoliert. Es zersetzt sich bereits bei −33 °C in Li_2O_2.

NaO_2 erhält man durch Oxidation bei hohen Drücken.

$$Na + O_2 \xrightarrow[450\,°C]{150\,bar} NaO_2$$

Oberhalb 67 °C zersetzt es sich in Na_2O_2.

KO_2, orange (Smp. 380 °C), RbO_2, dunkelbraun (Smp. 412 °C), CsO_2, orange (Smp. 432 °C) kristallisieren in der tetragonalen CaC_2-Struktur (Abb. 4.57).

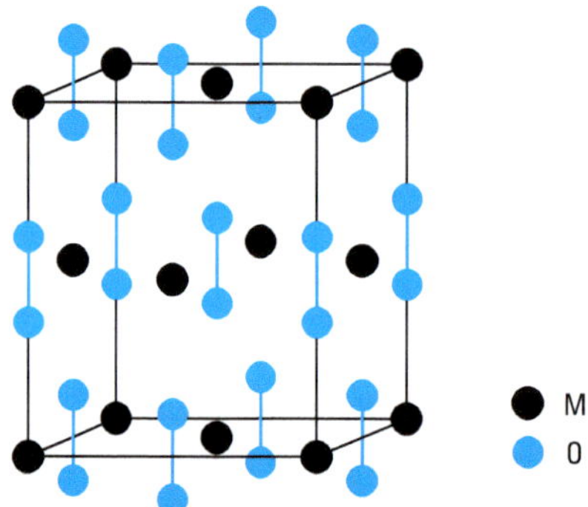

Abbildung 4.57 Struktur der Hyperoxide MO_2 (M = K, Rb, Cs).
Die Struktur lässt sich von der des NaCl ableiten. Die Na^+-Positionen sind von M^+-Ionen besetzt, die Cl^--Plätze von O_2^--Ionen. Da die O_2^--Hanteln parallel zur z-Achse liegen, entsteht tetragonale Symmetrie.

Durch kontrollierte thermische Zersetzung von KO_2, RbO_2, CsO_2 erhält man Sauerstoffverbindungen des Typs $\mathbf{M_4O_6}$. Es sind Doppeloxide mit den Ionen O_2^{2-} und O_2^-: $(M^+)_4(O_2^{2-})(O_2^-)_2$. Phasenrein entsteht Rb_4O_6 durch Festkörperreaktion aus Rb_2O_2 und RbO_2 bei 200 °C.

Ozonide MO_3. Die Ozonide MO_3 mit M = Na, K, Rb, Cs, die das paramagnetische Ion O_3^- enthalten, können bei niedriger Temperatur durch Einwirkung von Ozon auf MOH dargestellt werden.

$$3\,MOH\,(s) + 2\,O_3 \longrightarrow 2\,MO_3\,(s) + MOH \cdot H_2O\,(s) + \tfrac{1}{2}O_2$$

Suboxide. Von Cs sind neun Verbindungen mit Sauerstoff bekannt. Außer den schon besprochenen existieren noch folgende Suboxide:

Cs_7O	Cs_4O	$Cs_{11}O_3$	$Cs_{3+x}O$
bronzefarben, Smp. 4 °C	rotviolett, schmilzt inkongruent bei 10 °C	violett, schmilzt inkongruent bei 52 °C	nicht stöchiometrisch, obere Zusammensetzung Cs_4O; Zers. 166 °C

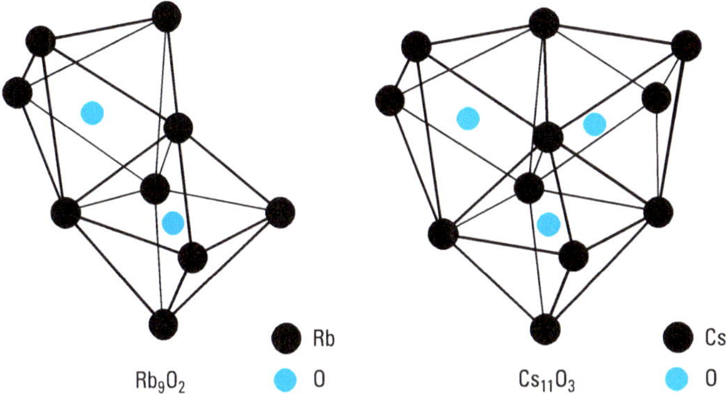

Abbildung 4.58 Struktur der Cluster Rb_9O_2 und $Cs_{11}O_3$.
Die Cluster sind aus flächenverknüpften $M_6\{\mu_6\text{-}O\}$-Oktaedern aufgebaut. Alle Suboxide von Rb und Cs enthalten Rb_9O_2- bzw. $Cs_{11}O_3$-Cluster als Baugruppen.

Von Rb sind zwei Suboxide bekannt:

$$2\,Rb_6O \xrightarrow{-7\,^\circ C} \underset{\substack{\text{kupferfarben,}\\ \text{schmilzt inkongruent bei 40 °C}}}{Rb_9O_2} + 3\,Rb$$

Das Suboxid $Cs_{11}O_3$ ist aus $Cs_{11}O_3$-Clustern (Abb. 4.58) aufgebaut, in denen drei $Cs_6\{\mu_6\text{-}O\}$-Oktaeder über gemeinsame Flächen verknüpft sind. Die Bindung innerhalb der Cluster ist ionogen. Unter der Annahme der Oxidationszahl $+1$ für Cs und -2 für O sind die Cluster fünffach positiv geladen, sie werden durch die überschüssigen Elektronen metallisch aneinander gebunden: $(Cs_{11}O_3)^{5+}5e^-$. Die Sauerstoff-Metall-Abstände sind etwas kleiner als die Summe der Ionenradien, die Metallabstände zwischen den Clustern entsprechen denen im reinen Metall, die Metallabstände innerhalb der Cluster sind viel kleiner.

Die Cluster bilden mit Cs quasi intermetallische Phasen. Cs_4O ist aus $Cs_{11}O_3$-Clustern und Cs im Verhältnis 1 : 1 aufgebaut, Cs_7O im Verhältnis 1 : 10.

Die Rb-Suboxide sind aus Rb_9O_2-Clustern aufgebaut, in denen zwei Oktaeder über gemeinsame Flächen verknüpft sind.

4.10.4.3 Hydroxide

Die Alkalimetallhydroxide sind von allen Hydroxiden die stärksten Basen. Sie reagieren mit Säuren zu Salzen, mit CO_2 und H_2S zu Carbonaten bzw. Sulfiden. Ihre großtechnische Herstellung durch Elektrolyse von Chloridlösungen (Chloralkalielektrolyse) wurde bereits im Abschn. 3.8.10 besprochen. LiOH wird auch durch Umsetzung von Li_2CO_3 mit $Ca(OH)_2$ hergestellt.

$$Li_2CO_3 + Ca(OH)_2 \longrightarrow 2\,LiOH + CaCO_3$$

In analoger Reaktion wurde früher Natronlauge durch Kaustifizierung (kaustifizieren = ätzend machen) von Soda hergestellt.

$$Na_2CO_3 + Ca(OH)_2 \longrightarrow 2\,NaOH + CaCO_3$$

Aus wässrigen Lösungen von LiOH erhält man das Monohydrat **LiOH · H$_2$O**, das zur Herstellung von Schmierfetten dient. Von den anderen Alkalimetallhydroxiden gibt es zahlreiche **Hydrate**, z. B. NaOH · $n\,H_2O$ mit $n = 1-7$. Bei den wasserfreien Hydroxiden nehmen die Schmelzpunkte von 471 °C für LiOH auf 272 °C für CsOH ab.

NaOH (Ätznatron) ist eine weiße, hygroskopische, kristalline Substanz (Smp. 318 °C). Die Industrie benötigt große Mengen NaOH zum Aufschluss von Bauxit (S. 611), zur Herstellung von NaOCl (S. 449) sowie bei der Fabrikation von Papier, Zellstoff und Kunstseide. 2018 betrug die Weltproduktion ca. $70 \cdot 10^6$ t, 2019 wurden in Deutschland $3{,}15 \cdot 10^6$ t Natronlauge hergestellt. Die Herstellung wurde im Abschn. 3.8.10 beschrieben. NaOH wird auch in der Nahrungsmittelindustrie und im Haushalt z. B. in Abflussreinigern verwendet.

KOH (Ätzkali) (Smp. 360 °C) ist eine weiße, sehr hygroskopische Substanz; sie wird daher als Trocknungsmittel und Absorptionsmittel für CO_2 verwendet. Technisch ist KOH wichtig für die Herstellung von Schmierseifen und Wasser enthärtenden Kaliumphosphaten für flüssige Waschmittel (die Kaliumpolyphosphate sind besser löslich als die entsprechenden Natriumsalze).

4.10.4.4 Halogenide

Die Alkalimetallhalogenide sind farblose, hochschmelzende, kristalline Feststoffe. CsCl, CsBr, CsI kristallisieren in der CsCl-Struktur, alle anderen in der NaCl-Struktur. Der Gang der Schmelzpunkte ist in der Abb. 4.59 dargestellt, Gitterenergien und Bildungsenthalpien in der Abb. 4.60.

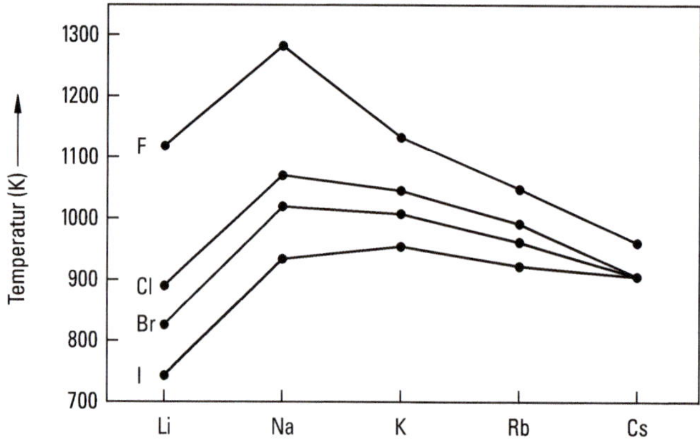

Abbildung 4.59 Schmelzpunkte der Alkalimetallhalogenide.
Die Schmelzpunkte zeigen folgenden Gang: F > Cl > Br > I. In jeder Serie hat NaX ein Maximum (Ausnahme KI).

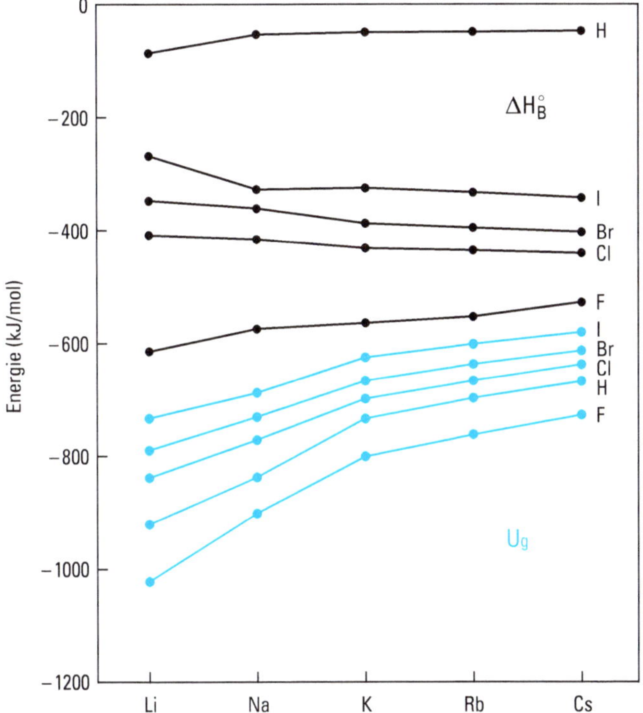

Abbildung 4.60 Standardbildungsenthalpien ΔH°_B und Gitterenergien U_g von Alkalimetallhalogeniden und Alkalimetallhydriden.
Die Absolutwerte der Gitterenergien und der Standardbildungsenthalpien der Halogenide zeigen folgenden Gang: F > Cl > Br > I.
Bei jedem Halogen und auch bei H gilt für die Gitterenergie: Li > Na > K > Rb > Cs. Der gleiche Gang ist für die Bildungsenthalpien nur bei den Fluoriden und Hydriden vorhanden. Die geringe Zunahme der ΔH°_B-Werte von Li zum Cs bei den Chloriden, Bromiden, Iodiden spiegelt die geringere Sublimationsenthalpie und Ionisierungsenergie der schweren Alkalimetalle wider, die nur bei den Fluoriden und Hydriden durch den Gang der Gitterenergie überkompensiert wird.

Die Alkalimetallhalogenide können durch Reaktion von Alkalimetallhydroxiden MOH oder Alkalimetallcarbonaten M_2CO_3 mit Hydrogenhalogeniden HX hergestellt werden. Von NaCl und KCl gibt es reichhaltige natürliche Vorkommen. Zur Trennung von KCl und NaCl gibt es mehrere Verfahren. Das Heißlöseverfahren beruht auf der unterschiedlichen Temperaturabhängigkeit der Löslichkeit. Bei 110 °C löst sich aus der Salzmischung KCl, der NaCl-Anteil bleibt ungelöst. Nach Filtration kristallisiert beim Abkühlen KCl aus. Zur Trennung in einem elektrischen Feld wird die Salzmischung durch Vermahlung elektrisch aufgeladen. Die KCl-Kristalle sind negativ aufgeladen, der Rest ist positiv und KCl kann abgetrennt werden.

LiF (Smp. 848 °C) ist im Gegensatz zu den anderen Lithiumhalogeniden schwer löslich. Wegen der hohen IR-Durchlässigkeit werden LiF-Einkristalle als Prismenmaterial für IR-Geräte verwendet.

LiCl (Smp. 613 °C) kristallisiert bei Normaltemperatur als Hydrat, oberhalb 98 °C wasserfrei. Die starke Solvatisierung des Li-Ions bewirkt die gute Löslichkeit von LiCl, LiBr und LiI in Ethanol, was zur Trennung von anderen Alkalimetallhalogeniden genutzt wird.

NaCl (Smp. 808 °C) ist die industriell wichtigste Natriumverbindung und ist Ausgangsprodukt für die Herstellung von Na_2CO_3, NaOH, Cl_2, HCl und Wasserglas. Es wird überwiegend durch Abbau von Steinsalzlagern gewonnen, aber auch in großen Mengen durch Eindunsten von Meerwasser (Weltförderung 2020 ca. $270 \cdot 10^6$ t). NaCl ist nicht hygroskopisch, das Feuchtwerden von Speisesalz wird durch Vorhandensein von $MgCl_2$ verursacht (vgl. S. 652). Der tägliche Bedarf an Kochsalz beträgt mindestens 3 g. Die Löslichkeit von NaCl ist nur wenig temperaturabhängig (bei 0 °C lösen sich 35,6 g, bei 100 °C 39,1 g NaCl in 100 g Wasser). Eis-Kochsalz-Mischungen können als Kältemischungen verwendet werden (Ein Gemisch Eis : Kochsalz im Verhältnis 3,5 : 1 schmilzt bei −21 °C).

KCl (Smp. 772 °C) ist das wichtigste Kalirohsalz und Ausgangsprodukt für die Herstellung von Kaliumverbindungen, z. B. KOH und K_2CO_3. Die wichtigsten Kalisalze, aus denen KCl durch Aufarbeitung gewonnen wird, sind: Carnallit $KMgCl_3 \cdot 6\,H_2O$; Hartsalz, ein Gemenge aus Steinsalz NaCl, Sylvin KCl und Kieserit $MgSO_4 \cdot H_2O$; Sylvinit, ein Gemisch aus Steinsalz und Sylvin.

CsI wird als Prismenmaterial für IR-Spektrometer verwendet.

4.10.4.5 Salze von Oxosäuren

Natriumcarbonat Na_2CO_3

Na_2CO_3 gehört zu den wichtigsten Produkten der chemischen Industrie und wird in der Glasindustrie (ca. 50 %) zur Herstellung von Wasserglas, Waschmitteln und Natriumsalzen gebraucht. 2020 betrug die Weltproduktion $52 \cdot 10^6$ t, davon waren etwa 73 % synthetische Soda. Auf Grund der riesigen Naturvorkommen in den USA wächst der Anteil an Natursoda. Das wichtigste Sodamineral $Na_2CO_3 \cdot NaHCO_3 \cdot 2\,H_2O$ (Trona) entsteht durch Salzablagerungen von Sodaseen.

Wasserfreie Soda (calcinierte Soda) ist ein weißes Pulver (Smp. 851 °C), das sich unter Erwärmung und alkalischer Reaktion in Wasser löst.

$$CO_3^{2-} + H_2O \longrightarrow HCO_3^- + OH^-$$

Aus wässrigen Lösungen kristallisiert unterhalb 32 °C das Decahydrat $Na_2CO_3 \cdot 10\,H_2O$ (Kristallsoda) aus. Im Kristall liegen neben den CO_3^{2-}-Ionen $[Na_2(H_2O)_{10}]^{2+}$-Ionen vor, in denen jedes Na^+ oktaedrisch von H_2O umgeben ist, so dass eine gemeinsame Oktaederkante vorhanden ist. Bei 32 °C schmilzt Kristallsoda im eigenen Kristallwasser (siehe S. 672). Oberhalb 32 °C entsteht ein Heptahydrat, dann ein Monohydrat und oberhalb 107 °C die wasserfreie Verbindung.

Soda wird überwiegend nach dem Ammoniak-Soda-Verfahren (Solvay-Prozess) hergestellt, bei dem die relative Schwerlöslichkeit von $NaHCO_3$ ausgenutzt wird. Aus einer NaCl-Lösung, in die CO_2 und NH_3 eingeleitet wird, fällt $NaHCO_3$ aus.

$$2\,NaCl + 2\,H_2O + 2\,NH_3 + 2\,CO_2 \longrightarrow 2\,NaHCO_3 + 2\,NH_4Cl$$

$NaHCO_3$ wird thermisch zersetzt, das entstehende CO_2 wird wieder in den Prozess zurückgeführt.

$$2\,NaHCO_3 \longrightarrow Na_2CO_3 + H_2O + CO_2$$

Die andere Hälfte des CO_2 wird durch Brennen von Kalkstein gewonnen (vgl. S. 654).

$$CaCO_3 \longrightarrow CaO + CO_2$$

Das CaO wird zur Rückgewinnung von NH_3 verwendet.

$$2\,NH_4Cl + CaO \longrightarrow CaCl_2 + 2\,NH_3 + H_2O$$

Die resultierende Bruttogleichung ist

$$2\,NaCl + CaCO_3 \longrightarrow Na_2CO_3 + CaCl_2$$

und nur $CaCl_2$ entsteht als Abfallprodukt.

Natriumhydrogencarbonat $NaHCO_3$

Stabile Hydrogencarbonate („Bicarbonate“) bilden mit Ausnahme von Lithium nur die Alkalimetalle. Natriumhydrogencarbonat $NaHCO_3$ ist schlechter in Wasser löslich als Na_2CO_3. Daher fällt beim Einleiten von CO_2 in eine Na_2CO_3-Lösung $NaHCO_3$ aus.

$$Na_2CO_3\,(aq.) + CO_2 + H_2O \longrightarrow 2\,NaHCO_3\,(s)$$

Erhitzt man $NaHCO_3$, dann zerfällt es in Na_2CO_3, CO_2 und Wasserdampf. Auf Grund dieser Reaktion wird $NaHCO_3$ in Pulverfeuerlöschern verwendet. In der Nahrungsmittelindustrie dient es als Backpulver.

Kaliumcarbonat K_2CO_3

K_2CO_3 (Pottasche) ist eine weiße, hygroskopische Substanz (Smp. 894 °C), die in der Seifenindustrie und zur Fabrikation von Kaligläsern verwendet wird.

K_2CO_3 kann nicht analog dem Solvay-Prozess hergestellt werden, da $KHCO_3$ – im Gegensatz zu $NaHCO_3$ – gut löslich ist. Die Darstellung erfolgt durch Carbonisierung von Kalilauge

$$2\,KOH + CO_2 \longrightarrow K_2CO_3 + H_2O$$

oder mit dem Formiat-Pottasche-Verfahren. In eine wässrige Lösung von Kaliumsulfat und Ätzkalk wird CO eingeleitet.

$$K_2SO_4 + Ca(OH)_2 + 2\,CO \xrightarrow[30\,bar]{230\,°C} CaSO_4 + 2\,HCOOK$$

Das abgetrennte Formiat wird zusammen mit KOH unter Luftzufuhr calciniert.

$$2\,HCOOK + 2\,KOH + O_2 \longrightarrow 2\,K_2CO_3 + 2\,H_2O$$

Natriumsulfat Na_2SO_4

Na_2SO_4 erhält man durch Umsetzung von Steinsalz mit Kieserit

$$2\,NaCl + MgSO_4 \longrightarrow Na_2SO_4 + MgCl_2$$

oder als Nebenprodukt bei der Salzsäureherstellung (vgl. S. 444).

$$2\,NaCl + H_2SO_4 \longrightarrow Na_2SO_4 + 2\,HCl$$

Beim Abkühlen kristallisiert aus Na_2SO_4-Lösungen unterhalb 32 °C das Decahydrat $Na_2SO_4 \cdot 10\,H_2O$ (Glaubersalz) aus, darüber wasserfreies Natriumsulfat (Smp. 884 °C). Na_2SO_4 wird in der Glas-, Textil- und Papierindustrie verwendet. Na_2SO_4 ist im Karlsbader Salz enthalten. Bei Raumtemperatur verwittert $Na_2SO_4 \cdot 10\,H_2O$, bei 32 °C schmilzt es im eigenen Kristallwasser.

Ist bei Raumtemperatur der Wasserdampfdruck eines Salzes größer als der Wasserdampf-Partialdruck in der Luft, gibt das Salz Kristallwasser ab, es verwittert. Aus $Na_2SO_4 \cdot 10\,H_2O$ entsteht durch Verwitterung Na_2SO_4.

Wenn der Wasserdampf-Partialdruck eines wasserhaltigen Salzes den H_2O-Partialdruck der gesättigten Lösung dieses Salzes erreicht, dann schmilzt es im eigenen Kristallwasser. Bei 32 °C erreicht der H_2O-Partialdruck von $Na_2SO_4 \cdot 10\,H_2O$ den H_2O-Partialdruck einer gesättigten Na_2SO_4-Lösung, oberhalb 32 °C schmilzt deshalb $Na_2SO_4 \cdot 10\,H_2O$ (Glaubersalz) im eigenen Kristallwasser unter Abscheidung von Na_2SO_4.

Natriumnitrat $NaNO_3$

Naturvorkommen existieren hauptsächlich in Chile (Chilesalpeter). Die technische Darstellung erfolgt durch Umsetzung von Soda mit Salpetersäure.

$$Na_2CO_3 + 2\,HNO_3 \longrightarrow 2\,NaNO_3 + H_2O + CO_2$$

$NaNO_3$ (Smp. 308 °C) ist isotyp mit Calcit (Abb. 2.20). Es wird hauptsächlich als Düngemittel und zur Herstellung von KNO_3 verwendet.

Kaliumnitrat KNO_3

KNO_3 (Kalisalpeter) wird entweder aus K_2CO_3 mit HNO_3 hergestellt

$$2\,HNO_3 + K_2CO_3 \longrightarrow 2\,KNO_3 + H_2O + CO_2$$

oder durch „Konversion" von $NaNO_3$ mit KCl.

$$NaNO_3 + KCl \rightleftharpoons KNO_3 + NaCl$$

In heißen Lösungen ist NaCl am schwersten löslich und kristallisiert zuerst aus, beim Abkühlen fällt dann reines KNO_3 aus (Abb. 4.61). KNO_3 (Smp. 339 °C) ist im Gegensatz zu $NaNO_3$ nicht hygroskopisch und wird in der Pyrotechnik verwendet. Oberhalb des Schmelzpunktes geht es unter Sauerstoffabgabe in Nitrit über. Es ist Bestandteil des Schwarzpulvers (vgl. S. 524) und ein wichtiges Düngemittel.

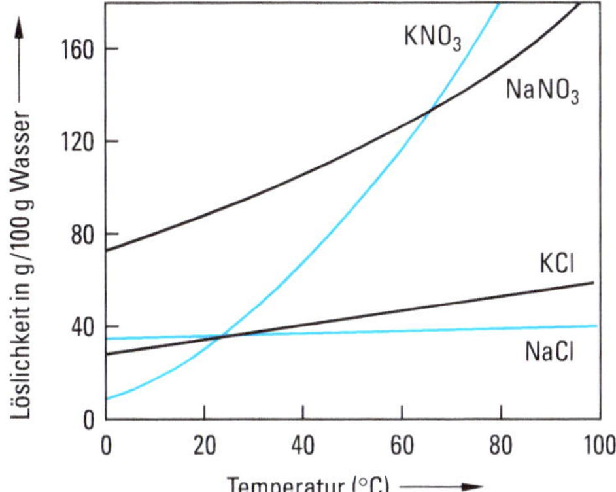

Abbildung 4.61 Löslichkeit der Salze des Gleichgewichts $NaNO_3 + KCl \rightleftharpoons KNO_3 + NaCl$ in Abhängigkeit von der Temperatur.

Perchlorate. Hexachloridoplatinate

Schwer löslich sind die Perchlorate $MClO_4$ und die Hexachloridoplatinate $M_2[PtCl_6]$ (M = K, Rb, Cs). Zur Fällung von Kalium eignet sich weiterhin das schwerlösliche Kalium-hexanitritocobaltat(III) $K_3[Co(NO_2)_6]$ (s. S. 893).

Kaliumhaltige Düngemittel

Die wichtigsten Kalisalze, die als Düngemittel (Weltverbrauch 2018 $38{,}8 \cdot 10^6$ t, berechnet als K_2O) Verwendung finden, sind: KNO_3, KCl, Carnallit $KMgCl_3 \cdot 6\,H_2O$, Kainit $KMgCl(SO_4) \cdot 3\,H_2O$, K_2SO_4, Schönit $K_2Mg(SO_4)_2 \cdot 6\,H_2O$. Viele Pflanzen (z. B. Kartoffeln) sind allerdings gegen Chloride empfindlich.

Kaliumhaltige Mischdünger sind „Kaliammonsalpeter" (KNO_3 und NH_4Cl) sowie „Nitrophoska" und „Hakaphos" (siehe Phosphate S. 540).

4.11 Umweltprobleme

Seit Beginn der Industrialisierung hat die Weltbevölkerung exponentiell zugenommen (Abb. 4.62a). Von 1960 bis 2021 hat sich die Weltbevölkerung von ca. 3 Milliarden auf ca. 7,9 Milliarden mehr als verdoppelt, dies entspricht einer Wachstumsrate von 1,7 %. Auch das globale Bruttonationaleinkommen nahm exponentiell zu (Abb. 4.62b). Wie Bevölkerungswachstum und Bruttonationaleinkommen war auch das Tempo technologischer Entwicklungen exponentiell. In vielen Bereichen der Forschung und Wissenschaft sind in den letzten Jahrzehnten größere Fortschritte erzielt worden als in der bisherigen gesamten Geschichte der Wissenschaft. Parallel dazu wuchs aber auch die Belastung der Umwelt mit Schadstoffen und die Erschöpfung wichtiger Rohstoffe droht. In einigen Bereichen sind die Grenzen der Belastbarkeit der Erde nahezu erreicht oder schon überschritten. Die Menschheit ist dadurch von Problemen einer Größenordnung herausgefordert, die völlig neu in ihrer Geschichte sind und zu deren Lösung die traditionellen Strukturen und Institutionen nicht mehr ausreichen. Sie können nur international gelöst werden.

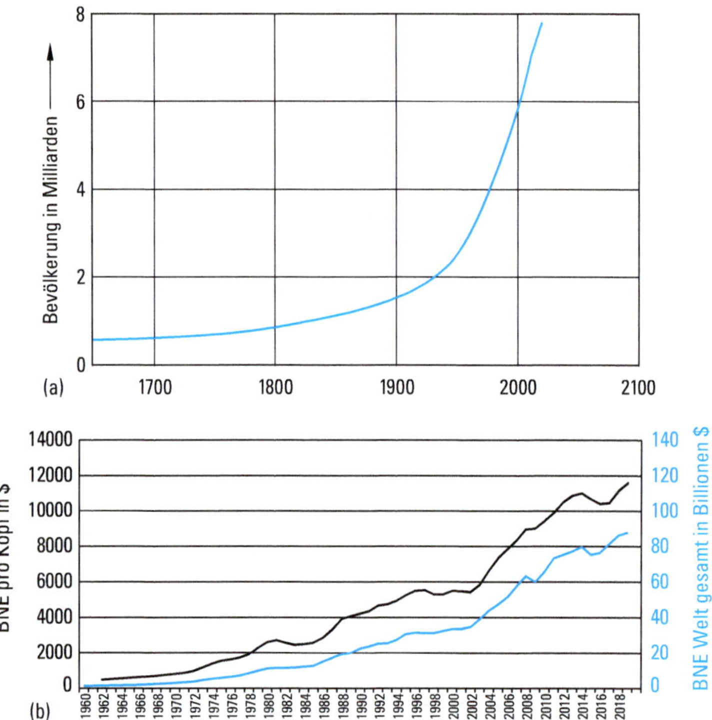

Abbildung 4.62 a) Wachstum der Weltbevölkerung. Ende 2011 wurde der 7-Milliardste Mensch geboren. 2021 betrug die Weltbevölkerung 7,9 Milliarden. Trotz der Verringerung der Wachstumsrate ist die Prognose für 2050 fast 10 Milliarden.
b) Bruttonationaleinkommen (BNE) Welt gesamt —, pro Kopf —. Das BNE zeigt weltweit drastische Unterschiede. 2019 betrug es pro Kopf in der Schweiz 85 500 Dollar, in Deutschland 48 580, in Somalia 130 Dollar (niedrigster Wert). Der Weltdurchschnitt war 11 571 Dollar.

Ein Beispiel mit globalem Charakter ist das Ozonproblem. Es zeigte sich, dass es möglich war, rasch und wirkungsvoll eine internationale Übereinkunft durchzusetzen, sobald erkannt wurde, dass dies unerlässlich sei. Aber dazu war die weltweite Zusammenarbeit von Wissenschaftlern, Technikern, Politikern und Organisationen erforderlich.

Beim Treibhauseffekt, der das bedrohlichste und am schwierigsten zu lösende Umweltproblem ist, stehen wir noch immer am Anfang. Wenn es uns nicht gelingt, die von Menschen verursachte globale Erwärmung aufzuhalten, dann könnte die Klimaänderung Chaos und Gefährdung unserer vertrauten Zivilisation zur Folge haben.

In zwei Abschnitten werden einige globale und regionale Umweltprobleme behandelt. Bei allen diesen Umweltproblemen spielen chemische Verbindungen und chemische Reaktionen eine wesentliche Rolle.

4.11.1 Globale Umweltprobleme

4.11.1.1 Die Ozonschicht

In der Stratosphäre existiert neben den Luftbestandteilen Stickstoff N_2 und Sauerstoff O_2 auch die Sauerstoffmodifikation Ozon O_3 (vgl. Abschn. 4.5.3.1). Die so genannte Ozonschicht hat ein Konzentrationsmaximum in ca. 25 km Höhe (Abb. 4.63). Die Gesamtmenge atmosphärischen Ozons ist klein. Würde es bei Standardbedingungen die Erdoberfläche bedecken, dann wäre die Ozonschicht nur etwa 3,5 mm dick.

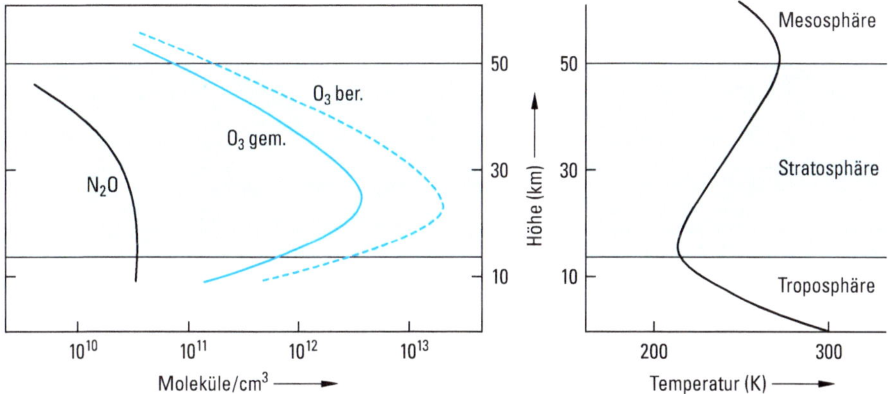

Abbildung 4.63 Spurengaskonzentration in der Stratosphäre.
In der Stratosphäre existiert eine Ozonschicht mit einer maximalen Konzentration von ~$2 \cdot 10^{13}$ Moleküle/cm^3 (entspricht Volumenanteil 10 ppmv), also einem Partialdruck der hunderttausendmal kleiner ist als der Gesamtdruck. (Als Faustregel gilt, dass der Druck in der Höhe alle 5,5 km auf die Hälfte fällt.) Der Anteil anderer Spurengase (N_2O, CH_4 und CH_3Cl) ist noch wesentlich kleiner, sie sind aber am Abbau von Ozon beteiligt.
(ppm bedeutet part per million, 1 ppm = 1 Teil auf 10^6 Teile)

Die Existenz der Ozonschicht und ihr merkwürdiges Konzentrationsprofil wurden bereits 1930 erklärt. Durch harte UV-Strahlung der Sonne ($\lambda < 240$ nm) wird molekularer Sauerstoff in Atome gespalten. Die O-Atome reagieren mit O_2-Molekülen zu Ozon.

$$O_2 \xrightarrow{h\nu} 2\,O$$

$$O + O_2 \longrightarrow O_3$$

Ozon wird durch UV-Strahlung ($\lambda < 310$ nm) oder durch Sauerstoffatome wieder zerstört.

$$O_3 \xrightarrow{h\nu} O_2 + O$$

$$O_3 + O \longrightarrow 2\,O_2$$

Bildung und Abbau führen zu einem Gleichgewicht. Die Bildungsgeschwindigkeit von O_3 erhöht sich mit wachsender O_2-Konzentration und mit zunehmender Intensität der UV-Strahlung. Mit abnehmender Höhe führt die zunehmende O_2-Konzentration daher zunächst zu einer Erhöhung der Bildungsgeschwindigkeit, dann jedoch wird die harte UV-Strahlung immer stärker geschwächt und die Bildungsgeschwindigkeit nimmt ab, die O_3-Konzentration muss ein Maximum durchlaufen.

Die gemessene Ozonkonzentration ist aber etwa eine Größenordnung kleiner als die nach obigem Mechanismus berechnete (Abb. 4.63). Ursache dafür sind natürlich entstandene Spurengase wie CH_4, H_2O, N_2O, CH_3Cl, die zum Ozonabbau beitragen. Als Beispiel wird die Wirkung von N_2O behandelt. Durch UV-Strahlung ($\lambda < 320$ nm) wird N_2O gespalten, die entstandenen O-Atome reagieren mit N_2O zu $NO^{\bullet}$-Radikalen.

$$N_2O \xrightarrow{h\nu} N_2 + O$$

$$N_2O + O \longrightarrow 2\,NO^{\bullet}$$

Die $NO^{\bullet}$-Radikale zerstören in einem katalytischen Reaktionszyklus Ozonmoleküle.

$$\left.\begin{array}{l} NO^{\bullet} + O_3 \longrightarrow NO_2^{\bullet} + O_2 \\ NO_2^{\bullet} + O \longrightarrow NO^{\bullet} + O_2 \end{array}\right\} \text{Reaktionskette}$$

$$\text{Reaktionsbilanz} \quad O_3 + O \longrightarrow 2\,O_2$$

Nicht nur natürlich entstandenes N_2O, sondern auch N_2O anthropogenen Ursprungs (Hauptquelle Stickstoffdüngung) gelangt in die Atmosphäre.

Zum ersten Mal wurde 1974 vor einer möglichen Gefährdung der Ozonschicht durch FCKW gewarnt. Es ist jetzt sicher, anthropogene Spurengase, vor allem Fluorchlorkohlenwasserstoffe (FCKW), aber auch Halone, verursachen den beobachteten Abbau der Ozonschicht (ihre Mitwirkung am Treibhauseffekt wird im Abschn. 4.11.1.2 besprochen). FCKW (Tab. 4.21) sind chemisch inert, sie wandern daher unverändert durch die Troposphäre und erreichen in ca. zehn Jahren die Stratosphäre. Sie werden dort in Höhen ab 20 km durch UV-Strahlung ($\lambda < 220$ nm) unter Bildung von Cl-Atomen gespalten.

$$CF_3Cl \longrightarrow CF_3^{\bullet} + Cl^{\bullet}$$

Tabelle 4.21 Eigenschaften einiger Fluorchlorkohlenwasserstoffe (FCKW)

Formel	Name	Siedepunkt °C	Verwendung	Verweilzeit in der Atmosphäre Jahre	Weltproduktion 1985 in t
CCl_3F	FCKW 11	+24	T, PUS, PSS, R	75	300 000
CCl_2F_2	FCKW 12	−30	T, K, PSS	100	440 000
$CClF_2$—CCl_2F	FCKW 113	+48	R	85	140 000

T = Treibgas, PUS = Polyurethanschaumherstellung, PSS = Polystyrolschaumherstellung, R = Reinigungs- und Lösemittel, K = Kältemittel in Kühlaggregaten.

FCKW sind gasförmige oder flüssige Stoffe. Sie sind chemisch stabil, unbrennbar, wärmedämmend und ungiftig. Auf Grund dieser Eigenschaften werden sie vielfach verwendet und sind nicht leicht zu ersetzen.

Jedes Cl-Atom kann katalytisch im Mittel einige tausend O_3-Atome zerstören.

$$\left.\begin{array}{l} Cl^{\bullet} + O_3 \longrightarrow ClO^{\bullet} + O_2 \\ ClO^{\bullet} + O \longrightarrow Cl^{\bullet} + O_2 \end{array}\right\} \text{Reaktionskette}$$

Reaktionsbilanz $O_3 + O \longrightarrow 2\,O_2$

Halone sind vollhalogenierte bromhaltige Kohlenwasserstoffe, die als Löschmittel verwendet werden.

Beispiele: H 1211 CF_2ClBr (Nummercode: Zahl der C-, F-, Cl-, Br-Atome)
H 1301 CF_3Br

Die durch UV-Strahlung abgespaltenen Br-Atome verursachen eine den Cl-Atomen analoge Reaktionskette, wirken aber wesentlich stärker ozonabbauend.

Ein Maß für die ozonschädigende Wirkung eines Spurengases ist der ODP-Wert (ozone depletion potential). Er gibt an, um welchen Faktor ein Spurengas die Ozonschicht stärker oder schwächer als FCKW 11 abbaut.

	ODP
FCKW 11	1
FCKW 12	0,9
H 1211	5
H 1301	12
HFCKW 22	0,05

Der Volumenanteil von natürlichen Chlor- und äquivalenten Verbindungen in der Stratosphäre wird auf 0,6 ppbv geschätzt, größtenteils aus der Freisetzung von CH_3Cl aus den Ozeanen. Bis etwa 2001 stieg der äquivalente effective stratosphärische Chlorgehalt (EESC, mit Einbeziehung von CH_3Br und Halonen) über der Antarktis auf ca. 4,1 ppbv durch den Eintrag von FCKWs aber auch anderer Halogen- und Chlorkohlenwasserstoffe, wie der Lösungsmittel Dichlormethan CH_2Cl_2, Chloroform $CHCl_3$ und Perchlorethylen $Cl_2C{=}CCl_2$ (1 ppb = 1 Teil auf 10^9 Teile). Seit 2021 fällt der Gehalt langsam und hat 2020 den Wert von ca. 3,7 ppbv erreicht. Es wird allerdings bis etwa zum Jahr 2075 brauchen, bis über der Antarktis die EESC-Werte von 1980 wieder erreicht werden. Die EESC-Werte der übrigen Stratosphäre lagen mit maximal ca. 1,9 ppbv um das Jahr 1997 niedriger, betrugen 2020 1,6 ppbv und in der übrigen Stratosphäre werden die Werte von 1980 bereits wieder um 2050 erreicht sein, sofern die im Montreal- und den Folgeabkommen beschlossenen Maßnahmen beibehalten werden. Allerdings nehmen andere Stoffe, die im Montreal-Protokoll zum Schutz der Ozon-Schicht nicht reglementiert wurden, inzwischen teilweise die Ozon-abbauende Rolle der FCKWs ein und könnten die Rückbildung des Ozon-Lochs um Jahrzehnte verschieben. Zu solchen Stoffen gehört z.B. Dichlormethan CH_2Cl_2 als vielfältig verwendetes Lösungsmittel im industriellen Bereich. Die mittlere Konzentration an freien $Cl^{\bullet}$-Radikalen in der unteren Stratosphäre wurde 2018 zu $1{,}1 \pm 0{,}6$ Atome/cm^3 (entspricht Volumenanteil 0,006 pptv, 1 ppt = 1 Teil auf 10^{12} Teile) bestimmt.

Insgesamt ist der hauptsächlich durch FCKW verursachte Ozonabbau jedoch besonders über der Antarktis viel komplizierter als die obige Reaktionskette beschreibt. In der gesamten Stratosphäre wird Chlor aus FCKWs abgespalten und reagiert mit O_3. Die Chloratome werden aber recht schnell in stabile Verbindungen wie HCl und $ClONO_2$ (Chlornitrat) überführt. Daher erreicht der Ozonabbau keine drastischen Ausmaße. Erst ganz bestimmte Bedingungen setzen die Chloratome aus diesen Chlor-Speicherverbindungen wieder frei.

Seit 1984 wurde beobachtet, dass über der Antarktis im dortigen Frühling (September und Oktober) die Ozonkonzentration drastisch abnimmt. Dieses so genannte Ozonloch vertiefte sich von Jahr zu Jahr. In den Jahren 1992 bis 1995 betrug der Ozonverlust bis zu 70 % im Vergleich zum Mittel dieser Jahreszeit vor Mitte der siebziger Jahre und das Ozonloch hatte ab 1993 eine Ausdehnung der Fläche von Nordamerika (Abb. 4.64). Im November und Dezember nimmt die O_3-Konzentration wieder zu, und das Ozonloch heilt weitgehend aus. Die wahrscheinliche Erklärung dafür ist die folgende: Im Polarwinter entsteht über der Antarktis durch stabile Luftwirbel ein von der Umgebung isoliertes „Reaktionsgefäß“ für die in der Atmosphäre wirksamen Stoffe. Während der Polarnacht finden keine photochemischen Reaktionen statt, da kein Sonnenlicht in die Antarktisatmosphäre eindringt. Bildung und Abbau des Ozons „frieren ein“, die photolytische Bildung von O-Atomen findet nicht mehr statt. Die katalytisch reagierenden Teilchen $Cl^{\bullet}$ und $ClO^{\bullet}$ werden verbraucht, z. B. nach

$$ClO^{\bullet} + NO_2^{\bullet} \longrightarrow ClONO_2$$

$$ClO^{\bullet} + OH^{\bullet} \longrightarrow HCl + O_2$$

$$Cl^{\bullet} + HO_2^{\bullet} \longrightarrow HCl + O_2$$

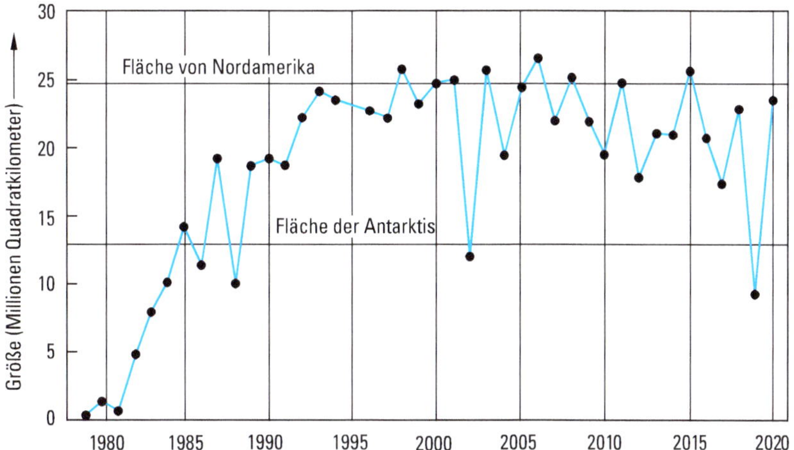

Abbildung 4.64 Entwicklung der Flächengröße des Ozonloches (Werte ≤ 220 D. U.) seit 1980. Unterschiedliche meteorologische Bedingungen beeinflussen die Ausbildung von Ozonlöchern. Ein seltenes Ereignis gab es 2002 und 2019, als sich der polare Wirbel frühzeitig durch eine ungewöhnliche Stratosphärenerwärmung auflöste. Das Ozonloch teilte sich, es bildeten sich zwei schwache Zentren und das Ozonloch verschwand vorzeitig.

Die Stickstoffoxide reagieren zu Salpetersäure.

$$NO^{\bullet} + HO_2^{\bullet} \longrightarrow HNO_3$$
$$NO_2^{\bullet} + OH^{\bullet} \longrightarrow HNO_3$$

(Die Radikale $OH^{\bullet}$ und $HO_2^{\bullet}$ entstehen photolytisch aus H_2O-Molekülen nach $H_2O \xrightarrow{h\nu} OH^{\bullet} + H^{\bullet}$ ($\lambda < 185$ nm) und $O_3 + OH^{\bullet} \longrightarrow O_2 + HO_2^{\bullet}$.) Bei Temperaturen bis $-90\,°C$ bilden sich Stratosphärenwolken aus Eiskristallen (Aerosole). Die Eiskristalle bestehen hauptsächlich aus Wasser und Salpetersäure. An der Oberfläche der Eiskristalle kann dann Chlornitrat in heterogenen Reaktionen mit HCl und H_2O reagieren.

$$ClONO_2 + HCl \longrightarrow Cl_2 + HNO_3$$
$$ClONO_2 + H_2O \longrightarrow HClO + HNO_3$$

Wenn Ende September die Zeit des Polartages anbricht, entstehen durch Photolyse aus Cl_2 und HClO $Cl^{\bullet}$-Atome in hoher Konzentration (Abb. 4.65a).

$$Cl_2 \xrightarrow{h\nu} 2Cl^{\bullet}$$
$$HClO \xrightarrow{h\nu} OH^{\bullet} + Cl^{\bullet}$$

Da desaktivierende Stickstoffoxide nicht vorhanden sind, bewirken die $Cl^{\bullet}$-Atome einen drastischen Ozonabbau. Da bei beginnendem Polartag aber nicht ausreichend

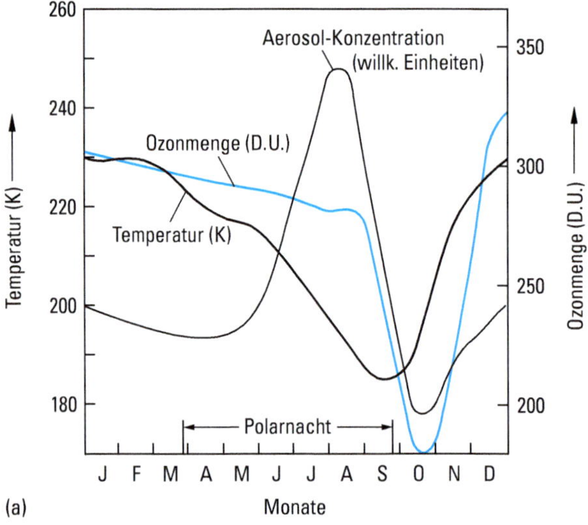

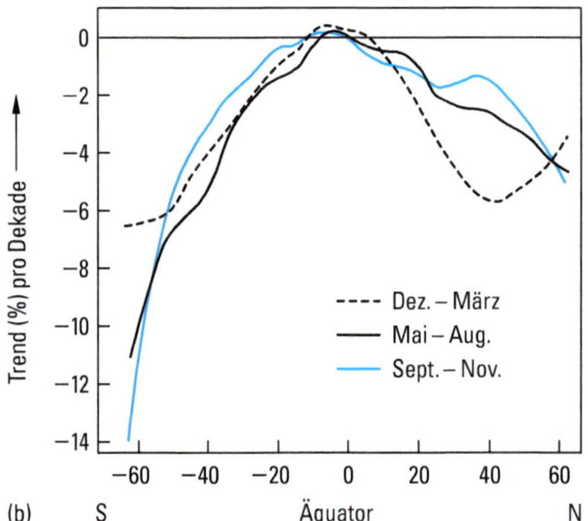

Abbildung 4.65 a) Zeitlicher Verlauf von Ozonmenge, Temperatur und Aerosolkonzentration der stratosphärischen Wolken über der Antarktis in 17 km Höhe für das Jahr 1984. Während der Polarnacht fällt die Temperatur, und es bilden sich stratosphärische Wolken. Nach Ende der Polarnacht sinkt die Ozonmenge drastisch, es entsteht das Ozonloch, das bald wieder ausheilt. (Die Ozonmenge ist in Dobson-Einheiten (D. U.) angegeben. 1 D. U. entspricht einem Hundertstel mm und bezieht sich auf die Dicke der Ozonschicht, die entstünde, wenn das Ozon bei Standardbedingungen vorläge. Wenn die Dobson-Einheiten unter 220 D. U. liegen, spricht man von einem Ozonloch.)
b) Ozonabnahmetrends in % pro Jahrzehnt in Abhängigkeit von geografischer Breite und verschiedenen Jahreszeiten (gemessen 1978 – 1991). Auf der Südhalbkugel erfolgt ein wesentlich größerer Ozonabbau.

O-Atome durch photolytische Spaltung aus O_2 oder O_3 für die Rückbildung von $Cl^{\bullet}$ aus $ClO^{\bullet}$ zu Verfügung stehen (Licht mit $\lambda < 310$ nm ist nur in sehr geringer Intensität vorhanden), nimmt man folgenden Mechanismus an:

$$ClO^{\bullet} + ClO^{\bullet} \longrightarrow Cl_2O_2$$

$$Cl_2O_2 \xrightarrow{h\nu} Cl^{\bullet} + ClO_2^{\bullet}$$

$$ClO_2^{\bullet} \longrightarrow Cl^{\bullet} + O_2$$

Nach Zusammenbrechen des antarktischen Wirbels erfolgt Durchmischung mit Luftmassen niederer Breiten und das Ozonloch verschwindet. Das Ozonloch scheint im Jahre 2006 seine maximale Ausdehnung erreicht zu haben und geht seitdem langsam zurück, auch wenn es alle 2 – 3 Jahre wieder deutlich größer ist (Abb. 4.64). Der Ozonabbau in der Nordhemisphäre ist geringer. Wegen der anderen meteorologischen Verhältnisse gibt es in der Arktis keine jährlich auftretenden Ozonlöcher wie in der Antarktis. Über Mitteleuropa nahm die Ozonschicht seit 35 Jahren um etwa 7 % ab, wobei die letzten Jahre keine weitere Abnahme zeigen. Der äquatoriale Bereich ist kaum betroffen.

Der Gesamt-Ozongehalt hat in den letzten 30 Jahren global um 10 % abgenommen. Für den Zeitraum 1978 – 1991 sind die Ozonabnahmetrends in Abhängigkeit von geografischer Breite und Jahreszeit in der Abb. 4.65b dargestellt.

Als Folge der Ausdünnung der Ozonschicht hat die Intensität der UV-Strahlung zugenommen. In mittleren südlichen Breiten z. B. ist sie um 6 % erhöht. Im Zeitraum 1995 – 2012 war in Deutschland (drei Messstellen) kein signifikanter UV-Trend erkennbar.

Durch Abbau des Ozons kühlt sich die Stratosphäre ab (0,6 °C pro Dekade), und der positive Temperaturkoeffizient schwächt sich ab. Die Folge ist eine erhöhte Durchlässigkeit für den Stofftransport zwischen Troposphäre und Stratosphäre. Anthropogene Spurengase können leichter in die Stratosphäre eindringen und sie angreifen. Außerdem wird dadurch das Auftreten polarer stratosphärischer Wolken begünstigt, die maßgeblich am Ozonabbau in polaren Regionen beteiligt sind.

Die Ozonschicht ist für das Leben auf der Erde absolut notwendig. Sie schützt wirksam gegen die gefährliche UV-B-Strahlung (Abb. 4.66). Ihr Abbau bewirkt nicht nur vermehrte Hautkrebserkrankungen und Augenschädigungen, sondern vor allem die Gefährdung des Meeresplanktons, das das Fundament der Nahrungsketten in den Ozeanen ist. Eine Schädigung vieler Populationen wäre die Folge. Wegen der verringerten Photosynthese sind Ernteeinbußen zu erwarten.

1974 erschien die erste wissenschaftliche Arbeit über die Gefährdung der Ozonschicht durch FCKW. Aber erst 1985 alarmierte die Entdeckung des Ozonloches die Weltöffentlichkeit. Die Weltproduktion von FCKW betrug 1987 1,1 Million t (vgl. Tab. 4.21). Seit 1981 erfolgte ein jährlicher Anstieg der FCKW in der Stratosphäre um 6 %. 1987 kam es in Montreal zum ersten internationalen, historisch bedeutsamen Abkommen. Bis 1999 sollte die FCKW-Produktion stufenweise um 50 % verrin-

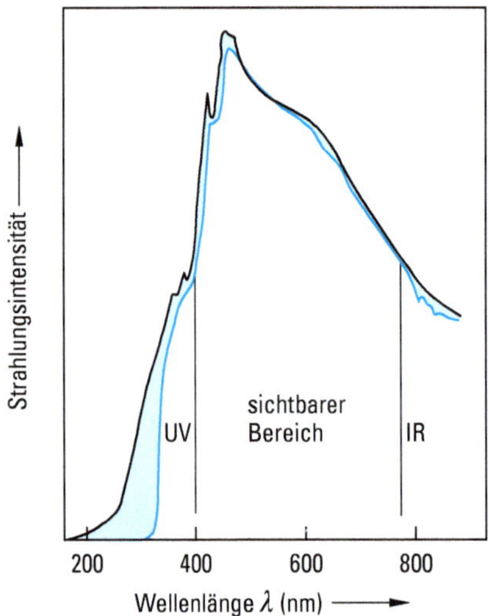

Abbildung 4.66 Sonnenlichtspektrum. Wirkung der Ozonschicht.
— Das Sonnenlichtspektrum außerhalb der Lufthülle. — Das Spektrum am Erdboden. Die maximale Strahlungsintensität liegt bei 480 nm, im grünen Bereich des sichtbaren Spektrums. Die UV-B-Strahlung erreicht den Erdboden nicht. Sie wird im Bereich 310–240 nm von O_3 und im Bereich < 240 nm von O_2 fast vollständig absorbiert.

gert werden. Die alarmierenden Nachrichten über die Vergrößerung des Ozonloches führten zu verschärften Maßnahmen: London (1990), Kopenhagen (1992), Wien (1995), Montreal (1997) und Peking (1999). Die Industriestaaten verpflichteten sich bis zum 1. 1. 1996 Produktion und Verbrauch von voll halogenierten FCKW und von Halonen zu stoppen. Für die Entwicklungsländer galt ein etappenweiser Ausstieg bis 2010. Insgesamt kann ein Erfolg der internationalen Maßnahmen zum Schutz der Ozonschicht festgestellt werden. Weltweit konnte die Produktion von vollhalogenierten FCKW bis 2000 (relativ zu 1986) um 92 % gesenkt werden. Jedoch werden gespeicherte, ozonschädigende Stoffe (Dämmstoffe, Feuerlöscheinrichtungen, Klimaanlagen) teilweise weiterhin freigesetzt. Geschätzter Bestand 2,4 Millionen t weltweit. Die Gesamtmenge ozonschädigender Substanzen erreichte 1994 in der unteren Atmosphäre ihren Höchstwert und nimmt seitdem langsam ab. Die Abnahme des stratosphärischen Ozons über den mittleren Breiten hat sich verlangsamt, allerdings tritt das Ozonloch immer noch auf (Abb. 4.64).

Wegen der langen Verweilzeit der FCKW in der Stratosphäre (s. Tab. 4.21) werden diese aber noch lange wirksam sein. Auf Grund des allmählichen Rückgangs des Chlorgehalts in der Atmosphäre wird sich auch die Ozonschicht allmählich erholen und das Ozonloch langsam kleiner werden.

Ersatzstoffe für die FCKW als begrenzte Zwischenlösung sind wasserstoffhaltige Fluorchlorkohlenwasserstoffe H-FCKW, die bereits weitgehend in der Troposphäre abgebaut werden (der ODP-Wert für z. B. H-FCKW 22 ist 0,05). Ausstiegstermin ist in der EU 2026, weltweit 2030.

Weltproduktion in t (ODP-gewichtet)

	1986	2000
FCKW	1 046 906	85 800
Halone	142 513	1 200
H-FCKW		31 287

Zunehmende Verbreitung finden H-FKW. Sie enthalten kein Chlor und verursachen keinen Ozonabbau, aber einen Treibhauseffekt. In Kälteanlagen wird Cyclopentan verwendet.

4.11.1.2 Der Treibhauseffekt

Die Temperatur der Erdoberfläche wird hauptsächlich durch die Intensität der einfallenden Sonnenstrahlung bestimmt. Die Oberflächentemperatur der Sonne beträgt 5 700 K, die maximale Strahlungsintensität liegt im sichtbaren Bereich (Abb. 4.66). Der größte Teil der einfallenden Strahlung wird auf der Erde in Wärme umgewandelt und als terrestrische Strahlung von der Erde abgegeben. 30 % der einfallenden Strahlung wird als sichtbares Licht in den Weltraum zurückgeworfen. Diesen Anteil nennt man die Albedo der Erde. Es muss Strahlungsgleichgewicht herrschen, d. h. pro Zeiteinheit muss die Energie der einfallenden und abgegebenen Strahlung gleich groß sein. Die berechnete Strahlungsgleichgewichtstemperatur der Erde beträgt 255 K = −18 °C. Dieser Temperatur entspricht eine terrestrische Strahlung im IR-Bereich.

Die tatsächliche mittlere Temperatur der Erdoberfläche beträgt aber 288 K = 15 °C. Die Differenz von 33 K nennt man den natürlichen Treibhauseffekt. Er wird durch das Vorhandensein der Atmosphäre verursacht. Terrestrische IR-Strahlung wird von Spurengasen der Atmosphäre absorbiert, als Wärmeenergie in der Atmosphäre gespeichert und von dort zum Teil an die Erdoberfläche zurückgestrahlt. Es kommt zu einem „Wärmestau“ und dadurch zu einer Erhöhung der mittleren Temperatur der Erdoberfläche. Die wichtigsten natürlichen Spurengase sind H_2O-Dampf, CO_2, N_2O, CH_4 und troposphärisches O_3.

Die Anteile der Spurengase am natürlichen Treibhauseffekt enthält Tab. 4.22. Die Hauptbeiträge stammen von H_2O-Dampf (einschließlich Wolken) und CO_2.

Tabelle 4.22 Anteil der Spurengase am natürlichen Treibhauseffekt

	H_2O (Dampf)	CO_2	O_3 (Troposphäre)	N_2O	CH_4	Rest
ΔT in K $\Sigma\Delta T = 33$ K	20,6	7,2	2,4	1,4	0,8	0,6
ΔT in %	62,4	21,8	7,3	4,3	2,4	1,8

Die Wirkung der Treibhausgase beruht darauf, dass sie sichtbares Licht nicht absorbieren, aber für IR-Strahlung Absorption existiert. Der Anteil der Spurengase am Treibhauseffekt hängt aber nicht nur von ihrer Konzentration ab, sondern auch von ihrer spezifischen Fähigkeit die Infrarotstrahlung der Erde zu absorbieren. Der Treibhauseffekt verschiedener Spurengase wird mit dem GWP-Wert (Global Warming Potential) verglichen. Der GWP-Wert ist ein Relativwert, der angibt, wie treibhauswirksam ein Stoff über einen bestimmten Zeitraum, z. B. 20 Jahre oder 100 Jahre, im Vergleich zur selben Masse CO_2 ist. Dadurch wird auch die Abnahme der Spurengase im angegebenen Zeitraum berücksichtigt, also ihre Verweilzeit. Der GWP-Wert vermittelt also außer der Absorptionsfähigkeit auch die Lebensdauer der Spurenmoleküle und ändert sich natürlich mit dem gewählten Zeithorizont.

Beispiele für den Zeitraum 100 Jahre (dieser gilt auch für spätere Beispiele):

	CO_2	CH_4	H_2O	CCl_3F (FCKW 11)	SF_6	SO_2F_2	NF_3
GWP	1	23	310	4680	22800	4780	17200
Verweilzeit in Jahren		12	120	45	3200	30 – 40	550 – 740

Nicht nur die Strahlungsintensität der Sonne, sondern auch die Zusammensetzung der Erdatmosphäre hat also einen entscheidenden Einfluss auf unser Klima. Seit mehreren hunderttausend Jahren ist die Zusammensetzung der Atmosphäre weitgehend konstant geblieben. In den letzten 650 000 Jahren war der natürliche Bereich des molaren CO_2-Anteils 200 – 300 ppm. Mit Beginn der Industrialisierung ist es zu einem Anstieg der klimarelevanten Spurengase gekommen. Klimamodelle ergeben, dass für die beobachteten Klimaänderungen menschlicher Einfluss als Hauptursache äußerst wahrscheinlich ist. Der zunehmende Anteil der Spurengase in der Atmosphäre bewirkte die globale Erwärmung seit Mitte des 20. Jahrhunderts. Die von Menschen erzeugten Spurengase verursachen einen zusätzlichen anthropogenen Treibhauseffekt.

Das wichtigste klimarelevante Spurengas ist CO_2. Der molare Anteil von CO_2 hat in den letzten 200 Jahren um 40 % von 280 auf 412 ppm (2020) zugenommen (Abb. 4.67). Der symbolische Wert von 400 ppm wurde 2015/2016 überschritten.

Die Hauptursachen dieses Anstiegs sind die Verbrennung fossiler Brennstoffe (Kohle, Öl, Gas) und das Abholzen der Regenwälder. Im 20. Jahrhundert hat sich der Verbrauch an Primärenergie etwa verzehnfacht. 79 % der Primärenergie wurde 2019 durch die Verbrennung fossiler Brennstoffe erzeugt (Abb. 4.68).

Durch Abholzung und Brandrodung von Wäldern[1] ist die CO_2-Aufnahme durch die Biosphäre vermindert und wirkt wie eine CO_2-Abgabe. 2019 wurden insgesamt

[1] Von 1900–2000 nahm der Bestand an tropischen Regenwäldern um 7 % ab. Die jährliche Abnahme danach beträgt 4 Mio. ha. der Waldfläche (Waldfläche in Deutschland 11 Mio. ha.). Die FAO (Food and Agriculture Organization of the United Nation) schätzt, dass diese Abnahme jährlichen Emissionen von 1,8 Mrd. t CO_2 entspricht. Der größte Teil des weltweiten Kahlschlags findet in Brasilien und Indonesien statt. Die Hälfte aller Arten leben im tropischen Regenwald. Seine Zerstörung führt zu einem nicht wieder gut zu machenden Verlust an Lebensformen. Außerdem ist der Regenwald ein wichtiger Wasser- und CO_2-Speicher.

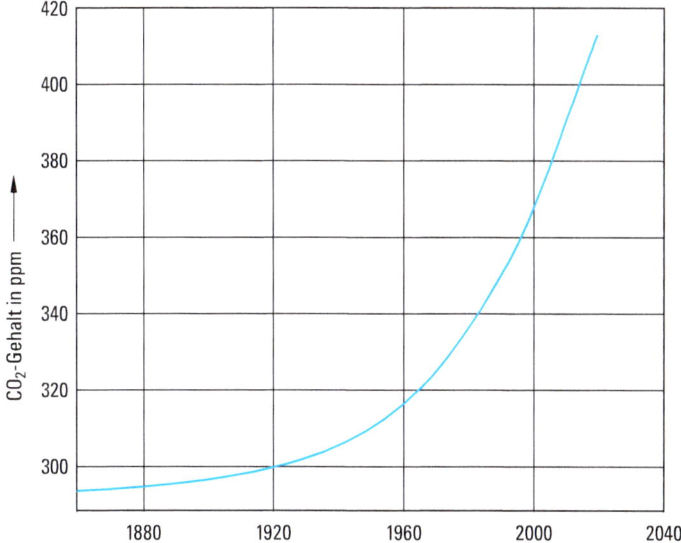

Abbildung 4.67 Anstieg des CO_2-Gehalts (molarer Anteil) der Erdatmosphäre seit Beginn der Industrialisierung. Die Werte vor 1960 wurden durch Analyse von in Eis eingeschlossenen Gasblasen erhalten. Die Tiefe der entnommenen arktischen und antarktischen Eisproben ist der Zeitmaßstab.

43 ± 3 Mrd. t CO_2 freigesetzt (1850 270 Mio. t, also über 150mal weniger), wovon 34,3 Mrd. t aus der Verbrennung fossiler Brennstoffe, 1,6 Mrd. t aus der Zementproduktion und 6,6 Mrd. t aus Änderungen in der Landnutzung (vor allem Entwaldung) stammen. Allerdings nimmt Zement nach der Herstellung auch wieder CO_2 auf, so dass die Netto-CO_2-Freisetzung nur 0,8 Mrd. t beträgt.

Die Anreicherung von CO_2 in der Atmosphäre hängt aber nicht nur von der Höhe der Emissionen ab, sondern auch von den sogenannten Senken, die CO_2 aufnehmen. Die wichtigsten sind Wälder und Ozeane. Etwa die Hälfte des freigesetzten CO_2 wird von den Ozeanen und der Biosphäre aufgenommen.

Weitere Treibhausgase mit zusätzlichem anthropogenem Eintrag sind Methan CH_4, Distickstoffmonooxid N_2O, perfluorierte Kohlenwasserstoffe FKW und Schwefelhexafluorid SF_6, mit ausschließlich anthropogenem Eintrag Fluorchlorkohlenwasserstoffe FCKW, Halone, Sulfurylfluorid SO_2F_2 und Stickstofftrifluorid NF_3 (s. o.).

Für das Spurengas Methan (Verweilzeit in der Atmosphäre zwölf Jahre, GWP 23, molarer Anteil 1,89 ppm, 2020) existiert ein Zusammenhang zwischen Wachstum der Weltbevölkerung und Zunahme des Methangehalts in der Atmosphäre (Abb. 4.69). Reissümpfe und Verdauungsorgane von Wiederkäuern sind ideale Lebensbedingungen für anaerob wirksame Bakterien, die Methan erzeugen. Der mit der Weltbevölkerung wachsende Viehbestand und Reisanbau sind die Quellen dieser Zunahme. Seit 1600 ist der Gehalt um über 150 % gestiegen.

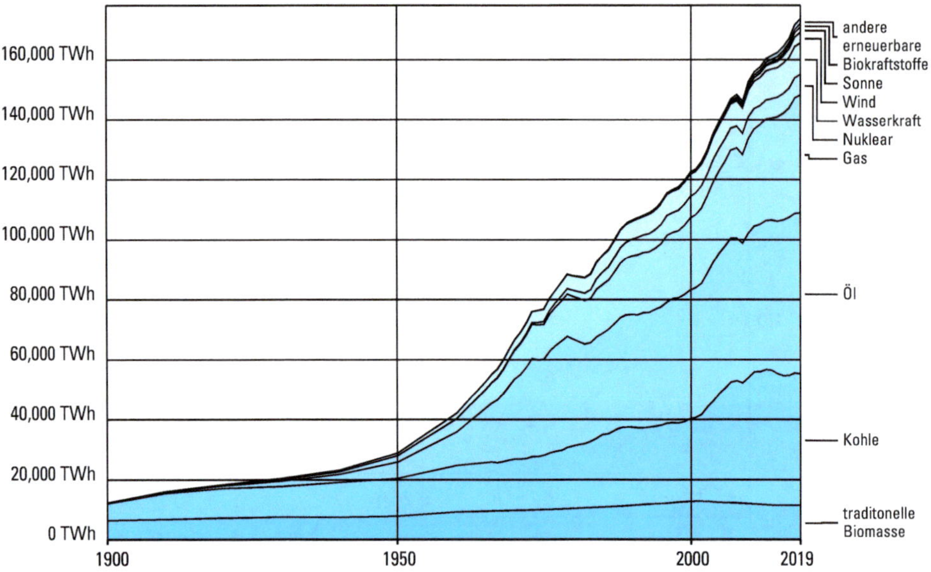

Abbildung 4.68 Zunahme des globalen Primärenergieverbrauchs seit 1900. 2019 betrug der Weltprimärenergieverbrauch 173 340 TWh (T, Tera = 10^{12}), 79 % wurden aus fossilen Brennstoffen erzeugt (2008 waren es noch 88 %). In Deutschland waren es 2019 3 564 TWh (2,1 % der Welterzeugung) und 78,1 % aus fossilen Brennstoffen, 2010 3 949 TWh und (nur) 76,8 % aus fossilen Brennstoffen.

Anteile der Energieträger an der Primärenergieerzeugung in %

Welt 2019		Deutschland	1990	2010	2018
tradit. Biomasse	6,4				
Kohle	25,3	Kohle	37,0	22,7	22,2
Mineralöl	30,9	Mineralöl	35,0	31,8	34,0
Erdgas	22,7	Erdgas	15,4	22,3	23,4
Kernenergie	4,0	Kernenergie	11,2	10,8	6,3
Wasserkraft	6,0	Wasserkraft, Wind-, Solarenergie	0,4	1,8	4,8
Windenergie	2,0	Brennholz, Klärgas, -schlamm, Müll, Torf	0,9	8,2	9,0
Solarenergie	1,0				
mod. Biokraftstoffe	0,7				

Für Distickstoffmonooxid (GWP 296, atmosphärische Verweilzeit 114 Jahre, molarer Anteil 0,33 ppm, 2020) sind global die wichtigsten Quellen mikrobielle Umsetzungen von Stickstoffverbindungen in den Böden (Hauptursache Stickstoffdüngung). Die jährliche Zunahme beträgt ca. 1 ppb. Seit 1750 ist der Gehalt um 17 % gestiegen.

Die FCKW wurden bereits im Abschn. 4.11.1.1 besprochen.

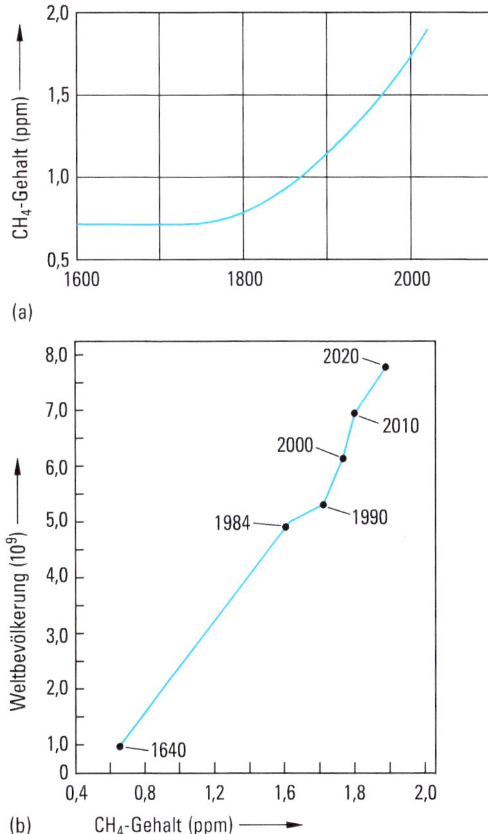

Abbildung 4.69 a) Zunahme des molaren CH_4-Anteils in der Atmosphäre seit 1600. b) Der CH_4-Gehalt nimmt mit dem Wachstum der Weltbevölkerung zu.

Die wichtigsten FKW sind CF_4 und C_2F_6. Die Hauptquellen sind die Aluminiumelektrolyse und die Halbleiterproduktion. Die atmosphärischen Verweilzeiten betragen 50 000 und 10 000 Jahre, die GWP-Werte sind 7 400 und 12 200. Der molare Anteil von CF_4 beträgt 80 ppt (parts per trillion, 10^{-12}), die Hälfte ist natürlichen Ursprungs. Im 19. Jahrhundert lag der CF_4-Gehalt stabil bei 35 ppt. CF_4 und SF_6 wurden in CaF_2-Mineralien mit Massenanteilen von 200 – 2000 ppt bzw. 50 – 100 ppt nachgewiesen.

Das spezifisch wirksamste Treibhausgas ist SF_6 mit einer Verweilzeit von 3 200 Jahren und einem GWP-Wert von 22 800. Der molare Anteil ist seit 1996 von 3,5 ppt auf 10,4 ppt (2020) gestiegen. Quellen sind die Verwendung in gasisolierten Schaltanlagen und in Schallschutzfenstern.

Tab. 4.23 enthält die Anteile der wichtigsten langlebigen Spurengase CO_2, CH_4, N_2O und FCKW am gegenwärtigen anthropogenen Treibhauseffekt.

Tabelle 4.23 Anteile der wichtigsten langlebigen Spurengase am anthropogenen Treibhauseffekt

	CO_2	CH_4	N_2O	FCKW
Anteil in %	60	20	6−9	10

Auch Ozon ist ein wichtiges Treibhausgas. Trophosphärisches Ozon wird nicht direkt emittiert, sondern es entsteht durch photochemische Reaktionen (s. Abschn. 4.11.2.1). Der globale Volumenanteil beträgt etwa 20−30 ppbv, bei starker Luftverschmutzung nahe 100 ppbv, bei einem geschätzten natürlichen Volumenanteil von 10 ppbv. Der positive Treibhauseffekt ist fast gleich groß wie der der FCKW. Die Abnahme des stratosphärischen Ozons verursacht einen wesentlich kleineren negativen Treibhauseffekt. Wegen der geringen Verweilzeit gibt es zeitliche Schwankungen der troposphärischen Ozonkonzentrationen, außerdem auch räumliche Schwankungen. Daher ist der Anteil am Treibhauseffekt unsicherer zu bestimmen als bei langlebigen Treibhausgasen.

Die Verbrennung fossiler Brennstoffe führt auch zu Emissionen von SO_2. In der Stratosphäre bilden sich daraus Sulfat-Aerosole. Sie verursachen einen negativen Treibhauseffekt, sind also treibhausbremsend. Auch bei starken Vulkanausbrüchen entstehen durch SO_2-Emission kurzlebige Aerosole.

Der gegenwärtige Treibhauseffekt der FKW ist klein. Wegen der großen GWP-Werte haben sie aber ein Potential für einen zukünftigen Einfluss auf das Klima.

Beobachtete Klimaänderungen: Die Anteile der Treibhausgase Kohlenstoffdioxid, Methan und Lachgas in der Atmosphäre sind die höchsten seit 800 000 Jahren. Der CO_2-Gehalt ist im Vergleich zur vorindustriellen Konzentration um 40 % angestiegen.

Auf der Nordhalbkugel ist die Zeit von 1983–2013 die wärmste 30-Jahres-Periode der letzten 1 400 Jahre. Seit Beginn des 20. Jahrhunderts hat sich das Weltklima um ca. 0,75 °C erhöht.

In den letzten beiden Jahrzehnten haben die Eisschilder in Grönland und in der Antarktis an Masse verloren, die Gletscher sind weiter abgeschmolzen, die Ausdehnung des arktischen Meereises sowie die Schneebedeckung in der Nordhalbkugel haben weiter abgenommen. Die Ausdehnung vom arktischen Meereis im Sommer verringerte sich pro Jahrzehnt um mindestens 10 %.

Die Erwärmung der Ozeane (obere Schichten um 0,11 °C pro Jahrzehnt) und die Schmelzwässer führen zu einem Anstieg des Meeresspiegels. Von 1901−2010 ist der Meeresspiegel um 19 ± 2 cm gestiegen, von 1993 bis 2010 waren es durchschnittlich 3,2 mm pro Jahr, für 2018 wurde der Rekordwert von 3,7 mm gemessen. Von 1800 bis 1994 haben die Ozeane ein Viertel bis die Hälfte des anthropogen freigesetzten CO_2 oder absolut 600 bis 1 200 Mrd. t CO_2 aufgenommen, was den Treibhauseffekt mildert.

Der steigende CO_2 Gehalt der Atmosphäre erhöht die Konzentration des im Wasser gelösten CO_2 und führt damit zu einer Absenkung des pH-Wertes. Über die letzten 200 Jahre wurde der pH-Durchschnitt von 8,2 auf 8,1 gesenkt. Die Änderungen sind noch klein, aber es ist bereits messbar, dass das Meerwasser saurer wird. Mit der logarithmischen pH-Skala entspricht die Änderung von pH 8,2 auf 8,1 einer Zunahme der Protonenkonzentration um 26 %. Mit sinkendem pH-Wert nimmt im Gleichgewicht

$$CO_2 + H_2O \rightleftharpoons HCO_3^- + H^+ \rightleftharpoons CO_3^{2-} + 2\,H^+$$

die HCO_3^--Konzentration zu und die CO_3^{2-}-Konzentration ab. Mit der Abnahme der CO_3^{2-}-Konzentration wird es für die Meeresorganismen schwerer, die Kalkschalen mit den Calcit- und Aragonit-Polymorphen von $CaCO_3$ aufzubauen. Die Meere versauern auch schneller als noch vor einiger Zeit angenommen wurde. Für das Jahr 2100 wird ein pH-Wert von 7,8 vorhergesagt, unter den aktuellen CO_2-Emissionsmengen. Andere Daten zeigen sogar, dass der pH-Wert um etwa 0,045 Einheiten pro Jahr sinkt, sich also in nur 20 – 25 Jahren um eine ganze Einheit verringert wird. Für Meereslebewesen mit Kalkschalen wird das bereits in wenigen Jahrzehnten zu Problemen führen. Studien zeigen, dass die Versauerung der Meere in den Polargebieten in vierzig bis hundert Jahren zu einem Verschwinden wichtiger Meeresorganismen führen könnte. Bedroht sind vor allem Seegurken, Kaltwasserkorallen und im Wasser schwebende Flügelschnecken. Da diese Lebewesen eine wichtige Nahrungsquelle für andere Tiere von Krebsen, über Lachse bis zu Walen sind, sind starke Auswirkungen auf das gesamte polare Ökosystem zu befürchten.

Prognosen zukünftiger Klimaänderungen: Fortgesetzte Emissionen von Treibhausgasen werden eine weitere Erwärmung bewirken und den Klimawandel beeinflussen. Für die Erwärmung wird es regionale und zeitliche Schwankungen geben. Wahrscheinlich wird im Zeitraum 2016 – 2035 die Temperatur der Erdatmosphäre um 0,3 – 0,7 °C höher liegen als in der Zeit 1985 – 2005. Der globale Ozean wird sich weiter erwärmen und die Ozeanzirkulation beeinflussen. Die zunehmende Erdoberflächentemperatur wird zu weiterer Abnahme der arktischen Meeresbedeckung und der Schneebedeckung auf der Nordhemisphäre führen. Dies beeinflusst die Albedo. Das Gletschervolumen wird weiter abnehmen. Der globale Meeresspiegel wird schneller ansteigen als bisher beobachtet. Es drohen Überschwemmungen von Inseln und tiefliegenden Küstengebieten. Durch weitere Aufnahme von CO_2 wird sich die Ozeanversauerung erhöhen. Wetterextreme (z. B. Starkniederschläge, Hitzeperioden) werden zunehmen.

Die meisten Aspekte des Klimawandels werden für Jahrzehnte bestehen bleiben, auch wenn die Emissionen der Treibhausgase gestoppt werden. Der Klimawandel ist unabwendbar.

Es gab mehrere internationale Konferenzen zu einer Klimarahmenkonvention mit dem Ziel, weltweit Treibhausgasemissionen zu reduzieren. In Kyoto (1997) wurde beschlossen, die sechs wichtigsten Treibhausgase (CO_2, CH_4, N_2O, H-FKW, KFW, SF_6) in ihrer Summe um 6 % bis zum Zeitraum 2008 – 2012 relativ zu 1990 bzw. 1995 zu reduzieren. Erst 2005 haben 150 Staaten das Kyoto-Protokoll ratifiziert und eine rechtlich bindende Mengenbegrenzung der Treibhausgasemissionen vereinbart. Die in Kyoto festgelegten Minderungen sind aber nicht ausreichend. Neue, weltweit notwendige Klimaziele konnten bisher jedoch nicht durchgesetzt werden.

Das Klima hat für das Leben auf der Erde größte Bedeutung. Es beeinflusst nicht nur die wirtschaftliche Situation, sondern auch das soziale Leben. Zivilisation erfordert stabile Klimabedingungen.

Die Begrenzung des Klimawandels erfordert beträchtliche und anhaltende Reduktionen der Treibhausgasemissionen. Die Industrieländer haben den höchsten Pro-Kopf-Verbrauch an Primärenergie und waren dadurch die Hauptverursacher der CO_2-Emissionen (Tab. 4.24). Diese haben auch seit 2000 in den meisten Ländern zugenommen. China hat von allen Ländern die höchste CO_2-Emission und 2006 die USA überholt. China (28,0 %), USA (14,5 %), EU (~9 %), Indien (7,2 %) und Rußland (4,6 %) emittierten 2019 zusammen 63 % der weltweiten Emissionen von 36 Mrd. t CO_2 aus der Verbrennung fossiler Brennstoffe und aus der Zementproduktion. Wenn die für das Leben auf der Erde wichtigen Klimaziele erreicht werden sollen, müssen die Industrieländer mit den höchsten Pro-Kopf-Emissionen den Hauptanteil der erforderlichen Emissionsminderungen leisten.

Tabelle 4.24 CO_2-Emission und Primärenergie Pro-Kopf ausgewählter Länder

	CO_2-Emission in t/Einw. 2019	Energieverbrauch in MWh/Einw. 2019
Trinidad und Tobago	27,1	142,1
Kuwait	25,6	108,1
Bahrein	21,0	142,2
Mongolei	20,3	19,3
Saudi-Arabien	17,0	89,5
Australien	16,3	70,6
USA	16,1	79,9
Luxemburg	15,9	76,7
Kanada	15,4	105,5
Südkorea	11,9	67,1
Russland	11,5	56,8
Niederlande	9,1	57,0
Japan	8,7	40,9
Deutschland	8,4	43,7
Südafrika	8,2	25,6
China	7,1	27,5
Dänemark	5,6	33,5
Frankreich	5,0	41,3
Ägypten	2,5	10,7
Indonesien	2,3	9,1
Brasilien	2,2	16,3
Indien	1,9	6,9
Kenia	0,3	1,9
Welt		21,0

In Deutschland sind die Maßnahmen zur Minderung der Treibhausgasemissionen: Steigerung der Energieeffizienz (neue Kraftwerke, Verkehr), Energieeinsparung (Gebäudesanierung, Reduktion des Stromverbrauchs), Kraft-Wärme-Kopplung und Ausbau erneuerbarer Energien.

Erneuerbare Energien sollen bei einer Energiewende nicht nur die Energieerzeugung aus fossilen Brennstoffen ersetzen, sondern auch die aus Kernkraftwerken (vgl. Abschn. 1.3.3). In Tab. 4.25 sind die prozentualen Anteile der verschiedenen erneuerbaren Energien in Deutschland für 2019 angegeben. Der Primärenergieverbrauch hat seit 1990 von 4 140 TWh bis 2019 auf 3 564 TWh abgenommen. Erneuerbare Energien aber haben um das fast zehnfache zugenommen. 1990 wurden 1,3 % der Primärenergie mit erneuerbarer Energie erzeugt, 2019 waren es 14,8 %. Im Bereich Wärme und Kälte betrug der Anteil der erneuerbaren Energien 2019 15,0 %, im Verkehrssektor 5,6 %. Die Bruttostromerzeugung erfolgte 2019 zu 42,1 % (1990 3,4 %) aus erneuerbaren Energien. Daran hatten Anteil: Windenergie 21,9 %, Biomasse 7,7 %, Fotovoltaik 8,1 % und Wasserkraft 3,5 %, Siedlungsabfälle 1,0 %, Geothermie 0,03 %.

Die CO_2-Emissionen haben in Deutschland von 1990–2018 von 1 022 Mio. t auf 726 Mio. t um 29 % abgenommen. Tab. 4.26 enthält die Verursacher der CO_2-Emissionen.

Tabelle 4.25 Erneuerbare Energien in Deutschland 2019 mit Anteil am Bruttostromverbrauch in %

Windenergie an Land	17,6
Windenergie auf See	4,3
biogene Festbrennstoffe (inkl. Klärschlamm)	1,8
biogene flüss. Brennstoffe	0,1
Biogas	5,0
Biomethan	0,5
Klärgas	0,3
Fotovoltaik	8,1
Wasserkraft	3,5
biogener Anteil des Abfalls	1,0
Geothermie	0,03

Tabelle 4.26 Anteile der Verursacher der CO_2-Emissionen in Deutschland 2018.

Verursacher	10^6 t	%
Gesamtemission	726	
Verkehr	162	22
Haushalte und Kleinverbraucher	115	16
Verarbeitendes Gewerbe	129	18
Energiewirtschaft	290	40
Industrieprozesse	48	7

Durch den Einsatz erneuerbarer Energien konnte 2019 die Emission von 201 Mio. t CO_2-Äquivalenten vermieden werden. (Die CO_2-Äquivalente setzen sich aus dem CO_2-Anteil und den für die Treibhausgase CH_4, N_2O, H-FKW, FKW, SF_6 berechneten CO_2-Äquivalenten zusammen.)

Das deutsche Kyoto-Ziel, bis 2012 die Emission der sechs Treibhausgase relativ zu 1990 um 21 % zu senken, war 2009 erreicht.

4.11.1.3 Rohstoffe

Die meisten technisch genutzten Metalle sind nur mit einem sehr geringen mittleren Massenanteil in der Erdkruste vorhanden (Tab. 4.27). Glücklicherweise haben sich in geochemischen Prozessen im Laufe von Jahrmillionen die Metalle in abbauwürdigen Lagerstätten angereichert. Diese sich nicht erneuernden Rohstoffquellen werden jedoch bei vielen Metallen bald erschöpft sein, wenn der gegenwärtige Verbrauch beibehalten wird.

Ein aktuelles Beispiel ist Tantal. Mobiltelefone enthalten zwar nur Milligrammmengen, aber die Herstellung von Milliarden Handys führt zu einer drohenden Verknappung.

Man kann für ein Metall einen sogenannten Grenzmassenanteil in % festlegen, der angibt, ob nach technologischen und wirtschaftlichen Maßstäben ein kommerzieller Abbau möglich ist. Eisen, Aluminium und Titan sind ausreichend in der Erdkruste zu finden. Bei den meisten Metallen aber beträgt der Grenzmassenanteil ein Vielfaches des mittleren Massenanteils (bei Sn z. B. 2 000). Auch bei verbesserten Technologien und Marktfaktoren sind Energieaufwand und Umweltbedingungen dann bei der Gewinnung nicht tragbar. Das Metall ist nur durch Wiederverwertung nutzbar, es sei denn man könnte in ferner Zukunft den Mond als Rohstoffquelle benutzen.

Tabelle 4.27 Mittlerer Massenanteil wichtiger Metalle in der Erdkruste

Metall	Massenanteil in %
Aluminium	8,3
Eisen	6,2
Titan	0,63
Chrom	0,012
Nickel	0,0099
Zink	0,0094
Kupfer	0,0068
Blei	0,0013
Zinn	0,0002
Tantal	0,00017
Wolfram	0,00012

„Selbst wenn es kein weiteres Wachstum gäbe, wären die gegenwärtig umgesetzten Materialmengen längerfristig nicht weiter tragbar. Wenn daher eine weiter wachsende Weltbevölkerung unter materiell zuträglichen Bedingungen leben soll, braucht man dringend alle sich künftig entwickelnden Technologien zur Schonung der Quellen und zur Wiederverwertung von Rohstoffen. Alle Materialien müssen dann als begrenzte und kostbare Gaben der Erde geschätzt und behandelt werden. Mit der Denkstruktur einer Wegwerfgesellschaft verträgt sich das nicht mehr" (Donella und Dennis Meadows, Die neuen Grenzen des Wachstums, Deutsche Verlags-Anstalt GmbH, Stuttgart, 1992, S. 116).

4.11.2 Regionale Umweltprobleme

4.11.2.1 Luft

Schwefeldioxid

Bei der Verbrennung schwefelhaltiger Substanzen entsteht Schwefeldioxid SO_2 (vgl. Abschn. 4.5.6). SO_2 als Luftschadstoff entsteht vorwiegend bei der Verbrennung fossiler Brennstoffe in der Energiewirtschaft. In Tab. 4.28 sind die Schwefelgehalte verschiedener fossiler Brennstoffe angegeben, in Tab. 4.29 die Verursacher der SO_2-Emissionen in Deutschland für das Jahr 2018. Die SO_2 Emission betrug 2018 $0{,}29 \cdot 10^6$ t, davon $0{,}21 \cdot 10^6$ t energiebedingt. Die jährlichen Emissionen seit 1850 sind in der

Tabelle 4.28 Schwefelgehalt verschiedener fossiler Brennstoffe in kg, bezogen auf die Brennstoffmenge mit dem Brennwert 1 GJ = 10^9 J

Brennstoff	Schwefelgehalt	Brennstoff	Schwefelgehalt
Steinkohle	10,9	Leichtes Heizöl	1,7
Braunkohle	8,0	Kraftstoffe	0,8
Schweres Heizöl	6,7	Erdgas	0,2

Tabelle 4.29 SO_2-Emission in Deutschland 2018

Verursacher	kt	%
Gesamtemission	289	
Verkehr	2	0,1
Haushalte, Kleinverbraucher, Landwirtschaft	16	6
Verarbeitendes Gewerbe	36	12
Energiewirtschaft	160	55
Industrieprozesse	69	24
aus Brennstoffen	6	2

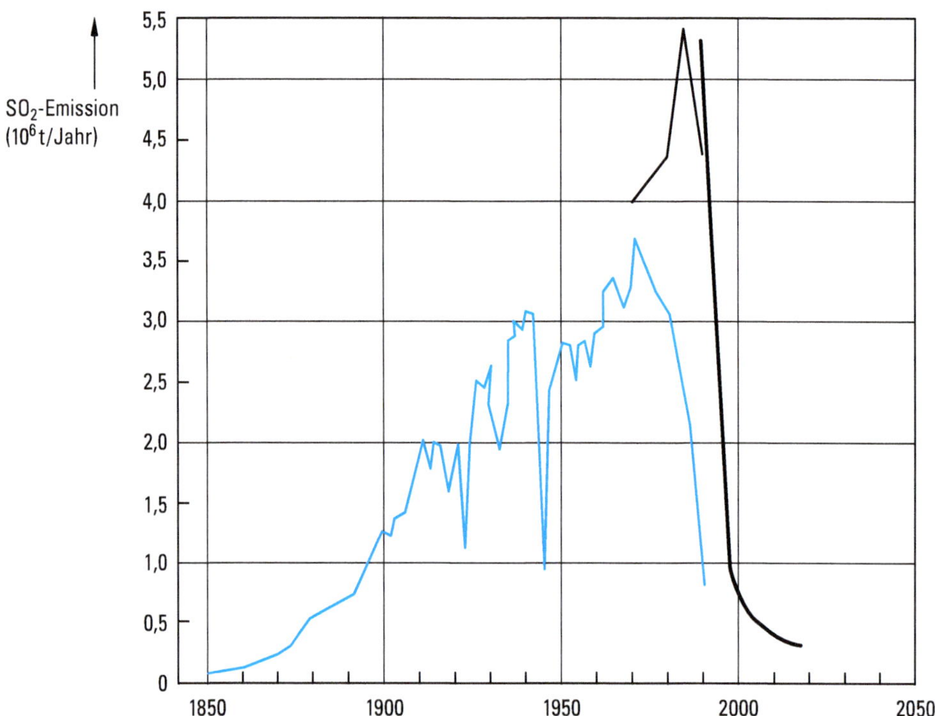

Abbildung 4.70 SO_2-Emissionen von 1850 bis 1990 bezogen auf die Fläche der BR Deutschland von 1989 (alte Länder —). Die seit der Industrialisierung rapid ansteigende SO_2-Emission ist auf die Kohlewirtschaft zurückzuführen. Ein deutlicher Rückgang erfolgte während der beiden Weltkriege und der Weltwirtschaftskrise 1930. Der erfreuliche Rückgang in den 80er Jahren ist durch den Einsatz von Abgasentschwefelungsanlagen erreicht worden. Die Emissionen in den alten Ländern lagen 1990 75 % unter denen von 1970. Zum Vergleich sind für die neuen Länder Werte für 1970 – 1990 angegeben (—). Für 1990 bis 2018 sind die Emissionen für Deutschland gesamt dargestellt (**—**). Sie nahmen um 95 % ab.

Abb. 4.70 dargestellt. In den 80er Jahren ist in den alten Ländern durch den Einsatz von Abgasentschwefelungsanlagen ein drastischer Rückgang der SO_2-Emissionen erreicht worden. In den frühen 60er Jahren betrugen diese z. B. im Ballungsraum Ruhrgebiet im Jahresmittel 200 – 250 µg/m^3, 1989 – 1990 nur noch 50 µg/m^3. In der DDR war zwischen 1985 und 1989 die Pro-Kopf-Emission mit 320 – 330 kg/Jahr weltweit die höchste. In Leipzig wurden Jahresmittelwerte von 200 µg/m^3 gemessen. Zwischen 1990 und 2018 ist in Deutschland gesamt eine Abnahme der SO_2-Emission von $5{,}47 \cdot 10^6$ t auf $0{,}29 \cdot 10^6$ t um 95 % erreicht worden. Der Grenzwert von 20 µg/m^3 als Jahresmittelwert wird deutschlandweit eingehalten.

Die Abgase aus Feuerungsanlagen werden als Rauchgase bezeichnet. Der SO_2-Gehalt der Rauchgase beträgt 1 – 4 g/m^3. In einem großen Kraftwerk (700 MW elektrische Leistung) z. B. werden stündlich 250 t Steinkohle verbrannt und $2{,}5 \cdot 10^6\ m^3$ Rauchgas erzeugt, das 2,5 t Schwefel enthält.

Von den zahlreich entwickelten Rauchgasentschwefelungsverfahren sind die drei wichtigsten:

Calciumverfahren. CaO (Kalkverfahren) oder $CaCO_3$ (Kalksteinverfahren) wird mit dem SO_2 der Rauchgase zunächst zu $CaSO_3$ und dann durch Oxidation zu $CaSO_4 \cdot 2\,H_2O$ (Gips) umgesetzt. Dazu wird eine Waschflüssigkeit, die aus einer $CaCO_3$-Suspension oder einer $Ca(OH)_2$-Suspension (entsteht aus CaO mit H_2O) besteht, in den Abgasstrom eingesprüht.

$$Ca(OH)_2 + SO_2 \longrightarrow CaSO_3 \cdot \tfrac{1}{2}H_2O + \tfrac{1}{2}H_2O$$

$$CaCO_3 + SO_2 + \tfrac{1}{2}H_2O \longrightarrow CaSO_3 \cdot \tfrac{1}{2}H_2O + CO_2$$

In der Oxidationszone bildet sich mit eingeblasener Luft Gips.

$$CaSO_3 \cdot \tfrac{1}{2}H_2O + \tfrac{3}{2}H_2O + \tfrac{1}{2}O_2 \longrightarrow CaSO_4 \cdot 2\,H_2O$$

Der anfallende Gips wird teilweise weiterverwendet. 90 % der Abgasentschwefelungsanlagen in Deutschland arbeiten mit dem Calciumverfahren. Regenerative Verfahren, bei denen das Absorptionsmittel zurückgewonnen wird: Wellmann-Lord-Verfahren. Als Absorptionsflüssigkeit wird eine alkalische Natriumsulfitlösung verwendet. Mit SO_2 bildet sich eine Natriumhydrogensulfitlösung.

$$Na_2SO_3 + SO_2 + H_2O \longrightarrow 2\,NaHSO_3$$

In einem Verdampfer kann die Reaktion umgekehrt werden, es entsteht technisch verwendbares SO_2-Gas und wieder verwendbare Natriumsulfitlösung.

Magnesiumverfahren. Eine Magnesiumhydroxidsuspension, die aus MgO und Wasser entsteht, wird mit SO_2 zu Magnesiumsulfit umgesetzt.

$$Mg(OH)_2 + SO_2 + 5\,H_2O \longrightarrow MgSO_3 \cdot 6\,H_2O$$

$MgSO_3 \cdot 6\,H_2O$ wird thermisch zersetzt, das MgO wiedergewonnen.

$$MgSO_3 \cdot 6\,H_2O \longrightarrow MgO + 6\,H_2O + SO_2$$

Das Magnesiumverfahren wird häufig in Japan und den USA eingesetzt.

Stickstoffoxide

Die anthropogen emittierten Stickstoffoxide entstehen als Nebenprodukte bei Verbrennungsprozessen. Kohle z. B. enthält Stickstoff (bis 2 %) in organischen Stickstoffverbindungen, aus denen bei der Verbrennung Stickstoffmonooxid $NO^\bullet$ entsteht. Bei hohen Temperaturen, z. B. in Kfz-Motoren, reagiert der Luftstickstoff mit Luftsauerstoff zu $NO^\bullet$ (vgl. Abschn. 4.6.6). In Tab. 4.30 sind die Verursacher der NO-Emissionen in Deutschland für das Jahr 2018 angegeben. Die NO_x-Emission betrug $1{,}20 \cdot 10^6$ t (berechnet als $NO_2^\bullet$), fast die Hälfte entsteht im Bereich Verkehr. Die jährlichen Emissionen seit 1850 sind in der Abb. 4.71 dargestellt. Seit 1950 erfolgte

Tabelle 4.30 Stickstoffoxid-Emission in Deutschland 2018 (berechnet als NO_2)

Verursacher	kt	%
Gesamtemission	1 198	
Verkehr	514	43
Haushalte, Kleinverbraucher	83	7
Verarbeitendes Gewerbe	89	7
Energiewirtschaft	265	22
Land- und Forstwirtschaft	36	3
Industrieprozesse	87	7
Landwirtschaft (ohne Energieverbrauch)	119	10

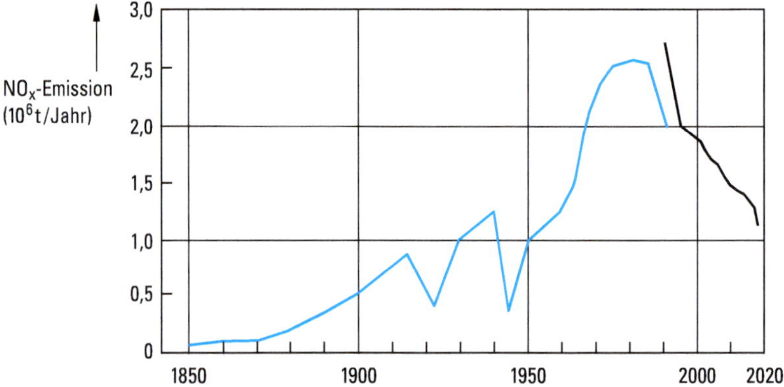

Abbildung 4.71 NO_x-Emissionen von 1850 bis 1990 bezogen auf die Fläche der BR Deutschland von 1989 (alte Länder —). Der steile Anstieg nach 1950 ist auf die schnelle Zunahme der Anzahl der Kraftfahrzeuge zurückzuführen. 1955 waren dies 1,7 Millionen PKW, 1990 35 Millionen. Die Umweltschutzmaßnahmen bewirkten nach 1980 eine Abnahme der NO_x-Emissionen. Für 1990–2018 sind die Emissionen für Deutschland gesamt dargestellt (**—**). Sie nahmen um fast 59 % ab.

parallel zum zunehmenden Kraftfahrzeugverkehr eine drastische Erhöhung der NO_x-Emission. Von 1990 bis 2018 nahm dank der Umweltschutzmaßnahmen die NO_x-Emission in Deutschland um ca. 59 % ab. Der mit 40 µg/m³ für 2010 verbindliche mittlere Jahresgrenzwert wird derzeit noch nicht deutschlandweit eingehalten.

NO wird in der Atmosphäre zu NO_2 oxidiert. Die Oxidation und die Rolle der Stickstoffoxide bei der Bildung von Photooxidantien werden im Abschn. ‚Troposphärisches Ozon' behandelt.

Die wichtigsten Umweltschutzmaßnahmen sind:

Entstickung von Rauchgasen. In die Rauchgase wird Ammoniak eingedüst, durch Reaktion mit den Stickstoffoxiden bilden sich Stickstoff und Wasserdampf.

$$6\,NO^{\bullet} + 4\,NH_3 \longrightarrow 5\,N_2 + 6\,H_2O$$

Vorhandener Luftsauerstoff reagiert nach

$$4\,NO^{\bullet} + 4\,NH_3 + O_2 \longrightarrow 4\,N_2 + 6\,H_2O$$

Analog reagiert das in geringer Konzentration vorhandene $NO_2^{\bullet}$. Beim SNCR-Verfahren (selective noncatalytic reduction) wird bei 850 – 1 000 °C gearbeitet. Beim SCR-Verfahren (selective catalytic reduction) erfolgt die Reaktion mit TiO_2-Katalysatoren bei 400 °C, mit Aktivkohle bei 100 °C.

Katalysatoren bei Kraftfahrzeugen. Die Hauptschadstoffe in den Abgasen von Kfz-Motoren sind $NO^{\bullet}$, CO und Kohlenwasserstoffe. Geregelte Drei-Wege-Katalysatoren beseitigen die Schadstoffe bis zu 98 %. Die wichtigsten nebeneinander ablaufenden Reaktionen sind

$$NO^{\bullet} + CO \longrightarrow CO_2 + \tfrac{1}{2}N_2$$
$$CO + \tfrac{1}{2}O_2 \longrightarrow CO_2$$
$$C_mH_n + (m + n/4)\,O_2 \longrightarrow m\,CO_2 + n/2\,H_2O$$

Die Reaktionen sind aber gegenläufig vom O_2-Gehalt des Abgases abhängig. Dies zeigt die Abb. 4.72. Daher muss der so genannte λ-Wert, das Verhältnis von zugeführter Sauerstoffmenge zum Sauerstoffbedarf bei vollständiger Verbrennung, nahe bei 1 liegen. Die Regelung des O_2-Gehalts der Kraftstoffmischung erfolgt durch Messung des O_2-Partialdrucks vor dem Katalysator mit der λ-Sonde. Verwendete Katalysatoren sind die Edelmetalle Platin, Rhodium und Palladium, die auf einem keramischen Träger aufgebracht sind. 2000 wurden dazu weltweit 57 t Platin, 175 t Palladium und 25 t Rhodium benötigt.

Katalysatoren für Dieselfahrzeuge. Hauptschadstoffe bei Dieselfahrzeugen sind Stickstoffoxide und Ruß. Die Abgasreinigung gelingt mit der Selective Catalytic Reduction-Technik (SCR). Zunächst werden in einem Oxidationskatalysator teilweise verbrannte Kohlenwasserstoffe und Kohlenmonooxid (CO) in Wasserdampf und

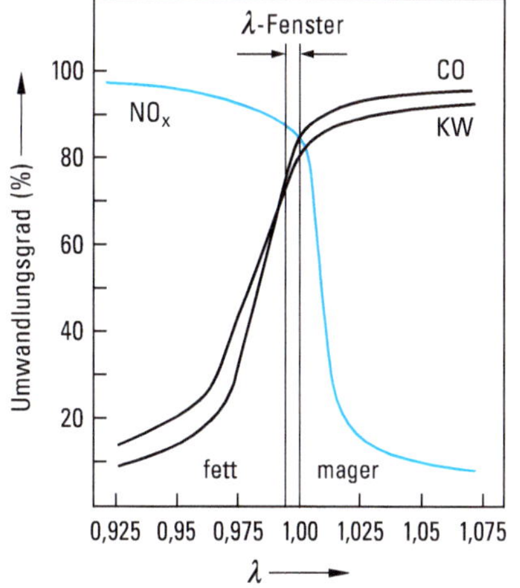

Abb. 4.72 Umwandlungsgrad von $NO^{\bullet}$, CO und Kohlenwasserstoffen beim Drei-Wege-Katalysator. Für das gesamte Abgas ist er nur in einem kleinen λ-Bereich (λ-Fenster) günstig.

$$\lambda = \frac{\text{Zugeführte Sauerstoffmenge}}{O_2\text{-Verbrauch bei vollständiger Verbrennung}}$$

Kohlendioxid (CO_2) umgewandelt. Ein Teil des Stickstoffmonooxids ($NO^\bullet$) wird zu Stickstoffdioxid ($NO_2^\bullet$) oxidiert. Dann werden mit einem Partikelfilter Rußpartikel abgeschieden, die bei 300 – 400 °C mit dem teilweise im Oxidationskatalysator gebildeten $NO_2^\bullet$ abgebrannt werden. Zum Abbau der Stickstoffoxide durchströmen die Abgase den SCR-Katalysator, der bis 550 °C stabil ist. Über eine Düse wird eine wässrige Harnstofflösung (AdBlue) eingespritzt, die bei höherer Temperatur Ammoniak freisetzt.

$$\underset{\text{Harnstoff}}{OC(NH_2)_2} + H_2O \longrightarrow CO_2 + 2\,NH_3$$

Das Gemisch aus NO und NO_2 wird von Ammoniak zu Stickstoff reduziert.

$$NO^\bullet + NO_2^\bullet + 2\,NH_3 \longrightarrow 2\,N_2 + 3\,H_2O$$

Troposphärisches Ozon, Smog

Die in die Atmosphäre gelangten Schadstoffe werden nicht direkt durch den Luftsauerstoff oxidiert, da dafür die Temperatur zu niedrig ist. Es finden jedoch photochemisch induzierte Oxidationsreaktionen statt, die zu vielfältigen Oxidationsprodukten der Schadstoffe führen. Die Oxidationsprodukte, die ebenfalls oxidierende Eigenschaften besitzen, wie z. B. Ozon werden als Photooxidantien bezeichnet.

Durch Diffusion gelangt etwas Ozon O_3 aus der Stratosphäre in die Troposphäre. Durch Licht mit einer Wellenlänge < 310 nm wird es photolytisch gespalten.

$$O_3 \xrightarrow{h\nu} O_2 + O$$

Da Licht dieser Wellenlänge nur in geringer Intensität vorhanden ist (vgl. Abb. 4.66), erfolgt der Zerfall langsam. Die reaktiven Sauerstoffatome bilden mit Wassermolekülen $OH^\bullet$-Radikale.

$$O + H_2O \longrightarrow 2\,OH^\bullet$$

Die $OH^\bullet$-Radikale leiten Reaktionsketten ein, durch die Spurengase oxidiert werden. In Gegenwart von Stickstoffmonooxid $NO^\bullet$ führt die Oxidation überraschenderweise zur Bildung von Ozon.

Kohlenwasserstoffe, z. B. Propan C_3H_8, Butan C_4H_{10} (abgekürzt mit RCH_3), werden in Gegenwart von $NO^\bullet$ zu Aldehyden RCHO oxidiert, aus $NO^\bullet$ entsteht $NO_2^\bullet$.

Reaktionskette:

$$R{-}CH_3 + OH^\bullet \longrightarrow R{-}CH_2^\bullet + H_2O$$
$$R{-}CH_2^\bullet + O_2 \longrightarrow R{-}CH_2O_2^\bullet$$
$$R{-}CH_2O_2^\bullet + NO^\bullet \longrightarrow R{-}CH_2O^\bullet + NO_2^\bullet$$
$$R{-}CH_2O^\bullet + O_2 \longrightarrow R{-}CHO + HO_2^\bullet$$
$$NO^\bullet + HO_2^\bullet \longrightarrow NO_2^\bullet + OH^\bullet$$

Das rückgebildete $OH^\bullet$-Startradikal steht wieder für eine neue Reaktionskette zur Verfügung.

Gesamtbilanz:

$$RCH_3 + 2\,O_2 + 2\,NO^\bullet \longrightarrow RCHO + 2\,NO_2^\bullet + H_2O$$

$NO_2^\bullet$ wird photolytisch gespalten.

$$NO_2^\bullet \xrightarrow{h\nu} NO^\bullet + O\,(\lambda < 400\,\text{nm})$$

Die Sauerstoffatome reagieren sehr schnell mit Sauerstoffmolekülen zu Ozonmolekülen.

$$O + O_2 \longrightarrow O_3$$

Bei bestimmten Konzentrationsverhältnissen (verkehrsreiche Stadtzentren) findet auch die Abbaureaktion

$$NO^\bullet + O_3 \longrightarrow NO_2^\bullet + O_2$$

statt.

Die Aldehyde können weiter oxidiert werden, z. B. der Acetaldehyd zum Peroxyacetylnitrat (PAN).

$$CH_3CHO + OH^\bullet + O_2 + NO_2^\bullet \longrightarrow CH_3C(O)O_2NO_2 + H_2O$$

Eine weitere Reaktion, die zum Abbau von $NO_2^\bullet$ unter Bildung von Salpetersäure führt, ist die Reaktion mit $OH^\bullet$-Radikalen.

$$NO_2^\bullet + OH^\bullet \longrightarrow HNO_3$$

Diese Mechanismen erklären, dass troposphärisches Ozon in verkehrsreichen Großstädten mit hohen Emissionen an $NO^\bullet$ und Kohlenwasserstoffen bevorzugt in sonnenreichen Sommermonaten entsteht. Die Abb. 4.73 zeigt den zeitlichen Ablauf der photochemischen Reaktionen im Laborexperiment, der eine gute Simulation des tatsächlichen Verlaufs darstellt.

Bei normalen Wetterverhältnissen wird die Luft mit den primär emittierten Schadstoffen ($NO^\bullet$, RCH_3) durch Wind abtransportiert, die Bildung von Ozon verläuft im Bereich von Stunden fern von den Ballungszentren während des Transportweges. Übereinstimmend damit sind die gemessenen jährlichen mittleren Ozongehalte in ländlichen Gebieten höher als in den Städten, sie sind am höchsten in Bergregionen.

Da Ozon nicht direkt emittiert wird, sondern aus anderen Schadstoffen gebildet wird, gibt es keine Emissionsgrenzwerte wie z. B. beim SO_2. Seit 2010 gibt es zum Schutz der menschlichen Gesundheit für Ozon einen europaweit einheitlichen Zielwert: 120 $\mu g/m^3$ als 8-Stunden-Mittel sollen nicht öfter als 25-mal pro Kalenderjahr, gemittelt über drei Jahre, überschritten werden.

Die Jahresmittelwerte haben seit 1984 in Deutschland von 36 $\mu g/m^3$ auf 49 $\mu g/m^3$ im städtischen und 62 $\mu g/m^3$ im ländlichen Bereich 2019 zugenommen. Wichtiger zur Bewertung der Ozonbelastung, insbesondere der Gesundheitsgefährdung, sind

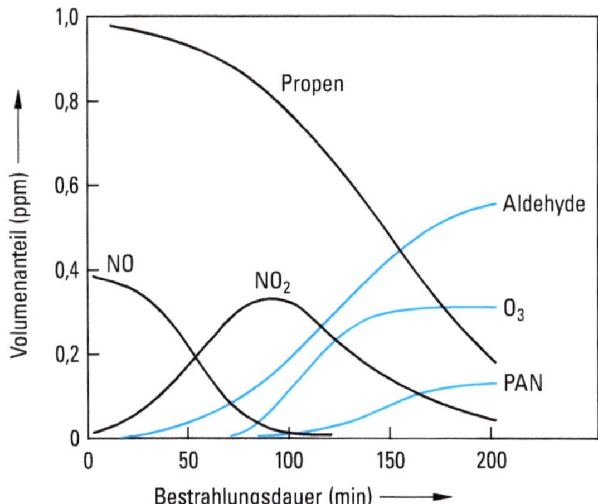

Abbildung 4.73 Simulation der Entstehung von troposphärischem Ozon im Laborexperiment. Durch Reaktion von NO mit Propen werden beide abgebaut, es entstehen NO_2 und Aldehyde.

$$CH_3{-}CH{=}CH_2 + 2\,O_2 + 2\,NO^\bullet \longrightarrow CH_3CHO + HCHO + 2\,NO_2^\bullet$$

Aus $NO_2^\bullet$ entstehen durch photolytische Spaltung O-Atome, die schnell mit O_2 zu Ozon reagieren.
Die O_3-Konzentration wächst nur so lange, bis sie so groß ist, dass jedes durch Photolyse neu entstandene O_3-Molekül mit dem dabei auch entstandenen $NO^\bullet$-Molekül wieder zu $NO_2^\bullet$ reagiert. Durch Bildung von PAN (Peroxyacetylnitrat)

$$CH_3CHO + OH^\bullet + O_2 + NO_2^\bullet \longrightarrow PAN + H_2O$$

nimmt die $NO_2^\bullet$-Konzentration ab.

die Überschreitungshäufigkeiten der Ozonschwellenwerte. Ozon ist wenig wasserlöslich und dringt daher viel weiter in die Atemwege ein als z. B. SO_2. Die Überschreitungshäufigkeiten sind aber von Jahr zu Jahr durch schwankende meteorologische Bedingungen überlagert (Abb. 4.74). Die hohen Werte des Jahres 2003 sind auf den ungewöhnlichen Sommer zurückzuführen. Der geringe Trend der Abnahme ist auf die Reduzierung der Emissionen der Vorläufersubstanzen $NO^\bullet$ und Kohlenwasserstoffe zurückzuführen.

Bei Inversionswetterlagen (kalte Luftschichten in Bodennähe sind durch warme Luftschichten überlagert) entsteht der Photosmog (Los-Angeles-Smog) mit gefährlich hohen lokalen Konzentrationen an O_3, PAN und HNO_3 in der Mittagszeit. Die Spitzenwerte treten im ländlichen Bereich auf, da in den verkehrsreichen Stadtzentren ein Abbau von O_3 durch $NO^\bullet$ erfolgt.

Bei zusätzlicher Emission von SO_2 kann auch SO_3 und H_2SO_4 am Photosmog beteiligt sein.

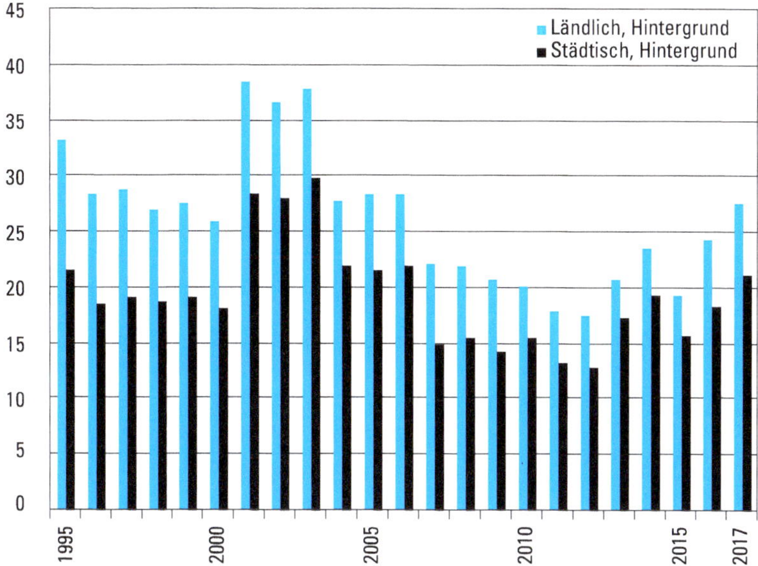

Abbildung 4.74 Anzahl der Tage mit Überschreitung des Ozonschwellenwertes von 120 µg/m^3 gemittelt über drei Jahre beginnend mit der Jahreszahl der Balken (Die Balken für 2017 stehen also für die Mittelung von 2017–2019). Der Abnahmetrend kommt durch die Reduzierung der Emissionen NO und Kohlenwasserstoffe (Vorläufersubstanzen bei der Ozonbildung) zustande.

Reaktionskette:

$$SO_2 + OH^\bullet \longrightarrow SO_2OH^\bullet$$
$$SO_2OH^\bullet + O_2 \longrightarrow SO_3 + HO_2^\bullet$$
$$HO_2^\bullet + NO^\bullet \longrightarrow OH^\bullet + NO_2^\bullet$$

Bilanz: $$SO_2 + O_2 + NO^\bullet \longrightarrow SO_3 + NO_2^\bullet$$
$$SO_3 + H_2O \longrightarrow H_2SO_4$$

Für die Entstehung von SO_3 bzw. H_2SO_4 aus SO_2 ohne Beteiligung von $NO^\bullet$ gibt es mehrere Reaktionswege. Einer davon ist die katalytische Oxidation von SO_2 an schwermetallhaltigen Ruß- und Staubteilchen:

$$SO_2 + H_2O + \tfrac{1}{2}O_2 \longrightarrow H_2SO_4$$

Nebel begünstigt den Reaktionsablauf. Der schwefelsäurehaltige Nebel, der in der Luft bleibt und nicht ausregnet, wird als Saurer Smog (London-Smog; Smog ist eine Kombination aus smoke und fog) bezeichnet. Er entsteht bevorzugt morgens und abends in der feuchtkalten Jahreszeit.

4.11.2.2 Wasser

Trinkwasser

Das auf der Erde vorhandene Wasser (1,4 · 18^{18} m^3) besteht zu 97,5 % aus Salzwasser und zu 2,5 % aus Süßwasser. Als Trinkwasser verfügbar ist nur 1 % des Süßwassers. Davon wird bereits die Hälfte benutzt. Im Jahr 2020 hatten 2,2 Mrd. Menschen keinen regelmäßigen Zugang zu sauberem Trinkwasser. Etwa 1,1 Milliarden Menschen haben gar keinen Zugang zu sauberem Trinkwasser. Rund 785 Millionen Menschen haben noch nicht einmal eine Grundversorgung mit Trinkwasser. Die globale Erwärmung führt zu einer weiteren Wasserverknappung. Die Mindestmenge von 20 l/Tag und Person ist ein „Menschenrecht auf Wasser“ (UNO 2003).

2016 wurden in Deutschland von den Wasservorkommen von 188 Mrd. m^3 24 Mrd. m^3 (12,7 %) genutzt, auf die öffentliche Wasserversorgung entfielen davon 5,2 Milliarden m^3 (21,7 %). Für die Energieversorgung (Kühlzwecke) wurden 12,7 Mrd. m^3 (52,9 %), für Bergbau und verarbeitendes Gewerbe 5,8 Mrd. m^3 (24,2 %), für landwirtschaftliche Beregnung 0,3 Mrd. m^3 (1,3 %) genutzt. 99 % der Haushalte sind an die öffentliche Wasserversorgung angeschlossen. Der häusliche Wasserverbrauch pro Person und Tag betrug 2020 125 l. Der Wasserbedarf an Trinkwasser wird zu 70 % aus Grundwasser und Quellwasser und der Rest aus Oberflächenwasser gedeckt.

Aber auch bei der Herstellung von Lebensmitteln und Konsumgütern wird Wasser genutzt. Neben dem „CO_2-Fußabdruck“ kann auch der „H_2O-Fußabdruck“ als Kriterium für die Umweltbelastung bei der Herstellung eines Produktes betrachtet werden. Der „Wasser-Fußabdruck“ ist ein Maß für den Gesamtverbrauch an Frischwasser für die Herstellung eines Produkts. Die nachfolgende Tabelle listet einige Beispiele. Zum Vergleich: Die Mindestmenge an Frischwasser, die eine Person zum Trinken, Kochen und Waschen benötigt, liegt bei 20 – 50 Liter.

	„Wasser-Fußabdruck“ in Liter
1 Tasse Kaffee	140
1 Apfel	70
1 Avocado	400
1 Blatt DIN A4 Papier	10
1 Baumwollhemd	2 700
1 Scheibe Brot	40
1 kg Rindfleisch	15 500
1 Mikrochip	32
1 Paar Lederschuhe	8 000

Über diesen Konsum hatte Deutschland 2013 einen „Wasser-Fußabdruck“ von 117 Mrd. m^3 pro Jahr oder 1 426 m^3 pro Einwohner und Jahr, entsprechend 3 900 Liter pro Einwohner täglich (weltweit 3 800 Liter pro Einwohner täglich). 69 % des Wassers, für die in Deutschland konsumierten Produkte, fällt dabei in anderen Ländern an. Das meiste Wasser des Fußabdrucks führt Deutschland über Agrargüter aus Brasilien, der Elfenbeinküste und Frankreich ein.

Eutrophierung

Eine Gefährdung der Gewässer ist die Anreicherung mit anorganischen Pflanzennährstoffen (Stickstoffverbindungen und Phosphat). Die daraus folgende vermehrte Produktion pflanzlicher Biomasse bezeichnet man als Eutrophierung (eutroph = nährstoffreich). Abgestorbene Pflanzenmassen sinken auf den Gewässerboden und werden dort unter Sauerstoffverbrauch (aerob) bakteriell zersetzt. Durch kontinuierliche Überdüngung kommt es zu einem Sauerstoffdefizit, die abgestorbene Biomasse zersetzt sich dann anaerob, es entstehen Methan und toxische Zersetzungsprodukte, z. B. H_2S und NH_3. Am Gewässerboden bildet sich Faulschlamm. Lebewesen, die Sauerstoff benötigen, sterben, das Gewässer „kippt um", es wird hypertroph.

1975 stammten in der Bundesrepublik 40 % der in die Oberflächenwässer gelangten Phosphate aus Waschmitteln. Sie enthielten bis zu 40 % Pentanatriumtriphosphat $Na_5P_3O_{10}$ (vgl. Abschn. 4.6.11). Nach Erlass der Phosphathöchstmengenverordnung für Waschmittel wurde erreicht, dass 1991/92 nur noch 7 % der Phosphate in Gewässern aus Waschmitteln stammten. 1975 wurden 276 000 t $Na_5P_3O_{10}$ im Haushalt und gewerblichen Bereich verbraucht, 1993 waren es nur noch 15 000 t. Ein Beispiel für die Wirkung der Reduzierung der Phosphatemissionen ist die Reoligotrophierung (Zurücksetzung in den nährstoffarmen Zustand) des Bodensees. Von 1985 – 2003 konnte der Phosphatgehalt um 75 % gesenkt werden.

Wichtigster Phosphatersatzstoff in Waschmitteln ist der Zeolith A (vgl. Abschn. 4.7.10.2). Mit den Polyphosphaten erfolgte die Enthärtung des Wassers (vgl. Abschn. 4.7.6.2) durch Komplexbildung mit den Ca^{2+}-Ionen. Zeolithe wirken als Ionenaustauscher. Die Na^{+}-Ionen des Zeoliths werden gegen die Ca^{2+}-Ionen des Wassers ausgetauscht. Zeolithe sind ökologisch unbedenklich, vermehren aber die Klärschlammmengen in den Kläranlagen.

Gewässer

Die seit den 70er Jahren intensivierten Abwasserreinigungsmaßnahmen verbesserten die biologische Gewässerqualität deutlich. Die bisher durchgeführte Gewässergütequalifikation wird ersetzt durch eine EG-Wasserrahmenrichtlinie mit einer umfassenderen Bewertung der Fließgewässer mit dem Indikator „Ökologischer Gewässerzustand". Berücksichtigt wird nicht nur der biologische und chemische Zustand, sondern auch die Hydromorphologie (z. B. Verbauung, Begradigung). Stand 2016 sind je nach Lage nur 5 – 15 % der Fließgewässer in einem guten oder sehr guten ökologischen Zustand. Lediglich die Fließgewässer der Alpen erreichen zu 50 % die ökologische Zustandsklasse gut. Hauptursachen des Nichterreichens des guten ökologischen Zustands, also Abweichung von natürlichen Lebensbedingungen, sind Veränderungen der Morphologie und Nährstoffbelastungen durch die Landwirtschaft.

Für Fließgewässer und Seen ist die Zielvorgabe für die wichtigsten Schwermetalle:

Stand 2016	Pb	Cd	Cr	Cu	Ni	Hg	Zn
Jahresdurchschnitt-Umweltqualitätsnorm, gelöste Konz. in µg/l	1,2	≤0,08–0,25[a]			4		
Schwebstoff/Sediment in mg/kg			640	160		20 µg/kg Fisch	800
zulässige gelöste Höchstkonzentration in µg/l	14	≤ 0,45–1,5[a]			34	0,07	
Schwermetalleinträge[b] in Oberflächengewässer in Deutschland 2012–2014 in t/a	265, >60 % E	6,8, 25 % G, 20 % hB	244, 75 % E	370, 35 % uG	284, 40 % E, 20 % G	0,9 30 % uG, 20 % E	2540, >30 % uG

[a] Abhängig von Wasserhärteklasse.

[b] Aus atmosphärischer Deposition (aD), Erosion (E), Grundwasser (G), Oberflächenabfluss (O), Dränagen (D), urbane Gebiete (uG), industrieller Direkteinleitung (iD), kommerzielle Kläranlagen (kK), historischer Bergbau (hB).

Die Schwermetallbelastung hat abgenommen, die Umweltqualitätsnorm (UQN) wurde 2013–2015 an den meisten der 100–180 Messstellen eingehalten. Für Cadmium-gelöst, Kupfer-Schwebstoff/Sediment, Nickel-gelöst, Zink-Schwebstoff/Sediment traten an ca. 5/180 (Cd), 10/100 (Cu), 12/180 (Ni) und 25/100 (Zn) der Messstellen Überschreitungen der UQN auf. Hauptverursacher der Schwermetallbelastung sind diffuse Quellen (Erosion, Grundwasserzuflüsse, urbane Gebiete, industrielle Direkteinleitung, historischer Bergbau).

Für Nährstoffe gibt es seit 1985 einen abnehmenden Trend der Einträge für Gesamtstickstoff und Gesamtphosphor in die Oberflächengewässer in Deutschland. Die gleitenden 5-jährigen Mittel der Stickstoffeinträge gingen von 1030 kt/a (1983–1987) auf 480 kt/a (2012–2016) und die Phosphoreinträge in den gleichen Zeiträumen von 81 kt/a auf 22 kt/a zurück. Allerdings liegen die Stickstoff- und Phosphor-Konzentrationen noch nicht überall im Bereich eines guten ökologischen Zustands. Der Anteil von Messstellen mit einer sehr hohen bis erhöhten Belastung hat zwar seit Anfang der 1990er Jahre stark abgenommen. Aber der Anteil der Messstellen mit deutlicher Belastung hat für Nitrat-Stickstoff und Gesamtphosphor erheblich zugenommen. Zielwert ist eine nur mäßige Belastung. Für Nitrat-Stickstoff lagen 2018 18 % der Messstellen unterhalb dieses Zielwertes, für Gesamtphosphor 44 %, bei Ammonium-Stickstoff 82 %.

Nordsee

Weite Bereiche der südlichen Nordsee bis zur Südküste Norwegens und Schwedens sind Eutrophierungsgebiete. Ebenfalls eutrophiert ist das Wattenmeer. Die Eutrophierung beeinträchtigt die Ökosysteme. Das übermäßige Auftreten von Phytoplanktonblüten verursacht infolge Lichtmangels den Rückgang von Seewiesen und infolge Sauerstoffmangels die Dezimierung von Bodenbewohnern (z. B. Seesterne, Seeigel).

Die Hauptgründe der Eutrophierung sind die Stickstoffeinträge aus deutschen Flüssen und atmosphärische Stickstoffeinträge, überwiegend verursacht durch die Landwirtschaft. Die Nährstoffeinträge in die Oberflächengewässer im deutschen Einzugsgebiet der Nordsee wurden deutlich reduziert (zwischen 1983 – 1987 und 2012 – 2014 für Stickstoff um 56 % von ca. 804 kt/a auf 353 kt/a und für Phosphor um 74 % von ca. 67 kt/a auf 17,5 kt/a). In der Folge wurde auch der Eintrag in die Nordsee über die deutschen Zuflüsse reduziert (von 1983 bis 2014 für Stickstoff um 64 % von ca. 250 kt auf ca. 90 kt und für Phosphor um 73 % von ca. 16,5 kt auf 4,5 kt). Allerdings war das strategische Ziel der Oberflächengewässerverordnung eine Konzentration von 2,8 mg/l Gesamtstickstoff am Übergabepunkt Land/Meer, der in die Nordsee einmündenden Flüsse, 2014 noch nicht erreicht worden. Die gewichtete mittlere Gesamtstickstoffkonzentration von Elbe, Weser, Ems und Eider betrug 2014 noch 3,8 mg/l. Auch müssen die Einträge der anderen Nordsee-Anrainerstaaten weiter gesenkt werden.

4.11.2.3 Wald

Waldsterben durch „Rauchschäden" als Folge hoher Schwefeldioxidkonzentrationen im Einflussgebiet großer Braunkohlenwerke gab es z. B. in den achtziger Jahren in Böhmen und Sachsen. „Neuartige Waldschäden", die seit Beginn der achtziger Jahre auftraten, werden durch flächendeckende Beobachtung des Kronenzustandes der Waldbäume seit 1984 erfasst.

Ein Drittel der Landesflächen in Deutschland besteht aus Wald (11,4 Mio. Hektar, 44 % sind Privatbesitz). Die häufigsten Baumarten sind Fichte (25 %), Kiefer (23 %), Buche (16 %) und Eiche (11 %). Die anhaltende Dürre in den Vegetationszeiten 2018 – 2020 hat verbreitet dazu geführt, dass die Blätter vorzeitig abgefallen sind. Insgesamt gehören die Ergebnisse der Waldzustandserhebung 2020 zu den schlechtesten seit Beginn der Erhebungen. Ein Maß für den Baumzustand ist die Kronenverlichtung, d. h. wie dicht, groß und verfärbt die Blätter und Nadeln in der Baumkrone im Vergleich zu einem voll belaubten oder benadelten gesunden Baum sind. Bei der Fichte und Buche war in 2020 eine deutliche Zunahme der Kronenverlichtung festzustellen. Der Anteil von Bäumen ohne Kronenverlichtung war mit 21 % noch nie so gering. Deutliche, d. h. über 25 % Kronenverlichtung zeigten 37 % aller Baumarten. Eine Kronenverlichtung zwischen 11 – 25 % (Warnstufe) zeigten 42 %. Die mittlere Kronenverlichtung, d. h. der Mittelwert der Kronenverlichtung aller Probebäume ist von 25,1 % auf 26,5 % gestiegen.

Ursache der Waldschäden sind natürliche Einflussfaktoren (Witterung, Insektenfraß usw.) und auch die von Menschen verursachten atmosphärischen Stoffeinträge. Die schädigenden Luftschadstoffe sind Schwefeldioxid (SO_2), Stickstoffoxide (NO_x) Ammoniak (NH_3) und Ozon (O_3) (Emissionswerte s. Abschn. 4.11.2.1). Zur Verhinderung der Versauerung der Waldböden und Überdüngung wurden in Luftreinhaltungsabkommen (z. B. Göteborg-Protokoll) Grenzwerte zur Minderung der Luftschadstoffe festgelegt. Für SO_2 wurden die Grenzwerte erreicht, aber nicht für die Stickstoffoxide und Ammoniak.

Der Lebensraum Wald ist wichtig für den Erhalt der Artenvielfalt. In Deutschland sind nur ca. 50 % sowohl der Pflanzenarten als auch der Tierarten nicht gefährdet.

Wälder speichern Kohlenstoffdioxid, auch als CO_2-Senken (s. Abschn. 4.11.1.2) ist ihr Erhalt wichtig. In langlebigen Holzprodukten wird Kohlenstoff gespeichert. Bei Verbrennungsprodukten ersetzen sie fossile Brennstoffe und verringern damit die Treibhausgasemission.

4.11.2.4 Baudenkmäler

Bei carbonathaltigen Bauten wird durch SO_2-Emissionen Carbonat in Sulfat umgewandelt.

$$CaCO_3 + H_2SO_4 \longrightarrow CaSO_4 + CO_2 + H_2O$$

Das Sulfat hat ein größeres Volumen als das Carbonat, seine Bildung sprengt das Gesteinsgefüge. Da das Sulfat wasserlöslicher ist als das Carbonat, kann es mit Wasser an die Gesteinsoberfläche transportiert werden und dort zu einer weißen Gipskruste auskristallisieren. Carbonathaltige Natursteine sind Kalkstein und basischgebundener Sandstein. Die SiO_2-Körner des Sandsteins werden durch eine basische Matrix, z. B. Dolomit $CaMg(CO_3)_2$ verbunden.

Bei Bronzedenkmälern bildet sich bei Einwirkung saurer Gase (SO_2, CO_2) an der Oberfläche grüne Patina. Sie besteht aus basischem Kupfercarbonat $CuCO_3 \cdot Cu(OH)_2$ und basischem Kupfersulfat $CuSO_4 \cdot Cu(OH)_2$, kann einige mm dick werden und abplatzen.

Gläser von alten Kirchenfenstern verwittern durch Korrosion, da sich mit saurem Regen aus dem Kalium des Glases lösliches Kaliumsulfat bildet.

5 Die Elemente der Nebengruppen

Alle Nebengruppenelemente sind Metalle. Sie unterscheiden sich charakteristisch von den Metallen der Hauptgruppen. Außer den s-Elektronen der äußersten Schale sind auch die d-Elektronen der zweitäußersten Schale an chemischen Bindungen beteiligt. Die Nebengruppenmetalle treten daher in vielen Oxidationsstufen auf. Die meisten Ionen haben unvollständig besetzte d-Niveaus. Sie sind farbig und paramagnetisch und besitzen überwiegend eine ausgeprägte Neigung zur Komplexbildung. Durch Wechselwirkung paramagnetischer Momente der Ionen entsteht kollektiver Magnetismus. Viele Verbindungen sind nichtstöchiometrisch zusammengesetzt, wenn die Gitterplätze von Ionen verschiedener Oxidationsstufen besetzt sind.

Vor der Besprechung der zehn Nebengruppen ist es zweckmäßig, diese in einigen theoretischen Kapiteln geschlossen abzuhandeln.

5.1 Magnetochemie

5.1.1 Materie im Magnetfeld

Ein Magnetfeld wird durch die magnetische Induktion (magnetische Flussdichte) B oder die magnetische Feldstärke (magnetische Erregung) H beschrieben. Im Vakuum gilt

$$B = \mu_0 H$$

Die SI-Einheit der magnetischen Induktion ist das Tesla (Einheitenzeichen T). $1\ \text{T} = 1\ \text{Vs/m}^2$. Die SI-Einheit der magnetischen Feldstärke ist A/m, die magnetische Feldkonstante $\mu_0 = 4\pi \cdot 10^{-7}\ \text{Vs/Am}$. Die magnetische Induktion kann durch die Dichte von Feldlinien veranschaulicht werden.

Bringt man einen Körper in ein homogenes Magnetfeld, so ist im Inneren des Körpers nicht die Induktion $B_{\text{außen}}$, sondern eine neue Induktion B_{innen} vorhanden. Man kann das magnetische Verhalten durch zwei Größen beschreiben, die Permeabilität μ und die Suszeptibilität χ.

Aus der Beziehung

$$B_{\text{innen}} = \mu_r B_{\text{außen}}$$

erhält man μ_r als dimensionslose Proportionalitätskonstante. Sie wird Permeabilitätszahl (relative magnetische Permeabilität, Durchlässigkeit) eines Stoffes genannt.

Bezeichnet man die im Körper hinzukommende oder wegfallende Induktion, die magnetische Polarisation (Magnetisierung), mit J, so gilt

https://doi.org/10.1515/9783110694444-005

$$B_{\text{innen}} = B_{\text{außen}} + J$$

Aus der Beziehung

$$J = \chi_V B_{\text{außen}}$$

erhält man die Suszeptibilität (Aufnahmefähigkeit) χ_V eines Stoffes als dimensionslose Proportionalitätskonstante.

Es gilt auch

$$M = \chi_V H_{\text{außen}} \quad \text{und}$$
$$J = \mu_0 M$$

M ist die Magnetisierung (SI-Einheit: A/m).

Man kann die Materie in drei Gruppen einteilen (Abb. 5.1).

Diamagnetische Stoffe	$\mu_r < 1$	$\chi_V < 0$
Paramagnetische Stoffe	$\mu_r > 1$	$\chi_V > 0$
Ferromagnetische Stoffe	$\mu_r \gg 1$	$\chi_V \gg 0$

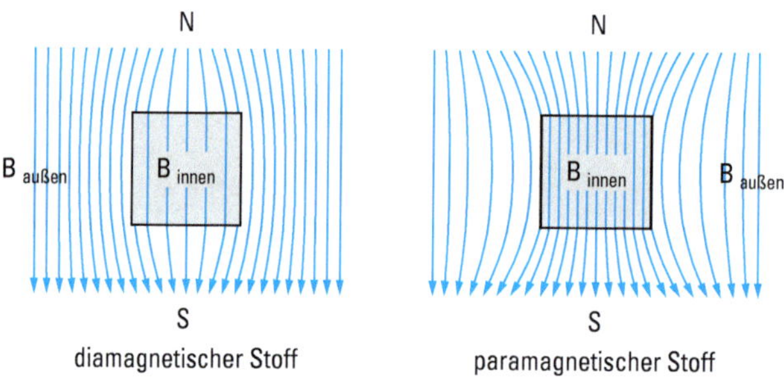

Abbildung 5.1 Verhalten diamagnetischer und paramagnetischer Stoffe in einem homogenen Magnetfeld. Ein diamagnetischer Stoff wird durch ein inhomogenes Magnetfeld abgestoßen, ein paramagnetischer Stoff in das Feld hineingezogen.

Der Chemiker gibt die Suszeptibilität meist nicht als volumenbezogene Suszeptibilität χ_V (Volumensuszeptibilität), sondern als molare (stoffmengenbezogene) Suszeptibilität χ_{mol} (Molsuszeptibilität) an. Für diese und die massenbezogene Suszeptibilität χ_g gilt

$$\chi_V V_m = \chi_g M = \chi_{\text{mol}}$$

V_m molares Volumen, M molare Masse. Es ist üblich χ_g in cm^3/g und χ_{mol} in cm^3/mol anzugeben.

Bei 300 K liegen die volumenbezogenen Suszeptibilitäten annähernd in folgenden Bereichen.

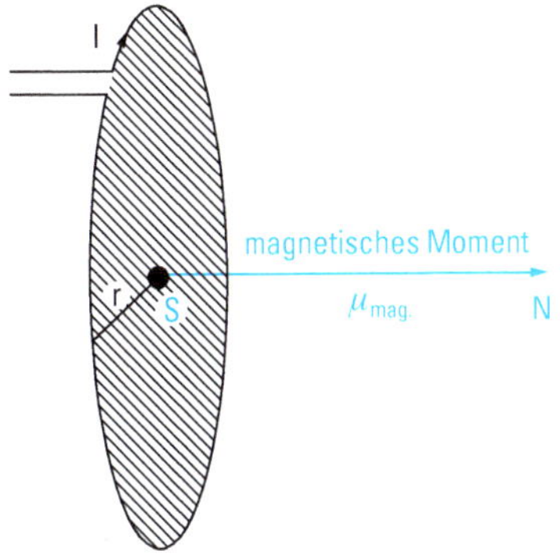

Abbildung 5.2 Entstehung eines magnetischen Dipols durch einen elektrischen Kreisstrom. Das magnetische Moment (magnetisches Dipolmoment) beträgt $\mu_{\text{mag}} = I r^2 \pi$. Die Richtung des Pfeils symbolisiert die Richtung des magnetischen Dipolmoments, seine Länge dessen numerische Größe.

	χ_V
Diamagnetische Stoffe	-10^{-5} bis -10^{-4}
Paramagnetische Stoffe	$+10^{-5}$ bis $+10^{-3}$
Ferromagnetische Stoffe	$+10^{4}$ bis $+10^{5}$

5.1.2 Magnetisches Moment, Bohr'sches Magneton

Fließt durch eine Spule ein elektrischer Strom, so entsteht ein Magnetfeld. Die Richtung des Feldes ist parallel zur Spulenachse. Die Spule stellt somit einen magnetischen Dipol dar und besitzt ein magnetisches Moment μ_{mag}. Ein Strom der Stärke I erzeugt auf einer Kreisbahn mit dem Radius r ein magnetisches Moment, das gleich dem Produkt aus Stromstärke und umflossener Fläche ist (Abb. 5.2)

$$\mu_{\text{mag}} = I r^2 \pi$$

Die SI-Einheit des magnetischen Moments ist Am^2.

Auch ein um einen Atomkern sich bewegendes Elektron erzeugt ein magnetisches Feld. Es besitzt ein magnetisches Bahnmoment, wenn es einen Bahndrehimpuls besitzt. Dies ist bei p-, d- und f-Elektronen der Fall (nicht bei s-Elektronen). Auf Grund seines Eigendrehimpulses (Spin) besitzt es außerdem ein magnetisches Spinmoment. Jeder Drehimpuls eines Elektrons ist mit einem magnetischen Moment nach der Gleichung

$$\mu_{\text{mag}} = \frac{e}{2m_e} \hbar \sqrt{X(X+1)} \tag{5.1}$$

gekoppelt. e Elementarladung, m_e Elektronenmasse, X Quantenzahl des Drehimpulses, h Planck-Konstante $\left(\hbar = \frac{h}{2\pi}\right)$.

Die magnetischen Momente von Atomen, Ionen und Molekülen werden in Bohr-Magnetonen μ_B angegeben.

$$\mu_B = \frac{e\hbar}{2m_e} \tag{5.2}$$

Das Bohr-Magneton ist die kleinste Einheit des magnetischen Moments, es ist das elektronische Elementarquantum des Magnetismus. Setzt man für die Konstanten die Zahlenwerte ein, erhält man

$$\mu_B = 9{,}27 \cdot 10^{-4}\ \mathrm{Am}^2$$

Für das magnetische Bahnmoment eines Elektrons erhält man aus den Gl. (5.1) und (5.2) mit $X = l$

$$\mu_l = \sqrt{l\,(l+1)}\mu_B$$

Für das Spinmoment muss ein g-Faktor (gyromagnetische Anomalie) eingeführt werden. Er hat annähernd den Wert 2. Mit $X = s$ erhält man

$$\mu_s = g\,\sqrt{s\,(s+1)}\mu_B$$

und mit $s = \frac{1}{2}$, $\mu_s = 1{,}7321\,\mu_B$.

5.1.3 Elektronenzustände in freien Atomen und Ionen, Russell-Saunders-Terme

Das gesamte magnetische Moment von Atomen oder Ionen resultiert aus den Bahn- und Spinmomenten aller Elektronen. Für leichtere Atome (bis etwa zu den Lanthanoiden) erhält man den Gesamtdrehimpuls aus den einzelnen Elektronen nach einem Schema, das als Russell-Saunders-Kopplung oder LS-Kopplung bezeichnet wird.

Die Spins der einzelnen Elektronen m_s koppeln zu einem Gesamtspin M_S mit der Quantenzahl S

$$M_S = \Sigma m_s$$
$$M_S = S,\ S-1,\ S-2,\ ...,\ -S$$

Die Bahndrehimpulse der einzelnen Elektronen m_l koppeln zu einem Gesamtbahndrehimpuls M_L mit der Quantenzahl L

$$M_L = \Sigma m_l$$
$$M_L = L,\ L-1,\ L-2,\ ...,\ -L$$

Analog zu den Bezeichnungen für einzelne Elektronen werden folgende Symbole verwendet.

L	0	1	2	3	4	5
Symbol	S	P	D	F	G	H

Gesamtspin und Gesamtbahndrehimpuls koppeln zu einem Gesamtdrehimpuls mit der Quantenzahl J

$$J = L + S,\ L + S - 1, L + S - 2, \dots, L - S \qquad (L \geq S)$$
$$J = S + L,\ S + L - 1, S + L - 2, \dots, S - L \qquad (S \geq L)$$

Die durch die Quantenzahlen S, L und J bestimmten Zustände nennt man Russell-Saunders-Terme. Das Symbol dafür ist $^{2S+1}L_J$. $2S + 1$ nennt man Spinmultiplizität.

Beispiel: Kohlenstoffatom

Es sind die möglichen Zustände (Terme) des Kohlenstoffatoms zu finden. Die Elektronenkonfiguration des C-Atoms ist $1s^2\ 2s^2\ 2p^2$. Vollständig gefüllte Schalen oder Unterschalen können außer Acht gelassen werden. Für sie ist immer $M_L = 0$ und $M_S = 0$. Zu berücksichtigen sind also nur die beiden p-Elektronen. Für p-Elektronen ist $l = 1$ und jedes p-Elektron kann die m_l-Werte $+1$, 0, -1 annehmen. Die möglichen M_L-Werte liegen daher zwischen $+2$ und -2. Für jedes der beiden p-Elektronen ist $m_s = +\frac{1}{2}$ oder $m_s = -\frac{1}{2}$, die möglichen M_S-Werte sind 1, 0, -1. In der Abb. 5.3 sind alle erlaubten Kombinationen von m_l- und m_s-Werten den $M_L\ M_S$-Kästchen zugeordnet. Sie führen zu drei Zuständen: ^{3}P, ^{1}D, ^{1}S. Zum Term ^{3}P mit $L = 1$ und $S = 1$ gehören neun Kombinationen (graue Kästchen). Zum Term ^{1}D mit $L = 2$ und $S = 0$ gehören fünf Kombinationen (blaue Kästchen) und zum Term ^{1}S eine Kombination mit $L = 0$ und $S = 0$ (weißes Kästchen).
Bei Berücksichtigung der J-Werte erhält man die folgenden Terme: $^3P_2$, $^3P_1$, $^3P_0$, $^1D_2$, $^1S_0$.

Der Term mit der niedrigsten Energie, der Grundzustand, kann nach den Regeln von Hund ermittelt werden.

Der Grundterm besitzt den höchsten Wert der Spinmultiplizität $2S + 1$. Wenn mehrere Terme die gleiche Spinmultiplizität haben, dann ist der Term mit dem größeren L-Wert stabiler. Bei gleicher Spinmultiplizität und gleichem L-Wert ist in der ersten Hälfte einer Untergruppe der Term mit dem kleinsten J-Wert, in der zweiten Hälfte der mit dem größten J-Wert am stabilsten.

Der Grundterm des C-Atoms ist also der Term $^3P_0$. Der ^{1}D-Term liegt 105 kJ/mol, der ^{1}S-Term 135 kJ/mol über dem ^{3}P-Grundterm (Abb. 5.4).

Die energetische Aufspaltung eines Terms auf Grund seiner verschiedenen J-Werte bezeichnet man als Multiplettaufspaltung. Die Energiedifferenz der Multiplettterme ist im Allgemeinen eine Größenordnung kleiner als die der ^{2S+1}L-Terme. Jeder Multiplettterm ist $(2J + 1)$-fach entartet. Im Magnetfeld wird die Entartung aufgehoben und es erfolgt eine Aufspaltung in $2J + 1$ Energieterme (Zeeman-Aufspaltung).

M_L	M_S			
	1	0		−1
2			$(1^+,1^-)$	
1	$(1^+,0^+)$	$(1^+,0^-)$	$(1^-,0^+)$	$(1^-,0^-)$
0	$(1^+,-1^+)$	$(1^+,-1^-)$	$(1^-,-1^+)$ $(0^+,0^-)$	$(1^-,-1^-)$
−1	$(-1^+,0^+)$	$(-1^+,0^-)$	$(-1^-,0^+)$	$(-1^-,0^-)$
−2			$(-1^+,-1^-)$	

Abbildung 5.3 M_LM_S-Zustände für die Elektronenkonfiguration p^2.
Die Zahlen bezeichnen die m_l-Werte; die m_s-Werte $+1/2$ und $-1/2$ sind mit + bzw. − gekennzeichnet.
Graue Kästchen: 9 Kombinationen mit $M_L = 1, 0, -1$ und $M_s = 1, 0, -1$, die zum Term ^3P mit $L = 1$, $S = 1$ gehören.
Blaue Kästchen: 5 Kombinationen mit $M_L = 2, 1, 0, -1, -2$ und $M_S = 0$, die zum Term ^1D mit $L = 2$, $S = 0$ gehören.
Weißes Kästchen: 1 Kombination, sie gehört zum Term ^1S mit $L = 0$, $S = 0$.

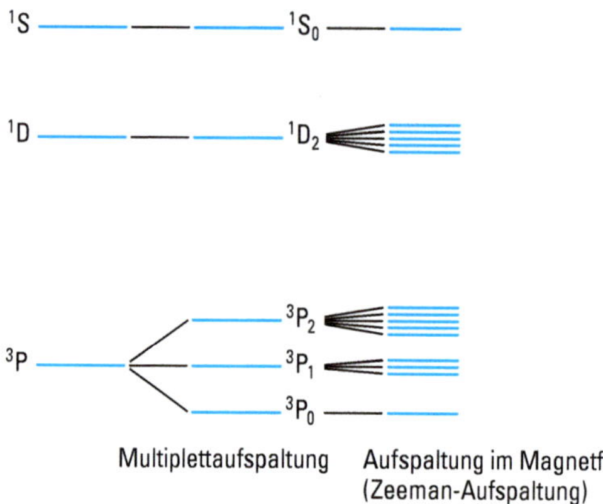

Abbildung 5.4 Schematisches Termdiagramm der Konfiguration p^2.

Die Russell-Saunders-Terme für die Elektronenkonfigurationen $d^1 - d^9$ sind in Tab. 5.1 angegeben. Die Terme des Grundzustandes für alle Elektronenkonfigurationen enthält Tab. 2 in Anhang 2.

Tabelle 5.1 Russell-Saunders-Terme für die Elektronenkonfigurationen $d^1 - d^9$

Konfiguration	^{2S+1}L-Terme	Grundterme
d^1, d^9	^2D	$^2D_{3/2}$, $^2D_{5/2}$
d^2, d^8	^3F, ^3P, ^1G, ^1D, ^1S	$^3F_2$, $^3F_4$
d^3, d^7	^4F, ^4P, ^2H, ^2G, ^2F, $2 \times {}^2D$, ^2P	$^4F_{3/2}$, $^4F_{9/2}$
d^4, d^6	^5D, ^3H, ^3G, $2 \times {}^3F$, ^3D, $2 \times {}^3P$, ^1I, $2 \times {}^1G$, ^1F, $2 \times {}^1D$, $2 \times {}^1S$	$^5D_0$, $^5D_4$
d^5	^6S, ^4G, ^4F, ^4D, ^4P, ^2I, ^2H, $2 \times {}^2G$, $2 \times {}^2F$, $3 \times {}^2D$, ^2P, ^2S	$^6S_{5/2}$

5.1.4 Diamagnetismus

Diamagnetisch sind alle Stoffe, deren Atome, Ionen oder Moleküle abgeschlossene Schalen oder Unterschalen haben. Sie besitzen kein resultierendes magnetisches Moment, da sich die Spinmomente und die Bahnmomente der Elektronen kompensieren. Die meisten Substanzen sind diamagnetisch, weil die ungepaarten Elektronen der Atome bei der Bildung von Verbindungen abgesättigt werden.

Die durch ein Magnetfeld induzierte magnetische Polarisation ist dem äußeren Feld entgegengerichtet. Dies führt zu einer Schwächung im Inneren des diamagnetischen Stoffes: $\chi_{\text{dia}} < 0$ (Abb. 5.1).

Die diamagnetische Suszeptibilität ist unabhängig von der Feldstärke und der Temperatur.

Die diamagnetische Suszeptibilität eines Moleküls kann additiv aus empirischen Einzelwerten der Atome (χ_{Atom}) und der Bindungen (χ_{Bindung}) des Moleküls berechnet werden.

$$\chi_{\text{dia}} = \Sigma\chi_{\text{Atom}} + \Sigma\chi_{\text{Bindung}}$$

Bei Ionenverbindungen erhält man die diamagnetische Suszeptibilität aus der Summe der Ionensuszeptibilitäten.

$$\chi_{\text{dia}} = \chi_{\text{Kation}} + \chi_{\text{Anion}}$$

5.1.5 Paramagnetismus

Atome, Ionen und Moleküle, in denen ungepaarte Elektronen vorhanden sind, besitzen ein permanentes magnetisches Moment (vgl. Abschn. 5.1.2). Ohne äußeres Feld sind die magnetischen Momente statistisch verteilt und heben sich daher gegenseitig auf. Legt man ein äußeres Feld an, so richten sich die magnetischen Momente in Feldrichtung aus, es entsteht ein Magnetfeld, das dem äußeren Feld gleichgerichtet ist. Ein solcher Stoff ist paramagnetisch: $\chi_{\text{para}} > 0$ (Abb. 5.1).

Die paramagnetische Suszeptibilität ist unabhängig von der Feldstärke, aber temperaturabhängig, da eine Temperaturzunahme der Ausrichtung der permanenten Magnete im äußeren Feld entgegenwirkt.

Der diamagnetische Effekt tritt bei allen Stoffen auf.

$$\chi = \chi_{\text{dia}} + \chi_{\text{para}}$$

Der Diamagnetismus ist mehrere Größenordnungen schwächer als der Paramagnetismus. (Eine Ausnahme ist der Paramagnetismus des Elektronengases von Metallen.) Substanzen mit ungepaarten Elektronen sind daher paramagnetisch. Die gemessene Suszeptibilität paramagnetischer Stoffe χ ist etwas kleiner als die wahre paramagnetische Suszeptibilität χ_{para}, da χ_{dia} negativ ist.

Die Temperaturabhängigkeit der paramagnetischen Suszeptibilität kann mit dem Curie-Gesetz

$$\chi_{\text{para}} = \frac{C}{T}$$

bzw. mit dem Curie-Weiss-Gesetz

$$\chi_{\text{para}} = \frac{C}{T-\Theta}$$

beschrieben werden (Abb. 5.5). Θ, die paramagnetische Curie-Temperatur, kann positiv oder negativ sein. Ihr Vorhandensein bedeutet, dass die magnetischen Dipole der

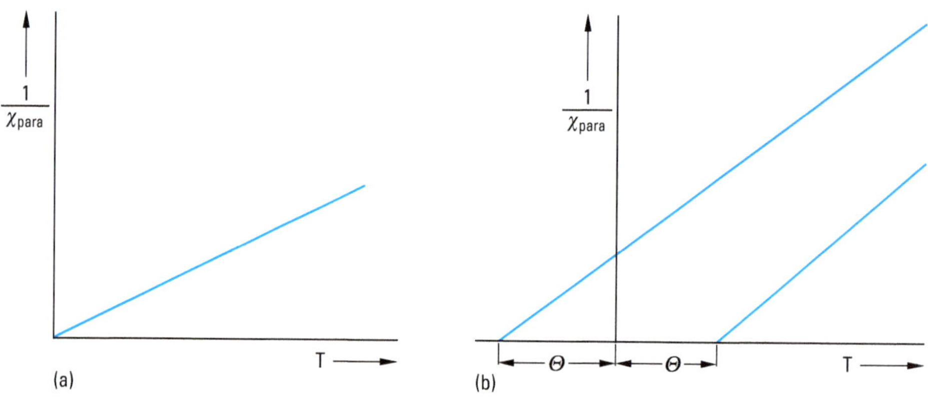

Abbildung 5.5 Abhängigkeit der paramagnetischen Suszeptibilität von der Temperatur

a) Curie-Gesetz $\dfrac{1}{\chi_{\text{para}}} = \dfrac{T}{C}$

b) Curie-Weiss-Gesetz $\dfrac{1}{\chi_{\text{para}}} = \dfrac{T-\Theta}{C}$; Θ, die paramagnetische Curie-Temperatur, kann positiv oder negativ sein.

Teilchen nicht unabhängig voneinander sind, sondern dass ihre Orientierung durch die Orientierung der Nachbardipole beeinflusst wird. Für die Curie-Konstante C gilt

$$C = \frac{\mu_0 N_A}{3k} \mu_{mag}^2$$

μ_0 magnetische Feldkonstante, N_A Avogadro-Konstante, k Boltzmann-Konstante.

Durch Messung der volumenbezogenen Suszeptibilität, Umrechnung auf die molare Suszeptibilität und Abzug der diamagnetischen Suszeptibilität erhält man die paramagnetische Suszeptibilität. Daraus kann das magnetische Moment ermittelt werden.

$$\mu_{exp} = \sqrt{\frac{3k}{\mu_0 N_A} \chi_{para} (T - \Theta)}$$

Zur magnetochemischen Lösung von Strukturproblemen wird das experimentelle magnetische Moment μ_{exp} mit dem berechneten magnetischen Moment verglichen. Man bezeichnet letzteres als effektives magnetisches Moment μ_{eff}.

Für die Berechnung der magnetischen Momente kann man zwei Grenzfälle unterscheiden.

Wenn die Kopplung zwischen Gesamtbahndrehimpuls und Gesamtspin stark ist, dann ist die Multiplettaufspaltung viel größer als kT. Alle Teilchen befinden sich daher im Zustand niedrigster Energie, der durch die Quantenzahl J bestimmt ist. Dafür erhält man (vgl. Gleichung 5.1 und Gleichung 5.2)

$$\mu_{eff} = g_J \mu_B \sqrt{J(J+1)}$$

$$g_J = 1 + \frac{J(J+1) + S(S+1) - L(L+1)}{2J(J+1)}$$

Dieser Fall ist bei den Lanthanoiden realisiert. Bei ihnen kommt das paramagnetische Moment durch die 4f-Elektronen zustande. Diese inneren Elektronen sind nicht an Bindungen beteiligt und nach außen gegen den Einfluss von Ligandenfeldern weitgehend abgeschirmt. Abb. 5.6 zeigt die gute Übereinstimmung zwischen μ_{exp} und μ_{eff}.

Bei schwacher Spin-Bahn-Kopplung ist die Multiplettaufspaltung viel kleiner als kT. Die Teilchen haben keinen durch J bestimmten Gesamtdrehimpuls. Der durch L bestimmte Bahndrehimpuls und der durch S bestimmte Spin nehmen unabhängig voneinander alle im Raum erlaubten Lagen ein. Das effektive magnetische Moment beträgt

$$\mu_{eff} = \mu_B \sqrt{L(L+1) + 4S(S+1)}$$

Oft sind die Bahnmomente ganz oder teilweise unterdrückt. Mit $L = 0$ erhält man die „spin-only"-Werte.

$$\mu_{eff} = 2\mu_B \sqrt{S(S+1)}$$

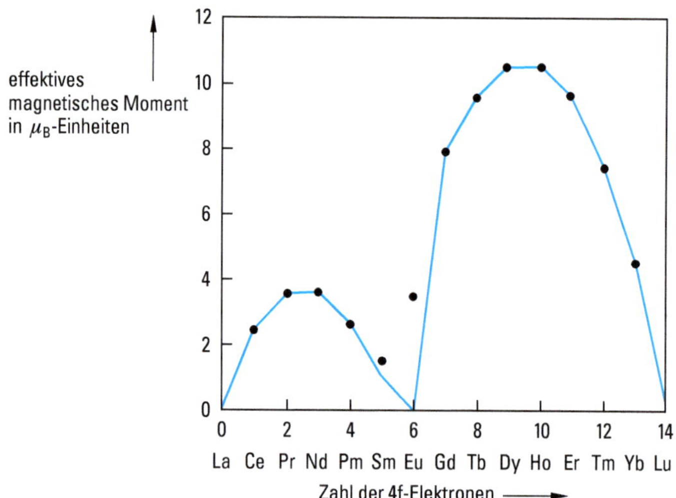

Abbildung 5.6 Magnetische Momente der Lanthanoidionen Ln^{3+}
Mit der Beziehung $\mu = g_J\sqrt{J(J+1)}\mu_B$ berechnete magnetische Momente (–). Die Grundterme sind in Tab. 5.9 angegeben.

Beispiel: Terbium Tb, Grundterm $^7F_6$

$$2S + 1 = 7;\ S = 3;\ L = 3,\ J = 6$$

$$g_J = 1 + \frac{6(6+1) + 3(3+1) - 3(3+1)}{2 \cdot 6(6+1)} = \frac{3}{2}$$

$$\mu = \frac{3}{2}\sqrt{6(6+1)}\mu_B = 9{,}72\mu_B$$

• Experimentelle magnetische Momente. Nur für Sm^{3+} und Eu^{3+} sind die experimentellen Werte größer. Bei beiden Ionen liegt der erste angeregte J-Zustand relativ nahe über dem Grundzustand, so dass er bei normaler Temperatur teilweise besetzt ist. Da die angeregten Zustände höhere J-Werte als der Grundzustand besitzen, sind die experimentellen magnetischen Momente größer, als die Berechnung unter ausschließlicher Berücksichtigung des Grundzustandes ergibt.

Beispiele sind die Verbindungen der 3d-Übergangsmetalle (Tab. 5.2), bei denen die paramagnetischen Eigenschaften der 3d-Ionen durch die sie umgebenden Liganden beeinflusst werden. Bei den Ionen der ersten Hälfte der 3d-Elemente stimmen die experimentellen magnetischen Momente mit den spin-only-Werten überein. Bei den Ionen der zweiten Hälfte sind durch das Kristallfeld die Bahnmomente nur teilweise unterdrückt.

Tabelle 5.2 Vergleich berechneter und experimenteller magnetischer Momente für 3d-Ionen.

Anzahl der d-Elektronen	Ion	Grundterm	$\frac{\mu_{eff}}{\mu_B}$ $g_J\sqrt{J(J+1)}$	$\sqrt{L(L+1)+4S(S+1)}$	$2\sqrt{S(S+1)}$	$\frac{\mu_{exp}}{\mu_B}$
0	Sc^{3+}	$^1S_0$	0	0	0	0
1	Ti^{3+}	$^2D_{3/2}$	1,55	3,00	1,73	1,7–1,8
	V^{4+}					1,6–1,8
2	V^{3+}	$^3F_2$	1,63	4,47	2,83	2,8–2,9
	Ti^{2+}					
3	V^{2+}	$^4F_{3/2}$	0,70	5,20	3,87	3,8–3,9
	Cr^{3+}					3,7–3,9
	Mn^{4+}					3,8–4,0
4	Cr^{2+}	$^5D_0$	0	5,48	4,90	4,8–4,9
	Mn^{3+}					4,9–5,0
5	Mn^{2+}	$^6S_{5/2}$	5,92	5,92	5,92	5,7–6,1
	Fe^{3+}					5,7–6,0
6	Co^{3+}	$^5D_4$	6,71	5,48	4,90	5,1–5,7
7	Co^{2+}	$^4F_{9/2}$	6,63	5,20	3,87	4,3–5,2
	Ni^{3+}					
8	Ni^{2+}	$^3F_4$	5,59	4,47	2,83	2,8–3,5
9	Cu^{2+}	$^2D_{5/2}$	3,55	3,00	1,73	1,8–2,1
10	Cu^{+}	$^1S_0$	0	0	0	0
	Zn^{2+}					

Beispiel:
V^{3+}, Grundterm $^3F_2$
$2S+1=3;\ S=1;\ L=3,\ J=2$

$$2\sqrt{S(S+1)} = 2\sqrt{1(1+1)} = 2{,}83$$

$$\sqrt{L(L+1)+4S(S+1)} = \sqrt{3(3+1)+4(1+1)} = 4{,}47$$

$$g_J = 1 + \frac{J(J+1)+S(S+1)-L(L+1)}{2J(J+1)} = 1 + \frac{2(2+1)+1(1+1)-3(3+1)}{2\cdot 2(2+1)} = \frac{2}{3}$$

$$g_J\sqrt{J(J+1)} = \frac{2}{3}\sqrt{2(2+1)} = 1{,}63$$

5.1.6 Spinordnung, spontane Magnetisierung

Beim Diamagnetismus und beim Paramagnetismus erfolgt keine Wechselwirkung zwischen den Atomen, Ionen und Molekülen, sie sind magnetisch isoliert. Die magnetischen Eigenschaften sind annähernd additiv aus denen der einzelnen Teilchen zusammengesetzt.

Wenn in Feststoffen Wechselwirkungen zwischen den Spins paramagnetischer Teilchen auftreten, sprechen wir von kooperativem oder kollektivem Magnetismus. Sind die Teilchen, zwischen denen die Wechselwirkung auftritt, benachbart, ist eine di-

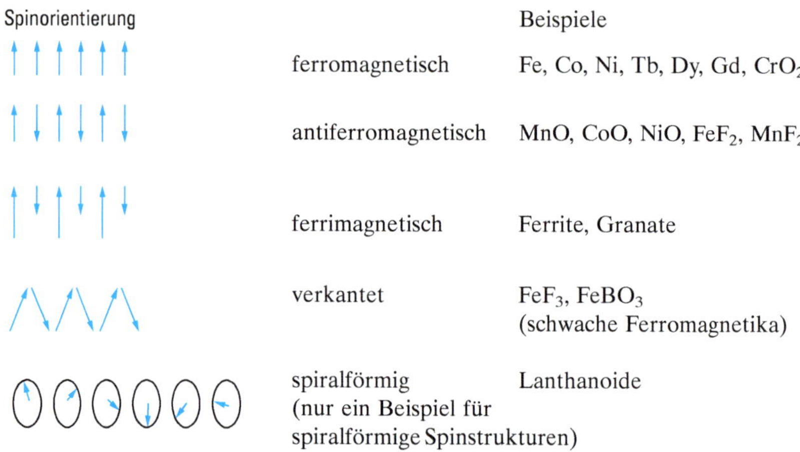

Abbildung 5.7 Schematische Darstellung verschiedener Spinstrukturen.

rekte Wechselwirkung vorhanden. Bei indirekter Wechselwirkung wird die Austauschwechselwirkung durch die Elektronen diamagnetischer Ionen vermittelt, die sich zwischen den paramagnetischen Teilchen befinden.

Unterhalb einer charakteristischen Temperatur erfolgt auf Grund der Spin-Spin-Wechselwirkung eine Spinordnung und eine spontane Magnetisierung. Die Spinordnung stellt sich ohne äußeres Feld ein. Es existiert unterschiedlich zu diamagnetischen und paramagnetischen Stoffen eine komplizierte Abhängigkeit der Suszeptibilität von der Feldstärke.

Es gibt verschiedene Spinordnungen. Am wichtigsten ist die parallele Ausrichtung der Spins (ferromagnetische Spinordnung) und die antiparallele Ausrichtung der Spins (antiferromagnetische Spinordnung). Außerdem gibt es Spinordnungen mit komplizierten Spiralstrukturen und verkantete Spinstrukturen (Abb. 5.7).

Ferromagnetismus

Unterhalb der Curie-Temperatur T_C erfolgt innerhalb eines kleinen Bereichs, der so genannten „Domäne“ (Weiss'scher Bereich) eine parallele Kopplung der Spins benachbarter Atome. Die Suszeptibilität ist 10^7 bis 10^{10} mal größer als die der Paramagnetika, sie erreicht ihren größten Wert bei $T = 0$ K. Mit steigender Temperatur nimmt die magnetische Polarisation, also auch die Suszeptibilität ab, da sich innerhalb der Weiss'schen Bezirke die magnetischen Spinmomente teilweise antiparallel zueinander orientieren. Oberhalb der Curie-Temperatur bricht die Spinkopplung zusammen, es gilt dann das Curie-Weiss-Gesetz. Θ ist bei ferromagnetischen Stoffen positiv (Abb. 5.8).

Nach außen ist ein ferromagnetischer Stoff auch unterhalb T_C unmagnetisch, da die Richtungen der Magnetisierung der einzelnen Weiss'schen Bereiche statistisch verteilt sind, so dass ein Gesamtmoment Null resultiert (Abb. 5.8). In einem Magnet-

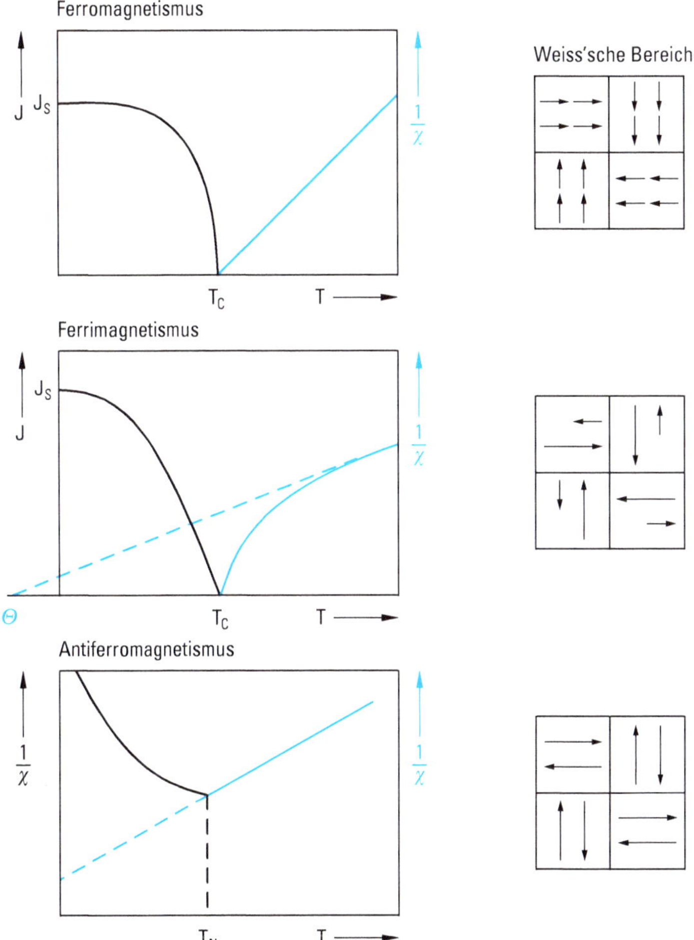

Abbildung 5.8 Schematische Darstellung des Verlaufs der spontanen Magnetisierung und der reziproken Suszeptibilität ferro-, ferri- und antiferromagnetischer Stoffe als Funktion der Temperatur. Schwarze Kurven: Bereiche des kooperativen Magnetismus. Blaue Kurven: Paramagnetische Bereiche. J_S bedeutet Sättigungsmagnetisierung.

feld erfolgt eine Magnetisierung des ferromagnetischen Stoffes, da sich die magnetischen Momente der Weiss'schen Bereiche im Feld ausrichten (Abb. 5.9).

Ferromagnetismus tritt bei Fe, Co, Ni, Gd, Dy, EuS, CrO_2 sowie Legierungen aus Cu, Al und Mn (Heusler'sche Legierungen) auf.

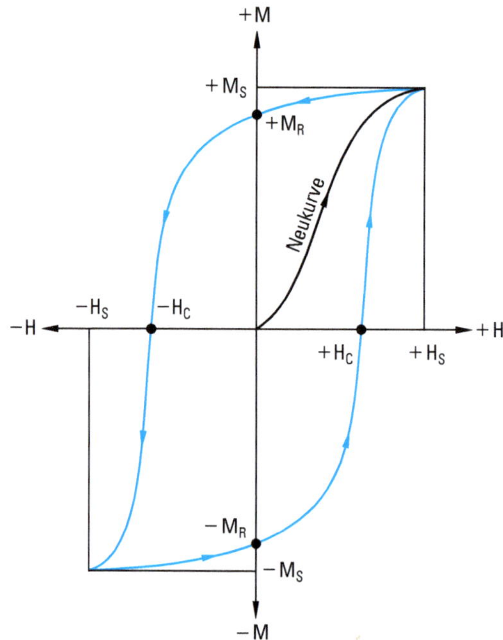

Abbildung 5.9 Hysterese-Schleife von ferromagnetischen und ferrimagnetischen Stoffen. In einem Magnetfeld richten sich die magnetischen Momente der Weiss'schen Bereiche im Feld aus. Die Magnetisierung M wächst solange mit der Feldstärke, bis bei H_S eine vollständige Spinausrichtung erfolgt ist; man erhält dann die Sättigungsmagnetisierung M_S. Verringert man die Feldstärke des äußeren Feldes auf Null, verläuft die Magnetisierung nicht entlang der Neukurve, sondern in einer Hysterese-Schleife. Bei $H = 0$ verbleibt eine Magnetisierung M_R (Remanenzmagnetisierung). Es ist ein Permanentmagnet entstanden. Erst bei einem Feld $-H_C$ (Koerzitivfeldstärke) erreicht man wieder die Magnetisierung $M = 0$. Bei $-H_S$ erhält man die Sättigungsmagnetisierung $-M_S$. Verringert man die Feldstärke und kehrt ihre Richtung um, verläuft die Magnetisierung in Pfeilrichtung über $M = -M_R$, $M = 0$ nach $M = +M_S$.
„Magnetisch harte" Werkstoffe sind solche mit einer großen Remanenzmagnetisierung und großer Koerzitivfeldstärke (Permanentmagnete).

Ferrimagnetismus

Innerhalb eines Weiss'schen Bereichs erfolgt unterhalb der ferrimagnetischen Curie-Temperatur T_C eine antiparallele Kopplung verschieden großer Spinmomente. Es resultiert ein magnetisches Moment und es findet eine spontane Magnetisierung statt. Wegen der statistischen Verteilung der Momente der einzelnen Weiss'schen Bereiche tritt nach außen keine Magnetisierung auf und erst bei Einwirkung eines äußeren Feldes erfolgt Magnetisierung (Abb. 5.8). Die Abhängigkeit der Magnetisierung von der Temperatur und dem äußeren Feld ähnelt der ferromagnetischer Stoffe (Abb. 5.8 u. Abb. 5.9). Oberhalb der Curie-Temperatur gilt das Curie-Weiss-Gesetz, Θ ist negativ.

Wichtige Beispiele für ferrimagnetische Stoffe sind **Spinelle** und **Granate**. In Spinellen (vgl. Abb. 5.10) gibt es zwei Metalluntergitter. Das A-Untergitter besteht aus den

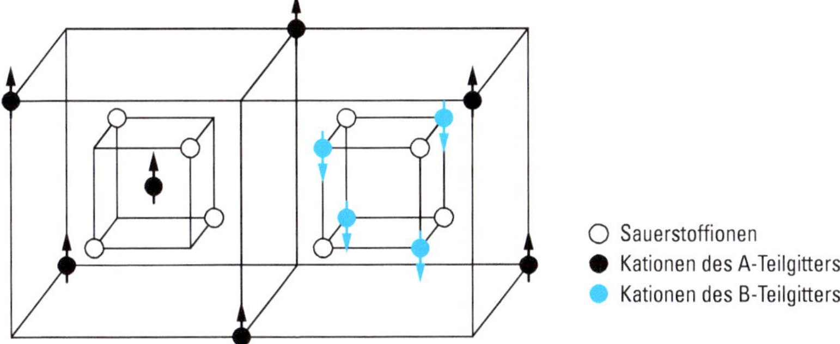

Abbildung 5.10 Ferrimagnetische Kopplung der Spins in Spinellen (vgl. Abb. 2.19). In jedem Teilgitter ist die Spinorientierung (durch Pfeile symbolisiert) parallel. Zwischen den beiden Untergittern ist die Spinorientierung antiparallel.

Kationen, die tetraedrisch, das B-Untergitter aus den Kationen, die oktaedrisch von Sauerstoffionen koordiniert sind. In jedem Untergitter sind die Spins parallel zueinander orientiert. Zwischen den Untergittern ist die Orientierung antiparallel. Da die Momente der Untergitter verschieden sind, resultiert ein Gesamtmoment. Bei $T = 0$ K sind die Spins vollkommen orientiert, man erhält die Sättigungsmagnetisierung. In jedem Untergitter beträgt das Sättigungsspinmoment

$$\mu = g\,S\,\mu_B$$

Mit $g = 2$ und n_B = Anzahl ungepaarter Elektronen folgt

$$\mu = n_B\,\mu_B$$

In Tab. 5.3 sind die experimentellen und die theoretischen Sättigungsmomente für verschiedene Ferrite MFe_2O_4 (M = Fe, Co, Ni, Mn, Zn, Cd) mit Spinell-Struktur angegeben. Der bekannteste Ferrit ist der Magnetit Fe_3O_4, ein inverser Spinell, bei dem das A-Untergitter von Fe^{3+}-Ionen, das B-Untergitter statistisch mit Fe^{3+}- und Fe^{2+}-Ionen besetzt ist.

Tabelle 5.3 Magnetische Momente μ einiger Ferrite mit Spinellstruktur in μ_B

Spinell	n_B(A)	n_B(B)	μ(theor.)	μ(exp.)*
$Fe^{3+}(Fe^{2+}Fe^{3+})O_4$	5	9	4	4,0–4,2
$Fe^{3+}(Co^{2+}Fe^{3+})O_4$	5	8	3	3,3–3,9
$Fe^{3+}(Ni^{2+}Fe^{3+})O_4$	5	7	2	2,2–2,4
$Mn^{2+}_{0,8}\,Fe^{3+}_{0,2}\,(Mn^{2+}_{0,2}\,Fe^{3+}_{1,8})O_4$	5	10	5	4,4–5,0
$Zn^{2+}\,(Fe^{3+}_2)O_4$**		(10)		0
$Cd^{2+}\,(Fe^{3+}_2)O_4$**		(10)		0

* Die größeren experimentellen magnetischen Momente werden wahrscheinlich durch Beiträge des Bahnmoments verursacht.
** Da Zn^{2+} und Cd^{2+} keine ungepaarten Elektronen besitzen, erfolgt keine Spinkopplung mit den Kationen des B-Untergitters.

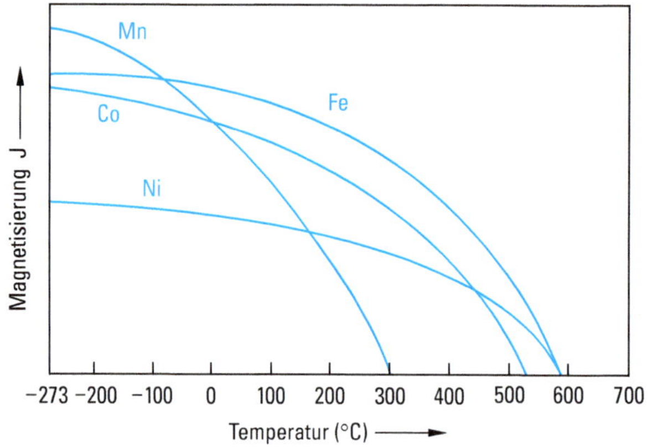

Abbildung 5.11 Temperaturabhängigkeit der spontanen Magnetisierung einiger Ferrite MFe_2O_4 (M = Fe, Mn, Co, Ni).

In der Abb. 5.11 ist für einige Ferrite die Magnetisierung in Abhängigkeit von der Temperatur wiedergegeben. Die Curie-Temperatur spiegelt die Größe der Austauschwechselwirkung wider.

Die antiferromagnetische Kopplung zwischen den Metalluntergittern in Spinellen oder NaCl-Strukturen ist eine durch die Anionen vermittelte indirekte Austauschwechselwirkung. Sie wird Superaustausch genannt.

Ferrite der Zusammensetzung $M_3^{3+}\ Fe_5^{3+}O_{12}$ (M = Y, Gd, Tb, Dy, Ho, Er, Tm, Yb, Lu) kristallisieren in der komplizierten, kubischen Granat-Struktur. Die Elementarzelle enthält acht Formeleinheiten, also 96 Sauerstoffionen. Die Sauerstoffionen sind nicht in einer der dichtesten Packungen angeordnet. Es gibt drei Metalluntergitter. Die Seltenerdmetalle sind von acht Sauerstoffionen trigonal-dodekaedrisch umgeben. Zwei Fe^{3+}-Ionen sind oktaedrisch, drei tetraedrisch koordiniert. Die magnetischen Momente der beiden Fe-Untergitter sind antiparallel zueinander orientiert. Das resultierende Moment ist wiederum antiparallel zum Moment des Seltenerdmetalluntergitters orientiert. Für die beiden Fe-Untergitter folgt daraus mit $n_B(\text{Fe}) = 5$ das Sättigungsmoment

$$\mu_{\text{Fe}} = (3\,n_B(\text{Fe}) - 2\,n_B(\text{Fe}))\ \mu_B = 5\mu_B$$

Berücksichtigt man auch für die Lanthanoide (Ln) nur die Spinmomente, erhält man das Gesamtmoment nach

$$\mu_{\text{Ges}} = n_B \mu_B$$

mit

$$n_B = |3\,n_B(\text{Ln}) - 5|$$

$n_B(\text{Ln}) = 2S$ ist gleich der Zahl ungepaarter Elektronen der Ln^{3+}-Ionen (vgl. Tab. 5.9).

	Y^{3+}	Gd^{3+}	Tb^{3+}	Dy^{3+}	Ho^{3+}	Er^{3+}	Tm^{3+}	Yb^{3+}	Lu
n_B(Ln)	0	7	6	5	4	3	2	1	0
$n_B$theor.	5	16	13	10	7	4	1	2	5
$n_B$exp.	4,72	16	18,2	16,4	15,2	10,4	1,2	0	5

Berechnete und gemessene magnetische Momente stimmen nur überein, wenn das Bahnmoment $L = 0$ beträgt. Bei allen anderen Lanthanoid-Ferriten ist das gemessene magnetische Moment wesentlich größer als der spin-only-Wert. Das Bahnmoment ist nur teilweise durch das Kristallfeld unterdrückt und liefert unterschiedlich zu Ferriten mit Spinellstruktur einen erheblichen Beitrag zum Gesamtmoment.

Der Neodym-YAG-Laser besteht aus Yttrium-Aluminium-Granat ($Y_3Al_5O_{12}$), in dem Y^{3+} durch etwas Nd^{3+} substituiert ist.

Antiferromagnetismus

Unterhalb der Néel-Temperatur T_N erfolgt eine spontane antiparallele Kopplung gleich großer Momente in einem Weiss'schen Bereich. Beim absoluten Nullpunkt ist die Ausrichtung vollkommen und es resultiert Diamagnetismus. Mit zunehmender Temperatur und damit zunehmender Wärmebewegung ist die Kopplung gestört, die Suszeptibilität χ nimmt zu und durchläuft bei T_N ein Maximum. Oberhalb T_N bricht die Spinordnung zusammen, die Substanz verhält sich normal paramagnetisch, mit zunehmender Temperatur nimmt χ ab (Abb. 5.8). Bei Antiferromagnetika resultiert aus der Spinkopplung keine magnetische Polarisation und im äußeren Feld erfolgt keine makroskopische Magnetisierung.

Antiferromagnetisch sind z. B. MnO (vgl. Abschn. 5.3), CoO, NiO, α-Fe_2O_3, FeF_2. Ihre Néel-Temperaturen betragen 122 K, 292 K, 523 K, 953 K und 80 K.

5.2 Mößbauer-Spektroskopie

Das beim Übergang eines angeregten Kernzustandes (Quelle) in den Grundzustand emittierte γ-Quant kann von einem gleichen Kern im Grundzustand (Absorber) absorbiert werden. Emission und Absorption müssen rückstoßfrei erfolgen (Abb. 5.12).

Die rückstoßfreie Kernresonanz von γ-Strahlen wird Mößbauer-Effekt genannt. Er wurde 1958 von R. Mößbauer entdeckt.

Ist die Energiedifferenz zwischen angeregtem Zustand und Grundzustand für die Quelle und den Absorber nicht genau gleich, erfolgt keine Resonanz. Man kann aber die Resonanzbedingung dadurch herstellen, dass man dem γ-Quant Doppler-Energie zuführt. Bei der ^{57}Fe-Mößbauer-Spektroskopie wird die Quelle mit einer Geschwindigkeit zwischen -10 mm/s und $+10$ mm/s bewegt. Pro mm/s erhält das γ-Quant eine zusätzliche Energie von $5 \cdot 10^{-8}$ eV. Misst man die Kernresonanz in Abhängigkeit von der Geschwindigkeit der Quelle, erhält man ein Mößbauer-Spektrum (Abb. 5.13).

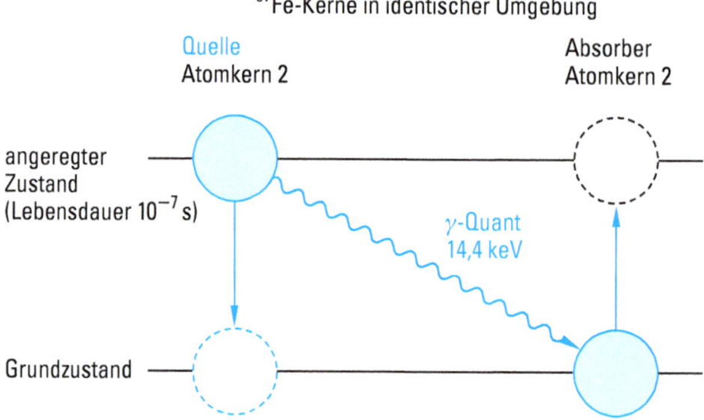

Abbildung 5.12 Kernresonanz von ^{57}Fe. Der angeregte Zustand des Eisenkerns hat eine Lebensdauer von 10^{-7} s. Beim Übergang in den Grundzustand wird ein γ-Quant der Energie von 14,4 keV abgegeben. Trifft es auf einen Eisenkern, der sich im Grundzustand befindet und dessen chemische Umgebung identisch ist, kann durch Absorption des γ-Quants Anregung erfolgen. Der Anteil rückstoßfreier Kernübergänge beträgt beim Eisen bei Raumtemperatur 70 %. Rückstoßfreie Kernresonanz ist nur im festen Zustand möglich.
Angeregte ^{57}Fe-Kerne entstehen aus ^{57}Co-Kernen durch Elektroneneinfang. ^{57}Co hat eine Halbwertszeit von 270 Tagen.

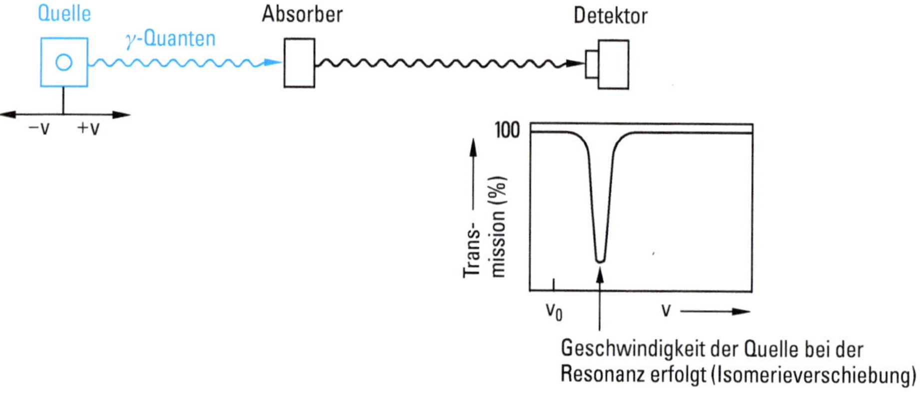

Abbildung 5.13 Mößbauer-Spektrum.
Bei einer charakteristischen Geschwindigkeit der Quelle erfolgt Resonanz. Die Resonanzabsorption der γ-Quanten wird vom Detektor als Schwächung der Strahlungsintensität der Quelle registriert. Es entsteht eine Mößbauer-Linie. Die Linienbreite ist sehr klein (beim ^{57}Fe-Kern $5 \cdot 10^{-9}$ eV), man kann daher außerordentlich kleine Energieänderungen messen.

Die Energieniveaus der Kernzustände werden durch die chemische Umgebung beeinflusst. Die Energieänderung ist von der Größenordnung 10^{-8}–10^{-7} eV. Aus den Wechselwirkungen zwischen dem Kern des Mößbauer-Atoms und den umgebenden Elektronen – des Mößbauer-Atoms oder anderer Atome der Umgebung – lassen sich chemische Informationen ableiten. Drei Arten der Wechselwirkung können unterschieden werden (Abb. 5.14).

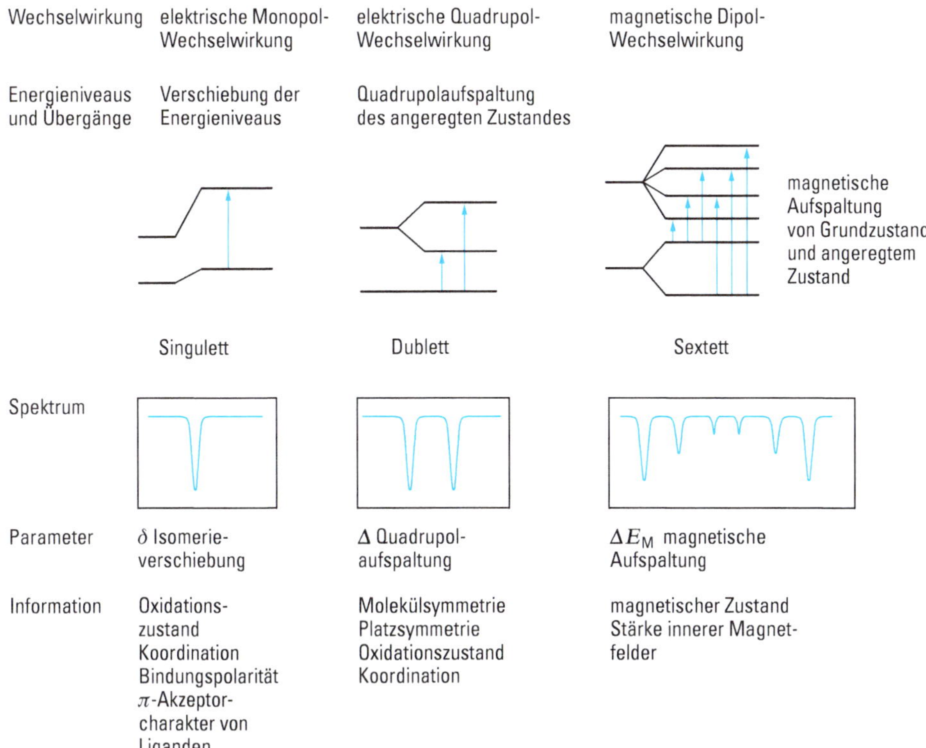

Abbildung 5.14 Hyperfeinwechselwirkungen des ^{57}Fe-Kerns.

1. Elektrische Monopol-Wechselwirkung zwischen Atomkern und s-Elektronen am Kernort. Die Energie des Grundzustandes und die Energie des angeregten Zustandes werden unterschiedlich verändert. Die dadurch veränderte Übergangsenergie wird durch die Isomerieverschiebung δ registriert. δ liefert also eine Information über die s-Elektronendichte und lässt Rückschlüsse zu über Oxidationszustand, Koordination, Elektronegativität von Liganden, π-Akzeptoreigenschaften von Liganden in Komplexen (vgl. Abschn. 5.4.6). Bei high-spin-Eisenverbindungen ändert sich die Elektronendichte deswegen mit der Oxidationszahl, weil bei unterschiedlicher Anzahl der d-Elektronen die s-Elektronen verschieden stark abgeschirmt werden.

2. Elektrische Quadrupolwechselwirkung zwischen dem elektrischen Quadrupolmoment des Kerns und einem inhomogenen elektrischen Feld am Kernort. Das Energieniveau des angeregten Zustandes des ^{57}Fe-Kerns spaltet symmetrisch auf (Quadrupolaufspaltung Δ). Es gibt zwei Resonanzabsorptionen, das Spektrum besteht aus einem Dublett. Bei Ionen mit kugelsymmetrischer Ladungsverteilung, z. B. Fe^{3+}, wird ein inhomogenes Feld durch eine nichtkubische Umgebung im Kristallgitter erzeugt (Gittereffekt). Beim Gittereffekt ist die Quadrupolaufspaltung klein. Verursacht die nichtkubische Umgebung eine nichtkugelsymmetrische Ladungsverteilung der Elektronenhülle wie z. B. beim Fe^{2+}, dann ist die Quadrupolaufspaltung groß (Valenz-

effekt). Aus dem Vorhandensein und der Größe der Quadrupolaufspaltung erhält man Informationen über Molekülsymmetrie, Platzsymmetrie, Oxidationszustand, Koordination, Ligandenfeldaufspaltung.

3. Magnetische Dipolwechselwirkung zwischen dem magnetischen Dipolmoment eines Kerns mit einem magnetischen Feld am Kernort. Die Energieniveaus des Grundzustandes und des angeregten Zustandes werden aufgespalten (Magnetische Aufspaltung ΔE_M). Beim ^{57}Fe-Kern sind sechs Übergänge möglich, das Spektrum besteht aus einem Sextett. Die magnetische Aufspaltung liefert Informationen über den magnetischen Zustand (Ferromagnetismus, Ferrimagnetismus) und die Stärke innerer Magnetfelder. Aus den bei verschiedenen Temperaturen gemessenen Spektren können Curie-Temperaturen ermittelt werden.

In den meisten Spektren sind mehrere Wechselwirkungen überlagert.

Beispiel: Fe_3O_4

Fe_3O_4 ist ein inverser Spinell: $Fe^{3+}(Fe^{2+}Fe^{3+})O_4$. Er ist ferrimagnetisch und ein guter elektrischer Leiter. Die Analyse des gemessenen Mößbauer-Spektrums ergibt, dass es durch Überlagerung von zwei Sextetts erklärt werden kann (Abb. 5.15).

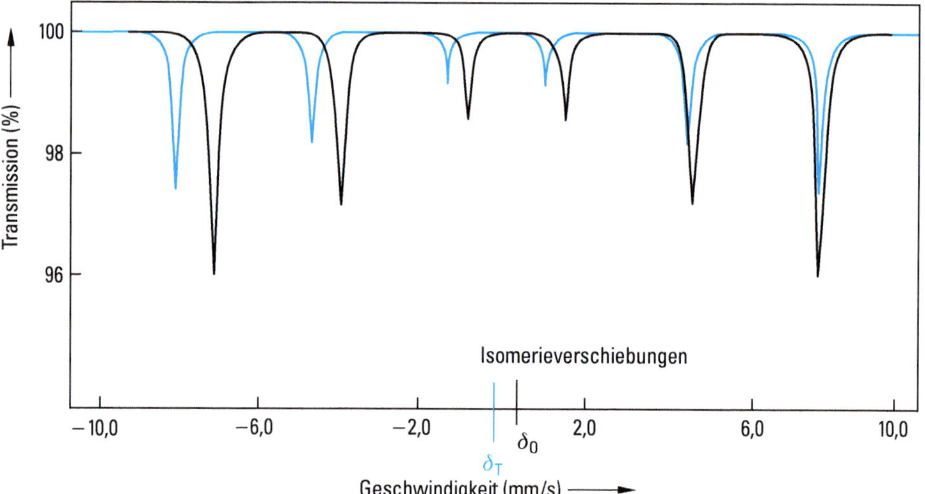

Abbildung 5.15 Mößbauer-Spektrum von Fe_3O_4. Das an polykristallinem Fe_3O_4 gemessene Spektrum ist eine Überlagerung der beiden dargestellten Sextetts. Das Sextett mit der kleineren Intensität (blau gezeichnet) stammt von tetraedrisch koordiniertem Eisen. Aus der Isomerieverschiebung folgt, dass dieses Sextett von Fe^{3+}-Ionen herrührt. Die Oktaederplätze sind von Fe^{2+}- und Fe^{3+}-Ionen besetzt. Sie ergeben aber nur ein Sextett (schwarz gezeichnet) mit einer Isomerieverschiebung, die der Oxidationsstufe 2,5 entspricht. Das Mößbauer-Spektrum registriert nur eine einheitliche Eisenspezies, und es beweist, dass auf den Oktaederplätzen ein schneller Elektronenaustausch zwischen Fe^{2+}- und Fe^{3+}-Ionen stattfindet. Die Größe des inneren Feldes ist für den Tetraederplatz größer (49,2 T) als für den Oktaederplatz (45,8 T) (s. Abschn. 2.7.5.2).

Der Mößbauer-Effekt wurde bei etwa einem Drittel der Elemente nachgewiesen. Die Mößbauer-Untersuchungen sind aber auf relativ wenige Elemente beschränkt. Am umfangreichsten und wichtigsten ist die ^{57}Fe-Mößbauer-Spektroskopie. Zahlreiche Untersuchungen gibt es aber auch von Sn, Sb, Te, I, Xe, Cs, Ni, Ru, Os, Ir, Pt, Au und einigen Lanthanoiden.

5.3 Neutronenbeugung

Wie Elektronen (vgl. Abschn. 1.4.3), so besitzen auch Neutronen Welleneigenschaften. Die Wellenlängen von Neutronenstrahlen haben die Größe der Atomabstände in Kristallen. Man kann daher analog der Röntgenbeugung (vgl. Abschn. 2.8.2) Kristallstrukturuntersuchungen mit der Neutronenbeugung durchführen.

Die Wechselwirkung der Neutronen mit dem Kristall ist durch zwei Prozesse annähernd gleicher Größenordnung bestimmt.

Kernstreuung. Wechselwirkung des Neutrons mit den Atomkernen auf Grund von Kernwechselwirkungskräften.

Das Streuvermögen für Röntgenstrahlen nimmt proportional mit der Ordnungszahl Z der Atome zu. Bei der Neutronenbeugung ist das Streuvermögen der Kerne regellos über die Elemente des PSE verteilt. So ist z. B. das Streuvermögen der Wasserstoffatome vergleichbar mit dem schwerer Elemente.

Magnetische Streuung. Magnetische Dipol-Dipol-Wechselwirkung des magnetischen Moments des Neutrons mit dem magnetischen Moment der Elektronenhülle.

Mit der Neutronenbeugung können Strukturprobleme gelöst werden, für die die Röntgenbeugung nicht geeignet ist.

Unterscheidung von Elementen ähnlicher Ordnungszahl.

Beispiel: $MgAl_2O_4$
$MgAl_2O_4$ kristallisiert im Spinell-Typ. Die Mg^{2+}- und Al^{3+}-Ionen sind isoelektronisch und röntgenographisch nicht unterscheidbar. Ihre Verteilung auf die beiden Plätze des Spinellgitters kann mit der Röntgenbeugung nicht bestimmt werden. Die Neutronenbeugung ergibt annähernd normale Verteilung (vgl. S. 85).

Lokalisierung leichter Elemente neben schweren Elementen. Besonders wichtig ist die Möglichkeit, die Positionen von Wasserstoffatomen zu bestimmen.

Beispiele:
Lokalisierung von Wasserstoffatomen in Wasserstoffbrücken, Hydriden und der leichten Atome in Carbiden und Nitriden von Schwermetallen.

Mit der magnetischen Streuung können bestimmt werden: Curie- und Néel-Temperaturen, magnetischer Ordnungszustand (Ferro-, Ferri-, Antiferromagnetismus),

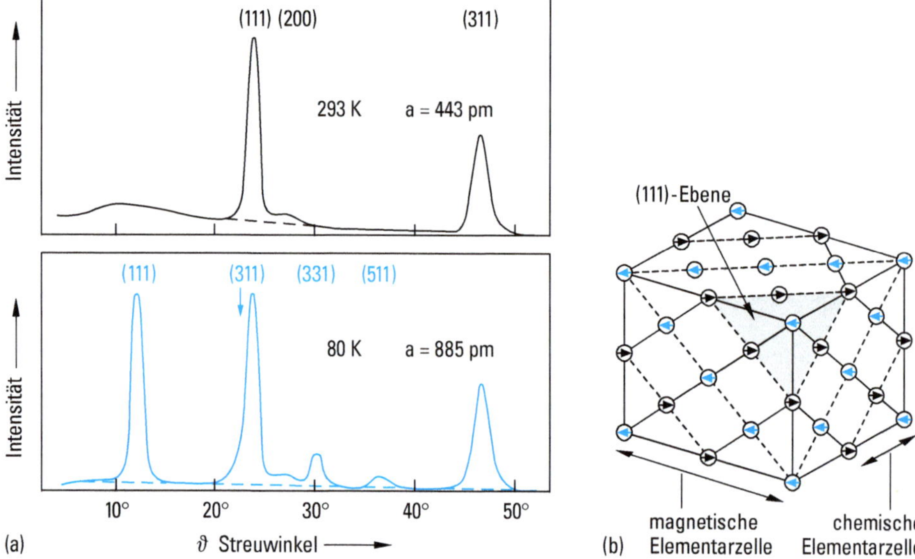

Abbildung 5.16 a) Neutronenbeugungsdiagramm von MnO oberhalb (−) und unterhalb (−) der Néel-Temperatur. Die Beugungsreflexe oberhalb der Néel-Temperatur kommen nur durch Kernstreuung zustande. Unterhalb der Néel-Temperatur gibt es auf Grund der magnetischen Streuung zusätzliche Reflexe.
b) Magnetische Struktur von MnO (die Sauerstoffionen sind weggelassen). Die magnetische Elementarzelle des antiferromagnetischen MnO hat eine doppelt so große Gitterkonstante wie die chemische Elementarzelle. Die magnetische Struktur besteht aus (111)-Ebenen (gestrichelt dargestellte Flächen), in denen alle Spins der Mn^{2+}-Ionen parallel ausgerichtet sind. In den aufeinander folgenden Ebenen sind die Spins antiparallel orientiert, die Folge ist antiferromagnetisch.

Größe der magnetischen Elementarzelle, Verteilung der magnetischen Ionen im Kristall, Größe und Richtung der magnetischen Momente.

Beispiel: MnO
MnO ist antiferromagnetisch, die Néel-Temperatur beträgt 120 K. Das Beugungsdiagramm oberhalb der Néel-Temperatur kommt nur durch Kernstreuung zustande. Es ist dem Röntgenbeugungsdiagramm analog. Unterhalb der Néel-Temperatur überlagert sich der Kernstreuung die magnetische Streuung, es treten zusätzliche Reflexe auf (Abb. 5.16a). Die magnetische Elementarzelle von MnO und der Ordnungszustand der Spins ist in der Abb. 5.16b dargestellt.

5.4 Komplexverbindungen

5.4.1 Aufbau und Eigenschaften von Komplexen

Komplexverbindungen werden auch als Koordinationsverbindungen bezeichnet. Ein Komplex besteht aus dem Koordinationszentrum und der Ligandenhülle. Das Koordinationszentrum kann ein Zentralatom oder ein Zentralion sein. Die Liganden sind Ionen oder Moleküle. Die Anzahl der vom Zentralteilchen chemisch gebundenen Liganden wird Koordinationszahl (KZ) genannt.

Beispiele:

Koordinations-zentrum	Ligand	Komplex	KZ
Al^{3+}	F^-	$[AlF_6]^{3-}$	6
Cr^{3+}	NH_3	$[Cr(NH_3)_6]^{3+}$	6
Fe^{3+}	H_2O	$[Fe(H_2O)_6]^{3+}$	6
Ni	CO	$Ni(CO)_4$	4
Ag^+	CN^-	$[Ag(CN)_2]^-$	2

Komplexionen werden in eckige Klammern gesetzt. Die Ladung wird außerhalb der Klammer hochgestellt hinzugefügt. Sie ergibt sich aus der Summe der Ladungen aller Teilchen, aus denen der Komplex zusammengesetzt ist.

Komplexe sind an ihren typischen Eigenschaften und Reaktionen zu erkennen.

Farbe von Komplexionen. Komplexionen haben häufig eine charakteristische Farbe. Eine wässrige $CuSO_4$-Lösung z. B. ist schwachblau. Versetzt man diese Lösung mit NH_3, entsteht eine tiefblaue Lösung. Die Ursache für die Farbänderung ist die Bildung des Ions $[Cu(NH_3)_4]^{2+}$. Eine wässrige $FeSO_4$-Lösung hat eine grünliche Farbe. Mit CN^--Ionen bildet sich der gelbe Komplex $[Fe(CN)_6]^{4-}$.

Elektrolytische Eigenschaften. Misst man beispielsweise die elektrische Leitfähigkeit einer Lösung, die $K_4[Fe(CN)_6]$ enthält, so entspricht die Leitfähigkeit nicht einer Lösung, die Fe^{2+}-, K^+- und CN^--Ionen enthält, sondern einer Lösung mit den Ionen K^+ und $[Fe(CN)_6]^{4-}$. Das Komplexion $[Fe(CN)_6]^{4-}$ ist also in wässriger Lösung praktisch nicht dissoziiert.

Von Komplexsalzen zu unterscheiden sind Doppelsalze. Sie sind in wässrigen Lösungen in die einzelnen Ionen dissoziiert.

Beispiele:

$KAl(SO_4)_2 \cdot 12\,H_2O$

$KMgCl_3 \cdot 6\,H_2O$

$KMgCl_3 \cdot 6\,H_2O$ dissoziiert in wässriger Lösung in K^+-, Mg^{2+}- und Cl^--Ionen, es existiert kein Chloridokomplex.

Ionenreaktionen. Komplexe dissoziieren in wässriger Lösung oft in so geringem Maße, dass die typischen Ionenreaktionen der Bestandteile des Komplexes ausbleiben können, man sagt, die Ionen sind „maskiert". Ag^+-Ionen z. B. reagieren mit Cl^--Ionen zu festem AgCl. In Gegenwart von NH_3 bilden sich $[Ag(NH_3)_2]^+$-Ionen, und mit Cl^- erfolgt keine Fällung von AgCl. Ag^+ ist maskiert. Fe^{2+} bildet mit S^{2-} in ammoniakalischer Lösung schwarzes FeS. $[Fe(CN)_6]^{4-}$ gibt mit S^{2-} keinen Niederschlag von FeS. Fe^{2+} ist durch Komplexbildung mit CN^- maskiert. An Stelle der für die Einzelionen typischen Reaktionen gibt es stattdessen charakteristische Reaktionen des Komplexions. $[Fe(CN)_6]^{4-}$ z. B. reagiert mit Fe^{3+} zu intensiv farbigem Berliner Blau $Fe_4[Fe(CN)_6]_3$.

Die bisher besprochenen Komplexe besitzen nur ein Koordinationszentrum. Man nennt diese Komplexe einkernige Komplexe.

Mehrkernige Komplexe besitzen mehrere Koordinationszentren. Ein Beispiel für einen zweikernigen Komplex ist das komplexe Ion $[Re_2Cl_8]^{2-}$ (s. Abb. 5.71).

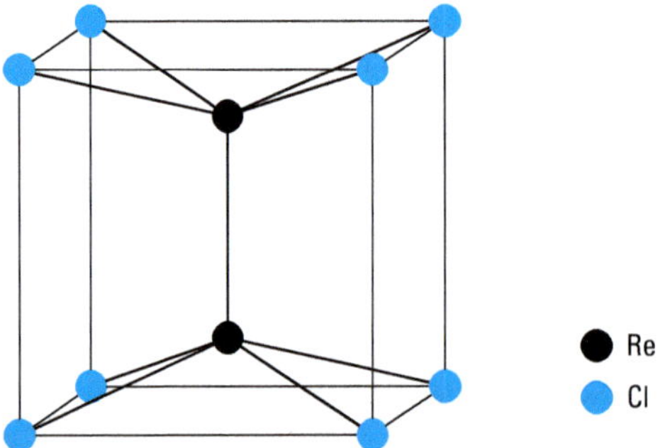

Die bisher erwähnten Liganden H_2O, NH_3, Cl^-, F^-, CN^- und CO besetzen im Komplex nur eine Koordinationsstelle. Man nennt sie daher einzähnige Liganden. Liganden, die mehrere Koordinationsstellen besetzen, nennt man mehrzähnige Liganden. Ein zweizähniger Ligand ist beispielsweise das CO_3^{2-}-Anion:

$$\left[O{=}C\begin{matrix} \diagup O \searrow \\ \diagdown O \nearrow \end{matrix} \right]^{2-}$$

Mehrzähnige Liganden, die mehrere Bindungen mit dem gleichen Zentralteilchen ausbilden, wodurch ein oder mehrere Ringe geschlossen werden, nennt man Chelatliganden (chelat, gr. Krebsschere).

Beispiele für Chelatliganden:

$$\begin{matrix} & NH_2 \searrow \\ H_2C \diagup & \\ | & \\ H_2C \diagdown & \\ & NH_2 \nearrow \end{matrix}$$

Ethylendiamin („en") ist zweizähnig.

Ethylendiamintetraacetat (~essigsäure) (EDTA) ist sechszähnig.

$$\begin{array}{l} \leftarrow^{-}OOCCH_2\searrow\uparrow \qquad\qquad\qquad\qquad \uparrow\nearrow CH_2COO^{-}\rightarrow \\ \qquad\qquad\quad N{-}CH_2{-}CH_2{-}N \\ \leftarrow^{-}OOCCH_2\nearrow \qquad\qquad\qquad\qquad\quad \searrow CH_2COO^{-}\rightarrow \end{array}$$

Die Atome, die mit dem Zentralteilchen koordinative Bindungen eingehen können, sind durch einen Pfeil markiert. Abb. 5.17 zeigt den räumlichen Bau eines EDTA-Komplexes.

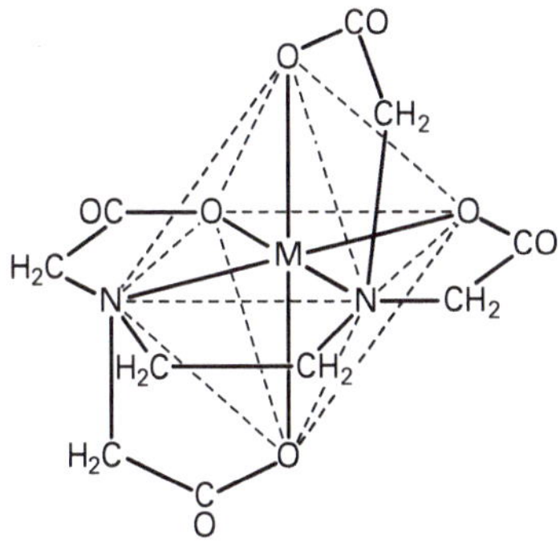

Abbildung 5.17 Räumlicher Bau des Chelatkomplexes $[M^{2+}(EDTA)]^{2-}$.

5.4.2 Nomenklatur von Komplexverbindungen

Für einen Komplex wird zuerst der Name der Liganden und dann der des Zentralatoms angegeben. Anionische Liganden werden durch Anhängen eines o an den Stamm des Ionennamens gekennzeichnet.

Beispiele für die Bezeichnung von Liganden:

F^-	fluorido (früher fluoro)	H_2O, OH_2	aqua
Cl^-	chlorido (früher chloro)	NH_3	ammin
OH^-	hydroxido (früher hydroxo)	CO	carbonyl
CN^-	cyanido (früher cyano)		

Die Anzahl der Liganden wird mit vorangestellten griechischen Zahlen (mono, di, tri, tetra, penta, hexa) bezeichnet. Die Oxidationszahl des Zentralatoms wird am Ende des Namens mit in Klammern gesetzten römischen Ziffern gekennzeichnet. Alternativ kann die Ladung des Komplexions angegeben werden.

Schema für kationische Komplexe am Beispiel von $[Ag(NH_3)_2]Cl$.

Di	ammin	silber	(I) oder (1+)	–	chlorid
Anzahl der Liganden	Ligand	Zentral-teilchen	Oxidations-zahl oder Ladung (1+)	–	Anion
Kationischer Komplex				–	Anion

Weitere Beispiele:

$[Cu(NH_3)_4]^{2+}$ Tetraamminkupfer(II) oder ∼(2+)

$[Ni(CO)_4]$ Tetracarbonylnickel(0)

$[Cr(OH_2)_6]Cl_3$ Hexaaquachrom(III)-chlorid oder ∼(3+)

(Die Zahl der Cl-Atome braucht nicht bezeichnet zu werden, sie ergibt sich aus der Ladung des Komplexes.)

In negativ geladenen Komplexen endet der Name des Zentralatoms auf -at. Er wird in einigen Fällen vom lateinischen Namen abgeleitet.

Schema für anionische Komplexe am Beispiel von $Na[Ag(CN)_2]$.

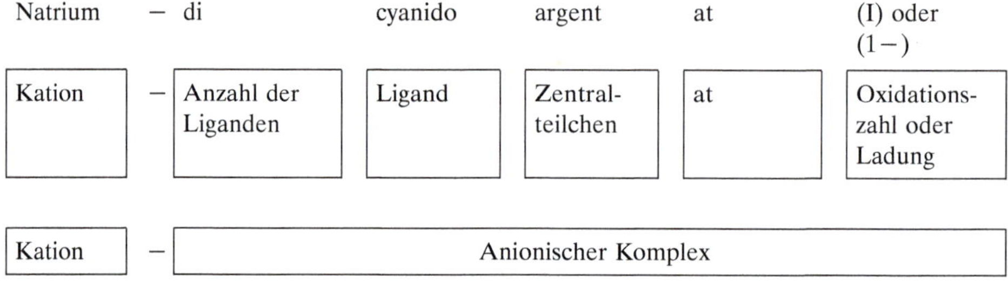

Weitere Beispiele:

$[CoCl_4]^{2-}$ Tetrachloridocobaltat(II) oder ∼(2−)

$[Al(OH)_4]^-$ Tetrahydroxidoaluminat(III) oder ∼(1−)

$K_4[Fe(CN)_6]$ Kalium-hexacyanidoferrat(II) oder ∼(4−)

(Die Zahl der K-Atome wird nicht bezeichnet. Sie ergibt sich aus der Ladung 4− des Komplexes.)

Bei verschiedenen Liganden ist die Reihenfolge

in der Formel: Alphabetisch nach den Ligandensymbolen. Das Donoratom sollte dabei zum Zentralatom zeigen. (Früher: Anionische Liganden vor Neutralliganden.)

im Namen: Alphabetisch (ohne Berücksichtigung des Zahlwortes für die Anzahl)

Beispiel:

$[CrCl_2(OH_2)_4]^+$ Tetraaquadichloridochrom(III) oder ~(1+)

(Aus Gründen der Übersichtlichkeit wird im Folgenden aber die Schreibweise $M(H_2O)$ für einen Aqua-Liganden bevorzugt.)

$Na[PtBrCl(NH_3)(NO_2)]$ Amminbromidochloridonitrito-*N*-platinat(II) oder ~(1−)

5.4.3 Räumlicher Bau von Komplexen, Isomerie

Häufige Koordinationszahlen in Komplexen sind 2, 4 und 6. Die räumliche Anordnung der Liganden bei diesen Koordinationszahlen ist linear, tetraedrisch oder quadratisch-planar und oktaedrisch. Beispiele für solche Komplexe sind in der folgenden Tabelle angegeben.

KZ	Räumliche Anordnung der Liganden	Beispiele
2	linear	$[Ag(NH_3)_2]^+$, $[Ag(CN)_2]^-$, $[AuCl_2]^-$, $[CuCl_2]^-$
4	tetraedrisch	$[BeF_4]^{2-}$, $[ZnCl_4]^{2-}$, $[Cd(CN)_4]^{2-}$, $[CoCl_4]^{2-}$, $[FeCl_4]^-$, $[Cu(CN)_4]^{3-}$, $[NiCl_4]^{2-}$
4	quadratisch-planar	$[PtCl_4]^{2-}$, $[PdCl_4]^{2-}$, $[Ni(CN)_4]^{2-}$, $[Cu(NH_3)_4]^{2+}$, $[AuF_4]^-$
6	oktaedrisch	$[Ti(H_2O)_6]^{3+}$, $[V(H_2O)_6]^{3+}$, $[Cr(H_2O)_6]^{3+}$, $[Cr(NH_3)_6]^{3+}$, $[Fe(CN)_6]^{4-}$, $[Fe(CN)_6]^{3-}$, $[Co(NH_3)_6]^{3+}$, $[Co(H_2O)_6]^{2+}$, $[Ni(NH_3)_6]^{2+}$, $[PtCl_6]^{2-}$

Für die meisten Ionen gibt es bei wechselnden Liganden Komplexe mit unterschiedlicher Koordination. So kann z. B. Ni^{2+} oktaedrisch, tetraedrisch und quadratisch-planar koordiniert sein. Einige Ionen allerdings bevorzugen ganz bestimmte Koordinationen, nämlich Cr^{3+}, Co^{3+} und Pt^{4+} die oktaedrische, Pt^{2+} und Pd^{2+} die quadratisch-planare Koordination. Eine Erklärung dafür gibt die Ligandenfeldtheorie (Abschn. 5.4.6). Die Koordinationszahl 2 tritt bei den einfach positiven Ionen Ag^+, Cu^+ und Au^+ auf.

Konfigurationsisomerie (Stereoisomerie)

Komplexe, die dieselbe chemische Zusammensetzung und Ladung, aber einen verschiedenen räumlichen Aufbau haben, sind stereoisomer. Man unterscheidet verschiedene Arten der Stereoisomerie.

Bei dem quadratisch-planaren Komplex $PtCl_2(NH_3)_2$ gibt es zwei mögliche geometrische Anordnungen der Liganden.

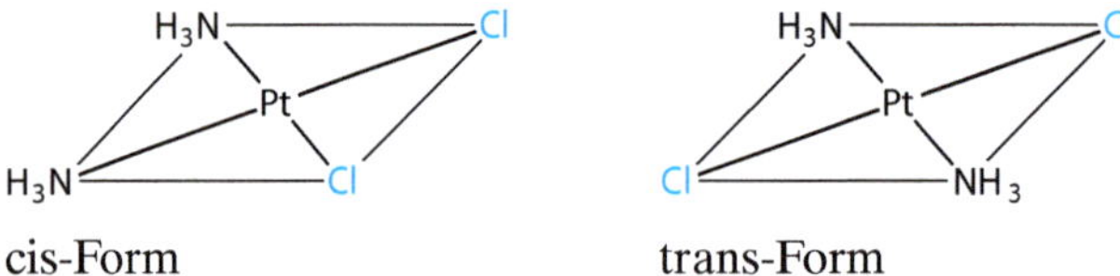

cis-Form trans-Form

Bei der trans-Form stehen die gleichen Liganden einander gegenüber, bei der cis-Form sind sie einander benachbart.

Bei oktaedrischen Komplexen kann ebenfalls cis/trans-Isomerie auftreten. Ein Beispiel dafür ist der Komplex $[CrCl_2(NH_3)_4]^+$.

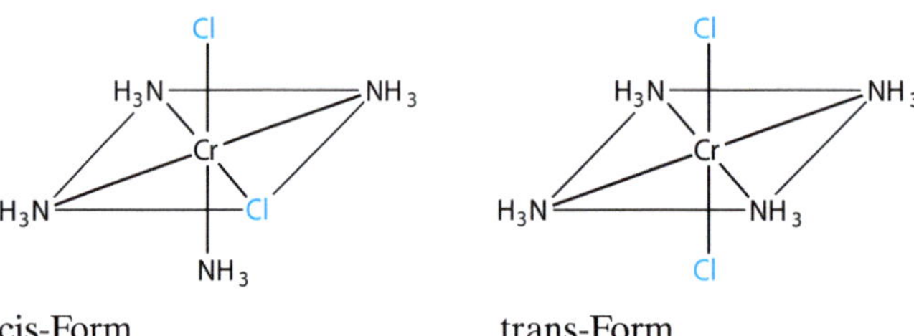

cis-Form trans-Form

Bei tetraedrischen Komplexen ist keine cis/trans-Isomerie möglich.

Bei oktaedrischen Komplexen gibt es außerdem fac (facial)- und mer (meridional)-Isomerie z. B. bei $[RhCl_3(H_2O)_3]$.

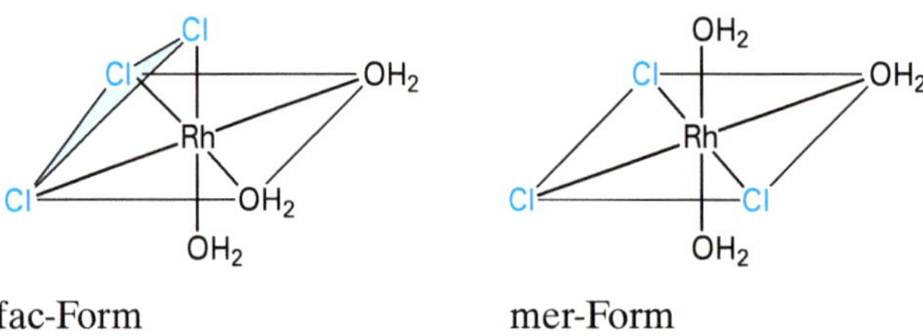

fac-Form mer-Form

Optische Isomerie (Spiegelbildisomerie, Chiralität)

Bei tetraedrischer Koordination mit vier verschiedenen Liganden sind zwei Formen möglich, die sich nicht zur Deckung bringen lassen und die sich wie die linke und rechte Hand verhalten oder wie Bild und Spiegelbild.

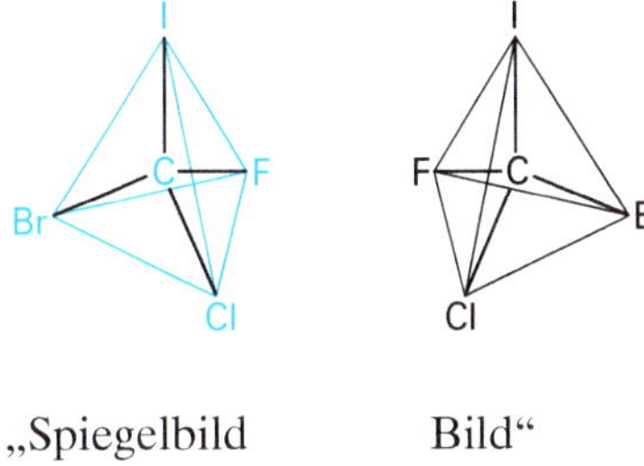

„Spiegelbild Bild“

Bei oktaedrischer Koordination tritt optische Isomerie (Chiralität) häufig in Chelatkomplexen auf.

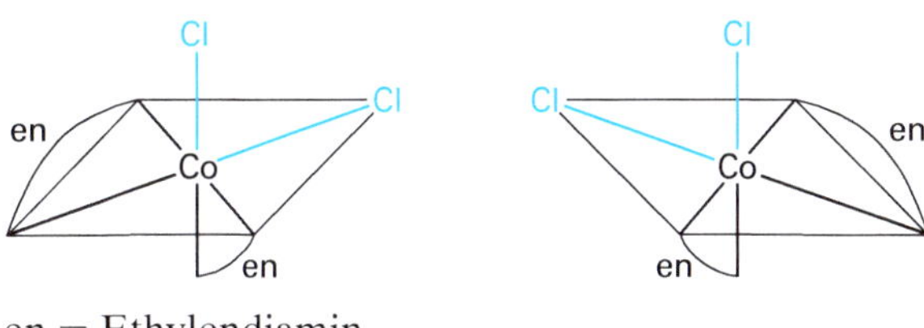

en = Ethylendiamin

Optische Isomere bezeichnet man auch als enantiomorph. Enantiomorphe Verbindungen besitzen identische physikalische Eigenschaften mit Ausnahme ihrer Wirkung auf linear polarisiertes Licht. Sie drehen die Schwingungsebene des polarisierten Lichts um den gleichen Betrag, aber in entgegengesetzter Richtung (optische Aktivität). Ein Gemisch optischer Isomere im Stoffmengenverhältnis 1 : 1 nennt man racemisches Gemisch.

Außerdem gibt es bei Verbindungen mit Komplexen:

Bindungsisomerie (Salzisomerie)

Sie tritt auf, wenn Liganden wie SCN^- oder NO_2^- durch verschiedene Atome an das Zentralteilchen gebunden sind.

M—$\overline{\underline{S}}$—C≡N|
Thiocyanato-Komplex

M—$\overline{N}$=C=$\underline{S}$|
Isothiocyanato-Komplex

M—$\overset{\oplus}{N}$(=O)(—$\overline{\underline{O}}|^{\ominus}$)
Nitro- oder Nitrito-*N*-Komplex

M—$\overline{\underline{O}}$—$\overline{N}$=$\overline{O}$
Nitrito-*O*-Komplex

Beispiel:

$[Co(NH_3)_5(NO_2)]^{2+}$ $[Co(NH_3)_5(ONO)]^{2+}$

Koordinationsisomerie

Sie tritt bei Verbindungen auf, bei denen Anionen und Kationen Komplexe sind.

Beispiele:

$[Co(NH_3)_6][Cr(CN)_6]$ $[Cr(NH_3)_6][Co(CN)_6]$
$[Cu(NH_3)_4][PtCl_4]$ $[Pt(NH_3)_4][CuCl_4]$

Ionenisomerie

In einer Verbindung kann ein Ion als Ligand im Komplex oder außerhalb des Komplexes gebunden sein. In der Lösung treten dann verschiedene Ionen auf.

Beispiel:

$[CoCl(NH_3)_5]SO_4$ $[Co(NH_3)_5(SO_4)]Cl$

Ein spezieller Fall der Ionenisomerie ist die **Hydratisomerie**.

Beispiel:

$[Cr(H_2O)_6]Cl_3$ $[CrCl(H_2O)_5]Cl_2 \cdot H_2O$ $[CrCl_2(H_2O)_4]Cl \cdot 2\,H_2O$

5.4.4 Stabilität und Reaktivität von Komplexen

Die Bildung eines Komplexes ist eine Gleichgewichtsreaktion, auf die sich das MWG anwenden lässt. Der Komplex entsteht durch stufenweise Anlagerung der Liganden L an das Zentralteilchen M. Für einen Komplex ML_4 erhält man die folgenden Gleichgewichte und Gleichgewichtskonstanten:

$$\mathrm{M + L \rightleftharpoons ML} \qquad K_1 = \frac{c_{\mathrm{ML}}}{c_{\mathrm{M}} \cdot c_{\mathrm{L}}}$$

$$\mathrm{ML + L \rightleftharpoons ML_2} \qquad K_2 = \frac{c_{\mathrm{ML_2}}}{c_{\mathrm{ML}} \cdot c_{\mathrm{L}}}$$

$$\mathrm{ML_2 + L \rightleftharpoons ML_3} \qquad K_3 = \frac{c_{\mathrm{ML_3}}}{c_{\mathrm{ML_2}} \cdot c_{\mathrm{L}}}$$

$$\mathrm{ML_3 + L \rightleftharpoons ML_4} \qquad K_4 = \frac{c_{\mathrm{ML_4}}}{c_{\mathrm{ML_3}} \cdot c_{\mathrm{L}}}$$

Die Gleichgewichtskonstanten K werden als individuelle Komplexbildungskonstanten oder Stabilitätskonstanten bezeichnet.

Man kann die Bildung des Komplexes auch mit folgenden Gleichgewichten beschreiben:

$$M + L \rightleftharpoons ML \qquad \beta_1 = \frac{c_{ML}}{c_M \cdot c_L}$$

$$M + 2L \rightleftharpoons ML_2 \qquad \beta_2 = \frac{c_{ML_2}}{c_M \cdot c_L^2}$$

$$M + 3L \rightleftharpoons ML_3 \qquad \beta_3 = \frac{c_{ML_3}}{c_M \cdot c_L^3}$$

$$M + 4L \rightleftharpoons ML_4 \qquad \beta_4 = \frac{c_{ML_4}}{c_M \cdot c_L^4}$$

Die Konstanten β werden Bruttokomplexbildungskonstanten genannt.

Es gilt $\beta_n = K_1 \cdot K_2 \dots K_n$
also $\beta_4 = K_1 \cdot K_2 \cdot K_3 \cdot K_4$
Fast immer ist $K_1 > K_2 > K_3 \dots > K_n$

Beispiel:

$Cd^{2+} + CN^- \rightleftharpoons [Cd(CN)]^+ \qquad K_1 = 10^{5,5}$

$[Cd(CN)]^+ + CN^- \rightleftharpoons [Cd(CN)_2] \qquad K_2 = 10^{5,2}$

$[Cd(CN)_2] + CN^- \rightleftharpoons [Cd(CN)_3]^- \qquad K_3 = 10^{4,6}$

$[Cd(CN)_3]^- + CN^- \rightleftharpoons [Cd(CN)_4]^{2-} \qquad K_4 = 10^{3,5} \qquad \beta_4 = 10^{18,8}$

Eine anschauliche Darstellung der Gleichgewichtsverhältnisse bei der Komplexbildung zeigt Abb. 5.18.

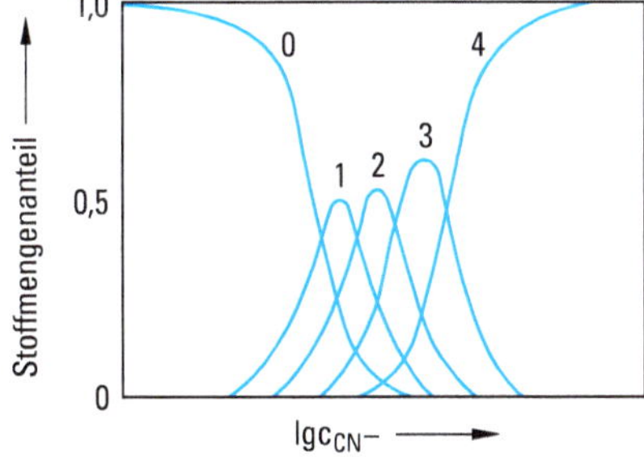

Abbildung 5.18 Gleichgewichtskonzentrationen von Cd^{2+} und der Komplexe $[Cd(CN)]^+$, $[Cd(CN)_2]$, $[Cd(CN)_3]^-$- und $[Cd(CN)_4]^{2-}$ in Abhängigkeit von der CN^--Konzentration. Die Ziffern an den Kurven geben die Anzahl der Liganden an (0 bedeutet Cd^{2+}, 4 bedeutet $[Cd(CN)_4]^{2-}$). Mit steigender CN^--Konzentration wird zunächst der Komplex $[Cd(CN)]^+$ gebildet, dann $[Cd(CN)_2]$ usw. Die Konzentrationen der Komplexe $[Cd(CN)]^+$, $[Cd(CN)_2]$ und $[Cd(CN)_3]^-$ durchlaufen ein Maximum. Auf ihre Kosten bildet sich $[Cd(CN)_4]^{2-}$, der schließlich der allein vorhandene Komplex ist.

Je größer die Komplexbildungskonstanten sind, umso beständiger ist ein Komplex. Komplexe, die nur sehr gering dissoziiert sind, nennt man starke Komplexe. In Tab. 5.4 sind für einige Komplexe die lgβ-Werte angegeben.

Tabelle 5.4 Komplexbildungskonstanten einiger Komplexe in Wasser

Komplex	lgβ	Komplex	lgβ
$[Ag(NH_3)_2]^+$	7	$[Cu(NH_3)_4]^{2+}$	13
$[Ag(S_2O_3)_2]^{3-}$	13	$[Fe(CN)_6]^{3-}$	44
$[Ag(CN)_2]^-$	21	$[Fe(CN)_6]^{4-}$	35
$[Au(CN)_2]^-$	37	$[Ni(CN)_4]^{2-}$	29
$[Co(NH_3)_6]^{2+}$	5	$[Zn(NH_3)_4]^{2+}$	10
$[Co(NH_3)_6]^{3+}$	35	$[Cu(CN)_4]^-$	27

(In der Literatur sind z. Teil sehr unterschiedliche Werte angegeben.)

Chelatkomplexe sind stabiler als Komplexe des gleichen Zentralions mit einzähnigen Liganden (Chelateffekt).

Beispiel:

$$Ni^{2+} + 6\,NH_3 \rightleftharpoons [Ni(NH_3)_6]^{2+} \qquad \beta \approx 10^9$$

$$Ni^{2+} + 3\,en \rightleftharpoons [Ni(en)_3]^{2+} \qquad \beta \approx 10^{18}$$

Die Größe der Stabilitätskonstante ist für die Maskierung von Ionen wichtig. Die Stabilität des Komplexes $[Ag(NH_3)_2]^+$ reicht aus, um die Fällung von Ag^+ mit Cl^- zu verhindern ($K_{L(AgCl)} = 10^{-10}\,mol^2\,l^{-2}$), Ag^+ ist maskiert. Sie reicht aber nicht aus, um die Fällung von Ag^+ mit I^- zu verhindern, da das Löslichkeitsprodukt von AgI viel kleiner ist ($K_{L(AgI)} = 10^{-16}$). Aus dem stärkeren Komplex $[Ag(CN)_2]^-$ fällt auch mit I^- kein AgI aus.

Bei Ligandenaustauschreaktionen von Komplexen bildet sich der stärkere Komplex.

Beispiele:

$$\underset{\text{hellblau}}{[Cu(H_2O)_4]^{2+}} + 4\,NH_3 \longrightarrow \underset{\text{tiefblau}}{[Cu(NH_3)_4]^{2+}} + 4\,H_2O$$

$$[Ag(NH_3)_2]^+ + 2\,CN^- \longrightarrow [Ag(CN)_2]^- + 2\,NH_3$$

Die Gleichgewichtseinstellung des Ligandenaustauschs kann mit sehr unterschiedlicher Reaktionsgeschwindigkeit erfolgen. Komplexe, die rasch unter Ligandenaustausch reagieren, werden als labil (kinetisch instabil) bezeichnet. Dazu gehören die Komplexe $[Cu(H_2O)_4]^{2+}$ und $[Ag(NH_3)_2]^+$. Bei inerten (kinetisch stabilen) Komplexen erfolgt der Ligandenaustausch nur sehr langsam oder gar nicht. So wandelt sich beispielsweise der inerte Komplex $[CrCl_2(H_2O)_4]^+$ nur sehr langsam in den thermodynamisch stabileren Komplex $[Cr(H_2O)_6]^{3+}$ um. Man muss also zwischen der thermodynamischen Stabilität und der kinetischen Stabilität (Reaktivität) eines Komplexes unterscheiden.

5.4.5 Die Valenzbindungstheorie von Komplexen

Es wird angenommen, dass zwischen dem Zentralatom und den Liganden kovalente Bindungen existieren. Die Bindung entsteht durch Überlappung eines gefüllten Ligandenorbitals mit einem leeren Orbital des Zentralatoms. Die bindenden Elektronenpaare werden also von den Liganden geliefert. Die räumliche Anordnung der Liganden kann im Rahmen des VB-Modells durch den Hybridisierungstyp der Orbitale des Zentralatoms erklärt werden. Die häufigsten Hybridisierungstypen (vgl. Abschn. 2.2.6) sind:

sp^3	tetraedrisch
dsp^2	quadratisch-planar
d^2sp^3	oktaedrisch

Abb. 5.19 zeigt das Zustandekommen der koordinativ kovalenten Bindungen (vgl. Abschn. 2.2.3) im Komplex $[Cr(NH_3)_6]^{3+}$. Die Valenzbindungsdiagramme einiger Komplexe sind in der Abb. 5.20 dargestellt.

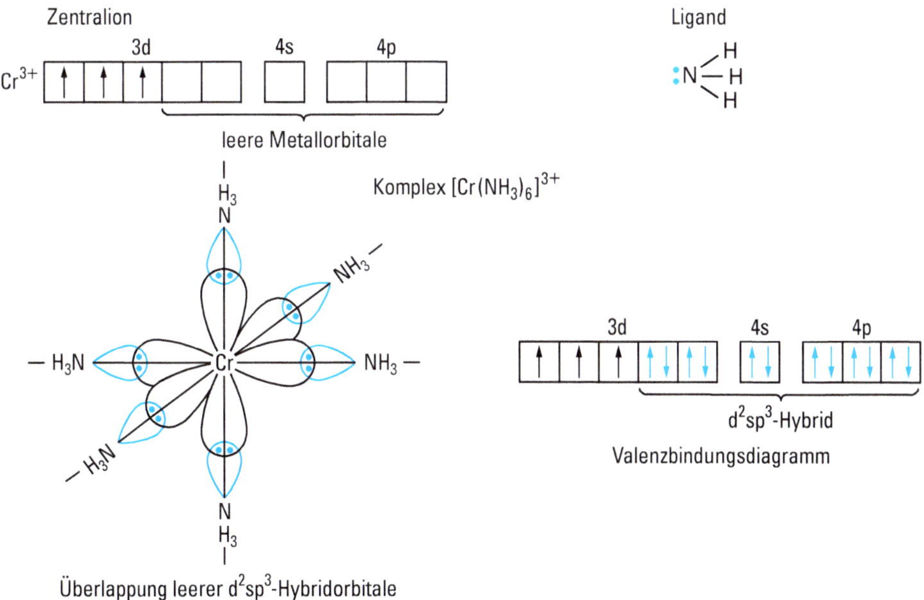

Abbildung 5.19 Zustandekommen der Bindungen im Komplex $[Cr(NH_3)_6]^{3+}$ nach der Valenzbindungstheorie.

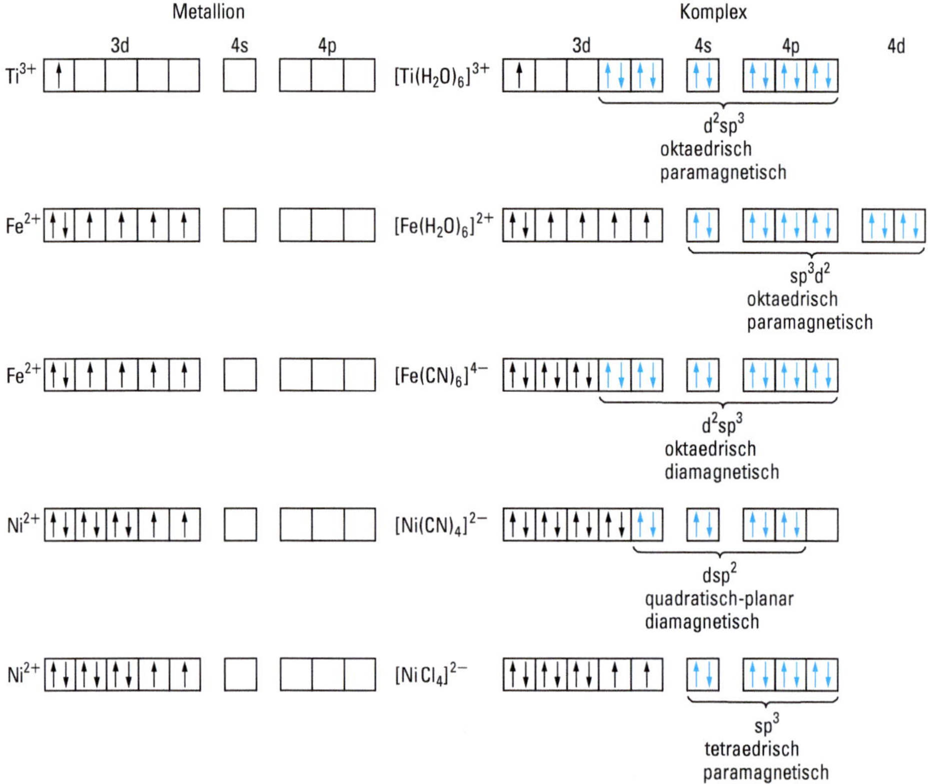

Abbildung 5.20 Valenzbindungsdiagramme einiger Komplexe. Die von den Liganden stammenden bindenden Elektronen sind blau gezeichnet. Die Ni^{2+}-Komplexe zeigen den Zusammenhang zwischen der Geometrie und den magnetischen Eigenschaften.

Mit der Valenzbindungstheorie kann man Geometrie und magnetisches Verhalten der Komplexe (vgl. Abschn. 5.1) verstehen. Diese Theorie kann jedoch einige experimentelle Beobachtungen, vor allem die Farbspektren von Komplexen, nicht erklären.

5.4.6 Die Ligandenfeldtheorie

Die meisten Komplexe werden von Ionen der Übergangsmetalle gebildet. Die Übergangsmetallionen haben unvollständig aufgefüllte d-Orbitale. In der Ligandenfeldtheorie wird die Wechselwirkung der Liganden eines Komplexes mit den d-Elektronen des Zentralatoms berücksichtigt. Eine Reihe wichtiger Eigenschaften von Komplexen, wie magnetisches Verhalten, Absorptionsspektren, bevorzugtes Auftreten bestimmter Oxidationszahlen und Koordinationen bei einigen Übergangsmetallen, können durch das Verhalten der d-Elektronen im elektrostatischen Feld der Liganden erklärt werden.

5.4.6.1 Oktaedrische Komplexe

Ein Übergangsmetallion, z. B. Co^{3+} oder Fe^{2+}, besitzt fünf d-Orbitale. Bei einem isolierten Ion haben alle fünf d-Orbitale die gleiche Energie, sie sind entartet. Betrachten wir nun ein Übergangsmetallion in einem Komplex mit sechs oktaedrisch angeordneten Liganden. Zwischen den d-Elektronen des Zentralions und den einsamen Elektronenpaaren der Liganden erfolgt eine elektrostatische Abstoßung, die Energie der d-Orbitale erhöht sich (Abb. 5.22). Die Größe der Abstoßung ist aber für die verschiedenen d-Elektronen unterschiedlich. Die Liganden nähern sich den Elektronen, die sich in d_{z^2}- und $d_{x^2-y^2}$-Orbitalen befinden und deren Elektronenwolken in Richtung der Koordinatenachsen liegen, stärker als solchen Elektronen, die sich in den d_{xy}-, d_{xz}- und d_{yz}-Orbitalen aufhalten und deren Elektronenwolken zwischen den Koordinatenachsen liegen (Abb. 5.21). Die d-Elektronen werden sich bevorzugt in den Orbitalen aufhalten, in denen sie möglichst weit von den Liganden entfernt sind, da dort die Abstoßung geringer ist. Die d_{xy}-, d_{xz}- und d_{yz}-Orbitale sind also energetisch günstiger als die d_{z^2}- und $d_{x^2-y^2}$-Orbitale. Im oktaedrischen Ligandenfeld sind die d-Orbitale nicht mehr energetisch gleichwertig, die Entartung ist

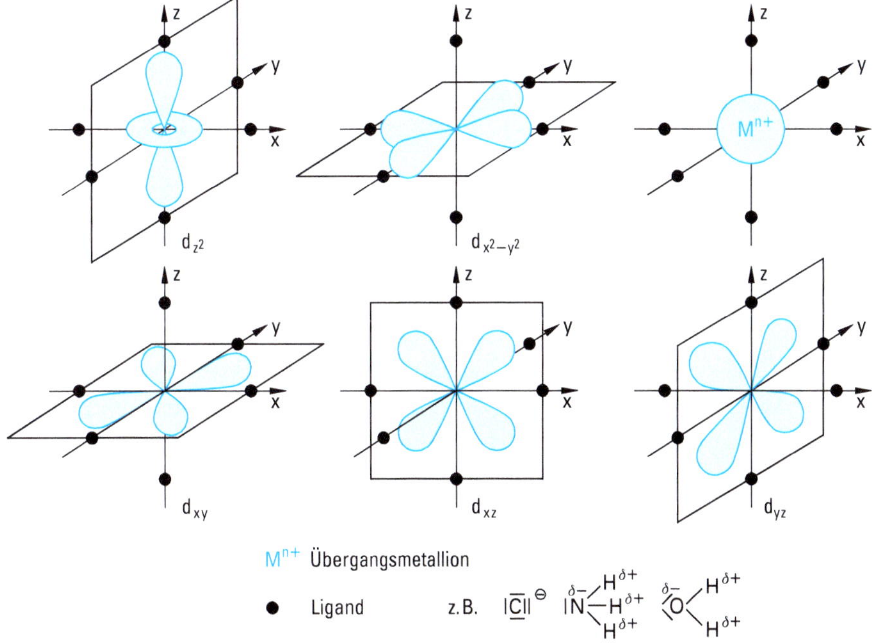

Abbildung 5.21 Oktaedrisch angeordnete Liganden nähern sich den d_{z^2}- und $d_{x^2-y^2}$-Orbitalen des Zentralatoms stärker als den d_{xy}-, d_{yz}- und d_{xz}-Orbitalen. Die Abstoßung zwischen den Liganden und den d-Elektronen, die sich in den d_{z^2}- und $d_{x^2-y^2}$-Orbitalen aufhalten, ist daher stärker als zwischen den Liganden und solchen d-Elektronen, die sich in den d_{xy}-, d_{xz}- und d_{yz}-Orbitalen befinden.

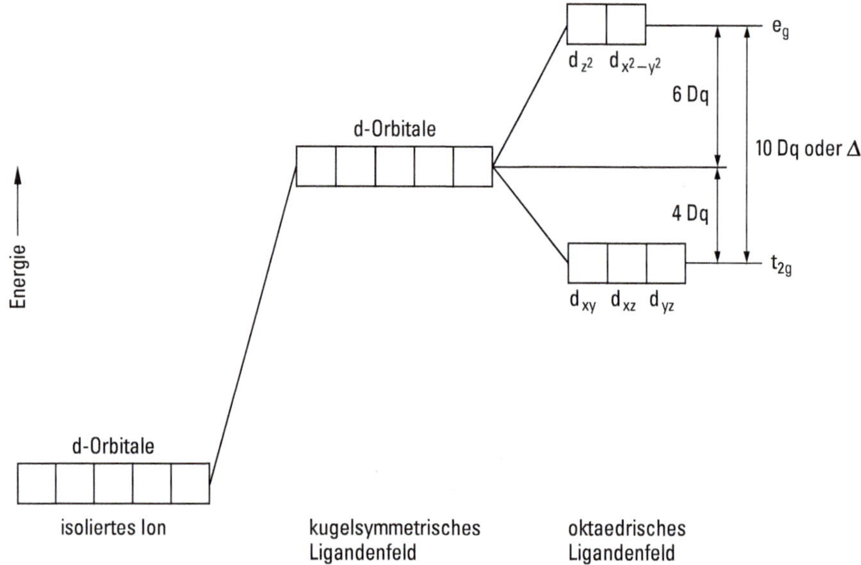

Abbildung 5.22 Energieniveaudiagramm der d-Orbitale eines Metallions in einem oktaedrischen Ligandenfeld. Bei einem isolierten Ion sind die fünf d-Orbitale entartet. Im Ligandenfeld ist die durchschnittliche Energie der d-Orbitale um 20−40 eV erhöht. Wäre das Ion von den negativen Ladungen der Liganden kugelförmig umgeben, bliebe die Entartung der d-Orbitale erhalten. Die oktaedrische Anordnung der negativen Ladungen hat eine Aufspaltung der d-Orbitale in zwei äquivalente Gruppen zur Folge. Δ hat die Größenordnung 1−4 eV.

aufgehoben. Es erfolgt eine Aufspaltung in zwei Gruppen von Orbitalen (Abb. 5.22). Die d_{z^2}- und $d_{x^2-y^2}$-Orbitale liegen auf einem höheren Energieniveau, man bezeichnet sie als e_g-Orbitale.

Die d_{xy}-, d_{xz}- und d_{yz}-Orbitale werden als t_{2g}-Orbitale bezeichnet, sie liegen auf einem tieferen Energieniveau. Die Energiedifferenz zwischen dem e_g- und dem t_{2g}-Niveau, also die Größe der Aufspaltung, wird mit Δ oder 10 Dq bezeichnet. Bezogen auf die mittlere Energie der d-Orbitale ist das t_{2g}-Niveau um 4 Dq erniedrigt, das e_g-Niveau um 6 Dq erhöht. Sind alle Orbitale mit zwei Elektronen besetzt, gilt $+4 \cdot 6$ Dq $- 6 \cdot 4$ Dq $= 0$. Dies folgt aus dem Schwerpunktsatz. Er besagt, dass beim Übergang vom kugelsymmetrischen Ligandenfeld zum oktaedrischen Ligandenfeld der energetische Schwerpunkt der d-Orbitale sich nicht ändert.

Bei der Besetzung der d-Niveaus mit Elektronen im oktaedrischen Ligandenfeld wird zuerst das energieärmere t_{2g}-Niveau besetzt. Entsprechend der Hund'schen Regel (vgl. Abschn. 1.4.7) werden Orbitale gleicher Energie zunächst einzeln mit Elektronen gleichen Spins besetzt.

Für Übergangsmetallionen, die 1, 2, 3, 8, 9 oder 10 d-Elektronen besitzen, gibt es jeweils nur einen energieärmsten Zustand. Die Elektronenanordnungen für diese Konfigurationen sind in Abb. 5.23 dargestellt. Für Übergangsmetallionen mit 4, 5, 6

Elektronen-konfiguration	Ion	Besetzung der d-Orbitale im oktaedrischen Ligandenfeld	Elektronen-konfiguration	Ion	Besetzung der d-Orbitale im oktaedrischen Ligandenfeld
d^1	Ti^{3+}, V^{4+}	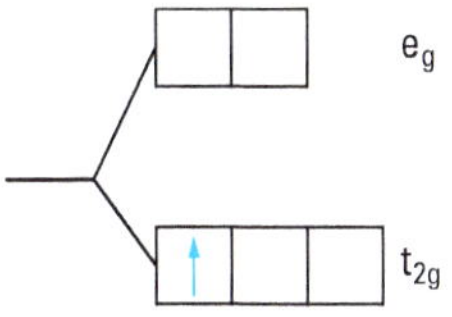 e_g: – – ; t_{2g}: ↑ – –	d^8	Ni^{2+}, Pd^{2+} Pt^{2+}, Au^{3+}	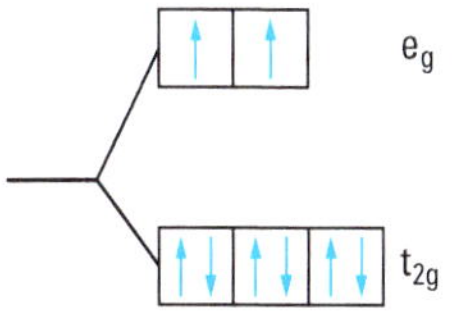 e_g: ↑ ↑ ; t_{2g}: ↑↓ ↑↓ ↑↓
d^2	Ti^{2+}, V^{3+}	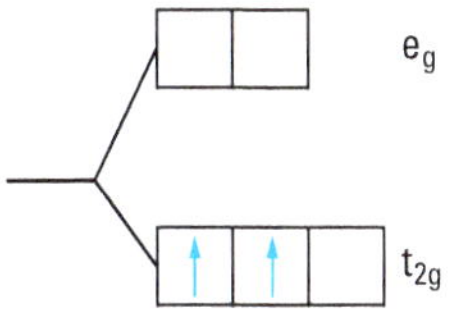 e_g: – – ; t_{2g}: ↑ ↑ –	d^9	Cu^{2+}	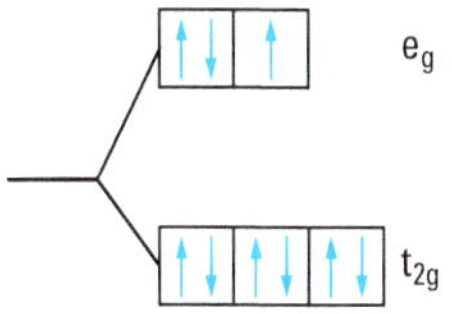 e_g: ↑↓ ↑ ; t_{2g}: ↑↓ ↑↓ ↑↓
d^3	V^{2+}, Cr^{3+}	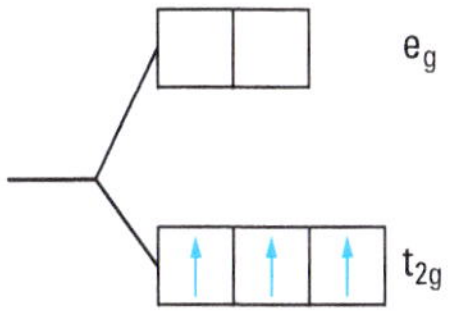 e_g: – – ; t_{2g}: ↑ ↑ ↑	d^{10}	Zn^{2+}, Cd^{2+} Hg^{2+}, Cu^{+} Ag^{+}	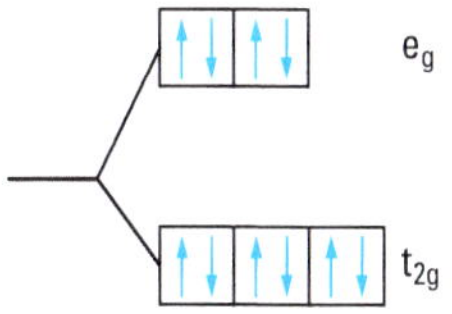 e_g: ↑↓ ↑↓ ; t_{2g}: ↑↓ ↑↓ ↑↓

Abbildung 5.23 Für Metallionen mit 1–3 bzw. 8–10 d-Elektronen gibt es in oktaedrischen Komplexen nur einen möglichen Elektronenzustand.

und 7 d-Elektronen gibt es im oktaedrischen Ligandenfeld jeweils zwei mögliche Elektronenanordnungen. Sie sind in der Abb. 5.24 dargestellt.

Man bezeichnet die Anordnung, bei der das Zentralion aufgrund der Hundschen Regel die größtmögliche Zahl ungepaarter d-Elektronen besitzt, als high-spin-Zustand. Der Zustand, bei dem entgegen der Hundschen Regel das Zentralion die geringstmögliche Zahl ungepaarter d-Elektronen besitzt, wird low-spin-Zustand genannt.

Wann liegt nun ein Übergangsmetallion mit d^4-, d^5-, d^6- bzw. d^7-Konfiguration im high-spin- oder im low-spin-Zustand vor? Betrachten wir ein d^4-Ion. Beim Wechsel vom high-spin-Zustand zum low-spin-Zustand wird das vierte Elektron auf dem um Δ energetisch günstigeren t_{2g}-Niveau eingebaut, es wird also der Energiebetrag Δ gewonnen. Andererseits erfordert Spinpaarung Energie. Ist Δ größer als die Spinpaarungsenergie, entsteht ein low-spin-Komplex, ist Δ kleiner als die Spinpaarungsenergie, entsteht ein high-spin-Komplex.

Die Größe der Ligandenfeldaufspaltung Δ bestimmt also, ob der high-spin- oder der low-spin-Komplex energetisch günstiger ist. Δ ist abhängig von der Ladung und Ordnungszahl des Metallions und von der Natur der Liganden (vgl. Tab. 5.5). Ordnet man die Liganden nach der Stärke ihrer d-Orbitalaufspaltung, erhält man eine Reihe,

Elektronen-konfiguration	Ion	Besetzung der d-Orbitale im oktaedrischen Ligandenfeld	Elektronen-zustand	Zahl ungepaar-ter Elektronen	Komplex
d^4	Cr^{2+}, Mn^{3+}	e_g: ↑ □; t_{2g}: ↑ ↑ ↑	high-spin	4	$[Cr(H_2O)_6]^{2+}$
		e_g: □ □; t_{2g}: ↑↓ ↑ ↑	low-spin	2	$[Mn(CN)_6]^{3-}$
d^5	Mn^{2+}, Fe^{3+}	e_g: ↑ ↑; t_{2g}: ↑ ↑ ↑	high-spin	5	$[Mn(H_2O)_6]^{2+}$ $[Fe(H_2O)_6]^{3+}$
		e_g: □ □; t_{2g}: ↑↓ ↑↓ ↑	low-spin	1	$[Fe(CN)_6]^{3-}$
d^6	Fe^{2+}, Co^{3+}	e_g: ↑ ↑; t_{2g}: ↑↓ ↑ ↑	high-spin	4	$[CoF_6]^{3-}$
		e_g: □ □; t_{2g}: ↑↓ ↑↓ ↑↓	low-spin	0	$[Fe(CN)_6]^{4-}$
d^7	Co^{2+}	e_g: ↑ ↑; t_{2g}: ↑↓ ↑↓ ↑	high-spin	3	$[Co(NH_3)_6]^{2+}$
		e_g: ↑ □; t_{2g}: ↑↓ ↑↓ ↑↓	low-spin	1	$[Co(NO_2)_6]^{4-}$

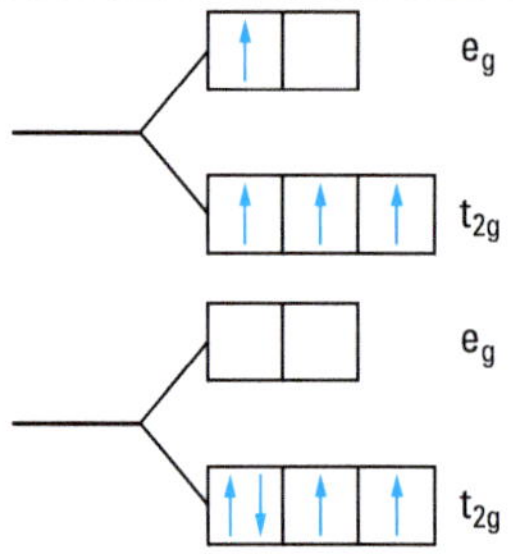

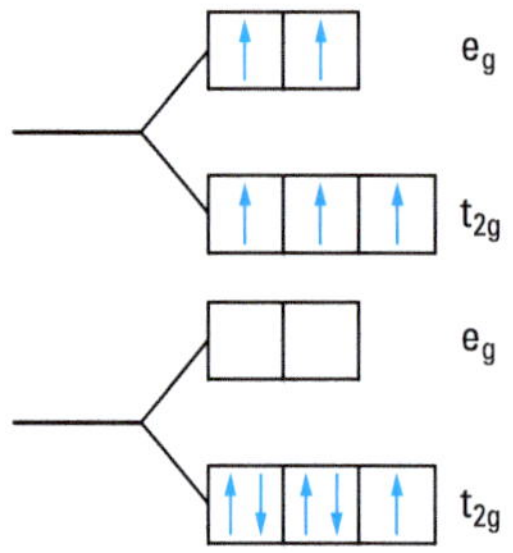

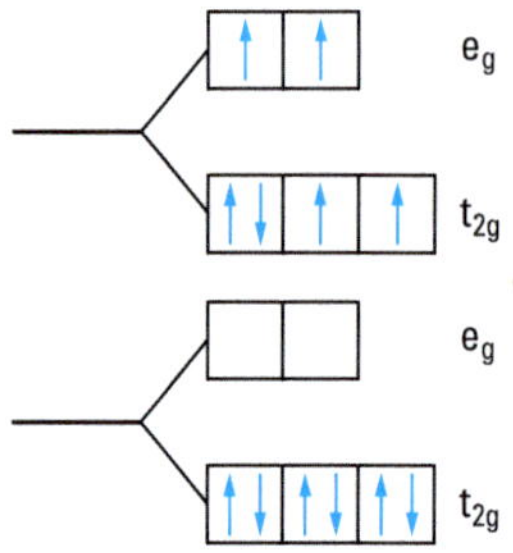

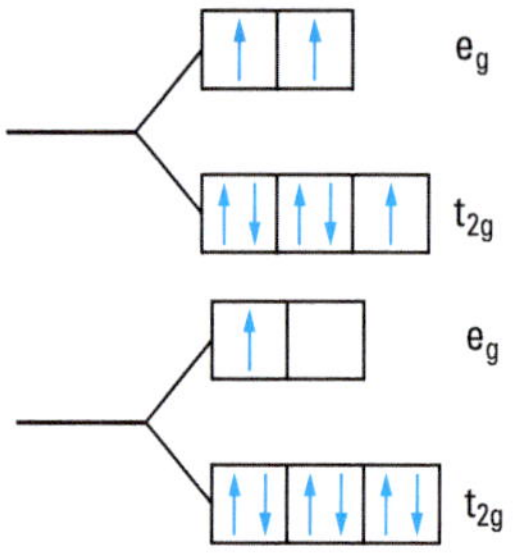

Abbildung 5.24 Für Metallionen mit 4–7 d-Elektronen gibt es in oktaedrischen Komplexen zwei mögliche Elektronenanordnungen. In schwachen Ligandenfeldern entstehen high-spin-Anordnungen, in starken Ligandenfeldern low-spin-Zustände.

Tabelle 5.5 Δ-Werte in kJ/mol von einigen oktaedrischen Komplexen (hs = high-spin, ls = low-spin)

Zentralion \ Ligand		Cl^-	F^-	H_2O	NH_3	CN^-
Konfiguration	Ion					
$3d^1$	Ti^{3+}	–	203	243	–	–
$3d^2$	V^{3+}	–	–	214	–	–
$3d^3$	Cr^{3+}	163	–	208	258	318
$3d^5$	Fe^{3+}	–	–	164 hs	–	419 ls
$3d^6$	Fe^{2+}	–	–	124 hs	–	404 ls
	Co^{3+}	–	156 hs	218 ls	274 ls	416 ls
$4d^6$	Rh^{3+}	243 ls	–	323 ls	408 ls	–
$5d^6$	Ir^{3+}	299 ls	–	–	479 ls	–
$3d^7$	Co^{2+}	–	–	111 hs	122 hs	–
$3d^8$	Ni^{2+}	87	–	102	129	–

die spektrochemische Reihe genannt wird. Die Reihenfolge ist für die häufiger vorkommenden Liganden

$$\underbrace{I^- < Cl^- < F^- < OH^-}_{\text{schwaches Feld}} < \underbrace{H_2O < NH_3}_{\text{mittleres Feld}} < en < \underbrace{CN^- \approx CO \approx NO^+}_{\text{starkes Feld}}$$

CN^--Ionen erzeugen ein starkes Ligandenfeld mit starker Aufspaltung der d-Niveaus, sie bilden low-spin-Komplexe. In Komplexen mit F^- entsteht ein schwaches Ligandenfeld, und es wird die high-spin-Konfiguration bevorzugt. Beispielsweise sind die Fe^{3+}-Komplexe $[FeF_6]^{3-}$ und $[Fe(H_2O)_6]^{3+}$ high-spin-Komplexe, während $[Fe(CN)_6]^{3-}$ ein low-spin-Komplex ist. Bei gleichen Liganden wächst Δ mit der Hauptquantenzahl der d-Orbitale der Metallionen: 3d < 4d < 5d. Eine Zunahme von Δ erfolgt auch, wenn die Ladung des Zentralions erhöht wird. Zum Beispiel ist $[Co(NH_3)_6]^{2+}$ ein high-spin-Komplex, $[Co(NH_3)_6]^{3+}$ ein low-spin-Komplex. Für die Metallionen erhält man die Reihe

$$Mn^{2+} < Ni^{2+} < Co^{2+} < Fe^{2+} < V^{2+} < Fe^{3+} < Cr^{3+} < V^{3+} < Co^{3+} < Mn^{4+} < Mo^{3+} < Rh^{3+} < Pd^{4+} < Ir^{3+} < Re^{4+} < Pt^{4+}$$

Tab. 5.5 enthält die Δ-Werte von einigen oktaedrischen Komplexen.

Die Ligandenfeldaufspaltung erklärt einige Eigenschaften, die für die Verbindungen der Übergangsmetalle – natürlich besonders für die Komplexe – typisch sind.

Ligandenfeldstabilisierungsenergie. Aufgrund der Aufspaltung der d-Orbitale tritt für die d-Elektronen bei den meisten Elektronenkonfigurationen ein Energiegewinn auf. Er beträgt für die d^1-Konfiguration 4 Dq, für die d^2-Konfiguration 8 Dq, für die d^3-Konfiguration 12 Dq usw. (Tab. 5.6). Dieser Energiegewinn wird Ligandenfeldstabilisierungsenergie (LFSE) genannt. Die Ligandenfeldstabilisierungsenergie ist groß für die d^3-Konfiguration und für die d^6-Konfiguration mit low-spin-Anordnung, da bei diesen Konfigurationen nur das energetisch günstige t_{2g}-Niveau mit drei bzw. sechs Elektronen besetzt ist. Dies erklärt die bevorzugte oktaedrische Koordination

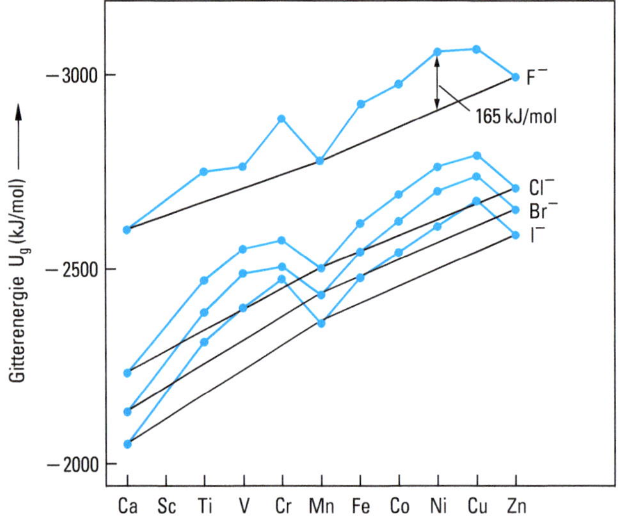

Abbildung 5.25 Gitterenergie der Halogenide MX_2 der 3d-Metalle.
Die Ligandenfeldstabilisierungsenergie liefert einen Beitrag zur Gitterenergie (Differenz zwischen blauer und schwarzer Kurve). Entsprechend der theoretischen Erwartung für oktaedrische Koordination sollte er bei dem d^3-Ion V^{2+} und dem d^8-Ion Ni^{2+} am größten sein. (Höhere Werte für d^4 und d^9 hängen mit der Jahn-Teller-Verzerrung dieser Ionen zusammen.)

von Cr^{3+}, Co^{3+} und Pt^{4+} und auch die große Beständigkeit der Oxidationsstufe +3 von Cr und Co in Komplexverbindungen.

Die LFSE liefert einen zusätzlichen Beitrag zur Gitterenergie (Abschn. 2.1.4). In der Abb. 5.25 ist als Beispiel der Verlauf der Gitterenergien der Halogenide MX_2 für die 3d-Metalle dargestellt.

Auch für die Verteilung von Ionen auf unterschiedliche Plätze in Ionenkristallen spielt die Ligandenfeldstabilisierungsenergie als Beitrag zur Gitterenergie eine wichtige Rolle.

Beispiel: Spinelle

In Spinellen besetzen die Metallionen oktaedrisch oder tetraedrisch koordinierte Plätze (vgl. S. 85). Man kann für die 3d-Ionen die Ligandenfeldstabilisierungsenergien für die Tetraeder- und die Oktaederplätze berechnen. Aus der Differenz erhält man die „site preference"-Energie für den Oktaederplatz (Tab. 5.6). Sie gibt den Energiegewinn an, wenn ein Ion von Tetraeder- zum Oktaederplatz wechselt. Die Werte der Tab. 5.6 erklären, warum alle Cr(III)-Spinelle normale Spinelle $\overset{2+}{M}(\overset{3+}{Cr_2})O_4$ sind, die Cr^{3+}-Ionen also immer die Oktaederplätze besetzen, und warum andererseits $NiFe_2O_4$ und $NiGa_2O_4$ die inverse Verteilung $Fe^{3+}(Ni^{2+}Fe^{3+})O_4$ und $Ga^{3+}(Ni^{2+}Ga^{3+})O_4$ besitzen, bei der die Oktaederplätze statistisch mit Ni^{2+}- und M^{3+}-Ionen besetzt sind.

Tabelle 5.6 Ligandenfeldstabilisierungsenergien LFSE für die oktaedrische und die tetraedrische Koordination und „site preference"-Energie für den Oktaederplatz

Anzahl der Elektronen	Oktaederplatz Konfiguration	LFSE in Dq	Tetraederplatz Konfiguration*	LFSE in Dq_{Okt}**	„site preference"-Energie in Dq $LFSE_{Okt} - LFSE_{Tetr.}$
1	t_{2g}^1	− 4	e^1	−2,7	−1,3
2	t_{2g}^2	− 8	e^2	−5,3	−2,7
3	t_{2g}^3	−12	$e^2t_2^1$	−3,6	−8,4
4	$t_{2g}^3\,e_g^1$	− 6	$e^2t_2^2$	−1,8	−4,2
5	$t_{2g}^3\,e_g^2$	0	$e^2t_2^3$	0	0
6	$t_{2g}^4\,e_g^2$	− 4	$e^3t_2^3$	−2,7	−1,3
7	$t_{2g}^5\,e_g^2$	− 8	$e^4t_2^3$	−5,3	−2,7
8	$t_{2g}^6\,e_g^2$	−12	$e^4t_2^4$	−3,6	−8,4
9	$t_{2g}^6\,e_g^3$	− 6	$e^4t_2^5$	−1,8	−4,2

* Die Aufspaltung im tetraedrischen Ligandenfeld ist in der Abb. 5.30 dargestellt. Die Orbitale d_{z^2} und $d_{x^2-y^2}$ werden als e-Orbitale, die Orbitale d_{xy}, d_{xz} und d_{yz} als t_2-Orbitale bezeichnet. Die Konfigurationen im oktaedrischen Feld werden zusätzlich durch den Index g (gerade) gekennzeichnet, da das Oktaeder ein Symmetriezentrum besitzt, das beim Tetraeder fehlt.

** Für die Berechnung wird angenommen, dass die tetraedrische Aufspaltung 4/9 der oktaedrischen Aufspaltung beträgt.

Magnetische Eigenschaften. Ionen können diamagnetisch oder paramagnetisch sein. Ein diamagnetischer Stoff wird durch ein Magnetfeld abgestoßen, ein paramagnetischer Stoff wird in das Feld hineingezogen. Teilchen, die keine ungepaarten Elektronen besitzen, sind diamagnetisch. Alle Ionen mit abgeschlossener Elektronenkonfiguration sind also diamagnetisch. Dazu gehören die Metallionen der Hauptgruppenmetalle, wie Na^+, Mg^{2+}, Al^{3+}, aber auch die Ionen der Nebengruppenmetalle mit vollständig aufgefüllten d-Orbitalen, wie Ag^+, Zn^{2+}, Hg^{2+}. Teilchen mit ungepaarten Elektronen sind paramagnetisch. Alle Ionen mit ungepaarten Elektronen besitzen ein permanentes magnetisches Moment, das umso größer ist, je größer die Zahl ungepaarter Elektronen ist (vgl. Abschn. 5.1).

Durch magnetische Messungen kann daher entschieden werden, ob in einem Komplex eine high-spin- oder eine low-spin-Anordnung vorliegt. Für $[Fe(H_2O)_6]^{2+}$ und $[CoF_6]^{3-}$ misst man ein magnetisches Moment, das vier ungepaarten Elektronen entspricht, es liegen high-spin-Komplexe vor. Die Ionen $[Fe(CN)_6]^{4-}$ und $[Co(NH_3)_6]^{3+}$ sind diamagnetisch, es existieren also in diesen Komplexionen keine ungepaarten Elektronen, es liegen d^6-low-spin-Anordnungen vor. Die Zentralionen in low-spin-Komplexen haben im Vergleich zu den high-spin-Komplexen immer ein vermindertes magnetisches Moment, da die Zahl ungepaarter Elektronen vermindert ist (Tab. 5.7).

Farbe der Ionen von Übergangsmetallen. Die Metallionen der Hauptgruppen wie Na^+, K^+, Mg^{2+}, Al^{3+} sind in wässriger Lösung farblos. Diese Ionen besitzen Edelgaskonfiguration. Auch die Ionen mit abgeschlossener d^{10}-Konfiguration wie Zn^{2+}, Cd^{2+} und Ag^+ sind farblos. Im Gegensatz dazu sind die Ionen der Übergangsmetalle

Tabelle 5.7 Ligandenfeldstabilisierungsenergie (LFSE) und magnetische Momente in μ_B möglicher d^n-Konfigurationen im oktaedrischen Ligandenfeld.
Die magnetischen Momente der Tabelle sind Spinmomente: $\mu_{mag} = \sqrt{n(n+2)}\mu_B$ (n = Anzahl ungepaarter Elektronen) (vgl. Abschn. 5.1.5).

Anzahl der d-Elektronen	Konfiguration	LFSE in Dq	Magnetisches Moment in μ_B
1	t_{2g}^1	− 4	1,73
2	t_{2g}^2	− 8	2,83
3	t_{2g}^3	−12	3,88
4	$t_{2g}^3\, e_g^1$ hs	− 6	4,90
4	t_{2g}^4 ls	−16	2,83
5	$t_{2g}^3\, e_g^2$ hs	0	5,92
5	t_{2g}^5 ls	−20	1,73
6	$t_{2g}^4\, e_g^2$ hs	− 4	4,90
6	t_{2g}^6 ls	−24	0
7	$t_{2g}^5\, e_g^2$ hs	− 8	3,88
7	$t_{2g}^6\, e_g^1$ ls	−18	1,73
8	$t_{2g}^6\, e_g^2$	−12	2,83
9	$t_{2g}^6\, e_g^3$	− 6	1,73
10	$t_{2g}^6\, e_g^4$	0	0

(hs = high spin, ls = low spin)

mit nicht aufgefüllten d-Niveaus farbig. Das Zustandekommen der Ionenfarbe ist besonders einfach beim Ti^{3+}-Ion zu verstehen, das in wässriger Lösung eine rötlich-violette Farbe hat (Abb. 5.26). In wässriger Lösung bildet Ti^{3+} den Komplex $[Ti(H_2O)_6]^{3+}$. Die Größe der Ligandenfeldaufspaltung 10 Dq beträgt 243 kJ/mol.

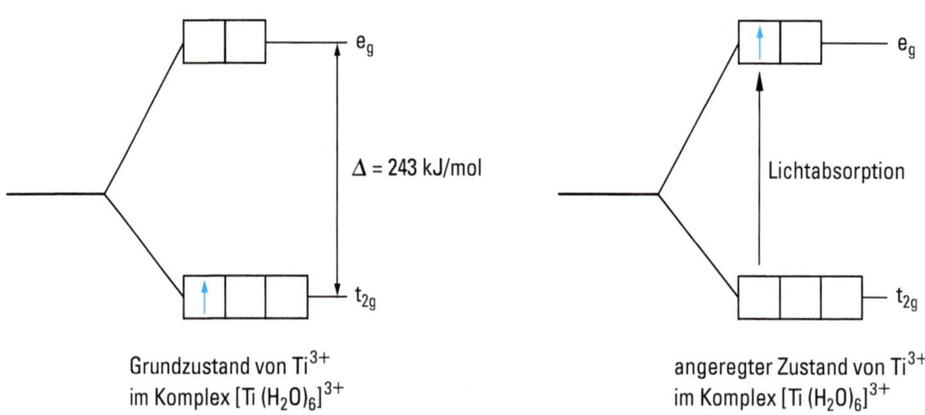

Abbildung 5.26 Entstehung der Farbe des Komplexions $[Ti(H_2O)_6]^{3+}$.

Ti^{3+} besitzt ein d-Elektron, das sich im Grundzustand auf dem t_{2g}-Niveau befindet. Durch Lichtabsorption kann dieses Elektron angeregt werden, es geht dabei in den e_g-Zustand über. Die dazu erforderliche Energie beträgt gerade 243 kJ/mol, das entspricht einer Wellenlänge von 500 nm. Die Absorptionsbande liegt also im sichtbaren Bereich (blaugrün) und verursacht die rötlich-violette Farbe (komplementäre Farbe zu blaugrün).

Die Farben vieler anderer Übergangsmetallkomplexe entstehen ebenfalls durch Anregung von d-Elektronen. Aus den Absorptionsspektren lassen sich daher die 10 Dq-Werte experimentell bestimmen (vgl. Abschn. 5.4.6.4). Die Farbe eines Ions in einem Komplex hängt natürlich vom jeweiligen Liganden ab. So entsteht z. B. aus dem grünen $[Ni(H_2O)_6]^{2+}$-Komplex beim Versetzen mit NH_3 der blaue $[Ni(NH_3)_6]^{2+}$-Komplex. Die Absorptionsbanden verschieben sich zu kürzeren Wellenlängen, also höherer Energie, da im Amminkomplex das Ligandenfeld und damit die Ligandenfeldaufspaltung stärker ist (vgl. Tab. 5.5).

Ionenradien. Die Aufspaltung der d-Orbitale beeinflusst auch die Ionenradien. Abb. 5.27 zeigt den Verlauf der Radien der M^{2+}-Ionen der 3d-Metalle für die oktaedrische Koordination (KZ = 6). Bei einer kugelsymmetrischen Ladungsverteilung der d-Elektronen wäre auf Grund der kontinuierlichen Zunahme der Kernladungszahl (vgl. Abschn. 2.1.2) eine kontinuierliche Abnahme der Radien zu erwarten (gestrichelte Kurve der Abb. 5.27). Auf Grund der Aufspaltung der d-Orbitale werden

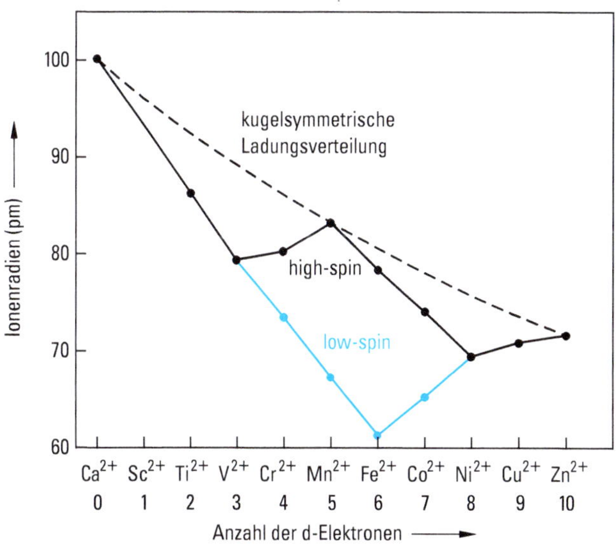

Abbildung 5.27 M^{2+}-Ionenradien der 3d-Elemente (KZ = 6).
Die gestrichelte Kurve ist eine theoretische Kurve für kugelsymmetrische Ladungsverteilungen. Auf ihr liegt der Radius von Mn^{2+} mit der kugelsymmetrischen high-spin-Anordnung $t_{2g}^3\,e_g^2$. Die Kurve der high-spin-Radien hat Minima bei den Konfigurationen t_{2g}^3 und $t_{2g}^6\,e_g^2$, die low-spin-Kurve hat ihr Minimum bei der Konfiguration t_{2g}^6. Die Kurven spiegeln also die asymmetrische Ladungsverteilung der d-Elektronen wider.

bevorzugt die energetisch günstigeren t_{2g}-Orbitale mit den d-Elektronen besetzt. Die Liganden können sich dadurch dem Zentralion stärker nähern, denn die auf die Liganden gerichteten e_g-Orbitale wirken weniger abstoßend als bei kugelsymmetrischer Ladungsverteilung. Es resultieren kleinere Radien, als für die kugelsymmetrische Ladungsverteilung zu erwarten wäre. Ionen mit low-spin-Konfiguration sind daher kleiner als die mit high-spin-Konfiguration (vgl. Abb. 5.27).

Jahn-Teller-Effekt. Bei einigen Ionen treten aufgrund der Wechselwirkung zwischen den Liganden und den d-Elektronen des Zentralteilchens verzerrte Koordinationspolyeder auf. Man bezeichnet diesen Effekt als Jahn-Teller-Effekt. Tetragonal

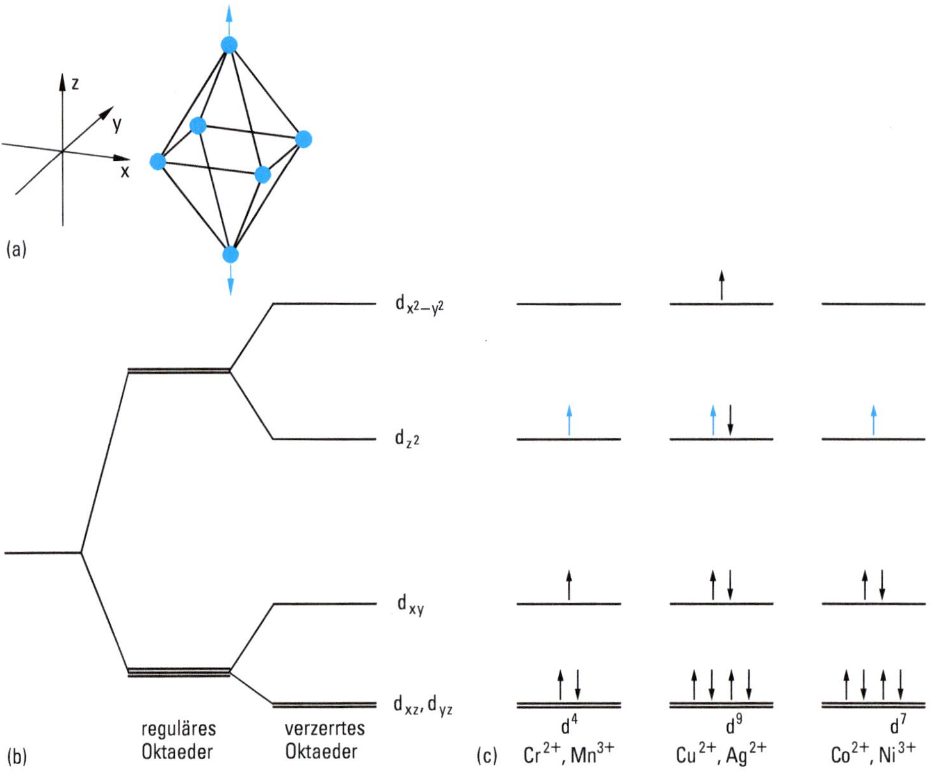

Abbildung 5.28 Jahn-Teller-Effekt.
a) Tetragonale Verzerrung eines Oktaeders.
b) Das Energieniveaudiagramm gilt für ein gestrecktes Oktaeder. Diese Verzerrung wird überwiegend beobachtet. Für ein gestauchtes Oktaeder erhält man ein analoges Diagramm. Die Reihenfolge der Orbitale ist dafür d_{xy}; d_{xz}, d_{yz}; $d_{x^2-y^2}$; d_{z^2}. Die Aufspaltungen sind nicht maßstäblich dargestellt. Die durch die Verzerrung verursachte Aufspaltung ist sehr viel kleiner als 10 Dq. Die Aufspaltungen gehorchen dem Schwerpunktsatz.
c) Die Verzerrung führt zu einem Energiegewinn bei der d^4-high-spin- und der d^9- sowie der d^7-low-spin-Konfiguration. (Das durch einen blauen Pfeil dargestellte Elektron bringt den Energiegewinn.)

deformierte oktaedrische Strukturen werden bei Verbindungen von Ionen mit d^4-high-spin- (Cr^{2+}, Mn^{3+}) und d^9-Konfigurationen (Cu^{2+}, Ag^{2+}) sowie von Ionen mit d^7-low-spin-Konfiguration (Co^{2+}, Ni^{3+}) beobachtet. Beispiele sind die Komplexe $[Cr(H_2O)_6]^{2+}$, $[Mn(H_2O)_6]^{3+}$, der tetragonal verzerrte Spinell $Mn^{2+}(Mn_2^{3+})O_4$ und K_3NiF_6. Die mit dem Jahn-Teller-Effekt erklärbaren Koordinationsverhältnisse von Cu^{2+} und Ag^{2+} werden in den Abschn. 5.7.6.2 und 5.7.7.2 behandelt.

Die Ursache des Jahn-Teller-Effekts ist eine mit der Verzerrung verbundene Energieerniedrigung. Das Energieniveaudiagramm der Abb. 5.28 zeigt, wie diese Energieerniedrigung zustande kommt. Bei der Verzerrung zu einem gestreckten Oktaeder werden alle Orbitale mit einer z-Komponente energetisch günstiger. Bei der d^4-high-spin- und der d^9-Konfiguration sowie bei der d^7-low-spin-Konfiguration führt die Besetzung des d_{z^2}-Orbitals zu einem Energiegewinn, wenn das Oktaeder verzerrt ist.

5.4.6.2 Tetraedrische Komplexe

Auch im tetraedrischen Ligandenfeld erfolgt eine Aufspaltung der d-Orbitale. Aus der Abb. 5.29 geht hervor, dass sich die tetraedrisch angeordneten Liganden den d_{xy}-, d_{xz}- und d_{yz}-Orbitalen des Zentralions stärker nähern als den d_{z^2}- und $d_{x^2-y^2}$-Orbitalen. Im Gegensatz zu oktaedrischen Komplexen sind die d_{z^2}- und $d_{x^2-y^2}$-Orbitale also energetisch günstiger (Abb. 5.30). Bei gleichem Zentralion, gleichen Liganden und gleichem Abstand Ligand-Zentralion beträgt die tetraedrische Aufspaltung nur $\frac{4}{9}$ von der im oktaedrischen Feld: $\Delta_{tetr} = \frac{4}{9}\,\Delta_{okt}$ Die Δ-Werte der tetraedrischen Komplexe VCl_4, $[CoI_4]^{2-}$ und $[CoCl_4]^{2-}$ z. B. betragen 108, 32 und 39 kJ/mol. Prinzipiell sollte es für die Konfigurationen d^3, d^4, d^5 und d^6 high-spin- und low-spin-Anordnungen geben. Wegen der kleinen Ligandenfeldaufspaltung sind aber nur high-spin-Komplexe bekannt.

Co^{2+} bildet mehr tetraedrische Komplexe als jedes andere Übergangsmetallion. Dies stimmt damit überein, dass für Co^{2+} ($3d^7$) die Ligandenfeldstabilisierungsenergie in tetraedrischen Komplexen größer ist als bei anderen Übergangsmetallionen (Abb. 5.31).

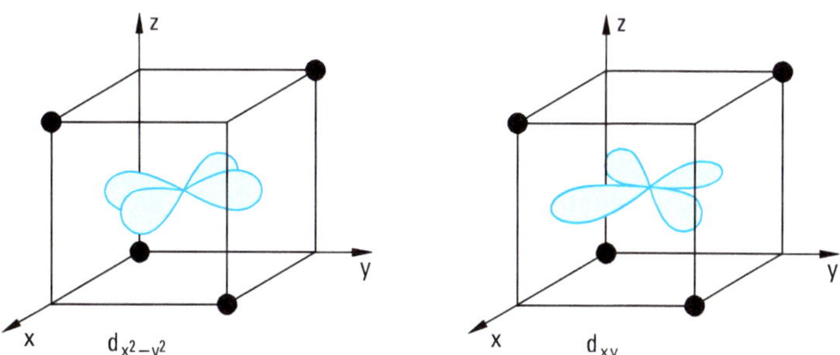

Abbildung 5.29 Tetraedrisch angeordnete Liganden nähern sich dem d_{xy}-Orbital des Zentralatoms stärker als dem $d_{x^2-y^2}$-Orbital.

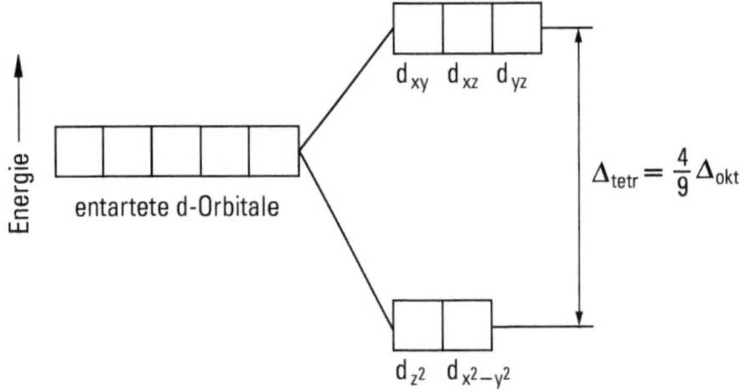

Abbildung 5.30 Aufspaltung der d-Orbitale im tetraedrischen Ligandenfeld.

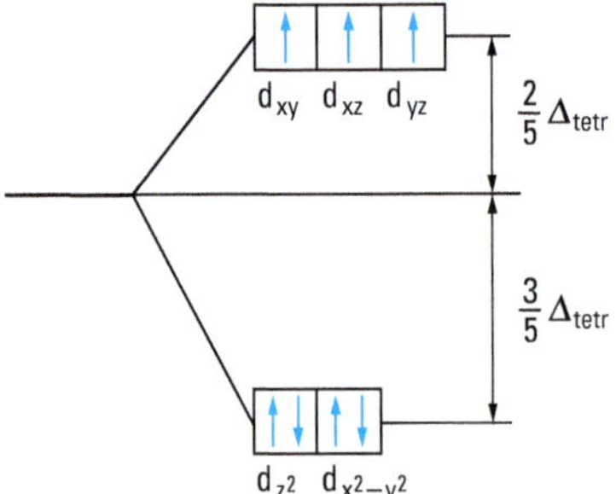

Abbildung 5.31 Besetzung der d-Orbitale von Co^{2+} im tetraedrischen Ligandenfeld.

5.4.6.3 Quadratisch-planare Komplexe

Für die Ionen Pd^{2+}, Pt^{2+} und Au^{3+} mit d^8-Konfigurationen ist die quadratische Koordination typisch. Alle quadratischen Komplexe dieser Ionen sind diamagnetische low-spin-Komplexe. In Abb. 5.32 ist das Energieniveaudiagramm der d-Orbitale des Komplexes $[PtCl_4]^{2-}$ dargestellt. In quadratischen Komplexen fehlen die Liganden in z-Richtung, daher sind die d-Orbitale mit einer z-Komponente energetisch günstiger als die anderen d-Orbitale. Die d_{xz}- und d_{yz}-Orbitale werden von den Liganden in gleichem Maße beeinflusst, sie sind daher entartet. Da die Ladungsdichte des $d_{x^2-y^2}$-Orbitals direkt auf die Liganden gerichtet ist, ist es das bei weitem energiereichste Orbital. Δ_1, die Energiedifferenz zwischen dem $d_{x^2-y^2}$- und dem d_{xy}-Orbital, ist bei gleicher Ligandenfeldstärke gleich der Aufspaltung im oktaedrischen Feld Δ_{okt}. Wenn Δ_1 größer als die Spinpaarungsenergie ist, entsteht ein low-spin-Komplex, der bei d^8-Konfigurationen die größtmögliche Ligandenfeldstabilisierungsenergie besitzt. Quadratische Komplexe sind daher bei d^8-Konfigurationen mit großen Ligandenfeldaufspaltungen zu erwarten. Dies stimmt mit den Beobachtungen überein. Bei dem 4d-Ion Pd^{2+} und den 5d-Ionen Pt^{2+} und Au^{3+} ist die Aufspaltung bei allen Liganden groß, es entstehen quadratisch-planare Komplexe. Ni^{2+} ($3d^8$)

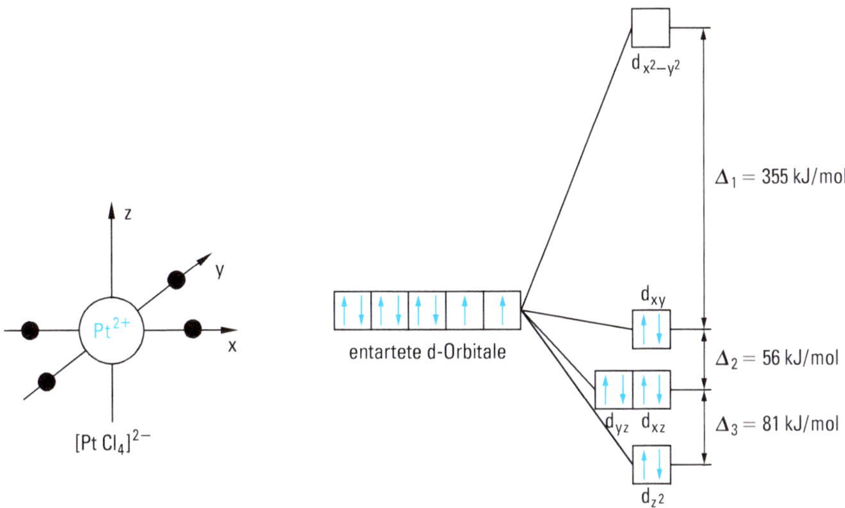

Abbildung 5.32 Aufspaltung und Besetzung der d-Orbitale im quadratischen Komplex $[PtCl_4]^{2-}$. Da Δ_1 größer ist als die aufzuwendende Spinpaarungsenergie, entsteht ein low-spin-Komplex mit großer LFSE.

bildet mit starken Liganden wie CN^- einen quadratischen Komplex, während mit den weniger starken Liganden H_2O und NH_3 oktaedrische Komplexe gebildet werden. Das d_{z^2}-Orbital muss nicht wie in den Komplexen $[PtCl_4]^{2-}$ und $[PdCl_4]^{2-}$ das energetisch stabilste Orbital sein (siehe Abb. 5.32). Wahrscheinlich liegt es bei den quadratischen Komplexen von Ni^{2+} zwischen dem d_{xy}-Orbital und den entarteten Orbitalen d_{yz}, d_{xz}.

5.4.6.4 Termdiagramme, Elektronenspektren

Bei der bisherigen Darstellung der Ligandenfeldtheorie wurde angenommen, dass das Ligandenfeld stark gegenüber der Elektronenwechselwirkung zwischen den einzelnen d-Elektronen ist. Dadurch wird die Russell-Saunders-Kopplung (zum Verständnis dieses Abschnitts ist die Kenntnis von Abschn. 5.1.3 erforderlich), die in isolierten Atomen oder Ionen auftritt, zerstört. Man betrachtet daher die Aufspaltung eines d-Einelektronenzustandes – der im freien Ion fünffach entartet ist – im Feld der Liganden. Die Besetzung der Einelektronenzustände erfolgt unter Berücksichtigung des Pauli-Prinzips. Diese Darstellung wird als Methode des starken Feldes bezeichnet.

Bei der Methode des schwachen Feldes wird angenommen, dass das Ligandenfeld so schwach ist, dass es die Kopplung der Elektronen nicht verhindert. Die durch die Kopplung entstandenen Russell-Saunders-Terme werden aber durch das Ligandenfeld „gestört“. Die Störung verursacht eine energetische Anhebung und eine Aufspaltung der RS-Terme. Die Anzahl der Spaltterme und ihre Bezeichnung folgt aus

Tabelle 5.8 Aufspaltung der Russell-Saunders-Terme im oktaedrischen Ligandenfeld

Russell-Saunders-Terme	Spaltterme im oktaedrischen Ligandenfeld Anzahl	Bezeichnung	Bahnentartungsgrad
S	1	A_{1g}	1
P	1	T_{1g}	3
D	2	E_g T_{2g}	2 3
F	3	A_{2g} T_{1g} T_{2g}	1 3 3
G	4	A_{1g} E_g T_{1g} T_{2g}	1 2 3 3

(Für Einelektronenzustände werden kleine Buchstaben verwendet, z. B. e, t_{2g}; für Mehrelektronenzustände große Buchstaben E, T_{2g}; g (gerade) kennzeichnet Zustände, die wie bei oktaedrischen Komplexen ein Symmetriezentrum besitzen).

der Gruppentheorie. Hier kann nur kurz ihr Gebrauch besprochen werden. Außerdem soll nur ein oktaedrisches Ligandenfeld berücksichtigt werden. Die Aufspaltung der RS-Terme im oktaedrischen Feld ist in der Tab. 5.8 angegeben.

Die Aufspaltung der RS-Grundterme im oktaedrischen Feld führt für die Elektronenkonfigurationen d^1 bis d^9 zu den in der Abb. 5.33a dargestellten Termdiagrammen.

Bei einem vollständigen Termdiagramm ist nicht nur die Aufspaltung des Grundterms, sondern auch die der angeregten Terme zu berücksichtigen. Als Beispiel ist in der Abb. 5.34a das Termschema der d^2-Konfiguration dargestellt.

Für alle Diagramme gilt:

Die Spaltterme besitzen die gleiche Spinmultiplizität wie die Terme des freien Ions, aus denen sie hervorgehen.

Die Summe der Bahnentartungsgrade der Spaltterme ist gleich dem Bahnentartungsgrad des Terms des freien Ions, aus dem sie hervorgehen.

Terme mit identischen Bezeichnungen überschneiden sich nicht.

Bei Termen, die allein vorkommen, ändert sich die Energie linear mit der Ligandenfeldstärke.

Für Terme mit identischer Bezeichnung ist eine Termwechselwirkung zu berücksichtigen. Sie führt zu einer Abstoßung der Terme, daher zeigen diese Terme gekrümmte Kurven.

In der Abb. 5.33b ist die Korrelation der Spaltterme mit den Elektronenkonfigurationen der Einelektronenzustände für das oktaedrische Ligandenfeld dargestellt. Aus den vollständigen Korrelationsdiagrammen geht hervor, dass unter Berücksichtigung der Elektronenwechselwirkungen aus den Einelektronenzuständen (Methode des starken Feldes) dasselbe Termschema entsteht wie aus den Spalttermen der RS-Terme bei Berücksichtigung der Termwechselwirkung (Methode des schwachen Feldes).

Termdiagramme eignen sich zur Voraussage oder Deutung von Elektronenspektren. Auf Grund der Auswahlregeln sind nur Übergänge zwischen Termen gleicher Spinmultiplizität erlaubt. Treten spinverbotene Übergänge zwischen Termen ver-

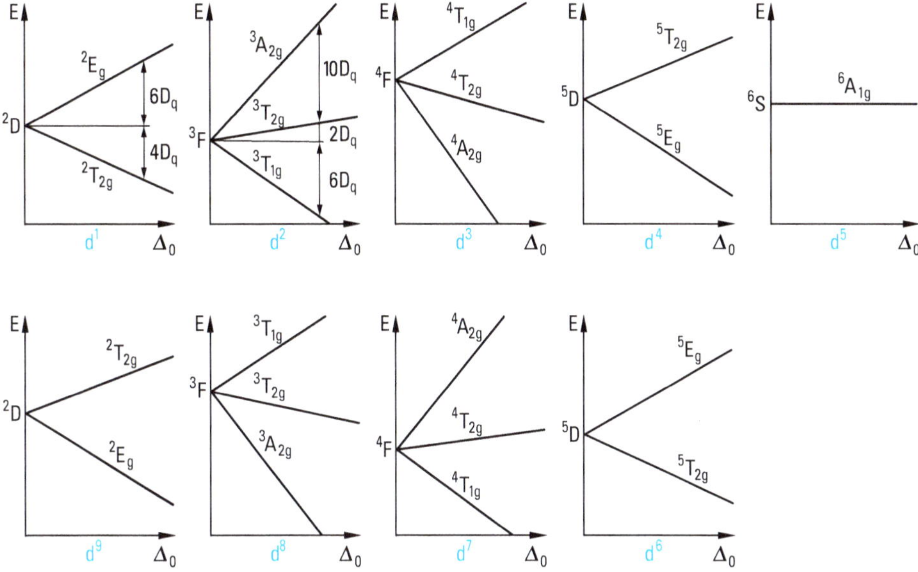

Abbildung 5.33a Termdiagramme der RS-Terme für die Elektronenkonfigurationen von d^1 bis d^9 im oktaedrischen Ligandenfeld. Für die Spaltterme gilt der Schwerpunktsatz. Das Termschema eines Systems mit *n* Elektronen ist umgekehrt dem System mit $(10-n)$ Elektronen oder *n* Löchern in der d-Schale (Elektron-Loch-Formalismus). Die Löcher besitzen das magnetische Moment und die Ladung von Positronen. Das Termschema des Systems mit *n* Löchern erhält man durch Umkehrung der Energie des Termschemas für *n* Elektronen. Das Termschema eines d^9-Ions (1 Loch) entspricht also dem eines d^1-Ions mit vertauschter Reihenfolge der Terme. Entsprechend ist d^8 invers zu d^2, d^7 zu d^3 und d^6 zu d^4.

schiedener Spinmultiplizität auf, so sind ihre Intensitäten um mehrere Größenordnungen schwächer als die spinerlaubten.

Es sollen die Konfigurationen d^2 und d^6 besprochen werden.

Für das d^2-Ion sind drei Übergänge zu erwarten (vgl. Abb. 5.34a). Aus dem Termschema können die Bandenlagen berechnet werden.

Beispiel $[V(H_2O)_6]^{3+}$:

Übergang		Energiewerte der $[V(H_2O)_6]^{3+}$-Banden in cm^{-1} beobachtet	berechnet mit $10\,Dq = 21\,500\,cm^{-1}$
$^3T_{1g}(F) \longrightarrow {}^3T_{2g}(F)$	8 Dq	17000	17300
$^3T_{1g}(F) \longrightarrow {}^3T_{1g}(P)$		25000	25500
$^3T_{1g}(F) \longrightarrow {}^3A_{2g}(F)$	18 Dq	38000	38600

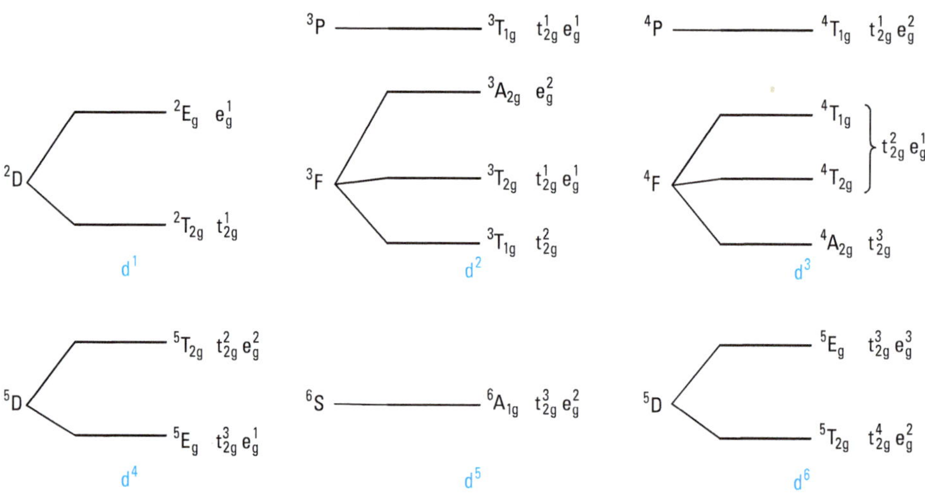

Abbildung 5.33b Korrelation der RS-Spaltterme und der Elektronenkonfigurationen der Einelektronenzustände im oktaedrischen Ligandenfeld. Berücksichtigt sind nur high-spin-Zustände, also Terme mit gleicher Spinmultiplizität.
Beispiel d^1: Bei der Konfiguration t_{2g}^1 kann sich das Elektron in drei Orbitalen aufhalten (Entartung 3), bei der Konfiguration e_g^1 nur in zwei Orbitalen (Entartung 2). Dies entspricht den Spalttermen $^2T_{2g}$ und ^2E_g.
Beispiel d^5 Bei der Konfiguration $t_{2g}^3\, e_g^2$ sind fünf Elektronen in fünf Orbitalen (Entartung 1), dies entspricht dem Term $^6A_{1g}$.

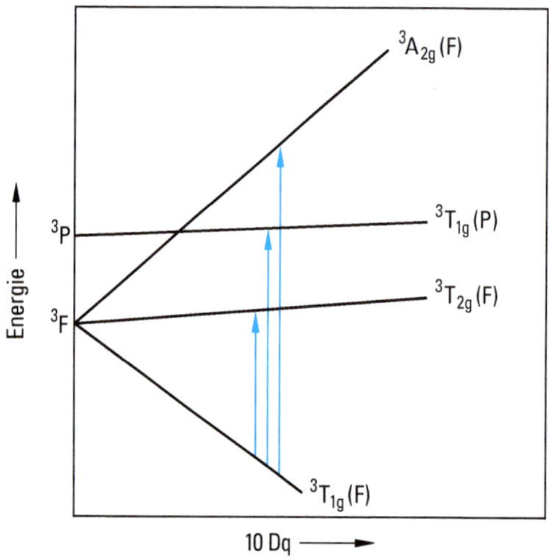

Abbildung 5.34a Termdiagramm der d^2-Konfiguration im oktaedrischen Ligandenfeld.

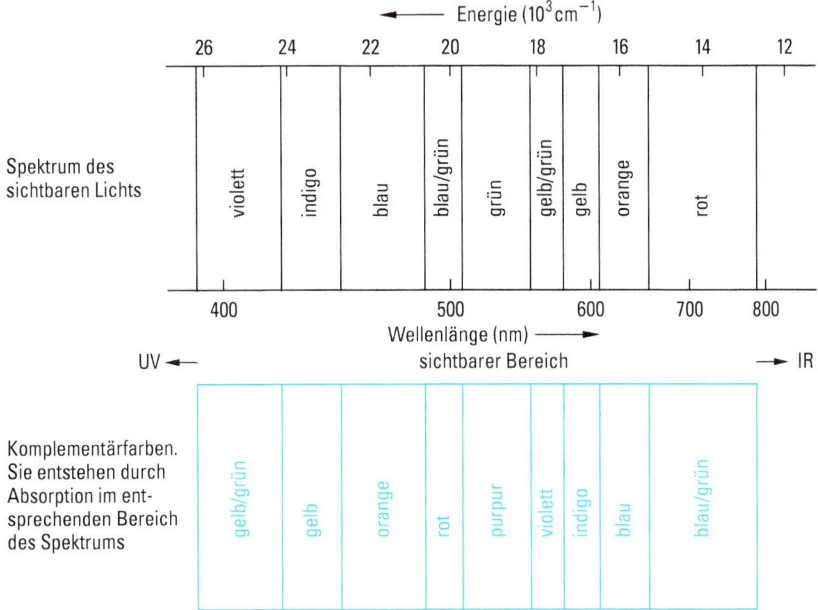

Abbildung 5.34b Wellenlänge in nm und Energie (Wellenzahl) in cm^{-1} des sichtbaren Spektrums. 10^3 cm^{-1} entsprechen 11,96 kJ/mol.

Im Termdiagramm des d^2-Ions ist bei allen Ligandenfeldstärken der $^3T_{1g}$-Term der energetisch stabilste.

Das Termdiagramm der d^6-Konfiguration ist in der Abb. 5.35 wiedergegeben. Bei schwachen Ligandenfeldern ist der $^5T_{2g}$-Term der Grundterm. Die Spinmultiplizität $2S + 1 = 5$ entspricht einer high-spin-Konfiguration mit vier ungepaarten Elektronen ($S = 2$). Mit wachsender Ligandenfeldstärke nimmt die Energie des $^1A_{1g}$-Terms stärker ab als die Energie des $^5T_{2g}$-Terms. Bei einer bestimmten Ligandenfeldstärke schneiden sich beide Terme. Bei starken Ligandenfeldern ist dann der $^1A_{1g}$-Term der Grundterm. Die Spinmultiplizität $2S + 1 = 1$ bedeutet eine low-spin-Konfiguration ($S = 0$). Wir erwarten für beide Konfigurationen verschiedene Spektren. (Abb. 5.35): für die high-spin-Konfiguration den Übergang $^5T_{2g} \longrightarrow {}^5E_g$, also eine Bande, für die low-spin-Konfiguration zwei Banden mit den Übergängen $^1A_{1g} \longrightarrow {}^1T_{1g}$ und $^1A_{1g} \longrightarrow {}^1T_{2g}$.

Für die high-spin-Komplexe $[Fe(H_2O)_6]^{2+}$, $[Fe(NH_3)_6]^{2+}$ und $[CoF_6]^{3-}$ beobachtet man tatsächlich eine Bande, für die low-spin-Komplexe $[Fe(CN)_6]^{4-}$, $[Co(H_2O)_6]^{3+}$ und $[Co(NH_3)_6]^{3+}$ werden zwei Banden gefunden.

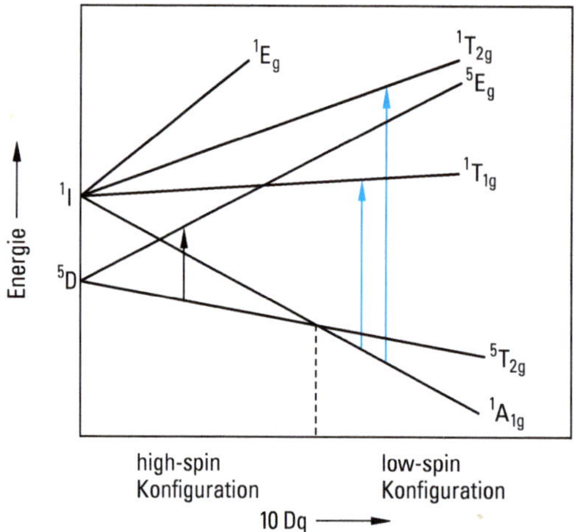

Abbildung 5.35 Schematischer Ausschnitt aus dem Termdiagramm der d^6-Konfiguration im oktaedrischen Ligandenfeld.

5.4.7 Molekülorbitaltheorie von Komplexen

Im Abschn. 2.2.12 sahen wir, dass man Molekülorbitale durch Linearkombination von Atomorbitalen (LCAO-Näherung) erhält. Bei Komplexen müssen die Atomorbitale des Zentralatoms mit denen der Liganden kombiniert werden. Welche Orbitale auf Grund ihrer Symmetrieeigenschaften kombiniert werden können, lässt sich mit Hilfe der Gruppentheorie ableiten. Wir wollen hier die möglichen Linearkombinationen bildlich darstellen und uns auf oktaedrische Komplexe beschränken.

Zunächst sollen nur Komplexe mit σ-Bindungen zwischen dem Zentralion und den Liganden berücksichtigt werden. Zur σ-Bindung geeignet sind diejenigen Orbitale des Metallions, deren größte Elektronendichte in der Bindungsrichtung Metall-Ligand liegt. Dies sind: s, p_x, p_y, p_z, d_{z^2}, $d_{x^2-y^2}$ Jeder Ligand besitzt ein σ-Orbital. Es gibt sechs Linearkombinationen zwischen den Liganden- und den Metallorbitalen, die zu sechs bindenden und zu sechs antibindenden Molekülorbitalen führen. Sie sind in der Abb. 5.36 dargestellt, das zugehörige Energieniveaudiagramm in der Abb. 5.37.

Betrachten wir als Beispiele die beiden Komplexe $[Ti(H_2O)_6]^{3+}$ und $[FeF_6]^{3-}$. Wir müssen alle Elektronen der Valenzorbitale abzählen. Jeder Ligand steuert zwei Elektronen bei, also stammen von den Liganden insgesamt zwölf Elektronen. Ti^{3+} hat die Konfiguration $3d^1$. Der Grundzustand von $[Ti(H_2O)_6]^{3+}$ ist also

$$(\sigma_s^b)^2\,(\sigma_{x,y,z}^b)^6\,(\sigma_{x^2-y^2,z^2}^b)^4\,(\pi_{xy,yz,xz})^1$$

Fe^{3+} hat die Konfiguration d^5 und $[FeF_6]^{3-}$ den Grundzustand

$$(\sigma_s^b)^2\,(\sigma_{x,y,z}^b)^6\,(\sigma_{x^2-y^2,z^2}^b)^4\,(\pi_{xy,xz,yz})^3\,(\sigma_{x^2-y^2,z^2}^*)^2$$

Diese Ergebnisse entsprechen denen der Ligandenfeldtheorie.

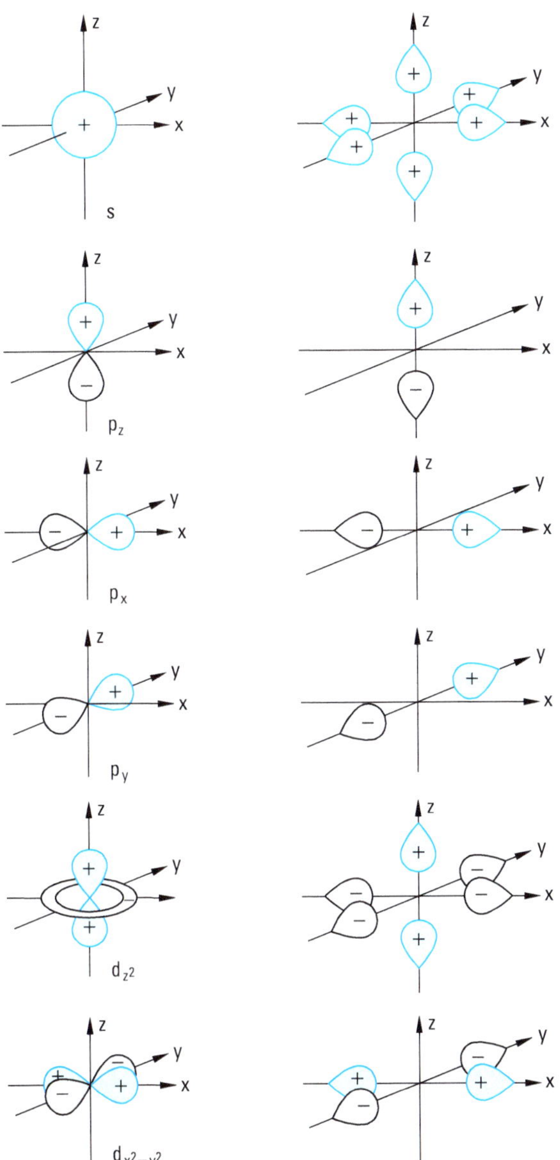

Abbildung 5.36 Kombinationen von Ligandenorbitalen mit den σ-Orbitalen des Zentralions. Dargestellt ist die Addition, die zur Bildung der bindenden MOs führt. Bei der Subtraktion, die zur Bildung der antibindenden MOs führt, müssen die Vorzeichen der Liganden umgekehrt werden.

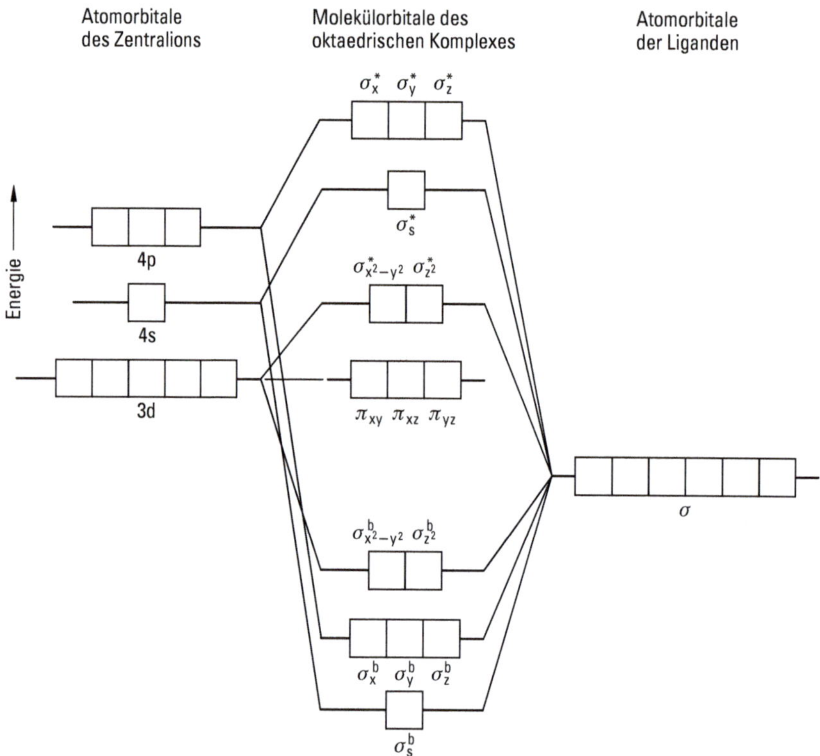

Abbildung 5.37 Energieniveaudiagramm eines oktaedrischen Komplexes. Es sind nur σ-Bindungen berücksichtigt. Die Orbitale d_{xy}, d_{xz}, d_{yz} sind nur für π-Bindungen geeignet. Ihre energetische Lage ist daher unverändert. Die Orbitale p_x, p_y, p_z und $d_{x^2-y^2}$, d_{z^2} bilden jeweils einen Satz äquivalenter MOs, die energetisch entartet sind.

Die antibindenden Orbitale haben Metallcharakter und Elektronen in diesen Orbitalen sind vorwiegend „Metallelektronen". In den nichtbindenden Orbitalen sind die Elektronen reine Metallelektronen (solange diese Orbitale nicht an π-Bindungen beteiligt sind). Die MOs π_{xy}, π_{xz}, π_{yz} entsprechen den t_{2g}-Orbitalen, die MOs $\overset{*}{\sigma}_{x^2-y^2}$, $\overset{*}{\sigma}_{z^2}$ den e_g-Orbitalen im oktaedrischen Ligandenfeld (vgl. Abb. 5.22). Ihr Abstand entspricht der Ligandenfeldaufspaltung Δ und ist auch hier maßgebend dafür, ob ein high-spin- oder ein low-spin-Komplex entsteht.

Die d_{xy}-, d_{xz}- und d_{yz}-Orbitale sind zu π-Bindungen befähigt (Abb. 5.38). Die Liganden-π-Orbitale können wie z. B. bei Cl^- p-Orbitale sein oder wie bei mehratomigen Liganden, z. B. CO oder NO^+, bindende π-Orbitale π^b oder antibindende π-Orbitale π^* (vgl. Abb. 2.71). Bei Komplexen mit π-Bindung können zwei Grenzfälle unterschieden werden.

In einem Grenzfall sind die Liganden-π-Orbitale besetzt und besitzen eine niedrigere Energie als die dπ-Orbitale der Metallionen. Ein Ausschnitt aus dem Energieni-

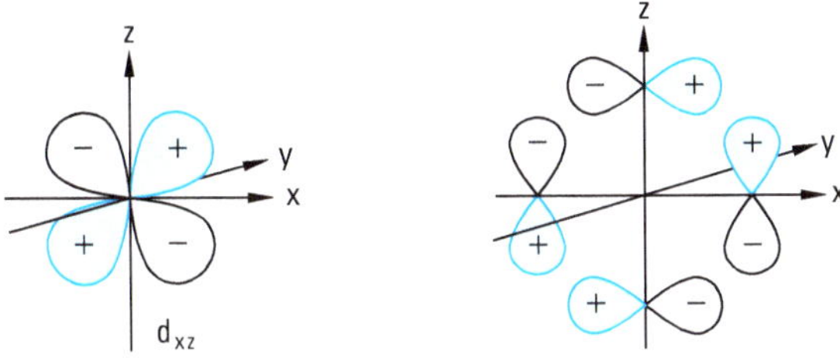

Abbildung 5.38 Durch Linearkombination des d_{xz}-Orbitals mit vier p-Orbitalen der Liganden erhält man ein π-Molekülorbital. Äquivalente Kombinationen gibt es für das d_{xy}- und das d_{yz}-Orbital.

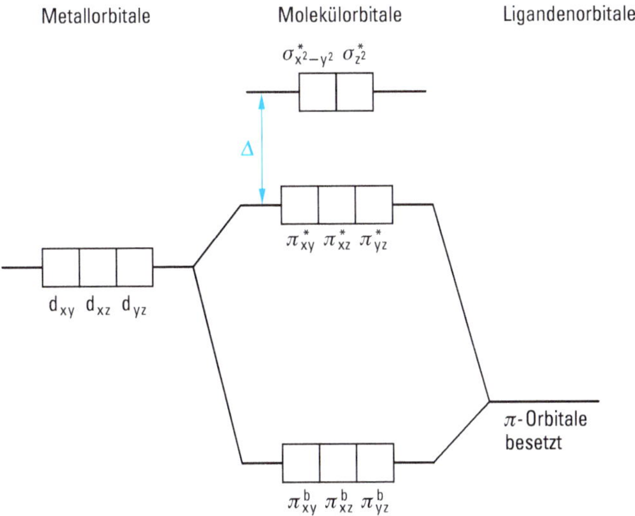

Abbildung 5.39 Dative π-Bindung L ⟶ M, π-Donor-Bindung.

veaudiagramm ist in der Abb. 5.39 dargestellt. Im bindenden π-Molekülorbital wird Ladung vom Liganden zum Metall übertragen. Wir nennen diese Bindung daher dative π-Bindung oder Ligand ⟶ Metall π-Donor-Bindung. Die d-Orbitale des Metalls werden destabilisiert und gehen in schwach antibindende π^*-MOs über. Diese Art der π-Bindung verkleinert Δ.

Beim anderen Grenzfall sind die Liganden-π-Orbitale unbesetzt, ihre Energie liegt oberhalb der der d-Metallorbitale. Ein Ausschnitt aus dem Energieniveaudiagramm ist in der Abb. 5.40 dargestellt. Die dπ-Elektronen der Metallionen werden durch die π-Bindung stabilisiert, sie erhalten etwas Ligandencharakter. Der Ligand entfernt Elektronendichte vom Metall. Wir nennen diese Bindung daher Metall ⟶ Ligand π-Akzeptor-Bindung, sie vergrößert Δ.

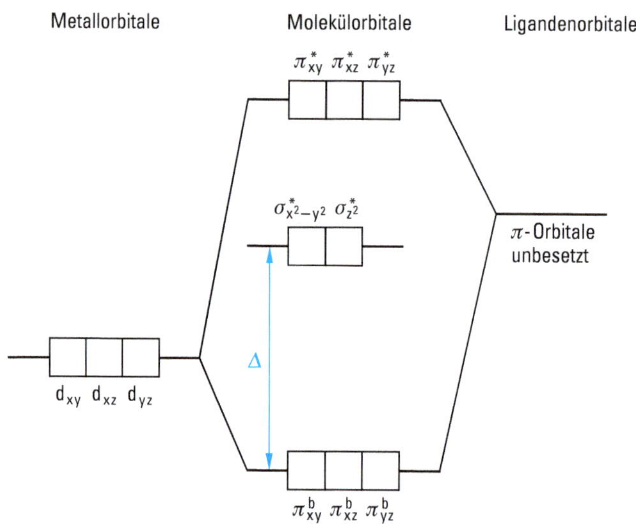

Abbildung 5.40 M ⟶ L π-Akzeptor-Bindung.

Die spektrochemische Reihe der Liganden (vgl. Abschn. 5.4.6) ist mit der Fähigkeit der Liganden korreliert, π-Bindungen zu bilden. Reine σ-Donatoren sind NH_3 und NR_3. Schwache π-Donatoren sind OH^- und F^-. Gute π-Donatoren wie Cl^-, Br^-, I^- sind zu starken π-Bindungen L ⟶ M befähigt und verursachen kleine Aufspaltungen. Gute π-Akzeptorliganden wie CO und NO^+ sind zu starken π-Bindungen M ⟶ L befähigt und verursachen große Aufspaltungen.

Die zweiatomigen Liganden CO und NO^+ besitzen besetzte π^b- und leere π^*-Orbitale (vgl. S. 154). Mit letzteren können sie relevante M ⟶ L π-Akzeptor-Bindungen ausbilden. Das wird auch als Rückbindung bezeichnet. L ⟶ M σ-Bindung und M ⟶ L π-Rückbindung sind synergistisch (zusammenwirkend). Je stärker die σ-Bindung ist, umso mehr Elektronendichte wird am Metallion konzentriert, dies verstärkt die Tendenz zur Rückbindung. Eine starke Rückbindung zieht Elektronen vom Metall ab und verstärkt wiederum die σ-Bindung. Die Rückbindung stabilisiert die dπ-Molekülorbitale, die σ-Bindung destabilisiert die $\sigma^*_{x^2-y^2}$- und die $\sigma^*_{z^2}$-Orbitale. Je stärker beide Bindungen sind, umso größer ist Δ. Die Rückbindung ist für die Stabilität der Carbonyl- und Nitrosylkomplexe wichtig (vgl. Abschn. 5.5).

5.4.8 Charge-Transfer-Spektren

Bei vielen Komplexen ist die Ursache der Farbigkeit eine Charge-Transfer-Absorption. Durch Absorption eines Lichtquants wird Elektronenladung innerhalb eines Komplexes übertragen. Die Charge-Transfer(CT)-Absorptionen können innerhalb oder außerhalb des sichtbaren Bereichs des elektromagnetischen Spektrums liegen. Die CT-Banden sind meist intensiv und breit. Man kann Elektronenübertragung vom Ligand zum Metall, vom Metall zum Ligand und zwischen Metallatomen unterscheiden.

Übergang L $\longrightarrow$ M. Ein Elektron wird aus einem besetzten Molekülorbital des Liganden in ein niedrig liegendes, unbesetztes oder teilweise besetztes Molekülorbital des Metallatoms angeregt. Bei den intensiv roten Thiocyanatoeisen(III)-Komplexen (vgl. Abschn. 5.15.5.1) erfolgt eine Elektronenübertragung vom SCN-Liganden zum Fe(III). Diese Übertragung lässt sich so beschreiben als wäre Fe(III) (d^5) zu Fe(II) (d^6) reduziert und ein SCN-Ligand zu einem SCN-Radikal oxidiert worden. Die große Intensität der Banden beruht auf der gleichen Symmetrie des Elektronendonator- und des Elektronenakzeptor-Orbitals. Symmetrieerlaubte Übergänge überwiegen bei CT-Absorptionen.

Die intensive violette Farbe des MnO_4^--Ions beruht auf dem Elektronenübergang von den Sauerstoffliganden zum Mn(VII). ReO_4^- ist farblos, da die Bande im UV liegt. Auch die Farben der tetraedrischen Ionen CrO_4^{2-} (gelb), MnO_4^{2-} (grün), MnO_4^{3-} (blau) und FeO_4^{2-} (rot) kommen durch CT-Absorptionen zustande.

Übergang M $\longrightarrow$ M. Intensive Farben treten bei Verbindungen auf, die Metallatome in unterschiedlichen Oxidationsstufen enthalten. Ein bekanntes Beispiel ist Berliner Blau $\overset{+3}{Fe}_4[\overset{+2}{Fe}(CN)_6]_3 \cdot nH_2O$ (vgl. Abschn. 5.15.5.1), bei dem durch gelbes Licht der Übergang eines d-Elektrons vom low-spin-Fe(II) zum high-spin-Fe(III) erfolgt.

Übergang M $\longrightarrow$ L. Aus einem am Metall lokalisierten, besetzten MO (z. B. aus einem besetzten d-Orbital) erfolgt eine Elektronenanregung in ein energetisch höher gelegenes leeres MO mit Ligandencharakter (z. B. in ein π^*-Orbital gleicher Symmetrie). Dies ist bei Komplexen mit CO-, CN^-- und aromatischen Amin-Liganden (Phenanthrolin, Bipyridin) der Fall. Die intensiv rote Farbe des Komplexes $[Fe(bipy)_3]^{2+}$ entsteht durch Elektronenübergang vom low-spin-Fe(II) in ein leeres Ligandenorbital. Ebenfalls rot ist der Komplex $[Fe(phen)_3]^{2+}$ (Ferroin).

5.5 Metallcarbonyle

Die Übergangsmetalle besitzen die charakteristische Fähigkeit, mit vielen neutralen Molekülen Komplexe zu bilden. Dazu gehören Kohlenstoffmonooxid, Isocyanide, substituierte Phosphane und Arsane, Stickstoffmonooxid, Pyridin, 1,10-Phenanthrolin. Diese Liganden besitzen unbesetzte Orbitale, die zu einer π-Akzeptor-Bindung Metall $\longrightarrow$ Ligand befähigt sind (vgl. S. 762). Es sind π-Akzeptorliganden. Der wichtigste π-Akzeptorligand ist Kohlenstoffmonooxid CO.

Verbindungen von Metallen mit CO heißen Carbonyle. Das erste Carbonyl, das Tetracarbonylnickel $Ni(CO)_4$, wurde bereits 1890 entdeckt. Heute sind von den meisten Übergangsmetallen, besonders von denen der 5.–10. Gruppe, Carbonyle bekannt. Zusammen mit gemischten Komplexen gibt es Tausende von Verbindungen.

5.5.1 Bindung

Kohlenstoffmonooxid bildet mit dem einsamen Elektronenpaar am Kohlenstoffatom eine dative σ-Bindung Ligand $\longrightarrow$ Metall (L $\longrightarrow$ M) (Abb. 5.41a). Dadurch entsteht eine hohe Elektronendichte am Metallatom. CO besitzt leere π^*-Orbitale (vgl. S. 155), es kann Elektronendichte aus besetzten d-Orbitalen des Metallatoms aufnehmen. Es entsteht eine π-Rückbindung Metall $\longrightarrow$ Ligand (M $\longrightarrow$ L), durch die die Ladung am Metallatom verringert wird (Abb. 5.41b). Dieser Bindungsmechanismus wird als synergistisch (zusammenwirkend) bezeichnet. Die Rückbindung erhöht die negative Ladung am CO, verstärkt seine Lewis-Basizität und damit die σ-Bindung. Die σ-Bindung wiederum positiviert CO und erhöht seinen π-Säurecharakter, also die Akzeptorstärke. Die Bindungen verstärken sich gegenseitig.

Nur mit π-Akzeptorliganden werden von Metallen in niedrigen Oxidationsstufen stabile Komplexe gebildet. Ohne Rückbindung würde bei neutralen Metallatomen

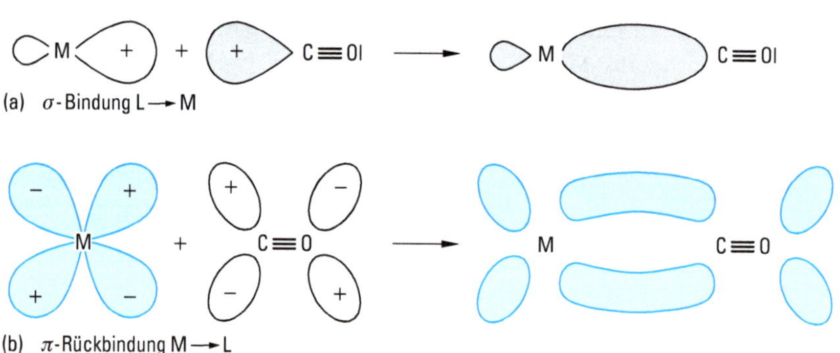

Abbildung 5.41 Bindung in Metallcarbonylen.
a) Bildung der σ-Bindung CO $\longrightarrow$ Metall (L $\longrightarrow$ M). Das freie Elektronenpaar des C-Atoms überlappt mit einem leeren σ-Orbital des Metallatoms.
b) Entstehung der π-Rückbindung Metall $\longrightarrow$ CO (M $\longrightarrow$ L). Ein besetztes dπ-Orbital des Metallatoms überlappt mit einem leeren π^*-Molekülorbital von CO. Durch die Rückbindung wird die C—O-Bindung geschwächt, dies bestätigt die Frequenzänderung der C—O-Valenzschwingung.
Beide Bindungen übertragen Ladung. Die Ladungsübertragungen kompensieren sich aber weitgehend, so dass annähernd Elektroneutralität erreicht wird. Die Bindung in Carbonylen kann durch zwei mesomere Grenzstrukturen formuliert werden: $\overset{\ominus}{M}-C\equiv\overset{\oplus}{O}| \leftrightarrow M=C=\underline{\overline{O}}$

oder Ionen der Ladung +1 die L ⟶ M-Bindung zu einer zu hohen Ladung am Metallatom führen.

CO verursacht große Ligandenfeldaufspaltungen (vgl. Abschn. 5.4.6). Die Carbonyle sind daher immer low-spin-Komplexe.

5.5.2 Strukturen

Die Zusammensetzung der meisten Carbonyle kann mit der 18-Elektronen-Regel (Edelgasregel) vorhergesagt werden. Die Anzahl der Valenzelektronen des Metallatoms plus der Anzahl der von den Liganden für σ-Bindungen stammenden Elektronen ist gleich 18. Die Metallatome benutzen also alle *n*d-, $(n + 1)$s- und $(n + 1)$p-Orbitale zur Ausbildung von Bindungen mit den Liganden und erreichen dadurch die Elektronenschale des nächstfolgenden Edelgases.

Einkernige Metallcarbonyle

Gruppe	5	6	7	8	9	10
Anzahl der Valenzelektronen	5	6	7	8	9	10
Verbindungen	$V(CO)_6$	$Cr(CO)_6$ $Mo(CO)_6$ $W(CO)_6$	–	$Fe(CO)_5$ $Ru(CO)_5$ $Os(CO)_5$	–	$Ni(CO)_4$
Struktur	oktaedrisch	oktaedrisch		trigonal-bipyramidal		tetraedrisch
Eigenschaften	kristallin paramagnetisch	kristallin		flüssig		flüssig

Nur bei Übergangsmetallen mit gerader Anzahl der Valenzelektronen ist die Edelgasregel erfüllt. Alle kristallinen Carbonyle sublimieren im Vakuum. Die bei Raumtemperatur flüssigen Carbonyle sind flüchtig, leicht entzündlich und sehr giftig.

Zweikernige Metallcarbonyle

Gruppe	7	8	9
Anzahl der Valenzelektronen	7	8	9
Verbindungen	$Mn_2(CO)_{10}$ $Tc_2(CO)_{10}$ $Re_2(CO)_{10}$	$Fe_2(CO)_9$ $Ru_2(CO)_9$ $Os_2(CO)_9$	$Co_2(CO)_8$

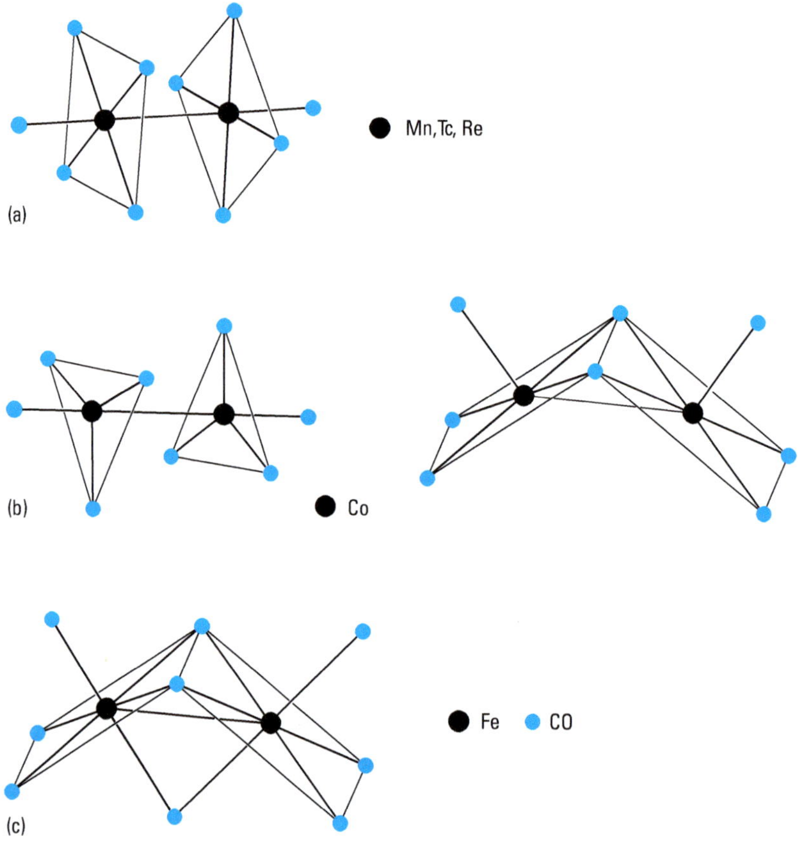

Abbildung 5.42 Strukturen zweikerniger Carbonyle.
a) Struktur von $M_2(CO)_{10}$ (M = Mn, Tc, Re)
b) Strukturen von $Co_2(CO)_8$. Eine Struktur enthält zwei verbrückende CO-Moleküle (KZ = 6), bei der anderen ist jedes CO-Molekül nur an ein Metallatom gebunden (KZ = 5).
c) In $Fe_2(CO)_9$ sind drei verbrückende CO-Gruppen vorhanden. Die Struktur kann als flächenverknüpftes Di-Oktaeder betrachtet werden.
In allen Strukturen existiert eine M—M-Bindung, und die Edelgasregel ist erfüllt.

Es sind kristalline, meist farbige Substanzen mit niedrigen Schmelzpunkten, die reaktionsfähiger als einkernige Carbonyle sind. $Ru_2(CO)_9$ und $Os_2(CO)_9$ zersetzen sich bei Raumtemperatur.

Auf Grund der ungeraden Valenzelektronenzahl des Metallatoms können $Mn(CO)_5$ und $Co(CO)_4$ als Radikale mit 17 Elektronen betrachtet werden, die durch Dimerisierung unter Ausbildung einer M—M-Bindung die Edelgasregel erfüllen (Abb. 5.42a). Von $Co_2(CO)_8$ ist eine weitere Struktur bekannt, bei der zwei Brücken-Carbonyl-Gruppen auftreten (Abb. 5.42b).

Die beiden Struktureinheiten

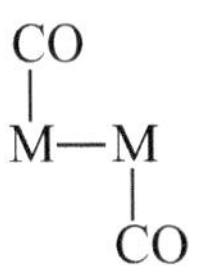

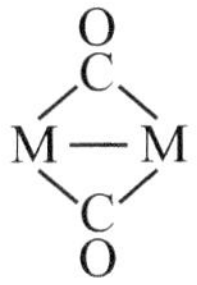

```
CO                 O
|                  C
M—M              /   \
  |             M — M
  CO             \   /
                   C
                   O
```

unterscheiden sich energetisch so wenig, dass nicht vorausgesagt werden kann welche Anordnung auftritt. Entscheidend können sterische Ursachen sein, da bei der verbrückten Form die Koordinationszahl der Metallatome größer ist.

Auch $V(CO)_6$ könnte durch Dimerisierung eine 18-Elektronen-Konfiguration erreichen. Dabei würde sich die Koordinationszahl erhöhen. Wahrscheinlich ist eine sterische Behinderung die Ursache dafür, dass die Dimerisierung bei $V(CO)_6$ nicht stattfindet. Aus demselben Grund tritt vermutlich beim $Mn_2(CO)_{10}$ keine Struktur mit verbrückenden CO-Liganden auf.

$Fe_2(CO)_9$ besitzt eine Struktur mit drei verbrückenden CO-Gruppen (Abb. 5.42c). Die alternative Struktur mit einer Verbrückung

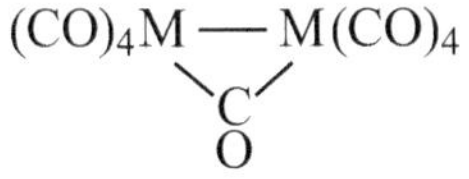

```
(CO)4M — M(CO)4
      \  /
       C
       O
```

existiert vermutlich bei $Os_2(CO)_9$ und $Ru_2(CO)_9$.

Mehrkernige Carbonyle

Verbindungen, die nur CO-Moleküle als Liganden enthalten, sind nicht sehr zahlreich. Bekannt sind:

$M_3(CO)_{12}$	M = Fe, Ru, Os
$M_4(CO)_{12}$	M = Co, Rh, Ir
$M_6(CO)_{16}$	M = Co, Rh, Ir

Es sind farbige, zersetzliche oder sublimierbare Kristalle mit relativ niedrigen Schmelzpunkten. Die Strukturen (Abb. 5.43) enthalten symmetrische Metallcluster (Dreieck, Tetraeder, Oktaeder). Bei den dreikernigen und vierkernigen Carbonylen sind zwei Strukturen bekannt.

Große Cluster werden von Osmium gebildet: $Os_5(CO)_{16}$, $Os_6(CO)_{18}$, $Os_7(CO)_{21}$ und $Os_8(CO)_{23}$.

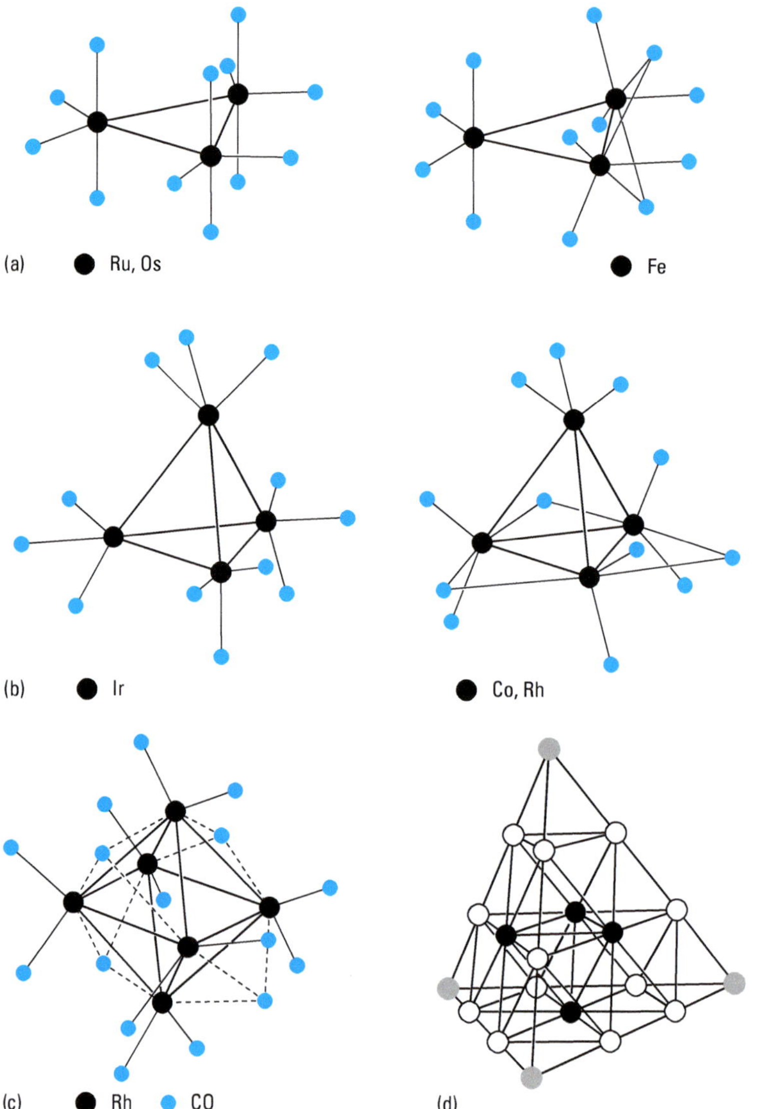

Abbildung 5.43 Strukturen mehrkerniger Carbonyle.
a) $M_3(CO)_{12}$. Die Metallcluster bestehen aus Dreiecken. In $Fe_3(CO)_{12}$ sind zwei Fe-Atome durch zwei CO-Moleküle verbrückt.
b) $M_4(CO)_{12}$. Die Metallatome bilden tetraedrische Cluster. In $Co_4(CO)_{12}$ und $Rh_4(CO)_{12}$ gibt es drei verbrückende CO-Moleküle.
c) $Rh_6(CO)_{16}$. Die Metallatome bilden ein Oktaeder.
Jedes Rh-Atom hat zwei endständige CO-Gruppen. Die restlichen vier CO-Gruppen befinden sich in dreifach verbrückenden Positionen über vier der Dreiecksflächen des Oktaeders.
d) $Os_{20}(CO)_{40}^{2-}$. Der Cluster besitzt eine perfekte tetraedrische Symmetrie. Die Metallatome sind kubisch-dichtest gepackt. An die grau gezeichneten Os-Atome sind drei, an die weißen zwei CO-Moleküle und an die schwarzen ist ein CO-Molekül gebunden.

5.5.3 Darstellung

Reaktionen von Metall mit CO

Fein verteiltes Nickel reagiert schon bei 80 °C mit CO zu $Ni(CO)_4$. Fein verteiltes Eisen und Cobalt reagieren mit CO bei 150 – 200 °C und 100 bar zu $Fe(CO)_5$ und $Co_2(CO)_8$.

Reduktion von Metallsalzen in Gegenwart von CO

Es gibt eine Vielzahl von Verfahren. Bei erhöhter Temperatur und unter Druck fungiert CO gleichzeitig als Reduktionsmittel. Es reagieren die Oxide von Mo, Re, Ru, Os, Ir, Co, die Halogenide von Re, Fe, Co, Ni, Ru, Os, Ir und die Sulfide von Mo, Re. Reduktionen in flüssiger Phase werden mit verschiedenen Reduktionsmitteln und Lösungsmitteln durchgeführt.

Beispiele:

$Cr(CO)_6$ aus $CrCl_3$ mit Al in Benzol unter Druck
$Cr(CO)_6$, $Mo(CO)_6$, $W(CO)_6$, $Mn_2(CO)_{10}$ aus Halogeniden mit AlR_3, ZnR_2, Na in Ether unter Druck
$Rh_6(CO)_{16}$, $Ir_4(CO)_{12}$ aus Chloriden mit CO in Methanol unter Druck

Zersetzung von Metallcarbonylen

Durch Energiezufuhr (z. B. photochemisch) entstehen durch CO-Abspaltung mehrkernige Spezies.

Beispiele:

$2\,M(CO)_5 \longrightarrow M_2(CO)_9 + CO$ M = Fe, Ru, Os
$3\,M_2(CO)_9 \longrightarrow 2\,M_3(CO)_{12} + 3\,CO$ M = Ru, Os

Oxidation von Carbonylmetallaten

Dieses Verfahren ist zweckmäßig, wenn Carbonylmetallate (vgl. unten) leichter hergestellt werden können als die Carbonyle.

Beispiel:

$$[V(CO)_6]^- \xrightarrow[H_3PO_4]{H^+} V(CO)_6 + \tfrac{1}{2}H_2$$

5.5.4 Carbonylmetallat-Anionen, Metallcarbonylhydride

Durch Reduktion von Metallcarbonylen erhält man Carbonylmetallat-Anionen. Sie können einkernig und mehrkernig sein und sind überwiegend einfach negativ oder zweifach negativ geladen. Für fast alle ist die Edelgasregel gültig. Die ein- bis dreikernigen Verbindungen enthält die folgende Tabelle.

Gruppe	4	5	6	7	8	9	10
M	Zr	V Nb Ta	Cr Mo W	Mn Tc Re	Fe Ru Os	Co Rh Ir	Ni Pd Pt
Einkernig	$Zr(CO)_6^{2-}$	$M(CO)_6^-$ $M(CO)_5^{3-}$	$M(CO)_5^{2-}$ $M(CO)_4^{4-}$	$M(CO)_5^-$ $M(CO)_4^{3-}$	$M(CO)_4^{2-}$	$M(CO)_4^-$ $M(CO)_3^{3-}$	
Zweikernig			$M_2(CO)_{10}^{2-}$	$M_2(CO)_9^{2-}$	$Fe_2(CO)_8^{2-}$		$Ni_2(CO)_6^{2-}$
Dreikernig			$M_3(CO)_{14}^{2-}$		$Fe_3(CO)_{11}^{2-}$		$Ni_3(CO)_8^{2-}$

Einige Beispiele für vielkernige Komplexe
$Fe_4(CO)_{13}^{2-}$, $Os_5(CO)_{15}^{2-}$, $Pt_6(CO)_{12}^{2-}$, $Rh_{12}(CO)_{30}^{2-}$, $Rh_{15}(CO)_{27}^{3-}$, $Os_{17}(CO)_{36}^{2-}$, $Pt_{18}(CO)_{36}^{2-}$, $Os_{20}(CO)_{40}^{2-}$ (Abb. 5.43 d).

Die Metall-CO-Bindung ist stabiler als in neutralen Carbonylen, da die negative Ladung am Metallatom die π-Rückbindung verstärkt. Es gibt daher nicht nur eine Vielzahl von Verbindungen, sondern es existieren auch mehrkernige Carbonylmetallat-Anionen, zu denen keine isoelektronischen Metallcarbonyle bekannt sind. Im Allgemeinen sind die CO-Liganden wegen ihrer festen Bindung nicht substituierbar. Die Ionen werden bereits durch Luft oxidiert. Aus wässrigen Lösungen lassen sie sich mit großen Kationen, z. B. $[Co(NH_3)_6]^{3+}$, ausfällen. Carbonylmetallate reagieren mit Säuren unter Bildung von Carbonylwasserstoffen.

$$Co(CO)_4^- + H^+ \longrightarrow HCo(CO)_4$$

Sie lassen sich auch auf anderen Wegen, z. B. durch Hydrierung von Metallcarbonylen unter Druck, herstellen.

Einkernige Hydridometallkomplexe

Gruppe	7	8	9	
Verbindungen	$HMn(CO)_5$ $HRe(CO)_5$	$H_2Fe(CO)_4$ $H_2Ru(CO)_4$ $H_2Os(CO)_4$	$HCo(CO)_4$	Zunahme der Stabilität Abnahme der Acidität ↓ ←

Die Carbonylhydride sind unbeständiger als die zugehörigen Anionen, da die Fähigkeit zur π-Rückbindung geschwächt ist.

Die einkernigen Verbindungen sind zersetzliche Flüssigkeiten, die unter Wasserstoffabspaltung reagieren.

$$HMn(CO)_5 \longrightarrow \tfrac{1}{2}H_2 + \tfrac{1}{2}Mn_2(CO)_{10}$$

Sie lösen sich nicht gut in Wasser, reagieren aber als Säuren.

$$HCo(CO)_4 + H_2O \longrightarrow H_3O^+ + Co(CO)_4^- \qquad K \approx 1$$
$$H_2Fe(CO)_4 + H_2O \longrightarrow H_3O^+ + HFe(CO)_4^- \qquad K \approx 10^{-5}$$
$$HMn(CO)_5 + H_2O \longrightarrow H_3O^+ + Mn(CO)_5^- \qquad K \approx 10^{-7}$$

In den einkernigen Hydriden besetzt das H-Atom eine Koordinationsstelle des Komplexes, der M-H-Abstand entspricht der Summe der kovalenten Radien.

5.5.5 Metallcarbonylhalogenide

Durch Oxidationsreaktionen der Metallcarbonyle mit Halogenen X_2 erhält man Carbonylhalogenide $M_x(CO)_yX_z$. Man erhält sie auch durch Reaktion von Metallhalogeniden mit CO unter Druck. Carbonylhalogenide werden von den meisten Metallen gebildet, von denen auch binäre Carbonyle existieren, außerdem aber auch von Pd, Pt, Au. In den Carbonylhalogeniden hat das Metallatom eine positive Oxidationszahl.

Beispiele:
$Ru(CO)_4X_2$, $Os(CO)_4X_2$, $Pt(CO)_2X_2$, $[Pd(CO)X_2]_2$, $[Pt(CO)X_2]_2$

In mehrkernigen Komplexen sind die M-Atome immer über Halogenatome, niemals durch CO-Gruppen verbrückt.

Beispiel:

```
Cl     Cl     CO
  \   /  \   /
   Pt     Pt
  /  \   /  \
OC    Cl     Cl
```

5.5.6 Nitrosylcarbonyle

In den Metallcarbonylen kann CO durch andere Liganden, z. B. NO, substituiert werden. NO besitzt ein Elektron mehr als CO und fungiert als Dreielektronenligand. Die Bindung kann wie folgt beschrieben werden. Zunächst wird ein Elektron auf das Metall übertragen, dann bildet NO^+ wie CO (vgl. Abb. 5.41) eine dative σ-Bindung Ligand $\longrightarrow$ Metall und eine π-Rückbindung Metall $\longrightarrow$ Ligand. NO^+ ist ein noch stärkerer π-Akzeptor als CO, die Bindung an das Metallatom ist sehr stabil.

$$\overset{\ominus\ominus}{M}-\overset{\oplus}{N}\equiv\overset{\oplus}{O}| \longleftrightarrow \overset{\ominus}{M}=\overset{\oplus}{N}=\underline{\overline{O}}$$

Ein Beispiel für Nitrosylcarbonyle ist die folgende Reihe isoelektronischer Komplexe:

$$Ni(CO)_4,\ Co(CO)_3NO,\ Fe(CO)_2(NO)_2,\ Mn(CO)(NO)_3,\ Cr(NO)_4$$

5.6 π-Komplexe mit organischen Liganden[1]

Die Bindung Ligand $\longrightarrow$ Metall wird von den π-Elektronen organischer Verbindungen errichtet. Die Komplexe werden durch π-Rückbindung stabilisiert. Die organischen Liganden können aromatische Ringsysteme, Alkene oder Alkine sein.

5.6.1 Aromatenkomplexe

Aromatische Ringsysteme mit einem π-Elektronensextett sind

$[C_4H_4]^{2-}$ (HC—CH / HC—CH)

Cyclobutadienylanion

$[C_5H_5]^{-}$ (HC—CH / HC, CH / C–H)

Cyclopentadienylanion (Cp)

C_6H_6 (C–H / HC, CH / HC, CH / C–H)

Benzol

$[C_7H_7]^{+}$ (H H / C–C / HC, CH / HC, CH / C–H)

Tropyliumkation

Die Ringsysteme sind eben gebaut (vgl. Abb. 2.77). Die π-Elektronen können mit den leeren Orbitalen von Übergangsmetallen überlappen.

Im **Dibenzolchrom** $(C_6H_6)_2Cr$ (braunschwarze Kristalle, Smp. 285 °C) befindet sich das Chromatom zwischen zwei parallel übereinander liegenden Benzolringen (Sandwich-Verbindung). Sind alle π-Elektronen an Bindungen beteiligt, ist die Edelgasregel erfüllt.

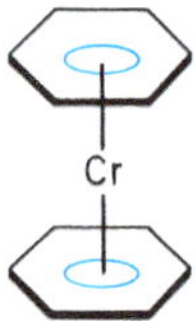

Bekannt ist auch Dibenzolmolybdän $(C_6H_6)_2Mo$ und Dibenzolwolfram $(C_6H_6)_2W$. Dibenzolverbindungen der höheren Nebengruppen gibt es als Kationen: $(C_6H_6)_2Re^{+}$, $(C_6H_6)_2Fe^{2+}$, $(C_6H_6)_2Co^{3+}$.

Der bekannteste Cp-Komplex ist das Bis(cyclopentadienyl)eisen $(C_5H_5)_2Fe$ (**Ferrocen**) (orangefarbene Kristalle, Smp. 174 °C). Im Ferrocen hat Eisen die Oxidationszahl +2. In der Sandwich-Struktur liegen die Cp-Ringe wie auch im homologen Ruthenocen $Ru(Cp)_2$ „auf Deckung". Die zahlreichen Cp-Komplexe sind die wichtigsten aromatischen π-Komplexe.

[1] Ausführlich behandelt in E. Riedel, Moderne Anorganische Chemie (Hrsg. H. J. Meyer), verfasst von C. Janiak, H.-J. Meyer, D. Gudat, P. Kurz, 5. Aufl., Walter de Gruyter, Berlin, New York 2018, siehe Kapitel 4.

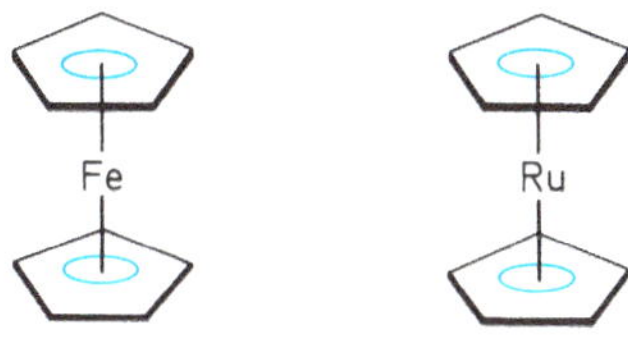

5.6.2 Alkenkomplexe, Alkinkomplexe

Das π-Elektronenpaar der Doppelbindung eines Alkens kann mit einem leeren Metallorbital überlappen. Es besetzt eine Koordinationsstelle.

Beispiel:

Ethen $H_2C{=}CH_2$

$$\begin{array}{c} H_2C{=}CH_2 \\ \downarrow \\ Cl{-}Pt\!\!<\!\!\begin{array}{c}Cl\\Cl\end{array}\!\!>\!\!Pt{-}Cl \\ \uparrow \\ H_2C{=}CH_2 \end{array}$$

Die katalytische Wirkung von Platinverbindungen bei der Oxidation von Alkenen beruht auf der intermediären Bildung von π-Komplexen. Alkene mit konjugierten Doppelbindungen ($-\overset{H}{C}{=}\overset{H}{C}-\overset{H}{C}{=}\overset{H}{C}-$) können Chelate bilden.

Beispiel:

Butadien $H_2C{=}\overset{H}{C}-\overset{H}{C}{=}CH_2$

$$H_2C{=}\overset{H}{C}-\overset{H}{C}{=}CH_2 + Fe(CO)_5 \longrightarrow \begin{array}{c} CO\quad CO\quad CO \\ \diagdown\ |\ \diagup \\ Fe \\ H_2C\nearrow \quad \nwarrow CH_2 \\ \diagdown\!\!\!\diagdown \quad \diagup\!\!\!\diagup \\ \underset{H}{C}-\underset{H}{C} \end{array} + 2CO$$

Alkine können zwei π-Elektronenpaare für Bindungen zur Verfügung stellen.

Beispiel:

Ethin $HC{\equiv}CH$

$$\begin{array}{c} \quad CO \qquad\quad CO \\ CO\diagdown\ | \qquad\quad |\ \diagup CO \\ Co - Co \\ CO\diagup \nwarrow \quad \nearrow \diagdown CO \\ HC{\equiv}CH \end{array}$$

Die π-Elektronenpaare errichten Bindungen mit zwei Metallatomen und ersetzen zwei CO-Moleküle.

5.7 Gruppe 11

5.7.1 Gruppeneigenschaften

	Kupfer Cu	Silber Ag	Gold Au
Ordnungszahl Z	29	47	79
Elektronenkonfiguration	$[Ar]3d^{10}4s^1$	$[Kr]4d^{10}5s^1$	$[Xe]4f^{14}5d^{10}6s^1$
1. Ionisierungsenergie in eV	7,7	7,6	9,2
2. Ionisierungsenergie in eV	20,3	21,5	20,4
3. Ionisierungsenergie in eV	37,1	34,8	30,5
Elektronegativität	1,7	1,4	1,4
Schmelzpunkt in °C	1083	961	1063
Siedepunkt in °C	2595	2212	2660
Sublimationsenthalpie in kJ/mol	339	285	366
Standardpotentiale in V			
M^+/M	+0,52	+0,80	+1,69
M^{2+}/M	+0,34	+1,39	–
M^{3+}/M	–	–	+1,50
$[M(CN)_2]^-/M$	−0,43	−0,31	−0,60
Elektrische Leitfähigkeit in $\Omega^{-1}\,cm^{-1}$	$5{,}7 \cdot 10^5$	$6{,}1 \cdot 10^5$	$4{,}1 \cdot 10^5$

Die Münzmetalle Kupfer, Silber und Gold wurden schon bei den alten Kulturvölkern als Zahlungsmittel verwendet. Sie kommen alle gediegen vor, und es waren die ersten Metalle, die den Menschen bekannt waren. Gold glänzt, ist korrosionsbeständig, hat einen niedrigen Schmelzpunkt und ist mechanisch gut bearbeitbar. Es ist daher ideal zur Herstellung von Kult- und Schmuckgegenständen geeignet und wurde schon im 5. Jahrtausend vor Chr. dafür verwendet. Auch bei den alten Völkern war der Besitz von Gold nicht nur Reichtum sondern auch Macht. Der Sarg von Tutanchamun (Pharao von Ägypten 1415 – 1403 vor Chr.) enthielt 112 kg Gold. Legendär waren die Goldschätze der Azteken und Inkas. Berühmte Funde in Europa sind die Goldmaske des Agamemnon (1400 vor Chr., Nationalmuseum Athen) und die Himmelsscheibe von Nebra (1600 vor Chr.). Silber wurde ebenfalls seit dem 5. Jahrtausend vor Chr. verarbeitet. Zunächst hielt man es für wertvoller als Gold, da es gediegen seltener vorkommt als Gold. Eine bedeutende antike Silberfundstätte gab es in Attika, Griechenland. Die Verwendung von Kupfer als Werkstoff begann wahrscheinlich vor 9000 Jahren. Die Gewinnung von Kupfer aus Erzen durch Reduktion mit Kohle kannten die Ägypter schon um 3500 vor Chr. Etwa um 3000 vor Chr. begann man in Indien, Mesopotamien und Griechenland Kupfer mit Zinn zur härteren Bronze zu legieren. Dies war der Beginn der Bronzezeit. Zinn war seit 3500 vor Chr. bekannt, und ein Zinnbergwerk gab es um 3000 vor Chr. z. B. im südtürkischen Taurusgebirge. Auch die Kupfer-Zink-Legierung Messing war bereits im antiken Griechenland bekannt.

Die Elemente der Kupfergruppe Kupfer, Silber und Gold haben die Elektronenkonfiguration $(n-1)d^{10}ns^1$. Sie treten daher alle in der Oxidationsstufe +1 auf. Daneben existieren als wichtige weitere Oxidationsstufen +2 und +3. Seltener sind die Oxidationsstufen +4 und +5. Innerhalb der Gruppe gibt es keinen regelmäßigen Gang. Die stabilste Oxidationsstufe ist für Kupfer +2, für Silber +1, für Gold +3.

Zu den Alkalimetallen mit s^1-Konfiguration besteht nur eine formale Ähnlichkeit. Da die d^{10}-Konfiguration die Kernladung nicht so wirksam abschirmt wie die Edelgaskonfiguration, sind die 1. Ionisierungsenergien wesentlich höher als die der Alkalimetalle. Dies und die höhere Sublimationsenergie verursachen den edlen Charakter, der in der Gruppe von Cu nach Au zunimmt.

Verbindungen mit der Oxidationsstufe +1 haben die gleiche Zusammensetzung wie die der Alkalimetalle, aber sie sind kovalenter und haben deswegen höhere Gitterenergien. Daher sind z. B. die Halogenide und Pseudohalogenide schwerer löslich.

In allen Oxidationsstufen werden Komplexverbindungen gebildet. Typisch für die Oxidationsstufe +1 ist die ungewöhnliche lineare Koordination. Für die Oxidationsstufen +2 und +3 sind die verzerrt-oktaedrische und die quadratisch-planare Koordination typisch.

5.7.2 Die Elemente

Die Metalle der Kupfergruppe kristallisieren kubisch-flächenzentriert; sie besitzen relativ hohe Schmelzpunkte.

Kupfer ist ein hellrotes Metall, zäh und dehnbar. Es besitzt nach Silber die höchste elektrische und thermische Leitfähigkeit. Mit Sauerstoff bildet sich an der Oberfläche eine festhaftende Schicht von Cu_2O, die dem Kupfer die typische Farbe verleiht. An CO_2- und SO_2-haltiger Luft bilden sich fest haftende Deckschichten von basischem Carbonat $Cu_2CO_3(OH)_2$ und basischem Sulfat $Cu_2SO_4(OH)_2$ (Patina). Cu wird von Salpetersäure und konz. Schwefelsäure gelöst. Cu ist toxisch für niedere Organismen (Bakterien, Algen, Pilze). Nach Eisen und Zink ist Kupfer das drittwichtigste Spurenelement. Der tägliche Bedarf ist 5 mg pro Tag.

Silber ist ein weiß glänzendes Metall. Es ist weich, sehr dehnbar und hat die höchste thermische und elektrische Leitfähigkeit aller Metalle. Es wird von O_2 nicht angegriffen. Mit H_2S bildet sich in Gegenwart von O_2 oberflächlich schwarzes Ag_2S.

$$2\,Ag + H_2S + \tfrac{1}{2}O_2 \longrightarrow Ag_2S + H_2O$$

Ag wird nur von oxidierenden Säuren wie Salpetersäure und konz. Schwefelsäure gelöst. In Gegenwart von O_2 löst es sich auch in Cyanidlösungen, da wegen der Beständigkeit des Cyanidokomplexes $[Ag(CN)_2]^-$ das Redoxpotential negativ wird. Silber wirkt bakterizid.

Gold ist „goldgelb", es ist das dehnbarste und geschmeidigste Metall und lässt sich zu Blattgold (bis 0,0001 mm Dicke) auswalzen. Es besitzt 70 % der Leitfähigkeit des Silbers. Es ist chemisch sehr inert. In Königswasser löst es sich unter Bildung von

$[AuCl_4]^-$-Ionen und in KCN-Lösung bei Gegenwart von O_2 unter Bildung des Komplexes $[Au(CN)_2]^-$. Goldverbindungen werden zur Behandlung von chronischem Gelenkrheumatismus verwendet.

5.7.3 Vorkommen

Kupfer ist ein relativ häufiges Metall. Die wichtigsten Vorkommen sind Sulfide. Durch Verwitterung der Sulfide sind oxidische Mineralien entstanden. In kleinen Mengen kommt es gediegen vor. Die wichtigsten Mineralien sind: Kupferkies (Chalkopyrit) $CuFeS_2$, Kupferglanz (Chalkosin) Cu_2S, Buntkupfererz (Bornit) Cu_5FeS_4, Covellin CuS, Cuprit (Rotkupfererz) Cu_2O, Malachit $Cu_2(OH)_2CO_3$, Azurit (Kupferlasur) $Cu_3(OH)_2(CO_3)_2$.

Silber und Gold gehören zu den seltenen Elementen. Die Lagerstätten mit gediegenem Silber sind weitgehend abgebaut. In sulfidischen Erzen wie Bleiglanz und Kupferkies ist Silber – meist unter 0,1 % – enthalten. Silber wird daher als Nebenprodukt bei der Pb- und Cu-Herstellung gewonnen. Wichtige Silbermineralien sind: Silberglanz (Argentit) Ag_2S, Pyrargyrit (Dunkles Rotgültigerz) Ag_3SbS_3, Proustit (Lichtes Rotgültigerz) Ag_3AsS_3.

Gold kommt hauptsächlich gediegen vor, aber meist mit Silber legiert. Gold der Primärlagerstätten, meist in Quarzschichten, heißt Berggold. Bei der Verwitterung der Gesteine wurde es weggeschwemmt und in Flusssanden in Form von Goldstaub oder Goldkörnern als Seifengold oder Waschgold abgelagert. In geringen Mengen ist Gold in sulfidischen Kupfererzen enthalten. Im Jahr 2019 betrug die Weltförderung von Silber 26 500 t und von Gold 3 300 t.

5.7.4 Darstellung

Herstellung von Rohkupfer. Das wichtigste Ausgangsmaterial ist Kupferkies $CuFeS_2$. Durch Rösten unter Zugabe von Koks wird zunächst der größte Teil des Eisens in Oxid überführt und durch SiO_2-haltige Zuschläge zu Eisensilicat verschlackt.

$$\begin{aligned}
&6\,CuFeS_2 + 10\,O_2 &&\longrightarrow 3\,Cu_2S + 2\,FeS + 2\,Fe_2O_3 + 7\,SO_2\\
&FeS + \tfrac{3}{2}O_2 + SiO_2 &&\longrightarrow FeSiO_3 + SO_2\\
&Fe_2O_3 + C + 2\,SiO_2 &&\longrightarrow 2\,FeSiO_3 + CO
\end{aligned}$$

Die Schlacke kann flüssig abgezogen werden. Anschließend erfolgt im Konverter durch Einblasen von Luft zunächst Verschlackung und Abtrennung des restlichen Eisens, dann teilweise Oxidation des Kupfersulfids (Röstarbeit) und Umsatz (Reaktionsarbeit) zu Rohkupfer.

$$\begin{aligned}
2\,Cu_2S + 3\,O_2 &\longrightarrow 2\,Cu_2O + 2\,SO_2\\
Cu_2S + 2\,Cu_2O &\longrightarrow 6\,Cu + SO_2
\end{aligned}$$

Der größte Teil des Rohkupfers wird elektrolytisch gereinigt.

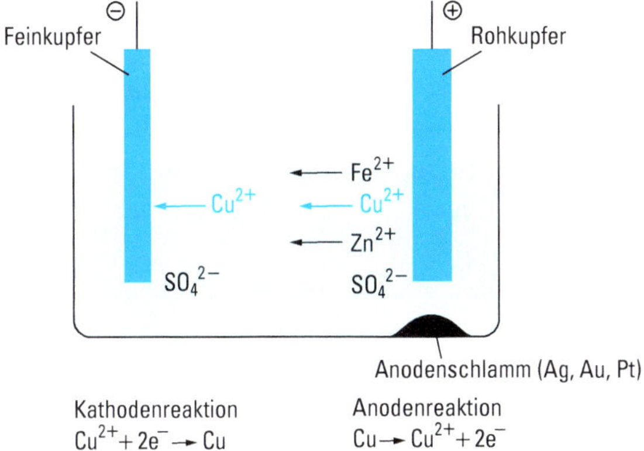

Abbildung 5.44 Elektrolytische Raffination von Kupfer.

Raffination von Kupfer. Man elektrolysiert eine schwefelsaure $CuSO_4$-Lösung mit einer Rohkupferanode und einer Reinkupferkathode (Abb. 5.44). An der Anode geht Cu in Lösung, an der Kathode scheidet sich reines Cu ab. Unedle Verunreinigungen (Zn, Fe) gehen an der Anode ebenfalls in Lösung, scheiden sich aber nicht an der Kathode ab, da sie ein negativeres Redoxpotential als Cu haben. Edle Metalle (Ag, Au, Pt) gehen an der Anode nicht in Lösung, sondern setzen sich bei der Auflösung der Anode als Anodenschlamm ab, aus dem die Edelmetalle gewonnen werden.

Man benötigt zur Elektrolyse Spannungen von etwa 0,3 V, da nur der Widerstand des Elektrolyten zu überwinden ist. Das Elektrolytkupfer enthält ca. 99,95 % Cu.

In analogen Verfahren werden **Nickel, Silber** und **Gold** elektrolytisch raffiniert.

Gewinnung von Silber und Gold. Die Gewinnung von Silber und Gold aus ihren Erzen erfolgt meist durch Cyanidlaugerei. Die Metalle in elementarer Form oder in Verbindungen werden mit Cyanidlösung als Cyanidokomplexe aus den Erzen herausgelöst.

Beispiel: Silber

$$4\,Ag + 8\,CN^- + 2\,H_2O + O_2 \longrightarrow 4\,[Ag(CN)_2]^- + 4\,OH^-$$
$$Ag_2S + 4\,CN^- + 2\,O_2 \longrightarrow 2\,[Ag(CN)_2]^- + SO_4^{2-}$$

Aus den Cyanidlaugen lässt sich Silber durch Zinkstaub ausfällen.

$$2\,[Ag(CN)_2]^- + Zn \longrightarrow [Zn(CN)_4]^{2-} + 2\,Ag$$

Beim Amalgamverfahren wird aus dem fein gemahlenen Gestein Gold mit Quecksilber als Amalgam abgetrennt. Das Quecksilber wird aus dem Amalgam durch Destillation entfernt. Mit dem Amalgamverfahren wird etwa 60 %, mit der Cyanidlaugerei 95 % des vorhandenen Goldes extrahiert.

Der größte Teil des Silbers wird als Nebenprodukt bei der Blei- und Kupferherstellung gewonnen. Nach dem Parkes-Verfahren wird das Silber aus geschmolzenem

Blei mit etwa 1 % flüssigem Zink extrahiert. Flüssiges Blei und flüssiges Zink sind fast nicht miteinander mischbar und Silber löst sich weit besser in Zn (Verteilungskoeffizient ca. 300). Beim Abkühlen erstarrt zunächst ein „Zinkschaum", der von der Oberfläche abgezogen wird. Er besteht aus einer Zn-Ag-Legierung und anhängendem Blei. Das Zink wird durch Destillation entfernt, Blei durch Treibarbeit (Kupelation) in PbO überführt, das flüssig abgezogen wird. Das gewonnene Rohsilber ist wenigstens 95 %ig.

Aus silberhaltigem Kupfer fällt Silber bei der elektrolytischen Raffination von Kupfer im Anodenschlamm an.

Die Feinreinigung von Silber und Gold erfolgt analog der Kupferraffination elektrolytisch.

5.7.5 Verwendung

Nach Eisen und Aluminium ist Kupfer das wichtigste Gebrauchsmetall. Die Hauptverwendung ist durch die hohe elektrische und thermische Leitfähigkeit (Elektroindustrie, Wärmeaustauscher) und die gute Korrosionsbeständigkeit (Schiffbau, chemischer Apparatebau) bestimmt. Kupfer wird zur Herstellung wichtiger Legierungen verwendet.

Messing ist eine Cu-Zn-Legierung. Man unterscheidet: Rotmessing (bis 20 % Zn), es ist sehr dehnbar und korrosionsbeständig (unechtes Blattgold; vergoldet als „Talmi" bekannt); Gelbmessing (20 – 40 % Zn) dient besonders zur Fertigung von Maschinenteilen; Weißmessing (50 – 80 % Zn) ist spröde und kann nur vergossen werden.

Bronzen sind Cu-Sn-Legierungen. Es sind die ersten von Menschen hergestellten Legierungen (Bronzezeit). Sie enthalten meist weniger als 6 % Sn. Reines Kupfer lässt sich nicht gießen, da es beim Erstarren gelöste Gase abgibt (Spratzen). Durch Sn-Zusatz wird dies vermieden. Bronzen mit Sn-Gehalten bis 10 % sind schmiedbar, und die Härte und Festigkeit des Kupfers wird erhöht. Die im Mittelalter verwendete Geschützbronze enthielt 88 % Cu, 10 % Sn und 2 % Zn. Glockenbronze enthält 20 – 25 % Sn. Durch Zusatz von P (< 0,5 %) wird beim Guss Oxidbildung verhindert und die Zähigkeit erhöht (Phosphorbronze). Durch Zusatz von 1 – 2 % Si (Siliciumbronze) wird die Festigkeit und Härte erhöht, ohne dass die elektrische Leitfähigkeit sich wesentlich verschlechtert (Verwendung für Schleifkontakte). Kunstbronzen (Statuenbronzen) enthalten bis 10 % Sn, außerdem etwas Zn und Pb zur Erhöhung der Gießbarkeit und Bearbeitbarkeit.

Aluminiumbronzen sind Cu-Al-Legierungen (5 – 10 % Al). Sie besitzen goldähnlichen Glanz, sind fest und hart wie Bronzen und zäh wie Messing.

Monel (70 % Ni) ist besonders korrosionsbeständig. **Konstantan** (40 % Ni) hat einen sehr kleinen Temperaturkoeffizienten der elektrischen Leitfähigkeit. **Neusilber** (ca. 60 % Cu, 20 % Ni, 20 % Zn) wird versilbert als Alpaka bezeichnet.

Reines Silber und Gold sind sehr weich. Sie werden daher für den Gebrauch legiert. Die meisten Silbermünzen enthalten 10 % Cu, silberne Gebrauchsgegenstände 20 % Cu. Der Silbergehalt wird auf 1 000 Gewichtsteile bezogen. Ein 80 %iges

Silber hat einen „Feingehalt“ von 800. Große Mengen Silber werden zum Versilbern, zur Herstellung von Spiegeln, in der Elektronik und früher in der fotografischen Industrie gebraucht.

Auch Goldmünzen enthalten meist 10 % Cu. Der Goldgehalt wird in Karat angegeben. Reines Gold ist „24karätig“. Ein 18karätiges Gold enthält also 75 % Au (Feingehalt 750). Dukatengold hat einen Feingoldgehalt von 986. **Weißgold** ist eine Legierung mit Cu, Ni, Ag (Massenanteil von Gold $\frac{1}{3}$ bis $\frac{3}{4}$).

Im Goldrubinglas ist **kolloidales Gold** gelöst. Kolloidales Gold erhält man durch Reduktion von Goldsalzlösungen mit Sn(II)-chlorid (Cassius'scher Goldpurpur)

$$2\,Au^{3+} + 3\,Sn^{2+} + 18\,H_2O \longrightarrow 2\,Au + 3\,SnO_2 + 12\,H_3O^+$$

Das kolloidale Gold ist an kolloidalem Zinndioxid adsorbiert.

5.7.6 Kupferverbindungen

5.7.6.1 Kupfer(I)-Verbindungen (d^{10})

Die wichtigsten Oxidationsstufen des Kupfers sind +1 und +2. Die relativen Stabilitäten sind aus den Redoxpotentialen ersichtlich.

$$Cu^{2+} \xrightarrow{+\,0{,}16\,V} Cu^+ \xrightarrow{+\,0{,}52\,V} Cu$$

In wässriger Lösung disproportionieren Cu^+-Ionen in Cu und Cu^{2+}-Ionen.

$$2\,Cu^+ \longrightarrow Cu^{2+} + Cu \qquad \Delta E = +\,0{,}37\,V$$
$$K = c_{Cu^{2+}}/c^2_{Cu^+} \approx 10^6$$

Das Disproportionierungsgleichgewicht wird durch Löslichkeit und Komplexbildung stark beeinflusst. Schwer lösliche Cu(I)-Verbindungen wie CuI und CuCl sind gegen Wasser beständig. So reagiert z. B. Cu^{2+} mit I^- zu CuI.

$$Cu^{2+} + 2\,I^- \longrightarrow CuI + \tfrac{1}{2}I_2$$

Cu^{2+} wird von I^- reduziert, obwohl das Standardpotential $I_2/2I^-$ ($E° = +0{,}54$ V) positiver ist als das von Cu^{2+}/Cu^+ ($E° = +0{,}16$ V). CuI ist aber so schwer löslich ($K_L = 5 \cdot 10^{-12}\ mol^2\,l^{-2}$) und die Cu^+-Konzentration daher so klein, dass dadurch das Potential Cu^{2+}/Cu^+ positiver wird als das von $I_2/2I^-$ und damit auch positiver als das von Cu^+/Cu. Cu(I) kann nicht mehr disproportionieren (vgl. S. 389). Cu_2SO_4 wird dagegen durch Wasser sofort zu $CuSO_4$ und Cu zersetzt.

$$Cu_2SO_4 \xrightarrow{H_2O} Cu^{2+} + SO_4^{2-} + Cu$$

In Gegenwart von NH_3 läuft die Reaktion in umgekehrter Richtung, Cu(II) reagiert mit Cu, da von Cu^+-Ionen mit NH_3 ein stabilerer Komplex gebildet wird als von Cu^{2+}-Ionen.

$$[Cu(NH_3)_4]^{2+} + Cu \longrightarrow 2\,[Cu(NH_3)_2]^+$$

Ethylendiamin (en) bildet einen sehr stabilen planaren Chelatkomplex mit Cu^{2+}-Ionen. Bei Zusatz von en fällt daher wieder Cu aus, Cu(I) disproportioniert.

$$2\,[Cu(NH_3)_2]^+ + 2\,en \longrightarrow [Cu(en)_2]^{2+} + Cu + 4\,NH_3$$

Cu(I) bevorzugt die tetraedrische Koordination. Außerdem ist die lineare Koordination häufig. Cu(I)-Verbindungen besitzen die Elektronenkonfiguration d^{10} und sind folglich diamagnetisch.

Kupfer(I)-oxid Cu_2O ist das bei hohen Temperaturen stabile Oxid (Smp. 1229 °C). Es entsteht bei der thermischen Zersetzung von CuO. Cu_2O ist rot, schwer löslich und ein Halbleiter. Es kristallisiert kubisch (Abb. 5.45), die Cu-Atome sind linear von O-Atomen koordiniert. Beim Erhitzen von Cu_2O und K_2O erhält man KCuO, das quadratische $[Cu_4O_4]^{4-}$-Ringe mit O-Atomen an den Ecken enthält, in denen Cu linear von O umgeben ist.

Kupfer(I)-sulfid Cu_2S entsteht als schwarze, schwer lösliche, kristalline Verbindung durch Reaktion von Cu mit S.

Kupfer(I)-Halogenide erhält man durch Kochen von sauren Kupfer(II)-Halogenidlösungen mit Cu.

$$CuX_2 + Cu \longrightarrow 2\,CuX \qquad (X = Cl, Br, I)$$

CuI entsteht bequemer durch Reaktion von Cu^{2+} mit I^- (siehe oben). Die Kupfer(I)-Halogenide sind schwer löslich, die Löslichkeit nimmt in Richtung CuI ab. Sie kristallisieren in der Zinkblende-Struktur. Mit Halogenidionen bilden sich lösliche Komplexe, z. B. $[CuCl_2]^-$. Cu(I)-fluorid ist nicht bekannt.

Kupfer(I)-cyanid CuCN entsteht analog CuI.

$$Cu^{2+} + 2\,CN^- \longrightarrow CuCN + \tfrac{1}{2}\,(CN)_2$$

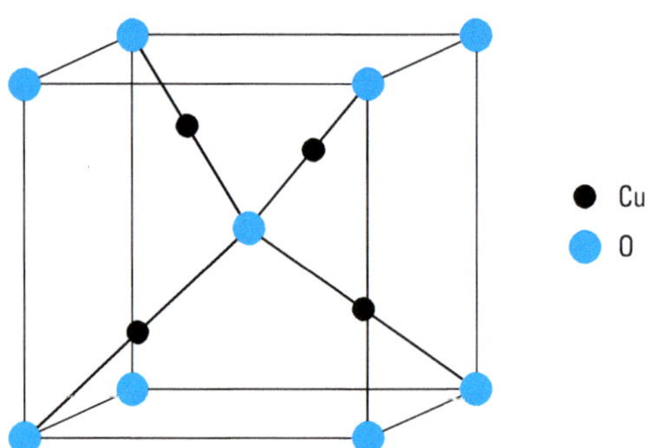

Abbildung 5.45 Kristallstruktur von Cu_2O.
Jedes Cu-Atom ist von zwei O-Atomen linear koordiniert, die O-Atome sind von Cu-Atomen tetraedrisch umgeben. In diesem Gitter kristallisiert auch Ag_2O.
Diese Struktur besteht aus zwei identischen, einander durchdringenden Netzwerken, zwischen denen keine Bindungen existieren. Beginnen wir bei irgendeinem Atom, dann ist es nur möglich, gerade die Hälfte aller Atome zu erreichen, wenn wir uns entlang der Cu—O-Bindungen bewegen.

Mit CN^--Überschuss bilden sich die sehr stabilen Cyanidokomplexe $[Cu(CN)_2]^-$ und $[Cu(CN)_4]^{3-}$, aus denen mit H_2S kein Cu_2S ausfällt. Das Potential Cu^+/Cu ($E° = +0{,}52$ V) wird durch die Komplexbildung negativ, so dass sich Cu in CN^--Lösungen unter Wasserstoffentwicklung löst.

$$Cu + 4\,CN^- + H_2O \longrightarrow [Cu\,(CN)_4]^{3-} + OH^- + \tfrac{1}{2}H_2$$

5.7.6.2 Kupfer(II)-Verbindungen (d^9)

In der Oxidationsstufe +2 hat Kupfer die Elektronenkonfiguration $3d^9$. Wegen des ungepaarten Elektrons sind Cu(II)-Verbindungen paramagnetisch. Bei d^9-Ionen tritt der Jahn-Teller-Effekt auf (vgl. Abschn. 5.4.6.1). Die bevorzugten Koordinationen bei Cu(II)-Verbindungen sind daher verzerrt-oktaedrisch und quadratisch-planar. Die quadratische Koordination ist der Grenzfall tetragonal verzerrter, gestreckter Oktaeder. Zwischen beiden kann nicht scharf unterschieden werden.

In wässriger Lösung ist die beständige Oxidationsstufe + 2, da sich auf Grund der großen Hydratationsenthalpie das hellblaue, quadratisch koordinierte Ion $[Cu(H_2O)_4]^{2+}$ bildet. Das in wässriger Lösung vorhandene Aqua-Ion kann auch als $[Cu(H_2O)_6]^{2+}$ formuliert werden. Die H_2O-Moleküle bilden ein tetragonal verzerrtes Oktaeder, in dem zwei Wassermoleküle weiter entfernt und schwächer gebunden sind. Mit NH_3 entsteht das Ion $[Cu(NH_3)_4(H_2O)_2]^{2+}$. Nur die axial koordinierten H_2O-Moleküle können in wässriger Lösung verdrängt werden. Der Komplex $[Cu(NH_3)_6]^{2+}$ bildet sich nur in flüssigem NH_3. Amminkomplexe sind intensiver blau als das Aqua-Ion. Die Farbänderung ist darauf zurückzuführen, dass NH_3 ein stärkeres Ligandenfeld erzeugt und die Absorptionsbande nach kürzeren Wellenlängen verschiebt (Abschn. 5.4.6).

Praktisch alle Komplexe und Verbindungen von Cu(II) sind blau oder grün.

Kupfer(II)-oxid CuO entsteht als schwarzes Pulver beim Erhitzen von Cu an der Luft.

$$Cu + \tfrac{1}{2}O_2 \longrightarrow CuO \qquad \Delta H°_B = -157\,kJ/mol$$

Bei 900 °C geht es durch Sauerstoffabgabe in Cu_2O über. Mit H_2 lässt es sich leicht zum Metall reduzieren. Im CuO-Gitter sind die Cu-Atome quadratisch von O-Atomen koordiniert, die O-Atome sind von Cu tetraedrisch umgeben (vgl. die PdO-Struktur in Abb. 5.85).

Kupfer(II)-hydroxid $Cu(OH)_2$ erhält man aus Cu(II)-Salzlösungen mit Alkalilauge als hellblauen voluminösen Niederschlag. Es ist amphoter und löst sich in Säuren und Laugen. In alkalischer Lösung bildet sich der blaue Hydroxidokomplex $[Cu(OH)_4]^{2-}$. Beim Erhitzen entsteht aus $Cu(OH)_2$ unter Wasserabspaltung CuO.

Da $Cu(OH)_2$ amphoter ist, reagieren Cu(II)-Salze in wässriger Lösung sauer.

Mit Kaliumnatriumtartrat (Seignettesalz) $KNaC_4H_4O_6$, einem Salz der Weinsäure, bildet Cu^{2+} in alkalischer Lösung einen Komplex, in dem Cu^{2+} quadratisch koordiniert ist.

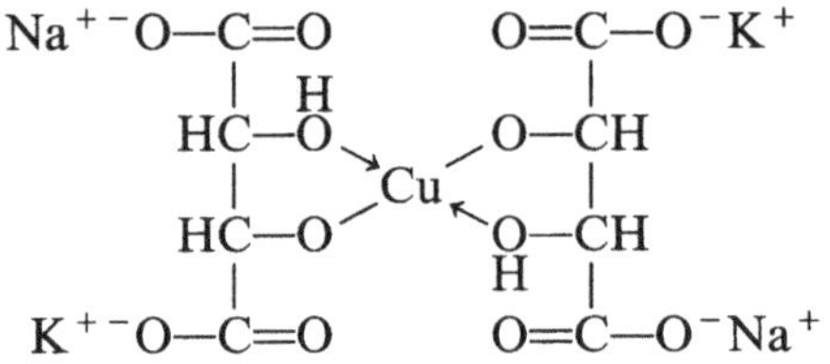

```
Na⁺ ⁻O—C=O            O=C—O⁻K⁺
       |  H             |
      HC—O↘       ↙O—CH
       |      Cu        |
      HC—O↗       ↖O—CH
       |              H |
K⁺ ⁻O—C=O            O=C—O⁻Na⁺
```

Mit den tiefblauen Lösungen (**Fehling'sche Lösung**) können reduzierende Stoffe, wie z. B. Zucker, nachgewiesen werden, da sich bei der Reduktion Cu_2O ausscheidet.

Kupfer(II)-sulfid CuS bildet sich aus Cu(II)-Salzlösungen mit H_2S. Covellin, das unterhalb 500 °C die beständige Modifikation ist, besitzt eine komplexe Struktur und die ungewöhnliche Zusammensetzung $\overset{+1}{Cu_3}\,(\overset{-1}{S_2})\,\overset{-1}{S}$. $^2/_3$ der Schwefelatome bilden S_2-Paare. Die Formulierung $\overset{-1}{S}$ soll symbolisieren, dass im Valenzband, das von den 3p-Orbitalen der Schwefelatome gebildet wird (vgl. Abschn. 2.4.4.2), pro Formeleinheit ein Defektelektron vorhanden ist. Die beweglichen Defektelektronen des Valenzbandes bewirken die metallische Leitung.

Kupfer(II)-Halogenide bilden sich durch direkte Reaktion aus den Elementen.

$$Cu + X_2 \longrightarrow CuX_2 \qquad (X = F, Cl, Br)$$

CuI_2 ist instabil und zerfällt in CuI und I_2. CuF_2 (farblos) kristallisiert in einem verzerrten Rutilgitter, in dem gestreckte CuF_6-Oktaeder vorliegen. $CuCl_2$ (gelb) und $CuBr_2$ (schwarz) bilden Ketten mit quadratischer Koordination des Kupfers.

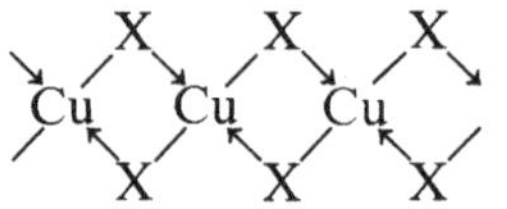

```
    X     X     X
↘  ↗ ↘  ↗ ↘  ↗ ↘
  Cu    Cu    Cu          (X = Cl, Br)
↗  ↖ ↗  ↖ ↗  ↖ ↗
    X     X     X
```

Die beiden verbleibenden axialen Koordinationsstellen von Cu werden in größerem Abstand von Cl-Atomen der Nachbarketten besetzt. Die Koordination ist also tetragonal verzerrt-oktaedrisch.

In wässriger Lösung bilden sich in Abhängigkeit von der Halogenidkonzentration verschiedene Komplexe, z. B.

$$\underset{\text{hellblau}}{[Cu\,(H_2O)_4]^{2+}} \xrightarrow{+2\,Cl^-} \underset{\text{grün}}{[CuCl_2\,(H_2O)_2]} \xrightarrow{+2\,Cl^-} \underset{\text{gelb}}{[CuCl_4]^{2-}}$$

Kupfer(II)-sulfat $CuSO_4$ entsteht beim Auflösen von Cu in heißer, verd. Schwefelsäure bei Luftzutritt.

$$Cu + \tfrac{1}{2}O_2 + H_2SO_4 \longrightarrow CuSO_4 + H_2O$$

Aus der Lösung kristallisiert das blaue Pentahydrat $[Cu(H_2O)_4]SO_4 \cdot H_2O$ (Kupfervitriol) aus. Vier H_2O-Moleküle koordinieren das Cu^{2+}-Ion quadratisch-planar, das fünfte ist über Wasserstoffbrücken an Sulfationen und an Koordinationswasser gebunden. Beim Erhitzen bis 130 °C werden in zwei Stufen die vier koordinativ gebundenen H_2O-Moleküle abgegeben, das fünfte erst bei 250 °C.

$$CuSO_4 \cdot 5\,H_2O \xrightarrow[-2\,H_2O]{100\,^\circ C} CuSO_4 \cdot 3\,H_2O \xrightarrow[-2\,H_2O]{130\,^\circ C} CuSO_4 \cdot H_2O \xrightarrow[-H_2O]{250\,^\circ C} CuSO_4$$

Wasserfreies $CuSO_4$ ist farblos. Es zersetzt sich bei 750 °C.

$$CuSO_4 \xrightarrow{>750\,^\circ C} CuO + SO_3$$

Einige Kupferverbindungen werden als Malerfarben verwendet: Malachit $CuCO_3 \cdot Cu(OH)_2$ (grün), Kupferlasur (Azurblau) $2\,CuCO_3 \cdot Cu(OH)_2$ (blau). **Grünspan** ist basisches Kupferacetat, das bei Einwirkung von Essigsäuredämpfen auf Kupferplatten entsteht.

5.7.6.3 Kupfer(III)-Verbindungen (d^8), Kupfer(IV)-Verbindungen (d^7)

Die Oxidationsstufe +3 tritt nur in Fluor- und Sauerstoffverbindungen auf, die Oxidationsstufe +4 nur in Fluorverbindungen.

Es gibt zahlreiche **Hexafluoridocuprate(III)** $\mathbf{\overset{+1}{M}_3\overset{+3}{Cu}F_6}$ mit – auch gemischten – Alkalimetallkationen. Es sind feuchtigkeitsempfindliche, grüne, paramagnetische Verbindungen mit oktaedrischen $[CuF_6]^{3-}$-Baugruppen.

$\mathbf{Cs\overset{+3}{Cu}F_4}$ ist ein Tetrafluoridocuprat(III). Es ist orangerot, diamagnetisch und enthält quadratische $[CuF_4]^-$-Ionen.

Die **Hexafluoridocuprate(IV)** $\mathbf{\overset{+1}{M}_2\overset{+4}{Cu}F_6}$ (M = K, Rb, Cs) sind orangerote, paramagnetische Verbindungen, die durch Druckfluorierung hergestellt wurden. Cs_2CuF_6 hat eine tetragonal-verzerrte K_2PtCl_6-Struktur (vgl. Abb. 5.89). Die Cu^{4+}-Kationen haben eine d^7 low-spin-Konfiguration, dafür ist Jahn-Teller-Effekt zu erwarten (vgl. Abb. 5.28), die oktaedrischen $[CuF_6]^{2-}$-Polyeder sind daher gestreckt.

Die **Oxidocuprate(III)** $\mathbf{\overset{+1}{M}\overset{+3}{Cu}O_2}$ (M = Na, K, Rb, Cs) sind diamagnetische Verbindungen, in denen quadratische CuO_4-Gruppen durch Kantenverknüpfung planare Ketten bilden.

$\mathbf{La\overset{+3}{Cu}O_3}$ ist ein rhomboedrisch-verzerrter Perowskit mit oktaedrischer Koordination der Cu^{3+}-Ionen. In zahlreichen oxidischen Hochtemperatursupraleitern, deren Strukturen sich vom Perowskit ableiten, sind Cu^{3+}- neben Cu^{2+}-Ionen vorhanden. Ein Beispiel ist $\mathbf{Y^{3+}Ba_2^{2+}Cu_2^{2+}Cu^{3+}O_7}$ (vgl. Abschn. 2.7.5.3).

5.7.7 Silberverbindungen

5.7.7.1 Silber(I)-Verbindungen (d^{10})

Potentialdiagramm:

$$Ag^{2+} \xrightarrow{+1{,}98\,V} Ag^+ \xrightarrow{+0{,}80\,V} Ag$$

Die stabilste Oxidationsstufe des Silbers ist +1. Von Ag(I) leiten sich die meisten Verbindungen ab. Im Gegensatz zum Cu^+-Ion ist das Ag^+-Ion in wässriger Lösung beständig. Viele Ag(I)-Salze sind schwer löslich und kristallisieren als wasserfreie Salze. Leicht löslich sind AgF, $AgNO_3$ und $AgClO_4$. Das Ag^+-Ion hat d^{10}-Konfiguration, ist also diamagnetisch und farblos. Die Farbigkeit einiger Ag(I)-Verbindungen (AgI, Ag_2O, Ag_2S, Ag_3AsO_4) beruht auf der polarisierenden Wirkung des Silberions.

In Ag(I)-Komplexen erstreckt sich die Koordinationszahl von 2 mit linearer Anordnung der Liganden, über 3 bis zu 4 mit verzerrt tetraedrischer Geometrie. Die tetraedrische Koordination ist z. B. bei $[Ag(SCN)_4]^{3-}$ realisiert.

Silber(I)-oxid Ag_2O erhält man aus Ag(I)-Salzlösungen mit Laugen als braunschwarzen Niederschlag.

$$2\,Ag^+ + 2\,OH^- \longrightarrow Ag_2O + H_2O$$

Ag_2O kristallisiert im Cuprittyp (Abb. 5.45), es ist schwer löslich, die Lösungen reagieren basisch.

Oberhalb 200 °C zerfällt Ag_2O in die Elemente; die Darstellung aus den Elementen bei höherer Temperatur ist daher nur bei Sauerstoffdrücken über 20 bar möglich. Schon bei Raumtemperatur wird Ag_2O von H_2 und CO reduziert.

Silbersulfid Ag_2S kann aus den Elementen oder durch Fällung mit H_2S aus Ag^+-Lösungen hergestellt werden. Es ist extrem schwer löslich ($K_{L(Ag_2S)} \approx 10^{-50}\,mol^3\,l^{-3}$). Die Auflösung in CN^--Lösungen (vgl. S. 777) beruht auf der gleichzeitigen Oxidation des Sulfids zum Sulfat durch Luftsauerstoff.

Silbernitrat $AgNO_3$ ist das wichtigste Silbersalz. Es ist gut löslich und Ausgangsprodukt für die Darstellung der anderen Silberverbindungen. Man erhält es durch Auflösen von Ag in HNO_3.

$$3\,Ag + 4\,HNO_3 \longrightarrow 3\,AgNO_3 + NO + 2\,H_2O$$

Auf der Haut wirkt $AgNO_3$ ätzend und oxidierend (Höllenstein).

Silber(I)-Halogenide können direkt aus den Elementen hergestellt werden.

$$Ag + \tfrac{1}{2}X_2 \longrightarrow AgX \qquad (X = F, Cl, Br, I)$$

Mit Ausnahme des gut löslichen Fluorids werden sie einfacher aus $AgNO_3$-Lösungen mit Halogenidionen als schwer lösliche Niederschläge dargestellt.

$$Ag^+ + X^- \longrightarrow AgX \qquad (X = Cl, Br, I)$$

Die Löslichkeit nimmt vom weißen AgCl ($K_L = 2 \cdot 10^{-10}\,mol^2\,l^{-2}$) über das gelbliche AgBr ($K_L = 5 \cdot 10^{-13}\,mol^2\,l^{-2}$) zum gelben AgI ($K_L = 8 \cdot 10^{-17}\,mol^2\,l^{-2}$) ab. In halogenidhaltigen Lösungen bilden sich die Komplexionen $[AgX_2]^-$, $[AgX_3]^{2-}$ und $[AgX_4]^{3-}$ (X = Cl, Br, I).

AgF, AgCl und AgBr kristallisieren in der NaCl-Struktur. AgI, bei dem die Bindung überwiegend kovalent ist, kristallisiert bei Raumtemperatur in der Zinkblende-Struktur.

AgCl löst sich in NH_3-, $Na_2S_2O_3$- und KCN-Lösungen unter Komplexbildung.

$$AgCl + 2\,NH_3 \longrightarrow [Ag(NH_3)_2]^+ + Cl^-$$
$$AgCl + 2\,S_2O_3^{2-} \longrightarrow [Ag(S_2O_3)_2]^{3-} + Cl^-$$
$$AgCl + 2\,CN^- \longrightarrow [Ag(CN)_2]^- + Cl^-$$

Die Komplexbeständigkeit nimmt von $[Ag(NH_3)_2]^+$ ($\lg\beta = 7$) über $[Ag(S_2O_3)_2]^{3-}$ ($\lg\beta = 13$) zum $[Ag(CN)_2]^-$ ($\lg\beta = 21$) zu. Das schwerer lösliche AgBr löst sich nicht mehr in verdünntem NH_3, AgI, das noch schwerer löslich ist, nicht mehr in $Na_2S_2O_3$-Lösungen. Man erhält die folgende Reihe mit abnehmender Ag^+-Gleichgewichtskonzentration in der Lösung.

$$AgCl \rightarrow [Ag(NH_3)_2]^+ \rightarrow AgBr \rightarrow [Ag(S_2O_3)_2]^{3-} \rightarrow AgI \rightarrow [Ag(CN)_2]^- \rightarrow Ag_2S$$

Die Silberhalogenide sind lichtempfindlich. AgCl, AgBr und AgI werden bereits durch sichtbares Licht zersetzt.

$$2\,AgX \xrightarrow{h\nu} 2\,Ag + X_2 \qquad (X = Cl,\ Br,\ I)$$

AgBr wird daher als lichtempfindliche Substanz bei der klassischen Fotografie verwendet. Durch Belichtung entstehen Silberkeime (latentes Bild). Diese werden durch Reduktionsmittel vergrößert (Entwickeln). Das unbelichtete AgBr wird mit Natriumthiosulfat $Na_2S_2O_3$ (Fixiersalz) unter Bildung eines löslichen Komplexes entfernt (Fixieren).

$$AgBr + 2\,Na_2S_2O_3 \longrightarrow [Ag(S_2O_3)_2]^{3-} + 4\,Na^+ + Br^-$$

AgI-Kristalle wirken als Kondensationskeime bei der Regenbildung, lösen das Abregnen aus und werden z. B. bei der Hagelbekämpfung eingesetzt.

Schwer löslich sind auch die Pseudohalogenide **Silbercyanid AgCN** und **Silberthiocyanat AgSCN**. Sie bilden die Komplexe $[Ag(CN)_2]^-$, und $[Ag(SCN)_2]^-$. Im Festkörper liegen beim Cyanid lineare Ketten, beim Thiocyanat Zickzackketten vor.

—Ag—C≡N—Ag—C≡N—

Ag—S—C≡N—Ag—S—C≡N

5.7.7.2 Silber(II)-Verbindungen (d^9)

Das Redoxpotential ist $E^{\circ}_{Ag^{2+}/Ag^+} = +\,1{,}98\,V$. Ag^{2+}-Ionen oxidieren H_2O_2 zu O_2, Mn^{2+} zu MnO_4^- und Cr^{3+} zu CrO_4^{2-}. Ag^+-Ionen können nur durch sehr starke Oxidationsmittel oder anodisch oxidiert werden. Es sind zwei einfache Salze von Ag(II) bekannt, Silber(II)-fluorid AgF_2 und Silber(II)-fluoridosulfat $Ag(OSO_2F)_2$.

Silber(II)-fluorid AgF_2 entsteht durch Reaktion von F_2 mit fein verteiltem Silber. Es ist thermisch sehr beständig (Smp. 690 °C), reagiert mit Wasser unter Ozonbildung und wird als Fluorierungsmittel verwendet. Es kristallisiert in einem Schichtengitter mit gewellten Schichten, in denen Ag^{2+} quadratisch-planar koordiniert ist. Mit Fluoriden bilden sich die Fluoridokomplexe $[AgF_3]^-$, $[AgF_4]^{2-}$ und $[AgF_6]^{4-}$ mit tetragonal verzerrt-oktaedrischer Koordination der Ag^{2+}-Ionen.

Ag(II) kann durch Komplexbildung stabilisiert werden. Geeignete Komplexbildner sind z. B. Pyridin C_5H_5N und o-Phenanthrolin $C_{12}H_8N_2$. Ag(II) ist in diesen Komplexen quadratisch koordiniert.

Beispiel: $[Ag(py)_4]^{2+}$

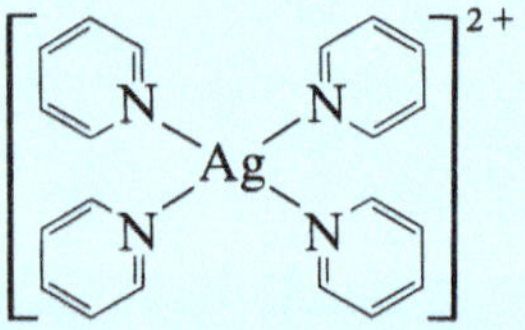

5.7.7.3 Silber(III)-Verbindungen (d^8)

Silber(III)-fluorid AgF_3 ist diagmagnetisch mit low-spin-Ag(III) in annähernd quadratisch-planarer Umgebung. Es ist mit AuF_3 isotyp. Man erhält es als rote, thermodynamisch instabile Verbindung aus wasserfreien $[AgF_4]^-$-Lösungen mit BF_3 nach der Reaktion $[AgF_4]^- + BF_3 \longrightarrow AgF_3 + BF_4^-$. Bei Raumtemperatur zersetzt es sich unter Abgabe von F_2 zu Ag_3F_8.

Die Tetrafluoridoargentate(III) **$M[AgF_4]$** (M = Na, K, Rb, Cs) sind zersetzliche, gelbe, diamagnetische Verbindungen mit planaren $[AgF_4]^-$-Gruppen.

Eine Verbindung, in der Ag(III) die Koordinationszahl 6 besitzt, ist das purpurrote, paramagnetische **$Cs_2K[AgF_6]$**.

$CsAgCl_3$ ist keine Ag(II)-Verbindung, sondern gemischtvalent. Im $Cs_2\overset{+1}{Ag}\overset{+3}{Ag}Cl_6$ ist Ag(I) linear und Ag(III) quadratisch koordiniert.

Auch das diamagnetische **AgO** ist eine Silber(I,III)-Verbindung. Im $\overset{+1}{Ag}\overset{+3}{Ag}O_2$ ist Ag(I) linear und Ag(III) quadratisch koordiniert. Es entsteht bei der Oxidation von Ag_2O mit Peroxidodisulfat in alkalischer Lösung.

Durch (anodische) Oxidation von Silbersalzlösungen (z. B. $AgClO_4$) erhält man metallisch glänzende, schwarze Kristalle von **Ag_3O_4** und **Ag_2O_3**. $\overset{+3}{Ag_2}O_3$ ist diamagnetisch, die Ag^{3+}-Ionen sind annähernd quadratisch-planar koordiniert. Im paramagnetischen **$\overset{+2}{Ag}\overset{+3}{Ag_2}O_4$** sind alle Ag-Ionen quadratisch-planar von Sauerstoff umgeben. Die Ag—O-Bindungsabstände unterscheiden sich nur wenig, so dass teilweiser Ladungsausgleich durch delokalisierte Elektronen anzunehmen ist.

Weder eine Silber(IV)- noch eine Silber(V)-Verbindung ist bisher mit Sicherheit bekannt.

5.7.8 Goldverbindungen

Die wichtigsten Oxidationsstufen von Gold sind +1 und +3. Beständiger ist die Oxidationsstufe +3. Es gibt relativ wenige Komplexverbindungen mit Au(II). Die Verbindungen $AuCl_2$ und $AuBr_2$ enthalten Au(I) und Au(III) nebeneinander. $AuSO_4$ jedoch ist ein Gold(II)-sulfat, es enthält hantelförmige Au_2^{4+}-Ionen.

Für die Bevorzugung der Oxidationsstufe +3 gegenüber +2 sind die Ionisierungsenergien und die Ligandenfeldeffekte von Bedeutung. Die Summe der Ionisierungsenergien $M \longrightarrow M^{3+}$ ist für Goldatome kleiner als für Kupfer- und Silberatome. Bei der d^9-Konfiguration ist für tetragonal-verzerrt oktaedrische oder quadratisch-planare Strukturen wegen der größeren Ligandenfeldaufspaltung beim Gold (80 % größer als beim Kupfer) die Energie des $d_{x^2-y^2}$-Orbitals sehr hoch, so dass leicht Oxidation zur d^8-Konfiguration erfolgt (vgl. Abb. 5.28 und Abschn. 5.4.6.3). Anionisches Gold existiert im Suboxid $Cs_3^+Au^-O^{2-}$ und im Subnitrid Ca_3AuN (vgl. S. 511).

5.7.8.1 Gold(I)-Verbindungen (d^{10})

Das Potentialdiagramm

$$Au^{3+} \xrightarrow{+1{,}40\,V} Au^+ \xrightarrow{+1{,}69\,V} Au$$

zeigt, dass – im Gegensatz zum stabilen Ag^+-Ion – das Au^+-Ion in wässriger Lösung nicht beständig ist, sondern disproportioniert.

$$3\,Au^+ \longrightarrow 2\,Au + Au^{3+} \qquad \Delta E = 0{,}29\,V$$

Nur schwer lösliche Verbindungen oder stabile Komplexe, die kleine Au^+-Gleichgewichtskonzentrationen besitzen, sind in Wasser beständig. Au(I) bevorzugt die lineare Koordination.

Gold(I)-chlorid AuCl (Smp. 170 °C) entsteht aus $AuCl_3$ beim Erhitzen.

$$AuCl_3 \xrightarrow{185\,^\circ C} AuCl + Cl_2$$

Es ist ein gelbes schwer lösliches Pulver, das beim Erwärmen in Wasser disproportioniert.

$$3\,AuCl \longrightarrow 2\,Au + AuCl_3$$

Durch Komplexbildung kann AuCl stabilisiert werden. Mit Cl^- bilden sich lineare $[AuCl_2]^-$-Ionen.

Gold(I)-iodid AuI (Smp. 120 °C) erhält man aus Gold(III)-Salzlösungen mit KI.

$$Au^{3+} + 3\,I^- \longrightarrow AuI + I_2$$

AuI (und auch AuCl) ist aus Zickzackketten aufgebaut, die Au—I-Bindungen sind kovalent.

$$\rightarrow Au \overset{I}{\nearrow\searrow} Au \underset{I}{\searrow\nearrow} Au \overset{I}{\nearrow\searrow} Au \searrow$$

Der **Dicyanidoaurat(I)-Komplex $[Au(CN)_2]^-$** ist stabiler ($\beta = 10^{37}$) als der analoge Silberkomplex ($\beta = 10^{21}$). Er entsteht bei der Cyanidlaugerei (vgl. S. 777). $K[Au(CN)_2]$ wird bei der galvanischen Vergoldung verwendet.

Gold(I)-sulfid Au_2S erhält man beim Einleiten von H_2S in eine $[Au(CN)_2]^-$-Lösung.

Die Existenz des entsprechenden Oxides Au_2O ist nicht gesichert, aber es existiert das Aurat(I) CsAuO. Es ist wie KCuO aus quadratischen $[Au_4O_4]^{4-}$-Ringen aufgebaut (vgl. S. 780).

5.7.8.2 Gold(III)-Verbindungen (d^8)

Das Au^{3+}-Ion ist ein starkes Oxidationsmittel ($E^\circ_{Au^{3+}/Au} = +1{,}50\,V$) und hat eine starke Komplexbildungstendenz. Es besitzt d^8-Konfiguration und bevorzugt daher die quadratische Koordination.

Gold(III)-oxid Au_2O_3 ist isotyp mit Ag_2O_3, thermisch instabil, und es zerfällt oberhalb von 150 °C in die Elemente. Es besitzt amphoteren Charakter und löst sich in Basen unter Bildung von $[Au(OH)_4]^-$.

Gold(III)-Halogenide AuX_3 (X = F, Cl, Br). Das Fluorid ist orangefarben und bis 500 °C beständig. Es ist ein Fluorierungsmittel, man erhält es durch Fluorierung von $AuCl_3$. Es ist mit AgF_3 isotyp, ist wie dieses diamagnetisch und aus quadratischen AuF_4-Einheiten aufgebaut. Die Tetrafluoridoaurate(III) $M[AuF_4]$ (M = Li, Na, K, Rb, Cs) sind diamagnetische Verbindungen, die quadratische AuF_4^--Ionen enthalten. Das Chlorid und das Bromid können bei 200 °C bzw. 150 °C aus den Elementen hergestellt werden. Beide sind dimer mit quadratischer Koordination der Au-Atome.

```
Cl    Cl    Cl
  \  /  ↘  /
   Au    Au
  /  ↖  /  \
Cl    Cl    Cl
```

Mit HCl bildet Au_2Cl_6 das quadratische, gelbe Tetrachloridoauration $[AuCl_4]^-$. Dampft man die Lösung ein, so kann man die gelben Kristalle der Chloridogoldsäure $H[AuCl_4] \cdot 4\,H_2O$ isolieren. Die Salze $K[AuCl_4] \cdot \frac{1}{2}H_2O$ und $Na[AuCl_4] \cdot 2\,H_2O$ sind wasserlöslich. In Wasser erfolgt Hydrolyse zu $[AuCl_3OH]^-$. Es existieren analoge Fluorido- und Bromidoaurate(III). Das Bromid bildet auch den oktaedrischen Komplex $[AuBr_6]^{3-}$.

Bei Zusatz von CN^- zu Tetrachloridoauratlösungen entsteht der sehr stabile, farblose Tetracyanidoaurat(III)-Komplex $[Au(CN)_4]^-$.

Im Chlorid $Au_4Cl_8 = \overset{+1}{Au_2}\overset{+3}{Au_2}Cl_8$ ist Au(I) linear und Au(III) quadratisch koordiniert.

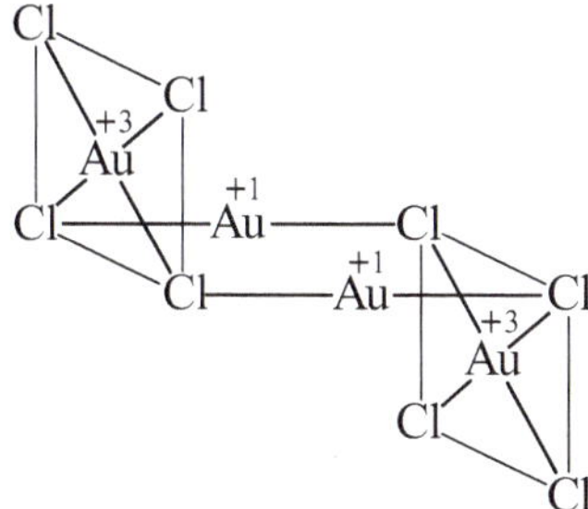

Dieselben Koordinationen gibt es auch bei $Cs_2\overset{+1}{Au}\overset{+3}{Au}Cl_6$, das mit $Cs_2Ag_2Cl_6$ isotyp ist.

Das erste **Gold(II)-fluorid** ist das gemischtvalente Gold(II)-fluoridoaurat(III), $Au[AuF_4]_2$.

5.7.8.3 Gold(V)-Verbindungen (d^6)

Alle bekannten Verbindungen sind Fluorverbindungen.

Gold(V)-fluorid AuF_5 ist ein roter, diamagnetischer Feststoff, der bei 80 °C sublimiert und sich bei 200 °C in AuF_3 und F_2 zersetzt. Man erhält es durch thermische Zersetzung von $O_2^+[AuF_6]^-$.

$$O_2^+AuF_6^- \xrightarrow{200\,^\circ C} AuF_5 + O_2 + \tfrac{1}{2}F_2$$

Die Einkristalle sind dimer aufgebaut (analog NbF_5, Abb. 5.58) mit oktaedrisch koordiniertem low-spin Au(V).

Die **Hexafluoridoaurate(V)** enthalten das oktaedrische, diamagnetische Ion $[AuF_6]^-$ mit Au(V) im low-spin-Zustand. Es gibt Salze mit den Alkalimetallkationen Na^+, K^+, Cs^+, dem Nitrosylkation NO^+ und dem Dioxygenylkation O_2^+. Aber auch die Verbindungen $XeF_5^+[AuF_6]^-$, $IF_6^+[AuF_6]^-$ und $KrF^+[AuF_6]^-$ sind bekannt.

Beispiele für Darstellungen:

$Cs[AuF_4] + F_2 \rightarrow Cs^+[AuF_6]^-$

$AuF_3 + O_2 + \tfrac{3}{2}F_2 \rightarrow O_2^+[AuF_6]^-$

$IF_7 + O_2^+[AuF_6]^- \rightarrow IF_6^+[AuF_6]^- + O_2F$

5.8 Gruppe 12

5.8.1 Gruppeneigenschaften

	Zink Zn	Cadmium Cd	Quecksilber Hg
Ordnungszahl Z	30	48	80
Elektronenkonfiguration	$[Ar]3d^{10}4s^2$	$[Kr]4d^{10}5s^2$	$[Xe]4f^{14}5d^{10}6s^2$
1. Ionisierungsenergie in eV	9,4	9,0	10,4
2. Ionisierungsenergie in eV	18,0	16,9	18,7
3. Ionisierungsenergie in eV	39,7	37,8	34,2
Elektronegativität	1,7	1,5	1,4
Schmelzpunkt in °C	419	321	−39
Siedepunkt in °C	908	767	357
Sublimationsenthalpie in kJ/mol	131	112	61
Standardpotential M^{2+}/M in V	−0,76	−0,40	+0,85

Auf Grund der Elektronenkonfiguration $(n-1)d^{10}ns^2$ treten die Elemente der Gruppe 12 alle in der Oxidationsstufe +2 auf. Verbindungen höherer Oxidationsstufen sind bisher noch nicht isoliert worden. Die hohen 3. Ionisierungsenergien, die zur Entfernung eines Elektrons aus der abgeschlossenen 3d-Unterschale erforderlich sind, können durch die Hydratationsenthalpie bzw. die Gitterenergie nicht kompensiert werden. Die Oxidationsstufe +1 ist nur für Quecksilber von Bedeutung. Bei Zink und Cadmium ist sie in einigen Spezies realisiert. Aus Zink und einer $ZnCl_2$-Schmelze erhält man ein gelbes, diamagnetisches Glas, das Zn_2^{2+}-Ionen enthält. Aus $Cd^{2+}[AlCl_4]_2^-$ erhält man durch Reduktion mit Cd bei 350 °C die diamagnetische Verbindung $Cd_2^{2+}[AlCl_4^-]_2$. In Wasser disproportioniert das Cd_2^{2+}-Ion sofort zu Cd und Cd^{2+}. In den Verbindungen mit der Oxidationsstufe +1 sind nicht paramagnetische M^+-Ionen mit s^1-Konfiguration vorhanden, sondern stets diamagnetische Dimere M_2^{2+}, in denen eine kovalente M—M-Bindung vorliegt. Die Kraftkonstanten der M—M-Bindungen zeigen die zunehmende Stabilität in Richtung Hg. Hg_2^{2+}ist stabil.

Die Elemente der Gruppe 12 bilden also nur Verbindungen mit voll besetzten d-Unterschalen und sind daher keine Übergangselemente. Die Ionen M^{2+} und M_2^{2+} sind farblos und diamagnetisch.

Ähnlich den Übergangsmetallen bilden sie jedoch zahlreiche Komplexe. Klassische Carbonyle sind nicht bekannt.

Zink und Cadmium sind sich chemisch recht ähnlich. Quecksilber unterscheidet sich als edles Metall stark von seinen unedlen Homologen. Hg^{2+} ist viel stärker polarisierbar und bildet kovalentere Verbindungen. Die Chloride von Zn und Cd z. B. sind ionisch, $HgCl_2$ dagegen bildet ein Molekülgitter. Analoge Zn- und Cd-Verbindungen sind besser löslich als die Hg-Verbindungen. Hg^{2+}-Komplexe sind sehr viel stabiler als die von Zn^{2+} und Cd^{2+}. Nur Hg bildet stabile Verbindungen mit der Oxidationsstufe +1, in denen kovalente M—M-Bindungen vorhanden sind.

Die Stereochemie ist durch die Ionengröße und die kovalenten Bindungskräfte bestimmt. Auf Grund der voll besetzten d-Unterschale treten keine Ligandenfeldstabilisierungseffekte auf. In ionischen Verbindungen sind Zn^{2+}-Ionen tetraedrisch (ZnO, $ZnCl_2$), Cd^{2+}-Ionen oktaedrisch koordiniert (CdO, $CdCl_2$). Für Hg(II) ist die lineare Koordination typisch. Es ähnelt darin Cu(I), Ag(I) und Au(I), die ebenfalls eine d^{10}-Konfiguration besitzen.

Die Ähnlichkeit zu den Elementen der Gruppe 2 ist insgesamt nicht groß. Zwischen Zn^{2+}- und Mg^{2+}-Ionen besteht Ähnlichkeit. Viele Salze bilden Mischkristalle. Ein Beispiel ist $(Zn,Mg)SO_4 \cdot 7\,H_2O$.

5.8.2 Die Elemente

Die Metalle der Gruppe 12 haben niedrige Schmelzpunkte. Hg ist das einzige bei Raumtemperatur flüssige Metall. Zn und Cd kristallisieren in einer verzerrt hexagonal-dichtesten Packung. Der Abstand zu den sechs nächsten Nachbarn innerhalb einer Schicht dichtester Packung ist kleiner als der Abstand zu den sechs nächsten Nachbarn in den beiden Nachbarschichten (vgl. Abb. 2.90). Die Abweichung ist bei Cd größer als bei Zn. Hg kristallisiert rhomboedrisch mit der KZ 6 (vgl. S. 179).

Zink ist ein bläulich-weißes Metall, das in hochreinem Zustand duktil ist. Durch Verunreinigungen, z. B. Fe, wird es spröde. Im Temperaturbereich 100 – 150 °C ist es duktil und gut bearbeitbar, oberhalb 200 °C wird es wieder spröde, so dass man es pulverisieren kann. Der Dampf besteht aus Zn-Atomen. Zink ist ein unedles Metall. Es ist aber gegenüber Luft und Wasser beständig, da es durch die Bildung von Schutzschichten aus Oxid, Carbonat bzw. Hydroxid passiviert wird. Sehr reines Zink wird auch von Säuren bei Raumtemperatur nur sehr langsam unter H_2-Entwicklung gelöst, da Wasserstoff an Zink eine hohe Überspannung hat. Durch edlere Metalle (z. B. Kupfer) verunreinigtes Zink bildet Lokalelemente (vgl. S. 395), die eine normale Auflösungsgeschwindigkeit ermöglichen. Zink löst sich auch in Laugen unter H_2-Entwicklung, da wegen des amphoteren Charakters von $Zn(OH)_2$ die Schutzschicht unter Bildung von Hydroxidokomplexen, z. B. $[Zn(OH)_4]^{2-}$, gelöst wird. Zink ist nach Eisen das wichtigste essentielle Spurenelement. Die Hälfte ist in zinkhaltigen Enzymen gespeichert. Täglicher Bedarf 40 mg.

Cadmium ist ein silberweißes Metall. Es ist edler und duktiler als Zink. Die chemische Beständigkeit ist ähnlich der des Zinks. Es ist an Luft beständig, löst sich schwer in nicht oxidierenden Säuren, leicht in verd. Salpetersäure. Von Laugen wird es nicht gelöst. Cadmium ist stark toxisch, und die Aufnahme löslicher Cd-Verbindungen über den Magen-Darm-Trakt sowie die Inhalation von Cd-Dämpfen ist gefährlich. Cadmium reichert sich im Körper an und verursacht chronische Erkrankungen.

Quecksilber ist ein silberglänzendes Metall, das bei −39 °C erstarrt. Es ist sehr flüchtig. Bei 20 °C beträgt der Sättigungsdampfdruck 0,0016 mbar (15 mg/m^3). Der Dampf besteht aus Hg-Atomen. Hg-Dämpfe sind sehr giftig und verursachen chronische Vergiftungen, besonders irreversible Schäden des zentralen Nervensystems.

Verschüttetes Quecksilber muss daher unbedingt, z. B. mit Zinkstaub (Amalgambildung) oder Iodkohle (Reaktion zu HgI_2), unschädlich gemacht werden. Lösliche Quecksilberverbindungen sind sehr giftig (z. B. $HgCl_2$). In den chemischen Reaktionen unterscheidet sich Hg von Zn und Cd. Es ist ein edles Metall, wird von Salpetersäure gelöst, aber nicht von Salzsäure oder Schwefelsäure. Bei Raumtemperatur ist Hg beständig gegen O_2, Wasser, CO_2, SO_2, HCl, H_2S, NH_3, reagiert aber mit den Halogenen und Schwefel. Mit O_2 reagiert Hg erst oberhalb 300 °C. Hg bildet bereits bei Raumtemperatur mit vielen Metallen Legierungen, die **Amalgame** genannt werden. Bei größeren Metallgehalten sind die Amalgame fest (bei Na-Gehalten > 1,5 %). Eisen ist nicht in Hg löslich; Hg kann daher in Eisengefäßen aufbewahrt werden.

5.8.3 Vorkommen

Zink und Cadmium kommen in der Natur nicht elementar vor. Cadmium und Quecksilber gehören zu den seltenen Elementen. Die wichtigsten Zinkerze sind: Zinksulfid ZnS, das als kubische Zinkblende (Sphalerit) und als hexagonaler Wurtzit vorkommt; Zinkspat (Galmei, Smithsonit) $ZnCO_3$. Cadmium ist in den meisten Zinkerzen mit einem Anteil von 0,2 – 0,4 % enthalten. Es ist daher ein Nebenprodukt bei der technischen Zinkherstellung. Cadmiummineralien spielen für die Cd-Gewinnung keine Rolle. Das einzige für die Gewinnung von Quecksilber wichtige Mineral ist der Zinnober HgS. Er kommt in ergiebigen Lagerstätten vor, die zuweilen gediegenes Hg (kleine Tröpfchen im Gestein eingeschlossen) enthalten.

5.8.4 Darstellung

Die **Zink**darstellung erfolgt thermisch oder elektrolytisch. Zuerst werden die Zinkerze durch Rösten in ZnO überführt.

$$ZnS + \tfrac{3}{2}O_2 \longrightarrow ZnO + SO_2$$
$$ZnCO_3 \longrightarrow ZnO + CO_2$$

Beim thermischen Verfahren wird ZnO mit Kohle bei 1100 – 1300 °C reduziert.

$$ZnO + C \longrightarrow Zn + CO \qquad \Delta H^\circ = +238\ \text{kJ/mol}$$

Das Zink entweicht gasförmig und wird in Vorlagen kondensiert. Das so erhaltene Rohzink enthält ca. 98 % Zn und als Hauptverunreinigungen Pb, Fe und Cd. Da die Siedepunkte der Metalle genügend weit auseinander liegen (Fe 3070 °C, Pb 1751 °C, Zn 908 °C, Cd 767 °C) kann durch fraktionierende Destillation Feinzink mit einer Reinheit von 99,99 % erhalten werden.

Beim elektrolytischen Verfahren wird das ZnO in verd. Schwefelsäure gelöst. Die edleren Verunreinigungen, darunter auch Cd, werden mit Zinkstaub ausgefällt. Die

Elektrolyse wird mit Al-Kathoden und Pb-Anoden und einer Spannung von ca. 3,5 V durchgeführt. Die Abscheidung des unedlen Zinks ist auf Grund der Überspannung von Wasserstoff am Zink möglich. Allerdings müssen die Zinksalzlösungen sehr rein sein. Bei Verwendung von Quecksilberkathoden ist die Hochreinigung der Zinksalzlösungen nicht erforderlich. Zink wird überwiegend elektrolytisch hergestellt, seine Reinheit ist 99,99 %.

Sowohl beim thermischen als auch beim elektrolytischen Verfahren der Zinkherstellung erhält man **Cadmium**. Die Feinreinigung erfolgt elektrolytisch analog der Zinkelektrolyse.

Quecksilber erhält man durch Rösten von Zinnober.

$$HgS + O_2 \longrightarrow Hg + SO_2$$

Das Quecksilber entweicht gasförmig und wird kondensiert. Eine Feinreinigung kann durch Waschen mit verd. Salpetersäure und anschließende Vakuumdestillation erfolgen.

5.8.5 Verwendung

Zinkblech wird für Dächer, Dachrinnen und Trockenbatterien verwendet, Zinkstaub als Reduktionsmittel, z. B. in der Metallurgie zur Gewinnung von Metallen (Cd, Ag, Au). Als Zinküberzug über Eisenteile schützt es diese wirksam vor Korrosion und bildet im Gegensatz zu Sn oder Ni keine Lokalelemente (vgl. S. 396). Die Schutzschichten werden durch Eintauchen in flüssiges Zn (Feuerverzinken) oder galvanisch aufgebracht (siehe auch unter Phosphatierung). Bei hohen SO_2-Gehalten der Luft korrodiert Zn, da die Entstehung von passivierenden Schichten auf Zn durch die Bildung von löslichem $ZnSO_4$ verhindert wird. Zink wird für Legierungen benötigt. Cu-Zn-Legierungen (Messing) wurden bereits beim Cu besprochen. Außerdem sind Zn-Al-Legierungen technisch wichtig. Legierungen mit ca. 20 % Al sind bei höherer Temperatur (270 °C) plastisch, aber bei Raumtemperatur hart wie Stahl. Titanzink ist eine Zinklegierung mit 0,15 % Ti und 0,15 % Cu, die eine große Korrosionsbeständigkeit und Festigkeit mit geringer Wärmeausdehnung und guter Bearbeitbarkeit vereinigt. Sie eignet sich für Dach- und Fassadenverkleidungen.

Elektrolytisch auf Eisenteile aufgebrachte Schutzschichten von Cadmium sind beständiger gegen Alkalien und Seewasser als Zinküberzüge und obwohl teurer in manchen Fällen ökonomischer. Wegen des hohen Neutronenabsorptionsquerschnitts wird Cadmium für Regelstäbe zur Steuerung von Kernreaktoren eingesetzt. Cadmium ist Bestandteil niedrig schmelzender Legierungen, z. B. des Woodschen Metalls (vgl. S. 506).

Quecksilber wird vielfältig verwendet: für wissenschaftliche Geräte (Thermometer, Barometer), Quecksilberdampflampen (hohe UV-Anteile des emittierten Lichts), als Kathodenmaterial bei der Alkalichloridelektrolyse und bei der Zn-Herstellung sowie als Extraktionsmittel bei der Goldgewinnung. Natriumamalgam wird als Reduktionsmittel benutzt. Silberamalgam findet in der Zahnmedizin Verwendung (Amalgamplomben).

5.8.6 Zinkverbindungen (d^{10})

Alle wichtigen Zinkverbindungen enthalten Zink in der Oxidationsstufe +2. Sie sind farblos und diamagnetisch. Die meisten Zinksalze sind leicht löslich, sie reagieren schwach sauer, da das $[Zn(H_2O)_6]^{2+}$-Ion eine Brönsted-Säure ist ($pK_S = 9{,}8$). Die bevorzugte Koordination ist tetraedrisch, häufig auch oktaedrisch.

Zinkhydroxid $Zn(OH)_2$. Aus Lösungen, die Zn^{2+}-Ionen enthalten, fällt mit OH^--Ionen $Zn(OH)_2$ als weißer gelatinöser Niederschlag aus. $Zn(OH)_2$ ist amphoter. In Säuren löst es sich unter Bildung von $[Zn(H_2O)_6]^{2+}$-Ionen, in konz. Basen unter Bildung von Hydroxidozincat-Ionen $[Zn(OH)_4]^{2-}$. $Zn(OH)_2$ ist in NH_3 unter Bildung des Komplexes $[Zn(NH_3)_4]^{2+}$ löslich.

Zinkoxid ZnO (Smp. 1975 °C) entsteht durch Entwässerung von $Zn(OH)_2$ oder durch thermische Zersetzung von $ZnCO_3$. Technisch wird es durch Oxidation von Zinkdampf an der Luft hergestellt.

$$Zn + \tfrac{1}{2}O_2 \longrightarrow ZnO \qquad \Delta H^\circ = -348\,kJ/mol$$

Es kristallisiert im Wurtzit-Typ. Beim Erhitzen ändert das weiße ZnO oberhalb 425 °C seine Farbe reversibel nach gelb. Die Farbe ist auf Gitterdefekte zurückzuführen. Durch Sauerstoffabgabe entsteht ein kleiner Zinküberschuss, die Zinkatome besetzen Oktaederlücken des Gitters (vgl. S. 223).

Mit vielen Metalloxiden bildet ZnO die Doppeloxide $Zn\overset{+3}{M}_2O_4$ (M = Al, Co, Cr, Fe, Ga, Mn, V), die im Spinellgitter kristallisieren. Der grün-schwarze Spinell $ZnCo_2O_4$ wird vielfach fälschlicherweise als Rinmans Grün bezeichnet. Tatsächlich ist Rinmans Grün ein Mischkristall von ZnO mit bis zu 30 % CoO, d. h. ein nichtstöchiometrisches Co-dotiertes Zinkoxid der Formel $Zn_{1-x}Co_xO$ mit hexagonaler ZnO-(Wurtzit-)Struktur. Rinmans Grün erhält man z. B. beim Erhitzen von ZnO, das mit einer sehr verdünnten Lösung von $Co(NO_3)_2$ getränkt wurde oder durch gemeinsame Ausfällung der basischen Carbonate aus einer wässrigen Lösung der Nitrate von Zn^{2+} und Co^{2+} und Erhitzen auf 200 °C.

Verwendung findet ZnO als Pigment in Anstrichfarben (Zinkweiß), in der Keramikindustrie, für Emaille und als Zusatzstoff für Gummi. In der Medizin wird es wegen der antiseptischen und adstringierenden Wirkung in Pudern und Salben (Zinksalbe) verwendet.

Zinksulfid ZnS (Sblp. 1180 °C, Smp. bei 150 bar 1850 °C) ist dimorph; es kristallisiert in der Zinkblende- und in der Wurtzit-Struktur.

$$\text{Zinkblende} \xrightleftharpoons{1020\,°C} \text{Wurtzit}$$

Man erhält ZnS durch Einleiten von H_2S in Zinksalzlösungen bei pH ≥ 3, bei kleineren pH-Werten löst es sich. ZnS wird als Weißpigment verwendet, im Gemisch mit $BaSO_4$ unter dem Namen **Lithopone** (vgl. S. 658).

ZnS emittiert beim Bestrahlen mit energiereicher Strahlung (UV, γ-Strahlen, Kathodenstrahlen) sichtbares Licht. Dotierungen (etwa $1:10^4$) mit Cu- oder Ag-Verbindungen verbessern den Effekt und wirken als farbgebende Komponente (Verwendung für Fluoreszenzschirme, Fernsehbildschirme, Leuchtfarben). Für das Farbfernsehen werden die Leuchtstoffe ZnS: Cu, Au, Al (grün), ZnS: Ag (blau) und Y_2O_2S: Eu (rot) verwendet.

Zinkhalogenide. ZnF_2 (Smp. 872 °C) ist ionogen und kristallisiert in der Rutil-Struktur. Bei den anderen Zinkhalogeniden sind die Zn^{2+}-Ionen tetraedrisch koordiniert, die Bindungen überwiegend kovalent, die Schmelzpunkte wesentlich niedriger, die Löslichkeiten wesentlich höher ($ZnCl_2$: Smp. 275 °C, in Wasser lösen sich bei 25 °C 31,7 mol/l).

Die Darstellung kann durch Auflösen von Zn in Halogenwasserstoffsäuren erfolgen.

$$Zn + 2\,HX \longrightarrow ZnX_2 + H_2 \qquad (X = F, Cl, Br, I)$$

Die entstehenden Hydrate werden im Hydrogenhalogenidstrom entwässert, da sich sonst basische Salze bilden, z. B. Zn(OH)Cl. Mit Alkalimetall- und Erdalkalimetallhalogeniden bilden die Zinkhalogenide Komplexsalze, zum Beispiel $\overset{+1}{M}_2[ZnX_4]$ (X = F, Cl, Br).

Der stabile Tetracyanidokomplex $[Zn(CN)_4]^{2-}$ ($\lg\beta = 20$) ist in der Galvanotechnik wichtig; aus CN^--haltigen Zn-Lösungen erhält man sehr fest haftende Zn-Überzüge.

ZnF_2 und $ZnCl_2$ dienen als Holzschutzmittel (Zink ist ein starkes Gift für Mikroorganismen). $ZnCl_2$ ist stark hygroskopisch und wird in der präparativen Chemie als Wasser abspaltendes Mittel verwendet.

Zinksulfat $ZnSO_4$ ist das technisch wichtigste Zinksalz. Es entsteht durch Auflösen von Zinkschrott oder von oxidischen Zinkerzen in verdünnter Schwefelsäure. Aus wässrigen Lösungen kristallisiert es bei Raumtemperatur als Zinkvitriol $[Zn(H_2O)_6]SO_4 \cdot H_2O$ aus.

5.8.7 Cadmiumverbindungen (d^{10})

$Cd(OH)_2$ löst sich in Säuren und in sehr starken Basen (als $[Cd(OH)_4]^{2-}$). In NH_3 löst es sich analog zu $Zn(OH)_2$ unter Bildung des Komplexions $[Cd(NH_3)_6]^{2+}$. **CdO** (Sblp. 1559 °C) kristallisiert in der NaCl-Struktur, **CdF_2** (Smp. 1110 °C) in der Fluorit-Struktur. **$CdCl_2$, $CdBr_2$** und **CdI_2** kristallisieren in Schichtstrukturen, in denen Cd^{2+} oktaedrisch koordiniert ist (Abb. 2.61). Mit Halogeniden bilden sich die Halogenidokomplexe $[CdX_3]^-$ und $[CdX_4]^{2-}$. **CdS** wird als gelbes Pigment (Cadmiumgelb) verwendet. Durch CdSe-Zusatz erhält man ein rotes Pigment (Cadmiumrot).

Diese Cadmiumpigmente können durch feste Lösungen der Perowskite $CaTaO_2N$ und $LaTaON_2$ ersetzt werden. Sie enthalten keine toxischen Schwermetalle. Die Farben rot bis gelb sind durch das O/N-Verhältnis bestimmt. CdS ist photoleitend (Verwendung für Belichtungsmesser).

Cadmiumsalze neigen stärker zur Komplexbildung als Zinksalze. Die Koordination ist hauptsächlich oktaedrisch daneben tetraedrisch. **$[Cd(CN)_4]^{2-}$** ($\lg \beta = 19$) wird, wie der entsprechende Zinkkomplex, in der Galvanotechnik verwendet. Mit H_2S fällt aus $[Cd(CN)_4]^{2-}$ CdS aus, aus dem stabileren Komplex $[Cu(CN)_4]^{3-}$ dagegen kein Kupfersulfid.

5.8.8 Quecksilberverbindungen

5.8.8.1 Quecksilber(I)-Verbindungen ($d^{10}s^1$)

Quecksilber(I)-Salze enthalten immer das dimere Ion Hg_2^{2+} mit einer kovalenten Hg—Hg-Bindung. Quecksilber betätigt also auch in der Oxidationsstufe +1 beide Valenzelektronen und die Hg(I)-Verbindungen sind daher diamagnetisch. Die Neigung zur Komplexbildung ist beim Hg(I) gering.

Zum Verständnis der Chemie von Hg(I) ist die Kenntnis der folgenden Potentiale erforderlich:

$$Hg_2^{2+} + 2\,e^- \rightleftharpoons 2\,Hg \qquad E° = +0{,}79\,V$$
$$Hg^{2+} + 2\,e^- \rightleftharpoons Hg \qquad E° = +0{,}85\,V$$
$$2\,Hg^{2+} + 2\,e^- \rightleftharpoons Hg_2^{2+} \qquad E° = +0{,}91\,V$$

Für das Disproportionierungsgleichgewicht

$$Hg_2^{2+} \rightleftharpoons Hg + Hg^{2+} \qquad \text{ist} \qquad K = \frac{c_{Hg^{2+}}}{c_{Hg_2^{2+}}} \approx 10^{-2} \qquad \Delta E = -0{,}12\,V$$

Zur Oxidation von Hg zu Hg(I) sind also nur Oxidationsmittel geeignet, deren Potentiale zwischen +0,79 V und +0,85 V liegen. Alle gebräuchlichen Oxidationsmittel haben höhere Potentiale und oxidieren Hg daher zu Hg(II). In Gegenwart von überschüssigem Hg aber bildet sich Hg(I), da, wie die Gleichgewichtskonstante des Disproportionierungsgleichgewichts zeigt, Hg^{2+} durch Hg reduziert wird. Hg_2^{2+} ist also hinsichtlich der Disproportionierung stabil, aber alle Stoffe, die die Konzentration von Hg^{2+} stark herabsetzen (durch Fällung oder Komplexbildung), bewirken eine Disproportionierung von Hg_2^{2+}. Die Zahl stabiler Hg(I)-Verbindungen ist dadurch eingeschränkt. Typische Reaktionen sind:

$$Hg_2^{2+} + 2\,OH^- \longrightarrow Hg + HgO + H_2O$$
$$Hg_2^{2+} + S^{2-} \longrightarrow Hg + HgS$$
$$Hg_2^{2+} + 2\,CN^- \longrightarrow Hg + Hg(CN)_2$$

$Hg(CN)_2$ ist zwar nicht schwer löslich, aber sehr schwach dissoziiert. Mit NH_3 und SCN^- erhält man entsprechende Reaktionen.

Quecksilber(I)-Halogenide. Mit Ausnahme von Hg_2F_2 sind die Hg(I)-Halogenide schwer löslich. Hg_2I_2 ist gelb, die anderen Verbindungen sind farblos. Die Hg(I)-Halogenide sind lichtempfindlich. Sie sind linear aufgebaut, die Bindung ist überwiegend kovalent. Hg_2Cl_2 besteht in allen Phasen aus den Molekülen Cl—Hg—Hg—Cl. Es entsteht durch Reduktion von $HgCl_2$-Lösungen mit $SnCl_2$ in der Kälte.

$$2\,HgCl_2 + SnCl_2 \longrightarrow Hg_2Cl_2 + SnCl_4$$

Für die Präparation eignet sich die Reaktion von Hg(I)-Lösungen mit Halogenwasserstoffsäuren.

$$Hg_2(NO_3)_2 + 2\,HX \longrightarrow Hg_2X_2 + 2\,HNO_3 \qquad (X = Cl, Br, I)$$

Hg_2Cl_2 reagiert mit Ammoniak unter Disproportionierung.

$$Hg_2Cl_2 + 2\,NH_3 \longrightarrow Hg + HgNH_2Cl + NH_4Cl$$

Da durch das fein verteilte Hg Schwarzfärbung erfolgt, nennt man Hg_2Cl_2 Kalomel (schön schwarz).

Die **Kalomel-Elektrode** (Aufbau: $Hg/Hg_2Cl_2/Cl^-$) ist eine Bezugselektrode (vgl. S. 381).

Disproportionierung von Hg(I)-Halogeniden erfolgt auch durch Bildung stabiler Komplexe mit überschüssigem Halogenid.

$$Hg_2I_2 + 2\,I^- \longrightarrow Hg + [HgI_4]^{2-}$$

Quecksilber(I)-nitrat $Hg_2(NO_3)_2$ entsteht aus Hg und verd. Salpetersäure. Es ist eine der wenigen leicht löslichen Hg(I)-Verbindungen. $Hg_2(NO_3)_2$ reagiert infolge Hydrolyse sauer. Beim Eindampfen bilden sich basische Nitrate.

5.8.8.2 Quecksilber(II)-Verbindungen (d^{10})

In den Hg(II)-Verbindungen sind mit Ausnahme von HgF_2 die Bindungen überwiegend kovalent. Viele Hg(II)-Verbindungen sind schwer löslich, in Lösungen liegen sie weitgehend molekular gelöst vor. Wegen des schwach basischen Charakters der nicht isolierbaren Base $Hg(OH)_2$ hydrolysieren sie und sind daher nur in sauren Lösungen stabil. Hg(II) bildet zahlreiche Komplexe mit linearer, tetraedrischer und selten oktaedrischer Koordination. Beispiele dafür sind: $[Hg(NH_3)_2]^{2+}$, $[HgI_4]^{2-}$, $[Hg(en)_3]^{2+}$.

Quecksilber(II)-oxid HgO. Beim Erhitzen an der Luft auf 300 – 350 °C erhält man orthorhombisches rotes HgO, das oberhalb 400 °C wieder zerfällt. Der Sauerstoffpartialdruck erreicht bei 450 °C 1 bar.

$$\mathrm{Hg} + \tfrac{1}{2}\mathrm{O_2} \underset{400\,^\circ\mathrm{C}}{\overset{300-350\,^\circ\mathrm{C}}{\rightleftharpoons}} \mathrm{HgO}$$

Aus Hg(II)-Salzlösungen erhält man mit Basen in der Kälte gelbes HgO, das sich beim Erhitzen rot färbt. Der Farbunterschied kommt durch unterschiedliche Korngrößen zustande. Ganz allgemein werden die Farben bei kleineren Teilchen heller.

Das orthorhombische HgO ist aus Zickzackketten aufgebaut.

$$\diagup\mathrm{Hg}\diagup^{\mathrm{O}}\diagdown\mathrm{Hg}\diagdown_{\mathrm{O}}\diagup\mathrm{Hg}\diagup^{\mathrm{O}}\diagdown\mathrm{Hg}\diagdown$$

Metastabiles hexagonales HgO ist isotyp mit Zinnober.

Quecksilber(II)-sulfid HgS. In der Natur kommt roter, hexagonaler Zinnober vor. Die Kristallstruktur ist aus schraubenförmigen —Hg—S—Hg—S-Ketten aufgebaut, die ein verzerrtes Steinsalzgitter bilden. Aus Hg(II)-Salzlösungen fällt mit H_2S schwarzes HgS ($K_L = 10^{-54}$ mol^2 l^{-2}) aus, das in der Zinkblende-Struktur kristallisiert. Mit Polysulfidlösungen kann es unter Erwärmen in stabiles, rotes HgS umgewandelt werden. Schwarzes HgS löst sich als Disulfidomercurat(II)-Komplex $[HgS_2]^{2-}$, daraus fällt das schwerer lösliche rote HgS aus. Zinnoberrot wird als Farbpigment verwendet. Da es nachdunkelt, bevorzugt man jetzt aber Cadmiumrot.

Quecksilber(II)-sulfat $HgSO_4$ erhält man aus Hg und konz. Schwefelsäure.

$$\mathrm{Hg + 2\,H_2SO_4 \longrightarrow HgSO_4 + SO_2 + 2\,H_2O}$$

Es kann nur aus schwefelsaurer Lösung auskristallisiert werden, da sich in wässriger Lösung schwer lösliches basisches Quecksilbersulfat bildet.

$$\mathrm{3\,HgSO_4 + 2\,H_2O \longrightarrow HgSO_4 \cdot 2\,HgO + 2\,H_2SO_4}$$

Quecksilber(II)-Halogenide. Die Darstellung kann durch Reaktion von HgO mit Halogenwasserstoffsäuren oder durch Umsetzung von $HgSO_4$ mit Alkalimetallhalogeniden erfolgen.

$$\mathrm{HgSO_4 + 2\,NaX \xrightarrow{300\,^\circ C} Na_2SO_4 + HgX_2} \qquad (\mathrm{X = Cl,\ Br})$$

Quecksilber(II)-fluorid HgF_2 (Smp. 645 °C) ist ionogen aufgebaut und kristallisiert in der Fluorit-Struktur. Es ist ein Fluorierungsmittel und hydrolysiert in wässrigen Lösungen.

Quecksilber(II)-chlorid $HgCl_2$ (Sublimat) ist weiß, schmilzt schon bei 280 °C, siedet bei 303 °C und ist gut löslich (6,6 g in 100 ml Wasser bei 25 °C). Bei der Darstellung aus $HgSO_4$ mit NaCl sublimiert es. Es kristallisiert in einem Molekülgitter, in dem wie im gasförmigen Zustand und in wässriger Lösung lineare Moleküle Cl—Hg—Cl mit kovalenten Bindungen vorliegen. Die Dissoziation in wässriger Lösung ist gering. Mit Cl^--Ionen werden die Komplexe $[HgCl_3]^-$ und $[HgCl_4]^{2-}$ gebildet. $HgCl_2$ ist sehr giftig, 0,2–0,4 g sind letal.

Quecksilber(II)-iodid HgI_2 (Smp. 257 °C, Sdp. 351 °C) kann man wegen seiner Schwerlöslichkeit ($6 \cdot 10^{-3}$ g in 100 ml Wasser bei 25 °C) nach

$$HgCl_2 + 2\,KI \longrightarrow HgI_2 + 2\,KCl$$

darstellen. HgI_2 ist dimorph.

$$\underset{\text{rot}}{HgI_2} \xrightleftharpoons{127\,°C} \underset{\text{gelb}}{HgI_2}$$

Die reversible Farbänderung bei einer bestimmten Temperatur nennt man Thermochromie (optische Thermometer). Reversible Farbänderungen zeigen auch zwei Iodidomercurate(II).

$$\underset{\text{gelb}}{Ag_2[HgI_4]} \xrightleftharpoons{35\,°C} \underset{\text{orangerot}}{Ag_2[HgI_4]}$$

$$\underset{\text{rot}}{Cu_2[HgI_4]} \xrightleftharpoons{70\,°C} \underset{\text{schwarz}}{Cu_2[HgI_4]}$$

Im gasförmigen Zustand liegen isolierte HgI_2-Moleküle vor, ebenso im Molekülgitter des gelben HgI_2. Rotes HgI_2 kristallisiert in einer Schichtstruktur mit tetraedrischer Koordination der Hg-Atome. Im Überschuss von KI löst sich HgI_2 unter Bildung des tetraedrischen Komplexions $[HgI_4]^{2-}$.

$$HgI_2 + 2\,KI \longrightarrow K_2[HgI_4]$$

Die alkalische Lösung des Komplexsalzes dient unter dem Namen **„Neßlers Reagenz“** zum Nachweis von NH_3 (vgl. unten).

Quecksilber(II)-cyanid $Hg(CN)_2$ ist sehr giftig. Es ist in Wasser löslich. Wegen seiner minimalen elektrolytischen Dissoziation zeigt es keine der normalen Reaktionen von Hg^{2+}, mit Ausnahme der Fällung von HgS, das ein extrem kleines Löslichkeitsprodukt besitzt. Es ist aus linearen Molekülen $N{\equiv}C{-}Hg{-}C{\equiv}N$ aufgebaut. Mit CN^- bildet sich der tetraedrische Komplex $[Hg(CN)_4]^{2-}$. Die Stabilität der analogen Komplexe $[HgX_4]^{2-}$ wächst von Cl^- in Richtung CN^-.

X	$\lg\beta$ von $[HgX_4]^{2-}$
Cl^-	15
Br^-	21
I^-	32
CN^-	42

Quecksilber(II)-Stickstoffverbindungen. Aus $HgCl_2$ und Ammoniak entstehen je nach Reaktionsbedingung verschiedene Reaktionsprodukte. Mit gasförmigem Ammoniak bildet sich das weiße „schmelzbare Präzipitat“ (Smp. 300 °C).

$$HgCl_2 + 2\,NH_3 \longrightarrow [Hg(NH_3)_2]Cl_2$$

Im festen Zustand und in der Lösung liegt der lineare Diamminkomplex $[H_3N{-}Hg{-}NH_3]^{2+}$ vor. Mit verd. NH_3-Lösung entsteht das weiße Amidochlorid, das sich beim Erhitzen zersetzt („unschmelzbares Präzipitat“).

$$HgCl_2 + 2\,NH_3 \longrightarrow [HgNH_2]Cl + NH_4^+ + Cl^-$$

Es bildet sich auch aus Hg_2Cl_2 mit NH_3 durch Disproportionierung. $[HgNH_2]^+$ hat eine Zickzackkettenstruktur.

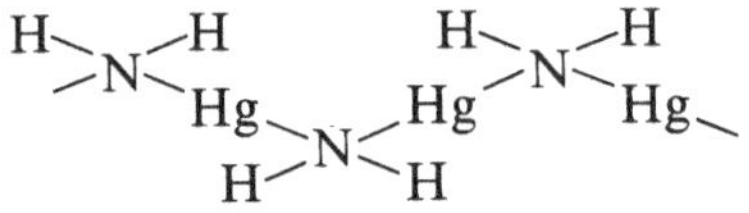

```
H\   /H            H\   /H
   N<                 N<
  /   \Hg         Hg/    \Hg\
         \   /
          N<
        H/   \H
```

Im Kristall werden die Ketten durch Cl^--Ionen zusammengehalten. Aus HgO erhält man mit konz. NH_3-Lösung das Dihydrat der Millon'schen Base.

$$2\,HgO + NH_3 + H_2O \longrightarrow [Hg_2N]OH \cdot 2\,H_2O$$

Von ihr leiten sich Salze des Typs $[Hg_2N]X \cdot n\,H_2O$ ($X = Cl, Br, I, NO_3$) ab. Beim Kochen einer ammoniakalischen Lösung von $[HgNH_2]Cl$ entsteht z. B. das Chlorid.

$$2\,[HgNH_2]Cl \longrightarrow [Hg_2N]Cl + NH_4Cl$$

Aus Neßlers Reagenz $K_2[HgI_4]$ entsteht mit NH_3 ein orangefarbiger Niederschlag von $[Hg_2N]I$.

$[Hg_2N]^+$ besitzt eine dem Cristobalit analoge Raumnetzstruktur.

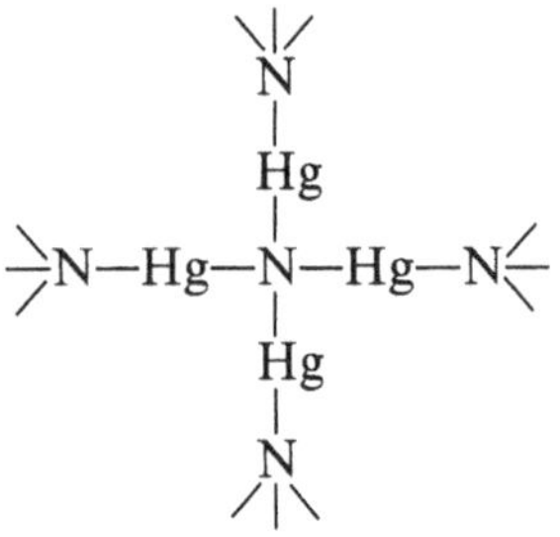

```
               \|/
                N
                |
                Hg
                |
 >N—Hg—N—Hg—N<
                |
                Hg
                |
                N
               /|\
```

Hg ist linear, N tetraedrisch koordiniert. Die Anionen und die Wassermoleküle sind in den Kanälen des Gitters eingelagert. Die Verbindungen können als Ionenaustauscher fungieren.

5.9 Gruppe 3

5.9.1 Gruppeneigenschaften

	Scandium Sc	Yttrium Y	Lanthan La
Ordnungszahl Z	21	39	57
Elektronenkonfiguration	$[Ar]3d^1 4s^2$	$[Kr]4d^1 5s^2$	$[Xe]5d^1 6s^2$
1. Ionisierungsenergie in eV	6,5	6,4	5,6
2. Ionisierungsenergie in eV	12,8	12,2	11,4
3. Ionisierungsenergie in eV	24,7	20,5	19,2
Elektronegativität	1,2	1,1	1,1
Schmelzpunkt in °C	1 539	1 552	920
Siedepunkt in °C	2 832	3 337	3 454
Sublimationsenthalpie in kJ/mol	376	422	431
Standardpotential M^{3+}/M in V	−2,08	−2,37	−2,52
Ionenradius M^{3+} in pm	75	90	103

Die Zusammensetzung der Gruppe 3, d. h. ob diese aus Sc, Y, Lu und Lr besteht (wird favorisiert) oder aus Sc, Y, La und Ac, ist Gegenstand von Diskussionen und von der IUPAC noch nicht abschließend entschieden.

Die Metalle der Gruppe 3 treten auf Grund ihrer Elektronenkonfiguration ausschließlich in der Oxidationsstufe +3 auf. Die M^{3+}-Ionen haben Edelgaskonfiguration und sind daher diamagnetisch und farblos. Es bestehen Ähnlichkeiten zur Chemie des Aluminiums. Dies gilt besonders für Scandium, das wie Aluminium amphoter ist.

Scandium und Yttrium werden zusammen mit den Lanthanoiden, d. h. den Elementen von La bis Lu, als Seltenerdmetalle bezeichnet. Wegen der ähnlichen Ionenradien besteht eine enge chemische Beziehung zu den Lanthanoiden. In der Natur kommen sie zusammen mit diesen vor.

Die Metalle sind unedel und reaktionsfreudig. Die Zunahme der Ionenradien hat eine zunehmende Basizität der Hydroxide zur Folge. $Sc(OH)_3$ ist amphoter, $La(OH)_3$ eine ziemlich starke Base. Die Scandiumsalze sind daher stärker hydrolytisch gespalten und leichter thermisch zersetzbar. Die Fluoride, Sulfate, Oxalate und Carbonate der Metalle der Gruppe 3 sind schwer löslich. Die Neigung zur Bildung von Komplexverbindungen ist gering.

Actinium Ac ist radioaktiv und kommt als radioaktives Zerfallsprodukt des Urans in der Pechblende vor. Das längstlebige Isotop $A^{227}_{89}c$ hat eine Halbwertszeit von 22 Jahren. Chemisch ist Ac dem La sehr ähnlich und wie zu erwarten basischer als dieses.

5.9.2 Die Elemente

Im elementaren Zustand kristallisieren Scandium, Yttrium und Lanthan in typischen Metallstrukturen. Von Lanthan sind drei Modifikationen bekannt.

$$\alpha\text{-La} \xrightarrow{310\,^\circ\text{C}} \beta\text{-La} \xrightarrow{864\,^\circ\text{C}} \gamma\text{-La}$$

α-La	β-La	γ-La
hexagonal-dichte Packung	kubisch-flächenzentriert	kubisch-raumzentriert

Es sind silberweiße, duktile Metalle. Scandium und Yttrium sind Leichtmetalle. Die Metalle der Gruppe 3 sind unedler als Aluminium und reagieren dementsprechend mit Säuren unter Wasserstoffentwicklung. In der Atmosphäre und in Wasser sind sie beständig, da sich passivierende Deckschichten bilden.

5.9.3 Vorkommen

Die Elemente der Scandiumgruppe sind nicht selten, sondern ebenso häufig wie Zink und Blei (Massenanteil in der Erdkruste in %: Y, La $2 \cdot 10^{-3}$, Sc $5 \cdot 10^{-4}$), aber sie sind wesentlich seltener in Lagerstätten angereichert. Es gibt nur wenige wichtige Mineralien: Thortveitit $(Y, Sc)_2[Si_2O_7]$, Gadolinit $Be_2Y_2Fe[Si_2O_8]O_2$, Xenotim YPO_4. Es gibt keine Lanthanmineralien, sondern La kommt immer zusammen mit den auf das La folgenden Lanthanoiden vor, vor allem als Begleiter des Cers.

Im Monazit $(M,Th)PO_4$ ist der Massenanteil der Seltenerdmetalle M mit $Z = 57-63$ (Ceriterden) 50 − 70 %, der des Lanthans 15 − 25 %.

5.9.4 Darstellung und Verwendung

Alle Metalle können durch Reduktion der Fluoride mit Ca oder Mg hergestellt werden.

$$2\,LaF_3 + 3\,Ca \longrightarrow 2\,La + 3\,CaF_2$$

Die Abtrennung von den Lanthanoiden wird dort beschrieben (vgl. S. 813).

Mg-Sc-Legierungen werden in der Kerntechnik als Neutronenfilter verwendet. In Magnetspeichern erhöht eine Dotierung mit Sc_2O_3 die schnelle Ummagnetisierung und ermöglicht hohe Rechengeschwindigkeiten. Rohre aus Yttrium dienen in der Kerntechnik zur Aufnahme von Uranstäben, da sie beständig gegen flüssiges Uran und Uranlegierungen sind. Yttriumverbindungen werden in großen Mengen in der Farbfernsehtechnik als Farbkörper (rote Fluoreszenz) benötigt. Eine Co-Y-Legierung ist ein hervorragendes Material für Permanentmagnete. Flüssiges Lanthan dient zur Extraktion von Plutonium aus geschmolzenem Uran. Außerdem dient Lanthan zur Herstellung von Speziallegierungen, La_2O_3 zur Herstellung von Spezialgläsern.

5.9.5 Scandiumverbindungen

Die Scandiumverbindungen ähneln den Aluminiumverbindungen. Scandiumfluorid ScF_3 ist in Wasser schwer löslich, die Halogenide ScX_3 (X = Cl, Br, I) sind hygroskopisch und leicht löslich. Wie wasserfreies $AlCl_3$, erhält man wasserfreies $ScCl_3$ durch Entwässerung des Hexahydrats $ScCl_3 \cdot 6\,H_2O$ nur im HCl-Strom, da sich sonst basische Salze bilden. Mit Halogeniden bilden sich die Halogenidokomplexe $[ScF_6]^{3-}$

und $[ScCl_6]^{3-}$. Bei der Oxidation von Sc bei 800 °C oder durch Glühen von Sc-Salzen entsteht Scandiumoxid Sc_2O_3 (Smp. 3 100 °C) als weißes Pulver. Mit Erdalkalimetalloxiden bildet es die Doppeloxide MSc_2O_4 (M = Mg, Ca, Sr). Scandiumhydroxid $Sc(OH)_3$ ($K_L = 10^{-28}$ mol^4 l^{-4}) ist eine schwache Base und weniger amphoter als $Al(OH)_3$. Nur in konz. NaOH-Lösungen löst es sich unter Bildung von $Na_3[Sc(OH)_6]$. Mit HNO_3 und H_2SO_4 erhält man aus $Sc(OH)_3$ die farblosen Salze $Sc(NO_3)_3 \cdot 4\,H_2O$ und $Sc_2(SO_4)_3 \cdot 6\,H_2O$. In wässriger Lösung sind die Sc-Salze wie die Al-Salze Kationensäuren.

5.9.6 Yttriumverbindungen

Sie ähneln weitgehend den Scandiumverbindungen. $Y(OH)_3$ ($K_L = 8 \cdot 10^{-23}$ mol^4 l^{-4}) ist stärker basisch und besser löslich als $Sc(OH)_3$. Yttriumnitrat kristallisiert aus wässriger Lösung als Hexahydrat $Y(NO_3)_3 \cdot 6\,H_2O$, Yttriumsulfat als Octahydrat $Y_2(SO_4)_3 \cdot 8\,H_2O$.

5.9.7 Lanthanverbindungen

Lanthanfluorid LaF_3 (Smp. 1 493 °C) ist in Wasser schwer löslich. Es existieren die Fluoridokomplexe $[LaF_4]^-$ und $[LaF_6]^{3-}$. Lanthanchlorid-Heptahydrat $LaCl_3 \cdot 7\,H_2O$ ist leicht löslich. Wasserfreies $LaCl_3$ (Smp. 852 °C) ist sehr hygroskopisch. Es bildet den Chloridokomplex $[LaCl_6]^{3-}$. Lanthanoxid La_2O_3 (Smp. 2 750 °C) erhält man beim Erhitzen von $La(OH)_3$ oder durch Verbrennung von Lanthan. Frisch hergestellt reagiert es ähnlich wie CaO heftig mit Wasser und absorbiert CO_2 der Luft. Hochgeglüht wird es als Tiegelmaterial verwendet. Lanthanhydroxid $La(OH)_3$ ($K_L = 10^{-20}$ mol^4 l^{-4}) ist eine starke Base und setzt aus Ammoniumsalzen NH_3 frei. Mit CO_2 reagiert es zu $La_2(CO_3)_3$. Das Oxalat $La_2(C_2O_4)_3 \cdot 9\,H_2O$ ist schwer löslich. In einigen Verbindungen besitzt Lanthan hohe Koordinationszahlen, zum Beispiel die KZ 10 in $[La(H_2O)_4(EDTA)]^-$.

5.10 Die Lanthanoide

5.10.1 Gruppeneigenschaften

Als Lanthanoide (Ln) bezeichnet man die Elemente Lanthan bis Lutetium, also Lanthan und die folgenden 14 Elemente (Tab. 5.9). Alle Lanthanoide sind Metalle. Für Scandium, Yttrium und die Lanthanoide ist der Begriff Seltenerdmetalle gebräuchlich.

Bei den Lanthanoiden werden die 4f-Niveaus besetzt, die N-Schale wird auf die Maximalzahl von 32 Elektronen aufgefüllt. Da die 6s-, 5d- und 4f-Niveaus sehr ähnli-

Tabelle 5.9 Elektronenkonfigurationen der Lanthanoide (Ln)

Ordnungszahl Z	Name	Symbol	Elektronenkonfiguration Atom	Ion Ln^{3+}	Grundterm der Ln^{3+}-Ionen[1]
57	Lanthan	La	$5d^1 6s^2$	[Xe]	$^1S_0$
58	Cer	Ce	$4f^2 6s^2$	$4f^1$	$^2F_{5/2}$
59	Praseodym	Pr	$4f^3 6s^2$	$4f^2$	$^3H_4$
60	Neodym	Nd	$4f^4 6s^2$	$4f^3$	$^4I_{9/2}$
61	Promethium	Pm	$4f^5 6s^2$	$4f^4$	$^5I_4$
62	Samarium	Sm	$4f^6 6s^2$	$4f^5$	$^6H_{5/2}$
63	Europium	Eu	$4f^7 6s^2$	$4f^6$	$^7F_0$
64	Gadolinium	Gd	$4f^7 5d^1 6s^2$	$4f^7$	$^8S_{7/2}$
65	Terbium	Tb	$4f^9 6s^2$	$4f^8$	$^7F_6$
66	Dysprosium	Dy	$4f^{10} 6s^2$	$4f^9$	$^6H_{15/2}$
67	Holmium	Ho	$4f^{11} 6s^2$	$4f^{10}$	$^5I_8$
68	Erbium	Er	$4f^{12} 6s^2$	$4f^{11}$	$^4I_{15/2}$
69	Thulium	Tm	$4f^{13} 6s^2$	$4f^{12}$	$^3H_6$
70	Ytterbium	Yb	$4f^{14} 6s^2$	$4f^{13}$	$^2F_{7/2}$
71	Lutetium	Lu	$4f^{14} 5d^1 6s^2$	$4f^{14}$	$^1S_0$

[1] Die Grundterme der Atome sind in der Tab. 2, Anhang 2 angegeben.

che Energien haben, ist die Auffüllung unregelmäßig. Die Elektronenkonfigurationen sind in der Tab. 5.9 angegeben. Sie zeigen die Bevorzugung der halb gefüllten ($4f^7$) und der vollständig aufgefüllten ($4f^{14}$) 4f-Unterschale.

Da bei den Lanthanoiden die drittäußerste Schale aufgefüllt wird, ändert ein neu hinzukommendes Elektron die Eigenschaften wenig, und die Lanthanoide sind daher untereinander sehr ähnlich. Alle Lanthanoide kommen in der Oxidationsstufe +3 vor. Die Elektronenkonfigurationen der Ln^{3+}-Ionen enthält die Tab. 5.9. Da die Ln^{3+}-Ionen ähnliche Radien wie Sc^{3+} und insbesondere Y^{3+} haben, besteht weitgehende chemische Verwandtschaft zwischen den Elementen der Gruppe 3 und den Lanthanoiden. Die kristallchemische Verwandtschaft führt zu einer mineralogischen Vergesellschaftung (vgl. Abschn. 5.10.4). Promethium ist radioaktiv und kommt in der Natur nur in Spuren vor. Es wird künstlich hergestellt.

Die Metalle sind silberglänzend, unedel, reaktionsfreudig und an der Luft anlaufend. Sie kristallisieren – mit Ausnahme von Samarium und Europium, das kubisch-raumzentriert vorkommt – in dichtesten Packungen. Die physikalischen Eigenschaften sind überwiegend periodisch. Die Dichten (Abb. 5.46), Schmelzpunkte (Abb. 5.47) und Sublimationsenthalpien ΔH_s (Abb. 5.48) haben Minima, die Atomradien (Abb. 5.49) Maxima bei Europium und Ytterbium. Im metallischen Zustand liefern die Lanthanoidatome normalerweise drei Elektronen zum Elektronengas des Metallgitters, die Europium- und Ytterbiumatome jedoch nur zwei. Sie erreichen dadurch in ihren Ionenrümpfen die stabile f^7- bzw. f^{14}-Konfiguration. Die verringerte Anziehung zwischen Elektronengas und Metallionen beim Europium und Ytterbium bewirkt ihre Ausnahmestellung.

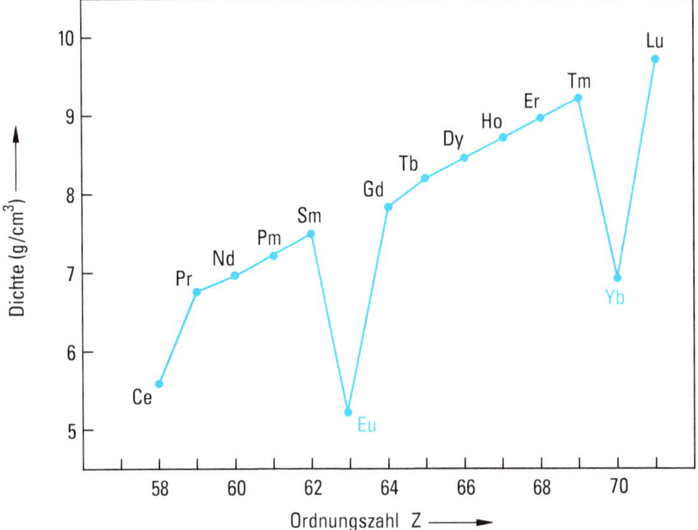

Abbildung 5.46 Dichten der Lanthanoide.

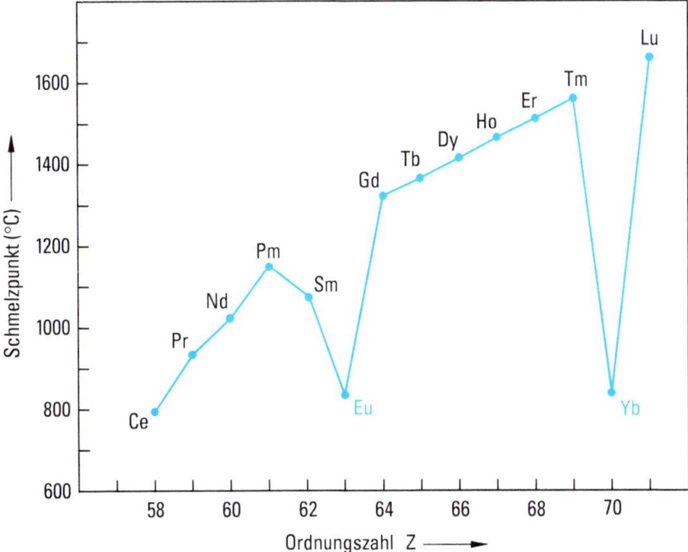

Abbildung 5.47 Schmelzpunkte der Lanthanoide.

Die Standardpotentiale Ln^{3+}/Ln (Abb. 5.50) sind stark negativ. Sie ändern sich kontinuierlich von −2,48 V beim Cer auf −2,25 V beim Lutetium. Die Metalle sind daher kräftige Reduktionsmittel – von der Stärke des Magnesiums – und reagieren

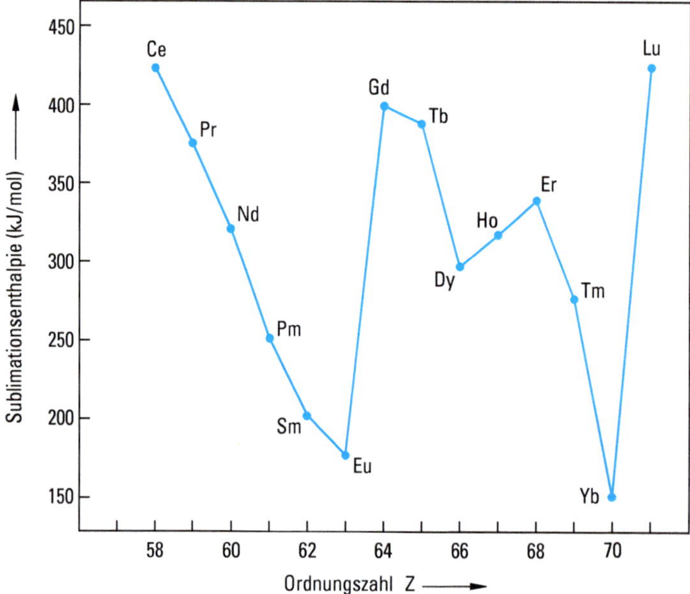

Abbildung 5.48 Sublimationsenthalpien ΔH_s der Lanthanoide.

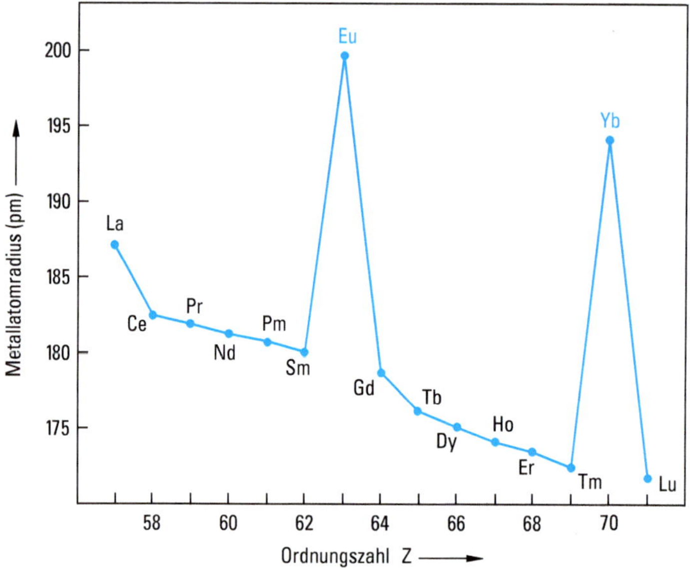

Abbildung 5.49 Atomradien der Lanthanoide.

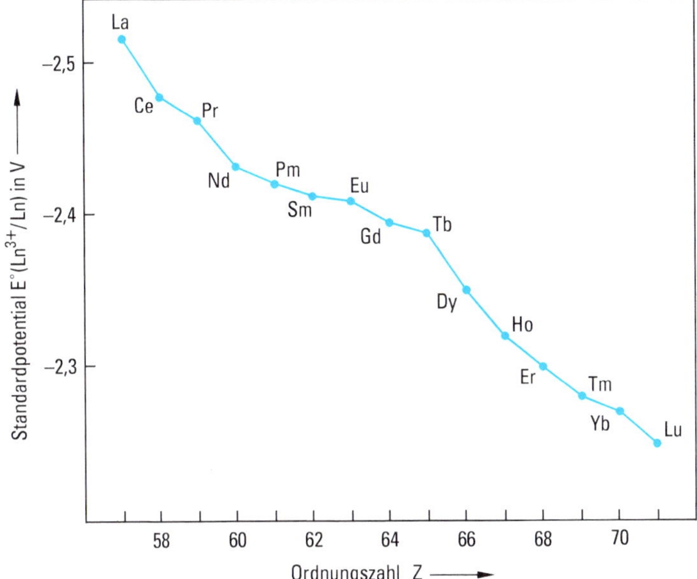

Abbildung 5.50 Standardpotentiale $E°$ der Lanthanoide für das Redoxsystem $Ln^{3+} + 3e^- \rightleftharpoons Ln$. Die Standardpotentiale werden mit zunehmendem Z weniger negativ, die leichten Lanthanoide sind also unedler. Alle Lanthanoide sind aber ähnlich unedle Metalle wie die Metalle der 3. und der 2. Gruppe.

mit Wasser und Säuren unter Wasserstoffentwicklung. Mit den meisten Nichtmetallen reagieren sie bei erhöhter Temperatur.

Beispiele:

$$2\,Ln + 3\,X_2 \xrightarrow{>200\,°C} 2\,LnX_3 \qquad (X = F,\ Cl,\ Br, I)$$

$$4\,Ln + 3\,O_2 \xrightarrow{>150\,°C} 2\,Ln_2O_3$$

$$2\,Ln + N_2 \xrightarrow{1000\,°C} 2\,LnN$$

5.10.2 Verbindungen mit der Oxidationszahl +3

Die Radien der Ln^{3+}-Ionen nehmen auf Grund der schrittweisen Zunahme der Kernladung mit zunehmender Ordnungszahl kontinuierlich ab (Lanthanoid-Kontraktion) (Abb. 5.51). Die Lanthanoid-Kontraktion bewirkt, dass die Atomradien und Ionenradien solcher Elementhomologe, zwischen denen die Lanthanoide stehen, sehr ähnlich sind. Dies gilt besonders für die Paare Zr/Hf, Nb/Ta, Mo/W. Die zu erwartende Zunahme der Radien in einer Gruppe wird durch die Lanthanoid-Kon-

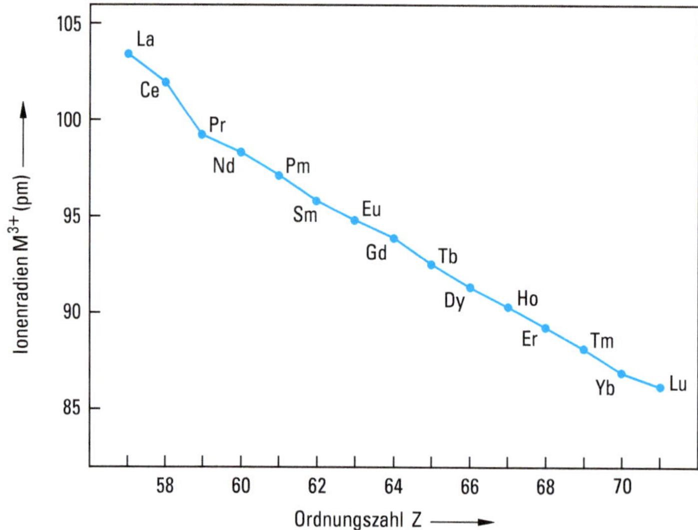

Abbildung 5.51 Ionenradien der Lanthanoide.
Mit zunehmender Ordnungszahl nehmen die Ionenradien der Lanthanoide kontinuierlich um 19 pm ab (Lanthanoid-Kontraktion). Die Lanthanoid-Kontraktion bewirkt die große Ähnlichkeit der 4d- und 5d-Elemente der Nebengruppen.

traktion gerade ausgeglichen. Für die Lanthanoide selbst hat die Lanthanoid-Kontraktion die regelmäßige Änderung einiger Eigenschaften zur Folge.

Die Hydratationsenthalpien der Ln^{3+}-Ionen nehmen mit Z zu. Die Aquakomplexe sind Kationensäuren, die umso stärker sauer wirken, je kleiner das Ln^{3+}-Ion ist. Für die Aquakationen $[Ln(H_2O)_n]^{3+}$ werden Koordinationszahlen bis $n = 8$ gefunden.

Die Löslichkeit und die Basizität der Hydroxide $Ln(OH)_3$ nehmen mit Z ab. Die am stärksten basischen Hydroxide ähneln in der Basizität dem $Ca(OH)_2$. Nur $Yb(OH)_3$ und $Lu(OH)_3$ zeigen bereits etwas amphoteren Charakter, sie bilden mit konz. Natronlauge die Verbindungen $Na_3Yb(OH)_6$ und $Na_3Lu(OH)_6$. Die Salze der Lanthanoide hydrolysieren wenig. Entsprechend der abnehmenden Basizität nimmt auch die thermische Beständigkeit z. B. der Nitrate und Carbonate mit Z ab.

Die Chemie der Ln^{3+}-Ionen ähnelt der des Scandiums und Yttriums. Die Trifluoride sind in Wasser und in verdünnten Säuren schwer löslich. Die Chloride, Bromide und Iodide sind leicht löslich, aus den Lösungen lassen sich Hydrate abscheiden. Die Perchlorate, Nitrate und Sulfate sind gut bis mäßig löslich, die Carbonate, Phosphate und Oxalate schwer löslich. Die Neigung zur Komplexbildung ist nur gering. Alle Ln^{3+}-Ionen bilden aber z. B. mit EDTA (1 : 1)-Komplexe.

Im magnetischen und spektralen Verhalten unterscheiden sich die f-Elemente grundlegend von den d-Elementen. Die 4f-Niveaus sind gegen äußere Einflüsse weitgehend abgeschirmt und werden nur geringfügig durch die Ionen der Umgebung

Tabelle 5.10 Farben der Ln^{3+}-Ionen

Ion		Farbe	Ion		Zahl der ungepaarten 4f-Elektronen
La^{3+}	($4f^0$)	farblos	Lu^{3+}	($4f^{14}$)	0
Ce^{3+}	($4f^1$)	farblos	Yb^{3+}	($4f^{13}$)	1
Pr^{3+}	($4f^2$)	grün	Tm^{3+}	($4f^{12}$)	2
Nd^{3+}	($4f^3$)	rosa	Er^{3+}	($4f^{11}$)	3
Pm^{3+}	($4f^4$)	rosa, gelb	Ho^{3+}	($4f^{10}$)	4
Sm^{3+}	($4f^5$)	gelb	Dy^{3+}	($4f^9$)	5
Eu^{3+}	($4f^6$)	blassrosa	Tb^{3+}	($4f^8$)	6
Gd^{3+}	($4f^7$)	farblos	Gd^{3+}	($4f^7$)	7

beeinflusst. Die Terme der Lanthanoide sind daher in allen Verbindungen praktisch unverändert. Die Absorptionsbanden der f-f-Übergänge sind sehr scharf und ähneln denen freier Atome. Die Farben der Ln^{3+}-Ionen sind praktisch unabhängig von der Umgebung der Ionen, sie sind in Tab. 5.10 angegeben. Die Farbenfolge der Reihe La – Gd wiederholt sich in der Reihe Lu – Gd. Die magnetischen Eigenschaften wurden bereits im Abschn. 5.1.5 behandelt. Der Verlauf der magnetischen Momente der Ln^{3+}-Ionen ist in der Abb. 5.6 dargestellt.

5.10.3 Verbindungen mit den Oxidationszahlen +2 und +4

Außer in der Oxidationszahl +3 kommen einige Lanthanoide in den Oxidationszahlen +4 und +2 vor. Ihr Auftreten in der Gruppe wiederholt sich periodisch.

Ce	Pr	Nd	Pm	Sm	Eu	Gd	Tb	Dy	Ho	Er	Tm	Yb	Lu
				+2	+2						+2	+2	
+3	+3	+3	+3	+3	+3	+3	+3	+3	+3	+3	+3	+3	+3
+4	+4	+4					+4	+4					

Beim Ce^{4+}, Tb^{4+}, Eu^{2+} und Yb^{2+} entstehen die stabilen Konfigurationen f^0, f^7 und f^{14}. Bei Pr, Nd, Dy, Sm und Tm ist dies jedoch nicht der Fall. Das Auftreten und die Periodizität der Oxidationszahlen +2 und +4 werden aus dem Verlauf der Ionisierungsenergien verständlich. Zur Bildung gasförmiger Ln^{3+}-Ionen aus gasförmigen Ln^{2+}-Ionen muss die dritte Ionisierungsenergie I_3 aufgewendet werden. Die dritte Ionisierungsenergie (Abb. 5.52a) hat Maxima bei Eu und Yb; bei diesen Lanthanoiden muss ein Elektron aus der stabilen f^7- bzw. f^{14}-Konfiguration entfernt werden. Gegenüber den anderen Lanthanoiden erhöhte I_3-Werte besitzen aber auch Sm und Tm. Relativ zu den gasförmigen Ln^{3+}-Ionen ist also das Auftreten der folgenden Ln^{2+}-Ionen begünstigt: Eu^{2+}, Yb^{2+}, Sm^{2+}, Tm^{2+}. Zur Bildung von Ln^{4+}-Ionen ist die vierte Ionisierungsenergie erforderlich. Die Oxidationszahl +4 ist also für solche

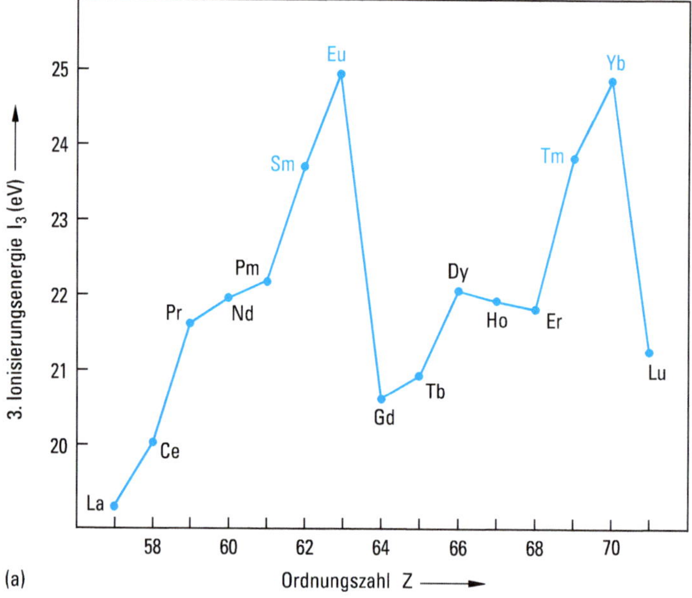

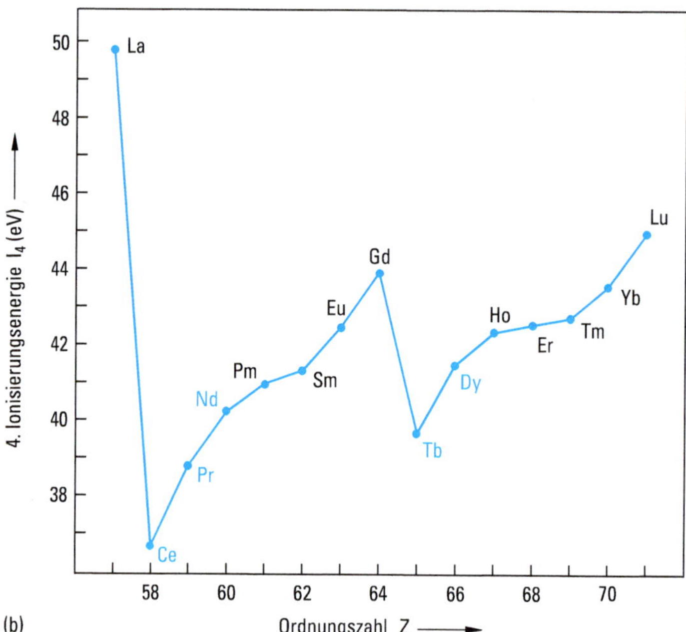

Abbildung 5.52 a) 3. Ionisierungsenergie I_3 der Lanthanoide. Der Verlauf ist periodisch mit Maxima bei den Konfigurationen $f^7(Eu^{2+})$ und $f^{14}(Yb^{2+})$.
b) 4. Ionisierungsenergie I_4 der Lanthanoide. Maxima treten auf bei $Gd^{3+}(f^7)$ und $Lu^{3+}(f^{14})$. Die Periodizität hat zur Folge, dass außer Ce und Pr auch Tb einen niedrigen I_4-Wert aufweist.

Lanthanoide zu erwarten, die kleine vierte Ionisierungsenergien besitzen. Dies sind vor allem Ce, Pr und Tb, außerdem noch Nd und Dy (Abb. 5.52b).

Für die Stabilität der Verbindungen mit der Oxidationszahl +2 gilt: $Eu^{2+} > Yb^{2+} > Sm^{2+} > Tm^{2+}$. Die Standardpotentiale in Wasser betragen:

Tm^{3+}/Tm^{2+}	$E° = -2{,}3$ V	Stabilität der reduzierten Form nimmt in der Spannungsreihe nach unten (mit weniger negativem $E°$) zu ↓
Sm^{3+}/Sm^{2+}	$E° = -1{,}55$ V	
Yb^{3+}/Yb^{2+}	$E° = -1{,}05$ V	
Eu^{3+}/Eu^{2+}	$E° = -0{,}35$ V	

Eu^{2+}-Ionen erhält man durch Reduktion von Eu^{3+}-Lösungen mit Zn, Yb^{2+}- und Sm^{2+}-Ionen durch Reduktion mit Natriumamalgam oder durch elektrolytische Reduktion. Nur Eu^{2+}-Ionen sind in wässriger Lösung stabil, die anderen Ln^{2+}-Ionen zersetzen Wasser unter H_2-Entwicklung.

Die Ln^{2+}-Radien liegen im Bereich der Radien der schweren Erdalkalimetallkationen. Sie betragen in pm:

Sm^{2+}	122	Ca^{2+}	100
Eu^{2+}	117	Sr^{2+}	118
Tm^{2+}	103	Ba^{2+}	135
Yb^{2+}	102		

Ln(II)-Verbindungen ähneln daher den Erdalkalimetallverbindungen. So sind die Sulfate schwer löslich, die Hydroxide löslich. Beispiele für isotype Verbindungen sind:

SmF_2	CaF_2	YbI_2	CaI_2
TmF_2	CaF_2	$EuSO_4$	$SrSO_4$
EuF_2	SrF_2	YbO, EuO	BaO

Von den Verbindungen mit der Oxidationszahl +4 sind die Ce(IV)-Verbindungen am stabilsten. In wässriger Lösung sind nur Ce^{4+}-Ionen beständig, von Tb^{4+}-, Pr^{4+}-, Dy^{4+}- und Nd^{4+}-Ionen wird Wasser unter O_2-Entwicklung oxidiert.

$O_2 + 4\,H_3O^+ + 4\,e^- \rightleftharpoons 6\,H_2O$	$E° = 1{,}23$ V
Tb^{4+}/Tb^{3+}	$E° = 3{,}1$ V
Pr^{4+}/Pr^{3+}	$E° = 3{,}2$ V

Das Standardpotential Ce^{4+}/Ce^{3+} in sauren Lösungen hängt von der Säure ab. Bei der Säurekonzentration 1 mol/l beträgt es +1,70 V in Perchlorsäure, +1,61 V in Salpetersäure, +1,44 V in Schwefelsäure und +1,28 V in Salzsäure. Die Erniedrigung kommt durch Komplexbildung mit den Säureanionen zustande. Die Standardpotentiale zeigen, dass Ce^{4+}-Ionen in wässriger Lösung metastabil sind. Das Redoxsystem

$$\underset{\text{gelb}}{Ce^{4+}} + e^- \rightleftharpoons \underset{\text{farblos}}{Ce^{3+}}$$

wird in der Maßanalyse (Cerimetrie) benutzt.

Im festen Zustand existieren nur wenige binäre Ln(IV)-Verbindungen. Die Dioxide LnO_2 (Ln = Ce, Pr, Tb) kristallisieren in der Fluorit-Struktur. Von den Fluoriden LnF_4 (Ln = Ce, Pr, Tb) sind CeF_4 und TbF_4 isotyp mit UF_4.

Im System Praseodym – Sauerstoff gibt es eine Folge von nichtstöchiometrischen Phasen mit einem kleinen Homogenitätsbereich, in denen Pr(III) neben Pr(IV) vorhanden ist: Pr_nO_{2n-2} ($n = 7, 9, 10, 11, 12$).

Ähnlich kompliziert ist das System Terbium – Sauerstoff. Pr(IV) ist auch in den verzerrten Perowskiten $SrPrO_3$ und $BaPrO_3$ vorhanden.

Von Nd(IV) und Dy(IV) sind die Verbindungen Cs_3NdF_7 und Cs_3DyF_7 bekannt.

5.10.4 Vorkommen

Da die Ionenradien der Seltenerdmetalle größer sind als die der meisten M^{3+}-Ionen, werden sie nicht in die Kristallstrukturen der gewöhnlichen gesteinsbildenden Mineralien eingebaut. Sie bilden eigene Mineralien, in denen sie auf Grund der ähnlichen

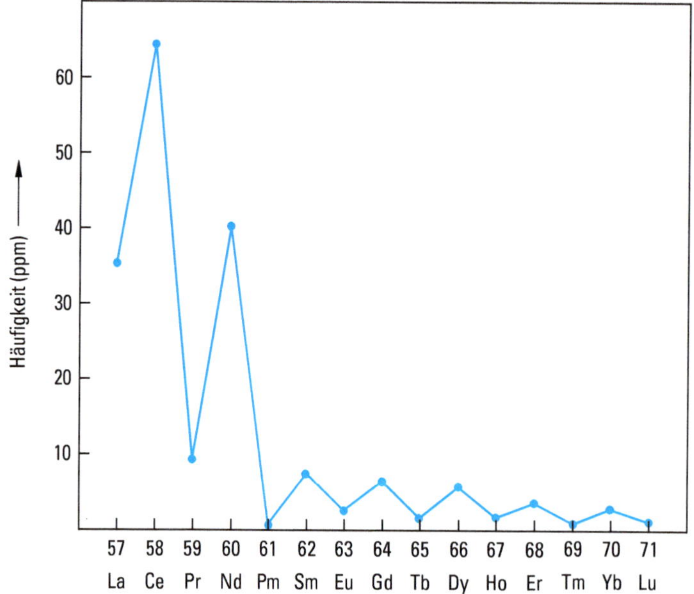

Abbildung 5.53 Häufigkeit der Lanthanoide in der Erdkruste. Lanthanoide mit geraden Ordnungszahlen sind häufiger als die Nachbarn mit ungeraden Ordnungszahlen (Harkins-Regel). 1 ppm entspricht 1 mg/kg.

Ionenradien gemeinsam vorkommen (diadoche Vertretbarkeit). In der Oxidationsstufe +2 kommt Europium als Begleiter des Strontiums vor ($r_{Eu^{2+}} = 117\,pm$, $r_{Sr^{2+}} = 118\,pm$), z. B. im Strontianit $SrCO_3$.

Die leichten Lanthanoide (Ceriterden) sind bis 70 % angereichert im Bastnäsit MCO_3F und Monazit MPO_4 (M = Ceriterden). Der Monazitsand ist eine sekundäre Ablagerung, in der Monazit angereichert ist. Die schweren Lanthanoide und Yttrium (Yttererden) kommen vor im Xenotim MPO_4, Gadolinit$M_2Be_2\overset{+2}{Fe}[SiO_4]_2O_2$ und im Euxenit $M(Nb,Ta)TiO_6$ (M = Yttererden).

Die relative Häufigkeit der Lanthanoide demonstriert eindrucksvoll die Harkins-Regel (Abb. 5.53). Die Lanthanoide mit geraden Ordnungszahlen sind häufiger (Massenanteil in der Erdrinde 10^{-3} bis 10^{-4} %) als die mit ungeraden Ordnungszahlen (Massenanteil 10^{-4} bis 10^{-5} %). Die Lanthanoide sind keine seltenen Elemente, Cer z. B. ist häufiger als Blei, Quecksilber oder Cadmium. Insgesamt ist der Massenanteil der Lanthanoide in der Erdrinde 0,01 %.

5.10.5 Darstellung, Verwendung

Die Abtrennung der Lanthanoide von den übrigen Elementen der Erze erfolgt durch Aufschlussverfahren mit konz. Schwefelsäure oder mit Natronlauge. Die Trennung der Lanthanoide ist wegen der sehr ähnlichen Eigenschaften schwierig. Früher erfolgte die Trennung durch die äußerst mühsamen Methoden der Fraktionierung: fraktionierende Kristallisation z. B. der Doppelnitrate $2\,NH_4NO_3 \cdot Ln(NO_3)_3 \cdot 4\,H_2O$ oder fraktionierende Zersetzung der Nitrate. Dabei wurde die geringe unterschiedliche Löslichkeit bzw. thermische Beständigkeit ausgenutzt. Die Trennoperationen mussten viele Male wiederholt werden. Die jetzt verwendete wirksame Methode zur Trennung und zur Gewinnung der einzelnen Lanthanoide in kleinen Mengen sehr hoher Reinheit ist der Ionenaustausch (vgl. S. 575). Die Tendenz zum Austausch wächst mit zunehmendem Ionenradius, La reichert sich am oberen Ende, Lu am unteren Ende der Austauschersäule an. Der Trenneffekt wird durch einen geeigneten Komplexbildner verstärkt. Kleine Ionen bilden stärkere Komplexe, so dass die Lanthanoide nacheinander – in der Eluierungsfolge Lu $\longrightarrow$ La – in die wässrige Phase überführt werden.

Die technische Gewinnung der Lanthanoide erfolgt durch flüssig-flüssig-Extraktion mit Tri-*n*-butylphosphat (TBP) aus Nitratlösungen.

Zur Trennung kann auch ausgenutzt werden, dass sich mit der Oxidationszahl die Eigenschaften ändern. Durch Reduktion erhält man Eu^{2+}, das als schwer lösliches $EuSO_4$ isoliert werden kann. Durch Oxidation erhält man Ce^{4+}, das durch Fällung als $(NH_4)_2Ce(NO_3)_6$ abgetrennt werden kann.

Verwendung der Lanthanoide: Herstellung farbiger Gläser (Nd, Pr); Legierungsbestandteile in Permanentmagneten (Sm); Leuchtfarbstoffe für Fernsehbildröhren (Eu, Y); Feststofflaser (z. B. Nd-Laser); Feuerzeug-Zündsteine (Cerlegierungen; beim Reiben an aufgerautem Stahl entstehen pyrophore Teilchen, mit denen brennbare Dämpfe entzündet werden können); Regelstäbe in Kernreaktoren (Eu, Sm, Dy, Gd); Crack-Katalysatoren (Ceriterden auf synth. Zeolithen); Yttrium-Eisen-Granate (YIG: Yttrium-Iron-Garnet) und Yttrium-Aluminium-Granate (YAG) dienen zur Frequenzsteuerung in Schwingkreisen; Gadolinium-Gallium-Granate (GGG) sind magnetische Blasenspeicher (hauptsächlich verwendet wird $Gd_3Ga_5O_{12}$; vgl. Abschn. 5.1.6); Gd-DTPA (DTPA = Diethylentriaminpentaacetat) u. ä. Chelatkomplexe können in Zellen eindringen und dienen als Kontrastmittel in der Kernspintomographie (vgl. Abschn. 2.8.4); das Isotop ^{157}Gd hat einen der höchsten Neutroneneinfangquerschnitte; Glühstrümpfe (ein feinmaschiges Oxidgerüst aus 90 % ThO_2 und 10 % CeO_2 sendet in der Gasflamme ein helles Licht aus), sie werden in Gaslaternen verwendet, die aber weitgehend durch elektrische Leuchtkörper ersetzt sind.

5.10.6 Elektrische Lichtquellen, Leuchtstoffe

Weltweit werden 19 % der elektrischen Energie für Beleuchtungszwecke verbraucht. 79 % der Lichtquellen sind Glüh- und Halogenlampen, 20 % Fluoreszenzlampen (Leuchtstofflampen). Die Lichtausbeute beträgt bei Glüh- und Halogenlampen 17 – 30 lm/W, bei Fluoreszenzlampen 60 – 100 lm/W. Ziel ist es, die Glüh- und Halogenlampen durch effizientere Lichtquellen zu ersetzen, dies sind Gasentladungslampen und die neueren Leuchtdioden, LEDs (lichtemittierende Dioden). LEDs sind keine Temperaturstrahler wie Glühlampen, sie haben eine lange Lebensdauer, kurze Schaltzeiten und sind unempfindlich gegen Erschütterungen. Die Lichtausbeute liegt bei 35 – 50 lm/W. Lanthanoide sind als Aktivatoren für Leuchtstoffe bei Gasentladungslampen (Fluoreszenzlampen) und Leuchtdioden unentbehrlich.

Glüh- und Halogenlampen wurden bereits im Abschn. 4.3.2 besprochen.

Gasentladungslampen

Bei einer Gasentladung werden Atome oder Moleküle durch Elektronen in einem elektrischen Feld angeregt, so dass Photonen abgestrahlt werden. Bei Niederdruckgasentladungslampen ist der Druck kleiner als 100 Pa, die freie Weglänge der Elektronen liegt im Bereich einiger cm, es stellt sich auf Grund der kleinen Stoßraten kein thermisches Gleichgewicht ein, Teilchen und Entladungsgefäß bleiben kalt. Bei Hochdruckgasentladungslampen (bis 10 000 Pa) stellen sich Teilchentemperaturen von mehreren 1 000 K ein.

Bei Niederdruckgasentladungslampen ist meist Quecksilber der Emitter der UV-Strahlung erzeugt, die mit fluoreszierenden Leuchtstoffen in sichtbares Licht umgewandelt wird. (Fluoreszenz- bzw. Leuchtstofflampen). Xenongasentladungslampen werden wegen der kurzen Schaltzeiten für Spezialzwecke eingesetzt (z. B. Kopierer).

Es gibt viele Leuchtstoffe, die UV-Strahlung in jedes gewünschte Emissionsspektrum zwischen 300 und 700 nm umwandeln. Leuchtstoffe sind stabile anorganische Wirtsmateralien, die mit Aktivatoren dotiert werden.

Beispiele:

Im UV-Bereich sind als Aktivatoren Gd^{3+}, Ce^{3+}, Pb^{2+}und Eu^{2+} geeignet.

$(Y_{1-x}Eu_x)_2O_3$ $x \sim 0{,}05$	Emitter für rotes Licht (611 nm)
$SrAl_{12}O_{19} : Ce^{3+}$	Medizinische Lampe (300 nm)
$BaSi_2O_5 : Pb^{2+}$	Kosmetische Lampe (350 nm)

Fluoreszenzlampen für die allgemeine Beleuchtung enthalten Leuchtstoffe, die einen möglichst großen spektralen Bereich abdecken. Man verwendet dafür z. B. eine trichromatische Leuchtstoffmischung.

$Y_2O_3 : Eu$	Linienemitter 611 nm (rot)
$LaPO_4 : Ce, Tb$	Linienemitter 545 nm (grün)
$BaMgAl_{10}O_{17} : Eu$	Breitbandemitter (Bereich blau)

Leuchtdioden

Leuchtdioden sind Halbleiterlichtquellen. Bei den Halbleitern ist ein p/n-Übergang erforderlich. An der Kontaktstelle eines n-Halbleiters mit einem p-Halbleiter (vgl. Abschn. 2.4.4.4) diffundieren Elektronen vom n-Halbleiter zum p-Halbleiter und besetzen dort Elektronenlöcher. Dadurch entsteht im n-Halbleiter eine positive Raumladung, im p-Halbleiter eine negative Raumladung. Man bezeichnet diesen Bereich als Sperrschicht.

Legt man eine elektrische Spannung mit dem negativen Pol am n-Leiter an, dann werden Elektronen und Defektelektronen in die Sperrschicht transportiert. Es erfolgt elektrische Leitung und dabei auch ein Übergang von Elektronen aus dem Leitungsband des n-Leiters in das Valenzband des p-Leiters mit gleichzeitiger Emission von Lichtquanten (vgl. Abschn. 1.4.2). Die Energie der Photonen hängt von der Breite der Bandlücke (verbotene Zone) ab. Bei entgegengesetzter Spannung finden keine Leitung und keine Strahlungsemission statt. Durch Mischkristallbildung zwischen Halbleitern mit unterschiedlichen Bandlücken können die Bandlücken und die Wellenlängen (Farben) des ausgestrahlten Lichts kontinuierlich verändert werden. Verwendung fanden folgende Halbleiter:

$(Al_{1-x}Ga_x)As$. Die Bandlücke von AlAs beträgt 2,16 eV, das emittierte Licht hat die Wellenlänge 570 nm, Farbe gelb. GaAs hat eine Bandlücke von 1,42 eV, dies entspricht der Strahlung mit 870 nm im IR-Bereich. Die Mischkristallreihe ist geeignet für LEDs im Farbbereich gelb-rot-IR.

$(Al_{1-x-y}Ga_xIn_y)P$. AlP hat eine Bandlücke von 2,45 eV und erzeugt blaugrünes Licht der Wellenlänge 500 nm. GaP mit der Bandlücke 2,25 eV liefert grünes Licht der Wellenlänge 550 nm.

Für die Erzeugung von weißem Licht sind Halbleiter erforderlich die blaues Licht liefern. Dies wurde erst in den 1990er Jahren möglich.[1] Der Halbleiter GaN hat eine

[1] 2014 erhielten dafür die drei japanischen Forscher Isamu Akasaki, Hiroshi Amano und Shuji Nakamura den Nobelpreis für Physik.

Bandlücke von 3,4 eV, die emittierte Strahlung liegt mit 360 nm im UV-Bereich. In Mischkristallen mit InN, dessen Bandlücke 1,9 eV beträgt, wird die emittierte Strahlung ins Langwellige, Bereich blau, verschoben. Aus monokristallinem GaN wird durch Dotierung p-Leitung und n-Leitung erzeugt. Mit dem System $\mathbf{(Al_xIn_yGa_{1-x-y})N}$ kann man blaues Licht mit einer Quanteneffizienz von 70 % erzeugen.

Mit blauen Leuchtdioden konnten weiße LEDs entwickelt werden. Man kombiniert eine blaue LED mit einem Leuchtstoff, der eine gelbe Emissionsbande besitzt. Der geeignete Leuchtstoff ist ein Yttrium-Aluminium-Granat (YAG), der mit Cer dotiert ist: $(Y_{1-x}Gd_x)Al_5O_{12}$: Ce. Ein anderes Konzept ist die Kombination einer blauen LED mit einem grünen und einem roten Leuchtstoff. Die Dreibandenlampen finden breite Anwendung in Energiesparlampen. Geeignete Leuchtstoffe sind $SrGa_2S_4$: Eu (grün) und SrS : Eu (rot).

Alternative Leuchtstoffe mit Eu^{2+} als Aktivator werden mit silicatischen und nitridischen Wirtsgittern entwickelt.

5.11 Gruppe 4

5.11.1 Gruppeneigenschaften

	Titan Ti	Zirconium Zr	Hafnium Hf
Ordnungszahl Z	22	40	72
Elektronenkonfiguration	$[Ar]3d^2 4s^2$	$[Kr]4d^2 5s^2$	$[Xe]4f^{14} 5d^2 6s^2$
1. Ionisierungsenergie in eV	6,8	6,8	7,0
2. Ionisierungsenergie in eV	13,6	13,1	14,9
3. Ionisierungsenergie in eV	27,5	23,0	23,2
4. Ionisierungsenergie in eV	43,2	34,3	33,3
Elektronegativität	1,3	1,2	1,2
Standardpotentiale in V			
M^{4+}/M	–	−1,53	−1,70
$MO^{2+} + 2\,H_3O^+/M + 3\,H_2O$	−0,88		
M^{3+}/M	−1,21	–	–
M^{2+}/M	−1,63	–	–
Schmelzpunkt in °C	1 677	1 852	2 227
Siedepunkt in °C	3 262	4 200	4 450
Dichte in g cm^{-3}	4,51	6,51	13,31
Ionenradien in pm			
M^{4+}	60	72	71
M^{3+}	67	–	–
M^{2+}	86	–	–
Beständigkeit der Oxidationsstufe +4		⟶ nimmt zu	

Die Atome der Elemente der Gruppe 4 besitzen vier Valenzelektronen. Die stabilste Oxidationszahl ist bei allen Elementen +4. Es gibt außerdem stabile binäre

Verbindungen mit den Oxidationszahlen +3 und +2. Im Gegensatz zu den Elementen der Gruppe 14 nimmt mit zunehmender Ordnungszahl die Stabilität niedriger Oxidationszahlen ab.

Die Ti(IV)-Verbindungen haben kovalenten Bindungscharakter. Die häufigste Koordinationszahl ist 6. Sie ähneln den Verbindungen der Elemente der Gruppe 14, besonders denen des Sn(IV). TiO_2 (Rutil) und SnO_2 sind isotyp. $TiCl_4$ und $SnCl_4$ sind destillierbare, leicht hydrolysierbare, farblose Flüssigkeiten. Es existieren ähnliche Hexahalogenidometallat(IV)-Anionen wie $[TiF_6]^{2-}$, $[GeF_6]^{2-}$, $[TiCl_6]^{2-}$, $[SnCl_6]^{2-}$ und $[PbCl_6]^{2-}$.

In wässrigen Lösungen sind auch bei kleinen pH-Werten $[Ti(H_2O)_6]^{4+}$-Ionen nicht beständig, sondern nur Ionen mit niedrigeren Ladungen wie TiO^{2+}. Sowohl in wässrigen Lösungen als auch in Salzen existiert das violette Ion $[Ti(H_2O)_6]^{3+}$. Man erhält es durch Reduktion von Ti(IV)-Lösungen mit Zink.

$$TiO^{2+} + 2\,H_3O^+ + e^- \rightleftharpoons Ti^{3+} + 3\,H_2O \qquad E^\circ = +0{,}10\,V$$

$[Ti(H_2O)_6]^{3+}$ ist eine Kationensäure.

$$[Ti(H_2O)_6]^{3+} + H_2O \rightleftharpoons [Ti(H_2O)_5OH]^{2+} + H_3O^+ \qquad K_S = 5 \cdot 10^{-3}$$

Ti^{2+}-Ionen sind in wässriger Lösung nicht beständig, da sie von Wasser unter H_2-Entwicklung oxidiert werden.

$$Ti^{3+} + e^- \rightleftharpoons Ti^{2+} \qquad E^\circ = -0{,}37\,V$$

Ti(II)-Verbindungen existieren nur in fester Form.

Der basische Charakter nimmt vom amphoteren, aber vorwiegend sauren TiO_2 zum basischen HfO_2 zu. Die Basizität ist bei niedrigen Oxidationszahlen höher.

Kein Paar homologer Elemente ist im chemischen Verhalten so ähnlich wie Zirconium und Hafnium. Auf Grund der Lanthanoid-Kontraktion besitzen die beiden Elemente fast gleiche Atomradien und Ionenradien. Vom Titan unterscheiden sich Zirconium und Hafnium durch die geringere Stabilität niedriger Oxidationsstufen, die stärkere Basizität der Oxide und durch die Neigung, die höheren Koordinationszahlen 7 und 8 anzunehmen. Es gibt vom Zr(III) und Hf(III) keine Chemie in Wasser oder anderen Lösungsmitteln.

5.11.2 Die Elemente

Die Elemente der Gruppe 4 kristallisieren in dichtesten Packungen, sie sind dimorph.

Beispiel: Titan

$$\alpha\text{-Ti} \underset{}{\overset{882\,°C}{\rightleftharpoons}} \beta\text{-Ti}$$

hexagonal-dichteste Packung — kubisch-raumzentriert

Es sind hochschmelzende, duktile, unedle, aber korrosionsbeständige Metalle.

Reines **Titan** ist silberweiß und gut leitend ($10^4\ \Omega^{-1}\ cm^{-1}$). Auf Grund seiner Dichte gehört es zu den Leichtmetallen. Es besitzt große mechanische Festigkeit, einen hohen Schmelzpunkt, einen niedrigen thermischen Ausdehnungskoeffizienten und ist außerordentlich korrosionsbeständig. Es hat daher die Qualitäten von Aluminiumlegierungen und von rostfreiem Stahl, dies erklärt die Bedeutung von Titan als Werkstoff. Bei normaler Temperatur ist Titan reaktionsträge. Bis 350 °C behält Titan an der Luft seinen metallischen Glanz. Titanlegierungen können ohne Festigkeitsverlust bis 650 °C erhitzt werden. Beim Erhitzen reagiert Titan mit den meisten Nichtmetallen: H_2, Halogene, O_2, N_2, C, B, Si, S.

Titan ist ein unedles Metall. Da es aber durch Bildung einer Oxidschicht passiviert wird, wird es in der Kälte von den meisten Säuren, auch konz. Salpetersäure und Königswasser, sowie von Alkalilaugen nicht gelöst. Es wird auch von nitrosen Gasen, Chlorlösungen und Meerwasser nicht angegriffen. Durch Komplexbildung wird die Passivierung aufgehoben, Titan löst sich daher in Flusssäure.

$$TiF_6^{2-} + 4\,e^- \rightleftharpoons Ti + 6\,F^- \qquad E^\circ = -1{,}19\,V$$

In heißer Salzsäure löst sich Titan unter Bildung von $TiCl_3$.

5.11.3 Vorkommen

Titan gehört zu den häufigen Elementen (vgl. Tab. 4.1). Da Ti^{4+} einen ähnlichen Ionenradius wie Al^{3+} und Fe^{3+} hat, enthalten viele Mineralien Titan, daher ist es in der Natur in kleinen Konzentrationen weit verbreitet. Die wichtigsten Titanmineralien sind Ilmenit $FeTiO_3$, Rutil TiO_2, Titanit $CaTiO[SiO_4]$ und Perowskit $CaTiO_3$. Ti-reich ist Mondgestein, es enthält 10 % Ti als Ilmenit.

In der Natur vorkommende Zirconiumverbindungen sind Zirkon $ZrSiO_4$ und Baddeleyit ZrO_2. Es gibt keine Hafniummineralien. Die Ionenradien von Zr^{4+} und Hf^{4+} sind fast gleich. Hafnium ist daher in Zirconiummineralien enthalten, in denen es Zirconium diadoch vertritt. Dies ist auch die Ursache dafür, dass Hafnium erst 1923 – 134 Jahre nach dem Zirconium – nur mit der Röntgenspektroskopie (s. S. 70) entdeckt worden ist.

Das Massenverhältnis Ti : Zr : Hf in der Erdkruste beträgt 2200 : 60 : 1.

5.11.4 Darstellung

Titan kann nicht durch Reduktion von Titandioxid TiO_2 mit Kohle hergestellt werden, da sich Titancarbid TiC bildet. Mit Wasserstoff entstehen bei höherer Temperatur nur nicht-stöchiometrische Sauerstoff-defizitäre TiO_{2-x} Phasen. Die Reduktion mit unedlen Metallen wie Na, Al, Ca führt zu Oxiden mit niedrigen Oxidationszahlen.

Im Labor wird TiO_2 mit CaH_2 reduziert.

$$TiO_2 + 2\,CaH_2 \xrightarrow{900\,^\circ C} Ti + 2\,CaO + 2\,H_2$$

Technisch wird Ti durch Reduktion von Titantetrachlorid $TiCl_4$ hergestellt. $TiCl_4$ erhält man durch Reaktion von TiO_2 mit Kohle und Chlor.

$$TiO_2 + 2\,Cl_2 + 2\,C \longrightarrow TiCl_4 + 2\,CO \qquad \Delta H^\circ = -80\ \text{kJ/mol}$$

Die Reaktion verläuft bei 800 – 1200 °C rasch und quantitativ. $TiCl_4$ wird durch Destillation gereinigt. Verwendet man als Ausgangsmaterial nicht Rutil TiO_2, sondern Ilmenit $FeTiO_3$, muss vor der Chlorierung das Eisen entfernt werden. Dazu wird Ilmenit durch Reduktion im elektrischen Lichtbogenofen mit Koks zu einer TiO_2-reichen Schlacke und Roheisen umgesetzt. Das Roheisen fällt flüssig an und wird periodisch abgestochen.

Beim Kroll-Verfahren reduziert man Titantetrachlorid mit Magnesium.

$$TiCl_4 + 2\,Mg \longrightarrow Ti + 2\,MgCl_2 \qquad \Delta H^\circ = -450\ \text{kJ/mol}$$

Die Reaktion wird bei 850 °C in einem mit Titanblech ausgekleideten Stahlbehälter unter einer Helium- oder Argonatmosphäre durchgeführt. Zum flüssigen Magnesium wird $TiCl_4$ zugesetzt. Titan fällt als Schwamm an; das flüssig anfallende $MgCl_2$ wird periodisch abgestochen und wieder zur elektrolytischen Mg-Gewinnung verwendet. Der Titanschwamm enthält noch erhebliche Mengen $MgCl_2$ und Mg-Metall. Sie werden entweder durch Destillation im Vakuum oder durch Auslaugen mit verdünnter Salzsäure entfernt. Ganz analog wird **Zirconium** aus ZrO_2 dargestellt.

Titanschwamm wird in Vakuumlichtbogenöfen zu Rohblöcken bis 10 t eingeschmolzen. Dazu werden Abschmelzelektroden aus verpresstem Titanschwamm hergestellt. Titanschwamm wird auch pulvermetallurgisch zu gesinterten Formkörpern verarbeitet.

Beim Hunter-Verfahren wird $TiCl_4$ mit Natrium reduziert.

$$TiCl_4 + 4\,Na \longrightarrow Ti + 4\,NaCl \qquad \Delta H^\circ = -869\ \text{kJ/mol}$$

Der mit diesem Verfahren gewonnene Titanschwamm lässt sich leichter zerkleinern als Kroll-Titan und ist besser für die pulvermetallurgische Weiterverarbeitung geeignet.

Chemische Transportreaktionen (CVT = chemical vapor transport) werden zur Synthese, Kristallzucht und Reinigung von Verbindungen und Elementen eingesetzt. Bei der chemischen Transportreaktion reagiert ein fester Stoff A_s mit einem gasförmigen Transportmittel X_g unter Bildung des gasförmigen Stoffs AX_g.

$$A_s + X_g \rightleftharpoons AX_g$$

Der Stoff AX_g wird durch Rückreaktion an einer anderen Stelle der Apparatur zersetzt, und A_s wird abgeschieden. Für die Transportreaktion ist ein reversibles chemisches Gleichgewicht erforderlich. Der Transport über die Gasphase erfolgt durch Gasbewegung (Strömung, Diffusion) meist in einer geschlossenen Quarzampulle bei einem Temperaturgefälle. Verläuft die Bildung von AX exotherm (ΔH° negativ), so erfolgt der Rücktransport von der kälteren zu einer heißen Zone der Ampulle und Abscheidung von A dort; bei einer endothermen Reaktion (ΔH° positiv) von der heißen zur kalten Zone. Das ist nach dem Prinzip des kleinsten Zwangs (Abschn. 3.5.3) zu erwarten. Bei exothermen Reaktionen verschiebt sich das Gleichgewicht mit steigender Temperatur in Richtung der Ausgangsstoffe.

Hochreines Titan ist ein Beispiel für eine Herstellung durch eine chemische Transportreaktion (Verfahren von van Arkel-de Boer). In einer Quarzampulle reagiert Titan in exothermer Reaktion bei niedrigen Temperaturen mit Iod zu gasförmigem TiI_4. An der heißen Stelle der Ampulle zersetzt sich TiI_4 unter Abscheidung von reinem Titan. I_2 wandert zurück in die kältere Zone und reagiert erneut mit Titan.

$$Ti + 2\,I_2 \underset{1\,200\,°C}{\overset{600\,°C}{\rightleftharpoons}} TiI_4 \qquad \Delta H° = -376\,\text{kJ/mol}$$

Durch Transportreaktionen mit Iod erfolgt auch die Reinstdarstellung von Zirconium, Hafnium und Vanadium. Beim Mond-Prozess (Abschn. 5.15.4.2) wird Nickel mit CO als $Ni(CO)_4$ transportiert. Die Anwendung in Halogenlampen wurde im Abschn. 4.3.2 besprochen.

5.11.5 Verwendung

Da Titan leicht, fest und sehr korrosionsbeständig ist, besitzt es große Bedeutung für die Luftfahrtindustrie (Überschallflugzeuge) und die Raumfahrtindustrie sowie im chemischen Apparatebau. Titanstähle sind besonders widerstandsfähig gegen Stoß und Schlag, sie werden daher z. B. für Turbinen und Eisenbahnräder verwendet. Alltägliche Verwendung sind Armbanduhren, Brillengestelle, Hochleistungsfahrräder.

Zirconium wird wegen seines kleinen Einfangquerschnitts für thermische Neutronen und seiner Korrosionsbeständigkeit gegen Heißwasser und Dampf als Umhüllungsmaterial für Brennelemente in Atomreaktoren verwendet. Es darf kein Hafnium enthalten, da dieses einen hohen Einfangquerschnitt für Neutronen besitzt. Die Trennung Zirconium – Hafnium ist daher technisch wichtig. Früher gelang sie nur durch die aufwendige fraktionierende Kristallisation, z. B. von $(NH_4)_2ZrF_6$ und $(NH_4)_2HfF_6$. Heute erfolgt die Trennung durch Flüssig-Flüssig-Extraktion. In kleinen Mengen wird Zirconium in Energiesparlampen als Getter verwendet, um Spuren von Sauerstoff und Stickstoff zu entfernen. Zr/Ni-Legierungen im Gemisch mit Oxidationsmitteln (z. B. Chlorate) sind pyrotechnische Zünder für den Airbag-Gasentwickler.

5.11.6 Verbindungen des Titans

5.11.6.1 Sauerstoffverbindungen des Titans

Titandioxid TiO_2 ist in drei kristallinen Modifikationen bekannt, als Rutil, Anatas und Brookit, die alle in der Natur vorkommen. Beim Erhitzen wandeln sich Anatas und Brookit in Rutil um. In allen drei Modifikationen ist Titan verzerrt oktaedrisch von Sauerstoff koordiniert und Sauerstoff von drei Titanatomen umgeben. Die Elementarzelle des Rutilgitters ist in der Abb. 2.11 dargestellt. TiO_2 ist thermisch stabil und bis zum Schmelzpunkt von 1855 °C beständig. Die Reaktionsfähigkeit hängt von der thermischen Vorbehandlung ab. Hochgetempertes TiO_2 ist gegen Säuren und Basen beständig. Bei Raumtemperatur ist TiO_2 ein Isolator. Beim Erhitzen im Vakuum über 1800 °C oder durch Reduktion mit Wasserstoff wird reversibel Sauerstoff aus dem Gitter entfernt. Es entsteht eine dunkelblaue, nichtstöchiometrische Rutilphase TiO_{2-x} mit einem kleinen Sauerstoffdefizit, die etwas Ti(III) enthält und ein Halbleiter vom n-Typ ist. Auf Grund der hohen Brechzahl (2,8), des großen Färbe- und Deckvermögens sowie seiner chemischen Beständigkeit ist TiO_2 das bedeutendste Weißpigment. Es wird daher großtechnisch hergestellt. Es gibt zwei Verfahren.

Beim Sulfat-Verfahren wird Ilmenit $FeTiO_3$ oder TiO_2-Schlacke mit konz. Schwefelsäure aufgeschlossen. Die Auflösung des Aufschlusskuchens erfolgt unter Zusatz von Eisenschrott oder Ti(III)-Lösung, um Fe^{3+}- zu Fe^{2+}-Ionen zu reduzieren.

Nach dem Abkühlen kristallisiert – falls Ilmenit Ausgangsmaterial ist – $FeSO_4 \cdot 7\,H_2O$ aus. Danach wird durch thermische Hydrolyse bei 95–110 °C Titandioxid-Hydrat $TiO_2 \cdot x\,H_2O$ ausgefällt. Die Hydrolyse wird durch Impfung mit TiO_2-Keimen beschleunigt. Das Hydrolysat wird bei Temperaturen zwischen 800 und 1 000 °C calciniert. Durchsatz und Temperaturführung im Ofen beeinflussen den Rutilgehalt sowie Teilchengröße und Teilchengrößenverteilung der Pigmente. Ohne Zusätze entsteht bis 1 000 °C die Anatasmodifikation, Rutil bildet sich erst bei höheren Temperaturen. Rutil besitzt eine höhere Brechzahl und ein stärkeres Aufhellungsvermögen als Anatas. Durch Zusatz von Rutilisierungskeimen erreicht man, dass bevorzugt Rutilpigmente gebildet werden.

Beim Chlorid-Verfahren wird bei 800 – 1 200 °C Rutil oder TiO_2-Schlacke mit Koks und Chlor zu Titantetrachlorid umgesetzt.

$$TiO_2 + 2\,C + 2\,Cl_2 \longrightarrow TiCl_4 + 2\,CO$$

Nach Reinigung durch Destillation wird $TiCl_4$-Dampf mit Sauerstoff zu Rutil und Cl_2 verbrannt.

$$TiCl_4 + O_2 \xrightarrow{1000-1400\,^\circ C} TiO_2 + 2\,Cl_2$$

Durch gezielten Einbau farbgebender Ionen in das Rutilgitter entstehen Farbpigmente, z. B. „Postgelb", dessen Farbe durch Cr-, Ni- und Sb-Zusatz entsteht. Werden TiO_2-Schichten auf Glimmer aufgebracht, erhält man Perlglanzpigmente. Es entstehen abhängig von der Schichtdicke unterschiedliche Interferenzfarben.

TiO_2 ist amphoter. Aus Ti(IV)-Lösungen entsteht mit Basen wasserhaltiges Titandioxid $TiO_2 \cdot n\,H_2O$. Es löst sich in konz. Alkalilaugen, aus den Lösungen erhält man hydratisierte Titanate wie $\overset{+1}{M}_2TiO_3 \cdot n\,H_2O$ und $\overset{+1}{M}_2Ti_2O_5 \cdot n\,H_2O$ unbekannter Struktur. Auch in stark saurer Lösung existieren keine Ti^{4+}-Ionen, sondern monomere Ionen mit niedrigeren Ladungen wie TiO^{2+}, $[Ti(OH)_2]^{2+}$ und $[Ti(OH)_3]^+$. Aus wässrigen Lösungen können keine normalen Ti(IV)-Salze, sondern nur Oxidosalze hergestellt werden. Aus schwefelsauren Lösungen erhält man z. B. **Titanoxid-sulfat $TiOSO_4 \cdot H_2O$** (Titanylsulfat). Es enthält keine TiO^{2+}-(Titanyl-)Ionen, sondern polymere —Ti—O—Ti—O— Zickzack-Ketten.

TiO_2 bildet mit vielen Metalloxiden **Doppeloxide**. Die meisten kristallisieren im Ilmenit-, Perowskit- und Spinell-Typ.

Beispiele:
Ilmenit-Typ $MTiO_3$ (M = Fe, Mg, Mn, Co, Ni) (s. S. 86).
Perowskit-Typ $MTiO_3$ (M = Ca, Sr, Ba) (vgl. Abb. 2.18).
Spinell-Typ M_2TiO_4 (M = Mg, Zn, Mn, Co) (vgl. Abb. 2.19).

Außer $BaTiO_3$ gibt es weitere Bariumtitanate mit der allgemeinen Zusammensetzung $Ba_xTi_yO_{x+2y}$, z. B. $Ba_4Ti_{13}O_{30}$ und $Ba_6Ti_{17}O_{40}$, die wegen ihrer ferroelektrischen Eigenschaften technisch interessant sind.

Bei ferroelektrischen Kristallen richten sich unterhalb einer charakteristischen ferroelektrischen Curie-Temperatur elektrische Dipole in kleinen Bereichen des Kristalls („Domänen") aus, es kommt zu einer spontanen Polarisation. Die Dielektrizitätskonstante ε erreicht Werte bis zu $\varepsilon \approx 10^4$. Die Abhängigkeit der Polarisation von der elektrischen Feldstärke folgt einer Hysterese-Schleife. Die Ferroelektrizität ist ein kooperatives Phänomen und ähnelt im Wesen dem Ferromagnetismus (vgl. Abschn. 5.1.6).

Peroxidoverbindungen. Bei Zugabe von H_2O_2 zu einer sauren Ti(IV)-Lösung entsteht das intensiv orangegelbe Ion $[Ti(O_2)OH]^+$, das zum Nachweis von H_2O_2 oder Titan verwendet wird.

$$[Ti(OH)_3]^+ + H_2O_2 \longrightarrow [Ti(O_2)OH]^+ + 2\,H_2O$$

Es lassen sich Salze mit den Anionen $[Ti(O_2)F_5]^{3-}$ und $[Ti(O_2)(SO_4)_2]^{2-}$ isolieren.

Oxide des Titans mit Oxidationszahlen kleiner +4

Es existieren nicht nur die binären Sauerstoffverbindungen TiO und Ti_2O_3 mit den Oxidationszahlen +2 und +3. Typisch für viele Übergangsmetalle ist das Auftreten von Verbindungen mit gemischten Oxidationszahlen und die Nichtstöchiometrie dieser Verbindungen.

Phasen im System Titan – Sauerstoff

$Ti—TiO_{0,5}$	Im hexagonal-dichtest gepackten Gitter des Titans löst sich Sauerstoff, die Sauerstoffatome besetzen oktaedrische Lücken. Bei den Zusammensetzungen Ti_6O, Ti_3O und Ti_2O treten geordnete Strukturen auf.
$TiO_{0,68} – TiO_{0,75}$	Die Ti-Atome sind nicht mehr hexagonal-dichtest gepackt. Die Phase hat die Struktur von TaN mit Sauerstoffleerstellen.

TiO	TiO ist bronzefarben, metallisch leitend und hat oberhalb 900 °C eine NaCl-Defektstruktur mit 15 % Leerstellen in beiden Teilgittern. TiO ist eine nichtstöchiometrische Verbindung mit großer Phasenbreite. Der Zusammensetzungsbereich bei hohen Temperaturen reicht von $TiO_{0,75}-TiO_{1,25}$, mit abnehmender Temperatur verengt er sich. Unterhalb 900 °C treten geordnete Phasen mit kleinen Homogenitätsbereichen auf.
Ti_2O_3	Ti_2O_3 besitzt Korund-Struktur (vgl. Abb. 2.17), ist blauschwarz und ein Halbleiter, der oberhalb 200 °C metallisch leitend wird. Die Phasenbreite ist klein (TiO_x, $x = 1{,}49-1{,}51$)
Ti_3O_5	Ti_3O_5 ist eine stöchiometrische Phase, unterhalb 175 °C ein Halbleiter, darüber metallisch leitend.
Ti_nO_{2n-1} $(4 \leq n \leq 10)$	Im Bereich $TiO_{1,75}-TiO_{1,90}$ existieren sieben stöchiometrische Phasen einer homologen Reihe. Sie besitzen Strukturen mit komplizierter Verknüpfung von TiO_6-Oktaedern (vgl. Scherstrukturen S. 226).
Ti_nO_{2n-1} $(16 \leq n \leq 36)$	Im Bereich $TiO_{1,94}-TiO_{1,97}$ existiert eine weitere homologe Serie von Scherstrukturen.
TiO_2	Rutil, Anatas, Brookit.

5.11.6.2 Halogenverbindungen des Titans

Die **Titan(IV)-Halogenide TiX_4** (X = F, Cl, Br, I) sind stabile Verbindungen.

	Smp. in °C	Farbe	Eigenschaften
TiF_4	284 (Sblp.)	weiß	polymer (KZ = 6), hygroskopisch
$TiCl_4$	−24	farblos	Aus kovalenten, tetraedrischen Molekülen aufgebaut, hydrolyseempfindlich.
$TiBr_4$	38	orange	
TiI_4	155	dunkelbraun	

Titantetrachlorid $TiCl_4$ ist eine farblose, rauchende Flüssigkeit. Mit Wasser erfolgt Hydrolyse.

$$TiCl_4 + 2\,H_2O \longrightarrow TiO_2 + 4\,HCl$$

Es wird großtechnisch produziert (vgl. S. 821), da aus $TiCl_4$ metallisches Titan und TiO_2-Pigmente hergestellt werden.

Titantetraiodid TiI_4 entsteht bei 25 °C aus Titanschwamm und Iod und ist ein Zwischenprodukt beim van Arkel-de Boer-Verfahren (vgl. Abschn. 5.11.4).

Die **Titan(III)-Halogenide TiX_3** (X = F, Cl, Br, I) sind kristalline Feststoffe, die nicht schmelzen, sondern sublimieren und disproportionieren. Die Disproportionierungstemperatur nimmt von 950 °C bei TiF_3 auf 350 °C bei TiI_3 ab.

Die Titan(II)-Halogenide TiX_2 (X = Cl, Br, I) sind schwarze Feststoffe, sie kristallisieren in der Schichtstruktur des CdI_2-Typs. Sie sind starke Reduktionsmittel. Beim Erhitzen erfolgt Zerfall oder Disproportionierung.

5.11.6.3 Schwefelverbindungen des Titans

Ähnlich wie im System Titan – Sauerstoff gibt es eine Reihe von Verbindungen, deren Zusammensetzungen zwischen denen von TiS und TiS_2 liegen, nämlich Ti_5S_8, Ti_2S_3, Ti_3S_4, Ti_4S_5 und Ti_8S_9. TiS kristallisiert im NiAs-Typ (vgl. Abb. 2.59), TiS_2 im CdI_2-Typ (vgl. Abb. 2.61). Bei den anderen Phasen besetzen die Ti-Atome ebenfalls oktaedrisch koordinierte Lücken, aber die Schichtenfolge ist kompliziert.

Zwischen den Schwefelschichten im TiS_2-Gitter können ähnlich wie im Graphit (vgl. Abschn. 4.7.4) Alkalimetallatome eingelagert werden. Es entstehen Alkalimetall-Intercalate $MTiS_2$ (M = Alkalimetall). Auch die Einlagerung von Lewis-Basen, z. B. von aliphatischen Aminen, ist gelungen. Alkalimetall-Intercalate sind auch von den Chalkogeniden MX_2 mit X = S, Se, Te und M = Zr, Hf, V, Nb, Ta bekannt.

5.11.6.4 Titannitrid TiN

TiN (Smp. 2 950 °C) ist ein gelbes Pulver, das in der NaCl-Struktur kristallisiert. Die Darstellung der stöchiometrischen Verbindung ist schwierig, meist entstehen Phasen mit Metallüberschuss.

5.11.6.5 Titancarbid TiC

TiC (Smp. 2 940 – 3 070 °C) ist sehr hart (8 – 9 nach Mohs) und ein guter elektrischer Leiter. Es ist eine Einlagerungsverbindung (vgl. S. 210), kristallisiert im NaCl-Typ und besitzt einen breiten Homogenitätsbereich. An der Luft ist TiC bis 800 °C stabil, in Schwefelsäure und Salzsäure ist es unlöslich. Die Darstellung erfolgt nach

$$TiO_2 + 3\,C \xrightarrow{1800\,^\circ C} TiC + 2\,CO$$

oder

$$Ti + C \xrightarrow{2400\,^\circ C} TiC$$

TiC dient zur Herstellung von Werkzeugen für harte Werkstoffe.

5.11.7 Verbindungen des Zirconiums und Hafniums

Verglichen mit Titan sind beim Zirconium und Hafnium die Oxide basischer, hohe Koordinationszahlen (7 und 8) häufiger und Verbindungen mit niedrigen Oxidationszahlen weniger stabil.

Zirconiumdioxid ZrO_2 (Smp. 2700 °C) ist eine weiße, chemisch, thermisch und mechanisch stabile Verbindung. Sie wird daher für feuerfeste Geräte sowie als Weißpigment (hauptsächlich für Porzellan) verwendet. ZrO_2 kommt in drei Modifikationen vor. Bei Raumtemperatur ist es monoklin (Baddeleyit, KZ = 6), oberhalb 1100 °C tetragonal (KZ = 8) und oberhalb 2300 °C kubisch (Fluorit-Typ, KZ = 8). Die Umwandlung in die tetragonale Phase erfolgt unter Volumenverminderung, dies hat beim Abkühlen einen Zerfall von Sinterkörpern zur Folge. Durch Einbau von CaO oder Y_2O_3 gelingt es, die kubische Hochtemperaturmodifikation zu stabilisieren. Außerdem werden Anionenleerstellen erzeugt (vgl. Abschn. 2.7.5.1).

$$\mathrm{CaO} + \mathrm{Zr_{Zr}} + \mathrm{O_O} \rightleftharpoons \mathrm{Ca''_{Zr}} + \mathrm{V_O^{\bullet\bullet}} + \mathrm{ZrO_2}$$

Dotiertes ZrO_2 ist ein reiner Anionenleiter und dient als Festelektrolyt in Brennstoffzellen, sowie in galvanischen Ketten zur Bestimmung von kleinen O_2-Partialdrücken (s. Abschn. 2.7.5.1 u. λ-Sonde S. 697) und $\Delta G°$-Werten von Festkörperreaktionen.

Das Mineral Baddeleyit kommt in der Natur nur in geringen Mengen vor. Hauptrohstoff für Zirconiumoxidkeramik ist daher der Zirkon $ZrSiO_4$, aus dem ZrO_2 gewonnen wird. Es gibt kein Zirconiumhydroxid. Aus Zirconium(IV)-Salzlösungen fällt mit Basen $ZrO_2 \cdot n\,H_2O$ aus. Es ist in Alkalien unlöslich, löst sich aber in Schwefelsäure unter Bildung eines hydrolysebeständigen Sulfats $Zr(SO_4)_2$.

Synthetische ZrO_2-Kristalle („Zirconia") haben die kubische CaF_2-Struktur und werden als Diamantimitationen verwendet. ZrO_2-Fasern (ca. 3 µm) benutzt man wegen ihrer Thermostabilität zur Wärmedämmung von Hochtemperaturanlagen.

Es sind alle **Zirconium(IV)-Halogenide ZrX_4** bekannt. $ZrCl_4$ ist ein weißer sublimierender Feststoff, der aus Zickzack-Ketten aufgebaut ist, in denen kantenverknüpfte $ZrCl_6$-Oktaeder vorliegen. Er hydrolysiert zu dem beständigen Oxidchlorid $ZrOCl_2 \cdot 8\,H_2O$. Dieses enthält kein „Zirconylion", sondern das Ion $[Zr_4(OH)_8(H_2O)_{16}]^{8+}$, in dem die Zr-Atome an den Ecken eines verzerrten Quadrats liegen und durch Paare von OH-Brücken miteinander verbunden sind. Außerdem ist jedes Zr von vier H_2O koordiniert, so dass Zr die KZ = 8 besitzt. Bekannt sind auch die Halogenide ZrX_3, ZrX_2 und ZrX. Zum Unterschied von Ti^{3+} ist Zr^{3+} in wässrigen Lösungen nicht existent.

Die Chemie des Hafniums ist weitgehend analog zu der des Zirconiums.

5.12 Gruppe 5

5.12.1 Gruppeneigenschaften

	Vanadium V	Niob Nb	Tantal Ta
Ordnungszahl Z	23	41	73
Elektronenkonfiguration	$[Ar]3d^3 4s^2$	$[Kr]4d^3 5s^2$	$[Xe]4f^{14} 5d^3 6s^2$
Elektronegativität	1,4	1,2	1,3
Standardpotential in V			
M^{2+}/M	−1,19	–	–
M^{3+}/M	−0,88	−1,10	–
$VO_2^+ + 4H_3O^+/V + 6H_2O$	−0,25	–	–
$M_2O_5 + 10H_3O^+/2M + 15H_2O$	–	−0,64	−0,86
Schmelzpunkt in °C	1 919	2 468	2 996
Siedepunkt in °C	3 400	4 930	5 425
Dichte in g/cm^3	6,09	8,58	16,68
Ionenradien in pm			
M^{5+}	54	64	64
M^{4+}	58	68	68
M^{3+}	64	72	72
M^{2+}	79	–	–
Beständigkeit der Oxidationszahl +5		⟶ nimmt zu	
Bildungsenthalpie von M_2O_5 in kJ/mol	−1 552	−1 901	−2 047
Bildungsenthalpie von MF_5 in kJ/mol	−1 481	−1 815	−1 905

Die Atome der Gruppe 5 besitzen fünf Valenzelektronen, die maximale Oxidationszahl ist +5. Sie ist die wichtigste Oxidationszahl. Die Beständigkeit der Verbindungen mit der Oxidationszahl +5 nimmt vom Vanadium zum Tantal zu. Ta(V) lässt sich in wässriger Lösung nicht reduzieren, während eine V(V)-Lösung mit Zink bis zum V(II) reduziert werden kann. Es bilden sich nacheinander die folgenden Kationen, die alle vier in Vanadium-Redoxflussbatterien genutzt werden (s. Abschn. 3.8.11).

$$\underset{\text{gelb}}{[VO_2(H_2O)_4]^+} \xrightarrow{+1{,}00\,V} \underset{\text{blau}}{[VO(H_2O)_5]^{2+}} \xrightarrow{+0{,}36\,V} \underset{\text{grün}}{[V(H_2O)_6]^{3+}} \xrightarrow{-0{,}26\,V} \underset{\text{violett}}{[V(H_2O)_6]^{2+}}.$$

In der Oxidationsstufe +5 zeigen die Elemente der Gruppe 5 Ähnlichkeiten zu Nichtmetallen. Sie bilden praktisch keine Kationen, sondern Anionenkomplexe. Die Halogenide sind flüchtig und hydrolysieren.

Auf Grund der Lanthanoid-Kontraktion sind Niob und Tantal einander sehr ähnlich, Vanadium hat eine Sonderstellung. In den Verbindungen des Niobs und Tantals mit niedrigen Oxidationsstufen treten oft Metallcluster mit Metall-Metall-Bindungen auf.

Die Verwandtschaft zur Gruppe 15 ist gering. Gemeinsam ist die maximale Oxidationszahl +5 und der saure Charakter der Pentaoxide.

5.12.2 Die Elemente

Die Elemente kristallisieren kubisch-raumzentriert. **Vanadium** ist stahlgrau und in reinem Zustand duktil. Verunreinigtes Metall ist hart und spröde. Es ist unedel, bleibt aber infolge Passivierung bei Raumtemperatur an der Luft blank und wird von verdünnter Schwefelsäure, Salzsäure und alkalischen Lösungen nicht angegriffen. In konz. Schwefelsäure, Salpetersäure und Königswasser löst es sich. Bei Weißglut reagiert es mit Kohle zu VC, mit Stickstoff zu VN. Bei 200 °C reagiert es mit Chlor zu VCl_4, mit Sauerstoff bilden sich je nach Reaktionstemperatur unterschiedliche Oxide.

Niob ist silberweiß, weich und duktil, es lässt sich walzen und schmieden. Es besitzt die Sprungtemperatur von 9 K, unterhalb der das Metall supraleitend wird. Einige Nioblegierungen haben hohe Sprungtemperaturen (Nb_3Ge 23 K; Nb_3Al 19 K). Niob ist in Säuren, auch in Königswasser unlöslich.

Tantal ist blaugrau, glänzend, ist noch dehnbarer als Niob und besitzt stahlähnliche Festigkeit. Es ist chemisch ebenso widerstandsfähig wie Niob. Mineralsäuren (außer HF), Königswasser und wässrige Alkalilaugen greifen Tantal unter 100 °C nicht an.

5.12.3 Vorkommen

Vanadium ist mit einem Massenanteil von 10^{-2} % in der Erdrinde kein seltenes Element. Es ist in Spuren verbreitet in Eisenerzen, Tonen und Basalten. Größere Anreicherungen sind selten. Wichtige Mineralien sind Patronit VS_4, Vanadinit $Pb_5(VO_4)_3Cl$ und Carnotit $K(UO_2)(VO_4) \cdot 1{,}5\ H_2O$. Vanadium kommt in einigen Erdölen vor.

Niob gehört mit 10^{-3} % zu den seltenen Elementen, es ist etwa zehnmal so häufig wie Tantal. Auf Grund der praktisch gleichen Atom- und Ionenradien sind beide Elemente in der Natur stets vergesellschaftet. Ein wichtiges Vorkommen ist $(Fe,Mn)(Nb,Ta)_2O_6$, das je nach dem überwiegenden Metall als Columbit oder Tantalit bezeichnet wird (früher wurde für Niob auch der Name Columbium benutzt). Niob kommt auch im Pyrochlor $NaCaNb_2O_6F$ vor.

5.12.4 Darstellung

Vanadium. Die Vanadiumerze werden bei 700 – 850 °C mit Na_2CO_3 oder NaCl geröstet. Es entsteht Natriumvanadat $NaVO_3$, das mit Wasser ausgelaugt wird. Aus den

Vanadatlösungen wird mit Schwefelsäure Polyvanadat ausgefällt, aus dem bei 700 °C V_2O_5 entsteht.

Das meiste V_2O_5 wird in Gegenwart von Eisen oder Eisenerzen zu **Ferrovanadium** (Eisen-Vanadium-Legierungen) mit Gehalten von 30 – 80 % Vanadium reduziert. Die Reduktion erfolgt mit Ferrosilicium im Elektroherdofen oder aluminothermisch.

Reines Vanadium wird aus V_2O_5 durch Reduktion mit Calcium oder Aluminium hergestellt. Durch Reduktion von VCl_3 mit Magnesium erhält man Vanadiumschwamm.

Reinstes Vanadium gewinnt man mit dem van Arkel-de Boer-Verfahren durch thermische Zersetzung von VI_3.

Niob und **Tantal. Ferroniob** mit 40 – 70 % Nb wird hauptsächlich aus Pyrochlor durch Reduktion mit Aluminium hergestellt.

Zur Gewinnung der reinen Metalle werden die Erze bei 50 – 80 °C mit einem Gemisch aus HF und H_2SO_4 behandelt. Niob und Tantal gehen als Heptafluoridokomplexsäuren $H_2[(Nb,Ta)F_7]$ in Lösung. Die Trennung erfolgt heute vorwiegend durch Flüssig-Flüssig-Extraktion mit Methylisobutylketon. Früher wurde zur Trennung die unterschiedliche Löslichkeit von $K_2[NbOF_5]$ und $K_2[TaF_7]$ in verdünnter Flusssäure ausgenutzt. Eine Trennung ist auch durch fraktionierende Destillation der Pentachloride $NbCl_5$ und $TaCl_5$ möglich.

Tantal wird durch Reduktion von $K_2[TaF_7]$ mit Natrium hergestellt. Unter Argon wird zu einer $K_2[TaF_7]$-Schmelze flüssiges Natrium zugesetzt. Die Reaktionstemperatur steigt auf 900 – 1 000 °C.

Niob wird hauptsächlich aluminothermisch aus Nb_2O_5 bei 2 300 °C hergestellt. Das Al-haltige Rohniob (in Blöcken bis 1 t gewonnen) wird durch Umschmelzen gereinigt. Außerdem wird Niob auch durch Reduktion von Nb_2O_5 mit Kohle bei 1 600 – 1 900 °C im Hochvakuum hergestellt.

5.12.5 Verwendung

Vanadium wird ganz überwiegend als Legierungsbestandteil für Stähle verwendet. Bereits 0,2 % V machen Stahl zäh und dehnbar (Federstahl). V_2O_5 dient als Katalysator bei der Schwefelsäureherstellung.

Niob wird ebenfalls hauptsächlich für Legierungen in der Stahlindustrie verwendet. In der Kerntechnik ist es für Kühlsysteme mit flüssigen Metallen wichtig, da es mit einigen flüssigen Metallen (Li, Na, K, Ca, Bi) nicht reagiert. Bedeutung haben supraleitende Niobverbindungen wie Nb_3Sn und Nb_3Ge.

Tantal ist wegen seiner Korrosionsbeständigkeit gegen flüssige Metalle, Cl_2, HCl und andere Verbindungen wichtig für den chemischen Apparatebau. Aus Tantal werden chirurgische und zahnärztliche Instrumente hergestellt. Tantal bildet in sauren, fluoridfreien Elektrolyten eine elektrisch nicht leitende Sperrschicht, es wird daher für Elektrolytkondensatoren verwendet. Etwa ein Viertel der Tantalproduktion dient zur Herstellung des hochschmelzenden Hartstoffs Tantalcarbid TaC.

5.12.6 Verbindungen des Vanadiums

5.12.6.1 Sauerstoffverbindungen

Ähnlich wie im System Titan–Sauerstoff existieren auch im System Vanadium–Sauerstoff nicht nur die Oxide mit den Oxidationszahlen +2, +3, +4 und +5, sondern zahlreiche weitere Oxide mit gemischten Oxidationsstufen. Bei einigen Phasen reicht die Zusammensetzung über einen breiten Bereich. Die folgende Zusammenstellung gibt einen Überblick. Die wichtigsten Oxide werden dann im Einzelnen behandelt.

V_2O_5	Die Koordination ist verzerrt oktaedrisch
V_3O_7, V_4O_9, V_6O_{13}	Phasen der Zusammensetzung V_nO_{2n+1}. Komplizierte Strukturen mit stark verzerrten Oktaedern, so dass die Koordinationszahl eher 5 ist.
VO_2	Monoklin verzerrte Rutil-Struktur.
$VO_{1,89}$ – $VO_{1,75}$	Eine homologe Reihe von sechs Oxiden V_nO_{2n-1} ($4 \leq n \leq 9$). Die Koordination ist verzerrt oktaedrisch. Die Strukturen leiten sich vom Rutil-Typ ab (vgl. Scherstrukturen, S. 226).
V_3O_5	Strukturell nicht mit den Oxiden der Reihe V_4O_7 bis V_9O_{17} verwandt.
V_2O_3	Korund-Struktur.
VO	NaCl-Defektstruktur mit Leerstellen in beiden Teilgittern. Der Existenzbereich reicht von $VO_{0,8}$ bis $VO_{1,3}$ (vgl. S. 224).

Vanadium(V)-oxid V_2O_5 (Smp. 658 °C) ist orangerot. Es entsteht durch Oxidation von Vanadium. Reines V_2O_5 erhält man durch thermische Zersetzung von NH_4VO_3 im Sauerstoffstrom.

$$2\,NH_4VO_3 \xrightarrow{550\,^\circ C} V_2O_5 + 2\,NH_3 + H_2O$$

V_2O_5 ist in Wasser schwer löslich. Es ist ein Oxidationsmittel. Konz. Salzsäure z. B. wird zu Chlor oxidiert.

$$V_2O_5 + 6\,HCl \longrightarrow 2\,VOCl_2 + Cl_2 + 3\,H_2O$$

V_2O_5 ist amphoter. In Säuren löst es sich unter Bildung des gelben **Dioxidovanadium(V)-Ions $[VO_2]^+$**. Mit Alkalilaugen bilden sich bei pH > 13 farblose Lösungen, die das tetraedrisch gebaute **Orthovanadation $[VO_4]^{3-}$** enthalten. Dazwischen treten in Abhängigkeit vom pH-Wert und der Konzentration verschiedene **Isopolyanionen** auf. Mit abnehmendem pH bildet sich zunächst das protonierte Ion $[HVO_4]^{2-}$, das zum zweikernigen Divanadation $[V_2O_7]^{4-}$ aggregiert. Wahrscheinlich entstehen auch die mehrkernigen Spezies $[V_3O_9]^{3-}$ und $[V_4O_{12}]^{4-}$. Die Hauptspezies im pH-Bereich 2 bis 6 ist das orangefarbene Decavanadation $[V_{10}O_{28}]^{6-}$ (Abb. 5.54), das auch in protonierten Formen wie $[HV_{10}O_{28}]^{5-}$ und $[H_2V_{10}O_{28}]^{4-}$ auftritt. In stark sauren Lösungen ist das Decavanadation unbeständig, es bildet sich das Dioxidovanadium(V)-Ion $[VO_2]^+$.

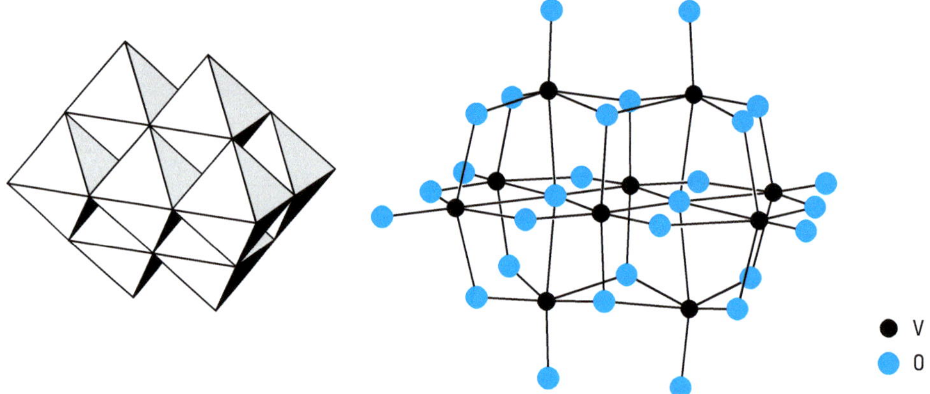

Abbildung 5.54 Struktur des Decavanadations $[V_{10}O_{28}]^{6-}$, das sich aus zehn VO_6-Oktaedern aufbaut.

Das Decavanadation ist auch in Salzen wie $Na_6V_{10}O_{28} \cdot 18\,H_2O$ und $Ca_3V_{10}O_{28} \cdot 18\,H_2O$ enthalten. Beim Erhitzen von Decavanadatlösungen können verschiedene kristalline Salze erhalten werden: $Na_4V_2O_7 \cdot 18\,H_2O$, KV_3O_8, $K_3V_5O_{14}$, KVO_3.

Strukturell außerordentlich vielfältig sind Polyoxidovanadate mit V(V) und V(IV), die in großer Anzahl synthetisiert worden sind.

Gibt man zu V(V)-Lösungen H_2O_2, so bilden sich **Peroxidokomplexe.** In alkalischen und neutralen Lösungen entsteht das gelbe Ion $[VO_2(O_2)_2]^{3-}$, in saurer Lösung das rotbraune Kation $[V(O_2)]^{3+}$.

Vanadiumdioxid VO_2 (Smp. 1 967 °C) ist blauschwarz und amphoter. Es kristallisiert in einer verzerrten Rutil-Struktur, in der V-V-Paare vorhanden sind. Oberhalb 70 °C bildet sich die unverzerrte Rutil-Struktur, in der die V-V-Bindungen aufgebrochen sind. Durch die frei werdenden Elektronen erfolgt ein plötzlicher Anstieg der Leitfähigkeit und der magnetischen Suszeptibilität. VO_2 löst sich in Säuren unter Bildung des blauen Pentaaquaoxidovanadium(IV)-Ions $[VO(H_2O)_5]^{2+}$ mit der Vanadyl(IV) VO^{2+}-Gruppe. Man erhält das Vanadyl(IV)-Ion auch durch Reduktion des VO_2^+-Ions.

$$VO_2^+ + 2\,H_3O^+ + e^- \rightleftharpoons VO^{2+} + 3\,H_2O \qquad E^\circ = +1{,}00\,V$$

Im Unterschied zum polymeren Titanyl TiO^{2+}-Ion im festen $TiOSO_4 \cdot H_2O$ ist das $[VO(H_2O)_5]^{2+}$-Ion in Vanadylsulfat $VOSO_4 \cdot 5\,H_2O$ verzerrt oktaedrisch gebaut und enthält eine V≡O-Dreifachbindung. Die Vanadyl(IV) VO^{2+}-Gruppe ist auch in Komplexen wie $[VO(acac)_2]$ (acac = Acetylacetonat) und $[VO(NCS)_4]^{2-}$ enthalten.

Durch Zusammenschmelzen mit Erdalkalimetalloxiden bildet VO_2 die Verbindungen $\overset{+2}{M}VO_3$ und $\overset{+2}{M}_2VO_4$.

Vanadiumtrioxid V_2O_3 ist schwarz, hochschmelzend (Smp. 1970 °C) und basisch. Es kristallisiert in der Korund-Struktur, die bis zur Zusammensetzung $VO_{1,35}$ erhalten bleibt. V_2O_3 löst sich in Säuren, es bildet sich der grüne Komplex $[V(H_2O)_6]^{3+}$, der auch durch Reduktion von V(IV)-Lösungen entsteht.

$$VO^{2+} + 2\,H_3O^+ + e^- \rightleftharpoons V^{3+} + 3\,H_2O \qquad E^\circ = +0{,}36\,V$$

V(III)-Lösungen werden durch Luftsauerstoff oxidiert. V(III) bildet eine Reihe oktaedrischer Komplexe, z. B. $[V(ox)_3]^{3-}$ (ox = Oxalat), $[VF_6]^{3-}$. Siebenfach koordiniertes V(III) tritt in der roten Verbindung $K_4[V(CN)_7] \cdot 2\,H_2O$ auf. Das Ion $[V(H_2O)_6]^{3+}$ liegt auch in den Alaunen $\overset{+1}{M}\overset{+3}{V}(SO_4)_2 \cdot 12\,H_2O$ vor.

Mit einer Reihe von Oxiden $\overset{+2}{M}O$ bildet V_2O_3 Spinelle des Typs MV_2O_4 (M = Mg, Zn, Cd, Co, Fe, Mn).

Vanadiummonooxid VO ist schwarz und besitzt eine NaCl-Defektstruktur mit großer Phasenbreite. Es hat metallischen Glanz und ist wie TiO ein metallischer Leiter. Wird in Vanadiumverbindungen ein kritischer V-V-Abstand unterschritten, so überlappen die d-Orbitale der Vanadiumionen und bilden ein teilweise besetztes Leitungsband (vgl. S. 230). Deswegen ist auch der Spinell LiV_2O_4 ein metallischer Leiter.

VO ist basisch und löst sich in Säuren unter Bildung des violetten Ions $[V(H_2O)_6]^{2+}$, das man auch durch Reduktion von V(III)-Lösungen z. B. mit Zink erhält.

$$V^{3+} + e^- \rightleftharpoons V^{2+} \qquad E^\circ = -0{,}26\,V$$

Die Lösungen sind luftempfindlich, sie sind stark reduzierend und werden von Wasser unter H_2-Entwicklung oxidiert.

Bekannte Salze sind das violette $VSO_4 \cdot 6\,H_2O$ und die Doppelsalze $M_2[V(H_2O)_6](SO_4)_2$ (M = NH_4^+, K^+, Rb^+, Cs^+).

5.12.6.2 Halogenide

Es gibt Halogenide von Vanadium mit den Oxidationszahlen +2, +3, +4 und +5. Sie sind in Tab. 5.11 zusammengestellt. Vanadium(I)-Halogenide sind nicht bekannt, da ihre Disproportionierung energetisch begünstigt ist.

Tabelle 5.11 Vanadiumhalogenide

Oxidationszahl	+2	+3	+4	+5
	VF_2 blau	VF_3 grün	VF_4 grün	VF_5 weiß
	VCl_2 hellgrün	VCl_3 rotviolett	VCl_4 braun/flüssig	
	VBr_2 orangebraun	VBr_3 schwarz	VBr_4* purpurrot/flüssig	
	VI_2 rotviolett	VI_3 braun	VI_4**	

* zerfällt oberhalb −23 °C
** nur in der Gasphase bekannt

Beispiel:
$2VF \longrightarrow VF_2 + V \qquad \Delta H° = -502\ kJ/mol$

Vanadium(II)-Halogenide können aus Halogeniden höherer Oxidationszahlen durch Reduktion hergestellt werden. Die Verbindungen sind kristallin, paramagnetisch und nur unter Inertgas handhabbar. Sie sind starke Reduktionsmittel, hygroskopisch und lösen sich unter Bildung von $[V(H_2O)_6]^{2+}$-Ionen. VF_2 kristallisiert im Rutil-Typ, die anderen Halogenide im CdI_2-Typ.

Vanadium(III)-Halogenide haben eine polymere Struktur, Vanadium hat die Koordinationszahl 6. VF_3 ist wasserunlöslich und unzersetzt sublimierbar. Die anderen Trihalogenide sind hygroskopisch, ihre wässrigen Lösungen enthalten $[V(H_2O)_6]^{3+}$-Ionen, an der Luft werden sie oxidiert. Bei höheren Temperaturen disproportionieren sie.

VF_4 ist ein über Fluoratome verbrückter polymerer Feststoff, **VCl_4** und **VBr_4** sind aus tetraedrischen Monomeren aufgebaut.

VF_5 wird durch Fluorierung von Vanadium hergestellt. Es schmilzt bei 19 °C zu einer gelben, viskosen Flüssigkeit. In der Gasphase existieren trigonal-bipyramidale Moleküle, im Kristall Ketten aus VF_6-Oktaedern (Abb. 5.55).

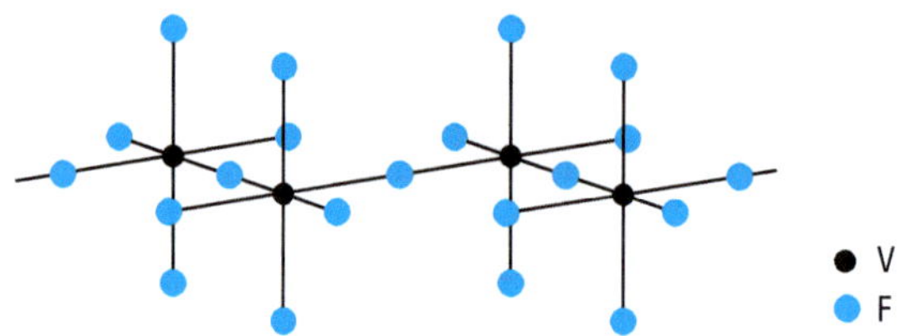

Abbildung 5.55 Struktur von Vanadiumpentafluorid. VF_5 ist aus unendlichen Ketten aufgebaut.

5.12.7 Verbindungen des Niobs und Tantals

5.12.7.1 Sauerstoffverbindungen

Niobpentaoxid Nb_2O_5 und **Tantalpentaoxid Ta_2O_5** sind weiße, chemisch relativ inerte Pulver. Sie sind schwerer zu reduzieren als V_2O_5.

Niobdioxid NbO_2 und **Tantaldioxid TaO_2** sind blauschwarze Pulver. Sie kristallisieren in einer verzerrten Rutil-Struktur. Niob bildet zwischen den Oxidationszahlen +4 und +5 eine homologe Serie strukturell verwandter Phasen der allgemeinen Formel **$Nb_{3n+1}O_{8n-2}$** mit $n = 5, 6, 7, 8$.

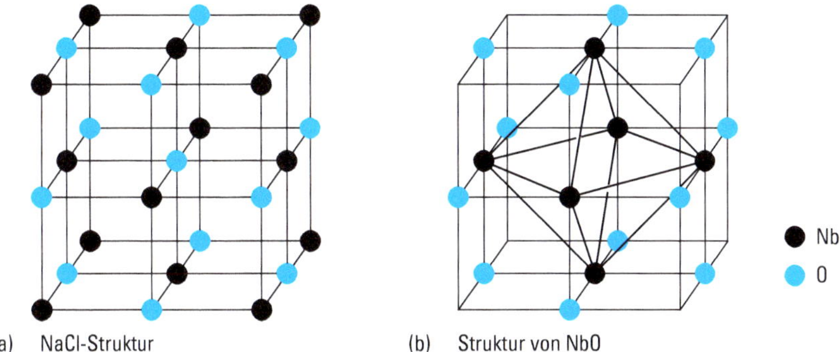

Abbildung 5.56 a) NaCl-Struktur. b) Struktur von NbO. Sie lässt sich von der NaCl-Struktur ableiten. Es existieren in beiden Teilgittern 25 % Leerstellen (im Zentrum der Elementarzelle eine Sauerstoffleerstelle und Metallleerstellen an den Ecken der Elementarzelle). Dadurch entstehen oktaedrische Nb_6-Cluster (Nb—Nb-Abstände im Cluster 298 pm, Nb—Nb-Abstände im Metall 285 pm), die für die metallische Leitfähigkeit verantwortlich sind.

Niobmonooxid NbO ist grau, metallisch leitend und nichtstöchiometrisch. Der Homogenitätsbereich $NbO_{0,982}-NbO_{1,008}$ ist viel kleiner als beim VO. Die Struktur ist kubisch und aus Nb_6-Clustern aufgebaut (Abb. 5.56).

Schmilzt man Nb_2O_5 und Ta_2O_5 mit Alkalimetallhydroxiden und löst die Schmelze in Wasser, enthält die Lösung **Isopolyanionen**. Beim Vanadium existiert eine Vielfalt von Isopolyanionen, beim Niob und Tantal sind nur die Ionen $[M_6O_{19}]^{8-}$ (Abb. 5.57) vorhanden. Auch die Existenz von MO_4^{3-}-Ionen in stark alkalischen Lösungen ist ungewiss. Unterhalb pH $\approx$ 10 bei Ta und unterhalb pH $\approx$ 7 bei Nb scheiden sich aus den Lösungen wasserhaltige Oxide $M_2O_5 \cdot n\,H_2O$ aus. $[M_6O_{19}]^{8-}$-Ionen sind auch in Salzen wie $K_8M_6O_{19} \cdot 16\,H_2O$ vorhanden. Die meisten „Niobate" $MNbO_3$ und „Tantalate" $MTaO_3$ sind unlöslich und besitzen Perowskitstruktur. Es sind also Doppeloxide, die keine isolierten Anionen NbO_3^- und TaO_3^- enthalten. Einige sind wegen ihrer ferroelektrischen und piezoelektrischen Eigenschaften ($LiNbO_3$ und $LiTaO_3$) technisch interessant.

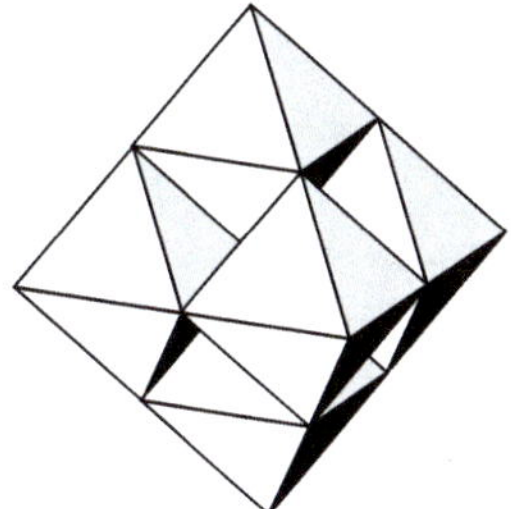

Abbildung 5.57 Die Isopolyanionen $[M_6O_{19}]^{8-}$ (M = Nb, Ta) sind aus sechs MO_6-Oktaedern aufgebaut. Die M-Atome im Zentrum der Oktaeder bilden ebenfalls ein Oktaeder.

5.12.7.2 Halogenverbindungen

Von allen vier Halogenen sind die **Pentahalogenide** NbX_5 und TaX_5 bekannt. Die Pentafluoride sind weiße, flüchtige Feststoffe mit tetrameren Struktureinheiten (Abb. 5.58a). Die restlichen sechs Halogenide sind farbige Feststoffe, die sublimieren und mit Wasser hydrolysieren. Die Chloride und Bromide bestehen aus dimeren Molekülen (Abb. 5.58b).

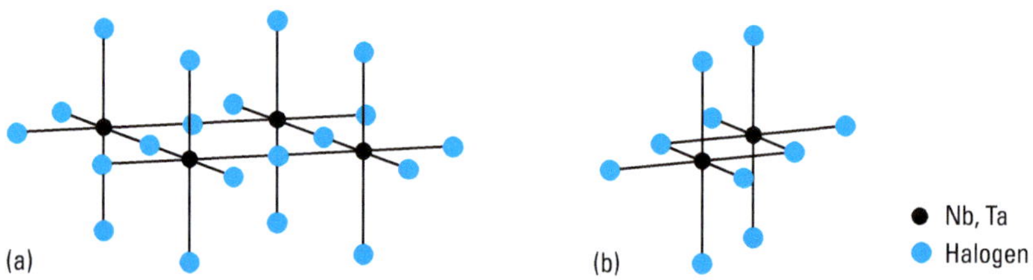

Abbildung 5.58 a) Die Pentafluoride NbF_5 und TaF_5 sind aus tetrameren Molekülen M_4F_{20} aufgebaut.
b) Die Pentahalogenide NbX_5 und TaX_5 (X = Cl, Br) bestehen aus dimeren Molekülen M_2X_{10}.

Außer TaF_4 sind alle möglichen **Tetrahalogenide** bekannt. NbF_4 ist schwarz, nichtflüchtig und paramagnetisch. Es besitzt eine Struktur, bei der NbF_6-Oktaeder zu Schichten verknüpft sind (Abb. 5.59a). Die anderen Tetrahalogenide sind aus Ketten aufgebaut, in denen Metall-Metall-Bindungen auftreten und die deshalb diamagnetisch sind (Abb. 5.59b).

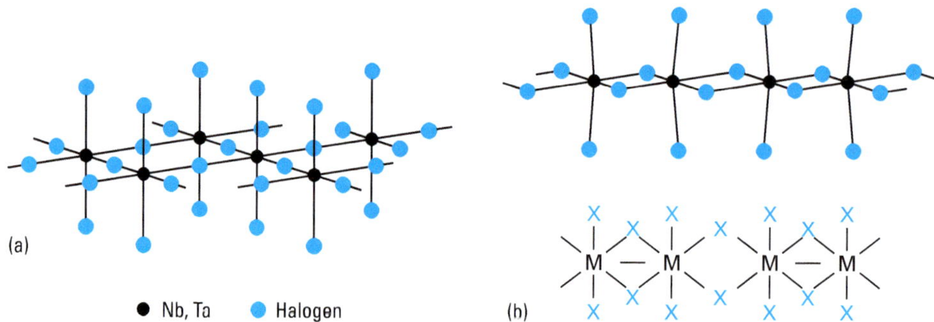

Abbildung 5.59 a) NbF_4 kristallisiert in einer Schichtstruktur.
b) Die Tetrahalogenide NbX_4 und TaX_4 (X = Cl, Br, I) sind aus Ketten aufgebaut, in denen Metallpaare mit Metall-Metall-Bindungen auftreten. Dies hat kürzere Abstände und den Diamagnetismus dieser Tetrahalogenide zur Folge.

Die **Halogenide mit niedrigen Oxidationszahlen** sind interessante Clusterverbindungen mit Metall-Metall-Bindungen. Die Halogenide der Zusammensetzung

$NbX_{2,33} = Nb_6X_{14}$ (X = Cl, Br) und $TaX_{2,33} = Ta_6X_{14}$ (X = Cl, Br, I) sind aus diamagnetischen $[M_6X_{12}]^{2+}$-Clustern aufgebaut, in denen die Metallatome ein Oktaeder bilden (Abb. 5.60). Die Cluster sind durch die Halogenidionen zu Schichten verknüpft. Ohne Änderung der Cluster-Struktur ist Oxidation möglich.

$$\underset{\text{diamagnetisch}}{[M_6X_{12}]^{2+}} \rightleftharpoons \underset{\substack{\text{paramagnetisch} \\ \text{(1 ungepaartes Elektron)}}}{[M_6X_{12}]^{3+}} + e^-$$

Die Cluster $[M_6X_{12}]^{3+}$ sind auch Baugruppen der Halogenide $NbF_{2,5} = Nb_6F_{15}$ und $TaX_{2,5} = Ta_6X_{15}$ (X = F, Cl, Br, I). Die Cluster sind durch die Halogenidionen dreidimensional verknüpft. Die Halogenide $NbX_{2,67} = Nb_3X_8$ (X = Cl, Br, I) bilden Schichtstrukturen, die aus Nb_3-Clustern aufgebaut sind.

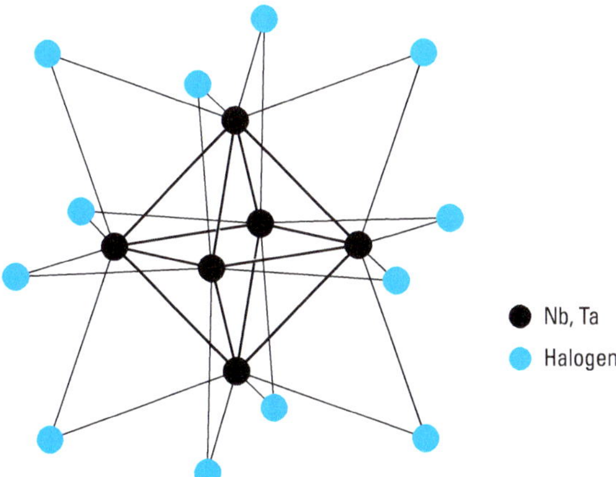

Abbildung 5.60 $[M_6X_{12}]^{n+}$-Cluster. Diamagnetische Cluster $[M_6X_{12}]^{2+}$ sind am Aufbau der Halogenide $NbX_{2,33}$ und $TaX_{2,33}$ beteiligt. Die Cluster $[M_6X_{12}]^{3+}$ sind Baugruppen der Halogenide $NbF_{2,5}$ und $TaX_{2,5}$.
Im Cluster $[M_6X_{12}]^{2+}$ sind insgesamt 40 Valenzelektronen vorhanden, 24 davon werden für die M—Cl-Bindungen gebraucht, 16 verbleiben für die M—M-Bindungen im Cluster. Damit können acht 3-Zentren-2-Elektronen-Bindungen gebildet werden. (Beim M-Oktaeder gibt es acht reguläre Dreiecke.)

5.13 Gruppe 6

5.13.1 Gruppeneigenschaften

	Chrom Cr	Molybdän Mo	Wolfram W
Ordnungszahl Z	24	42	74
Elektronenkonfiguration	[Ar]$3d^5 4s^1$	[Kr]$4d^5 5s^1$	[Xe]$4f^{14} 5d^4 6s^2$
Elektronegativität	1,6	1,3	1,4
Standardpotential in V			
M^{2+}/M	−0,91	–	–
M^{3+}/M	−0,74	−0,20	−0,11
Schmelzpunkt in °C	1 903	2 620	3 410
Siedepunkt in °C	2 640	4 825	≈5 700
Sublimationsenthalpie in kJ/mol	+397	+659	+850
Ionenradien in pm			
M^{6+}	44	59	60
M^{5+}	49	61	62
M^{4+}	55	65	66
M^{3+}	61	69	–
M^{2+}	73 ls* 80 hs	–	–
Beständigkeit der Oxidationszahl +6		⟶ nimmt zu	
Beständigkeit der Oxidationszahl +3		⟶ nimmt ab	

* ls = low spin, hs = high spin

Auch in dieser Gruppe sind auf Grund der Lanthanoid-Kontraktion die beiden schweren Elemente Molybdän und Wolfram einander recht ähnlich. Die Unterschiede zum Chrom sind sehr deutlich. Die maximale Oxidationszahl ist +6. Sie ist die stabilste Oxidationszahl des Molybdäns und Wolframs. Für beide ist die Bildung zahlreicher komplizierter Polyanionen mit meist oktaedrischer Koordination typisch. Beim Chrom gibt es nur wenige Spezies mit tetraedrischer Koordination. Die stabilste Oxidationszahl des Chroms ist +3. Im Gegensatz zu den Wolframaten sind die Chromate daher starke Oxidationsmittel. Chrom(III) bildet zahlreiche oktaedrische Komplexverbindungen. Eine entsprechende Komplexchemie gibt es beim Molybdän und Wolfram nicht. Chrom(II) wirkt reduzierend, aber es gibt viele Cr(II)-Verbindungen, von denen die mit high-spin-Konfiguration Jahn-Teller-Effekt zeigen. Stabile Molybdän(II)- und Wolfram(II)-Verbindungen hingegen sind Clusterverbindungen, deren Stabilität durch Metall-Metall-Bindungen zustande kommt. Bei allen Metallen gibt es M(II)-Verbindungen mit Metall-Metall-Vierfachbindungen.

5.13.2 Die Elemente

Chrom, Molybdän und Wolfram kristallisieren kubisch-raumzentriert. Es sind silberweiß glänzende Metalle, die nur in reinem Zustand duktil sind, sonst sind sie hart und spröde. Es sind hochschmelzende und hochsiedende Schwermetalle. Wolfram besitzt den höchsten Schmelzpunkt aller Metalle, mit Ausnahme von Kohlenstoff sogar aller Elemente. Es besitzt eine große mechanische Festigkeit, die elektrische Leitfähigkeit beträgt ca. 30 % von der des Silbers.

Obwohl alle Metalle unedel sind, werden sie bei Normaltemperatur an Luft und in Wasser nicht oxidiert (Passivierung durch dünne Oxidschichten). Chrom wird wegen seiner Korrosionsbeständigkeit zur elektrolytischen Verchromung reaktiver Metalle benutzt. Durch eine dünne (0,3 μm) Chromschicht wird das Metall vor Oxidation geschützt. Passiviertes Chrom ist beständig gegen kalte nicht oxidierende Säuren, gegen kalte Salpetersäure, Alkalilaugen und Ammoniaklösungen. Königswasser und Flusssäure greifen es an. Mit den meisten Nichtmetallen, z. B. Chlor, Schwefel, Stickstoff oder Kohlenstoff, reagiert Chrom bei erhöhten Temperaturen.

Auch Wolfram ist gegenüber nicht oxidierenden Säuren korrosionsbeständig, selbst von Königswasser und Flusssäure wird es nur langsam angegriffen. Gelöst wird Wolfram und auch Molybdän durch ein Gemisch aus Salpetersäure und Flusssäure. In Gegenwart oxidierender Substanzen, z. B. KNO_3 oder $KClO_3$, lösen sie sich in alkalischen Schmelzen unter Bildung von Wolframaten bzw. Molybdaten.

Cr(VI)-Verbindungen (Chromate, Dichromate) sind sehr giftig (cancerogen).

Molybdän ist Bestandteil von Enzymen. Das molybdänhaltige Enzym Sulfit-Oxidase oxidiert schädliche Sulfitionen in der Leber zu Sulfat. Das Enzym Nitrogenase ist in Bakterien enthalten, die Luftstickstoff zu $NH4_+$-Ionen reduzieren (jährlich etwa 10^8 t Stickstoff).

5.13.3 Vorkommen

Das wichtigste Chromerz, das allein Ausgangsmaterial zur Herstellung von Chrom und Chromverbindungen ist, ist Chromit (Chromeisenstein) $FeCr_2O_4$, der im Spinell-Typ kristallisiert. Seltener ist Krokoit (Rotbleierz) $PbCrO_4$.

Das wichtigste Molybdänerz ist Molybdänglanz MoS_2. Weniger häufig ist Wulfenit (Gelbbleierz) $PbMoO_4$.

Wolfram kommt als Wolframit $(Mn,Fe)WO_4$ und als Scheelit $CaWO_4$ vor.

Chrom ist am Aufbau der Erdrinde mit etwa 10^{-2} % beteiligt, Molybdän und Wolfram mit etwa 10^{-4} %.

5.13.4 Darstellung, Verwendung

Zur Herstellung chromhaltiger Stähle wird Ferrochrom (Eisen-Chrom-Legierungen mit etwa 60 % Cr) verwendet. Chrom ist das wichtigste Legierungselement für nicht rostende und hitzebeständige Stähle.

Ferrochrom erhält man durch Reduktion von Chromit mit Koks im Elektroofen.

$$FeCr_2O_4 + 4\,C \xrightarrow{1\,600-1\,700\,^\circ C} Fe + 2\,Cr + 4\,CO$$

Es ist kohlenstoffhaltig, da sich Carbide bilden. Kohlenstoffarmes Ferrochrom wird durch Reduktion von Chromit mit Silicochrom (ca. 30 % Si) gewonnen.

Chrommetall wird aluminothermisch aus Chrom(III)-oxid hergestellt.

$$Cr_2O_3 + 2\,Al \longrightarrow Al_2O_3 + 2\,Cr$$

Zur Darstellung von Cr_2O_3 wird Chromit in Gegenwart von Na_2CO_3 bei 1 000–1 200 °C mit Luft oxidiert. Es entsteht Natriumchromat Na_2CrO_4, das in Wasser gelöst wird. Nach Zugabe von konz. Schwefelsäure wird Natriumdichromat $Na_2Cr_2O_7 \cdot 2\,H_2O$ zur Kristallisation gebracht. Dieses wird mit Kohlenstoff zu Cr_2O_3 reduziert.

$$Na_2Cr_2O_7 + 2\,C \longrightarrow Cr_2O_3 + Na_2CO_3 + CO$$

Chrom wird auch elektrolytisch hergestellt. Zur Verchromung von Stahl werden Chrom(VI)-Lösungen, zur Gewinnung von Chrommetall Chrom(III)-Lösungen elektrolysiert.

Zur Herstellung von **Molybdän** wird Molybdänglanz MoS_2 zunächst durch Rösten bei 400 – 650 °C in das Trioxid MoO_3 überführt. MoO_3 kann durch Sublimation bei 1 200 °C gereinigt werden. Dieses wird bei 1 100 °C mit Wasserstoff zu Molybdänpulver reduziert.

$$MoO_3 + 3\,H_2 \longrightarrow Mo + 3\,H_2O$$

Durch Sintern unter Schutzgas bei 1 900 – 2 000 °C entsteht kompaktes Molybdän.

Molybdänzusätze erhöhen Zähigkeit und Härte von Stahl. Zum Legieren verwendet man **Ferromolybdän**. Man stellt es durch Reduktion von Molybdänoxid und Eisenerz mit Silicium und/oder Aluminium her.

Wolfram wird durch Reduktion von Wolfram(VI)-oxid mit Wasserstoff hergestellt.

$$WO_3 + 3\,H_2 \xrightarrow{700-1\,000\,^\circ C} W + 3\,H_2O$$

Das als Pulver anfallende Wolfram wird in einer H_2-Atmosphäre bei 2 000 – 2 800 °C zu kompaktem Wolframmetall gesintert.

Zur Herstellung von WO_3 gibt es verschiedene Erzaufschlussmethoden. Scheelit wird mit konz. Salzsäure aufgeschlossen.

$$CaWO_4 + 2\,HCl \longrightarrow CaCl_2 + WO_3 \cdot H_2O$$

Wolframit wird bei 800 – 900 °C mit Na_2CO_3 unter Luftzutritt zur Reaktion gebracht.

$$2\,FeWO_4 + 2\,Na_2CO_3 + \tfrac{1}{2}\,O_2 \longrightarrow 2\,Na_2WO_4 + Fe_2O_3 + 2\,CO_2$$

$$3\,MnWO_4 + 3\,Na_2CO_3 + \tfrac{1}{2}\,O_2 \longrightarrow 3\,Na_2WO_4 + Mn_3O_4 + 3\,CO_2$$

Na_2WO_4 kann herausgelöst werden.

Beim Aufschluss mit Natronlauge bei 110–130 °C entsteht eine Lösung von Na_2WO_4, Eisen und Mangan werden in unlösliche Hydroxide überführt.

Aus den Na_2WO_4-Lösungen wird mit konz. Salzsäure Wolfram(VI)-oxid-Hydrat ausgefällt und dieses in WO_3 überführt.

Wolfram wird im Hochtemperaturbereich verwendet: für Schweißelektroden, als Glühlampendraht, für Anoden in Röntgenröhren. Die Hälfte des Wolframs dient zur Herstellung von Hartmetall, einem Verbundwerkstoff aus Wolframcarbid WC und Cobalt. Hartmetalle sind sehr hart und verschleißfest.

5.13.5 Verbindungen des Chroms

5.13.5.1 Chrom(VI)-Verbindungen (d^0)

Stabil sind nur Oxidoverbindungen. Die wichtigsten Cr(VI)-Verbindungen sind die Chromate mit dem Ion CrO_4^{2-} und die Dichromate mit dem Ion $Cr_2O_7^{2-}$.

Zwischen einigen Cr(VI)- und S(VI)-Verbindungen gibt es aufgrund der gleichen Zahl von Valenzelektronen Ähnlichkeiten.

Beispiele:

CrO_3	SO_3
CrO_4^{2-}	SO_4^{2-}
CrO_2Cl_2	SO_2Cl_2

Chromate, Dichromate

Natriumdichromat $Na_2Cr_2O_7$ ist ein Zwischenprodukt bei der Darstellung von Chrommetall. Die technische Herstellung wurde bereits beschrieben (S. 838).

Im Labor erhält man Chromat mit der Oxidationsschmelze.

$$\overset{+3}{Cr}_2O_3 + 2\,Na_2CO_3 + 3\,K\overset{+5}{N}O_3 \longrightarrow 2\,Na_2\overset{+6}{Cr}O_4 + 3\,K\overset{+3}{N}O_2 + 2\,CO_2$$

In Lösungen mit pH > 6 liegt das gelbe tetraedrisch gebaute **Chromat-Ion CrO_4^{2-}** vor (Abb. 5.61a). Zwischen pH = 2 und pH = 6 sind das Ion **$HCrO_4^-$** und das orangerote **Dichromat-Ion $Cr_2O_7^{2-}$** (Abb. 5.61b) im Gleichgewicht. Unterhalb pH = 1 überwiegt die **Chromsäure H_2CrO_4**. Es liegen die folgenden Gleichgewichte vor.

$$H_2CrO_4 + H_2O \rightleftharpoons HCrO_4^- + H_3O^+ \qquad K = 4{,}1$$

$$HCrO_4^- + H_2O \rightleftharpoons CrO_4^{2-} + H_3O^+ \qquad K = 10^{-5{,}9}$$

$$Cr_2O_7^{2-} + H_2O \rightleftharpoons 2\,HCrO_4^- \qquad K = 10^{-2{,}2}$$

Die Chromsäure ist im Unterschied zur Schwefelsäure H_2SO_4 nur in wässriger Lösung bekannt.

Versetzt man diese Lösungen mit Ba^{2+}-, Pb^{2+}- oder Ag^+-Ionen, so fallen die schwer löslichen Chromate $BaCrO_4$, $PbCrO_4$ und Ag_2CrO_4 aus. $PbCrO_4$ wurde als

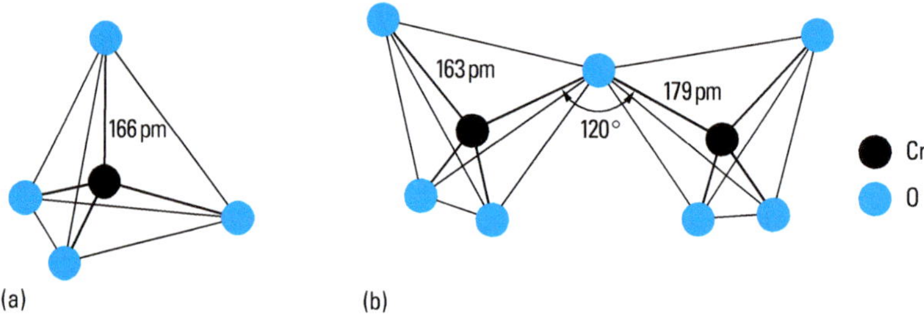

Abbildung 5.61 a) Struktur des Chromat-Ions CrO_4^{2-}.
b) Struktur des Dichromat-Ions $Cr_2O_7^{2-}$.

Chromgelb, basisches Bleichromat $PbCrO_4 \cdot Pb(OH)_2$ als Chromrot früher für Malerfarben und Lacke verwendet, wegen ihrer Giftigkeit in Europa mittlerweile aber durch andere Substanzen wie Bismutvanadat ersetzt.

Aus stark sauren Lösungen kristallisieren Alkalimetallsalze mit den Ionen $Cr_3O_{10}^{2-}$ und $Cr_4O_{13}^{2-}$ aus. Wie beim $Cr_2O_7^{2-}$-Ion sind CrO_4-Tetraeder über Ecken verknüpft. Es entstehen Ketten mit Cr—O—Cr-Winkeln nahe 120°. Verglichen mit Molybdän und Wolfram gibt es beim Chrom nur wenige einfache Polyanionen. Ursache ist vermutlich die geringe Größe des Cr(VI)-Ions, die nur tetraedrische Koordination erlaubt, außerdem die Tendenz zur Bildung von Cr—O-Doppelbindungen.

Saure Dichromatlösungen sind starke Oxidationsmittel.

$$Cr_2O_7^{2-} + 14\,H_3O^+ + 6\,e^- \rightleftharpoons 2\,Cr^{3+} + 21\,H_2O \qquad E^\circ = +1{,}33\,V$$

Basische Chromatlösungen sind sehr viel schwächere Oxidationsmittel.

$$CrO_4^{2-} + 4\,H_2O + 3\,e^- \rightleftharpoons Cr(OH)_3 + 5\,OH^- \qquad E^\circ = -0{,}13\,V$$

Chrom(VI)-oxid CrO_3

Es entsteht als roter Niederschlag (Smp. 198 °C) aus Dichromatlösungen mit konz. Schwefelsäure; es ist also das Endprodukt der Kondensation von Chromatlösungen. CrO_3 ist ein saures, vorwiegend kovalentes Oxid. Es ist aus unendlichen Ketten über Ecken verknüpfter Tetraeder aufgebaut. Die Cr—O-Abstände innerhalb der Kette entsprechen Einfachbindungen, die endständigen Cr—O-Abstände Doppelbindungen.

```
    O       O       O
    ||      ||      ||
 —Cr—O—Cr—O—Cr—O—
    ||      ||      ||
    O       O       O
```

Oberhalb des Schmelzpunktes gibt CrO_3 Sauerstoff ab und zersetzt sich über die Zwischenstufen Cr_8O_{21}, Cr_2O_5, Cr_5O_{12}, CrO_2 zu Cr_2O_3. CrO_3 ist ein starkes Oxidationsmittel, mit organischen Stoffen reagiert es explosiv. Es löst sich leicht in Wasser und ist sehr giftig (cancerogen).

Peroxidoverbindungen

Versetzt man saure Dichromatlösungen mit H_2O_2, so bildet sich vorübergehend das tiefblaue **Chrom(VI)-peroxid CrO_5**.

$$HCrO_4^- + 2\,H_2O_2 + H_3O^+ \longrightarrow \overset{+6}{Cr}O(O_2)_2 + 4\,H_2O$$

Es zersetzt sich rasch unter Bildung von Cr(III). Die Gesamtreaktion ist

$$2\,HCrO_4^- + 3\,H_2O_2 + 8\,H_3O^+ \longrightarrow 2\,Cr^{3+} + 3\,O_2 + 16\,H_2O$$

Durch Ausschütteln mit Ether kann CrO_5 stabilisiert werden. Durch Zugabe von Pyridin erhält man ein monomeres blaues Addukt $[CrO(O_2)_2 \cdot py]$ (Abb. 5.62a).

Bei Einwirkung von H_2O_2 auf neutrale oder schwach saure Lösungen von K^+-, NH_4^+ oder Tl^+-Dichromaten bilden sich diamagnetische, blauviolette, explosive Salze mit dem Peroxidochromat-Ion $[\overset{+6}{Cr}O(O_2)_2OH]^-$.

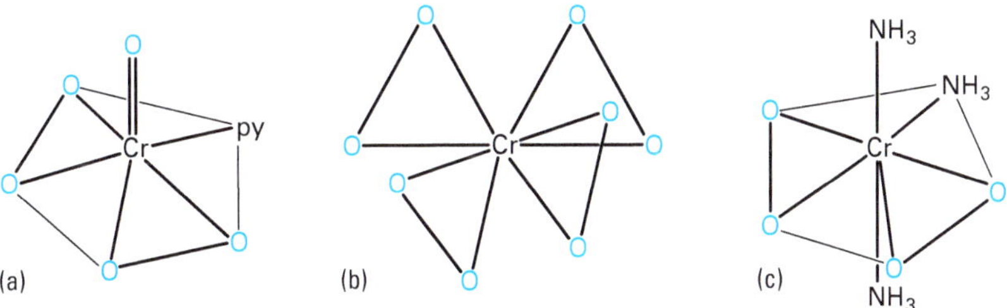

Abbildung 5.62 Strukturen von Peroxidoverbindungen des Chroms.
a) Struktur des blauen, diamagnetischen Pyridinaddukts des Chrom(VI)-peroxids CrO_5. Die $CrO(O_2)_2 \cdot$ py-Moleküle haben die Geometrie einer pentagonalen Pyramide.
b) Struktur des roten, paramagnetischen Peroxidochromat(V)-Ions $[Cr(O_2)_4]^{3-}$. Die Zentren der Peroxidogruppen umgeben das Chrom tetraedrisch, dies führt zu einer Dodekaeder-Struktur.
c) Das Chrom(IV)-peroxid $[Cr(O_2)_2(NH_3)_3]$ besteht aus pentagonal-bipyramidalen Molekülen.

Halogenidoxide

Chromylchlorid CrO_2Cl_2 ist eine tiefrote Flüssigkeit (Sdp. 117 °C). Man erhält es beim Erwärmen von Dichromat und Alkalimetallchloriden in konz. Schwefelsäure.

$$K_2Cr_2O_7 + 4\,KCl + 3\,H_2SO_4 \longrightarrow 2\,CrO_2Cl_2 + 3\,K_2SO_4 + 3\,H_2O$$

Durch Wasser wird es zu Chromat-Ionen und Salzsäure hydrolysiert.

Bekannt sind auch die Fluoridoxide CrO_2F_2 und $CrOF_4$.

5.13.5.2 Chrom(V)-Verbindungen (d^1)

Es gibt nur wenige stabile Chrom(V)-Verbindungen. In wässriger Lösung disproportioniert Cr(V) zu Cr(III) und Cr(VI). Die binäre Verbindung **Chrom(V)-fluorid CrF_5**, ist ein roter flüchtiger Feststoff (Smp. 30 °C). Als reine Oxidoverbindungen sind **Chromate(V)** wie Li_3CrO_4, Na_3CrO_4, $Ca_3(CrO_4)_2$ bekannt, die tetraedrische paramagnetische CrO_4^{3-}-Ionen enthalten. Es sind hygroskopische Feststoffe, die unter Disproportionierung zu Cr(III) und Cr(VI) hydrolysieren.

Bei Einwirkung von H_2O_2 auf alkalische Alkalimetallchromat(VI)-Lösungen bilden sich rotbraune, paramagnetische **Peroxidochromate(V)** $\overset{+1}{M}_3CrO_8$. Das $[Cr(O_2)_4]^{3-}$-Ion hat dodekaedrische Struktur (Abb. 5.62b). Wahrscheinlich existiert das Gleichgewicht

$$\underset{\text{rotbraun}}{[\overset{+5}{Cr}(O_2)_4]^{3-}} + 2\,H_3O^+ \rightleftharpoons \underset{\text{blauviolett}}{[\overset{+6}{Cr}O(O_2)_2(OH)]^-} + 1{,}5\,H_2O_2 + H_2O$$

Chrom(V)-Halogenidoxide bilden Komplexe wie $[CrOF_4]^-$, $[CrOCl_4]^-$ und $[CrOCl_5]^{2-}$, die zu den stabilsten Cr(V)-Verbindungen gehören.

5.13.5.3 Chrom(IV)-Verbindungen (d^2)

Wie beim Cr(V) gibt es keine Chemie des Cr(IV) in wässriger Lösung, da Disproportionierung zu Cr(III) und Cr(VI) erfolgt.

Chrom(IV)-oxid CrO_2 kristallisiert im Rutil-Typ. Es ist braunschwarz, ferromagnetisch und metallisch leitend. Es wird für Tonbänder verwendet.

Die **Chromate(IV)** Ba_2CrO_4 und Sr_2CrO_4 sind blauschwarz, paramagnetisch und luftbeständig. Sie enthalten tetraedrische CrO_4^{4-}-Gruppen.

Die Peroxidoverbindung $[Cr(O_2)_2(NH_3)_3]$ (Abb. 5.62c) ist eine dunkelrotbraune, metallisch glänzende Verbindung.

Das stabile Halogenid **Chrom(IV)-fluorid CrF_4** ist ein sublimierender, hydrolysierender Feststoff.

5.13.5.4 Chrom(III)-Verbindungen (d^3)

Die stabilste Oxidationszahl des Chroms ist +3, die typische Koordination von Cr(III) ist oktaedrisch. Cr(III) bildet mit den meisten Anionen stabile Salze. Es sind ungewöhnlich viele Cr(III)-Komplexe bekannt, die fast alle oktaedrisch gebaut sind und von denen viele kinetisch stabil sind.

Chrom(III)-oxid Cr_2O_3 (Smp. 2275 °C) ist dunkelgrün und kristallisiert im Korund-Typ. Es entsteht beim Verbrennen des Metalls im Sauerstoffstrom

$$2\,Cr + 1{,}5\,O_2 \longrightarrow Cr_2O_3 \qquad \Delta H_B^\circ = -1140\,\text{kJ/mol}$$

oder durch Zersetzung von Ammoniumdichromat

$$\overset{-3}{(\text{N}}H_4)_2\overset{+6}{\text{Cr}}_2O_7 \longrightarrow \overset{+3}{\text{Cr}}_2O_3 + \overset{0}{\text{N}}_2 + 4\,H_2O$$

Es ist chemisch inert, es löst sich nicht in Wasser, Säuren und Laugen. Cr_2O_3 wird zum Färben von Glas und Porzellan sowie als grüne Malerfarbe verwendet.

Cr_2O_3 bildet mit vielen Oxiden $\overset{+2}{\text{M}}O$ (M = Ni, Zn, Cd, Fe, Mg, Mn) Doppeloxide MCr_2O_4 mit Spinellstruktur. Die Cr^{3+}-Ionen besetzen die Oktaederplätze des Spinellgitters (vgl. S. 746). Synthetische Rubine bestehen aus Mischkristallen von Al_2O_3 und Cr_2O_3 (Rubinlaser, s. im Abschn. 5.13.5.6).

Chrom(III)-hydroxid $Cr(OH)_3$. Aus Cr(III)-Lösungen fällt mit OH^--Ionen je nach Reaktionsbedingung kristallines Hydroxid $Cr(OH)_3(H_2O)_3$ oder Oxid-Hydrat mit variabler Zusammensetzung $Cr_2O_3 \cdot n\,H_2O$ aus. $Cr(OH)_3$ ist amphoter und löst sich frisch gefällt in Säuren und Basen

$$[Cr(H_2O)_6]^{3+} \underset{H_3O^+}{\overset{OH^-}{\rightleftarrows}} Cr(OH)_3 \underset{H_3O^+}{\overset{OH^-}{\rightleftarrows}} [Cr(OH)_6]^{3-}$$

Das **Hexaaquachrom(III)-Ion $[Cr(H_2O)_6]^{3+}$** ist violett, oktaedrisch gebaut und liegt auch in Salzen vor, z. B. in Chrom(III)-sulfat $[Cr(H_2O)_6]_2(SO_4)_3$, Chrom(III)-chlorid $[Cr(H_2O)_6]Cl_3$ und den Chromalaunen $[\overset{+1}{\text{M}}(H_2O)_6][Cr(H_2O)_6](SO_4)_2$. $[Cr(H_2O)_6]^{3+}$ reagiert sauer.

$$[Cr(H_2O)_6]^{3+} + H_2O \rightleftharpoons [Cr(H_2O)_5OH]^{2+} + H_3O^+ \qquad pK_S = 4$$

In Abhängigkeit von pH-Wert, Temperatur und Konzentration bilden sich polymere Spezies, in der ersten Stufe ein dimerer Komplex mit OH^--Brücken.

$$2[Cr(H_2O)_5OH]^{2+} \longrightarrow [(H_2O)_4Cr(\mu\text{-OH})_2Cr(H_2O)_4]^{4+} + 2H_2O$$

Als Endprodukt bei der Zugabe von Basen entstehen dunkelgrüne Chrom(III)-oxid-Hydrat-Gele.

Die Hexaaquachrom(III)-Komplexe zeigen Hydratisomerie (vgl. S. 736).

Beispiel $Cr(H_2O)_6Cl_3$:

$$\underset{\text{violett}}{[Cr(H_2O)_6]Cl_3} \rightleftharpoons \underset{\text{hellgrün}}{[Cr(H_2O)_5Cl]Cl_2 \cdot H_2O} \rightleftharpoons \underset{\text{dunkelgrün}}{[Cr(H_2O)_4Cl_2]Cl \cdot 2\,H_2O}.$$

Beim Erwärmen entstehen aus dem violetten Komplex die grünen Isomere, die sich in der Kälte sehr langsam wieder in den violetten Komplex umwandeln.

Chrom(III)-Halogenide

Von den wasserfreien Halogeniden CrX_3 (X = F, Cl, Br, I) ist das schuppige, rotviolette **Chrom(III)-chlorid $CrCl_3$** (Smp. 1 152 °C) am wichtigsten. Es ist im Cl_2-Strom bei 600 °C sublimierbar. Wasserfreie Cr(III)-Salze unterscheiden sich in Struktur und Eigenschaften wesentlich von wasserhaltigen Salzen. $CrCl_3$ kristallisiert in einer Schichtstruktur mit Schichtpaketen, zwischen denen van-der-Waals-Bindungen vorhanden sind. Chrom ist oktaedrisch koordiniert. $CrCl_3$ löst sich in Wasser nur in Gegenwart von Cr^{2+}-Ionen durch deren katalytische Wirkung. Auch kinetisch stabile Cr(III)-Komplexe werden durch Cr(II) zersetzt.

Chrom(III)-Komplexe

Die Elektronenkonfiguration d^3 liefert bei oktaedrischer Koordination eine große Ligandenfeldstabilisierungsenergie (vgl. Abschn. 5.4.6). Es gibt daher eine große Zahl stabiler oktaedrischer Cr(III)-Komplexe mit typischen Farben. Die magnetischen Momente liegen beim „spin-only"-Wert (vgl. Tab. 5.2), der für drei ungepaarte Elektronen 3,87 Bohr'sche-Magnetonen beträgt. Aus den Elektronenspektren kann

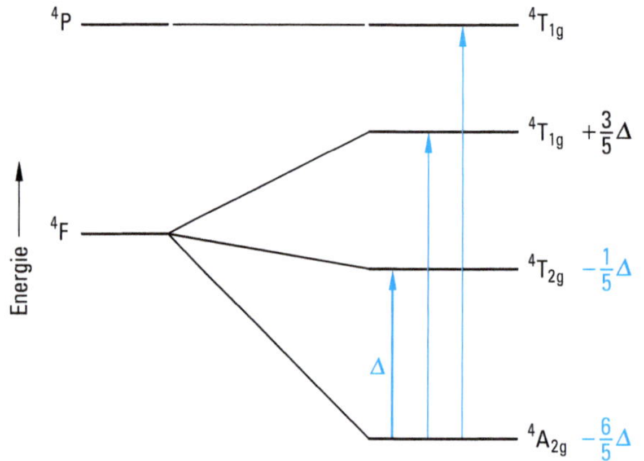

Abbildung 5.63 Schematisches Termdiagramm für ein d^3-Metallion in einem oktaedrischen Ligandenfeld (vgl. Abb. 5.33). Es gibt drei spinerlaubte d—d-Übergänge. Aus dem Übergang $^4A_{2g} \longrightarrow {}^4T_{2g}$ erhält man direkt die Ligandenfeldausspaltung Δ bzw. 10 Dq.
Für die Aufspaltung des ^4F-Terms gilt der Schwerpunktsatz. Unter Berücksichtigung des Entartungsgrades 3 für T-Terme und 1 für A-Terme gilt: $-\frac{6}{5}\Delta - 3 \cdot \frac{1}{5}\Delta + 3 \cdot \frac{3}{5}\Delta = 0$.

Tabelle 5.12 Eigenschaften von Chrom(III)-Komplexen

Komplex	Farbe	10 Dq in cm^{-1}	μ in μ_B
$K[Cr(H_2O)_6](SO_4)_2 \cdot 6\,H_2O$	violett	17 400	3,84
$K_3[Cr(C_2O_4)_3] \cdot 3\,H_2O$	rotviolett	17 500	3,84
$[Cr(NH_3)_6]Br_3$	gelb	21 550	3,77
$[Cr(en)_3]I_3 \cdot H_2O$	gelb	21 600	3,84
$K_3[Cr(CN)_6]$	gelb	26 700	3,87

die Ligandenfeldaufspaltung Δ bzw. 10 Dq ermittelt werden (Abb. 5.63). Für einige Komplexe sind diese Eigenschaften in Tab. 5.12 angegeben.

5.13.5.5 Chrom(II)-Verbindungen (d^4)

Cr(II)-Verbindungen sind starke Reduktionsmittel. Durch Abgabe eines Elektrons entsteht die stabile d^3-Konfiguration von Cr(III).

$$Cr^{3+} + e^- \rightleftharpoons Cr^{2+} \qquad E^\circ = -0{,}41\,V$$

Bei der Konfiguration d^4 mit high-spin-Anordnung tritt der Jahn-Teller-Effekt auf. Für Cr(II) ist daher die tetragonal verzerrte oktaedrische oder die quadratische Koordination typisch.

Das himmelblaue **Hexaaquachrom(II)-Ion $[Cr(H_2O)_6]^{2+}$** erhält man durch Reduktion von Cr(III)-Lösungen mit Zink. Es wird durch Luft schnell wieder oxidiert; in neutralen Lösungen ist es bei Luftausschluss haltbar, in sauren Lösungen geht es unter H_2-Entwicklung in Cr(III) über.

Blau sind auch die wasserhaltigen Salze $CrSO_4 \cdot 5\,H_2O$, $Cr(ClO_4)_2 \cdot 6\,H_2O$ und $CrCl_2 \cdot 4\,H_2O$.

Die wasserfreien **Dihalogenide CrX_2** (X = F, Cl, Br, I) erhält man durch Reduktion der Trihalogenide mit H_2 bei 500–600 °C. $CrCl_2$ (Smp. 824 °C) ist weiß, die Koordination von Chrom ist verzerrt oktaedrisch.

Einkernige **high-spin-Komplexe** wie $[Cr(H_2O)_6]^{2+}$, $[Cr(NH_3)_6]^{2+}$, $[Cr(en)_3]^{2+}$ sind tetragonal verzerrt oktaedrisch gebaut, mit einem magnetischen Moment, das vier ungepaarten Elektronen entspricht ($\mu = 4{,}9\,\mu_B$) (vgl. Abschn. 5.4.6.1).

Die **low-spin-Komplexe** $[Cr(CN)_6]^{4-}$, $[Cr(phen)_3]^{2+}$ und $[Cr(bipy)_3]^{2+}$ (bipy = Bipyridin, phen = o-Phenanthrolin) sind oktaedrisch gebaut und haben zwei ungepaarte Elektronen ($\mu = 3\,\mu_B$).

Cr(II) bildet zweikernige Komplexe mit Cr—Cr-Mehrfachbindungen. Beispiele sind das rote Acetathydrat $[Cr_2(CH_3COO)_4(H_2O)_2]$ und der Komplex $[Cr_2(CH_3)_8]^{4-}$.

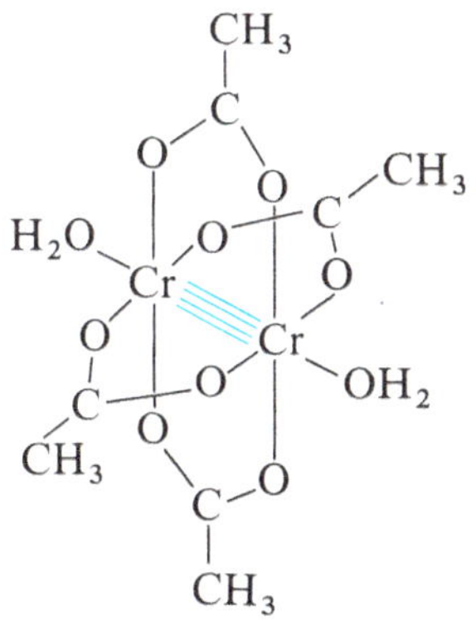

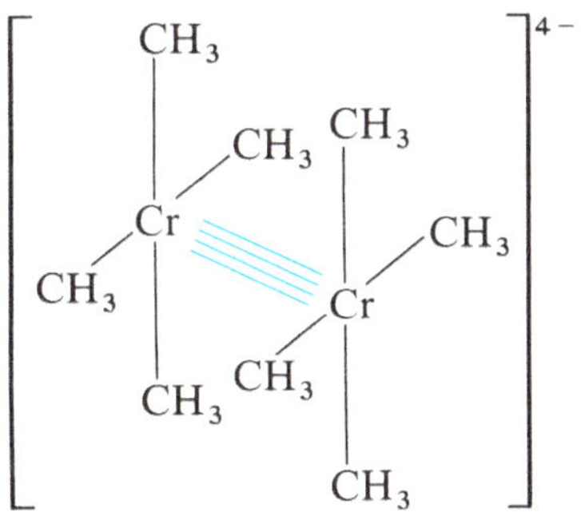

Der Diamagnetismus und die kurzen Cr-Cr-Abstände werden mit einer Cr—Cr-Vierfachbindung erklärt. Die Bindungsverhältnisse sind in der Abb. 5.64 dargestellt.

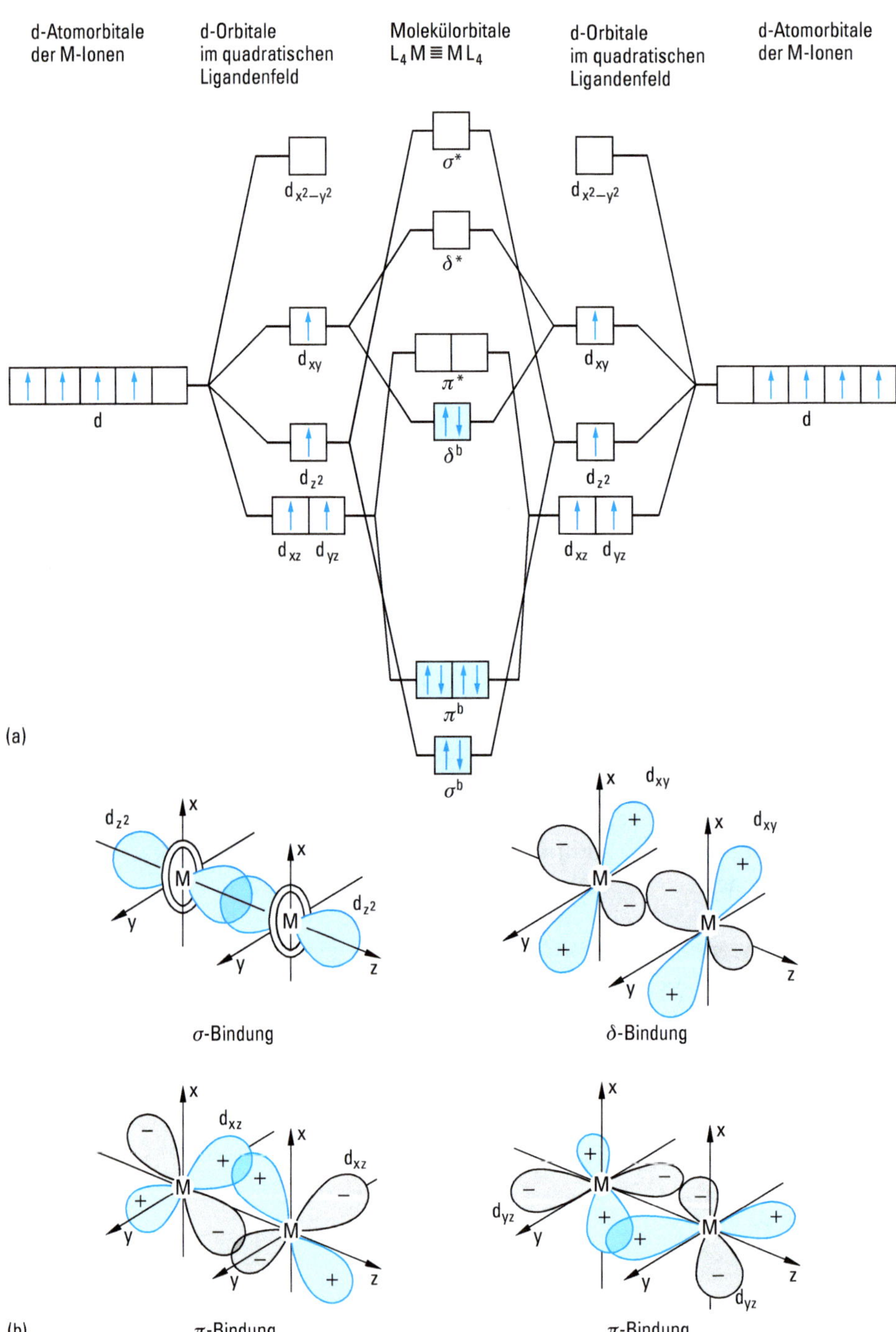

d-Atomorbitale der M-Ionen
d-Orbitale im quadratischen Ligandenfeld
Molekülorbitale $L_4M\equiv ML_4$
d-Orbitale im quadratischen Ligandenfeld
d-Atomorbitale der M-Ionen
σ^*
$d_{x^2-y^2}$
δ^*
d_{xy}
π^*
d
δ^b
d_{z^2}
d_{xz} d_{yz}
π^b
σ^b
(a)
d_{z^2}
x
M
y
z
σ-Bindung
d_{xy}
δ-Bindung
d_{xz}
π-Bindung
d_{yz}
π-Bindung
(b)

◀ **Abbildung 5.64** a) MO-Diagramm eines Komplexes M_2L_8 mit M—M-Vierfachbindung. Die M-Ionen sind d^4-Ionen, sie sind von den Liganden L quadratisch umgeben. Es gibt vier Linearkombinationen zwischen den d-Orbitalen der Metallionen, die bindende Molekülorbitale ergeben. Es entsteht eine Vierfachbindung. Für die Bindung mit den Liganden stehen die Orbitale s, p_x, p_y und $d_{x^2-y^2}$ zur Verfügung.
b) Darstellung der d-Orbitale, deren Linearkombinationen bindende Molekülorbitale ergeben. Die Linearkombination der d_{xy}-Orbitale führt zu einer sehr schwachen Bindung (δ-Bindung). Der Komplex $[Re_2Cl_8]^{2-}$ (s. Abb. 5.71) ist ein klassisches Beispiel für M—M-Vierfachbindungen und das Diagramm gilt auch für den Octachlorido-dirhenat(III)-Komplex.

5.13.5.6 Laser

Der Begriff Laser kommt von light amplification by stimulated emission of radiation (Lichtverstärkung durch stimulierte Emission). Der erste Laser, ein Rubinlaser, wurde 1960 gebaut. Synthetische Rubine entstehen aus Mischkristallen von Al_2O_3 und Cr_2O_3 ($\leq$ 0,1 %).

Prinzip

Durch Absorption von Lichtquanten passender Energie wechseln Elektronen aus dem Grundzustand 1 in ein höheres Niveau 2 (vgl. Abschn. 1.4.2). Springt das Elektron in den Grundzustand zurück, dann gibt es die Energie durch Emission eines Photons ab. Es gibt zwei Möglichkeiten der Emission von Photonen. Bei der spontanen Emission ist der Zeitpunkt der Emission willkürlich, und die Raumrichtung, in der die Photonen abgestrahlt werden, ist unbestimmt. Bei der stimulierten Emission wird diese durch ein Photon ausgelöst. Es werden zwei Photonen emittiert, das auslösende und das ausgelöste, und es entsteht eine Lichtverstärkung. Beide Photonen haben identische Eigenschaften (Frequenz, Phase, Polarisation und Ausbreitungsrichtung). Eine ausreichend große stimulierte Emission erhält man nur, wenn die Elektronenkonzentration im angeregten Zustand größer ist als im Grundzustand. Dies bezeichnet man als Besetzungsinversion, und sie ist die physikalische Voraussetzung für die Konstruktion eines Lasers. Sie lässt sich realisieren wenn ein drittes Niveau 3 mit langlebigen Elektronenzuständen vorhanden ist. Die auf das Niveau 2 angeregten Elektronen besetzen mit einem schnellen strahlungslosen Übergang das metastabile Niveau 3 in hoher Konzentration (s. Abb. nächste Seite). Durch Spiegel (Resonator) werden dann die durch stimulierte Emission erzeugten Lichtwellen reflektiert und durch Hin- und Herlaufen zwischen den Spiegeln immer mehr verstärkt.

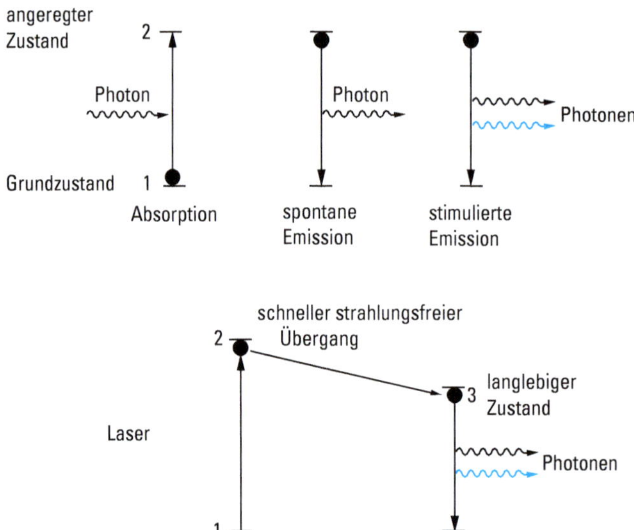

Eigenschaften

Laserstrahlung ist monochromatisch und kann wegen der Kohärenz hochintensiv sein und fokussiert werden. Der Wellenbereich verfügbarer Laser reicht vom IR- bis in den UV-Bereich. Die Ausgangsleistung liegt zwischen μW (Diodenlaser) und TW (Feststofflaser). Laserlicht kann kontinuierlich oder in Pulsen emittiert werden. Die kürzesten Impulse liegen im fs-Bereich (f = femto, 10^{-15}).

Es gibt zahlreiche **Lasertypen.**

Beispiele:

Gaslaser	Helium-Neon-Laser	632,8 nm (rot)
	Kohlenstoffdioxidlaser	6−8 μm (IR)
	Stickstofflaser	337,1 nm (UV)
Festkörperlaser	Rubinlaser (Dotierung Cr)	694,3 nm (rot)
	Yttrium-Aluminium-Granat-Laser (YAG, Dotierung Nd)	1 064 nm (IR)
Halbleiterlaser	Halbleiterdioden (vgl. S. 815)	
Farbstofflaser	Stilbene	Spektralbereich blau
	Rhodamine	Spektralbereich gelb bis orange-rot

Die **Anwendung** der Laser ist außerordentlich viefältig.

Exemplarische Beispiele:

Materialbearbeitung: Bohren, Fräsen, Schweißen, Schneiden, Pulverbeschichtung.

Medizin: Fixieren der Augennetzhaut, Abtragen von Warzen und Melanomen, Behandlung von Venen.

Informationstechnik: Datenübertragung in Lichtleitern, Information von CDs und codierten Artikeln, Laserdrucker.

Messtechnik: Vermessung vom Bereich Geologie bis zu atomaren Energieniveaus, Laserpistolen (Verkehrsüberwachung).

5.13.6 Verbindungen des Molybdäns und Wolframs

5.13.6.1 Oxide

Von Molybdän und Wolfram sind die folgenden Oxide bekannt

Oxidationszahl	+6	zwischen +6 und +5	+4
Molybdän	MoO_3	Mo_9O_{26}, Mo_8O_{23}, Mo_5O_{14}, $Mo_{17}O_{47}$, Mo_4O_{11}	MoO_2
Wolfram	WO_3	$W_{40}O_{119}$, $W_{50}O_{148}$, $W_{20}O_{58}$, $W_{18}O_{49}$	WO_2

Im Unterschied zu Chrom sind keine Oxide mit Oxidationszahlen < 4 bekannt.

Molybdän(VI)-oxid MoO_3 (Smp. 795 °C) ist weiß und besitzt eine seltene Schichtstruktur, die aus verzerrten MoO_6-Oktaedern aufgebaut ist.

Wolfram(VI)-oxid WO_3 (Smp. 1 473 °C) ist gelb und kristallisiert zwischen −43 und +20 °C im verzerrten ReO_3-Typ (vgl. Abb. 5.68), ist also dreidimensional aus eckenverknüpften Oktaedern aufgebaut. Es gibt weitere sechs polymorphe Formen.

Beide Trioxide sind wasser- und säureunlöslich. In Alkalilaugen lösen sie sich unter Bildung der Ionen MO_4^{2-}.

Molybdän(IV)-oxid MoO_2 (violett) und **Wolfram(IV)-oxid WO_2** (braun) sind diamagnetische, metallisch leitende Verbindungen. Sie kristallisieren im verzerrten Rutil-Typ. Durch die Verzerrung bilden sich Metallpaare mit M—M-Bindungen.

Beim Erhitzen der Trioxide im Vakuum oder durch Reduktion der Trioxide mit den Metallen erhält man die zahlreichen stöchiometrischen **Oxide mit nichtganzzahligen Oxidationszahlen**. Sie sind intensiv violett oder blau. Die Strukturen sind kompliziert. Einige Oxide sind Beispiele für Scherstrukturen (vgl. Abschn. 2.7.4), in einigen Strukturen sind neben den vorwiegend oktaedrisch koordinierten M-Atomen auch siebenfach und vierfach koordinierte Metallatome vorhanden.

Wenn man angesäuerte Molybdat- bzw. Wolframatlösungen oder Suspensionen von MoO_3 bzw. WO_3 in Wasser mit Sn(II), SO_2, H_2S oder N_2H_4 reduziert, erhält man tiefblaue Lösungen von **Molybdänblau** bzw. **Wolframblau**. Es handelt sich wahrscheinlich um nanometergroße Molybdän-Oxid-Hydroxid-Ringe (Isomolybdatringe) aus ca. 150 Mo-Atomen mit Oxidationszahlen von +6 und +5 (s. S. 851 f.).

5.13.6.2 Isopolymolybdate, Isopolywolframate

Die alkalischen Lösungen der Trioxide MoO_3 und WO_3 enthalten tetraedrische **MoO_4^{2-}**- und **WO_4^{2-}**-Ionen. Aus stark sauren Lösungen kristallisieren die Oxid-Hydrate $MoO_3 \cdot 2\,H_2O$ und $WO_3 \cdot 2\,H_2O$ aus, die als **„Molybdänsäure"** bzw. **„Wolframsäure"** bezeichnet werden. Beim Erwärmen wandeln sie sich in die Monohydrate $MO_3 \cdot H_2O$ um.

Bei pH-Werten zwischen diesen Extremen bilden sich polymere Anionen, die überwiegend aus MO_6-Oktaedern aufgebaut sind.

Beim Molybdän erfolgt die Bildung der Polyanionen durch eine rasche Gleichgewichtseinstellung, beim Wolfram dauert die Gleichgewichtseinstellung oft Wochen. Die Polyanionen sind bei Molybdän und Wolfram verschieden und nicht, wie man vielleicht erwarten könnte, analog.

In Molybdatlösungen bilden sich – sobald der pH-Wert unter 6 sinkt – die Polyanionen $[Mo_7O_{24}]^{6-}$, $[Mo_8O_{26}]^{4-}$ und $[Mo_{36}O_{112}]^{8-}$. Von $[Mo_8O_{26}]^{4-}$ sind zwei isomere Strukturen bekannt (Abb. 5.65). Einige Polyanionen wie $[Mo_2O_7]^{2-}$,

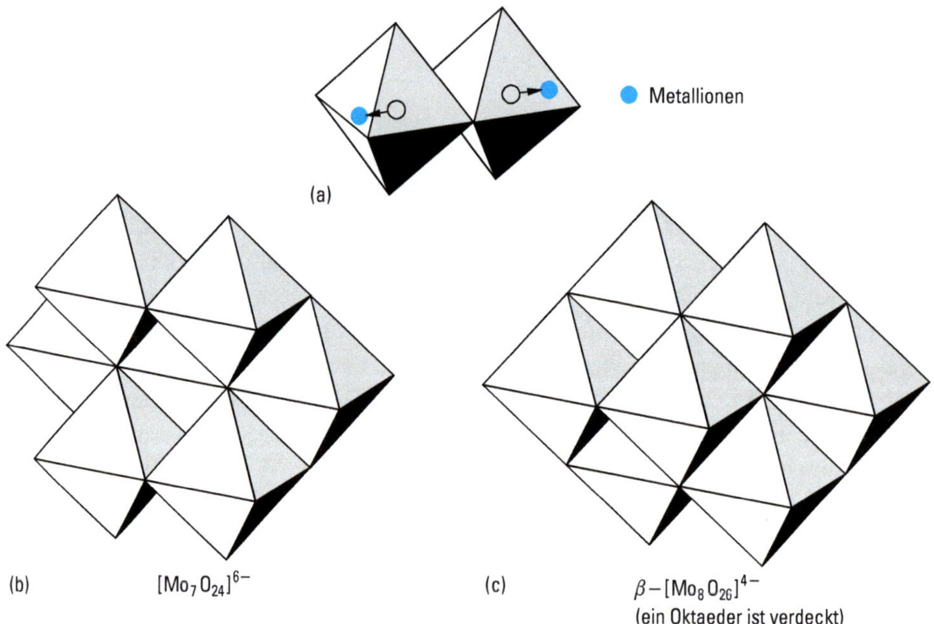

Abbildung 5.65 a) Zwei MoO_6-Oktaeder sind über eine gemeinsame Kante verbunden. Zwischen den Metallionen tritt Coulomb'sche Abstoßung auf, die mit zunehmender Ladung der Ionen zunimmt. Dies führt zu einer Verzerrung der Oktaeder.
b) und c) Idealisierte Darstellung von Polymolybdationen, die in Lösungen nachgewiesen sind. Die Oktaeder sind verzerrt, die Metallionen sind in Richtung auf die äußeren Sauerstoffionen verschoben. Alle Oktaeder sind kantenverknüpft. In α-$[Mo_8O_{26}]^{4-}$ sind zwei Metallatome tetraedrisch koordiniert.

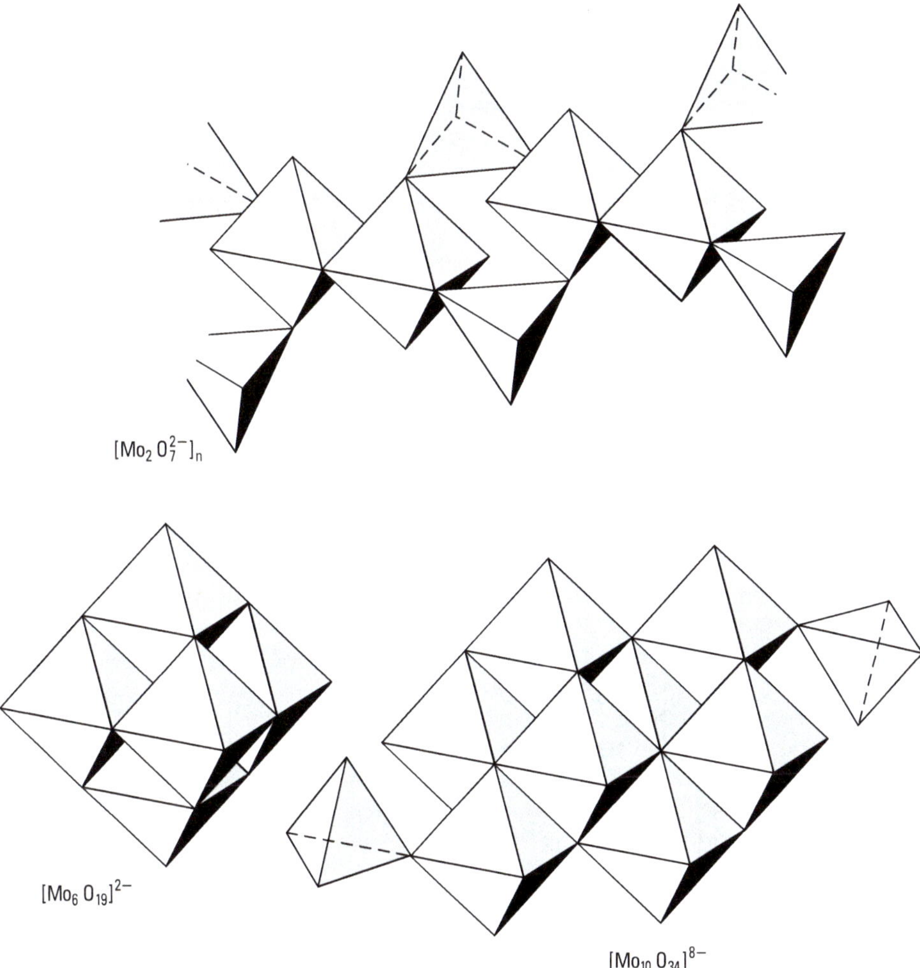

Abbildung 5.66a Polymolybdationen, die in aus Molybdatlösungen ausgeschiedenen Kristallen nachgewiesen wurden.
Im Unterschied zu $[Cr_2O_7]^{2-}$ (vgl. Abb. 5.61b) ist $[Mo_2O_7]^{2-}$ polymer.

$[Mo_6O_{19}]^{2-}$ und $[Mo_{10}O_{34}]^{8-}$ sind nur aus Feststoffen bekannt, die aus den Molybdatlösungen auskristallisieren (Abb. 5.66a).

Die blauen molekularen Isopolymolybdate $Na_{15}[Mo^{VI}_{126}Mo^{V}_{28}O_{462}H_{14}(H_2O)_{70}] \cdot \sim 400\,H_2O$ {= Mo_{154}} und $Na_{15}[Mo^{VI}_{124}Mo^{V}_{28}O_{457}H_{14}(H_2O)_{68}] \cdot \sim 400\,H_2O$ {= Mo_{152}} fallen in kurzer Zeit (1 Tag) als Mischkristall-Niederschlag aus einer sauren (pH = 1) wässrigen Lösung von Natriummolybdat, Na_2MoO_4 bei Reduktion mit Natriumdithionit, $Na_2S_2O_4$ aus. Diese kristallinen Molybdänblau-Verbindungen bilden nanometergroße Räder (Ringe), die sich in wässriger Lösung zu Überstrukturen ordnen. Diese Überstrukturen haben einen einen Radius von ca. 45 nm und sind aus etwa

Abbildung 5.66b Polyeder-Darstellung eines $\{Mo_{154}\}$-„Nano“-Rades.

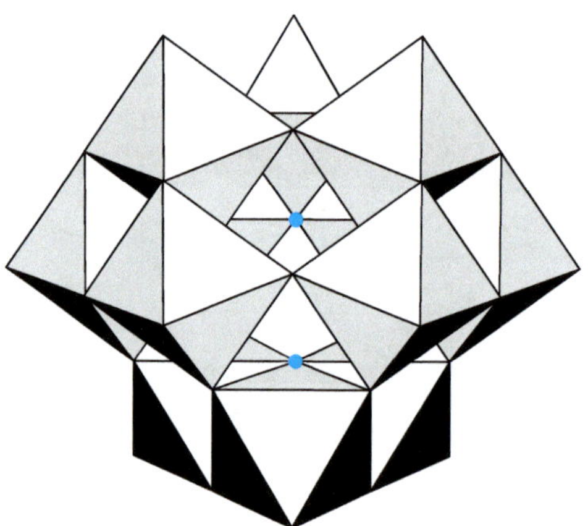

Abbildung 5.67 Struktur des Ions $[W_{12}O_{40}]^{8-}$.
Die Struktur besteht aus vier Gruppen, die wiederum aus drei WO_6-Oktaedern aufgebaut sind: $(W_3O_{10})_4$. In den Dreiergruppen ist jedes Oktaeder durch eine gemeinsame Kante mit den Nachbaroktaedern verbunden. Jede Dreiergruppe ist über zwei gemeinsame Oktaederecken mit den drei anderen Dreiergruppen verknüpft. Die Dreiergruppen umschließen einen Hohlraum, in den Protonen oder Heteroatome eintreten können. In jeder Dreiergruppe gibt es ein Sauerstoffatom, das allen drei Oktaedern gemeinsam angehört (•). Diese vier Sauerstoffatome liegen an der Peripherie des Hohlraums und bilden ein Tetraeder.
Im Isopolyanion $[H_2W_{12}O_{40}]^{6-}$ befinden sich im Hohlraum zwei Protonen, im Heteropolyanion $[P(W_3O_{10})_4]^{3-}$ ein Phosphoratom, das tetraedrisch von vier Sauerstoffatomen koordiniert ist.
Die Struktur wird nach dem Entdecker „Keggin-Struktur“ genannt.

1165 Einzel-$\{Mo_{154}\}$-Rädern zusammengesetzt (gemäß Lichtstreuungsexperimenten und transmissionselektronenmikrospischen Untersuchungen) (Abb. 5.66b).

Ebenso findet man für $[(MoO_3)_{176}(H_2O)_{80}H_{32}]$, $[(MoO_3)_{176}(H_2O)_{63}(MeOH)_{17}H_n]^{(32-n)-}$ und $[Mo_{176}O_{496}(OH)_{32}(H_2O)_{80}]$ die Bildung großer Ringe mit Hohlräumen von 2 – 3 nm Durchmesser.

In Wolframatlösungen kondensieren bei pH ≈ 6 die WO_4^{2-}-Ionen zunächst zu $[HW_6O_{21}]^{5-}$, das sich langsam mit $[H_2W_{12}O_{42}]^{10-}$ ins Gleichgewicht setzt. Bei pH ≈ 4 bilden sich langsam $[H_2W_{12}O_{40}]^{6-}$-Ionen (Abb. 5.67).

5.13.6.3 Heteropolyanionen

In die Strukturen von Isopolyanionen können Heteroatome eintreten. So erhält man aus einer Lösung, die MoO_4^{2-}- und HPO_4^{2-}-Ionen enthält, beim Ansäuern das gelbe Heteropolyanion $[PMo_{12}O_{40}]^{3-}$.

Bei den Heteropolyanionen handelt es sich um eine große Verbindungsklasse. Die meisten sind Heteropolyanionen des Molybdäns und Wolframs mit mindestens 35 verschiedenen Heteroatomen. Die Heteroatome sind Nichtmetalle und Übergangsmetalle. Die freien Säuren und die Salze mit kleinen Kationen sind in Wasser gut löslich, Salze mit großen Kationen wie Cs^+, Ba^{2+} und Pb^{2+} sind schwer löslich. Die Salze der Heteropolyanionen sind stabiler als die der Isopolyanionen.

Die Heteroatome befinden sich in den Hohlräumen der aus MO_6-Oktaedern gebildeten Polyanionen. Je nach Größe besetzen sie von den Sauerstoffionen der MO_6-Oktaeder tetraedrisch oder oktaedrisch koordinierte Plätze.

Es können verschiedene **Klassen von Heteropolyanionen** unterschieden werden.

Klasse	X : M	Heterogruppe	Beispiele für Heteroatome X
$[\overset{+n}{X}M_{12}O_{40}]^{(8-n)-}$	1 : 12	XO_4	Si^{4+}, Ge^{4+}, P^{5+}, As^{5+}, Ti^{4+}
$[\overset{+n}{X}_2M_{18}O_{62}]^{(16-2n)-}$	2 : 18	XO_4	P^{5+}, As^{5+}
$[\overset{+n}{X}M_6O_{24}]^{(12-n)-}$	1 : 6	XO_6	Te^{6+}, I^{7+}
$[\overset{+n}{X}M_9O_{32}]^{(10-n)-}$	1 : 9	XO_6	Mn^{4+}, Ni^{4+}

Die Heteropolyanionen $[\overset{+n}{X}M_{12}O_{40}]^{(8-n)-}$ besitzen wie das Polywolframation $[H_2W_{12}O_{40}]^{6-}$ die Keggin-Struktur (Abb. 5.67).

5.13.6.4 Bronzen

Reduziert man Natriumpolywolframat mit Wasserstoff bei Rotglut, erhält man eine Substanz, die wegen ihres metallischen, bronzeähnlichen Aussehens als Bronze be-

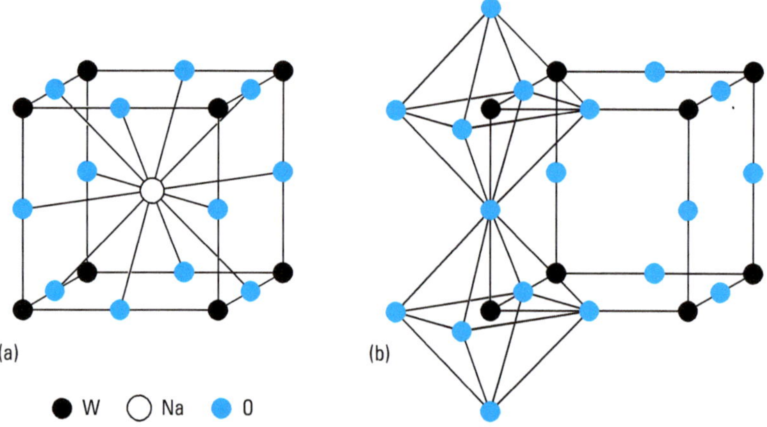

Abbildung 5.68 a) Die Natriumwolframbronze $NaWO_3$ hat die kubische Perowskit-Struktur. WO_6-Oktaeder sind über die Oktaederecken dreidimensional verknüpft. Die Na-Atome sind von zwölf O-Atomen umgeben. Die Bronzen Na_nWO_3 ($0{,}3 \leq n \leq 1$) haben eine Perowskit-Defektstruktur, in der Natriumplätze statistisch unbesetzt sind. Wenn alle Natriumplätze unbesetzt sind, liegt die in b) dargestellte ReO_3-Struktur vor. WO_3 kristallisiert in einer monoklin deformierten Variante dieser Struktur. Bei Natriumgehalten $n < 0{,}3$ erfolgt ein Übergang zur WO_3-Struktur, die Phasen sind nicht mehr kubisch.

zeichnet wurde. Natriumwolframbronzen erhält man auch durch elektrolytische Reduktion geschmolzener Wolframate oder durch Reduktion von Natriumwolframat mit Natrium, Wolfram oder Zink.

Natriumwolframbronzen sind nichtstöchiometrische Verbindungen der Zusammensetzung Na_nWO_3 ($0 < n \leq 1$). Es sind chemisch inerte Verbindungen, die in Wasser und Säuren (außer Flusssäure) unlöslich sind. Sie sind intensiv farbig, die Farbe ändert sich von goldgelb bei $n \approx 0{,}9$ über orange, rot bis blauschwarz bei $n \approx 0{,}3$. Sie kristallisieren im Bereich $0{,}3 \leq n \leq 1$ in einer Perowskit-Defektstruktur, bei der ein Übergang vom Perowskit-Typ zum ReO_3-Typ erfolgt (Abb. 5.68). Die vom Natrium stammenden Elektronen befinden sich in einem Leitungsband und sind nicht an den Wolframionen lokalisiert. Die Perowskit-Phasen sind daher metallisch leitend. Unterhalb $n = 0{,}3$ sind die Substanzen, bedingt durch den Strukturwechsel, halbleitend.

Lithiumbronzen kristallisieren ebenfalls im Perowskit-Typ. Die **Kaliumbronzen** K_nWO_3 ($n = 0{,}4$ bis $0{,}6$) sind rotviolett und besitzen eine komplizierte tetragonale Struktur. Die **Rubidium-** und **Caesiumbronzen** sind dunkelblau und kristallisieren hexagonal. Sie sind alle metallische Leiter.

Außer den Alkalimetallen bilden auch die folgenden Metalle Wolframbronzen M_nWO_3: Mg, Ca, Sr, Ba, Ga, In, Tl, Sn, Pb, Cu, Ag, Cd, Lanthanoide.

Die den Wolframbronzen analogen **Alkalimetallmolybdänbronzen** bilden sich nur unter hohem Druck.

5.13.6.5 Halogenide

Halogenide des Molybdäns und Wolframs sind mit den Oxidationszahlen +2 bis +6 bekannt. Iodide gibt es allerdings nur mit den Oxidationszahlen +2 und +3.

Oxidationszahl	Molybdänhalogenide	Wolframhalogenide
+6	MoF_6	WF_6, WCl_6, WBr_6
+5	MoF_5, $MoCl_5$	WF_5, WCl_5, WBr_5
+4	MoF_4, $MoCl_4$, $MoBr_4$	WF_4, WCl_4, WBr_4
+3	MoF_3, $MoCl_3$, $MoBr_3$, MoI_3	WCl_3, WBr_3, WI_3
+2	$MoCl_2$, $MoBr_2$, MoI_2	WCl_2, WBr_2, WI_2

Bei stabilen Halogeniden des Chroms ist die höchste Oxidationsstufe +5, sie wird nur mit Fluor erreicht. Beim Molybdän und Wolfram gibt es binäre Halogenide mit den Oxidationszahlen +6, beim Molybdän nur mit Fluor. MoF_6 und WF_6 sind farblose Flüssigkeiten, WCl_6 und WBr_6 dunkelblaue Feststoffe.

MoF_5 und WF_5 sind fest und flüchtig, sie sind tetramer gebaut und isostrukturell mit $(NbF_5)_4$ und $(TaF_5)_4$ (vgl. Abb. 5.58a). $MoCl_5$ und WCl_5 sind schwarz bzw. dunkelgrün und besitzen wie $NbCl_5$ und $TaCl_5$ dimere Strukturen (vgl. Abb. 5.58b).

$MoCl_3$ ist strukturell $CrCl_3$ ähnlich. W(III)-Halogenide unterscheiden sich wie die Mo(II)-Halogenide und die W(II)-Halogenide wesentlich von den analogen Chromverbindungen. Die Stabilität kommt durch M—M-Bindungen in Metallclustern zustande. WCl_3 z. B. hat die hexamere Struktur $[W_6Cl_{12}]Cl_6$. Der Cluster $[W_6Cl_{12}]^{6+}$ ist isostrukturell mit den $[M_6Cl_{12}]^{n+}$-Clustern von Niob und Tantal (vgl. Abb. 5.60).

WCl_3 bildet Chloride der Zusammensetzung $\overset{+1}{M}_3[W_2Cl_9]$. Im $[W_2Cl_9]^{3-}$-Ion sind zwei WCl_6-Oktaeder über eine gemeinsame Fläche verknüpft. Der Diamagnetismus des Ions und der kurze W-W-Abstand bestätigen eine starke Metall-Metall-Bindung (W≡W). Im analogen $[Cr_2Cl_9]^{3-}$-Ion gibt es keine Cr—Cr-Bindung, es ist paramagnetisch.

Die Dihalogenide sind aus $[M_6X_8]^{4+}$-Clustern aufgebaut (Abb. 5.69), die durch Cl^--Ionen verknüpft sind. Es sind diamagnetische, meist farbige Feststoffe mit der Zusammensetzung $[M_6X_8]X_4$. Auf Grund der Metall-Metall-Bindungen im Cluster sind die Dihalogenide recht stabil. Während Cr(II)-Halogenide starke Reduktionsmittel sind, sind Mo(II)-Halogenide – entgegen dem Trend der Stabilität der Oxidationszahlen in der Gruppe – keine Reduktionsmittel. W(II)-Halogenide lassen sich leicht zu W(III)-Halogeniden oxidieren.

Bei den **Chevrel-Phasen** sind in den $[M_6X_8]^{4+}$-Clustern die Halogenatome durch Chalkogenatome ersetzt. In den Verbindungen $Fe_2Mo_6S_8$, $SnMo_6S_8$ und $CeMo_6Se_8$ ist das Clusterion $[Mo_6X_8]^{4-}$ vorhanden. Bei den meisten Chevrel-Phasen ist die Ladung der Clusterionen kleiner, und es treten auch zahlreiche nichtstöchiometrische Phasen auf.

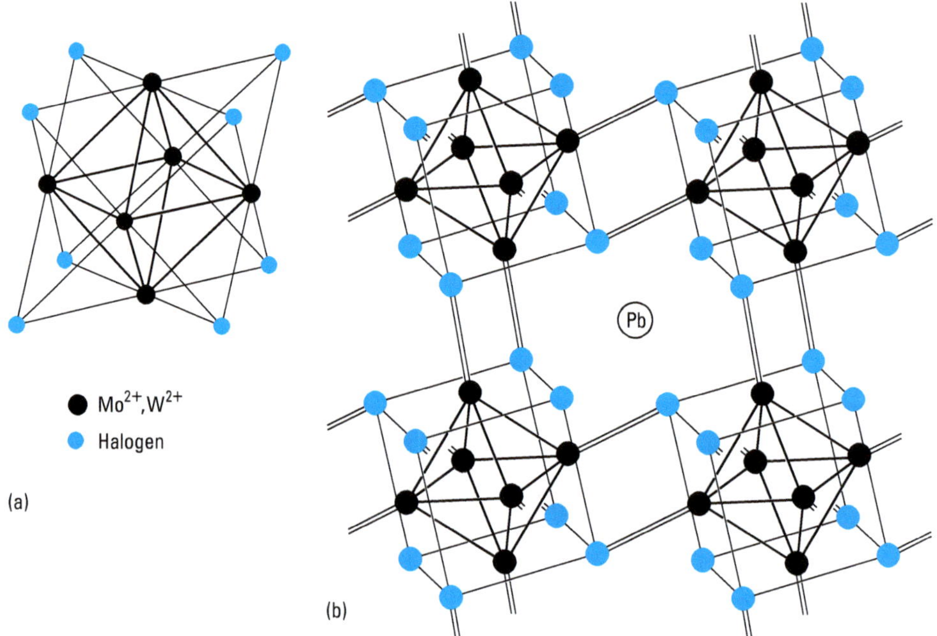

Abbildung 5.69 a) Struktur des Clusters $[M_6X_8]^{4+}$. Im Cluster sind 40 Valenzelektronen vorhanden. Für die M—Cl-Bindungen werden davon 16 gebraucht. Den M-Atomen verbleiben 24 Elektronen für Metall-Metall-Bindungen, sie können längs der zwölf Oktaederkanten 2-Zentren-Bindungen ausbilden.
b) Assoziation der Mo_6S_8-Cluster in der Chevrel-Phase $PbMo_6S_8$, die unterhalb 12,6 K supraleitend ist.

Beispiele:
$LaMo_6S_8$, $PbMo_6S_8$, $MgMo_6S_8$, $Cu_{1,8}Mo_6S_8$, $Gd_{1,2}Mo_6Se_8$.

Ungeladene Cluster sind bei den Chalogeniden Mo_6S_8, Mo_6Se_8 und Mo_6Te_8 vorhanden. In den Clustern mit der Ladung −4 gibt es im Cluster 56 Valenzelektronen, 32 werden für die Mo—S-Bindungen gebraucht, 24 Valenzelektronen sind für Mo—Mo-Bindungen vorhanden (vgl. Abb. 5.69a). Mit abnehmender Ladung des Clusters verringern sich diese bis 20 in ungeladenen Clustern. Zwischen den Clustern gibt es starke Wechselwirkungen, die Chalkogenatome besetzen freie Koordinationsstellen der Mo-Atome in Nachbarclustern (Abb. 5.69b). Dadurch spalten die Orbitale der Cluster zu Bändern auf. Bei den Chevrel-Phasen mit weniger als 24 Valenzelektronen für Metall-Metall-Bindungen sind im Band „Elektronenlöcher" vorhanden. $PbMo_6S_8$ und Mo_6S_8 sind daher metallische Leiter. Bei den supraleitenden Chevrel-Phasen werden Sprungtemperaturen bis 15 K gefunden.

5.14 Gruppe 7

5.14.1 Gruppeneigenschaften

	Mangan Mn	Technetium Tc	Rhenium Re
Ordnungszahl *Z*	25	43	75
Elektronenkonfiguration	$[Ar]3d^5 4s^2$	$[Kr]4d^5 5s^2$	$[Xe]4f^{14} 5d^5 6s^2$
Elektronegativität	1,6	1,4	1,5
Standardpotential in V			
MO_4^-/M	+0,74	+0,47	+0,37
MO_2/M	+0,02	+0,27	+0,26
M^{3+}/M	−0,28	–	+0,30
M^{2+}/M	−1,18	+0,40	–
Schmelzpunkt in °C	1247	2250	3180
Siedepunkt in °C	2030	4700	5870
Sublimationsenthalpie in kJ/mol	+286	+678	+770
Ionenradien in pm			
M^{7+}	46	56	53
M^{6+}	25*	–	55
M^{5+}	33*	60	58
M^{4+}	53	64	63
M^{3+}	64 hs 58 ls	–	–
M^{2+}	83 hs 67 ls	–	–
Beständigkeit höherer Oxidationszahlen		⟶ nimmt zu	
Beständigkeit niedriger Oxidationszahlen		⟶ nimmt ab	

* KZ = 4, hs = high-spin, ls = low spin

Die Metalle der Gruppe 7 treten vorwiegend in den Oxidationszahlen +2 bis +7 auf. Die wichtigsten Oxidationszahlen des Mangans sind +2, +4 und +7, dies entspricht den Elektronenkonfigurationen d^5, d^3 und d^0. Mn(VII)-Verbindungen existieren nur als Oxidoverbindungen wie Mn_2O_7, MnO_4^- und MnO_3F. Es sind starke Oxidationsmittel. In saurer Lösung erfolgt Reduktion zu Mn^{2+}, in stark basischer Lösung zu $\overset{+6}{Mn}O_4^{2-}$ und in schwach saurem bzw. schwach basischem Milieu zu $\overset{+4}{Mn}O_2$.

Für Rhenium ist die Oxidationszahl +7 typisch. ReO_4^- ist ein viel schwächeres Oxidationsmittel als MnO_4^-. Von Re(II) existieren praktisch keine Verbindungen. Für Re(III) sind Clusterverbindungen mit Metall-Metall-Bindungen typisch.

Bei beiden Metallen wächst mit zunehmender Oxidationszahl die Tendenz zur Bildung anionischer Komplexe, ebenso der saure Charakter der Oxide.

Die häufigsten Koordinationszahlen sind beim Mangan 4 und 6, beim Rhenium außerdem 7, 8 und 9.

Technetium ist nur künstlich darstellbar. Das Nuklid $^{99}_{43}Tc$ entsteht als Spaltprodukt von Uran in Kernreaktoren. Es ist ein β-Strahler mit einer Halbwertszeit von

$2 \cdot 10^5$ Jahren. Das künstlich hergestellte radioaktive Nuklid $^{99m}_{43}Tc$ wird als Metallkomplex in der medizinischen Diagnostik verwendet.

Technetium ähnelt chemisch dem Rhenium. Mangan unterscheidet sich deutlich von beiden und zeigt Ähnlichkeiten zu seinen Nachbarn im PSE, Chrom und Eisen.

5.14.2 Die Elemente

Mangan ist silbergrau, hart und spröde. Es kristallisiert in vier polymorphen Formen. Die bei Raumtemperatur stabile α-Modifikation kristallisiert nicht in einer der typischen Metallstrukturen, sondern in einer ungewöhnlichen Struktur mit vier verschiedenen Manganplätzen. Mangan ist ein unedles Metall, es löst sich in Säuren unter Bildung von Mn^{2+}-Ionen, auch mit Wasser entwickelt es Wasserstoff. Kompaktes Metall wird an Luft nur oberflächlich oxidiert, in feiner Verteilung erfolgt jedoch Oxidation. Mit Chlor reagiert Mangan zu $MnCl_2$. Erst beim Erhitzen reagiert kompaktes Mangan mit Sauerstoff zu Mn_3O_4 und mit Stickstoff zu Mn_3N_2.

Rhenium ist weiß glänzend, hart, luftbeständig und sieht ähnlich wie Platin aus. Es kristallisiert in der hexagonal-dichtesten Packung. Nach Wolfram hat es den höchsten Schmelzpunkt aller Metalle. Rhenium ist weniger reaktiv als Mangan. Es löst sich nicht in Salzsäure und Flusssäure, ist aber in oxidierenden Säuren wie Salpetersäure und Schwefelsäure als Rhenium(VII)-säure $HReO_4$ löslich. Sauerstoff reagiert mit Rheniumpulver oberhalb 400 °C, mit kompaktem Metall erst bei 1 000 °C zu Re_2O_7. Beim Erhitzen mit Fluor entsteht ReF_6 und ReF_7, mit Chlor bildet sich $ReCl_5$. Oxidierende Schmelzen überführen Rheniummetall in Rhenate(VII).

5.14.3 Vorkommen

Mangan ist nach Eisen das häufigste Schwermetall. Am Aufbau der Erdkruste ist es mit ca. 0,1 % beteiligt. Es gibt zahlreiche Mineralien. Das wichtigste Manganerz ist Pyrolusit MnO_2. Weitere wichtige Mineralien sind Hausmannit Mn_3O_4, Manganit $MnO(OH)$ und Rhodochrosit (Manganspat) $MnCO_3$. Auf dem Boden des pazifischen Ozeans gibt es große Mengen von Manganknollen, die 15 – 30 % Mn enthalten, außerdem Fe, Ni, Cu, Co. Ökologische und ökonomische Gründe, aber auch politische Probleme verhindern zur Zeit einen Abbau.

Rhenium ist mit 10^{-7} % in der Erdkruste ein sehr seltenes Element. Es kommt vergesellschaftet mit Molybdän vor. Relativ rheniumreich ist der Molybdänglanz MoS_2.

5.14.4 Darstellung, Verwendung

Mangan wird als Ferromangan, Silicomangan und als Manganmetall hergestellt.

Ferromangan ist eine Mn-Fe-Legierung mit mindestens 70 % Mn und enthält je nach Herstellungsverfahren bis 8 % Kohlenstoff. Kohlenstoffreiches Ferromangan wird im Hochofen aus manganreichen Erzen durch Reduktion mit Koks hergestellt.

Silicomangan mit 65 % Mn und 15 – 20 % Si wird in Elektroschachtöfen durch Reduktion von Fe- und P-armen Manganerzen und Quarzit mit Koks gewonnen.

Manganmetall wird im Elektroofen aus Manganerzen durch Reduktion mit Silicomangan hergestellt.

$$2\,MnO + Si \longrightarrow 2\,Mn + SiO_2$$

Die aluminothermische Herstellung ist teurer und wird nur noch ausnahmsweise angewandt.

Reines Manganmetall wird durch Elektrolyse von $MnSO_4$-Lösungen hergestellt. Trotz des negativen Standardpotentials $E^{\circ}_{Mn^{2+}/Mn} = -1{,}18$ V lässt es sich auf Grund der hohen Wasserstoffüberspannung an metallischem Mangan abscheiden.

95 % des Mangans wird in der Stahlindustrie verwendet. Mangan reagiert bei höherer Temperatur mit Sauerstoff und Schwefel, es wird daher als Desoxidations- und Entschwefelungsmittel verwendet. Es ist in fast allen Stählen als Legierungsbestandteil vorhanden. **Manganin** (84 % Cu, 12 % Mn, 4 % Ni) hat einen Temperaturkoeffizienten des elektrischen Widerstands von nahezu null und wird daher für Präzisionswiderstände benutzt.

Rhenium. Beim Rösten von MoS_2-haltigen Erzen entsteht Rhenium(VII)-oxid Re_2O_7, das als Perrhenat ReO_4^- in Lösung geht. Eine Methode der Isolierung ist die Fällung als NH_4ReO_4, aus dem nach Umkristallisation durch Reduktion mit Wasserstoff bei 400 – 1 000 °C graues Metallpulver gewonnen wird. Rhenium wird zur Herstellung von Thermoelementen, Elektroden, Glühkathoden und Katalysatoren verwendet. Legierungen von Re mit Nb, Ta, W, Fe, Co, Ni, Rh, Ir, Pt und Au sind sehr hart und chemisch äußerst resistent.

5.14.5 Verbindungen des Mangans

5.14.5.1 Mangan(II)-Verbindungen (d^5)

Die beständigste Oxidationsstufe des Mangans ist +2. Für Mn(II) ist die oktaedrische Koordination typisch. Binäre Verbindungen kristallisieren in Koordinationsgittern (MnO, MnS, MnF_2) oder Schichtstrukturen ($Mn(OH)_2$, $MnCl_2$). Mn(II) bildet mit den meisten Anionen Salze, die meist als Hydrate kristallisieren und überwiegend in Wasser gut löslich sind. Schwer löslich sind MnO, MnS, MnF_2, $Mn(OH)_2$, $MnCO_3$ und $Mn_3(PO_4)_2$.

In neutralen oder sauren Lösungen liegt das rosafarbene **Hexaaquamangan(II)-Ion $[Mn(H_2O)_6]^{2+}$** vor, das auf Grund der stabilen d^5-Konfiguration von Mn(II) ziemlich oxidationsbeständig ist (die Ionen Cr^{2+} und Fe^{2+} lassen sich leichter oxidieren).

$$MnO_4^- \qquad Mn^{3+} \xrightarrow{+1{,}51\,V} Mn^{2+} \xrightarrow{-1{,}18\,V} Mn \qquad (MnO_4^- \xrightarrow{+1{,}51\,V} Mn^{2+})$$

Die meisten Mn(II)-Komplexe sind wie $[Mn(H_2O)_6]^{2+}$ und $[Mn(NH_3)_6]^{2+}$ oktaedrische high-spin-Komplexe. Nur mit Liganden, die eine starke Ligandenfeldaufspaltung bewirken, bilden sich low-spin-Komplexe, z.B. $[Mn(CN)_6]^{4-}$ und $[Mn(CN)_5NO]^{3-}$.

Mangan(II)-hydroxid $Mn(OH)_2$ fällt mit OH^--Ionen aus Mn(II)-Lösungen als weißer gallertartiger Niederschlag aus, der sich an der Luft durch Oxidation braun färbt.

$$Mn(OH)_2 \xrightarrow{-0{,}2\,V} Mn_2O_3 \cdot n\,H_2O \xrightarrow{-0{,}1\,V} MnO_2 \cdot n\,H_2O$$

$Mn(OH)_2$ ist eine definierte Verbindung, sie ist isotyp mit $Mg(OH)_2$. Sie ist amphoter mit überwiegend basischen Eigenschaften.

$$Mn(OH)_2 + OH^- \longrightarrow [Mn(OH)_3]^- \qquad K \approx 10^{-5}$$

Mangan(II)-oxid MnO ist grün, in Wasser unlöslich, aber löslich in Säuren. Man stellt es durch thermische Zersetzung von $MnCO_3$ im H_2-Strom dar. Es kristallisiert im NaCl-Typ und hat den Phasenbereich $MnO_{1,00}-MnO_{1,045}$. MnO ist das klassische Beispiel einer antiferromagnetischen Substanz (vgl. Abschn. 5.15).

Mangan(II)-sulfid MnS fällt aus alkalischen Mn(II)-Lösungen mit S^{2-}-Ionen aus ($K_L = 10^{-15}\,mol^2\,l^{-2}$). Es ist wasserhaltig, fleischfarben, in verdünnten Säuren löslich und färbt sich an der Luft durch Oxidation braun. Unter Luftabschluss wandelt es sich in die wasserfreie, stabile, grüne Modifikation um, die im NaCl-Typ kristallisiert.

Auch **MnSe** und **MnTe** kristallisieren im NaCl-Gitter. Alle Mn(II)-Chalkogenide sind antiferromagnetisch.

MnS_2 hat Pyrit-Struktur (vgl. Abb. 5.79), es ist aus Mn^{2+}- und S_2^{2-}-Ionen aufgebaut.

Mangan(II)-Halogenide MnX_2 (X = F, Cl, Br, I) sind rosa Feststoffe. MnF_2 kristallisiert im Rutil-Typ, $MnCl_2$ im $CdCl_2$-Typ, $MnBr_2$ und MnI_2 im CdI_2-Typ. $MnCl_2$ bildet die Kristallhydrate $MnCl_2 \cdot 4\,H_2O$ und $MnCl_2 \cdot 2\,H_2O$, in denen Mn(II) oktaedrisch von Wassermolekülen und Chloridionen koordiniert ist.

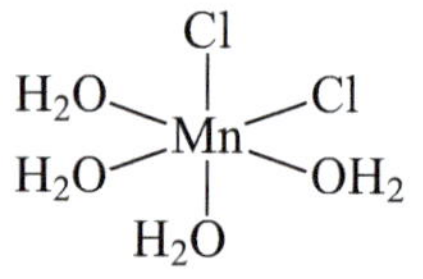

Cl, H_2O, Cl, Mn, H_2O, OH_2, H_2O

cis-$[MnCl_2(H_2O)_4]$

H_2O H_2O H_2O — Mn(Cl)(Cl)Mn(Cl)(Cl)Mn — H_2O H_2O H_2O

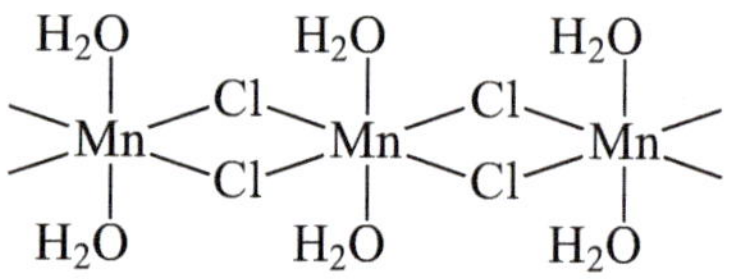

trans-$[Mn(\mu\text{-}Cl)_2(H_2O)_2]_n$

Die Alkalimetallverbindungen der polymeren Anionen MnF_3^- und $MnCl_3^-$ kristallisieren im Perowskit-Typ. In den Anionen MnF_3^-, $MnCl_3^-$ und $[MnCl_6]^{4-}$ ist Mn(II) oktaedrisch koordiniert. In den Komplexen $[MnX_4]^{2-}$ ist Mn(II) tetraedrisch koordiniert. In tetraedrischer Umgebung hat Mn(II) eine grüngelbe Farbe, während oktaedrisch koordiniertes Mn(II) meist schwach rosa ist. Da im oktaedrischen Ligandenfeld nur spinverbotene d-d-Übergänge existieren, ist die Farbintensität schwach (vgl. Abb. 5.33).

Mangan(II)-sulfat $MnSO_4$ entsteht als weißes Salz beim Abrauchen von Manganoxiden mit Schwefelsäure. Es bildet mehrere Hydrate. Das Mangansulfat des Handels ist das Tetrahydrat $MnSO_4 \cdot 4\,H_2O$. Das Hydrat $MnSO_4 \cdot 7\,H_2O$ und die Doppelsalze $\overset{+1}{M}_2Mn\,(SO_4)_2 \cdot 6H_2O$ (M = Alkalimetalle) enthalten das Komplexion $[Mn(H_2O)_6]^{2+}$.

5.14.5.2 Mangan(III)-Verbindungen (d^4)

Die häufigste Koordinationszahl von Mn(III) ist 6. Bei d^4-high-spin-Konfigurationen tritt Jahn-Teller-Effekt auf. Auf Grund des Jahn-Teller-Effekts (vgl. Abschn. 5.4.6) sind die oktaedrischen Umgebungen verzerrt. Praktisch in allen Verbindungen hat Mn(III) high-spin-Konfiguration. Die high-spin-Verbindungen haben eine breite Absorptionsbande bei 20 000 cm^{-1} und sind daher rot bis rotbraun. Ein unverzerrter oktaedrischer low-spin-Komplex ist $[Mn(CN)_6]^{3-}$.

In wässriger Lösung existiert das granatrote **Hexaaquamangan(III)-Ion $[Mn(H_2O)_6]^{3+}$**. Es neigt zur Disproportionierung

$$2\,Mn^{3+} + 6\,H_2O \longrightarrow Mn^{2+} + \overset{+4}{Mn}O_2 + 4\,H_3O^+$$

und ist ein Oxidationsmittel. Wasser wird langsam unter Entwicklung von Sauerstoff oxidiert.

$$2\,Mn^{3+} + 3\,H_2O \longrightarrow 2\,Mn^{2+} + 2\,H_3O^+ + \tfrac{1}{2}\,O_2$$

Durch komplexbildende Anionen wie $C_2O_4^{2-}$ und $EDTA^{4-}$ kann Mn(III) in wässriger Lösung stabilisiert werden. Das Ion $[Mn(H_2O)_6]^{3+}$ ist in den Alaunen $\overset{+1}{M}Mn\,(SO_4)_2 \cdot 12\,H_2O$ (M = Na, K, Rb, Cs) enthalten.

Mangan(III)-oxid Mn_2O_3 erhält man durch Oxidation von MnO bei 470 – 600 °C oder durch Zersetzung von MnO_2 (vgl. S. 862). Die Koordination ist verzerrt oktaedrisch und als einziges M^{3+}-Ion der Übergangsmetalle kristallisiert es als Oxid M_2O_3 nicht im Korund-Typ. Bei 1 000 °C entsteht das beständigste Oxid **Mn_3O_4**, das als Mineral Hausmannit vorkommt. Es kristallisiert in einer tetragonal verzerrten Spinell-Struktur $\overset{+2}{Mn}\,(\overset{+3}{Mn}_2)O_4$, in der die Mn^{3+}-Ionen von gestreckt verzerrten Sauerstoffoktaedern umgeben sind. Erhitzt man $Mn(OH)_2$ an der Luft, entsteht $Mn_2O_3 \cdot n\,H_2O$, das bei 100 °C in MnO(OH) übergeht. In der Natur kommt **MnO(OH)** als Mineral Manganit vor, als „Umbra“ ist es Bestandteil von Malerfarben.

Mangan(III)-fluorid MnF_3 ist ein rubinroter Feststoff, der in Wasser hydrolysiert und dessen Gitter aus gestreckten MnF_6-Oktaedern aufgebaut ist. Verzerrt oktaedrisch koordiniert ist Mn(III) auch im Komplex $[MnF_6]^{3-}$ und im polymeren Anion $MnF5_{2-}$, beide von dunkelroter Farbe.

Mangan(III)-chlorid $MnCl_3$ zerfällt oberhalb −40 °C. Stabil sind die Chloridokomplexe $[MnCl_5]^{2-}$. Entsprechende Brom- und Iodverbindungen existieren nicht, da Br^-- und I^--Ionen Mn(III) zu Mn(II) reduzieren.

5.14.5.3 Mangan(IV)-Verbindungen (d^3)

Mangan(IV)-oxid MnO_2(Braunstein) ist die beständigste Mangan(IV)-Verbindung. Es ist grauschwarz, kristallisiert im Rutil-Typ und kommt natürlich als Pyrolusit vor. Die Zusammensetzung schwankt zwischen $MnO_{1,93}$ und $MnO_{2,00}$. Man kann es durch Erhitzen von $Mn(NO_3)_2 \cdot 6\,H_2O$ bei 500 °C an Luft darstellen. Bei höheren Temperaturen gibt MnO_2 Sauerstoff ab, oberhalb 600 °C bildet sich Mn_2O_3, oberhalb 900 °C Mn_3O_4 und oberhalb 1 170 °C MnO. Bei der Reduktion von basischen Permanganatlösungen entsteht hydratisiertes MnO_2.

MnO_2 ist in Wasser unlöslich, in den meisten Säuren löst es sich erst beim Erhitzen, dabei wirkt es als Oxidationsmittel. Konz. Salzsäure wird zu Chlor oxidiert.

$$MnO_2 + 4\,HCl \longrightarrow MnCl_2 + Cl_2 + 2\,H_2O$$

Diese Reaktion führte 1774 zur Entdeckung des Elements Chlor durch Scheele.

Mit heißer konz. Schwefelsäure entwickelt sich Sauerstoff.

$$2\,MnO_2 + 2\,H_2SO_4 \longrightarrow 2\,MnSO_4 + O_2 + 2\,H_2O$$

MnO_2 wird in Trockenbatterien (vgl. S. 403) verwendet. Als Glasmacherseife entfärbt es grünes Glas. MnO_2 bildet mit Glas ein violettes Mn(III)-silicat, das die Komplementärfarbe zur grüngelben Farbe des Fe(II)-silicats besitzt. Dem Licht werden beide Komplementärfarben entzogen, das ergibt „farblos“. MnO_2 als Glasmacherseife wird durch Selenverbindungen verdrängt.

Mangan(IV)-fluorid MnF_4 ist ein unbeständiger blauer Feststoff, der sich in MnF_3 und F_2 zersetzt. Beständiger sind Komplexsalze wie $K_2[MnF_6]$ und $K_2[MnCl_6]$, die oktaedrische $[MnX_6]^{2-}$-Ionen enthalten.

5.14.5.4 Mangan(V)-Verbindungen (d^2)

Durch Reduktion von Kaliumpermanganat $KMnO_4$ mit Na_2SO_3 in sehr stark basischer Lösung erhält man das tetraedrisch gebaute, blaue **Manganat(V)-Ion MnO_4^{3-}**.

$$MnO_4^- + 2\,e^- \rightleftharpoons MnO_4^{3-} \qquad E° = +0{,}42\,V$$

MnO_4^{3-}-Ionen disproportionieren in Lösungen, die Disproportionierungsgeschwindigkeit nimmt mit abnehmender OH^--Konzentration zu.

$$\underset{\text{blau}}{2\,\overset{+5}{\text{Mn}}\text{O}_4^{3-}} + 2\,\text{H}_2\text{O} \rightleftharpoons \underset{\text{grün}}{\overset{+6}{\text{Mn}}\text{O}_4^{2-}} + \overset{+4}{\text{Mn}}\text{O}_2 + 4\,\text{OH}^-$$

Die blaue Farbe der Lösung schlägt unter gleichzeitiger Ausscheidung von Braunstein in die grüne Farbe des $\overset{+6}{\text{Mn}}\text{O}_4^{2-}$-Ions um.

Die blauen Alkalimetallsalze $\text{M}_3\overset{+1}{\text{Mn}}\text{O}_4$ (M = Li, Na, K, Rb, Cs) sind bis 1 000 °C thermisch stabil. Die Verbindung $BaHMnO_4$ enthält das Mn(V)-Farbzentrum im hellblauen technischen Mischkristallpigment Manganblau ($BaSO_4 \cdot BaHMnO_4$).

5.14.5.5 Mangan(VI)-Verbindungen (d^1)

Es gibt nur wenige Mangan(VI)-Verbindungen. **Kaliummanganat(VI) K_2MnO_4** erhält man technisch durch Schmelzen von MnO_2 mit KOH an der Luft.

$$\text{MnO}_2 + \tfrac{1}{2}\,\text{O}_2 + 2\,\text{KOH} \longrightarrow \text{K}_2\text{MnO}_4 + \text{H}_2\text{O}$$

Im Labor setzt man dem Schmelzgemisch KNO_3 zu (Oxidationsschmelze). K_2MnO_4 ist grün, metallisch glänzend, paramagnetisch und isotyp mit K_2SO_4 und K_2CrO_4.

Das tiefgrüne, tetraedrisch gebaute **MnO_4^{2-}-Ion** ist nur in stark alkalischen Lösungen beständig, in anderen Lösungen disproportioniert es.

$$\underset{\text{grün}}{3\,\overset{+6}{\text{Mn}}\text{O}_4^{2-}} + 4\,\text{H}_3\text{O}^+ \rightleftharpoons \underset{\text{violett}}{2\,\overset{+7}{\text{Mn}}\text{O}_4^-} + \overset{+4}{\text{Mn}}\text{O}_2 + 6\,\text{H}_2\text{O}$$

Beim Ansäuern schlägt die grüne Farbe in violett um (mineralisches Chamäleon)

$BaMnO_4$ wird als ungiftige, grüne Malerfarbe verwendet.

5.14.5.6 Mangan(VII)-Verbindungen (d^0)

Mangan(VII)-oxid Mn_2O_7 entsteht als grünschwarzes Öl (Smp. 6 °C) aus Kaliumpermanganat $KMnO_4$ und konz. Schwefelsäure.

$$2\,\text{KMnO}_4 + \text{H}_2\text{SO}_4 \longrightarrow \text{Mn}_2\text{O}_7 + \text{K}_2\text{SO}_4 + \text{H}_2\text{O}$$

Beim Erwärmen zersetzt sich Mn_2O_7 explosionsartig.

$$2\,\text{Mn}_2\text{O}_7 \longrightarrow 4\,\text{MnO}_2 + 3\,\text{O}_2$$

Mit den meisten organischen Substanzen reagiert Mn_2O_7 unter Entzündung oder explosionsartig. In CCl_4 gelöst ist es relativ stabil. Das Mn_2O_7-Molekül besteht aus zwei eckenverknüpften Tetraedern. Mn_2O_7 löst sich in Wasser unter Bildung der **Permangansäure $HMnO_4$.** Sie ist in wässriger Lösung eine starke Säure ($pK_S = -2{,}2$), aber unbeständig. Wichtig sind ihre Salze, die Permanganate, die technisch durch elektrolytische Oxidation basischer MnO_4^{2-}-Lösungen hergestellt werden. Im Labor können farblose Mn^{2+}-Ionen durch Kochen mit PbO_2 und konz. Salpetersäure in violettes $HMnO_4$ überführt werden (Nachweisreaktion auf Mangan). Das am meisten verwendete Permanganat ist **Kaliumpermanganat $KMnO_4$**, das tiefpurpurfarben kristallisiert und mit $KClO_4$ isotyp ist. In Permanganatlösungen liegt das intensiv violette, tetraedrisch gebaute **MnO_4^--Ion** vor (vgl. Abschn. 5.4.8). Permanganatlösungen sind unbeständig. In sauren Lösungen erfolgt langsame Zersetzung.

$$4\,MnO_4^- + 4\,H_3O^+ \longrightarrow 3\,O_2 + MnO_2 + 6\,H_2O$$

In neutralen oder schwach alkalischen Lösungen ist die Zersetzung im Dunkeln unmessbar langsam, sie wird jedoch durch Licht katalysiert, daher müssen Permanganat-Maßlösungen in dunklen Flaschen aufbewahrt werden.

Permanganate sind starke Oxidationsmittel. Das MnO_4^--Ion hat abhängig vom pH-Wert verschiedene Redoxreaktionsmöglichkeiten. In saurer Lösung wird MnO_4^- zu $[Mn(H_2O)_6]^{2+}$ reduziert.

$$\underset{\text{violett}}{MnO_4^-} + 8\,H_3O^+ + 5\,e^- \rightleftharpoons \underset{\text{schwach rosa}}{Mn^{2+}} + 12\,H_2O \qquad E^\circ = +1{,}51\,V$$

Ist MnO_4^- im Überschuss vorhanden, wird Mn^{2+} durch MnO_4^- oxidiert und das Endprodukt ist MnO_2.

$$2\,MnO_4^- + 3\,Mn^{2+} + 6\,H_2O \longrightarrow 5\,MnO_2 + 4\,H_3O^+$$

In neutraler und schwach basischer Lösung entsteht MnO_2.

$$MnO_4^- + 2\,H_2O + 3\,e^- \rightleftharpoons MnO_2 + 4\,OH^- \qquad E^\circ = +1{,}23\,V$$

In sehr stark basischer Lösung erfolgt Reduktion zu Mn(VI).

$$\underset{\text{violett}}{MnO_4^-} + e^- \rightleftharpoons \underset{\text{grün}}{MnO_4^{2-}} \qquad E^\circ = +0{,}56\,V$$

Im Labor wird $KMnO_4$ für Maßlösungen verwendet. Bei der Titration in saurer Lösung wird violettes MnO_4^- zu „farblosem“ Mn^{2+} reduziert. Nicht reduziertes MnO_4^- ist der Indikator für das Ende der Titration.

Technisch dient $KMnO_4$ als Oxidationsmittel und wird für die Wasserreinigung verwendet. Es hat gegenüber Chlor den Vorteil keiner Geschmacksbeeinflussung, außerdem werden durch MnO_2 kolloidale Verunreinigungen gefällt.

Die **Oxidhalogenide** MnO_3F und MnO_3Cl sind grüne, explosive Flüssigkeiten.

5.14.6 Verbindungen des Rheniums

5.14.6.1 Sauerstoffverbindungen

Bekannt sind die binären Oxide $\overset{+7}{Re}_2O_7$, $\overset{+6}{Re}O_3$, $\overset{+5}{Re}_2O_5$, $\overset{+4}{Re}O_2$.

Im Unterschied zu Mangan gibt es kein Oxid mit der Oxidationszahl +2.

Rhenium(VII)-oxid Re_2O_7 (Smp. 303 °C) ist das beständigste Oxid des Rheniums. Es ist gelb, hygroskopisch und kann unzersetzt destilliert werden. Es bildet sich durch Oxidation des Metalls mit Sauerstoff bei 150 °C. Re_2O_7 kristallisiert in einer Schichtstruktur, in der ReO_4-Tetraeder und ReO_6-Oktaeder über gemeinsame Ecken verknüpft sind.

In Wasser löst sich Re_2O_7 unter Bildung der **Rhenium(VII)-säure (Perrheniumsäure) $HReO_4$**. Es ist eine starke Säure, die sich nicht isolieren lässt. Aus wässrigen Lösungen fällt das Dihydrat $Re_2O_7 \cdot 2\,H_2O$ aus, das aus dimeren Einheiten aufgebaut ist, in denen ein Tetraeder und ein Oktaeder eckenverknüpft sind ($O_3Re{-}O{-}ReO_3(H_2O)_2$).

Rhenate(VII) (Perrhenate) $\overset{+1}{M}ReO_4$ erhält man durch Oxidation von Rheniumverbindungen mit Salpetersäure oder Wasserstoffperoxid. Das ReO_4^--Ion ist tetraedrisch gebaut und im Unterschied zu MnO_4^- farblos, stabil in Alkalilaugen und ein viel schwächeres Oxidationsmittel. Schwer löslich ist Tetraphenylarsoniumrhenat(VII) $Ph_4As[ReO_4]$, es wird zur gravimetrischen Bestimmung von Rhenium benutzt.

Rhenium(VI)-oxid ReO_3 (Smp. 160 °C) ist rot und metallisch glänzend. Man erhält es durch Reduktion von Re_2O_7 z. B. mit CO. Die ReO_3-Struktur (Abb. 5.68b) besteht aus ReO_6-Oktaedern, die über alle Ecken dreidimensional verknüpft sind. ReO_3 besitzt metallische Leitfähigkeit, das siebente Valenzelektron ist in einem Leitungsband delokalisiert. Oberhalb 300 °C disproportioniert ReO_3 in ReO_2 und Re_2O_7. ReO_3 reagiert nicht mit Wasser. Mit oxidierenden Säuren bilden sich Rhenate(VII), in warmer konz. Natronlauge erfolgt Disproportionierung.

$$3\overset{+6}{Re}O_3 + 2\,NaOH \longrightarrow \overset{+4}{Re}O_2 + 2\,Na\overset{+7}{Re}O_4 + H_2O$$

Beim Verschmelzen mit Alkalimetallhydroxiden unter Luftausschluss entstehen grüne **Alkalimetallrhenate(VI) M_2ReO_4**, die in wässriger Lösung disproportionieren.

Rhenium(V)-oxid Re_2O_5 disproportioniert oberhalb 200 °C.

Rhenium(IV)-oxid ReO_2 ist blauschwarz, wasserunlöslich und kristallisiert im verzerrten Rutil-Typ. Oberhalb 900 °C zerfällt es in Re_2O_7 und Re. Durch Reduktion von Rhenat(VII)-Lösungen erhält man es als Oxid-Hydrat, das leicht zu dehydratisieren ist.

Mit Metalloxiden $\overset{+2}{M}O$ bildet es **Doppeloxide $\overset{+2}{M}ReO_3$** mit Perowskit-Struktur.

Rhenium(III)-oxid ist nur als schwarzes Hydrat **$Re_2O_3 \cdot 3\,H_2O$** bekannt.

5.14.6.2 Sulfide

Rhenium(VII)-sulfid Re_2S_7 entsteht als schwarzes Sulfid beim Einleiten von H_2S in Perrhenatlösungen. Durch Reduktion mit Wasserstoff erhält man **Rhenium(VI)-sulfid ReS_3**. Das schwarze **Rhenium(IV)-sulfid ReS_2** bildet sich bei der thermischen Zersetzung von Re_2S_7. Es ist das stabilste Sulfid und kristallisiert in einer Schichtstruktur, in der $\overset{+4}{Re}$ trigonal-prismatisch von $\overset{-2}{S}$ koordiniert ist.

5.14.6.3 Halogenverbindungen

In den Halogeniden kommt Rhenium mit den Oxidationszahlen +3 bis +7 vor. Die folgenden Halogenide sind bekannt.

Oxidationszahl	+7	+6	+5	+4	+3
	ReF_7	ReX_6	ReX_5	ReX_4	$(ReX_3)_3$
		X = F, Cl	X = F, Cl, Br	X = F, Cl, Br, I	X = Cl, Br, I

Alle Penta-, Hexa- und Heptahalogenide – mit Ausnahme von ReF_5 – können direkt aus den Elementen hergestellt werden. Es sind flüchtige Feststoffe, deren Farben von gelb beim ReF_7 bis braun beim $ReBr_5$ variieren. ReF_7 ist das einzige thermisch stabile Heptahalogenid der Übergangsmetalle. Durch Wasser werden die Halogenide hydrolysiert und anschließend erfolgt Disproportionierung in die stabileren Komponenten ReO_4^- und ReO_2.

Beispiel:

$$3\overset{+5}{Re}Cl_5 + 8\,H_2O \longrightarrow H\overset{+7}{Re}O_4 + 2\,\overset{+4}{Re}O_2 + 15\,HCl$$

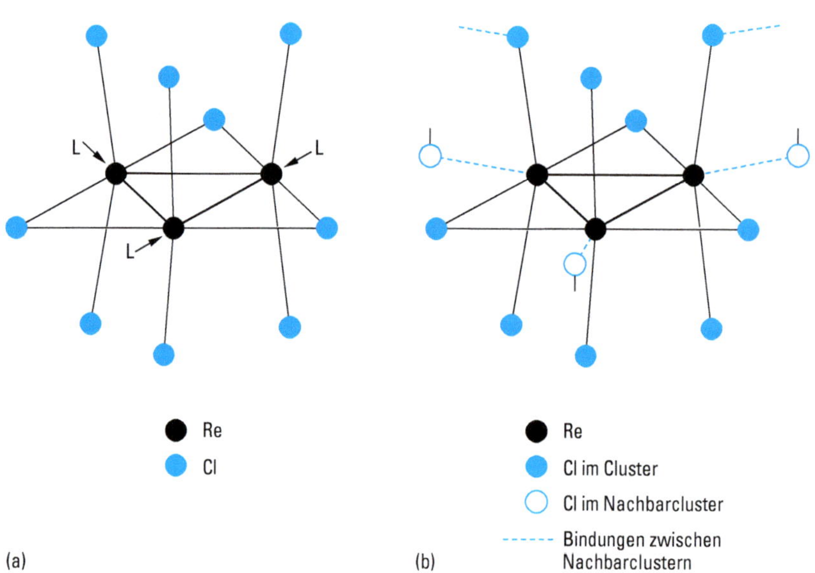

Abbildung 5.70 a) Struktur des dreikernigen Clusters Re_3Cl_9.
Die Re-Atome sind durch Doppelbindungen aneinander gebunden. Jedes Re-Atom des Clusters kann noch einen weiteren Liganden binden. Ist der Ligand Cl^-, entstehen die Komplexe $[Re_3Cl_{10}]^-$, $[Re_3Cl_{11}]^{2-}$ und $[Re_3Cl_{12}]^{3-}$. Es können aber auch Liganden wie H_2O und Pyridin angelagert werden.
b) Im festen Rhenium(III)-chlorid sind die Cluster durch Halogenatome verbrückt, es entstehen hexagonale Schichten.

Alle Halogenide bilden Halogenidokomplexe, bevorzugt Fluoridokomplexe:

$$[\overset{+7}{Re}F_8]^-,\ [\overset{+6}{Re}F_8]^{2-},\ [\overset{+5}{Re}F_6]^-,\ [\overset{+5}{Re}OCl_5]^{2-},\ [\overset{+5}{Re}OX_4]^- \qquad (X = Cl, Br, I).$$

$ReCl_4$ kann durch Reaktion von $ReCl_3$ mit $ReCl_5$ bei 300 °C hergestellt werden. $ReCl_4$ ist aus Re_2Cl_9-Baueinheiten aufgebaut, die über gemeinsame Cl-Atome zu Ketten verknüpft sind. Die Re_2Cl_9-Gruppen bestehen aus zwei flächenverknüpften Oktaedern. Der kleine Re-Re-Abstand zeigt, dass Re—Re-Bindungen vorliegen.

Von allen Tetrahalogeniden sind Komplexe $[ReX_6]^{2-}$ (X = F, Cl, Br, I) bekannt.

Am interessantesten sind die Rhenium(III)-Halogenide. Sie können durch thermische Zersetzung von $ReCl_5$, $ReBr_5$ und ReI_5 hergestellt werden. Es sind dunkelfarbige Feststoffe, die aus dreikernigen Clustern aufgebaut sind (Abb. 5.70), in denen die drei Rheniumatome durch Doppelbindungen miteinander verbunden sind.

Rhenium(III)-chlorid ist dunkelrot, sublimierbar und besteht aus diamagnetischen Re_3Cl_9-Einheiten. Mit Cl^--Ionen bilden sich dreikernige Komplexe des Typs $[Re_3Cl_{12}]^{3-}$ mit denselben Clustereinheiten wie in $(ReCl_3)_3$ und zweikernige blaue, diamagnetische Komplexe $[Re_2Cl_8]^{2-}$ mit Re—Re-Vierfachbindungen (Abb. 5.71). Auch Br und I bilden die Cluster $[Re_3X_{12}]^{3-}$ und $[Re_2X_8]^{2-}$.

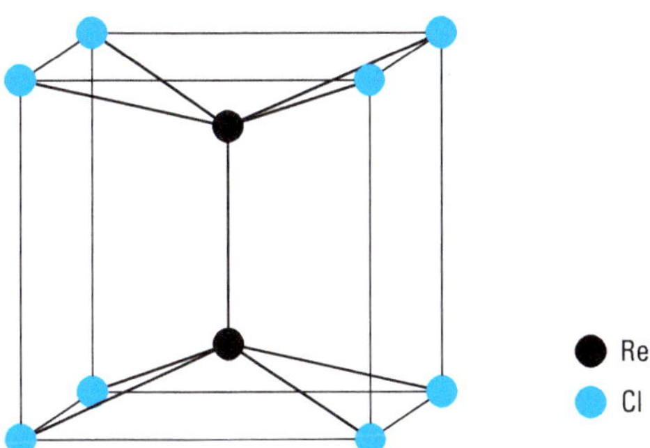

Abbildung 5.71 Struktur des Komplexes $[Re_2Cl_8]^{2-}$. Das Re-Atom hat im Komplex eine d^4-Konfiguration und zwischen den beiden Re-Atomen entsteht eine Vierfachbindung (vgl. Abb. 5.64).

Wie in der 5. und 6. Gruppe erfolgt auch in dieser Gruppe bei den schweren Elementen eine Stabilisierung von Verbindungen in niedrigen Oxidationsstufen durch die Errichtung von Clustern mit Metall-Metall-Bindungen.

5.14.6.4 Hydride

Durch Reduktion von Perrhenaten ReO_4^-, z. B. mit Kalium in Ethylendiamin, bildet sich das Hydrid $K_2[ReH_9]$. Die Struktur des Anions $[ReH_9]^{2-}$ ist in der Abb. 5.72 dargestellt (vgl. Abschn. 4.2.6). Bei 850 K und einem H_2-Druck über 3 kbar erhält man $K_3[ReH_6]$, das im Kryolith-Typ mit $[ReH_6]^{3-}$-Oktaedern als Baueinheiten kristallisiert.

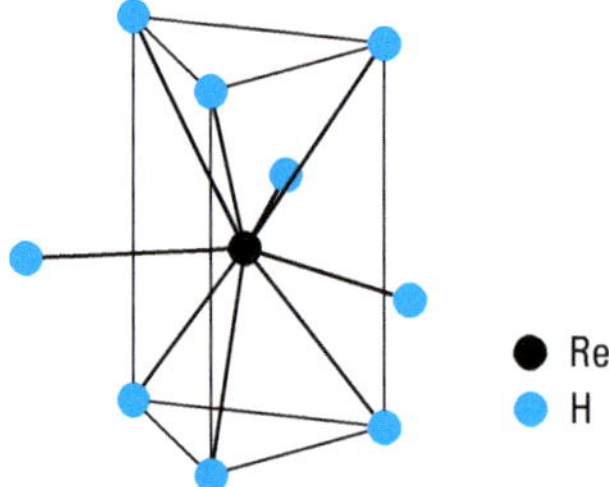

Abbildung 5.72 Struktur des Ions $[ReH_9]^{2-}$.

5.15 Gruppe 8–10 Die Eisengruppe

Zu den Gruppen 8 – 10 gehören neun Elemente. Auf Grund der Verwandtschaft der Elemente ist es zweckmäßig, diese in die Eisengruppe (Eisen, Cobalt, Nickel) und die Platingruppe (Ruthenium, Rhodium, Palladium, Osmium, Iridium, Platin) zu unterteilen.

5.15.1 Gruppeneigenschaften

	Eisen Fe	Cobalt Co	Nickel Ni
Ordnungszahl Z	26	27	28
Elektronenkonfiguration	$[Ar]3d^6 4s^2$	$[Ar]3d^7 4s^2$	$[Ar]3d^8 4s^2$
Elektronegativität	1,6	1,7	1,7
Schmelzpunkt in °C	1 539	1 492	1 452
Siedepunkt in °C	3 070	3 100	2 730
Ionenradien in pm			
M^{2+}	78 hs 61 ls	74 hs 65 ls	69
M^{3+}	64 hs 55 ls	61 hs 54 ls	60 hs 56 ls
M^{4+}	58	53	48
M^{5+}	49	–	–
(hs = high-spin, ls = low-spin)			
Standardpotentiale in V			
M^{2+}/M	−0,44	−0,28	−0,25
M^{3+}/M^{2+}	+0,77	+1,81	–
MO_4^{2-}/M^{3+}	+2,20	–	–

Die im PSE nebeneinander stehenden Elemente Eisen, Cobalt und Nickel zeigen untereinander größere Ähnlichkeiten als zu ihren Homologen, den Platinmetallen.

Sie haben ähnliche Elektronegativitäten, Schmelzpunkte und Siedepunkte, sie sind alle ferromagnetisch, die Ionenradien sind sehr ähnlich, die Hydroxide sind schwach basisch bis amphoter.

Bei allen drei Elementen wird die aufgrund der Elektronenkonfiguration maximal mögliche Oxidationszahl nicht mehr erreicht. Die höchste Oxidationszahl ist beim Eisen +6, beim Cobalt +5 und beim Nickel +4. Diese Oxidationsstufen besitzen aber nur eine geringe Bedeutung. Das FeO_4^{2-}-Ion z. B. ist in wässriger Lösung unbeständig und ein stärkeres Oxidationsmittel als MnO_4^-. Wichtig sind für Fe nur die Oxidationsstufen +2 und +3. Das Redoxpotential zeigt, dass Fe(II) relativ leicht zu Fe(III) zu oxidieren ist. Mit der Oxidationszahl +1 gibt es das ternäre Oxid K_3FeO_2. Beim Cobalt ist in Salzen die stabile Oxidationsstufe +2, Co(II)-Komplexe lassen sich aber leicht oxidieren, und in Komplexverbindungen ist Co(III) beständiger. Die stabile Oxidationsstufe des Nickels ist +2.

Alle drei Elemente bilden zahlreiche Komplexe. Charakteristisch sind: oktaedrische diamagnetische Co(III)-Komplexe mit der low-spin-Konfiguration t_{2g}^6; tetraedrische Co(II)-Komplexe; planar-quadratische diamagnetische Ni(II)-Komplexe. Die Salze und Komplexe sind meist farbige Verbindungen. Die Farben können mit der Ligandenfeldtheorie gedeutet werden.

5.15.2 Die Elemente

Chemisch reines **Eisen** ist silberweiß, relativ weich, dehnbar und reaktionsfreudig. Es kommt in drei Modifikationen vor.

$$\alpha\text{-Fe} \xrightleftharpoons{906\,^\circ\mathrm{C}} \gamma\text{-Fe} \xrightleftharpoons{1401\,^\circ\mathrm{C}} \delta\text{-Fe} \xrightleftharpoons{1539\,^\circ\mathrm{C}} \text{Schmelze}$$

α-Fe	γ-Fe	δ-Fe
kubisch-raumzentriert	kubisch-dichteste Packung	kubisch-raumzentriert
ferromagnetisch	paramagnetisch	paramagnetisch

α-Fe ist nur bis zum Curie-Punkt von 768 °C ferromagnetisch und nur temporär (in Gegenwart eines äußeren Feldes) ferromagnetisch. Stahl besitzt permanenten Magnetismus (vgl. Abschn. 5.1.6).

Mit Sauerstoff reagiert kompaktes Eisen ab 150 °C, abhängig von den Reaktionsbedingungen, zu Fe_2O_3, Fe_3O_4 und $Fe_{1-x}O$ (vgl. S. 882). Mit Schwefel und Phosphor bildet sich exotherm FeS und Fe_3P, auch mit Halogenen erfolgt beim Erwärmen Reaktion. Trockenes Chlor reagiert nicht mit Eisen (Transportmöglichkeit von Chlor in Stahlflaschen). Eisen ist unedel, es löst sich in Säuren unter H_2-Entwicklung. Oberhalb von 500 °C wird Wasser zersetzt.

$$3\,Fe + 4\,H_2O \rightleftharpoons Fe_3O_4 + 4\,H_2$$

An trockener Luft und in luft- und kohlenstoffdioxidfreiem Wasser verändert sich bei Raumtemperatur kompaktes Eisen nicht. Es wird passiviert und daher auch von konz. Schwefelsäure und konz. Salpetersäure nicht angegriffen. An feuchter Luft oder in lufthaltigem Wasser rostet Eisen. Es bildet sich FeO(OH). Ist die Luft SO_2-haltig, wird die Korrosion durch Bildung von $FeSO_4$ an der Metalloberfläche eingeleitet, sie setzt sich dann auch in trockener Luft fort. Zum Korrosionsschutz wird Eisen verzinkt (vgl. S. 793) oder mit Schutzanstrichen passiviert (vgl. S. 581). Der wichtigste Korrosionsschutz von Stählen ist die Zinkphosphatierung (s. S. 535).

Eisen ist für alle Organismen ein essentielles Element. Menschen benötigen durch Nahrungsaufnahme 20 mg Eisen pro Tag und enthalten 60 mg Eisen/kg Körpergewicht. 70 % sind im **Hämoglobin** enthalten, das Sauerstoff von den Lungen in den Körper transportiert. Sauerstofffreies Hämoglobin, das Desoxyhämoglobin, enthält Fe(II) im paramagnetischen high-spin Zustand, das Oxyhämoglobin Fe(III) im low-spin Zustand. Eine magnetische Kopplung, d. h. die Bildung eines gemeinsamen Orbitals, zwischen dem ungepaarten Elektron am Fe(III) und dem als Hyperoxid-Radikal-Ion, $O_2^{\bullet -}$, gebundenen Disauerstoff ergibt den diamagnetischen Grundzustand des Oxyhämoglobins. An der Luft wird das Eisen des roten Hämoglobins unter Braunfärbung irreversibel zu Fe(III) oxidiert. **Ferritine** bestehen aus Proteinen und darin gespeichertem Fe(III). Es ist in der Milz und in der Leber konzentriert. **Ferredoxine** sind bei Pflanzen und Bakterien an Elektronenübertragungen bei Redoxprozessen beteiligt. Bei ihnen sind Cluster des Typs $Fe_2S_2X_4$ und $Fe_4S_4X_4$ enthalten (s. S. 885).

Cobalt ist stahlgrau, glänzend und härter als Eisen. Es kristallisiert in den Modifikationen

$$\underset{\text{hexagonal-dichteste Packung}}{\alpha\text{-Co}} \xrightleftharpoons{417\,^\circ\text{C}} \underset{\text{kubisch-dichteste Packung}}{\beta\text{-Co}}$$

Die Umwandlung erfolgt langsam, durch Zusatz von einigen Prozent Eisen erhält man bei Raumtemperatur metastabiles β-Co. Cobalt ist ferromagnetisch, die Curie-Temperatur ist sehr hoch (1 121 °C). Durch Zersetzung von $Co_2(CO)_8$ entsteht eine weitere bei Raumtemperatur stabile kubische Modifikation, das ε-Co.

Cobalt ist weniger reaktiv als Eisen. Unterhalb 300 °C ist es an der Luft beständig, bei stärkerem Erhitzen bildet sich Co_3O_4, oberhalb 900 °C CoO. Mit Halogenen, Phosphor, Arsen und Schwefel reagiert Cobalt beim Erhitzen, mit Wasserstoff und Stickstoff reagiert es nicht. Cobalt ist unedel, reagiert aber mit nicht oxidierenden Säuren nur langsam. Durch konz. Salpetersäure wird Cobalt passiviert, es wird auch von feuchter Luft und von Wasser nicht angegriffen. Cobalt ist auch gegen geschmolzene Alkalien beständig.

Cobalt ist ein essentielles Element. Co(III) ist im Vitamin B_{12} enthalten.

Nickel ist silberweiß, zäh und dehnbar. Es kristallisiert normalerweise in der kubisch-dichtesten Packung. Unterhalb der Curie-Temperatur (357 °C) ist es ferromagnetisch. Eine hexagonale Modifikation ist paramagnetisch, sie wandelt sich bei 250 °C in die kubische Modifikation um. Nickel ist äußerst korrosionsbeständig. Es ist widerstandsfähig gegen Seewasser, Luft und Alkalien. Feuchte Luft und verdünnte nicht oxidierende Säuren greifen nur langsam an. In verdünnter Salpetersäure ist

Nickel leicht löslich, in konz. Salpetersäure wird es passiviert. Wegen der Korrosionsbeständigkeit werden viele Gebrauchsgegenstände galvanisch vernickelt. Da Nickel auch bei 300 – 400 °C gegen Alkalimetallhydroxide beständig ist, werden Nickeltiegel für Alkalischmelzen verwendet.

Beim Erhitzen reagiert Nickel mit Bor, Silicium, Phosphor, Schwefel, Chlor, Brom, Iod. Fluor reagiert erst oberhalb 400 °C.

5.15.3 Vorkommen

In der Erdkruste ist Eisen mit 6,2 % das vierthäufigste Element und nach Aluminium das zweithäufigste Metall. Auch kosmisch ist Eisen häufig (vgl. Abb. 1.12). Es gibt reichhaltige Erzvorkommen. Die wichtigsten Eisenerze sind: Magneteisenstein (Magnetit) Fe_3O_4, Roteisenstein Fe_2O_3 (Abarten sind Hämatit, Eisenglanz, Roter Glaskopf) und Brauneisenstein $Fe_2O_3 \cdot n\,H_2O$ ($n \approx 1{,}5$), das häufigste Eisenerz (Abarten sind der Braune Glaskopf und Limonit). Brauneisensteinlager liegen bei Salzgitter und Peine und in Lothringen; durch Anteil an Vivianit $Fe_3(PO_4)_2 \cdot 8\ H_2O$ haben letztere einen hohen Gehalt an Phosphor. Weitere Eisenerze snd Spateisenstein (Siderit) $FeCO_3$. Pyrit FeS_2 und Magnetkies $Fe_{1-x}S$.

Cobalt ist mit einem Anteil von $3 \cdot 10^{-3}$ % in der Erdkruste ein seltenes Element. Es kommt meist in sulfidischen Erzen vergesellschaftet mit Kupfer und Nickel vor. In arsenidischen Erzen ist es mit Nickel und Edelmetallen vergesellschaftet. Cobaltmineralien sind Cobaltkies (Linneit) Co_3S_4, Carrolit $CuCo_2S_4$, Cobaltglanz CoAsS, Speiscobalt $(Co,Ni)As_3$.

Der Anteil an Nickel in der Erdkruste beträgt 10^{-2} %. Die wichtigsten Mineralien sind Eisennickelkies (Pentlandit) (Fe,Ni)S, Garnierit $(Ni,Mg)_6[Si_4O_{10}](OH)_8$, Rotnickelkies NiAs, Weißnickelkies $NiAs_2$. NiS ist mit Magnetkies und Kupferkies vergesellschaftet, die arsenidischen Nickelerze meist mit Cobalt, Kupfer und Edelmetallen.

5.15.4 Darstellung, Verwendung

5.15.4.1 Darstellung von metallischem Eisen

Die Hethiter in Kleinasien waren die ersten, die Eisen verarbeiteten und die Eisenzeit löste die Bronzezeit etwa um 1200 v. Chr. ab. Der erste Hochofen wurde im 14. Jhdt. gebaut. Eisen ist für unsere Zivilisation das bei weitem wichtigste Gebrauchsmetall. Die Weltproduktion einiger Metalle ist in der Abb. 5.73 dargestellt. Die Menge produzierten Roheisens ist mehr als zehnmal so groß wie die aller anderen Metalle zusammen. Stahl wird etwa zwanzigmal mehr hergestellt als Aluminium, das in der Weltproduktion den zweiten Platz einnimmt. Da zur Stahlproduktion auch

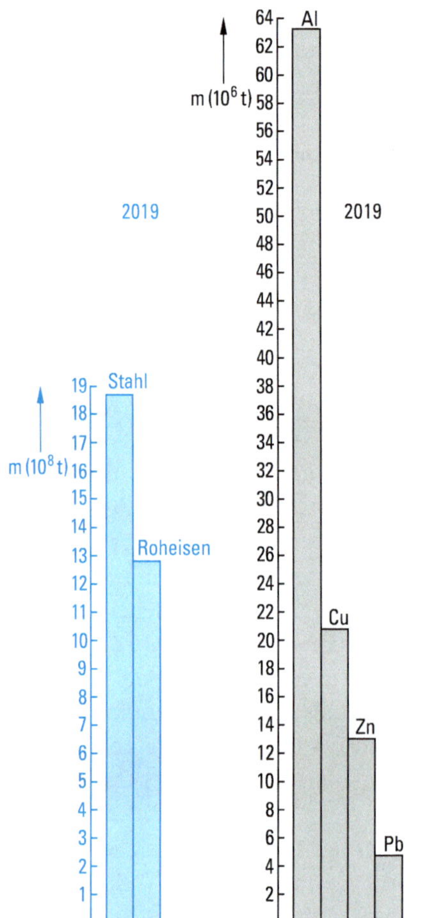

Abbildung 5.73 Weltproduktion einiger Metalle.

Eisen-Schrott eingesetzt wird (s. S. 876 f.) ist die erzeugte Stahlmenge höher als die von Roheisen. Die stürmische industrielle Entwicklung nach dem 2. Weltkrieg ist auch am Anwachsen der Weltproduktion der Metalle abzulesen (Abb. 5.74).

Reines Eisen. Im Labor erhält man chemisch reines Eisen mit folgenden Methoden: Reduktion von Oxiden mit Wasserstoff bei 400 – 700 °C. In höchster Reinheit durch Pyrolyse von Eisencarbonyl $Fe(CO)_5$ bei 250 °C. Elektrolyse wässriger Eisensalzlösungen.

Erzeugung von Roheisen. Roheisen wird durch Reduktion von oxidischen Eisenerzen mit Koks hergestellt. Verwendet werden in Deutschland importierte Eisenerze mit einem durchschnittlichen Eisenanteil von 64 %. Der Eisenerzbergbau in Deutschland ist seit einigen Jahren eingestellt. 2019 betrug die Weltproduktion an Roheisen $1\,281 \cdot 10^6$ t. Davon wurden über 90 % mit dem Hochofenverfahren gewon-

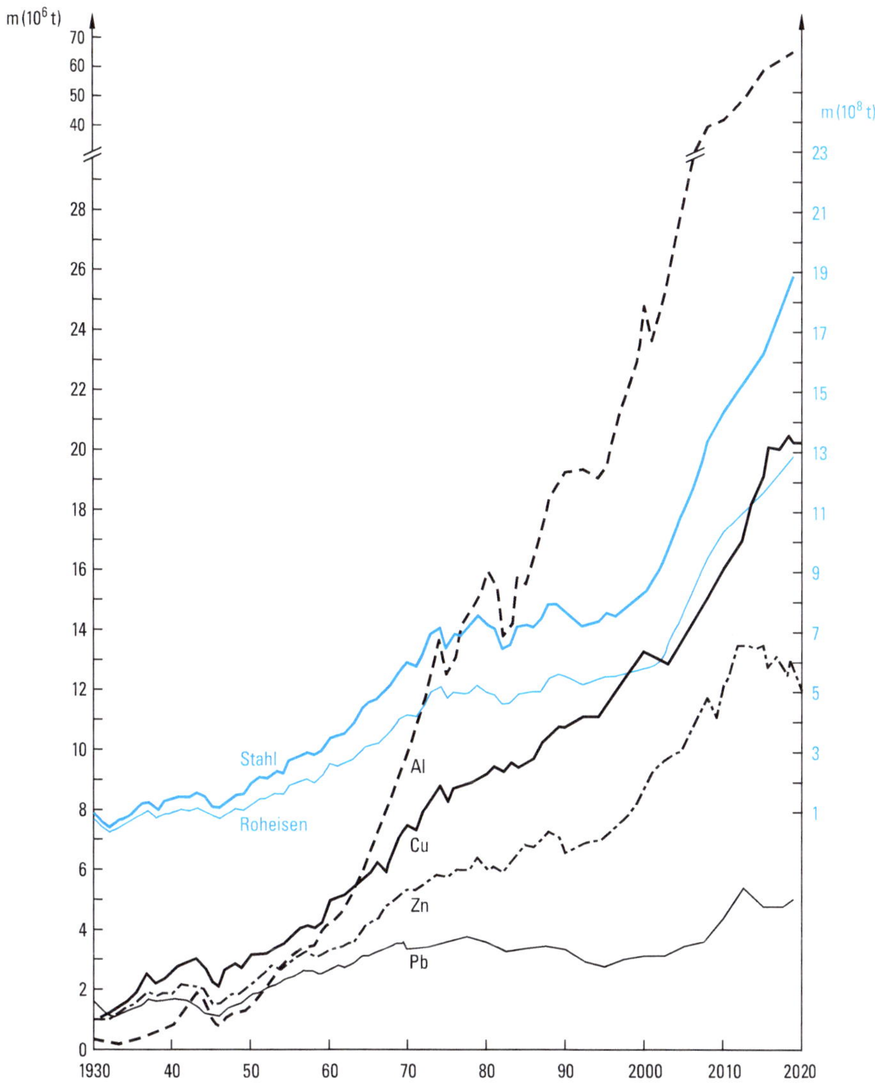

Abbildung 5.74 Entwicklung der Weltproduktion von Stahl, Roheisen, Aluminium, Kupfer, Zink und Blei seit 1930. Die starke Zunahme der Stahlproduktion seit 2000 ist hauptsächlich durch das enorme Wirtschaftswachstum in China verursacht.

nen. Andere Verfahren wie die Reduktion der Eisenerze mit Kohle in Drehrohröfen zu Eisenschwamm spielen nur eine untergeordnete Rolle.

Der Hochofen (Abb. 5.75) wird von oben abwechselnd mit Schichten aus Koks und Erz beschickt. Den Erzen werden Zuschläge zugesetzt, die während des Hochofenprozesses mit den Erzbeimengungen (Gangart) leicht schmelzbare Calciumalu-

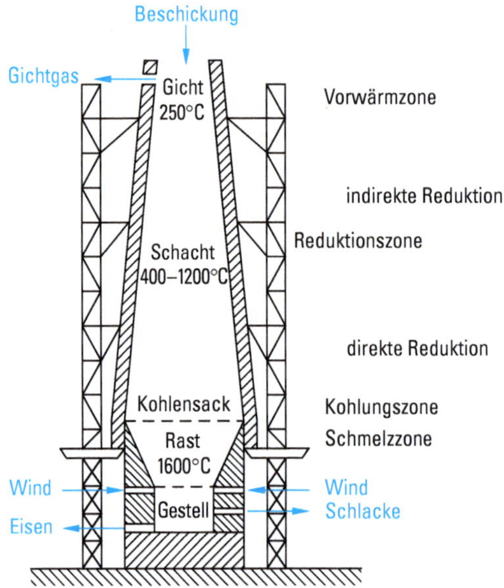

Abbildung 5.75 Schematische Darstellung eines Hochofens. Die Höhe beträgt etwa 30 m, der Gestelldurchmesser 10 – 15 m, das Fassungsvermögen bis 4 000 m³. 2020 waren in Deutschland 18 Hochöfen in Betrieb, zwölf sind museal erhalten.

miniumsilicate (Schlacke) bilden. Ist die Gangart Al_2O_3- und SiO_2-haltig, setzt man CaO-haltige Zuschläge zu (Kalkstein, Dolomit). Bei CaO-haltigen Gangarten müssen die Zuschläge SiO_2- und Al_2O_3-haltig sein (Feldspat, Schichtsilicate). In den Hochofen wird von unten auf 1 000 – 1 300 °C erhitzte Luft (Wind) eingeblasen, der teilweise bis zu 3,5 % Sauerstoff zugesetzt wird. An der Einblasstelle verbrennt der Koks mit dem Sauerstoffüberschuss zunächst zu Kohlenstoffdioxid CO_2. Es entstehen Temperaturen bis 2 300 °C.

$$C + O_2 \longrightarrow CO_2 \qquad \Delta H^\circ = -394\,\text{kJ/mol}$$

Das CO_2 reagiert sofort mit dem heißen Koks gemäß dem Boudouard-Gleichgewicht (vgl. Abb. 3.22) unter Wärmeverbrauch zu Kohlenstoffmonooxid CO.

$$CO_2 + C \rightleftharpoons 2\,CO \qquad \Delta H^\circ = +173\,\text{kJ/mol}$$

Dadurch kühlt sich das Gas ab, die Temperaturen im unteren Teil des Hochofens (Rast) betragen ca. 1 600 °C.

In den Erzschichten werden die Eisenoxide von CO stufenweise reduziert. Im unteren Teil des Hochofens liegt das bereits teilreduzierte Eisenerz überwiegend als Wüstit „FeO“ vor. Dieses wird durch CO zu Eisen reduziert.

$$FeO + CO \longrightarrow Fe + CO_2 \qquad \Delta H^\circ = -17\,\text{kJ/mol}$$

Das entstehende CO_2 wandelt sich in der darüberliegenden Koksschicht auf Grund des Boudouard-Gleichgewichts wieder in CO um, dieses wirkt in der folgenden Erzschicht erneut reduzierend usw. Insgesamt findet also die Reaktion

$$2\,FeO + C \longrightarrow 2\,Fe + CO_2 \qquad \Delta H^\circ = +138\,kJ/mol$$

statt. Dieser in zwei Schritten ablaufende Vorgang wird „direkte Reduktion" genannt.

Sobald die Temperatur des aufsteigenden Gases kleiner als 900 – 1 000 °C wird, stellt sich das Boudouard-Gleichgewicht nicht mehr mit ausreichender Geschwindigkeit ein. Es findet nur noch die Reduktion von Eisenoxid unter Bildung von CO_2 statt. Diesen Vorgang bezeichnet man als „indirekte Reduktion". Im oberen Teil des Hochofens erfolgt hauptsächlich die indirekte Reduktion von Fe_2O_3 und Fe_3O_4 zu FeO.

$$\begin{aligned} 3\,Fe_2O_3 + CO &\longrightarrow 2\,Fe_3O_4 + CO_2 \qquad \Delta H^\circ = -47\,kJ/mol \\ Fe_3O_4 + CO &\longrightarrow 3\,FeO + CO_2 \qquad \Delta H^\circ = +37\,kJ/mol \end{aligned}$$

Im oberen kälteren Teil des Schachts erfolgt keine Reduktion mehr, durch die heißen Gase wird nur die Beschickung vorgewärmt. Das entweichende Gichtgas besteht aus etwa 55 % N_2, 30 % CO und 15 % CO_2 (Heizwert ca. 4 000 kJ/m^3).

In Eisen können sich maximal 4,3 % Kohlenstoff lösen (Abb. 5.77), dadurch wird der Schmelzpunkt des Roheisens auf 1 100 – 1 200 °C erniedrigt (Schmelzpunkt von reinem Eisen 1 539 °C). Durch Kontakt mit dem Koks löst das flüssige Eisen Kohlenstoff bis zur Sättigung. In der unteren heißen Zone des Hochofens tropft verflüssigtes Eisen nach unten und sammelt sich im Gestell unterhalb der flüssigen, spezifisch leichteren Schlacke. Die Schlacke schützt das Roheisen vor Oxidation durch die eingeblasene Heißluft. Das flüssige Roheisen und die flüssige Schlacke werden von Zeit zu Zeit durch das Stichloch abgelassen (Abstich). Die Schlacke wird als Straßenbaumaterial oder zur Zementherstellung verwendet.

Ein Hochofen kann jahrelang kontinuierlich in Betrieb sein und täglich bis 10 000 t Roheisen erzeugen. Für 1 t erzeugtes Roheisen benötigt man etwa ½ t Kohle und es entstehen 300 kg Schlacke. Das Roheisen enthält 3,5 – 4,5 % Kohlenstoff, 0,5 – 3 % Silicium, 0,2 – 5,0 % Mangan, bis 2 % Phosphor und Spuren Schwefel (< 0,06 %).

Stahlerzeugung. Eisen ist nur walzbar und schmiedbar, wenn der Kohlenstoffgehalt kleiner als 2,1 % ist (vgl. Abb. 5.77). Roheisen ist wegen des hohen Kohlenstoffgehalts spröde und erweicht beim Erhitzen plötzlich. Es kann daher nur vergossen, aber nicht gewalzt und geschweißt werden. Um es in verformbares Eisen (Stahl) zu überführen, muss der Kohlenstoffgehalt herabgesetzt werden. Er ist im Stahl meist kleiner als 1 %. Außerdem müssen störende Begleitelemente wie Phosphor, Schwefel, Silicium, Sauerstoff auf niedrige Restgehalte gebracht werden. Dies geschieht durch mehrere Raffinationsprozesse: Frischreaktionen, Desoxidationsreaktionen, Entschwefelungsreaktionen und Entgasungsreaktionen.

Beim Frischen wird Sauerstoff in flüssiges Eisen eingeblasen. Es bildet sich primär flüssiges Eisenoxid, außerdem löst sich Sauerstoff im Eisen. An der Grenzfläche

Metall-Oxid oxidiert das Eisenoxid die Begleitelemente Silicium, Mangan und Phosphor, die Reaktionsprodukte lösen sich im Eisenoxid.

$$\begin{aligned} \mathrm{Si} &+ 2\,\mathrm{FeO} \longrightarrow \mathrm{SiO_2} + 2\,\mathrm{Fe} \\ \mathrm{Mn} &+ \mathrm{FeO} \longrightarrow \mathrm{MnO} + \mathrm{Fe} \\ 4\,\mathrm{P} &+ 10\,\mathrm{FeO} \longrightarrow \mathrm{P_4O_{10}} + 10\,\mathrm{Fe} \end{aligned}$$

Zur Verschlackung der Oxide wird CaO zugesetzt. Der Kohlenstoff reagiert mit dem im flüssigen Eisen gelösten Sauerstoff zu Kohlenstoffmonooxid.

Alle Vorgänge sind exotherm und beheizen die Schmelze.

Im Stahl gelöster Sauerstoff verursacht bei der Erstarrung des Stahls schädliche oxidische Einschlüsse. Flüssiger Stahl muss daher desoxidiert werden. Das wirksamste Desoxidationsmittel ist Aluminium, das mit dem gelösten Sauerstoff zu Al_2O_3 reagiert.

Bei der Entschwefelung z. B. mit Calcium, Magnesium oder Calciumcarbid wird der gelöste Schwefel in Sulfid überführt.

Kohlenstoffmonooxid und atomar gelöster Wasserstoff werden durch Entgasung unter vermindertem Druck entfernt.

Windfrischverfahren sind das 1855 entwickelte Bessemer-Verfahren und das 1877 entwickelte Thomas-Verfahren. Das Frischen des Roheisens erfolgt in birnenförmigen, kippbaren eisernen Gefäßen (Konverter), die mit feuerfestem Material ausgekleidet sind. Durch Bodendüsen des Konverters wird Luft eingeblasen. Der erzeugte Stahl besitzt einen relativ hohen Stickstoffgehalt. Beim Thomas-Verfahren wird phosphorreiches Roheisen verblasen, die Schlacke (Thomasphosphat, Thomasmehl) kann als Düngemittel verwendet werden. Beim Siemens-Martin-Verfahren, seit 1864 eingesetzt, wird der Stahl aus Roheisen und Schrott erzeugt. Als Ofen wird ein feuerfest ausgekleideter kippbarer eiserner Trog (Herd) benutzt. Mit einem heißen Brenngas-Luft-Gemisch wird das Eisen-Schrott-Gemisch aufgeschmolzen. Das Frischen erfolgt teilweise durch den Sauerstoffgehalt des Schrotts (Herdfrischverfahren), die Frischzeit beträgt 3 – 5 Stunden. In der Bundesrepublik Deutschland wurden das letzte Thomasstahlwerk 1975 und das letzte Siemens-Martin-Stahlwerk 1982 stillgelegt.

Neuere Verfahren

Sauerstoffaufblas- oder LD-Verfahren (Linz-Donawitz-Verfahren, 1949 in Österreich in Betrieb genommen). Ein mit Dolomit und Magnesit feuerfest ausgekleideter Konverter (Abb. 5.76) enthält Roheisen, Schrott und Kalk. Auf die Schmelze wird mit einer wassergekühlten Lanze Sauerstoff mit 6 – 10 bar aufgeblasen. Durch den Gasstrahl und das beim Frischen entstandene CO wird das Bad durchmischt. Die Blaszeit beträgt 12 – 20 Minuten, die Badtemperatur steigt von 1 350 auf 1 650 °C. Der Kohlenstoffgehalt sinkt auf 0,04 – 0,1 %. Pro t Stahl können 240 – 270 kg Schrott zugesetzt werden; die Sauerstoffzufuhr beträgt 400 – 700 m^3/min. Die Konverter haben Fassungsvermögen von 200 – 400 t. Alle 30 min erfolgt ein Abstich, die Monats-

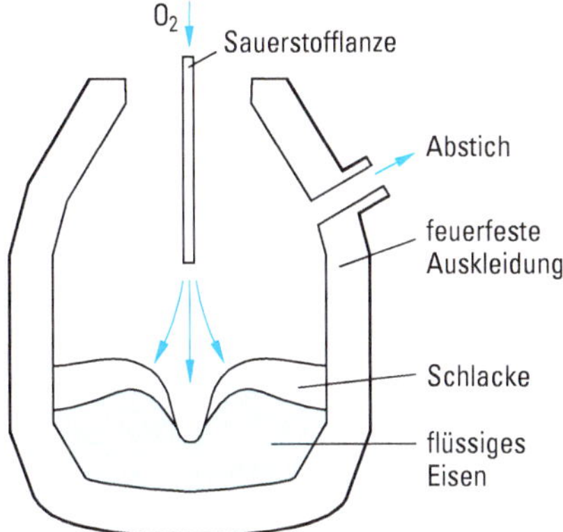

Abbildung 5.76 Schema eines LD-Konverters (Blasstellung). Zum Abstich wird der Konverter gekippt (Kippstellung). Typische Endzusammensetzung des Stahls in %: C 0,059, Mn 0,31, P 0,018, S 0,019, N 0,003, O 0,083.

leistung ist ca. $0{,}5 \cdot 10^6$ t Stahl. Bei phosphorreichen Roheisensorten wird zusammen mit dem Sauerstoff Kalkstaub aufgeblasen. Es entsteht eine Phosphatschlacke (Thomas-Schlacke), die als Düngemittel verwendet wird.

Ende der 1960er Jahre wurde mit dem OBM-Verfahren (Oxygen-Bodenblasen-Maximilianshütte) ein Sauerstoffbodenblasverfahren entwickelt. Der Sauerstoff tritt durch Düsen im Konverterboden in die Schmelze ein. Dem Sauerstoff werden 3 – 5 % Kohlenwasserstoffe zugesetzt, dadurch beginnt die Reaktion mit der Eisenschmelze erst in einigem Abstand von der Düsenmündung, so dass die feuerfeste Auskleidung standhält.

Seit Mitte der 70er Jahre werden kombinierte Blasverfahren verwendet, bei denen die Aufblastechnik und die Bodenblastechnik in einem Prozess vereint sind. Die Vorteile sind bessere Baddurchmischung, damit bessere Gleichgewichtseinstellung, geringere Verschlackung von Eisen (höhere Stahlausbeute), bessere Entphosphorung, sehr definierte und geringe ($< 0{,}02$ %) Kohlenstoffgehalte.

Elektrostahlverfahren. Der Stahl wird in Lichtbogen- oder Induktionsöfen erschmolzen. Ein bis 8 000 °C heißer Lichtbogen überträgt Wärme durch Strahlung. Bei Massenstählen wird unlegierter Schrott mit Kohle eingeschmolzen. Anschließend erfolgt das Frischen. Aus hochwertigem Schrott werden Edelstähle hergestellt.

2000 wurden weltweit $850 \cdot 10^6$ t Rohstahl produziert, 2010 $1\,433 \cdot 10^6$ t, 2019 $1\,869 \cdot 10^6$ t erzeugt, davon 72 % als Oxygenstahl und 28 % als Elektrostahl.

Nach dem Frischen des Eisens im Konverter oder im Lichtbogenofen wird der Stahl nachbehandelt, um die endgültige chemische Zusammensetzung einzustellen. Die Nachbehandlung erfolgt in der Pfanne, einem topfförmigen Gefäß (Fassungsvermögen bis 300 t, feuerfest ausgekleidet). Bei der Nachbehandlung erfolgt Desoxidation, Entschwefelung und Entgasung (vgl. S. 875 f.).

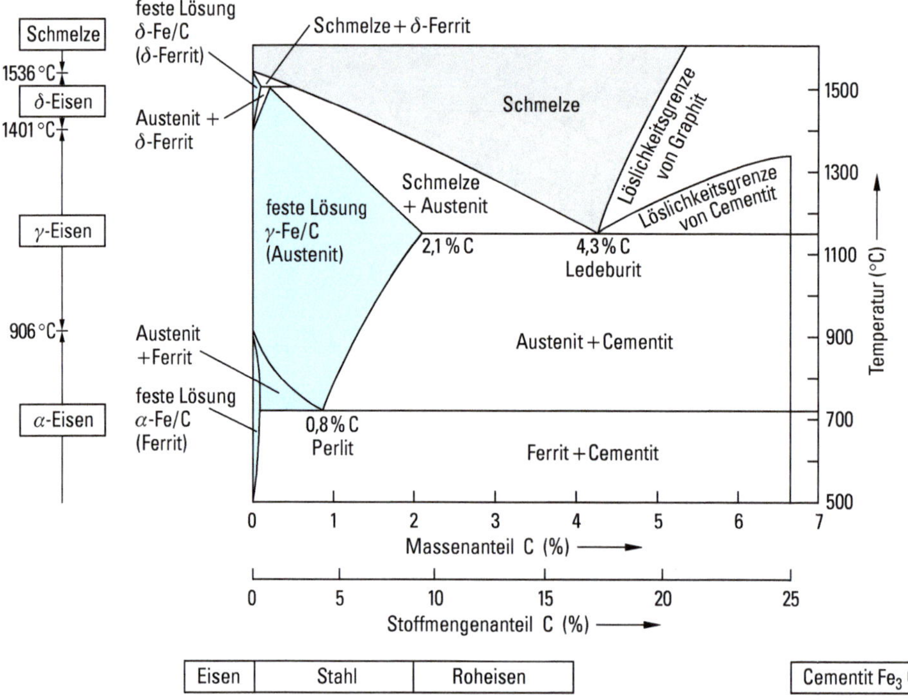

Abbildung 5.77 Zustandsdiagramm Eisen-Kohlenstoff (Prozentangaben in Massenanteilen). In α-Eisen (kubisch-raumzentriert) lösen sich maximal 0,018 % C. In den Mischkristallen (**Ferrit**) besetzen die C-Atome Würfelkanten. In γ-Eisen (kubisch-flächenzentriert) lösen sich maximal 2,1 % C; die C-Atome besetzen in den Mischkristallen (**Austenit**) auch Würfelmitten. Die Mischkristalle sind also Einlagerungsmischkristalle. Eisen ist bis zum Gehalt von 2,1 % C schmied- und walzbar. In geschmolzenem Eisen ist bei 1 150 °C 4,3 % C löslich, die Löslichkeit nimmt mit steigender Temperatur zu.

Kühlt man eine Schmelze, die mehr als 4,3 % C enthält, sehr langsam ab, scheidet sich Graphit aus. Kühlt man schneller ab, so scheidet sich **Cementit Fe_3C** (deutsch auch Zementit) aus. Cementit ist bei Raumtemperatur metastabil. Wird der C-Gehalt von 4,3 % erreicht, entsteht das als **Ledeburit** bezeichnete Gemisch aus Austenit und Cementit. Aus Schmelzen mit kleinen C-Gehalten scheidet sich zunächst δ-Ferrit, dann Austenit aus, bis wieder die eutektische Zusammensetzung mit 4,3 % C erreicht wird.

Wenn man Austenit, der 2,1 % C enthält, von 1 150 °C auf 723 °C abkühlt, so scheidet sich Cementit aus, der C-Gehalt des Austenits verringert sich. Erreicht der C-Gehalt des Austenits 0,8 %, scheidet sich ein als **Perlit** bezeichnetes Gemisch von Ferrit und Cementit aus. Schreckt man Austenit auf Temperaturen unter 150 °C ab, so wandelt er sich in metastabilen **Martensit** um. Martensit ist ein durch den hohen C-Gehalt tetragonal deformiertes α-Eisen (das α-Eisen ist mit C übersättigt). Perlit ist weich, Martensit ist hart und spröde. Erhitzt man Martensit auf 200 – 300 °C, zerfällt er in Ferrit und Cementit. Auch wenn die Zusammensetzung die gleiche ist wie bei Perlit, erhält man einen Stahl mit einer gröberen mikrokristallinen Struktur, er wird **Sorbit** genannt. Die Umwandlung von Martensit in Sorbit verringert die Härte, aber erhöht die Zähigkeit.

Die Eigenschaften des Stahls hängen nicht nur von seiner chemischen Zusammensetzung ab, sondern auch von der Wärmebehandlung. Für den Einfluss der Wärmebehandlung ist das Zustandsdiagramm Eisen – Kohlenstoff die Grundlage (Abb. 5.77). Hohe Anforderungen an Stähle wie Härte, Zähigkeit, Festigkeit und Korrosionsbeständigkeit werden durch Zugabe von Legierungselementen erreicht. Chrom verbessert die Härte und Warmfestigkeit. Bei Cr-Gehalten > 12 % werden die Stähle korrosionsbeständig. Der korrosionsbeständige V2A-Stahl enthält 70 % Fe, 20 % Cr, 8 % Ni und etwas Si, C, Mn. Die Korrosionsbeständigkeit beruht auf der schnellen Bildung einer chromreichen Oxidschicht. Nickel und Vanadium erhöhen die Zähigkeit, Molybdän erhöht die Warmfestigkeit, Wolfram die Härte. Die Legierungen enthalten meist mehrere Legierungselemente. Dadurch entstehen teilweise Eigenschaften, die aus der Wirkung der einzelnen Elemente nicht zu erwarten sind.

5.15.4.2 Herstellung von Nickel und Cobalt

Die Herstellung von **Nickel** ist kompliziert, die Verfahren sind vielfältig und den zu verarbeitenden Erzen angepasst. Gegenwärtig werden 60 % der Weltnickelproduktion aus sulfidischen Nickel-Eisen-Kupfer-Erzen (vgl. Abschn. 5.15.3) gewonnen. Durch Teilabröstung erhält man Fe_2O_3, das mit SiO_2 zu Eisensilicat verschlackt wird. Es entsteht ein Kupfer-Nickel-Rohstein, der FeS, NiS und Cu_2S (10 – 25 % Cu + Ni) enthält. Im Konverter wird das FeS des Rohsteins durch eingeblasene Luft oxidiert und mit SiO_2 verschlackt. Man erhält einen Nickel-Feinstein, der aus Ni_3S_2 und Cu_2S besteht. Der Feinstein wird unterschiedlich weiterverarbeitet. Mit dem Röstreduktionsverfahren (vgl. S. 563) wird z. B. Monelmetall (Legierung aus 70 % Ni und 30 % Cu) hergestellt. Beim Carbonylverfahren (Mond-Prozess) wird metallisches fein verteiltes Nickel bei niedriger Temperatur zu Nickeltetracarbonyl umgesetzt und dieses bei höherer Temperatur zersetzt (vgl. Abschn. 5.11.4 Chemische Transportreaktionen).

$$\mathrm{Ni} + 4\,\mathrm{CO} \underset{180-200\,^\circ\mathrm{C}}{\overset{50-100\,^\circ\mathrm{C}}{\rightleftharpoons}} \mathrm{Ni(CO)_4}$$

Das so erhaltene Nickel enthält 99,8 – 99,9 % Ni. Das fein verteilte Nickel erhält man durch Rösten des Feinsteins und Reduktion des entstandenen NiO mit H_2 bei 700 – 800 °C zu Nickelschwamm.

Zur Nickelgewinnung durch Elektrolyse ist sowohl eine Ni-Cu-Legierung als auch Nickelfeinstein geeignet. Zum Unterschied zur Auflösung metallischer Anoden entsteht bei der Auflösung von Nickelfeinsteinanoden Schwefel.

$$\mathrm{Ni_3S_2} \longrightarrow 3\,\mathrm{Ni^{2+}} + \tfrac{1}{4}\,\mathrm{S_8} + 6\,\mathrm{e^-}$$

Kupfer muss aus dem Elektrolyten entfernt werden.

Nickel wird überwiegend für Legierungen verwendet. Es erhöht die Härte, Zähigkeit und Korrosionsbeständigkeit von Stählen. Niedrig legiertes Nickel wird für

Zündkerzen, Thermoelemente und im Apparatebau gebraucht. Reines Nickel wird zur galvanischen Vernickelung verwendet, als fein verteiltes Metall für Hydrierungskatalysatoren. Wegen der Beständigkeit gegen Fluor werden aus Nickel und Monel Apparaturen zur Darstellung von Fluor hergestellt. $Ni(OH)_2$ wird für Ni/Cd- und Ni/Fe-Akkumulatoren gebraucht (vgl. S. 401).

Cobalt. Wegen der wechselnden Vergesellschaftung von Cobalterzen gibt es für die Aufbereitung kein Standardverfahren. Aus den Nickel-Cobalt-Kupfer-Erzen wird z. B. durch reduzierendes Schmelzen ein Rohstein hergestellt, der aus einer Co-Cu-Fe-Ni-Legierung besteht. Aus dem Rohstein wird mit verd. Schwefelsäure Eisen, Cobalt und Nickel gelöst. Nach Ausfällung des Eisens wird Cobalt durch Oxidation mit Hypochlorit als Cobalt(III)-oxid-Hydrat ausgefällt.

$$2\,Co^{2+} + ClO^- + 4\,OH^- + (n-2)\,H_2O \longrightarrow Co_2O_3 \cdot n\,H_2O + Cl^-$$

Cobaltoxid-Hydrat wird zu Co_3O_4 calciniert. Dieses wird mit Kohle oder Wasserstoff bzw. aluminothermisch zu Cobalt reduziert.

Cobalt wird überwiegend zur Herstellung von Legierungen verwendet. Magnetlegierungen für permanente Magnete enthalten bis 40 % Co, hochtemperaturbeständige Legierungen bis 70 % Co, hochfeste Werkzeugstähle bis 16 % Co. Hartmetalle (vgl. S. 210) enthalten WC oder TiC als Hartstoff und Cobalt als Bindemetall (3 – 30 %). Die Oxide CoO und Co_3O_4 werden in der Glas- und Keramikindustrie (Blaufärbung) gebraucht. $LiCoO_2$ wird für Elektroden in Lithium-Ionen-Akkumulatoren verwendet (s. S. 401). $^{60}_{27}Co$ wird als Quelle für γ-Strahlen verwendet.

5.15.5 Verbindungen des Eisens

5.15.5.1 Eisen(II)- und Eisen(III)-Verbindungen (d^6, d^5)

Die wichtigsten Oxidationszahlen des Eisens sind +2 und +3. In wässrigen Lösungen, die keine anderen Komplexbildner enthalten, ist Fe(II) als das blassblaugrüne Ion **$[Fe(H_2O)_6]^{2+}$** vorhanden. Es reagiert nur schwach sauer.

$$[Fe(H_2O)_6]^{2+} + H_2O \rightleftharpoons [Fe(H_2O)_5OH]^+ + H_3O^+ \qquad K = 10^{-7}$$

Die fast farblosen **$[Fe(H_2O)_6]^{3+}$**-Ionen sind nur in stark saurer Lösung bei pH ≈ 0 stabil. Im Bereich bis pH = 3 existieren die folgenden Gleichgewichte.

$$[Fe(H_2O)_6]^{3+} + H_2O \rightleftharpoons [Fe(H_2O)_5OH]^{2+} + H_3O^+ \quad K = 10^{-3}$$

$$[Fe(H_2O)_5OH]^{2+} + H_2O \rightleftharpoons [Fe(H_2O)_4(OH)_2]^+ + H_3O^+ \quad K = 10^{-6}$$

$$2[Fe(H_2O)_6]^{3+} \rightleftharpoons [(H_2O)_4Fe\begin{smallmatrix}\overset{H}{O}\\ \underset{H}{O}\end{smallmatrix}Fe(H_2O)_4]^{4+} + 2\,H_3O^+ \quad K = 10^{-3}$$

Bei höheren pH-Werten entstehen höher kondensierte Komplexe, es bilden sich kolloidale Gele, schließlich fällt rotbraunes, gallertartiges Eisen(III)-oxid-Hydrat $\mathbf{Fe_2O_3 \cdot \mathit{n}\,H_2O}$ aus.

Das Redoxgleichgewicht $Fe^{3+} + e^- \rightleftharpoons Fe^{2+}$ hängt sehr stark vom pH-Wert und von der Gegenwart komplex bildender Liganden ab. Mit der Nernst-Beziehung (vgl. Abschn. 3.8.5) erhält man für 25 °C

$$E = E^\circ + 0{,}059 \lg \frac{c_{Fe^{3+}}}{c_{Fe^{2+}}} \qquad E^\circ = +0{,}77\,V$$

Fe^{2+}-Ionen sind in saurer Lösung stabil, werden aber durch Luftsauerstoff oxidiert ($\frac{1}{2}O_2 + 2\,H_3O^+ + 2\,e^- \rightleftharpoons 3\,H_2O \qquad E^\circ = +1{,}23\,V$).

$$2\,Fe^{2+} + \tfrac{1}{2}O_2 + 2\,H_3O^+ \longrightarrow 2\,Fe^{3+} + 3\,H_2O$$

In alkalischer Lösung ändert sich das Redoxpotential drastisch. Fe(II) und Fe(III) liegen als Hydroxide vor und die Konzentrationen der freien Ionen sind durch die Löslichkeitsprodukte bestimmt. Aus $c_{Fe^{3+}} \cdot c^3_{OH^-} = 5 \cdot 10^{-38}$ und $c_{Fe^{2+}} \cdot c^2_{OH^-} = 2 \cdot 10^{-15}$ folgt mit $c_{OH^-} = 1\,mol/l$

$$E = +\,0{,}77\,V + 0{,}059\,V \lg \frac{5 \cdot 10^{-38}}{2 \cdot 10^{-15}} = -\,0{,}56\,V$$

In alkalischer Lösung kann Fe(II) Nitrate zu NH_3 und Cu^{2+} zu Cu reduzieren. $Fe(OH)_2$ wird an der Luft sofort zu $Fe_2O_3 \cdot n\,H_2O$ oxidiert.

Eisen(II)-Salze sind zahlreich, sie ähneln den Magnesiumsalzen. Es sind meist grüne, hydratisierte, kristalline Substanzen, die das oktaedrische $[Fe(H_2O)_6]^{2+}$-Ion enthalten.

Beispiele:

$FeSO_4 \cdot 7\,H_2O$ (Eisenvitriol), $Fe(ClO_4)_2 \cdot 6\,H_2O$, $(NH_4)_2Fe(SO_4)_2 \cdot 6\,H_2O$ (Mohr'sches Salz) ist luftbeständig und eignet sich zur Herstellung von Maßlösungen.

Eisen(II)-carbonat $FeCO_3$ kommt in der Natur als Siderit vor. In CO_2-haltigem Wasser löst es sich unter Bildung von Eisen(II)-hydrogencarbonat (vgl. S. 575).

$$FeCO_3 + H_2O + CO_2 \rightleftharpoons Fe(HCO_3)_2$$

Aus diesen Lösungen entsteht durch Oxidation mit Luftsauerstoff $Fe_2O_3 \cdot n\,H_2O$. Die Reinigung von eisenhaltigen Wässern kann daher durch Einleiten von Sauerstoff erfolgen.

Eisen(III)-Salze. Fe(III) bildet mit den meisten Anionen Salze, die den Aluminiumsalzen ähneln. Die Hydrate enthalten das oktaedrische Ion $[Fe(H_2O)_6]^{3+}$ und sind blassrosa bis farblos.

Beispiele:

$Fe(ClO_4)_3 \cdot 10\,H_2O$, Alaune $[\overset{+1}{M}(H_2O)_6][\overset{+3}{Fe}(H_2O)_6](SO_4)_2$

Fe(III) ist weniger basisch als Fe(II). Es bildet daher z. B. kein beständiges Carbonat. Lösungen von Fe(III)-Salzen reagieren stark sauer und sind gelb. Die gelbe Farbe entsteht durch Charge-Transfer-Banden (vgl. Abschn. 5.4.8) von Hydroxido-Ionen, wie in $[Fe(H_2O)_5OH]^{2+}$.

Sauerstoffverbindungen

Eisen(II)-hydroxid $Fe(OH)_2$ fällt aus Fe(II)-Salzlösungen unter Sauerstoffausschluss mit OH^--Ionen als weißer flockiger Niederschlag aus. In Gegenwart von Ammoniumsalzen unterbleibt die Fällung, da Fe(II) als Komplex $[Fe(NH_3)_6]^{2+}$ gelöst bleibt. An der Luft oxidiert sich $Fe(OH)_2$ leicht zu $Fe_2O_3 \cdot n\,H_2O$ (vgl. S. 881). Kristallines $Fe(OH)_2$ ist isotyp mit $Mg(OH)_2$. $Fe(OH)_2$ ist amphoter, es löst sich in konz. Laugen unter Bildung von blaugrünen Hydroxidoferraten(II), z. B. $Na_4[Fe(OH)_6]$.

Eisen(III)-oxid-Hydrat. Eisen(III)-oxidhydroxid. Aus Fe(III)-Salzlösungen fällt mit OH^--Ionen das braune amorphe Eisen(III)-oxid-Hydrat $Fe_2O_3 \cdot n\,H_2O$ aus. Der Niederschlag löst sich leicht in Säuren, praktisch nicht in Laugen. Nur mit heißen konz. Basen kann man die Hydroxidoferrate(III) $M_3^{2+}[Fe(OH)_6]_2$ (M = Sr, Ba) herstellen. Beim Erwärmen geht $Fe_2O_3 \cdot n\,H_2O$ in α-Fe_2O_3 über. Eisen(III)-oxidhydroxid existiert in mehreren Modifikationen. Aus α-FeO(OH) (Goethit), das auch natürlich vorkommt, entsteht beim Erhitzen α-Fe_2O_3. Die metastabile Modifikation γ-FeO(OH) (Lepidokrokit) geht durch Wasserabspaltung in γ-Fe_2O_3 über. Der bei der Oxidation von Eisen an feuchter Luft entstehende Rost ist γ-FeO(OH).

Eisen(II)-oxid $Fe_{1-x}O$ (Wüstit) ist nur oberhalb 560 °C als nichtstöchiometrische Verbindung stabil. Bei 1 000 °C ist der Bereich der Zusammensetzung $Fe_{0,95}O - Fe_{0,88}O$ (Abb. 5.78). $Fe_{1-x}O$ kristallisiert im NaCl-Typ mit Leerstellen im Kationenteilgitter. Der Eisenunterschuss wird durch Fe^{3+}-Ionen ausgeglichen. $Fe_{0,95}O$ hat also die Zusammensetzung $Fe^{2+}_{0,85}Fe^{3+}_{0,10}\,Fe\square_{0,05}O$ ($Fe\square$ = Leerstelle). Unterhalb 560 °C disproportioniert „FeO“ in α-Fe und Fe_3O_4; durch schnelles Abkühlen erhält man es bei Raumtemperatur als metastabile Verbindung. Man erhält $Fe_{1-x}O$ als schwarzes Pulver durch thermische Zersetzung von Eisen(II)-oxalat im Vakuum oder durch Reduktion von Fe_2O_3 mit H_2. Stöchiometrisches FeO erhält man aus $Fe_{1-x}O$ und Fe bei 780 °C und 50 kbar.

Eisen(II,III)-oxid Fe_3O_4 (Smp. 1 538 °C) kommt als schwarzes Mineral Magnetit vor. Es kristallisiert in der inversen Spinell-Struktur $\overset{+3}{Fe}(\overset{+2}{Fe}\overset{+3}{Fe})O_4$. Auf den Oktaederplätzen erfolgt ein schneller Elektronenaustausch zwischen den Fe^{2+}- und Fe^{3+}-Ionen (vgl. Abb. 5.15). Daher ist Fe_3O_4 ein guter elektrischer Leiter. Außerdem ist Fe_3O_4 stark ferrimagnetisch (vgl. S. 721). Fe_3O_4 ist beständig gegen Säuren, Basen und Chlor, es wird daher für Elektroden verwendet.

Eisen(III)-oxid Fe_2O_3 (Smp. 1 565 °C). Die wichtigsten Modifikationen sind α-Fe_2O_3 und γ-Fe_2O_3. **α-Fe_2O_3** kristallisiert im Korund-Typ, es kommt in der Natur als Hämatit vor. **γ-Fe_2O_3** kristallisiert in einer Defektspinellstruktur mit Leerstellen im oktaedrisch koordinierten Teilgitter: $Fe_8^{3+}\,(Fe^{3+}_{13\frac{1}{3}}Fe\square_{2\frac{2}{3}})O_{32}$. Es ist wie Fe_3O_4 ferri-

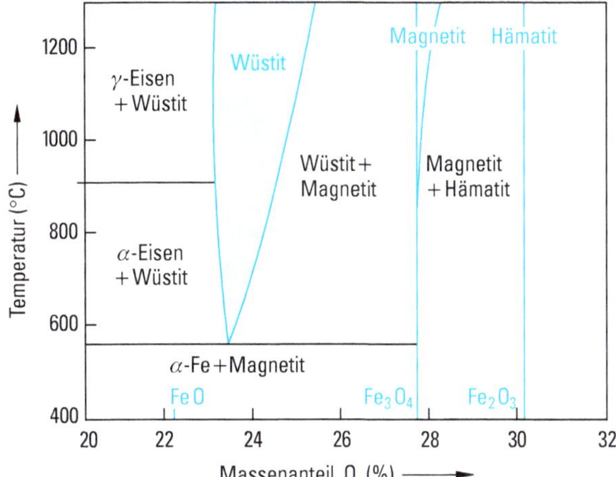

Abbildung 5.78 Ausschnitt aus dem Zustandsdiagramm Eisen-Sauerstoff.
FeO ist als nichtstöchiometrische Verbindung $Fe_{1-x}O$ nur oberhalb 560 °C stabil. Bei Raumtemperatur ist es metastabil. Fe_2O_3 und Fe_3O_4 sind bei Raumtemperatur stöchiometrische Verbindungen. Oberhalb 1 000 °C hat Magnetit einen Homogenitätsbereich mit einem Fe^{3+}/Fe^{2+}-Verhältnis größer als zwei.

magnetisch und wird für Magnetbänder verwendet. Man erhält es durch Oxidation von Fe_3O_4 bei 250 – 300 °C.

$$2\,Fe_3O_4 + \tfrac{1}{2}\,O_2 \longrightarrow 3\,\gamma\text{-}Fe_2O_3$$

Oberhalb 300 °C wandelt sich γ-Fe_2O_3 in α-Fe_2O_3 um.

$$\gamma\text{-}Fe_2O_3 \longrightarrow \alpha\text{-}Fe_2O_3$$

Beim Erhitzen auf 1 000 °C im Vakuum oder auf 1 400 °C in Luft spaltet α-Fe_2O_3 Sauerstoff ab.

$$3\,\alpha\text{-}Fe_2O_3 \longrightarrow 2\,Fe_3O_4 + \tfrac{1}{2}\,O_2$$

Die Eigenschaften von α-Fe_2O_3 hängen von der thermischen Vorbehandlung ab. Geglühtes Fe_2O_3 ist hart und auch in heißen konz. Säuren wenig löslich. Je nach Korngröße ist es hellrot bis purpurviolett und wird als Malerfarbe verwendet.

Eisenoxidpigmente wurden schon in prähistorischen Zeiten verwendet. Farbgebende Verbindungen sind: α-FeOOH (gelb), α-Fe_2O_3 (rot) und Fe_3O_4 (schwarz). Der Farbton kann durch Brennen und Korngröße verändert werden. Der gegenwärtige Bedarf ist groß für Farben und Lacke sowie zur Einfärbung von Betonbaustoffen, und es sind mengenmäßig die wichtigsten Pigmente.

Ferrite sind wegen ihrer magnetischen Eigenschaften technisch wichtig. Ferrite der Zusammensetzung MFe_2O_4 (M = Fe, Co, Ni, Zn, Cd) kristallisieren in der Spinell-

Struktur (vgl. Abb. 2.19), Ferrite der Zusammensetzung $M_3Fe_5O_{12}$ (M = Y, Gd, Tb, Dy, Ho, Er, Tm, Yb, Lu) in der Granat-Struktur (vgl. S. 722). Die magnetischen Eigenschaften dieser Spinelle und Granate werden im Abschn. 5.1.6 Ferrimagnetismus behandelt. Spinell-Ferrite dienen als Hochfrequenz-Transformatoren und als Speicherelemente in Computern, der Yttrium-Eisen-Granat (YIG) in Radarsystemen als Mikrowellenfilter.

Die Verbindungen $BaFe_{12}O_{19}$, $Ba_2M_2Fe_{12}O_{22}$ und $BaM_2Fe_{16}O_{27}$ (M = Zn, Ni, Co, Fe) gehören zu den ferrimagnetischen hexagonalen Ferriten, die in komplizierten Schichtstrukturen kristallisieren. Sie werden als Permanentmagnete verwendet.

Halogenverbindungen

Die **Eisen(II)-Halogenide FeX_2** (X = F, Cl, Br, I) sind wasserfrei und als Hydrate bekannt. FeF_2 kristallisiert im Rutil-Typ, $FeCl_2$ im $CdCl_2$-Typ, $FeBr_2$ und FeI_2 im CdI_2-Typ.

$FeCl_2$ (Smp. 674 °C) erhält man durch Erhitzen von Eisen mit trockenem HCl-Gas. Löst man Eisen in Salzsäure, so kristallisiert unterhalb 12 °C das blassgrüne Hexahydrat $FeCl_2 \cdot 6\,H_2O$ aus, das den oktaedrischen *trans*-Chloridokomplex $[FeCl_2(H_2O)_4]$ enthält.

Die direkte Halogenierung von Eisen führt zu den wasserfreien **Eisen(III)-Halogeniden FeX_3** (X = F, Cl, Br). FeI_3 ist nicht bekannt. Auch in Lösungen wird I^- von Fe^{3+} oxidiert.

$$Fe^{3+} + I^- \longrightarrow Fe^{2+} + \tfrac{1}{2} I_2$$

Aus Eisen und Iod entsteht daher das Diiodid.

Beim Erhitzen der Eisen(III)-Halogenide im Vakuum entstehen die Eisen(II)-Halogenide.

$$FeX_3 \longrightarrow FeX_2 + \tfrac{1}{2} X_2$$

$FeCl_3$ und $FeBr_3$ ähneln den entsprechenden Aluminiumhalogeniden. $FeCl_3$ sublimiert bei 120 °C, schmilzt bei 306 °C und kristallisiert in einer dem $AlCl_3$ ähnlichen Schichtstruktur mit Fe^{3+}-Ionen in den oktaedrischen Lücken einer hexagonal-dichtesten Packung von Cl^--Ionen. Bei 400 °C enthält der Dampf Fe_2Cl_6-Moleküle, oberhalb 800 °C $FeCl_3$-Moleküle.

$$Fe_2Cl_6 \rightleftharpoons 2\,FeCl_3$$

$FeCl_3$ ist in Wasser gut löslich. Aus den Lösungen kristallisieren verschiedene Hydrate, z. B. das Hexahydrat $FeCl_3 \cdot 6\,H_2O$ mit der Struktur $[FeCl_2(H_2O)_4]Cl \cdot 2\,H_2O$. $FeCl_3$-Lösungen reagieren auf Grund der Protolyse des Ions $[Fe(H_2O)_6]^{3+}$ sauer (vgl. S. 880). In salzsauren Lösungen bilden sich gelbe Chloridokomplexe, z. B. das tetraedrische Ion $\mathbf{[FeCl_4]^-}$.

Schwefelverbindungen

Eisen(II)-sulfid FeS entsteht in exothermer Reaktion aus den Elementen. Es kristallisiert im NiAs-Typ, schmilzt bei 1 190 °C und entwickelt mit Säuren H_2S.

$$FeS + 2\,HCl \longrightarrow FeCl_2 + H_2S$$

In der Natur kommt Magnetkies mit der ungefähren Zusammensetzung $Fe_{0,9}S$ vor.

$\mathbf{FeS_2}$ ist aus Fe^{2+}- und S_2^{2-}-Baugruppen aufgebaut. Es kommt in der Natur als messingfarbener Pyrit (Abb. 5.79) und als Markasit vor.

Eisen(III)-sulfid $\mathbf{Fe_2S_3}$ zersetzt sich oberhalb 20 °C. Ein Eisen(III)-sulfid ist das Doppelsulfid **Kupferkies** $\overset{+1}{Cu}\overset{+3}{Fe}S_2$ (Abb. 5.80), ein wichtiges Mineral.

Eisen-Schwefel-Cluster. Strukturell analog den aktiven Zentren von Redoxsystemen in biologischen Systemen (z. B. in der Nitrogenase, durch die die Reduktion von Luftstickstoff zu Ammoniak katalysiert wird) sind zweikernige und vierkernige Eisen-Schwefel-Cluster (X = SR, Cl, Br, I).

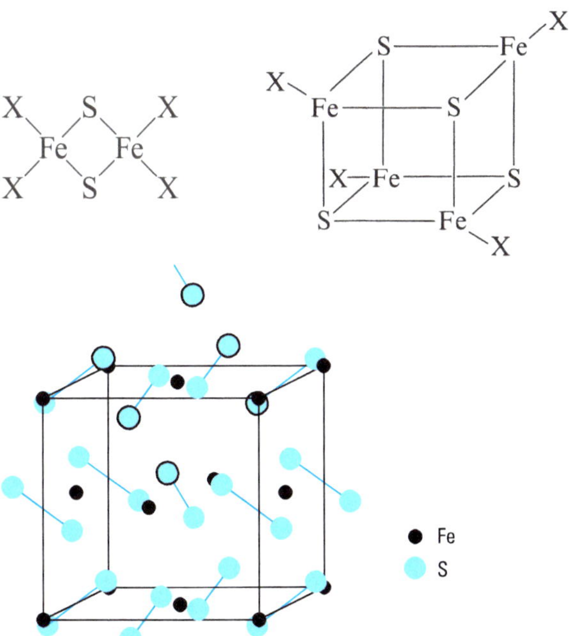

Abbildung 5.79 Struktur von Pyrit FeS_2. Die Struktur kann von der NaCl-Struktur abgeleitet werden. Die Na-Positionen sind von Fe-Atomen, die Cl-Positionen von S_2-Gruppen besetzt. Jedes Fe-Atom ist von sechs S-Atomen annähernd oktaedrisch umgeben. Sechs der S-Atome sind markiert, sie koordinieren das Fe-Atom im Zentrum der oberen Würfelfläche. Im Pyrit-Typ kristallisieren auch MnS_2, CoS_2, NiS_2, RuS_2, RhS_2 und OsS_2.

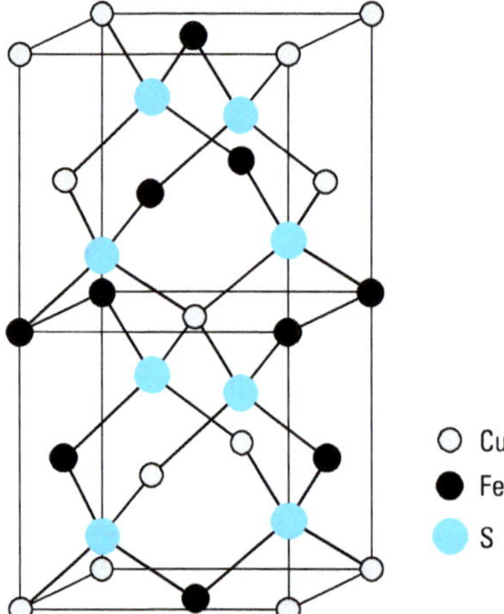

Abbildung 5.80 Struktur von Chalkopyrit (Kupferkies) $CuFeS_2$.
Die Metallatome sind tetraedrisch von Schwefel koordiniert. Jedes Schwefelatom ist tetraedrisch von zwei Eisenatomen und zwei Kupferatomen umgeben. Sind alle Metallatome gleich, dann ist die Struktur mit der Zinkblende-Struktur identisch (vgl. Abb. 2.9). Im Chalkopyrit-Typ kristallisieren auch die Verbindungen $CuMX_2$ (M = Al, Ga, In; X = S, Se, Te).

Die Cluster lassen sich leicht oxidieren und reduzieren. Die Cluster $[Fe_2S_2X_4]$ können die Ladungen −2 bis −4, die Cluster $[Fe_4S_4X_4]$ die Ladungen −1 bis −4 annehmen. Auch in den Clustern, die formal Fe(II) und Fe(III) enthalten, sind alle Fe-Atome infolge Elektronendelokalisierung äquivalent (vgl. Fe_3O_4, Abb. 5.15).

Komplexverbindungen

Es überwiegen oktaedrische Komplexe. In der Regel können Fe(II)-Komplexe zu Fe(III)-Komplexen oxidiert werden. Die Stabilität der Oxidationsstufen hängt von den Komplexliganden ab.

Beispiele:

$[Fe(CN)_6]^{3-} + e^- \rightleftharpoons [Fe(CN)_6]^{4-} \quad E° = +0{,}36\,V$

$[Fe(H_2O)_6]^{3+} + e^- \rightleftharpoons [Fe(H_2O)_6]^{2+} \quad E° = +0{,}77\,V$

$[Fe(phen)_3]^{3+} + e^- \rightleftharpoons [Fe(phen)_3]^{2+} \quad E° = +1{,}12\,V$

Fe(III) hat eine große Affinität zu Liganden, die über Sauerstoffatome koordinieren. Beispiele sind die Komplexe $\mathbf{[Fe(PO_4)_3]^{6-}}$, $[Fe(HPO_4)_3]^{3-}$ und $[Fe(C_2O_4)_3]^{3-}$. Zu Amminliganden hat Fe(III) eine geringe Affinität, es existieren keine einfachen Amminkomplexe in wässriger Lösung. Von Fe(II) dagegen sind die Komplexe $[Fe(NH_3)_6]^{2+}$ und $[Fe(en)_3]^{2+}$ bekannt.

Die Stabilität der Fe(III)-Halogenidokomplexe sinkt von F^- nach Br^-. Fluoridionen bilden stabile Komplexe, das vorherrschende Komplexion ist $\mathbf{[FeF_5(H_2O)]^{2-}}$. Verknüpfte oktaedrische $[FeF_6]^{3-}$-Ionen treten z. B. in $CsFeF_4$ auf. Die oktaedrischen Chloridokomplexe sind viel instabiler, und tetraedrische $[FeCl_4]^-$-Ionen sind begünstigt.

Mit SCN^--Ionen bildet Fe(III) die blutroten oktaedrischen Komplexe $\mathbf{[Fe(SCN)(H_2O)_5]^{2+}}$, $\mathbf{[Fe(SCN)_2(H_2O)_4]^+}$ und $\mathbf{[Fe(SCN)_3(H_2O)_3]}$, die zum qualitativen und quantitativen Nachweis von Eisen geeignet sind (vergleiche Abschn. 5.4.8). Mit F^--Ionen erfolgt Entfärbung, da sich die stabileren Fluoridokomplexe bilden. Eisen(III)-thiocyanat $Fe(SCN)_3$ kann wasserfrei in violetten Kristallen oder als Trihydrat $Fe(SCN)_3 \cdot 3\,H_2O$ isoliert werden.

Alle bisher besprochenen Komplexe sind high-spin-Komplexe. Nur Liganden wie Bipyridin (bipy), o-Phenanthrolin (phen) und CN^- bilden low-spin-Komplexe.

Der Phenanthrolinkomplex wird als Redoxindikator **(Ferroin)** verwendet.

$$\underset{\text{blau}}{[Fe(phen)_3]^{3+}} + e^- \rightleftharpoons \underset{\text{rot}}{[Fe(phen)_3]^{2+}}$$

Die wichtigsten Komplexe sind die Cyanidokomplexe $[\overset{+2}{Fe}(CN)_6]^{4-}$ und $[\overset{+3}{Fe}(CN)_6]^{3-}$. **Hexacyanidoferrat(II)** ist nicht thermodynamisch (s. Tab. 5.4 und obige $E°$-Werte) aber kinetisch stabiler als **Hexacyanidoferrat(III)**. Mit Salzsäure bildet sich die Hexacyanidoeisen(II)-säure $H_4[Fe(CN)_6]$, eine starke vierbasige Säure, die sich als weißes Pulver isolieren lässt. Mit Ag^+-Ionen fällt nicht AgCN, sondern $Ag_4[Fe(CN)_6]$ aus. Mit Chlor- oder Bromwasser kann man Hexacyanidoferrat(II) zu Hexacyanidoferrat(III) oxidieren.

$$\underset{\text{gelb}}{[Fe(CN)_6]^{4-}} + \tfrac{1}{2}Cl_2 \longrightarrow \underset{\text{rötlichgelb}}{[Fe(CN)_6]^{3-}} + Cl^-$$

Die Hexacyanidoeisen(III)-säure $H_3[Fe(CN)_6]$ kristallisiert in braunen Nadeln und ist sehr unbeständig.

Die bekanntesten Salze sind **Kaliumhexacyanidoferrat(II)** $\mathbf{K_4[Fe(CN)_6]}$ (gelbes Blutlaugensalz) und **Kaliumhexacyanidoferrat(III)** $\mathbf{K_3[Fe(CN)_6]}$ (rotes Blutlaugensalz). Im Gegensatz zu rotem Blutlaugensalz ist gelbes Blutlaugensalz ungiftig. Es wird zur Schönung von Weinen verwendet (Ausfällung von Eisenionen).

Versetzt man eine $[Fe(CN)_6]^{4-}$-Lösung mit Fe^{3+}-Ionen im Überschuss, so entsteht ein als unlösliches **Berliner Blau** (engl. Prussian blue) bezeichneter tiefblauer Niederschlag (vgl. Abschn. 5.4.8). Berliner Blau wird technisch hergestellt und als Malerfarbe, für blaue Tinten und als Wäscheblau verwendet. Versetzt man eine $[Fe(CN)_6]^{3-}$-Lösung mit Fe^{2+}-Ionen im Überschuss, entsteht ebenfalls ein blauer Niederschlag, der als unlösliches **Turnbulls-Blau** bezeichnet wird. Mit der Mößbauer-Spektroskopie wurde nachgewiesen, dass beide Substanzen aber identisch und Eisen(III)-hexacyanidoferrat(II) $\mathbf{\overset{+3}{Fe}_4[\overset{+2}{Fe}(CN)_6]_3 \cdot \mathit{n}H_2O}$ ($n \approx 14$) sind. Kolloidal gelöstes „lösliches Berliner Blau“ bzw. „lösliches Turnbulls-Blau“ hat die idealisierte

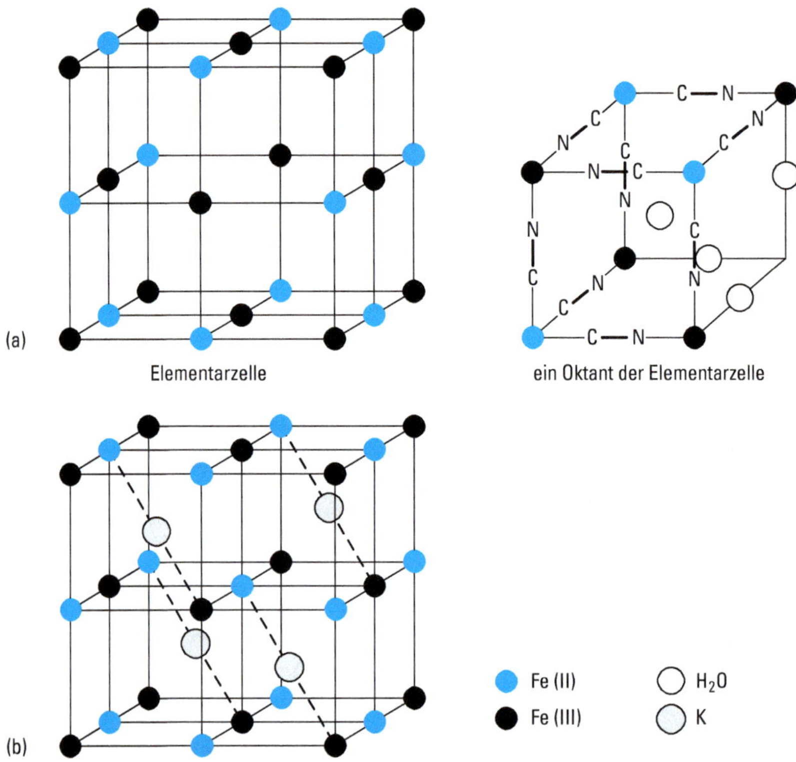

Abbildung 5.81 a) Struktur von unlöslichem Berliner Blau. Inhalt der Elementarzelle: $\overset{+3}{Fe}_4[\overset{+2}{Fe}(CN)_6]_3 \cdot 14\,H_2O$. Jedes Eisen(II) ist von sechs CN^- oktaedrisch koordiniert $[\overset{+2}{Fe}(CN)_6]$. Ein Eisen(III) ist von sechs CN^- koordiniert $[\overset{+3}{Fe}(NC)_6]$ (Koordination über die N-Seite der CN-Gruppe), drei Eisen(III) sind jeweils von vier CN^- und zwei H_2O umgeben $[\overset{+3}{Fe}(NC)_4(H_2O)_2]$. In jedem Oktanten der Elementarzelle befindet sich ein weiteres H_2O-Molekül.

b) Struktur von kolloidalem, „löslichem" Berliner Blau. Die Elementarzelle enthält vier Einheiten $K\overset{+3}{Fe}[\overset{+2}{Fe}(CN)_6]$. Jedes Fe(II) ist oktaedrisch von sechs CN^- koordiniert $[\overset{+2}{Fe}(CN)_6]$. Fe(III) ist von sechs CN^- über die N-Seite koordiniert $[\overset{+3}{Fe}(NC)_6]$. Vier der Oktanten sind mit K^+-Ionen besetzt.

Formel $K\overset{+3}{Fe}[\overset{+2}{Fe}(CN)_6] \cdot H_2O$. Man erhält es durch Umsatz von $[Fe(CN)_6]^{4-}$- mit Fe^{3+}- bzw. $[Fe(CN)_6]^{3-}$- mit Fe^{2+}-Ionen im Stoffmengenverhältnis 1 : 1. Die Strukturen sind in der Abb. 5.81 dargestellt. Fe(II) liegt im low-spin-Zustand vor, Fe(III) im high-spin-Zustand. Die blaue Farbe entsteht durch das gleichzeitige Vorhandensein von Fe(II) und Fe(III). Das aus $K_4[Fe(CN)_6]$ und Fe(II) gebildete unlösliche $K_2\overset{+2}{Fe}[\overset{+2}{Fe}(CN)_6]$ ist farblos. Aus $K_3[Fe(CN)_6]$ und Fe(III) entsteht eine dunkelbraune Lösung von $\overset{+3}{Fe}[\overset{+3}{Fe}(CN)_6]$.

Pentacyanidoferrate, bei denen eine Cyanidogruppe des $[Fe(CN)_6]$-Ions durch andere Liganden ersetzt ist, heißen **Prussiate**.

Beispiele:
$[\overset{+2}{Fe}(CN)_5NH_3]^{3-}$, $[\overset{+2}{Fe}(CN)_5CO]^{3-}$, $[\overset{+2}{Fe}(CN)_5NO]^{2-}$

Das Nitrosylprussiat, das NO^+ als Ligand enthält, entsteht aus $[Fe(CN)_6]^{4-}$ mit Salpetersäure.

$$[Fe(CN)_6]^{4-} + 4\,H_3O^+ + NO_3^- \longrightarrow [Fe(CN)_5NO]^{2-} + CO_2 + NH_4^+ + 4\,H_2O$$

5.15.5.2 Eisen(IV)-, Eisen(V)- und Eisen(VI)-Verbindungen (d^4, d^3, d^2)

Es gibt überraschenderweise keine Fluor- sondern nur Sauerstoffverbindungen.

Am häufigsten und am besten untersucht sind die **Fe(IV)-Verbindungen**. Bekannt sind Na_4FeO_4, Sr_2FeO_4, Ba_2FeO_4, Ba_3FeO_5, Li_2FeO_3, $BaFeO_3$, $CaFeO_3$, $SrFeO_3$, $SrFeO_3$.

Ba_2FeO_4 und Sr_2FeO_4 enthalten keine FeO_4^{4-}-Ionen, es sind Doppeloxide, die nach der folgenden Reaktion dargestellt werden können.

$$\overset{+2}{M}_3[\overset{+3}{Fe}(OH)_6]_2 + \overset{+2}{M}(OH)_2 + \tfrac{1}{2}O_2 \xrightarrow{800-900\,°C} 2\,\overset{+2}{M}_2\overset{+4}{Fe}O_4 + 7\,H_2O$$

$BaFeO_3$, $CaFeO_3$ und $SrFeO_3$ kristallisieren in der Perowskit-Struktur. $BaFeO_3$ und $SrFeO_3$ wurden durch thermische Zersetzung von Ferraten(VI) im Sauerstoffstrom bei 1000 °C hergestellt. $CaFeO_3$ erhält man aus $Ca_2Fe_2O_5$ bei 1000 °C und Sauerstoffdrücken > 20 kbar. $SrFeO_3$ ist ein metallischer Leiter. Die e_g-Orbitale der Fe^{4+}-Ionen überlappen zu einem schmalen Band, in dem die delokalisierten Elektronen metallische Leitung bewirken. $CaFeO_3$ ist nur bei Raumtemperatur metallisch. Bei tiefen Temperaturen sind die e_g-Elektronen lokalisiert, es findet die Disproportionierung $2\,Fe^{4+} \longrightarrow Fe^{3+} + Fe^{5+}$ statt, und es erfolgt ein Übergang zu einem Halbleiter. Untersucht wurden auch die Mischkristalle $CaFeO_3$—$SrFeO_3$, $LaFeO_3$—$CaFeO_3$ und $LaFeO_3$—$SrFeO_3$. Bei allen Mischkristallen wurde bei tiefen Temperaturen in den Mößbauerspektren (vgl. Abschn. 5.2) die Disproportionierung von Fe(IV) beobachtet.

Es sind nur wenige **Fe(V)-Verbindungen** bekannt. Bei den Verbindungen M_3FeO_4 (M = K, Na, Rb) sind die Eisenionen tetraedrisch koordiniert. La_2LiFeO_6 ist ein Perowskit und die einzige Verbindung, in der die Fe^{5+}-Ionen oktaedrisch koordiniert sind. Man erhält sie durch Tempern der Nitrate bei 700 °C und anschließende Reaktion bei 900 °C und einem O_2-Druck von 60 kbar. **Ferrate(VI)** werden durch Oxidation von Fe(III) mit Chlor in konz. Alkalilauge dargestellt.

$$2\,Fe(OH)_3 + 3\,ClO^- + 4\,OH^- \longrightarrow 2\,FeO_4^{2-} + 3\,Cl^- + 5\,H_2O$$

Das purpurrote, tetraedrische Ion FeO_4^{2-} (vgl. Abschn. 5.4.8) ist ein stärkeres Oxidationsmittel als MnO_4^-.

$$FeO_4^{2-} + 8\,H_3O^+ + 3\,e^- \longrightarrow Fe^{3+} + 12\,H_2O \qquad E° = +2{,}20\,V$$

In neutraler oder saurer Lösung zersetzt es sich schnell.

$$2\,FeO_4^{2-} + 10\,H_3O^+ \longrightarrow 2\,Fe^{3+} + 15\,H_2O + \tfrac{3}{2}\,O_2$$

Isoliert wurden das Li-, Na-, K-, Cs-, Ca-, Sr- und Ba-Salz. K_2FeO_4 ist mit K_2CrO_4 isotyp. Magnetische Messungen ergaben für Li_2FeO_4 und Na_2FeO_4 den für ein d^2-Ion erwarteten spin-only-Wert von 2,8 μ_B.

5.15.6 Verbindungen des Cobalts

5.15.6.1 Cobalt(II)- und Cobalt(III)-Verbindungen (d^7, d^6)

In Salzen und binären Verbindungen ist Co(II) stabiler als Co(III). Auch in wässriger Lösung ist in Abwesenheit anderer Komplexbildner das hellrosa Ion $[Co(H_2O)_6]^{2+}$ stabil und nur schwer zu oxidieren.

$$\underset{\text{blau}}{[Co(H_2O)_6]^{3+}} + e^- \rightleftharpoons \underset{\text{rosa}}{[Co(H_2O)_6]^{2+}} \qquad E° = 1{,}84\,V$$

Die hydratisierten **Co(II)-Salze** enthalten das Ion $[Co(H_2O)_6]^{2+}$ und sind rosa oder rot.

Beispiele:
$CoSO_4 \cdot 7\,H_2O$, $CoCl_2 \cdot 6\,H_2O$, $Co(NO_3)_2 \cdot 6\,H_2O$

Es gibt nur wenige einfache **Co(III)-Salze**.

Beispiele:
$Co_2(SO_4)_3 \cdot 18\,H_2O$ und die Alaune $MCo(SO_4)_2 \cdot 12\,H_2O$ (M = K, Rb, Cs, NH_4)

Sie enthalten den blauen diamagnetischen low-spin-Komplex $[Co(H_2O)_6]^{3+}$, der von Wasser unter Sauerstoffentwicklung reduziert wird. Die Salze sind daher blau, diamagnetisch und wasserzersetzlich.

In Komplexverbindungen ist Co(III) stabiler als Co(II). Mit wenigen Ausnahmen sind die Komplexe diamagnetische low-spin-Komplexe mit der Konfiguration t_{2g}^6 des Co^{3+}-Ions. Die hohe Ligandenfeldstabilisierungsenergie (vgl. S. 745) stabilisiert die Co(III)-Komplexe, und die meisten oktaedrischen Co(II)-Komplexe sind, wie die

Redoxpotentiale zeigen, instabil gegen Luftsauerstoff
($O_2 + 4\,H_3O^+ + 4\,e^- \rightleftharpoons 6\,H_2O \qquad E° = +1{,}23\,V$).

$$[Co(CN)_6]^{3-} + e^- \rightleftharpoons [Co(CN)_5]^{3-} + CN^- \qquad E° = -0{,}8\ V$$
$$[Co(NH_3)_6]^{3+} + e^- \rightleftharpoons [Co(NH_3)_6]^{2+} \qquad E° = +0{,}11\ V$$
$$[Co(en)_3]^{3+} + e^- \rightleftharpoons [Co(en)_3]^{2+} \qquad E° = +0{,}18\ V$$
$$[Co(C_2O_4)_3]^{3-} + e^- \rightleftharpoons [Co(C_2O_4)_3]^{4-} \qquad E° = +0{,}57\ V$$

Eine ähnliche Wirkung hat die Erhöhung des pH-Wertes. Co(III) wird im basischen Milieu stabilisiert (vgl. Fe(II)/Fe(III), S. 881), da Cobalt(III)-hydroxid schwerer löslich ist als Cobalt(II)-hydroxid.

$$\overset{+3}{Co}O(OH) + H_2O + e^- \rightleftharpoons \overset{+2}{Co}(OH)_2 + OH^- \qquad E° = +0{,}17\,V$$

Sauerstoffverbindungen

Cobalt(II)-hydroxid $Co(OH)_2$ fällt aus Co(II)-Salzlösungen mit OH^--Ionen zuerst als blauer unbeständiger Niederschlag aus, der sich in eine beständige blassrote Form (isotyp mit $Mg(OH)_2$) umwandelt. $Co(OH)_2$ ist schwer löslich ($K_L = 2 \cdot 10^{-6}$ mol^3 l^{-3}), ist schwach amphoter und löst sich in konz. Laugen unter Bildung tiefblauer $[Co(OH)_4]^{2-}$-Ionen. Bei Lufteinwirkung, aber schneller mit Oxidationsmitteln wie Cl_2, Br_2 oder H_2O_2, entsteht in basischer Lösung braunes Cobalt(III)-oxid-Hydrat $Co_2O_3 \cdot n\,H_2O$, aus dem bei 150 °C das Cobalt(III)-oxidhydroxid CoO(OH) entsteht. Teilweise führt die Oxidation zu schwarzem Cobalt(IV)-oxid-Hydrat $CoO_2 \cdot n\,H_2O$.

Cobalt(II)-oxid CoO kristallisiert im NaCl-Typ, ist olivgrün und säurelöslich. Es entsteht aus den Elementen bei 1 100 °C oder durch Zersetzung des Hydroxids, Carbonats oder Nitrats von Co(II). In Silicaten löst es sich mit blauer Farbe (Cobaltglas) und wird daher in der keramischen Industrie verwendet.

Cobalt(II,III)-oxid Co_3O_4 besitzt die normale Spinell-Struktur $\overset{+2}{Co}(\overset{+3}{Co_2})O_4$. Die Co^{3+}-Ionen auf den Oktaederplätzen sind diamagnetisch, also im low-spin-Zustand. Co_3O_4 entsteht durch Oxidation von CoO.

$$3\,CoO + \tfrac{1}{2}\,O_2 \xrightarrow{400-500\,°C} Co_3O_4$$

Das Oxid Co_2O_3 ist in reiner Form nicht bekannt.

$LiCoO_2$ s. Abschn. 3.8.11

Erhitzt man $Co(NO_3)_2$ mit $Al_2(SO_4)_3$ entsteht der blaue Spinell $CoAl_2O_4$ (**Thenards Blau**, Cobaltblau), der für Künstlerfarben verwendet wird. Erhitzt man Co_2O_3 oder Co_3O_4 mit ZnO in oxidierender Atmosphäre bei Temperaturen unter 1 000 °C oder $Co(NO_3)_2$ und $Zn(NO_3)_2$ im Verhältnis 2:1 auf 800 − 850 °C, bildet sich der grün-schwarze Spinell $ZnCo_2O_4$. Er wird fälschlich als Rinmans-Grün bezeichnet, das aber $Zn_{1-x}Co_xO$ ist (s. S. 794).

Schwefelverbindungen

Im System Cobalt-Schwefel wurden die Sulfide CoS_2 (Pyrit-Typ), Co_3S_4 (Spinell-Typ), $Co_{1-x}S$ (NiAs-Defektstruktur) und Co_9S_8 identifiziert. Alle Verbindungen besitzen metallische Eigenschaften. Die Spinell-Struktur existiert bei Zusammensetzungen von $Co_{3,4}S_4$ bis $Co_{2,1}S_4$, sie schließt also das Sulfid Co_2S_3 ein.

Halogenverbindungen

Alle **Cobalt(II)-Halogenide** sind existent. Es sind farbige Feststoffe mit oktaedrischer Koordination von Co(II).

	CoF_2	$CoCl_2$	$CoBr_2$	CoI_2
Farbe	rosa	blau	grün	blauschwarz
Smp. in °C	1200	724	678	515

$CoCl_2$ und $CoBr_2$ erhält man aus den Elementen, CoF_2 durch Reaktion von $CoCl_2$ mit HF, CoI_2 durch Reaktion von fein verteiltem Cobalt mit HI. Alle Halogenide bilden mehrere Hydrate. Aus Cobalt(II)-chlorid-Lösungen kristallisiert das rosafarbene Hexahydrat $[Co(H_2O)_6]Cl_2$ aus. Bereits bei ca. 50 °C wandelt es sich reversibel in das blaue Dihydrat $CoCl_2 \cdot 2\,H_2O$ um; vollständige Entwässerung erfolgt erst bei 175 °C. Der Farbumschlag von blau nach rosa wurde früher als Feuchtigkeitsindikator für Silicagel verwendet (Blaugel).

Von Cobalt(III) ist nur **Cobalt(III)-fluorid CoF_3** bekannt. Es ist ein braunes Pulver, das von Wasser unter Sauerstoffentwicklung zu Co(II) reduziert wird. $CoCl_3$, $CoBr_3$ und CoI_3 existieren nicht, da Co(III) die Halogenanionen zu elementarem Halogen oxidiert.

Komplexverbindungen

Die **Cobalt(III)-Komplexe** sind oktaedrisch gebaut, intensiv farbig und sind fast alle diamagnetische low-spin-Komplexe mit der Konfiguration t_{2g}^6.

Beispiele:

Komplex	Farbe	Oktaedrische Ligandenfeldaufspaltung Δ in cm^{-1}
$[Co(H_2O)_6]^{3+}$	blau	18200
$[Co(C_2O_4)_3]^{3-}$	dunkelgrün	18000
$[Co(NH_3)_6]^{3+}$	orangegelb	22900
$[Co(en)_3]^{3+}$	gelb	23200
$[Co(CN)_6]^{3-}$	gelb	33500

Co(III)-Komplexe sind wie die Cr(III)-Komplexe kinetisch inert (der Ligandenaustausch erfolgt langsam). Co(III) besitzt eine starke Affinität zu Stickstoffliganden. Es sind etwa 2 000 Komplexe mit Ammoniak, Aminen und Nitrogruppen bekannt, deren Farben, Isomerieverhältnisse und Reaktionen intensiv untersucht wurden. Paramagnetische high-spin-Komplexe sind nur die blauen Fluoridokomplexe $[CoF_6]^{3-}$ und $[CoF_3(H_2O)_3]$. Wie auf Grund der Ligandenfeldtheorie zu erwarten ist (vgl. Abb. 5.35), gibt es für die low-spin-Komplexe zwei spinerlaubte d-d-Übergänge (zwei Banden), für die high-spin-Komplexe nur einen Übergang (eine Bande). Wie der diamagnetische low-spin-Komplex $[Fe(CN)_6]^{4-}$ (vgl. S. 887) ist auch der Komplex $[Co(CN)_6]^{3-}$ sehr stabil und nicht toxisch. Er ist beständig gegen Cl_2, HCl, H_2O_2 und Alkalien.

Zum Nachweis von Cobalt eignet sich das gelbe schwer lösliche Kaliumhexanitritocobaltat(III) $K_3[Co(NO_2)_6]$. Man erhält es aus Co(II)-Lösungen mit überschüssigem Kaliumnitrit in verdünnter Essigsäure.

$$
\begin{aligned}
&Co^{2+} + \overset{+3}{N}O_2^- + 2\,H_3O^+ \longrightarrow Co^{3+} + \overset{+2}{N}O + 3\,H_2O \\
&Co^{3+} + 6\,NO_2^- + 3\,K^+ \longrightarrow K_3[Co(NO_2)_6]
\end{aligned}
$$

Die meisten **Cobalt(II)-Komplexe** sind oktaedrisch oder tetraedrisch gebaut. Fast alle sind high-spin-Komplexe. Co(II) bildet mehr tetraedrische Komplexe als die anderen Übergangsmetallkationen. Für ein d^7-Ion ist die Differenz zwischen oktaedrischer und tetraedrischer Ligandenfelsstabilisierung kleiner als für die meisten d-Konfigurationen, die Benachteiligung der tetraedrischen Koordination also gering (vgl. Tab. 5.6). Die Stabilitätsunterschiede zwischen oktaedrischer und tetraedrischer Koordination sind nur gering. Einige Liganden treten in beiden Koordinationen auf und liegen sogar im Gleichgewicht nebeneinander vor. Zum Beispiel ist etwas tetraedrisches $[Co(H_2O)_4]^{2+}$ im Gleichgewicht mit oktaedrischem $[Co(H_2O)_6]^{2+}$. Tetraedrische Komplexe werden mit einzähnigen Liganden wie Cl^-, Br^-, I^-, SCN^-, OH^- gebildet. Der Wechsel der Koordination führt auch zu einem Farbwechsel. Oktaedrische Co(II)-Komplexe sind im Allgemeinen rosa bis rot, tetraedrische Co(II)-Komplexe blau.

Beispiel:

$$
\underset{\text{rosa}}{[Co(H_2O)_6]^{2+}} \underset{H_2O}{\overset{Cl^-}{\rightleftharpoons}} \underset{\text{blau}}{[CoCl_4]^{2-}}
$$

Versetzt man eine Co(II)-Lösung mit CN^--Ionen, entsteht zunächst der quadratisch pyramidale low-spin-Komplex $[Co(CN)_5]^{3-}$ und schließlich das zweikernige Metallcluster-Ion $[(CN)_5Co{-}Co(CN)_5]^{6-}$ mit einer schwachen Co—Co-Bindung. Beide Komplexe sind oxidationsempfindlich und gehen leicht in Co(III)-Komplexe über. Eine dem gelben Blutlaugensalz $K_4[\overset{+2}{Fe}(CN)_6]$ analoge Co(II)-Verbindung $K_4[\overset{+2}{Co}(CN)_6]$ existiert nicht. Für low-spin-Co(II) mit der Konfiguration $t_{2g}^6\, e_g^1$ ist der

Jahn-Teller-Effekt zu erwarten, wahrscheinlich ist deswegen die Koordinationszahl 5 für CN^- bevorzugt.

5.15.6.2 Cobalt(IV)- und Cobalt(V)-Verbindungen (d^5, d^4)

Cobalt(IV) und Cobalt(V) gibt es nur als Fluoride und Oxide.

$Cs_2\overset{+4}{Co}F_6$ erhält man durch Fluorierung von Cs_2CoCl_4. CoF_6^{2-} ist ein paramagnetischer low-spin-Komplex.

$\overset{+4}{Co}O_2$ erhält man durch Oxidation alkalischer Co(II)-Lösungen mit O_2, O_3 oder Cl_2. Es ist schlecht charakterisiert. **$Ba_2\overset{+4}{Co}O_4$** entsteht durch Oxidation von $Co(OH)_2$-$Ba(OH)_2$-Gemischen bei 1150 °C. **$Sr\overset{+4}{Co}O_3$** ist ein Perowskit mit $\overset{+4}{Co}$ im low-spin-Zustand, der unterhalb 222 K ferromagnetisch ist. Man erhält ihn durch Festkörperreaktion von $SrCO_3/CoCO_3$ unter O_2 bei 1 kbar.

Alkalimetall-oxidocobaltate(IV). Li_4CoO_4 enthält tetraedrische CoO_4-Gruppen und ist isotyp mit Li_4SiO_4. Beim Li_8CoO_6 sind die O^{2-}-Ionen dichtest gepackt, in den tetraedrischen Lücken sitzen die Li^+- und Co^{4+}-Ionen. Na_4CoO_4 enthält tetraedrische CoO_4-Gruppen. Bei K_2CoO_3, Rb_2CoO_3 und Cs_2CoO_3 sind Ketten aus eckenverknüpften CoO_4-Tetraedern vorhanden, während $K_6Co_2O_7$ aus Co_2O_7-Gruppen, analog den Disilicaten, aufgebaut ist.

$K_3\overset{+5}{Co}O_4$ entsteht durch Oxidation der Oxide unter Druck.

5.15.7 Verbindungen des Nickels

5.15.7.1 Nickel(II)-Verbindungen (d^8)

Die wichtigste Oxidationsstufe des Nickels ist +2. In wässriger Lösung ist Nickel nur in dieser Oxidationsstufe stabil. Wenn keine anderen Komplexbildner anwesend sind, liegt das grüne Hexaaquanickel(II)-Ion $[Ni(H_2O)_6]^{2+}$ vor. Es findet sich auch in den zahlreichen hydratisierten, leicht löslichen Nickel(II)-Salzen: $Ni(NO_3)_2 \cdot 6\,H_2O$, $NiSO_4 \cdot 6\,H_2O$, $NiSO_4 \cdot 7\,H_2O$, $Ni(ClO_4)_2 \cdot 6\,H_2O$, $\overset{+1}{M}_2[Ni(H_2O)_6](SO_4)_2$ (M = K, Rb, Cs, NH_4, Tl). Schwer löslich sind Nickelcarbonat und Nickelphosphat. Nickel(II)-Komplexe existieren mit unterschiedlichen Koordinationen. Typisch für Nickel(II) sind quadratische, diamagnetische low-spin-Komplexe.

Sauerstoffverbindungen

Nickel(II)-hydroxid $Ni(OH)_2$ entsteht aus Lösungen von Ni(II)-Salzen mit OH^--Ionen als voluminöses grünes Gel, das allmählich kristallisiert ($K_L = 2 \cdot 10^{-16}\,mol^3\,l^{-3}$).

Es löst sich nicht in Basen, aber leicht in Säuren unter Bildung des Ions $[Ni(H_2O)_6]^{2+}$. In Ammoniak löst es sich ebenfalls, da das blaue Komplexion $[Ni(NH_3)_6]^{2+}$ gebildet wird. Mit starken Oxidationsmitteln (zum Beispiel Br_2 in KOH, aber nicht H_2O_2) entsteht Nickel(III)-oxidhydroxid NiO(OH). Oxidation mit Peroxidodisulfat führt zu Nickel(IV)-oxid-Hydrat $NiO_2 \cdot n\,H_2O$.

Nickel(II)-oxid NiO (Smp. 1 990 °C) ist grün, thermisch stabil, in Wasser unlöslich, in Säuren löslich. Es kristallisiert im NaCl-Typ. Man erhält es durch thermische Zersetzung von Ni(II)-Salzen (Hydroxid, Carbonat, Oxalat oder Nitrat).

Durch Reduktion von NiO mit H_2 bei 200 °C entsteht fein verteiltes Nickel, das als Katalysator für Hydrierungen geeignet ist.

Schwefelverbindungen

Die Nickelsulfide sind den Cobaltsulfiden sehr ähnlich. Im System Nickel-Schwefel existieren NiS_2 (Pyrit-Typ), Ni_3S_4 (Spinell-Typ), $Ni_{1-x}S$ (NiAs-Defektstruktur). Außerdem gibt es Ni_3S_2 und metallische Phasen, deren Zusammensetzungen zwischen NiS und Ni_3S_2 liegen.

Halogenverbindungen

Es sind alle Nickel(II)-Halogenide wasserfrei und als Hydrate bekannt.

	NiF_2	$NiCl_2$	$NiBr_2$	NiI_2
Farbe	gelb	gelb	gelb	schwarz
Schmelzpunkt in °C	1 450	1 000	963	797

Aus $NiCl_2$-Lösungen kristallisiert das grüne Hexahydrat $NiCl_2 \cdot 6\,H_2O$ aus. Es enthält *trans*-$[NiCl_2(H_2O)_4]$-Baugruppen.

Komplexverbindungen

Die einzige stabile Oxidationsstufe des Nickels ist +2. Nickel(II)-Komplexe sind daher redoxstabil. Ni(II) bildet zahlreiche Komplexe mit verschiedener Koordination, am wichtigsten ist die oktaedrische und die quadratisch-planare Koordination. Es gibt aber auch tetraedrische, trigonal-bipyramidale und quadratisch-pyramidale Komplexe.

Beispiele:

	ν_1 in cm^{-1}	ν_2 in cm^{-1}	ν_3 in cm^{-1}	10 Dq in cm^{-1}	Farbe
$[Ni(H_2O)_6]^{2+}$	8 500	13 800	25 300	8 500	grün
$[Ni(NH_3)_6]^{2+}$	10 750	17 500	28 200	10 750	blau
$[Ni(en)_3]^{2+}$	11 200	18 300	29 000	11 200	blauviolett

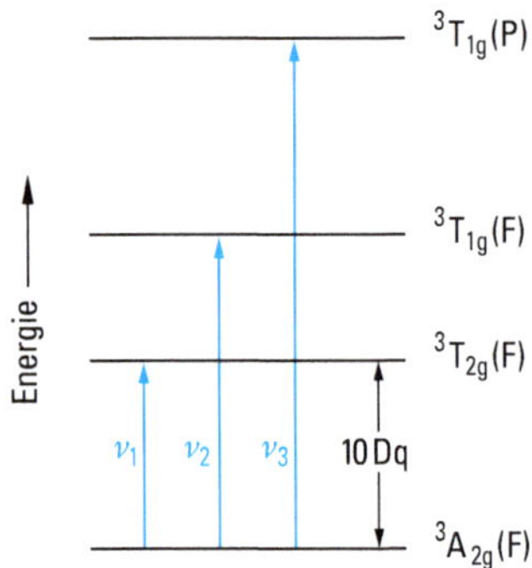

Abbildung 5.82 Schematisches Termdiagramm für die Elektronenkonfiguration d^8 im oktaedrischen Ligandenfeld. Der Grundterm ^3F ist im Ligandenfeld in die Terme $^3A_{2g}$, $^3T_{2g}$, $^3T_{1g}$ aufgespalten (vgl. Abb. 5.33a und 5.34). Der nächsthöhere angeregte Term ^3P spaltet nicht auf (vgl. Tab. 5.8). Es gibt drei spinerlaubte Übergänge.

Oktaedrische Komplexe bilden Ni^{2+}-Ionen mit den Liganden H_2O, NH_3, en, bipy, phen, NO_2^-, F^-. Die Komplexe sind paramagnetisch, denn die Elektronenkonfiguration ist $t_{2g}^6\,e_g^2$. Die Komplexe haben charakteristische Farben und die vom Liganden abhängige Farbänderung kann mit der vom Liganden abhängigen Ligandenfeldaufspaltung erklärt werden (Abb. 5.82).

Beispiele:

$[Ni(H_2O)_6]^{2+}$	grün
$[Ni(H_2O)_2(NH_3)_4]^{2+}$	blau bis violett
$[Ni(NH_3)_6]^{2+}$	
$[Ni(en)_3]^{2+}$	

Quadratisch-planare Komplexe. Für die d^8-Konfiguration ist bei großen Ligandenfeldaufspaltungen die quadratisch-planare Koordination energetisch bevorzugt, da ein diamagnetischer low-spin-Komplex mit einer größtmöglichen Ligandenfeldstabilisierungsenergie entsteht (vgl. Abschn. 5.4.6.3 u. Abb. 5.83). Diese Komplexe sind häufig gelb oder rot. Typische Beispiele sind der sehr stabile gelbe Komplex $\mathbf{[Ni(CN)_4]^{2-}}$ und das rote **Bis(dimethylglyoximato)nickel(II)**, mit dem Nickel gravimetrisch bestimmt wird.

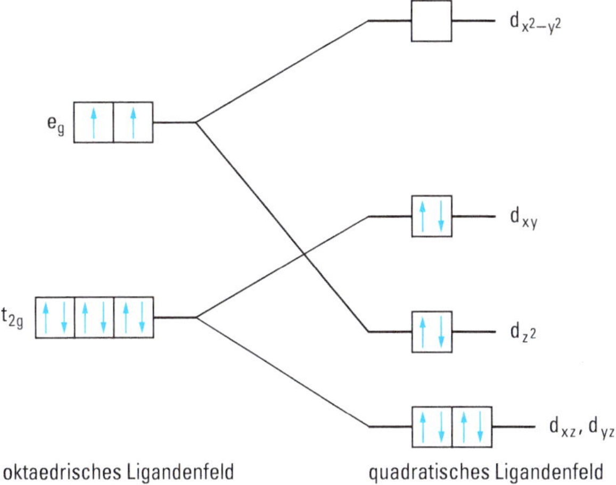

Abbildung 5.83 Ligandenfeldaufspaltung im oktaedrischen und im quadratisch-planaren Ligandenfeld. Die quadratische Koordination ist für die d^8-Konfiguration energetisch günstig, da sich ein low-spin-Komplex mit größtmöglicher Ligandenfeldstabilisierungsenergie ausbilden kann.
Pd(II), Pt(II) und Au(III) bevorzugen daher die quadratische Koordination, Ni(II) dann, wenn der Ligand eine große Aufspaltung bewirkt.

```
              O—H···O
              |     |
  H3C         N     N         CH3
     \\C  //     \  /     \\C  /
       |          Ni         |
     //C  \\     /  \     //C  \
  H3C         N     N         CH3
              |     |
              O···H—O
```

Die Oximgruppe ist =N—OH; Dimethylglyoxim ist
$$\begin{array}{c} H_3C-\underset{\displaystyle \| \atop \displaystyle HO-N}{C}-\underset{\displaystyle \| \atop \displaystyle N-OH}{C}-CH_3 \end{array}$$

Tetraedrische Komplexe sind die blauen Komplexionen $[NiX_4]^{2-}$ (X = Cl, Br, I). Die Konfiguration von Ni(II) ist $e^4t_2^4$. Wie bei den oktaedrischen Komplexen sind also zwei ungepaarte Elektronen vorhanden und auch die tetraedrischen Komplexe sind paramagnetisch.

Fünffach Koordination. Versetzt man Ni^{2+}-Ionen mit einem Überschuss an CN^--Ionen, entsteht quadratisch-pyramidales $[Ni(CN)_5]^{3-}$.

$$\underset{}{Ni^{2+}} \xrightarrow{CN^-} \underset{\text{grüner Niederschlag}}{Ni(CN)_2 \cdot aq} \xrightarrow{CN^-} \underset{\text{gelb}}{[Ni(CN)_4]^{2-}} \xrightarrow{CN^-} \underset{\text{rot}}{[Ni(CN)_5]^{3-}}$$

Die kristalline Verbindung $[Cr(en)_3][Ni(CN)_5] \cdot 1{,}5\,H_2O$ enthält Ni(II) in quadratisch-pyramidaler Koordination und auch in einer genau zwischen quadratisch-pyramidaler und trigonal-bipyramidaler Koordination liegenden Form.

Für die Nickelkomplexe ist nicht nur die Vielfalt der Koordination charakteristisch, sondern auch, dass Koordinationsgleichgewichte existieren.

Gleichgewichte quadratisch-tetraedrisch

Sie treten z. B. bei den Komplexen $[NiX_2(PR_3)_2]$ (X = Cl, Br, I; R = C_6H_5 oder Alkyl) auf.

$$\underset{\substack{R\,=\,\text{Alkyl: quadratisch}\\ \text{diamagnetisch}\\ \text{gelb bis rot}}}{[NiX_2(PR_3)_2]} \rightleftharpoons \underset{\substack{R\,=\,C_6H_5\text{: tetraedrisch}\\ \text{paramagnetisch}\\ \text{blau}}}{[NiX_2(PR_3)_2]}$$

Bei Triphenylphosphanliganden sind die Komplexe tetraedrisch, bei Trialkylphosphanliganden quadratisch-planar. Sind die Liganden gemischte Alkyl-Phenyl-Phosphane, dann existieren in Lösungen beide Komplextypen in einer Gleichgewichtsverteilung nebeneinander.

Gleichgewichte quadratisch-oktaedrisch

Beispiele sind die Lifschitz-Salze, Komplexe von Ni(II) mit substituierten Ethylendiaminliganden. Abhängig von der Temperatur, der Natur des Diamins, der Art der Anionen und dem Lösungsmittel entstehen entweder gelbe diamagnetische quadratische Komplexe, z. B.

$$\left[\begin{array}{ccccc} & H_2 & & H_2 & \\ (C_6H_5)HC- & N & & N & -CH(C_6H_5) \\ | & & Ni & & | \\ (C_6H_5)HC- & N & & N & -CH(C_6H_5) \\ & H_2 & & H_2 & \end{array}\right]^{2+}$$

oder blaue paramagnetische oktaedrische Komplexe, bei denen zwei weitere Liganden (Anionen oder Lösungsmittelmoleküle) an das Ni-Ion der quadratischen Komplexe angelagert sind.

5.15.7.2 Nickel(III)- und Nickel(IV)-Verbindungen (d^7, d^6)

Die einfachen Verbindungen von Nickel(III) und Nickel(IV) sind Oxide und Fluoride. Nur von Nickel(III) gibt es eine größere Anzahl von Doppeloxiden.

$\overset{+3}{\mathbf{NiF_3}}$ ist eine unreine, schwarze, wenig beständige Verbindung.

$\overset{+3}{\mathbf{NiO(OH)}}$ existiert in zwei Modifikationen, es entsteht bei der Oxidation alkalischer Ni(II)-Lösungen (vgl. S. 401 und S. 895). Die Verbindungen $\mathbf{M\overset{+3}{Ni}O_2}$ (M = Li,

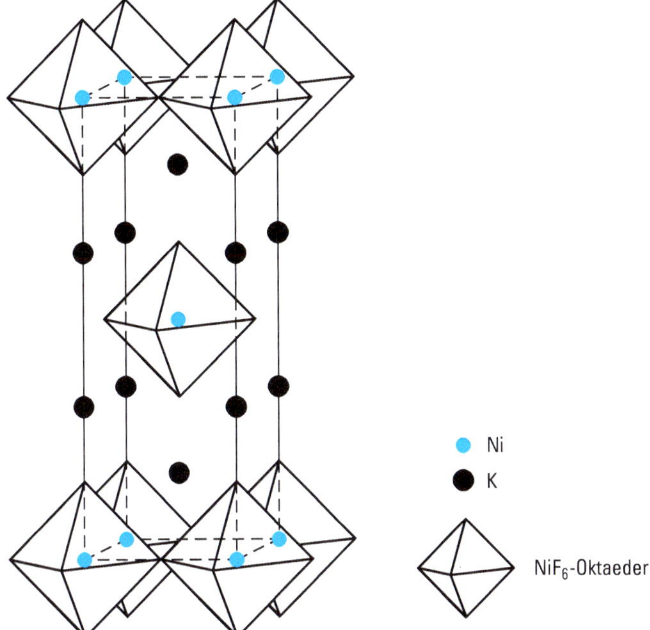

Abbildung 5.84 Elementarzelle der tetragonalen $\mathbf{K_2NiF_4}$-Struktur. Die NiF_6-Oktaeder sind eckenverknüpft und bilden Schichten. Die K-Atome sind unsymmetrisch von neun Fluoratomen koordiniert. In diesem Strukturtyp treten auch auf:
K_2MF_4 (M = Mg, Zn, Co); Sr_2MO_4 (M = Ti, Sn, Mn); Ba_2MO_4 (M = Sn, Pb); La_2NiO_4.

Na) kristallisieren in Schichtstrukturen mit low-spin Ni(III). $\overset{+3}{\mathbf{Ni}}\mathbf{CoO_3}$ hat Korundstruktur und enthält high-spin Ni(III). In Strukturen, die sich vom Perowskit ableiten, kristallisieren die Verbindungen $\mathbf{Ln}\overset{+3}{\mathbf{Ni}}\mathbf{O_3}$ (Ln = Lanthanoide). $LaNiO_3$ ist ein metallischer Leiter mit low-spin Ni(III). In der $\mathbf{K_2NiF_4}$-Struktur (Abb. 5.84) kristallisieren Verbindungen des Typs $\mathbf{MLn}\overset{+3}{\mathbf{Ni}}\mathbf{O_4}$ (M = Ca, Sr, Ba, Ln = Lanthanoide).

In der Komplexverbindung $\mathbf{K_3[}\overset{+3}{\mathbf{Ni}}\mathbf{F_6]}$ hat Nickel die low-spin-Konfiguration $t_{2g}^6\,e_g^1$ und auf Grund des Jahn-Teller-Effekts sind die NiF_6^{3-}-Oktaeder gestreckt.

$\overset{+4}{\mathbf{Ni}}\mathbf{O_2} \cdot \boldsymbol{n}\,\mathbf{H_2O}$ ist unbeständig und ein starkes Oxidationsmittel, das durch Wasser unter Freisetzung von O_2 reduziert wird (vgl. S. 895). Der Spinell $\mathbf{Li\,(Ni^{3+}Ni^{4+})O_4}$ ist ein Hopping-Halbleiter (vgl. Abschn. 2.7.5.2) mit low-spin Ni-Ionen. Ni^{4+} ist auch Bestandteil von Heteropolyanionen (vgl. Abschn. 5.13.6.3).

Die Komplexverbindungen $\mathbf{M_2[}\overset{+4}{\mathbf{Ni}}\mathbf{F_6]}$ (M = Na, K, Rb, Cs) und $\mathbf{Ba[}\overset{+4}{\mathbf{Ni}}\mathbf{F_6]}$ sind diamagnetische low-spin-Komplexe.

5.16 Gruppe 8–10 Die Gruppe der Platinmetalle

Zu den leichten Platinmetallen (Dichte ca. 12 g cm^{-3}) gehören Ruthenium, Rhodium und Palladium, zu den schweren Platinmetallen (Dichte ca. 22 g cm^{-3}) Osmium, Iridium und Platin. Als Homologe von Eisen, Cobalt und Nickel kann man die Osmiumgruppe, die Iridiumgruppe und die Platingruppe unterscheiden. Die Chemie der Platinmetalle unterscheidet sich aber wesentlich von der der Eisengruppe.

5.16.1 Gruppeneigenschaften

	Osmiumgruppe	Iridiumgruppe	Platingruppe
Leichte Platinmetalle	Ruthenium Ru	Rhodium Rh	Palladium Pd
Ordnungszahl Z	44	45	46
Elektronenkonfiguration	$[Kr]4d^7 5s^1$	$[Kr]4d^8 5s^1$	$[Kr]\,4d^{10}$
Elektronegativität	1,4	1,4	1,3
Höchste Oxidationszahl	+8	+6	+4
Wichtige Oxidationszahlen	+2, +3	+1, +3	+2
Schwere Platinmetalle	Osmium Os	Iridium Ir	Platin Pt
Ordnungszahl Z	76	77	78
Elektronenkonfiguration	$[Xe]4f^{14} 5d^6 6s^2$	$[Xe]4f^{14} 5d^7 6s^2$	$[Xe]4f^{14} 5d^9 6s^1$
Elektronegativität	1,5	1,5	1,4
Höchste Oxidationszahl	+8	+9	+6
Wichtige Oxidationszahlen	+3, +4	+1, +3, +4	+2, +4

	Ru	Rh	Pd	Os	Ir	Pt
Struktur	hexagonal-dichteste Packung	kubisch-dichteste Packung		hexagonal-dichteste Packung	kubisch-dichteste Packung	
Duktilität	hart spröde	weich dehnbar	duktil	hart spröde	hart spröde	duktil
Dichte in g cm^{-3}	12,45	12,41	12,02	22,61	22,65	21,45
Schmelzpunkt °C	2450	1960	1552	3050	2454	1769
Siedepunkt °C	4150	3670	2930	5020	4530	3830
Ionenradien pm						
M^{2+}	–	–	86	–	–	80
M^{3+}	68	66	76	–	68	–
M^{4+}	62	60	61	63	62	62
M^{5+}	56	55	–	57	57	57
M^{6+}	–	–	–	54	–	–
Standardpotentiale in V						
M^{2+}/M	+0,45	+0,6	+0,99	+0,85	+1,1	+1,2
M^{3+}/M^{2+}	+0,23	+1,2	–	–	+1,15	–

Die Platinmetalle sind reaktionsträge, edle Metalle. Zusammen mit Gold und Silber bilden sie die Gruppe der Edelmetalle. Die Standardpotentiale nehmen von links nach rechts und von oben nach unten zu. Ruthenium ist das unedelste, Platin das edelste Metall der Gruppe.

Ru ⟶ ↓ Pt
⟶ zunehmende Standardpotentiale

Die Elemente kommen in zahlreichen Oxidationsstufen vor. Die höchsten Oxidationsstufen nehmen von rechts nach links und von oben nach unten zu. Die höchste Oxidationsstufe des Palladiums ist +4, Ruthenium und Osmium erreichen die maximal mögliche Oxidationsstufe +8, Ruthenium(VIII) ist aber weniger stabil als Osmium(VIII).

Pd ⟵ ↓ Os
⟶ höchste Oxidationszahlen

Auf Grund der Lanthanoid-Kontraktion (vgl. Abb. 5.51) haben die Platinmetalle sehr ähnliche Ionenradien, dies führt zu einer engen chemischen Verwandtschaft.

Die Platinmetalle bilden zahlreiche Komplexverbindungen mit einer Vielzahl von Oxidationsstufen. Ru(II), Os(II), Rh(III) und Pt(IV) mit d^6-Konfiguration bilden diamagnetische, oktaedrische low-spin-Komplexe. Von Rh(I), Ir(I), Pd(II) und Pt(II) mit d^8-Konfiguration werden diamagnetische, quadratische Komplexe bevorzugt.

Aqua-Ionen $[M(H_2O)_6]^{n+}$ werden nur von Ru(II), Ru(III), Rh(III) und Pd(II) gebildet.

Sowohl einfache Salze als auch Komplexsalze sind meist farbig.

5.16.2 Die Elemente

Die Platinmetalle sind silberweiße bis stahlgraue Metalle, die schwer schmelzbar sind und hohe Siedepunkte besitzen. Dichten, Schmelzpunkte, Siedepunkte und Duktilität ändern sich systematisch.

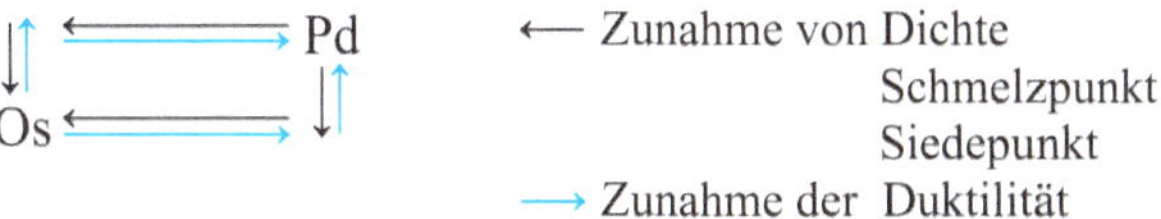

Die Platinmetalle haben katalytische Eigenschaften, und besonders Platin und Palladium werden als Katalysatoren für großtechnische Synthesen verwendet (vgl. S. 333).

Ruthenium und Osmium werden von Mineralsäuren, auch von Königswasser, nicht angegriffen. Die Reaktion mit Nichtmetallen erfolgt erst bei höherer Temperatur. Sauerstoff überführt bei Rotglut Ruthenium in RuO_2 und Osmium in OsO_4. Die Metalle lösen sich in oxidierenden alkalischen Schmelzen (z. B. $NaOH + Na_2O_2$).

Rhodium und Iridium sind inert gegen Königswasser und andere Säuren. Bei Rotglut erfolgt mit Sauerstoff und Halogenen langsame Reaktion. Beide Metalle lösen sich in $NaClO_3$-haltiger, heißer konz. Salzsäure. Iridium ist das chemisch inaktivste Platinmetall.

Palladium ist das chemisch aktivste Platinmetall. Es löst sich in Salpetersäure. Platin löst sich in Königswasser, es wird auch von geschmolzenen Hydroxiden, Cyaniden und Sulfiden gelöst. Auch mit elementarem P, Si, Pb, As, Sb, S, Se erfolgt beim Erhitzen Reaktion. Diese Stoffe dürfen daher nicht in Platintiegeln erhitzt werden. Platin und Palladium können große Mengen von molekularem Wasserstoff absorbieren (vgl. S. 417). Palladium wird zur Reinigung von H_2 durch Diffusion verwendet (vgl. S. 411).

5.16.3 Vorkommen

Die Platinmetalle sind sehr selten, sie haben am Aufbau der Erdkruste Anteile von 10^{-6} bis 10^{-8} %. Sie kommen fast immer miteinander vergesellschaftet vor. In primären Lagerstätten sind die Platinmetalle als Sulfide meist mit sulfidischen Nickel-Kupfer-Erzen vergesellschaftet. In sekundären Lagerstätten (Platinseifen) kommen die Platinmetalle gediegen (oft als Legierungen) vor. Der Gehalt an Platinmetallen in den Erzen beträgt etwa 1 g/t. Die Hauptlieferanten von Platinmetallen sind Südafrika, Russland und Kanada.

5.16.4 Darstellung, Verwendung

Die Reindarstellung der Platinmetalle ist kompliziert und teuer. Zunächst wird ein Rohplatin hergestellt, das aus zwei Legierungen, dem Platin-Iridium (Pt, Ir, Rh, Pd) und dem Osmium-Iridium (Os, Ir, Rh, Ru) besteht. Bei der Aufarbeitung der Cu-Ni-Erze fallen die Platinmetalle bei der elektrolytischen Reinigung des Nickels (vgl. Abschn. 5.15.4.2) und Kupfers (vgl. Abb. 5.44) im Anodenschlamm an, beim Mond-Prozess (vgl. S. 879) verbleiben sie bei der CO-Behandlung im Rückstand. Bei den gediegenen Vorkommen erfolgt die Anreicherung durch Mahlung, Schweretrennung und Flotation.

Zur Aufarbeitung des Rohplatins bringt man dieses zunächst durch unterschiedliche Löseprozesse oder Aufschlussverfahren in Lösung. Dabei kann bereits eine Vortrennung erfolgen. In Königswasser löst sich Platin-Iridium, aber nicht Osmium-Iridium. Durch eine oxidierende Destillation können Ruthenium und Osmium als Tetraoxide MO_4 (vgl. S. 904) abgetrennt werden. Aus den Lösungen werden die Platinmetalle selektiv als Ammonium-hexachloridometallat(IV) gefällt. Durch gezielte Oxidations- und Reduktionsschritte überführt man jeweils eines der Metalle in die

Oxidationsstufe +4 und fällt es als farbiges Komplexsalz $(NH_4)_2[\overset{+4}{M}Cl_6]$ aus. Der Trennung wird eine Feinreinigung angeschlossen.

Neben dieser klassischen Methode hat auch Flüssig-Flüssig-Extraktion und Ionenaustausch an Bedeutung gewonnen.

Der Gesamtproduktionswert der Edelmetalle steht wertmäßig nach Roheisen und Aluminium an dritter Stelle der Metallwirtschaft.

	Pt	Pd	Rh	Ag	Au
Weltförderung 2000 in t	160	152	18	18 100	2 590
Weltförderung 2005 in t	211	216	23,5	20 800	2 470
Weltförderung 2010 in t	190	192		23 100	2 560
Weltförderung 2018 in t	190	220	~25	26 900	3 300

Hohe Schmelzpunkte, chemische Resistenz und die guten katalytischen Eigenschaften bestimmen die technische Anwendung. Platin wird für die Herstellung von Laborgeräten (Tiegel, Elektroden), für Widerstandsdrähte und Thermoelemente benutzt. Legierungen von Platin mit 10–20 % Ir sind besonders hart (Platin-Iridium-Spitzen für Schreibfedern). Legierungen von Platin mit 10 % Rh werden als Netzkatalysatoren bei der Verbrennung von Ammoniak (s. Ostwald-Verf. S. 517) verwendet. Pt und Pd werden als Trägerkatalysatoren (auf γ-Al_2O_3 oder Zeolithen) in der Mineralölindustrie benutzt. Auch die Entgiftungskatalysatoren für Autoabgase sind Pt/Pd/Rh-Katalysatoren auf keramischen Trägern (vgl. Abschn. 4.11.2.1). Fein verteiltes Pd ist der Katalysator bei der Wasserstoffperoxidsynthese (vgl. S. 474).

Für den Schmuckbedarf dienen Platinlegierungen (Pt 96 Cu 4; Pt 96 Pd 4 %).

Rhodium besitzt ein hohes Reflexionsvermögen, es ist daher Belagmaterial für hochwertige Spiegel.

5.16.5 Verbindungen der Metalle der Osmiumgruppe

Die Chemie von Ruthenium und Osmium ähnelt der des Eisens nur wenig. Die Oxidationszahlen +4, +5 und +6 werden beim Eisen nur in wenigen Verbindungen erreicht. Beim Osmium und Ruthenium gibt es eine umfangreiche Chemie höchster Oxidationszahlen bis zur Oxidationszahl +8.

Sauerstoffverbindungen

Als wasserfreie Oxide sind bekannt:

Oxidationszahl	+8	+4
Ruthenium	RuO_4	RuO_2
Osmium	OsO_4	OsO_2

Ruthenium(VIII)-oxid RuO_4 (Smp. 25 °C, Sdp. 100 °C, gelb) und **Osmium(VIII)-oxid OsO_4** (Smp. 40 °C, Sdp. 130 °C, farblos) sind flüchtige, sehr giftige, kristalline Substanzen, die aus tetraedrischen Molekülen aufgebaut sind. OsO_4 erhält man durch Erhitzen von Osmium an der Luft oder durch Oxidation von Osmiumlösungen mit Salpetersäure. Um Rutheniumlösungen zu RuO_4 zu oxidieren, muss man stärkere Oxidationsmittel wie MnO_4^- oder Cl_2 verwenden. OsO_4 ist beständiger als RuO_4. Oberhalb 180 °C zersetzt sich RuO_4 – manchmal explosionsartig – zu RuO_2 und O_2. Beide Oxide sind in CCl_4 gut löslich, RuO_4 auch in verd. Schwefelsäure. OsO_4 löst sich in Laugen unter Bildung des Ions $[OsO_4(OH)_2]^{2-}$. RuO_4 wirkt stärker oxidierend und wird von OH^--Ionen reduziert.

$$4\overset{+8}{Ru}O_4 + 4\,OH^- \longrightarrow 4\overset{+7}{Ru}O_4^- + 2\,H_2O + O_2$$
$$4\overset{+7}{Ru}O_4^- + 4\,OH^- \longrightarrow 4\overset{+6}{Ru}O_4^{2-} + 2\,H_2O + O_2$$

Ruthenium(IV)-oxid RuO_2 ist blauschwarz und kristallisiert im Rutil-Typ. Es entsteht aus Ruthenium mit Sauerstoff bei 1 000 °C.

Osmium(IV)-oxid OsO_2 ist kupferfarben und kristallisiert ebenfalls im Rutil-Typ. Man erhält es aus Osmium mit NO bei 650 °C.

Ruthenium(III) tritt im schwarzen, wasserhaltigen Oxid $Ru_2O_3 \cdot n\,H_2O$ auf, das mit OH^--Ionen aus Ru(III)-Lösungen entsteht; es wird von Luft leicht oxidiert. Ruthenium(IV) existiert im Doppeloxid $BaRuO_3$. Ruthenium(V) liegt in Na_3RuO_4 und in den Lanthanoid-Perowskiten $\overset{+2}{M_2}\overset{+3}{Ln}RuO_6$ vor.

Hinsichtlich der **Oxidoanionen** sind Ruthenium und Mangan ähnlich. Das Ruthenat(VII)-Ion (Perruthenat)RuO_4^-ist paramagnetisch und tetraedrisch gebaut, die Lösungen sind gelbgrün. Aus alkalischen Lösungen erhält man schwarze, relativ beständige $KRuO_4$-Kristalle. Das Ruthenat(VI)-IonRuO_4^{2-} ist paramagnetisch, tetraedrisch gebaut und orangefarben.

Bei den Oxidoanionen des Osmiums ist die Koordinationszahl erhöht. In alkalischer Lösung bildet OsO_4 das tiefrote Osmat(VIII)-Ion $[OsO_4(OH)_2]^{2-}$. Es lässt sich leicht zum rosafarbenen Osmat(VI)-Ion $[OsO_2(OH)_4]^{2-}$ reduzieren.

Schwefelverbindungen

Ruthenium(II)-sulfid RuS_2 und Osmium(II)-sulfid OsS_2 sind diamagnetische Halbleiter mit Pyrit-Struktur.

Halogenverbindungen

Es gibt zahlreiche Halogenide. Es sind farbige Feststoffe, die teilweise noch unzureichend untersucht sind.

Oxidationszahl	Fluoride		Chloride		Bromide		Iodide	
+7		(OsF_7)						
+6	RuF_6	OsF_6						
+5	RuF_5	OsF_5		$OsCl_5$				
+4	RuF_4	OsF_4		$OsCl_4$		$OsBr_4$		
+3	RuF_3		$RuCl_3$	$(OsCl_3)$	$(RuBr_3)$	$(OsBr_3)$	(RuI_3)	(OsI_3)
+2			$(RuCl_2)$		$(RuBr_2)$		(RuI_2)	(OsI_2)
+1								(OsI)

( ) Verbindungen, deren Existenz umstritten ist oder die schlecht charakterisiert sind.

Das Fluorid mit der höchsten Oxidationsstufe ist OsF_7. Es ist instabil, zerfällt oberhalb $-100\,°C$ und ist nur unter hohem F_2-Druck beständig. Die Fluoride sind reaktive, in Wasser hydrolysierende Substanzen. Höhere Fluoride disproportionieren unter F_2-Entwicklung. Die Pentafluoride sind wie NbF_5 tetramer: $(MF_5)_4$.

$RuCl_3$ ist aus den Elementen darstellbar. Das dunkelrote $RuCl_3 \cdot 3\,H_2O$, eine oktaedrische Komplexverbindung $[RuCl_3(H_2O)_3]$, ist Ausgangsprodukt zur Herstellung von Rutheniumverbindungen.

Komplexverbindungen

Komplexe mit der Oxidationsstufe +2 (d^6). Man kennt eine große Anzahl von Ru(II)- und Os(II)-Komplexen. Sie sind oktaedrisch gebaut und auf Grund der low-spin-Konfiguration t_{2g}^6 diamagnetisch.

$[Ru(H_2O)_6]^{2+}$ ist rosafarben und wird leicht, z. B. durch Luft, zu Ru(III) oxidiert.

$$[Ru(H_2O)_6]^{3+} + e^- \rightleftharpoons [Ru(H_2O)_6]^{2+} \qquad E° = +0{,}23\,V$$

Analog zu Fe(II)-Komplexen sind die Komplexe $[Ru(CN)_6]^{4-}$ und $[Ru(CN)_5NO]^{2-}$ bekannt. Die wichtigsten Ru(II)-Komplexe sind aber Komplexe mit Stickstoff-Donatoratomen: NH_3, en, bipy, phen. $[Ru(NH_3)_6]^{2+}$ wirkt reduzierend.

$$[Ru(NH_3)_6]^{3+} + e^- \rightleftharpoons [Ru(NH_3)_6]^{2+} \qquad E° = +0{,}24\,V$$

In Wasser bildet sich langsam $[Ru(H_2O)(NH_3)_5]^{2+}$, das Ausgangsprodukt für die Gewinnung vieler Komplexe des Typs $[RuL(NH_3)_5]^{2+}$ ist. Mit N_2O z. B. bildet sich $[Ru(N_2O)(NH_3)_5]^{2+}$. Der erste, seit 1965 bekannte Distickstoffkomplex war $[Ru(N_2)(NH_3)_5]^{2+}$. Man erhält ihn z. B. nach folgender Reaktion.

$$[Ru(N_2O)(NH_3)_5]^{2+} + 2\,Cr^{2+} + 2\,H_3O^+ \longrightarrow [Ru(N_2)(NH_3)_5]^{2+} + 2\,Cr^{3+} + 3\,H_2O$$

Ru(II) bildet bevorzugt Nitrosylkomplexe, z. B. $[Ru(NO)(NH_3)_5]^{3+}$. Os(II)-Komplexe sind weniger stabil. Es gibt keinen Hexaaquakomplex. Bekannt sind $[Os(NH_3)_6]^{2+}$ und $[Os(N_2)(NH_3)_5]^{2+}$. Stabilisiert wird Os(II) durch Liganden mit π-Akzeptoreigenschaften, z. B. bipy, phen.

Komplexe mit der Oxidationsstufe +3 (d^5). Ru(III)- und Os(III) bilden oktaedrische low-spin-Komplexe. Es sind Chloridokomplexe $[RuCl_n(H_2O)_{6-n}]^{(n-3)-}$ mit $n = 0$ bis $n = 6$ bekannt. Aus einer ammoniakalischen Ru(III)-chlorid-Lösung entsteht an der Luft langsam ein roter dreikerniger Komplex („Ruthenium-Rot“).

$$[(NH_3)_5\overset{+3}{Ru} - O - \overset{+4}{Ru}(NH_3)_4 - O - \overset{+3}{Ru}(NH_3)_5]^{6+}$$

Auch mit milden Oxidationsmitteln erfolgt Oxidation zum gelben Komplex $[Ru_3O_2(NH_3)_{14}]^{7+}$.

Komplexe mit der Oxidationsstufe +4 (d^4). Es gibt nur wenige, meist anionische oder neutrale Komplexe. Die Osmiumkomplexe $[OsX_6]^{2-}$ (X = F, Cl, Br, I) sind relativ stabil, die Rutheniumkomplexe $[RuX_6]^{2-}$ (X = F, Cl, Br) sind leichter zu Ru(III) zu reduzieren. Alle Komplexe sind oktaedrische low-spin-Komplexe. Durch Reaktion von Salzsäure mit RuO_4 in Gegenwart von KCl entstehen die roten Kristalle $K_4[Ru_2OCl_{10}]$.

Die Ionen $[M_2OX_{10}]^{4-}$ (X = Cl, Br; M = Ru, Os) sind diamagnetisch mit einer linearen M—O—M-Gruppierung.

$$\left[\begin{array}{c} Cl_5Ru{-}O{-}RuCl_5 \end{array}\right]^{4-}$$

Der Diamagnetismus kann mit der MO-Theorie erklärt werden (3-Zentren-π-Bindung Ru—O—Ru).

Komplexe mit höheren Oxidationsstufen (d^3, d^2, d^1, d^0). Es gibt nur wenige Beispiele. Die oktaedrischen $[\overset{+5}{Ru}F_6]^-$-Ionen werden in wässriger Lösung unter O_2-Entwicklung zu $[\overset{+4}{Ru}F_6]^{2-}$ reduziert. Bei $[\overset{+5}{Os}F_6]^-$ findet diese Reaktion erst in basischer Lösung statt.

Von der Osmat(VI)-Verbindung $[OsO_2(OH)_4]^{2-}$ (vgl. S. 904) leiten sich oktaedrische Komplexe ab, bei denen die äquatorial angeordneten OH^--Ionen durch Halogenionen, CN^-, NO_2^-, $C_2O_4^{2-}$ ersetzt sind („Osmyl“-Komplexe, nach der Osmylgruppe OsO_2^{2+}).

Osmium(VIII)-Komplexe sind die Nitridoosmate(VIII) $[OsO_3N]^-$, die tetraedrisch gebaut sind und eine Os≡N-Dreifachbindung enthalten.

5.16.6 Verbindungen der Metalle der Iridiumgruppe

Die höchste Oxidationszahl von Rhodium ist +6, von Iridium +9, die beständigste +3. Für Iridium ist daneben auch die Oxidationszahl +4 von Bedeutung. Typisch für Rhodium und Iridium sind Rh(I)- und Ir(I)-Komplexverbindungen.

Sauerstoffverbindungen

Es sind Oxide mit den Oxidationszahlen +3, +4, +8 und in der Matrix mit +9 bekannt.

Oxidationszahl	+9	+8	+4	+3
Rhodium			RhO_2	Rh_2O_3
Iridium	$[IrO_4]^+$	IrO_4	IrO_2	Ir_2O_3

Rhodium(III)-oxid Rh_2O_3 ist dunkelgrau und kristallisiert im Korund-Typ. Es ist das einzige stabile Rhodiumoxid. Man erhält es durch thermische Zersetzung von Rhodium(III)-nitrat oder durch Oxidation von metallischem Rhodium mit Sauerstoff bei 600 °C.

Rhodium(IV)-oxid RhO_2 ist schwarz, kristallisiert im Rutil-Typ und kann durch Erhitzen von Rh_2O_3 unter O_2-Druck hergestellt werden.

Aus Rh(III)-Lösungen erhält man mit Basen gelbes $Rh_2O_3 \cdot 5\,H_2O$. Durch elektrolytische Oxidation kann es in $RhO_2 \cdot 2\,H_2O$ überführt werden, das beim Entwässern aber nicht RhO_2, sondern Rh_2O_3 ergibt.

Beim Iridium ist **Iridium(IV)-oxid IrO_2** das stabile Oxid. Es ist schwarz, hat Rutil-Struktur und entsteht beim Erhitzen von Iridium mit Sauerstoff. **Iridium(III)-oxid Ir_2O_3** entsteht immer unrein und wird leicht zu IrO_2 oxidiert.

Halogenverbindungen

Höhere Oxidationszahlen als +3 sind von Fluoriden bekannt.

Oxidationszahl	Fluoride	Chloride	Bromide	Iodide
+6	RhF_6 IrF_6			
+5	RhF_5 IrF_5			
+4	RhF_4 IrF_4			
+3	RhF_3 IrF_3	$RhCl_3$ $IrCl_3$	$RhBr_3$ $IrBr_3$	RhI_3 IrI_3

Alle Halogenide sind farbige Feststoffe. Die Fluoride sind sehr reaktionsfreudige Substanzen. Wie bei den anderen Platinmetallen haben die Pentafluoride die tetrameren Strukturen $(RhF_5)_4$ und $(IrF_5)_4$. Die stabilsten Halogenide sind die Trihalogenide. Die wasserfreien Trihalogenide sind wasserunlöslich. Es sind aber wasserlösliche Hydrate wie $RhF_3 \cdot 6\,H_2O$, $RhF_3 \cdot 9\,H_2O$, $RhCl_3 \cdot 3\,H_2O$, $RhBr_3 \cdot 2\,H_2O$ bekannt. Das dunkelrote $RhCl_3 \cdot 3\,H_2O = [RhCl_3(H_2O)_3]$ ist Ausgangsprodukt zur Herstellung von Rhodiumverbindungen.

Komplexverbindungen

Komplexe mit der Oxidationsstufe +3 (d^6). Wie Cobalt, bilden auch Rhodium und Iridium in der Oxidationsstufe +3 eine große Anzahl oktaedrischer, diamagnetischer low-spin-Komplexe mit t_{2g}^6-Konfiguration. Die Spektren lassen sich analog denen der Co(III)-Komplexe deuten. Rh(III)-Komplexe sind meist gelb bis rot. Im Gegensatz zu Co(III)-Komplexen lassen sich die Rh(III)- und Ir(III)-Komplexe nicht zu zweiwertigen Komplexen reduzieren.

$[Rh(H_2O)_6]^{3+}$ ist ein stabiler, gelber Komplex. Das Ion reagiert sauer ($pK_S \approx 3$). Das Aqua-Ion kommt auch in Salzen vor, zum Beispiel im Sulfat $Rh_2(SO_4)_3 \cdot n\,H_2O$ und in Alaunen $\overset{+1}{M}Rh(SO_4)_2 \cdot 12\,H_2O$.

$[Ir(H_2O)_6]^{3+}$ ist schwerer zu erhalten und luftempfindlich. Es tritt in Salzen wie $[Ir(H_2O)_6](ClO_4)_3$ auf.

Es existieren die Halogenido-Komplexe $[MX_6]^{3-}$ mit M = Rh, X = F, Cl, Br und M = Ir, X = Cl, Br, I. Es gibt gemischte Aqua-chlorido-Komplexe und gemischte Ammin-chlorido-Komplexe.

Aus $[RhCl(NH_3)_5]^{2+}$ lässt sich in wässriger Lösung mit Zink der Hydridokomplex $[RhH(NH_3)_5]^{2+}$ herstellen. Das isolierbare Salz $[RhH(NH_3)_5]SO_4$ ist luftstabil. Stabile Komplexe sind auch $[M(C_2O_4)_3]^{3-}$ und $[M(CN)_6]^{3-}$ (M = Rh, Ir).

Komplexe mit der Oxidationsstufe +4 (d^5). Von Rhodium(IV) existieren wenige Komplexe. Beispiele sind die oktaedrischen Komplexe $[RhX_6]^{2-}$ (X = F, Cl), die hydrolysierbar sind und oxidierend wirken. Stabiler sind die Iridium(IV)-Komplexe und ihre Salze. Die Komplexionen $[IrX_6]^{2-}$ (X = F, Cl, Br) sind in wässriger Lösung und in Salzen bekannt. Das schwarze, in Wasser gut lösliche $Na_2[IrCl_6]$ ist Ausgangsmaterial für andere Ir(IV)-Komplexe.

Obwohl Chlorido- und Bromido-Komplexe von Ir(IV) stabil sind, ist die Existenz der binären Halogenide $IrCl_4$ und $IrBr_4$ nicht gesichert.

Komplexe mit der Oxidationsstufe +1 (d^8). Komplexe von Rhodium(I) und Iridium(I) erfordern für ihre Stabilisierung π-Akzeptorliganden wie PR_3, CO oder Alkene. Auf Grund der Konfiguration d^8 (vgl. Abschn. 5.4.6.3 und Abb. 5.83) existieren überwiegend diamagnetische, quadratisch-planare Komplexe, daneben auch trigonal-bipyramidale. Die Komplexe werden durch Reduktion von Halogenido-Komplexen wie $RhCl_3 \cdot 3\,H_2O$ und K_2IrCl_6 in Gegenwart der Liganden dargestellt.

Chloridotris(triphenylphosphan)rhodium(I) $[RhCl(PPh_3)_3]$ ist ein rotvioletter, diamagnetischer, annähernd quadratischer Komplex. Es hat Bedeutung als Katalysator für die selektive Hydrierung von Alkenen in homogener Lösung bei Normaltemperatur und Normaldruck (Wilkinson-Katalysator). $[RhCl(PPh_3)_3]$ kann Wasserstoff addieren.

$$[\overset{+1}{Rh}Cl(PPh_3)_3] + H_2 \longrightarrow [\overset{+3}{Rh}Cl(H)_2(PPh_3)_2] + PPh_3$$

Chloridodihydridobis(triphenylphosphan)rhodium(III) hydriert Alkene.

$$[RhCl(H)_2(PPh_3)_2] + \;\rangle C{=}C\langle\; \longrightarrow [RhCl(PPh_3)_2] + \;\text{H}\!-\!\overset{|}{C}\!-\!\overset{|}{C}\!-\!\text{H}$$

Der Komplex $[RhCl(PPh_3)_2]$ kann wieder H_2 addieren und fungiert als Katalysator.

trans-$[IrCl(CO)(PPh_3)_2]$ (Vaska-Komplex) ist ein gelber, diamagnetischer, planarer Komplex. Er kann ein weiteres Molekül CO addieren und in das Hydrid überführt werden.

$$trans\text{-}[IrCl(CO)(PPh_3)_2] \xrightarrow{CO} [IrCl(CO)_2(PPh_3)_2] \xrightarrow{NaBH_4} [Ir(CO)_2H(PPh_3)_2]$$

Moleküle wie H_2, O_2 und SO_2 werden oxidativ addiert.

$$trans\text{-}[\overset{+1}{Ir}Cl(CO)(PPh_3)_2] + H_2 \longrightarrow trans\text{-}[\overset{+3}{Ir}Cl(CO)(H)_2(PPh_3)_2]$$

Diese Prozesse spielen eine Rolle für die katalytische Wirkung von $[Ir(CO)H(PPh_3)_2]$ bei der Hydroformylierung von Alkenen.

$$>C{=}C< \xrightarrow{+ H_2 + CO} -\underset{H}{\overset{|}{\underset{|}{C}}}-\overset{|}{\underset{|}{C}}-CHO$$

5.16.7 Verbindungen der Metalle der Platingruppe

Die höchste Oxidationszahl des Platins ist +6, die des Palladiums +4. Sowohl in binären Verbindungen als auch in Komplexverbindungen sind die wichtigsten Oxidationszahlen +2 beim Palladium, +2 und +4 beim Platin.

Sauerstoffverbindungen

Die beständigen wasserfreien Oxide der Metalle der Platingruppe sind PdO und PtO_2.

Palladium(II)-oxid PdO ist schwarz und säureunlöslich. Es entsteht durch Erhitzen des Metalls mit Sauerstoff. Oberhalb 900 °C dissoziiert es, von Wasserstoff wird es bereits bei Raumtemperatur reduziert. In der Kristallstruktur von PdO (Abb. 5.85) ist Palladium quadratisch von Sauerstoff koordiniert. Aus Pd(II)-Lösungen fällt mit OH^--Ionen gelbbraunes, wasserhaltiges Palladium(II)-oxid aus. Es ist in Säuren löslich, lässt sich aber nur unter Sauerstoffabgabe entwässern.

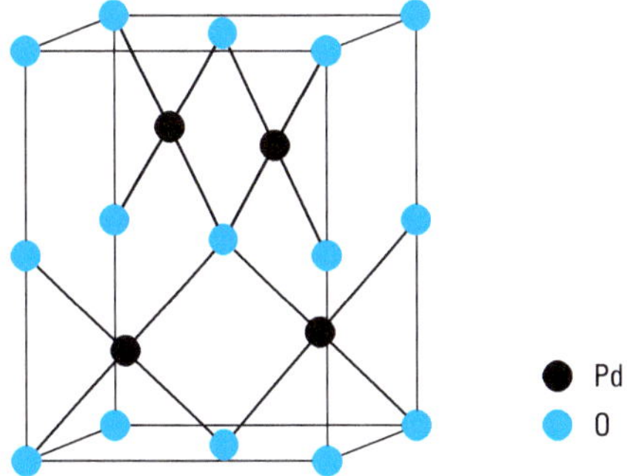

Abbildung 5.85 Tetragonale Struktur von PdO. Palladium ist quadratisch von Sauerstoff koordiniert, Sauerstoff tetraedrisch von Palladium.
In dieser Struktur kristallisieren auch CuO, PdS und PtS.

Auch im Ag_2PdO_2 sind die Pd-Atome nahezu quadratisch-planar koordiniert.

Platin(IV)-oxid PtO_2. Aus wässrigen Lösungen von $PtCl_4$ fällt mit OH^--Ionen gelbes, wasserhaltiges Platindioxid aus. Es ist amphoter, es löst sich in Basen unter Bildung von $[Pt(OH)_6]^{2-}$-Ionen. Durch Erhitzen erhält man das braunschwarze wasserfreie PtO_2, das sich oberhalb 650 °C zersetzt. Aus Lösungen von $[PtCl_4]^{2-}$ entsteht mit OH^--Ionen ein unbeständiges wasserhaltiges, nicht genau charakterisiertes Pt(II)-oxid, das von Luft oxidiert wird.

Halogenverbindungen

Die Oxidationszahl +6 und +5 wird nur bei den Platinfluoriden erreicht. Es gibt keine Halogenide mit der Oxidationszahl +3. PdF_3 hat die Zusammensetzung $\overset{+2}{Pd}[\overset{+4}{Pd}F_6]$.

Oxidationszahl	Fluoride		Chloride		Bromide		Iodide	
+6		PtF_6						
+5		PtF_5						
+4	PdF_4	PtF_4		$PtCl_4$		$PtBr_4$		PtI_4
+2	PdF_2		$PdCl_2$	$PtCl_2$	$PdBr_2$	$PtBr_2$	PdI_2	PtI_2

PtF_6 ist ein starkes Oxidationsmittel. Es oxidiert O_2 und Xe unter Bildung von $O_2^+[\overset{+5}{Pt}F_6]^-$ und $Xe^+[\overset{+5}{Pt}F_6]^-$ (vgl. S. 421 und 475). **PtF_5** ist ebenfalls sehr reaktiv und hat wie die Pentafluoride von Ru, Os, Rh und Ir die tetramere Struktur $(PtF_5)_4$. Nur Platin bildet alle vier Tetrahalogenide. **PdF_2** hat Rutil-Struktur, die Koordination von Pd(II) ist oktaedrisch. Es ist eine der wenigen paramagnetischen Pd(II)-Verbindungen. Von **$PdCl_2$** gibt es zwei Modifikationen. α-$PdCl_2$ hat eine Kettenstruktur (Abb. 5.86a), es ist hygroskopisch und wasserlöslich. β-$PdCl_2$ ist aus Pd_6Cl_{12}-Einhei-

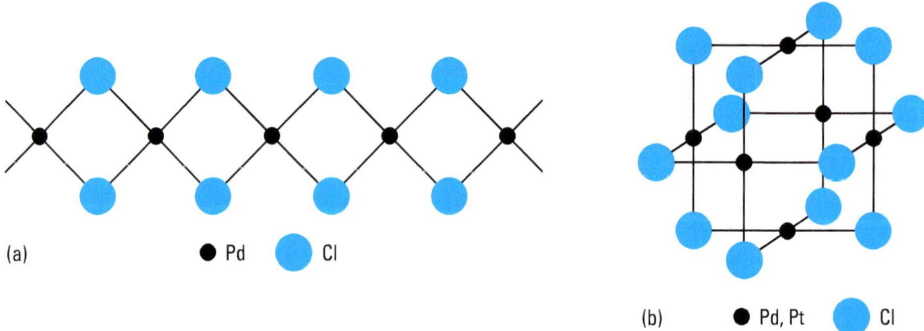

Abbildung 5.86 a) Kettenstruktur von α-$PdCl_2$.
b) Pd_6Cl_{12}-Einheiten von β-$PdCl_2$. β-$PtCl_2$ ist mit β-$PdCl_2$ isotyp.
In beiden Strukturen ist Pd und Pt quadratisch-planar koordiniert.

ten aufgebaut (Abb. 5.86b). In beiden Strukturen ist Palladium quadratisch koordiniert. Aus wässriger Lösung kristallisiert das Dihydrat $PdCl_2 \cdot 2\,H_2O$ aus. Auch **$PtCl_2$** tritt in zwei Modifikationen auf. β-$PtCl_2$ ist mit β-$PdCl_2$ isotyp. α-$PtCl_2$ ist wasserunlöslich, löst sich aber in Salzsäure unter Bildung des Komplexes $[PtCl_4]^{2-}$. Im Gegensatz zu PdF_2 und auch den Nickelhalogeniden (vgl. S. 895), die ionisch sind, sind die Chloride von Pd und Pt kovalente Verbindungen.

Komplexverbindungen

In den Komplexverbindungen sind die wichtigsten Oxidationszahlen +2 und +4.

Komplexe mit der Oxidationsstufe +2 (d^8). Die meisten Komplexe sind diamagnetische low-spin-Komplexe mit quadratisch-planarer Koordination (Abb. 5.83). Beim Ni(II) werden nur mit solchen Liganden, die eine starke Ligandenfeldaufspaltung bewirken, quadratische Komplexe gebildet. Bei den 4d- und den 5d-Ionen Pd^{2+} und Pt^{2+} ist die Ligandenfeldaufspaltung praktisch mit allen Liganden dafür ausreichend groß (vgl. Abschn. 5.4.6.3). Eine Ausnahme ist nur das paramagnetische PdF_2, bei dem Pd(II) oktaedrisch koordiniert ist und die Konfiguration $t_{2g}^6\,e_g^2$ hat.

Die Pd(II)-Komplexe sind etwas weniger stabil als die von Pt(II). Pt(II)-Komplexe sind – wie auch die Pt(IV)-Komplexe – kinetisch träge (s. S. 738). Die durch ihre Untersuchung gewonnenen Erkenntnisse über Isomerie und Reaktionsmechanismen waren für die Entwicklung der Koordinationschemie wesentlich.

Bevorzugte Liganden sind Amine, NO_2^-, Halogenide, Cyanid, PR_3, AsR_3. Zu Sauerstoff und Fluor besteht nur eine geringe Affinität.

Der Komplex $[Pd(H_2O)_4]^{2+}$ existiert in wässriger Lösung und z. B. auch in $Pd(ClO_4)_2 \cdot 4\,H_2O$. $[Pt(H_2O)_4]^{2+}$ ist nicht bekannt. Die Komplexe $[MX_4]^{2-}$ (M = Pd, Pt; X = Cl, Br, I, SCN, CN) bilden mit NH_4^+ und Alkalimetallionen Salze. Die Salze des gelben Ions $[PdCl_4]^{2-}$ und des roten Ions $[PtCl_4]^{2-}$ sind Ausgangsverbindungen zur Herstellung anderer Komplexe. In wässriger Lösung erfolgt Hydrolyse.

$$[PtCl_4]^{2-} + H_2O \rightleftharpoons [PtCl_3(H_2O)]^- + Cl^-$$

$$[PtCl_3(H_2O)]^- + H_2O \rightleftharpoons [PtCl_2(H_2O)_2] + Cl^-$$

Häufig sind in den Salzen die quadratischen Baueinheiten der Pt(II)-Komplexe parallel übereinander angeordnet, z. B. in $K_2[Pt(CN)_4]$ und $K_2[PtCl_4]$ (Abb. 5.87). Im Magnus-Salz $[Pt(NH_3)_4][PtCl_4]$, dem ältestbekannten Amminkomplex des Platins, sind alternierend die quadratischen $[Pt(NH_3)_4]^{2+}$-Kationen und $[PtCl_4]^{2-}$-Anionen übereinander gestapelt.

Eine besondere Eigenheit von Ligandensubstitutionsreaktionen in quadratischen Komplexen ist der *trans*-Effekt.

Wird in einem Komplex der allgemeinen Zusammensetzung $[PtLX_3]^-$ ein Ligand X durch einen Liganden Y substituiert, sind sterisch zwei Reaktionsprodukte möglich.

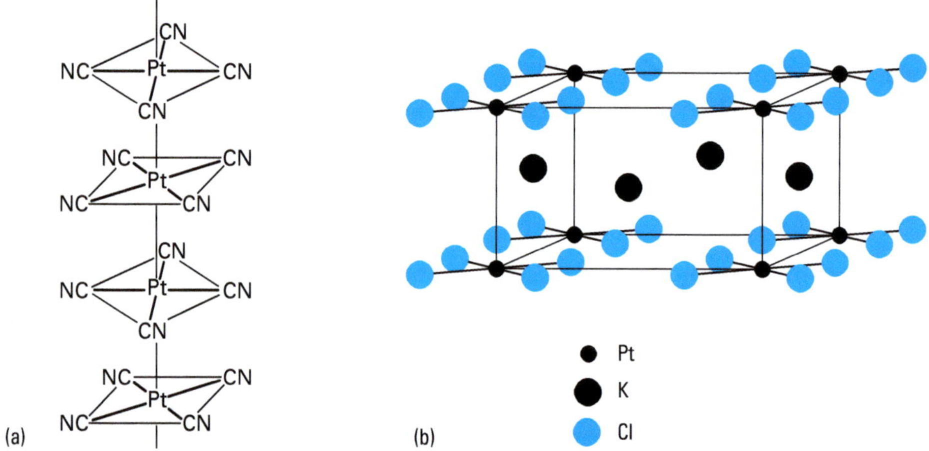

Abbildung 5.87 a) Anordnung der Komplexionen $[Pt(CN)_4]^{2-}$ in der Verbindung $K_2[Pt(CN)_4] \cdot 3\,H_2O$. Die großen Pt—Pt-Abstände (348 pm) zeigen, dass keine Pt—Pt-Wechselwirkungen vorhanden sind. Die K^+-Ionen verknüpfen im Kristall die komplexen Anionen durch Ionenbindungen. Die übereinander gestapelten $[Pt(CN)_4]^{2-}$-Gruppen sind um 45° gegeneinander gedreht. Durch teilweise Oxidation mit Halogenen entsteht $K_2[Pt(CN)_4]X_{0.3} \cdot 2{,}5\,H_2O$ (X = Cl, Br) mit deutlich verkürzten Pt—Pt-Abständen (288 pm) und eindimensionaler metallischer Leitfähigkeit (s. Abb. 5.88).
b) Elementarzelle der tetragonalen Struktur von $K_2[PtCl_4]$.

$$\left[\begin{matrix} L & & X \\ & Pt & \\ X & & Y \end{matrix}\right]^- + X^- \longleftarrow \left[\begin{matrix} L & & X \\ & Pt & \\ X & & X \end{matrix}\right]^- + Y^- \longrightarrow \left[\begin{matrix} L & & X \\ & Pt & \\ Y & & X \end{matrix}\right]^- + X^-$$

trans-Orientierung
Der Ligand L dirigiert
Y in *trans*-Stellung

cis-Orientierung LY

Man kann die Liganden L nach ihrer wachsenden Fähigkeit ordnen, einen Liganden in trans-Stellung zu sich zu dirigieren: F^-, H_2O, OH^-, NH_3 < Cl^-, Br^- < SCN^-, I^- < PR_3 < CN^-, CO.

Der *trans*-Effekt ist ein kinetisches Phänomen. Es ist der Einfluss eines Liganden auf die Substitutionsgeschwindigkeit in *trans*-Position.

Beispiel: $[PtCl_2(NH_3)_2]$
Das *cis*-Isomere entsteht aus $[PtCl_4]^{2-}$-Ionen mit NH_3.

$$\left[\begin{matrix} Cl & & Cl \\ & Pt & \\ Cl & & Cl \end{matrix}\right]^{2-} \xrightarrow{NH_3} \left[\begin{matrix} Cl & & NH_3 \\ & Pt & \\ Cl & & Cl \end{matrix}\right]^{-} \xrightarrow{NH_3} \begin{matrix} Cl & & NH_3 \\ & Pt & \\ Cl & & NH_3 \end{matrix}$$

Cl^- hat einen stärker *trans*-dirigierenden Einfluss als NH_3.

Das *trans*-Isomere bildet sich aus $[Pt(NH_3)_4]^{2+}$ mit Cl^--Ionen.

$$\left[\begin{matrix} H_3N \\ H_3N \end{matrix} \!>\! Pt \!<\! \begin{matrix} NH_3 \\ NH_3 \end{matrix}\right]^{2+} \xrightarrow{Cl^-} \left[\begin{matrix} H_3N \\ H_3N \end{matrix} \!>\! Pt \!<\! \begin{matrix} Cl \\ NH_3 \end{matrix}\right]^{+} \xrightarrow{Cl^-} \begin{matrix} H_3N \\ Cl \end{matrix} \!>\! Pt \!<\! \begin{matrix} Cl \\ NH_3 \end{matrix}$$

Cl^- dirigiert das zweite Cl^- in *trans*-Stellung.

Cis-$[PtCl_2(NH_3)_2]$ (**„Cisplatin"**) ist für einige Krebsarten das bis heute wirksamste Antitumormittel. Das *trans*-Isomere ist unwirksam.

Außer den einkernigen Komplexen gibt es auch zweikernige Komplexe des Typs

$$\begin{matrix} L & & X & & X \\ & M & & M & \\ X & & X & & L \end{matrix}$$

$M = Pd^{2+}, Pt^{2+}$; $L = NR_3, PR_3, CO$; $X =$ anionische Gruppen, z. B. Cl^-, Br^-, I^-.

Durch partielle Oxidation kann weißes $K_2[\overset{+2}{Pt}(CN)_4] \cdot 3\,H_2O$ in bronzefarbenes $K_{1,75}\,[\overset{+2,25}{Pt}(CN)_4] \cdot 1{,}5\,H_2O$ bzw. $K_2\,[\overset{+2,3}{Pt}(CN)_4]Cl_{0,3} \cdot 3\,H_2O$ überführt werden. Diese Verbindungen sind eindimensionale metallische Leiter (Abb. 5.88).

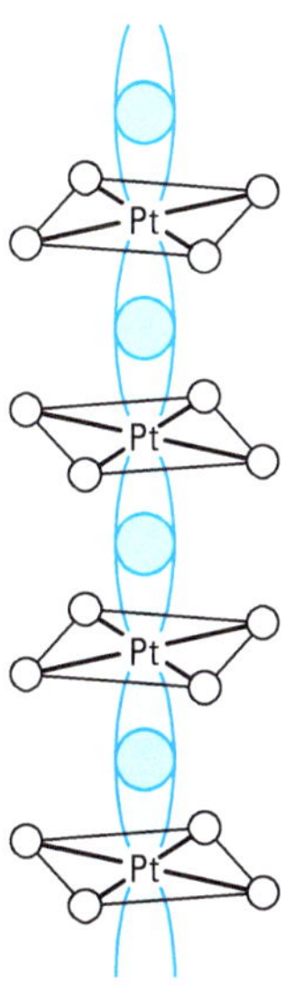

Abbildung 5.88 Lineare Ketten aus übereinander gestapelten $[Pt(CN)_4]^{1,7-}$-Ionen der Verbindungen $K_{1,75}\,[\overset{+2,25}{Pt}(CN)_4] \cdot 1{,}5\,H_2O$ bzw. $K_2\,[\overset{+2,3}{Pt}(CN)_4]Cl_{0,3} \cdot 3\,H_2O$. Die Pt—Pt-Abstände betragen nur 280–300 pm (Pt—Pt-Abstände im Metall 278 pm, in $K_2[Pt(CN)_4] \cdot 3\,H_2O$ 348 pm), die d_{z^2}-Orbitale überlappen, dies bewirkt eine eindimensionale metallische Leitung in Richtung der Ketten (Leitfähigkeit ca. 400 $\Omega^{-1}\,cm^{-1}$). Ein eindimensionaler metallischer Leiter ist auch $K_{1,6}[Pt(C_2O_4)_2] \cdot 1{,}2\,H_2O$.

Komplexe mit der Oxidationsstufe +4 (d^6). Alle Komplexe sind oktaedrisch und diamagnetisch mit der low-spin-Konfiguration t_{2g}^6.

Pd(IV)-Komplexe sind zwar beständiger als einfache Pd(IV)-Verbindungen, aber weniger stabil als Pt(IV)-Komplexe. Es gibt relativ wenige Pd(IV)-Komplexe. Am besten bekannt sind die Halogenidokomplexe $[PdX_6]^{2-}$ (X = F, Cl, Br). In allen ist Pd(IV) leicht zu Pd(II) zu reduzieren. $[PdF_6]^{2-}$ hydrolysiert mit Wasser zu $PdO \cdot n\,H_2O$. $[PdCl_6]^{2-}$ und $[PdBr_6]^{2-}$ sind hydrolysebeständig, durch heißes Wasser werden sie aber in $[PdX_4]^{2-}$ und X_2 zerlegt. Das rote Komplexion $[PdCl_6]^{2-}$ entsteht beim Auflösen von Palladium in Königswasser. Es bildet mit K^+ und NH_4^+ schwer lösliche Salze.

Pt(IV)-Komplexe sind zahlreich, sie sind thermodynamisch stabil und kinetisch inert. Häufige Liganden sind Stickstoffdonatoren D = NH_3, N_2H_4, en, sowie Halogenide und Pseudohalogenide X = F, Cl, Br, I, CN, SCN. Es sind die Komplextypen $[PtD_6]^{4+}$, $[PtXD_5]^{3+}$, *cis*- und *trans*-$[PtX_2D_4]^{2+}$, *mer*- und *fac*-$[PtX_3D_3]^+$, *cis*- und *trans*-$[PtX_4D_2]$, $[PtX_5D]^-$ und $[PtX_6]^{2-}$ bekannt.

Die wichtigsten Pt(IV)-Verbindungen sind Salze des roten **Hexachloridoplatinat(IV)-Ions $[PtCl_6]^{2-}$**. Löst man Platin in Königswasser, kristallisieren gelbe Kristalle der Hexachloridoplatin(IV)-säure $H_2[PtCl_6] \cdot 6\,H_2O$ aus. Mit den schweren Alkalimetallionen K^+, Cs^+, Rb^+ und NH_4^+ bildet $[PtCl_6]^{2-}$ schwer lösliche Salze (Abb. 5.89). Reduziert man wässrige Lösungen von $(NH_4)_2[PtCl_6]$, erhält man fein verteiltes schwarzes Platin (**Platinschwarz, Platinmohr**).

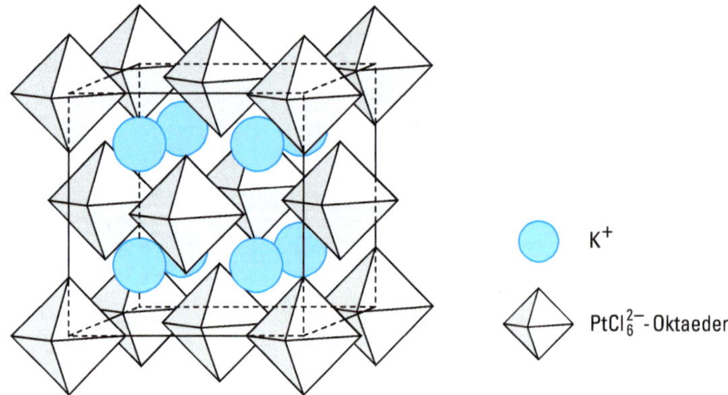

Abbildung 5.89 Elementarzelle der kubischen Struktur von $K_2[PtCl_6]$. Die Struktur lässt sich vom Antifluorit-Typ ableiten. Die K^+- und $[PtCl_6]^{2-}$-Ionen besetzen die F^-- bzw. die Ca^{2+}-Plätze der Fluorit-Struktur (vgl. Abb. 2.10).

5.17 Die Actinoide

Zur Gruppe der Actinoide (An) gehören Actinium und die darauf folgenden 14 Elemente, bei denen die 5f-Unterschale aufgefüllt wird. Die auf das Uran folgenden Elemente werden auch als **Transurane** bezeichnet.

Ordnungszahl Z	Name	Symbol	Elektronenkonfiguration	Schmelzpunkt in °C	Standardpotentiale in V An^{3+}/An	An^{4+}/An
89	Actinium	Ac	$6d^1 7s^2$	1050	−2,6	–
90	Thorium	Th	$6d^2 7s^2$	1755	–	−1,90
91	Protactinium	Pa	$5f^2 6d^1 7s^2$ oder $5f^1 6d^2 7s^2$	1568	−1,95	−1,7
92	Uran	U	$5f^3 6d^1 7s^2$	1132	−1,80	−1,50
93	Neptunium	Np	$5f^5 7s^2$ oder $5f^4 6d^1 7s^2$	639	−1,86	−1,35
94	Plutonium	Pu	$5f^6 7s^2$	639	−2,03	−1,27
95	Americium	Am	$5f^7 7s^2$	1173	−2,32	−1,24
96	Curium	Cm	$5f^7 6d^1 7s^2$	1350	−2,31	–
97	Berkelium	Bk	$5f^8 6d^1 7s^2$ oder $5f^9 7s^2$	986	–	–
98	Californium	Cf	$5f^{10} 7s^2$	900	−2,32	–
99	Einsteinium	Es	$5f^{11} 7s^2$	–	–	–
100	Fermium	Fm	$5f^{12} 7s^2$	–	–	–
101	Mendelevium	Md	$5f^{13} 7s^2$	–	–	–
102	Nobelium	No	$5f^{14} 7s^2$	–	–	–
103	Lawrencium	Lr	$5f^{14} 6d^1 7s^2$	–	–	–

5.17.1 Gruppeneigenschaften

Die etwa 200 bekannten Isotope der Actinoide sind alle radioaktiv. Auf der Erde kommen natürlich nur Actinium, Protactinium, Uran und Thorium vor, denn nur ^{235}U, ^{238}U und ^{232}Th konnten auf Grund ihrer großen Halbwertszeiten seit der Entstehung des Sonnensystems überleben. Aus ihnen entstehen durch radioaktiven Zerfall Actinium und Protactinium, die in den Uran- und Thorium-Erzen gefunden werden. Neptunium und Plutonium können in Spuren aus Uranmineralien isoliert werden, da sie durch Neutroneneinfang ständig neu gebildet werden.

$$^{238}_{92}U + n \longrightarrow {}^{239}_{92}U \xrightarrow{-\beta^-} {}^{239}_{93}Np \xrightarrow{-\beta^-} {}^{239}_{94}Pu$$

Alle Transurane werden künstlich hergestellt. In den Kernreaktoren (vgl. S. 25) entstehen ^{239}Np und ^{239}Pu in größeren Mengen. Mendelevium, Nobelium und Lawrencium sind bisher nur in unwägbar kleinen Mengen dargestellt worden.

Thorium und Uran sind keine seltenen Elemente, ihr Anteil in der Erdkruste ist $8 \cdot 10^{-4}$ % bzw. $2 \cdot 10^{-4}$ %. Uran ist also häufiger als Sn, Hg, Ag, Pb. Es gibt aber nur wenige nutzbare Erzvorkommen. Die wichtigsten Erze sind die Uranpechblende mit der ungefähren Zusammensetzung UO_2 und der Carnotit $K(UO_2)(VO_4) \cdot 1{,}5\,H_2O$.

Im Jahr 2019 betrug die Bergwerkproduktion von Uran 54 750 t (42 % wurden in Kasachstan, 13 % in Kanada, 12 % in Australien, 10 % in Namibia gefördert). Die Produktion deckte nur 84 % des Bedarfs ab. Die fehlenden Mengen wurden mit Lagerbeständen und wiederaufbereitetem Uran ergänzt.

Die Actinoide sind silbrige, elektropositive, reaktive Metalle. Sie kommen fast alle in mehreren Strukturen vor, teilweise in dichtesten Packungen. Die Schmelzpunkte ändern sich unregelmäßig, sie liegen zwischen 1 750 °C und 640 °C. Die Metallradien ändern sich ebenfalls unregelmäßig (Abb. 5.90). Dies ist nicht nur eine Folge der Strukturvielfalt der Actinoide, sondern kommt auch durch die unterschiedliche Anzahl von Elektronen zustande, die an das Metallband abgegeben werden (vgl. Lanthanoide Abb. 5.49). Die zunehmende Anzahl von Elektronen, die an metallischen Bindungen beteiligt sind, führt vom Actinium zum Uran zu einer starken Abnahme der Radien.

In fein verteiltem Zustand sind die Actinoide pyrophor. Sie reagieren besonders beim Erwärmen mit Nichtmetallen. Sie sind in konz. Salzsäure löslich. Durch konz. Salpetersäure werden Thorium, Uran und Plutonium passiviert, aber in Gegenwart von F^--Ionen gelöst.

Die 5f-Elektronen der Actinoide sind weniger fest gebunden als die 4f-Elektronen der Lanthanoide. Im Unterschied zu den 4f-Elektronen sind daher die 5f-Elektronen stärker an chemischen Bindungen beteiligt. Bis zum Neptunium können alle f-Elektronen als Valenzelektronen betätigt werden, die maximale Oxidationszahl von Neptunium ist +7. Beim Thorium, Protactinium und Uran sind die maximalen Oxidationszahlen +4, +5 und +6 zugleich auch die beständigsten. Ab Plutonium sind die 5f-Elektronen nur noch teilweise an Bindungen beteiligt. In der zweiten Hälfte der Actinoide ist wie bei den Lanthanoiden die beständige Oxidationsstufe +3 und nur bei den ersten beiden Elementen der zweiten Hälfte, Berkelium und Californium, tritt auch die Oxidationsstufe +4 auf.

Oxidationsstufen der Actinoide

Ac	Th	Pa	U	Np	Pu	Am	Cm	Bk	Cf	Es	Fm	Md	No	Lr
						2			2	2	2	2	2	2
3	3	3	3	3	3	3	3	3	3	3	3	3	3	3
	4	4	4	4	4	4	4	4	4					
		5	5	5	5	5								
			6	6	6	6								
				7	7									

(Die blauen Zahlen bezeichnen die stabilste Oxidationsstufe)

Die Radien der An^{3+}- und der An^{4+}-Ionen (Abb. 5.90) nehmen mit zunehmender Ordnungszahl regelmäßig ab (Actionoid-Kontraktion).

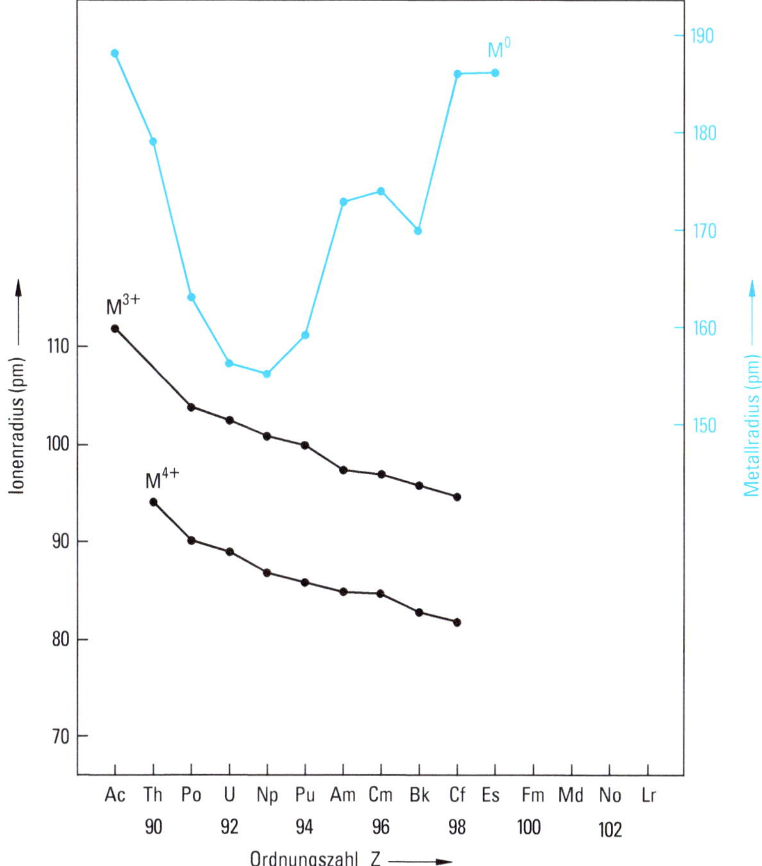

Abbildung 5.90 Metallradien und Ionenradien der Actinoide. Wie bei den Lanthanoiden (vgl. Abb. 5.51) nehmen die Ionenradien der Actinoide mit zunehmender Kernladung kontinuierlich ab (Actinoid-Kontraktion).

Die Ionen haben charakteristische Farben. Die Absorptionsspektren bestehen aus schmalen Banden, die durch Ligandenfelder weniger beeinflusst werden als die der d-Übergangsmetalle. Die Stabilität der An^{3+}-Ionen wächst mit zunehmender Ordnungszahl. Th^{3+}- und Pa^{3+}-Ionen sind in wässriger Lösung nicht beständig. U(III)-Lösungen entwickeln Wasserstoff unter Bildung von U(IV). Pu(III)-Lösungen lassen sich leicht oxidieren, Am(III)-Lösungen nur noch schwer. In den Fällungsreaktionen ähneln die An^{3+}-Ionen den Ln^{3+}-Ionen. Die Fluoride, Hydroxide und Oxalate sind in Wasser unlöslich, die Nitrate, Sulfate und Perchlorate löslich. Die Basizität der Hydroxide $An(OH)_3$ nimmt wegen der Actinoid-Kontraktion mit steigender Ordnungszahl ab.

Die Stabilität der An^{4+}-Ionen fällt mit zunehmender Ordnungszahl. Das einzige beständige Ion des Thoriums ist Th^{4+}. Beständig ist auch das Pu^{4+}-Ion. Die Ionen Pa^{4+}, U^{4+} und Np^{4+} lassen sich leicht oxidieren.

In der Oxidationsstufe +5 und +6 existieren ab Protactinium die Ionen AnO_2^+ und ab Uran die Ionen AnO_2^{2+}. Sie sind linear gebaut und von charakteristischer Farbe. Mit zunehmender Ordnungszahl nimmt die Beständigkeit der Ionen ab. Am stabilsten sind PaO_2^+ und UO_2^{2+}.

Während bei den Lanthanoiden die Bindungen überwiegend ionisch sind, sind die Actinoide zu kovalenten Bindungen unter Einbeziehung der 5f-Elektronen befähigt.

5.17.2 Verbindungen des Urans

Uran tritt in seinen Verbindungen mit den Oxidationszahlen +3, +4, +5 und +6 auf. Die stabilste Oxidationszahl ist +6. U(III)- und U(V)-Verbindungen sind leicht zu oxidieren oder neigen zur Disproportionierung.

Uran(VI)-Verbindungen

Uran(VI)-oxid UO_3 kommt in sieben Modifikationen vor, es ist amphoter. Mit Säuren entstehen salzartige Uranylverbindungen, die das gelbe Uranylion UO_2^{2+} enthalten. Das wichtigste Uranylsalz ist das Uranylnitrat-Hexahydrat $UO_2(NO_3)_2 \cdot 6\,H_2O$. Es ist in Ethern, Alkoholen und Estern (z. B. Tributylphosphat) löslich. Darauf beruht eine Abtrennungsmethode von anderen Metallen, z. B. die Trennung von Uran und Plutonium bei der Wiederaufbereitung von Kernbrennstoffen (Purexverfahren). Mit Basen bildet UO_3 gelbe Uranate UO_4^{2-}, die sich in Diuranate $U_2O_7^{2-}$ umwandeln. In der Schmelze bilden sich aus UO_3 mit Oxiden $\overset{+1}{M}_2O$ neben Mono- und Diuranaten auch Polyuranate $U_nO_{3n+1}^{2-}$ ($n = 3 - 6$).

Hexahalogenide werden nur mit Fluor und Chlor gebildet. Uranhexafluorid UF_6 (Sublimationspunkt 56,5 °C, Tripelpunkt 64,05 °C und $1{,}51 \cdot 10^5$ Pa) ist eine farblose, flüchtige, kristalline Substanz, die leicht hydrolysiert. Es wird aus UF_4 durch direkte Fluorierung erhalten. Das leichtflüchtige farblose Uranhexafluorid ist seit den 1940er Jahren die Schlüsselverbindung für die Isotopentrennung. Die Uranisotope können durch Gasdiffusion von UF_6 getrennt werden. Für die erste Atombombe (s. S. 25) wurde das dafür erforderliche ^{235}U durch die mühsame Diffusionstrennung der Fluoride $^{235}UF_6$ und $^{238}UF_6$ hergestellt.

Uran(V)-Verbindungen

Es sind die Pentahalogenide UX_5 (X = F, Cl, Br) bekannt. Das Chlorid ist dimer. Die Pentahalogenide lassen sich leicht oxidieren, beim Erhitzen disproportionieren sie in U(VI)- und U(IV)-Halogenide.

In Lösungen sind die blasslila UO_2^+-Ionen bei pH-Werten von 2 – 4 am stabilsten. Sie disproportionieren in UO_2^{2+}- und U^{4+}-Ionen.

Uran(IV)-Verbindungen

Uran(IV)-oxid UO_2 (Smp. 2 880 °C) ist ein basisches Oxid, es kristallisiert im Fluorit-Typ. Es entsteht durch Reduktion von UO_3 mit H_2. Beim Glühen an der Luft wandeln sich sowohl UO_3 als auch UO_2 in das Oxid U_3O_8 ($UO_2 \cdot 2\,UO_3$) um. In Salpetersäure lösen sich alle Oxide unter Bildung von $UO_2(NO_3)_2$.

Es sind alle Tetrahalogenide UX_4 bekannt. Es sind farbige kristalline Substanzen.

In wässriger Lösung entstehen aus U(IV)-Salzen grüne U^{4+}-Ionen, die schon durch Luft langsam zu UO_2^{2+}-Ionen oxidiert werden.

$(Bu_4N)_3[U(N_3)_7]$ enthält das erste binäre Azid eines Actinoidelements. Im $[U(N_3)_7]^{3-}$-Ion sind die sieben Azidliganden pentagonal-bipyramidal um das U(IV)-Atom angeordnet.

Uran(III)-Verbindungen

Bekannt sind die Halogenide UX_3 (X = F, Cl, Br, I) und das Hydrid UH_3. In Lösungen entsteht das purpurfarbene Ion U^{3+}, das von Wasser zum U^{4+}-Ion oxidiert wird ($U^{4+} + e^- \rightleftharpoons U^{3+} \qquad E° = -0{,}61\,V$).

Anhang 1
Einheiten · Konstanten · Umrechnungsfaktoren

Gesetzliche Einheiten im Messwesen sind die Einheiten des Internationalen Einheitensystems (SI) sowie die atomphysikalischen Einheiten für Masse (u) und Energie (eV).

1. Konstanten

Größe	Symbol	Zahlenwert und Einheit
Avogadro-Konstante	N_A	$6{,}022\,140\,76 \cdot 10^{23}$ mol^{-1}
Bohr'sches Magneton	μ_B	$9{,}274 \cdot 10^{-24}$ A m^2
Bohr'scher Radius	a_0	$5{,}292 \cdot 10^{-11}$ m
Boltzmann-Konstante	k_B	$1{,}381 \cdot 10^{-23}$ J K^{-1}
Elektrische Feldkonstante	ε_0	$8{,}854 \cdot 10^{-12}$ C V^{-1}m^{-1}
Elektron, Ruhemasse	m_e	$9{,}109 \cdot 10^{-31}$ kg
Elementarladung	e	$1{,}602 \cdot 10^{-19}$ C
Faraday-Konstante	F	$9{,}649 \cdot 10^{4}$ C mol^{-1}
Gaskonstante	R	8,314 J K^{-1} mol^{-1}
Kern-Magneton	μ_K	$5{,}051 \cdot 10^{-27}$ Am^2
Lichtgeschwindigkeit	c	$2{,}998 \cdot 10^{8}$ m s^{-1}
Magnetische Feldkonstante	μ_0	$4\pi \cdot 10^{-7}$ V s A^{-1} m^{-1}
Molares Gasvolumen	V_0	22,711 l mol^{-1} (bei 1 bar)
		22,414 l mol^{-1} (bei 1,013 bar)
Planck-Konstante	h	$6{,}626 \cdot 10^{-34}$ J s

https://doi.org/10.1515/9783110694444-006

2. Einheiten und Umrechnungsfaktoren

Größe	SI-Einheiten (mit * gekennzeichnet sind Basiseinheiten): Einheit	Einheitenzeichen	Andere zulässige Einheiten		Nicht mehr zugelassene Einheiten	
Länge	*Meter	m			Ångstrøm	1 Å = 10^{-10} m
Volumen	Kubikmeter	m^3	Liter	1 *l* = 10^{-3} m^3		
Masse	*Kilogramm	kg	atomare Masseneinheit	1 u = 1,660 · 10^{-27} kg		
			Gramm	1 g = 10^{-3} kg		
			Tonne	1 t = 10^3 kg		
			Karat	1 Karat = 2 · 10^{-4} kg		
Zeit	*Sekunde	s	Minute	1 min = 60 s		
			Stunde	1 h = 3600 s		
			Tag	1 d = 86400 s		
Kraft	Newton	N (= kg m s^{-2})			dyn	1 dyn = 10^{-5} N
					pond	1 p = 9,81 · 10^{-3} N

Druck	Pascal	Pa (= N m^{-2})	bar	1 bar = 10^5 Pa	Atmosphäre Torr	1 atm = 1,013 · 10^5 Pa 1 Torr = 1,33 · 10^2 Pa
Elektrische Stromstärke	*Ampere	A				
Ladung	Coulomb	C (= A s)	Amperestunde	1 A h = 3,6 · 10^3 C		
Energie	Joule	J (= N m = kg m^2 s^{-2} = Ws)	Elektronenvolt Kilowattstunde	1 eV = 1,602 · 10^{-19} J 1 kWh = 3,6 · 10^6 J	erg Kalorie	1 erg = 10^{-7} J 1 cal = 4,1868 J
Leistung	Watt	W (= J s^{-1} = V A)			Pferdestärke	1 PS = 7,35 · 10^2 W
Spannung	Volt	V (J C^{-1})				
Elektrischer Widerstand	Ohm	Ω (= V A^{-1})				
Elektrischer Leitwert	Siemens	S (= A V^{-1} = Ω^{-1})				
Magnetische Induktion	Tesla	T (= V s m^{-2})			Gauß	1 G = 10^{-4} Vs m^{-2}
Magnetische Feldstärke		A m^{-1}			Oersted	$1\,\mathrm{Oe} = \frac{10^3}{4\pi}\mathrm{A\,m^{-1}}$
Temperatur	*Kelvin	K	Grad Celsius °C für $\vartheta = T - T_0$ mit T_0 = 273,15 K			

Einheiten und Umrechnungsfaktoren (Fortsetzung)

Größe	SI-Einheit	Einheitenzeichen	Andere zulässige Einheiten		Nicht mehr zugelassene Einheiten	
Stoffmenge	*Mol	mol				
Stoffmengen-konzentration	Mol pro Kubikmeter	mol m^{-3}	Mol pro Liter	1 mol l^{-1} = 10^3 mol m^{-3}		
Aktivität	Becquerel	Bq (= s^{-1})			Curie	1 C_i = 3,7 · 10^{10} Bq
Energiedosis	Gray	Gy (= J kg^{-1})			Rad	1 rd = 0,01 Gy
Äquivalentdosis	Sievert	Sv (= J kg^{-1})			Rem	1 rem = 0,01 Sv

3. Dezimale Vielfache und Teile von Einheiten

Zehner-potenz	Vorsatz	Vorsatz-zeichen	Zehner-potenz	Vorsatz	Vorsatz-zeichen
10^1	Deka	da	10^{-1}	Dezi	d
10^2	Hekto	h	10^{-2}	Zenti	c
10^3	Kilo	k	10^{-3}	Milli	m
10^6	Mega	M	10^{-6}	Mikro	µ
10^9	Giga	G	10^{-9}	Nano	n
10^{12}	Tera	T	10^{-12}	Piko	p
10^{15}	Peta	P	10^{-15}	Femto	f

4. Griechische Zahlwörter

ein	mono		
zwei	di	zweimal	bis
drei	tri	dreimal	tris
vier	tetra	viermal	tetrakis
fünf	penta	fünfmal	pentakis
sechs	hexa	sechsmal	hexakis
sieben	hepta	siebenmal	heptakis
acht	octa	achtmal	oktakis
neun	nona		
zehn	deca		
elf	undeca		
zwölf	dodeca		

Statt des griechischen ennea, hendeca und dis wird das lateinische nona, undeca und bis verwendet.

Anhang 2 Relative Atommassen · Elektronenkonfigurationen · Schema zur Ermittlung der Punktgruppen von Molekülen

Tabelle 1 Protonenzahlen und relative Atommassen der Elemente
Quelle der A_r-Werte: Angaben der Internationalen Union für Reine und Angewandte Chemie (IUPAC) nach dem Stand von 2016, mit Ergänzungen 2018. (In den Klammern ist die Fehlerbreite der letzten Stelle angegeben.)
Für Elemente mit gut dokumentierten Abweichungen der Isotopenhäufigkeiten in normalen irdischen Materialien wird die relative Atommasse als Bereich angegeben, der diese Variationen widerspiegelt. Das sind die Elemente H, Li, B, C, N, O, Mg, Si, S, Cl, Br, Tl. Die Werte in eckigen Klammern geben die untere und obere Grenze der Standard-Atommasse für dieses Element an. Der Bereich für z. B. die Atommasse von Argon [39,792, 39,963] bedeutet, dass die Atommassen von Argon in normalen Materialien zwischen 39,792 und 39,963 liegen sollten. Die konventionellen Atommassen für eine nicht spezifizierte Probe, ohne Rücksicht auf die Unsicherheit, sind mit maximal drei Dezimalstellen dem Intervall vorangestellt.

- * Alle Nuklide des Elements sind radioaktiv; die eingeklammerten Zahlen bei den relativen Atommassen sind in diesem Fall der Bereich der Nukleonenzahlen der Isotope und das Isotop mit der längsten Halbwertszeit.
- \+ Die so gekennzeichneten Elemente sind Reinelemente
- r Die Atommassen haben infolge der natürlichen Schwankungen der Isotopenzusammensetzungen schwankende Werte. Die tabellierten Werte sind für normales Material aber benutzbar.
- g Es sind geologische Proben bekannt, in denen die Isotopenzusammensetzung des Elements von der in normalem Material stark abweicht.

Element	Symbol	Z	Relative Atommasse (A_r)
Actinium	Ac *	89	(206 – 243, 227 mit 21,77 a)
Aluminium	Al +	13	26,9815385(7)
Americium	Am *	95	(232 – 248, 243 mit 7370 a)
Antimon	Sb	51	121,7760(1) g
Argon	Ar	18	39,95 g r [39,792, 39,963]
Arsen	As +	33	74,921595(6)
Astat	At *	85	(193 – 223, 210 mit 8,1 h)
Barium	Ba	56	137,327(7)
Berkelium	Bk *	97	(238 – 251, 247 mit 1380 a)
Beryllium	Be +	4	9,0121831(5)
Bismut	Bi +	83	208,98040(1)
Blei	Pb	82	207,2(1) g r
Bohrium	Bh *	107	(260 – 272, 267 mit 17 s)
Bor	B	5	10,81 g r [10,806, 10,821]
Brom	Br	35	79,904 [79,901, 79,907]
Cadmium	Cd	48	112,414(4) g
Caesium	Cs +	55	132,90545196(2)

https://doi.org/10.1515/9783110694444-007

Element	Symbol	Z	Relative Atommasse (A_r)
Calcium	Ca	20	40,078(4) g
Californium	Cf *	98	(237 – 256, 251 mit 898 a)
Cer	Ce	58	140,116(1) g
Chlor	Cl	17	35,45 g r [35,446, 35,457]
Chrom	Cr	24	51,9961(6)
Cobalt	Co +	27	58,933194(4)
Copernicium	Cn *	112	(277 – 285, 285 mit 34 s)
Curium	Cm *	96	(233 – 252, 247 mit $1{,}56 \cdot 10^7$ a)
Darmstadtium	Ds *	110	(267 – 282, 282 mit 1,1 min)
Dubnium	Db *	105	(255 – 268, 268 mit 16 h)
Dysprosium	Dy	66	162,500(1) g
Einsteinium	Es *	99	(241 – 257, 252 mit 471,7 d)
Eisen	Fe	26	55,845(2)
Erbium	Er	68	167,259(3) g
Europium	Eu	63	151,964(1) g
Fermium	Fm *	100	(242 – 260, 257 mit 100,5 d)
Flerovium	Fl *	114	(285 – 289, 285 mit 5 s)
Fluor	F +	9	18,998403163(6)
Francium	Fr *	87	(200 – 232, 223 mit 21,8 min)
Gadolinium	Gd	64	157,25(3) g
Gallium	Ga	31	69,723(1)
Germanium	Ge	32	72,64(1)
Gold	Au +	79	196,966569(5)
Hafnium	Hf	72	178,49(2)
Hassium	Hs *	108	(263 – 278, 278 mit 11 min)
Helium	He	2	4,002602(2) g r
Holmium	Ho +	67	164,93033(2)
Indium	In	49	114,818(3)
Iod	I +	53	126,90447(3)
Iridium	Ir	77	192,217(3)
Kalium	K	19	39,0983(1) g
Kohlenstoff	C	6	12,011 g r [12,0096, 12,0116]
Krypton	Kr	36	83,798(2) g
Kupfer	Cu	29	63,546(3) r
Lanthan	La	57	138,90547(7) g
Lawrencium	Lr *	103	(252 – 262, 262 mit 216 min)
Lithium	Li	3	6,94 g r [6,938, 6,997]
Livermorium	Lv *	116	(290 – 293, 293 mit 53 ms)
Lutetium	Lu	71	174,9668(1) g
Magnesium	Mg	12	24,305 [24,304, 24,307]
Mangan	Mn +	25	54,938044(3)
Meitnerium	Mt *	109	(266 – 278, 278 mit 30 min)
Mendelevium	Md *	101	(245 – 260, 258 mit 51,5 d)
Molybdän	Mo	42	95,95(1) g r
Moscovium	Mc *	115	(287 – 290, 289 mit 220 ms)
Natrium	Na +	11	22,98976928(2)
Neodym	Nd	60	144,242(3) g
Neon	Ne	10	20,1797(6) g
Neptunium	Np *	93	(225 – 244, 237 mit $2{,}144 \cdot 10^6$ a)
Nickel	Ni	28	58,6934(4) r
Nihonium	Nh *	113	(278 – 287, 287 mit 20 min)
Niob	Nb +	41	92,90637(2)

Element	Symbol	Z	Relative Atommasse (A_r)
Nobelium	No *	102	(250 – 262, 259 mit 58 min)
Oganesson	Og *	118	(294, 0,89 ms)
Osmium	Os	76	190,23(3) g
Palladium	Pd	46	106,42(1) g
Phosphor	P +	15	30,973761998(5)
Platin	Pt	78	195,084(9)
Plutonium	Pu *	94	(228 – 247, 244 mit $8{,}00 \cdot 10^7$ a)
Polonium	Po *	84	(190 – 218, 209 mit 102 a)
Praseodym	Pr +	59	140,90766(2)
Promethium	Pm *	61	(128 – 159, 145 mit 17,7 a)
Protactinium	Pa *	91	231,03588(2) (212 – 238, 231 mit 32760 a)
Quecksilber	Hg	80	200,59(2)
Radium	Ra *	88	(202 – 234, 226 mit 1602 a)
Radon	Rn *	86	(196 – 229, 222 mit 3,8235 d)
Rhenium	Re	75	186,207(1)
Rhodium	Rh +	45	102,90550(2)
Roentgenium	Rg *	111	(272 – 282, 282 mit 4 min)
Rubidium	Rb	37	85,4678(3) g
Ruthenium	Ru	44	101,07(2) g
Rutherfordium	Rf *	104	(253 – 268, 267 mit 1,3 h)
Samarium	Sm	62	150,36(2) g
Sauerstoff	O	8	15,999 g r [15,99903, 15,99977]
Scandium	Sc +	21	44,955912(6)
Schwefel	S	16	32,06 g r [32,059, 32,076]
Seaborgium	Sg *	106	(258 – 271, 271 mit 2,4 min)
Selen	Se	34	78,971(8)
Silber	Ag	47	107,8682(2) g
Silicium	Si	14	28,085 r [28,084, 28,086]
Stickstoff	N	7	14,007 g r [14,00643, 14,00728]
Strontium	Sr	38	87,62(1) g r
Tantal	Ta	73	180,94788(2)
Technetium	Tc *	43	(88 – 113, 98 mit $4{,}2 \cdot 10^6$ a)
Tellur	Te	52	127,60(3) g
Tennessine (dt. Tenness)	Ts *	117	(291 – 294, 294 mit 78 ms)
Terbium	Tb +	65	158,92535(2)
Thallium	Tl	81	204,38 [204,382, 204,385]
Thorium	Th *	90	232,0377(4) g (210 – 237, 232 mit $1{,}405 \cdot 10^{10}$ a)
Thulium	Tm +	69	168,9342(2)
Titan	Ti	22	47,867(1)
Uran	U *	92	238,02891(3) g (217 – 242, 238 mit $4{,}468 \cdot 10^9$ a, 235 mit $7{,}038 \cdot 10^8$ a)
Vanadium	V	23	50,9415(1)
Wasserstoff	H	1	1,008 g r [1,00784, 1,00811]
Wolfram	W	74	183,84(1)
Xenon	Xe	54	131,293(6) g
Ytterbium	Yb	70	173,04(3) g
Yttrium	Y +	39	88,90585(4)
Zink	Zn	30	65,38(2) r
Zinn	Sn	50	118,710(7) g
Zirconium	Zr	40	91,224(2) g

Tabelle 2 Elektronenkonfigurationen der Elemente

Z	Ele-ment	Grund-term	K	L		M			N				O			
			1s	2s	f2p	3s	3p	3d	4s	4p	4d	4f	5s	5p	5d	5f
1	H	$^2S_{1/2}$	1													
2	He	$^1S_0$	2													
3	Li	$^2S_{1/2}$	2	1												
4	Be	$^1S_0$	2	2												
5	B	$^2P_{1/2}$	2	2	1											
6	C	$^3P_0$	2	2	2											
7	N	$^4S_{3/2}$	2	2	3											
8	O	$^3P_2$	2	2	4											
9	F	$^2P_{3/2}$	2	2	5											
10	Ne	$^1S_0$	2	2	6											
11	Na	$^2S_{1/2}$	2	2	6	1										
12	Mg	$^1S_0$	2	2	6	2										
13	Al	$^2P_{1/2}$	2	2	6	2	1									
14	Si	$^3P_0$	2	2	6	2	2									
15	P	$^4S_{3/2}$	2	2	6	2	3									
16	S	$^3P_2$	2	2	6	2	4									
17	Cl	$^2P_{3/2}$	2	2	6	2	5									
18	Ar	$^1S_0$	2	2	6	2	6									
19	K	$^2S_{1/2}$	2	2	6	2	6		1							
20	Ca	$^1S_0$	2	2	6	2	6		2							
21	Sc	$^2D_{3/2}$	2	2	6	2	6	1	2							
22	Ti	$^3F_2$	2	2	6	2	6	2	2							
23	V	$^4F_{3/2}$	2	2	6	2	6	3	2							
24	Cr*	$^7S_3$	2	2	6	2	6	5	1							
25	Mn	$^6S_{5/2}$	2	2	6	2	6	5	2							
26	Fe	$^5D_4$	2	2	6	2	6	6	2							
27	Co	$^4F_{9/2}$	2	2	6	2	6	7	2							
28	Ni	$^3F_4$	2	2	6	2	6	8	2							
29	Cu*	$^2S_{1/2}$	2	2	6	2	6	10	1							
30	Zn	$^1S_0$	2	2	6	2	6	10	2							
31	Ga	$^2P_{1/2}$	2	2	6	2	6	10	2	1						
32	Ge	$^3P_0$	2	2	6	2	6	10	2	2						
33	As	$^4S_{3/2}$	2	2	6	2	6	10	2	3						
34	Se	$^3P_2$	2	2	6	2	6	10	2	4						
35	Br	$^2P_{3/2}$	2	2	6	2	6	10	2	5						
36	Kr	$^1S_0$	2	2	6	2	6	10	2	6						
37	Rb	$^2S_{1/2}$	2	2	6	2	6	10	2	6			1			
38	Sr	$^1S_0$	2	2	6	2	6	10	2	6			2			
39	Y	$^2D_{3/2}$	2	2	6	2	6	10	2	6	1		2			
40	Zr	$^3F_2$	2	2	6	2	6	10	2	6	2		2			

Tabelle 2 (Fortsetzung)

Z	Element	Grundterm	K	L	M	N				O					P						Q
						4s	4p	4d	4f	5s	5p	5d	5f	5g	6s	6p	6d	6f	6g	6h	7s
41	Nb*	$^6D_{1/2}$	2	8	18	2	6	4		1											
42	Mo*	$^7S_3$	2	8	18	2	6	5		1											
43	Tc	$^6S_{5/2}$	2	8	18	2	6	5		2											
44	Ru*	$^5F_5$	2	8	18	2	6	7		1											
45	Rh*	$^4F_{9/2}$	2	8	18	2	6	8		1											
46	Pd*	$^1S_0$	2	8	18	2	6	10													
47	Ag*	$^2S_{1/2}$	2	8	18	2	6	10		1											
48	Cd	$^1S_0$	2	8	18	2	6	10		2											
49	In	$^2P_{1/2}$	2	8	18	2	6	10		2	1										
50	Sn	$^3P_0$	2	8	18	2	6	10		2	2										
51	Sb	$^4S_{3/2}$	2	8	18	2	6	10		2	3										
52	Te	$^3P_2$	2	8	18	2	6	10		2	4										
53	I	$^2P_{3/2}$	2	8	18	2	6	10		2	5										
54	Xe	$^1S_0$	2	8	18	2	6	10		2	6										
55	Cs	$^2S_{1/2}$	2	8	18	2	6	10		2	6				1						
56	Ba	$^1S_0$	2	8	18	2	6	10		2	6				2						
57	La*	$^2D_{3/2}$	2	8	18	2	6	10		2	6	1			2						
58	Ce	$^3H_4$	2	8	18	2	6	10	2	2	6				2						
59	Pr	$^4I_{9/2}$	2	8	18	2	6	10	3	2	6				2						
60	Nd	$^5I_4$	2	8	18	2	6	10	4	2	6				2						
61	Pm	$^6H_{5/2}$	2	8	18	2	6	10	5	2	6				2						
62	Sm	$^7F_0$	2	8	18	2	6	10	6	2	6				2						
63	Eu	$^8S_{7/2}$	2	8	18	2	6	10	7	2	6				2						
64	Gd*	$^9D_2$	2	8	18	2	6	10	7	2	6	1			2						
65	Tb	$^6H_{15/2}$	2	8	18	2	6	10	9	2	6				2						
66	Dy	$^5I_8$	2	8	18	2	6	10	10	2	6				2						
67	Ho	$^4I_{15/2}$	2	8	18	2	6	10	11	2	6				2						
68	Er	$^3H_6$	2	8	18	2	6	10	12	2	6				2						
69	Tm	$^2F_{7/2}$	2	8	18	2	6	10	13	2	6				2						
70	Yb	$^1S_0$	2	8	18	2	6	10	14	2	6				2						
71	Lu	$^2D_{3/2}$	2	8	18	2	6	10	14	2	6	1			2						
72	Hf	$^3F_2$	2	8	18	2	6	10	14	2	6	2			2						
73	Ta	$^4F_{3/2}$	2	8	18	2	6	10	14	2	6	3			2						
74	W	$^5D_0$	2	8	18	2	6	10	14	2	6	4			2						
75	Re	$^6S_{5/2}$	2	8	18	2	6	10	14	2	6	5			2						
76	Os	$^5D_4$	2	8	18	2	6	10	14	2	6	6			2						
77	Ir	$^4F_{9/2}$	2	8	18	2	6	10	14	2	6	7			2						
78	Pt*	$^3D_3$	2	8	18	2	6	10	14	2	6	9			1						
79	Au*	$^2S_{1/2}$	2	8	18	2	6	10	14	2	6	10			1						
80	Hg	$^1S_0$	2	8	18	2	6	10	14	2	6	10			2						
81	Tl	$^2P_{1/2}$	2	8	18	2	6	10	14	2	6	10			2	1					
82	Pb	$^3P_0$	2	8	18	2	6	10	14	2	6	10			2	2					
83	Bi	$^4S_{3/2}$	2	8	18	2	6	10	14	2	6	10			2	3					

Tabelle 2 (Fortsetzung)

Z	Element	Grundterm	K	L	M	N				O					P						Q
						4s	4p	4d	4f	5s	5p	5d	5f	5g	6s	6p	6d	6f	6g	6h	7s
84	Po	$^3P_2$	2	8	18	2	6	10	14	2	6	10			2	4					
85	At	$^2P_{3/2}$	2	8	18	2	6	10	14	2	6	10			2	5					
86	Rn	$^1S_0$	2	8	18	2	6	10	14	2	6	10			2	6					
87	Fr	$^2S_{1/2}$	2	8	18	2	6	10	14	2	6	10			2	6					1
88	Ra	$^1S_0$	2	8	18	2	6	10	14	2	6	10			2	6					2
89	Ac*	$^3D_{3/2}$	2	8	18	2	6	10	14	2	6	10			2	6	1				2
90	Th*	$^3F_2$	2	8	18	2	6	10	14	2	6	10			2	6	2				2
91	Pa*	$^4K_{11/2}$	2	8	18	2	6	10	14	2	6	10	2		2	6	1				2
92	U*	$^5L_6$	2	8	18	2	6	10	14	2	6	10	3		2	6	1				2
93	Np*		2	8	18	2	6	10	14	2	6	10	4		2	6	1				2
94	Pu		2	8	18	2	6	10	14	2	6	10	6		2	6					2
95	Am		2	8	18	2	6	10	14	2	6	10	7		2	6					2
96	Cm*		2	8	18	2	6	10	14	2	6	10	7		2	6	1				2
97	Bk		2	8	18	2	6	10	14	2	6	10	9		2	6					2
98	Cf		2	8	18	2	6	10	14	2	6	10	10		2	6					2
99	Es		2	8	18	2	6	10	14	2	6	10	11		2	6					2
100	Fm		2	8	18	2	6	10	14	2	6	10	12		2	6					2
101	Md		2	8	18	2	6	10	14	2	6	10	13		2	6					2
102	No		2	8	18	2	6	10	14	2	6	10	14		2	6					2
103	Lr		2	8	18	2	6	10	14	2	6	10	14		2	6	1				2

* Unregelmäßige Elektronenfigurationen

Schema zur Ermittlung der Punktgruppen von Molekülen

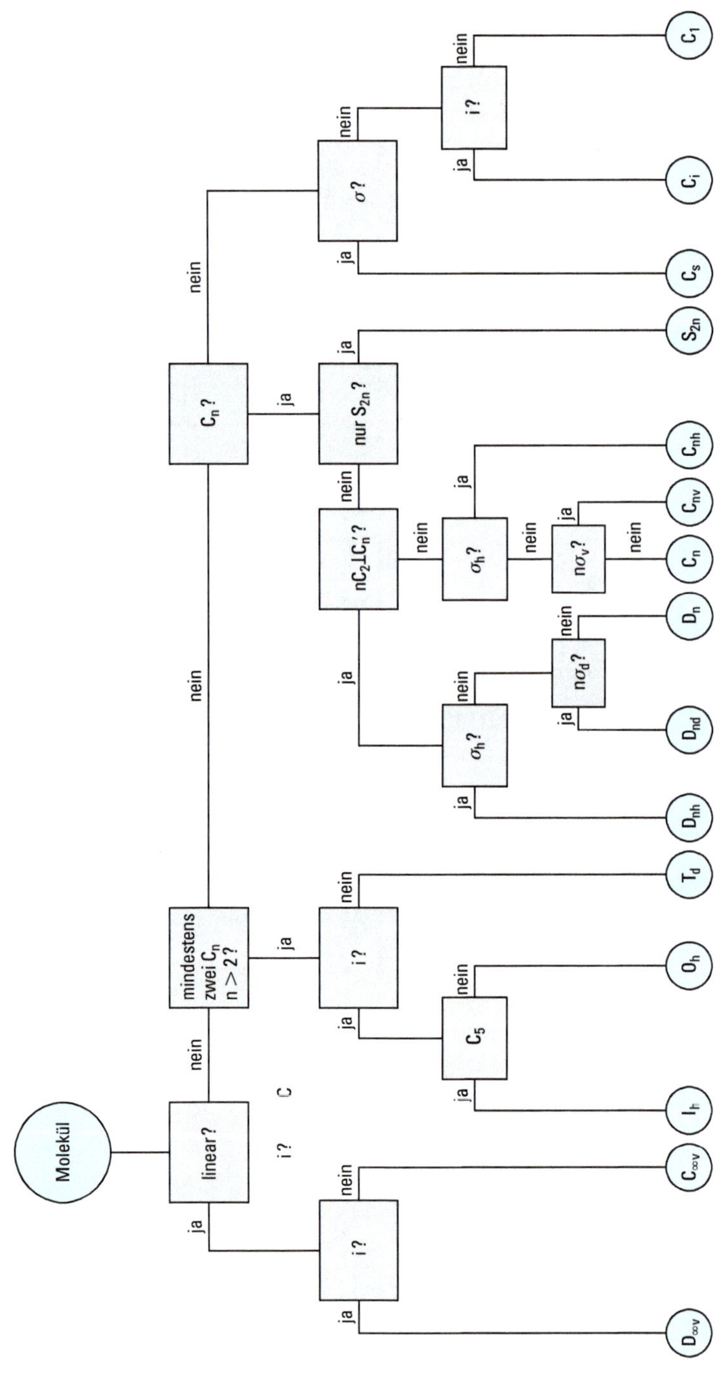

Anhang 3
Herkunft der Elementnamen · Nobelpreise

Tabelle 1 Entdeckungsjahr der Elemente. Herkunft von Elementnamen und Elementsymbolen (gr. = griechisch; l. = lateinisch)

Element	Entdeckungsjahr	Der Elementname oder das Elementsymbol leitet sich ab bzw. ist benannt
Actinium Ac	1899	von aktinoeis (gr.) = strahlend.
Aluminium Al	1825	nach dem Al-haltigen alumen (l.) = Alaun.
Americium Am	1945	nach dem Kontinent Amerika.
Antimon Sb	Wahrscheinlich schon im Altertum bekannt, sicher den Alchemisten.	von anti + monos (gr.) = nicht allein; stibium (l.).
Argon Ar	1894	von argos (gr.) = träge.
Arsen As	Frühen Kulturen bereits als Legierungsbestandteil bekannt. In der Antike Verwendung von Auripigment. Erste Beschreibung der As-Darstellung 1250.	von arsenikon (gr.) = Name für das Mineral Auripigment As_2S_3.
Barium Ba	1808	von barys (gr.) = schwer. Baryt (Schwerspat) $BaSO_4$ ist ein Mineral mit großer Dichte.
Berkelium Bk	1949	nach der Univ. Berkeley, wo es erstmals hergestellt wurde.
Beryllium Be	1828	nach Beryll (gr. beryllos), dem wichtigsten Berylliummineral.
Bismut Bi	Seit dem 15. Jh. unter dem Namen Wismut bekannt. Die Herkunft des Namens ist unsicher.	von bismutum (l.) = Bismut (früher Wismut).
Blei Pb	Bereits den ältesten Kulturvölkern bekannt.	von plumbum (l.) = Blei.
Bohrium Bh	1976	nach dem dänischen Physiker Nils Bohr.
Bor B	1808	nach Borax (aus dem armenischen Buraq).
Brom Br	1826	von bromos (gr.) = Gestank.
Cadmium Cd	1817	von kadmeia (gr.), alter Name für den Cd-haltigen Galmei $ZnCO_3$.
Caesium Cs	1860	von caesius (l.) = himmelblau, nach der blauen Spektrallinie des Caesiums.
Calcium Ca	1808	nach calx (l.) = Kalkstein.
Californium Cf	1950	nach Kalifornien, da dort an der Univ. Berkely erstmals hergestellt.
Cer Ce	1803	nach dem 1801 entdeckten Planetoiden Ceres.
Chlor Cl	1774	von chloros (gr.) = gelbgrün.
Chrom Cr	1797	von chroma (gr.) = Farbe. Soll auf die Farbvielfalt von Chromverbindungen hinweisen.

https://doi.org/10.1515/9783110694444-008

Element	Entdeckungs-jahr	Der Elementname oder das Elementsymbol leitet sich ab bzw. ist benannt
Cobalt Co	1735	nach Kobold (Berggeist). Aus den Cobalterzen konnte man kein brauchbares Metall gewinnen, beim Rösten traten wegen des As-Gehalts unangenehme Gerüche auf. Die Bergleute glaubten an das Wirken von Kobolden.
Copernicium Cn	1996	nach dem Astronomen Nikolaus Kopernikus.
Curium Cm	1944	nach Pierre und Marie Curie.
Darmstadium Ds	1994	nach der Stadt Darmstadt, dem Sitz der Ges. für Schwerionenforschung (GSI) wo es erstmals hergestellt wurde.
Dubnium Db	1970	nach dem russ. Vereinigten Institut für Kernforschung in Dubna, nahe Moskau.
Dysprosium Dy	1886	von dispros (gr.) = schwierig. Hinweis darauf, dass das Element schwer erhältlich ist.
Einsteinium Es	1952	nach dem Physiker Albert Einstein.
Eisen Fe	Bereits 4000 v. Chr. waren Eisengegenstände aus Meteoreisen bekannt. Die Eisenherstellung gelang zuerst den Hethitern.	von ferrum (l.) = Eisen.
Erbium Er	1843	nach dem Ort Ytterby, wo Gadolinit gefunden wurde, aus dem Er, Yb, Tb und Y isoliert wurde.
Europium Eu	1901	nach dem Kontinent Europa.
Fermium Fm	1952	nach dem Physiker Enrico Fermi.
Flerovium Fl	1999	nach dem russischen Physiker Georgi Fljorow (engl. Flerov) bzw. dem Flerov Laboratory of Nuclear Reactions (FLNR) in Dubna, Russland.
Fluor F	1886	nach fluor (l.) = Fluss. Als Flussmittel zur Herabsetzung des Schmelzpunkts von Erzen verwendet man Flussspat CaF_2.
Gadolinium Gd	1880	nach dem finnischen Lanthanoidforscher Gadolin.
Gallium Ga	1875	nach Frankreich, wo es entdeckt wurde.
Germanium Ge	1886	nach Deutschland, wo es entdeckt wurde.
Gold Au	Bereits den ältesten Kulturvölkern bekannt.	von aurum (l.) = Gold.
Hafnium Hf	1922	von hafniae (l.) = Kopenhagen, wo es entdeckt wurde.
Hassium Hs	1984	nach dem Bundesland Hessen, da erstmals hergestellt von der Ges. für Schwerionenforschung (GSI) in Darmstadt.
Helium He	1895	nach helios (gr.) = Sonne. Das Spektrum von He wurde bereits im Sonnenspektrum gefunden.
Holmium Ho	1886	nach Stockholm, ein Hinweis auf Skandinavien als Fundstätte der Seltenerdmetalle.
Indium In	1863	nach der indigoblauen Flammenfärbung.
Iridium Ir	1804	von iridios (gr.) = regenbogenfarbig, wegen der Vielfarbigkeit der Ir-Verbindungen.
Iod I	1812	von ioeides (gr.) = veilchenfarbig.

Element	Entdeckungsjahr	Der Elementname oder das Elementsymbol leitet sich ab bzw. ist benannt
Kalium K	1807	von al kalja (arab.) = Asche, da Kalium aus Pflanzenasche (Pottasche) gewinnbar ist.
Kohlenstoff C	Verwendung von Kohle seit der Altsteinzeit.	von carboneum (l.) = Kohlenstoff.
Krypton Kr	1898	von kryptos (gr.) = verborgen.
Kupfer Cu	Schon den ältesten Kulturvölkern bekannt.	von aes cyprium (l.) = Erz aus Zypern. Aus cyprium wurde cuprum.
Lanthan La	1839	von lanthanein (gr.) = verborgen sein, da La schwer aufzufinden war.
Lawrencium Lr	1961	nach dem amerik. Physiker Ernest O. Lawrence
Lithium Li	1817	von lithos (gr.) = Stein. Im Gegensatz zu Na und K, das in pflanzlichem Material gefunden wurde, wurde Li in Gesteinsmaterial entdeckt.
Livermorium Lv	2000	nach dem Lawrence Livermore National Laboratory (LLNL) in der Stadt Livermore (Kalifornien).
Lutetium Lu	1907	nach Lutetia (alter Name für Paris), wo es entdeckt wurde.
Magnesium Mg	1808	nach der antiken Stadt Magnesia.
Mangan Mn	1774	nach Magnetit, lithos magnetis = Stein aus Magnesia. Braunstein wurde mit diesem verwechselt. So wurde das daraus isolierte Mangan zunächst Manganesium genannt.
Meitnerium Mt	1982	nach der österreichischen Physikerin Lise Meitner.
Mendelevium Md	1955	nach dem russischen Chemiker Dimitrij Iwanowitsch Mendelejew (engl. Dmitrij Ivanovič Mendeleev).
Molybdän Mo	1781	von molybdos (gr.) = Blei. Wurde ursprünglich für Bleiglanz und auch Molybdänglanz gebraucht.
Moscovium Mc	2004	nach der russ. Region Moskau mit dem Dubna Kernforschungszentrum.
Natrium Na	1807	von neter (ägypt.) = Soda. Daraus entstand das römische nitrium und schließlich bei den arabischen Alchemisten Natrium.
Neodym Nd	1885	nach neos (gr.) = neu. Ceriterde wurde zunächst aufgetrennt in Ceroxid, Lanthanoxid und Didymoxid. Didym konnte in Neodym (Neudidym) und Praseodym (praseos = grün) zerlegt werden.
Neon Ne	1898	von neos (gr.) = neu.
Neptunium Np	1940	nach dem Planeten Neptun.
Nihonium Nh	2003/2012	nach Nihon (der japan. Aussprache für Japan).
Nickel Ni	1751	nach dem Berggeist Nickel. Die gefundenen Ni-Erze hielten die Bergleute für vom Nickel verhexte Cu-Erze.
Niob Nb	1844	nach der Tantalustochter Niobe, da Nb mit Ta vergesellschaftet ist.
Nobelium No	1958	nach dem schwedischen Chemiker Alfred Nobel.

Element	Entdeckungsjahr	Der Elementname oder das Elementsymbol leitet sich ab bzw. ist benannt
Oganesson Og	2006	nach dem russ.-armenischen Kernphysiker Juri Zolakowitsch Oganesjan (engl. Yuri Tsolakovich Oganessian).
Osmium Os	1804	von osme (gr.) = Geruch. OsO_4 ist flüchtig und riecht intensiv.
Palladium Pd	1803	nach dem 1802 entdeckten Planetoiden Pallas.
Phosphor P	1669	von phosphorus (gr.) = Lichtträger, da weißer Phosphor leuchtet.
Platin Pt	Bereits von den Mayas verwendet.	von platina, der Verkleinerungsform des spanischen plata = Silber. Platin ist im Aussehen silberähnlich.
Plutonium Pu	1940/41	nach dem äußersten Planeten unseres Sonnensystems Pluto.
Polonium Po	1898	nach Polen, dem Heimatland der Entdeckerin M. Curie.
Praseodym Pr	1885	siehe Neodym.
Promethium Pm	1945	nach dem Gott Prometheus.
Protactinium Pa	1918	von protos (gr.) = zuerst. Aus Protactinium entsteht durch α-Strahlung Actinium.
Quecksilber Hg	Schon in der Antike bekannt.	von hydrargyrum (gr., 1.) = Quecksilber, bedeutet „Wassersilber“, bewegliches Silber.
Radium Ra	1898	von radius (l.) = Lichtstrahl. Radium sendet Strahlen aus, es ist radioaktiv.
Radon Rn	1899	von Radium (aus dem es entsteht) unter Verwendung der für die Edelgase gebräuchlichen Endsilbe -on.
Rhenium Re	1925	nach dem Rheinland, der Heimat der Entdeckerin Ida Noddack-Tacke.
Rhodium Rh	1803	von rhodeos (gr.) = rosenrot. Viele Rh-Verbindungen sind rosenrot.
Roentgenium Rg	1994	nach dem deutschen Physiker Wilhelm Conrad Röntgen.
Rubidium Rb	1861	von rubidus (l.) = dunkelrot, nach der roten Spektrallinie des Rubidiums.
Ruthenium Ru	1844	nach ruthenia (l.) = Russland, dem Heimatland des Entdeckers Carl Ernst Claus.
Rutherfordium Rf	1964	nach dem britischen Physiker Ernest Rutherford.
Samarium Sm	1879	nach dem Mineral Samarskit, aus dem es isoliert wurde.
Sauerstoff O	1772	von oxygenium = Säurebildner.
Scandium Sc	1879	nach Skandinavien, wo es entdeckt wurde.
Schwefel S	Bereits in der Antike bekannt.	von sulfur (l.) = Schwefel.
Seaborgium Sg	1974	nach dem amerik. Kernphysiker Glenn Seaborg.
Selen Se	1817	von selene (gr.) = Mond (in Analogie zum Tellur).
Silber Ag	Bereits den ältesten Kulturvölkern bekannt.	von argentum (l.) = Silber.

Element	Entdeckungs-jahr	Der Elementname oder das Elementsymbol leitet sich ab bzw. ist benannt
Silicium Si	1823	von silex (l.) = Kieselstein.
Stickstoff N	1772	von nitrogenium (l.) = Salpeterbildner.
Strontium Sr	1808	nach Strontian in Schottland, wo Strontianit $SrCO_3$ gefunden wurde.
Tantal Ta	1802	nach der griechischen Sagengestalt Tantalos. Ta_2O_5 löst sich nicht in Säure und muss daher „schmachten und kann seinen Durst nicht löschen“ wie der bestrafte Tantalos.
Tellur Te	1782	von tellus (l.) = Erde. Te wurde in goldhaltigen Erzen entdeckt.
Tennessine Ts (dt. Tenness)	2010	nach der Region Tennessee mit dem Oak Ridge National Laboratory (ORNL).
Terbium Tb	1843	siehe Erbium.
Thallium	1861	nach Thallos (gr.) = grüner Zweig.
Thorium Th	1828	nach Thor, dem nordischen Kriegsgott.
Thulium Tm	1879	nach Thule, dem alten Namen für Skandinavien.
Titan Ti	1791	nach dem Göttergeschlecht der Titanen.
Uran U	1789	nach dem einige Jahre früher entdeckten Planeten Uranus. Man hielt damals Uranus für den entferntesten Planeten und Uran für das Element mit der höchsten Atommasse. Die auf Uran folgenden Elemente Neptunium und Plutonium sind nach den Planeten Neptun und Pluto benannt.
Vanadium V	1830	nach dem Beinamen Vanadis der nordischen Göttin der Schönheit Freya, da Vanadium viele schöngefärbte Verbindungen bildet.
Wasserstoff H	1766	von hydrargenium (gr., 1.) = Wasserbildner.
Wolfram W	1783	von lupi spume (l.) = Wolf-Schaum, Wolf-Rahm. So wurde das heute als Wolframit bezeichnete Mineral genannt, da seine Gegenwart in Zinnerzen die Reduktion zum Zinn erschwerte und zur Schlackenbildung führt („es reißt das Zinn fort und frisst es auf wie der Wolf das Schaf“).
Xenon Xe	1898	von xenos (gr.) = fremd.
Ytterbium Yb	1878	siehe Erbium.
Yttrium Y	1794	siehe Erbium.
Zink Zn	Bereits im 6. Jh. in Persien hergestellt.	von Zinken = zackenartige Formen (vielleicht wegen der bizarren Formen erstarrter Zn-Schmelzen bzw. des Zn-Minerals Galmei).
Zinn Sn	Wurde bereits in ältesten Kulturen verwendet.	von stannum (l.) = Zinn.
Zirconium Zr	1789	nach dem Mineral Zirkon, aus dem es isoliert wurde.

Tabelle 2 Nobelpreise für Chemie[1]

Preisträger	Jahr
J. H. van't Hoff (Berlin): Entdeckung der Gesetze der chemischen Dynamik und des osmotischen Drucks in Lösungen.	1901
E. H. Fischer (Berlin): Synthetische Arbeiten auf dem Gebiet der Zucker- und Puringruppen.	1902
S. A. Arrhenius (Stockholm): Theorie der elektrolytischen Dissoziation.	1903
Sir W. Ramsay (London): Entdeckung der Edelgase und deren Einordnung im Periodensystem.	1904
A. v. Baeyer (München): Arbeiten über organische Farbstoffe und hydroaromatische Verbindungen.	1905
H. Moissan (Paris): Untersuchung und Isolierung des Fluors und Einführung des elektrischen Ofens („*Moissan-Ofen*").	1906
E. Buchner (Berlin): Entdeckung und Untersuchung der zellfreien Gärung.	1907
Sir E. Rutherford (Manchester): Untersuchungen über den Elementzerfall und die Chemie der radioaktiven Stoffe.	1908
W. Ostwald (Leipzig): Arbeiten über Katalyse sowie über chemische Gleichgewichte und Reaktionsgeschwindigkeiten.	1909
O. Wallach (Göttingen): Pionierarbeiten über alicyclische Verbindungen.	1910
M. Curie (Paris): Entdeckung des Radiums und Poloniums und Charakterisierung, Isolierung und Untersuchung des Radiums.	1911
V. Grignard (Nancy): Entdeckung der „*Grignard-Reagenzien*". **P. Sabatier** (Toulouse): Hydrierung von organischen Verbindungen bei Anwesenheit feinverteilter Metalle.	1912
A. Werner (Zürich): Arbeiten über Bindungsverhältnisse der Atome in Molekülen.	1913
Th. W. Richards (Cambridge, USA): Genaue Bestimmung der relativen Atommasse zahlreicher chemischer Elemente.	1914
R. Willstätter (München): Untersuchungen über Pflanzenfarbstoffe, besonders das Chlorophyll.	1915
(Keine Preisverteilung)	1916
(Keine Preisverteilung)	1917
F. Haber (Berlin): Synthese des Ammoniaks aus den Elementen.	1918
(Keine Preisverteilung)	1919
W. N. Nernst (Berlin): Arbeiten auf dem Gebiet der Thermochemie.	1920
F. Soddy (Oxford): Arbeiten über Vorkommen und Natur der Isotope und Untersuchungen radioaktiver Stoffe.	1921
F. W. Aston (Cambridge): Entdeckung vieler Isotope in nichtradioaktiven Elementen mit dem Massenspektrographen.	1922
F. Pregl (Graz): Entwicklung der Mikroanalyse organischer Stoffe.	1923
(Keine Preisverteilung)	1924
R. A. Zsigmondy (Göttingen): Aufklärung der heterogenen Natur kolloidaler Lösungen.	1925
Th. Svedberg (Uppsala): Arbeiten über disperse Systeme	1926
H. O. Wieland (München): Forschungen über die Konstitution der Gallensäuren und verwandter Substanzen.	1927
A. Windaus (Göttingen): Erforschung des Aufbaus der Sterine und ihres Zusammenhangs mit den Vitaminen.	1928
A. Harden (London) und **H. v. Euler-Chelpin** (Stockholm): Forschungen über Zuckervergärungen und die dabei wirksamen Enzyme.	1929
H. Fischer (München): Arbeiten über die Struktur der Blut- und Blattfarbstoffe und die Synthese des Hämins.	1930
C. A. Bosch und **F. Bergius** (Heidelberg): Entdeckung und Entwicklung chemischer Hochdruckverfahren.	1931
I. Langmuir (New York): Forschungen und Entdeckungen im Bereich der Oberflächenchemie.	1932
(Keine Preisverteilung)	1933
H. C. Urey (New York): Entdeckung des schweren Wasserstoffs.	1934
F. Joliot und **I. Joliot-Curie** (Paris): Synthese neuer radioaktiver Elemente.	1935
P. J. W. Debye (Berlin): Beiträge zur Molekülstruktur durch Arbeiten über Dipolmomente und über Diffraktion von Röntgenstrahlen und Elektronen in Gasen.	1936
Sir W. N. Haworth (Birmingham): Forschungen über Kohlenhydrate und Vitamin C. **P. Karrer** (Zürich): Forschungen über Carotinoide, Flavine und Vitamine A und B_2.	1937

[1] Bis 1988 entnommen aus Holleman-Wiberg, Lehrbuch der Anorganischen Chemie, 91.–100. Auflage, de Gruyter 1985.

R. Kuhn (Heidelberg): Arbeiten über Carotinoide und Vitamine. 1938

A. Butenandt (Berlin): Arbeiten über Sexualhormone. **L. Ruzicka** (Zürich): Arbeiten über Polymethylene und höhere Terpenverbindungen. 1939

(Keine Preisverteilung) 1940

(Keine Preisverteilung) 1941

(Keine Preisverteilung) 1942

G. v. Hevesy (Stockholm): Arbeiten über die Verwendung von Isotopen als Indikatoren bei der Erforschung chemischer Prozesse. 1943

O. Hahn (Göttingen): Entdeckung der Kernspaltung bei schweren Atomen. 1944

A. I. Virtanen (Helsinki): Entdeckung auf dem Gebiet der Agrikultur- und Ernährungschemie, insbesondere Methoden zur Konservierung von Futtermitteln. 1945

J. B. Summer (Ithaca): Entdeckung der Kristallisierbarkeit von Enzymen.

J. H. Northrop und **W. M. Stanley** (Princeton): Reindarstellung von Enzymen und Virus-Proteinen. 1946

Sir R. Robinson (Oxford): Untersuchungen über biologisch wichtige Pflanzenprodukte, insbesondere Alkaloide. 1947

A. W. K. Tiselius (Uppsala): Arbeiten über Analysen mittels Elektrophorese und Adsorption, insbesondere Entdeckungen über die komplexe Natur von Serum-Proteinen. 1948

W. F. Giauque (Berkeley): Beiträge zur chemischen Thermodynamik, insbesondere Untersuchungen über das Verhalten der Stoffe bei extrem tiefen Temperaturen. 1949

O. P. H. Diels (Kiel) und **K. Alder** (Köln): Entdeckung und Entwicklung der Dien-Synthese („*Diels-Alder-Synthese*"). 1950

E. M. McMillan und **G. Th. Seaborg** (Berkeley): Entdeckungen auf dem Gebiet der Transurane. 1951

A. J. P. Martin (London) und **R. L. M. Synge** (Bucksburn): Erfindung der Verteilungschromatographie. 1952

H. Staudinger (Freiburg): Entdeckungen auf dem Gebiet der makromolekularen Chemie. 1953

L. C. Pauling (Pasadena): Forschungen über die chemische Bindung, insbesondere Strukturaufklärung von Proteinen (Helix). 1954

T. Lindahl (Francis Crick Inst. and Clare Hall Lab., UK), **P. Modrich** (Howard Hughes Medical Inst. und Duke Univ., Durham, North Carolina) und **A. Sancar** (Univ. of North Carolina, Chapel Hill) für mechanistische Studien zur DNA-Reparatur. 2015

J. Dubochet (Univ. Lausanne, Schweiz), **J. Frank** (Columbia Univ., New York) and **R. Henderson** (MRC Lab. of Molecular Biology, Cambridge, UK) für die Entwicklung der kryo-Elektronenmikroskopie zur hochauflösenden Strukturbestimmung von Biomolekülen in Lösung. 2017

J. B. Goodenough (Univ. of Texas, Austin), **M. S. Whittingham** (Binghampton Univ., USA) und **A. Yoshino** (Meijo Univ., Nagoya; Asahi Kasei Co., Tokio, Japan) für die Entwicklung von Lithium-Ionenbatterien. 2019

V. du Vigneaud (New York): Isolierung der Hormone der Hypophyse „*Vasopressin*" und „*Oxytocin*" und deren Totalsynthese. 1955

Sir C. N. Hinshelwood (Oxford) und **N. N. Semjonow** (Moskau): Aufklärung der Mechanismen von Kettenreaktionen, besonders im Zusammenhang mit Explosionsphänomenen. 1956

Sir A. Todd (Cambridge): Erforschung von Nucleinsäuren und Coenzymen und Synthese von Nucleotiden. 1957

F. Sanger (Cambridge): Aufklärung der Aminosäure-Sequenz des Insulins. 1958

J. Heyrovsky (Prag): Entdeckung und Entwicklung der polarografischen Analysenmethode. 1959

W. F. Libby (Los Angeles): Arbeiten über ^3H und über die Altersbestimmung mit ^{14}C. 1960

M. Calvin (Berkeley): Arbeiten über die fotochemische CO_2-Assimilation. 1961

J. C. Kendrew und **M. F. Perutz** (Cambridge): Röntgenografische Strukturbestimmung von Myoglobin und Hämoglobin. 1962

K. Ziegler (MPI für Kohlenforschung, Mülheim/Ruhr) und **G. Natta** (Mailand): Entdeckungen auf dem Gebiet der Chemie und Technologie von Hochpolymeren. 1963

D. Crowfoot-Hodgkin (Oxford): Strukturaufklärung biochemisch wichtiger Stoffe mittels Röntgenstrahlen. 1964

R. B. Woodward (Cambridge, USA): Strukturaufklärung und Synthese von Naturstoffen. 1965

1966 **R. S. Mulliken** (Chicago): Quantenchemische Arbeiten, insbesondere Entwicklung der MO-Theorie.

1967 **M. Eigen** (Göttingen), **R. G. W. Norrish** (Cambridge) und **G. Porter** (London): Untersuchung extrem schnell verlaufender chemischer Reaktionen.

1968 **L. Onsager** (Connecticut): Untersuchungen zur Thermodynamik irreversibler Prozesse und deren mathematisch-theoretische Bewältigung.

1969 **O. Hassel** (Oslo) und **D. H. Barton** (London): Arbeiten über die Konformation chemischer Verbindungen.

1970 **L. F. Leloir** (Buenos Aires): Entdeckung der Zuckernucleotide und ihre Rolle bei der Biosynthese der Kohlenhydrate.

1971 **G. Herzberg** (Ottawa): Beiträge zur Kenntnis der Elektronenstruktur und Geometrie der Moleküle, insbesondere der freien Radikale.

1972 **Ch. B. Anfinsen** (Bethesda), **S. Moore** und **W. H. Stein** (New York): Aufklärung und Bau der Ribonuclease; Untersuchungen zum Verständnis der biochemischen Wirkungsweise von Ribonuclease.

1973 **E. O. Fischer** (München) und **G. Wilkinson** (London): Pionierarbeiten auf dem Gebiet der „Sandwich"-Verbindungen.

1974 **P. J. Flory** (Stanford, Calif.): Theoretische und experimentelle Arbeiten auf dem Gebiet der makromolekularen Chemie.

1975 **J. W. Cornforth** (Sussex) und **V. Prelog** (Zürich): Stereochemischer Ablauf molekularer Reaktionen.

1976 **W. N. Lipscomb** (Cambridge, USA): Strukturklärende und bindungstheoretische Arbeiten im Zusammenhang mit Boranen.

1977 **I. Prigogine** (Brüssel): Beiträge zur Thermodynamik von Nichtgleichgewichtszuständen; Theorie „dissipativer" Strukturen.

1978 **P. Mitchell** (Bodmin, UK): Beiträge zum Verständnis der biologischen Energieübertragung; Entwicklung der „chemiosmotischen" Theorie.

1979 **H. C. Brown** (Purdue) und **G. Wittig** (Heidelberg): Pionierarbeiten auf dem Gebiet der Organobor- und Organophosphorchemie.

1980 **P. Berg** (Stanford, Calif.), **W. Gilberg** (Cambridge, USA) und **F. Sanger** (Cambridge, USA): Untersuchungen zur Biochemie und zur Basen-Sequenz von Nucleinsäuren.

1981 **K. Fukui** (Kyoto) und **R. Hoffmann** (Ithaca): Quantenmechanische Studien zur chemischen Reaktivität.

1982 **A. Klug** (Cambridge): Klärung der molekularen Strukturen von Proteinen, Nucleinsäuren und deren Komplexen durch Elektronenmikroskopie.

1983 **H. Taube** (Stanford, Calif.): Erforschung von Elektronenübertragungsmechanismen der Metallkomplexe.

1984 **R. B. Merrifield** (New York): Entwicklung der Synthese von Peptiden an einer festen Matrix.

1985 **H. A. Hauptmann** (New York) und **J. Karle** (Washington): Entwicklung direkter Methoden in der Röntgenstrukturanalyse.

1986 **D. R. Herschbach** (Harvard), **Y. T. Lee** (Berkeley) und **J. C. Polany** (Toronto): Erforschung der Dynamik chemischer Elementarprozesse.

1987 **C. J. Pederson** (DeNemours), **D. J. Cram** (Los Angeles) und **J. M. Lehn** (Straßburg): Synthese von Verbindungen zur Simulation der Funktionen von Biomolekülen.

1988 **R. Huber** (Martinsried), **J. Deisenhofer** (Dallas) und **H. Michel** (Frankfurt): Kristallisation und Röntgenstrukturanalyse des photosynthetischen Reaktionszentrums aus dem Bakterium Rhodopseudomonas viridis.

1989 **T. R. Cech** (Boulder, Colorado) und **S. Altman** (New Haven, Conn.): Entdeckung der Katalyse biochemischer Reaktionen durch RNA.

1990 **E. J. Corey** (Harvard): Synthese von Naturstoffen.

1991 **R. R. Ernst** (Zürich): Entwicklung der Methode der hochauflösenden kernmagnetischen Resonanz-Spektroskopie.

1992 **R. A. Marcus** (Pasadena, Calif.): Theorie der Elektronenübertragungsreaktionen in chemischen Systemen.

1993 **K. B. Mullis** (Cetus Coop., Calif.) und **M. Smith** (Vancouver): Erfindung der Polymerase-Chain Reaction (PCR) zur Vervielfältigung der DNA; Entwicklung der ortsspezifischen Mutagenese.

1994 **G. A. Olah** (Los Angeles): Arbeiten über die Struktur, Eigenschaften und Reaktion von Carbokationen.

1995 **P. J. Crutzen** (Mainz), **M. J. Molina** (Cambridge, USA) und **F. Sh. Rowland** (Irvine, Calif.): Arbeiten zur Chemie der Atmosphäre, insbesondere zu Bildung und Abbau von Ozon.

R. F. Curl, Jr. (Houston), **H. W. Kroto** (Brighton) und **R. E. Smalley** (Houston): Entdeckung der Fullerene. 1996

P. D. Boyer (Los Angeles), **J. E. Walker** (Cambridge) und **J. R. Skou** (Aarhus): Synthese und Nutzung von Adenosintriphosphat (ATP) und Entdeckung der Na^+, K^+-ATPase (Natriumpumpe). 1997

J. A. Pople (Evanston) und **W. Kohn** (Santa Barbara): Bahnbrechende Beiträge zur Quantenchemie. 1998

A. H. Zewail (Caltech, Calif.): Untersuchung von Übergangszuständen mit der Femtosekunden-Spektroskopie. 1999

A. J. Heeger (Univ. of Calif., Santa Barbara), **A. G. MacDiarmid** (Univ. of Pennsylvania, Philadelphia) und **H. Shirakawa** (Tsukuba Univ., Japan): Entdeckung und Entwicklung elektrisch leitender Kunststoffe. 2000

W. S. Knowles (Monsanto Co. St. Louis, USA), **R. Noyori** (Nagoya Univ., Japan) und **K. B. Sharpless** (Scripps Research Inst. La Jolla, Calif.): Arbeiten über enantioselektive Katalyse. 2001

J. Fenn (Virginia Commonwealth Univ., Richmond, USA), **K. Tanaka** (Shimadzu Corp., Kyoto, Japan) und **K. Wüthrich** (ETH Zürich, Schweiz): Massenspektrometrische und NMR-spektroskopische Strukturaufklärung von Proteinen. 2002

P. Agre (Hopkins Univ., Baltimore, USA) und **R. MacKinnon** (Rockefeller Univ., New York): Aufklärung der Funktionsweise von Wasser- und Ionenkanälen in Zellmembranen. 2003

A. Ciechanover, A. Hershko (Technion Haifa) und **I. Rose** (Irvine, Calif.): Entdeckung des Ubiquitin-gesteuerten Proteinabbaus (Proteindegradation). 2004

Y. Chauvin (Inst. du Petrol, Rueil-Malmaison, Frankr.), **R. H. Grubbs** (Caltech, Calif.) und **R. R. Schrock** (MIT, Cambridge): Entwicklung der Olefin-Metathese-Methode. 2005

R. D. Kornberg (Stanford, Calif.): Arbeiten über die molekularen Grundlagen der Gentranskription in eukaryotischen Zellen. 2006

G. Ertl (Fritz-Haber-Inst., Berlin): Untersuchung von chemischen Prozessen auf Festkörperoberflächen. 2007

O. Shimomura (Photoprotein Labor, USA), **M. Chalfie** (Columbia Univ., New York), **R. Tsien** (Univ. of Calif., San Diego): Entdeckung und Weiterentwicklung des grün fluoreszierenden Proteins. 2008

V. Ramakrishnan (Medical Research Council Cambridge, England), **Th. Seitz** (Yale Univ, Connecticut), **A. Yonath** (Weizmann-Inst., Israel): Struktur und Funktion des Ribosoms. 2009

R. F. Heck (Univ. of Delaware, USA), **E. Negishi** (Purdue Univ., West Lafayette, USA), **A. Suzuki** (Hokkaido Univ., Sapporo, Japan): Entwicklung palladiumkatalysierter C—C-Kupplungsmethoden in der organischen Synthese. 2010

D. Shechtman (Technion Haifa, Israel): Entdeckung der Quasikristalle 2011

R. Lefkowitz (Duke University, North Carolina, USA) und **B. Kobilka** (Stanford University, School of Medicine, Calif.): Untersuchungen zu G-Protein-gekoppelten Rezeptoren. 2012

M. Karplus (Harvard Univ.), **M. Levitt** (Stanford Univ., Calif.), **A. Warshel** (Univ. of Southern California, Los Angeles): Entwicklung von Multiskalenmodellen für komplexe chemische Systeme. 2013

E. Betzig (Howard Hughes Medical Institute, Leesburg, Virginia), **S. Hell** (Max-Planck-Institut für biophysikalische Chemie, Göttingen), **W. Moerner** (Stanford Univ., Calif.) für die Entwicklung von superauflösender Fluoreszenzmikroskopie. 2014

T. Lindahl (Francis Crick Inst. and Clare Hall Lab., UK), **P. Modrich** (Howard Hughes Medical Inst. und Duke Univ., Durham, North Carolina) und **A. Sancar** (Univ. of North Carolina, Chapel Hill) für mechanistische Studien zur DNA-Reparatur. 2015

B. Ferringa (Univ. Groningen, Niederlande), **J.-P. Sauvage** (Univ. Strasbourg, Frankreich) and **F. Stoddart** (Northwestern Univ., Evanston, Illinois) für das Design und die Synthese von molekularen Maschinen. 2016

J. Dubochet (Univ. Lausanne, Schweiz), **J. Frank** (Columbia Univ., New York) and **R. Henderson** (MRC Lab. of Molecular Biology, Cambridge, UK) für die Entwicklung der kryo-Elektronenmikroskopie zur hochauflösenden Strukturbestimmung von Biomolekülen in Lösung. 2017

F. H. Arnold (Caltech, Calif.) für die gerichtete Evolution von Enzymen und an **G. P. Smith** (Univ. Missouri, Columbia) and **G. P. Winter** (MRC Lab. of Molecular Biology, Cambridge, UK) für das Phagen-Display (d. h. die Aufklärung von Protein-Protein-Interaktionen) von Peptiden und Antikörpern.	2018
J. B. Goodenough (Univ. of Texas, Austin), **M. S. Whittingham** (Binghampton Univ., USA) und **A. Yoshino** (Meijo Univ., Nagoya; Asahi Kasei Co., Tokio, Japan) für die Entwicklung von Lithium-Ionenbatterien.	2019
E. Charpentier (MPI für die Wissenschaft der Pathogene, Berlin) und **J. A. Doudna** (Univ. California, Berkeley) für die Entwicklung einer Methode zum Bearbeiten von Genomen (CRISPR/Cas9).	2020
B. List (MPI für Kohlenforschung, Mülheim/Ruhr) und **D. MacMillan** (Princeton, USA) für die Entwicklung der asymmetrischen Organokatalyse.	2021

Sachregister

Im Sachregister sind Verbindungsklassen und wichtige Verbindungen aufgenommen. Mehr Verbindungen enthält das Formelregister.

https://doi.org/10.1515/9783110694444-009

Formelregister

Das Formelregister ist nach Elementen geordnet. Unter den Elementen sind die Verbindungen in folgender Reihenfolge aufgenommen.

Modifikationen und Ionen des Elements
Hydride
Hydroxide, Oxidhydroxide, Oxid-Hydrate
Oxide, Peroxide
Sauerstoffsäuren, deren Ionen und Salze
Isopolyanionen und Heteropolyanionen
Halogenide, Pseudohalogenide
Oxidhalogenide, Oxidsulfide usw.
Sulfide, Phosphide, Arsenide usw.
Salze mit komplexen Anionen
Komplexverbindungen
Cluster

Salze sind unter dem Kation aufgenommen, ternäre Nitride, Oxide, Sulfide beim Stickstoff, Sauerstoff und Schwefel. Carbide und Metallcarbonyle findet man unter Kohlenstoff, ebenso Stickstoff-Kohlenstoff-Verbindungen.
X = Halogen, R = Organyl.

https://doi.org/10.1515/9783110694444-010

Phosphor

Platin

Plutonium

Polonium

Quecksilber

Radon

Rhenium

Rhodium

Strontium

Tantal

Tellur

Thallium

Titan